ASSOCIATION FRANÇAISE

POUR

L'AVANCEMENT DES SCIENCES

Une table des matières est jointe à chaçun des volumes du Compte Rendu des travaux de l'Association Française en 1903.

Une table analytique *générale* par ordre alphabétique termine la 2me partie ; dans cette table, les nombres qui sont placés après la lettre p se rapportent aux pages de la 1re partie, ceux placés après l'astérisque $*$ se rapportent aux pages de la 2me partie.

Les indications bibliographiques se trouvent à la table des matières des volumes.

IMPRIMERIE CHAIX, RUE BERGÈRE, 20, PARIS. — 0506-3-03.

ASSOCIATION FRANÇAISE

POUR

L'AVANCEMENT DES SCIENCES

FUSIONNÉE AVEC

L'ASSOCIATION SCIENTIFIQUE DE FRANCE

(Fondée par Le Verrier en 1864)

Reconnues d'utilité publique

CONFÉRENCES DE PARIS

COMPTE RENDU DE LA 32ME SESSION

PREMIÈRE PARTIE

DOCUMENTS OFFICIELS. — PROCÈS-VERBAUX

PARIS

AU SECRÉTARIAT DE L'ASSOCIATION

28, rue Serpente (Hôtel des Sociétés savantes)

ET CHEZ MM. MASSON et Cie, LIBRAIRES DE L'ACADÉMIE DE MÉDECINE

120, boulevard Saint-Germain.

1903

ASSOCIATION FRANÇAISE
POUR L'AVANCEMENT DES SCIENCES
Fusionnée avec
L'ASSOCIATION SCIENTIFIQUE DE FRANCE
(Fondée par Le Verrier en 1864)
Reconnues d'utilité publique

MINISTÈRE
de
l'Instruction publique,
DES BEAUX-ARTS
et
DES CULTES

CABINET
—
N° 175

RÉPUBLIQUE FRANÇAISE

DÉCRET

LE PRÉSIDENT DE LA RÉPUBLIQUE FRANÇAISE,

Sur le rapport du Ministre de l'Instruction publique, des Beaux-Arts et des Cultes ;

Vu le procès-verbal de l'Assemblée générale de l'Association française pour l'avancement des sciences, tenue à Grenoble le 10 août 1885 ;

Vu le procès-verbal de l'Assemblée générale de l'Association scientifique de France, tenue à Paris le 14 novembre 1885, et les décisions prises par les deux Sociétés ;

Toutes deux ayant pour objet de réunir en une seule Association ces deux Sociétés susnommées ;

Vu les Statuts, l'état de la situation financière et les autres pièces fournies à l'appui de cette demande ;

La Section de l'Intérieur, de l'Instruction publique, des Beaux-Arts et des Cultes, du Conseil d'État entendue,

DÉCRÈTE :

ARTICLE PREMIER. — L'Association française pour l'avancement des sciences et l'Association scientifique de France, fondée par Le Verrier en 1864, toutes deux reconnues d'utilité publique, forment une seule et même Association.

Les Statuts de l'Association française pour l'avancement des sciences fusionnée avec l'Association scientifique de France (fondée par Le Verrier en 1864), sont approuvés tels qu'ils sont ci-annexés.

ART. 2. — Le Ministre de l'Instruction publique, des Beaux-Arts et des Cultes est chargé de l'exécution du présent décret.

Fait à Paris, le 28 septembre 1886.

Signé : JULES GRÉVY.

Par le Président de la République :
Le Ministre de l'Instruction publique, des Beaux-Arts et des Cultes,
Signé : RENÉ GOBLET.

Pour ampliation,
Le Chef de bureau du Cabinet,
Signé : ROUJON.

a

STATUTS ET RÈGLEMENT

STATUTS

TITRE Ier. — But de l'Association.

ARTICLE PREMIER. — L'Association se propose exclusivement de favoriser, par tous les moyens en son pouvoir, le progrès et la diffusion des sciences, au double point de vue du perfectionnement de la théorie pure et du développement des applications pratiques.

A cet effet, elle exerce son action par des réunions, des conférences, des publications, des dons en instruments ou en argent aux personnes travaillant à des recherches ou entreprises scientifiques qu'elle aurait provoquées ou approuvées.

ART. 2. — Elle fait appel au concours de tous ceux qui considèrent la culture des sciences comme nécessaire à la grandeur et à la prospérité du pays.

ART. 3. — Elle prend le nom d'*Association française pour l'avancement des sciences, fusionnée avec l'Association scientifique de France, fondée par Le Verrier en 1864*.

TITRE 2. — Organisation.

ART. 4. — Les membres de l'Association sont admis, sur leur demande, par le Conseil.

ART. 5. — Sont membres de l'Association les personnes qui versent la cotisation annuelle. Cette cotisation peut toujours être rachetée par une somme versée une fois pour toutes. Le taux de la cotisation et celui du rachat sont fixés par le Règlement.

ART. 6. — Sont membres fondateurs les personnes qui ont versé, à une époque quelconque, une ou plusieurs souscriptions de 500 francs.

ART. 7. — Tous les membres jouissent des mêmes droits. Toutefois, les noms des membres fondateurs figurent perpétuellement en tête des listes alphabétiques, et ces membres reçoivent gratuitement, pendant toute leur vie, autant d'exemplaires des publications de l'Association qu'ils ont versé de fois la souscription de 500 francs.

ART. 8. — Le capital de l'Association se compose du capital de l'Association scientifique et du capital de la précédente Association française au jour de la fusion, des souscriptions des membres fondateurs, des sommes versées pour le rachat des cotisations, des dons et legs faits à l'Association, à moins d'affectation spéciale de la part des donateurs.

Art. 9. — Les ressources annuelles comprennent les intérêts du capital, le montant des cotisations annuelles, les droits d'admission aux séances et les produits de librairie.

Art. 10. — *(Supprimé par décret conformément à la proposition adoptée à l'unanimité par l'Assemblée générale tenue à Tunis, le 4 avril 1896.)*

TITRE III. — Sessions annuelles.

Art. 11. — Chaque année, l'Association tient, dans l'une des villes de France, une session générale dont la durée est de huit jours; cette ville est désignée par l'Assemblée générale, au moins une année à l'avance.

Art. 12. — Dans les sessions annuelles, l'Association, pour ses travaux scientifiques, se répartit en sections, conformément à un tableau arrêté par le Règlement général.

Ces sections forment quatre groupes, savoir :

1º Sciences mathématiques,
2º Sciences physiques et chimiques,
3º Sciences naturelles,
4º Sciences économiques.

Art. 13. — Il est publié chaque année un volume, distribué à tous les membres, contenant :

1º Le compte rendu des séances de la session ;
2º Le texte ou l'analyse des travaux provoqués par l'Association, ou des mémoires acceptés par le Conseil.

COMPOSITION DU BUREAU

Art. 14. — Le Bureau de l'Association se compose :

D'un Président,
D'un Vice-Président,
D'un Secrétaire,
D'un Vice-Secrétaire,
D'un Trésorier.

Tous les membres du Bureau sont élus en Assemblée générale.

Art. 15. — Les fonctions de Président et de Secrétaire de l'Association sont annuelles ; elles commencent immédiatement après une session et durent jusqu'à la fin de la session suivante.

Art. 16. — Le Vice-Président et le Vice-Secrétaire d'une année deviennent, de droit, Président et Secrétaire pour l'année suivante.

Art. 17. — Le Président, le Vice-Président, le Secrétaire et le Vice-Secrétaire de chaque année sont pris respectivement dans les quatre groupes de sections, et chacun est pris à tour de rôle dans chaque groupe.

Art. 18. — Le Trésorier est élu par l'Assemblée générale; il est nommé pour quatre ans et rééligible.

Art. 19. — Le Bureau de chaque section se compose d'un Président, d'un Vice-Président, d'un Secrétaire et, au besoin, d'un Vice-Secrétaire élu par cette section parmi ses membres.

TITRE IV. — Administration.

Art. 20. — Le siège de l'Administration est à Paris.

Art. 21. — L'Association est administrée gratuitement par un Conseil composé :

    1° Du Bureau de l'Association, qui est en même temps le Bureau du Conseil d'administration;

    2° Des Présidents de section;

    3° De trois membres par section; ces délégués de section sont élus à la majorité relative en Assemblée générale, sur la proposition de leurs sections respectives; ils sont renouvelables par tiers chaque année;

    4° De délégués de l'Association en nombre égal à celui des Présidents de section; ils sont nommés par correspondance, au scrutin secret et à la majorité relative des suffrages exprimés, après proposition du Conseil; ils sont renouvelables par tiers chaque année.

Art. 22. — Les anciens Présidents de l'Association continuent à faire partie du Conseil.

Art. 23. — Les Secrétaires des sections de la session précédente sont admis dans le Conseil avec voix consultative.

Art. 24. — Pendant la durée des sessions, le Conseil siège dans la ville où a lieu la session.

Art. 25. — Le Conseil d'administration représente l'Association et statue sur toutes les affaires concernant son administration.

Art. 26. — Le Conseil a tout pouvoir pour gérer et administrer les affaires sociales, tant actives que passives. Il encaisse tous les fonds appartenant à l'Association, à quelque titre que ce soit.

Il place les fonds qui constituent le capital de l'Association en rentes sur l'État ou en obligations de chemins de fer français, émises par des Compagnies auxquelles un minimum d'intérêt est garanti par l'État; il décide l'emploi des fonds disponibles; il surveille l'application à leur destination des fonds votés par l'Assemblée générale, et ordonnance par anticipation, dans l'intervalle des sessions, les dépenses urgentes, qu'il soumet, dans la session suivante, à l'approbation de l'Assemblée générale.

Il décide l'échange ou la vente des valeurs achetées; le transfert des rentes sur l'État, obligations des Compagnies de chemins de fer et autres titres nominatifs sont signés par le Trésorier et un des membres du Conseil délégué à cet effet.

Il accepte tous dons et legs faits à la Société; tous les actes y relatifs sont signés par le Trésorier et un des membres délégué.

ART. 27. — Les délibérations relatives à l'acceptation des dons et legs, à des acquisitions, aliénations et échanges d'immeubles sont soumises à l'approbation du gouvernement.

ART. 28. — Le Conseil dresse annuellement le budget des dépenses de l'Association; il communique à l'Assemblée générale le compte détaillé des recettes et dépenses de l'exercice.

ART. 29. — Il organise les sessions, dirige les travaux, ordonne et surveille les publications, fixe et affecte les subventions et encouragements.

ART. 30. — Le Conseil peut adjoindre au Bureau des commissaires pour l'étude de questions spéciales et leur déléguer ses pouvoirs pour la solution d'affaires déterminées.

ART. 31. — Les Statuts ne pourront être modifiés que sur la proposition du Conseil d'administration, et à la majorité des deux tiers des membres votants dans l'Assemblée générale, sauf approbation du gouvernement.

Ces propositions, soumises à une session, ne pourront être votées qu'à la session suivante; elles seront indiquées dans les convocations adressées à tous les membres de l'Association.

ART. 32. — Un Règlement général détermine les conditions d'administration et toutes les dispositions propres à assurer l'exécution des Statuts. Ce Règlement est préparé par le Conseil et voté par l'Assemblée générale.

TITRE V. — Dispositions complémentaires.

ART. 33. — Dans le cas où la Société cesserait d'exister, l'Assemblée générale, convoquée extraordinairement, statuera, sous la réserve de l'approbation du gouvernement, sur la destination des biens appartenant à l'Association. Cette destination devra être conforme au but de l'Association, tel qu'il est indiqué dans l'article premier.

Les clauses stipulées par les donateurs, en prévision de ce cas, devront être respectées.

Le Chef de bureau du Cabinet,

Signé : H. ROUJON.

RÈGLEMENT

TITRE Ier. — Dispositions générales.

ARTICLE PREMIER. — Le taux de la cotisation annuelle des membres non fondateurs est fixé à 20 francs.

ART. 2. — Tout membre a le droit de racheter ses cotisations à venir en versant, une fois pour toutes, la somme de 200 francs. Il devient ainsi membre à vie.

Il sera loisible de racheter les cotisations par deux versements annuels consécutifs de 100 francs.

Les membres ayant payé pendant vingt années consécutives la cotisation annuelle de 20 francs pourront racheter les cotisations à venir moyennant un seul versement de 100 francs.

Tout membre qui, pendant dix années consécutives, aura versé annuellement une somme de 10 francs en sus de la cotisation annuelle sera libéré de tout versement ultérieur. Ces versements supplémentaires seront portés au compte Capital.

La liste alphabétique des membres à vie est publiée en tête de chaque volume, immédiatement après la liste des membres fondateurs.

Les membres ayant racheté leurs cotisations pourront devenir membres fondateurs en versant une somme complémentaire de 300 francs.

ART. 3. — Dans les sessions générales, l'Association se répartit en dix-huit sections formant quatre groupes, conformément au tableau suivant :

1er GROUPE : *Sciences mathématiques.*

1. Section de mathématiques, astronomie et géodésie;
2. Section de mécanique;
3. Section de navigation;
4. Section de génie civil et militaire.

2e GROUPE : *Sciences physiques et chimiques.*

5. Section de physique;
6. Section de chimie;
7. Section de météorologie et physique du globe.

3e GROUPE : *Sciences naturelles.*

8. Section de géologie et minéralogie;
9. Section de botanique;
10. Section de zoologie, anatomie et physiologie;
11. Section d'anthropologie;
12. Section des sciences médicales;
13. Section d'électricité médicale.

4e GROUPE : *Sciences économiques.*

14. Section d'agronomie;
15. Section de géographie;
16. Section d'économie politique et statistique;
17. Section de pédagogie et enseignement;
18. Section d'hygiène et médecine publique.

Art. 4. — Tout membre de l'Association choisit, chaque année, la section à laquelle il désire appartenir. Il a le droit de prendre part aux travaux des autres sections avec voix consultative.

Art. 5. — Les personnes étrangères à l'Association, qui n'ont pas reçu d'invitation spéciale, sont admises aux séances et aux conférences d'une session, moyennant un droit d'admission fixé à 10 francs. Ces personnes peuvent communiquer des travaux aux sections, mais ne peuvent prendre part aux votes.

Art. 6. — Le Président sortant fait, de droit, partie du Bureau pendant les deux semestres suivants.

Art. 7. — Le Conseil d'administration prépare les modifications réglementaires que peut nécessiter l'exécution des Statuts, et les soumet à la décision de l'Assemblée générale.

Il prend les mesures nécessaires pour organiser les sessions, de concert avec les comités locaux qu'il désigne à cet effet. Il fixe la date de l'ouverture de chaque session. Il organise les conférences qui ont lieu à Paris pendant l'hiver.

Il nomme et révoque tous les employés et fixe leur traitement.

Art. 8. — Dans le cas de décès, d'incapacité ou de démission d'un ou de plusieurs membres du Bureau, le Conseil procède à leur remplacement.

La proposition de ce ou de ces remplacements est faite dans une séance convoquée spécialement à cet effet : la nomination a lieu dans une séance convoquée à sept jours d'intervalle.

Art. 9. — Le Conseil délibère à la majorité des membres présents. Les délibérations relatives au placement des fonds, à la vente ou à l'échange des valeurs et aux modifications statutaires ou réglementaires ne sont valables que lorsqu'elles ont été prises en présence du quart, au moins, des membres du Conseil dûment convoqués. Toutefois, si, après un premier avis, le nombre des membres présents était insuffisant, il serait fait une nouvelle convocation annonçant le motif de la réunion, et la délibération serait valable, quel que fût le nombre des membres présents.

TITRE II. — Attributions du Bureau et du Conseil d'administration.

Art. 10. — Le Bureau de l'Association est, en même temps, le Bureau du Conseil d'administration.

Art. 11. — Le Conseil se réunit au moins quatre fois dans l'intervalle de deux sessions. Une séance a lieu en novembre pour la nomination des Commissions permanentes ; une autre séance a lieu pendant la quinzaine de Pâques.

Art. 12. — Le Conseil est convoqué toutes les fois que le Président le juge convenable. Il est convoqué extraordinairement lorsque cinq de ses membres en font la demande au Bureau, et la convocation doit indiquer alors le but de la réunion.

Art. 13. — Les Commissions permanentes sont composées des cinq membres du Bureau et d'un certain nombre de membres, élus par le Conseil dans sa séance de novembre. Elles restent en fonctions jusqu'à la fin de la session suivante de l'Association. Elles sont au nombre de cinq :

1° Commission de publication;
2° Commission des finances;
3° Commission d'organisation de la session suivante;
4° Commission des subventions;
5° Commission des conférences.

Art. 14. — La Commission de publication se compose du Bureau et de quatre membres élus, auxquels s'adjoint, pour les publications relatives à chaque section, le Président ou le Secrétaire, ou, en leur absence, un des délégués de la section.

Art. 15. — La Commission des finances se compose du Bureau et de quatre membres élus.

Art. 16. — La Commission d'organisation de la session se compose du Bureau et de quatre membres élus.

Art. 17. — La Commission des subventions se compose du Bureau, d'un délégué par section nommé par les membres de la section pendant la durée du Congrès et de deux délégués de l'Association nommés par le Conseil.

Art. 18. — La Commission des conférences se compose du Bureau et de huit membres élus par le Conseil.

Art. 19. — Le Conseil peut, en outre, désigner des Commissions spéciales pour des objets déterminés.

Art. 20. — Pendant la durée de la session annuelle, le Conseil tient ses séances dans la ville où a lieu la session.

TITRE III. — Du Secrétaire du Conseil.

Art. 21. — Le Secrétaire du Conseil reçoit des appointements annuels dont le chiffre est fixé par le Conseil.

Art. 22. — Lorsque la place de Secrétaire du Conseil devient vacante, il est procédé à la nomination d'un nouveau Secrétaire, dans une séance précédée d'une convocation spéciale qui doit être faite quinze jours à l'avance.

La nomination est faite à la majorité absolue des votants. Elle n'est valable que lorsqu'elle est faite par un nombre de voix égal au tiers, au moins, du nombre des membres du Conseil.

Art. 23. — Le Secrétaire du Conseil ne peut être révoqué qu'à la majorité absolue des membres présents, èt par un nombre de voix égal au tiers, au moins, du nombre des membres du Conseil.

Art. 24. — Le Secrétaire du Conseil rédige et fait transcrire, sur deux registres distincts, les procès-verbaux des séances du Conseil et ceux des Assemblées générales. Il siège dans toutes les Commissions permanentes, avec voix consultative. Il peut faire partie des autres Commissions. Il a voix consultative dans les discussions du Conseil. Il exécute, sous la direction du Bureau, les décisions du Conseil. Les employés de l'Association sont placés sous ses ordres. Il correspond avec les membres de l'Association, avec les présidents et secrétaires des Comités locaux et avec les secrétaires des sections. Il fait partie de la Commission de publication et la convoque. Il dirige la publication du volume et donne les bons à tirer. Pendant la durée des sessions, il veille à la distribution des cartes, à la publication des programmes et assure l'exécution des mesures prises par le Comité local concernant les excursions.

TITRE IV. — Des Assemblées générales.

Art. 25. — Il se tient chaque année, pendant la durée de la session, au moins une Assemblée générale.

Art. 26. — Lé Bureau de l'Association est, en même temps, le Bureau de l'Assemblée générale. Dans les Assemblées générales qui ont lieu pendant la session, le Bureau du Comité local est adjoint au Bureau de l'Association.

Art. 27. — L'Assemblée générale, dans une séance qui clôt définitivement la session, élit, au scrutin secret et à la majorité absolue, le Vice-Président et le Vice-Secrétaire de l'Association pour l'année suivante, ainsi que le Trésorier, s'il y a lieu ; dans le cas où, pour l'une ou l'autre de ces fonctions, la liste de présentation ne comprendrait qu'un nom, la nomination pourra être faite par un vote à main levée, si l'Assemblée en décide ainsi. Elle nomme, sur la proposition des sections, les membres qui doivent représenter chaque section dans le Conseil d'administration. Elle désigne enfin, une ou deux années à l'avance, les villes où doivent se tenir les sessions futures.

Art. 28. — L'Assemblée générale peut être convoquée, extraordinairement, par une décision du Conseil.

Art. 29. — Les propositions tendant à modifier les Statuts, ou le titre Ier du Règlement, conformément à l'article 31 des Statuts, sont présentées à l'Assemblée générale par le rapporteur du Conseil et ne sont mises aux voix que dans la session suivante. Dans l'intervalle des deux sessions, le rapport est imprimé et distribué à tous les membres. Les propositions sont, en outre, rappelées dans les convocations adressées à tous les membres. Le vote a lieu sans discussion, par *oui* ou par *non*, à la majorité des deux tiers des voix, s'il s'agit d'une modification au Règlement. Lorsque vingt membres en font la demande par écrit, le vote a lieu au scrutin secret.

TITRE V. — De l'organisation des Sessions annuelles et du Comité local.

Art. 30. — La Commission d'organisation, constituée comme il est dit à l'article 16, se met en rapport avec les membres fondateurs appartenant à la ville où doit se tenir la prochaine session. Elle désigne, sur leurs indications, un certain nombre de membres qui constituent le Comité local.

Art. 31. — Le Comité local nomme son Président, son Vice-Président et son Secrétaire. Il s'adjoint les membres dont le concours lui paraît utile, sauf approbation par la Commission d'organisation.

Art. 32. — Le Comité local a pour attribution de venir en aide à la Commission d'organisation, en faisant des propositions relatives à la session et en assurant l'exécution des mesures locales qui ont été approuvées ou indiquées par la Commission.

Art. 33. — Il est chargé de s'assurer des locaux et de l'installation nécessaires pour les diverses séances ou conférences; ses décisions, toutefois, ne deviennent définitives qu'après avoir été acceptées par la Commission. Il propose les sujets qu'il serait important de traiter dans les conférences, et les personnes qui pourraient en être chargées. Il indique les excursions qui seraient propres à intéresser les membres du Congrès et prépare celles de ces excursions qui sont acceptées par la Commission. Il se met en rapport, lorsqu'il le juge utile, avec les Sociétés savantes et les autorités des villes ou localités où ont lieu les excursions.

Art. 34. — Le Comité local est invité à préparer une série de courtes notices sur la ville où se tient la session, sur les monuments, sur les établissements industriels, les curiosités naturelles, etc., de la région. Ces notices sont distribuées aux membres de l'Association et aux invités assistant au Congrès.

Art. 35. — Le Comité local s'occupe de la publicité nécessaire à la réussite du Congrès, soit à l'aide d'articles de journaux, soit par des envois de programmes, etc., dans la région où a lieu la session.

Art. 36. — Il fait parvenir à la Commission d'organisation la liste des savants français et étrangers qu'il désirerait voir inviter.

Le Président de l'Association n'adresse les invitations qu'après que cette liste a été reçue et examinée par la Commission.

Art. 37. — Le Comité local indique, en outre, parmi les personnes de la ville ou du département, celles qu'il conviendrait d'admettre gratuitement à participer aux travaux scientifiques de la session.

Art. 38. — Depuis sa constitution jusqu'à l'ouverture de la session, le Comité local fait parvenir deux fois par mois, au Secrétaire du Conseil de l'Association, des renseignements sur ses travaux, la liste des membres nouveaux, avec l'état des payements, la liste des communications scientifiques qui sont annoncées, etc.

Art. 39. — La Commission d'organisation publie et distribue, de temps à autre, aux membres de l'Association, les communications et avis divers qui se rapportent à la prochaine session. Elle s'occupe de la publicité générale et des arrangements à prendre avec les Compagnies de chemins de fer.

TITRE VI. — De la tenue des Sessions.

Art. 40. — Pendant toute la durée de la session, le Secrétariat est ouvert chaque matin pour la distribution des cartes. La présentation des cartes est exigible à l'entrée des séances.

Art. 41. — Tout membre, en retirant sa carte, doit indiquer la section à laquelle il désire appartenir, ainsi qu'il est dit à l'article 4.

Art. 42. — Le Conseil se réunit dans la matinée du jour où a lieu l'ouverture de la session; il se réunit pendant la durée de la session autant de fois qu'il le juge convenable. Il tient une dernière réunion, pour arrêter une liste de présentation relative aux élections du Bureau de l'Association, vingt-quatre heures au moins avant la réunion de l'Assemblée générale.

Le Président et l'un des Secrétaires du Comité local assistent, pendant la session, aux séances du Conseil, avec voix consultative.

Art. 43. — Les candidatures pour les élections du Bureau doivent être communiquées au Conseil, présentées par dix membres au moins de l'Association, trois jours avant l'Assemblée générale.

Le Conseil arrête la liste des présentations qu'il a reconnues régulières vingt-quatre heures au moins avant l'Assemblée générale. Cette liste de candidature, dressée par ordre alphabétique, sera affichée dans la salle de réunion.

Art. 44. — La session est ouverte par une séance générale, dont l'ordre du jour comprend :

1° Le discours du Président de l'Association et des autorités de la ville et du département;

2° Le compte rendu annuel du Secrétaire général de l'Association;

3° Le rapport du Trésorier sur la situation financière.

Aucune discussion ne peut avoir lieu dans cette séance.

A la fin de la séance, le Président indique l'heure où les membres se réuniront dans les sections.

Art. 45. — Chaque section élit, pendant la durée d'une session, son Président pour la session suivante : le Président doit être choisi parmi les membres de l'Association.

Art. 46. — Chaque section, dans sa première séance, procède à l'élection de son Vice-Président et de son Secrétaire, toujours choisis parmi ses membres. Elle peut nommer, en outre, un second Secrétaire, si elle le juge convenable. Elle procède, aussitôt après, à ses travaux scientifiques.

Art. 47. — Les Présidents de sections se réunissent, dans la matinée du second jour, pour fixer les jours et les heures des séances de leurs sections respectives, et pour répartir ces séances de la manière la plus favorable. Ils décident, s'il y a lieu, la fusion de certaines sections voisines.

Les Présidents de deux ou plusieurs sections peuvent organiser, en outre, des séances collectives.

Une section peut tenir, aux heures qui lui conviennent, des séances supplémentaires, à la condition de choisir des heures qui ne soient pas occupées par les excursions générales.

Art. 48. — Pendant la durée de la session, il ne peut être consacré qu'un seul jour, non compris le dimanche, aux excursions générales. Il ne peut être tenu de séances de sections, ni de conférences, et il ne peut y avoir d'excursions officielles spéciales, pendant les heures consacrées à une excursion générale.

Art. 49. — Il peut être organisé une ou plusieurs excursions générales, ou spéciales, pendant les jours qui suivent la clôture de la session.

Art. 50. — Les sections ont toute liberté pour organiser les excursions particulières qui intéressent spécialement leurs membres.

Art. 51. — Une liste des membres de l'Association présents au Congrès paraît le lendemain du jour de l'ouverture, par les soins du Bureau. Des listes complémentaires paraissent les jours suivants, s'il y a lieu.

Art. 52. — Il paraît chaque matin un Bulletin indiquant le programme de la journée, les ordres du jour des diverses séances et les travaux des sections de la journée précédente.

Art. 53. — La Commission d'organisation peut instituer une ou plusieurs séances générales.

Art. 54. — Il ne peut y avoir de discussions en séance générale. Dans le cas où un membre croirait devoir présenter des observations sur un sujet traité dans une séance générale, il devra en prévenir par écrit le Président, qui désignera l'une des prochaines séances de sections pour la discussion.

Art. 55. — A la fin de chaque séance de section, et sur la proposition du Président, la section fixe l'ordre du jour de la prochaine séance, ainsi que l'heure de la réunion.

Art. 56. — Lorsque l'ordre du jour est chargé, le Président peut n'accorder la parole que pour un temps déterminé qui ne peut être moindre que dix minutes. A l'expiration de ce temps, la section est consultée pour savoir si la parole est maintenue à l'orateur; dans le cas où il est décidé qu'on passéra à l'ordre du jour, l'orateur est prié de donner brièvement ses conclusions.

Art. 57. — Les membres qui ont présenté des travaux au Congrès sont priés de remettre au Secrétaire de leur section leur manuscrit, ou un résumé de leur travail; ils sont également priés de fournir une note indicative de la part qu'ils ont prise aux discussions qui se sont produites.

Lorsqu'un travail comportera des figures ou des planches, mention devra en être faite sur le titre du mémoire.

Art. 58. — A la fin de chaque séance, les Secrétaires de sections remettent au Secrétariat :

    1° L'indication des titres des travaux de la séance ;
    2° L'ordre du jour, la date et l'heure de la séance suivante.

Art. 59. — Les Secrétaires de sections sont chargés de prévenir les orateurs désignés pour prendre la parole dans chacune des séances.

Art. 60. — Les Secrétaires de sections doivent rédiger un procès-verbal des séances. Ce procès-verbal doit donner, d'une manière sommaire, le résumé des travaux présentés et des discussions; il doit être remis au Secrétariat aussitôt que possible, et au plus tard un mois après la clôture de la session.

Art. 61. — Les Secrétaires de sections remettent au Secrétaire du Conseil, avec leurs procès-verbaux, les manuscrits qui auraient été fournis par leurs auteurs, avec une liste indicative des manuscrits manquants.

Art. 62. — Les indications relatives aux excursions sont fournies aux membres le plus tôt possible. Les membres qui veulent participer aux excursions sont priés de se faire inscrire à l'avance, afin que l'on puisse prendre des mesures d'après le nombre des assistants.

Art. 63. — Les conférences générales n'ont lieu que le soir, et sous le contrôle d'un président et de deux assesseurs désignés par le Bureau.

Il ne peut être fait plus de deux conférences générales pendant la durée d'une session.

Art. 64. — Les vœux exprimés par les sections doivent être remis pendant la session au Conseil d'administration, qui seul a qualité pour les présenter au vote de l'Assemblée générale.

Art. 65. — Avant l'Assemblée générale de clôture, le Conseil décide quels sont les vœux qui devront être soumis à l'acceptation de l'Assemblée générale et qui, après avoir été acceptés, recevant le nom de *Vœux de l'Association française*, seront transmis sous ce nom aux pouvoirs publics.

Il décide également quels vœux seront insérés aux comptes rendus sous le nom de : *Vœux de la ...ᵉ section* et quels sont ceux dont le texte ne figurera pas aux comptes rendus.

Il sera procédé, en Assemblée générale, au vote sur les vœux qui sont présentés par le Conseil comme vœux de l'Association.

Il sera ensuite donné lecture des vœux que le Conseil a réservés comme vœux de section.

Dans le cas où dix membres au moins demanderaient qu'un vœu de cette espèce fût transformé en vœu de l'Association, ce vœu pourra être renvoyé, par un vote de l'Assemblée, à l'Assemblée générale suivante. Avant la réunion de celle-ci, cette proposition sera étudiée par une Commission de cinq membres qui aura à faire un rapport qui sera imprimé et distribué à tous les membres de l'Association. Cette Commission comprendra deux membres de la section ou des sections qui ont présenté le vœu, et trois membres pris en dehors de celle-ci. Les premiers seront désignés par le bureau de la section (ou par les bureaux des sections) ayant émis le vœu, qui devront les faire connaître au plus tard lors de la séance du Conseil qui suivra l'Assemblée générale, et, à défaut, par le bureau de l'Association ; les trois autres membres seront nommés par le bureau.

TITRE VII. — Des Comptes rendus.

Art. 66. — L'Association publie chaque année : 1° le texte ou l'analyse des conférences faites à Paris pendant l'hiver ; 2° le compte rendu de la session ; 3° le texte des notes et mémoires dont l'impression dans le compte rendu a été décidée par le Conseil d'administration.

Art. 67. — Les comptes rendus doivent être publiés dix mois au plus tard après la session à laquelle ils se rapportent.

La distribution des comptes rendus est annoncée à tous les membres de l'Association par une circulaire qui indique à partir de quelle date ils peuvent être retirés au Secrétariat.

Les comptes rendus sont expédiés aux invités de l'Association.

Art. 68. — Sur leur demande, faite avant le 1er octobre de chaque année, les membres recevront les comptes rendus de l'Association par fascicules expédiés semi-mensuellement.

Art. 69. — Les membres qui n'auraient pas remis au Secrétaire de leur section, pendant la session, le résumé sommaire de leur communication devront le faire parvenir au Secrétariat au plus tard quatre semaines après la clôture de la session. Passé cette époque, le titre seul du travail figurera au procès-verbal, sauf décision spéciale du Conseil d'administration.

Art. 70. — L'étendue des résumés sommaires ne devra pas dépasser une demi-page d'impression (2000 lettres) pour une même question.

Art. 71. — Les notes et mémoires dont l'impression *in extenso* est demandée par les auteurs devront être remis au Secrétaire de la section pendant la session ou être expédiés directement au Secrétariat deux mois au plus tard après la clôture de la session. Les planches ou dessins accompagnant un mémoire devront être joints à celui-ci.

Art. 72. — Dix pages, au maximum, peuvent être accordées à un auteur pour une même question ; toutefois la Commission de publication pourra proposer au Conseil d'administration de fixer exceptionnellement une étendue plus considérable.

Art. 73. — Le Conseil d'administration, sur la proposition de la Commission de publication, pourra décider la publication en dehors des comptes rendus de travaux spéciaux que leur étendue ne permettrait pas de faire paraître dans les comptes rendus. Ces travaux seront mis à la disposition des membres qui en auront fait la demande en temps utile.

Art. 74. — L'insertion du résumé sommaire destiné au procès-verbal est de droit pour toute communication faite en session, à moins que cette communication ne rentre pas dans l'ordre des travaux de l'Association.

Art. 75. — La Commission de publication a tous pouvoirs pour décider de l'impression *in extenso* d'un travail présenté à une session. Elle peut également demander aux auteurs des réductions dont elle fixe l'importance ; si le travail réduit ne parvient pas au Secrétariat dans les délais indiqués, l'impression ne pourra avoir lieu.

Aucun travail publié en France avant l'époque du Congrès ne pourra être reproduit dans les comptes rendus. Le titre et l'indication bibliographique figureront seuls dans le procès-verbal.

Art. 76. — Les discussions insérées dans les comptes rendus sont extraites textuellement des procès-verbaux des Secrétaires de sections. Les notes fournies par les auteurs, pour faciliter la rédaction des procès-verbaux, devront être remises dans les vingt-quatre heures.

Art. 77. — La Commission de publication décide quelles seront les planches qui seront jointes au compte rendu et s'entend, à cet effet, avec la Commission des finances.

Art. 78. — Les épreuves seront communiquées aux auteurs en placards seulement ; une semaine est accordée pour la correction. Si l'épreuve n'est pas renvoyée à l'expiration de ce délai, les corrections sont faites par les soins du Secrétariat.

Art. 79. — Dans le cas où les frais de corrections et changements indiqués par un auteur dépasseraient la somme de 15 francs par feuille, l'excédent, calculé proportionnellement, serait porté à son compte.

Art. 80. — Les membres pourront faire exécuter un tirage à part de leurs communications avec pagination spéciale, au prix convenu avec l'imprimeur par le Conseil d'administration. Ces tirages à part sont imprimés sur un type absolument uniforme.

Art. 81. — Les auteurs qui n'ont pas demandé de tirage à part et dont les communications ont une étendue qui dépasse une demi-feuille d'impression recevront quinze exemplaires de leur travail, extraits des feuilles qui ont servi à la composition du volume.

Art. 82. — Les auteurs des communications présentées à une session ont d'ailleurs le droit de publier à part ces communications à leur gré : ils sont seulement priés d'indiquer que ces travaux ont été présentés au Congrès de l'Association française.

LISTE DES BIENFAITEURS

DE L'ASSOCIATION FRANÇAISE POUR L'AVANCEMENT DES SCIENCES

MM. UN ANONYME.
BISCHOFFSHEIM (Raphaël-Louis), Membre de l'Institut.
BOUDET (Claude), à Lyon.
BOURDEAU (J.-P.-L.), à Billère, près Pau.
BROSSARD (Louis-Cyrille), à Étampes.
BRUNET (Benjamin), ancien Négociant à la Pointe-à-Pitre, à Paris.
CHEUX, Pharmacien-major de l'armée, en retraite, à Ernée.
CLAMAGERAN, sénateur, à Paris.
DELEHAYE (Jules), à Paris.
DES ROSIERS (J.-B.-A.), Propriétaire, à Paris.
EICHTHAL (le baron Adolphe D'), Président honoraire du Conseil d'administration
    de la Compagnie des chemins de fer du Midi à Paris.
FONTARIVE, à Linneville-sur-Gien.
GIRARD, Directeur de la Manufacture des tabacs de Lyon.
GOBERT, Président honoraire du Tribunal civil de Saint-Omer.
GUILLEMINET (André), Pharmacien, à Lyon.
JACKSON (James), à Paris.
KUHLMANN (Frédéric), Correspondant de l'Institut, Chimiste, à Lille.
LAMY (Ernest), ancien banquier, à Paris.
LEGROUX (le Commandant Adrien), à Orléans.
LOMPECH (Denis), à Miramont.
MASSON (G.), Libraire de l'Académie de Médecine, à Paris.
OLLIER, Professeur à la Faculté de Médecine de Lyon, Correspondant de l'Institut.
PARQUET (Mme V^e), à Paris.
PERDRIGEON, Agent de change, à Paris.
PEREIRE (Émile), à Paris.
POCHARD (Mme V^e), à Paris.
RIGOUT (D^r), à Paris.
ROUX (Gustave), à Paris.
SIEBERT, à Paris.
THEURLOT, à Paris.
LA COMPAGNIE GÉNÉRALE TRANSATLANTIQUE, à Paris.
VILLE DE MONTPELLIER.
VILLE DE PARIS.

LISTE DES MEMBRES

DE

L'ASSOCIATION FRANÇAISE POUR L'AVANCEMENT DES SCIENCES

FUSIONNÉE AVEC

L'ASSOCIATION SCIENTIFIQUE DE FRANCE (*)

(MEMBRES FONDATEURS ET MEMBRES A VIE)

MEMBRES FONDATEURS

PARTS

ABBADIE (Antoine D'), Membre de l'Institut et du Bureau des Longitudes. *(Décédé)*. 4
ALBERTI, Banquier *(Décédé)* 1
ALMEIDA (D'), Inspecteur général de l'Instruction publique *(Décédé)*. 1
AMBOIX DE LARBONT (le Général Henri D'), Commandant la 25ᵉ Division d'Infanterie.
— Saint-Étienne (Loire). 1
ANDOUILLÉ (Edmond), sous-Gouverneur honoraire de la *Banque de France (Décédé)*. 2
ANDRÉ (Alfred), Régent de la *Banque de France*, Administrateur de la *Compagnie des
Chemins de fer de Paris à Lyon et à la Méditerranée*, ancien Député *(Décédé)* . 2
ANDRÉ (Édouard), ancien Député *(Décédé)* 1
ANDRÉ (Frédéric), Ingénieur en chef des Ponts et Chaussées *(Décédé)*. 1
AUBERT (Charles), Avocat, 13, rue Caqué. — Reims (Marne) 1
AUDIBERT, Directeur de la *Compagnie des Chemins de fer de Paris à Lyon et à la
Méditerranée (Décédé)*. 2
AYNARD (Édouard), Membre de l'Institut, Président de la Chambre de Commerce,
Député du Rhône, 11, place de La Charité. — Lyon (Rhône) 1
AZAM (Eugène), Professeur honoraire à la Faculté de Médecine de Bordeaux, Associé
national de l'Académie de Médecine *(Décédé)*. 1
BAILLE (J.-B.-Alexandre), ancien Répétiteur à l'École Polytechnique, Professeur à
l'École municipale de Physique et de Chimie industrielles, 26, rue Oberkampf.— Paris. 1
BAILLIÈRE (Germer), ancien Libraire-Éditeur, ancien Membre du Conseil municipal,
10, rue de L'Éperon. — Paris. 1
BAILLON (H.), Professeur à la Faculté de Médecine de Paris *(Décédé)*. 1
BALARD, Membre de l'Institut *(Décédé)* 1
BALASCHOFF (Pierre DE), Rentier *(Décédé)*. 1
BAMBERGER (Henri), Banquier, 14, rond-point des Champs-Élysées. — Paris. 1
BAPTEROSSES (F.), Manufacturier. — Briare (Loiret). 1
BARBIER-DELAYENS (Victor), Propriétaire, *(Décédé)*. 1
BARBOUX (Henri), Avocat à la Cour d'Appel, ancien Bâtonnier du Conseil de l'Ordre,
14, quai de La Mégisserie. — Paris 1
BARTHOLONI (Fernand), ancien Président du Conseil d'administration de la *Compagnie
des Chemins de fer d'Orléans*, 12, rue La Rochefoucauld. — Paris 1
BAUDOIN (Noël), Ingénieur civil, 51, rue Lemercier. — Paris. 1
BÉCHAMP (Antoine), ancien Professeur à la Faculté de Médecine de Montpellier,
Correspondant de l'Académie de Médecine, 15, rue Vauquelin. — Paris. 1

(*) Ces listes ont été arrêtées au 15 novembre 1903.

BECKER (Mme V^e). 260, boulevard Saint-Germain. — Paris 1
BELL (Édouard, Théodore), Négociant, 57, Broadway.— New-York (États-Unis d'Amérique) 1
BELON, Fabricant *(Décédé)*. 1
BERAL (Éloi), Inspecteur général des mines en retraite, Conseiller d'État honoraire,
  ancien Sénateur, château de Pechfumat. — Frayssinet-le-Gélat (Lot) 1
BERDELLÉ (Charles), ancien Garde général des Forêts. — Rioz (Haute-Saône) 1
BERNARD (Claude), Membre de l'Académie française et de l'Académie des Sciences
  (Décédé). 1
BILLAULT-BILLAUDOT et Cie, Fabricants de produits chimiques, 22, rue de La Sorbonne.
  — Paris. 1
BILLY (DE), Inspecteur général des Mines *(Décédé)* 1
BILLY (Charles DE), Conseiller référendaire à la Cour des Comptes, 56, rue de Boulain-
  villiers.— Paris. 1
BISCHOFFSHEIM (L., R.), Banquier *(Décédé)* 1
BISCHOFFSHEIM (Raphaël, Louis), Membre de l'Institut, Ingénieur des Arts et Manu-
  factures, Député des Alpes-Maritimes, 3, rue Taitbout. — Paris 1
BLOT, Membre de l'Académie de Médecine *(Décédé)*. 1
BOCHET (Vincent DU) *(Décédé)*. 1
BOISSONNET (le Général André, Alfred), ancien Sénateur, 16, rue de Logelbach. — Paris . 1
BOIVIN (Émile), Raffineur, 64, rue de Lisbonne. — Paris. 1
BONAPARTE (le Prince Roland), 10, avenue d'Iéna. — Paris. 1
BONDET, Professeur à la Faculté de Médecine, Associé national de l'Académie de
  Médecine, Médecin de l'Hôtel-Dieu, 6, place Bellecour. — Lyon (Rhône) 1
BONNEAU (Théodore), Notaire honoraire *(Décédé)* 1
BORIE (Victor), Membre de la *Société nationale d'Agriculture de France* *(Décédé)* . . . 1
BOUCHARD (Charles), Membre de l'Institut et de l'Académie de Médecine, Professeur
  à la Faculté de Médecine, Médecin honoraire des Hôpitaux, 174, rue de Rivoli. — Paris. 1
BOUDET (F.), Membre de l'Académie de Médecine *(Décédé)* 1
BOUILLAUD, Membre de l'Institut, Professeur à la Faculté de Médecine *(Décédé)* 1
BOULÉ (Auguste), Inspecteur général des Ponts et Chaussées en retraite, 7, rue
  Washington.— Paris. 1
BRANDENBURG (Albert), Négociant *(Décédé)* 1
BRÉGUET, Membre de l'Institut et du Bureau des Longitudes *(Décédé)* 2
BRÉGUET (Antoine), Directeur de la *Revue scientifique*, ancien Élève de l'École Polytech-
  nique *(Décédé)* 1
BREITTMAYER (Albert), ancien sous-Directeur des Docks et Entrepôts de Marseille, 8, quai
  de L'Est. — Lyon (Rhône). 1
BROCA (Paul), Professeur à la Faculté de Médecine de Paris, Membre de l'Académie de
  Médecine, Sénateur *(Décédé)* 1
BROCARD (Henri), Chef de Bataillon du Génie en retraite, 75, rue des Ducs-de-Bar.
  — Bar-le-Duc (Meuse) 1
BROET, ancien Membre de l'Assemblée nationale *(Décédé)*. 1
BROUZET (Charles), Ingénieur civil, 38, rue Victor-Hugo. — Lyon (Rhône). 1
CACHEUX (Émile), Ingénieur des Arts et Manufactures, vice-Président de la *Société
  française d'Hygiène*, 25, quai Saint-Michel. — Paris 1
CAMBEFORT (Jules), Administrateur de la *Compagnie des Chemins de fer de Paris à
  Lyon et à la Méditerranée*, 13, rue de La République. — Lyon (Rhône) 1
CAMONDO (le Comte Abraham DE), Banquier *(Décédé)*. 1
CAMONDO (le Comte Nissim DE) *(Décédé)*. 1
CANET (Gustave), Ingénieur des Arts et Manufactures, Directeur de l'Artillerie de
  MM. Schneider et Cie, ancien Président de la *Société des Ingénieurs civils de France*,
  87, avenue Henri-Martin. — Paris 1
CAPERON (père), Négociant *(Décédé)*. 1
CAPERON (fils) *(Décédé)* 1
CARLIER (Auguste), Publiciste *(Décédé)* 1
CARNOT (Adolphe), Membre de l'Institut, Inspecteur général des Mines, Directeur de
  l'École nationale supérieure des Mines, Professeur à l'Institut national agronomique,
  60, boulevard Saint-Michel. — Paris 1
CASTHELAZ (John), Fabricant de produits chimiques, 19, rue Sainte-Croix-de-la-Bre-
  tonnerie. — Paris 1
CAVENTOU (père), Membre de l'Académie de Médecine *(Décédé)* 1
CAVENTOU (Eugène), Membre de l'Académie de Médecine, 43, rue de Berlin. — Paris. 1
CERNUSCHI (Henri), Publiciste *(Décédé)*. 1

LAUTH (Charles), Directeur de l'École municipale de Physique et de Chimie indus-
trielles, Administrateur honoraire de la Manufacture nationale de porcelaines de
.Sèvres, 36, rue d'Assas. — Paris 1
LE CHATELIER, Inspecteur général des Mines *(Décédé)* 1
LECONTE, Ingénieur civil des Mines *(Décédé)*. 2
LECOQ DE BOISBAUDRAN (François), Correspondant de l'Institut, 113, rue de Long-
champ. — Paris 1
LE FORT (Léon), Professeur à la Faculté de Médecine de Paris, Membre de l'Académie
de Médecine, Chirurgien des Hôpitaux de Paris *(Décédé)*. 1
LE MARCHAND (Augustin), Ingénieur, les Chartreux. — Petit-Quévilly (Seine-Inférieure). 1
LEMONNIER (Paul, Hippolyte), Ingénieur, ancien Élève de l'École Polytechnique
(Décédé) 1
LÈQUES (Henri, François), Ingénieur géographe, Membre de la *Société de Géographie*.
— Nouméa (Nouvelle-Calédonie) 1
LESSEPS (le Comte Ferdinand DE), Membre de l'Académie française et de l'Académie
des Sciences, Président-fondateur de la *Compagnie universelle du Canal maritime
de l'Isthme de Suez (Décédé)* 1
LEUDET (Mᵐᵉ Vᵉ Émile), 11, rue de Longchamp. — Nice (Alpes-Maritimes) 1
Dʳ LEUDET (Émile), Correspondant de l'Académie des Sciences, Membre associé national
de l'Académie de Médecine, Directeur de l'École de Médecine de Rouen *(Décédé)* . 1
LEVALLOIS (J.), Inspecteur général des Mines en retraite *(Décédé)*. 1
LE VERRIER (U., J.), Membre de l'Institut, Directeur de l'Observatoire national, Fonda-
teur et Président de l'*Association scientifique de France (Décédé)* 1
LÉVY-CRÉMIEUX, Banquier *(Décédé)*. 1
LOCHE (Maurice), Inspecteur général des Ponts et Chaussées, 24, rue d'Offémont. — Paris. 1
LORTET (Louis), Correspondant de l'Institut et de l'Académie de Médecine, Doyen de
la Faculté de Médecine, Directeur du Muséum des Sciences naturelles, 15, quai de
L'Est. — Lyon (Rhône). 1
LUGOL (Édouard), Avocat, 11, rue de Téhéran. — Paris. 1
LUTSCHER (A.), Banquier, 22, place Malesherbes. — Paris. 2
LUZE (DE) (père), Négociant *(Décédé)*. 1
Dʳ MAGITOT (Émile), Membre de l'Académie de Médecine *(Décédé)*. 1
MANGINI (Lucien), Ingénieur civil, ancien Sénateur *(Décédé)*. 1
MANNBERGER, Banquier *(Décédé)*. 1
MANNHEIM (le Colonel Amédée), Professeur honoraire à l'École Polytechnique, 1, boule-
vard Beauséjour. — Paris. 1
MANSY (Eugène), Négociant, 15, rue Maguelonne. — Montpellier (Hérault) 1
MARÈS (Henri), Correspondant de l'Institut, Ingénieur des Arts et Manufactures
(Décédé) 1
MARTINET (Émile), ancien Imprimeur *(Décédé)*. 1
MARVEILLE DE CALVIAC (Jules DE), château de Calviac. — Lasalle (Gard) 1
MASSON (Georges), Libraire de l'Académie de Médecine, Président de la Chambre de
Commerce de Paris *(Décédé)*. 1
M. E. (anonyme) *(Décédé)* 1
MÉNIER, Membre de la Chambre de Commerce de Paris, Député et Membre du Conseil
général de Seine-et-Marne *(Décédé)* 10
MERLE (Henri) *(Décédé)* 1
MERZ (John, Théodore), Docteur en Philosophie, the Quarries. — Newcastle-on-Tyne
(Angleterre) 1
MEYNARD (J., J.), Ingénieur en chef des Ponts et Chaussées en retraite *(Décédé)*. . . 1
MILNE-EDWARDS (H.), Membre de l'Institut, Doyen de la Faculté des Sciences de Paris,
Président de l'*Association scientifique de France (Décédé)* 1
MIRABAUD (Robert), Banquier, 56, rue de Provence. — Paris 1
Dʳ MONOD (Charles), Membre de l'Académie de Médecine, Agrégé à la Faculté de
Médecine, Chirurgien des Hôpitaux, 12, rue Cambacérès. — Paris 1
MONY (C.), ancien Ingénieur du *Chemin de fer de Saint-Germain*, Directeur des *Houil-
lères de Commentry (Décédé)*. 1
MOREL D'ARLEUX (Charles), Notaire honoraire, 13, avenue de L'Opéra. — Paris 1
Dʳ NÉLATON, Membre de l'Institut *(Décédé)* 1
NOTTIN (Lucien), 4, quai des Célestins. — Paris 1
OLLIER (Léopold) Correspondant de l'Institut, Professeur à la Faculté de Médecine
de Lyon, Associé national de l'Académie de Médecine, ancien Chirurgien titulaire de
l'Hôtel-Dieu *(Décédé)*. 1

OPPENHEIM (frères), Banquiers *(Décédés)*. 2
PARMENTIER (le Général Théodore), 5, rue du Cirque. — Paris 1
PARRAN (Alphonse), Ingénieur en chef des Mines en retraite, Directeur de la *Compagnie des minerais de fer magnétique de Mokta-el-Hadid (Décédé)* 1
PARROT, Professeur à la Faculté de Médecine de Paris, Membre de l'Académie de Médecine *(Décédé)*. 1
PASTEUR (Louis), Membre de l'Académie française, de l'Académie des Sciences et de l'Académie de Médecine *(Décédé)*. 1
PENNÈS (J., A.), ancien Fabricant de Produits chimiques et hygiéniques *(Décédé)*. . . 1
PERDRIGEON DU VERNIER (J.), ancien Agent de change. — Chantilly (Oise). 1
PERROT (Adolphe), Docteur ès Sciences, ancien Préparateur de Chimie à la Faculté de Médecine de Paris *(Décédé)*. 2
PEYRE (Jules), ancien Banquier, 6, rue Deville. — Toulouse (Haute-Garonne). 1
PIAT (Albert), Constructeur-mécanicien, 85, rue Saint-Maur. — Paris 1
PIATON, Président du Conseil d'administration des Hospices de Lyon *(Décédé)*. 1
PICCIONI (Antoine) *(Décédé)* 2
POIRRIER (Alcide), Fabricant de produits chimiques, Sénateur de la Seine, 22, avenue Hoche. — Paris 2
POLIGNAC (le Prince Camille DE). — Radmansdorf (Carniole) (Autriche-Hongrie). . . . 1
POMMERY (Louis), Négociant en vins de Champagne, 7, rue Vauthier-le-Noir. — Reims (Marne) 1
POTIER (Alfred), Membre de l'Institut, Inspecteur général des Mines en retraite, Professeur à l'École Polytechnique, 89, boulevard Saint-Michel. — Paris. 1
POUPINEL (Jules), Membre du Conseil général de Seine-et-Oise *(Décédé)*. 1
POUPINEL (Paul) *(Décédé)* 1
PROT (Paul), Industriel, Président du Syndicat de la Parfumerie française, 65, rue Jouffroy. — Paris 1
QUATREFAGES DE BRÉAU (Armand DE), Membre de l'Institut et de l'Académie de Médecine, Professeur au Muséum d'Histoire naturelle *(Décédé)*. 1
QUÉVILLON (Fernand), Colonel-Commandant le 144e Régiment d'infanterie, Breveté d'État-Major, 33, rue de Strasbourg. — Bordeaux (Gironde) 1
RAOUL-DUVAL (Fernand), Régent de la *Banque de France*, Président du Conseil d'administration de la *Compagnie Parisienne du Gaz (Décédé)* 1
RÉCIPON (Émile), Propriétaire, Député d'Ille-et-Vilaine *(Décédé)*. 1
REINACH (Herman-Joseph), Banquier *(Décédé)*. 1
RENARD (Charles), Ingénieur chimiste *(Décédé)*. 1
RENOUARD (Mme Alfred), 49, rue Mozart. — Paris 1
RENOUARD (Alfred), Ingénieur civil, Administrateur de *Sociétés techniques*, 49, rue Mozart. — Paris. 1
RENOUVIER (Charles), Membre de l'Institut, ancien Élève de l'École Polytechnique, Publiciste *(Décédé)* 1
RIAZ (Auguste DE), Banquier, 10, quai de Retz. — Lyon (Rhône). 1
Dr RICORD, Membre de l'Académie de Médecine, Chirurgien honoraire de l'Hôpital du Midi *(Décédé)*. 1
RIFFAUT (le Général) *(Décédé)* 1
RIGAUD (Mme Ve Francisque), 38, rue Pauquet. — Paris. 1
RIGAUD (Francisque), Fabricant de Produits chimiques, ancien Député, Membre du Conseil général de la Seine *(Décédé)* 1
RISLER (Charles), Chimiste, Maire du VIIe arrondissement, 39, rue de L'Université. — Paris 1
ROCHETTE (Ferdinand DE LA), Ingénieur-Directeur des *Hauts Fourneaux et Fonderies de Givors (Décédé)*. 1
ROLLAND, Membre de l'Institut, Directeur général honoraire des Manufactures de l'État *(Décédé)* 1
Dr ROLLET de L'YSLE *(Décédé)* 1
ROSIERS (DES), Propriétaire *(Décédé)* 1
ROTHSCHILD (le Baron Alphonse DE), Membre de l'Institut, 2, rue Saint-Florentin. — Paris 1
Dr ROUSSEL (Théophile), Membre de l'Institut et de l'Académie de Médecine, Sénateur et Président du Conseil général de la Lozère *(Décédé)*. 1
ROUVIÈRE (Albert), Ingénieur des Arts et Manufactures, Propriétaire-Agriculteur. — Mazamet (Tarn) 1
SAINT-LAURENT (Albert DE), Avocat, 128, cours Victor-Hugo — Bordeaux (Gironde). . 1

Saint-Paul de Sainçay, Directeur de la *Société de la Vieille-Montagne (Décédé)*. . . 1
Salet (Georges), Maître de Conférences à la Faculté des Sciences de Paris *(Décédé)*. . . 1
Salleron, Constructeur *(Décédé)*. 1
Salvador (Casimir) *Décédé)*. 2
Sauvage, Directeur de la *Compagnie des Chemins de fer de l'Est (Décédé)*. 2
Say (Léon), Membre de l'Académie française et de l'Académie des Sciences morales
    et politiques, Député des Basses-Pyrénées *(Décédé)* 1
Scheurer-Kestner (Auguste), Sénateur *(Décédé)*. 1
Schrader (Ferdinand), ancien Directeur des classes de la *Société philomathique
    de Bordeaux (Décédé)*. 1
Dr Sédillot (C.), Membre de l'Institut, ancien Médecin-Inspecteur général des armées,
    Directeur de l'École militaire de santé de Strasbourg *(Décédé)*. 1
Serret, Membre de l'Institut *(Décédé)*. 1
Dr Seynes (Jules de), Agrégé à la Faculté de Médecine, 15, rue Chanaleilles.
    — Paris 1
Siéber (H.-A.), 23, rue de Paradis. — Paris 1
Silva (R., D.), Professeur à l'École centrale des Arts et Manufactures, ancien Professeur
    à l'École municipale de Physique et de Chimie industrielles *(Décédé)*. 1
Société anonyme des Houillères de Montrambert et de la Béraudière, 70, rue de
    L'Hôtel-de-Ville. — Lyon (Rhône) 1
Société anonyme des Forges et Chantiers de la Méditerranée, 1 et 3, rue Vignon.
    — Paris 1
Société des Ingénieurs civils de France, 19, rue Blanche. — Paris. 1
Société générale des Téléphones, 9, place de La Bourse. — Paris 1
Solvay (Ernest), Industriel, Sénateur, 45, rue des Champs-Élysées.— Bruxelles (Belgique). 1
Solvay et Cie, Usine de Produits chimiques de Varangéville-Dombasle par Dombasle
    (Meurthe-et-Moselle). 2
Strzelecki (le Général Casimir) *(Décédé)* 1
Dr Suchard, 85, boulevard de Port-Royal. — Paris, et l'été aux Bains de Lavey
    (Vaud) (Suisse). 1
Surell, Ingénieur en chef des Ponts et Chaussées en retraite, Administrateur de la
    Compagnie des Chemins de fer du Midi (Décédé). 1
Talabot (Paulin), Directeur général de la *Compagnie des Chemins de fer de Paris à
    Lyon et à la Méditerranée (Décédé)*. 1
Thénard (le Baron Paul), Membre de l'Institut *(Décédé)*. 1
Tissié-Sarrus, Banquier, 2, rue du Petit-Saint-Jean. — Montpellier (Hérault) . . . 1
Tourasse (Pierre-Louis), Propriétaire *(Décédé)* 8
Trébucien (Ernest), Manufacturier, 25, cours de Vincennes. — Paris. 1
Vautier (Émile), Ingénieur civil *(Décédé)*. 1
Verdet (Gabriel), ancien Président du Tribunal de Commerce. — Avignon (Vaucluse). 1
Vernes (Félix), Banquier *(Décédé)*. 1
Vernes d'Arlandes (Théodore) *(Décédé)* 1
Verrier (J. F. G.), Membre de plusieurs Sociétés savantes *(Décédé)*. 1
Vignon (Jules), Rentier, 45, avenue de Noailles. — Lyon (Rhône) 1
Ville d'Ernée (Mayenne) 1
Ville de Marseille (Bouches-du-Rhône). 1
Ville de Reims (Marne). 1
Ville de Rouen (Seine-Inférieure). 1
Dr Voisin (Auguste), Médecin des Hôpitaux *(Décédé)*. 1
Wallace (Sir Richard) *(Décédé)*. 2
Worms de Romilly, ancien Président de la *Société française de Physique (Décédé)*. . 1
Wurtz (Adolphe), Membre de l'Institut, Professeur à la Faculté de Médecine et à la
    Faculté des Sciences de Paris, Sénateur *(Décédé)* 1
Wurtz (Théodore), Propriétaire *(Décédé)*. 1
Yver (Paul), Manufacturier, ancien Élève de l'École Polytechnique. — Briare (Loiret). 1

MEMBRES A VIE

Abbe (Clevcland), Météor., Weather-Bureau, department of Agriculture. — Washington-
    City (Etats-Unis d'Amérique).
Aduy (Eugène), Prop., 27, quai Vauban. — Perpignan (Pyrénées-Orientales).

ALBERTIN (Michel), Pharm. de 1re cl., Dir. de *la Comp. des Eaux min.* et Maire de Saint-Alban, rue de L'Entrepôt. — Roanne (Loire).

ALLARD (Hubert), Pharm. de 1re cl., Prop. — Neuvy par Moulins (Allier).

ALPHANDERY (Eugène), 79, avenue de Villiers. — Paris.

AMET (Émile), Indust., Usine Saint-Hubert. — Sézanne (Marne).

ANGOT (Alfred), Doct. ès Sc., Météorol. tit. au Bureau cent. météor. de France, 12, avenue de L'Alma. — Paris.

APPERT (Aristide), anc. Indust., 58, rue Ampère. — Paris.

ARBEL (Antoine), Maître de forges. — Rive-de-Gier (Loire).

ARLOING (Saturnin), Corresp. de l'Inst. et de l'Acad. de Méd., Prof. à la Fac. de Méd., Dir. de l'Éc. nat. vétér., 2, quai Pierre-Scize. — Lyon (Rhône).

Dr ARNAUD (Henri), 5, rue Saint-Pierre. — Montpellier (Hérault).

ARNOULD (Charles), Nég., Maire, 37, rue de Talleyrand. — Reims (Marne).

ARNOUX (Louis-Gabriel), anc. Of. de marine. — Les Mées (Basses-Alpes).

ARNOUX (René), Ing.-Construc., anc. Ing. des ateliers Bréguet, anc. Ing.-Conseil de la *Comp. continentale Edison*, 45, rue du Ranelagh. — Paris.

ARVENGAS (Albert), Lic. en Droit, 1, rue Raimond-Lafage. — Lisle-d'Albi (Tarn).

ASSOCIATION POUR L'ENSEIGNEMENT DES SCIENCES ANTHROPOLOGIQUES (École d'Anthropologie), 15, rue de L'École-de-Médecine. — Paris.

BABINET (André), Ing. en chef des P. et Ch., 5, rue Washington. — Paris.

BAILLE (Mme J.-B., Alexandre), 26, rue Oberkampf. — Paris.

BAILLOU (André), Prop., 96, rue Croix-de-Seguey. — Bordeaux (Gironde).

BARABANT (Roger), Ing. en chef des P. et Ch. en retraite, Dir. de la *Comp. des Chem. de fer de l'Est*, 14, rue de Clichy. — Paris.

BARD (Louis), Prof. de Clin. médic. à l'Univ., 6, rue Bellot. — Genève (Suisse).

BARDIN (Mlle), 2, rue du Luminaire. — Montmorency (Seine-et-Oise).

BARGEAUD (Paul), Percept. — Royan-les-Bains (Charente-Inférieure).

BARILLIER-BEAUPRÉ (Alphonse), Prop. — Fenioux (Deux-Sèvres).

BARON (Henri), Dir. hon. de l'Admin. des Postes et Télég., 18, avenue de La Bourdonnais. — Paris.

BARON (Jean), anc. Ing. de la Marine, Ing. en chef aux *Chantiers de la Gironde*, 50, rue du Tondu. — Bordeaux (Gironde).

Dr BARRAL (Étienne), Agr. à la Fac. de Méd., 2, quai Fulchiron. — Lyon (Rhône).

Dr BARROIS (Charles), Prof. à la Fac. des Sc., 37, rue Pascal. — Lille (Nord).

Dr BARROIS (Jules), Doct. ès Sc., Zool., villa de Surville, Cap Brun. — Toulon (Var).

BARTAUMIEUX (Charles), Archit., Expert à la Cour d'Ap., Mem. de la *Soc. cent. des Archit. franç.*, 66, rue La Boétie. — Paris.

Dr BARTH (Henry), Méd. des Hôp., Sec. gén. de l'*Assoc. des Méd. de la Seine*, 2, rue Saint-Thomas-d'Aquin. — Paris.

BARTHELET (Edmond), Mem. de la Ch. de Com., 33, boulevard de la Liberté. — Marseille (Bouches-du-Rhône).

BASTIDE (Scévola), Prop.-vitic., Mem. de la Ch de Com., 11, rue Maguelonne. — Montpellier (Hérault).

BAUDREUIL (Émile DE), anc. Cap. d'Artil., anc. Élève de l'Éc. Polytech., 9, rue du Cherche-Midi. — Paris.

BAYARD (Joseph), Pharm. de 1re cl., anc. Int. des Hôp. de Paris, Sec. de la *Soc. des Pharm. de Seine-et-Marne*, 16, rue Neuville. — Fontainebleau (Seine-et-Marne).

BAYE (le Baron Joseph DE), Mem. de la *Soc. des Antiquaires de France*, Corresp. du Min. de l'Instruc. pub., 58, avenue de La Grande-Armée. — Paris et château de Baye (Marne).

BAYSSELLANCE (Adrien), Ing. de la Marine en retraite, Présid. de la rég. Sud-Ouest du *Club Alpin français*, anc. Maire, 84, rue Saint-Genès. — Bordeaux (Gironde).

BEHAGHEL (Henri), Prop., château de Beaurepaire. — Beaumarie-Saint-Martin par Montreuil-sur-Mer (Pas-de-Calais).

BEIGBEDER (David), anc. Ing. des Poudres et Salpêtres, 125, avenue de Villiers. — Paris.

Dr BELUGON (Guillaume), Chargé de cours à l'Éc. sup. de Pharm., 3, boulevard Victor-Hugo. — Montpellier (Hérault).

BERCHON (Mme Ve Ernest), 96, cours du Jardin-Public. — Bordeaux (Gironde).

BERGERON (Jules), Doct. ès Sc., Prof. à l'Éc. cent. des Arts et Man., s.-Dir. du Lab. de Géol. de la Fac. des Sc., 157, boulevard Haussmann. — Paris.

BERTHELOT (Eugène), Sec. perp. de l'Acad. des Sc., Mem. de l'Acad. française et de l'Acad. de Méd., Prof. au Collège de France, anc. Min., Sénateur, 3, rue Mazarine (Palais de l'Institut). — Paris.

BERTIN (Louis), Ing. en chef des P. et Ch. en retraite, 6, rue Mogador. — Paris.

Béthouart (Alfred), Ing. des Arts et Man., Censeur de la *Banque de France*, anc. Maire, 5, rue Chanzy. — Chartres (Eure-et-Loir).

Béthouart (Émile), Conserv. des Hypothèques, 18, rue du Faubourg-Saint-Jean. — Orléans (Loiret).

Beyna (Auguste), Dir. de la succursale de la *Comp. Algérienne*, 8, avenue de France. — Tunis.

Dr .Bezançon (Paul), anc. Int. des Hôp., 51, rue de Miromesnil. — Paris.

Bibliothèque-Musée, 10, rue de l'État-Major. — Alger.

Bibliothèque publique de la Ville, Grande-Rue. — Boulogne-sur-Mer (Pas-de-Calais).

Bibliothèque de l'École supérieure de Pharmacie, 4, avenue de L'Observatoire. — Paris.

Bibliothèque de la Ville. — Pau (Basses-Pyrénées).

Dr Binot (Jean), anc. Int. des Hôp., 22, rue Cassette. — Paris.

Biochet, Notaire hon. — Caudebec-en-Caux (Seine-Inférieure).

Blanc (Édouard), Explorateur, 51, rue de Varenne. — Paris.

Blanchard (Raphaël), Prof. à la Fac. de Méd., Mem. de l'Acad. de Méd., 226, boulevard Saint-Germain. — Paris.

Blarez (Charles), Prof. à la Fac. de Méd., 3, rue Gouvion. — Bordeaux (Gironde).

Dr Bloch (Adolphe), anc. Méd. de l'Hôp. du Havre, 24, rue d'Aumale. — Paris.

Blondel (Émile), Chim.-Manufac. — Saint-Léger-du-Bourg-Denis (Seine-Inférieure).

Boas (Alfred), Ing. des Arts et Man., 34, rue de Châteaudun. — Paris.

Boberil (le Vicomte Roger du), rue Baudrairie. — Rennes (Ille-et-Vilaine).

Dr Bœckel (Jules), Corresp. de l'Acad. de Méd. et de la *Soc. de Chirurg. de Paris*, Chirurg. des Hosp. civ., Lauréat de l'Inst. de France, 2, quai Saint-Nicolas. — Strasbourg (Alsace-Lorraine).

Boésé (Mlle Louise), 157, rue du Faubourg-Saint-Denis. — Paris.

Boésé (Jean), Nég.-Commis., 157, rue du Faubourg-Saint-Denis, — Paris.

Boésé (Maurice), 157, rue du Faubourg-Saint-Denis. — Paris.

Boffard (Jean-Pierre), anc. Notaire, 2, place de la Bourse. — Lyon (Rhône).

Boire (Émile), Ing. civ., 86, boulevard Malesherbes. — Paris.

Bonnard, (Paul), Agr. de Philo., Avocat à la Cour d'Ap., 66, avenue Kléber. — Paris.

Bonnier (Gaston), Mem. de l'Inst., Prof. de Botan. à la Fac. des Sc., Présid.. de la *Soc. botan. de France*, 15, rue de l'Estrapade. — Paris.

Bordet (Lucien), Insp. des Fin., anc. Élève de l'Éc. Polytech., 181, boulevard Saint-Germain. — Paris.

Dr Bordier (Henry), Agr. de Phys. à la Fac. de Méd., 9, rue Grolée. — Lyon (Rhône).

Dr Bouchacourt (Léon), 2, rue de Vienne. — Paris.

Bouché (Alexandre), 68, rue du Cardinal-Lemoine. — Paris.

Boucher (Maurice), anc. Cap. d'Artil., anc. Élève de l'Éc. Polytech., 2, carrefour de Montreuil. — Versailles (Seine-et-Oise).

Bouchez (Paul), de la Librairie Masson et Cie, 120, boulevard Saint-Germain. — Paris.

Boudin (Arthur), Princ. du Collège. — Honfleur (Calvados).

Boulard (l'Abbé Lucien), Curé. — Dammarie (Eure-et-Loir).

Bourgery (Henri), anc. Notaire, Mem. de la *Soc. Géol. de France*, Les Capucins. — Nogent-le-Rotrou (Eure-et-Loire).

Bourlet (Carlo), Prof. au Lycée Saint-Louis et à l'Éc. nat. des Beaux-Arts, 22, avenue de l'Observatoire. — Paris.

Bouvet (Julien), Prop., 70, rue Rabelais. — Angers (Maine-et-Loire).

Bouvier (Louis), Mem. de l'Inst., Prof. au Muséum d'Hist. nat., 39, rue Claude-Bernard. — Paris.

Dr Boy (Philippe), 3, rue d'Espalungue. — Pau (Basses-Pyrénées).

Braemer (Gustave), Chim. — Izieux (Loire).

Brenot (J.), 10, rue Bertin-Poirée. — Paris.

Bresson (Gédéon), anc. Dir. de la *Comp. du Vin de Saint-Raphaël*, 41, rue du Tunnel. — Valence (Drôme).

Brillouin (Marcel), Prof. au Collège de France, Maître de Conf. à l'Éc. norm. sup., 31, boulevard de Port-Royal. — Paris.

Dr Broca (Auguste), Agr. à la Fac. de Méd., Chirurg. des Hôp., 5, rue de L'Université. — Paris.

Brölemann (Georges), Administ. de la *Soc. Gén.*, 52, boulevard Malesherbes. — Paris.

Brolemann (A., A.), anc. Présid. du Trib. de Com., 14, quai de l'Est. — Lyon (Rhône).

Brouardel (Paul), Mem. de l'Inst. et de l'Acad. de Méd., Doyen hon. de la Fac. de Méd., 68, rue de Bellechasse. — Paris.

Bruhl (Paul), Nég., 57, rue de Châteaudun. — Paris.

BRUYANT (Charles), Lic. ès Sc. nat., Prof. sup. à l'Éc. de Méd. et de Pharm., 26, rue Gaultier-de-Biauzat. — Clermont-Ferrand (Puy-de-Dôme).

BRUZON (Joseph) ET Cie, Ing. des Arts et Man., usine de Portillon (céruse et blanc de zinc). — Saint-Cyr-sur-Loire par Tours (Indre-et-Loire).

BRYLINSKI (Émile), Ing. des Télég., 5, avenue Teissonnière. — Asnières (Seine).

BUISSON (Maxime), Chim. (chez M. de Vilmorin). — Verrières-le-Buisson (Seine-et-Oise).

BUOT (Émile), Prop., Le Châlet. — Azay-le-Rideau (Indre et-Loire).

Dr BUREAU (Louis), Dir. du Muséum d'Hist. nat., Prof. à l'Éc. de Méd., 15, rue Gresset. — Nantes (Loire-Inférieure).

CAHEN D'ANVERS (Albert), 118, rue de Grenelle. — Paris.

CAIX DE SAINT-AYMOUR (le Vicomte Amédée DE), Publiciste, anc. Mem. du Cons. gén. de l'Oise, Mem. de plusieurs Soc. savantes, 112, boulevard de Courcelles. — Paris.

CALDERON (Fernand), Fabric. de Prod. chim., 95, rue du Faubourg-Saint-Honoré. — Paris.

Dr CAMUS (Fernand), 25, avenue des Gobelins. — Paris.

CARBONNIER (Louis), Repres. de com., 18, rue Sauffroy. — Paris.

CARDEILHAC, anc. Juge au Trib. de Com., 7, rue de Clichy. — Paris.

CARPENTIER (Jules), Mem. du Bureau des Longit., anc. Ing. de l'État, Succes. de Ruhmkorff, 34, rue du Luxembourg. — Paris.

Dr CARRET (Jules), anc. Député, 2, rue Croix-d'Or. — Chambéry (Savoie).

CARTAZ (Mme A.), 39, boulevard Haussmann. — Paris.

Dr CARTAZ (A.), anc. Int. des Hôp., 39, boulevard Haussmann. — Paris.

CAUBET, Doyen de la Fac. de Méd., 44, rue d'Alsace-Lorraine. — Toulouse (Haute-Garonne).

CAZALIS DE FONDOUCE (Paul-Louis), Ing. des Arts et Man., anc. Sec. gén. de l'*Acad. des Sc. et Lettres de Montpellier*, 18, rue des Étuves. — Montpellier (Hérault).

CAZENOVE (Raoul DE), Prop., 17, rue de La Charité. — Lyon (Rhône).

Dr CAZIN (Maurice), Doct. ès Sc., anc. Chef du Lab. de la Clinique chirurg. de la Fac. de Méd. (Hôtel-Dieu), 3, rue de Villersexel. — Paris.

CAZOTTES (A., M., J.), Pharm. — Millau (Aveyron).

Dr CHABER (Pierre), 20, rue du Casino. — Royan-les-Bains (Charente-Inférieure).

CHABERT (Edmond), Ing. en chef des P. et Ch., 6, rue du Mont-Thabor. — Paris.

CHALIER (J.), 13, rue d'Aumale. — Paris.

CHAMBRE DES AVOUÉS AU TRIBUNAL DE 1re INSTANCE. — Bordeaux (Gironde).

CHAMBRE DE COMMERCE DU HAVRE. — Le Havre (Seine-Inférieure).

CHAMBRE DE COMMERCE DE SAINT-ÉTIENNE. — Saint-Étienne (Loire).

CHANDESSAIS (Mme Charles), 18, rue de L'Orangerie. — Versailles (Seine-et-Oise).

CHARCELLAY, Pharm. — Fontenay-le-Comte (Vendée).

CHARPENTIER (Augustin), Prof. à la Fac. de Méd., 31, rue Claudot — Nancy (Meurthe-et-Moselle).

CHARROPPIN (Georges), Pharm. de 1re cl. — Pons (Charente-Inférieure).

Dr CHASLIN (Philippe), anc. Int. des Hôp., Méd. de l'Hosp. de Bicêtre, 64, rue de Rennes. — Paris.

CHATEL, Avocat défens., bazar du Commerce. — Alger.

Dr CHATIN (Joannès), Mem. de l'Inst. et de l'Acad. de Méd., Prof. d'Histologie à la Fac. des Sc., 174, boulevard Saint-Germain. — Paris.

Dr CHAULIAGUET-HEIM (Mme Marguerite), 34, rue Hamelin. — Paris.

CHAUVASSAIGNE (Daniel), Admin. de la *Soc. des Lièges agglomérés « Le Lidium »*, 17, boulevard de La Madeleine. — Paris.

CHAUVET (Gustave), Notaire, Présid. de la *Soc. archéol. et historique de la Charente.* — Ruffec (Charente).

CHEVREL (René), Doct. ès Sc., Prof. à l'Éc. de Méd., 5, rue du Docteur-Rayer. — Caen (Calvados).

CHICANDARD (Georges), Lic. ès Sc. Phys., Pharm. de 1re cl., Admin.-Dir. de la *Soc. anonyme des Prod. chim. de Fontaines-sur-Saône*, 12, chemin de Saint-Alban. — Lyon (Rhône).

CHOUËT (Alexandre), anc. Juge au Trib. de Com., 29, rue de Clichy. — Paris.

CHOUILLOU (Albert), Agric., anc. Élève de l'Éc. nat. d'Agric. do Grignon. — L'Arba (départ. d'Alger).

Dr CHRISTIAN (Jules), Méd. de la Maison nat. d'aliénés de Charenton, 57, Grande-Rue. — Saint-Maurice (Seine).

CLERMONT (Philibert DE), Avocat à la Cour d'Ap., 38, rue du Luxembourg. — Paris.

CLERMONT (Raoul DE), Ing. agronom. diplômé de l'Inst. nat. agronom., Avocat à la Cour d'Ap., anc. Attaché d'ambassade, 79, boulevard Saint-Michel. — Paris.

Dr CLOS (Dominique), Corresp. de l'Inst., Prof. hon. à la Fac. des Sc., Dir. du Jardin des Plantes, 2, allées des Zéphirs. — Toulouse (Haute-Garonne).

CLOUZET (Ferdinand), Mem. du Cons. gén., 88, cours Victor-Hugo. — Bordeaux (Gironde).
COCHON (Jules), Conserv. des Forêts. — Chambéry (Savoie).
COHEN (Benjamin), Ing. civ., 45, rue de la Chaussée-d'Antin. — Paris.
COLLIN (Mme), 15, boulevard du Temple. — Paris.
COLLOT (Louis), Prof. à la Fac. des Sc., Dir. du Musée d'Hist. nat., 4, rue du Tillot.
— Dijon (Côte-d'Or).
COMITÉ MÉDICAL DES BOUCHES-DU-RHÔNE, 3, marché des Capucines. — Marseille (Bouches-
du-Rhône).
CORDIER (Henri), Prof. à l'Éc. des Langues orient. vivantes, 54, rue Nicolo. — Paris.
CORNU (Mme Ve Alfred), 9, rue de Grenelle. — Paris.
COUNORD (E.), Ing. civ., 127, cours du Médoc. — Bordeaux (Gironde).
COUPRIE (Louis), Avocat à la Cour d'Ap., 71, rue Saint-Sernin. — Bordeaux (Gironde).
COUTAGNE (Georges), Ing. des Poudres et Salpêtres, Le Défends. — Rousset (Bouches-du-
Rhône).
CRAPON (Denis), Ing., anc. Élève de l'Éc. Polytech., 2, rue des Farges. — Lyon (Rhône).
CREPY (Eugène), Filat., 19, boulevard de La Liberté. — Lille (Nord).
CRESPIN (Arthur), Ing. des Arts et Man., Mécan., 23, avenue Parmentier. — Paris.
Dr CROS (François), Méd. princ. de 1re cl. de l'Armée en retraite, 6, rue de L'Ange.
— Perpignan (Pyrénées-Orientales).
CUNISSET-CARNOT (Paul), Premier Présid. de la Cour d'Ap., 19, cours du Parc. — Dijon
(Côte-d'Or).
CUSSAC (Joseph DE), Insp. des Forêts, 45, rue Allix. — Sens (Yonne).
Dr DAGRÈVE (Élie), Méd. du Lycée et de l'Hôp. — Tournon-sur-Rhône (Ardèche).
DANGUY (Paul), Lic. ès Sc., Prépar., de Botan. au Muséum d'Hist. nat., 7, rue de L'Eure.
— Paris.
DARBOUX (Gaston), Chargé du Cours de Zool. à la Fac. des Sc., 40, allée des Capucines.
— Marseille (Bouches-du-Rhône).
DAVANNE (Alphonse), Présid. hon. du Cons. d'Admin. de la *Soc. franç. de Photog.*, 82, rue
des Petits-Champs. — Paris.
DAVID (Arthur), 29, rue du Sentier. — Paris.
DÉCHET (Jean-Baptiste), Représent. de la Maison L. Clause (culture de graines). — Bré-
tigny-sur-Orge (Seine-et-Oise).
DEGLATIGNY (Louis), Nég. en bois, 11, rue Blaise-Pascal. — Rouen (Seine-Inférieure).
DEGORCE (Marc-Antoine), Pharm. en chef de la Marine en retraite, 42, rue des Semis.
— Royan-les-Bains (Charente-Inférieure).
DELAIRE (Alexis), Sec. gén. de la *Soc. d'Économ. sociale*, anc. Élève de l'Éc. Polytech.,
238, boulevard Saint-Germain. — Paris.
Dr DELAPORTE, 24, rue Pasquier. — Paris.
DELATTRE (Carlos), Filat., anc. Élève de l'Éc. Polytech., 126, rue Jacquemars-Giélée.
— Lille (Nord).
DELAUNAY (Henri), Ing. des Arts et Man., 51, avenue Bugeaud. — Paris.
DELAUNAY-BELLEVILLE (Louis), Ing.-Construc., anc. Élève de l'Éc. Polytech., 17, boulevard
Richard-Wallace. — Neuilly-sur-Seine (Seine).
DE L'ÉPINE (Paul), Rent., 14, rue de Fontenay. — Châtillon-sous-Bagneux (Seine).
DELESSE (Mme Ve), 59, rue Madame. — Paris.
DELESSERT DE MOLLINS (Eugène), anc. Prof., villa Verte-Rive. — Cully (canton de Vaud)
(Suisse).
DELESTRAC (Lucien), Ing. en chef des P. et Ch., 3, rue Marengo. — Saint-Étienne (Loire).
DELMAS (Mme Ve Paul), 27, rue de L'Arsenal. — Bordeaux (Gironde).
DELON (Ernest), Ing. des Arts et Man., 27, rue Aiguillerie. — Montpellier (Hérault).
Dr DELVAILLE (Camille). — Bayonne (Basses-Pyrénées).
Dr DEMONCHY (Adolphe), 37, rue d'Isly. — Alger.
DENIGÈS (Georges), Prof. de Chim. biol. à la Fac. de Méd., 53, rue d'Alzon. — Bordeaux.
(Gironde).
DENYS (Roger), Ing. en chef des P. et Ch., 1, rue de Courty. — Paris.
DEPAUL (Henri), Agric., château de Vaublanc. — Plémet (Côtes-du-Nord).
DÉPIERRE (Joseph), Ing.-Chim. — Cernay (Alsace-Lorraine).
DERVILLÉ (Stéphane), Nég. en marbres, anc. Présid. du Trib. de Com., 37, rue Fortuny.
— Paris.
DÉTROYAT (Arnaud). — Bayonne (Basses-Pyrénées).
DIDA (A.), Chim., 22, boulevard des Filles-du-Calvaire. — Paris.
DISLÈRE (Paul), Présid. de Sec. au Cons. d'État, anc. Ing. de la Marine, Présid. du Cons.
d'admin. de l'Éc. coloniale, 10, avenue de L'Opéra. — Paris.
DOLLFUS (Gustave), Ing. des Arts et Man., Filat. — Mulhouse (Alsace-Lorraine).
DOMERGUE (Albert), Prof. à l'Éc. de Méd., 341, rue Paradis. — Marseille (Bouches-du-Rhône).

DOUMERC (Jean), Ing. civ. des Mines, 61, rue d'Alsace-Lorraine. — Toulouse (Haute-Garonne).

DOUMERC (Paul), Ing. civ., 38, rue du Taur. — Toulouse (Haute-Garonne).

DOUVILLÉ (Henri), Ing. en chef, Prof. à l'Éc. nat. sup. des Mines, 207, boulevard Saint-Germain. — Paris.

Dr DRANSART. — Somain (Nord).

DUBAIL-ROY (Gustave), Sec. de la Soc. *Belfortaine d'Émulation*, 42, faubourg de Montbéliard. — Belfort.

DUBOURG (Georges), Nég. en drap., 27, rue Sauteyron. — Bordeaux (Gironde).

DUCLAUX (Émile), Mem. de l'Inst. et de l'Acad. de Méd., Prof. à la Fac. des Sc. et à l'Inst. nat. agronom., 39, avenue de Breteuil. — Paris.

DUCREUX (Alfred), Nég., Consul du Paraguay, Mem. du Cons. d'arrond., 9, boulevard National. — Marseille (Bouches-du-Rhône).

DUCROCQ (Henri), Cap. d'Artil., Breveté d'Ét.-Maj., 79, avenue Bosquet. — Paris.

DUFOUR (Léon), Dir.-adj. du Lab. de Biologie végét. — Avon (Seine-et-Marne).

Dr DUFOUR (Marc), Rect., Prof. d'ophtalmol. à l'Univ., 7, rue du Midi. — Lausanne (Suisse).

DUFRESNE, Insp. gén. de l'Univ., 61, rue Pierre-Charron. — Paris.

Dr DULAC (H.), 14, boulevard Lachèze. — Montbrison (Loire).

DUMAS (Hippolyte), Indust., anc. Élève de l'Éc. Polytech. — Mousquety par l'Isle-sur-Sorgue (Vaucluse).

DUMAS-EDWARDS (Mme J.-B.) 23, rue Cassette. — Paris.

DUMINY (Anatole), Nég. en vins de Champagne. — Ay (Marne).

DUPLAY (Simon), Prof. à la Fac. de Méd., Mem. de l'Acad. de Méd., Chirurg. des Hôp., 70, rue Jouffroy. — Paris.

DUPONT (F.), Chim., Sec. gén. hon. de *l'Assoc. des Chim. de Sucreries et de Distilleries*, 154, boulevard Magenta. — Paris.

Dr DUPOUY (Abel), 43, avenue du Maine. — Paris.

DUPRÉ (Anatole), Chim., 36, rue d'Ulm. — Paris.

DUPUIS (Charles), Dispacheur consult. de la marine, 3, rue Pajou. — Paris.

DUTAILLY (Gustave), anc. Prof. à la Fac. des Sc. de Lyon, anc. Député, 84, rue du Rocher. — Paris.

DUVAL (Edmond), Ing. en chef des P. et Ch. en retraite, 34, avenue de Messine. — Paris.

DUVAL (Mathias), Prof. à la Fac. de Méd., Mem. de l'Acad. de Méd. Prof. hon. d'anat. à l'Éc. nat. des Beaux-Arts, 11, cité Malesherbes (rue des Martyrs). — Paris.

EICHTHAL (Eugène D'), Admin. de la *Comp. des Chem. de fer du Midi*, 144, boulevard Malesherbes. — Paris.

EICHTHAL (Louis D'), château des Bézards. — Sainte-Geneviève-des-Bois, par Châtillon-sur-Loing (Loiret).

ELISEN, Ing., Admin. de la *Comp. gén. Transat.*, 153, boulevard Haussmann. — Paris.

ELLIE (Raoul), Ing. des Arts et Man. — Cavignac (Gironde).

EYSSÉRIC (Joseph), Artiste-Peintre, 14, rue Duplessis. — Carpentras (Vaucluse).

FABRE (Georges), Insp. des Forêts, anc. Élève de l'Éc. Polytech., 28, rue Ménard. — Nîmes (Gard).

FAURE (Alfred), Prof. d'Hist. nat. à l'Éc. nat. vétér., anc. Député, 11, rue d'Algérie. — Lyon (Rhône).

FAVEREAUX (Georges), 16, avenue de La Bourdonnais. — Paris.

FERRY (Émile), Nég., anc. Présid. du Trib. de Com. et du Cons. gén. de la Seine-Inférieure, 21, boulevard Cauchoise. — Rouen (Seine-Inférieure).

FERTON (Charles), Chef d'Escadron, Commandant l'Artil. de la Place. — Bonifacio (Corse).

FICHEUR (Émile), Doct. ès Sc., Prof. de Géol. à l'Éc. prép. à l'Ens. sup. des Sc., Dir. adj. du Serv. géol. de l'Algérie, 77, rue Michelet. — Alger-Mustapha.

FIÈRE (Paul), Archéol., Mem. corresp. de la Soc. franc. *de Numism. et d'Archéol.* — Saïgon (Cochinchine).

FINART D'ALLONVILLE (Armand), anc. Cap. d'Infant., Prop., 2, avenue des Caves. — Le Bois-d'Avron, par Neuilly-Plaisance (Seine-et-Oise).

FISCHER DE CHEVRIERS, Prop., 23, rue Vernet. — Paris.

FLANDIN, Prop., 29, avenue d'Antin. — Paris.

FORTEL (A.) (fils), Prop., 7, rue Noël. — Reims (Marne).

FORTIER (Pierre), Chim. — Deluz (Doubs).

FORTIN (Raoul), 24, rue du Pré. — Rouen (Seine-Inférieure).

FOUGERON (Paul), 55, rue de La Bretonnerie. — Orléans (Loiret).

FOURNIER (Alfred), Prof. hon. à la Fac. de Méd., Mem. de l'Acad. de Méd., Méd. hon. des Hôp., 77, rue de Miromesnil. — Paris.

FRANCEZON (Paul), Chim. et Indust., 7, rue Mandajors. — Alais (Gard).

Dr FRANÇOIS-FRANCK (Charles, Albert), Mem. de l'Acad. de Méd., Prof. sup. au Collège de France, 5, rue Saint-Philippe-du-Roule. — Paris.

FRON (Albert), Garde gén. des Forêts, École Forestière des Barres-Vilmorin. — Nogent-sur-Vernisson (Loiret).

FRON (Georges), Doct. ès Sc., Chef des trav. botan. à l'Inst. nat. agronom., 36, rue Madame. — Paris.

GARDÈS (Mme Louis), 7, rue du Lycée. — Montauban (Tarn-et-Garonne).

GARDÈS (Louis), Notaire hon., anc. Élève de l'Éc. nat. sup. des Mines, 7, rue du Lycée. — Montauban (Tarn-et-Garonne).

GARIEL (Mme C.-M.), 6, rue Édouard Detaille. — Paris.

GARIEL (Mme Léon), 1, avenue de Péterhof. — Paris.

GARNIER (Ernest), anc. Présid. de la *Soc. indust. de Reims* (chez M. Lemaire), 12, rue Sacrot.. — Saint-Mandé (Seine).

GARREAU (L.-Philippe), Cap. de frégate en retraite, 1, rue Floirac. — Agen (Lot-et-Garonne), et, l'hiver, 62, boulevard Malesherbes. — Paris.

GASQUETON (Mme Georges), château Capbern. — Saint-Estèphe-Médoc (Gironde).

GATINE (Albert), Insp. des Fin., 1, rue de Beaune. — Paris.

Dr GAUBE (Jean), 12, rue Léonie. — Paris.

GAUTHIER-VILLARS (Albert), Imp.-Édit., anc. Élève de l'Éc. Polytech., 55, quai des Grands-Augustins. — Paris.

GAUTHIOT (Charles), Sec. gén. de la *Soc. de Géog. com. de Paris*, Mem. du Cons. sup. des colonies, 63, boulevard Saint-Germain. — Paris.

Dr GAUTIER (Georges), Dir. du Lab. d'Électrothérap. et de la *Revue internat. d'Électro-thérap,,* 13, rue Auber. — Paris.

GAVELLE (Julien), boulevard de La Gare. — Cormeilles-en-Parisis (Seine-et-Oise).

GAYON (Ulysse), Corresp. de l'Inst., Doyen de la Fac. des Sc.,, Dir. de la Stat. agronom., 7, rue Duffour-Dubergier. — Bordeaux (Gironde).

GAZAGNAIRE (Joseph), anc. Sec de la *Soc. Entomol. de France*, 29, rue Centrale. — Cannes (Alpes-Maritimes).

GELIN (l'Abbé Émile), Doct. en Philo. et en Théolog., Prof. de Math. sup. au Collège de Saint-Quirin. — Huy (Belgique).

GENSOUL (Paul), Ing. des Arts et Man., 42, rue Vaubecour. — Lyon (Rhône).

GENTIL (Louis), Maître de conf. à la Fac. des Sc., 65, boulevard Pasteur. — Paris.

GERBEAU, Prop., 13, rue Monge. — Paris.

GÉRENTE (Mme Paul), 19, boulevard Beauséjour. — Paris.

Dr GÉRENTE (Paul), Méd. dir. hon. des asiles pub. d'aliénés, Sénateur d'Alger, 19, boulevard Beauséjour. — Paris.

Dr GIARD (Alfred), Mem. de l'Inst., Prof. à la Fac. des Sc., Maître de Conf. à l'Éc. norm. sup., anc. Député, 14, rue Stanislas. — Paris.

GIGANDET (Eugène) (fils), Nég., 16, rue Montaux. — Marseille (Bouches-du-Rhône).

GILBERT (Armand), Présid. de Chambre à la Cour d'Ap., 12, rue Vauban. — Dijon (Côte-d'Or).

GIRARD (Julien), Pharm. maj. en retraite, 3, boulevard Bourdon. — Paris.

GIRAUD (Louis). — Saint-Péray (Ardèche).

GIRAUX (Louis), Nég., 9 *bis*, avenue Victor-Hugo. — Saint-Mandé (Seine).

GOBIN (Adrien), Insp. gén. hon. des P. et Ch., 8, quai d'Occident. — Lyon (Rhône).

GODARD (Félix), Ing. de la Marine hors cadres, 15, rue d'Édimbourg. — Paris.

Dr GORDON Y DE ACOSTA (D. Antonio DE), Présid. de l'*Acad. des Sc. médic., Phys. et nat.*, esq. à Amargura. — La Havane (Ile de Cuba).

Dr GRABINSKI (Boleslas). — Neuville-sur-Saône (Rhône).

GRANDIDIER (Alfred), Mem. de l'Inst., 6, rond-point des Champs-Élysées. — Paris.

GRISON-PONCELET (Eugène), Manufac., rue Gambetta. — Creil (Oise).

GROSS (Mme Frédéric), 25, rue Isabey. — Nancy (Meurthe-et-Moselle).

GROSS (Frédéric), Doyen de la Fac. de Méd., Corresp. nat. de l'Acad. de Méd., 25, rue Isabey. — Nancy (Meurthe-et Moselle).

Dr GUÉBHARD (Adrien), Lic. ès Sc. Math. et Phys., Agr. de Phys. des Fac. de Méd. — Saint-Vallier-de-Thiey (Alpes-Maritimes).

Dr GUERNE (le Baron Jules DE), Natur., Sec. gén. de la *Soc. nat. d'Acclimat. de France*, 6, rue de Tournon. — Paris.

GUÉZARD (Mme Jean-Marie), 16, rue des Écoles. — Paris.

GUÉZARD (Jean-Marie), anc. Princ. Clerc de Notaire, 16, rue des Écoles. — Paris.

GUIRYSSE (Paul), Ing. hydrog. de la Marine, anc. Min., Député du Morbihan, 2, rue Dante.. — Paris.

GUILMIN (Mme V^e), 8, boulevard Saint-Marcel. — Paris.

GUILMIN (Ch.), 8, boulevard Saint-Marcel. — Paris.
GUY (Louis) Nég., 232, rue de Rivoli. — Paris.
GUYOT (Mme Ve Raphaël), 11, rue de Montataire. — Creil (Oise).
GUYOT (Yves), Dir. polit. du *Siècle*, anc. Min. des Trav. pub., 95, rue de Seine. — Paris.
HALLER-COMON (Albin), Mem. de l'Inst. et de l'Acad. de Méd., Prof. de Chim. organique à la Fac. des Sc., 86, rue Claude-Bernard. — Paris.
HALLETTE (Albert), Fabric. de sucre. — Le Cateau (Nord).
HAMARD (l'Abbé Pierre, Jules), Chanoine, 6, rue du Chapitre. — Rennes (Ille-et-Vilaine).
HEITZ (Paul), Ing. des Arts et Man., anc. Élève de l'Éc. libr. des Sc. polit. Avocat à la Cour d'Ap., 29, rue Saint-Guillaume. — Paris.
HÉLIAND (le Comte d'), 21, boulevard de La Madeleine. — Paris.
HENRY (Louis, Isidore), Ing. en chef de 1re cl. de la Marine. — Brest (Finistère).
HÉRICHARD (Émile), Ing. civ., anc. Élève de l'Éc. nat. des P. et Ch., 56, rue des Peupliers. — Boulogne-sur-Seine (Seine).
HÉRON (Guillaume), Prop., château Latour. — Bérat par Rieumes (Haute-Garonne).
HÉRON (Jean-Pierre), Prop., 7, place de Tourny. — Bordeaux (Gironde).
HERRAN (Adolphe), Ing. civ. des Mines, 36, avenue Henri-Martin. — Paris.
HETZEL (Jules), Libr.-Édit., 12, rue des Saints-Pères. — Paris.
HOLDEN (Jonathan), Indust., 23, boulevard de La République. — Reims (Marne).
HOUDÉ (Alfred), Pharm. de 1re cl., Mem. du Cons. mun., 29, rue Albouy. — Paris.
HOURST (Émile), Lieut. de vaisseau, 97, avenue Niel. — Paris.
HOVELACQUE-KHNOPFF (Émile), 50, rue Cortambert. — Paris.
HUA (Henri), Lic. ès Sc. nat., Botan., s.-Dir. de l'Éc. pratique des Hautes-Études (Muséum d'Hist. nat.), 254, boulevard Saint-Germain. — Paris.
HUBERT DE VAUTIER (Émile), Entrep. de confec. milit., 114, rue de La République. — Marseille (Bouches-du-Rhône).
Dr HUBLÉ (Martial), Méd.-Maj. de 1re cl. à l'Hôp. milit. Saint-Martin, 8, rue des Récollets. — Paris.
HUMBEL (Mme Ve Lucien). — Éloyes (Vosges).
ISAY (Mme Mayer). — Blâmont (Meurthe-et-Moselle).
ISAY (Mayer), Filat., anc. Cap. du Génie, anc. Élève de l'Éc. Polytech. — Blâmont (Meurthe-et-Moselle).
JACKSON-GWILT (Mrs Hannah), Moonbeam villa, Merton road. — New Wimbledon (Surrey) (Angleterre).
JACQUEREZ (Charles), Agent-Voyer en retraite. — Fraize (Vosges).
JACQUIN (Anatole), Confis., 12, rue Pernelle. — Paris, et villa des Lys. — Dammarie-les-Lys (Seine-et-Marne).
JACQUIN (Charles), Avoué de 1re Inst., 5, rue des Moulins. — Paris.
JARAY (Jean), 32, rue Servient. — Lyon (Rhône).
Dr JAUBERT (Adrien), Insp. de la vérif. des Décès, 57, place Pigalle. — Paris.
Dr JAVAL (Émile), Mem. de l'Acad. de Méd., Dir. hon. du Lab. d'Ophtalm. de la Sorbonne, anc. Député, 5, boulevard de La Tour-Maubourg. — Paris.
JEANNEL (Maurice), Prof. de Clin. chirurg. à la Fac. de Méd., 3, allée Saint-Étienne. — Toulouse (Haute-Garonne).
JOBERT (Clément), Prof. à la Fac. des Sc. de Dijon, 98, boulevard Saint-Germain. — Paris.
JONES (Charles), 12, rue de Chaligny (chez M. Eugène Vauvert). — Paris.
JORDAN (Camille), Mem. de l'Inst., Ing. en chef des Mines en retraite, Prof. à l'Éc. Polytech., 48, rue de Varenne. — Paris.
Dr JORDAN (Séraphin), 11, rue Campania. — Cadix (Espagne).
JOUANDOT (Jules), Ing. du Serv. des Eaux de la Ville, 57, rue Saint-Sernin. — Bordeaux (Gironde).
JOURDAN (A., G.), Ing. civ. (chez M. Simon), 14, rue Milton. — Paris.
JULLIEN (Ernest), Ing. en chef des P. et Ch., 6, cours Jourdan. — Limoges (Haute-Vienne).
JUNDZITT (le Comte Casimir), Prop.-Agric., chemin de fer Moscou-Brest, station Domanow-Réginow (Russie).
JUNGFLEISCH (Émile), Mem. de l'Acad. de Méd., Prof. à l'Éc. sup. de Pharm., 74, rue du Cherche-Midi. — Paris.
KESSELMEYER (Charles), Présid.-Fondat. de la *Ligue docimale*, Rose villa, Vale road. — Bowdon (Cheshire) (Angleterre).
KNIEDER (Xavier), Admin.-délég. des Établissements Malétra. — Petit-Quévilly (Seine-Inférieure).
KOECHLIN-CLAUDON (Émile), Ing. des Arts et Man., 21, boulevard Delessert. — Paris.

KRAFFT (Eugène), anc. Élève de l'Éc. Polytech., 27, rue Monselet. — Bordeaux (Gironde).
KREISS (Adolphe), Ing., 46, Grande-rue. — Sèvres (Seine-et-Oise).
KÜNCKEL D'HERCULAIS (Jules), Assistant de Zool. (Entomol.) au Muséum d'Hist. nat.,
  55, rue de Buffon. — Paris.
LABRUNIE (Auguste), Nég., 2, rue Michel. — Bordeaux (Gironde).
LACOUR (Alfred), Ing. civ. des Mines, anc. Élève de l'Éc. Polytech., 60, rue Ampère. — Paris.
LADUREAU (Mᵐᵉ Albert), 20, boulevard Émile-Augier. — Paris.
LADUREAU (Albert), Ing.-Chim., 20, boulevard Émile-Augier. — Paris.
LAFARGUE (Georges), anc. Préfet, Percept. de Charenton, 6, rue Coëtlogon. — Paris.
LAFAURIE (Maurice), 104, rue du Palais-Galien. — Bordeaux (Gironde).
LAFFITTE (Jean, Paul), Publiciste, 18, rue Jacob. — Paris.
LAGACHE (Jules), Ing. des Arts et Man., Admin. de la *Soc. des Prod. chim. agric.*,
  22, rue des Allamandiers. — Bordeaux (Gironde).
LAGNEAU (Didier), Ing. civ. des Mines, 19, rue Cernuschi. — Paris.
LALLIÉ (Alfred), Avocat, 18, rue Lafayette. — Nantes (Loire-Inférieure).
LAMARRE (Onésime), Notaire, 2, place du Donjon. — Niort (Deux-Sèvres).
LAMBLIN (l'Abbé Joseph), Prof. à l'Éc. Saint-François-de-Sales, 39, rue Vannerie. — Dijon
  (Côte-d'Or).
LANCIAL (Henri), Prof. au Lycée, 18, boulevard de Courtais — Moulins (Allier).
LANES (Jean), Chef du Cabinet du Présid. du Sénat (Petit-Luxembourg), 17, rue de Vau-
  girard. — Paris.
LANG (Tibulle), Dir. de l'Éc. La Martinière, anc. Élève de l'Éc. Polytech., 5, rue des
  Augustins. — Lyon (Rhône).
LANGE (Mᵐᵉ Adalbert). — Maubert-Fontaine (Ardennes).
LANGE (Adalbert), Indust., — Maubert-Fontaine (Ardennes).
Dʳ LANTIER (Étienne). — Tannay (Nièvre).
LARIVE (Albert), Indust., 22, rue Villeminot-Huart. — Reims (Marne).
LAROCHE (Mᵐᵉ Félix), 110, avenue de Wagram. — Paris.
LAROCHE (Félix), Insp. gén. des P. et Ch. en retraite, 110, avenue de Wagram. — Paris.
LASSENCE (Alfred DE), Prop., Mem. du Cons. mun., villa Lassence, 12, avenue de Tarbes.
  — Pau (Basses-Pyrénées).
Dʳ LATASTE (Fernand), anc. s.-Dir. du Musée nat. d'Hist. nat., Prof. hon. à l'Univ.
  du Chili. — Cadillac-sur-Garonne (Gironde).
LAUBY (Antoine), Lic. ès Sc., Prof., anc. Prépar. à la Fac. des Sc., 9, rue Ballet. — Cler-
  mont-Ferrand (Puy-de-Dôme).
LAURENT (Léon), Construc. d'inst. d'optiq., 21, rue de L'Odéon. — Paris.
LAUSSEDAT (le Colonel Aimé), Mem. de l'Inst., Dir. hon. du Conserv. nat. des Arts et
  Mét., 3, avenue de Messine. — Paris.
LEAUTÉ (Henry), Mem. de l'Inst., Ing. des Manufac. de l'État, Prof. à l'Éc. Polytech.,
  20, boulevard de Courcelles. — Paris.
Dʳ LE BLOND (Albert), Méd. de Saint-Lazare, 28, place Saint-Georges. — Paris.
LE BRETON (André), Prop., 43, boulevard Cauchoise. — Rouen (Seine-Inférieure).
LE CHATELIER (le Capitaine Frédéric, Alfred), anc. Of. d'ordonnance du Min. de la
  Guerre, 61, avenue Victor-Hugo. — Paris.
LECORNU (Léon), Ing. en chef et Prof. à l'Éc. nat. sup. des Mines, 3, rue Gay-Lussac.
  — Paris.
Dʳ LE DIEN (Paul), 155, boulevard Malesherbes. — Paris.
LEDOUX (Samuel), Nég., 29, quai de Bourgogne. — Bordeaux (Gironde).
LEENHARDT (Frantz), Prof. à la Fac. de Théol., 12, rue du Faubourg-du-Moustier.
  — Montauban (Tarn-et-Garonne).
LEFEBVRE (René), Insp. gén. des P. et Ch., 169, boulevard Malesherbes. — Paris.
LEFRANC (Émile), Mécan. 21, rue de Monsieur. — Reims (Marne).
LÉGER (Louis, Urbain), Prof. de Zool. à la Fac. des Sc. — Grenoble (Isère).
LEGRIEL (Paul), Archit. diplômé par le Gouvernement, Lic. en Droit, 8, rue de Gref-
  fulhe. — Paris.
Dʳ LE GRIX DE LAVAL (Auguste, Valère), 28, rue Mozart. — Paris.
Dʳ LELIÈVRE (Ernest), anc. Int. des Hôp. de Paris, 53, rue de Talleyrand. — Reims (Marne).
LE MONNIER (Georges), Prof. de botan. à la Fac. des Sc., 3, rue de Serre. — Nancy
  (Meurthe-et-Moselle).
Dʳ LÉON (Auguste), Méd. en chef de la Marine en retraite, 5, rue Duffour-Dubergier.
  — Bordeaux (Gironde).
Dʳ LE PAGE, 33, rue de La Bretonnerie. — Orléans (Loiret).
Dʳ LÉPINE (Jean), anc. Int. des Hôp., 30, place Bellecour. — Lyon (Rhône).
LÉPINE (Raphaël), Corresp. de l'Inst., Assoc. nat. de l'Acad. de Méd., Prof. à la Fac. de
  Méd., 30, place Bellecour. — Lyon (Rhône).

LE ROUX (F., P.), Prof. hon. à l'Éc. sup. de Pharm., Examin. hon. d'admis. à l'Éc. Polytech., 120, boulevard Montparnasse. — Paris.

Dr LESAGE (Pierre), Doct. ès Sc. Nat., Maître de Conf. de Botan. à la Fac. des Sc., 5, quai Châteaubriand. — Rennes (Ille-et-Vilaine).

LE SÉRURIER (Charles), Dir. hon. des Douanes, 51, rue Montaux. — Marseille (Bouches-du-Rhône).

LESOURD (Paul) (fils), Nég., 34, rue Néricault-Destouches. — Tours (Indre-et-Loire).

LESPIAULT (Gaston), Prof. et anc. Doyen de la Fac. des Sc., 5, rue Michel-Montaigne. — Bordeaux (Gironde).

LESTRANGE (le Comte Henry DE), 43, avenue Montaigne. — Paris et à Saint-Julien, par Saint-Genis-de-Saintonge (Charente-Inférieure).

LETHUILLIER-PINEL (Mme V^e), Prop., 68, rue d'Elbeuf. — Rouen (Seine-Inférieure).

Dr LEUDET (Robert), anc. Int. des Hôp., Prof. à l'Éc. de Méd. de Rouen, 72, rue de Bellechasse. — Paris.

Dr LEUILLIEUX (Abel). — Conlie (Sarthe).

LE VALLOIS (Jules), Chef de Bat. du Génie en retraite, anc. Élève de l'Éc. Polytech. — Luxeuil (Haute-Saône).

LEVASSEUR (Émile), Mem. de l'Inst., Admin. et Prof. au Collège de France, place du Collège de France. — Paris.

LEVAT (David), Ing. civ. des Mines, anc. Élève de l'Éc. Polytech., Mem. du Cons. sup. des Colonies, 174, boulevard Malesherbes. — Paris.

LE VERRIER (Urbain), Ing. en chef, Prof. à l'Éc. nat. sup. des Mines et au Conserv. nat. des Arts et Mét., 70, rue Charles-Laffite. — Neuilly-sur-Seine (Seine).

LEWTHWAITE (William), Dir. de la maison Isaac Holden, 27, rue des Moissons. — Reims (Marne).

LEWY D'ABARTIAGUE (William, Théodore), Ing. civ., château d'Abartiague. — Ossès (Basses-Pyrénées).

LINDET (Léon), Doct. ès sc., Prof. à l'Inst. nat. agronom., 108, boulevard Saint-Germain. — Paris.

Dr LIVON (Charles), Corresp. nat. de l'Acad. de Méd., Prof., anc. Dir. de l'Éc. de Méd. et de Pharm., Dir. du *Marseille médical*, 14, rue Peirier. — Marseille (Bouches-du-Rhône).

Dr LOIR (Adrien), anc. Présid. de l'*Inst. de Carthage*, Prof. à l'Éc. nat. sup. d'Agric. coloniale, 197, rue du Faubourg-Saint-Honoré. — Paris.

LONCQ (Émile), Sec. du Cons. départ. d'Hyg. pub., 6, rue de La Plaine. — Laon (Aisne).

LONGCHAMPS (Gaston GOHIERRE DE), Examin. à l'Éc. spéc. milit., 5, rue Vauquelin. — Paris.

LONGHAYE (Auguste), Nég., 22, rue de Tournai. — Lille (Nord).

LOPÈS-DIAS (Joseph), Ing. des Arts et Man., 28, place Gambetta. — Bordeaux (Gironde).

LORIOL-LE-FORT (Charles, Louis, Perceval DE), Natural. — Frontenex près Genève (Suisse).

LOUGNON (Victor), Ing. des Arts et Man., Juge au Trib. de 1re Inst. — Cusset (Allier).

LOUSSEL (A.), Prop., 86, rue de La Pompe. — Paris.

MACÉ DE LÉPINAY (Jules), Prof. à la Fac. des Sc., 105, boulevard Longchamp. — Marseille (Bouches-du-Rhône).

MADELAINE (Edouard), Ing. adj. attaché à l'Exploit. des *Chem. de fer de l'État*, anc. Élève de l'Éc. cent. des Arts et Man., 96, boulevard Montparnasse. — Paris.

MAGNIEN (Lucien), Ing. agric., Insp. de l'Agric., 10, rue Bossuet. — Dijon (Côte-d'Or).

Dr MAGNIN (Antoine), Doyen de la Fac. des Sc., anc. Adj. au Maire, 8, rue Proudhon. — Besançon (Doubs).

MAIGRET (Henri), Ing. des Arts et Man., 29, rue du Sentier. — Paris.

MAILLET (Edmond), Doct. ès Sc. Math., Ing. des P. et Ch., Répét. à l'Éc. Polytech., 11, rue de Fontenay. — Bourg-la-Reine (Seine).

Dr MALHERBE (Albert), Dir. de l'Éc. de Méd. et de Pharm., 7, rue Bertrand-Geslin. — Nantes (Loire-Inférieure).

MALINVAUD (Ernest), Sec. gén. de la *Soc. botan. de France*, 8, rue Linné. — Paris.

Dr MANGENOT (Charles), 162, avenue d'Italie. — Paris.

MARAIS (Charles), Préfet. — Gap (Hautes-Alpes).

MARCHEGAY (Mme Ve Alphonse), 11, quai des Célestins. — Lyon (Rhône).

MARÉCHAL (Paul), 79, boulevard Montparnasse. — Paris.

Dr MARETTE (Charles), Lic. ès Sc. Phys., Pharm. de 1re cl., anc. s.-Chef de Lab. à la Fac. de Méd. de Paris. — Châteauneuf-en-Thimerais (Eure-et-Loir).

MAREUSE (André), 8, rue Théodore-de-Banville. — Paris.

MAREUSE (Edgard), Prop., Sec. du *Comité des Inscript. parisiennes*, 81, boulevard Haussmann. — Paris et château du Dorat. — Bègles (Gironde).

Dr MAREY (Étienne, Jules), Mem. de l'Inst. et de l'Acad. de Méd., Prof. au Collège de France, 11, boulevard Delessert. — Paris.

MARIN (Louis), Admin. du Collège des Sc. soc., 13, avenue de l'Observatoire. — Paris.

MARQUÈS DI BRAGA (P.), Cons. d'État hon., s.-Gouvern. hon. du *Crédit Foncier de France*, anc. élève de l'Éc. Polytech., 200, rue de Rivoli. — Paris.

MARTIN (Eugène), Fabric. d'instrum. de Sc. et d'Élec., 37, rue Saint-Joseph. — Toulouse (Haute-Garonne).

Dr MARTIN (Louis DE), Mem. de la *Soc. nat. d'Agric. de France* et du Cons. de la *Soc. des Agric. de France*. — Montrabech par Lézignan (Aude).

MARTIN (William), 42, avenue Wagram. — Paris.

MARTIN-RAGOT (J.), Manufac., 14, esplanade Cérès. — Reims (Marne).

MARTRE (Etienne), Dir. des contrib. dir. en retraite. — Perpignan (Pyrénées-Orientales).

MASCART (Éleuthère), Mem. de l'Inst., Prof. au Collège de France, Dir. du Bureau cent. météor. de France, 176, rue de L'Université. — Paris.

MASSOL (Gustave), Dir. de l'Éc. sup. de Pharm. (villa Germaine), boulevard des Arceaux. — Montpellier (Hérault).

MASSON (Pierre, V.), de la Librairie Masson et Cie, 120, boulevard Saint-Germain. — Paris.

MATHIEU (Charles, Eugène), Ing. des Arts et Man., anc. Dir. gén. construct. des *Aciéries de Jœuf*, anc. Dir. gén. et admin. des *Aciéries de Longwy*, Construc. mécan., Mem. du Cons. mun., 34, rue de Courlancy. — Reims (Marne).

MAUFROY (Jean-Baptiste), anc. Dir. de manufac. de laine, 4, rue de L'Arquebuse. — Reims (Marne).

Dr MAUNOURY (Gabriel), Chirurg. de l'Hôp., 26, rue de Bonneval. — Chartres (Eure-et-Loir).

MAUREL (Émile) Nég., 7, rue d'Orléans. — Bordeaux (Gironde).

MAUREL (Marc), Nég., 48, cours du Chapeau-Rouge. — Bordeaux (Gironde).

MAUROUARD (Lucien), Premier Sec. d'Ambassade, anc. Élève de l'Éc. Polytech., Légation de France. — Athènes (Grèce).

MAXWELL-LYTE (Farnham), Ing.-Chim., 60, Finborough road. — Londres, S.W. (Angleterre).

MEISSAS (Gaston de), Publiciste, 3, avenue Bosquet. — Paris.

MÉNARD (Césaire), Ing. des Arts et Man., Concessionnaire de l'Éclairage au gaz. — Louhans (Saône-et-Loire).

MÉNEGAUX (Auguste), Doct. ès Sc., Assistant au Muséum d'Hist. nat. (Mammifères, Oiseaux), 9, rue du Chemin-de-Fer. — Bourg-la-Reine (Seine).

MENTIENNE (Adrien), anc. Maire, Mem. de la *Soc. de l'Histoire de Paris et de l'Ile-de-France*. — Bry-sur-Marne (Seine).

MÉRCADIER (Jules), Insp. des Télég., Dir. des études à l'Éc. Polytech., 21, rue Descartes. — Paris.

MERCET (Émile), Banquier, 2, avenue Hoche. — Paris.

MERLIN (Roger). — Bruyères (Vosges).

MESNARD (Eugène), Prof. à l'Éc. prép. à l'Ens. sup. des Sc. et à l'Éc. de Méd., 79, rue de La République. — Rouen (Seine-Inférieure).

Dr MESNARDS (P. DES), rue Saint-Vivien. — Saintes (Charente-Inférieure).

METTRIER (Maurice), Ing. des Mines, 33 *bis*, faubourg Saint-Jaumes. — Montpellier (Hérault).

MEUNIER (Mme Hippolyte) *(Décédée)*.

Dr MICÉ (Laurand), Rect. hon. de l'Acad. de Clermont-Ferrand, 7, rue Sansas. — Bordeaux (Gironde).

Dr MILLARD (Auguste), Méd. hon. des Hôp., 4, rue Rembrandt. — Paris.

MIRABAUD (Paul), Banquier, 86, avenue de Villiers. — Paris.

MOCQUERIS (Edmond), 58, boulevard d'Argenson. — Neuilly-sur-Seine (Seine).

MOCQUERIS (Paul), Ing. de la construct. à la *Comp. des Chem. de fer de Bône-Guelma et prolongements*, 39, rue Es-Sadikia. — Tunis.

MOLLINS (Jean DE), Doct. ès Sc., 9, rue de La Chapelle. — Spa (province de Liège) (Belgique).

Dr MONDOT, anc. Chirurg. de la Marine, anc. Chef de Clin. de la Fac. de Méd. de Montpellier, Chirurg. de l'Hôp. civ., 42, boulevard National. — Oran (Algérie).

Dr MONIER (Eugène), place du Pavillon. — Maubeuge (Nord).

MONMERQUÉ (Arthur), Ing. en chef des P. et Ch., 8, rue du Parc. — Meudon (Seine-et-Oise).

MONNIER (Demetrius), Ing. des Arts et Man., Prof. à l'Éc. cent. des Arts et Man., 3, impasse Cothenet, (22, rue de La Faisanderie). — Paris.

MONTEFIORE (Eward, Lévi), Rent., 36, avenue Henri-Martin. — Paris.

Dr MONTFORT, Prof. à l'Éc. de Méd., Chirurg. des Hôp., 14, rue de La Rosière. — Nantes (Loire-Inférieure).

MONTLAUR (le Comte Amaury DE), Ing. civ., 41, avenue Friedland. — Paris.

MONT-LOUIS, Imprim., 2, rue Barbançon. — Clermont-Ferrand (Puy-de-Dôme).

MOREL D'ARLEUX (Mme Charles), 13, avenue de L'Opéra. — Paris.
Dr MOREL D'ARLEUX (Paul), 33, rue Desbordes-Valmore. — Paris.
MORIN (Théodore), Doct. en Droit, 50, avenue du Trocadéro. — Paris.
MORTILLET (Adrien DE), Prof. à l'Éc. d'Anthrop., Conserv. des collections de la *Soc. d'Anthrop. de Paris*, Présid. de la *Soc. d'Excursions scient.*, 10 *bis*, avenue Reille. — Paris.
MOSSÉ (Alphonse). Prof. de Clin. méd. à la Fac. de Méd., Corresp. nat. de l'Acad. de Méd., 36, rue du Taur. — Toulouse (Haute-Garonne).
MOULLADE (Albert), Lic. ès Sc., Pharm. princ. de 1re cl. à la Réserve des Médicaments. 137, avenue du Prado. — Marseille (Bouches-du-Rhône).
Dr MOURE (Émile), Chargé de cours à la Fac. de Méd., 25 *bis*, cours du Jardin-Public. — Bordeaux (Gironde).
Dr MOUTIER (A.), 11, rue de Miromesnil. — Paris.
NÉGRIN (Paul), Prop. — Cannes-la-Bocca (Alpes-Maritimes).
NEVEU (Auguste), Ing. des Arts et Man. — Rueil (Seine-et-Oise).
NIBELLE (Maurice), Avocat, 9, rue des Arsins. — Rouen (Seine-Inférieure).
NICAISE (Victor), Int. des Hôp., 3, rue Mollien. — Paris.
Dr NICAS, 80, rue Saint-Honoré. — Fontainebleau (Seine-et-Marne).
NIEL (Eugène), 28, rue Herbière. — Rouen (Seine-Inférieure).
NIVET (Gustave), 105, avenue du Roule. — Neuilly-sur-Seine (Seine).
NIVOIT (Edmond), Insp. gén. des Mines, Prof. de Géol. à l'Éc. nat. des P. et Ch., 4, rue de La Planche. — Paris.
NOELTING (Emilio), Dir. de l'Éc. de Chim. — Mulhouse (Alsace-Lorraine).
OCAGNE (Maurice D'), Ing., Prof. à l'Éc. nat. des P. et Ch., Répét. à l'Éc. Polytech 30, rue La Boétie. — Paris.
ODIER (Alfred), Dir. de la *Caisse gén. des Familles*, 4, rue de La Paix. — Paris.
ŒCHSNER DE CONINCK (William), Prof. adj. à la Fac. des Sc., 8, rue Auguste-Comte. — Montpellier (Hérault).
Dr OLIVIER (Paul), Méd. en chef de l'Hosp. gén., Prof. à l'Éc. de Méd., 12, rue de La Chaîne. — Rouen (Seine-Inférieure).
OLRY (Albert), Ing. en chef des Mines, 23, rue Clapeyron. — Paris.
OSMOND (Floris), Ing. des Arts et Man., 83, boulevard de Courcelles. — Paris.
OUTHENIN-CHALANDRE (Joseph), 5, rue des Mathurins. — Paris.
PALUN (Auguste), Juge au Trib. de Com., 13, rue Banasterie. — Avignon (Vaucluse).
Dr PAMARD (Alfred), Associé nat. de l'Acad. de Méd., Chirurg. en chef des Hôp., 4, place Lamirande. — Avignon (Vaucluse).
Dr PAMARD (Paul), anc. Int. des Hôp. de Paris, 4, place Lamirande. — Avignon (Vaucluse).
PASQUET (Eugène) (fils), 53, rue d'Eysines. — Bordeaux (Gironde).
PASSY (Frédéric), Mem. de l'Inst., anc. Député, Mem. du Cons. gén. de Seine-et-Oise, 8, rue Labordère. — Neuilly-sur-Seine (Seine).
PASSY (Paul, Édouard), Doct. ès Lettres, Lauréat de l'Inst. (Prix Volney), Maître de Conf. à l'Éc. des Hautes-Études d'Histoire et de Philolog., 92, rue de Longchamp. — Neuilly-sur-Seine (Seine).
PÉDRAGLIO-HOEL (Mme Hélène), 29, avenue Camus. — Nantes (Loire-Inférieure).
PÉLAGAUD (Élisée), Doct. ès Sc., château de La Pinède. — Antibes (Alpes-Maritimes).
PÉLAGAUD (Fernand), Doct. en Droit, Cons. à la Cour d'Ap., 15, quai de L'Archevêché. — Lyon (Rhône).
PELLET (Auguste), Prof. à la Fac. des Sc., 74, rue Ballainvilliers. — Clermont-Ferrand (Puy-de-Dôme).
PELTEREAU (Ernest), Notaire hon. — Vendôme (Loir-et-Cher).
PÉRARD (Joseph), Ing. des Arts et Man., Sec. gén. de la *Soc. d'Aquiculture et de Pêche*, 42, rue Saint-Jacques. — Paris.
PEREIRE (Émile), Ing. des Arts et Man., Admin. de la *Comp. des Chem. de fer du Midi* 10, rue Alfred-de-Vigny. — Paris.
PEREIRE (Eugène), Ing. des Arts et Man., Présid. du Cons. d'admin. de la *Comp. Transat.*, 5, rue des Mathurins. — Paris.
PEREIRE (Henri), Ing. des Arts et Man., Admin. de la *Comp. des Chem. de fer du Midi*, 33, boulevard de Courcelles. — Paris.
PÉREZ (Jean), Prof. à la Fac. des Sc., 21, rue Saubat. — Bordeaux (Gironde).
PÉRICAUD, Cultivat. — La Balme (Isère).
PERIDIER (Louis), anc. Jug. au Trib. de Com., 5, quai d'Alger. — Cette (Hérault).
PERRET (Auguste), Prop., 50, quai Saint-Vincent. — Lyon (Rhône).
PETITON (Anatole), Ing.-Conseil des Mines, 93, rue de Seine. — Paris.

Petrucci (C., R.), Ing. — Béziers (Hérault).

Pettit (Georges), Ing. en chef des P. et Ch., boulevard d'Haussy. — Mont-de-Marsan (Landes).

Philippe (Léon), 23 *bis*, rue de Turin. — Paris.

Dr Phisalix (Césaire), Doct. ès Sc., Assistant de Pathol. comparée au Muséum d'Hist. nat., 26, boulevard Saint-Germain. — Paris.

Piaton (Maurice), Ing. civ. des Mines, anc. Élève de l'Éc. Polytech., Mem. du Cons. mun., 49, rue de La Bourse. — Lyon (Rhône).

Piche (Albert), Avocat, Présid. de la *Soc. d'Éducat. popul.*, 26, rue Serviez. — Pau (Basses-Pyrénées).

Picou (Gustave), Indust., 123, rue de Paris. — Saint-Denis (Seine).

Picquet (Henry), Chef de Bat. du Génie, Examin. d'admis. à l'Éc. Polytech., 4, rue Monsieur-Le-Prince. — Paris.

Dr Pierrou. — Chazay-d'Azergues (Rhône).

Pillet (Jules), Prof. aux Éc. nat. des P. et Ch. et des Beaux-Arts et au Conserv. nat. des Arts et Mét., anc. Élève de l'Éc. Polytech., 18, rue Saint-Sulpice. — Paris

Pinon (Paul), Nég., 36, rue du Temple. — Reims (Marne).

Pitres (Albert), Doyen hon. de la Fac. de Méd., Corresp. nat. de l'Acad. de Méd., Méd. de l'Hôp. Saint-André, 119, cours d'Alsace-et-Lorraine. — Bordeaux (Gironde).

Dr Planté (Jules), Méd. de 1re cl. de la Marine, 40, boulevard de Strasbourg. — Toulon (Var).

Poillon (Louis), Ing. des Arts et Man., Rancho Verde. — Teponaxtla par Cuicatlan (État d'Oaxaca) (Mexique).

Poisson (Jules), Assistant de Botan. au Muséum d'Hist. nat., 32, rue de La Clef. — Paris.

Polignac (le Comte Melchior de). — Kerbastic-sur-Gestel (Morbihan).

Pommerol, Avocat, anc. Rédac. de la Revue *Matériaux pour l'Histoire primitive de l'Homme*. — Veyre-Monton (Puy-de-Dôme) et, 20, rue Pestalozzi. — Paris.

Porcherot (Eugène), Ing. civ., La Béchellerie. — Saint-Cyr-sur-Loire par Tours (Indre-et-Loire).

Porgès (Charles), Présid. du Cons. d'admin. de la *Comp. continentale Edison*, 25, rue de Berri. — Paris.

Portevin (Hippolyte), Ing. civ., anc. Élève de l'Éc. Polytech., 2, rue de La Belle-Image. — Reims (Marne).

Dr Poupinel (Gaston), anc. Int. des Hôp., 50, avenue Victor-Hugo. — Paris.

Pouyanne (C.-M.), Insp. gén. des Mines, 70, rue Rovigo. — Alger.

Dr Pozzi (Samuel), Mem. de l'Acad. de Méd., Prof. à la Fac. de Méd., Chirurg. des Hôp., ancien Sénateur, 47, avenue d'Iéna. — Paris.

Prat (J., P.), Chim., 24, rue de Fleurus. — Bordeaux (Gironde).

Préaudeau (Albert de), Insp. gén., Prof. à l'Éc. nat. des P. et Ch., 21, rue Saint-Guillaume. — Paris.

Preller (L.), Nég., 5, cours de Gourgues. — Bordeaux (Gironde).

Prevet (Charles), Nég., 48, rue des Petites-Écuries. — Paris.

Prévost (Georges), Ing. civ. des Mines, anc. Élève de l'Éc. Polytech., 30, quai de Bourgogne. — Bordeaux (Gironde).

Prévost (Maurice), Publiciste, 55, rue Claude-Bernard. — Paris.

Prioleau (Mme Léonce), 4, rue des Jacobins. — Brive (Corrèze).

Dr Prioleau (Léonce), anc. Int. des Hôp. de Paris, 4, rue des Jacobins. — Brive (Corrèze).

Privat (Paul, Édouard), Libr.-Édit., Juge au Trib. de Com., 45, rue des Tourneurs — Toulouse (Haute-Garonne).

Dr Pujos (Albert), Méd. princ. du Bureau de bienfais., 58, rue Saint-Sernin. — Bordeaux (Gironde).

Quatrefages de Bréau (Mme Ve Armand de), 48, rue Saint-Ferdinand. — Paris.

Quatrefages de Bréau (Léonce de), Ing., Chef de serv. à la *Comp. des Chem. de fer du Nord*, anc. Élève de l'Éc. cent. des Arts et Man., 50, rue Saint-Ferdinand. — Paris.

Raclet (Joannis), Ing. civ., Admin.-Délég. de la *Soc. Lyonnaise des forces motrices du Rhône*, 21, cours Morand. — Lyon (Rhône).

Raimbert (Louis), Chim., Dir. de Sucrerie, 10 *bis*, rue des Batignolles. — Paris.

Rambaud (Alfred), Mem. de l'Inst., Prof. à la Fac. des Lettres, anc. Min. de l'Instruc. pub., anc. Sénateur, Mem. du Cons. gén. du Doubs, 76, rue d'Assas. — Paris.

Ramé (Mlle), 16, rue de Chalon. — Paris.

Ramé (Louis, Félix), anc. Présid. du Syndic. de la boulang. de Paris et de la Délég. de la boulang. franç., 16, rue de Chalon. — Paris.

Ramond (Georges), Assistant de Géol. au Muséum d'Hist. nat., 61, rue de Buffon. — Paris et 18, rue Louis-Philippe. — Neuilly-sur-Seine (Seine).

RAVENEAU (Louis), Agr. d'Histoire, Sec. de la Rédac. des *Annales de Géog.*, 76, rue d'Assas. — Paris.

REBOUL (le Capitaine Frédéric), Of. d'Ordonnance du Général command. le 3e Corps d'Armée. — Rouen (Seine-Inférieure).

Dr REDDON (Henry), Méd.-Dir. de la Villa Penthièvre. — Sceaux (Seine).

REINACH (Théodore), Doct. ès Lettres et en Droit, 9, rue Hamelin. — Paris.

RENAUD (Georges), Lauréat de l'Inst., Fondat. de la *Revue géographique internationale*, Prof. aux Éc. mun. sup. de la Ville de Paris, 10, rue Dorian (Place de la Nation). — Paris.

REY (Louis), Ing. des Arts et Man., Admin. de la *Comp. des Chem. de fer du Cambrésis*, 97, boulevard Exelmans. — Paris.

RIBERO DE SOUZA REZENDE (le Chevalier S.), poste restante. — Rio-Janeiro (Brésil).

RIBOT (Alexandre), anc. Min., Député du Pas-de-Calais, 6, rue de Tournon. — Paris.

RIBOUT (Charles), Prof. hon. de Math. spéc. au Lycée Louis-le-Grand, 30, avenue de Picardie. — Versailles (Seine-et-Oise).

RICHIER (Clément), Prop. — Nogent en Bassigny (Haute-Marne).

RIDDER (Gustave DE), Notaire, 4, rue Perrault. — Paris.

RILLIET (Albert), Prof. à l'Univ., 16, rue Bellot. — Genève (Suisse).

RISLER (Eugène), Dir. hon. de l'Inst. nat. agronom., 106 *bis*, rue de Rennes. — Paris.

RISTON (Victor), Doct. en Droit, Avocat à la Cour d'Ap. de Nancy, 3, rue d'Essey. — Malzéville (Meurthe-et-Moselle).

Dr RIVIÈRE (Jean), Méd.-Maj. de 1re cl. au 2e Rég. de la Légion étrang. — Saïda (départ. d'Oran) (Algérie).

ROBERT. (Gabriel), Avocat à la Cour d'Ap., 2, quai de L'Hôpital. — Lyon (Rhône).

ROBIN (A.), Banquier, Consul de Turquie, 41, rue de L'Hôtel-de-Ville. — Lyon (Rhône).

ROBINEAU (Th.), Lic. en Droit, anc. Avoué, 4, avenue Carnot. — Paris.

RODOCANACHI (Emmanuel), 54, rue de Lisbonne. — Paris.

ROHDEN (Charles DE), Mécan., 14, rue Tesson. — Paris.

ROHDEN (Théodore DE), 14, rue Tesson. — Paris.

ROLLAND (Alexandre), Mem. de la Ch. de Com., Nég. en papiers, 7, rue Haxo. — Marseille (Bouches-du-Rhône).

ROLLAND (Georges), Ing. en chef des Mines, 60, rue Pierre-Charron. — Paris.

ROUSSEAU (Henri), Ing. en chef des P. et Ch. — Mende (Lozère).

ROUSSELET (Louis), Archéol., 126, boulevard Saint-Germain. — Paris.

SABATIER (Armand), Corresp. de l'Inst., Doyen de la Fac. des Sc., 1, rue Barthez. — Montpellier (Hérault).

SABATIER (Paul), Corresp. de l'Inst., Prof. de Chim. à la Fac. des Sc., 11, allées des Zéphirs. — Toulouse (Haute-Garonne).

SAGNIER (Henry), Dir. du *Journal de l'Agriculture*, 106, rue de Rennes. — Paris.

SAIGNAT (Léo), Prof. à la Fac. de Droit, 18, rue Mably. — Bordeaux (Gironde).

SAINT-MARTIN (l'Abbé Charles DE), Vicaire, 7, rue des Carrières. — Suresnes (Seine).

SAINT-OLIVE (G.), anc. Banquier, 9, place Morand. — Lyon (Rhône).

Dr SAMBUC (Camille), Agr. de Chim. à la Fac. de Méd., 2, avenue des Ponts. — Lyon (Rhône).

SCHILDE (le Baron DE), château de Schilde par Wyneghem (province d'Anvers) (Belgique).

SCHLUMBERGER (Charles), Ing. de la Marine en retraite, 16, rue Chistophe-Colomb. — Paris.

SCHMITT (Henri), Pharm. de 1re cl., 53, rue Notre-Dame-de-Lorette. — Paris.

SCHWÉRER (Pierre, Alban), Notaire, 3, rue Saint-André. — Grenoble (Isère).

SEBERT (le Général Hippolyte), Mem. de l'Inst., Admin. de la *Soc. anonyme des Forges et Chantiers de la Méditerranée*, 14, rue Brémontier. — Paris.

SÉDILLOT (Maurice), Entomol., Mem. de la *Com. scient. de Tunisie*, 20, rue de L'Odéon. — Paris.

SEGRETAIN (le Général Léon), 23, rue de L'Hôtel-Dieu. — Poitiers (Vienne).

SELLERON (Ernest), Ing. de la Marine en retraite, 76, rue de La Victoire. — Paris.

SERRE (Fernand), Prop., 1, rue Levat. — Montpellier (Hérault).

SEYNES (Léonce DE), 58, rue Calade. — Avignon (Vaucluse).

SIÉGLER (Ernest), Ing. en chef des P. et Ch., Ing. en chef adj. de la voie à la *Comp. des Chem. de fer de l'Est*, 48, rue Saint-Lazare. — Paris.

SIMÉON (Paul), Ing. civ., Représent. de la *Soc. I. et A. Pavin de Lafarge*, anc. Élève de l'Éc. Polytech., 42, boulevard des Invalides. — Paris.

SIRET (Louis), Ing. — Cuevas de Vera (province d'Almeria) (Espagne).

SOCIÉTÉ INDUSTRIELLE D'AMIENS. — Amiens (Somme).

SOCIÉTÉ PHILOMATHIQUE DE BORDEAUX, 2, cours du XXX Juillet. — Bordeaux (Gironde).

SOCIÉTÉ DES SCIENCES PHYSIQUES ET NATURELLES, 143, cours Victor-Hugo. — Bordeaux (Gironde).

SOCIÉTÉ ACADÉMIQUE DE BREST. — Brest (Finistère).

SOCIÉTÉ LIBRE D'AGRICULTURE, SCIENCES, ARTS ET BELLES-LETTRES DE L'EURE. — Évreux (Eure).

SOCIÉTÉ CENTRALE DE MÉDECINE DU NORD. — Lille (Nord).

SOCIÉTÉ ACADÉMIQUE DE LA LOIRE-INFÉRIEURE, 1, rue Suffren. — Nantes (Loire-Inférieure).

SOCIÉTÉ CENTRALE DES ARCHITECTES FRANÇAIS, 8, rue Danton. — Paris.

SOCIÉTÉ BOTANIQUE DE FRANCE, 84, rue de Grenelle. — Paris.

SOCIÉTÉ DE GÉOGRAPHIE, 184, boulevard Saint-Germain. — Paris.

SOCIÉTÉ MÉDICO-CHIRURGICALE DE PARIS (ancienne SOCIÉTÉ MÉDICO-PRATIQUE), 29, rue de La Chaussée-d'Antin. — Paris.

SOCIÉTÉ FRANÇAISE DE PHOTOGRAPHIE, 76, rue des Petits-Champs. — Paris.

SOCIÉTÉ DES SCIENCES, LETTRES ET ARTS DE PAU (Basses-Pyrénées).

SOCIÉTÉ INDUSTRIELLE DE REIMS, 18, rue Ponsardin. — Reims (Marne).

SOCIÉTÉ MÉDICALE DE REIMS, 71, rue Chanzy. — Reims (Marne).

SOCIÉTÉ DES SCIENCES ET ARTS DE VITRY-LE-FRANÇOIS. — Vitry-le-François (Marne).

SOLMS (le Comte Louis DE), Ing. des Arts et Man. — Port-Louis (Morbihan).

Dr SONNIÉ-MORET (Abel), Pharm. de l'Hôp. des Enfants malades, 149, rue de Sèvres. — Paris.

SORET (Charles), Prof. à l'Univ., 6, rue Beauregard. — Genève (Suisse.

SOUBEIRAN (Louis, Maxime), s.-Dir. de l'École prat. d'Indust. — Béziers (Hérault).

STEINMETZ (Charles), Tanneur, 60, rue d'Illzach. — Mulhouse (Alsace-Lorraine).

STENGELIN, Banquier, 9, quai Saint-Clair. — Lyon (Rhône).

STORCK (Adrien), Ing. des Arts et Man., 78, rue de L'Hôtel-de-Ville. — Lyon (Rhône).

SUAIS (Abel), Ing. en chef des trav. pub. des Colonies, Dir. de la *Comp. impériale des Chem. de fer Éthiopiens*, 13, rue Léon-Cogniet. — Paris.

SURRAULT (Ernest), Notaire hon., 45, avenue de L'Alma. — Paris.

Dr TACHARD (Élie), Méd. princ. de 1re cl. en retraite, 11, rue Monplaisir. — Toulouse (Haute-Garonne).

TANRET (Charles), Lauréat de l'Inst., Pharm. de 1re cl., 14, rue d'Alger. — Paris.

TANRET (Georges), Étud. en Méd., 14, rue d'Alger. — Paris.

TARRY (Gaston), anc. Insp. des Contrib. diverses, 19, rue d'Isly. — Alger.

TARRY (Harold), Insp. des Fin. en retraite, anc. Élève de l'Éc. Polytech., villa Uranie — Bouzaréa (départ. d'Alger).

Dr TEILLAIS (Auguste), place du Cirque. — Nantes (Loire-Inférieure).

TEISSIER (Joseph), Prof. à la Fac. de Méd., Corresp. nat. de l'Acad. de Méd., Méd. des Hôp., 8, place Bellecour. — Lyon (Rhône).

TESTUT (Léo), Prof. d'Anat. à la Fac. de Méd., Corresp. nat. de l'Acad. de Méd., 3, avenue de L'Archevéché. — Lyon (Rhône).

TEULADE (Marc), Avocat, Mem. de la *Soc. de Géog.* et de la *Soc. d'Hist. nat. de Tou-louse*, 22, rue Pharaon. — Toulouse (Haute-Garonne).

TEULLÉ (le Baron Pierre), Prop., Mem. de la *Soc. des Agricult. de France.* — Moissac (Tarn-et-Garonne).

Dr TEXIER (Georges). — Moncoutant (Deux-Sèvres).

THÉLIN (René DE), Ing. en chef des P. et Ch. — Tarbes (Hautes-Pyrénées).

THÉNARD (Mme la Baronne Ve Paul), 6, place Saint-Sulpice. — Paris.

THIBAULT (J.), Tanneur, 18, place du Maupas. — Meung-sur-Loire (Loiret).

Dr THIBIERGE (Georges), Méd. des Hôp., 7, rue de Surène. — Paris.

Dr THULIÉ (Henri), Dir. de l'Éc. d'Anthrop., anc. Présid. du Cons. mun., 37, boulevard Beauséjour. — Paris.

THURNEYSSEN (Émile), Admin. de la *Comp. gén. Transat.*, 10, rue de Tilsitt. — Paris.

TISSOT, Examin. d'admis. à l'Éc. Polytech. en retraite. — Voreppe (Isère).

Dr TOPINARD (Paul), 105, rue de Rennes. — Paris.

TOURTOULON (le Baron Charles DE), Prop., 13, rue Roux-Alphéran. — Aix en Provence (Bouches-du-Rhône).

TRÉLAT (Émile), Ing. des Arts et Man., Archit. en chef hon. du départ. de la Seine, Prof. hon. au Conserv. nat. des Arts et Métiers, Dir. de l'Éc. spéc. d'Archit., anc. Député, 17, rue Denfert-Rochereau. — Paris.

TULEU (Mme Charles, Aubin), 58, rue d'Hauteville. — Paris.

TULEU (Charles, Aubin), Ing. civ., anc. Élève de l'Éc. Polytech., 58, rue d'Hauteville. — Paris.

TURQUAN (Victor), Mem. du Cons. sup. de Statistique, Recev.-Percept., 158, boulevard de La Croix-Rousse. — Lyon (Rhône).

URSCHELLER (Henri), Prof. d'allemand au Lycée, 88, rue de Siam. — Brest (Finistère).

VAILLANT (Alcide), Archit., 108, avenue de Villiers. — Paris.

Dr VAILLANT (Léon), Prof. au Muséum d'Hist. nat., 36, rue Geoffroy-Saint-Hilaire.— Paris.

Dr VALCOURT (Théophile DE), Méd. de l'Hôp. marit. de l'Enfance. — Cannes (Alpes-Maritimes) et 64, boulevard Saint-Germain. — Paris.

VALLOT (Joseph), Dir. de l'Observatoire météor. du Mont-Blanc, 114, avenue des Champs-Élysées. — Paris.

VALOT (Paul), Doct. en Droit, Avocat, rue Kléber. — Lure (Haute-Saône).

VAN AUBEL (Édmond), Doct. ès Sc. Phys. et Math., Prof. à l'Univ., 136¹, chaussée de Courtrai. — Gand (Belgique).

VAN BLARENBERGHE (Mme Henri, François), 48, rue de La Bienfaisance. — Paris.

VAN BLARENBERGHE (Henri, François), Ing. en chef des P. et Ch. en retraite, Présid. du Cons. d'admin. de la *Comp. des Chem. de fer de l'Est*, 48, rue de La Bienfaisance.—Paris.

VAN BLARENBERGHE (Henri, Michel), Ing. des P. et Ch.. 48, rue de La Bienfaisance. — Paris.

VAN ISEGHEM (Henri), Présid. du Trib. civ., anc. Mem. du Cons. gén. de la Loire-Inférieure, 7, rue du Calvaire. — Nantes (Loire-Inférieure).

VAN TIÉGHEM (Philippe), Mem. de l'Inst., Prof. au Muséum d'Hist. nat., 22, rue Vauquelin. — Paris.

VANDELET (O.), Nég., Délég. du Cambodge au Cons. sup. des Colonies. — Pnumpenh (Cambodge).

VASSAL (Alexandre). — Montmorency (Seine-et-Oise) et 55, boulevard Haussmann. — Paris.

VAUTIER (Théodore), Prof. adj. à la Fac. des Sc., 30, quai Saint-Antoine. — Lyon (Rhône).

Dr VERGER (Théodore). — Saint-Fort-sur-Gironde (Charente-Inférieure).

VERGNES (Auguste), Planteur à Mayumbâ (Congo français), 2, rue des Jardins. — Castres (Tarn).

VERMOREL (Victor), Construc., Dir. de la Stat. vitic. — Villefranche-sur-Saône (Rhône).

VERNEY (Noël), Doct. en droit, Avocat à la Cour d'Ap., 4, rue du Jardin-des-Plantes. — Lyon (Rhône).

VEYRIN (Émile), 2ter, rue Herran. — Paris.

VIEILLE-CESSAY (l'Abbé Charles), Dir. au Grand-Séminaire, 12, rue Charles-Nodier. — Besançon (Doubs).

Dr VIENNOIS (Louis, Alexandre). — Peyrins par Romans (Drôme).

VIGNARD (Charles), Lic. en Droit, anc. Mem. du Cons. mun., Nég., anc. Juge au Trib. de Com., 16, passage Saint-Yves. — Nantes (Loire-Inférieure).

VIGNON (Louis), Maître des requêtes au Cons. d'État, Prof. à l'Éc. coloniale, Lauréat de l'Inst., 4, rue Gounod. — Paris.

Dr VIGUIER (C.), Doct. ès Sc., Prof. à l'Éc. prép. à l'Ens. sup. des Sc., 2, boulevard de La République. — Alger.

Dr VILLAR (Francis), Agr. à la Fac. de Méd., Chirurg. des Hôp., 9, rue Castillon. — Bordeaux (Gironde).

VILLARD (Pierre), Doct. en Droit, 29, quai Tilsitt. — Lyon (Rhône).

VILLIERS DU TERRAGE (le Vicomte DE), 30, rue Barbet-de-Jouy. — Paris.

VINCENT (Auguste), Nég., Armat., 14, quai Louis XVIII. — Bordeaux (Gironde).

VIOLLE (Jules), Mem. de l'Inst., Maître de Conf. à l'Éc. norm. sup., Prof. au Conserv. nat. des Arts et Mét., 89, boulevard Saint-Michel. — Paris.

Dr VITRAC (Junior), anc. Chef de Clin. chirurg. à la Fac. de Méd. de Bordeaux, 56, rue Gambetta. — Libourne (Gironde).

VUILLEMIN (Paul), Ing. civ. des Mines, 6, avenue de Saint-Germain. — Saint-Germain en Laye (Seine-et-Oise).

VULPIAN (André), Lic. ès Sc. nat., 51, avenue Montaigne. — Paris.

WARCY (Gabriel DE), 38, rue Saint-André. — Reims (Marne).

Dr WEISS (Georges), Ing. des P. et Ch., Agr. à la Fac. de Méd., 20, avenue Jules-Janin. — Paris.

WENZ (Émile), Nég., 50, boulevard Lundy, — Reims (Marne).

WILLM, Prof. de Chim. gén. appliq. à la Fac. des Sc. (Institut de Chimie), rue Barthélemy-Delespaul. — Lille (Nord).

WOUTERS (Louis), Homme de Lettres, anc. Chef de Cabinet de Préfet, 80, rue du Rocher. — Paris.

YACHT-CLUB DE FRANCE.

ZEILLER (René), Mem. de l'Inst., Ing. en chef des Mines, 8, rue du Vieux-Colombier. — Paris.

ZINDEL (Édouard), Ing. princ. à la Soudière de la *Comp. de Saint-Gobain*. — Chauny (Aisne).

ZIVY (Paul), Ing. des Arts et Man., 148, boulevard Haussmann. — Paris.

LISTE GÉNÉRALE DES MEMBRES

DE L'ASSOCIATION FRANÇAISE

POUR L'AVANCEMENT DES SCIENCES

FUSIONNÉE AVEC

L'ASSOCIATION SCIENTIFIQUE DE FRANCE

Les noms des Membres Fondateurs sont suivis de la lettre **F** *et ceux des Membres à vie de la lettre* **R**. — *Les astérisques indiquent les Membres qui ont assisté au Congrès d'Angers.*

Abadie (Alain), Ing. des Arts et Man., Sec. gén. de la *Comp. gén. de Trav. pub.*, 56, rue de Provence. — Paris.

Dr Abadie (Charles), 172, boulevard Saint-Germain. — Paris.

Abbe (Cleveland), Météor., Weather-Bureau, department of Agriculture. — Washington-City (États-Unis d'Amérique). — **R**

Académie d'Hippone. — Bône (départ. de Constantine) (Algérie).

Académie des Sciences, Belles-Lettres et Arts de Tarn-et-Garonne. — Montauban (Tarn-et-Garonne).

Aciéries d'Imphy (le Directeur des). — Imphy (Nièvre).

Aconin (Charles), Manufac., 21, rue Saint-Nicolas. — Compiègne (Oise).

Adam (François), Prof. au Collège Stanislas, 16, rue Le Verrier. — Paris.

Adam (Paul), Prof. à l'Éc. nat. vétér. d'Alfort, Insp. princ. des r.tablis. classés, 1, rue de Narbonne. — Paris.

Adhémar (le Vicomte P. d'), Prop., 25, Grand'Rue. — Montpellier (Hérault).

Adrian (Alphonse), Pharm., Fabric. de Prod. pharm., 9, rue de La Perle. — Paris.

***Aduy (Eugène)**, Prop., 27, quai Vauban. — Perpignan (Pyrénées-Orientales). — **R**

Agache (Edmond), 57, boulevard de La Liberté. — Lille (Nord).

Agache (Édouard), Prop. — Pérenchies (Nord).

Dr Aguilhon (Élie), 18, rue de La Chaussée-d'Antin. — Paris.

***Aïvas (Alexandre)**, Archit. de la Ville, 52, rue du Bellay. — Angers (Maine-et-Loire).

Alaux, Dent., 24, rue Lafayette. — Toulouse (Haute-Garonne).

Albert Ier de Monaco (S. A. S. le Prince régnant), Corresp. de l'Inst., 10, avenue du Trocadéro. — Paris, et Palais princier. — Monaco.

***Dr Albert-Weill (Ernest)**, Lic. ès Sc., 151, boulevard Magenta. — Paris.

Albertin (Michel), Pharm. de 1re cl., Dir. de la *Soc. des Eaux min.* et Maire de Saint-Alban, rue de L'Entrepôt. — Roanne (Loire). — **R**

Alcan (Félix), Libr.-Édit., anc. Élève de l'Éc. norm. sup., 108, boulevard Saint-Germain. — Paris.

Alché (Louis d'), Pharm. — Monclar (Lot-et-Garonne).

Dr Alezais (Henri), Prof. à l'Éc. de Méd., 3, rue d'Arcole. — Marseille (Bouches-du-Rhône).

Alglave (Émile), Prof., à la Fac. de Droit de Paris, anc. Dir. de la *Revue scientifique*, 27, avenue de Paris. — Versailles (Seine-et-Oise).

Allain-Le Canu (Jules), Lic. ès Sc., Pharm. de 1re cl., 36, quai de Béthune. — Paris.

Dr Allaire (Georges), Chef des Trav. de Phys. à l'Éc. de Méd., 5, rue Santeuil. — Nantes (Loire-Inférieure).

*Dr **Allanic (François)**, 13, rue Savary. — Angers (Maine-et-Loire).

Dr Allard (Félix), Lic. ès Sc. Phys., 23, rue Blanche. — Paris.

***Allard (Gaston)**, v.-Présid. de la *Soc. d'Horticulture d'Angers* La Maulévrerie, route des Ponts-de-Cé. — Angers (Maine-et-Loire).

Allard (Hubert), Pharm. de 1re cl., Prop. — Neuvy par Moulins (Allier). — **R**

Alluard (Émile), Doyen hon. de la Fac. des Sc., Dir. hon. de l'Observ. météor. du Puy-de-Dôme, 22 *bis*, place de Jaude. — Clermont-Ferrand (Puy-de-Dôme).

Dr Aloy (François, Jules), 5, rue Bayard. — Toulouse (Haute-Garonne).

Alphandery (Eugène), 79, avenue de Villiers. — Paris. — **R**

Alvin (Henry), Ing. des P. et Ch. attaché à la *Comp. des Chem. de fer d'Orléans*, 43, rue du Chinchauvaud. — Limoges (Haute-Vienne).

Amans (Mme Paul), 45, avenue de Lodève. — Montpellier (Hérault).

Dr Amans (Paul), Doct. ès Sc. 45, avenue de Lodève. — Montpellier (Hérault).

***Ambayrac (Mlle Marie)**, Artiste-Peintre, 2, place Garibaldi. — Nice (Alpes-Maritimes).

***Ambayrac (Hippolyte)**, Prof. de Sc. Phys. et nat. au Lycée, 2, place Garibaldi. — Nice (Alpes-Maritimes).

Amboix de Larbont (le Général Henri d'), Command. la 25e Divis. d'Infant. — Saint-Étienne (Loire). — **F**

Amet (Émile), Indust., Usine Saint-Hubert. — Sézanne (Marne). — **R**

Dr Amoedo (Oscar), 15, avenue de L'Opéra. — Paris.

Amtmann (Th.), Archiv.-Biblioth. de la *Soc. archéol.*, 26, rue Doidy. — Bordeaux (Gironde).

Andiran (Lucien d'), Chim., 17, villa Dupont (rue Pergolèse). — Paris.

***Andouard (Ambroise)**, Associé nat. de l'Acad. de Méd., Dir. de la Stat. agron. de la Loire-Inférieure, Prof. à l'Éc. de Méd. et de Pharm., 8, rue Olivier-de-Clisson. — Nantes (Loire-Inférieure).

***Andrault**, Cons. hon. à la Cour d'Ap. d'Alger, 30, quai du Louvre. — Paris.

André (Charles), Corresp. de l'Inst., Prof. à la Fac. des Sc. de Lyon, Dir. de L'Observatoire. — Saint-Genis-Layal (Rhône).

André (Alphonse-Eugène), Insp. de l'Ens. prim., Présid.-Fond. de l'*Œuvre des Voyages scolaires*, 43, rue des Capucins. — Reims (Marne).

André (Grégoire), Prof. de Pathol. int. à la Fac. de Méd., 18, rue Lafayette. — Toulouse (Haute-Garonne).

Andrieux (Gaston), Indust., Juge sup. au Trib. de Com., 12, cours Gambetta. — Montpellier (Hérault).

Anger (Charles, Henri), Ing. chargé des Études du matériel roulant à la *Comp. du Chem. de fer du Nord*, anc. Élève de l'Éc. cent. des Arts et Man., 5, place des Vosges. — Paris.

Angellier (Auguste), Doyen de la Fac. des Lettres de Lille, 20, rue de Beaurepaire. — Boulogne-sur-Mer (Pas-de-Calais).

Anglas (Jules), Prépar. à la Fac. des Sc., 19, boulevard de Port-Royal. — Paris.

Angot (Alfred), Doct. ès Sc., Météor. tit. au Bureau cent. météor. de France 12, avenue de L'Alma. — Paris. — **R**

Anthoine (Édouard), Ing., Chef du serv. de la Carte de France et de la Stat. graph. au Min. de l'Int., anc. Élève de l'Éc. cent. des Arts et Man. 13, rue Cambacérès. — Paris.

Anthoni (Gustave), Ing. des Arts et Man., 17, avenue Niel. — Paris.

Dr Apert (Eugène), Méd. des Hôp., 14, rue de Marignan. — Paris.

Appert (Aristide), anc. Indust., 58, rue Ampère. — Paris. — **R**

Appert (Léon), Commis.-pris. hon., 11, avenue d'Églé. — Maisons-Laffitte (Seine-et-Oise).

Arbel (Antoine), Maître de forges. — Rive-de-Gier (Loire). — **R**

Arcin (Henri), Nég., 1, rue de L'Arsenal. — Bordeaux (Gironde).

Dr Ardoin (Charles), 25, boulevard Carabacel. — Nice (Alpes-Maritimes).

***Argent (Jules d')**, Chirurg.-Dent., 245, rue Saint-Honoré. — Paris.

Dr Aris (Prosper), 17, rue du Lycée. — Pau (Basses-Pyrénées).

Arloing (Saturnin), Corresp. de l'Inst. et de l'Acad. de Méd., Prof. à la Fac. de Méd. Dir. de l'Éc. nat. vétér., 2, quai Pierre-Scize. — Lyon (Rhône). — **R**

Dr Armaingaud (Arthur), anc. Agr. à la Fac. de Méd., 55, rue Fondaudège. — Bordeaux (Gironde).

Armengaud (Eugène), Ing. des Arts et Man., 21, boulevard Poissonnière. — Paris.

Armez (Louis), Ing. des Arts et Man., Député des Côtes-du-Nord, 6, rue de Bourgogne. — Paris et château Bourg-Blanc. — Plourivo par Paimpol (Côtes-du-Nord).

Arnaud (Gabriel), Nég. — Mèze (Hérault).

Arnaud (Jean-Baptiste), Ing. des P. et Ch. — Coulommiers (Seine-et-Marne).

Dr Arnaud (Henri), 5, rue Saint-Pierre. — Montpellier (Hérault). — **R**

Dr Arnaud de Fabre (Amédée), 36, rue Sainte-Catherine. — Avignon (Vaucluse).

Arnould (Charles), Nég., Maire, 37, rue de Talleyrand. — Reims (Marne). — **R**

Arnould (Charles), Insp. gén. des Poudres et Salpêtres, 16, quai de La Verrerie. — Melun (Seine-et-Marne).

Arnould (le Colonel Émile), Dir. de l'Éc. des Hautes-Études indust. à l'Univ. catholique, 11, rue de Toul. — Lille (Nord).

Arnould (Jean-Baptiste, Camille), Dir. de l'Enregist. et des Dom., 6, place Saint-Pierre. — Troyes (Aube).

Arnoux (Louis Gabriel), anc. Of. de marine. — Les Mées (Basses-Alpes). — **R**

Arnoux (René), Ing.-Construc., anc. Ing. des Ateliers Bréguet, anc. Ing.-Conseil de la *Comp. continentale Edison*, 45, rue du Ranelagh. — Paris. — **R**

Arnozan (Mlle M. V.), 40, allées de Tourny. — Bordeaux (Gironde).

***Arnozan (Gabriel)**, Pharm. de 1re cl., Présid. de la *Soc. de Pharm. de la Gironde*, 40, allées de Tourny. — Bordeaux (Gironde).

Arnozan (Xavier), Prof. à la Fac. de Méd., 27 *bis*, cours du Pavé-des-Chartrons. — Bordeaux (Gironde).

Dr Arsonval (Arsène d'), Mem. de l'Inst. et de l'Acad. de Méd., Prof. au Collège de France, 12, rue Claude-Bernard. — Paris.

Arth (Georges), Prof. à la Fac. des Sc., 7, rue de Rigny. — Nancy (Meurthe-et-Moselle).

Arvengas (Albert), Lic, en Droit, 1, rue Raimond-Lafage. — Lisle-d'Albi (Tarn). — **R**

Ascroft (Robert-Lamb), Nautical-Assessor in Fishery cases, 4, Park street. — Lytham (Lancashire) (Angleterre).

Association des Naturalistes de Levallois-Perret, 37 *bis*, rue Lannois. — Levallois-Perret (Seine).

Association amicale des anciens Élèves de l'Institut du Nord, 17, rue Faidherbe. — Lille (Nord).

Association des Ingénieurs civils Portugais, place du Commerce. — Lisbonne (Portugal).

***Association pour l'Enseignement des Sciences anthropologiques** (École d'Anthropologie), 15, rue de L'École-de-Médecine. — Paris. — **R**

Association française pour le développement de l'Enseignement technique, 28, rue Serpente (Hôtel des Sociétés Savantes). — Paris.

Astié (Gaston), Chirurg.-Dent., 27, rue Taitbout. — Paris.

Astor (Auguste), Prof. à la Fac. des Sc., 11, place Victor-Hugo. — Grenoble (Isère).

Aubert (Charles), Avocat, 13, rue Caqué. — Reims (Marne). — **F**

***Aubert (Mme Ephrem)**, 31, chaussée du Port. — Reims (Marne).

***Aubert (Ephrem)**, Nég., 31, chaussée du Port. — Reims (Marne).

Dr Aubert (P.-F.), anc. Chirurg. de l'Antiquaille, 33, rue Victor-Hugo. — Lyon (Rhône).

Aubert (Mme Raymond), 33, chaussée du Port. — Reims (Marne).

Aubin (Emile), Chim., Dir. du Lab. de la *Soc. des Agric. de France*, 12, rue Pernelle. — Paris.

***Aubrée (Jules)**, Avoué à la Cour d'Ap., 1, rue d'Estrées. — Rennes (Ille-et-Vilaine).

Aubrun, 86, boulevard des Batignolles. — Paris.

Audiffred (Jean), Député de la Loire, 38, rue François-Ier. — Paris et à Roanne (Loire).

Dr Audouin (Pierre), 49, rue Saint-Sernin. — Bordeaux (Gironde).

Audra (Edgard), Trésor. de la *Soc. française de Photog.*, 3, rue de Logelbach. — Paris.

***Dr Audureau (Henri)**. — Jallais (Maine-et-Loire).

Augé (Eugène), Ing. civ., 6, rue Barralerie. — Montpellier (Hérault).

Auger (Mme Émilie), 1, rue Le Goff. — Paris.

Ault du Mesnil (Geoffroy d'), Géol., Admin. des Musées, 1, rue de L'Eauette. — Abbeville (Somme).

Dr Auquier (Eugène), 18, rue de La Banque. — Nîmes (Gard).

Auric (André), Ing. des P. et Ch. — Valence (Drôme).

Aury-Pauquet (Louis), Adj. au Maire (villa des Fleurs), rue Henri-Pauquet. — Creil (Oise).

Ausset (Mme E.), 153, rue de la Liberté. — Lille (Nord).

Aveneau de la Grancière (le Comte Paul), 19, rue Pasteur. — Vannes (Morbihan).

***Avrilleau (Eugène)**, Banq., 5, boulevard Carnot. — Angers (Maine-et-Loire).

Aynard (Édouard), Mem. de l'Inst., Présid. de la Ch. de Com., Député du Rhône, 11, place de La Charité. — Lyon (Rhône). — **F**

Dr Azoulay (Léon), 72, rue de l'Abbé-Groult. — Paris.

Babinet (André), Ing. en chef des P. et Ch., 5, rue Washington. — Paris. — **R**

Dr Bachelot-Villeneuve. — Saint-Nazaire (Loire-Inférieure).

Baillaud, Corresp. de l'Inst., Doyen hon. de la Fac. des Sc., Dir. de l'Observatoire. — Toulouse (Haute-Garonne).

Baille (Mme Jean, Louis), 41, rue Réaumur. — Paris.

Baille (Jean, Louis), Opticien, 41, rue Réaumur. — Paris.

Baille (Mme J.-B., Alexandre), 26, rue Oberkampf. — Paris. — **R**

Baille (Mlle Julie), 26, rue Oberkampf. — Paris.

*Baille (J.-B., Alexandre), anc. Répét. à l'Éc. Polytech., Prof. à l'Éc. mun. de Phys. et de Chim. indust., 26, rue Oberkampf. — Paris. — **F**

Baillière (Germer), anc. Libraire-Édit., anc. Mem. du Cons. mun., 10, rue de L'Éperon. — Paris. — **F**

Baillière (Paul), Doct. en Droit, Avocat à la Cour d'Ap., 20, boulevard de Courcelles. — Paris.

*Baillon (Jules), Étud., 106, Grand'Rue. — Marseille (Bouches-du-Rhône).

Baillou (André), Prop., 96, rue Croix-de-Seguey. — Bordeaux (Gironde). — **R**

Bailly (Alfred), anc. Mem. du Cons. gén., Rédac. au *Républicain de Nogent-le-Rotrou*, rue Saint-Hilaire. — Nogent-le-Rotrou (Eure-et-Loir).

Dr Bailly (Charles). — Chambly (Oise).

*Balédent (l'Abbé Pierre), Curé. — Versigny par Nanteuil-le-Haudouin (Oise).

Bamberger (Henri), Banquier, 14, rond-point des Champs-Élysées. — Paris. — **F**

Baptérosses (F.), Manufac. — Briare (Loiret). — **F**

Barabant (Roger), Ing. en chef des P. et Ch. en retraite, Dir. de la *Comp. des Chem. de fer de l'Est*, 14, rue de Clichy. — Paris. — **R**

Dr Baraduc (Hippolyte, Ferdinand), Électrothérap., 191, rue Saint-Honoré. — Paris.

Dr Baratier. — Bellenave (Allier).

Barbe (Isidore), Prop., 144, rue Saint-Sernin. — Bordeaux (Gironde).

Barbelenet (Simon), Prof. de Math. au Lycée, 18, rue Tronson-Ducoudray. — Reims (Marne).

Barbier (Aimé), Étud., 18, boulevard Flandrin. — Paris.

Barbier (Philippe), Prof. à la Fac. des Sc., 212, route de Vienne. — Lyon (Rhône).

*Barbin (Henri), Pharm. de 1re cl. — Le Lion-d'Angers (Maine-et-Loire).

Barboux (Henri), Avocat à la Cour d'Ap., anc. Bâton. du Cons. de l'Ordre, 14, quai de La Mégisserie. — Paris. — **F**

Bard (Louis), Prof. de clin. médic. à l'Univ., 6, rue Bellot. — Genève (Suisse). — **R**

Bardin (Mlle), 2, rue du Luminaire. — Montmorency (Seine-et-Oise). — **R**

Bardot (Henri), Fabric. de Prod. chim., 190, rue Croix-Nivert. — Paris.

Dr Barette, Prof. à l'Éc. de Méd., 13, rue de Bernières. — Caen (Calvados).

Dr Baréty (Alexandre). — Nice (Alpes-Maritimes).

Barge (Henri), Archit.-Entrep., anc. Élève de l'Éc. nat. des Beaux-Arts, Maire. — Janneyrias par Meyzieux (Isère).

Bargeaud (Paul), Percept. — Royan-les-Bains (Charente-Inférieure). — **R**

Bariat (Julien), Ing., Construc. de machines agric. — Chaulnes (Somme).

*Dr Barillet (Alexandre), 18, rue de Talleyrand. — Reims (Marne).

*Barillier-Beaupré (Alphonse), Prop. — Fenioux (Deux-Sèvres). — **R**

Barisien (Ernest), Chef de bat. d'Infant. en mission milit., Ambassade de France. — Constantinople (Turquie).

Dr Barnay (Marius), 178 *bis*, rue de Vaugirard. — Paris.

Baron (Émile), Fabric. de savon, 23, rue Longue-des-Capucines. — Marseille (Bouches-du-Rhône).

Baron (Henri), Dir. hon. de l'Admin. des Postes et Télég., 18, avenue de La Bourdonnais. — Paris. — **R**

Baron (Jean), anc. Ing. de la Marine, Ing. en chef aux *Chantiers de la Gironde*, 50, rue du Tondu. — Bordeaux (Gironde). — **R**

*Dr Barot, Méd. des Troupes coloniales hors cadres, Délég. gén. du Comité pour l'Inventaire méthodique des Ressources de l'Afrique occidentale française, 1, rue d'Alsace. — Angers (Maine-et-Loire).

Dr Barral (Étienne), Agr. à la Fac. de Méd., 2, quai Fulchiron. — Lyon (Rhône). — **R**

Barrère (Eugène), Prop. — Gourbera par Dax (Landes).

Barrière-Flavy, Lauréat de l'Inst., Corresp. du Min. de l'Instruc. pub. — Puydaniel par Auterive (Haute-Garonne).

Barrion (Georges), Ing. agron. 4, rue Al-Djazira. — Tunis.

Dr Barrois (Charles), Prof. à la Fac. des Sc., 37, rue Pascal. — Lille (Nord). — **R**

Dr **Barrois (Jules)**, Doct. ès Sc., Zool., villa de Surville, Cap Brun. — Toulon (Var). — **R**

Barrois (Théodore) (fils), Prof. à la Fac. de Méd., Député du Nord, 220, rue Solférino. — Lille (Nord).

Bartaumieux (Charles), Archit., Expert à la Cour d'Ap., Mem. de la *Soc. cent. des Archit. franç.;* 66, rue La Boétie. — Paris. — **R**

Dr **Barth (Henry)**, Méd. des Hôp., Sec. gén. de l'*Assoc. des Méd. de la Seine,* 2, rue Saint-Thomas-d'Aquin. — Paris. — **R**

Dr **Barthe (Léonce)**, Agr. à la Fac. de Méd., Pharm. en chef des Hôp., 6, rue Théodore-Ducos. — Bordeaux (Gironde).

***Barthélemy (François)**, 36, rue Tronchet. — Paris.

Barthélemy (le Marquis François, Pierre de), Explorateur, 51, rue Pierre-Charron. — Paris.

Barthélemy (Louis), Dir. gén. de la *Soc. française des Poudres de sûreté,* 85, rue d'Hauteville. — Paris.

***Barthelet (Edmond)**, Mem. de la Ch. de Com., 33, boulevard de La Liberté. — Marseille (Bouches-du-Rhône). — **R**

Bartholoni (Fernand), anc. Présid. du Cons. d'admin. de la *Comp. des Chem. de fer d'Orléans,* 12, rue La Rochefoucauld. — Paris. — **F**

*Dr **Baruk (Jacques)**, Méd.-adj. à l'Asile d'Aliénés. — Sainte-Gemmes par Angers (Maine-et-Loire).

Basset (Charles), Nég., cours Richard. — La Rochelle (Charente-Inférieure).

Basset (Gabriel), Prof. hon. à la Fac. de Méd., Méd. hon. des Hôp., 34, rue Peyrolières. — Toulouse (Haute-Garonne).

Bastide (Scévola), Prop.-Vitic., Mem. de la Ch. de Com., 11, rue Maguelonne. — Montpellier (Hérault). — **R**

Bastit (Eugène), Doct. ès Sc., Censeur du Lycée. — Bourges (Cher).

Baton (Ernest), Prop., 5, rue de Sfax. — Paris.

Dr **Battandier (Jules, Aimé)**, Prof. à l'Éc. de Méd., Méd. de l'Hôp. civ., 9, rue Desfontaines. — Alger-Mustapha.

Dr **Battarel**, Méd. de l'Hôp. civ., 69, rue Sadi-Carnot. — Alger-Mustapha.

Dr **Battesti (Félix)**. — Bastia (Corse).

Battle (Étienne), rue du Petit-Scel. — Montpellier (Hérault).

Dr **Batuaud (Jules)**, 127, boulevard Haussmann. — Paris.

Baudoin (Antonin), Pharm. de 1re cl., Dir. du Lab. de Chim. agric. et indust., 4, rue de Barbezieux. — Cognac (Charente).

Baudoin (Noël), Ing. civ., 51, rue Lemercier. — Paris. — **F**

Baudon (Alexandre), Fabric. de Prod. pharm., 12, rue Charles V. — Paris.

***Baudouin (Louis)**, Prof. à la Fac. libre des Sc., 3, rue Rabelais. — Angers (Maine-et-Loire).

Dr **Baudouin (Marcel)**, anc. Int. des Hôp., anc. Chef de Lab. à la Fac. de Méd., Dir. de l'Inst. internat. de Bibliog. scient., 93, boulevard Saint-Germain — Paris.

Baudreuil (Émile de), anc. Cap. d'Artil., anc. Élève de l'Éc. Polytech., 9, rue du Cherche-Midi. — Paris. — **R**

Baudry (Charles), Ing. en chef du Matér. et de la Trac. à la *Comp. des Chem. de fer de Paris à Lyon et à la Méditerranée,* anc. Élève de l'Éc. Polytech., 21, boulevard Saint-Germain. — Paris.

Baudry (Sosthène), Prof. à la Fac. de Méd., 14, rue Jacquemars-Giélée. — Lille (Nord).

Bayard (Joseph), anc. Int. des Hôp. de Paris, Pharm. de 1re cl., Sec. de la *Soc. des Pharm. de Seine-et-Marne,* 16, rue Neuville. — Fontainebleau (Seine-et-Marne). — **R**

Baye (le Baron Joseph de), Mem. de la *Soc. des Antiquaires de France,* Corresp. du Min. de l'Instruc. pub., 58, avenue de La Grande-Armée. — Paris et château de Baye (Marne). — **R**

Bayssellance (Adrien), Ing. de la Marine en retraite, Présid. de la rég. sud-ouest du *Club Alpin français,* anc. Maire, 84, rue Saint-Genès. — Bordeaux (Gironde). — **R**

Dr **Béal (Gustave)**, 5 *bis,* square de Jussieu. — Lille (Nord).

Beauchais, 130, boulevard Saint-Germain. — Paris.

Dr **Beaudier (Henri)**. — Attigny (Ardennes).

Beaufumé (A.), Attaché au Min. des Fin., 72, rue de Seine. — Paris.

Beaumont (Paul de), Notaire, Admin. des Hospices, 2 *bis,* rue Saint-Jean. — Boulogne-sur-Mer (Pas-de-Calais).

Beaupré (le Comte Jules), Archéol., 18, rue de Serre. — Nancy (Meurthe-et-Moselle).

Beaurain (Narcisse), Biblioth. de la Ville, 1, rue Restout. — Rouen (Seine-Inférieure).

*Beauvais (Maurice), Sec. gén. de la Préfect., 13, rue Bonne-Nouvelle. — Angers (Maine-et-Loire).

Béchamp (Antoine), anc. Prof. à la Fac. de Méd. de Montpellier, Corresp. nat. de l'Acad. de Méd., 15, rue Vauquelin. — Paris. — **F**

Becker (Mme V^e), 260, boulevard Saint-Germain. — Paris. — **F**

Becker (A.), 9, quai Saint-Thomas. — Strasbourg (Alsace-Lorraine).

Becker (Mme John) (chez M. Boesé), 157, rue du Faubourg-Saint-Denis. — Paris.

Becker (John), Doct. en Droit (chez M. Boesé), 157, rue du Faubourg-Saint-Denis. — Paris.

*Dr Béclère (Antoine), Méd. des Hôp., 122, rue La Boétie, Paris.

Dr Bedel (Antoine). — Beausoleil par Montauban (Tarn-et-Garonne).

Bedel (Louis), Entomol., 20, rue de L'Odéon. — Paris.

Dr Bedié (Joseph, Henri), 50, boulevard de La Tour-Maubourg. — Paris.

Bedout (Louis), château de La Plaine. — Cazaubon (Gers).

Béhaghel (Mme Henri), château de Beaurepaire. — Beaumarie-Saint-Martin par Montreuil-sur-Mer (Pas-de-Calais).

*Béhaghel (Henri), Prop., château de Beaurepaire. — Beaumarie-Saint-Martin par Montreuil-sur-Mer (Pas-de-Calais). — **R**

Behal (Auguste), Prof. à l'Éc. sup. de Pharm., Pharm. de l'Hôpital Cochin, 53, rue Claude-Bernard. — Paris.

Beigbeder (David), anc. Ing. des Poudres et Salpêtres, 125, avenue de Villiers. — Paris. — **R**

Beille (Lucien), Agr. à la Fac. de Méd., 13, rue de La Verrerie. — Bordeaux (Gironde).

*Beleze (Mlle Marguerite), Corresp. du Min. de l'Instruc. pub. pour les Trav. scient., Mem. des *Soc. botan. et mycol. de France*, *Archéol. de Rambouillet* et de l'*Association française de botan.*, 62, rue de Paris. — Montfort-l'Amaury (Seine-et-Oise).

Belin (Édouard), Ing., 3, rue Francisque-Sarcey. — Paris.

Bell (Édouard, Théodore), Nég., 57, Broadway. — New-York (États-Unis d'Amérique). — **F**

Bellamy (Paul), Greffier en chef du Trib. civ., 19, rue Voltaire. — Nantes.

Belloc (Émile), Chargé de Missions scient., 105, rue de Rennes. — Paris.

Bellot (Arsène, Henri), anc. s.-Archiv. au Cons. d'État, 9, avenue Malakoff. — Paris.

Beltrami (Edmond), Dent., 2, rue de Noailles. — Marseille (Bouches-du-Rhône).

Dr Belugou (Guillaume), Chargé de cours à l'Éc. sup. de Pharm., 3, boulevard Victor-Hugo. — Montpellier (Hérault). — **R**

Bémont (Gustave), Chim., 21, rue du Cardinal-Lemoine. — Paris.

Bénard (Henri), Doct. ès Sc. Phys., Maître de Conf. à la Fac. des Sc., 35 *bis*, rue Condé. — Lyon (Rhône).

Benoist, Notaire. — Senlis (Oise).

Benoist (Félix), Manufac., 30, rue de Monsieur. — Reims (Marne).

Benoist (Jules), Nég., 3, rue des Cordeliers. — Reims (Marne).

Benoît (Arthur), Indust., 6, place du Général Mellinet. — Nantes (Loire-Inférieure).

Dr Benoît (René), Corresp. de l'Inst., Doct. ès Sc., Ing. civ., Dir. du Bur. internat. des Poids et Mesures, pavillon de Breteuil. — Sèvres (Seine-et-Oise).

Beral (Eloi), Insp. gén. des Mines en retraite, Cons. d'État hon., anc. Sénateur, château de Pechfumat. — Frayssinet-le-Gélat (Lot). — **F**

Berchon (Mme Ve Ernest), 96, cours du Jardin-Public. — Bordeaux (Gironde). — **R**

Berdellé (Charles), anc. Garde gén. des Forêts. — Rioz (Haute-Saône). — **F**

Berg (A.), Prof. sup. à l'Éc. de Méd., 16, traverse du Petit-Camas. — Marseille (Bouches-du-Rhône).

Berge (René), Ing. civ. des Mines, Mem. du Cons. gén. de la Seine-Inférieure, 12, rue Pierre-Charron. — Paris.

*Dr Berger (Louis, Emmanuel). — Coutras (Gironde).

Berger (Lucien), 8, rue Saint-Simon. — Paris.

Bergeret (Albert), Phototypie d'Art, 23, rue de La Pépinière. — Nancy (Meurthe-et-Moselle).

Dr Bergeron (Henri), 138, rue de Rivoli. — Paris.

Bergeron (Jules), Doct. ès Sc., Prof. à l'Éc. cent. des Arts et Man., s.-Dir. du Lab. de Géol. de la Fac. des Sc., 157, boulevard Haussmann. — Paris. — **R**

Bergès (Aristide), Ing. des Arts et Man. — Lancey (Isère)

. Dr Bergis (Emmanuel), rue Villebourbon. — Montauban (Tarn-et-Garonne)..

*Bergonié (Mme Jean), 6 *bis*, rue du Temple. — Bordeaux (Gironde).

*Bergonié (Jean), Prof. de Phys. à la Fac. de Méd., Corresp. nat. de l'Acad. de Méd., Chef du serv. électrothérap. des Hôp., 6 *bis*, rue du Temple. — Bordeaux (Gironde).

Dr **Bérillon (Edgar)**, Méd.-Insp. adj. des Asiles pub. d'aliénés, Dir. de la *Revue de l'Hyp-
notisme*, 14, rue Taitbout. — Paris.

*Dr **Bernard**, Pharm. de 1re cl. — La Flèche (Sarthe).

Bernard (Georges, Eugène), Pharm. princ. de 1re cl. de l'Armée en retraite, 31, rue
Saint-Louis. — La Rochelle (Charente-Inférieure).

*Dr **Bernard (Paul)**, 57, boulevard de Saumur. — Angers (Maine-et-Loire).

Bernard (Remy), Rent., 51, rue de Prony. — Paris.

Bernès (Henri), Prof. de Réth. au Lycée Lakanal, Mem. du Cons. sup. de l'Instruc.
pub. 127, boulevard Saint-Michel. — Paris.

Bernheim (Maxime), Prof. de Clin. int. à la Fac. de Méd., 14, rue Lepois. — Nancy
(Meurthe-et-Moselle).

Dr **Bernheim (Samuel)**, 9, rue Rougemont. — Paris.

Bertault-Simon, Prop.-Viticult., 37, rue de Châlons. — Ay (Marne).

Berthelot (Eugène), Sec. perp. de l'Acad. des Sc., Mem. de l'Acad. française et de
l'Acad. de Méd., Prof. au Collège de France, anc. Min., Sénateur, 3, rue Mazarine
(Palais de l'Institut). — Paris. — **R**

Berthier (Camille), Ing. des Arts et Man. — La Ferté-Saint-Aubin (Loiret).

Dr **Bertholon (Lucien)**, v.-Présid. d'hon. de l'Inst. de Carthage, 8, rue des Maltais.
— Tunis.

Berthoud (Louis), Horloger-Expert de la Marine, Biblioth. de l'Éc. d'Horlog., 37, rue
de Pontoise. — Argenteuil (Seine-et-Oise).

Bertillon (Alphonse), Chef du serv. de l'Identité judiciaire à la Préf. de Police, 36, quai
des Orfèvres. — Paris.

Dr **Bertin (Georges)**, Corresp. de l'Acad. de Méd., Prof. sup. à l'Éc. de Méd., Méd.
des Hôp., 2, rue Franklin. — Nantes (Loire-Inférieure).

Bertin (Louis), Ing. en chef des P. et Ch. en retraite, 6, rue Mogador. — Paris. — **R**

Bertrand (J.), Pharm. de 1re cl. — Fontenay-le-Comte (Vendée).

Dr **Bertrand (Marc-Antoine)**. — Noirétable (Loire).

Besançon (Georges), Dir. de l'*Aérophile*, 66, rue du Sentier. — Bois-Colombes (Seine).

Besnard (Félix), Avoué, Maire, 18, quai de Paris. — Joigny (Yonne).

Bessand (Charles), Admin. de la *Comp. des Chem. de fer du Midi*, 2 bis, rue du Pont-Neuf.
— Paris.

Besson, Archit.-Vérif. — Montlhéry (Seine-et-Oise).

Dr **Besson (Albert)**, Lauréat de l'Inst., anc. Méd. Maj. de l'Armée, anc. Chef de
Lab., 62, rue d'Alésia. — Paris.

Besson (Paul), Chim., 10, Neufeldeweg. — Neudorff près Strasbourg (Alsace-Lorraine).

***Bessonneau (Jules)**, Manufac., Consul de Belgique, rue des Minimes. — Angers (Maine-
et-Loire).

Béthouart (Alfred), Ing. des Arts et Man., Censeur à la *Banque de France*, anc. Maire,
5, rue Chanzy. — Chartres (Eure-et-Loir). — **R**

Béthouart (Émile), Conserv. des Hypothèques, 18, rue du Faubourg-Saint-Jean.
— Orléans (Loiret). — **R**

Dr **Bettremieux (Paul)**, anc. Int. des Hôp. de Paris, 30, rue Saint-Vincent-de-Paul.
— Roubaix (Nord).

***Beucher (René)**, Avocat à la Cour d'Ap., 19, boulevard du Palais. — Angers (Maine-
et-Loire).

Beutter (Frédéric), Ing. aux *Aciéries de Saint-Étienne*, 13, place Marengo. — Saint-
Étienne (Loire).

Beyna (Auguste), Dir. de la succursale de la *Comp. Algérienne*, 8, avenue de France.
— Tunis. — **R**

Beyssac (Jean Conilh de), Doct. en Droit, Avocat à la Cour d'Ap., 18, rue Boudet.
— Bordeaux (Gironde).

Dr **Bezançon (Paul)**, anc. Int. des Hôp., 51, rue de Miromesnil. — Paris. — **R**

Bézy (Paul), Prof. à la Fac. de Méd., Méd. des Hôp., 12, rue Saint-Antoine du T.
— Toulouse (Haute-Garonne).

***Biaille (Léon)**, Pharm. — Chemillé (Maine-et-Loire).

Bibliothèque-Musée, 10, rue de L'État-Major. — Alger. — **R**

Bibliothèque universitaire, 40, rue Saint-Vincent. — Besançon (Doubs).

Bibliothèque publique de la Ville, -Grande-Rue. — Boulogne-sur-Mer (Pas-de-
Calais). — **R**

Bibliothèque populaire de la Ville. — Orthez (Basses-Pyrénées).

Bibliothèque du Service hydrographique de la Marine, 13, rue de L'Université.
— Paris.

Bibliothèque de l'École supérieure de Pharmacie, 4, avenue de L'Observatoire. — Paris. — **R**

Bibliothèque du Sénat, rue de Vaugirard. — Paris.

Bibliothèque de la Ville. — Pau (Basses-Pyrénées). — **R**

Bichat (Ernest, Adolphe), Corresp. de l'Inst., Doyen de la Fac. des Sc., 3 *bis*, rue des Jardiniers. — Nancy (Meurthe-et-Moselle).

*Dr **Bichon (A.)**, Député de Maine-et-Loire, 31, rue Beaurepaire. — Angers (Maine-et-Loire).

Bichon (Edmond), Lic. ès Sc. Math. et Phys., Prof., Chim. diplômé, 76, rue de Marseille. — Bordeaux (Gironde).

Dr **Bidard (E.)**, anc. Int. des Hôp., Mem. de la *Soc. d'Anthrop. de Paris.* — Domfront (Orne.)

Dr **Bidon (Honoré)**, Méd. des Hôp., 12, rue Estelle. — Marseille (Bouches-du-Rhône).

Biehler (Charles), Dir. de l'Éc. prép. du Collège Stanislas, 22, rue Notre-Dame-des-Champs. — Par

Bienvenüe (Fulgence), Ing. en chef des P. et Ch., 9, rue Roy. — Paris.

Biétrix (Vincent), Ing. des Arts et Man., La Chaléassière. — Saint-Étienne (Loire).

*Bigeard (Prosper)**, Dir. de l'Usine à Gaz, 15, rue Boreau. — Angers (Maine-et-Loire).

Bignon (Jean), Ing. des Arts et Man., Agron.. — Bourbon-l'Archambault (Allier).

Bigo (Émile), Imprim., 95, boulevard de La Liberté. — Lille (Nord).

*Bigot (Alexandre)**, Prof. à la Fac. des Sc., 28, rue de Geôle. — Caen (Calvados).

*Dr **Bilhaut (Marceau)**, Chirurg. de l'Hôp. internat., 5, avenue de L'Opéra. — Paris.

Bilhaut (Marceau, Charles) (fils), Étud. en Méd., 5, avenue de L'Opéra. — Paris.

Billault-Billaudot et Cie, Fabric. de Prod. chim., 22, rue de La Sorbonne. — Paris. — **F**

Dr **Billon**, Maire. — Loos (Nord).

Billy (Alfred de), anc. Insp. des Fin., anc. Élève de l'Éc. Polytech., 24, place Malesherbes. — Paris.

Billy (Charles de), Cons. référend. à la Cour des Comptes, 56, rue de Boulainvilliers. — Paris. — **F**

Binet (Ernest), Prop., 32, rue Marie-Talbot. — Sainte-Adresse (Seine-Inférieure).

*Dr **Binet-Sanglé (Charles)**, 4, rue Voltaire. — Angers (Maine-et-Loire).

Dr **Binot (Jean)**, anc. Int. des Hôp., 22, rue Cassette. — Paris. — **R.**

Biochet, Notaire hon. — Caudebec-en-Caux (Seine-Inférieure). — **R**

Bioux (Léon), Chirurg.-Dent., Chef de clin. et Mem. du Cons. d'Admin. de l'Éc. dentaire de Paris, 21, rue Croix-des-Petits-Champs. — Paris.

Bischoffsheim (Raphaël, Louis), Mem. de l'Inst., Ing. des Arts et Man., Député des Alpes-Maritimes, 3, rue Taitbout. — Paris. — **F**

Biscuit (Edmond), anc. Notaire. — Boult-sur-Suippe par Bazancourt (Marne).

Biver (Hector), Ing. des Arts et Man., Mem. du Cons. d'admin. de la *Soc. anonyme de Saint-Gobain, Chauny et Cirey*, 8, rue Meissonier. — Paris.

*Bizard**, Lic. ès Sc. et en Droit, 72, rue Desjardins. — Angers (Maine-et-Loire).

Bizard (Émilien), Dir. de l'Exploit. des Docks (Hôtel des Docks), place de La Joliette. — Marseille (Bouches-du-Rhône).

Dr **Blache (R., H.)**, Mem. de l'Acad. de Méd., 5, rue de Surène. — Paris.

Blaise (Émile), Ing. des Arts et Man., 1, rue Ballu. — Paris.

Blaise (Jules), Pharm., 31, boulevard de L'Hôtel-de-Ville. — Montreuil-sous-Bois (Seine).

Blanc (Édouard), Explorateur, 51, rue de Varenne. — Paris. — **R.**

Blanchard (Raphaël), Prof. à la Fac. de Méd., Mem. de l'Acad. de Méd, 226, boulevard Saint-Germain. — Paris. — **R**

Dr **Blanche (Emmanuel)**, Prof. à l'Éc. de Méd. et à l'Éc. prép. à l'Ens. sup. des Sc., 12, quai du Havre. — Rouen (Seine-Inférieure).

Blanchet (Augustin), Fabric. de papiers, château d'Alivet. — Renage (Isère).

Dr **Blanchier.** — Chasseneuil (Charente).

Blanchon (Auguste), Ing.-Dir. de la *Soc. française de l'Accumulateur Tudor*, 81, rue Saint-Lazare. — Paris.

Blandin (Frédéric, Auguste), Ing. des Arts et Man., anc. Manufac., Admin. de la *Banque de France*, avenue de La Gare. — Nevers (Nièvre), et 19, place de La Madeleine. — Paris.

Blarez (Charles), Prof. à la Fac. de Méd., 3, rue Gouvion. — Bordeaux (Gironde). — **R**

*Blatter (Antoine)**, Chirurg.-Dent. diplômé de la Fac. de Méd., Chef de Clin. à l'Éc. dentaire de Paris, 11 *bis*, rue Faraday. — Paris.

Blin, Fabric. de draps. — Elbeuf-sur-Seine (Seine-Inférieure).

Dr **Bloch (Adolphe)**, anc. Méd. de l'Hôp. du Havre, 24, rue d'Aumale. — Paris. — **R.**

*Bloch (Mme Gaston)**, 20, rue de Tournon. — Paris.

*Dr Bloch (Gaston), 20, rue de Tournon. — Paris.

*Blois (le Comte Georges de), Sénateur de Maine-et-Loire, 3, cité Vaneau. — Paris.

Blondeau (Fernand), Nég., boulevard Lundy. — Reims (Marne).

Blondeau-Bertault (Jules), Prop., Nég., Adj. au Maire. — Ay (Marne).

Blondel (André), Ing., Prof. à l'Éc. nat. des P. et Ch., 41, avenue de La Bourdonnais. — Paris.

Blondel (Édouard), Insp. gén. des Fin., anc. Élève de l'Éc. Polytech., 10, rue Chomel. — Paris.

Blondel (Émile), Chim., Manufac. — Saint-Léger-du-Bourg-Denis (Seine-Inférieure). — R

*Blondin (Joseph), Prof.-Agr. de Phys. au Collège Rollin, Dir. scient. de l'Éclairage Électrique, 171, rue du Faubourg-Poissonnière. — Paris.

Blondlot (René), Corresp. de l'Inst., Prof. à la Fac. des Sc., 8, quai Claude-Lorrain. — Nancy (Meurthe-et-Moselle).

Blottière (René), Pharm. de 1re cl., 102, rue de Richelieu. — Paris.

Boas (Alfred), Ing. des Arts et Man., 34, rue de Châteaudun. — Paris. — R

Boban-Duvergé (Eugène), Mem. de la Soc. d'Anthrop. de Paris, 18, rue Thibaud. — Paris.

Boberil (le Vicomte Roger du), rue Baudrairie. — Rennes (Ille-et-Vilaine). — R.

Boca (Léon), 3, rue du Regard. — Paris.

*Bodinier (Guillaume), Sénateur de Maine-et-Loire, 2, rue Tarin. — Angers (Maine-et-Loire).

Bœckel (André), Étud. de la Fac. de Méd. de Nancy, 2, quai Saint-Nicolas. — Strasbourg (Alsace-Lorraine).

Bœckel (Mme Jules), 2, quai Saint-Nicolas. — Strasbourg (Alsace-Lorraine).

Bœckel (Mlle M.-L.), 2, quai Saint-Nicolas. — Strasbourg (Alsace-Lorraine).

D^r Bœckel (Jules), Corresp. nat. de l'Acad. de Méd. et de la Soc. de Chirurg. de Paris, Chirurg. des Hosp. civ., Lauréat de l'Inst. de France, 2, quai Saint-Nicolas. — Strasbourg (Alsace-Lorraine). — R

*Dr Boëlle. — Baugé (Maine-et-Loire).

Boésé (Mme Jean), 157, rue du Faubourg-Saint-Denis. — Paris.

Boésé (Mlle Louise), 157, rue du Faubourg-Saint-Denis. — Paris. — R

*Boésé (Jean), Nég.-commis., 157, rue du Faubourg-Saint-Denis. — Paris. — R

Boésé (Maurice), 157, rue du Faubourg-Saint-Denis. — Paris. — R

Bœuf (Félicien), Prof. à l'Éc. coloniale d'Agric. — Tunis.

Boffard (Jean-Pierre), anc. Notaire, 2, place de La Bourse. — Lyon (Rhône). — R

*Bohl (Alphonse), Chirurg.-Dent., 6, rue Borrel. — Castres (Tarn).

Bohn (Frédéric), Admin-Dir. de la Comp. française de l'Afrique occidentale, 46, rue Breteuil. — Marseille (Bouches-du-Rhône).

Boilevin (Ed.), Nég., Juge au Trib. de Com., 21, rue Victor-Hugo. — Saintes (Charente-Inférieure).

Boire (Émile), Ing. civ., 86, boulevard Malesherbes. — Paris. — R

Bois (Georges, Francisque), Avocat, 11, rue d'Arcole. — Paris.

Bois (Henri), Prof. à la Fac. de Théologie protestante, 7, rue du Moustier. — Montauban (Tarn-et-Garonne).

*Boissier (Louis), Ing.-Élect., (villa Ampère), 117, Saint-Just. — Marseille (Bouches-du-Rhône).

Boissonnet (le Général André, Alfred), anc. Sénateur, 16, rue de Logelbach. — Paris. — F

Boivin (Mlle Louise), 284, rue Nationale. — Lille (Nord).

Boivin (Charles), Ing.-Archit., 284, rue Nationale. — Lille (Nord).

Boivin (Émile), Raffineur, 64, rue de Lisbonne. — Paris. — F

Boix (Émile), Pharm., 46, rue des Augustins. — Perpignan (Pyrénées-Orientales).

Bollack (Léon), Auteur de la Langue Bleue (langue internat. prat.), 147, avenue Malakoff. — Paris.

Bonafous (Andelin), Ing. en chef des P. et Ch., 5, cours Napoléon. — Ajaccio (Corse).

Bonaparte (S. A. le Prince Roland), 10, avenue d'Iéna. — Paris. — F

Bondet, Prof. à la Fac. de Méd., Associé nat. de l'Acad. de Méd., Méd. de l'Hôtel-Dieu, 6, place Bellecour. — Lyon (Rhône). — F

Bonfils (A.), Notaire, 27, boulevard de L'Esplanade. — Montpellier (Hérault).

*Bonhomme (Gaston), Lic. en Droit, 8, rue Prébaudelle. — Angers (Maine-et-Loire).

Dr Bonnal (Louis). — Arcachon.

Bonnard (Paul), Agr. de Philo., Avocat à la Cour d'Ap., 66, avenue Kléber. — Paris. — R

*Dr **Bonnet (Charles)**, 11 *bis*, rue Amélie. — Paris.

Dr **Bonnet (Edmond)**, 11, rue Claude-Bernard. — Paris.

***Bonnet (Maurice)**, Manufac. — Le Longeron (Maine-et-Loire).

Dr **Bonnet (Noël)**, 12, rue de Ponthieu. — Paris.

Bonnevie (Victor), Recev. partic. des Fin. — Domfront (Orne).

Bonnier (Gaston), Mem. de l'Inst., Prof. de Botan. à la Fac. des Sc., Présid. de la *Soc. botan. de France*, 15, rue de L'Estrapade. — Paris. — **R**

Bonnier (Jules), Dir. adj. du Lab. d'évolution de la Sorbonne et de la Station zool. de Wimereux, 17, rue de Tournon. — Paris.

Bonpain (Jules), Ing. des Arts et Man., 45, rue d'Amiens. — Rouen (Seine-Inférieure).

Bonzel (Arthur), Sup. du Jug. de paix. — Haubourdin (Nord).

*Dr **Boquel (André)**, Prof. à l'Éc. de Méd., 21, rue Saint-Martin. — Angers (Maine-et-Loire).

Dr **Bordas (Léonard)**, Doct. ès Sc., Maître de Conf. de Zool. à la Fac. des Sc. — Rennes (Ille-et-Vilaine).

Bordé (Paul), Ing.-Opticien, 29, boulevard Haussmann. — Paris.

Bordet (Adrien), Avocat à la Cour d'Ap., 2, rue de La Liberté. — Alger.

Bordet (Léon), Prop. — La Jolivette-commune de Chemilly par Moulins (Allier).

Bordet (Lucien), Insp. des Fin., anc. Élève de l'Éc. Polytech., 181, boulevard Saint-Germain. — Paris. — **R**

*Dr **Bordier (Henry)**, Agr. de Phys. à la Fac. de Méd., 9, rue Grolée. — Lyon (Rhône). — **R**

Bordo (Louis), Méd. de colonisation, Maire. — Chéragas (départ. d'Alger).

Borély (Charles de), Notaire, 9, rue Aiguillerie. — Montpellier (Hérault).

Boreux, Insp. gén. des P. et Ch., 95, rue de Rennes. — Paris.

Borgogno (Célestin), Nég., 5, rue d'Orléans. — Nantes (Loire-Inférieure).

Dr **Bories (Louis)**, anc. Méd.-Maj. de l'Armée, 7, place d'Armes. — Montauban (Tarn-et-Garonne).

Bosq (Joseph), Prop., 63, cours Devilliers. — Marseille (Bouches-du-Rhône).

Bosteaux-Paris (Charles), Maire. — Cernay-lez-Reims par Reims (Marne).

Boubès (Jean, Georges), Prop., 15, place des Quinconces. — Bordeaux (Gironde).

Dr **Bouchacourt (Léon)**, 2, rue de Vienne. — Paris. — **R**

Bouchard (Mme Charles), 174, rue de Rivoli. — Paris.

Bouchard (Charles), Mem. de l'Inst. et de l'Acad. de Méd., Prof. à la Fac. de Méd., Méd. hon. des Hôp., 174, rue de Rivoli. — Paris. — **F**

Bouché (Alexandre), 68, rue du Cardinal-Lemoine. — Paris. — **R**

Boucher (Maurice), anc. Cap. d'Artil., anc. Élève de l'Éc. Polytech., 2, carrefour de Montreuil. — Versailles (Seine-et-Oise). — **R**

*Dr **Bouchet (Albéric)**, 21, rue Voltaire. — Nantes (Loire-Inférieure).

Bouchez (Paul), de la Librairie Masson et Cie, 120, boulevard Saint-Germain. — Paris. — **R**

Bouclet-Lefèbvre, Armateur, 2, rue Magenta. — Boulogne-sur-Mer (Pas-de-Calais).

Boude (Frédéric), Nég., Mem. de la Ch. de Com., 8, rue Saint-Jacques. — Marseille (Bouches-du-Rhône).

Boude (Paul), Raffineur de soufre, 8, rue Saint-Jacques. — Marseille (Bouches-du-Rhône).

Dr **Boude (Th.)**, 13, rue du Quatre-Septembre. — Bône (départ. de Constantine) (Algérie).

Boudet (Gabriel) (fils), Étud. en Méd., 1, rue du Général-Cérez. — Limoges (Haute-Vienne).

Boudier (Émile), Corresp. de l'Acad. de Méd., Pharm. hon., 22, rue Grétry. — Montmorency (Seine-et-Oise).

Boudin (Arthur), Princ. du Collège. — Honfleur (Calvados). — **R**

Boudinhon (Adrien), Ing., 85, Grande-Rue. — Saint-Chamond (Loire).

*Dr **Bouffé**, 5, rue Legendre. — Paris.

***Bougère (Ferdinand)**, Député de Maine-et-Loire, 12, rue Chevreul. — Angers (Maine-et-Loire).

Boulard (l'Abbé Lucien), Curé. — Dammarie (Eure-et-Loir). — **R**

Boulé (Auguste), Insp. gén. des P. et Ch. en retraite, 7, rue Washington. — Paris. — **F**

Dr **Boulland (Henri)**, 36, boulevard Victor-Hugo. — Limoges (Haute-Vienne).

Dr **Bounhiol (Jean-Paul)**, Doct. ès Sc. Chef des trav. zool à l'Éc. prép. à l'Ens. Sup. des Sc., 65, rue Michelet. — Alger-Mustapha.

Bouquet de la Grye (Anatole), Mem. de l'Inst., Présid. du Bureau des Longit., Ing. hydrog. en chef de la Marine en retraite, 8, rue de Belloy. — Paris.

*Bourdais (François), Opticien, 6, rue des Poëliers. — Angers (Maine-et-Loire).

Bourdil (François-Fernand), Ing. des Arts et Man., 56, avenue d'Iéna. — Paris.

*Bourgery (Henri), anc. Notaire, Mem. de la *Soc. géol. de France*, Les Capucins. — Nogent-le-Rotrou (Eure-et-Loir). — **R**

Bourlet (Carlo), Prof. au Lycée Saint-Louis et à l'Éc. nat. des Beaux-Arts, 22, avenue de l'Observatoire. — Paris. — **R**

Dr Bourneville, Méd. de l'Asile de Bicêtre, Rédac. en chef du *Progrès médical*, anc. Député, 14, rue des Carmes. — Paris.

*Dr Bouron (Louis). — Saint-Jean-d'Angély (Charente-Inférieure).

Bourquelot (Émile), Mem. de l'Acad. de Méd., Prof. à l'Éc. sup. de Pharm., Pharm. de l'Hôp. Laënnec, 42, rue de Sèvres. — Paris.

Bourrette (Joannès), 3, rue Bachaumont. — Paris.

Bourse (Gustave), Manufac., 14, rue Popincourt. — Paris

Boursier (André), Prof. à la Fac. de Méd., 23, rue Thiac. — Bordeaux (Gironde).

Bousigues (Édouard), Ing. en chef des P. et Ch., 11, boulevard Diderot. — Paris.

Boutan (Louis), Doct. ès Sc., Maître de Conf. à la Fac. des Sc., 15, rue de La Sorbonne. — Paris.

Boutillier (Antoine), Insp. gén. des P. et Ch. en retraite, Prof. à l'Éc. cent. des Arts et Man., 24, rue de Madrid. — Paris.

Boutmy (Mme Charles). — Messempré, par Carignan (Ardennes).

Boutmy (Charles), Ing. civ., Maître de forges. — Messempré, par Carignan (Ardennes).

Boutry-Lafrenay, Recev. princ. des Postes et Télég. en retraite, 1, rue du Collège. — Avranches (Manche).

Dr Bouveault (Louis), Maître de Conf. à la Fac. des Sc., anc. Élève de l'Éc. Polytech., 97, rue Monge. — Paris.

*Bouvet (Georges), Pharm. de 1re cl., Dir. du Jardin des Plantes, Présid. de la *Soc. des Études Scient.*, 32, rue Lenepveu. — Angers (Maine-et-Loire).

*Bouvet (Jules), Chirurg.-Dent., 10, chaussée Saint-Pierre. — Angers (Maine-et-Loire).

*Bouvet (Julien), Prop., 70, rue Rabelais. — Angers (Maine-et-Loire). — **R**

Bouvier (Louis), Mem. de l'Inst., Prof., au Muséum d'Hist. nat., 39, rue Claude-Bernard. — Paris. — **R**

Bouvier (Gabriel), 82, rue de Maistre. — Paris.

Bouvry, Chirurg.-Dent. — Le Mans (Sarthe).

Dr Boy (Philippe), 3, rue d'Espalungue. — Pau (Basses-Pyrénées). — **R**

Dr Boy-Teissier (Jules), Méd. des Hôp., 24, rue Sénac. — Marseille (Bouches-du-Rhône).

Boyard-Dautrevaux (Eugène), Avocat, Présid. du Comité de la *Bibliothèque populaire*, 3, boulevard Daunou. — Boulogne-sur-Mer (Pas-de-Calais).

Boyer (Germain), Nég. en soies, 11, rue de La Bourse. — Saint-Étienne (Loire).

Braemer (Gustave), Chim. — Izieux (Loire). — **R**

*Braemer (Louis), Prof. à la Fac. de Méd., 105, rue des Récollets. — Toulouse (Haute-Garonne).

Dr Brard. — La Rochelle (Charente-Inférieure).

Brasil (Louis), Lic. ès Sc., Prépar. à la Fac. des Sc., s.-Dir. du Lab. départ. de Bactériologie, 17, rue de Louvigny. — Caen (Calvados).

Dr Braud (Aristide-Antoine). — Saint-Laurent-sur-Gorre (Haute-Vienne).

Dr Brégeat (Albert), Méd. sup. de l'Hôp., Dir. de la Santé, 2, rue d'Alger. — Oran (Algérie).

Breittmayer (Albert), anc. s.-Dir. des Docks et Entrepôts de Marseille, 8, quai de L'Est. — Lyon (Rhône). — **F**

Dr Brémond (Félix), anc. Insp. du trav. dans l'Indust., v.-Présid. de la Commis. des Logements insalubres, 5, rue Michel-Chasles. — Paris.

Brenier (Casimir), Ing.-Construc., 20, avenue de La Gare. — Grenoble (Isère).

Brenot (J.), 10, rue Bertin-Poirée. — Paris. — **R**

Bressand (Mme Ve Gaston), 3, rue du Viel-Renversé. — Lyon (Rhône).

Bresson (Gédéon), anc. Dir. de la *Comp. du vin de Saint-Raphaël*, 41, rue du Tunnel. — Valence (Drôme). — **R**

Breton (Ludovic), Ing. civ., anc. Présid. de la *Soc. Géol. du Nord*, 18, rue Royale. — Calais (Pas-de-Calais).

Breuil (l'Abbé Henri), École des Carmes, 74, rue de Vaugirard. — Paris.

Dr Breuillard (Charles), Méd. consult. — Saint-Honoré-les-Bains (Nièvre).

Breul (Charles), Juge d'Instruc., 19, rue de Bihorel. — Rouen (Seine-Inférieure).

*Briand (Armand), Prop. — Châteauneuf-sur-Sarthe (Maine-et-Loire).

Bricard (Henri), Ing. des Arts et Man., Dir. de l'Exploit. de la *Soc. anonyme des Forges et Chantiers de la Méditerranée*, 45, boulevard de Strasbourg. — Le Havre (Seine-Inférieure).

*Brichet (Paul), 10, place André-Leroy. — Angers (Maine-et-Loire).

Bricka (Scipion) (fils), Nég. en vins, 27, rue Maguelone. — Montpellier (Hérault).

Brillouin (Marcel), Prof. au Collège de France, Maître de Conf. à l'Éc. Norm. sup., 31, boulevard de Port-Royal. — Paris. — **R**

*Dr Brin (Henri), Prof. à l'Éc. de Méd., 12, rue du Haras. — Angers (Maine-et-Loire).

Brissaud (Édouard), Prof. à la Fac. de Méd., Méd. des Hôp., 5, rue Bonaparte. — Paris.

Brisse (Édouard-Adrien), Ing. des Mines, 46, rue de Dunkerque. — Paris.

Brissonnet (Jules), Lic. ès Sc. Phys., Prof. sup. aux Éc. de Méd., Pharm. de 1re cl., 31, rue de Maubeuge. — Paris.

Brives (Abel), Doct. ès Sc., Prépar. à l'Éc. prép. à l'Ens. sup. des Sc., 16, rue Malakoff — Alger-Mustapha.

Dr Broca (André), Agr. de Phys. à la Fac. de Méd., anc. Élève de l'Éc. Polytech., 7, cité Vaneau. — Paris.

Dr Broca (Auguste), Agr. à la Fac. de Méd., Chirurg. des Hôp., 5, rue de L'Université. — Paris. — **R**

Broca (Georges), Ing. des Arts et Man., 10, rue Édouard-Detaille. — Paris.

Brocard (Henri), Chef de Bat. du Génie en retraite, 75, rue des Ducs-de-Bar. — Bar-le-Duc (Meuse). — **F**

Brockhaus (A.-F.), Libr., 17, rue Bonaparte. — Paris.

Brockhaus (F.-A.), Libr., 17 rue Bonaparte. — Paris.

*Brodhurdst (William), Chirurg.-Dent. — Montluçon (Allier).

Brolemann (A., **A.**), anc. Présid. du Trib. de Com., 14, quai de L'Est. — Lyon (Rhône). — **R**

Brölemann (Georges), Administ. de la *Société Générale*, 52, boulevard Malesherbes. — Paris. — **R**

Brossier, Attaché à la *Comp. du canal de Suez*, 9, rue Charras. — Paris.

Brouant, Pharm. de 1re cl., 91, avenue Victor-Hugo. — Paris.

Brouardel (Mme Paul), 68, rue de Bellechasse. — Paris.

Brouardel (Paul), Mem. de l'Inst. et de l'Acad. de Méd., Doyen hon. de la Fac. de Méd., 68, rue de Bellechasse. — Paris. — **R**

Brouzet (Charles), Ing. civ., 38, rue Victor-Hugo. — Lyon (Rhône). — **F**

Brugère (le Général Henry-Joseph), v.-Présid. du Cons. sup. de la Guerre, 20, avenue Rapp. — Paris.

Bruhl (Paul), Nég., 57, rue de Châteaudun. — Paris. — **R**

Brûle, Pharm. en chef de l'Hôp., Anc. Adj. au Maire. — Le Mans (Sarthe).

Brumpt (Émile), Doct. ès Sc. nat., Chef de trav. à l'Inst. de Méd. coloniale, 16, rue Gustave-Courbet. — Paris.

*Brun (Albert), Prop., 32, rue Villebourbon. — Montauban (Tarn-et-Garonne).

Brun (E.), Méd.-Vétér., 9, rue Casimir-Perier. — Paris.

Bruneau (Léon), Dir. de Banque, 27, boulevard de La Chapelle. — Paris.

Brunet (Alphonse), Ing. de la *Soc. gén. de Dynamite*, anc. Élève de l'Éc. nat. sup. des Mines. — Saint-Chamond (Loire).

Dr Brunet (Daniel), Dir.-Méd. en chef hon. des Asiles pub. d'aliénés, 29, rue de Condé. — Paris.

*Brunhes (Bernard), Prof. à la Fac. des Sc., Dir. de l'Observ. du Puy-de-Dôme, 37, rue Montlosier. — Clermont-Ferrand (Puy-de-Dôme).

*Brunhes (Jean), Prof. de Géog. à l'Univ. — Fribourg (Suisse).

Brustlein (Aymé), Ing. des Arts et Man., Dir. des Aciéries. — Unieux (Loire).

Bruyant (Charles), Lic. ès Sc. nat., Prof. sup. à l'Éc. de Méd. et de Pharm., 26, rue Gaultier-de-Biauzat. — Clermont-Ferrand (Puy-de-Dôme). — **R**

Bruzon (Joseph) et Cie, Ing. des Arts et Man., usine de Portillon (céruse et blanc de zinc). — Saint-Cyr-sur-Loire par Tours (Indre-et-Loire). — **R**

Brylinski (Émile), Ing. des Télég., 5, avenue Toissonnière. — Asnières (Seine). — **R**

Buchet (Charles, François), Dir. de la *Pharmacie centrale de France*, 21, rue des Nonnains-d'Hyères. — Paris.

Buchet (Gaston), Zool., rue de L'Écu. — Romorantin (Loir-et-Cher).

Bucquet (Maurice), Présid. du *Photo-Club*, 12, rue Paul-Baudry. — Paris.

Buguet (Abel), Prof.-Agr. des Sc. Phys. au Lycée Corneille, anc. Élève de l'Éc. norm. sup., 14, rue des Carmes. — Rouen (Seine-Inférieure).

Dr Buisen (Sérafin), 11, rue Conde de Aranda. — Madrid (Espagne).

Buisson (Maxime), Chim., (chez M. de Vilmorin). — Verrières-le-Buisson (Seine-et-
Oise). — **R**

Bujard (Amand), Indust. — Fontenay-le-Comte (Vendée).

Bulot, rue de Bourgogne. — Melun (Seine-et-Marne).

Bunau-Varilla (Philippe), anc. Ing. des P. et Ch., 53, avenue d'Iéna. — Paris.

Bunodière (de la), Insp. des Forêts. — Lyons-la-Forêt (Eure).

Buot (Émile), Prop., Le Châlet. — Azay-le-Rideau (Indre-et-Loire). — **R**

Dr Bureau (Édouard), Mem. de l'Acad. de Méd., Prof. au Muséum d'Hist. nat., 24, quai
de Béthune. — Paris.

Dr Bureau (Émile), Prof. sup. à l'Éc. de Méd., Sec. de la *Soc. des Sc. nat. de l'Ouest
de la France*, 12, boulevard Delorme. — Nantes (Loire-Inférieure).

Dr Bureau (Louis), Dir. du Muséum d'Hist. nat., Prof. à l'Éc. de Méd., 15, rue Gresset.
— Nantes (Loire-Inférieure). — **R**

Burnan (Adrien), Banquier, 3, boulevard de La Banque. — Montpellier (Hérault).

Butin-Denniel, Cultiv., Fabric. de sucre. — Haubourdin (Nord).

Dr Cabadé (Ernest). — Valence-d'Agen (Tarn-et-Garonne).

Cacheux (Émile), Ing. des Arts et Man., v.-Présid. de la *Soc. franç. d'Hyg.*,
25, quai Saint Michel. — Paris. — **F**

Cadenat (Albert), Prof. de Sc. au Collège, 3, rue Poyat. — Saint-Claude (Jura).

Caffarelli (le Comte), Député, 73, rue de Varenne. — Paris; l'été à Leschelles. (Aisne).

Cahen d'Anvers (Albert), 118, rue de Grenelle. — Paris. — **R**

***Dr Caillaud (Médéric)**, rue Basse-Saint-Maurille. — Les Ponts-de-Cé (Maine-et-Loire).

Cailliau-Brunclair (Ed.), Nég., 71, rue Gambetta. — Reims (Marne).

Caillol de Poncy (Octavien), Prof. à l'Éc. de Méd., 8, rue Clapier. — Marseille (Bouches-du-Rhône).

Caix de Saint-Aymour (le Vicomte Amédée de), Publiciste, anc. Mem. du Cons.
gén. de l'Oise, Mem. de plusieurs Soc. savantes, 112, boulevard de Courcelles.
— Paris. — **R**

Calamel (Hyacinthe), Ing. des Arts et Man., 54, rue de Rennes. — Paris.

Calando (E.), 27, rue Singer. — Paris.

Calderon (Fernand), Fabric. de Prod. chim., 95, rue du Faubourg-Saint-Honoré.
— Paris. — **R**

***Callandreau (Pierre)**, Mem. de l'Inst., Prof. à l'Éc. Polytech., Astron. à l'Observatoire
national, Présid. de la *Soc. astronomique* de France, 16, rue de Bagneux. — Paris.

Callot (Ernest), 160, boulevard Malesherbes. — Paris.

Cambefort (Jules), Admin. de la *Comp. des Chem. de fer de Paris à Lyon et à la
Méditerranée*, 13, rue de La République. — Lyon (Rhône). — **F**

Dr Camous (Louis-Paul), Méd. des Hosp. civ., 2, rue de L'Opéra. — Nice (Alpes-
Maritimes).

Campagne (Jean, Pierre, Paul), Lic. en Droit, (hôtel d'Angleterre). — Biarritz (Basses-
Pyrénées).

Campan (Marius), Prof. de Math. au Lycée, 30, rue des Cultivateurs. — Pau (Basses-
Pyrénées).

Camus (Mlle Marie-Louise), 25, avenue des Gobelins. — Paris.

***Dr Camus (Fernand)**, 25, avenue des Gobelins. — Paris. — **R**

Dr Camus (Lucien), Chef adj. du Lab. de Physiol. de la Fac. de Méd., 14, rue
Monsieur-Le-Prince. — Paris.

Camuset (Charles), Ing. des Arts et Man., Fabric. de sucre. — Escaudœuvres (Nord).

Dr Candolle (Casimir de), Botan., 11, rue Massot. — Genève (Suisse).

Canet (Gustave), Ing. des Arts et Man., Dir. de l'artil. de MM. Schneider et Cie, anc.
Présid. de la *Soc. des Ing. civ. de France*, 87, avenue Henri-Martin, — Paris. — **F**

Cano y Leon (Manuel), Lieut.-Colonel du Génie, 2, rue Ayala. — Madrid (Espagne).

Cantagrel (Victor), Dir. de l'Éc. sup. de Com., anc. Élève de l'Éc. Polytech., 79, avenue
de La République. — Paris.

Dr Cantonnet (Donat), 20, rue de La Nouvelle-Halle. — Pau (Basses-Pyrénées).

Cany (Mme Ve Marie), Prop., 11, rue Foy. — Brest (Finistère).

Capdepic (Arnaud), Avocat, Adj. au Maire, 137, rue Gasseras. — Montauban (Tarn-et-
Garonne).

Capdepic (Victor) (fils), Avocat, rue Lacaze. — Montauban (Tarn-et-Garonne).

Dr Capitan (Louis), Prof. à l'Éc. d'Anthrop., Mem. du Comité des Trav. Hist. et Scient.
5, rue des Ursulines. — Paris.

Carbonnier (Louis), Représent. de Com., 18, rue Sauffroy. — Paris. — **R**

Cardeilhac, anc. Juge au Trib. de Com., 7, rue de Clichy. — Paris. — **R**

Cardon (Émile), Lic. en Droit, anc. Notaire, 59, boulevard Auguste-Mariette. — Boulogne-sur-Mer (Pas-de-Calais).

Carette (Louis), Ing. des Arts et Man., 1, rue de Dunkerque. — Paris.

Carez (Léon), Doct. ès Sc., 18, rue Hamelin. — Paris.

Carlier (Victor), Prof. à la Fac. de Méd., Chirurg. des Hôp., 16, rue des Jardins. — Lille (Nord).

Carnot (Adolphe), Mem. de l'Inst., Insp. gén. des Mines, Dir. de l'Éc. nat. sup. des Mines, Prof. à l'Inst. nat. agronom., 60, boulevard Saint-Michel. — Paris. — **F**

***Carpentier (Mlle)**, 34, rue du Luxembourg. — Paris.

***Carpentier (Mme Jules)**, 34, rue du Luxembourg. — Paris.

***Carpentier (Jules)**, Mem. du Bureau des Longit., anc. Ing. de l'État, Succes. de Ruhmkorff, 34, rue du Luxembourg. — Paris. — **R**

Dr Carre (Marius), Méd. en chef de l'Hôtel-Dieu. — Avignon (Vaucluse).

Carré (Ernest), Ing., Dir. de la Comp. des Tramways, 8, rue Henri-Martin. — Boulogne-sur-Mer (Pas-de-Calais).

Dr Carret (Jules), anc. Député, 2, rue Croix-d'Or. — Chambéry (Savoie). — **R**

Dr Carriazo (Felipe), Doct. en Chirurg., Dir. de l'Inst. Électrothérap., 4, rue Hernando-Colon. — Séville (Espagne).

Carrière (Félix). — Royan-les-Bains (Charente-Inférieure).

Carrière (Gabriel), Présid. de la *Soc. d'Étude des Sc. nat.*, Corresp. du Min. de l'Instruc. pub., 4^A, rue Agrippa. — Nîmes (Gard).

Carrière (Paul), Insp. des Forêts. — Digne (Basses-Alpes).

Carrieu, Prof. à la Fac. de Méd., 10, rue du Jeu-de-Paume. — Montpellier (Hérault).

Cartailhac (Émile), Corresp. de l'Inst., 5, rue de La Chaine. — Toulouse (Haute-Garonne).

Cartaz (Mme A.), 39, boulevard Haussmann. — Paris. — **R**

***Dr Cartaz (A.)**, anc. Int. des Hôp., 39, boulevard Haussmann. — Paris. — **R**

Dr Carton (Louis), Méd.-Maj. de 1re cl. au 4e Rég. de Tirailleurs, Mem. non résid. du Comité des Trav. hist. et scient. — Sousse (Tunisie).

Carvalho (João Marques de), Prop.-Vitic., valle de Cavallos cerca Chamusca. — Portugal.

Cassé (Émile), Ing., 7, rue Lécluse. — Paris.

Castanheira das Neves (J., P.), Ing. civ. du Corps des Ing. des Trav. pub., 405-3º D, rua do Salitre. — Lisbonne (Portugal).

Castanié (Ernest), Ing. en chef des Mines de Beni-Saf, 6, rue d'Orléans. — Oran (Algérie).

Castellan (F.), Ing. civ. des Mines, 52, quai Debilly. — Paris.

Castets (Joseph), Prépar. de Chim. à la Fac. de Méd., 9, rue Lacornée. — Bordeaux (Gironde).

Castex (le Vicomte Maurice de), 6, rue de Penthièvre. — Paris.

Casthelaz (John), Fabric. de Prod. chim., 19, rue Sainte-Croix-de-La-Bretonnerie. — Paris. — **F**

Catalogne (Paul de), Juge au Trib. de 1re Inst. 54, rue Gioffredo. — Nice (Alpes-Maritimes).

***Catillon (Alfred)**, Pharm., 3, boulevard Saint-Martin. — Paris.

Caubet, Doyen de la Fac. de Méd., 44, rue d'Alsace-Lorraine. — Toulouse (Haute-Garonne). — **R**

Dr Causse (Henri), Agr. à la Fac. de Méd., 66, montée de Choulans. — Lyon (Rhône).

Dr Cautru (Fernand), anc. Int. des Hôp., 31, rue de Rome. — Paris.

Cauvière (Jules), anc. Magist., Prof. à l'Inst. catholique, 15, rue Duguay-Trouin. — Paris.

Caventou (Eugène), Mem. de l'Acad. de Méd., 43, rue de Berlin. — Paris. — **F**

Cayeux (Lucien), Doct. ès Sc., Prof. à l'Inst. nat. agron., Prépar. à l'Éc. nat. sup. des Mines et à l'Éc. nat. des P. et Ch., 60, boulevard Saint-Michel. — Paris.

***Cayla (Claudius)**, Recev. partic. des Fin., Mem. de la *Soc. d'Économ. polit.* et de la *Soc. de Statistique de Paris*. — Briey (Meurthe-et-Moselle).

Cazalis (Gaston), 23, rue Terral. — Montpellier (Hérault).

Cazalis de Fondouce (Paul, Louis), Ing. des Arts et Man., Sec. gén. de l'*Acad. des Sc. et Lettres de Montpellier*, 18, rue des Étuves. — Montpellier (Hérault). — **R**

Cazelles (Émile), Cons. d'État, 131, boulevard Malesherbes. — Paris.

Cazeneuve (Paul), Prof. à la Fac. de Méd., 21, quai Saint-Vincent. — Lyon (Rhône).

Cazenove (Raoul de), Prop., 17, rue de La Charité. — Lyon (Rhône). — **R**

Cazes (Edward, Adrien), Ing. des *Chem. de fer du Midi* en retraite, Admin. de la *Soc. immobilière*, 247, boulevard de La Plage. — Arcachon (Gironde).

Dr **Cazin** (**Maurice**), Doct. ès Sc., anc. Chef du Lab. de la Clin. chirurg. de la Fac. de Méd. (Hôtel-Dieu), 3, rue de Villersexel. — Paris. — **R**

Cazottes (**A.-M.-J.**), Pharm. — Millau (Aveyron). — **R**

Célérier (**Émile**), Nég., 54, quai Debilly. — Paris.

Dr **Cénas** (**Louis**), Méd. de l'Hôtel-Dieu, 6, rue du Général-Foy. — Saint-Étienne (Loire).

Cépeck (**Auguste**), anc. Conduct. des Trav. et Chef d'usine, Agent du serv. des Eaux de la *Comp. du Canal de Suez*. — Port-Saïd (Égypte).

Cercle des Élèves de l'École nationale d'Agriculture. — Grignon (Seine-et-Oise).

Cercle pharmaceutique de la Marne. — Reims (Marne).

Cérémonie (**Émile**), Vétér., 50, rue de La Tuilerie. — Suresnes (Seine).

Dr **Chaber** (**Pierre**), 20, rue du Casino. — Royan-les-Bains (Charente-Inférieure). — **R**

Chabert (**Edmond**), Ing. en chef des P. et Ch., 6, rue du Mont-Thabor. — Paris. — **R**

Dr **Chabrié** (**Camille**), Doct. ès Sc., 3, rue Michelet. — Paris.

Chailley-Bert (**Joseph**), Avocat à la Cour d'Ap., 44, rue de La Chaussée-d'Antin. — Paris.

Chaize (**Nicolas**), Indust., 4, chemin de Guizey. — Saint-Étienne (Loire).

Chalier (**J.**), 13, rue d'Aumale. — Paris. — **R**

Chambeyron (**Eugène**), Présid. de la *Soc. de Géog. de Lyon*. — Saint-Symphorien-d'Ozon (Isère).

Chambre des Avoués au Tribunal de 1ʳᵉ instance. — Bordeaux (Gironde). — **R**

Chambre de Commerce de Bayonne (Basses-Pyrénées).

—	—	Bordeaux (Gironde). — **F**
—	—	Boulogne-sur-Mer (Pas-de-Calais).
—	—	Le Havre (Seine-Inférieure). — **R**
—	—	Lyon (Rhône). — **F**
—	—	Marseille (Bouches-du-Rhône). — **F**
—	—	Tarn-et-Garonne. — Montauban (Tarn-et-Garonne).
—	—	Nantes, place de la Bourse. — Nantes (Loire-Inférieure). — **F**
—	—	Narbonne (Aude).
—	—	Rouen (Seine-Inférieure). — **F**
—	—	Saint-Étienne (Loire). — **R**

Dr **Chambrelent** (**Jules, J.-B.**), Agr. à la Fac. de Méd., 19, rue Jean-Jacques-Rousseau. — Bordeaux (Gironde).

Champigny (**Armand**), Pharm., 19, rue Jacob. — Paris.

Champigny (**Armand**), Ing. civ., 11, rue de Berne. — Paris.

*****Champigny** (**Félix, Jean**), 23, rue Ibry. — Neuilly-sur-Seine (Seine).

Chandessais (**Mᵐᵉ Charles**), 18, rue de L'Orangerie. — Versailles (Seine-et-Oise). — **R**

Chandon de Briailles (**le Comte Raoul**), Nég. en vins de Champagne, 20, rue du Commerce. — Épernay (Marne).

*****Chanier** (**Eugène**), Greffier du Trib. de Com., 45, boulevard Ledru-Rollin. — Moulins (Allier).

Chantemesse (**André**), Prof. à la Fac. de Méd., Mem. de l'Acad. de Méd., Insp. gén. adj. des Serv. sanitaires au Min. de l'Int., 30, rue Boissy-d'Anglas. — Paris.

Chanteret (**l'Abbé Pierre**), Doct. en Droit. — Renaison (Loire).

Chantre (**Mᵐᵉ Ernest**), 37, cours Morand. — Lyon (Rhône).

Chantre (**Ernest**), s.-Dir. du Muséum des Sc. nat., 37, cours Morand. — Lyon (Rhône). — **F**

Chaperon (**J., A.**), s.-Dir. au Min. des Fin., 22, rue de Lisbonne. — Paris.

Chaplet (**Frédéric**), Indust., 2, rue d'Anvers. — Laval (Mayenne).

Chappée (**Julien**). — Port-Brillet (Mayenne).

Chappelier (**Albert**), Ing. agron., Lic. ès Sc. nat., 46, rue du Faubourg-Poissonnière. — Paris.

Dr **Chapplain** (**Jacques**), Dir. hon. de l'Éc. de Méd. et de Pharm., 171, rue de Paradis. — Marseille (Bouches-du-Rhône).

Dr **Chapuis** (**Scipion**). — Bou-Farik (départ. d'Alger).

Charcellay, Pharm. — Fontenay-le-Comte (Vendée). — **R**

Chardonnet (**Anatole**), Nég., 22, rue Hincmar. — Reims (Marne).

Charencey (**le Comte de**), Mem. du Cons. gén. de l'Orne, 72, rue de l'Université. — Paris.

*****Charlin** (**Mizaël**), Rent., 16, rue des Saints-Pères. — Paris.

Charpentier (**Augustin**), Prof. à la Fac. de Méd., 31, rue Claudot. — Nancy (Meurthe-et-Moselle). — **R**

Dr **Charpentier** (**Eugène**), Méd. des Hosp. (Hospice de la Salpêtrière), 49, boulevard de L'Hôpital. — Paris.

*****Charpentier** (**René**), anc. Élève de l'Éc. Polytech., 4, rue Traversière. — Châlons-sur-Marne (Marne).

Charpin (Mlle Julie), Dir. de l'Éc. profes. Élisa-Lemonnier, 24, rue Duperré. — Paris.

*Dr **Charrier** (C.), Prof. sup. à l'Éc. de Méd., 47, boulevard du Roy-René. — Angers (Maine-et-Loire).

Charroppin (Georges), Pharm. de 1re cl. — Pons (Charente-Inférieure). — **R**

Charruey (René), 7, rue des Chariottes. — Arras (Pas-de-Calais).

Charve (Léon), Prof. de Mécan. à la Fac. des Sc., 60, cours Pierre-Puget. — Marseille (Bouches-du-Rhône).

Charvet (Henri), Ing. civ., 5, place Marengo. — Saint-Étienne (Loire).

Dr **Chaslin** (Philippe), anc. Int. des Hôp., Méd. de l'Hosp. de Bicêtre, 64, rue de Rennes. — Paris. — **R**

Chassaigne (Jules), s.-Chef au Min. des Fin. en retraite, 61, rue de Saint-Germain. — Argenteuil (Seine-et-Oise).

Chassaing (Eugène), Fabric. de Prod. physiol., 6, avenue Victoria. — Paris.

Chateau (Jean), Chirurg.-Dent., 26, rue de La Pompe. — Paris.

Chatel, Avocat défens., Bazar du Commerce. — Alger. — **R**

***Chatenay** (Henri), Hortic., Président du Syndic. agric. et hortic. de Doué, rue de La Gare. — Doué-la-Fontaine (Maine-et-Loire).

Dr **Chatin** (Joannès), Mem. de l'Inst. et de l'Acad. de Méd., Prof. d'Histologie à la Fac. des Sc., 174, boulevard Saint-Germain. — Paris. — **R**

Chaudier, Dir. de la Ferme-École. — Nolhac par Saint-Paulien (Haute-Loire).

Dr **Chauliaguet-Heim** (Mme Juliette), 34, rue Hamelin. — Paris. — **R**

Chauvassaigne (Daniel), Admin. de la *Soc. des Lièges agglomérés « Le Lidium »*, 17, boulevard de La Madeleine. — Paris. — **R**

Dr **Chauveau** (Auguste), Mem. de l'Inst. et de l'Acad. de Méd., Insp. gén. des Éc. nat. vétér., Prof. au Muséum d'Hist. nat., 10, avenue Jules-Janin. — Paris. — **F**

Chauveau (Benjamin), Météor. adj. au Bureau cent. météor. de France, 51, rue de Lille. — Paris.

Dr **Chauveau** (Claude), 225, boulevard Saint-Germain. — Paris.

Chauvet (Gustave), Notaire, Présid. de la *Soc. archéol. et historique de la Charente*. — Ruffec (Charente). — **R**

Chavane (Paul), Ing. des Arts et Man., Indust., Manufacture de Bains. — Bains-en-Vosges (Vosges).

Chavasse (Paul), Nég.-Prop., 38, quai de Bosc. — Cette (Hérault).

Dr **Chemin** (Félix), Méd.-Dent., 34, rue de Metz. — Toulouse (Haute-Garonne).

*Dr **Chervin** (Arthur), Dir. de l'*Inst. des Bègues*, 82, avenue Victor-Hugo. — Paris.

Cheuret, Notaire, 24, place de L'Hôtel-de-Ville. — Le Havre (Seine-Inférieure).

Dr **Cheurlot**, 48, avenue Marceau. — Paris.

Chevalier (Alexis), Nég., 184, boulevard de Caudéran. — Bordeaux (Gironde).

Chevalier (Auguste), Lic. ès Sc. nat., Attaché au Lab. d'Anatomie végét. du Muséum d'Hist. nat., 63, rue de Buffon. — Paris.

Chevalier (Henri), Ing. des Arts et Man., 61, quai de Grenelle. — Paris.

Chevalier (J., P.), Nég., 50, rue du Jardin-Public. — Bordeaux (Gironde). — **F**

Chevallier (Georges), Notaire. — Montendre (Charente-Inférieure).

Dr **Chevallier** (Paul). — Compiègne (Oise).

Chevallier (Victor), Chim. de la *Comp. des Salins du Midi*, 46, rue Pitot. — Montpellier (Hérault).

Chevrel (René), Doct. ès Sc., Prof. à l'Éc. de Méd., 5, rue du Docteur-Rayer. — Caen (Calvados). — **R**

Chevreux (Édouard), route du Cap. — Bône (départ. de Constantine) (Algérie).

Chevrier (J.-S.), Chirurg.-Dent., Chef de Clin. à l'Éc. dentaire de Bordeaux, 6, place Beaulieu. — Cognac (Charente).

Cheysson (Émile), Mem. de l'Inst., Insp. gén. des P. et Ch., Prof. à l'Éc. nat. sup. des Mines, 4, rue Adolphe-Yvon. — Paris.

Dr **Chiaïs** (François), Méd. de l'Hôp., rue Villarey. — Menton (Alpes-Maritimes), l'été, 41, rue Nationale. — Évian-les-Bains (Haute-Savoie).

Chicandard (Georges-R.), Lic. ès Sc. Phys., Pharm. de 1re cl., Admin.-Dir. de la *Soc. anonyme des Prod. chim. de Fontaines-sur-Saône*, 12, chemin de Saint-Alban. — Lyon (Rhône). — **R**

Dr **Chobaut** (Alfred), 4, rue Dorée. — Avignon (Vaucluse).

Chômienne (Claudius), Ing. des Établis. Arbel. — Rive-de-Gier (Loire).

Choquet (Jules, César), Chirurg.-Dent., 49, avenue de La Grande-Armée. — Paris.

Choquin (Albert), Bandagiste, Porte-Jeune. — Mulhouse (Alsace-Lorraine).

Chouët (Alexandre), anc. Juge au Trib. de Com., 29, rue de Clichy. — Paris. — **R**

Chouillou (Albert), Agric., anc. Élève de l'Éc. nat. d'Agric. de Grignon. — L'Arba (départ. d'Alger). — **R**.

Chrétien (Paul, Charles), Insp. de l'Éclairage élect. de la Ville, 15, rue de Boulainvilliers. — Paris.

Dr Christian (Jules), Méd. de la Maison nat. d'aliénés de Charenton, 57, Grande-Rue. — Saint-Maurice (Seine). — **R**

Clamageran (Mme Jules), 57, avenue Marceau. — Paris.

Clarenc (Georges), Prof. de Sc. nat. à l'Éc. prat. d'Agric. — Villembits par Trie (Hautes-Pyrénées).

Claude-Lafontaine (Lucien), Banquier, anc. Élève de l'Éc. Polytech., 32, rue de Trévise. — Paris.

Claudel (Victor), Fabric. de papiers. — Docelles (Vosges).

Claudon (Édouard), Ing. des Arts et Man., 15, rue Hégésippe-Moreau. — Paris.

Claverie (Auguste), Bandagiste., 234, rue du Faubourg-Saint-Martin. — Paris.

Clercq (Charles de), 46, rue Vital. — Paris.

Clermont (Philibert de), Avocat à la Cour d'Ap., 38, rue du Luxembourg. — Paris. — **R**

Clermont (Philippe de), s.-Dir. hon. du Lab. de Chim. de la Sorbonne, 38, rue du Luxembourg. — Paris. — **F**

Clermont (Raoul de), Ing. agron. diplômé de l'Inst. nat. agron., Avocat à la Cour d'Ap., anc. Attaché d'ambassade, 79, boulevard Saint-Michel. — Paris. — **R**

Dr Clos (Dominique), Corresp. de l'Inst., Prof. hon. à la Fac. des Sc., Dir. du Jardin des Plantes, 2, allées des Zéphirs. — Toulouse (Haute-Garonne). — **R**

Clos (Mme Élie), 8, Grand-Rond. — Toulouse (Haute-Garonne).

Dr Clos (Élie), 8, Grand-Rond. — Toulouse (Haute-Garonne).

Clouzet (Ferdinand), Mem. du Cons. gén., 88, cours Victor-Hugo. — Bordeaux (Gironde). — **R**

*****Cluzeau (Bernard)**, Ing. à la Manufac. Voisine, anc. Élève de l'Éc. Polytech., 66 *bis*, avenue Jeanne-d'Arc. — Angers (Maine-et-Loire).

Dr Cluzet (Joseph), Agr. à la Fac. de Méd., 40, rue de Metz. — Toulouse (Haute-Garonne).

Coadon (Alexandre), Fabric. de velours, 5, rue de La Comédie. — Saint-Étienne (Loire).

*****Dr Cocard (Maurice)**, Méd. des Hôp., 2, rue Denis-Papin. — Angers (Maine-et-Loire).

Coccoz (Victor), Chef d'escadron d'Artil. en retraite, 14, avenue du Maine. — Paris.

Cochon (J.), Conserv. des Forêts. — Chambéry (Savoie). — **R**

Cochot (Albert), Ing. civ., Archit. de la Ville, 75, Rempart-du-Nord — Angoulême (Charente).

Codron (E.), Fabric. de sucre. — Beauchamps par Gamaches (Somme).

Cohen (Benjamin), Ing. civ., 45, rue de La Chaussée-d'Antin. — Paris. — **R**

Cohn (Léon), Trés.-Payeur gén. de l'Eure. — Évreux (Eure).

*****Coignard (Jean)**, Chirurg.-Dent., 103, avenue de La Tranchée. — Saint-Symphorien par Tours (Indre-et-Loire).

Coignet (Jean), Ing. civ. des Mines, anc. Élève de l'Éc. Polytech., 12, quai des Brotteaux. — Lyon (Rhône).

*****Cointreau (Édouard) (père)**, Distil., 7, boulevard de Saumur. — Angers (Maine-et-Loire).

*****Colas (Albert)**, Publiciste, Les Liserons. — Villeneuve-le-Roi par Ablon (Seine-et-Oise).

*****Colas de La Noue (Édouard)**, Mem. du Cons. mun., 36, boulevard de Saumur. — Angers (Maine-et-Loire).

Dr Collardot (Victor), Méd. de l'Hôp. civ., 3, rue Cléopâtre. — Alger.

Collignon (Mme Édouard), 6, rue de Seine. — Paris.

*****Collignon (Édouard)**, Insp. gén. des P. et Ch. en retraite, Examin. hon. de sortie à l'Éc. Polytech., 6, rue de Seine. — Paris. — **F**

Collignon (Félix), Dir. des Usines de la *Comp. royale Asturienne*. — Auby-lez-Douai (Nord).

Dr Collignon (René), Méd.-Maj. de 1re cl. au 25e Rég. d'Infant., 6, rue de La Marine. — Cherbourg (Manche).

Collin (Mme), 15, boulevard du Temple. — Paris. — **R**

Collin (Émile), Paléoethnologue, 35, rue des Petits-Champs. — Paris.

Collin (Émile, Charles), Ing. des Arts et Man., 49, rue de Miromesnil. — Paris.

Collot (Louis), Prof. à la Fac. des Sc., Dir. du Musée d'Hist. nat., 4, rue du Tillot. — Dijon (Côte-d'Or). — **R**

Collot (Michel), Nég. en cuirs, 27, rue Turbigo. — Paris.

*****Colomiati (Mlle N.)**, place du Ralliement. — Angers (Maine-et-Loire).

Colrat de Montrozier (Raymond), Explorateur, château de Nuzac. — Cavagnac par les Quatre-Routes (Lot).

*Colzy (Gustave), Orthopédiste, 11, rue Voltaire. — Angers (Maine-et-Loire).

*Dr Combes (Henri). — Mazé (Maine-et-Loire).

Comité médical des Bouches-du-Rhône, 3, Marché des Capucines. — Marseille (Bouches-du-Rhône). — R

Commines de Marsilly (Arthur de), anc. Of. de Caval., villa Saint-Georges. — Saint-Lô (Manche).

Commission archéologique de Narbonne. — Narbonne (Aude).

Commission départementale de Météorologie du Rhône. — Lyon (Rhône).

*Commolet (Jean-Baptiste), Prof. de Math. au Lycée Carnot, 32, rue de Lévis. — Paris.

Compagnie des chemins de fer du Midi, 54, boulevard Haussmann. — Paris. — F

—   —   d'Orléans, 8, rue de Londres. — Paris. — F

—   —   de l'Ouest, 20, rue de Rome. — Paris. — F

—   —   de Paris à Lyon et à la Méditerranée, 88, rue Saint-Lazare. — Paris. — F

Compagnie des Fonderies et Forges de l'Horme, 8, rue Victor-Hugo. — Lyon (Rhône). — F

—   du Gaz de Lyon, 7, rue de Savoie. — Lyon (Rhône). — F

—   Parisienne du Gaz, 6, rue Condorcet. — Paris. — F

—   des Messageries Maritimes, 1, rue Vignon. — Paris. — F

—   des Minerais de fer magnétique de Mokta-el-Hadid (le Conseil d'Administration de la), 26, avenue de L'Opéra. — Paris. — F

—   des Mines, Fonderies et Forges d'Alais, 13 *bis*, rue des Mathurins. — Paris. — F

—   des Mines de houille de Blanzy (Jules Chagot et Cie), à Montceau-les-Mines (Saône-et-Loire), et 44, rue des Mathurins. — Paris. — F

—   des Mines de Roche-la-Molière et Firminy, 13, rue de La République. — Lyon (Rhône). — F

—   des Salins du Midi, 94, rue de La Victoire. — Paris. — F

Compayré (Gabriel), Corresp. de l'Inst., Rect. de l'Acad., anc. Député, 30, rue Cavenne. — Lyon (Rhône).

Conrad (Louis, Théophile), anc. Attaché à l'Admin. gén. de l'Assist. pub., 18, Grande-Rue. — Bourg-la-Reine (Seine).

*Cooke (Mlle Hélène), 1, rue Soyer. — Neuilly-sur-Seine (Seine).

Conseil départemental d'Hygiène de l'Aisne. — Laon (Aisne).

Considère (Armand), Corresp. de l'Inst., Insp. gén. des P. et Ch., 163, boulevard Montparnasse. — Paris.

Dr Constans (Adrien). — Saint-Antonin (Tarn-et-Garonne).

Contamin (Félix), Rent., 12, avenue d'Alsace-Lorraine. — Grenoble (Isère).

Coppet (Louis de), Chim., villa Irène, rue Magnan. — Nice (Alpes-Maritimes). — F

*Corbière (Louis), Prof. de Sc. nat. au Lycée, Lauréat de l'Inst., 70, rue Assélin. — Cherbourg (Manche).

Corbin (Paul), Mem. de la *Soc. géol. de France*, anc. Élève de l'Éc. Polytech., Admin. des Usines électromotrices de Chedde, poste restante. — Le Fayet (Haute-Savoie).

Cordier (Henri), Prof. à l'Éc. des Langues orient. vivantes, 54, rue Nicolo. — Paris. — R

*Dr Cordon (Gustave). — Les Ponts-de-Cé (Maine-et-Loire).

Cornil (Mme Victor), 19, rue Saint-Guillaume. — Paris.

Cornil (Victor), Prof. à la Fac. de Méd., Mem. de l'Acad. de Méd., Méd. des Hôp., anc. Sénateur, 19, rue Saint-Guillaume. — Paris.

*Cornu, Opticien, 4, rue Voltaire. — Angers (Maine-et-Loire).

Cornu (Mme Ve Alfred), 9, rue de Grenelle. — Paris. — R

Cornu (Félix), Fabric. de matières tinct. — Riant-Port par Vevey (Suisse).

Cornu (Mme Ve Maxime), 14, rue Cuvier. — Paris.

Cornuault (Émile), Ing. des Arts et Man., Dir. de la *Soc. anonyme du Gaz et Hauts Fourneaux de Marseille*, 6, rue Le Peletier. — Paris.

Corone (Auguste), Prof. de Phys. au Lycée, faubourg Lacapelle. — Montauban (Tarn-et-Garonne).

Dr Cosmovici (Léon), Prof. à l'Univ., 11, strada Codrescu. — Jassy (Roumanie).

*Dr Cosse, 2, rue George-Sand. — Tours (Indre-et-Loire).

Cossé (Victor), Raffineur, 1, rue Daubenton. — Nantes (Loire-Inférieure).

Cosset-Dubrulle (Édouard) (fils), Fabric. de lampes de sûreté pour mines, 45, rue Turgot. — Lille (Nord).

Cossmann (Maurice), Ing., Chef des serv. techniques de l'Exploit., à la *Comp. des Chem. de fer du Nord*, anc. Élève de l'Éc. cent. des Arts et Man., 95, rue de Maubeuge. — Paris.

Dᵣ **Costa de Bastelica**, Corresp. de l'Acad. de Méd., Présid. de la *Soc. des Méd. de la Corse*, anc. Méd. princ. de l'Armée, 24, cours Napoléon. — Ajaccio (Corse).

Costa-Couraça (João da), Ing. au corps d'Ing. des Trav. pub., 6, rue Rosa-Aranjo. — Lisbonne (Portugal).

Coste (Abdon), Prop., 40, rue des Augustins. — Perpignan (Pyrénées-Orientales).

Coste (Louis), Doct. ès Lettres, Biblioth. de la Ville. — Salins (Jura).

Cottance, Nég. en diamants, 29, rue de La Victoire. — Paris.

Cottancin (Rémi, Jean, Paul), Ing. des Arts et Man. (Trav. en ciment avec ossat. métal.), 47, boulevard Diderot. — Paris.

Dᵣ **Cotte (Jules)**, Chef des trav. prat. d'Hist. nat. à l'Éc. de Méd., 61, boulevard de Strasbourg. — Marseille (Bouches-du-Rhône).

Cottereau-Rehm (Mᵐᵉ Vᵉ Charles). — Pagny-sur-Moselle (Meurthe-et-Moselle).

Couband (Paul), Sec. gén. de la *Comp. fermière de Vichy*, 24, boulevard des Capucines. — Paris.

*****Coudrain**, Pharm. de 1ʳᵉ cl., Prof. sup. à l'Éc. de Méd., rue Pascal. — Angers (Maine-et-Loire).

*****Couette (Maurice)**, Doct. ès Sc., Prof. de Phys. à la Fac. libre des Sc., 38, rue Lafontaine. — Angers (Maine-et-Loire).

Coulet (Camille), Libr.-Édit., 5, Grande-Rue. — Montpellier (Hérault).

*****Couneau (Émile)**, Prop., 4, rue du Palais. — La Rochelle (Charente-Inférieure).

Counord (E.), Ing. civ., 127, cours du Médoc. — Bordeaux (Gironde). — **R**

Coupier (T.), anc. Fabric. de Prod. chim. — Saint-Denis-Hors par Amboise (Indre-et-Loire).

Coupin (Henri), Doct. ès Sc., Prépar. à la Fac. des Sc., 5, rue de La Santé. — Paris.

Couprie (Louis), Avocat à la Cour d'Ap., 71, rue Saint-Sernin. — Bordeaux (Gironde). — **R**

Courèges, Présid. du Trib. civ., rue Corail. — Montauban (Tarn-et-Garonne).

Couriot (Henri), Prof. à l'Éc. des Hautes-Études com. et à l'Éc. spéc. d'Archit., Chargé de Cours à l'Éc. cent. des Arts et Man., 3, rue de Logelbach. — Paris.

Courjon (Mᵐᵉ Antonin). — Meyzieux (Isère).

Dᵣ **Courjon (Antonin)**, Dir. de l'Établis. méd. — Meyzieux (Isère).

Dᵣ **Courmont (Jules)**, Agr. à la Fac. de Méd., Chef des trav. de Bactériologie, Méd. des Hôp., 17, rue Victor-Hugo. — Lyon (Rhône).

Courot (Édmond), Colonel d'Infant. de Marine en retraite, 102, rue Denfert-Rochereau. — Paris.

Courtefois (Mᵐᵉ Vᵉ Gustave), 30, rue du Landy. — Clichy (Seine).

Courtois (Henry), Lic. ès Sc. Phys., château de Muges. — Damazan (Lot-et-Garonne).

Courtois de Viçose, 3, rue Mage. — Toulouse (Haute-Garonne). — **F**

Courty (Georges), Géol., Mem. de la *Soc. d'Anthrop. de Paris* et de la *Soc. Géol. de France*, 35, rue Compans. — Paris.

Coutagne (Georges), Ing. des Poudres et Salpêtres, Le Défends. — Rousset (Bouches-du-Rhône). — **R**

Coutanceau (Alphonse), Ing. des Arts et Man., 3, rue Michel. — Bordeaux (Gironde).

*****Couten (Louis)**, Minotier, 52, rue de Puty. — Verdun (Meuse).

Coutil (Léon), Présid. de la *Soc. normande d'Études préhist.*, rue aux Prêtres. — Les Andelys (Eure).

Coutreau (Léon), Prop. — Branne (Gironde).

Couve (Charles), Courtier d'assurances., 28, rue Castéja. — Bordeaux (Gironde).

Couvreux (Abel), Ing., 78, rue d'Anjou. — Paris.

Couzinet (Henri), anc. Notaire. — Saint-Sulpice-d'Eymet (Dordogne).

Coze (André) (fils), Dir. de l'Usine à gaz, 5, rue des Romains. — Reims (Marne).

Crapon (Denis), Ing., anc. Élève de l'Éc. Polytech., 2, rue des Farges. — Lyon (Rhône). — **R**

Craponne (Paul de), Ing. princ. de la *Comp. du Gaz*, anc. Élève de l'Éc. cent. des Arts et Man., 2, cours Bayard. — Lyon (Rhône).

Cravoisier (Émile), Mem. du Cons. et Sec. adj. de la *Soc. de Géog. com. de Paris*, 10, rue Lord-Byron. — Paris.

Crémieu (Paul), Banquier. — Aix en Provence (Bouches-du-Rhône).

Crépy (Eugène), Filat., 19, boulevard de La Liberté. — Lille (Nord). — **R**

Créquy (Mᵐᵉ Octavie), 99, boulevard Magenta. — Paris.

Crespin (Arthur), Ing. des Arts et Man., Mécan., 23, avenue Parmentier. — Paris. — **R**
Creuzan (Mme Georges), 47, cours de L'Intendance. — Bordeaux (Gironde).
Creuzan (Georges), Fabric. d'inst. de chirurg., 47, cours de L'Intendance. — Bordeaux (Gironde).
Crié (L.), Prof. à la Fac. des Sc., Corresp. de l'Acad. de Méd., 79, avenue du Gué-de-Baud. — Rennes (Ille-et-Vilaine).
Dr Critzman (Daniel), anc. Int. des Hôp., 28, rue Greuze. — Paris.
Dr Crocq (Jean), Agr. à l'Univ., Chef de service à l'Hôp. de Molenbeeck, 27, avenue Palmerston. — Bruxelles (Belgique).
*****Croës (Louis de)**, Chirurg.-Dent., Prof. sup. à l'Éc. dent. de Paris, 2, cité Bergère. — Paris.
Croin (Paul), Prop., 63, rue du Buisson. — Lille (Nord).
Croizier (Jean-Baptiste), Expert-Agron., 52, rue de La Paix. — Saint-Étienne(Loire).
Dr Cros (François), Méd. princ. de 1re cl. de l'Armée en retraite, 6, rue de L'Ange. — Perpignan (Pyrénées-Orientales). — **R**
Crouan (Fernand), Armat., v.-Présid. hon. de la Ch. de Com. de Nantes, 81, rue de Monceau. — Paris. — **F**
Crova (André), Corresp. de l'Inst., Prof. à la Fac. des Sc., 12 *bis*, rue du Carré-du-Roi. — Montpellier (Hérault).
Dr Cruet, 2, rue de La Paix. — Paris.
Cruvellier (Baptistin), Ing.-Élect., 68, avenue de La Grande-Armée. — Paris.
Cucuat (Louis), Prof. de Phys. au Lycée, 96, faubourg Lacapelle. — Montauban (Tarn-et-Garonne).
Cuénot (Lucien), Prof. à la Fac. des Sc., 21, rue Saint-Dizier. — Nancy (Meurthe-et-Moselle).
*****Dr Culot (Charles)**, anc. Int. des Hôp., 6, rue de La République. — Maubeuge (Nord).
Cunisset-Carnot (Paul), Premier Présid. de la Cour d'Ap., 19, cours du Parc. — Dijon (Côte-d'Or). — **R**
Curé (Émile), Prop., anc. s.-Préfet. — Provins (Seine-et-Marne).
Curie (Jules), Lieut.-Colonel du Génie en retraite, 155, boulevard de La Reine. — Versailles (Seine-et-Oise).
Cussac (Joseph de), Insp. des forêts, 45, rue Allix. — Sens (Yonne).
Dr Cyon (Élie de), anc. Prof. de Physiol., 4, rue de Thann. — Paris.
Dr Dagrève (Élie), Méd. du Lycée et de l'Hôp. — Tournon-sur-Rhône (Ardèche). — **R**
Dr Daguenet (Victor), Méd.-Maj. de l'Armée en retraite, 44, Grande-Rue. — Besançon (Doubs).
*****Daher (Mlle Catinkâ)**, 2, rue Montaux. — Marseille (Bouches-du-Rhône).
*****Dr Dalban**, 1, rue Molière. — Grenoble (Isère).
*****Daleau (François)**. — Bourg-sur-Gironde (Gironde).
Dalligny (A.), anc. Maire du VIIIe arrond., 5, rue Lincoln. — Paris. — **F**
Daloni (Marius), Sec. de la *Soc. d'Archéol. de Marseille*, 54, rue de La République. — Marseille (Bouches-du-Rhône).
Damoizeau, 52, avenue Parmentier. — Paris.
Damoy (Julien), Nég., 31, boulevard de Sébastopol. — Paris.
Danel, Imprim., 93, rue Nationale. — Lille (Nord).
Daney (Alfred), Nég., anc. Maire, 36, rue de La Rousselle. — Bordeaux (Gironde).
*****Danguy (Louis)**, Prof. départ. d'agric. de la Loire-Inférieure, 1, quai Duquesne. — Nantes (Loire-Inférieure).
*****Danguy (Paul)**, Lic. ès Sc., Prépar. de Botan. au Muséum d'Hist. nat., 7, rue de L'Eure. — Paris. — **R**
Daniel (Lucien), Prof. à la Fac. des Sc., 18 rue de Palestine. — Rennes (Ille-et-Vilaine).
Danton, Ing. civ. des Mines, 6, rue du Général-Henrion. — Neuilly-sur-Seine (Seine). — **F**
Darbas (Louis), Conserv. du Musée Georges Labit, 23, rue d'Orléans. — Toulouse (Haute-Garonne).
Darboux (Gaston), Chargé du Cours de Zool. à la Fac. des Sc., 40, allées des Capucines, — Marseille (Bouches-du-Rhône). — **R**
Darcy (Félix), Prof. au Petit-Lycée Condorcet, 23, rue Ballu. — Paris.
Dard (Jules, Marius), Minoterie Narbonne. — Hussein-Dey (départ. d'Alger).
Dr Darin (Gustave), 41, boulevard des Capucines. — Paris.
Darlan (Jean), anc. Min. de la Justice, Mem. du Cons. gén. de Lot-et-Garonne, 15, avenue de La-Motte-Picquet. — Paris.
Darras (A.), Nég., 1, rue Keller. — Paris.

Dr **Dassieu (Mathieu)**, 6, rue Serviez. — Pau (Basses-Pyrénées).

Dassonville (Charles, Léon), Doct. ès Sc., Vétér. en 1er au 12e Rég. d'Artil. — Vincennes (Seine).

Dattez, Pharm., 17, rue de La Villette. — Paris.

Daubin (Paul), Echaide, 14. — Saint-Sébastien (Espagne).

*__Dauphin (Victor)__, Étud. en Méd., 12, rue David. — Angers (Maine-et-Loire).

Dauriat, Chef de dépôt en retraite de la *Comp. des Chem. de fer de l'Est*, 18, rue Lécluse. — Paris.

Dautzenberg (Philippe), Zool., 213, rue de L'Université. — Paris.

Dauvé (Camille), Prof. de Phys. au Collège Monge. — Beaune (Côte-d'Or).

Davanne (Alphonse), Présid. hon. du Cons. d'Admin. de la *Soc. franç. de Photog.*, 82, rue des Petits-Champs. — Paris. — **R**

Daveluy (Charles), Dir. gén. hon. des Contrib. dir. et du Cadastre, 107, boulevard Brune. — Paris.

Davenport (Isaac, B.), Méd.-Dent., 30, avenue de L'Opéra. — Paris.

David (Arthur), 29, rue du Sentier. — Paris. — **R**

*__David (Émile)__, Pharm. — Objat (Corrèze).

*__David (Henry)__, Pharm. de 1re cl., Présid. de la *Soc. de Pharm.*, 11, rue de La Gare. — Angers (Maine-et-Loire).

David (Pierre), Prépar. de Phys. à la Fac. des Sc. — Clermont-Ferrand (Puy-de-Dôme).

*__Davy (Louis)__, Ing, civ. des Mines. — Châteaubriant (Loire-Inférieure).

Daymard (Victor), anc. Ing. de la Marine, Ing. en chef de la *Comp. gén. Transat.*, 47, rue de Courcelles. — Paris.

Debreuil (Charles), 50, quai Pasteur. — Melun (Seine-et-Marne).

Debruge (Arthur), Commis à l'admin. des Postes et Télég. — Bougie (départ. de Constantine) (Algérie).

Dr **Dechamp (Paul, Jules)**, Méd. princ. de la Marine en retraite, villa Richelieu. — Arcachon (Gironde).

Déchet (Jean-Baptiste), Représent. de la Maison L. Clause (culture de graines). — Brétigny-sur-Orge (Seine-et-Oise). — **R**

Defforges (Gilbert), Colonel Command. le 36e Rég. d'Infant., Breveté d'État-Maj., 2, rue de L'Est. — Melun (Seine-et-Marne).

Defrenne (Adolphe), Prop., 295, rue Nationale. — Lille (Nord).

Degeorge (Hector), Archit. S. C., Expert près le Trib. civ. et le Cons. de Préfect. de la Seine, 151, boulevard Malesherbes. — Paris.

Deglatigny (Louis), Nég. en bois, 11, rue Blaise-Pascal. — Rouen (Seine-Inférieure). — **R**

*__Degorce (Marc, Antoine)__, Pharm. en chef de la Marine en retraite, 42, rue des Semis. — Royan-les-Bains (Charente-Inférieure). — **R**

Degousée (Edmond), Ing. des Arts et Man., 164, boulevard Haussmann. — Paris. — **F**

Dehaut (E.), 147, rue du Faubourg-Saint-Denis. — Paris.

Dr **Dehaut (Félix)**, Pharm. de 1re cl., 147, rue du Faubourg-Saint-Denis. — Paris.

Dr **Dehenne (Albert)**, 34, rue de Berlin. — Paris.

Déjardin (E.), Pharm. de 1re cl., anc. Int. des Hôp., 109, boulevard Haussmann. — Paris.

Dr **Delabost (Merry)**, Dir. hon. et Prof. à l'Éc. de Méd., Chirurg. en chef de l'Hôtel-Dieu et des Prisons, 76, rue Ganterie. — Rouen (Seine-Inférieure).

Delacour (Théodore), 94, rue de La Faisanderie. — Paris.

Delafon (Maurice), Ing. sanitaire, Indust., 14, quai de La Rapée. — Paris.

Delage (Pierre, Joseph), Ing. des Arts et Man., Adj. au Maire du XIe arrond., 90, boulevard Richard-Lenoir. — Paris.

Delage (Yves), Mem. de l'Inst., Prof. à la Fac. des Sc. de Paris, 14, rue du Marché. — Sceaux (Seine).

Delagrave (Charles), Libr.-Édit., 15, rue Soufflot. — Paris.

*__Delair (Léon)__, Chirurg.-Dent., Prof. à l'Éc. dentaire de Paris, 68 boulevard Rochechouart. — Paris.

Delaire (Alexis), Sec. gén. de la *Soc. d'Économ. sociale*, anc Élève de l'Éc. Polytech. 238, boulevard Saint-Germain. — Paris. — **R**

Dr **Delaporte**, 24, rue Pasquier. — Paris. — **R**

Delattre (Carlos), Filat., anc. Élève de l'Éc. Polytech., 126, rue Jacquemars-Giélée. — Lille (Nord). — **R**

Delaunay (Henri), Ing. des Arts et Man., 51, avenue Bugeaud. — Paris. — **R**

Delaunay-Belleville (Louis), Ing.-Construc., anc. Élève de l'Éc. Polytech., 17, boulevard Richard-Wallace. — Neuilly-sur-Seine (Seine). — **R**

Delaval (le Commandant Fernand), Chef du Génie, 21, rue Ingres. — Montauban (Tarn-et-Garonne).

*Dr **Delbet (Paul)**, 16, rue Montalivet. — Paris.

De L'Épine (Paul), Rent., 14, rue de Fontenay. — Châtillon-sous-Bagneux (Seine).— **R**

Delesse (Mme V^o), 59, rue Madame. — Paris. — **R**

Delessert de Mollins (Eugène), anc. Prof., villa Verte-Rive. — Cully (canton de Vaud) (Suisse). — **R**

Delestrac (Lucien), Ing. en chef des P. et Ch., 3, rue Marengo. — Saint-Étienne (Loire). — **R**

Delisle (Mme Fernand), 35, rue de L'Arbalète. — Paris.

Dr **Delisle (Fernand)**, 35, rue de L'Arbalète. — Paris.

Delitat (Maurice), s.-Lieut. au 138e Rég. d'Infant., rue de Grammont. — Bellac (Haute-Vienne).

Delmas (Charles), Prop., 11, avenue de La Gare-d'Orléans. — Albi (Tarn).

Delmas (Fernand), Ing., Archit., Prof. d'Archit. à l'Éc. cent. des Arts et Man., 4 *bis*, rue de Lota.(135, rue de Longchamp). — Paris.

Delmas (Julien), Armat., 42, quai Duperré. — La Rochelle (Charente-Inférieure).

Delmas (Léon), Étud. à la Fac. des Sc. de Toulouse, 12, rue Henri-Teulière. — Montauban (Tarn-et Garonne).

Delmas (Louis, Eugène), Ing. princ. chez MM. Schneider et Cie, anc. Élève de l'Éc. Polytech., 28, route d'Épinac. — Le Creusot (Saône-et-Loire).

Dr **Delmas (Maurice)**, Méd. des Thermes boulevard de La Meigne. — Dax (Landes).

Delmas (Mme Ve Paul), 27, rue de l'Arsenal. — Bordeaux (Gironde). — **R**

Deloche (René), Insp. gén. des P. et Ch., 78, rue Mozart. — Paris.

Delocre, Insp. gén. des P. et Ch. en retraite, 1, rue Lavoisier. — Paris.

Delon (Ernest), Ing. des Arts et Man., 27, rue Aiguillerie. — Montpellier (Hérault). — **R**

Dr **Delore (Xavier)**, Corresp. nat. de l'Acad. de Méd., anc. Chirurg. en chef de la Charité de Lyon. — Romanèche-Thorins (Saône-et-Loire). — **F**

Delorme (Eugène), Chef de Bureau au Min. des Fin., 5, rue Stanislas. — Paris.

Delort (Jean-Baptiste), Prof. hon. de l'Univ. — Cosne (Nièvre).

Délugin (Mme Antoine), 26, rue La Boétie. — Périgueux (Dordogne).

Délugin (Antoine), anc. Pharm., 26, rue La Boétie. — Périgueux (Dordogne).

Delune (Théodore), Nég. en ciment, 94, quai de France. — Grenoble (Isère).

Deluns-Montaud (Pierre), anc. Min. des Trav. pub., Min. plénipotentiaire, Chef de la Div. des Archives au Min. des Af. étrangères, 3, rue des Beaux-Arts. — Paris.

Dr **Delvaille (Camille)**. — Bayonne (Basses-Pyrénées). — **R**

Démichel (Alphonse), Construc. d'inst. de précis., 24, rue Pavée-Marais. — Paris.

Dr **Demonchy (Adolphe)**, 37, rue d'Isly. — Alger. — **R**

Démonet (François, Charles), Ing. des Arts et Man., Mem. du Cons. mun., 23, rue de La Commanderie. — Nancy (Meurthe-et-Moselle).

Demons (Albert), Prof. à la Fac. de Méd., Corresp. nat. de l'Acad. de Méd., 15, rue du Champ-de-Mars. — Bordeaux (Gironde).

Demont-Breton (Adrien), Artiste-Peintre. — Wissant (Pas-de-Calais) et Montgeron (Seine-et-Oise).

Demorlaine (Joseph), Insp. adj. des Forêts, 106, chaussée Marcadé.—Abbeville (Somme).

Demoussy (Émile), Assistant de physiol. végét. au Muséum d'Hist. nat., 10, rue Chaptal. — Levallois-Perret (Seine).

Denigès (Georges), Prof. de Chim. biol. à la Fac. de Méd., 53, rue d'Alzon. — Bordeaux (Gironde). — **R**

Deniker (Joseph), Doct. ès Sc., Biblioth. du Muséum d'Hist. nat., 36, rue Geoffroy-Saint-Hilaire. — Paris.

Denise (Lucien), Archit., Ing. des Arts et Man., 17, rue d'Antin. — Paris.

Denoyel (Antonin), Prop., 9, rue du Plat. — Lyon (Rhône).

Denoyer (Marcel), Chirurg.-Dent. diplômé de l'Éc. dentaire de Bordeaux, 8, rue des Cordeliers. — Bordeaux (Gironde).

Denys (Marcel), Maître de verreries. — Courcy par Loivre (Marne).

Denys (Roger), Ing. en chef des P. et Ch., 1, rue de Courty. — Paris. — **R**

Depaul (Henri), Agric., château de Vaublanc. — Plemet (Côtes-du-Nord). — **R**

Dépierre (Joseph), Ing.-Chim. — Cernay (Alsace-Lorraine). — **R**

Déplanque (J.), Ing. hydraul., 34, rue Tour-Notre-Dame. — Boulogne-sur-Mer (Pas-de-Calais).

Deprez (Édouard), Chef de Divis. à la Préf. de l'Aisne, 8, rue Milon-de-Martigny. — Laon (Aisne).

Deprez (Marcel), Mem. de l'Inst., Prof. au Conserv. nat. des Arts et Mét., 23, avenue de Marigny. — Vincennes (Seine).

Déroualle (Victor) (père), Ing. civ., 14, avenue de Launay. — Nantes (Loire-Inférieure).

Dr Deroye (André), Dir. de l'Éc. de Méd., 17, rue Piron. — Dijon (Côte-d'Or).

Dervillé (Stéphane), Nég. en marbres, anc. Présid. du Trib. de Com., 37, rue Fortuny.
— Paris. — **R**

*Desaint (Henri), Expert-Liquidateur, 2, rue Joubert. — Angers (Maine-et-Loire).

Desaubliaux (Jean), Étud., 21, rue Saint-Guillaume. — Paris.

Deschamps (Arnold), v.-Présid. au Trib. de 1re inst., 17, rue de La Poterne.
— Rouen (Seine-Inférieure).

Desharnoux, 69, rue Monge. — Paris.

Deshayes (Victor), Ing. civ. des Mines, 79, rue Claude-Bernard. — Paris.

Deslandres (Henri), Mem. de l'Inst., Doct. ès Sc., Astronome à l'Observatoire d'Astro.
phys. de Meudon, anc. Élève de l'Éc. Polytech., 43, rue de Rennes. — Paris.

Deslandres (Paul), Archiv.-Paléog., 62, rue de Verneuil. — Paris.

Desmarets, Dir. de l'Observatoire météor., 11, rue Fortier.— Douai (Nord).

Desmaroux (Louis), Ing. en chef des Poudres et Salpêtres en retraite, 32, rue Lacé-
pède. — Paris.

Desmarres (Robert), Ing. civ. des Mines, 20, rue de Penthièvre. — Paris.

*Desmazières (Olivier), Percept., Sec. de la Commis. du Musée d'Hist. nat. de la Ville
d'Angers. — Segré (Maine-et-Loire).

*Dr Desnos (Ernest), Sec. gén.. de l'*Assoc. française d'Urologie*, 59, rue La Boétie. — Paris.

Desormos, Ing. en chef des P. et Ch. — Sisteron (Basses-Alpes).

Despécher (Jules), 37, rue Caumartin. — Paris.

D^r D'Espine (Adolphe), Prof. de Pathol. int., 6, rue Beauregard. — Genève (Suisse).

Desplats (Henri), Doyen de la Fac. libre de Méd. et de Pharm., 56, boulevard Vauban.
— Lille (Nord).

Desprez (H.), Dir. du *Comptoir Maritime*, anc. Élève de l'Éc. Polytech., 6, place de
La Bourse. — Paris.

Desroziers (Edmond), Ing. élect., Expert près le Trib. de la Seine et Arbitre près le
Trib. de Com., 10, avenue Frochot. — Paris.

Dr Destot (Étienne), 15, rue Saint-Dominique. — Lyon (Rhône).

*Dr Desvaux (Georges), 16, rue Paul-Bert. — Angers (Maine-et-Loire).

Dethan (Adhémar), Pharm. de 1re cl., 25, rue Baudin. — Paris.

Dethan (Georges), Pharm. de 1re cl., 14, rue de La Paix. — Paris.

Détroyat (Arnaud). — Bayonne (Basses-Pyrénées). — **R**

Devienne (Joseph), Cons. à la Cour d'Ap., 1, rue Vaubecour. — Lyon (Rhône).

Deville (Jules), Nég., Mem. de la Ch. de Com., 24, rue Lafon. — Marseille (Bouches-du-
Rhône).

Deville (Raymond), Lieut-Colonel d'Artil. en retraite, anc. Élève de l'Éc. Polytech.,
93, avenue Malakoff. — Paris.

Devoucoux (Georges), Chirurg.-Dent. diplômé de la Fac. de Méd., 13, rue Caumartin.
— Paris.

*Dr Dezanneau (Alfred), 13, rue Hoche. — Angers (Maine-et-Loire).

Dida (A.), Chim., 22, boulevard des Filles-du-Calvaire. — Paris. — **R**

Diéderichs-Perrégaux, Manufac. — Jallieu par Bourgoin (Isère).

Dieulafoy (Georges), Prof. à la Fac. de Méd., Mem. de l'Acad. de Méd., Méd. des Hôp.,
38, avenue Montaigne. — Paris.

Diparraguerre (Ysidoro), Chirurg.-Dent., 10, rue Blanc-Dutrouilh. — Bordeaux
(Gironde).

Dislère (Mme Paul), 10, avenue de l'Opéra. — Paris.

Dislère (Paul), Présid. de Sect. au Cons. d'État, anc. Ing. de la Marine, Présid. du
Cons. d'admin. de l'Éc. coloniale, 10, avenue de L'Opéra. — Paris. — **R**

*Divai (Adolphe), Pharm. de 1re cl., 26, boulevard de Saumur. — Angers (Maine-et-
Loire).

Doin (Octave), Libr.-Édit., 8, place de L'Odéon. — Paris.

Dollfus (Adrien), Dir. de la *Feuille des Jeunes Naturalistes*, 35, rue Pierre-Charron.
— Paris.

Dollfus (Mme Auguste), 53, rue de La Côte. — Le Havre (Seine-Inférieure). — **F**

Dollfus (Auguste), Présid. de la *Soc. indust.*, avenue de La Paix. — Mulhouse (Alsace-
Lorraine).

Dollfus (Charles), 16, avenue Bugeaud. — Paris.

Dollfus (Gustave), Ing. des Arts et Man., Filat. — Mulhouse (Alsace-Lorraine). — **R**

Dollot (Auguste), Ing. civ., Corresp. du Muséum d'Hist. nat., 136, boulevard Saint-
Germain. — Paris.

Dombre (Louis), Ing. civ. des Mines, Dir. des *Mines de Douchy*. — Lourches
(Nord).

Domergue (Albert), Prof. à l'Éc. de Méd., 341, rue Paradis. — Marseille (Bouches-du-Rhône). — **R**
Donati (Frediano), Prof. spéc. d'Agric., 10, rue Napoléon. — Bastia (Corse).
Dr Donnezan (Albert), Présid. de la *Soc. des Méd. et Pharm. des Pyrénées-Orient.*, 5, rue Font-Froide. — Perpignan (Pyrénées-Orientales).
Dr Dor (Henri), Prof. hon. à l'Univ. de Berne, 9, rue du Président-Carnot. — Lyon (Rhône).
Dornier (Mlle Blanche), 48, rue Pierre-Corneille. — Lyon (Rhône).
Dr Dornier (Virgile), Méd. princ. de l'Armée territoriale, 48, rue Pierre-Corneille. — Lyon (Rhône).
Douay (Léon), 1, avenue Durante (villa Ninck). — Nice (Alpes-Maritimes) et La Rosoie. — Cavalaire par Gassin (Var). — **F**
Doumenjou (Paul), Avoué. — Foix (Ariège).
Doumer (Emmanuel), Prof. à la Fac. de Méd., 57, rue Nicolas-Leblanc. — Lille (Nord).
Doumerc (Jean), Ing. civ. des Mines, 61, rue d'Alsace-Lorraine. — Toulouse (Haute-Garonne). — **R**
Doumerc (Paul), Ing. civ., 38, rue du Taur. — Toulouse (Haute-Garonne). — **R**
Doumergue (François), Prof. au Lycée, 15, rue Lamoricière. — Oran (Algérie).
Doussaint (Maurice), anc. Prépar. à la Fac. des Sc. de Bordeaux, Chef du Labor. chim. de la *Soc. Fabrica de Mieres*. — Mieres par Ablana (Asturies) (Espagne).
Douvillé (Henri), Ing. en chef, Prof. à l'Éc. nat. sup. des Mines, 207, boulevard Saint-Germain. — Paris. — **R**
Dr Doyon (A.), Associé nat. de l'Acad. de Méd., Méd. des Eaux. — Uriage (Isère), et 27, rue de Jarente. — Lyon (Rhône).
Drake del Castillo (Emmanuel), 2, rue Balzac. — Paris. — **F**
*****Dramard (Léon)**, Rent., 9, rue Saint-Vincent. — Fontenay-sous-Bois (Seine).
Dr Dransart. — Somain (Nord). — **R**
Dr Dresch. — Pontfaverger (Marne).
Dreyfus (Félix), Nég., 1, rue Bonaparte. — Paris.
Drioton (Clément), Mem. de la Commis. des Antiquités de la Côte-d'Or et de la *Soc. de Spéléologie*, 23, rue Saint-Philibert. — Dijon (Côte-d'Or).
*****Drouet (Paul)**, Prop., Hameau du Bosq. — Croissanville (Calvados).
Drouin (Alexis), Ing.-Chim., 101, rue de Rennes. — Paris.
Dr Drouineau (Gustave), Insp. gén. des Serv. admin. au Min. de l'Int., 105, rue Notre-Dame-des-Champs. — Paris.
Druart (Émile), Nég. en matér. de construc. et charbons de terre, 37, chaussée du Port. — Reims (Marne).
Dubail-Roy (Gustave), Sec. de la *Soc. Belfortaine d'Émulation*, 42, faubourg de Montbéliard. — Belfort. — **R**
Dr Dubar (Eugène), 73, rue Caumartin. — Paris.
Dubertret (L.-M.), Prop., 11, rue Newton. — Paris.
Dubiau (Paul), Ing. de l'*Assoc. des Prop. d'appareils à vapeur du Sud-Est*, 80, rue Paradis. — Marseille (Bouches-du-Rhône).
Dubief (Mlle), 9 *bis*, rue de Moscou. — Paris.
Dr Dubief (Henri), Méd.-Insp. des Épidémies du départ. de la Seine, 9 *bis*, rue de Moscou. — Paris.
Dubois (Marcel), Prof. à la Fac. des Lettres., 76, rue Notre-Dame-des-Champs. — Paris.
Dr Dubois (Raphaël), Prof. à la Fac. des Sc., 27, rue du Juge-de-Paix. — Lyon (Rhône).
Dubois de l'Estang (Étienne), Insp. des Fin., 4, rue Saint-Florentin. — Paris.
*****Dubos (Adrien)**, Archit., 10, rue Grandet. — Angers (Maine-et-Loire).
Dubourg (A.), Avoué à la Cour d'Ap., 51, rue de La Devise. — Bordeaux (Gironde).
Dubourg (Élisée), Doct. ès Sc., Chef des trav. de chim. à la Fac. des Sc., 66, rue Pélegrin. — Bordeaux (Gironde).
Dubourg (Georges), Nég. en drap., 27, rue Sauteyron. — Bordeaux (Gironde). — **R**
Dubourg (Paul), Nég., Mem. du Cons. gén., 5, rue du Perron. — Besançon (Doubs).
Duburcq-Gastellier (Félix-Amable), Rent., rue de Coulommiers. — La Ferté-sous-Jouarre (Seine-et-Marne).
Ducamp (Louis), Prépar. à la Fac. des Sc., 161, rue Solférino. — Lille (Nord).
Duchesne (A.), Chirurg.-Dent., 57, rue de La Pomme. — Toulouse (Haute-Garonne).
Duclaux (Émile), Mem. de l'Inst. et de l'Acad. de Méd., Prof. à la Fac. des Sc. et à l'Inst. nat. agron., 39, avenue de Breteuil. — Paris. — **R**
Ducomet (Vital), Prof. de Botan. à l'Éc. nat. d'Agric. — Rennes (Ille-et-Vilaine).

Dʳ **Ducor (Paul)**, 87, avenue de Villiers. — Paris.

Ducournau (F.), Chirurg.-Dent., 42, rue Cambon. — Paris.

Ducreux (Alfred), Nég., Consul du Paraguay, Mem. du Cons. d'arrond., 9, boulevard National. — Marseille (Bouches-du-Rhône). — **R**

Ducrocq (Henri), Cap. d'Artil., Breveté d'Ét.-Maj., 79, avenue Bosquet. — Paris. — **R**

Dufay (Adrien), Biblioth. de la Ville, 7, rue du Puits-Chatel. — Blois (Loir-et-Cher).

Dufet (Henri), Maître de Conf. à l'Éc. norm. sup., Prof. de Phys. au Lycée Saint-Louis, 35, rue de L'Arbalète. — Paris.

Dufour (Léon), Dir.-adj. du Lab. de Biologie végét. — Avon (Seine-et-Marne). — **R**

Dʳ **Dufour (Marc)**, Rect., Prof. d'Ophtalmol. à l'Univ., 7, rue du Midi. — Lausanne (Suisse). — **R**

Dufresne, Insp. gén. de l'Univ., 61, rue Pierre-Charron. — Paris. — **R**

Dufresne (L.), Lieut. de vaisseau en retraite, 13, rue Cortambert. — Paris.

Dʳ **Duguet (Jean-Baptiste)**, Mem. de l'Acad. de Méd., Agr. à la Fac. de Méd., Méd hon. des Hôp., 60, rue de Londres. — Paris.

Duguet (Raymond), Étud., 60, rue de Londres. — Paris.

*Dʳ **Duhourcault**. — Cauterets (Hautes-Pyrénées).

Dʳ **Dulac (H.)**, 14, boulevard Lachèze. — Montbrison (Loire). — **R**

Dʳ **Du Lac (Dieudonné)**. — La Gauphine par Cazouls-les-Béziers (Hérault).

*Dumas, Insp. en retraite de la *Comp. des Chemins de fer d'Orléans*, 6, rue Sully. — Nantes (Loire-Inférieure).

Dumas (Hippolyte), Indust., anc. Élève de l'Éc. Polytech. — Mousquety par l'Isle-sur-Sorgue (Vaucluse). — **R**

Dumas-Edwards (Mᵐᵉ J.-B.), 23, rue Cassette. — Paris. — **R**

Dumée (Paul,), Pharm., Mem. des *Soc. botan. et mycol. de France*, vis-à-vis la Cathédrale. — Meaux (Seine-et-Marne).

*Dumesnil (Mˡˡᵉ Paule), 44, rue Jouffroy. — Paris.

Duminy (Anatole), Nég. en vins de Champagne. — Ay (Marne). — **R**

Dumollard (Félix), 6, rue Hector-Berlioz. — Grenoble (Isère).

Dʳ **Dunogier (Simon)**, 51, cours de Tourny. — Bordeaux (Gironde).

Dunoyer (Auguste), Chef d'Escadrons de Caval. en retraite, 102, avenue Gambetta. — Montauban (Tarn-et-Garonne).

Du Pasquier, Nég., 6, rue Bernardin-de-Saint-Pierre. — Le Havre (Seine-Inférieure).

Dʳ **Dupau (Justin)**, Chirurg. en chef hon. de l'Hôtel-Dieu, 3, place Sainte-Scarbes. — Toulouse (Haute-Garonne).

*Duplan, Dir. de la *Comp. d'Élect. d'Angers*, 1, quai Félix-Faure. — Angers (Maine-et-Loire).

Duplay (Simon), Prof. à la Fac. de Méd., Mem. de l'Acad. de Méd., Chirurg. des Hôp., 70, rue Jouffroy. — Paris. — **R**

Dupont (F.), Chim., Sec. gén. hon. de l'*Assoc. des Chim. de Sucreries et Distilleries*, 154, boulevard Magenta. — Paris. — **R**

Dʳ **Dupouy (Abel)**, 43, avenue du Maine. — Paris. — **R**

Dupré (Anatole), Chim., 36, rue d'Ulm. — Paris. — **R**

Dʳ **Dupuis**, Mem. du Cons. gén., 1, rue de Poitiers. — Bressuire (Deux-Sèvres).

Dupuis (Charles), Dispacheur consult. de la Marine, 3, rue Pajou. — Paris. — **R**

Dupuy (Paul), Prof. à la Fac. de Méd. de Bordeaux, 16, chemin d'Eysines. — Caudéran (Gironde). — **F**

Duran (Paul, Émile), Ing. des Arts et Man., Nég., route d'Eauze. — Condom (Gers).

Duran-Loriga (Juan, J.), Command. d'Artil. en retraite, Prof. de Math., 20, plaza de Maria Pita. — La Corogne (Espagne).

Durand (Eugène), Prof. hon. à l'Éc. nat. d'Agric., 6, rue du Cheval-Blanc. — Montpellier (Hérault).

Dʳ **Durand (Jean)**, Méd. des Hôp., 116, cours d'Alsace-et-Lorraine. — Bordeaux (Gironde).

*Durand-Claye (Mᵐᵉ Vᵉ Alfred). — La Bretèche par Palaiseau (Seine-et-Oise) et l'hiver 69, rue de Clichy. — Paris.

Durand-Claye (Léon), Insp. gén. des P. et Ch. en retraite, 81, rue des Saints-Pères. — Paris.

Durand-Gasselin (Hippolyte-Marie), Indust., 10, passage Saint-Yves. — Nantes (Loire-Inférieure).

*Durand-Gréville (Émile), Publiciste, 1, quai Malaquais. — Paris.

Dʳ **Durante (Gustave)**, anc. Int. des Hôp., 32, avenue Rapp. — Paris.

Duranteau (Mᵐᵉ la Baronne Albert), château de Laborde d'Antran. — Ingrande par Châtellerault (Vienne).

Duranteau (le Baron **Albert**), Prop., château de Laborde d'Antran. — Ingrande par Châtellerault (Vienne).

Dr **Dureau** (**Alexis**), Biblioth. de l'Acad. de Méd., Archiv. hon. de la *Soc. d'Anthrop. de Paris*, 16, rue Bonaparte. — Paris.

Durègne (Mme Ve E.), 22, quai de Béthune. — Paris.

Durègne (**Émile**), Ing. des Télég., 34, cours de Tourny. — Bordeaux (Gironde).

Duret (**Théodore**), Homme de lettres, 4, rue Vignon. — Paris.

Dr **Duroselle** (**Fernand**), 17, rue de La Pàture. — Amiens (Somme).

Duroy de Bruignac (**Albert**), Ing. des Arts et Man., 15, rue du Sud. — Versailles (Seine-et-Oise).

Durthaller (**Albert**), Nég. — Altkirch (Alsace-Lorraine).

Dussaut (**Louis**), Recev. princ. des Contrib. indir., Entreposeur des Tabacs. — Châtellerault (Vienne).

Dussauze (**Jules**), Archit. départ., 9, rue Célestin-Port. — Angers (Maine-et-Loire).

Dutailly (**Gustave**), anc. Prof. à la Fac. des Sc. de Lyon, anc. Député, 84, rue du Rocher. — Paris. — **R**

Dutens (**Alfred**), 12, rue Clément-Marot. — Paris.

Dr **Dutertre** (**Émile**), Chirurg. de l'Hôp. Saint-Louis, 12, rue de La Coupe. — Boulogne-sur-Mer (Pas-de-Calais).

Duval (**Edmond**), Ing. en chef des P. et Ch. en retraite, 34, avenue de Messine. — Paris. — **R**

Duval (**Mathias**), Prof. à la Fac. de Méd., Mem. de l'Acad. de Méd., Prof. hon. d'Anat. à l'Éc. nat. des Beaux-Arts, 11, cité Malesherbes (rue des Martyrs). — Paris. — **R**

*Duveau (**Henri**), s.-Dir. de la *Soc. des Filatures, Corderies et Tissages*, 3, rue du Temple. — Angers (Maine-et-Loire).

Duvergier de Hauranne (**Emmanuel**), Mem. du Cons. gén. du Cher, 3, rue Gounod. — Paris et château d'Herry (Cher).

Duvert (**Georges**) Indust., La Gabie. — Verneuil-sur-Vienne (Haute-Vienne).

Dybowski (**Jean**), Insp. gén. de l'Agric. coloniale, Dir. de l'Éc. nat. sup. d'Agric. coloniale. — Nogent-sur-Marne (Seine).

Early (**Ch., Sydney**), Ing. civ., 41, rue du Bras-d'Or. — Boulogne-sur-Mer (Pas-de-Calais).

Écoffey (**Eugène**), Entrep., 24, rue Dauphine. — Paris.

École spéciale d'Architecture, 136, boulevard Montparnasse. — Paris.

Égli (**Arthur**), anc. Indust. — Paliseul (Belgique).

Église évangélique libérale (M. Charles Wagner, pasteur), 91, boulevard Beaumarchais. — Paris. — **F**

Eichthal (**Eugène d'**), Admin. de la *Comp. des Chem. de fer du Midi*, 144, boulevard Malesherbes. — Paris. — **R**

Eichthal (**Louis d'**), château des Bézards. — Sainte-Geneviève-des-Bois par Châtillon-sur-Loing (Loiret). — **R**

*Élie (**Benjamin**), Prof. de Sc. Phys. et nat. au Collège, 90, rue de La Pointe. — Abbeville (Somme).

Elisen, Ing., Admin. de la *Comp. gén. Transat.*, 153, boulevard Haussmann. — Paris. — **R**

Ellie (**Raoul**), Ing. des Arts et Man. — Cavignac (Gironde). — **R**

Emerat, Nég., rue d'Orléans. — Oran (Algérie).

Engel (**Michel**), Relieur, 91, rue du Cherche-Midi. — Paris. — **F**

Enlart (Mlle **Antoinette**). — Airon-Saint-Vaast par Montreuil-sur-Mer (Pas-de-Calais).

Enlart (Mme **Camille**), 14, rue du Cherche-Midi. — Paris.

Enlart (**Camille**), Mem. résid. de la *Soc. des Antiquaires de France*, 14, rue du Cherche-Midi. — Paris.

Érard (**Paul**), Ing. des Arts et Man. — Jolivet par Lunéville (Meurthe-et-Moselle).

Erceville (le Comte **Charles d'**), 42, rue de Grenelle. — Paris.

Essars (**Pierre des**), s.-Chef au Secrét. gén. de la Banque de France, 14, rue d'Édimbourg. — Paris.

Estoile (le Comte **Julien de l'**), Lieut. au 59e Rég. d'Infant. — Foix (Ariège).

Dr **Eternod**, Prof. à l'Univ. de Genève. — Les Acacias (canton de Genève) (Suisse).

Dr **Eury**. — Charmes-sur-Moselle (Vosges).

Eysséric (**Joseph**), Artiste-Peintre, 14, rue Duplessis. — Carpentras (Vaucluse). — **R**

Fabre (**Charles**), Doct. ès Sc., Prof. adj. à la Fac. des Sc., Dir. de la Stat. agronom., 18, rue Fermat. — Toulouse (Haute-Garonne).

Fabre (Cyprien), Nég., anc. Présid. de la Ch. de Com., 71, rue Sylvabelle. — Marseille (Bouches-du-Rhône).

Fabre (Georges), Insp. des Forêts, anc. Élève de l'Éc. Polytech., 28, rue Ménard. — Nîmes (Gard). — **R**

Fabrègue (Jules), Chef de Bureau au Min. de la Justice, 80, boulevard Haussmann. — Paris.

Dr Fabriès (Ernest). — Sidi-Bel-Abbès (départ. d'Oran) (Algérie).

***Fabry (Charles)**, Prof. à la Fac. des Sc., 4, rue Clapier. — Marseille (Bouches-du-Rhône).

Fabvre (Édouard), Avocat. — Blaye (Gironde).

Dr Fage (Arthur), Prof. à l'Éc. de Méd., 17, rue Pierre-l'Ermite. — Amiens (Somme).

Faget (Marius), Archit., 34, rue du Palais-Gallien. — Bordeaux (Gironde).

Fagnon (Ernest), Nég. en vins, Mem. du Cons. mun., 42, rue de Battant. — Besançon (Doubs).

***Dr Faguet (Charles)**, anc. Chef de clin. à la Fac. de Méd. de Bordeaux, 8, rue du Palais. — Périgueux (Dordogne).

Faillet (Eugène), Mem. du Cons. mun., 57, boulevard de La Villette. — Paris.

Dr Faisant (Léon). — La Clayette (Saône-et-Loire).

Fallot (Emmanuel), Prof. de Géol. à la Fac. des Sc., 34, rue Casteja. — Bordeaux (Gironde).

***Farcy (Louis de)**, Prop., 3, rue du Parvis-Saint-Maurice. — Angers (Maine-et-Loire).

Farjon (Ferdinand) Indust., anc. Élève de l'Éc. Polytech., 22, rue Dutertre. — Boulogne-sur-Mer (Pas-de-Calais).

Faucheur (Edmond), Manuf., Présid. du *Comité linier du Nord de la France*, 18, square Rameau. — Lille (Nord).

Fauchille (Auguste), Doct. en Droit, Lic. ès Lettres, Avocat à la Cour d'Ap., 56, rue Royale. — Lille (Nord).

Faure (Alfred), Prof. d'Hist. nat. à l'Éc. nat. vétér., anc. Député, 11, rue d'Algérie. — Lyon (Rhône) — **R**

Faure (Julien), Dir. de l'Octroi, 2, rue de L'Amphithéâtre. — Limoges (Haute-Vienne).

***Fauré-Hérouart (Dominique)**, Nég., Maire. — Montataire (Oise).

***Fauvel (Pierre)**, Doct. ès Sc. nat., Prof. de Zool. à la Fac. libre des Sc., villa Cécilia, 12, rue du Pin. — Angers (Maine-et-Loire).

Favenc (Bernard), Prof. à l'Éc. française de Droit. — Le Caire (Égypte).

Favereaux (Georges), 16, avenue de La Bourdonnais. — Paris. — **R**.

Favre (Louis), Ing. agron., 16, rue des Écoles. — Paris.

Favrel (Georges), Prof. à l'Éc. sup. de Pharm., 22, rue Sainte-Catherine. — Nancy (Meurthe-et-Moselle).

Fayot (Louis), Ing., Dir. des Ateliers de la Maison Bréguet, rue de L'Abbaye-des-Prés. — Douai (Nord).

Fayoux (Auguste), Chirurg.-Dentiste, 14, rue Jean-Jacques-Rousseau. — Niort (Deux-Sèvres).

Febvre-Wilhélem (Mme Édouard), villa du Rendez-Vous. — Chaumont (Haute-Marne).

***Febvre-Wilhélem (Édouard)**, Mem. du Cons. gén., villa du Rendez-Vous. — Chaumont (Haute-Marne).

Feineux (Edmond), 4, boulevard de Maupeou. — Sens (Yonne).

Félix (Marcel), 13, rue de Tocqueville. — Paris.

***Feray (Édouard)**, Pharm. de 1re cl., Présid. du Trib. et de la Ch. de Com., Maire. — Évreux (Eure).

Féret (Alfred) (fils), Prop. vitic., Présid. du *Comice agric. de Tunisie*, domaine de Zama — Souk-el-Kmis (Tunisie).

Féret (Alfred) (père), Indust., 16, rue Étienne-Marcel. — Paris.

Féret (René). Dir. du Lab. des P. et Ch., anc. Élève de l'Éc. Polytech., 4 *bis*, place Frédéric-Sauvage. — Boulogne-sur-Mer (Pas-de-Calais).

Fernet (Émile), Insp. gén. de l'Instruc. pub., 23, avenue de L'Observatoire. — Paris.

Ferrand (Lucien), Étud., 68, rue Ampère. — Paris.

Ferré (Gabriel), Prof. à la Fac. de Méd., 29, rue Saint-Genès. — Bordeaux (Gironde).

Ferrouillat (Prosper), Lic. en Droit, Syndic de la Presse départ., 10, rue du Plat. — Lyon (Rhône).

Ferry (Mme Émile), 21, boulevard Cauchoise. — Rouen (Seine-Inférieure).

***Ferry (Émile)**, Nég., anc. Présid. du Trib. de Com., et du Cons. gén. de la Seine-Inférieure. 21, boulevard Cauchoise. — Rouen (Seine-Inférieure). — **R**.

Ferté (Émile), 3, rue de La Loge. — Montpellier (Hérault).

Ferton (Charles), Chef d'Escadron, Command. l'Artil. de la Place. — Bonifacio (Corse). — **R**

Féry (Charles), Chef des. trav. prat. à l'Éc. mun. de Phys. et de Chim. indust., 42, rue Lhomond. — Paris.

***Fiche**, Ing. Élect., rue Saint-Louis.— Montauban (Tarn-et-Garonne).

Ficheur (Émile), Doct. ès Sc., Prof. de Géol. à l'Éc. prép. à l'Ens. sup. des Sc., Dir.-adj. du Serv. géol. de l'Algérie, 77, rue Michelet. — Alger-Mustapha. — **R**

Fière (Paul), Archéol., Mem. corresp. de la *Soc. française de Numism. et d'Archéol.* — Saïgon (Cochinchine). — **R**

D**r** **Fiessinger** (Charles), Corresp. nat. de l'Acad. de Méd. — Oyonnax (Ain).

Figuier (Albin), Prof. à la Fac. de Méd., 17, place des Quinconces. — Bordeaux (Gironde).

Filloux, Pharm. — Arcachon (Gironde).

Finart d'Allonville (Armand), anc. Cap. d'Infant., Prop., 2, avenue des Caves. — Le Bois-d'Avron par Neuilly-Plaisance (Seine-et-Oise). — **R**

D**r** **Fines** (Jacques), Méd. en chef de l'Hôp. civ., Dir. de l'Observ. météor., 2, rue du Bastion-Saint-Dominique. — Perpignan (Pyrénées-Orientales).

Fischer (H.), 13, rue des Filles-du-Calvaire. — Paris.

Fischer de Chevriers, Prop., 23, rue Vernet. — Paris. — **R**

Fisson (Charles), Fabric. de chaux hydraul. natur. — Xeuilley (Meurthe-et-Moselle).

Flamand (G., B., M.), Chargé du cours de Géog. physique du Sahara à l'Éc. prép. à l'Ens. sup. des Sc., 6, rue Barbès. — Alger-Mustapha.

Flammarion (Camille), Astronome, 40, avenue de L'Observatoire. — Paris; et à l'Observatoire. — Juvisy-sur-Orge (Seine-et-Oise).

Flandin, Prop., 29, avenue d'Antin. — Paris. — **R**

***Fléty** (Eugène), Chirurg.-Dent., 33, rue de La Préfecture. — Dijon (Côte-d'Or).

***Fleury** (Gabriel), Imprim.-Édit., 28, place de La République. — Mamers (Sarthe).

Fleury (Jules, Auguste), Ing. civ. des Mines, Prof. à l'Éc. des Sc. polit., Sec. perp. de la Soc. d'Éc. polit., 6, rue du Pré-aux-Clercs. — Paris.

Fliche, Prof. à l'Éc. Forest., 9, rue Saint-Dizier. — Nancy (Meurthe-et-Moselle).

Floquet (Gaston), Prof. à la Fac. des Sc., 17, rue Saint-Lambert. — Nancy (Meurthe-et-Moselle).

Florent (M**me** Paul), 22, rue des Encans. — Avignon (Vaucluse).

Florent (M**lle** Pauline), 22, rue des Encans. — Avignon (Vaucluse).

Florent (Paul), Indust., anc. Présid. du Trib. de Com., 22, rue des Encans.— Avignon (Vaucluse).

Fock (Abraham), Ing. civ., villa La Bruyère, avenue Mentque. — Arcachon (Gironde).

*D**r** **Folliot**, Chirurg. en chef de l'Hôp. — Château-Gontier (Mayenne).

D**r** **Fontan** (Émile, Jules), Méd. princ. de 1**re** cl., Prof. à l'Éc. de Méd. navale, 9 avenue Colbert. — Toulon (Var).

Fontane (Marius), anc. Sec. gén. de la *Comp. du Canal de Suez*, 5, rue Cernuschi. — Paris.

***Fontaneau** (Éléonor), anc. Of. de Marine, anc. Élève de l'Éc. Polytech., 8, cours Bugeaud. — Limoges (Haute-Vienne).

Forestié (Édouard), Imprim., Dir. du *Courrier de Tarn-et-Garonne*, 23, rue de La République. — Montauban (Tarn-et-Garonne).

***Forestier** (Charles), Prof. hon. de Lycée, 36, rue d'Alsace-Lorraine. — Toulouse (Haute-Garonne).

***Forquet de Dorne** (Charles), Cons. hon. à la Cour de Cassat., 22 *bis*, rue du Bellay. — Angers (Maine-et-Loire).

Fortel (A.) (fils), Prop., 7, rue Noël. — Reims (Marne). — **R**

Fortier (Pierre), Chim. — Deluz (Doubs). — **R**

***Fortin** (Joseph), Banq., 3, rue des Cordeliers. — Angers (Maine-et-Loire).

Fortin (Raoul), 24, rue du Pré. — Rouen (Seine-Inférieure). — **R**

***Foucher** (Stanislas), Vétér. princ. de l'Armée en retraite, 114, rue de La Châlouère. — Angers (Maine-et-Loire).

Fougeron (Paul), 55, rue de La Bretonnerie. — Orléans (Loiret). — **R**

Fouju (Gustave), Représ. de com., 88, rue de Rivoli. — Paris.

Fouqué (Ferdinand, André), Mem. de l'Inst., Prof. au Collège de France, 23, rue Humboldt. — Paris.

Fourcade-Cancellé (Édouard), Caissier central de la *Comp. du Canal de Suez*, 23, rue des Imbergères. — Sceaux (Seine).

Fourdrignier (Édouard), Archéol., 5, Grande-Rue. — Sèvres (Seine-et-Oise).

Foureau (Fernand), Lauréat de l'Inst., Explorateur, Ing. civ., Mem. de la *Soc. de Géog.* 17, rue d'Anjou. — Asnières (Seine).

Fouret (Georges), Examin. d'admis. à l'Éc. Polytech., 4, avenue Carnot. — Paris.
Fouret (René), 22, boulevard Saint-Michel. — Paris.
Fourmaintreaux (Jules), Céram., rue des Potiers. — Desvres (Pas-de-Calais).
Dr Fournier (Alban). — Rambervillers (Vosges).
Fournier (Alfred), Prof. hon. à la Fac. de Méd., Mem. de l'Acad. de Méd., Méd. hon.. des Hôp., 77, rue de Miromesnil. — Paris. — R.
Dr Fournier (Edmond), Lic. ès Sc. nat., anc. Int. des Hôp., Chef de clin. à la Fac. de Méd., 77, rue de Miromesnil. — Paris.
Fournier (Eugène), Prof. à la Fac. des Sc. — Besançon (Doubs).
Dr Foveau de Courmelles (François, Victor), Lic. ès Sc. Phys., ès Sc. nat. et en Droit, Lauréat de l'Acad. de Méd., 26, rue de Châteaudun. — Paris.
Foville (Alfred de), Mem. de l'Inst., Cons.-Maître à la Cour des Comptes, anc. Dir. de l'Admin. des Monnaies et Médailles, anc. Élève de l'Ec. Polytech., 3, rue du Regard. — Paris.
Francezon (Paul), Chim. et Indust., 7, rue Mandajors. — Alais (Gard). — R
François (Philippe), Doct. ès Sc. nat., Chef des travaux pratiques à la Fac. des Sc., 20, rue des Fossés-Saint-Jacques. — Paris.
Dr François-Franck (Charles, Albert), Mem. de l'Acad. de Méd., Prof. sup. au Collège de France, 5, rue Saint-Philippe-du-Roule. — Paris. — R
Francq (Léon), Ing. civ. des Mines, Lauréat de l'Inst., 48, avenue Victor-Hugo. — Paris.
Francq (Pierre, Roger), Étud., 48, avenue Victor-Hugo. — Paris.
Dr Frat (Victor), 23, rue Maguelone. — Montpellier (Hérault).
Franqueville de Caudecoste (Arthur de), Prop., 1, rue du Départ. — Paris.
Frébault (Émile), Pharm., Insp. de Pharm., 53, boulevard Victor-Hugo. — Nevers (Nièvre).
Frémont-Saint-Chaffray (Mme Berthe), 54, rue de Seine. — Paris.
Frey (Mme Léon), 99, boulevard Haussmann. — Paris.
Dr Frey (Léon), Prof. à l'Éc. dentaire de Paris, 99, boulevard Haussmann. — Paris.
Friedel (Mme Ve Charles) (née Combes), 9, rue Michelet. — Paris. — F
Dr Frison (A.), 5, rue de La Lyre. — Alger.
*Dr Friteau (Édouard), 55, rue de Rome. — Paris.
Frizeau (G.), Avocat à la Cour d'Ap. de Bordeaux. — Branne (Gironde).
Froidevaux (Henri), Sec. de l'Office colonial près la Fac. des Lettres, 47, rue Dangivilliers. — Versailles (Seine-et-Oise).
Froissart (Émile), Chef d'Escadron au 15e rég. d'Artil., 16, rue Jean-de-Gouy. — Douai (Nord).
Frolov (le Général Michel), 36, quai des Eaux-Vives. — Genève (Suisse).
Fron (Albert), Garde gén. des Forêts, École Forestière des Barres-Vilmorin. — Nogent-sur-Vernisson (Loiret). — R
Fron (Émile), Météor. tit. au Bur. cent. météor. de France, 19, rue de Sèvres. — Paris.
*Fron (Georges), Chef des trav. botan. à l'Inst. nat. agronom., 36, rue Madame — Paris. — R
Frontard (Jules), Censeur du Lycée Corneille. — Rouen (Seine-Inférieure).
Dr Fumouze (Armand), Pharm. de 1re cl., 78, rue du Faubourg-Saint-Denis. — Paris. — F
Dr Fumouze (Victor), 132, rue Lafayette. — Paris.
Gabeau (Charles), Interp. milit. princ. en retraite, château de Fontaines-les-Blanches. — Autrèche (Indre-et-Loire).
Gaches (Gustave), Chef de Divis. à la Préfecture, 29, rue Ingres. — Montauban (Tarn-et-Garonne).
*Dr Gaches-Sarraute-Barthélemy (Mme Inès), 36, rue Tronchet. — Paris.
Gadeau de Kerville (Henri), Homme de Sc., Présid. de la *Soc. des Amis des Sc. nat.*, 7, rue Dupont. — Rouen (Seine-Inférieure).
*Gaillard (Albert), Conservat. de l'*Herbier Lloyd*, 18, avenue Besnardière. — Angers (Maine-et-Loire).
Dr Gaillard (Eugène), 11, rue Lafayette. — Paris.
Gaillot (Jean-Baptiste, Amable), s.-Dir. de l'Observatoire nat. de Paris. — Arcueil (Seine).
Gaillot (Léon), Dir. de la Stat. agronom. de l'Aisne, avenue Brunehaut. — Laon (Aisne).
Gain (Edmond), Prof. adj. à la Fac. des Sc., Dir. des Études agronom. et coloniales à l'Univ., 7, rue de Lorraine. — Nancy (Meurthe-et-Moselle).
*Galante (Émile), Fabric. d'inst. de chirurg., 75, boulevard Montparnasse. — Paris. — F
*Galard (Hélie), Pharm., 24, rue de Brissac. — Angers (Maine-et-Loire).
*Galard (Lucien), Huissier, 8, rue Baudrière. — Angers (Maine-et-Loire).

Dr **Galezowski (Xavier)**, 103, boulevard Haussmann. — Paris.

Galicher (J.) (fils), Relieur, 81, boulevard Montparnasse. — Paris.

Galimard (Joseph), Doct. en Pharm , Prépar. de Chim. à la Fac. de Méd., 84, rue Pasteur. — Lyon (Rhône).

Dr **Galippe (Victor)**, Mem. de l'Acad. de Méd., 12, place Vendôme. — Paris.

Galland (Gustave), Filat. — Remiremont (Vosges).

Gallé (Émile), Maître de verrerie, Mem. de l'*Acad. de Stanislas*, 39, avenue de La Garenne. — Nancy (Meurthe-et-Moselle).

Gallice (Henry), Nég. en vins de Champagne, faubourg du Commerce. — Épernay (Marne).

Dr **Gallois (Paul)**, anc. Int. des Hôp., 97, boulevard Malesherbes. — Paris.

**Gallopin (Abel)*, Avocat à la Cour d'Ap., 40, boulevard Saint-Germain. — Paris.

Gandoulf (Léopold), Princ. hon. de Collège, 9, rue Villars. — Grenoble (Isère).

Dr **Gandy (Paul)**. — Bagnères-de-Bigorre (Hautes-Pyrénées).

Dr **Garand (A.)**, 1, rue de La Paix. — Saint-Étienne (Loire).

Gardair (Aimé), Dir. de la *Comp gén. des Prod. chim. du Midi*, 51, rue Saint-Ferréol. — Marseille (Bouches-du-Rhône).

Gardès (Mme Louis)*, 7, rue du Lycée. — Montauban (Tarn-et-Garonne). — **R

**Gardès (Mlle)*, 7, rue du Lycée. — Montauban (Tarn-et-Garonne).

Gardès (Louis)*, Notaire hon., anc. Élève de l'Éc. nat. sup. des Mines, 7, rue du Lycée. — Montauban (Tarn-et-Garonne). — **R

Gariel (Mme C.-M.), 6, rue Édouard-Detaille. — Paris. — **R**

Gariel (C.-M.)*, Prof. à la Fac. de Méd., Mem. de l'Acad. de Méd., Insp. gén., Prof. à l'Éc. nat. des P. et Ch., 6, rue Édouard-Detaille. — Paris. — **F

Gariel (Mme Léon), 1, avenue de Péterhof. — Paris. — **R**

Gariel (Léon), Ing. agron., 1, avenue de Péterhof. — Paris.

Garnier (Ernest), anc. Présid. de la *Soc. indust. de Reims*, (chez M. Lemaire), 12, rue Sacrot. — Saint-Mandé (Seine). — **R**

Garnier (Jules), anc. Ing. des Mines du Gouvern. à la Nouvelle-Calédonie, 47, rue de Clichy. — Paris.

Garnier (Louis), Nég. en tissus, 16, rue de Talleyrand. — Reims (Marne).

Garnier (Paul), Ing.-Mécan., Horlog., 16, rue Taitbout. — Paris.

Garreau (L.-Philippe), Cap. de frégate en retraite, 1, rue de Floirac. — Agen (Lot-et-Garonne), et l'hiver, 62, boulevard Malesherbes. — Paris. — **R**

Garric (Jules), Banquier, 3, rue Esprit-des-Lois. — Bordeaux (Gironde).

Garrigou (Félix), Prof. à la Fac. de Méd., 38, rue Valade. — Toulouse (Haute-Garonne).

Garrigou-Lagrange (Paul), Avocat, Sec. gén. de la *Soc. Gay-Lussac*, 23, avenue Foucaud. — Limoges (Haute-Vienne).

Garrisson (Charles), Prop., Mem. du Cons. mun. — Beausoleil par Montauban (Tarn-et-Garonne).

Garrisson (Eugène), Avocat, 19, rue des Augustins. — Montauban (Tarn-et-Garonne).

**Gascard (Albert) (père)*, anc. Pharm., Indust., Juge sup. au Trib. de Com. — Bihorel-lez-Rouen par Rouen (Seine-Inférieure).

Gascard (Albert) (fils), Prof. à l'Éc. de Méd. et de Pharm., 33, boulevard Saint-Hilaire. — Rouen (Seine-Inférieure).

Gasqueton (Mme Georges), château Capbern. — Saint-Estèphe (Gironde). — **R**

Gasqueton (Georges), Avocat, anc. Maire, château Capbern. — Saint-Estèphe (Gironde).

Gatine (Albert), Insp. des Fin., 1, rue de Beaune. — Paris. — **R**

Dr **Gaube (Jean)**, 12, rue Léonie. — Paris. — **R**

Dr **Gaube (Jules, Jean)**, 12, rue Léonie. — Paris.

Gauchas (Mme (Alfred), 6, rue Meissonier. — Paris.

Dr **Gauchas (Alfred)**, 6, rue Meissonier. — Paris.

Dr **Gauchery (Paul)**, Doct. ès Sc. nat., anc. Int. des Hôp., 47, rue de Vaugirard. — Paris.

Gaucklér (Paul), Corresp. de l'Inst., Agr. d'Histoire, Chef du serv. des Antiquités et Arts, 66, rue des Selliers. — Tunis.

**Gaudin (Joseph)*, Pharm. sup., Chef du Lab. de Bactériol., 64, rue du Mail. — Angers (Maine-et-Loire).

Gaudry (Albert), Mem. de l'Inst., Prof. hon. au Muséum d'Hist. nat., 7 *bis*, rue des Saints-Pères. — Paris. — **F**

Gauthier (Antoine), Fabric. de rubans, 10, rue Mi-Carême. — Saint-Étienne (Loire).

Gauthier-Villars (Albert), Imprim-Édit., anc. Élève de l'Éc. Polytech., 55, quai des Grands-Augustins. — Paris. — **R**

Gauthiot (Charles)*, Sec. gén. de la *Soc. de Géog. com. de Paris*, Mem. du Cons. sup. des Colonies, 63, boulevard Saint-Germain. — Paris. — **R

Gautier (Gaston), anc. Présid. du *Comice agric.*, 6, rue de La Poste. — Narbonne (Aude).

Dr Gautier (Georges), Dir. du Lab. d'Électrothérap. et de la *Revue internat. d'Électrothérap.*, 13, rue Auber. — Paris. — **R**

Gavelle (Émile), Filat., 289 *bis*, rue Solférino. — Lille (Nord).

Gavelle (Julien), boulevard de La Gare. — Cormeilles en-Parisis (Seine-et-Oise). — **R**

Gay (Tancrède), Prop., 17, rue Chanzy. — Reims (Marne).

Gayet (Alphonse), Prof. à la Fac. de Méd., Corresp. nat. de l'Acad. de Méd., anc. Chirurg. titul. de l'Hôtel-Dieu, 106, rue de L'Hôtel-de-Ville. — Lyon (Rhône).

Gayon (Ulysse), Corresp. de l'Inst., Doyen de la Fac. des Sc., Dir. de la Stat. agron., 7, rue Duffour-Dubergier. — Bordeaux (Gironde). — **R**

Gazagnaire (Joseph), anc. Sec. de la *Soc. entomol. de France*, 29, rue Centrale. — Cannes (Alpes-Maritimes). — **R**

Gazagne (Gaston), Chef de sect. à la *Comp. des Chem. de fer de Paris à Lyon et à la Méditerranée*, 40, rue de L'Hôtel-de-Ville. — Arles-sur-Rhône (Bouches-du-Rhône).

Gelin (l'Abbé Émile), Doct. en Philo. et en Théologie, Prof. de Math. sup. au Collège de Saint-Quirin. — Huy (Belgique). — **R**

Dr Gélineau (Jean-Baptiste), château de Sainte-Luce-La-Tour. — Blaye (Gironde).

*Genest (G.), Indust., Papeterie de Gouis. — Durtal (Maine-et-Loire).

Geneste (Philippe), Archit., 9, quai de Retz. — Lyon (Rhône).

Genis (Louis), Ing., Dir. de la *Soc. d'Assainissement*, 95, rue de Prony. — Paris.

Gensoul (Paul), Ing. des Arts et Man., Admin. de la *Comp. du Gaz de Lyon*, 42, rue Vaubecour. — Lyon (Rhône). — **R**

*Gentil (Ambroise), Prof. de Phys. au Lycée, 86, rue de Flore. — Le Mans (Sarthe).

Gentil (Louis), Maître de Conf. à la Fac. des Sc., 65, boulevard Pasteur. — Paris. — **R**

*Genvresse (Félix), Étud., 16, rue de Chalon. — Paris.

Dr Geoffroy (Jules), 15, rue de Hambourg. — Paris.

Geoffroy Saint-Hilaire (Albert), anc. Dir. du Jardin zool. d'Acclimat., anc. Présid. de la *Soc. nat. d'Acclimat. de France*, 9, rue de Monceau. — Paris. — **F**

Georges (H.), Nég., v.-Consul de l'Uruguay, 1, rue de L'Arsenal. — Bordeaux (Gironde).

Georgin (Ed.), Étud., 7, faubourg Cérès. — Reims (Marne).

Gérard (l'Abbé Félicien), Lic. ès Sc. nat., Prof. à l'Éc. Saint-François de Salles, 39, rue Vannerie. — Dijon (Côte-d'Or).

Gérard (René), Prof. de Botan. à la Fac. des Sc., Dir. du Jardin botan. de la Ville, 67, avenue de Noailles. — Lyon (Rhône).

Gerbeau, Prop., 13, rue Monge. — Paris. — **R**

Dr Gerber (Charles), Prof. à l'Éc. de Méd., Chef des travaux prat. à la Fac. des Sc., 25, boulevard Gazzino. — Marseille (Bouches-du-Rhône).

Gérente (Mme Paül), 19, boulevard Beauséjour. — Paris. — **R**

Dr Gérente (Paul), Méd.-Dir. hon. des Asiles pub. d'aliénés, Sénateur d'Alger, 19, boulevard Beauséjour. — Paris. — **R**

Germain (Henri), Mem. de l'Inst., Présid. du Cons. d'admin. du *Crédit Lyonnais*, anc. Député, 89, rue du Faubourg-Saint-Honoré. — Paris. — **F**

*Germain (Louis), 20, rue Coypel. — Paris.

Germain (Philippe), 33, place Bellecour. — Lyon (Rhône). — **F**

Gervais (Alfred), Dir. de la *Comp. des Salins du Midi*, 2, rue des Étuves. — Montpellier (Hérault).

Gévelot, Nég., 30, rue Notre-Dame-des-Victoires. — Paris.

Geymüller (le Baron Henry de), Corresp. de l'Inst. de France, Archit., 3, rue Louise. — Baden-Baden (Grand-Duché de Bade).

*Giard (Mme Alfred), 14, rue Stanislas. — Paris.

*Dr Giard (Alfred), Mem. de l'Inst., Prof. à la Fac. des Sc., Maître de Conf. à l'Éc. Norm. sup., anc. Député, 14, rue Stanislas. — Paris. — **R**

Gibert, Archit., place d'Armes. — Montauban (Tarn-et-Garonne).

Gibou (Édouard), Prop., 87, avenue Henri-Martin. — Paris.

*Gibouin (Jean-Baptiste), Princ. Clerc de Notaire, 49, rue Mirabeau. — Angers (Maine-et-Loire).

Gigandet (Eugène) (fils), Nég., 16, rue Montaux. — Marseille (Bouches-du-Rhône). — **R**

Gignier (Justin, Régis), Pharm., anc. Maire. — Romans (Drôme).

Gilardoni (Camille), Manufac. — Altkirch (Alsace-Lorraine).

Gilardoni (Frantz), Manufac. — Altkirch (Alsace-Lorraine).

Gilardoni (Jules), Manufac. — Altkirch (Alsace-Lorraine).

Gilbert (Armand), Présid. de Chambre à la Cour d'Ap., 12, rue Vauban. — Dijon (Côte-d'Or). — **R**

*Dr Gilbert (Joseph), 35, rue de La Madeleine. — Saumur (Maine-et-Loire).
Gillard (Gabriel), Chirurg.-Dent. diplômé de la Fac. de Méd., 4, carrefour de l'Odéon.
. — Paris.
*Gilles-Deperrière (Émile), Archit., Présid. de la *Soc. des Amis des Arts*, 1, rue Talot.
— Angers (Maine-et-Loire).
Gillet (fils aîné), Teintur., 9, quai de Serin. — Lyon (Rhône). — **F**
Gillet (Albert), 156, boulevard Pereire. — Paris.
Dr Gillet (Henry), 3, place Pereire. — Paris.
Gillet (Stanislas), Ing. des Arts et Man., 32, boulevard Henri-IV. — Paris.
Dr Gillot (François, Xavier), 5, rue du Faubourg-Saint-Andoche. — Autun (Saône-et-
Loire).
Gilot (Paul, Louis), Caissier d'Agent de Change, 34, rue Saint-Didier. — Paris.
Girard (Charles), Chéf du Lab. mun. de la Préf. de Police, 2, rue de La Cité. — Paris. — **F**
*Girard (Henri), Pharm., de 1re cl., 13, place Monprofit. — Angers (Maine-et-Loire).
Dr Girard (Henry), Méd. princ. de la Marine, s.-Dir. de l'Éc. de Méd. navale, 145, cours
Saint-Jean. — Bordeaux (Gironde).
Dr Girard (Joseph de), Agr. à la Fac. de Méd., 4, rue des Trésoriers-de-La-Bourse.
— Montpellier (Hérault).
Dr Girard (Jules), Prof. à l'Éc. de Méd., Mem. du Cons. mun., 4, rue Vicat. — Grenoble
(Isère).
Girard (Julien), Pharm.-Maj. de l'Armée en retraite, 3, boulevard Bourdon. — Paris. — **R**
Girard (Max), Agréé au Trib. de Com., 2, rue Rossini. — Paris.
Girardon (Henri), Ing. en chef des P. et Ch., 5, quai des Brotteaux. — Lyon (Rhône).
Girardot (Louis, Abel), Géol., Prof. au Lycée, 63, rue des Salines. — Lons-le-Saunier
(Jura).
Giraud (Louis). — Saint-Péray (Ardèche). — **R**
Giraux (Mme Louis), 9.*bis*, avenue Victor-Hugo. — Saint-Mandé (Seine).
Giraux (Louis), Nég. 9 *bis*, avenue Victor-Hugo. — Saint-Mandé (Seine). — **R**
Giresse (Édouard), Sénateur de Lot-et-Garonne, Mem. du Cons. gén., Maire. — Meilhan
(Lot-et-Garonne).
Dr Girod (Paul), Prof. à la Fac. des Sc., Dir. de l'Éc. de Méd., 26, rue Blatin.
— Clermont-Ferrand (Puy-de-Dôme).
Giry (Mme Marius), 8, rue Sainte. — Marseille (Bouches-du-Rhône).
Giry (Marius), Fabric. de papiers et de pâte de bois, 8, rue Sainte. — Marseille (Bou-
ches-du-Rhône).
Gob (Antoine), Prof. à l'Athénée, 9, boulevard du Canal. — Hasselt (Belgique).
*Gobin (Mme Adrien), 8, quai d'Occident. — Lyon (Rhône).
*Gobin (Adrien), Insp. gén. hon. des P. et Ch., 8, quai d'Occident. — Lyon (Rhône). — **R**
Godard (Félix), Ing. de la Marine hors cadres, 15, rue d'Edimbourg. — Paris. — **R**
Godart (Aimé), anc. Dir. de l'Éc. Monge, anc. Élève de l'Éc. Polytech., 179, rue de
Courcelles. — Paris.
Godillot-Alexis (Georges), Ing. des Arts et Man., 2, rue Blanche. — Paris.
Dr Godin (Paul), Lauréat de l'Acad. de Méd., Méd.-Maj. de 1re cl., Chef des salles
milit. de l'Hôp. — La Fère (Aisne).
*Dr Godon (Charles), Dir. de l'Éc. dentaire de Paris, 40, rue Vignon. — Paris.
Dr Goldschmidt (David), 4 *bis*, rue des Rosiers (chez M. Reblaub). — Paris.
Goldschmidt (Frédéric), Rent., 33, rue de Lisbonne. — Paris. — **F**
Dr Gomet (Alfred), 79, Grande-Rue. — Besançon (Doubs).
Dr Gordon y de Acosta (D. Antonio de), Présid. de l'*Acad. des Sc. méd., phys. et nat.*,
esq^d à Amargura. — La Havane (Ile de Cuba). — **R**
Dr Gornard de Coudré, 39, rue Notre-Dame-de-Lorette. — Paris.
Gort (Viscomt). — East-Cowes-Castle (Isle of Wight) (Angleterre).
Gossart (Émile), Prof. de Phys. à la Fac. des Sc., 68, rue Eugène-Ténot. — Bordeaux
(Gironde).
Gossiome (Paul), Nég. — Yerres (Seine-et-Oise).
*Dr Gouas (Ernest). — La Croix-Saint-Leufroy (Eure).
Gouin (Adolphe), Ing. des Arts et Man., Admin.-gérant de la *Soc. des Savonneries
Menpenti*, 118, Grand Chemin de Toulon. — Marseille (Bouches-du-Rhône).
Gouin (Édouard), Ing. des P. et Ch. en retraite, Dir. de la *Comp. des Transports mari-
times*, 32, rue Breteuil. — Marseille (Bouches-du-Rhône).
Goullin (Gustave, Charles), Consul de Belgique, anc. Adj. au Maire, 5, place du Général-
Mellinet. — Nantes (Loire-Inférieure).
Gounouilhou (G.), Imprim., 11, rue Guiraude. — Bordeaux (Gironde). — **F**

Gourdon (Maurice), Attaché au Serv. de la Carte Géol. de France, 19, rue de Gigant.
— Nantes (Loire-Inférieure)

Dr Grabinski (Boleslas). — Neuville-sur-Saône (Rhône). — **R**

*Grammaire (Louis), Géom., Cap. adjud.-maj. au 52e rég. territ. d'Infant., Agent gén. du *Phénix*, place Saint-Jean. — Chaumont (Haute-Marne).

Grandeau (Louis), Insp. gén. des Stat. agronom., Prof. au Conserv. nat. des Arts et Mét., 4, avenue de La Bourdonnais. — Paris.

Grandidier (Mme Alfred), 6, rond-point des Champs-Élysées. — Paris.

Grandidier (Alfred), Mem. de l'Inst., 6, rond-point des Champs-Élysées. — Paris. — **R**

*Grandmaison (Georges de), Député de Maine-et-Loire, 106, boulevard Haussmann. — Paris.

*Dr Grandjon (Léon), 8, rue Bochart-de-Saron. — Paris.

*Granet (Vital), Recev. mun., rue Louis-Codet. — Saint-Junien (Haute-Viénne).

Grasset (Mme Joseph), 6, rue Jean-Jacques-Rousseau. — Montpellier (Hérault).

Grasset (Joseph), Prof. à la Fac. de Méd., Corresp. nat. de l'Acad. de Méd., 6, rue Jean-Jacques-Rousseau. — Montpellier (Hérault).

*Grassin (G.), Imprim.-Édit., 4, rue du Cornet. — Angers (Maine-et-Loire).

Dr Gratiot (E.) (fils). — La Ferté-sous-Jouarre (Seine-et-Marne).

Gréard (Octave), Mem. de l'Acad. française et de l'Acad. des Sc. morales et polit., v.-Rect. hon. de l'Acad. de Paris, 30, rue du Luxembourg. — Paris.

Grédy (Frédéric), Nég. en vins, 16, quai des Chartrons. — Bordeaux (Gironde).

Dr Grégoire (Junior), Méd. de la *Comp. des Chem. de fer de Paris à Lyon et à la Méditerranée*. — Chazelles-sur-Lyon (Loire).

Grellet (V.), v.-Consul des États-Unis. — Kouba par Hussein-Dey (départ. d'Alger).

Grenier (René), Ing. civ. des Mines, Minotier. — Pocancy par Vertus (Marne).

*Grille (Maurice), 7, rue du Bellay. — Angers (Maine-et-Loire).

Grimanelli (Périclès), Dir. de l'admin. pénitentiaire au Min. de l'Int., 11, rue des Beaux-Arts. — Paris.

*Grimault (Auguste), Pharm. de 1re cl., 13, rue Bressigny. — Angers (Maine-et-Loire).

Dr Grimoux (Henri), Méd. hon. des Hôp. — Beaufort (Maine-et-Loire). — **F**

*Dr Gripat (Henri), Prof. sup. libre à l'Éc. de Méd., 10, rue de L'Aubrière. — Angers (Maine-et-Loire).

Grison (Ernest), s.-Insp. de l'Enregist., 18, rempart des Petits-Prés. — Château-Thierry (Aisne).

*Grison-Poncelet (Eugène), Manufac., rue Gambetta. — Creil (Oise). — **R**

Dr Gros (Joseph), Méd. en chef de la Maison d'éduc. de la Légion d'hon., place de La Mairie. — Écouen (Seine-et-Oise).

Dr Gros (Joseph), Méd. en chef de l'Hôp. Saint-Louis, 24, rue Saint-Jean. — Boulogne-sur-Mer (Pas-de-Calais).

Gros et Roman, Manufac. — Wesserling (Alsace-Lorraine).

Dr Grosclaude (Alphonse), 21, rue Pontallier. — Elbeuf-sur-Seine (Seine-Inférieure).

Gross (Mme Frédéric), 25, rue Isabey. — Nancy (Meurthe-et-Moselle). — **R**

Gross (Frédéric), Doyen de la Fac. de Méd., Corresp. nat. de l'Acad. de Méd., 25, rue Isabey. — Nancy (Meurthe-et-Moselle). — **R**

*Grosseron (Thomas), Pharm., 5, rue des Récollets. — Nantes (Loire-Inférieure).

Grosseteste (William), Ing. des Arts et Man., 67, avenue Malakoff. — Paris.

Grottes (le Comte Jules des), Mem. du Cons. gén., 9, place Gambetta. — Bordeaux (Gironde).

Grouselle (Mme Émile). — Voncq (Ardennes).

Grouselle (Émile), Notaire. — Voncq (Ardennes).

Grouvelle (Jules), Ing. des Arts et Man., Prof. de Phys. indust. à l'Éc. cent. des Arts et Man., 18, avenue de L'Observatoire. — Paris.

Gruner (Édouard), Ing. civ. des Mines, anc. Élève de l'Éc. Polytech., Sec. du *Comité cent. des Houillères*, 55, rue de Châteaudun. — Paris.

Gruter (Dominique, Jost), Méd.-Dent., 7, square Saint-Amour. — Besançon (Doubs).

Grynfeltt, Prof. à la Fac. de Méd., 8, place Saint-Côme. — Montpellier (Hérault).

Guccia (Jean-Baptiste), Prof. de Géom. sup. à l'Univ., 30, via Ruggiero Settimo. — Palerme (Italie).

Dr Guébhard (Adrien), Lic. ès Sc. Math. et Phys., Agr. de Phys. des Fac. de Méd. — Saint-Vallier-de-Thiey (Alpes-Maritimes). — **R**

Dr Guende (Charles), (Maladies des yeux), 2, rue Montaut. — Marseille (Bouches-du-Rhône).

*Dr Guérard, rue Nationale. — Tours (Indre-et-Loire).

Guérard (Adolphe), Insp. gén. des P. et Ch., 8, rue Picot. — Paris.

Guérin (Paul), Doct. ès Sc., Chargé des fonc. d'Agr. à l'Éc. sup. de Pharm., 4, avenue de L'Observatoire. — Paris.

Dr Guerne (le Baron Jules de), Natur., Sec. gén. de la *Soc. nat. d'Acclimat. de France*, 6, rue de Tournon. — Paris. — **R**.

Guerrapin, anc. Nég., l'Hermitage. — Saint-Denis-Hors par Amboise (Indre-et-Loire).

Guerrapain (Achille), Prof. départ. d'Agric., rue Sainte-Geneviève. — Laon (Aisne).

Gueydon (Louis), Pharm. de 1re cl. — Chabreville par Guîtres-sur-l'Isle (Gironde).

Guézard (Mme Jean-Marie), 16, rue des Écoles. — Paris. — **R**

***Guézard (Jean-Marie)**, anc. Princ. Clerc de Notaire, 16, rue des Écoles. — Paris. — **R**

Guiauchain, Archit., rue Clauzel. — Alger-Agha.

Guibert (Léonce), Ing. des P. et Ch., 86, rue de l'Église-Saint-Seurin. — Bordeaux (Gironde).

Guiet (Gustave), 90, avenue Malakoff. — Paris.

Guieysse (Paul), Ing.-Hydrog. de la Marine, anc. Min., Député du Morbihan, 2, rue Dante. — Paris. — **R**

Guiffard (Léon), Avocat à la Cour d'Ap., 45, avenue Trudaine. — Paris.

Guignard (Léon), Mem. de l'Inst. et de l'Acad. de Méd., Dir. de l'Éc. sup. de Pharm., 1, rue des Feuillantines. — Paris.

Guignard (Ludovic, Léopold), Présid. de la *Soc. des Sc. et des Lettres de Loir-et-Cher*, Sans-Souci. — Chouzy (Loir-et-Cher).

Dr Guilbeau (Martin). — Saint-Jean-de-Luz (Basses-Pyrénées).

***Guilbert (Gabriel)**, Météorol., 103, rue Branville. — Caen (Calvados).

Guillain (Antoine), Insp. gén. des P. et Ch., anc. Min. des Colonies, Député du Nord, 55, rue Scheffer. — Paris.

***Dr Guillaume (Édouard)**, 26, rue de Bourgogne. — Reims (Marne).

Guillaume (Eugène, C.), Mem. de l'Acad. française et de l'Acad. des Beaux-Arts, Statuaire, Dir. de l'Acad. de France à Rome, 5, rue de L'Université. — Paris.

Guillemin (Auguste), Prof. de Phys. à l'Éc. de Méd. et de Pharm., anc. Maire d'Alger. 8, passage du Caravansérail. — Alger-Mustapha.

***Dr Guilleminot (Edme)**, 22, place Vendôme. — Paris.

Guillemot (Charles), Mécan., 73, rue Saint-Louis-en-l'Ile. — Paris.

Dr Guillet, Prof. à l'Éc. de Méd., 28, rue des Carmélites. — Caen (Calvados).

Guillibert (le Baron Hippolyte), Avocat à la Cour d'Ap., anc. Bâton. du Cons. de l'Ordre, 10, rue Mazarine. — Aix en Provence (Bouches-du-Rhône).

Guillotin (Amédée), anc. Présid. du Trib. de Com. de la Seine, 77, rue de Lourmel. — Paris.

Dr Guilloz (Théodore), Agr. à la Fac. de Méd., 38, place de La Carrière. — Nancy (Meurthe-et-Moselle).

Guilmin (Mme Vo), 8, boulevard Saint-Marcel. — Paris. — **R**

Guilmin (Ch.), 8, boulevard Saint-Marcel. — Paris. — **R**

Guimarães (Rodolphe Ferreira de Souza Marques Sovo Dias), Mem. de l'*Acad. royale des Sc.*, Lieut. de l'Ét.-Maj. du Génie, 69, rue do 4 de Infanteria. — Lisbonne (Portugal).

Guimet (Émile), Nég. (Musée Guimet), avenue d'Iéna. — Paris. — **F**

Guionnet (Paul), Prop., route des Cars. — Aixe-sur-Vienne (Haute-Vienne).

***Dr Guiraud (Louis)**, Prof. à la Fac. de Méd., 48, rue Bayard. — Toulouse (Haute-Garonne).

Guiraut (Gabriel), Président d'hon. de la Ch. synd. du Com. des vins et spiritueux de la Gironde, 25, rue du Manège. — Bordeaux (Gironde).

Guy (Louis), Nég., 232, rue de Rivoli. — Paris. — **R**

Guyon (Mme A.), 7, rue Pelouze. — Paris.

***Dr Guyot (Joseph)**, Chirurg. des Hôp., 86, rue Saint-Genès. — Bordeaux (Gironde).

***Guyot (Maurice)**, Étud., 11, rue de Montataire. — Creil (Oise).

***Guyot (Mme Vo Raphaël)**, 11, rue de Montataire. — Creil (Oise). — **R**

***Guyot (Yves)**, Dir. polit. du *Siècle*, anc. Min. des Trav. pub., 95, rue de Seine. — Paris. — **R**

Haag (Paul), Ing. en chef, Prof. à l'Éc. Polytech. et à l'Éc. nat. des P. et Ch., 11 *bis*, rue Chardin. — Paris.

Hachette et Cie, Libr.-Édit., 79, boulevard Saint-Germain. — Paris. — **F**

Hagenbach-Bischoff (Édouard), Doct. ès Sc., Prof. de Phys. à l'Univ., 20, Missionsstrasse. — Bâle (Suisse).

Haller-Comon (Albin), Mém. de l'Inst. et de l'Acad. de Méd., Prof. de Chim. organique à la Fac. des Sc., 86, rue Claude-Bernard. — Paris. — **R**

Hallette (Albert), Fabric. de sucre. — Le Cateau (Nord). — **R**

Hallez (Paul), Prof. à la Fac. des Sc., 58, rue Jean-Bart. — Lille (Nord).

Dr **Hallion (Louis)**, Chef des trav. du Lab. de Physiol. pathol. de l'Éc. des Hautes-Études (Collège de France), 54, rue du Faubourg-Saint-Honoré. — Paris.

*__Hallopé__, Maire. — Saint-Léonard-Trélazé (Maine-et-Loire).

Dr **Hallopeau (Henri)**, Mem. de l'Acad. de Méd., Agr. à la Fac. de Méd., Méd. des Hôp., 91, boulevard Malesherbes. — Paris.

Halphen (Georges), Chim. au Min. du Com., 23, rue Bréa. — Paris.

*__Hamard (l'Abbé Pierre, Jules)__, Chanoine, 6, rue du Chapitre. — Rennes (Ille-et-Vilaine). — **R**

Hamelin (Elphège), Prof. à la Fac. de Méd., 7, rue de La République. — Montpellier (Hérault).

*__Hamonet (Victor)__, Chirurg.-Dent., diplômé de la Fac. de Méd. de Paris, 5, place du Ralliement. — Angers (Maine-et-Loire).

Dr **Hamy (Ernest)**, Mem. de l'Inst. et de l'Acad. de Méd., Prof. au Muséum d'Hist. nat., Conserv. du Musée d'Ethnog., 36, rue Geoffroy-Saint-Hilaire. — Paris.

Hanrez (Prosper), Ing., Mem. de la Ch. des Représentants, 190, chaussée de Charleroi. — Bruxelles (Belgique).

Dr **Hanriot (Maurice)**, Mem. de l'Acad. de Méd., Agr. à la Fac. de Méd., 4, rue Monsieur-le-Prince. — Paris.

Haouy (Charles), Lic. ès Sc. Math. et Phys., Ing. à l'Usine à Gaz, 1, rue des Romains. — Reims (Marne).

Haraucourt (C.), Prof. de Phys. au Lycée Corneille, 8, place du Boulingrin. — Rouen (Seine-Inférieure).

Hardion (Jean), Archit., anc. Élève des Écoles nat. des P. et Ch. et des Beaux-Arts, 4, rue Traversière. — Tours (Indre-et-Loire).

Hariot (Paul), Prépar. au Muséum d'Hist. nat., 63, rue de Buffon. — Paris.

Harlé (Émile), anc. Ing. des P. et Ch., Construc., 12, rue Pierre-Charron. — Paris.

Hartmann (Georges), 14, quai de La Mégisserie. — Paris.

Harwood (H., J.), Chirurg.-Dent., 8, rue du Président-Carnot. — Lyon (Rhône).

Haton de la Goupillière (J., N.), Mem. de l'Inst., Insp. gén., Dir. hon. de l'Éc. nat. sup. des Mines, 56, rue de Vaugirard. — Paris. — **F**

Hatt (Philippe), Mem. de l'Inst., Ing.-hydrog. de 1re cl. de la Marine, 31, rue Madame. — Paris.

Haug (Émile), Prof. adj. à la Fac. des Sc., 14, rue de Condé. — Paris.

Hausser (Édouard), Ing. en chef des P. et Ch., 162, boulevard Malesherbes. — Paris.

Hayem (Georges), Prof. à la Fac. de Méd., Mem. de l'Acad. de Méd., Méd. des Hôp., 97, boulevard Malesherbes. — Paris.

Dr **Hecht (Émile)**, 12, rue Victor-Hugo. — Nancy (Meurthe-et-Moselle).

Dr **Heckel (Édouard)**, Prof. à la Fac. des Sc. et à l'Éc. de Méd., Corresp. nat. de l'Acad. de Méd., Dir. du Jardin botan., 31, cours Lieutaud. — Marseille (Bouches-du-Rhône).

Heïdé (Ragnvald), Chirurg.-Dent., Prof. à l'Éc. dentaire de Paris, 39, boulevard Haussmann. — Paris.

Dr **Heim (Frédéric)**, Doct. ès Sc., Agr. à la Fac. de Méd., 34, rue Hamelin. — Paris.

Heinbach (Albert), anc. Pharm. de 1re cl., anc. Int. des Hôp., 24, rue de La Tour. — Paris.

Heitz (Paul), Ing. des Arts et Man., anc. Élève de l'Éc. libre des Sc. polit., Avocat à la Cour d'Ap., 29, rue Saint-Guillaume. — Paris. — **R**

Dr **Heitz (Victor)**, Prof. à l'Éc. de Méd., Chef de clin. à l'Hôp., 45, Grand'Rue. — Besançon (Doubs).

Héliand (le Comte d'), 21, boulevard de La Madeleine. — Paris. — **R**

Dr **Henneguy (Félix)**, Prof. au Collège de France, 9, rue Thénard. — Paris.

Hennequin (E.), Nég., 84, avenue Ledru-Rollin. — Paris.

*__Henriet (Mme Jules)__, 204, rue Paradis. — Marseille (Bouches-du-Rhône).

*__Henriet (Jules)__, anc. Ing. en chef des P. et Ch. de l'Empire Ottoman, Présid. de l'Univ. populaire *Le Foyer du Peuple*, 204, rue Paradis. — Marseille (Bouches-du-Rhône).

Henrivaux (Jules), anc. Dir. de la Manufac. de Glaces. — Saint-Gobain (Aisne).

*Dr **Henrot (Henri)**, Corresp. nat. de l'Acad. de Méd., Dir. de l'Éc. de Méd., anc. Maire, 73, rue Gambetta. — Reims (Marne).

Henrot (Jules), Présid. du *Cercle pharm. de la Marne*, 75, rue Gambetta. — Reims (Marne).

Henry (Charles), Maître de Conf. à l'Éc. prat. des Hautes-Études, 39, boulevard Henri-IV. — Paris.

Henry (Louis, Isidore), Ing. en chef de 1re cl. de la Marine. — Brest (Finistère). — **R**

Hérail (Joseph). Prof. à l'Éc. de Méd., 10 *bis*, boulevard Bon-Accueil. — Alger-Mustapha.

Hérard (M^ll^**e Alice)**, 16, rue Séguier. — Paris.

Dr **Hérard (Hippolyte)**, Mem. de l'Acad. de Méd., Agr. de la Fac. de Méd., Méd. des Hôp., 12 *bis*, place De Laborde. — Paris.

Héraux (G.), Pharm. de 1re cl. — Le Chesne (Ardennes).

Herbault (Nemours), Agent de change hon., 22, rue de L'Élysée. — Paris.

*****Hérichard (M**^me^ **Émile)**, 56, rue des Peupliers. — Boulogne-sur-Seine (Seine).

*****Hérichard (Émile)**, Ing. civ., anc. Élève de l'Éc. nat. des P. et Ch., 56, rue des Peupliers — Boulogne-sur-Seine (Seine). — **R**

Hermann-Lefèvre, Chirurg.-Dent., 1, rue Lafayette. — Nantes (Loire-Inférieure).

Hermet (l'Abbé), Curé. — L'Hospitalet par la Cavalerie (Aveyron).

Héron (Guillaume), Prop., château Latour. — Bérat par Rieumes (Haute-Garonne). — **R**

Héron (Jean-Pierre), Prop., 7, place de Tourny. — Bordeaux (Gironde). — **R**

Herran (Adolphe), Ing. civ. des Mines, 36, avenue Henri-Martin. — Paris. — **R**

Herrenschmidt (Henri), Étud., 10, boulevard Magenta. — Paris.

Hérubel (Frédéric), Fabric. de Prod. chim. — Petit-Quévilly (Seine-Inférieure).

Dr **Hervé (Georges)**, Prof. à l'Éc. d'Anthrop., 8, rue de Berlin. — Paris.

Hess (Philippe), Chirurg.-Dent., 3, rue de La Sous-Préfecture. — Montbéliard (Doubs).

Hetzel (Jules), Libr.-Édit., 12, rue des Saints-Pères. — Paris. — **R**

Heurtel (Ferdinand), Cap. de frégate de réserve, 91, avenue Kléber. — Paris.

Hillel frères, 2, avenue Marceau. — Paris. — **F**

Himly (L., Auguste), Mem. de l'Inst., Doyen hon. de la Fac. des Lettres, 23, avenue de L'Observatoire. — Paris.

Hivert (Maurice), Chirurg.-Dent. diplômé de la Fac. de Méd., s.-Dir. de l'Éc. odonto-technique, 9, rue de l'Isly. — Paris.

Hlava (Iaroslav), Prof. d'Anat. pathol., à l'Univ. Tchèque, 32, rue Katerinska. — Prague (Autriche-Hongrie).

Hoareau-Desruisseaux (Léon), Prof. au Collège. — Wassy-sur-Blaise (Haute-Marne).

*****Hochard**, Dent., 17, rue d'Alsace. — Angers (Maine-et-Loire).

*****D**^r^ **Hodée**, 3, rue de la Segretennerie. — Angers (Maine-et-Loire).

Holden (Isaac), Manufac., 27, rue des Moissons. — Reims (Marne).

Holden (Jonathan), Indust., 23, boulevard de La République. — Reims (Marne). — **R**

Dr **Hollande**, Dir. de l'Éc. prép. à l'Ens. sup. des Sc. et des Lettres, 19, rue de Boigne — Chambéry (Savoie).

Holtz (Paul), Insp. gén. des P. et Ch., 57, rue de Lille. — Paris.

*****D**^r^ **Hommey (Joseph)**, Méd. de l'Hôp., Mem. du Cons. départ. d'Hygiène, 3, rue des Cordeliers. — Sées (Orne).

Homolle (Théophile), Mem. de l'Inst., Dir. de l'Éc. française d'Athènes, 2, rue de Commaille. — Paris.

Honnorat-Bastide (Édouard, F.), quartier de La Sèbe. — Digne (Basses-Alpes).

Hospitalier (Édouard), Ing. des Arts et Man., Prof. à l'Éc. mun. de Phys. et de Chim. indust., Rédac. en chef de l'*Industrie élect.*, 87, boulevard Saint-Michel. — Paris.

Hottinguer, Banquier, 38, rue de Provence. — Paris. — **F**

Houard (Clodomir), Prépar. à la Fac. des Sc., 40, rue Balagny. — Paris.

Houdaille (François), Prof. de Phys. à l'Éc. nat. d'Agric., 15, rue de L'École-de-Droit. — Montpellier (Hérault).

Houdé (Alfred), Pharm. de 1re cl., Mem. du Cons. mun., 29, rue Albouy. — Paris. — **R**

Houdié (Julien), Chirurg.-Dent., 69, rue d'Alsace-Lorraine. — Toulouse (Haute-Garonne).

Hourdequin (Maurice), Avocat, 93, rue Jouffroy. — Paris.

Hourst (Émile), Lieut. de vaisseau, 97, avenue Niel. — Paris. — **R**

Houzeau (Auguste), Corresp. de l'Inst., Prof. de Chim. gén. à l'Éc. prép. à l'Ens. sup. des Sc., 31, rue Bouquet. — Rouen (Seine-Inférieure).

Hovelacque-Khnopff (Émile), 50, rue Cortambert. — Paris. — **R**

Hua (Henri), Lic. ès Sc. nat., Botan., s.-Dir. à l'Éc. des Hautes-Études (Muséum d'Hist. nat.), 254, boulevard Saint-Germain. — Paris. — **R**

Hubert de Vautier (Émile), Entrep. de confec. milit., 114, rue de La République. — Marseille (Bouches-du-Rhône). — **R**

*****D**^r^ **Hublé (Martial)**, Méd.-Maj. de 1re cl. à l'Hôp. milit. Saint-Martin, 8, rue des Récollets. — Paris. — **R**

Hubou (Ernest), Ing. civ. des Mines, Insp. de la *Comp. des Chem. de fer de l'Est*, 19, allée des Bois-du-Chenil. — Le Raincy (Seine-et-Oise).

Huc (le Baron), 1, rue Embouque-d'Or. — Montpellier (Hérault).

Hudelo (Louis), Ing. des Arts et Man., Répét. de Phys. gén. à l'Éc. cent. des Arts et Man., 10, rue Saint-Louis-en-l'Ile. — Paris.

Hugon (Henri), Dir. de l'Agr. et du Com., 22, rue d'Angleterre. — Tunis.

Hugot (Adolphe), Dir. de la *Soc. anonyme des Aciéries et Forges de Firminy*. — Firminy (Loire).

Hulot (le Baron Étienne), Sec. gén. de la *Soc. de Géog.*, 41, avenue de La Bourdonnais. — Paris.

Humbel (Mme Ve Lucien). — Éloyes (Vosges). — **R**

Huon (A.), Dir. de l'Usine à Gaz, boulevard Daunou. — Boulogne-sur-Mer (Pas-de-Calais).

Hurion (Alphonse), Prof. à la Fac. des Sc. — Dijon (Côte-d'Or).

Hurmuzescu (Dragomir), Prof. à l'Univ. — Jassy (Roumanie).

Hussenet (G.), anc. Avoué, 18, rue Grandville. — Nancy (Meurthe-et-Moselle).

*****Hy (l'Abbé Félix)**, Doct. ès Sc. nat., Prof. à la Faculté libre des Sc., 87, rue Lafontaine. — Angers (Maine-et-Loire).

Icard (Mme Melchior), 26, traverse Saint Charles. — Marseille (Bouches-du-Rhône).

Icard (Melchior), anc. Pharm., 26, traverse Saint-Charles. — Marseille (Bouches-du-Rhône).

Illaret (Antoine), Vétér., 22, rue Dauzats. — Bordeaux (Gironde).

Imbert (Régis), Dir.-Ing. de l'Exploit. forestière de Bonabé, Lic. en Droit, anc. Élève de l'Éc. Polytech., rue de Villefranche. — Saint-Girons (Ariège).

Institut de Carthage (Association tunisienne des Lettres, Arts et Sciences), rue de Russie. — Tunis.

Institut Pasteur de la Régence, impasse près le Contrôle civil. — Tunis.

Isay (Mme Mayer). — Blamont (Meurthe-et-Moselle). — **R**

Isay (Mayer), Filat., anc. Cap. du Génie, anc. Élève de l'Éc. Polytech. — Blamont (Meurthe-et-Moselle). — **R**

Dr Istrati (Constantin), Doct. ès Sc. Phys., Prof. à l'Univ., Mem. du Cons. sup. de Santé (Laboratoire de Chimie organique), 2, spaniul Général Magheru. — Bucarest (Roumanie.)

Jackson-Gwilt (Mrs Hannah), Moonbeam villa, Merton road. — New-Wimbledon (Surrey) (Angleterre). — **R**

Dr Jacob de Cordemoy (Hubert), Doct. ès Sc., Chef des trav. de Botan. à la Fac. des Sc., 40, allées des Capucines — Marseille (Bouches-du-Rhône).

Jacquelin (Mme Ve Félix). — Beuzeville-la-Guérard par Ourville (Seine-Inférieure).

Jacquerez (Charles), Agent Voyer en retraite. — Fraize (Vosges).

*****Jacques (Edmond)**, Clerc stagiaire de notaire. — Luzy (Haute-Marne).

*****Jacques (Louis)**, Percept. des Contrib. dir. en retraite. — Luzy (Haute-Marne).

Jacquin (Anatole), Confis., 12, rue Pernelle. — Paris et villa des Lys. — Dammarie-lez-Lys (Seine-et-Marne). — **R**

Jacquin (Charles), Avoué de 1re Inst., 5, rue des Moulins. — Paris. — **R**

Jadin (Fernand), Prof. à l'Éc. sup. de Pharm., rue de L'École-de-Pharmacie. — Montpellier (Hérault).

*****Dr Jagot (Léon)**, Prof. à l'Éc. de Méd., Présid. de la Soc. de Méd. d'Angers, 1, rue d'Alsace. — Angers (Maine-et-Loire).

Jalliffier, Prof.-Agr. au Lycée Condorcet, 11, rue Say. — Paris.

Jameson (Conrad), Banquier, anc. Élève de l'Éc. cent. des Arts et Man., 115, boulevard Malesherbes. — Paris. — **F**

*****Jamet (Victor)**, Prof. au Lycée, 130, cours Lieutaud. — Marseille (Bouches-du-Rhône).

*****Janet (Edmond)**, Étud., 71, rue de Paris. — Voisinlieu par Beauvais (Oise).

Janet (Léon), Ing. en chef des Mines, 87, boulevard Saint-Michel. — Paris.

Jannelle (Émile), Nég. en vins. — Villers-Allerand (Marne).

Jannettaz (Paul), Répét. à l'Éc. cent. des Arts et Man., 68, rue Claude-Bernard. — Paris.

Janssen (Jules), Mem. de l'Inst. et du Bureau des Longit., Dir. de l'Observat. d'Astron. phys. — Meudon (Seine-et-Oise).

*****Jaray (Jean)**, 32, rue Servient. — Lyon (Rhône). — **R**

Jardinet (Ludovic-Eugène), Chef de bat. du Génie, Attaché au Serv. géog. de l'Armée, 140, rue de Grenelle. — Paris.

Jarsaillon (François), Prop., v. Présid. du *Comice agric.*, 7, rue Saint-Denis. — Oran (Algérie).

*****Dr Jaubert (Adrien)**, Insp. de la vérif. des Décès, 57, rue Pigalle. — Paris. — **R**

Jaumes (I., P.), Prof. de Méd. lég. et toxicol. à la Fac. de Méd., 5, rue Sainte-Croix. — Montpellier (Hérault).

Dr Javal (Émile), Mem. de l'Acad. de Méd., Dir. hon. du Lab. d'Ophtalm. de la Sorbonne, anc. Député, 5, boulevard de La Tour-Maubourg. — Paris. — **R**

Jayles (Mme Gustave), 4, rue Victor-Hugo. — Montauban (Tarn-et-Garonne).
Jayles (Gustave), Avoué, 4, rue Victor-Hugo. — Montauban (Tarn-et-Garonne).
Dr Jean (Alfred), anc. Int. des Hôp., 29, rue Tronchet. — Paris.
Jean (Amédée), Gref. de la Justice de Paix. — Saint-Pierre (Ile d'Oléron) (Charente-Inférieure).
Jean (Francis), Chirurg.-Dent., 32, rue Tronchet. — Paris.
Jeannel (Maurice), Prof. de Clin. chirurg. à la Fac. de Méd., 3, allée Saint-Étienne. — Toulouse (Haute-Garonne). — R
Jeannot (Auguste), Dir. du serv. des Eaux et de l'Éclairage à la mairie, Dir. adj. du Bureau d'Hyg., 96, Grande-Rue. — Besançon (Doubs).
Jeansoulin et Luzzatti, Fabric. d'huiles, avenue d'Arenc, 6, traverse du Château-Vert. — Marseille (Bouches-du-Rhône).
Jeantaud (Charles), Ing. des Arts et Mét., 51, rue de Ponthieu. — Paris.
Jobard (Jean, François), Manufac., 24, rue de Gray. — Dijon (Côte-d'Or).
*Jobert (Clément), Prof. à la Fac. des Sc. de Dijon, 98, boulevard Saint-Germain. — Paris. — R.
Jochum (Édouard), Peintre-Céram., anc. Maire, 64, avenue Victor-Hugo. — Boulogne-sur-Seine (Seine).
Dr Jodin (Henri), Doct. ès Sc., Prépar. à la Fac. des Sc., 41, avenue de Clichy. — Paris.
Joffroy (Alix), Prof. à la Fac. de Méd., Mem. de l'Acad. de Méd., Méd. des Hôp., 195, boulevard Saint-Germain. — Paris
Johnston (Nathaniel), anc. Député, 15, rue de La Verrerie. — Bordeaux (Gironde). — F
Join-Lambert (Octave), Archiv.-Paléogr., anc. Mem. de l'Éc. française de Rome, 144, avenue des Champs-Élysées. — Paris.
Joliet (Gaston), Préfet de la Vienne. — Poitiers (Vienne).
Jolivald (l'Abbé), anc. Prof. — Mandern par Sierck (Alsace-Lorraine).
Jolly (Léopold), Pharm. de 1re cl., 64, boulevard Pasteur. — Paris.
Jolyet (Félix), Prof. à la Fac. de Méd., 24, rue Diaz. — Bordeaux (Gironde).
*Dr Joncheray (Alphonse), 11, rue Ménage. — Angers (Maine-et-Loire).
Jones (Charles), 12, rue de Chaligny (chez M. Eugène Vauvert). — Paris. — R
Jordan (Camille), Mem. de l'Inst., Ing. en chef des Mines en retraite, Prof. à l'Éc. Polytech., 48, rue de Varenne. — Paris. — R
Dr Jordan (Séraphin), 11, Campania. — Cadix (Espagne). — R
Joret (Charles), Mem. de l'Inst., Doyen hon. de la Fac. des Lettres d'Aix, 59, rue Madame. — Paris.
Josse (Hippolyte), Ing. Cons. en matière de Brevets d'invention, anc. Élève de l'Éc. Polytech., 17, boulevard de La Madeleine. — Paris.
Jouandot (Jules), Ing. du serv. des Eaux de la Ville, 57, rue Saint-Sernin. — Bordeaux (Gironde). — R
Jouatte (Eugène, Charles), s.-Chef de Bureau au Min. des Fin., 1, rue Clovis. — Paris.
*Joubert (Joseph), 11, rue des Arènes. — Angers (Maine-et-Loire).
*Dr Joubin (Louis), Prof. au Muséum d'Hist. nat., 88, boulevard Saint-Germain. — Paris.
Joubin (Paul, Jules), Rect. de l'Acad. — Grenoble (Isère).
Dr Jouin (François), anc. Int. des Hôp., 11 *bis*, cité Trévise. — Paris.
Joulie, anc. Admin.-Délég. de la *Soc. des Prod. chim. agric.*, 51, rue du Pont-du-Gât. — Valence (Drôme).
Jourdain (Hippolyte), anc. Prof. à la Fac. des Sc. de Nancy, villa Belle-Vue. — Portbail (Manche).
Jourdan (Adolphe), Libr.-Édit., Juge au Trib. de Com., 4, place du Gouvernement. — Alger.
Jourdan (A.-G.), Ing. civ. (chez M. Simon), 14, rue Milton — Paris. — R
Jourdin (Michel), Juge de Paix, Insp. princ. hon. des Établis. classés. — Aubigny-sur-Nère (Cher).
Dr Jousset (Marc), anc. Int. des Hôp., 241, boulevard Saint-Germain. — Paris.
Dr Joyeux-Laffuie (Jean), Prof. à la Fac. des Sc., 135, rue Saint-Jean. — Caen (Calvados).
Juglar (Mme Joséphine), 58, rue des Mathurins. — Paris. — F
Julia (Santiago), Doct. ès Sc. — La Bédoule par Aubagne (Bouches-du-Rhône).
Julien (Albert), Archit., Expert-Vérific. des trav. de la Ville, 117, boulevard Voltaire. — Paris.
*Julien (Alexis), Prof. et Démonstrateur d'Anat. à l'Éc. dent. de Paris, 35, rue Monge. — Paris.
Jullien (Ernest), Ing. en chef des P. et Ch., 6, cours Jourdan. — Limoges (Haute-Vienne). — R

Jullien (Jules, André), Chef de Bat. au 127e rég. d'Infant., Commandant de l'École de Tir du Camp du Ruchard (Indre-et-Loire).

Jumelle (Henri), Doct. ès Sc., Prof. adj. à la Fac. des Sc., 24ª, rue Fargès. — Marseille (Bouches-du-Rhône).

Jundzitt (le Comte Casimir), Prop.-Agric. — Chemin de fer Moscou-Brest, station Domanow-Réginow (Russie). — **R**

Jungfleisch (Émile), Mem. de l'Acad. de Méd., Prof. à l'Éc. sup. de Pharm., 74, rue du Cherche-Midi — Paris. — **R**

Junot (Maurice), Dir. des *Voyages pratiques*, 9, rue de Rome. — Paris.

Juppont (Pierre), Ing. des Arts et Man., 55, allée Lafayette. — Toulouse (Haute-Garonne.

*****Juteau (François)**, Maire. — Chaudefonds (Maine-et-Loire).

Kahn (Zadoc), Grand Rabbin de France, 17, rue Saint-Georges. — Paris.

Dr Keating-Hart (Walter de), 5, boulevard Notre-Dame. — Marseille (Bouches-du-Rhône).

DF Keiffer (Jean, Hilaire), Rédac. à la *Semaine médic. de Paris*, 17, rue de l'Association. — Bruxelles (Belgique).

Keittinger (Maurice), Manufac., v.-Présid. de la *Soc. indust.*, 36, rue du Renard. — Rouen (Seine-Inférieure).

Dr Kelsch (Achille), Méd.-Insp. de l'Armée en retraite, anc. Dir. de l'Éc. d'application du serv. de Santé milit. du Val-de-Grâce, 27, boulevard Saint-Michel. — Paris.

Kerforne (Fernand), Doct. ès Sc., Prépar. de Géol. et de Minéral. à la Fac. des Sc., 16, rue de Châteaudun. — Rennes (Ille-et-Vilaine).

Kesselmeyer (Charles), Présid.-Fondat. de la *Ligue docimale*, Rose villa, Vale road. — Bowdon (Cheshire) (Angleterre). — **R**

Kilian (Wilfrid), Prof. à la Fac. des Sc., 2, rue de Turenne. — Grenoble (Isère).

Klipffel (Auguste), anc. Juge au Trib. de Com. de Béziers, Vitic. à Aïn-Bessem (Algérie), 13, rue Gœthe. — Paris.

Knieder (Xavier), Admin. délég. des Établissements Malétra. — Petit-Quevilly (Seine-Inférieure). — **R**

*****Dr Kocher (Louis)**, 226, boulevard Raspail. — Paris.

*****Kœchlin (René)**, Admin.-Délég. de la *Comp. de tract. par Trolley automoteur*, 5, rue Boudreau. — Paris.

Kœchlin-Claudon (Émile), Ing. des Arts et Man., 21, boulevard Delessert. — Paris. — **R**

Kohler (Mathieu), Artiste-Peintre, 12, rue du Bassin. — Mulhouse (Alsace-Lorraine).

Dr Kollmann (Jules), Prof. d'Anat. — Bâle (Suisse).

Krafft (Eugène), anc. Élève de l'Éc. Polytech., 27, rue Monselet. — Bordeaux (Gironde) — **R**

Krantz (Camille), Ing. des Manufac. de l'État, anc. Min. des Trav. pub., Député des Vosges, 226, boulevard Saint-Germain. — Paris.

Kreiss (Adolphe), Ing., 46, Grande-Rue. — Sèvres (Seine-et-Oise). — **R**

Krug (Paul), Nég. en vins de Champagne, 40, boulevard Lundy. — Reims (Marne).

*****Dr Krug-Basse**, Méd. princ. de l'Armée en retraite, Mem. de la Commis. des Hospices, 7, rue du Bellay. — Angers (Maine-et-Loire).

*****Künckel d'Herculais (Jules)**, Assistant de Zool. (Entomol.) au Muséum d'Hist. nat., 55, rue de Buffon. — Paris. — **R**

Kunkler (Louis, Victor), Ing., anc. Élève de l'Éc. Polytech., 20, cours du Chapeau-Rouge. — Bordeaux (Gironde).

Kunstler (Joseph), Prof. à la Fac. des Sc., 49, rue Duranteau. — Bordeaux (Gironde).

Dr Labat (Alfred), Prof. à l'Éc. nat. vétér., 48, rue Bayard. — Toulouse (Haute-Garonne).

Labbé (Mme Léon), 117, boulevard Haussmann. — Paris.

Dr Labbé (Léon), Mem. de l'Inst. et de l'Acad. de Méd., Agr. à la Fac. de Méd., Chirurg. hon. des Hôp., Sénateur de l'Orne, 117, boulevard Haussmann. — Paris.

*****Labbé (Paul)**, Explorateur, 15, rue de Bourgogne. — Paris.

Labéda, Doyen hon., Prof. à la Fac. de Méd. et de Pharm., 19, rue Héliot. — Toulouse (Haute-Garonne).

Laboulaye (P. Lefebvre de), anc. Ambassadeur de France à Saint-Pétersbourg, 25, rue de Lubeck. — Paris.

*****La Bourdonnaye (le Vicomte Raoul de)**, Député de Maine-et-Loire, 11 *bis*, rue du Cirque. — Paris.

Labrie (l'Abbé Jean, Joseph), Curé. — Lugasson par Frontenac (Gironde).

Labrunie (Auguste), Nég., 2, rue Michel. — Bordeaux (Gironde). — **R**

Dr Lacaze (Raymond), allées de Mortarieu. — Montauban (Tarn-et-Garonne).

Lachamp (F.), Nég., 29, rue Cotta. — Nice (Alpes-Maritimes).
Lachmann (Paul), Prof. de Botan. à la Fac. des Sc. de Grenoble, route de Corenc.
— La Tronche (Isère).
*Lacour (Alfred), Ing. civ. des Mines, anc. Élève de l'Éc. Polytech., 60, rue Ampère.
— Paris. — **R**
Lacroix, 1, rue Sauval. — Paris.
Lacroix (Adolphe), Chim., 186, avenue Parmentier. — Paris.
Lacroix (Th.), 106, boulevard de Courcelles. — Paris.
Ladureau (Mme Albert), 20, boulevard Émile-Augier. — Paris. — **R**
*Ladureau (Albert), Ing.-Chim., 20, boulevard Émile-Augier. — Paris. — **R**
*Lafargue (Georges), anc. Préfet, Percept.. de Charenton, 6, rue Coëtlogon. — Paris.
— **R**
Lafaurie (Maurice), 104, rue du Palais-Gallien. — Bordeaux (Gironde). — **R**
Laffitte (Jean, Paul), Publiciste, 18, rue Jacob. — Paris. — **R**
Laffitte (Léon), Ing.-Civ., 3, boulevard d'Auteuil. — Boulogne-sur-Seine (Seine).
Lafourcade (Auguste), Dir. de l'Éc. prim. sup., 41, rue des Trente-Six-Ponts. — Toulouse
(Haute-Garonne).
Lagache (Jules), Ing. des Arts et Man., Admin. de la *Soc. des Prod. chim. agric.*,
22, rue des Allamandiers. — Bordeaux (Gironde). — **R**
Lagarde (Auguste), anc. Mem. de la Ch. de Com., 27, cours Pierre-Puget. — Mar-
seille (Bouches-du-Rhône).
Lagneau (Didier), Ing. civ. des Mines, 19, rue Cernuschi. — Paris. — **R**
*Lair (Adolphe), Corresp. de l'Inst.. anc. Magist., 48, rue Saint-Julien. — Angers
(Maine-et-Loire).
*Lair (Paul), Prop., 48, rue Saint-Julien. — Angers (Maine-et-Loire).
Laire (G. de), Fabric. de Prod. organ., 92, rue Saint-Charles. — Paris.
Laisant (C.-A.), Doct. ès Sc., anc. Cap. du Génie, Examin. d'admis. à l'Éc. Polytech.,
anc. Député, 162, avenue Victor-Hugo. — Paris.
Lalanne (Mme Gaston), Castel d'Andorte, 342, route du Médoc. — Le Bouscat (Gironde).
Dr Lalanne (Gaston), Doct. ès Sc., Dir. de la Maison de santé, Castel d'Andorte,
342, route du Médoc. — Le Bouscat (Gironde).
Lalanne (Mme Louis), place Tournon. — La Teste-de-Buch (Gironde).
Dr Lalanne (Louis), place Tournon. — La Teste-de-Buch (Gironde).
Lalaurie (Édouard), Dir. de l'Éc. norm. prim., boulevard Montauriol. — Montauban
(Tarn-et-Garonne).
Laleman (Édouard), Avocat, 6, rue Durnerin. — Lille (Nord).
Dr Lalesque (Fernand), Corresp. de l'Acad. de Méd., anc. Int. des Hôp. de Paris,
boulevard de La Plage, (villa Claude-Bernard). — Arcachon (Gironde).
Lallemand (Charles), Mem. du Bureau des Longit., Ing. en chef au Corps des Mines,
Dir. du serv. du Nivellement gén. de la France, Chef du serv. technique du Cadastre,
66, boulevard Émile-Augier. — Paris.
Lallié (Alfred), Avocat, 18, rue Lafayette. — Nantes (Loire-Inférieure). — **R**
Lallier (Paul), Maire, — La Ferté-sous-Jouarre (Seine-et-Marne).
Lamarre (Onésime), Notaire, 2, place du Donjon. — Niort (Deux-Sèvres). — **R**
Lambert-Gautier (Fernand), Nég., 20, rue Linné. — Paris.
Lamblin (l'Abbé Joseph), Prof. à l'Éc. Saint-François de Sales, 39, rue Vannerie.
— Dijon (Côte-d'Or). — **R**
*Lamey (Adolphe), Conserv. des Forêts en retraite, 22, cité des Fleurs. — Paris.
Lamey (le Révérend Père Dom Mayeul), O. S. B., 1, avenue Père-Laurent. — Aoste
(Italie).
Lancial (Henri), Prof. au Lycée, 18, boulevard de Courtais. — Moulins (Allier). — **R**
Dr Lande (Louis), Maire, 34, place Gambetta. — Bordeaux (Gironde).
Landouzy (Louis), Prof. à la Fac. de Méd., Mem. de l'Acad. de Méd., Méd. des Hôp.,
4, rue Chauveau-Lagarde. — Paris.
Landrin (Édouard), Chim., 76, rue d'Amsterdam. — Paris.
Lanelongue (Martial), Prof. à la Fac. de Méd., Corresp. nat. de l'Acad. de Méd.,
24, rue du Temple. — Bordeaux (Gironde).
Lanes (Jean), Chef du Cabinet du Présid. du Sénat (Petit Luxembourg), 17, rue de
Vaugirard. — Paris. — **R**
Lang (Léon), 17, avenue de La Bourdonnais. — Paris.
Lang (Tibulle), Dir. de l'Éc. La Martinière, anc. Élève de l'Éc. Polytech., 5, rue des
Augustins. — Lyon (Rhône). — **R**
Lange (Mme Adalbert). — Maubert-Fontaine (Ardennes). — **R**

Lange (Adalbert), Indust. — Maubert-Fontaine (Ardennes). — **R**

*Lange (Albert), Prop., 7, rue Fromentin. — Paris.

Lange (Mlle Alice). — Beuzeville-la-Guérard par Ourville (Seine-Inférieure).

Dr Langlet (Jean-Baptiste), Prof. de Physiol. à l'Éc. de Méd., anc. Député, 24, rue Buirette. — Reims (Marne).

Langlois (Ludovic), Notaire, 7, rue de La Serpe. — Tours (Indre-et-Loire).

Lannelongue (Odilon-Marc), Mem. de l'Inst. et de l'Acad. de Méd., Prof. à la Fac. de Méd., Chirurg. hon. des Hôp., anc. Député, 3, rue François-Ier. — Paris.

Dr Lantier (Étienne). — Tannay (Nièvre). — **R**

Laplanche (Maurice C. de), château de Laplanche. — Millay par Luzy (Nièvre).

Laporte (Maurice), Nég. — Jarnac (Charente).

Laporte (Xavier), Pharm. de 1re cl., place des Palmiers. — Arcachon (Gironde).

Lapparent (Albert de), Mem. de l'Inst., anc. Ing. des Mines, Prof. à l'Éc. libre des Hautes-Études, 3, rue de Tilsitt. — Paris. — **F**

Dr Laquerrière (Albert), 2. rue de La Bienfaisance. — Paris.

Dr Larauza (Albert), Méd. des Thermes, rue de Borda. — Dax (Landes).

Dr Lardier. — Rambervillers (Vosges).

Larive (Albert), Indust., 22, rue Villeminot-Huart. — Reims (Marne). — **R**

*Dr Larivière (Charles), 14, rue du Haras. — Angers (Maine-et-Loire).

La Rivière (Gaston), Ing. en chef des P. et Ch. — Lille (Nord).

*Larivière (Gustave), Gérant de la *Commis. des Ardoisières d'Angers*, 52, boulevard du Roi-René. — Angers (Maine-et-Loire).

*Dr Laroche (Émile), 18, route des Pruniers. — Angers (Maine-et-Loire).

Laroche (Mme Félix), 110, avenue de Wagram. — Paris. — **R**

Laroche (Félix), Insp. gén. des P. et Ch. en retraite, 110, avenue de Wagram. — Paris. — **R**

Larocque, (Louis-Eugène), Insp. d'Acad., anc. Dir. de l'Éc. prép. à l'Ens. sup. des Sc., 40, rue de Strasbourg. — Nantes (Loire-Inférieure).

Laroze (Alfred), Présid. de Ch. à la Cour d'Ap., anc. Député, 19, avenue Bosquet. — Paris.

Laskowski (Sigismond), Prof. à la Fac. de Méd., 110, rue de Carouge (villa de La Joliette). — Genève (Suisse).

Dr Lasnier (Georges), 2, rue Guillaume-Brochon. — Bordeaux (Gironde).

Lassence (Alfed de), Prop., Mem. du Cons. mun., 12, avenue de Tarbes (villa Lassence). — Pau (Basses-Pyrénées). — **R**

Lassudrie (Georges), 23, quai Saint-Michel. — Paris.

*Lataste (Mlle Angèle). — Cadillac-sur-Garonne (Gironde).

*Dr Lataste (Fernand), anc. s.-Dir. du Musée nat. d'Hist. nat., Prof. hon. à l'Univ. du Chili. — Cadillac-sur-Garonne (Gironde). — **R**

Latham (Éd.), Nég., Présid. de la Ch. de Com., 145, rue Victor-Hugo. — Le Havre (Seine-Inférieure).

*Lauby (Antoine), Lic. ès Sc., Prof., anc. Prépar. à la Fac. des Sc., 9, rue Dallet. — Clermont-Ferrand (Puy-de-Dôme).

Launay (Félix), Ing. en chef des P. et Ch., 35, rue de Saint-Pétersbourg. — Paris.

Dr Launois (Pierre, Émile), Agr. à la Fac. de Méd., Méd. des Hôp., 12, rue Portalis. — Paris.

Laurent (François), Insp. des Manufac. de l'État, 7, rue de La Néva. — Paris.

Laurent (Irénée), Maître de verrerie, Verrerie de Saint-Galmier. — Veauche (Loire).

Laurent (Louis), Doct. ès Sc. nat., Prof. à l'Inst. colonial, 20, rue des Abeilles — Marseille (Bouches-du-Rhône).

Laurent (Léon), Construc. d'inst. d'optiq., 21, rue de L'Odéon. — Paris. — **R**

*Laurent-Bassereau (Émile), Dent., 4, boulevard de La Mairie. — Angers (Maine-et-Loire).

Laussedat (le Colonel Aimé), Mem. de l'Inst., Dir. hon. du Conserv. nat. des Arts et Mét., 3, avenue de Messine. — Paris. — **R**

Lauth (Charles), Dir. de l'Éc. mun. de Phys. et de Chim. indust., Admin. hon. de la Manufac. nat. de porcelaines de Sèvres, 36, rue d'Assas. — Paris. — **F**

*Lavallée (Prosper), Ing. agron., Prof. d'Agric., Dir. de la ferme expérimentale de l'Éc. sup. d'Agric. d'Angers, 66, rue du Quinconce. — Angers (Maine-et-Loire).

Lavenne de la Montoise (de), Insp. princ. à la *Comp. des Chem. de fer d'Orléans*. — Nantes (Loire-Inférieure).

Lavezzari (André), Ing. des Arts et Man., Admin.-Délég. de la *Comp. française de l'Accumulateur Aigle*, 42, rue Blanche. — Paris.

*Lay-Crespel (Joseph), Indust., 54, rue Léon-Gambetta. — Lille (Nord).

Léauté (Henry), Mem. de l'Inst., Ing. des Manufac. de l'État, Prof. à l'Éc. Polytech., 20, boulevard de Courcelles. — Paris. — **R**

Le Bel (Charles, Léopold), v.-Présid. du Syndicat de la Boulangerie de Paris, 75, rue Lafayette. — Paris.

D^r Le Blond (Albert), Méd. de Saint-Lazare, 28, place Saint-Georges. — Paris. — **R**

Leblond (Paul), anc. Juge d'Inst., anc. Mem. du Cons. mun. de Rouen, la Grâce-de-Dieu. — Neufchâtel-en-Bray (Seine-Inférieure).

Le Bret (Mme Ve Paul), 148, boulevard Haussmann. — Paris.

Le Breton (André), Prop., 43, boulevard Cauchoise. — Rouen (Seine-Inférieure). — **R**

Le Breton (Gaston), Corresp. de l'Inst., Dir. du Musée départ. des Antiq. et du Musée de Céram. de la Ville, 25 *bis*, rue Thiers. — Rouen (Seine-Inférieure).

Lebrun-Oudart (Gustave), Nég. en bois. — Signy-l'Abbaye (Ardennes).

Le Chatelier (le Capitaine Frédéric, Alfred), anc. Of. d'ordonnance du Min. de la Guerre, 61, avenue Victor-Hugo. — Paris. — **R**

Le Cler (Achille), Ing. des Arts et Man., Maire de Bouin (Vendée), 7, rue de La Pépinière. — Paris.

Dr Lecler (Alfred). — Rouillac (Charente).

*****Lecocq (Gustave)**, Dir. d'assurances, Mem. de la *Soc. géol. du Nord*, 7, rue du Nouveau-Siècle. — Lille (Nord).

Lecœur (Édouard), Ing., Archit., 30, rue Guy-de-Maupassant. — Rouen (Seine-Inférieure).

Lecomte (Henri), Doct. ès Sc., Prof. au Lycée Saint-Louis, 14, rue des Écoles. — Paris.

Lecomte (René), Min. plénipotentiaire, 6, rue Alboni. — Paris.

Leconte-Colette, Nég. en chaussures, 10, rue Neuve. — Lille (Nord).

Lecoq de Boisbaudran (François), Corresp. de l'Inst., 113, rue de Longchamp. — Paris. — **F**

Lecornu (Léon), Ing. en chef, Prof. à l'Éc. nat. sup. des Mines, 3, rue Gay-Lussac. — Paris. — **R**

Dr Ledé (Fernand), Méd.-Insp., Sec. rapporteur du Comité sup. de Protection des enfants du premier âge, 19, quai aux Fleurs. — Paris.

D^r Le Dien (Paul), 155, boulevard Malesherbes. — Paris. — **R**

Ledoux (Pierre), Prof. à l'Éc. mun. Arago, 29, rue de Bellefond. — Paris.

Ledoux (Samuel), Nég., 29, quai de Bourgogne. — Bordeaux (Gironde). — **R**

Le Doyen, Prop., 38, rue des Écoles. — Paris.

*****Dr Leduc (H.)**, 16 *ter*, avenue Bosquet. — Paris.

*****Leduc (Mme Stéphane)**, 5, quai de La Fosse. — Nantes (Loire-Inférieure).

*****Dr Leduc (Stéphane)**, Prof. à l'Éc. de Méd., 5, quai de La Fosse. — Nantes (Loire-Inférieure).

Lee (Henry), v.-Consul des États-Unis d'Amérique, 2, rue Thiers. — Reims (Marne).

Leenhardt (André), Dir. de la *Comp. gén. des Pétroles*, 2, rue Fongate. — Marseille (Bouches-du-Rhône).

*****Leenhardt (Frantz)**, Prof. à la Fac. de Théologie protestante, 12, rue du Faubourg-du-Moustier. — Montauban (Tarn-et-Garonne). — **R**

Dr Leenhardt (René), 7, rue Marceau. — Montpellier (Hérault).

Leenhardt-Pomier (Jules), Nég. (Maison Vidal), rue Clos-René. — Montpellier (Hérault).

*****Lefébure (Mme Albert)**, 9, boulevard du Calvaire. — Neufchâtel-en-Bray (Seine-Inférieure).

*****Lefébure (Albert)**, Vétér., 9, boulevard du Calvaire. — Neufchâtel-en-Bray (Seine-Inférieure).

Lefebvre (Alphonse), Publiciste, 8, Grande-Rue. — Boulogne-sur-Mer (Pas-de-Calais).

Lefèbvre (Léon), Ing. en chef des P. et Ch., Ing. de la Voie à la *Comp. des Chem. de fer du Nord*, 1, avenue Trudaine. — Paris.

Lefèbvre (René), Insp. gén. des P. et Ch., 169, boulevard Malesherbes. — Paris. — **R**

Lefeuve (Gabriel), Avocat, Publiciste, 3, rue de La Bienfaisance. — Paris.

Lefèvre (Julien), Doct. ès Sc., Prof. à l'Éc. prép. à l'Ens. sup. des Sc., Prof. sup. à l'Éc. de Méd. et Prof. au Lycée, 20, avenue de Gigant. — Nantes (Loire-Inférieure).

Lefort (Alfred), Notaire hon., 4, rue d'Anjou. — Reims (Marne).

Lefranc (Émile), Mécan., 21, rue de Monsieur. — Reims (Marne). — **R**

Dr Lefranc (Jules, Clément). — Pont-Hébert (Manche).

Legat (Jean-Baptiste), Mécan., 35, rue de Fleurus. — Paris.

*****Legendre (Mgr)**, Doyen de la Fac. libre de Théol., 3, rue Rabelais. — Angers (Maine-et-Loire).

Le Gendre (Charles), Dir. de la *Revue scient. du Limousin*, Insp. des Contrib. indir., 3, place des Carmes. — Limoges (Haute-Vienne).

f

Dr Le Gendre (Paul), Méd. des Hôp., 25, rue de Châteaudun. — Paris.

*Dr Léger. — Corné (Maine-et-Loire).

*Léger (Mme Arthur). — La Boissière (Oise).

*Léger (Arthur), anc. Indust. — La Boissière (Oise).

Léger (Louis, Urbain), Prof. de Zool. à la Fac. des Sc. — Grenoble (Isère). — R

*Dr Legludic (Henri), Dir. de l'Éc. de Méd. et de Pharm., 56, boulevard du Roi-René.
— Angers (Maine-et-Loire).

Legrand (A.), Dir.-gérant de la *Société coopérative*. — Saint-Remy-sur-Avre (Eure-et-Loir).

Legriel (Paul), Archit. diplômé par le Gouvernement, Lic. en Droit, 8, rue de Greffulne.
— Paris. — R

Dr Le Grix de Laval (Auguste, Valère), 28, rue Mozart. — Paris. — R

*Leinekugel-Le Cocq (Albert), Ing. de la Marine, Ing. de la Maison Arnodin, Les
Tilleuls. — Châteauneuf-sur-Loire (Loiret).

Leistner (Victor), Pharm. de 1re cl. — Aulnay-lez-Bondy (Seine-et-Oise).

Lejeune (G.), Chef de Fabric. de la Brasserie Burgelin, 5, quai Saint-Louis. — Nantes
(Loire-Inférieure).

*Lejeune (Mme Henri), 6, avenue Nationale. — Moulins (Allier).

*Dr Lejeune (Henri), 6, avenue Nationale. — Moulins (Allier).

Lelegard (A.). — Villiers-sur-Marne (Seine-et-Oise).

*Lelièvre (l'Abbé), Curé-Doyen. — Allonnes (Maine-et-Loire).

Lelièvre (Désiré), anc. Notaire, 10 *bis*, rue Hincmar. — Reims (Marne).

Dr Lelièvre (Ernest), anc. Int. des Hôp. de Paris, 53, rue de Talleyrand. — Reims
(Marne). — R

Lelong (l'Abbé Arthur), anc. Aumônier milit. — Réthel (Ardennes).

*Lelong (Eugène), Chargé de Cours à l'Éc. des Chartes, Mem. du Comité des Trav.
historiques et scient., 59, rue Monge. — Paris.

Le Marchand (Abel), Construc. de navires, 29, 31, rue Traversière. — Le Havre (Seine-
Inférieure).

Le Marchand (Augustin), Ing., les Chartreux. — Petit-Quévilly (Seine-Inférieure). — F

Lemarchand (Edmond), Manufac. — Le Houlme (Seine-Inférieure).

Lémeray (Ernest, Maurice), Lic. ès Sc. Math. et Phys., Ing. civ. du Génie maritime,
63, rue de La Bucaille. — Cherbourg (Manche).

Lemerle (Lucien), Chirurg.-Dent., Prof. à l'Éc. dentaire de Paris, 35, avenue de l'Opéra.
— Paris.

*Lemesle (Paul), Lic. en Droit. — Champteussé par Le Lion-d'Angers (Maine-et-Loire).

Lemoine (Émile), Chef hon. du Serv. de la vérific. du gaz, anc. Élève de l'Éc. Polytech.,
4, boulevard de Vaugirard. — Paris.

Lemoine (Georges), Mém. de l'Inst., Ing. en chef des P. et Ch., Prof. à l'Éc.
Polytech., 76, rue Notre-Dame-des-Champs. — Paris.

Le Monnier (Georges), Prof. de Botan. à la Fac. dés Sc., 3, rue de Serre. — Nancy
(Meurthe-et-Moselle). — R

Lemuet (Léon), Prop., 9, boulevard des Capucines. — Paris.

Lemut (André), Ing. des Arts et Man., 12 *bis*, rue Mondésir. — Nantes (Loire-Inférieure).

Lennier (Gustave), Dir. du Muséum d'Hist. nat., 2, rue Bernardin-de-Saint-Pierre.
— Le Havre (Seine-Inférieure).

Lenoble (Henri), Avocat à la Cour d'Ap., 4, carrefour de L'Odéon. — Paris.

Dr Lenoir (Paul), Méd. des Hôp., 162, rue de Rivoli. — Paris.

Dr Léon (Auguste), Méd. en chef de la Marine en retraite, 5, rue Duffour-Dubergier.
— Bordeaux (Gironde). — R

*Dr Léon (David), 1, rue Paul-Bert. — Angers (Maine-et-Loire).

Dr Léon-Petit, Sec. gén. de l'*Œuvre des Enfants tuberculeux*, 20, rue de Penthièvre.
— Paris.

Dr Le Page, 33, rue de La Bretonnerie. — Orléans (Loiret). — R

*Dr Lepage (Georges), v.-Présid. de la *Soc. de Méd. d'Angers*, Trésor. de l'*Assoc. Méd.*,
8, rue Rabelais. — Angers (Maine-et-Loire).

Dr Lépine (Jean), anc. Int. des Hôp., 30, place Bellecour. — Lyon (Rhône). — R

Lépine (Raphaël), Corresp. de l'Inst., Prof. à la Fac. de Méd., Assoc. nat. de l'Acad.
de Méd., 30, place Bellecour. — Lyon (Rhône). — R

Lèques (Henri, François), Ing. géog., Mem. de la *Soc. de Géog.* — Nouméa (Nouvelle-
Calédonie). — F

Lequeux (Jacques), Archit., 44, rue du Cherche-Midi. — Paris.

Lerebours (Henri), Cultivat., 27, rue Denfert-Rochereau. — Noisy-le-Sec (Seine).

Dr **Leredde (Louis)**, Dir. de l'Établis. dermatol. de Paris, 4, rue de Villejust. — Paris.

Dr **Leriche (Émile)**, anc. Prosecteur à la Fac. de Méd. de Lyon, 20, avenue de La Gare. — Nice (Alpes-Maritimes).

Leriche (Louis, Narcisse), Rent:, 7, rue Corneille. — Paris.

Le Roux (F.-P.), Prof. hon. à l'Éc. sup. de Pharm., Examin. hon. d'admis. à l'Éc. Polytech.. 120, boulevard Montparnasse. — Paris. — **R**

Le Roux (Henri), Dir. hon. des Affaires départ. à la Préfecture de la Seine, 7, rue de Passy. — Paris.

**Le Roux (Nicolas)*, Ing. des P. et Ch., 123, rue Franklin. — Angers (Maine-et-Loire).

**Leroy (Anatole)*, Présid. de la *Soc. d'Horticulture d'Angers*, 74, rue de Paris. — Angers (Maine-et-Loire).

Leroyer de Longraire (Léopold), Ing. civ., 23, quai Voltaire. — Paris.

Dr Lesage (Pierre)*, Doct. ès Sc. nat., Maître de Conf. de Botan. à la Fac. des Sc., 5, quai Chateaubriand. — Rennes (Ille-et-Vilaine). — **R

Le Sérurier (Charles), Dir. hon. des Douanes, 51, rue Montaux. — Marseille (Bouches-du-Rhône). — **R**

Lesourd (Paul) (fils), Nég., 34, rue Néricault-Destouches. — Tours (Indre-et-Loire). — **R**

Lespiault (Gaston), Prof. et anc. Doyen de la Fac. des Sc., 5, rue Michel-Montaigne. — Bordeaux (Gironde). — **R**

Lestelle (Xavier), Insp. des Postes et Télég. en retraite, Élect., 4, rue Augustin-Les-bazeilles. — Mont-de-Marsan (Landes).

Lestrange (le Comte Henry de), 43, avenue Montaigne. — Paris et Saint-Julien par Saint-Genis-de-Saintonge (Charente-Inférieure). — **R**

Lestringant (Auguste), Libr., 11, rue Jeanne-d'Arc. — Rouen (Seine-Inférieure).

Letellier (Victor), 123, rue de Paris. — Saint-Denis (Seine).

Le Tellier-Delafosse (Ludovic), Prop., 88, avenue de Villiers. — Paris.

Letestu (Maurice), Ing. des Arts et Man., Construc.-hydraul., 64, rue Amelot. — Paris.

Lethuillier-Pinel (Mme Ve), Prop., 68, rue d'Elbeuf. — Rouen (Seine-Inférieure). — **R**

Létoquart (Auguste), Méd.-Électrothérap., Professeur d'Électrothérap., n° 7-63, Downing-street. — New-York (États-Unis d'Amérique).

**Letort (Charles)*, Conserv. adj. à la Biblioth. nat., 9, place des Ternes. — Paris.

Leudet (Mme Ve Émile), 11, rue Longchamp. — Nice (Alpes-Maritimes). — **F**

Dr **Leudet (Lucien)**, Sec. gén. de la *Soc. d'Hydrolog. médic.*, 35, rue d'Offémont. — Paris.

Dr **Leudet (Robert)**, anc. Int. des Hôp., Prof. à l'Éc. de Méd. de Rouen, 72, rue de Bellechasse. — Paris. — **R**

Dr Leuillieux (Abel)*. — Conlie (Sarthe). — **R

Leune (Edmond), Prof. hon., 21, quai de La Tournelle. — Paris.

Leuvrais (Louis, Pierre), Ing. des Arts et Man., Dir. de la Fabriq. de ciment de Portland artif. Quillot frères. — Frangey par Lézinnes (Yonne).

Le Vallois (Jules), Chef de Bat. du Génie en retraite, anc. Élève de l'Éc. Polytech. — Luxeuil (Haute-Saône). — **R**

**Levasseur (Émile)*, Mem. de l'Inst., Admin. et Prof. au Collège de France, place du Collège de France. — Paris.

**Levasseur (Louis)*, Avocat, Rédac. au Min. de la Justice, place du Collège de France. — Paris.

Levat (David), Ing. civ. des Mines, anc. Élève de l'Éc. Polytech., Mem. du Cons. sup. des Colonies, 174, boulevard Malesherbes. — Paris. — **R**

Leveillé, Prof. à la Fac. de Droit, anc. Député, 55, rue du Cherche-Midi. — Paris.

Dr **Levêque (Louis)**, 20, rue du Clou-dans-le-Fer. — Reims (Marne).

Le Verrier (Urbain), Ing. en chef, Prof. à l'Éc. nat. sup. des Mines et au Conserv. nat. des Arts et Mét., 70, rue Charles-Lafitte. — Neuilly-sur-Seine (Seine) — **R**

Lévi (Lucien), Publiciste, 6, rue du Faubourg-Montmartre. — Paris.

Lévy (Maurice), Mem. de l'Inst., Insp. gén. des P. et Ch., 15, avenue du Trocadéro. — Paris.

Lévy (Michel), Mem. de l'Inst., Ing. en chef des Mines, 26, rue Spontini. — Paris.

Lévy (Raphaël, Georges), Prof. à l'Éc. des Sc. polit., 80, boulevard de Courcelles. — Paris.

Lewthwaite (William), Dir. de la Maison Isaac Holden, 27, rue des Moissons. — Reims (Marne). — **R**

Lewy d'Abartiague (William), Ing. civ., château d'Abartiague. — Ossès (Basses-Pyrénées). — **R**

Lez (Henri). — Lorrez-le-Bocage. (Seine-et-Marne).

L'Hote (Louis), Chim.-Expert, Arbitre près le Trib. de Com. de la Seine, 16, rue Chanoinesse. — Paris.

Libert (L.-Lucien), Lauréat de la *Soc. astron. de France*, 7, boulevard Saint-Germain. — Paris.

Licherdopol (Jean-P.), Prof. de Phys. et de Chim. à l'Éc. de Com., 193, calea Dorobanti. — Bucarest (Roumanie).

Lichtenstein (Henri), Nég. (Maison Andrieux), 12, cours Gambetta. — Montpellier (Hérault).

Lieutier (Léon), Pharm. de 1re cl., 9, rue Pavillon. — Marseille (Bouches-du-Rhône).

Lignier (Octave), Prof. de Botan. à la Fac. des Sc., 70, rue Basse. — Caen (Calvados).

Lilienthal (Sigismond), Mem. de la Ch. de Com., 13, quai de L'Est. — Lyon (Rhône).

Limasset (Lucien), Ing. en chef des P. et Ch., 6, rue Saint-Cyr. — Laon (Aisne).

Lindet (Léon), Doct. ès Sc., Prof. à l'Inst. nat. agron., 108, boulevard Saint-Germain. — Paris. — **R**

Dr Linon (Léon), Méd. princ. de 1re cl., Méd. chef de l'Hôp. milit. — Toulouse (Haute-Garonne).

Linyer (Louis), Avocat, anc. Bâton., du Cons. de l'Ordre, 1, rue Paré. — Nantes (Loire-Inférieure).

*Dr Lionet. — Doué-La Fontaine (Maine-et-Loire).

Livache (Achille), Ing. civ. des Mines, 24, rue de Grenelle. — Paris.

Dr Livon (Charles), Corresp. nat. de l'Académie de Méd., Prof., anc. Dir. de l'Éc. de Méd. et de Pharm., Dir. du *Marseille Médical*, 14, rue Peirier. — Marseille (Bouches-du-Rhône). — **R**

Livon (Jean). Étud. en Méd., 14, rue Peirier. — Marseille (Bouches-du-Rhône).

Locard (Arnould), Ing. des Arts et Man., 38, quai de La Charité. — Lyon (Rhône).

Loche (Maurice), Insp. gén. des P. et Ch., 24, rue d'Offémont. — Paris. — **F**

Lœwy (Maurice), Mem. de l'Inst. et du Bureau des Longit., Dir. de l'Observ. nat. avenue de L'Observatoire. — Paris.

*Dr Loir (Adrien), anc. Présid. de l'*Inst. de Carthage*, Prof. à l'Éc. nat. sup. d'Agric. coloniale, 197, rue du Faubourg-Saint-Honoré. — Paris. — **R**

Loisel (Mme Gustave), 6, rue de L'École-de-Médecine. — Paris.

*Dr Loisel (Gustave), Doct. ès Sc., Prépar. à la Fac. des Sc., 6, rue de L'École-de-Médecine. -- Paris.

*Loiselet (Paul), Avocat, 4, petite rue Bégand. — Troyes (Aube).

Lombard (Émile), Ing. des Arts et Man., Dir. de la *Soc. des Prod. chim. de Marseille-l'Estaque (Rio-Tinto)*, 32, rue Grignan. — Marseille (Bouches-du-Rhône).

Lombard-Dumas (Armand), Prop. — Sommières (Gard).

Lombrail, s.-Chef de la Gare de Villebourbon. — Montauban (Tarn-et-Garonne).

Loncq (Émile), Sec. du Cons. départ. d'Hyg. pub., 6, rue de La Plaine. — Laon (Aisne). — **R**

Londe (Albert), Chef du Serv. photog. à la Salpêtrière, 5, rue Théophile-Gautier. — Paris.

*Longchamps (Gaston Gohierre de), Examin. à l'Éc. spéc. milit., 5, rue Vauquelin. — Paris. — **R**

Longhaye (Auguste), Nég., 22, rue de Tournai. — Lille (Nord). — **R**

Lonquéty (Maurice), Ing. civ. des Mines, anc. élève de l'Éc. Polytech. — Outreau par Boulogne-sur-Mer (Pas-de-Calais).

Lopès-Dias (Joseph), Ing. des Arts et Man., 28, place Gambetta. — Bordeaux (Gironde). — **R**

-Dr Lordereau, 41, rue Madame. — Paris.

Lorin (Félix), Lic. en Droit, Avoué-plaidant, Sec. de la *Soc. archéol. de Rambouillet*, 2, rue de Paris. — Rambouillet (Seine-et-Oise).

Loriol-Lefort (Charles, Louis Perceval de), Natural. — Frontenex près Genève (Suisse). — **R**

Lortet (Louis), Corresp. de l'Inst. et de l'Acad. de Méd., Doyen de la Fac. de Méd., Dir. du Muséum des Sc. nat., 15, quai de l'Est. — Lyon (Rhône). — **F**

Lothelier (Aimable), Prof. au Lycée Montaigne, 5, villa Beau-Séjour. — Vanves (Seine).

Lotz (Alfred), Construc.-mécan., 2, rue Guichen. — Nantes (Loire-Inférieure).

Louer (Jacques), Brasseur, 92, boulevard François-Ier. — Le Havre (Seine-Inférieure).

*Lougnon (Victor), Ing. des Arts et Man., Juge au Trib. de 1ère Inst. — Cusset (Allier). — **R**

Loup (Albert), Chirurg.-Dent. diplômé de la Fac. de Méd., 21, rue des Pyramides. — Paris.

Lourdelet (Mᵐᵉ Ernest), 7 *bis*, rue de L'Aqueduc. — Paris.

Lourdelet (Ernest), Mem. de la Ch. de Com., 7 *bis*, rue de L'Aqueduc. — Paris.

Loussel (A.), Prop., 86, rue de La Pompe. — Paris. — **R**

Loustau (Pierre), Prop., Mem. du Cons. mun., 4, boulevard du Midi. — Pau (Basses-Pyrénées).

Dʳ Lucas-Championnière (Just), Mem. de l'Acad. de Méd., Chirurg. des Hôp., 3, avenue Montaigne. — Paris.

Lugol (Édouard), Avocat, 11, rue de Téhéran. — Paris. — **F**

Dʳ Luraschi (Carlo), (Maladies nerveuses et Électrothérap.), 11, via Santa-Andrea. — Milan (Italie).

Lutscher (A.), Banquier, 22, place Malesherbes. — Paris. — **F**

Lyon (Gustave), Ing civ. des Mines, Chef de la Maison Pleyel, Wolff et Cⁱᵉ, anc. Élève de l'Éc. Polytech., 22, rue Rochechouart. — Paris.

Lyon (Max), Ing. civ., 83, avenue du Bois-de-Boulogne. — Paris.

Mabille (Paul), Doct. ès Lettres, Prof. hon. de Philo. de l'Univ., Mem. de l'*Acad. de Dijon*, 24, rue des Moulins. — Dijon (Côte-d'Or).

Macé de Lépinay (Jules), Prof. à la Fac. des Sc., 105, boulevard Longchamp. — Marseille (Bouches-du-Rhône). — **R**

Machuel (Louis), Dir. de l'Ens. pub., place aux Chevaux. — Tunis.

Mac Intosh (William, Carmichael), Prof. à l'Univ., 2, Abbotsford crescent. — Saint-Andrews (Écosse).

Madelaine (Édouard), Ing. adj. attaché à l'Exploit. des *Chem. de fer de l'État*, anc. Élève de l'Éc. cent. des Arts et Man., 96, boulevard Montparnasse. — Paris. — **R**

Maës (Gustave), Prop. de la Cristal. de Clichy, Mem. de la Ch. de Com. de Paris, 19, rue des Réservoirs. — Clichy (Seine).

Dʳ Magnan (Valentin), Mem. de l'Acad. de Méd., Méd. de l'Asile Sainte-Anne, 1, rue Cabanis. — Paris.

Magne (Lucien), Archit. du Gouvern., Prof. à l'Éc. nat. des Beaux-Arts et au Conserv. nat. des Arts et Mét., 6, rue de L'Oratoire-du-Louvre. — Paris.

Magnien (Lucien), Ing. agric., Insp. de l'Agric., 10, rue Bossuet. — Dijon (Côte-d'Or). — **R**

Magnin (Mᵐᵉ Antoine), 8, rue Proudhon. — Besançon (Doubs).

***Dʳ Magnin (Antoine)**, Doyen de la Fac. des Sc., anc. Adj. au Maire, 8, rue Proudhon. — Besançon (Doubs). — **R**

Magnin (Joseph), anc. Gouvern. de *la Banque de France*, Sénateur, 89, avenue Victor-Hugo. — Paris.

Maigret (Henri), Ing. des Arts et Man., 29, rue du Sentier. — Paris. — **R**

Mailhe (Alphonse), Prépar. à la Fac. des Sc., Chef de trav. à la Fac. de Méd., 1, rue Gambetta. — Toulouse (Haute-Garonne).

Maillard (Jules), Fabric. de Prod. chim., 82, rue du Bassin. — Roanne (Loire).

***Maillard (Mᵐᵉ Vᵉ Marcel)**, 51, rue Jeanne-d'Arc. — Rouen (Seine-Inférieure).

Maillard (Paul), Ing. à l'usine Marrel. — Rive-de-Gier (Loire).

Dʳ Maillart (Hector), 4, rond-point de Plainpalais. — Genève (Suisse).

Maillet (Edmond), Doct. ès Sc. Math., Ing. des P. et Ch., Répét. à l'Éc. Polytech., 11, rue de Fontenay. — Bourg-la-Reine (Seine). — **R**

***Maingaud (Alfred)**, Insp. des Forêts en retraite, 3, place du Lycée. — Angers (Maine-et-Loire).

Mairot (Henri), Banquier, Présid. du Trib. de Com., Mem. de l'*Acad. des Sc., Belles-Lettres et Arts*, 17, rue de La Préfecture. — Besançon (Doubs).

***Maisonneuve (Paul)**, Prof. de Zool. à la Fac. libre des Sc., 5, rue Volney. — Angers (Maine-et-Loire).

Maistre (Jules). — Villeneuvette par Clermont-l'Hérault (Hérault).

Malaquin (Alphonse), Doct. ès Sc., Prof.-adj. à la Fac. des Sc., 159, rue Brûle-Maison. — Lille (Nord).

Malavant (Claude) Pharm. de 1ʳᵉ cl., 19, rue des Deux-Ponts. — Paris.

***Dʳ Malherbe (Albert)**, Dir. de l'Éc. de Méd. et de Pharm., 7, rue Bertrand-Geslin. — Nantes (Loire-Inférieure). — **R**

Malinvaud (Ernest), Sec. gén. de la *Soc. botan. de France*, 8, rue Linné. — Paris. — **R**

***Mallet (Léon)**, Vétér.-Insp. de l'Abattoir, 7, boulevard de Nantes. — Angers (Maine-et-Loire).

Malleville (Paul), Chirurg.-Dent., 6, allées de Meilhan. — Marseille (Bouches-du-Rhône).

Malloizel (Raphaël), Prof. de Math. spéc. au Collège Stanislas, anc. Élève de l'Éc. Polytech., 7, rue de L'Estrapade. — Paris.

Malmanche (Mlle Marguerite), Insp. gén. de l'Ens. com. et de l'Ens. des langues vivantes, Mem. du Comité de l'*Assoc. française pour le développement de l'Ens. techn.*, 23, rue d'Arcole. — Paris.

Manchon (Ernest), Manufac., Sec. et Mem. de la Ch. de Com., 34, boulevard Cauchoise. — Rouen (Seine-Inférieure).

Dr Mandillon (Justin, Laurent), Méd. des Hôp., 49 *ter*, allées d'Amour. — Bordeaux (Gironde).

Manès (Mme Julien), 20, rue Judaïque. — Bordeaux (Gironde).

Manès (Julien), Ing. des Arts et Man., Dir. de l'Éc. sup. de Com. et d'Indust., 20, rue Judaïque. — Bordeaux (Gironde).

Dr Mangenot (Charles), 162, avenue d'Italie. — Paris. — **R**

Mannheim (le Colonel Amédée), Prof. hon. à l'Éc. Polytech., 1, boulevard Beauséjour. — Paris. — **F**

Manoir (André Le Courtois du), Lic. en Droit, 17, rue Singer. — Caen (Calvados).

Manoir (Gaston Le Courtois du), Présid. de la *Soc. des Antiquaires de Normandie*, anc. Magist., 17, rue Singer. — Caen (Calvados).

Dr Manouvrier (Léon), Dir. du Lab. d'Anthrop. de l'Éc. des Hautes-Études, Prof. à l'Ec. d'Anthrop., 15, rue de L'École-de-Médecine. — Paris.

Mansy (Eugène), Nég., 15, rue Maguelonne. — Montpellier (Hérault). — **F**

*** Dr Manties**, rue Beaurepaire. — Angers (Maine-et-Loire).

Maquenne (Léon), Doct. ès Sc., Prof. de Physiol. végét. au Muséum d'Hist. nat. 19, rue Soufflot. — Paris.

Marais (Charles), Préfet. — Gap (Hautes-Alpes). — **R**

Marbeau (Eugène), anc. Cons. d'État, Présid. de la *Soc. des Crèches*, 27, rue de Londres. — Paris.

Marceau (Émilien), Imprim., 21, rue de L'Hôtel-de-Ville. — Neuilly-sur-Seine (Seine).

Marchand (Charles, Émile), Dir. de l'Observat. du Pic du Midi, 9, rue Gambetta. — Bagnères-de-Bigorre (Hautes-Pyrénées).

Marchegay (Mme Ve Alphonse), 11, quai des Célestins. — Lyon (Rhône). — **R**

Marcilhacy (Camille), anc. Sec. de la Ch. de Com., 20, rue Vivienne. — Paris.

Dr Marcorelles (Joseph), 18, rue Armény. — Marseille (Bouches-du-Rhône).

Marcoux, Fabric. de rubans, 13, rue de La République. — Saint-Étienne (Loire).

Dr Marduel (P.), 10, rue Saint-Dominique. — Lyon (Rhône).

Maré (Alexandre), Fabric. de ferronnerie. — Bogny-sur-Meuse par Château-Regnault (Ardennes).

Dr Mareau (Gustave), Prof. à l'Éc. de Méd., 2, rue du Commerce. — Angers (Maine-et-(Loire).

Maréchal (Auguste), Indust., 17, rue des Balkans. — Paris.

Maréchal (Paul), 79, boulevard Montparnasse. — Paris. — **R**

Marette (Mme Charles). — Châteauneuf-en-Thymerais (Eure-et-Loir).

*** Dr Marette (Charles)**, Lic. ès Sc. Phys., Pharm. de 1re cl., anc. s.-Chef de Lab. à la Fac. de Méd. de Paris. — Châteauneuf-en-Thimerais (Eure-et-Loir). — **R**

Mareuse (André), 8, rue Théodore de Banville. — Paris. — **R**

Mareuse (Edgard), Prop., Sec. du *Comité des Inscrip. parisiennes*, 81, boulevard Haussmann. — Paris et château du Dorat. — Bègles (Gironde). — **R**

Dr Marey (Étienne, Jules), Mem. de l'Inst. et de l'Acad. de Méd., Prof. au Collège de France, 11, boulevard Delessert. — Paris. — **R**

Marguet (Paul), Ing. des Arts et Man., 27, boulevard de La République. — Reims (Marne).

*** Marie (Almyre)**, anc. Pharm. — Lessay (Manche).

*** Dr Marie (Théodore)**, Prof. de Phys. à la Fac. de Méd., 11, rue de Rémusat. — Toulouse (Haute-Garonne).

Marie d'Avigneau, Avoué, 11, rue Lafayette. — Nantes (Loire-Inférieure).

Dr Marignan (Émile). — Marsillargues (Hérault).

Marin (Louis), Admin. du Collège des Sc. soc., 13, avenue de L'Observatoire. — Paris.

Marin-Tabouret (H.), Inst. — Cuges (Bouches-du-Rhône).

Dr Maritoux (Eugène), 19, rue Turgot. — Paris.

Marix (Myrthil), Nég.-Commis, 28, rue Taitbout. — Paris.

Dr Marmottan (Henri), anc. Député, Maire du XVIe Arrond., 31, rue Desbordes-Valmore. — Paris.

Marquès di Braga (P.), Cons. d'État hon., s.-Gouvern. hon. du *Crédit Foncier de France*, anc. Élève de l'Éc. Polytech., 200, rue de Rivoli. — Paris. — **R**

Marquet (Léon), Fabric. de Prod. chim., 15, rue Vieille-du-Temple. — Paris.

Marquisan (Henri), Ing. des Arts et Man., Dir. de la *Soc. du Gaz de Marseille,* 6, rue Le Peletier. — Paris.

Marrel (Henri), Maître de forges, rue de La République. — Rive-de-Gier (Loire).

Marrel (Jules), Maître de forges. — Rive-de-Gier (Loire).

Marrel (Léon), Maître de forges. — Rive-de-Gier (Loire).

Marronneaud (Henri), Chirurg.-Dent., Prof. à l'Éc. dentaire de Bordeaux, 34, rue Vital-Carles. — Bordeaux (Gironde).

Dr Marrot (Edmond). — Foix (Ariège).

Marteau (Charles), Ing. des Arts et Man., Manufac., 13, avenue de Laon. — Reims (Marne).

Martel (Édouard, Alfred), Sec. gén. de la *Soc. de Spéléologie* 8, rue Ménars. — Paris.

Dr Martel (Joannis), anc. Chef de Clin. à la Fac. de Méd., 4, rue de Castellane. — Paris.

Martet (Jules), Rent., Villa Bel-Air, avenue de La Gare. — Rochechouart (Haute-Vienne).

Dr Martin (André), Insp. gén. du Serv. de l'Assainis. des habitat., Sec. gén. de la *Soc. de Méd. pub. et d'Hyg. profes.,* 3, rue Gay-Lussac. — Paris.

Martin (Charles), Ing. agron., anc. Dir. de l'Éc. nat. d'indust. laitière de Mamirolle, 8, rue Granvelle. — Besançon (Doubs).

*Dr Martin (Charles), Prof. sup. à l'Éc. de Méd., 43, boulevard de Saumur. — Angers (Maine-et-Loire).

Dr Martin (Claude), Dent., 30, rue de La République. — Lyon (Rhône).

Martin (Eugène), Fabric. d'instrum. de Sc. et d'Élect., 37, rue Saint-Joseph. — Toulouse (Haute-Garonne). — **R**

Dr Martin (Georges). — La Foye-Monjault par Beauvoir-sur-Niort (Deux-Sèvres).

Dr Martin (Henri), 50, rue Singer. — Paris.

*Martin (Louis), Chirurg.-Dent., diplômé de la Fac. de Méd. de Paris, 15, rue Beaurepaire. — Saumur (Maine-et-Loire).

Martin (William), 42, avenue Wagram. — Paris. — **R**

Dr Martin (Louis de), Mem. de la *Soc. nat. d'Agric. de France* et du Cons. de la *Soc. des Agric. de France.* — Montrabech par Lézignan (Aude). — **R**

Martin-Ragot (J.), Manufac., 14, esplanade Cérès. — Reims (Marne). — **R**

Martin-Sabon (Félix), Ing. des Arts et Man., 5 *bis,* rue Mansart. — Paris.

Martinet (Camille), Publiciste, 98, boulevard Rochechouart. — Paris.

*Martinier (Paul), Chirurg.-Dent. diplômé de la Fac. de Méd., 10, rue Richelieu. — Paris.

Martre (Étienne), Dir. des Contrib. dir. du Var en retraite. — Perpignan (Pyrénées Orientales). — **R**

Marty (Léonce), Notaire. — Lanta (Haute-Garonne).

Marveille de Calviac (Jules de), château de Calviac. — Lasalle (Gard). — **F**

Marx (Raoul), Nég., 18, rue du Calvaire. — Nantes (Loire-Inférieure).

Mascart (Éleuthère), Mem. de l'Inst., Prof. au Collège de France, Dir. du Bureau cent. météor. de France, 176, rue de L'Université. — Paris. — **R**

Masfrand, Pharm. de 1re cl., Présid. de la *Soc. « Les Amis des Sc. et Arts. »* — Rochechouart (Haute-Vienne).

Dr Massart (Édouard), Méd. en chef de l'Hôp. — Honfleur (Calvados).

*Massignon (Maurice), Ing. agron. — Saint-Lambert-du-Lattay (Maine-et-Loire).

Massimi (Vincent), Méd. — Saint-Florent (Corse).

Massol (Gustave), Dir. de l'Éc. sup. de Pharm., (villa Germaine), boulevard des Arceaux. — Montpellier (Hérault). — **R**

Masson (Georges), Contrôleur cent. du Trésor pub., 10, rue De Laborde. — Paris.

Masson (Louis), Insp. de l'Assainis., 22, avenue Parmentier. — Paris.

Masson (Pierre, V.); de la Librairie Masson et Cie, 120, boulevard Saint-Germain. — Paris. — **R**

*Dr Massonneau, Méd. princ., Chef de l'Hôp. milit., 41, rue du Bellay. — Angers (Maine-et-Loire).

Dr Massot (Joseph), Chirurg. en chef de l'Hôp., 8, place d'Armes. — Perpignan (Pyrénées-Orientales).

Mathet (Léopold), Chim., 76, rue Gambetta. — Montauban (Tarn-et-Garonne).

Mathias (Émile), Prof. à la Fac. des Sc., 22, place Dupuy. — Toulouse (Haute-Garonne).

Mathieu (Charles, Eugène), Ing. des Arts et Man., anc. Dir. gén. Construc. des *Aciéries de Jœuf,* anc. Dir. gén. et Admin. des *Aciéries de Longwy,* Construc. mécan. et Mem. du Cons. mun., 34, rue de Courlancy. — Reims (Marne). — **R**

Mathieu (Émile), Prop. — Bize (Aude).

Matte (H.), 54, rue Saint-Pierre. — Caen (Calvados).

Maubrey (Gustave, Alexandre), Conduct. princ. des P. et Ch. (Trav. de la Ville), 9, rue Blainville. — Paris.

Maufras (Émile), anc. Notaire. — Beaulieu par Bourg-sur-Gironde (Gironde).

Maufroy (Jean-Baptiste), anc. Dir. de manufac. de laine, 4, rue de L'Arquebuse. — Reims (Marne). — **R**

Dr Maunoury (Gabriel), Chirurg. de l'Hôp., 26, rue de Bonneval. — Chartres (Eure-et-Loir). — **R**

Dr Maurel (Édouard, Émile), Chargé de cours à la Fac. de Méd., Méd. princ. de la Marine en retraite, 10, rue d'Alsace-Lorraine. — Toulouse (Haute-Garonne).

Maurel (Émile), Nég., 7, rue d'Orléans. — Bordeaux (Gironde). — **R**

Maurel (Marc), Nég., 48, cours du Chapeau-Rouge. — Bordeaux (Gironde). — **R**

Dr Mauriac (Émile), Lauréat de l'Inst., Insp. gén. hon. de la Salubrité, 115, rue de La Trésorerie. — Bordeaux (Gironde).

Maurice (Charles), Prof. à l'Univ. catholique de Lille. — Attiches par Pont-à-Marcq (Nord).

Maurice (Paul), Ing. civ., anc. Élève de l'Éc. Polytech., 8, rue Buisson. — Saint-Étienne (Loire).

Maurou, Archit., rue Villebourbon. — Montauban (Tarn-et-Garonne).

Maurouard (Lucien), Premier Sec. d'Ambassade, anc. Élève de l'Éc. Polytech., Légation de France. — Athènes (Grèce). — **R**

Maury, Prof. à la Fac. de Théologie protestante, 38, rue du Lycée. — Montauban (Tarn-et-Garonne).

Maxant (Charles), Exploitant de carrières, 130, route de Toul. — Nancy (Meurthe-et-Moselle).

Maxwell-Lyte (Farnham), Ing.-Chim., 60, Finborough-road. — Londres, S. W. (Angleterre). — **R**

Mayet (Félix, Octave), Prof. de Pathol. gén. à la Fac. de Méd., 31, quai des Brotteaux. — Lyon (Rhône).

*****Maynard (Paul)**, Ing. agron., Prof. à l'Éc. pratique d'Agric. de Grand-Jouan. — Nozay (Loire-Inférieure).

Dr Mazade (Henri), Insp. en chef de l'Assist. pub., 82, boulevard de La Madeleine. — Marseille (Bouches-du-Rhône).

*****Meauzé (André)**, Dir. d'assurances, 1, rue Rangeard. — Angers (Maine-et-Loire).

Médebielle (Pierre), Ing. des Arts et Man., Entrep. de Trav. pub. — Lourdes (Hautes-Pyrénées).

Méheux (Félix), Dessinat. dermat. et syphil. des Serv. de l'Hôp. Saint-Louis, 35, rue Lhomond. — Paris.

Meissas (Gaston de), Publiciste, 3, avenue Bosquet. — Paris. — **R.**

Mekarski (Louis), Ing. civ., 24, rue d'Athènes. — Paris.

Mellerio (Alphonse), Prop., anc. Élève de l'Éc. des Hautes-Études, 18, rue des Capucines. — Paris.

Melon (Paul), Publiciste, 24, place Malesherbes. — Paris.

Ménager (Louis), 4, boulevard de Lesseps. — Versailles (Seine-et-Oise).

Ménard (Césaire), Ing. des Arts et Man., Concessionnaire de l'Éclairage au gaz. — Louhans (Saône-et-Loire). — **R**

Mendel-Joseph, Chirurg.-Dent., 34, boulevard Malesherbes. — Paris.

Mendelssohn (Isidore), Chirurg.-Dent., 18, boulevard Victor-Hugo. — Montpellier (Hérault).

Dr Mendelssohn (Maurice), Agr. à l'Univ., anc. Méd. de l'Ambassade de France à Saint-Pétersbourg, 49, rue de Courcelles. — Paris.

*****Ménegaux (Auguste)**, Doct. ès Sc., Assistant au Muséum d'Hist. nat. (Mammifères, Oiseaux), 9, rue du Chemin-de-Fer. — Bourg-la-Reine (Seine). — **R**

Meng (Louis), Chirurg.-Dent., 66, rue de Rennes. — Paris.

Mengaud (Mlle Marguerite), 32, rue des Marchands. — Toulouse (Haute-Garonne).

Mengaud (Louis), Agr. de l'Univ., Prof. au Lycée. — Bayonne (Basses-Pyrénées).

Ménier (Charles), Dir. de l'Éc. prép. à l'Ens. sup. des Sc. et des Lettres, 12, rue Voltaire. — Nantes (Loire-Inférieure).

Mentienne (Adrien), anc. Maire, Mem. de la *Soc. de l'Histoire de Paris et de l'Ile-de-France*. — Bry-sur-Marne (Seine). — **R**

Menviel (Abel), Chirurg.-Dent., 62, avenue des Gobelins. — Paris.

Mer (Émile), Insp. des Forêts, Mem. de la *Soc. nat. d'Agric. de France*, 19, rue Israël-Sylvestre. — Nancy (Meurthe-et-Moselle).

Mercadier (Jules), Insp. des Télég., Dir. des Études à l'Éc. Polytech., 21, rue Descartes. — Paris. — **R**

Merceron (Georges), Ing. civ. — Bar-le-Duc (Meuse).

Mercet (Émile), Banquier, 2, avenue Hoche. — Paris. — **R**

***Mercier (Maurice)**, Trésor. de la *Soc. des Amis des Arts*, Peintre-Verrier, 21, rue Paul-Bert. — Angers (Maine-et-Loire).

***Merckling (Joseph)**, Dir. gén. des Cours de la *Société Philomat.*, Mem. du Cons. sup. de l'Ens. techn., 43, rue Saint-Remi. — Bordeaux (Gironde).

Méricourt (Henri de), Mem. de la *Soc. des Éleveurs de Belgique*, 28, rue de L'Oratoire. — Boulogne-sur-Mer (Pas-de-Calais).

Dr **Merlin (Fernand)**, 2, rue Camille-Colard. — Saint-Étienne (Loire).

Merlin (Roger). — Bruyères (Vosges). — **R**

Mermet, Payeur partic. à la Trésorerie aux Armées, 32, rue Al-Djazira. — Tunis.

Merz (John, Théodore), Doct. en Philo., the Quarries. — Newcastle-on-Tyne (Angleterre). — **F**.

Dr **Mesnard (Armand)**, 8, rue Blanche. — Paris.

Mesnard (Eugène), Prof. à l'Éc. prép. à l'Ens. sup. des Sc. et à l'Éc. de Méd., 79, rue de La République. — Rouen (Seine-Inférieure). — **R**

Dr **Mesnards (P. des)**, rue Saint-Vivien. — Saintes (Charente-Inférieure). — **R**

Mettrier (Maurice), Ing. des Mines, 33 *bis*, faubourg Saint-Jaumes. — Montpellier (Hérault). — **R**

Metzger (Frédéric), Ing. des Arts et Man., Dir. de l'Usine à Gaz, faubourg Toulousain. — Montauban (Tarn-et-Garonne).

Meunié (Louis), Élève-Archit., 17, rue du Cherche-Midi. — Paris.

Meunier (Guillaume), 120, Tottenham Court road, corner of 48, Grafton street Chambers W. — Londres (Angleterre).

Dr **Meunier (Valéry)**, Méd.-Insp. des Eaux-Bonnes, 6, rue Adoue. — Pau (Basses-Pyrénées).

Dr **Micé (Laurand)**, Rect. hon. de l'Acad. de Clermont-Ferrand, 7, rue Sansas. — Bordeaux (Gironde). — **R**

Michalon, 96, rue de L'Université. — Paris.

***D**^r **Michaut (Victor)**, Lic. ès Sc. Phys. et nat., Chef des trav. à l'Éc. de Méd., Chargé du cours de Physiol., 1, rue des Novices. — Dijon (Côte-d'Or).

Michel (Auguste), Doct. ès Sc., 9, rue Bara. — Paris.

Michel (Charles), Entrep. de peinture, 21, rue Biot. — Paris.

Michel (Henry), Archit.-Paysagiste, Prof. à l'Éc. mun. des Beaux-Arts, rue Fontaine-Écu. — Besançon (Doubs).

Dr **Michon (Joseph)**, anc. Préfet, 33, rue de Babylone. — Paris.

Mieg (Mathieu), 48, avenue de Modenheim. — Mulhouse (Alsace-Lorraine).

Dr **Mignen (Gustave)**. — Montaigu (Vendée).

Dr **Millard (Auguste)**, Méd. hon. des Hôp., 4, rue Rembrandt. — Paris. — **R**

Milsom (Gustave), Ing. civ. des Mines, Agric.-Vitic. — Rachgoun (Basse-Fafna) par Beni-Saf (départ. d'Oran) (Algérie).

Mine (Albert), Nég.-Commis., Consul de la République Argentine, 10, rue Jean-Bart. — Dunkerque (Nord).

Minvielle (Clément), Pharm. de 1re cl., 10, place de La Nouvelle-Halle. — Pau (Basses-Pyrénées).

Mirabaud (Paul), Banquier, 86, avenue de Villiers. — Paris. — **R**

Mirabaud (Robert), Banquier, 56, rue de Provence. — Paris. — **F**

Miray (Paul), Teintur., Manufac., 2, rue de L'École. — Darnétal-lez-Rouen (Seine-Inférieure).

Dr **Mireur (Hippolyte)**, anc. Adj. au Maire, 1, rue de La République. — Marseille (Bouches-du-Rhône).

Dr **Mitjavila (Jaime)**, Méd.-Maj. du serv. de Santé milit., 8, calle Urosas. — Madrid (Espagne).

Mocqueris (Edmond), 58, boulevard d'Argenson. — Neuilly-sur-Seine (Seine). — **R**

Mocqueris (Paul), Ing. de la Construc. à la *Comp. des Chem. de fer de Bône-Guelma et prolongements*, 39, rue Es-Sadikia. — Tunis. — **R**

Modelski (Edmond), Ing. en chef des P. et Ch. — La Rochelle (Charente-Inférieure).

Moine (Gaston), 53, rue d'Auteuil. — Paris.

Moinet (Édouard), Dir. des Hosp. civ., 1, rue de Germont. — Rouen (Seine-Inférieure).

Mollins (Jean de), Doct. ès Sc., 9, rue La Chapelle. — Spa (province de Belgique) — **R**

Molteni (Alfred), anc. Construc. de mach. et d'inst. de précis., 15, rue Origet. — Tours (Indre-et-Loire).

***D**^r **Mondain (Charles)**, 41, rue Joinville. — Le Havre (Seine-Inférieure).

Dr **Mondot**, anc. Chirurg. de la Marine, anc. Chef de Clin. de la Fac. de Méd. de Montpellier, Chirurg. de l'Hôp. civ., 42, boulevard National — Oran (Algérie). — **R**

***Monick (Melchior)**, Chirurg.-Dent., diplômé de la Fac. de Méd. de Paris, 10, place de La Préfecture. — Le Mans (Sarthe).

*Dr **Monier (Eugène)**, place du Pavillon. — Maubeuge (Nord). — **R.**

Monier (Frédéric), anc. Sénateur, Mem. du Cons. gén. des Bouches-du-Rhône, Maire d'Eyguières, 2, boulevard Périer. — Marseille (Bouches-du-Rhône).

Monmerqué (Arthur), Ing. en chef des P. et Ch., 8, rue du Parc. — Meudon (Seine-et-Oise). — **R**

Monnet (Prosper), Chim., 179, route de Genas. — Villeurbanne (Rhône).

Monnier (Demetrius), Ing. des Arts et Man., Prof. à l'Éc. cent. des Arts et Man., 3, impasse Cothenet (22, rue de La Faisanderie). — Paris. — **R**

Monnier (Marcel), Explorateur, 7, rue Martignac. — Paris.

Dr **Monod (Charles)**, Mem. de l'Acad. de Méd., Agr. à la Fac. de Méd., Chirurg. des Hôp., 12, rue Cambacérès. — Paris. — **F**

Dr **Monod (Eugène)**, Chirurg. des Hôp., 19, rue Vauban. — Bordeaux (Gironde).

Monod (Henri), Mem. de l'Acad. de Méd., Dir. de l'Assist. et de l'Hyg. pub. au Min. de l'Int., Cons. d'Etat, 29, rue de Rémusat. — Paris.

Monoyer (Mlle Élisabeth), 1, cours de La Liberté. — Lyon (Rhône).

Monoyer (F.), Prof. à la Fac. de Méd., 1, cours de La Liberté. — Lyon (Rhône).

*Dr **Monprofit (Ambroise)**, anc. Int. des Hôp. de Paris, Prof. à l'Éc. de Méd., Chirurg. de l'Hôtel-Dieu, 7, rue de La Préfecture. — Angers (Maine-et-Loire).

Montefiore (Eward, Lévi), Rent., 36, avenue Henri-Martin. — Paris. — **R**

Montel (Jules), Publiciste, anc. Juge au Trib. de Com. de Montpellier, 11, rue Monsigny. — Paris.

Dr **Montfort**, Prof. à l'Éc. de Méd., Chirurg. des Hôp., 14, rue de La Rosière. — Nantes (Loire-Inférieure). — **R.**

Montgolfier (Adrien de), Ing. en chef des P. et Ch., Dir. de la *Comp. des Hauts Fourneaux, Forges et Aciéries de la Marine et des Chem. de fer*, Présid. de la Ch. de Com. de Saint-Étienne, 163, boulevard Malesherbes. — Paris.

Montgolfier (Henry de), Ing. — Izieux (Loire).

Montjoye (de), Prop., château de Lasnez. — Villers-lez-Nancy par Nancy (Meurthe-et-Moselle).

Montlaur (le Comte Amaury de), Ing. civ., 41, avenue Friedland. — Paris. — **R**

Mont-Louis, Imprim., 2 rue Barbançon. — Clermont-Ferrand (Puy-de-Dôme). — **R**

Montreuil, Prote de l'Imprim. Gauthier-Villars, 55, quai des Grands-Augustins. — Paris.

* **Montricher (Henri de)**, Ing. civ. des Mines, Admin.-Dir. de la *Soc. nouvelle du Canal d'irrig. de Craponne et de l'assainis. des Bouches-du-Rhône*, 52, boulevard Notre-Dame. — Marseille (Bouches-du-Rhône).

* **Moquin-Tandon (Gaston)**, Prof. à la Fac. des Sc., 4, allée Saint-Étienne. — Toulouse (Haute-Garonne).

* **Morain (Paul)**, Prof. départ. d'Agric. de Maine-et-Loire, 52, rue Lhomond. — Paris.

Morand (Gabriel), 16, place de La République. — Moulins (Allier).

*Dr **Mordret (Ernest)**. — Le Mans (Sarthe).

Moreau (Émile), Associé de la Maison Larousse, 14, avenue de L'Observatoire. — Paris.

* **Moreau (Léon)**, Lic. ès Sc., Ing. agron., Dir. du Lab. agric. de Maine-et-Loire, 41, quai Ligny. — Angers (Maine-et-Loire).

Morel (Léon), Archéol., Recev. des Fin. en retraite, 3, rue de Sedan. — Reims (Marne).

Morel d'Arleux (Mme Charles), 13, avenue de L'Opéra. — Paris. — **R**

Morel d'Arleux (Charles), Notaire hon., 13, avenue de L'Opéra. — Paris. — **F**

Dr **Morel d'Arleux (Paul)**, 33, rue Desbordes-Valmore. — Paris. — **R**

Morin (Mme Frédéric), place Lamoricière. — Nantes (Loire-Inférieure).

*Dr **Morin (Frédéric)**, place Lamoricière. — Nantes (Loire-Inférieure).

Morin (Théodore), Doct. en Droit, 50, avenue du Trocadéro. — Paris. — **R**

Morot (Charles), Vétér.-Insp., Dir. de l'Abattoir com., Sec. gén. de la *Soc. vétér. de l'Aube*, 20, rue des Tauxelles. — Troyes (Aube).

Mortillet (Adrien de), Prof. à l'Éc. d'Anthrop., Présid. de la *Soc. d'Excursions scient.*, Conserv. des collections de la *Soc. d'Anthrop. de Paris*, 10 *bis*, avenue Reille. — Paris. — **R**

Mossé (Alphonse), Prof. de Clin. médic. à la Fac. de Méd., Corresp. nat. de l'Acad. de Méd., 36, rue du Taur. — Toulouse (Haute-Garonne). — **R**

*Dr **Motais (Ernest)**, Corresp. nat. de l'Acad. de Méd., Prof. à l'Éc. de Méd., 8, rue Saint-Laud. — Angers (Maine-et-Loire).

* **Motais (François)**, Étud., 8, rue Saint-Laud. — Angers (Maine-et-Loire).

Motelay (Léonce), Rent., 8, cours de Gourgue. — Bordeaux (Gironde).

Motelay (Paul), Nég., 8, cours de Gourgue. — Bordeaux (Gironde).

Dr **Motet (A.)**, Mem. de l'Acad..de Méd., Dir. de la Maison de santé, 161, rue de Cha-ronne. — Paris.

Mouchot (A.), Prof. en retraite, 60, rue de Dantzig. — Paris.

Mougin (Xavier), Dir. de la *Soc. anonyme des Verreries de Vallerysthal et de Portieux*, Député des Vosges. — Portieux (Vosges).

Moullade (Albert), Lic. ès Sc., Pharm. princ. de 1re cl., de l'Armée à la Réserve des Médicaments, 137, avenue du Prado. — Marseille (Bouches-du-Rhône). — **R**

Dr **Moure (Émile)**, Chargé de cours à la Fac. de Méd., 25 *bis*, cours du Jardin-Public. — Bordeaux (Gironde). — **R**

Moureaux (Théodule), Dir. de l'Observ. météor. du Parc-Saint-Maur, 25, avenue de L'Étoile. — Saint-Maur-les-Fossés (Seine).

Mouriès (Gustave), Ing.-Archit., 7, rue Colbert. — Marseille (Bouches-du-Rhône).

Mousnier (Jules), Fabric. de Prod. pharm., 30, rue de Houdan. — Sceaux (Seine).

Dr **Moutier**, Prof. à l'Éc. de Méd., 6, rue Jean-Romain. — Caen (Calvados).

*Dr **Moutier (A.)**, 11, rue de Miromesnil. — Paris. — **R**

*Dr **Moutier (Georges)**, 2, boulevard Descazeaux. — Angers (Maine-et-Loire).

Müller (Hippolyte), Biblioth. de l'Éc. de Méd. — Grenoble.(Isère).

*Dr **Mullois (G.)**, 44, boulevard de Laval. — Angers (Maine-et-Loire).

Mumm (G., H.), Nég. en vins de Champagne, 24, rue Andrieux. — Reims (Marne).

Müntz (Georges), Ing. en chef des P. et Ch., Ing. princ. de la 1re Divis. de la voie à la *Comp. des Chem. de fer de l'Est*, 20, rue de Navarin. — Paris.

Dr **Musgrave-Clay (René de)**, Sec. gén. de la *Soc. des Sc.*, *Lettres et Arts*, 10, rue Gachet. — Pau (Basses-Pyrénées).

Nabias (Barthélemy de), Doyen de la Fac. de Méd., 17 *bis*, cours d'Aquitaine. — Bordeaux (Gironde).

Nachet (A.), Construc. d'inst. de précis., 17, rue Saint-Séverin. — Paris.

Nadaillac (le Marquis Albert de), Corresp. de l'Inst., 18, rue Duphot. — Paris.

Naef (Mme Albert), villa Merymont, route d'Ouchy. — Lausanne (Suisse).

Naef (Albert), Archéol. cantonal du canton de Vaud, villa Merymont, route d'Ouchy. — Lausanne (Suisse).

*Dr **Natier (Marcel)**, Dir. de l'Inst. Laryngol. de Paris, 12, rue Caumartin. — Paris.

Neech (Edward), Chirurg.-Dent., 64, rue Basse-du-Rempart. — Paris.

Dr **Négrié**, Méd. des Hôp., 30, cours du XXX-Juillet. — Bordeaux (Gironde).

Négrin (Paul), Prop. — Cannes-La-Bocca (Alpes-Maritimes). — **R**

Neuberg (Joseph), Prof. à l'Univ., 6, rue de Sclessin. — Liège (Belgique).

Neveu (Auguste), Ing. des Arts et Man. — Rueil (Seine-et-Oise). — **R**

Nibelle (Maurice), Avocat, 9, rue des Arsins. — Rouen (Seine-Inférieure). — **R**

Nicaise (Victor), Int. des Hôp., 3, rue Mollien. — Paris. — **R**

Dr **Nicas**, 80, rue Saint-Honoré. — Fontainebleau (Seine-et-Marne). — **R**

Nicklès (René), Doct. ès Sc., Ing. civ. des Mines, Prof. adj. à la Fac. des Sc., 29, rue des Tiercelins. — Nancy (Meurthe-et-Moselle).

Dr **Nicolas (Joseph)**, s.-Dir. du Bureau d'Hyg., 27, rue Centrale. — Lyon (Rhône).

Nicolas (Paul), Juge d'Instruc., 12, place Nationale. — Montauban (Tarn-et-Garonne).

Niel (Eugène), 28, rue Herbière. — Rouen (Seine-Inférieure). — **R**

***Nivet (Albin)**, Ing. des Arts et Man. — Marans (Charente-Inférieure).

Nivet (Gustave), 105, avenue du Roule. — Neuilly-sur-Seine (Seine). — **R**

Nivoit (Edmond), Insp. gén. des Mines, Prof. de Géol. à l'Éc. nat. des P. et Ch., 4, rue de La Planche. — Paris. — **R**

Noack-Dollfus (Hermann), Ing. des Arts et Man., 17 *bis*, rue de Pomereu. — Paris.

Noël (Jean), Ing. des Arts et Man., 104, cours Saint-Louis. — Bordeaux (Gironde).

Noelting (Émilio), Dir. de l'Éc. de Chim. — Mulhouse (Alsace-Lorraine). — **R**

Noiret (Gustave), Doct. en Droit, 5, avenue de Limoges. — Niort (Deux-Sèvres).

Noirot (Maurice), Associé-Manufac., 39, boulevard de La République. — Reims (Marne).

Nonclerq (Mme Élie), 24, boulevard des Invalides. — Paris.

Nonclerq (Élie), Artiste-Peintre, 24, boulevard des Invalides. — Paris.

Norbert-Nanta, Opticien, 60, quai des Orfèvres. — Paris.

Normand (Augustin), Corresp. de l'Inst., Construc. de navires, 80, rue Augustin-Normand. — Le Havre (Seine-Inférieure).

Noter (Albert de), Nég., 26, rue Bab-Azoun. — Alger.

Nottin (Lucien), 4, quai des Célestins. — Paris. — **F**

Dr **Noury (Charles, Edmond)**, Prof. à l'Éc. de Méd., 30, rue de L'Arquette. — Caen (Calvados).

Nourry (Marcel), Géol., 27, rue de La Masse. — Avignon (Vaucluse).

Nouvelle (Georges), Ing. civ., 25, rue Brézin. — Paris.

Noyer (le Colonel Ernest), 103, rue de Siam. — Brest (Finistère).

Nozal, Nég., 7, quai de Passy. — Paris.

Dr Nux (Louis), Chirurg.-Dent. des Hôp., 7, allées Lafayette. — Toulouse (Haute-Garonne).

Oberkampff (Ernest), 20, avenue de Noailles. — Lyon (Rhône).

*__Ocagne (Maurice d')__, Ing., Prof. à l'Éc. nat. des P. et Ch., Répét. à l'Éc. Polytech., 30, rue de La Boétie. — Paris. — **R**

Odier (Alfred), Dir. de la *Caisse gén. des Familles*, 4, rue de La Paix. — Paris. — **R**

Œchsner de Coninck (William), Prof. adj. à la Fac. des Sc., 8, rue Auguste-Comte. — Montpellier (Hérault). — **R**

Offret (Albert), Prof. de Minéral. à la Fac. des Sc. (villa Sans-Souci), 53, chemin des Pins. — Lyon (Rhône).

Olivier (Ernest), Dir. de la *Revue scient. du Bourbonnais*, 10, cours de La Préfecture. — Moulins (Allier).

*__Olivier (Eugène-Victor)__, Externe des Hôp., 6, rue de Maubeuge. — Paris.

Olivier (Louis), Doct. ès Sc., Dir. de la *Revue générale des Sciences*, 22, rue du Général-Foy. — Paris.

Dr Olivier (Paul), Prof. à l'Éc. de Méd., Méd. en chef de l'Hosp. gén., 12, rue de La Chaîne. — Rouen (Seine-Inférieure). — **R**

Dr Olivier (Victor), v.-Présid. du Comité d'Admin. des Hosp., 314, rue Solférino. — Lille (Nord).

Olry (Albert), Ing. en chef des Mines, 23, rue Clapeyron. — Paris. — **R**

Oltramare (Gabriel), Prof. à l'Univ., 21, rue des Grandes-Grottes. — Genève (Suisse).

Onde (Xavier, Michel, Marius), Prof. de Phys. au Lycée Henri IV, 41, rue Claude-Bernard. — Paris.

Onésime (le Frère), 24, montée Saint-Barthélemy. — Lyon (Rhône).

Oppermann (Alfred), Ing. en chef des Mines, 2, rue des Arcades. — Marseille (Bouches-du-Rhône).

Orbigny (Alcide d'), Armat., rue Saint-Léonard. — La Rochelle (Charente-Inférieure).

O'Reilly (Joseph, Patrick), Prof. de Minéral. et d'Exploit. des mines au Collège Royal. 58, park, avenue Sandymount. — Dublin (Irlande).

Dr Orfila (Louis), Agr. à la Fac. de Méd. de Paris, Sec. gén. de l'*Assoc. des Méd. de la Seine*, château de Chemilly. — Langeais (Indre-et-Loire).

Osmond (Floris), Ing. des Arts et Man., 83, boulevard de Courcelles. — Paris. — **R**

Ott (Georges), Dent., 58 *bis*, rue de La Chaussée-d'Antin. — Paris.

Oudin, Nég. en objets d'art, 18, rue de La Darse. — Marseille (Bouches-du-Rhône).

Oustalet (Émile), Doct. ès Sc., Prof. de Zool. (Mammifères, Oiseaux) au Muséum d'Hist. nat., 61, rue Cuvier. — Paris.

Outhenin-Chalandre (Joseph), 5, rue des Mathurins. — Paris. — **R**

Dr Ovion (Louis) (fils), anc. Int. des Hôp. de Paris, Chirurg. en chef de l'Hôp. Saint-Louis, Dir. du lab. de Bactériologie et de Sérothérapie, 16, boulevard du Prince-Albert. — Boulogne-sur-Mer (Pas-de-Calais).

*__D^r Page (André)__, Prof. chargé de Clin. à l'Éc. dentaire de France, 4, place Clichy. — Paris.

Page (François), Nég., 58, rue Monsieur-Le-Prince. — Paris.

*__Pagès-Allary (Jean)__, Indust., Prop. — Murat (Cantal).

Paget-Blanc (le Colonel Alexandre). — Auxerre (Yonne).

Pagnard (Abel), Ing.-Dir. des trav. du port, anc. Élève de l'Éc. cent. des Arts et Man. — Rosario (République-Argentine).

Pallary (Paul), Prof., faubourg d'Eckmühl-Noiseux. — Oran (Algérie).

Palun (Mme Auguste), 13, rue Banasterie. — Avignon (Vaucluse).

Palun (Auguste), Juge au Trib. de Com., 13, rue Banasterie. — Avignon (Vaucluse). — **R**

Dr Pamard (Alfred), Associé nat. de l'Acad. de Méd., Chirurg. en chef des Hôp., 4, place Lamirande. — Avignon (Vaucluse). — **R**

Pamard (le Général Ernest), Command. la 39e Divis. d'Infant. — Toul (Meurthe-et-Moselle).

Dr Pamard (Paul), anc. Int. des Hôp. de Paris, 4, place Lamirande. — Avignon (Vaucluse). — **R**

Dr Papillault (Georges), Prof. adj. à l'Éc. d'Anthrop., Prép. au Lab. d'Anthrop. des Hautes-Études, Mem. du Com. cent. de la *Soc. d'Anthrop. de Paris*, 2, rue Rotrou — Paris.

*__D^r Papillon (Ernest)__, 8, rue Montalivet. — Paris.

*__D^r Papin (Paul)__, Dir. du Lab. de Bactériol., 29, rue Saint-Julien. — Angers (Maine-et-Loire).

*Papot (Edmond), Chirurg.-Dent. diplômé de la Fac. de Méd., Admin. gén. et Prof. à
l'Éc. dentaire de Paris, 45, rue de La-Tour-d'Auvergne. — Paris.

Paradis (Léon), Entrep. de serrurerie, 6, rue des Charseix. — Limoges (Haute-Vienne).

Parat (l'Abbé Alexandre), Curé. — Bois-d'Arcy par Arcy-sur-Cure (Yonne).

Dr Paris (Henri). — Chantonnay (Vendée).

Paris (Paul), Lic. ès Sc., 32, rue de La Colombière. — Dijon (Côte-d'Or).

Parisse (Eugène), Ing. des Arts et Man., anc. Mem. du Con. mun., 6, rue Deguerry.
— Paris.

Parmentier (Paul), Prof. adj. à la Fac. des Sc., 14, avenue Fontaine-Argent. — Besançon
(Doubs).

Parmentier (le Général Théodore), 5, rue du Cirque. — Paris. — **F**

*Pasqueau (Alfred), Insp. gén. des P. et Ch., 41 *bis*, boulevard de Latour-Maubourg.
— Paris.

Pasquet (Eugène) (fils), 53, rue d'Eysines. — Bordeaux (Gironde). — **R**

*Pasquier (Mgr), Recteur de l'Univ. catholique, 1, promenade du Bout-du-Monde.
— Angers (Maine-et-Loire).

Passy (Frédéric), Mem. de l'Inst., anc. Député, Mem. du Cons. gén. de Seine-et-Oise,
8, rue Labordère. — Neuilly-sur-Seine (Seine). — **R**

Passy (Paul, Édouard), Doct. ès Lettres, Lauréat de l'Inst. (Prix Volney), Maître de
Conf. à l'Éc. des Hautes-Études d'Hist. et de Philologie, 92, rue de Longchamp.
— Neuilly-sur-Seine (Seine).

Patapy (Junien), Avocat, v.-Présid. du Cons. gén., 12, boulevard Montmailler.
— Limoges (Haute-Vienne).

Pathier (A.), Manufac., 15, rue Bara. — Paris.

*Paulovitch (Paul), Prof. au Lycée de Belgrade, 16, rue de L'Arbalète. — Paris.

Pavillier, Ing. en chef des P. et Ch., Dir. gén. des Trav. pub., place de La Kasba.
— Tunis.

Payart (Eugène), Nég., Économ., 5, Henrietta street, Cavendish-square. — Londres W.
(Angleterre).

Payen (Louis, Eugène), Caissier de la *Comp. d'Assur. l'Aigle*, 16, rue de La Tour-des-
Dames. — Paris.

Péchiney (A.), Ing.-Chim. — Salindres (Gard).

Pector (Sosthènes), Sec. gén. de l'*Union nat. des Soc. photog. de France*, 9, rue Lincoln.
— Paris.

Pédézert (Charles, Henri), Ing. du Matériel et de la Trac. aux *Chem. de fer de l'État*,
anc. Élève de l'Éc. cent. des Arts et Man., 21, rue de La Vieille-Prison. — Saintes
(Charente-Inférieure).

Pédraglio-Hoël (Mme Hélène), 29, avenue Camus. — Nantes (Loire-Inférieure) — **R**

Péker (Eugène), Nég., anc. Adj. au Maire, 9, Grande-Rue. — Besançon (Doubs).

Pélagaud (Élysée), Doct. ès Sc., château de La Pinède. — Antibes (Alpes-Maritimes).
— **R**

Pélagaud (Fernand), Doct. en Droit. Cons. à la Cour d'Ap., 15, quai de L'Archevêché.
— Lyon (Rhône). — **R**

*Pelé (F.), Prop., 52, rue Caumartin. — Paris.

Pelissot (Jules de), s.-Dir. de la *Comp. des Docks et Entrepôts* (Hôtel des Docks),
1, place de La Joliette. — Marseille (Bouches-du-Rhône).

Pellat (Henri), Prof. de Phys. à la Fac. des Sc., 23, avenue de L'Observatoire.
— Paris.

Pellet (Auguste), Prof. à la Fac. des Sc., 7, rue Ballainvilliers. — Clermont-Ferrand
(Puy-de-Dôme). — **R**

*Pellin (Félix, Philibert), de la Maison Philibert Pellin (Inst. de précis.), 21, rue de
L'Odéon. — Paris.

*Pellin (Philibert), Ing. des Arts et Man., Construc. d'inst. de précis., 21, rue de L'Odéon.
— Paris.

Peltereau (Ernest), Notaire hon. — Vendôme (Loir-et-Cher). — **R**

Pénières (Lucien), Prof. à la Fac. de Méd., 19, rue Ninau. — Toulouse (Haute-
Garonne).

*Dr Péon (Alexandre), 2, rue Botanique. — Angers (Maine-et-Loire).

Dr Péraire (Maurice), anc. Int. des Hôp., 66, boulevard Malesherbes. — Paris.

Pérard (Joseph), Ing. des Arts et Man., Sec. gén. de la *Soc. d'Aquiculture et de Pêche*,
42, rue Saint-Jacques. — Paris. — **R**

Perdrigeon du Vernier (J.), anc. Agent de change. — Chantilly (Oise). — **F**

Père (Alphonse), Notaire, 3, allées de Mortarieu. — Montauban (Tarn-et-Garonne).

Pereire (Émile), Ing. des Arts et Man., Admin. de la *Comp. des Chem. de fer du Midi*,
10, rue Alfred-de-Vigny. — Paris. — **R**

Pereire (Eugène), Ing. des Arts et Man., Présid. du Cons. d'admin. de la *Comp. gén. Transat.*, 5, rue des Mathurins. — Paris. — **R**

Pereire (Henri), Ing. des Arts et Man., Admin. de la *Comp. des Chem. de fer du Midi*, 33, boulevard de Courcelles. — Paris. — **R**

Pérez (Jean), Prof. à la Fac. des Sc., 21, rue Saubat. — Bordeaux (Gironde). — **R**

Péricaud, Cultivat. — La Balme (Isère). — **R**

Péridier (Louis), anc. Juge au Trib. de Com., 5, quai d'Alger. — Cette (Hérault). — **R**

Périé (P.) (fils), 7, place Lafayette. — Toulouse (Haute-Garonne).

Dr Périer (Charles), Mem. de l'Acad. de Méd., Agr. à la Fac. de Méd., Chirurg. hon. des Hôp., 9, rue Boissy-d'Anglas. — Paris.

Périer (Louis), Indust., 14 *bis*, avenue du Trocadéro. — Paris.

Dr Périés, Dir. de l'Asile d'Aliénés, route de Bordeaux. — Montauban (Tarn-et-Garonne).

Péron (Charles), Nég., Maire, 23 *bis*, rue des Pipots. — Boulogne-sur-Mer (Pas-de-Calais).

***Peron (Pierre, Alphonse)**, Corresp. de l'Inst., Intend. milit. au cadre de réserve, 11, avenue de Paris. — Auxerre (Yonne).

Peron (René), Lieut. au 136e Rég. d'Infant. — Saint-Lô (Manche).

Pérouse (Denis), Insp. gén. des P. et Ch., Mem. du Cons. gén. de l'Yonne, 40, quai Debilly. — Paris.

***Perrault (Eugène)**, anc. Présid. du *Comice agric. de l'Arrond. de Saumur*, château de Meigné. — Brézé (Maine-et-Loire).

Perré (Auguste) (fils), Manufac., anc. Présid. du Trib. de Com. — Elbeuf-sur-Seine (Seine-Inférieure).

Perregaux (Louis), Manufac. — Jallieu par Bourgoin (Isère).

Perrenoud, Prop., 142, rue de Courcelles. — Paris.

Perret (Auguste), Prop., 50, quai Saint-Vincent. — Lyon (Rhône). — **R**

Perrier (Edmond), Mem. de l'Inst. et de l'Acad. de Méd., Dir. et Prof. au Muséum d'Hist. nat., 57, rue Cuvier. — Paris.

*Dr Perrier (Gustave)**, Doct. ès Sc. Phys., Maître de Conf. à la Fac. des Sc., 2, chemin de La Motte-Brûlon. — Rennes (Ille-et-Vilaine).

Perrin (Élie), Prof. de Math. à l'Éc. mun. Jean-Baptiste-Say, 3, rue Tarbé. — Paris.

Perrin (Mme Raoul), 9, avenue d'Eylau. — Paris.

Perrin (Raoul), Insp. gén. des Mines, 9, avenue d'Eylau. — Paris.

Perrot (Émile), Agr., Chargé de cours à l'Éc. sup. de Pharm. de Paris, 17, rue Sadi-Carnot. — Châtillon-sous-Bagneux (Seine).

Perrot (Émile, Auguste), Photog., 7, place Carnot. — Creil (Oise).

***Perrot (Eugène)**, Lic. en Droit, château de La Roche-Hauterive. — Saint-Jean de La Ruelle par Orléans (Loiret).

***Perrot (Paul)**, Commis.-pris. hon., château de La Roche-Hauterive. — Saint-Jean de La Ruelle par Orléans (Loiret).

*Dr Perry (Jean)**. — Miramont (Lot-et-Garonne).

Persoz, 167, rue Saint-Jacques. — Paris.

Dr Peschaud (Gabriel), anc. Député, Maire, rue Neuve-du-Balat. — Murat (Cantal).

*Dr Petit (Alfred)**, Chirurg.-Dent., 4, rue Hanneloup. — Angers (Maine-et-Loire).

Petit (Arthur), Pharm. de 1re cl., Présid. d'honneur de l'*Assoc. gén. des Pharm. de France*, 8, rue Favart. — Paris.

Petit (Henri, Gustave), Dir. particulier de la *Comp. d'Assurances gén.*, 2, rue Saint-Joseph. — Châlons-sur-Marne (Marne).

Dr Petit (Henry), Méd.-Maj. au 11e Rég. d'Infant. — Montauban (Tarn-et-Garonne).

***Petiton (Anatole)**, Ing.-Conseil des Mines, 93, rue de Seine. — Paris. — **R**

*Dr Peton**, Maire, rue du Temple. — Saumur (Maine-et-Loire).

*Dr Petrucci (Aurèle)**, Dir. de l'Asile d'Aliénés. — Sainte-Gemmes par Angers (Maine-et-Loire).

***Petrucci (Paul)**, Avocat, 15, rue Rochechouart. — Paris.

Pettit (Georges), Ing. en chef des P. et Ch., boulevard d'Haussy. — Mont-de-Marsan (Landes). — **R**

Peugeot (Eugène), Manufac., Mem. du Cons. gén. — Hérimoncourt (Doubs).

Peyre (Jules), anc. Banquier, 6, rue Deville. — Toulouse (Haute-Garonne). — **F**

Dr Peyrot (Jean, Joseph), Mem. de l'Acad. de Méd., Agr. à la Fac. de Méd., Chirurg. des Hôp., Sénateur de la Dordogne, 33, rue Lafayette. — Paris.

Philippe (Edmond), Ing. civ., 5, avenue Victoria. — Paris.

Philippe (Jules), Nég. en Prod. photo., 10, cours de Rive. — Genève (Suisse).

Philippe (Léon), 23 *bis*, rue de Turin. — Paris. — **R**

Philippe (Louis), Ing.-Dir. des Mines de Marignana. — Marignana (Corse).

*****Philippe (René)**, Ing. des P. et Ch., 30, rue Pascal. — Angers (Maine-et-Loire).

Dr Phisalix (Césaire), Doct. ès Sc., Assistant de Pathol. comparée au Muséum d'Hist. nat., 26, boulevard Saint-Germain. — Paris. — **R**

Piat (Albert), Construc.-Mécan., 85, rue Saint-Maur. — Paris. — **F**

Piat (fils), Mécan.-Fondeur, 85, rue Saint-Maur. — Paris.

Piaton (Maurice), Ing. civ. des Mines, anc. Élève de l'Éc. Polytech., Mem. du Cons. mun., 49, rue de La Bourse. — Lyon (Rhône). — **R**

Dr Piberet (Pierre, Antoine), 75, rue Saint-Lazare. — Paris.

*****Picamal (Sylvestre)**, Chirurg.-Dent., 8, rue d'Alsace. — Angers (Maine-et-Loire).

Picard (Alfred), Mem. de l'Inst., Insp. gén. des P. et Ch., Présid. de Sect. au Cons. d'État, 12, cité Vaneau. — Paris.

Picard (Paul, Ernest), Avocat à la Cour d'Ap., 9, rue Mazarine. — Paris.

Picaud (Albin), Chargé de Suppléance à l'Éc. de Méd., 9, rue Condorcet. — Grenoble (Isère).

Piche (Albert), Avocat, Présid. de la *Soc. d'Éducat. populaire*, 26, rue Serviez. — Pau (Basses-Pyrénées). — **R**

Picot, Prof. de Clin. médic. à la Fac. de Méd., Assoc. nat. de l'Acad. de Méd., 25, rue Ferrère. — Bordeaux (Gironde).

Picou (Gustave), Indust., 123, rue de Paris. — Saint-Denis (Seine). — **R**.

*****Picq (Mlle Germaine)**, 3, rue Fresnel. — Paris.

Picquet (Henry), Chef de Bat. du Génie, Examin. d'admis. à l'Éc. Polytech., 4, rue Monsieur-Le-Prince. — Paris. — **R**

Pierret (Antoine, Auguste), Prof. de Clin. des malad. ment. à la Fac. de Méd. Associé nat. de l'Acad. de Méd., Méd. en chef de l'Asile de Bron, 8, quai des Brotteaux. — Lyon (Rhône).

Dr Pierrou. — Chazay-d'Azergues (Rhône). — **R**

Piette (Édouard), Juge hon. — Rumigny (Ardennes).

Pifre (Abel), Ing., des Arts et Man., 176, rue de Courcelles. — Paris.

*****Dr Pignet (Maurice)**, Méd.-Maj. au 35e Rég. d'Artil., 5, rue de Nantes. — Vannes (Morbihan).

Pillet (Jules), Prof. aux Éc. nat. des P. et Ch. et des Beaux-Arts, et au Conserv. nat. des Arts et Mét., anc. Élève de l'Éc. Polytech., 18, rue Saint-Sulpice. — Paris. — **R**

Pilmyer (Henri), Chirurg.-Dent., Mem. du Cons. d'admin. du Syndic. des Chirurg.-Dent., 4, quai des Orfèvres. — Paris.

Pilon, Notaire. — Blois (Loir-et-Cher).

Dr Pin (Paul), rue Curéjan. — Alais (Gard).

Pinasseau (F.), Notaire, 2, rue Saint-Maur. — Saintes (Charente-Inférieure).

Pinguet (E.), 4, rue de La Terrasse. — Paris.

*****Pinier (l'Abbé Paul)**, Dir. de l'Externat Saint-Maurille, cloître Saint-Martin. — Angers (Maine-et-Loire).

Pinon (Paul), Nég., 36, rue du Temple. — Reims (Marne). — **R**

Piquemal (François), Nég. en vins, 95, rue de Richelieu. — Paris et à Lézignan (Aude).

Dr Pirondi (Sirus), Associé nat. de l'Acad. de Méd., Prof. hon. à l'Éc. de Méd., Chirurg., consult. des Hôp., 80, rue Sylvabelle. — Marseille (Bouches-du-Rhône).

Pistat-Ferlin (Louis), Agric. — Bezannes par Reims (Marne).

Pitres (Albert), Doyen hon. de la Fac. de Méd., Corresp. nat. de l'Acad. de Méd., Méd. de l'Hôp. Saint-André, 119, cours d'Alsace-et-Lorraine. — Bordeaux (Gironde). — **R**

Pizon (Antoine), Doct. ès Sc., Prof. d'Hist. nat. au Lycée Janson-de-Sailly, 92, rue de La Pompe. — Paris.

*****Plaisance (de Maillé, Duc de)**, 3, boulevard Malesherbes. — Paris.

*****Planchenault (Adrien)**, Avocat, anc. Élève de l'Éc. des Chartes, Mem. du Cons. mun., 23, boulevard du Roi-René. — Angers (Maine-et-Loire).

Planté (Adrien), anc. Maire, anc. Député. — Orthez (Basses-Pyrénées).

*****Planté (Charles)**, Insp. princ. de l'Exploit. aux *Chem. de fer de l'État*, 12, rue du Bocage. — Nantes (Loire-Inférieure)

Dr Planté (Jules), Méd. de 1re cl. de la Marine, 40, boulevard de Strasbourg. — Toulon (Var). — **R**

*****Plessis de Grenédan (le Comte Joachim du)**, Prof. à l'Univ. catholique et à l'Éc. sup. libre d'Agric., 24, rue Rabelais. — Angers (Maine-et-Loire).

Poche (Guillaume), Nég. — Alep (Syrie) (Turquie d'Asie).

Poillon (Louis), Ing. des Arts et Man., Rancho Verde. — Teponaxtla par Cuicatlan. (État d'Oaxaca) (Mexique). — **R**

Poincaré (Antoine), Insp. gén. des P. et Ch. en retraite, 10, rue de Babylone. — Paris.

Poincaré (Henri), Mem. de l'Inst., Prof. à la Fac. des Sc., Ing. en chef des Mines. 63, rue Claude-Bernard. — Paris.

Poirault (Georges), Dir. des Lab. d'Ens. sup. de la villa Thuret. — Antibes (Alpes-Maritimes).

Poirrier (Alcide), Fabric. de Prod. chim., Sénateur de la Seine, 2, avenue Hoche. — Paris. — **F**

Poirson (Mme Alexandre). — Cantarel par Avignon-Monfavet (Vaucluse).

Poirson (Alexandre), Lieut. du Génie démis., anc. Élève de l'Éc. Polytech. — Cantarel par Avignon-Monfavet (Vaucluse).

****Poisson (Eugène)**, Ing. agron., Explorateur, 32, rue de La Clef. — Paris.

****Poisson (Jules)**, Assistant de Botan. au Muséum d'Hist. nat., 32, rue de La Clef. — Paris. — **R**

Dr Poisson (Louis), anc. Int.-Lauréat des Hôp. de Paris, Prof. à l'Éc. de Méd., Chirurg. de l'Hôp. marin de Pen-Bron, 5, rue Bertrand-Geslin. — Nantes (Loire-Inférieure).

Poitou (Jean. Joseph), Prop.-Vitic., anc. Mem. du Cons. gén., villa des Charmilles. — Libourne (Gironde).

Polak (Maurice), Admin.-Gérant du journal de la *Société libre des Artistes français*, et Trésor. de la Soc., 29, boulevard des Batignolles. — Paris.

Dr Poli (Dominique), 3, rue du Touat. — Béziers (Hérault).

****Polignac (le Prince Camille de)**. — Radmansdorf (Carniole) (Autriche-Hongrie). — **F**

Polignac (le Comte Melchior de). — Kerbastic-sur-Gestel (Morbihan). — **R**

Pollosson (Maurice), Prof. de Méd. opératoire à la Fac. de Méd., 16, rue des Archers. — Lyon (Rhône).

Pommerol, Avocat, anc. Rédac. de la Revue *Matériaux pour l'Hist. prim. de l'Homme*. — Veyre-Monton (Puy-de-Dôme) et 20, rue Pestalozzi. — Paris. — **R**

Pommery (Louis), Nég. en vins de Champagne, 7, rue Vauthier-le-Noir. — Reims (Marne). — **F**

Poncet (Antonin), Prof. à la Fac. de Méd., Corresp. nat. de l'Acad. de Méd., Chirurg. en chef désigné de l'Hôtel-Dieu, 11, place de La Charité. — Lyon (Rhône).

Poncin (Henri), anc. Chef d'instit., 8, rue des Marronniers. — Lyon (Rhône).

Dr Pons (Louis). — Nérac (Lot-et-Garonne).

****Dr Pont (Albéric)**, Méd.-Dent., 9, rue du Président-Carnot. — Lyon (Rhône).

Pontier (André), Pharm. de 1re cl., Prépar. de toxicolog. à l'Éc. sup. de Pharm., 48, boulevard Saint-Germain. — Paris.

Pontzen (Ernest), Ing. civ., anc. Élève de l'Éc. nat. des P. et Ch., Mem. du *Comité d'Exploit. techn. des Chem. de fer*, 65, rue de Monceau. — Paris.

Dr Porak, Mem. de l'Acad. de Méd., Accoucheur des Hôp., 176, boulevard Saint-Germain. — Paris.

Porcherot (Eugène), Ing. civ., La Béchellerie. — Saint-Cyr-sur-Loire par Tours (Indre-et-Loire). — **R**

Porgès (Charles), Présid. du Cons. d'admin. de la *Comp. continentale Edison*, 25, rue de Berri. — Paris — **R**

****Port (Étienne)**, Biblioth. de la Ville, Prof. au Collège, Présid. de la *Soc. de Géog. de Saint-Nazaire*, 66, rue Ville-ès-Martin. — Saint-Nazaire (Loire-Inférieure).

Porte (Arthur), Dir. du Jardin zool. d'Acclimat. du Bois de Boulogne (Seine).

****Porteu (Henry)**, anc. Garde gén. des Forêts, Prop., Agric., 8, rue de La Psalette. — Rennes (Ille-et-Vilaine).

Portevin (Hippolyte), Ing. civ., anc. Élève de l'Éc. Polytech., 2, rue de La Belle-Image. — Reims (Marne). — **R**

Potier (Mme Alfred), 89, boulevard Saint-Michel. — Paris.

Potier (Alfred), Mem. de l'Inst., Insp. gén. des Mines en retraite, Prof. à l'Éc. Polytech., 89, boulevard Saint-Michel. — Paris. — **F**

Pottier (le Chanoine Fernand), Présid. de la *Soc. Archéol. de Tarn-et-Garonne*, 59, rue du Moustier. — Montauban (Tarn-et-Garonne).

Dr Poucel (Eugène), Chirurg. en chef des Hôp., 22, boulevard du Musée. — Marseille (Bouches-du-Rhône).

Pouchet (Gabriel), Prof. à la Fac. de Méd., Mem. de l'Acad. de Méd., 15, rue de Condé. — Paris.

Pougens (Edmond), Percept., Recev. mun., allées de Mortarieu. — Montauban (Tarn-et-Garonne).

Poulet (Ernest), Dir. des Plât. de Vaucluse. — La Parisienne par Velleron (Vaucluse).

****Poulin-Thierry (Léonce)**, Prop., quai de La Pêcherie. — Pont-Sainte-Maxence (Oise).

Poullain (Georges), Lic. ès Sc., 44, rue de Turbigo. — Paris.

Dr Poupinel (Gaston), anc. Int. des Hôp., 50, avenue Victor-Hugo. — Paris. — **R**

Poupinel (Emile), 24, rue Cambon. — Paris.

Poupot (Charles, Henry), Percept., 5, rue Jean-Jacques-Rousseau. — Nantes (Loire-Inférieure).

Poutiatin (le Prince Paul, Arseniewitch). — Bologoë (Ligne de Saint-Pétersbourg à Moscou) (Russie).

Pouyanne (C., M.), Insp. gén. des Mines, 70, rue Rovigo. — Alger. — **R**

Dr **Powell (Osborne, C.)**. — Fontenelle-Saint-Laurent (Ile de Jersey).

Pozzi (Samuel), Mem. de l'Acad. de Méd., Prof. à la Fac. de Méd., Chirurg. des Hôp., anc. Sénateur, 47, avenue d'Iéna. — Paris. — **R**

Pralon (Léopold), Ing. civ. des Mines, Délég. gén. du Cons. d'Admin. de la *Soc. de Denain et d'Anzin*, anc. Élève de l'Éc. Polytech., 11 *bis*, rue de Milan. — Paris.

Prarond (Ernest), Présid. d'hon. de la *Soc. d'Émulation d'Abbeville*, 42, rue du Lillier. — Abbeville (Somme).

Prat (J.-P.), Chim., 24, rue de Fleurus. — Bordeaux (Gironde). — **R**

†**Préaubert (Ernest)**, Prof. de Sc. Phys. et nat. au Lycée David d'Angers, 13, rue Proust. — Angers (Maine-et-Loire).

Préaudeau (Albert de), Insp. gén., Prof. à l'Éc. nat. des P. et Ch., 21, rue Saint-Guillaume. — Paris. — **R**

Preller (L.), Nég., 5, cours de Gourgues. — Bordeaux (Gironde). — **R**

Prève (Laurent), 2, rue Dante. — Nice (Alpes-Maritimes).

*Prevel (Alfred)**, Chirurg.-Dent., 390, rue Saint-Honoré. — Paris.

Prevet (Ch.), Nég., 48, rue des Petites-Écuries. — Paris. — **R**

Prévost (A.), Ing. de la *Comp. des Chem. de fer de Bône à Guelma et prolongements*, anc. Élève de l'Éc. nat. des P. et Ch., 10, rue du Marabout. — Tunis.

Prévost (Georges), Ing. civ. des Mines, anc. Élève de l'Éc. Polytech., 30, quai de Bourgogne. — Bordeaux (Gironde).

Dr **Prévost (Léandre)**. — Pont-l'Évêque (Calvados).

Prévost (Maurice), Nég., 1, rue du Château-Trompette. — Bordeaux (Gironde).

*Prévost (Maurice)**, Publiciste, 55, rue Claude-Bernard. — Paris. — **R**

*Prieur (Albert)**, anc. Présid. du Trib. de Com., 1, rue Tarin. — Angers (Maine-et-Loire).

Prieur (Félix), Biblioth. des Fac., 6, rue Morand. — Besançon (Doubs).

Prioleau (Mme Léonce), 4, rue des Jacobins. — Brive (Corrèze). — **R**

Dr **Prioleau (Léonce)**, anc. Int. des Hôp. de Paris, 4, rue des Jacobins. — Brive (Corrèze). — **R**

Privat (Paul, Édouard), Libr.-Édit., Juge au Trib. de Com., 45, rue des Tourneurs. — Toulouse (Haute-Garonne). — **R**

Prot (Paul), Présid. du Syndic. de la Parfumerie française, 65, rue Jouffroy. — Paris. — **F**

Prouho (Henri), Doct. ès Sc., Prof. adj. à la Fac. des Sc., anc. Élève de l'Éc. cent. des Arts et Man., 72, rue Jeanne-d'Arc. — Lille (Nord).

Proust (Adrien), Prof. à la Fac. de Méd., Mem. de l'Acad. de Méd., Méd. des Hôp. Insp. gén. des Serv. sanit., 45, rue de Courcelles. — Paris.

*Proust (Daniel)**, Mem. de la *Soc. française d'Archéol.*, château de Verneuil. — Auverse (Maine-et-Loire).

Proust (Louis, Charles), Ing.-Chim. — Mouy (Oise).

Dr **Proust (Robert)**, Prosect. à la Fac. de Méd., 136, boulevard Saint-Germain. — Paris.

Prunet (A.), Prof. à la Fac. des Sc. — Toulouse (Haute-Garonne).

Pruvot (Georges), Prof. de Zool. à la Fac. des Sc. 6, rue des Alpes. — Grenoble (Isère).

Puerari (Eugène), Admin. de la *Comp. des Chem. de fer du Midi*, 40, boulevard de Courcelles. — Paris.

Pugens, Ing. en chef des P. et Ch., 7, Jardin-Royal. — Toulouse (Haute-Garonne).

*Dr **Pujô (Charles)**, anc. Int. des Hôp. de Lyon. — Gevrey-Chambertin (Côte-d'Or).

Pujol (Mme Georges), 79, cours du Médoc. — Le Bouscat (Gironde).

Pujol (Georges), Pharm., 79, cours du Médoc. — Le Bouscat (Gironde).

Dr **Pujos (Albert)**, Méd. princ. du Bureau de bienfais., 58, rue Saint-Sernin. — Bordeaux (Gironde). — **R**

Dr **Putzeÿs (Félix)**, Prof. d'Hyg. à l'Univ., 15, boulevard Frère-Orban. — Liège (Belgique).

Puvis (Paul), 6 *bis*, rue Bucaille. — Honfleur (Calvados).

Quarré-Reybourbon, Mem. de la Commiss. hist., Sec. gén. adj. de la *Soc. de Géog. de Lille*, 70, boulevard de La Liberté. — Lille (Nord).

Quatrefages de Bréau (Mme Ve Armand de), 48, rue Saint-Ferdinand. — Paris. — **R**

Quatrefages de Bréau (Léonce de), Ing., Chef de serv. à la *Comp. des Chem. de fer du Nord*, anc. Élève de l'Éc. cent. des Arts et Man., 50, rue Saint-Ferdinand. — Paris. — **R**

Dr **Queudot**, Chirurg.-Dent., 4, rue des Capucines. — Paris

*Quesnel (Gustave), 10, rue Legendre. — Rouen (Seine-Inférieure).

Queuille (Mme Georges), 36, rue Rabelais. — Niort (Deux-Sèvres).

Queuille (Georges), Pharm. de 1re cl., 36, rue Rabelais. — Niort (Deux-Sèvres).

Queva (Charles), Prof. de Botan. à la Fac. des Sc., 2 *bis*, rue Gagnereaux. — Dijon (Côte-d'Or).

Quévillon (Fernand), Colonel-Command: le 144e Rég. d'Infant., Breveté d'Ét.-Maj. 33, rue de Strasbourg. — Bordeaux (Gironde). — **F**

*Quinchez, Dir. de la succursale de la *Banque de France*, 4, rue Joubert. — Angers (Maine-et-Loire).

Quinemant (Auguste), Colonel d'Infant. en retraite, villa Beau-Site. — Thonon-les-Bains (Haute-Savoie):

Quinette de Rochemont (le Baron Émile, Théodore), Insp. gén., Prof. à l'Éc. nat. des P. et Ch., 18, rue de Marignan. — Paris.

*Dr Quintard (Edgar), anc. Présid. de la *Soc. de Méd. d'Angers*, 5, rue Hanneloup. — Angers (Maine-et-Loire).

Quinton (René), 71, avenue de Villiers. — Paris.

Quiquet (Albert), Actuaire de la Comp. d'Assurances *La Nationale-vie*, 92, boulevard Saint-Germain. — Paris.

Rabot, Doct. ès Sc., Pharm., Présid. du Cons. d'Hyg. du départ., 33, rue de La Paroisse. — Versailles (Seine-et-Oise).

Raclet (Joannis), Ing. civ., Admin.-Délég. de la *Soc. Lyonnaise des forces motrices du Rhône*, 21, cours Morand. — Lyon (Rhône). — **R**

*Raclot (l'Abbé Victor), Dir. de l'Observatoire météor., 12, rue de La Charité. — Langres (Haute-Marne).

Radais (Maxime), Prof. à l'Éc. sup. de Pharm., 257, boulevard Raspail. — Paris.

*Radiguet (Arthur), Construc. d'inst. de précis., 15, boulevard des Filles-du-Calvaire. — Paris.

*Raffalovich (Arthur), Corresp. de l'Inst., Rédac. au *Journal des Débats*, 19, avenue Hoche. — Paris.

Raffalovich (Mme H.), 48, avenue du Bois-de-Boulogne. — Paris.

Dr Raffegeau (Donatien), Dir. de l'Établis. hydrothérap., 9, avenue des Pages. — Le Vésinet (Seine-et-Oise).

Ragot (J.), Ing. civ., Admin. délégué de la Sucrerie de Meaux. — Villenoy par Meaux (Seine-et-Marne).

*Raimbault (Paul), Pharm. de 1re cl., Pharm. en chef des Hospices, Prof. hon. à l'Éc. de Méd., 12, rue de La Préfecture. — Angers (Maine-et-Loire).

Raimbert (Louis), Chim., Dir. de sucrerie, 10 *bis*, rue des Batignolles. — Paris. — **R**

Rainbeaux (Abel), anc. Ing. des Mines, 16, rue Picot. — Paris.

Ralli (Étienne), Prop., 24, place Malesherbes. — Paris.

Rambaud (Alfred), Mem. de l'Inst., Prof. à la Fac. des Lettres, anc. Min. de l'Instruc. pub., anc. Sénateur, Mem. du Cons. gén. du Doubs, 76, rue d'Assas. — Paris. — **R**

*Ramé (Mlle), 16, rue de Chalon. — Paris. — **R**

*Ramé (Louis, Félix), anc. Présid. du Syndic. de la Boulang. de Paris et de la Délég. de la Boulang. franç., 16, rue de Chalon. — Paris. — **R**.

Ramon (E.), Insp. princ. de la *Comp. des Chem. de fer de l'Ouest*, 4, rue Boullanger. — Gisors (Eure).

Ramond (Georges), Assistant de Géol. au Muséum d'Hist. nat., 61, rue de Buffon. — Paris, et 18, rue Louis-Philippe. — Neuilly-sur-Seine (Seine). — **R**.

*Randon (Jules), Chirurg.-Dent. — Dijon (Côte-d'Or).

Dr Ranque (Paul), 13, rue Champollion. — Paris.

Dr Raoult (Aimar), anc. Int. des Hôp. de Paris, 4, rue de Serre. — Nancy (Meurthe-et-Moselle).

*Dr Rappin (Gustave), Prof. à l'Éc. de Méd., Dir. du Lab. départ. de bactériologie, 170, rue de Rennes. — Nantes (Loire-Inférieure).

Rateau (Auguste), Archit.-Entrep., avenue de Pontaillac (villa Georges). — Royan-les-Bains (Charente-Inférieure).

Rateau (Auguste), Ing., Prof. à l'Éc. nat. sup. des Mines, 105, quai d'Orsay. — Paris.

Raulet (Lucien), anc. Nég., Biblioth.-Conserv. hon. de la *Soc. de Géog. com. de Paris*, 9, rue des Dames. — Paris.

Raulin (Victor), anc. Prof. à la Fac. des Sc. de Bordeaux. — Montfaucon-d'Argonne (Meuse).

Raveneau (Louis), Agr. d'Histoire, Sec. de la Rédac. des *Annales de Géog.*, 76, rue d'Assas. — Paris — **R**

Raymond (Fulgence), Prof. à la Fac. de Méd., Mem. de l'Acad. de Méd., Méd. des Hôp., 156, boulevard Haussmann. — Paris.

Reber (Jean), Chim. — Notre-Dame-de-Bondeville (Seine-Inférieure).

Reboul (le Capitaine Frédéric), Of. d'Ordonnance du Général command. le 3e Corps d'Armée. — Rouen (Seine-Inférieure). — **R**.

Reboul (Mme Jules), 1, rue d'Uzès. — Nîmes (Gard).

Dr Reboul (Jules), anc. Int. des Hôp. de Paris, Chirurg. en chef de l'Hôtel-Dieu, 1, rue d'Uzès. — Nîmes (Gard).

Dr Reclus (Paul), Mem. de l'Acad. de Méd., Agr. à la Fac. de Méd., Chirurg. des Hôp., 9, rue des Saints-Pères. — Paris.

Dr Redard (Camille), Prof., 8, rue de La Cloche. — Genève (Suisse).

*Dr Reddon (Henry), Méd.-Dir. de la villa Penthièvre. — Sceaux (Seine). — **R**.

Regey (Joseph), Nég., 28, rue de Glère. — Besançon (Doubs).

Dr Regnard (Paul), Mem. de l'Acad. de Méd., Dir. de l'Inst. nat. agronom., 224, boulevard Saint-Germain. — Paris.

Régnard (Paul, Louis), Ing. des Arts et Man., Mém. du Comité de la *Soc. des Ing. civ. de France*, 53, rue Bayen. — Paris.

*Regnault (Ernest), Présid. du Trib. civ. — Joigny (Yonne).

Régnault (Félix), Corresp. du Muséum d'Hist. nat. de Paris, Libraire, 19, rue de La Trinité. — Toulouse (Haute-Garonne).

*Dr Régnault (Félix, Louis), anc. Int. des Hôp., 225, rue Saint-Jacques. — Paris.

Reinach (Théodore), Doct. ès Lettres et en Droit, 9, rue Hamelin. — Paris. — **R**

Réjaud (Arsène), Dir. de l'Éc. communale. — Saint-Junien (Haute-Vienne).

Dr Rémy Charles), Agr. à la Fac. de Méd., 31, rue de Londres. — Paris.

Rémy (Henry), Prop. — Gevrey-Chambertin (Côte-d'Or).

Renard (Charles), Lieut.-Colonel du Génie, Dir. de l'Établis. cent. d'aérostat. milit. de Chalais, 7, avenue de Trivaux. — Meudon (Seine-et-Oise).

Renard (Soulange), Banquier, 11, rue de Milan. — Paris.

Renaud (Georges), Fondat. de la *Revue geographique internationale*, Prof. aux Éc. mun. sup. de la Ville de Paris, Lauréat de l'Inst., 10, rue Dorian (place de La Nation). — Paris. — **R**

Renaud (Paul), Ing.-Élect., Ing. de la *Soc. l'Oxhydrique française*, Fondat.-Dir. du *Mois scientifique et industriel*, 8, rue Nouvelle. — Paris.

Renault (Bernard), Doct. ès Sc., Assistant de Botan. au Muséum d'Hist. nat., 21, avenue des Gobelins. — Paris.

*Renault (Georges), Conserv. du Musée, villa « Les Capucins ». — Vendôme (Loir-et-Cher).

Renaut (Joseph), Prof. à la Fac. de Méd., Assoc. nat. de l'Acad. de Méd., 6, rue de L'Hôpital. — Lyon (Rhône).

Renouard (Mme Alfred), 49, rue Mozart. — Paris. — **F**

Renouard (Alfred), Ing. civ., Dir. de *Soc. techniq.*, 49, rue Mozart. — Paris. — **F**

Renouf (Désiré), Dir. de l'Agence de la *Soc. gén.*, 21, rue Prémard. — Honfleur (Calvados).

Repelin (Joseph), Doct. ès Sc., Prépar. à la Fac. des Sc., 11, boulevard Dugommier. — Marseille (Bouches-du-Rhône).

Dr Repéré. — Gémozac (Charente-Inférieure).

Rességuier (Eugène), Admin. délég. des *Verreries de Carmaux*, 15, allées Lafayette. — Toulouse (Haute-Garonne).

Reuss (Georges), Ing. des P. et Ch., 63, rue Michelet. — Saint-Étienne (Loire).

Rey (Auguste), anc. Of. d'Ét.-Maj., 8, rue Sainte-Cécile. — Paris.

Rey (Louis), Ing. des Arts et Man., Admin. de la *Comp. des Chem. de fer du Cambrésis*, 97, boulevard Exelmans. — Paris. — **R**

Rey-Pailhade (Mme Joseph de), 18, rue Saint-Jacques. — Toulouse (Haute-Garonne).

Dr Rey-Pailhade (Joseph de), Ing. civ. des Mines, 18, rue Saint-Jacques. — Toulouse. (Haute-Garonne).

Dr Reynier (Paul), Agr. à la Fac. de Méd., Chirurg. des Hôp., 12 *bis*, place Delaborde. — Paris.

Riaz (Auguste de), Banquier, 10, quai de Retz. — Lyon (Rhône). — **F**

Dr Riban (Joseph), Dir. adj. du Lab. d'Enseign. chim. et des Hautes Études à la Sorbonn, Prof. à l'Éc. nat. des Beaux-Arts, 85, rue d'Assas. — Paris.

Dr Ribard (Élisée), 24, avenue d'Eylau. — Paris.

Ribero de Souza Rezende (le Chevalier S.), Poste restante. — Rio-Janeiro (Brésil). — **R**

Ribot (Alexandre), anc. Min., Député du Pas-de-Calais, 6, rue de Tournon. — Paris. — **R**

Ribout (Charles), Prof. hon. de Math. spéc. au Lycée Louis-le-Grand, 30, avenue de Picardie. — Versailles (Seine-et-Oise). — **R**

Dr Ricard (Étienne), Chirurg. de l'Hôp., 6, impasse Voltaire. — Agen (Lot-et-Garonne).

Ricaud (Henry), Élève à l'Éc. nat. d'Agric. de Grignon. — Thiverval par Plaisir-Grignon (Seine-et-Oise).

Richard (Jules), Ing., Fabric. d'inst. de Phys., 25, rue Mélingue. — Paris.

Dr Richard (Léon), 22, rue de Chastillon. — Châlons-sur-Marne (Marne).

*Richard-Chauvin (Mme Louis), 1, rue Blanche. — Paris.
*Richard-Chauvin (Louis), Chirurg.-Dent., Prof. à l'Éc. dentaire de Paris, 1, rue Blanche. — Paris.
Dr Richardière (Henri), Méd. des Hôp., 18, rue de l'Université. — Paris.
Dr Richelot (L., Gustave), Mem. de l'Acad. de Méd., Agr. à la Fac. de Méd., Chirurg. des Hôp., 32, rue de Penthièvre. — Paris.
Richemont (Albert de), anc. Maître des Requêtes au Cons. d'État, 4, rue Cambacérès. — Paris.
Dr Richer (Paul), Mem. de l'Acad. de Méd., Prof. d'Anat. à l'Éc. nat. des Beaux-Arts, 11, rue Garancière. — Paris.
Richet (Charles), Prof. à la Fac. de Méd., Mem. de l'Acad. de Méd., 15, rue de L'Université. — Paris.
Richier (Clément), Prop. — Nogent en Bassigny (Haute-Marne). — **R**
*Richon (Henri), Prop., 84, rue de Montay. — Le Cateau (Nord).
*Richou (Désiré), Mem. du Cons. gén. de Maine-et-Loire, 4, place de Lorraine. — Angers (Maine-et-Loire).
Ridder (Gustave de), Notaire, 4, rue Perrault. — Paris. — **R**
Rieder (Jacques), Ing. des Arts et Man., Gérant de la Maison Gros, Roman et-Cie. — Wesserling (Alsace-Lorraine).
Rigaud (Mme Ve Francisque), 38, rue Pauquet. — Paris. — **F**
Rigaut (Adolphe), Nég., Adj. au Maire, 15, rue de Valmy. — Lille (Nord).
*Rigel (Mme Jérôme), 27, rue Jean-Jacques-Rousseau. — Paris.
*Rigel (Mlle Alice), 27, rue Jean-Jacques-Rousseau. — Paris.
*Rigel (Jérôme), Nég., anc. Maison Way, 27, rue Jean-Jacques-Rousseau. — Paris.
Rigolet (Désiré), Chirurg.-Dent., diplômé de la Fac. de Méd. de Paris, Dent. de l'Hôp., 74, rue de Paris. — Auxerre (Yonne).
Rilliet (Albert), Prof. à l'Univ., 16, rue Bellot. — Genève (Suisse). — **R**
Rilly (Achille), Chef de Sec. hon. de la *Comp. des chem. de fer de l'Est*, 7, rue Neuve-des-Jardins. — Troyes (Aube).
*Rimbault (Jacques), Conduc. princ. des P. et Ch. en retraite, 84, avenue de Paris. — Niort (Deux-Sèvres).
Ripert (Léon), Chef de Bat. du Génie en retraite, anc. Élève de l'Éc. Polytech. — Poix (Somme).
Risler (Charles), Chim., Maire du VIIe arrond., 39, rue de L'Université. — Paris. — **F**
Risler (Eugène), Dir. hon. de l'Inst. nat. agron., 106 *bis*, rue de Rennes. — Paris. — **R**
Riston (Victor), Doct. en Droit, Avocat à la Cour d'Ap. de Nancy, 3, rue d'Essey. — Malzéville (Meurthe-et-Moselle). — **R**
*Rivereau (l'Abbé), Doyen de la Fac. libre des Sc., 3, rue Rabelais. — Angers (Maine-et-Loire).
Rivière (A.), Archit., 16, rue de L'Université. — Paris.
*Rivière (Émile), s.-Dir. adj. du Lab. d'Hist. nat. des corps inorganiques du Collège de France, 18, rue Jouvenet. — Paris.
Dr Rivière (Jean), Méd.-Maj. de 1re cl., au 2e Rég. de la Légion étrang. — Saïda (départ. d'Oran) (Algérie). — **R**
Robert (Émile), Nég., 5, cours d'Alsace-Lorraine. — Bordeaux (Gironde).
Robert (Gabriel), Avocat à la Cour d'Ap., 2, quai de L'Hôpital. — Lyon (Rhône). — **R**
Roberty (H.), Nég., 52, rue Notre-Dame-de-Nazareth. — Paris.
Robin (A.), Consul de Turquie, Banquier, 41, rue de L'Hôtel-de-Ville. — Lyon (Rhône). — **R**
*Robin (Ulysse), Prop. — Arcis-sur-Aube (Aube).
Robineau (Th.), Lic. en Droit, anc. Avoué, 4, avenue Carnot. — Paris. — **R**
Rochas d'Aiglun (le Lieutenant-Colonel Albert de), Admin. hon. de l'Éc. Polytech., 21, rue Descartes. — Paris.
Dr Roche (Léon). — Oradour-sur-Vayres (Haute-Vienne).
Rochefort (de), Dir. de la *Comp. gén. Transat.* — Oran (Algérie).
Rocques (Xavier), Expert-Chim., anc. Chim. princ. au Lab. mun. de la Préf. de Police, 2, place Armand-Carrel. — Paris.
Rodel (Henri), Substitut du Proc. de La République, 1, rue de Condé. — Bordeaux (Gironde).
Rodier (E.), Prof. d'Hist. nat. au Lycée de Jeunes Filles, rue Mondenard. — Bordeaux (Gironde).
Rodocanachi (Emmanuel), 54, rue de Lisbonne. — Paris. — **R**
Rodolphe (Édouard), Chirurg.-Dent., 58 *bis*, rue de La Chaussée-d'Antin. — Paris.
Rodrigues-Ély (Amédée), Banquier, 3, cours Pierre-Puget. — Marseille (Bouches-du-Rhône).

Rodrigues-Ély (Camille), Manufac., Lic. en Droit, anc. Cap. d'Artil., anc. Élève de l'Éc. Polytech., 2, boulevard Henri-IV. — Paris.

*Dr **Rogée (Léonce)**. — Saint-Jean-d'Angély (Charente-Inférieure).

Roger (Albert), Nég. en vins de Champagne, rue Croix-de-Bussy. — Épernay (Marne).

Roger (Georges), Nég. en vins de Champagne, rue Croix-de-Bussy. — Épernay (Marne).

***Roguet (Gustave)**, Prof. sup. à l'Éc. de Méd., 13, rue de Brest. — Angers (Maine-et-Loire).

Rohden (Charles de), Mécan., 14, rue Tesson. — Paris. — **R**

Rohden (Théodore de), 14, rue Tesson. — Paris. — **R**

Rohr (Eugène), Vétér.-Maj. au 17e Rég. d'Artil., Lauréat du Min. de la Guerre. — La Fère (Aisne).

Dr **Roland (François)**, Prof. à l'Éc. de Méd., Mem. de l'*Acad. des Sc., Belles-Lettres et Arts*, Sec. de la *Soc. de Méd.*, 10, rue de L'Orme-de-Chamars. — Besançon (Doubs).

***Rolland**, Imprim., Dir. du *Courrier de Saumur*, 26, place de La Bilange. — Saumur (Maine-et-Loire).

Rolland (Alexandre), Mem. de la Ch. de Com., Nég. en papiers, 7, rue Haxo. — Marseille (Bouches-du-Rhône). — **R**

Rolland (Georges), Ing. en chef des Mines, 60, rue Pierre-Charron. — Paris. — **R**

*Dr **Rolland (Georges)**, Dir. de l'Éc. dentaire de Bordeaux, 230, rue Sainte-Catherine. — Bordeaux (Gironde).

Rollez (G.), 48, boulevard de La Liberté. — Lille (Nord).

Romagnac, Mem. du Cons. mun.; rue Villebourbon. — Montauban (Tarn-et-Garonne).

Rondeau (Julien), Avocat, 47, rue de La Victoire. — Paris.

Dr **Rondeau (Pierre)**, anc. Chef adj. des Trav. prat. de physiol. à la Fac. de Méd. de Paris. — Roussainville par Illiers (Eure-et-Loir).

Ronnelle (Alexandre), anc. Archit., v.-Présid. du Cons. gén. — Cambrai (Nord).

Ropiquet (Clément), Pharm. de 1re cl. — Corbie (Somme).

*Dr **Roques (Bernard)**, Aide de Clin. électrothérap. à la Fac. de Méd., 29, rue Saint-François. — Bordeaux (Gironde).

Roques (Camille), Juge au Trib. civ., rue Droite. — Villefranche-de-Rouergue (Aveyron).

Rosenfeld (Jules), Délég. cant. du IXe arrond., anc. Chef d'Instit., 39, rue Condorcet. — Paris.

Rosenstiehl (Auguste), Lauréat de l'Inst., 61, route de Saint-Leu. — Enghien (Seine-et-Oise).

Rosny (Arthur), Prop., 8, rue de La Providence. — Boulogne-sur-Mer (Pas-de-Calais).

Rothschild (le Baron Alphonse de), Mem. de l'Inst., 2, rue Saint-Florentin. — Paris. — **F**

Rothschild (le Baron Gustave de), Consul gén. d'Autriche; 23, avenue de Marigny. — Paris.

Rotrou (Alexandre), Pharm. — La Ferté-Bernard (Sarthe).

Rouanne (Antoine), Pharm. — Henrichemont (Cher).

Rouart (Henri), Construc.-Mécan., anc. Élève de l'Éc. Polytech., 34, rue de Lisbonne. — Paris.

Rouffio (Félix), Ing. des Arts et Man., 22, rue de La Darse. — Marseille (Bouches-du-Rhône).

Rougerie (Mgr Pierre, Eugène), Évêque de Pamiers. — Pamiers (Ariège).

Rougeul, Insp. gén. hon. des P. et Ch., 3, rue du Regard. — Paris.

Rouher (Gustave), château de Creil (Oise).

***Roule (Louis)**, Prof. de Zool. à la Fac. des Sc., 19, rue Saint-Étienne. — Toulouse (Haute-Garonne).

Dr **Roussan (Georges)**, anc. Int. des Hôp., 98, rue de Longchamp. — Paris.

Rousseau (Georges), Libraire, 6, rue Richelieu. — Odessa (Russie).

Dr **Rousseau (Henri)**, Institution du Parangon. — Joinville-le-Pont (Seine).

Rousseau (Henri), Ing. en chef des P. et Ch. — Mende (Lozère). — **R**

Roussel (Joseph), Doct. ès Sc., Prof. au Collège, chemin de Velours. — Meaux (Seine-et-Marne).

Rousselet (Louis), Archéol., 126, boulevard Saint-Germain. — Paris. — **R**

Rousselot (Joseph), anc. Présid. du Trib. de Com., 55, rue Saint-Nicolas. — Nancy (Meurthe-et-Moselle).

Rousset (Gustave du), Dir. de la *Soc. des Mines de la Loire*, 2, place Marengo. — Saint-Étienne (Loire).

Dr **Roustan (Auguste)**, 58, rue d'Antibes. — Cannes (Alpes-Maritimes).

Rouveix (Georges). — Saint-Germain-Lembron (Puy-de-Dôme).

Rouveix (Jean). — Saint-Germain-Lembron (Puy-de-Dôme).

Rouveix (Mme Lucie). — Saint-Germain-Lembron (Puy-de-Dôme).

Dr **Rouveix (Mathieu)**. — Saint-Germain-Lembron (Puy-de-Dôme).

Rouvier, Sénateur et v.-Présid. du Cons. gén. de la Charente-Inférieure, château de
  Puyravault par Surgères (Charente-Inférieure).
Dʳ **Rouvier (Jules),** Prof. à la Fac. de Méd. française de Beyrouth (Syrie), 6, rue Nau.
  — Marseille (Bouches-du-Rhône).
Rouvière (Albert), Ing. des Arts et Man., Prop.-Agric. —. Mazamet (Tarn). — **F**
Rouville (Étienne de), Prépar. de Zool. à la Fac. des Sc., 10, rue Henri-Guinier.
  — Montpellier (Hérault).
Dʳ **Roux (Émile),** Mem. de l'Inst. et de l'Acad. de Méd., Dir. de l'Inst. Pasteur, 25, rue
  Dutot. — Paris.
Roux (Mᵐᵉ Vᵉ Gustave), 74, boulevard Montparnasse. — Paris.
Roux (Jules, Charles), Fabric. de savon, anc. Député, 81, rue Sainte. — Marseille
  (Bouches-du-Rhône).
Rouyer-Warnier (L.), Nég., 27, rue David. — Reims (Marne).
Rouzé (Émile), Entrep. de Trav. pub., 20, rue Gauthier-de-Châtillon. — Lille (Nord).
*Dʳ **Roy (Maurice),** Dent. des Hôp., Prof. à l'Éc. dentaire de Paris, 5, rue Rouget-de-
  l'Isle. — Paris.
****Rozenbaum (Mᵐᵉ Gustave),** 51, boulevard Saint-Marcel. — Paris.
****Rozenbaum (Gustave),** Chirurg.-Dent., 51, boulevard Saint-Marcel. — Paris.
Rozier (Octave), Prof. de Math., 138, route de Toulouse. — Bordeaux (Gironde).
Ruffin (Achille), Chim., 210, rue du Tilleul. — Tourcoing (Nord).
Russel (William), Doct. ès Sc., 19, boulevard Saint-Marcel. — Paris.
Dʳ **Sabatier,** 11, rue de La Coquille. — Béziers (Hérault).
Sabatier (Armand), Corresp. de l'Inst., Doyen de la Fac. des Sc. 1, rue Barthez.
  — Montpellier (Hérault). — **R**
****Sabatier (Paul),** Corresp. de l'Inst., Prof. de Chim. à la Fac. des Sc., 11, allées des
  Zéphirs. — Toulouse (Haute-Garonne). — **R**
Dʳ **Sabatier-Desarnauds,** 9, rue des Balances. — Béziers (Hérault).
Dʳ **Sabouraud (Raymond),** Chef de Lab. de la Fac. de Méd. (Hôp. Saint-Louis),
  62, rue Caumartin. — Paris.
Sagey, Dir. de la *Banque de France.* — Tours (Indre-et-Loire).
****Sagnier (Henry),** Dir. du *Journal de l'Agriculture,* 106, rue de Rennes. — Paris. — **R**
Saignat (Léo), Prof. à la Fac. de Droit, 18, rue Mably. — Bordeaux (Gironde). — **R**
Saint-Joseph (le Baron Anthoine de), 23, rue François-Iᵉʳ. — Paris.
****Saint-Laurent (Albert de),** Avocat, 128, cours Victor-Hugo. — Bordeaux (Gironde). — **F**
****Saint-Laurent (Louis de),** Prop., chalet Le Boulou-Géruzet. — Bagnères-de-Bigorre
  (Hautes-Pyrénées).
Saint-Martin (l'Abbé Charles de), Vicaire, 7, rue des Carrières. — Suresnes
  (Seine). — **R**
Saint-Martin (Henri), Ing. de la *Soc. française de l'Accumulateur Tudor,* 7, rue Toul-
  lier. — Paris.
Saint-Olive (G.), anc. Banquier, 9, place Morand. — Lyon (Rhône). — **R**
Salanson (Alphonse), Ing. civ. des Mines, anc. Élève de l'Éc. Polytech., 23, rue
  des Écuries-d'Artois. — Paris.
Dʳ **Salathé (Auguste),** 27, rue Michel-Ange. — Paris.
Salet (Mᵐᵉ Vᵉ Georges), 120, boulevard Saint-Germain. — Paris.
Salet (Pierre), Étud., 120, boulevard Saint-Germain. — Paris.
Salières (François), Dir. du journal *Le Populaire,* 10, rue du Calvaire. — Nantes.
  (Loire-Inférieure).
Salmin (Casimir), Ing. des Arts et Man., 6, rue Faidherbe. — Lille (Nord).
Samama (Moïse), Rent., 194, avenue du Prado. — Marseille (Bouches-du-Rhône).
Samama (Nissim), Doct. en Droit, Avocat, 194, avenue du Prado. — Marseille (Bouches-
  du-Rhône).
Samazeuilh (Fernand), Avocat, 1 *bis,* rue Bardineau. — Bordeaux (Gironde).
Dʳ **Sambuc (Camille),** Agr. de Chim. à la Fac. de Méd., 2, avenue des Ponts.
  — Lyon (Rhône). — **R**
Saporta (le Comte Antoine de), 3, rue Philippy. — Montpellier (Hérault).
Saquet (Mᵐᵉ Donatien), 25, rue de La Poissonnerie. — Nantes (Loire-Inférieure).
*Dʳ **Saquet (Donatien),** 25, rue de La Poissonnerie. — Nantes (Loire-Inférieure).
Saquet (René), 25, rue de La Poissonnerie. — Nantes (Loire-Inférieure).
*Dʳ **Sarazin (César),** Prof. à l'Éc. de Méd., 8, rue Saint-Serge. — Angers (Maine-et-
  Loire).
Sarlit (Frédéric), Prof. de Math. à l'Éc. sup. de Com. et d'Indust., 8, rue du Loup.
  — Bordeaux (Gironde).
Sartiaux (Albert), Ing. en chef des P. et Ch., Ing.-Chef de l'Exploit. à la *Comp. des
  Chem. de fer du Nord,* 120, rue de Dunkerque. — Paris.

*Saugrain (Gaston), Doct. en Droit, Avocat à la Cour d'Ap., 4, rue Bernard-Palissy. — Paris.

*Saurin (Alphonse), Banquier, Mem. de la Ch. de Com. — Castellane (Basses-Alpes).

Sautier (Jules, Charles), Chirurg.-Dent., 35, rue du Chemin-de-fer. — Mantes (Seine-et-Oise).

Dr Sauvage (Émile), Conserv. des Musées, 39 *bis*, rue Tour-Notre-Dame. — Boulogne-sur-Mer (Pas-de-Calais).

Sauvez (Denis), Dent., 78, rue d'Amsterdam. — Paris.

*Dr Sauvez (Émile), Prof. à l'Éc. dentaire de Paris, Dent. des Hôp., 17, rue de Saint-Pétersbourg. — Paris.

*Savé (Léopold), Pharm. — Ancenis (Loire-Inférieure).

Savin (Léon), Chef de Bat. au 97e Rég. d'Infant., 4, rue Berthollet. — Chambéry (Savoie).

Savoye (Claudius), Inst. — Odenas (Rhône).

Schæffer (Gustave), Chim.-Manufac. — Château de Pfastatt (Alsace-Lorraine).

Schamoun (Philippe), Délég. à la Dir. gén. des Fin. — Tozeur (Tunisie).

Scheurer (Auguste). — Logelbach près Colmar (Alsace-Lorraine).

Schickler (le Baron Fernand de), 17, place Vendôme. — Paris.

Schilde (le Baron de), château de Schilde par Wyneghem (province d'Anvers) (Belgique). — R

Schleicher (Mme Adolphe), 15, rue des Saints-Pères. — Paris.

Schleicher (Adolphe), Libr.-Édit., 15, rue des Saints-Pères. — Paris.

Schleicher (Charles), Libr.-Édit., 15, rue des Saints-Pères. — Paris.

Schloesing (Henri), Fabric. de l'Prod. chim., 103, rue Sylvabelle. — Marseille (Bouches-du-Rhône).

Schlumberger (Charles), Ing. de la Marine en retraite, 16, rue Christophe-Colomb. — Paris. — R

Schmidt (Oscar), 86, rue de Grenelle. — Paris.

*Dr Schmitt (Charles), 6, rue Dante. — Paris.

Dr Schmitt (Ernest), Prof. de Chim. et de Pharm. à l'Univ. catholique, 119, rue Nationale. — Lille (Nord).

Schmitt (Henri), Pharm. de 1re cl., 53, rue Notre-Dame-de-Lorette. — Paris. — R

Schmitt (Joseph), Prof. à la Fac. de Méd., 51, rue Chanzy. — Nancy (Meurthe-et-Moselle).

Schneegans (le Général Frédéric), 67, faubourg de Besançon. — Montbéliard (Doubs).

Schneider (Eugène), Maître de Forges, Député de Saône-et-Loire, 42, rue d'Anjou. — Paris.

Dr Schœlhammer, 14, rue de la Sinne. — Mulhouse (Alsace-Lorraine).

Schœlhammer (Paul), Chim. chez MM. Scheurer, Rott et Cie. — Thann (Alsace-Lorraine).

Schœndœrffer (Paul), Ing. en chef des P. et Ch. — Annecy (Haute-Savoie).

Schott (Frédéric), anc. Pharm., 22, rue Kühn. — Strasbourg (Alsace-Lorraine).

Schrader (Frantz), Prof. à l'Éc. d'Antrop. Mem. de la Dir. cent. du *Club Alpin français*, 75, rue Madame. — Paris.

Schrameck (Abraham), Préfet de Tarn-et-Garonne. — Montauban (Tarn-et-Garonne).

Dr Schwartz (Édouard), Agr. à la Fac. de Méd., Chirurg. des Hôp., 183, boulevard Saint-Germain. — Paris.

Schwérer (Pierre, Alban), Notaire, 3, rue Saint-André. — Grenoble (Isère). — R

Schwich (Vincent), Ing. civ., Représent. de la *Soc. I. et A. Pavin de Lafarge*, 24, avenue de France. — Tunis.

Schwob, Dir. du *Phare de la Loire*, 6, rue de L'Héronnière. — Nantes (Loire-Inférieure).

Scrive-Loyer (Jules), Nég., 294, rue Léon-Gambetta. — Lille (Nord).

Sebert (le Général Hippolyte), Mem. de l'Inst., Admin. de la *Soc. anonyme des Forges et Chantiers de la Méditerranée*, 14, rue Brémontier. — Paris. — R

Secrestat, Nég., 34, rue Notre-Dame. — Bordeaux (Gironde).

Secrétaire administratif de la Société des Ingénieurs civils de France (Le), 19, rue Blanche. — Paris.

*Secretan (Georges), Ing.-Optic., 13, place du Pont-Neuf. — Paris.

Sédillot (Maurice), Entomol., Mem. de la *Com. scient. de Tunisie*, 20, rue de L'Odéon. — Paris. — R

Dr Sée (Marc), Mem. de l'Acad. de Méd., Agr. à la Fac. de Méd., Chirurg. des Hôp., 126, boulevard Saint-Germain. — Paris.

Dr Segond (Paul), Agr. à la Fac. de Méd., Chirurg. des Hôp., 11, quai d'Orsay. — Paris.

Segretain (le Général Léon), 23, rue de L'Hôtel-Dieu. — Poitiers (Vienne).

Séguin (F.), Chef de Bureau au Min. des Fin., 10, rue du Dragon. — Paris.

Seguin (J., M.), Rect. hon., 27, rue Chaptal. — Paris.

Séguin (Léon), Dir. de la *Comp. du Gaz du Mans, Vendôme et Vannes*, à l'Usine à gaz,
— Le Mans (Sarthe).
Seguy (Paul), Ing.-Élect., 53, rue Monsieur-Le-Prince. — Paris.
Seigle (Louis), Chirurg.-Dent., 13, rue Lafaurie de Monbadon. — Bordeaux (Gironde).
Seiler (Albert), Ing. des Arts et Man., Construc. d'ap. à gaz, 17, rue Martel. — Paris.
Séligmann (Eugène), Agent de change hon., 133, boulevard Malesherbes. — Paris.
Séligmann-Lui (Émile), Insp. d'assurances sur la vie, 39, rue Notre-Dame-de-Lorette.
— Paris.
Selleron (Ernest), Ing. de la Marine en retraite, 76, rue de La Victoire. — Paris. — **R**
Dr Sellier (Jean), Chef des trav. de Physiol. à la Fac. de Méd., 29, rue Boudet. — Bor-
deaux (Gironde).
Sélys-Longchamps (Walther de). — Ciney (Belgique).
Senderens (l'Abbé Jean-Baptiste), Doct. ès Sc., Prof. de Chim. à l'Inst. catholique,
31, rue de La Fonderie. — Toulouse (Haute-Garonne).
Sentini (Émile), Pharm., Présid. de la *Soc. de Pharm. de Lot-et-Garonne*. — Agen
(Lot-et-Garonne).
Serbat (Louis), Élève à l'Éc. des Chartes. — Saint-Saulve (Nord).
Serre (Fernand), Prop., 1, rue Levat. — Montpellier (Hérault). — **R**
Serré-Guino (Alphonse), Prof. hon. à l'Éc. norm. sup. d'Ens. second. pour les jeunes
filles, anc. Examin. d'admis. à l'Éc. spéc. milit., 114, rue du Bac. — Paris.
*Sevestre (Émile), Ing., 40, avenue Besnardière. — Angers (Maine-et-Loire).
Sevray (de), 3, rue Croix-Baragnon. — Toulouse (Haute-Garonne).
Dr Seynes (Jules de), Agr. à la Fac. de Méd., 15, rue Chanaleilles. — Paris. — **F**
Seynes (Léonce de), 58, rue Calade. — Avignon (Vaucluse). — **R**
Seyrig (Théophile), Ing. des Arts et Man., Construc., 43, rue de Rome. — Paris.
Sicard (Alix), Chirurg.-Dent., 24, boulevard de Saumur. — Angers (Maine-et-Loire).
Sicard (Germain), Présid. de la *Soc. d'études scient. de l'Aude*, château de Rivière.
— Caunes-Minervois (Aude).
Sicard (Hilaire), Pharm. de 1re cl., 1, place de La République. — Béziers (Hérault).
Siéber (H.-A.), 23, rue de Paradis. — Paris. — **F**
Siegfried (Jacques), Banquier, 20, rue des Capucines. — Paris.
Siégler (Ernest), Ing. en chef des P. et Ch., Ing. en chef adj. de la Voie à la *Comp. des
Chem. de fer de l'Est*, 48, rue Saint-Lazare. — Paris. — **R**
*Dr Siffre (Ferdinand), Prof. à l'Éc. dentaire de Paris, 97, boulevard Saint-Michel.
— Paris.
Sigalas (Clément), Prof. à la Fac. de Méd., 67, rue de La Teste. — Bordeaux (Gironde).
Signoret (Maximin), Prop., 29, rue Bayen. — Paris.
Silvestre (André), Ing. (Chalet Émile), chemin de la Collette. — Toulon (Var).
Siméon (Paul), Ing. civ., Représent. de la *Soc. I. et A. Pavin de Lafarge*, anc. Élève
de l'Éc. Polytech., 42, boulevard des Invalides. — Paris. — **R**
Simon, Prof. à la Fac. de Méd., 23, place de La Carrière. — Nancy (Meurthe-et-
Moselle).
Simon (Georges), Prop.-Vitic., domaine des Hamyans. — Saint-Leu (départ. d'Oran)
(Algérie).
Simon (J.), Pharm., rue du Bel-Air. — Suresnes (Seine).
Simon (Louis), Prof. d'Hydrog. de la Marine en retraite, 148, rue de Paris. — Bou-
logne-sur-Seine (Seine).
Simon (René), Ing., 41, rue Gambetta. — Saint-Étienne (Loire).
Sinard (Mlle Berthe), Géol., 6, rue Galante. — Avignon (Vaucluse).
Dr Sinety (le Comte Louis de), 14, place Vendôme. — Paris.
Siper (Léopold), Agent-Voyer d'Arrondissement, 4, rue Léon-Cladel. — Montauban
(Tarn-et-Garonne).
Sire (Georges), Corresp. de l'Inst., Mem. de l'*Acad. des Sc., Belles-Lettres et Arts*,
15, rue de La Mouillère. — Besançon (Doubs).
Siret (Louis), Ing. — Cuevas de Vera (province d'Almeria) (Espagne). — **R**
Société industrielle d'Amiens. — Amiens (Somme). — **R**
*Société d'Études scientifiques d'Angers, place des Halles. — Angers (Maine-et-Loire).
*Société industrielle d'Angers (M. le Dr Sigaud, Secrétaire général), 7, rue Saint-
Blaise. — Angers (Maine-et-Loire).
Société scientifique d'Arcachon. — Arcachon (Gironde).
Société de Médecine vétérinaire de L'Yonne. — Auxerre (Yonne).
Société Ramond. — Bagnères-de-Bigorre (Hautes-Pyrénées).
Société de Médecine de Besançon et de La Franche-Comté. — Besançon (Doubs).
Société d'Études des Sciences naturelles. — Béziers (Hérault).
Société d'Histoire naturelle de Loir-et-Cher. — Blois (Loir-et-Cher).

Société des Sciences et des Lettres de Loir-et-Cher. — Blois (Loir-et-Cher).

Société linnéenne de Bordeaux (à l'Athénée). 53, rue des Trois-Conils. — Bordeaux (Gironde).

Société de Médecine et de Chirurgie de Bordeaux (à l'Athénée), 53, rue des Trois-Conils. — Bordeaux (Gironde).

*Société Odontologique de Bordeaux (M. J. Armand, Président), 32, cours de Tourny. — Bordeaux (Gironde).

*Société de Pharmacie de Bordeaux (à l'Athénée), 53, rue des Trois-Conils. — Bordeaux (Gironde).

Société philomathique de Bordeaux, 2, cours du XXX Juillet. — Bordeaux (Gironde). — **R**

Société des Sciences physiques et naturelles de Bordeaux, 143, cours Victor-Hugo. — Bordeaux (Gironde). — **R**

Société académique de Brest. — Brest (Finistère). — **R**

Société française d'Entomologie. — Caen (Calvados).

Société de Médecine de Caen et du Calvados. — Caen (Calvados).

Société d'Agriculture, Commerce, Sciences et Arts du département de La Marne. — Châlons-sur-Marne (Marne).

Société nationale des Sciences naturelles et mathématiques de Cherbourg. — Cherbourg (Manche).

Société de Borda. — Dax (Landes).

Société d'Agriculture, Sciences et Arts de Douai, 8 *bis*, rue d'Arras. — Douai (Nord).

Société libre d'Agriculture, Sciences, Arts et Belles-Lettres de L'Eure. — Évreux (Eure). — **R**

Société des Sciences naturelles et archéologiques de La Creuse. — Guéret (Creuse).

Société médicale de Jonzac. — Jonzac (Charente-Inférieure).

Société de Médecine et de Chirurgie. — La Rochelle (Charente-Inférieure).

*Société des Sciences naturelles de La Charente-Inférieure. — La Rochelle (Charente-Inférieure).

Société de Géographie commerciale du Havre, 131, rue de Paris. — Le Havre (Seine-Inférieure).

Société agricole et scientifique de La Haute-Loire. — Le Puy en Velay (Haute-Loire).

Société centrale de Médecine du Nord. — Lille (Nord). — **R**

Société de Géographie de Lisbonne (Portugal).

Société d'Anthropologie de Lyon (Palais des Arts), place des Terreaux. — Lyon (Rhône).

Société d'Économie politique de Lyon (M. Pey, Secrétaire général), 1, rue du Bat-d'Argent. — Lyon (Rhône).

Société anonyme des Houillères de Montrambert et de La Béraudière, 70, rue de L'Hôtel-de-Ville. — Lyon (Rhône). — **F**

Société de Lecture de Lyon, 1, place Saint-Nizier. — Lyon (Rhône).

Société de Pharmacie de Lyon, Palais des Arts. — Lyon (Rhône).

Société des Sciences médicales de Lyon, 41, quai de L'Hôpital. — Lyon (Rhône).

Société départementale d'Agriculture des Bouches-du-Rhône, 10, rue Venture. — Marseille (Bouches-du-Rhône).

*Société de Géographie de Marseille, 25, rue Montgrand. — Marseille (Bouches-du-Rhône).

Société des Pharmaciens des Bouches-du-Rhône, 3, marché des Capucines. — Marseille (Bouches-du-Rhône).

*Société de Statistique de Marseille, 2, rue Sylvabelle. — Marseille (Bouches-du-Rhône).

Société générale des Transports maritimes à vapeur, 3, rue des Templiers. — Marseille (Bouches-du-Rhône).

Société d'Émulation de Montbéliard. — Montbéliard (Doubs).

Société des Sciences de Nancy. — Nancy (Meurthe-et-Moselle).

Société académique de La Loire-Inférieure, 1, rue Suffren. — Nantes (Loire-Inférieure). — **R**

Société des Lettres, Sciences et Arts des Alpes-Maritimes, 1, rue Sainte-Clotilde. — Nice (Alpes-Maritimes).

*Société de Médecine et de Climatologie de Nice, 4, rue de La Buffa. — Nice (Alpes-Maritimes).

Société d'Études des Sciences naturelles, 6, quai de La Fontaine. — Nimes (Gard).

Société d'Agriculture, Sciences et Arts d'Orléans, 6, rue Antoine-Petit. — Orléans (Loiret).

Société centrale des Architectes français, 8, rue Danton. — Paris. — **R**

*Société des anciens Élèves des Écoles nationales d'Arts et Métiers, 6, rue Chauchat. — Paris.

*Société astronomique de France, 28, rue Serpente (Hôtel des Sociétés Savantes). — Paris.

*Société botanique de France, 84, rue de Grenelle. — Paris. — **R**

*Société entomologique de France, 28, rue Serpente (Hôtel des Sociétés Savantes). — Paris.

Société anonyme des Forges et Chantiers de la Méditerranée, 1 et 3, rue Vignon. — Paris. — **F**

Société de Géographie, 184, boulevard Saint-Germain. — Paris. — **R**

*Société française d'Hygiène (le Président de la), 28, rue Serpente (Hôtel des Sociétés Savantes. — Paris.

Société des Ingénieurs civils de France, 19, rue Blanche. — Paris. — **F**

Société de Médecine vétérinaire pratique, 28, rue Serpente (Hôtel des Sociétés Savantes). — Paris.

Société médico-chirurgicale de Paris (ancienne Société médico-pratique), 29, rue de La Chaussée d'Antin. — Paris. — **R**

Société de Pharmacie de Paris, 4, avenue de L'Observatoire (École de Pharmacie). — Paris.

Société française de Photographie, 76, rue des Petits-Champs. — Paris. — **R**

Société générale des Téléphones, 9, place de La Bourse. — Paris. — **F**

Société des Sciences, Lettres et Arts de Pau. — Pau (Basses-Pyrénées). — **R**

Société agricole, scientifique et littéraire des Pyrénées-Orientales. — Perpignan (Pyrénées-Orientales).

*Société Druart et Le Roy, 37, chaussée du Port. — Reims (Marne).

Société industrielle de Reims, 18, rue Ponsardin. — Reims (Marne). — **R**

Société médicale de Reims, 71, rue Chanzy. — Reims (Marne). — **R**

Société photographique de Rennes, 4, rue de La Chalotais. — Rennes (Ille-et-Vilaine).

Société d'Agriculture, Industrie, Sciences, Arts, Belles-Lettres du département de La Loire. — Saint-Étienne (Loire).

Société anonyme de la Brasserie de Tantonville. — Tantonville (Meurthe-et-Moselle).

Société des Sciences naturelles de Tarare. — Tarare (Rhône).

Société polymathique du Morbihan. — Vannes (Morbihan).

Société des Sciences et Arts de Vitry-le-François. — Vitry-le-François (Marne). — **R**

Sociétés de Pharmacie du Sud-Est (Fédération des). — Pierrelate (Drôme).

Sollier (Eugène), Fabric. de ciment. — Neufchâtel (Pas-de-Calais).

Solms (le Comte Louis de), Ing. des Arts et Man. — Port-Louis (Morbihan). — **R**

Solvay (Ernest), Indust., Sénateur, 45, rue des Champs-Élysées. — Bruxelles (Belgique). — **F.**

Solvay et Cie, Usine de Prod. chim. de Varangeville-Dombasle par Dombasle (Meurthe-et-Moselle). — **F**

Somasco (Charles), Ing. civ. — Creil (Oise).

Dr Sonnié-Moret (Abel), Pharm. de l'Hôp. des Enfants malades, 149, rue de Sèvres. — Paris. — **R**

Soreau (Rodolphe), Ing., anc. Élève de l'Éc. Polytch., Expert près le Cons. de Préfect. de la Seine, 65, rue de La Victoire. — Paris.

Soret (Charles), Prof. à l'Univ., 6, rue Beauregard. — Genève (Suisse). — **R**

Sorin de Bonne (Louis), Avocat, anc. s.-Préfet, 6, rue Duquesne. — Lyon (Rhône).

Soubeiran (Louis-Maxime), s.-Dir. de l'Éc. prat. d'Indust., — Béziers (Hérault). — **R**

Soulier (Albert), Maître de conf. de Zool. à la Fac. des Sc., 1, boulevard Pasteur. — Montpellier (Hérault).

Dr Spengler (Georges), 2, place Saint-François. — Lausanne (Suisse).

Spillmann (Paul), Prof. à la Fac. de Méd., Corresp. nat. de l'Acad. de Méd., 40, rue des Carmes. — Nancy (Meurthe-et-Moselle).

Dr Stagienski de Holub (Adolphe), 13, rue Gambetta. — Saint-Étienne (Loire).

Stapfer (Daniel), Ing. des Arts et Man., Construc., Sec. gén. de la *Soc. scient. indust.*, 5, boulevard Notre-Dame. — Marseille (Bouches-du-Rhône).

Steinmetz (Charles), Tanneur, 60, rue d'Illzach. — Mulhouse (Alsace-Lorraine). — **R**

Stengelin, Banquier, 9, quai Saint-Clair. — Lyon (Rhône). — **R**

Stéphan (Édouard), Corresp. de l'Inst., Prof. d'Astron. à la Fac. des Sc., Dir. de l'Observatoire, 2, place Le Verrier. — Marseille (Bouches-du-Rhône).

Stéphan (Pierre), Chef des trav. d'Histologie à l'Éc. de Méd., 2, place Le Verrier. — Marseille (Bouches-du-Rhône).

Stern (Edgar), Banquier, 20, avenue Montaigne. — Paris.

*Stiévenart (Arthur), Indust., v.-Présid. de la Ch. de Com. de Béthune, Admin. de Mines, 48, rue de Douai. — Lens (Pas-de-Calais).

Stirrup (Mark), Mem. de la *Soc. géol. de Londres*, High-Thorn Stamford road. — Bowdon (Cheshire) (Angleterre).

Dr Stœber, 66, rue Stanislas. — Nancy (Meurthe-et-Moselle).

Stœcklin (Auguste), Insp. gén. des P. et Ch., 6, avenue de L'Alma. — Paris.

Dr Stóklasa (Jules), Prof. à l'Éc. polytech. sup., Dir. de la Stat. physiol. du royaume de Bohême. — Prague (Autriche-Hongrie).

Storck (Mme Adrien), 78, rue de L'Hôtel-de-Ville. — Lyon (Rhône).

Storck (Adrien), Ing. des Arts et Man., 78, rue de L'Hôtel-de-Ville. — Lyon (Rhône). — **R**

Suais (Abel), Ing. en chef des Trav. pub. des Colonies, Dir. de la *Comp. impériale des Chem. de fer Éthiopiens*, 13, rue Léon-Coignet. — Paris. — **R**

Suarez de Mendoza (Mme Ferdinand), 22, avenue de Friedland. — Paris.

Dr Suarez de Mendoza (Ferdinand), 22, avenue de Friedland — Paris.

Subirana (Luis), Dent., 14, Barquillo. — Madrid (Espagne).

Dr Suchard, 85, boulevard de Port-Royal. — Paris et, l'été, aux bains de Lavey (Vaud) (Suisse). — **F**

Surrault (Ernest), Notaire hon., 45, avenue de L'Alma. — Paris. — **R**

Surun (Émile), Pharm., 165, rue Saint-Honoré. — Paris.

*****Syndicat agricole d'Anjou** (Représenté par M. de La Ferraudière, Président, 5, place de Lorraine. — Angers (Maine-et-Loire).

*****Syndicat des Pharmaciens de l'Indre**. — Châteauroux (Indre).

Dr Szerb (Sigismond), v. Josef-tér, 14. — Budapest (Autriche-Hongrie).

*****Taboury (Félix)**, Prépar. de Chim. à la Fac. des Sc. — Poitiers (Vienne).

*****Tabuteau (Georges)**, Pharm. sup., Prof. sup. à l'Éc. de Méd., 9, place Sainte-Croix. — Angers (Maine-et-Loire).

Dr Tachard (Élie), Méd. princ. de 1re cl. de l'Armée en retraite, 11, rue Monplaisir. — Toulouse (Haute-Garonne). — **R**

Taillefer (Amédée), Cons. hon. à la Cour d'Ap., 27, rue Cassette. — Paris.

Takata et Cie, 1, Yurakucho-Itchome Kojimachi-Ku. — Tokio (Japon).

Tanesse, Prof. de l'Ens. second. en retraite, 53, quai Valmy. — Paris.

Tanner (Alexandre-Alexandrowich), Prof., Cons. d'État. — Pskoff (Russie).

Tanret (Charles), Lauréat de l'Inst., Pharm. de 1re cl., 14, rue d'Alger. — Paris. — **R**

*****Tanret (Georges)**, Étud. en Méd., 14, rue d'Alger. — Paris. — **R**

Tardy (Mme Ve Charles). — Simandre (Ain).

Target (Émile), Fabric. de Prod. chim., 26, rue Saint-Gilles. — Paris.

Tarry (Gaston), anc. Insp. des Contrib. diverses, 19, rue d'Isly. — Alger. — **R**

Tarry (Harold), Insp. des Fin. en retraite, anc. Élève de l'Éc. Polytech., villa Uranie. — Bouzaréa (départ. d'Alger). — **R**

Tastet (Édouard), Nég., 60, quai des Chartrons. — Bordeaux (Gironde).

Tatin (Victor), Ing.-Construc., Lauréat de l'Inst., 14, rue de La Folie-Regnault. — Paris.

Tavernier (Charles de), Ing. en chef des P. et Ch., 67, rue de Prony. — Paris.

Tavernier (Pascal), Présid. du Trib. de Com., 12, rue de La Paix. — Saint-Étienne (Loire).

Dr Teillais (Auguste), place du Cirque. — Nantes (Loire-Inférieure). — **R**

Teisserenc de Bort (Edmond), Agric., Sénateur de la Haute-Vienne, villa de Muret. — Ambazac (Haute-Vienne).

Teisserenc de Bort (Léon), Dir. de l'Observat. de Météorol. dynamique de Trappes, 82, avenue Marceau. — Paris.

Teissier (Joseph), Prof. à la Fac. de Méd., Corresp. nat. de l'Acad. de Méd., Méd. des Hôp., 8, place Bellecour. — Lyon (Rhône). — **R**

Terquem (Paul-Augustin), Prof. d'Hydrog. de la Marine en retraite, 41, rue Saint-Jean. — Dunkerque (Nord).

Terrier (Félix), Prof. à la Fac. de Méd., Mem. de l'Acad. de Méd., Chirurg. hon. des Hôp., 11, rue de Solférino. — Paris.

Terrier (Paul), Ing. civ. 56, rue de Provence. — Paris.

*****Terves (le Comte Léonce de)**, Mem. du Cons. gén. de Maine-et-Loire, château de La Bouvrière. — Grez-Neuville (Maine-et-Loire).

Testut (Léo), Prof. d'Anat. à la Fac. de Méd., Corresp. nat. de l'Acad. de Méd., 3, avenue de L'Archevêché. — Lyon (Rhône). — **R**

Dr Tesson (René), Prof. sup. à l'Éc. de Méd., 11, rue Paul-Bert. — Angers (Maine-et-Loire).

*****Dr Tétau (Joseph)**. — Gesté (Maine-et-Loire).

Teulade (Marc), Avocat, Mem. de la *Soc. de Géog.* et de la *Soc. d'Hist. nat. de Toulouse*, 22, rue Pharaon. — Toulouse (Haute-Garonne). — **R**

Teullé (le Baron Pierre), Prop., Mem. de la *Soc. des Agricult. de France*. — Moissac (Tarn-et-Garonne). — **R**

Teutsch (Jacques), Lic. ès Lettres, 32, place Saint-Georges. — Paris.
Dʳ Texier (Georges). — Moncoutant (Deux-Sèvres). — **R**
Dʳ Texier (Victor), 8, rue Jean-Jacques-Rousseau. — Nantes (Loire-Inférieure).
Thélin (René de), Ing. en chef des P. et Ch. — Tarbes (Hautes-Pyrénées). — **R**
*Thellier de La Neuville (André), Étud., 26, rue des Jardins. — Lille (Nord).
*Thellier de La Neuville (Henri), Étud., 26, rue des Jardins. — Lille (Nord).
*Thellier de La Neuville (Pierre), Élève-Ing. à l'Éc. nat. des P. et Ch., 26, rue des Jardins. — Lille (Nord).
Thénard (Mᵐᵉ la Baronne Vᵉ Paul), 6, place Saint-Sulpice. — Paris. — **R**
Thénard (le Baron Arnould), Chim.-Élect., 6, place Saint-Sulpice. — Paris.
Théry (Raymond), anc. Notaire, 10, place Saint-Jacques. — Tourcoing (Nord).
Thevenet (Antoine), Dir. de l'Éc. prép. à l'Ens. sup. des Sc., 34, rue Hoche. — Alger-Agha.
Thévenet-Le Boul (Jean), Ing. en chef des P. et Ch., 222, rue du Faubourg-Saint-Honoré. — Paris
Thévenin (Armand), Prépar. au Muséum d'Hist. nat., 43, boulevard Henri-IV. — Paris.
*Dʳ Thézée (Henri), Pharm. de 1ʳᵉ cl., Prof. à l'Éc. de Méd., 70, rue de Paris. — Angers (Maine-et-Loire).
Thibault (J.), Tanneur, 18, place du Maupas. — Meung-sur-Loire (Loiret). — **R**
Dʳ Thibierge (Georges), Méd. des Hôp., 7, rue de Surène. — Paris. — **R**
Thiercelin (Alphonse), Dir. de la *Soc. gén.*. — Auxerre (Yonne).
Thierry (Georges), Indust., 37, Bold-street. — Liverpool (Angleterre).
Thiollier (Félix), 27, rue de Grenelle. — Paris.
Thiollier (Noël), Lic. en Droit, Archiv.-Paléog., 22, rue de La Bourse. — Saint-Étienne (Loire).
Thiriez (Alfred), Ing. des Arts et Man., Filat., 308, rue Nationale. — Lille (Nord).
Thirion (Émile), Présid. de la *Soc. d'Hortic. de Senlis*, faubourg de Villevert. — Senlis (Oise).
Thomas (A.), Notaire, 53, route d'Orléans. — Montrouge (Seine).
Thomas (Auguste), Chirurg.-Dent., 26, rue des Lois. — Toulouse (Haute-Garonne).
Thomas (Eugène), Nég., château de La Rouquette. — Villeveyrac (Hérault).
Dʳ Thomas-Duris (René), route d'Eymoutiers. — Bugeat (Corrèze).
Thouroude (Eugène), Doct. en Droit, Commis.-Pris., 32, rue Le Peletier. — Paris.
Thuillier (Onézime), Chirurg.-Dent., 24, rue de L'Hôpital. — Rouen (Seine-Inférieure).
Dʳ Thulié (Henri), Dir. de l'Éc. d'Anthrop., anc. Présid. du Cons. mun., 37, boulevard Beauséjour. — Paris. — **R**
Thurneyssen (Émile), Admin. de la *Comp. gén. Transat.*, 10, rue de Tilsitt. — Paris. — **R**
Thurninger (Albert), Ing. en chef des P. et Ch., 5, rue Cassette. — Paris.
Tillion (Antoine), Prop., 15, rue Sous-les-Augustins. — Clermont-Ferrand (Puy-de-Dôme).
Tison (Adrien), Prépar. à la Fac. des Sc., 32, place Saint-Sauveur. — Caen (Calvados).
Dʳ Tison (Édouard), Doct. ès Sc. nat., Méd. en chef de l'Hôp. Saint-Joseph, 77, boulevard Montparnasse. — Paris.
Tissandier (Albert), Archit., 30, rue des Mathurins. — Paris.
Tisseyre (Albert), 43, rue Boudet. — Bordeaux (Gironde).
Tissié-Sarrus, Banquier, 2, rue du Petit-Saint-Jean. — Montpellier (Hérault) — **F**
Tissot, Examin. d'admis. à l'Éc. Polytech. en retraite. — Voreppe (Isère). — **R**
*Tissot (Camille), Lieut. de vaisseau, Prof. à l'Éc. navale, 2, rue d'Aiguillon. — Brest (Finistère).
Dʳ Tommasini (Paul), 8, boulevard Seguin. — Oran (Algérie).
*Dʳ Topart (Alphonse), 30, boulevard du Château. — Angers (Maine-et-Loire).
Dʳ Topinard (Paul), 105, rue de Rennes. — Paris. — **R**
Dʳ Toraude (Léon), Pharm., 6, rue Marengo. — Paris.
Torrilhon, Fabric. de caoutchouc. — Chamalières par Clermont-Ferrand (Puy-de-Dôme).
Touchard (Ernest), Nég., 97, avenue de Clichy. — Paris.
Dʳ Touche (Rémy), anc. Int. des Hôp., Méd. de l'Hospice. — Limeil-Brévannes (Seine-et-Oise).
Toulon (Paul), Lic. ès Lettres et ès Sc., Ing. en chef des P. et Ch., Attaché à la *Comp. des Chem. de fer de l'Ouest*, 75, rue Madame. — Paris.
Tourneux (Jean-Paul), Étud. en Méd., 14, rue Sainte-Philomène. — Toulouse (Haute-Garonne).
Tourniel (Paul), Prop., 3, rue Herschel. — Paris.
Tourtoulon (le Baron Charles de), Prop., 13, rue Roux-Alphéran. — Aix en Provence (Bouches-du-Rhône). — **R**
Toussaint (Mˡˡᵉ J.), 7, rue de Bruxelles. — Paris.
Touvet-Fanton (Ed.), Chirurg.-Dent., 38, boulevard de Sébastopol. — Paris.

Trabaud (Pierre), anc. Dir. de l'*Acad. des Sc., Lettres et Arts*, 11, boulevard Baille. — Marseille (Bouches-du-Rhône).

***Dr Trabut (Louis)**, Prof. à l'Éc. de Méd., Méd. de l'Hôp. civ., 7, rue Desfontaines. — Alger-Mustapha.

Trabut-Cussac (Paul), Prop., 6, quai Louis-XVIII. — Bordeaux (Gironde)..

Travet (Antoine), Prop. — Crécy en Brie (Seine-et-Marne).

Trébucien (Ernest), Manufac., 25, cours de Vincennes. — Paris. — **F**

Treilhes (Émile), Chef du serv. còm. des *Mines de Carmaux*, 41, rue d'Auriol. — Toulouse (Haute-Garonne).

***Trélat (Émile)**, Ing. des Arts et Man., Archit. en chef hon. du départ. de la Seine, Prof. hon. au Conserv. nat. des Arts et Mét., Dir. de l'Éc. spéc. d'Archit., anc. Député, 17, rue Denfert-Rochereau. — Paris. — **R**

Trélat (Gaston), Archit., 9, rue du Val-de-Grâce. — Paris.

Trenquelléon (Fernand de), Prop., 5, place de La République. — Agen (Lot-et-Garonne).

Trépied (Charles), Dir. de l'Observatoire. — Bouzaréa (départ. d'Alger).

Trey (César de), Nég., 54, Shaftesbury avenue. — Londres (Angleterre).

Trincaud la Tour (Émile de), Banquier, 7, cours du Jardin-Public. — Bordeaux (Gironde).

Dr Tripet (Jules), 2, rue de Còmpiègne. — Paris.

Troost (Louis), Mem. de l'Inst., Prof. hon. de Chim. à la Fac. des Sc., 84, rue Bonaparte. — Paris.

Trouette (Édouard), Pharm. de 1re cl., Fabric. de Prod. pharm., 15, rue des Immeubles-Industriels. — Paris.

Trutat (Eugène), Doct. ès Sc., anc. Dir. du Musée d'Hist. nat. de Toulouse, rue du Lycée. — Foix (Ariège).

Trystram (Jean-Baptiste), Sénateur et Mem. du Cons. gén. du Nord, 95, rue de Rennes. — Paris.

Tuleu (Mme Charles, Aubin), 58, rue d'Hauteville. — Paris. — **R**

Tuleu (Charles, Aubin), Ing. civ., anc. Élève de l'Éc. Polytech., 58, rue d'Hauteville. — Paris. — **R**

Turc (Henri), Lieut. de vaisseau à bord du *Bouvet*, Escadre de la Méditerranée. — Toulon (Var).

***Turpain (Mme Albert)**, 4, rue Vauvert. — Poitiers (Vienne).

***Turpain (Albert)**, Doct. ès Sc., Prof. adj. de Phys. à la Fac. des Sc., 4, rue Vauvert. — Poitiers (Vienne),

***Dr Turpault (Paul)**, 15, rue Lenepveu. — Angers (Maine-et-Loire).

***Turquan (Mme Victor)**, 158, boulevard de La Croix-Rousse. — Lyon (Rhône).

***Turquan (Victor)**, Mem. du Cons. sup. de Statistique, Recev.-Percept., 158, boulevard de La Croix-Rousse. — Lyon (Rhône). — **R**

Urscheller (Henri), Prof. d'allemand au Lycée, 83, rue de Siam. — Brest (Finistère). — **R**

***Urseau (le Chanoine Charles)**, Corresp. du Min. de l'Instruct. pub., Prof. à la Fac. libre de Théol, 4, rue du Parvis-Saint-Maurice. — Angers (Maine-et-Loire).

Ussel (le Comte d'), Insp. gén. des P. et Ch., 4, rue Bayard. — Paris.

Dr Vaillant, Dir. de la Pharm. Raspail, 40, rue du Temple. — Paris.

Vaillant (Alcide), Archit., 108, avenue de Villiers. — Paris. — **R**

Dr Vaillant (Léon), Prof. au Muséum d'Hist. nat., 36, rue Geoffroy-Saint-Hilaire. — Paris. — **R**

Dr Valcourt (Théophile de), Méd. de l'Hôp. marit. de l'Enfance. — Cannes (Alpes-Maritimes), et l'été, 64, boulevard Saint-Germain. — Paris. — **R**

Valette (Ernest), Ing.-Expert, 1, rue Saint-Ferréol. — Marseille (Bouches-du-Rhône).

Vallot (Joseph), Dir. de l'Observat. météorol. du Mont-Blanc, 114, avenue des Champs-Élysées. — Paris. — **R**

Valot (Paul), Doct. en Droit, Avocat, rue Kléber. — Lure (Haute-Saône). — **R**

Van Aubel (Edmond), Doct. ès Sc. Phys. et Math., Chargé de cours à l'Univ., 136^t, chaussée de Courtrai. — Gand (Belgique). — **R**

Van Blarenberghe (Mme Henri, François), 48, rue de La Bienfaisance. — Paris. — **R**

Van Blarenberghe (Henri, François), Ing. en chef des P. et Ch. en retraite, Présid. du Cons. d'admin. de la *Comp. des Chem. de fer de l'Est*, 48, rue de La Bienfaisance. — Paris. — **R**

Van Blarenberghe (Henri, Michel), Ing. des P. et Ch., 48, rue de La Bienfaisance. — Paris. — **R**

Van Iseghem (Henri), Présid. du Trib. civ., anc. Mem. du Cons. gén. de la Loire-Inférieure, 7, rue du Calvaire. — Nantes (Loire-Inférieure). — **R**

Van Tiéghem (Philippe), Mem. de l'Inst., Prof. au Muséum d'Hist. nat., 22, rue Vauquelin. — Paris. — **R**

Vandelet (O.), Nég., Délég. du Cambodge au Cons. sup. des Colonies. — Pnumpehn (Cambodge). — **R**

Varin (Achille), Doct. en Droit, Avocat à la Cour d'Ap., 140, boulevard Haussmann. — Paris.

Variot, Ing. civ., 13, rue de Constantine. — Lyon (Rhône).

Varlé (Paul), Ing. civ., Dir. du Bureau de Paris de la *Comp. de Courrières*, 3, rue Mogador. — Paris.

Varoquier, Vétér., 19, rue Saint-Georges. — Paris.

Vaschalde (Henry), Dir. de l'Établis. therm. — Vals-les-Bains (Ardèche).

Vasnier (Henri), Associé de la Maison Pommery, 7, rue Vauthier-le-Noir. — Reims (Marne).

Vassal (Alexandre). — Montmorency (Seine-et-Oise) et, 55, boulevard Haussmann. — Paris. — **R**

*D*r Vassiliou (Démètre), 53, rue Pirée-Socrate. — Athènes (Grèce).

Vattier (Jean-Baptiste), Prof. d'Hydrog. de la Marine en retraite, 5, place du Calvaire. — Paris.

*Vaudrey (Paul), Ing.-Construct. élect., 79 *bis*, boulevard Magenta. — Paris.

D*r Vautherin, 5, rue du Repos. — Belfort.

Vautier (Théodore), Prof. adj. à la Fac. des Sc., 30, quai Saint-Antoine. — Lyon (Rhône). — **R**

D*r Vautrin (Alexis), Agr. à la Fac. de Méd., 45, cours Léopold. — Nancy (Meurthe-et-Moselle).

Vayson (Jean, Antoine), Mem. de la *Soc. française d'Archéol.* et de la *Société d'Émulation.* — Abbeville (Somme).

Vélain (Charles), Prof. à la Fac. des Sc., 9, rue Thénard. — Paris.

Velten (Eugène), Admin. de la *Banque de France*, Mem. de la Ch. de Com., Présid. de la *Soc. anonyme des Brasseries de la Méditerranée*, 42, rue Bernard-du-Bois. — Marseille (Bouches-du-Rhône).

Venet (le Commandant Paul), 68 *bis*, rue Jouffroy. — Paris.

D*r Verchère (Fernand), Chirurg. de Saint-Lazare, 101, rue du Bac. — Paris.

Verdet (Gabriel), anc. Présid. du Trib. de Com. — Avignon (Vaucluse). — **F**

Verdier (A.), Libr., 35, rue du Commerce. — Blois (Loir-et-Cher).

Verdin (Charles), Construc. d'inst. de précis. pour la Physiol., 7, rue Linné. — Paris.

Vergely, Prof. à la Fac. de Méd., Corresp. nat. de l'Acad. de Méd., Méd. des Hôp., 3, rue Guérin. — Bordeaux (Gironde).

D*r Verger (Théodore). — Saint-Fort-sur-Gironde (Charente-Inférieure). — **R**

Vergnes (Auguste), Planteur à Mayumba (Congo français), 2, rue des Jardins. — Castres (Tarn). — **R**

Verley (M*me Marcel), 4, rue Thimonnier. — Paris.

Verley (Marcel), Archit., 4, rue Thimonnier. — Paris.

Verminck (G., A.), Fabric. d'huiles, 55, cours Pierre-Puget. — Marseille (Bouches-du-Rhône).

Vermorel (Victor), Construc., Dir. de la Stat. vitic. — Villefranche-sur-Saône (Rhône). — **R**

Verneuil (Christian de), Ing. civ. attaché aux Études du *Crédit. Lyonnais*, 117, rue de Courcelles. — Paris.

Verney (Noël), Doct. en Droit, Avocat à la Cour d'Ap., 4, rue du Jardin-des-Plantes. — Lyon (Rhône). — **R**.

Verrine (M*lle), 14, place Saint-Martin. — Caen (Calvados).

*Vétillard (l'Abbé Ernest), Sec. gén. de l'Éc. sup. libre d'Agric., 9, rue du Quinconce. — Angers (Maine-et-Loire).

Veyrin (Émile), 2 *ter*, rue Herran. — Paris. — **R**

Vial (Paulin), Cap. de Frégate en retraite, anc. Résid. sup. au Tonkin, 2, place Victor-Hugo. — Grenoble (Isère).

Vialay (Alfred), Ing. des Arts et Man., 1, rue de La Chaise. — Paris.

Viau (Georges), Chirurg.-Dent. diplômé de la Fac. de Méd., Prof. à l'Éc. dentaire de Paris, 47, boulevard Haussmann. — Paris.

Viault (François), Prof. à la Fac. de Méd., place d'Aquitaine. — Bordeaux (Gironde).

*Vichot (M*me Julien), 6, rue de La Barre. — Lyon (Rhône).

*Vichot (Julien), Chirurg.-Dent., 6, rue de La Barre. — Lyon (Rhône).

*Vichot (Lucien), Chirurg.-Dent., 8 *bis*, boulevard de Saumur. — Angers (Maine-et-Loire).

Vidal (M*me V*e), 22, rue Dauzats. — Bordeaux (Gironde).

D*r Vidal (Edmond), Rédac. en chef des *Archives de Thérapeutique*, 24, rue Mogador. — Paris.

D*r Vidal (Émile), Méd. de la *Comp. des Chem. de fer de Paris à Lyon et à la Méditerranée*. — Hyères (Var).

Vidal (Gustave), Botan. — Plascassiers par Grasse (Alpes-Maritimes).

Vidal (Léon), Prof. à l'Éc. nat. des Arts décoratifs, 29, avenue Henri-Martin. — Paris et château de La Gaffette. — Port-de-Bouc (Bouches-du-Rhône).

Vidal (Paul), Ing. des P. et Ch., 307, boulevard de Caudéran. — Bordeaux (Gironde).

Vidal (Mme Raphaël), 23, quai Vauban (place des Tanneries). — Perpignan (Pyrénées-Orientales).

Vidal (Raphaël), Chirurg.-Dent., 23, quai Vauban (place des Tanneries). — Perpignan (Pyrénées-Orientales).

Dr **Vidal-Puchals (Joseph)**, Colòn, 2. — Valence (Espagne).

Vieille (Paul), Ing. en chef des Poudres et Salpêtres, Prof. à l'Éc. Polytech., 12, quai Henri-IV. — Paris.

Vieille-Cessay (l'Abbé François), Dir. au Grand-Séminaire, 12, rue Charles-Nodier. — Besançon (Doubs). — **R**

Dr **Viennois (Louis, Alexandre)**. — Peyrins par Romans (Drôme). — **R**

Vigarié (Émile), Expert-Géom. — Laissac (Aveyron).

Vignard (Charles), Lic. en Droit, Nég., anc. Juge au Trib. de Com., anc. Mem. du Cons. mun., 16, passage Saint-Yves. — Nantes (Loire-Inférieure). — **R**

Vignes (Léopold), Prop., 4, rue Michel-Montaigne. — Bordeaux (Gironde).

Vignon (Jules), Rent., 45, avenue de Noailles. — Lyon (Rhône). — **F**

Vignon (Louis), Maître des requêtes au Cons. d'État, Prof. à l'Éc. coloniale, Lauréat de l'Inst., 4, rue Gounod. — Paris. — **R**

Dr **Viguïé (J.)**, rue de La République. — Montauban (Tarn-et-Garonne).

Dr **Viguier (C.)**, Doct. ès-Sc., Prof. à l'Éc. prép. à l'Ens. sup. des Sc., 2, boulevard de La République. — Alger. — **R**

Viguier (François), Vétér., rue Léon-Cladel. — Montauban (Tarn-et-Garonne).

Vilar (Antonio), Dent., 3, calle de Los Derechos. — Valence (Espagne).

Villain (Mme), 5, rue Médicis. — Paris.

Dr **Villar (Francis)**, Agr. à la Fac. de Méd., Chirurg. des Hôp., 9, rue Castillon. — Bordeaux (Gironde). — **R**

Villard (Pierre), Doct. en Droit, 29, quai Tilsitt. — Lyon (Rhône). — **R**

Villaret, 13, rue Madeleine. — Nîmes (Gard).

Ville (Alphonse), Sénateur de l'Allier, rue d'Allier. — Moulins (Allier).

Ville (Mme Ve Georges), 30, cours La Reine. — Paris.

Ville d'Ernée (Mayenne). — **F**

Ville de Marseille (Bouches-du-Rhône). — **F**

Ville de Reims (Marne). — **F**

Ville de Remiremont (Vosges).

Ville de Rouen (Seine-Inférieure). — **F**

Villeréal-Lassaigne (Paul), Notaire. — Fumel (Lot-et-Garonne).

Villiers du Terrage (le Vicomte de), 30, rue Barbet-de-Jouy. — Paris. — **R**

Vincens (Charles), Dir. de l'*Acad. des Sc., Lettres et Arts*, 16, rue Pavillon. — Marseille (Bouches-du-Rhône).

Dr **Vincent**, Chirurg. de l'Hôp. civ., Prof. à l'Éc. de Méd., 13, rue d'Isly. — Alger.

Vincent (Auguste), Nég., Armat., 14, quai Louis-XVIII. — Bordeaux (Gironde). — **R**

Vincent (Louis), Ing. des Arts et Man., Dir. de la *Soc. Montalbanaise d'Élect.*, 13, rue de La Mairie. — Montauban (Tarn-et-Garonne).

Dr **Vinerta**. — Oran (Algérie).

Violle (Jules), Mem. de l'Inst., Maître de Conf. à l'Éc. norm. sup., Prof. au Conserv. nat. des Arts et Mét., 89, boulevard Saint-Michel. — Paris. — **R**

Viré (Armand), Doct. ès Sc., Lauréat de l'Inst., Attaché au Muséum d'Hist. nat., 21, rue Vauquelin. — Paris.

Dr **Viron (Lucien)**, Pharm. de La Salpêtrière, Rédac. en chef de *l'Union pharm.*, 47, boulevard de L'Hôpital. — Paris.

Dr **Vitrac (Junior)**, anc. Chef de Clin. chirurg. à la Fac. de Méd. de Bordeaux, 56, rue Gambetta. — Libourne (Gironde). — **R**

Vivenot (Henry), Ing. en chef des P. et Ch. en retraite, 70, boulevard Saint-Michel. — Paris.

Vizern (Marius), Pharm. de 1re cl., 54, rue Vacon. — Marseille (Bouches-du-Rhône).

Vogley (Charles), Consul de Belgique. — Oran (Algérie).

Vogt (Georges), Ing. des Arts et Man., Dir. des Trav. techniques à la Manufac. nat. de porcelaines. — Sèvres (Seine-et-Oise).

Voisin (Honoré), Dir. des *Mines de Roche-la-Molière et Firminy*, anc. Élève de l'Éc. Polytech. — Firminy (Loire).

Voisin-Bey (Philippe), Insp. gén. des P. et Ch. en retraite, 3, rue Scribe. — Paris.

Vourloud (Gustave), Ing. civ., Indust. — Oullins (Rhône).

Vrana (Constantin), Lic. ès Sc., 48, caléa Dorobantilor. — Bucarest (Roumanie).

Vuibert (Henry), Publiciste, 26, rue des Écoles. — Paris.

Vuillemin (Georges), Ing. civ. des Mines, 6, avenue de Saint-Germain. — Saint-Germain-en-Laye (Seine-et-Oise). — **R**

Vuillemin (Jules), Ing. des Arts et Man., 85, rue de La Victoire. — Paris.

Vuillemin (Paul), Prof. à la Fac. de Méd. de Nancy, 16, rue d'Armance. — Malzéville (Meurthe-et-Moselle).

Vulpian (André), Lic. ès Sc. nat., 51, avenue Montaigne. — Paris. — **R**

Walbaum (Édouard), Manufac., 20, boulevard Lundy. — Reims (Marne).

Wallon (Étienne), Prof. au Lycée Janson-de-Sailly, 65, rue de Prony. — Paris.

Dr Walther (Charles), Agr. à la Fac. de Méd., Chirurg. des Hôp., 21, boulevard Haussmann. — Paris.

Warcy (Gabriel de), 38, rue Saint-André. — Reims (Marne). — **R**

Dr Wecker (Louis de), 55, rue du Cherche-Midi. — Paris.

Weiller (Lazare). Ing.-Manufac. — Angoulême (Charente), et 36, rue de La Bienfaisance. — Paris.

Dr Weisgerber (Charles, Henri), 62, rue de Prony. — Paris.

Dr Weiss (Georges), Ing. des P. et Ch., Agr. à la Fac. de Méd., 20, avenue Jules-Janin. — Paris. — **R**

Wenz (Émile), Nég., 50, boulevard Lundy. — Reims (Marne). — **R**

West (Émile), Ing. des Arts et Man., Chef du Lab. d'essais à la *Comp. des Chem. de fer de l'Ouest*, 29, rue Jacques-Dulud. — Neuilly-sur-Seine (Seine).

Wickersheimer (Émile), Ing. en chef des Mines, anc. Député, 11, chaussée de La Muette. — Paris.

Dr Wickham (Henri), 16, rue de La Banque. — Paris.

Wilhélem (Mme Georges), 24, rue des Minimes. — Compiègne (Oise).

Wilhélem (Georges), Lic. en Droit, Notaire, 24, rue des Minimes. — Compiègne (Oise).

Willm, Prof. de Chim. gén. appliq. à la Fac. des Sc. (Inst. de Chimie), rue Barthélemy-Delespaul. — Lille (Nord). — **R**

Winter (David), Nég., 3, avenue Vélasquez. — Paris.

***Winter (Justin)**, Chef de Lab. à la Fac. de Méd., 44, rue Saint-Placide. — Paris.

Witz (Joseph), Nég. — Épinal (Vosges).

Wolf (Charles), Mem. de l'Inst., Prof. à la Fac. des Sc., Astron. hon. à l'Observatoire nat. 1, rue des Feuillantines. — Paris.

***Wouters (Louis)**, Homme de Lettres, anc. Chef de Cabinet de Préfet, 80, rue du Rocher — Paris. — **R**

Yacht-Club de France. — **R**

Yver (Paul), Manufac., anc. Élève de l'Éc. Polytech. — Briare (Loiret). — **F**

Yvernat (Mme V^e), 3, rue du Viel-Renversé. — Lyon (Rhône).

Dr Yvon (Édouard). — Cinq-Mars-la-Pile (Indre-et-Loire).

Yvonneau (Alfred), Artiste-Peintre, 14, rue de La Butte. — Blois (Loir-et-Cher).

***Zaborowski**, Publiciste, Prof. adj. à l'Éc. d'anthrop., Archiv. de la *Soc. d'Anthrop. de Paris.*, — Thiais (Seine).

Zegers (Luis), Prof. à l'Univ., Ing. des Mines, 1262, rue Augustinos. — Santiago (Chili).

Zeiller (René), Mem. de l'Inst., Ing. en chef des Mines, 8, rue du Vieux-Colombier. — Paris. — **R**

Zenger (Charles, V.), Mem. de l'Acad. des Sc. de l'Empereur François-Joseph Ier, Prof. de Phys. et d'Astro. phys. à l'Éc. polytech. slave, 7/III, Palais Lobkovic. — Prague (Autriche-Hongrie).

Ziegler (Henri), Ing. civ., 14, avenue Raphaël. — Paris.

Ziffer (Emmanuel, A.), Ing. civ., Présid. des *Chem. de fer Lemberg-Czernowitz-Jassy*, 5, Operuring. — Vienne (Autriche).

Zindel (Édouard), Ing. princ. à la Soudière de la *Comp. de Saint-Gobain*. — Chauny (Aisne). — **R**

Dr Zipfel, Prof. sup. à l'Éc. de Méd., Mem. du Cons. mun., 27, rue Buffon. — Dijon (Côte-d'Or).

Zivy (Paul), Ing. des Arts et Man., 148, boulevard Haussmann. — Paris. — **R**

Zuber (Ernest), Manufac., île Napoléon. — Rixheim (Alsace-Lorraine).

Zürcher (Philippe), Ing. en chef des P. et Ch., 14, allée des Fontainiers. — Digne (Basses-Alpes).

ASSOCIATION FRANÇAISE

POUR

L'AVANCEMENT DES SCIENCES

Fusionnée avec

L'ASSOCIATION SCIENTIFIQUE DE FRANCE

(Fondée par Le Verrier en 1864)

CONFÉRENCES DE PARIS

1903

M. HOMOLLE

Membre de l'Institut, Directeur de l'École française d'Athènes.

LES FOUILLES DE L'ÉCOLE FRANÇAISE A DELPHES

— 20 janvier —

M. DYBOWSKI

Inspecteur général de l'Agriculture aux Colonies, Directeur du Jardin Colonial.

L'ENSEIGNEMENT DE L'AGRICULTURE COLONIALE

— 22 janvier —

1

M. Raphaël-Georges LÉVY

Professeur à l'École libre des Sciences politiques.

LES TRUSTS

— 3 février —

M. TASSILLY

Docteur ès sciences,
Chef des travaux pratiques à l'École municipale de Physique et de Chimie industrielles.

LES DIVERS PROCÉDÉS D'ÉCLAIRAGE PAR COMBUSTION

— 10 février —

Mesdames, Messieurs,

L'industrie de l'éclairage est aussi ancienne que le monde, car ce fut une obligation pour les hommes, à l'origine des temps, de produire artificiellement la lumière que la nature leur refusait à intervalles réguliers. Les procédés d'éclairage d'abord rudimentaires se perfectionnèrent lentement, l'art tenant plus de place que la science dans ce développement.

Il faut arriver au XIXᵉ siècle, pour constater l'apparition d'une série de découvertes formant jusqu'à nos jours une chaîne continue, dont chaque maillon est digne de fixer notre attention.

Pendant que l'éclairage par combustion marchait de conquêtes en conquêtes, l'éclairage électrique faisait son apparition et ne tardait pas à lui disputer le terrain.

Laissant de côté ce rival dangereux, qui puise son énergie à une source différente, il me reste à vous esquisser, à grands traits, l'histoire des procédés d'éclairage par combustion ; mais au préalable et pour mieux définir ce qu'on entend par *combustion*, prenons quelques exemples de réactions simples.

Quand on brûle du charbon, expérience banale, à la portée de tout le monde, on transforme le carbone qu'il contient en gaz : oxyde de carbone ou acide carbonique, suivant la quantité d'air qu'on lui fournit. Une particule de *carbone* exige une particule d'*oxygène* pour se transformer en oxyde de carbone. Il lui en faut deux pour donner de l'acide carbonique.

Pour passer de l'oxyde de carbone à l'acide carbonique, il suffit de le brûler au contact de l'air, ce qui correspond à la fixation de la deuxième particule d'oxygène. Inversement l'acide carbonique, passant sur une colonne de charbon au rouge, reprend la forme oxyde de carbone ; ce qui explique le danger que présente l'emploi de certains appareils de chauffage, étant donnée la toxicité bien connue de ce gaz.

Prenons maintenant l'*hydrogène*, ce gaz très léger employé pour gonfler les ballons ; il peut brûler au contact de l'air en donnant de la vapeur d'eau, phénomène analogue aux précédents.

Passons à des corps plus complexes et adressons-nous à un gaz, l'acétylène, et à un liquide, la benzine, corps formés tous deux de carbone et d'hydrogène, et présentant des liens de parenté tellement étroits que M. Berthelot a montré que l'on pouvait passer du premier au second, par simple intervention de la chaleur.

Ces corps vont brûler en donnant de l'acide carbonique et de la vapeur d'eau résultant de l'oxydation de leurs éléments constitutifs, le carbone et l'hydrogène, par un mécanisme identique à celui indiqué pour le carbone et pour l'hydrogène pris isolément.

Le bois pour brûler subit des modifications plus profondes ; les tissus formés surtout de cellulose, c'est-à-dire constitués avec les éléments : carbone, hydrogène, oxygène, sont désorganisés. Il se produit des phénomènes de régression tendant à la formation de substances moins complexes que la cellulose, gazéifiables et de plus en plus simples à mesure que la température s'élève, jusqu'au moment où en présence de l'air elles brûlent en donnant de l'acide carbonique et de la vapeur d'eau.

Il en sera de même de toutes les substances capables de nous intéresser au point de vue éclairage, soit qu'elles affectent ordinairement la forme gazeuse, soit qu'elles aient été gazéifiées avec ou sans décomposition préalable. Toutes sont susceptibles de brûler en donnant comme termes définitifs de la réaction de l'acide carbonique et de la vapeur d'eau.

De ces exemples on peut tirer les conclusions suivantes :

On entend par combustible toute substance capable de brûler aux dépens de l'oxygène de l'air, ce gaz étant considéré comme *agent comburant*, et l'on désigne par le mot *combustion* tout phénomène présentant ces caractères.

Industriellement, on appelle combustible une substance pouvant constituer une source exploitable de *chaleur* ou de *lumière*, la *flamme* étant toujours une vapeur ou un gaz en combustion.

C'est à ce dernier point de vue seulement que nous nous placerons, classant immédiatement les procédés d'éclairage par combustion en deux groupes :

1° Éclairage par combustion de corps naturellement solides, liquides ou gazeux ;

2° Éclairage par incandescence de solides provoquée par la combustion de corps naturellement liquides ou gazeux.

Montrons la raison de ce groupement.

Dans les procédés rattachés au premier groupe, la substance combustible se suffit à elle-même. Il n'y a qu'à régler, au moyen d'un dispositif approprié, les proportions relatives de combustible et d'air pour obtenir le meilleur rendement en lumière.

Au contraire, dans les systèmes relevant du deuxième groupe, le combustible devient une source de chaleur permettant de porter à l'incandescence un corps solide judicieusement choisi et qui constitue, dans ces conditions, le foyer lumineux.

On peut avec le même appareil obtenir successivement ces résultats.

Prenons un brûleur à gaz de laboratoire, du type Bunsen ; si l'on ménage l'afflux d'air, la combustion du gaz au centre de la flamme est incomplète ; il se forme des particules de carbone incandescent et, par suite, il y a production de lumière.

La combustion s'achève sur le pourtour de la flamme avec un dégagement relativement faible de chaleur.

Si l'on supprime complètement l'air, la flamme devient fuligineuse et contient en suspension du noir de fumée, c'est-à-dire du charbon non brûlé, fait qu'il est facile de mettre en évidence et qui se reproduit chaque fois qu'un appareil d'éclairage fonctionne mal.

Si maintenant nous produisons un violent appel d'air, la flamme cesse d'être éclairante, mais devient très chaude et propre à porter à l'incandescence un corps solide, comme du platine, métal inoxydable par essence, ou un oxyde métallique dans lequel le métal, ayant épuisé son affinité pour l'oxygène, se trouve par cela même incapable d'en fixer une nouvelle quantité.

En réalité, c'est toujours l'incandescence qui engendre la lumière, car, dans l'éclairage par simple combustion des solides, des liquides ou des gaz, toujours ramenés à cette dernière forme, on peut admettre, en vertu de l'expérience précédente, qu'il y a en quelque sorte *auto-incandescence*.

Ces notions de théorie épuisées, entrons dans le domaine des faits en suivant l'ordre qui préside à notre groupement.

Les premières *chandelles* furent des torches de *résine* qui ne sont plus guère employées que dans quelque village des Landes et dans nos grandes villes à l'occasion de réjouissances publiques. On les voit encore entre les mains des pompiers pendant les incendies, et il faut avouer que, dans ce cas, la flamme rouge et fuligineuse de ces torches ne semble pas déplacée dans le cadre tragique où se meuvent ceux qui en sont porteurs.

En ce qui concerne l'éclairage domestique il y a mieux ; aussi la chandelle fut-elle à son origine, au xiie siècle, considérée comme une merveille, aujourd'hui bien déchue de son ancienne splendeur. On la préparait par le procédé dit *à la baguette*, consistant à arroser avec du suif fondu les mèches suspendues au-dessus d'un vase contenant la matière grasse. On laissait refroidir ; puis on recommençait, autant de fois qu'il était nécessaire, jusqu'à obtention de la grosseur désirée. Il ne restait plus qu'à parer les extrémités des chandelles et à les rouler sur une plaque de bois ou de marbre pour leur donner une forme régulière.

Vers le xviiie siècle, les chandelles de *blanc de baleine* firent leur apparition.

On sait que cette substance se trouve dans la cavité crânienne des *cachalots*, d'où il résulte qu'elle ne saurait se prêter à des transactions importantes.

Au commencement du siècle dernier, l'étude des corps gras, due en grande partie à Chevreul, conduisit à la fabrication de la stéarine ou, plus exactement, de l'acide stéarique.

Les *corps gras* sont des combinaisons de *glycérine* et d'acides gras, notamment les acides stéarique et palmitique, tous deux solides, et l'acide oléique liquide. Si ce dernier prédomine, le *corps gras* est *liquide* et constitue une *huile* ; si au contraire les *acides solides* l'emportent en quantité, on se trouve en présence d'un corps gras concret comme le *suif* et le *beurre de palme*, ce dernier d'un beau rouge. Ces deux substances sont précisément les *matières premières* de la fabrication de l'*acide stéarique,* vulgairement *stéarine,* produit actuellement le plus employé pour la confection des *bougies.*

Il convient cependant de citer la *paraffine* extraite par refroidissement des huiles lourdes de pétrole, et la *cérésine* provenant d'une cire naturelle, l'*ozokérite,* dont le gisement principal est en Galicie. La *paraffine brute* et l'*ozokérite* sont soumises à des traitements ne différant que dans les détails et ayant pour objet d'obtenir des matières suffisamment décolorées et purifiées pour pouvoir répondre aux usages auxquels on les destine, notamment la fabrication des bougies. Ces produits sont le plus souvent employés en mélange avec l'acide stéarique.

Quant à la *cire,* bien qu'utilisée dès le ive siècle pour la confection des chandelles, son prix élevé en a toujours restreint l'emploi et c'est encore aujourd'hui un éclairage de luxe à peu près réservé aux églises.

La mèche constitue un organe important de la bougie ; autrefois, on était obligé de moucher les chandelles afin d'éliminer les résidus de la mèche.

On employait pour cela des mouchettes parfois très artistiques, mais n'ayant plus actuellement d'intérêt que pour les collectionneurs.

Des travaux dus à Gay-Lussac, Chevreul, Cambacérès, de Milly, permirent de résoudre le problème d'une manière pratique.

A cet effet, la mèche est tissée de telle façon qu'elle se courbe à mesure que la bougie brûle. Son extrémité se trouve ainsi portée en dehors de la flamme, et comme le tissu a été imprégné de phosphate d'ammoniaque ou d'acide borique, il s'y forme une perle vitreuse emprisonnant la cendre et se détachant d'elle-même sous l'influence de son propre poids.

Dans une bougie qui brûle, les matière grasses ou autres entrent en fusion et sont portées, par l'intermédiaire de la mèche, dans la flamme où elles se transforment en gaz combustible d'une manière continue.

La bougie est une *usine à gaz* minuscule.

Les diverses qualités de bougie se préparent actuellement par moulage. Je mets sous vos yeux quelques-uns des moules affectés à cet usage : l'un primitif avec un disque perforé pour fixer la mèche à la partie supérieure au fond de l'entonnoir et une chevillle de bois pour jouer le même rôle à la partie inférieure ; un autre où la cheville de bois est remplacée par une pièce métallique ; un troisième pouvant se visser sur une bassine permettant de remplir en une seule coulée un certain nombre de moules. Après coulage et refroidissement, les bougies sont extraites du moule. Dans les machines une tige creuse formant piston chasse la bougie de bas en haut, tandis qu'en descendant elle place la mèche dans l'axe du moule rendu libre pour une deuxième coulée. A l'aide de ces machines comme en construit la maison *Morane,* l'opération du moulage devient presque automatique.

Voici des bougies de stéarine, de cire et de paraffine ; elles diffèrent suffisamment d'aspect pour qu'on puisse préciser aisément leur nature.

L'éclairage au moyen des *lampes à huile,* jadis fort en honneur, tend à disparaître. On employait à cet usage de très nombreuses variétés d'huiles grasses végétales ou animale, parmi lesquelles je citerai, comme étant les plus importantes, l'huile de *colza,* l'huile d'*œillette* et l'huile de *navette,* provenant des graines du chou colza, du pavot et du chou navet, dont voici des échantillons obligeamment fournis par la maison *Vilmorin-Andrieux,* à côté des huiles correspondantes. L'huile est extraite d'une manière très simple. Les graines sont soumises à la presse après avoir été au préalable broyées et mouillées le plus souvent à chaud. L'huile s'écoulant de la presse est recueillie, traitée par l'acide sulfurique qui carbonise les mucilages en suspension, puis lavée à l'eau et filtrée sur un lit de sciure de bois où elle se dessèche.

La force motrice nécessaire à cette industrie était fournie autrefois par les moulins à vent qu'on peut voir encore en assez grand nombre dans nos départements du Nord et surtout en Hollande où ils servent aujourd'hui le plus souvent à d'autres usages. En voici deux dans un cadre charmant, tout près de Ryswick, sur les bords du canal reliant Delft à La Haye.

La lampe à huile, si longtemps en usage, n'est pas encore complètement abandonnée de nos jours. Cette longue carrière lui a valu une série de transformations qui ont eu pour effet de modifier considérablement son aspect et son fonctionnement.

La lampe antique se composait d'un vase en métal ou en poterie, ouvert ou fermé et, dans ce dernier cas, présentant deux ouvertures, l'une pour le passage de la mèche, l'autre servant pour le remplissage et permettant l'accès de l'air à l'intérieur.

En voici quelques exemplaires à des degrés divers de perfectionnement : une lampe grecque, deux lampes romaines et d'autres relativement plus modernes.

Parmi les lampes anciennes il en est une célèbre entre toutes, qui se balance encore à la voûte de la cathédrale de Pise. C'est en la regardant osciller que Galilée fut conduit à énoncer les lois du pendule.

L'un des inconvénients de la lampe antique résulte de ce fait que, le niveau du liquide s'abaissant, l'alimentation de la mèche devient de plus en plus faible. On a essayé d'y remédier en créant la lampe à réservoir latéral encore actuellement en usage, mais le plus souvent alimentée au pétrole.

Cet appareil est basé sur le principe des vases communiquants, la stabilité du niveau dans le réservoir latéral étant assurée au moyen d'une bouteille d'huile renversée dont le col arrive au contact de l'huile du réservoir.

Dès que le niveau baisse dans le bec et, par suite, dans le réservoir latéral, l'orifice de la bouteille est dégagé, une certaine quantité d'air pénètre dans la lampe et une quantité correspondante de liquide s'écoulant dans le réservoir vient rétablir le niveau primitif.

Si, dans cet appareil schématique, nous faisons baisser artificiellement le niveau, les phénomènes annoncés vont se produire.

La première lampe mécanique est due à Carcel qui l'imagina en 1800. Elle est constituée de manière à pouvoir mettre en mouvement une pompe qui aspire l'huile et la refoule dans un tube jusqu'au bec.

La lampe Carcel doit à la fixité de la lumière qu'elle fournit d'être encore employée aujourd'hui en France comme étalon de lumière, dans les mesures photométrique ayant pour objet de déterminer, par comparaison, la valeur des différentes sources umineuses.

D'un prix élevé, la lampe Carcel a été avantageusement remplacée par la *lampe modérateur*, créé par Franchot, et comprenant deux organes principaux le moteur et le modérateur.

Le moteur est constitué par un ressort métallique commandé par une clef et actionnant un piston qui provoque l'ascension de l'huile vers le bec.

Le modérateur a pour but de régulariser cette ascension en la rendant de plus en plus facile à mesure que le ressort se détend et que par cela même son énergie va en diminuant.

Le soin que nécessite cet appareil et les difficultés d'allumage tendent à le faire entrer dans le domaine de l'histoire, bien que la lumière de la lampe à huile, particulièrement douce et fixe, soit appréciée des personnes dont la vue est fatiguée.

Nous sommes amené à nous occuper de procédés plus modernes. Je veux parler de l'éclairage au moyen des huiles minérales.

Les huiles minérales naturelles, naphtes ou pétroles bruts, ne sont pas utilisables directement. Ce sont des produits complexes, de couleur très foncée et d'odeur désagréable, dont les principaux gisements sont situés aux États-Unis et en Russie, pays d'où proviennent ces échantillons.

Faisons ensemble, si vous le voulez bien, une courte excursion dans la région pétrolifère du Caucase. Nous voici arrivés dans le chantier de la Société Ackverdoff. Aux éminences qui se détachent du sol correspondent des puits de sondage. Approchons-nous pour en voir un de plus près. Cet assemblage de charpentes, ou *Derrick*, permet d'effectuer le maniement des outils de forage avec l'aide d'une machine à vapeur située à quelque distance, jusqu'au moment où l'on atteint la couche de naphte. Souvent alors, l'huile est projetée avec violence et il se forme une fontaine jaillissante de pétrole.

Dans cette perspective, on a aménagé dans le sol des canaux susceptibles de conduire le naphte dans des bassins qui constituent ainsi de véritables lacs de pétrole.

Une fois la source captée, l'exploitation devient régulière et se fait au moyen de pompes.

Le naphte est dirigé sur l'usine située, dans l'espèce à Bakou, où s'effectue le traitement.

Les pétroles bruts fournissent à la distillation des *essences* et des *huiles lampantes* ; il reste comme *résidu* des *huiles lourdes* livrées en nature au commerce, ou bien traitées pour l'extraction de la paraffine ou des huiles de graissage, suivant qu'elles sont d'origine russe ou américaine.

Les *huiles lampantes*, purifiées par des traitements à l'acide sulfurique et à la soude, lavées à l'eau, séchées, deviennent propres à la consommation. Les essences, purifiées de même et redistillées, fournissent plusieurs variétés répondant à des usages différents.

Parmi celles-ci on distingue la *gazoline*, dont nous verrons plus loin l'emploi, et l'*essence* proprement dite, utilisée pour l'éclairage, dans les lampes à *éponge*, dont le modèle créé par M. Pigeon est devenu le type. Chacun connaît cet appareil dont l'éloge n'est plus à faire, et qui réunit toutes les conditions de sécurité que l'on peut demander à un semblable éclairage, sous condition de ne pas mettre dans la lampe plus d'essence que l'éponge n'en peut absorber et d'effectuer le remplissage à l'abri de tout corps incandescent. Une section pratiquée dans cette lampe montre la disposition intérieure des couches de feutre.

On trouve dans le commerce deux variétés de pétrole : l'*huile minérale ordinaire*, légèrement jaune, et l'*huile de luxe*, rigoureusement incolore, à peine odorante, telle, par exemple, la *Luciline* de la maison Deutsch. Elles ont même origine, mais l'huile de luxe est constituée par le cœur de la distillation des huiles lampantes, tandis que les portions qui passent au début et à la fin sont mélangées avec du tout venant pour composer l'huile ordinaire.

L'éclairage au pétrole a fait d'immenses progrès, remplaçant d'une manière à peu près complète l'éclairage aux huiles végétales. Cependant, nous verrons, au cours de cette conférence, que le pétrole lui-même est maintenant obligé de se défendre contre des rivaux nés d'hier.

La marche vers le progrès est rapide et continue.

Pour réaliser une bonne lumière avec le pétrole, il faut fournir à la lampe une quantité d'air suffisante pour obtenir la combustion des carbures d'hydrogène constituant le pétrole.

Les divers systèmes de lampes ne diffèrent les uns des autres que par la disposition du bec, l'ascension du liquide se faisant, à de rares exceptions près, par capillarité.

On distingue : les becs plats, les becs ronds à mèche ronde, les becs ronds à mèche plate.

Voici un bec de la maison *Allez frères,* avec deux brûleurs à mèche plate, d'où son nom de *bec Duplex.* Un dispositif spécial procédant du levier et précieux pour les grandes lampes de salon, permet d'effectuer très simplement l'allumage et l'extinction.

Pour obtenir une bonne combustion, on a imaginé la lampe à *double courant d'air.* Dans ce but, le bec, constitué par un cylindre à double paroi, évidé suivant l'axe, présente une ouverture triangulaire qui permet à l'air de pénétrer à l'intérieur du brûleur sans qu'il cesse, pour cela, d'agir extérieurement. En vertu de cette disposition, la mèche, qui a normalement la forme d'un large ruban, prend, à l'extrémité supérieure du brûleur, l'aspect d'une mèche ronde.

Dans le but d'augmenter encore la puissance des lampes, on a eu recours à un artifice déjà ancien et dû à Ménage. Il consiste en un disque métallique ou champignon placé au-dessus de la flamme et pouvant être ainsi rapidement porté au rouge. Une forme spéciale donnée à la cheminée de verre contribue encore à produire une combustion très vive, et, par suite, un foyer lumineux intense.

Ces exemples suffisent pour donner une idée du fonctionnement des lampes à pétrole.

Tous les systèmes imaginés, et ils sont aujourd'hui fort nombreux, se rattachent aux types que nous avons décrits. Aussi ne me semble-t-il pas indispensable d'en entreprendre l'énumération.

C'est à l'ingénieur français Philippe Lebon qu'est due, en 1785, la découverte du gaz d'éclairage. Bien que ses essais n'aient pas donné de résultat pratique, il faut saluer en lui l'audacieux novateur qui n'a pas craint de songer à faire circuler dans des canalisations, pouvant être très développées, un gaz toxique et inflammable.

La question fut reprise avec plus de succès par Murdoch en Angleterre et par Winsor en Allemagne.

En 1810, Londres vit ses principales rues éclairées au gaz; Paris n'adopta que sept ans plus tard le nouveau procédé qui ne tarda pas à se répandre dans toute la France.

Chacun sait que le gaz d'éclairage est obtenu par distillation de la houille dans des cornues, à l'abri de l'air. Le mélange gazeux qui s'en échappe est soumis à une série de traitements destinés à effectuer l'élimination de matières inutiles ou nuisibles au point de vue de l'éclairage, comme l'ammoniac, les goudrons, les cyanures, les composés sulfurés, etc.

Toutes ces substances constituent, d'ailleurs, des sous-produits auxquels le développement de la chimie a donné une valeur considérable pour les industries dont elles forment la base.

L'étude du goudron de houille a conduit les chimistes à réaliser cette merveilleuse gamme de colorants artificiels appelés encore *couleurs d'aniline,* dont la genèse est une si belle preuve de la fécondité de l'alliance entre la science et l'industrie. Qu'il me soit permis d'ajouter que M. Lauth, actuellement directeur de l'École de physique et de chimie industrielles de Paris, est l'un des savants qui ont le plus contribué, par leurs travaux, à la création de cette remarquable industrie en France.

Le gaz, après purification, est constitué par un mélange très complexe à base de carbures d'hydrogène associés à divers gaz, notamment l'oxyde de carbone. Il présente une odeur forte qui, loin d'être un inconvénient, permet de révéler les fuites et d'éviter d'une part les explosions, d'autre part les intoxications qu'il pourrait causer grâce à l'oxyde de carbone.

Les appareils à gaz, dont le nombre est considérable, peuvent se diviser en quatre groupes :

Becs ordinaires à air libre, becs à double courant d'air, becs intensifs à air froid, becs intensifs à air chaud.

Les becs ordinaires à air libre sont constitués par un bouton en fonte ou mieux en stéatite, silicate de magnésie naturel, convenant fort bien à cet usage.

Le gaz s'échappe par une simple ouverture (bec bougie), une fente (bec papillon), ou deux canaux perpendiculaires (bec manchester).

On a imaginé une foule de combinaisons sur lesquelles je n'insiste pas.

Le bec à simple ouverture n'a d'intérêt que pour simuler la bougie; dans ce cas on l'entoure d'un cylindre de porcelaine.

Le bec papillon, fort simple, est encore très employé.

Le bec manchester, d'un effet utile inférieur, donne une flamme de largeur constante et présente des avantages quand le bec devra fonctionner entouré d'un globe, dont les chances de rupture se trouvent ainsi diminuées.

Le bec à double courant d'air est constitué par une couronne cylindrique percée à sa partie supérieure d'une série de trous suffisamment rapprochés pour que les jets gazeux qui s'en échappent forment une seule nappe.

Le gaz est amené à cette couronne au moyen de deux ou trois conduits partant d'un tronc commun.

La flamme est entourée d'une cheminée de verre qui lui donne de la fixité et active le tirage.

L'air d'alimentation arrive par un cône percé de trous à la partie inférieure l'appareil et se divise en deux courants, l'un intérieur arrivant au centre de la couronne, l'autre extérieur passant entre la flamme et la cheminée.

Pour lutter contre la puissance des foyers électriques, on a eu recours aux becs intensifs, d'abord à air froid, puis à air chaud.

Sans entrer dans la description de ces appareils, fort nombreux d'ailleurs, je me contenterai de vous donner le principe de la récupération appliquée à ces derniers.

Les corps combustibles ne s'enflammant qu'après avoir été portés à une certaine température, cette observation s'applique au gaz d'éclairage et, dans ce cas particulier, la chaleur étant fournie par la flamme elle-même, il en résulte pour celle-ci un abaissement de température qui diminue d'autant l'incandescence et, par conséquent, le pouvoir éclairant. Pour remédier à cet inconvénient, on a eu l'idée de chauffer au préalable le gaz, l'air ou même les deux, au moyen des chaleurs perdues des produits gazeux de la combustion. L'expérience a montré qu'il suffisait de chauffer l'air. En le portant à 500 degrés, on double le pouvoir éclairant d'une source lumineuse. Le premier foyer construit sur ce principe a été imaginé par Chaussenot en 1836; depuis on en a construit une foule d'autres.

Le gaz d'éclairage tel qu'il est préparé peut être utilisé sans dispositions spéciales, mais il existe d'autres gaz industriels qui s'en écartent par leur teneur en carbone; ce sont : les *gaz pauvres* qui en contiennent moins et les *gaz riches* qui en renferment davantage.

Parmi les gaz pauvres, l'un des plus importants est le *gaz à l'eau* obtenu en faisant passer un courant de vapeur d'eau sur du charbon porté au rouge. Il se produit un mélange gazeux, renfermant surtout de l'hydrogène et de l'oxyde de carbone, qui brûle en dégageant beaucoup de chaleur, mais en donnant une flamme peu éclairante. Pour l'employer à l'éclairage, il faut *carburer* ce gaz, c'est-à-dire l'enrichir en carbone, soit au cours de sa formation en faisant arriver dans les cornues des huiles lourdes qui donnent des gaz riches, soit par mélange du gaz pauvre avec des vapeurs de benzine ou des gaz riches préparés isolément. Les gaz pauvres peuvent dans ces conditions présenter de l'intérêt au point de vue de l'éclairage, aussi le gaz d'eau carburé est-il employé à cet effet en Angleterre et aux États-Unis.

Le gaz de bois obtenu par distillation du bois, dans le gazogène Riché par exemple, est du même ordre.

L'avenir des gaz pauvres est surtout dans leur application à la production de la force motrice. Il en est de même de l'air carburé à la gazoline, variété d'essence de pétrole dont j'ai déjà parlé.

Quant aux gaz riches, on les obtient par distillation, à l'abri de l'air, de substances très diverses : huiles lourdes, goudrons, brais, matières grasses, résines, schistes bitumineux d'Autun, lignites d'Allemagne, charbons écossais comme le boghead et le cannel-coal.

Ces derniers servent à régulariser le pouvoir éclairant du gaz d'éclairage, et sont dans ce but ajoutés à la houille, dans les cornues, en proportions calculées. Ils jouent alors le rôle de charbons enrichissants. Le même résultat peut être obtenu en ajoutant au gaz, avant son entrée dans le gazomètre, une certaine quantité de benzine.

La *naphtaline,* qui provient des huiles lourdes de goudrons de houille, peut servir à relever le pouvoir éclairant d'un gaz; mais comme cette matière, bien qu'assez volatile, est naturellement solide, on ne saurait en introduire dans le gaz, à l'usine même, sans craindre l'engorgement des canalisations. Ce phénomène trop fréquent pendant l'hiver est dû à ce que le gaz en renferme normalement une certaine quantité. La carburation se fait comme dans l'appareil *albo-carbon,* au sein de la lampe même qui supporte le brûleur, et sous l'influence de la chaleur développée par la combustion du gaz.

Le mélange gazeux fourni par la distillation des huiles lourdes ou des matières grasses porte le nom de *gaz d'huile.* Il exige, pour brûler, un volume d'air considérable relativement au gaz d'éclairage pris sous le même volume, et permet d'obtenir des foyers d'une grande puissance.

Alors que le gaz d'éclairage s'altère quand on le comprime, le gaz d'huile supporte fort bien la compression et devient sous cette forme le *gaz portatif* dont les applications, importantes mais un peu spéciales, comprennent l'éclairage des bouées, des balises, des phares, et surtout des voitures de chemin de fer.

C'est ainsi qu'en 1899 on comptait dans le monde entier quatre-vingt-huit mille wagons éclairés au gaz d'huile, dont près de trente-six mille en Allemagne.

Voici un cylindre de la *Société internationale d'Éclairage par le gaz d'huile* muni de son détendeur et alimentant un bec manchester. Dans le détendeur, le gaz passe de la pression à laquelle il a été comprimé dans le cylindre à la pression d'utilisation.

Nous arrivons maintenant à un gaz dont la production industrielle avait, à l'origine, fait concevoir de grandes espérances. Je veux parler de l'acétylène découvert par Davy et si magistralement étudié par M. Berthelot.

Son importance date du moment où l'on parvint à réaliser industriellement la préparation du carbure de calcium.

M. Maquenne avait montré antérieurement que les carbures des métaux alcalino-terreux, au contact de l'eau, donnaient de l'acétylène; mais ce travail ne présentait qu'un intérêt théorique, vu l'impossibilité dans laquelle on se trouvait de préparer industriellement les carbures.

Les remarquables travaux de M. Moissan sur les carbures métalliques, et en particulier sur le carbure de calcium, permirent à M. Bullier de réaliser la préparation industrielle de cette matière, par suite, la production économique de l'acétylène rendant possible son emploi pour l'éclairage.

Je rappellerai que le carbure de calcium s'obtient en faisant réagir le carbone généralement sous forme de coke sur de la chaux à la température du four électrique.

La production industrielle du carbure de calcium eut comme conséquence l'apparition d'un nombre considérable de générateurs d'acétylène destinés à la production de ce gaz, dans le but de pourvoir à l'éclairage de petites villes, d'usines, de locaux industriels ou commerciaux.

En même temps parut une légion de lampes portatives dans lesquelles on produisait l'acétylène au fur et à mesure de sa consommation.

Elles se rattachent, comme les gazogènes, à trois types principaux : les appareils à projection de carbure dans l'eau, les appareils à chute d'eau sur le carbure, enfin les appareils dans lesquels l'eau en montant vient en contact avec le carbure. La *lampe Chabaud* que je mets sous vos yeux appartient au deuxième groupe.

Quelques accidents, qui firent sensation, eurent pour effet de refroidir l'enthousiasme des consommateurs, et l'acétylène subit une crise, mais, comme tout organe bien constitué, il a résisté à cette crise, et ses applications sont aujourd'hui aussi nombreuses que variées. En dehors des appareils appropriés aux usages domestiques, je citerai les lampes pour cycles et les phares pour automobiles.

Ce genre spécial d'utilisation permet de dire, sans farder la vérité, que l'acétylène a fait le tour du monde.

Pour les automobiles, en particulier, l'éclairage par l'acétylène s'impose à un tel point que le sort de l'industrie du carbure de calcium se trouve lié, partiellement il est vrai, au développement de la traction automobile.

Les perfectionnements apportés à l'éclairage par l'acétylène ont eu principalement pour but d'en permettre l'emploi avec une parfaite sécurité.

On y est parvenu de deux manières, soit en donnant au carbure de calcium une stabilité plus grande vis-à-vis de l'eau, ce qui rend plus facile son maniement, soit en ayant recours à l'acétylène dissous.

Dans le premier ordre d'idées je citerai l'*acétylithe* dû à MM. Letang et Serpollet et exploité par M. Blériot. L'emploi de cette matière mérite une mention particulière en raison de la grande simplicité des appareils producteurs d'acétylène et des résultats obtenus pour l'éclairage des tramways et des automobiles.

L'*acétylithe* est du carbure de calcium ordinaire que l'on a immergé dans du pétrole pendant plusieurs semaines jusqu'à ce qu'il soit bien imprégné, et qui a été ensuite enrobé de glucose à la manière des dragées.

Ce sucre fournit avec la chaux résultant de la décomposition du carbure un composé soluble, ce qui a pour effet d'éviter l'empâtement du carbure non attaqué.

Quant au pétrole, il empêche le carbure d'être trop sensible à l'humidité, de sorte que l'acétylithe doit être réellement noyé pour qu'il y ait dégagement de gaz, lequel cesse aussitôt que l'acétylithe n'est plus en contact avec l'eau. Dans ces conditions le *générateur Blériot* est très simple et ses dimensions pour une production déterminée d'acétylène se trouvent considérablement diminuées.

Le gazogène, comme vous pouvez le voir, est constitué par un récipient métallique en laiton étamé rempli d'eau aux trois quarts. On y plonge une cloche contenant un panier à acétylithe.

L'air emprisonné refoule l'eau au-dessous de la charge du panier et il ne se produit aucune attaque tant que le robinet placé à la partie supérieure de la cloche est maintenu fermé. Dès qu'il est ouvert, l'air s'échappe, l'eau atteint l'acétylithe et le dégagement d'acétylène commence. Si on ferme le robinet, l'eau est refoulée par la pression du gaz à la partie inférieure de la cloche et l'acétylithe se trouve préservé de l'action de l'eau pendant tout le temps que l'appareil ne débite pas.

D'une manière générale il y a avantage dans l'éclairage par l'acétylène à supprimer l'usine centrale et les canalisations, chaque appareil d'utilisation étant branché directement sur un gazogène, à moins qu'il ne s'agisse de quelques becs disséminés dans un espace restreint.

Voici quelques dispositions montrant les applications de ce gaz à l'éclairage public et à l'éclairage portatif :

Pour diminuer les chances d'explosion MM. Claude et Hesse eurent l'idée d'employer l'acétylène en dissolution dans l'*acétone*, liquide que l'on trouve dans les produits de distillation du bois. L'acétone à la température ordinaire dissout une quantité d'acétylène représentée par vingt-cinq fois son volume, et ce pouvoir dissolvant augmente avec la pression.

Si celle-ci ne dépasse pas dix atmosphères, la dissolution d'acétylène dans l'acétone est pratiquement inexplosible d'après MM. Berthelot et Vieille et elle l'est encore à des pressions plus élevées quand la dissolution est absorbée par des matières poreuses, briques poreuses ou béton poreux, dont voici des échantillons. Le procédé breveté est la propriété de la *Société française de l'acétylène dissous* qui l'exploite et qui a bien voulu nous confier l'appareil que vous allez voir fonctionner.

En résumé l'acétylène peut rendre de grands services pour l'éclairage, grâce à la plasticité avec laquelle il se prête aux usages auxquels on le destine.

Le plus grand perfectionnement réalisé dans l'industrie de l'éclairage est sans contredit la découverte de l'éclairage par incandescence dont j'ai déjà indiqué le principe. On en conclut aisément que le problème du rendement maximum en lumière consistera à porter le corps solide choisi à une température suffisamment élevée.

De nombreux essais tentés avec des matières très diverses (*chaux, magnésie, platine, sels de platine, zircone*) ne donnèrent pas de résultats appréciables jusqu'en 1887, époque à laquelle M. Carl Auer von Welsbach eut l'idée d'employer les terres rares et créa le *manchon*.

Les terres rares sont des oxydes analogues à la chaux, à la magnésie, dont les gisements naturels sont accidentels et très disséminés, d'où le nom de ces matières.

Au début de la fabrication du manchon, le chimiste intervient pour préparer des produits *purs*, en particulier des azotates de thorium et de cérium, travail qui présente de grandes difficultés dues à la complexité du minerai.

Ces matières obtenues, passons à l'atelier où se confectionne le manchon au moyen de coton au préalable purifié par des lavages à l'alcali, à l'acide, enfin à l'eau distillée.

Le manchon tissé, puis ourlé au sommet, est imprégné d'une solution d'*azotates* de *thorium* et de *cérium* en proportions déterminées; enfin séché et soumis à l'action de la chaleur dans le double but de détruire la fibre organique et de transformer les azotates en oxydes. Le manchon prend alors l'aspect que chacun lui connaît.

Souvent on l'enduit de collodion riciné pour le rendre plus élastique, moins fragile et plus aisément transportable.

Il suffit, dans ce cas, de le flamber avant usage.

Le manchon se trouve donc définitivement constitué par un squelette d'oxyde de *thorium* renfermant une petite quantité d'oxyde de *cérium*. Il peut s'adapter sur les brûleurs à gaz d'éclairage à alcool, à pétrole, à essence, à gaz pauvre, à gaz riche, à acétylène, mais nous nous contenterons d'en montrer l'intérêt en ce qui concerne le gaz d'éclairage et l'alcool.

Les brûleurs à gaz par incandescence peuvent être divisés en trois groupes :

1° Les brûleurs ordinaires qui sont des bunsen plus ou moins modifiés, tel le *bec Auer* dont voici un échantillon ;

2° Les brûleurs sans mélange d'air préalable avec emploi du bec papillon, l'*héliogène de Mare* par exemple, dans lequel le manchon est remplacé par un faisceau de fils ayant l'apparence d'une plume ;

3° Les brûleurs avec mélange d'air ou becs intensifs dans lesquels on cherche à réaliser au moyen de dispositifs sur lesquels je n'insisterai pas, une intimité parfaite du mélange de gaz et d'air, une bonne composition quantitative de ce mélange, enfin une pression et une vitesse convenables à l'arrivée sous le manchon.

L'emploi de ces divers systèmes, en particulier les derniers cités, permet de faire une économie considérable de combustible et, par conséquent, diminue très sensiblement le prix de revient d'un éclairage déterminé, déduction faite des frais occasionnés par l'usage du manchon.

Ce que je viens de dire à propos du gaz d'éclairage s'applique à tous les systèmes d'éclairage supportant la collaboration du manchon à incandescence et c'est ce qui explique l'immense succès de la géniale découverte du Dr Carl Auer von Welsbach.

La France, étant un pays où l'agriculture tient une place importante, produit par cela même de très grandes quantités d'alcool. Depuis quelques années on s'est efforcé, les pouvoirs publics aidant, de créer à cet alcool des débouchés dans l'industrie, particulièrement en ce qui concerne le chauffage et l'éclairage.

Pour en faciliter l'usage, l'État ne perçoit qu'un droit vingt-cinq centimes par hectolitre à condition que l'alcool soit dénaturé; cette dénaturation doit être effectuée en France avec une certaine quantité de *méthylène régie,* esprit de bois très impur destiné à rendre l'alcool impropre à l'alimentation.

Pour réaliser l'éclairage à l'alcool il fallait ou carburer cet alcool, au moyen de benzine par exemple, ce qui permet d'obtenir une flamme éclairante, ou bien utiliser la chaleur dégagée dans sa combustion pour porter à l'incandescence un manchon.

Dans le premier cas l'alcool carburé à raison de 25 à 50 0/0 d'hydrocarbures est brûlé dans des lampes à mèches, analogues aux lampes à pétrole.

Pour obtenir l'éclairage par incandescence, l'alcool ordinaire, simplement dénaturé, est vaporisé et les vapeurs sont brûlées dans un bec Bunsen, surmonté d'un manchon comme le serait du gaz d'éclairage.

Les divers systèmes de lampes se distinguent par la manière dont elles effectuent la gazéification. Il nous reste à examiner les principaux types.

Dans le *bec préféré (fig. 1)* de la Société *la Continentale nouvelle* l'alcool est

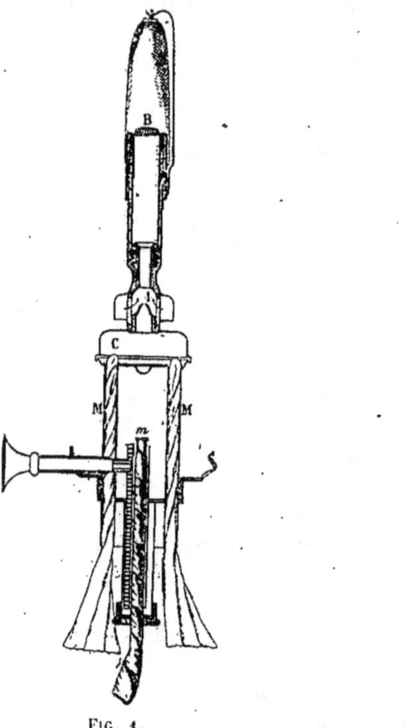
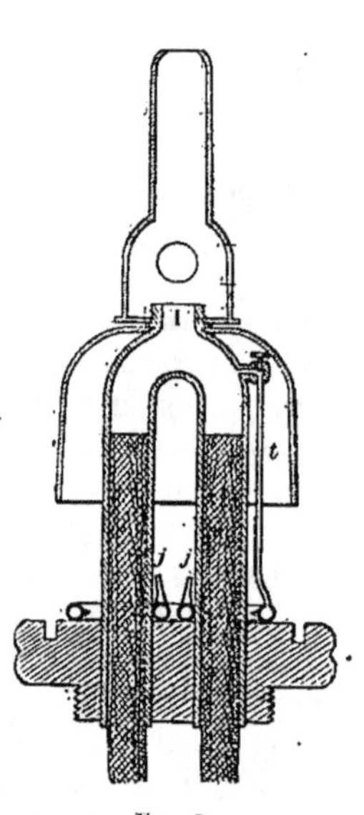

FIG. 1.   FIG. 2.

gazéifié par une veilleuse permanente chauffant une petite chaudière, au sein de laquelle arrive l'alcool, amené par des mèches contenues dans un faisceau tubulaire.

Le gaz sort violemment par un étroit orifice ménagé à la partie supérieure de la chaudière, entraîne la quantité d'air nécessaire à la combustion, et le mélange se trouve ainsi convenablement effectué pour porter en brûlant le manchon à l'incandescence.

Pour la mise en marche il suffit d'allumer la veilleuse et de présenter une minute après une flamme au-dessus du manchon. Veut-on procéder à l'extinction, on remonte le bec contenant la veilleuse jusqu'à ce que son sommet vienne toucher le fond de la chaudière faisant fonction d'éteignoir. Cette belle lampe est munie d'un bec préféré de la *Continentale nouvelle*.

Le nouveau bec *Régina* (fig. 2) ne possède pas de mèche veilleuse et l'alcool y est gazéifié par une flamme dérivée. L'alcool est amené par une douille en forme d'U renversé, dont la partie courbe forme l'injecteur. Les mèches arrivent jusqu'aux deux tiers des tubes et sur l'un d'eux est fixé un petit tuyau descendant qui se recourbe horizontalement pour former une véritable rampe à gaz. Celle-ci dirige sur les douilles, vers leur partie inférieure, deux petits jets de gaz d'alcool. L'allumage s'effectue au moyen d'une topette d'alcool.

J'arrive aux lampes où la gazéification est produite par la flamme même du bunsen. Les becs de ces lampes sont généralement destinés à produire des foyers lumineux intenses, propres à l'éclairage de grands espaces, clos ou en plein air.

Dans le bec 1900 de la *Continentale nouvelle* (fig. 3) l'alcool dénaturé est astreint par pression à monter dans un cylindre rempli par un balai métallique qui a d'abord pour effet de diviser l'alcool. Celui-ci se vaporise dans la partie supé-

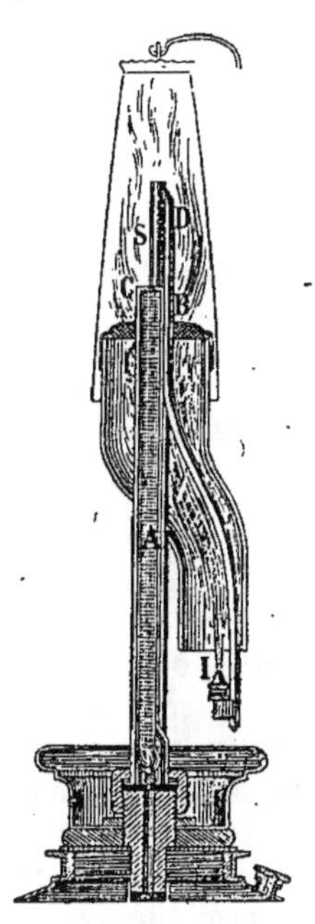

FIG. 3.

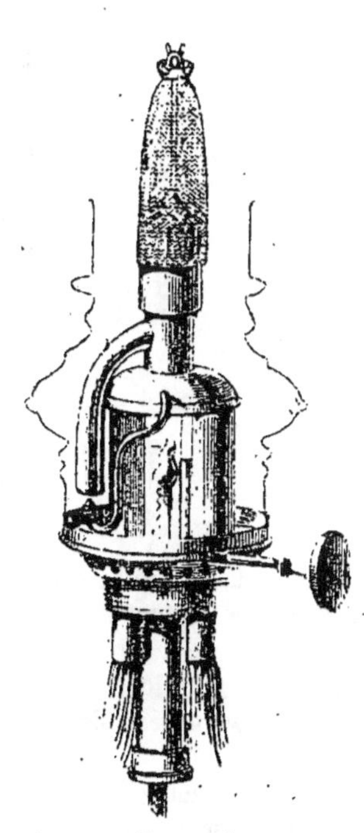

FIG. 4.

rieure formant chaudière, est surchauffé dans un tube fixé au-dessus du précédent et descend par un tube latéral jusqu'à l'injecteur où le mélange avec l'air s'effectue dans un mélangeur qui aboutit au bunsen. La lampe à bec intensif que vous voyez fonctionner correspond à ce type.

La figure 4 représente un bec de la *Continentale nouvelle* où les deux systèmes précédemment décrits se trouvent combinés de la façon la plus heureuse.

Dans la lampe *monopole* (fig. 5) destinée aux mêmes usages que le bec 1900 et

dont voici un type, l'alimentation s'effectue comme dans une lampe à huile ou
à pétrole à réservoir latéral par un dispositif reposant sur le principe des vases
communiquants.

La gazéification se produit par le passage de l'alcool dans des tubes bourrés
d'amiante et soumis à l'action calorifique des gaz de la combustion.

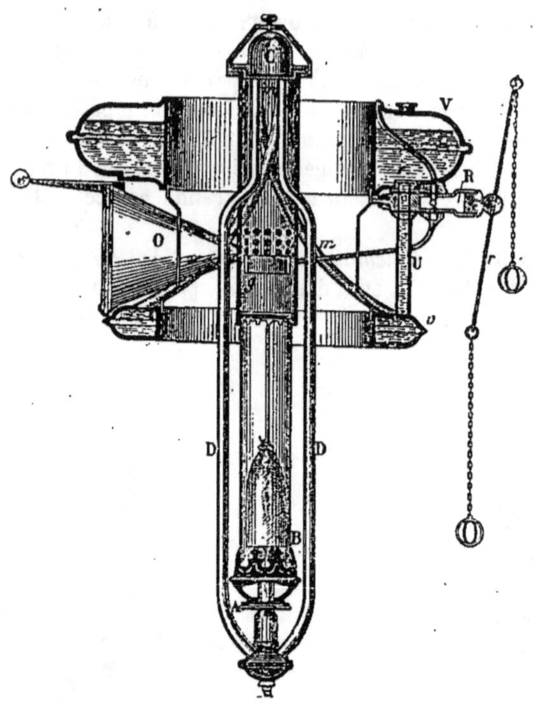

Fig. 5.

Lorsqu'on établit la communication entre le réservoir d'alcool et les tubes, un
système automatique permet d'envoyer une certaine quantité d'alcool dans une
sorte de gouttière placée à l'intérieur de la cheminée et au-dessous des tubes. Il
suffit de faire brûler cet alcool en introduisant une allumette dans un entonnoir
fixé à la cheminée, au niveau de la gouttière, pour provoquer la mise en marche
de l'appareil.

La gazéification s'effectue aussitôt dans les tubes et les vapeurs recueillies
dans une chambre placée à la partie supérieure de l'appareil descendent par
des tubes latéraux jusqu'au brûleur où s'effectue la combustion. A ce moment
l'alcool de la gouttière est épuisé, mais les gaz résultant de la combustion sont
à une température suffisante pour entretenir la gazéification.

Enfin l'alcool peut être gazéifié par *récupération* de chaleur au moyen d'une
tige métallique qui s'échauffe près du manchon lumineux et restitue une partie
des calories qu'elle a empruntées, au point où aboutissent les mèches de coton,
c'est-à-dire à l'endroit même où l'alcool doit se gazéifier.

La tige récupératrice peut être placée à l'intérieur du manchon ou extérieurement le long du manchon.

Ce principe est mis en pratique dans les lampes de la Société *Denayrouze* (*fig. 6*) et dans le bec *Decamps* (*fig. 7*) dont voici un exemplaire.

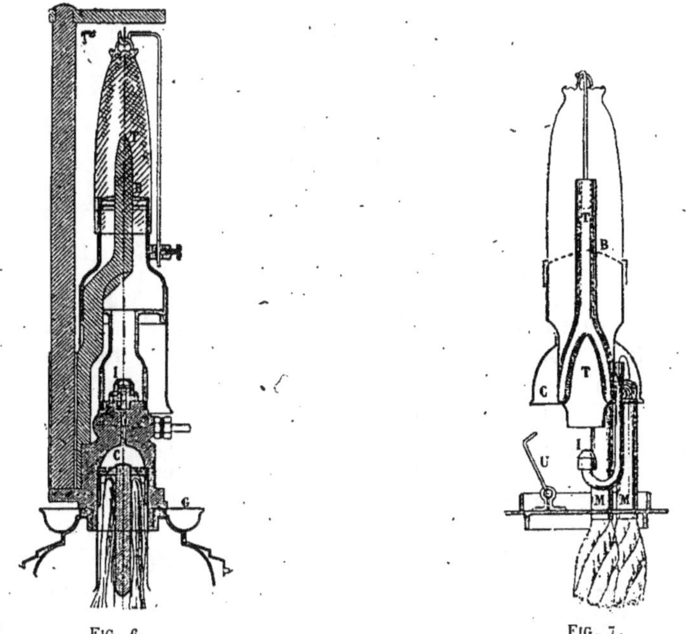

FIG. 6.   FIG. 7.

Pour être complet j'ajouterai que lorsqu'il s'agit de l'éclairage domestique par incandescence l'alcool dénaturé convient parfaitement.

Au contraire, pour des foyers puissants l'alcool carburé utilisé dans des appareils spécialement affectés à son usage permet de réaliser une certaine économie dans la dépense du combustible, économie insignifiante quand il s'agit de l'éclairage domestique.

En résumé tous les procédés d'éclairage par combustion que je viens d'avoir l'honneur de vous décrire ont leur intérêt et peuvent rendre des services suivant les qualités qu'on leur demande de posséder : intensité, sécurité, commodité, agrément. Il suffit de savoir les approprier aux besoins ; c'est un problème que je vous laisse le soin de résoudre, me contentant de vous avoir apporté les éléments de la solution.

MESDAMES, MESSIEURS,

Voici terminée cette conférence au cours de laquelle j'ai essayé de vous donner une notion exacte des divers systèmes d'éclairage utilisés depuis les origines jusqu'à nos jours.

Vous voudrez bien excuser tout ce que cet exposé peut avoir d'imparfait étant données la complexité du sujet et l'aridité des questions techniques, mais je suis suffisamment assuré de votre indulgence par la bienveillante attention que vous m'avez témoignée et pour laquelle je ne saurai trop vous adresser mes remerciements.

————

M. le Dr SIFFRE
Professeur à l'École dentaire de Paris.

LA DENTITION

— *17 février* —

La dentition est un des chapitres les plus importants de l'histoire de la dent; aussi l'étude de cette si intéressante question a-t-elle fait réaliser par tous les savants qui ont illustré la science odontologique, des travaux considérables, tant par leur qualité que par leur quantité.

Je ne veux point faire l'historique de la question, mais l'occasion qui m'est offerte ce soir est trop belle pour que je la laisse échapper et que je manque ainsi de dire ce que beaucoup de Français ignorent, à savoir que l'odontologie a eu pour berceau la France et pour champ d'éducation le vieux continent, et que ce chapitre « la dentition » a, dans un traité de chirurgie dentaire, paru en 1725 à Paris, été traité magistralement par le père de l'Odontologie, Pierre Fauchard, et ce que ce savant disait dans son ouvrage était si juste, que les praticiens du xxᵉ siècle font dans bien des cas, ce que cét aïeul du xviiiᵉ faisait déjà.

La si nombreuse production de travaux qu'à la suite de Fauchard les savants accumulent, s'explique par la difficulté et l'infinie variété des problèmes soulevés par la question. C'est qu'en effet, à l'ensemble physiologique déjà si complexe nous montrant l'évolution et la formation normale du système dentaire, s'ajoute si fréquemment un ensemble d'anomalies et de faits d'ordre pathologique, que, pour la dentition, on peut renverser la formule et dire que la règle générale devient l'exception.

Je n'apprends rien de nouveau quand je dis qu'une denture irrégulière, résultant d'une dentition anormale, se rencontre plus souvent qu'une denture régulière, résultant d'une dentition physiologique.

La fréquence des irrégularités dentaires fera l'objet principal de cette conférence. Sans exagérer leur importance, elles placent si souvent, par leurs conséquences, ceux qui en sont porteurs dans un état d'infériorité, qu'à ce seul point de vue elles méritent de rechercher, non seulement les moyens de les corriger, mais encore, mais surtout de les éviter.

Quelle que soit la valeur d'une thérapeutique curative, vaudra-t-elle jamais celle de la thérapeutique préventive?

Je n'insiste pas sur ce que nous pouvons déduire de ce que je viens de vous dire; vous comprenez, mesdames et messieurs, aussi bien que moi, qu'on peut les éviter, ces irrégularités dentaires; vous comprenez aussi qu'elles sont souvent, hélas! un symptôme d'état pathologique général; aussi sera-t-il superflu d'indiquer aux mères de familles, qui me font l'honneur de m'écouter, la conduite à tenir en face de la première menace d'irrégularité dentaire.

Je m'estimerai très heureux, et mon but, en vous faisant cette conférence sera atteint, si j'ai pu ébranler la foi en la légende qui nous fait croire que la nature fait toujours et tout bien « toute seule »; si souvent cela est vrai, souvent aussi elle a besoin que nous l'aidions, soit en la guidant vers le bien, soit en l'empêchant d'aller vers le mal.

La dent est un organe d'origine épidermique, constitué par deux portions principales, la couronne et la racine.

La couronne est composée par une agglomération de tubercules soudés entre eux et dont la pointe constitue la face triturante ou tranchante de l'organe.

La dent humaine résulte de la fusion d'un nombre plus ou moins considérable de dents coniques du type tout à fait primitif. Mais dans cette fusion des cônes dentaires persiste pour l'un d'eux une prédominance qui entraîne la forme particulière de la couronne, unituberculée, bituberculée, multituberculée : canine, petite molaire, grosse molaire.

Mais si déjà dans la couronne tous les éléments primitifs ne conservent pas leur individualité, ce fait se constate encore mieux pour la racine, cette partie incluse de la dent, partie qui la fixe à l'os maxillaire chez l'homme.

La ou les racines procèdent dans leur constitution comme la couronne : à des tubercules principaux correspondent des racines principales en nombre toujours inférieur aux tubercules.

Je vous ai dit que la dent était d'origine épidermique ou épithéliale. C'est, en effet, l'épithélium gingival qui va donner la première manifestation de formation dentaire, et les projections qui vont suivre vous montreront l'origine de la dent et son développement.

C'est d'abord l'émail qui se forme tout au début et vers le cinquantième jour, puis ensuite l'ivoire, par un organe qui résulte de la condensation de cellules dans le chapeau d'émail déjà formé et qui ne variera plus, quelles que soient les circonstances ultérieures.

Je vous montre dans ces projections la formation des dents : ce sont les organes de lait qui sont tout d'abord formés, et cela directement de la lame épithéliale gingivale. Les dents permanentes se forment par bourgeonnement du cordon épithélial des organes de lait.

La première grosse molaire est directement formée par la lame épithéliale ; elle donne naissance, par son cordon, à la deuxième grosse molaire qui, elle-même, donne naissance par le sien à la troisième molaire ou dent de sagesse.

Voilà donc la formation des dents. Ces dents vont sortir, vers six mois après la naissance, c'est-à-dire que pour certaines elles ont en réalité un an, puisque leur formation primitive remonte au quatrième mois avant la naissance.

A ce propos, je vais vous signaler que ces organes, qui mettent dix mois à sortir pour les incisives de lait par exemple, et six ans et plus pour la première grosse molaire, ne donnent d'accidents dits d'éruption que pendant quelques jours, quand l'entourage de l'enfant la sent ou la voit, faisant ainsi coïncider tous les symptômes d'ordre pathologique général avec l'apparition de l'organe. Si vous dites à ces mères qui croient aux maladies, même mortelles, de l'éruption des dents de lait, que ces dents existent depuis si longtemps dans l'intérieur des maxillaires, vous les étonnerez, car elles ont la conception simple d'un organe qui vient de se former, qui va sortir et qui fait de violents efforts pour percer des épaisseurs organiques... qui n'existent pas.

C'est une de ces légendes ridicules et dangereuses qui doivent être détruites, que celle qui veut que les enfants souffrent pour percer leurs dents. A l'heure actuelle, aucun médecin, aucun physiologiste, n'osera soutenir cette thèse, et le jour où les mères seront convaincues de leur erreur, nous n'assisterons pas à ce spectacle navrant du bébé qui meurt parce qu'il fait mal ses dents, quand il n'a pas encore à les percer ou qu'il les a percées depuis longtemps, sa maladie devant être mise, soit sur le compte de l'hérédité, la mauvaise hygiène alimentaire ou la maladie contractée.

Je dis qu'il est vraiment extraordinaire de voir mourir un enfant parce que sa dentition est soi-disant difficile, alors que la dent, car il n'y en a jamais qu'une sortant à la fois, c'est un fait scientifique indiscutable, alors que la dent incriminée ne détermine, au point où elle sort, aucune lésion, aucune inflammation.

Les dents de lait sortent vers six mois après la naissance et les vingt organes qui constituent les arcades dentaires temporaires ont terminé leur éruption vers trois ans. Il y a un repos de trois ans et vers six ans la première grosse molaire inférieure fait son éruption, puis, peu après, commence la deuxième dentition.

C'est donc à ce moment que nous assisterons à la constitution de la nouvelle arcade dentaire, l'arcade permanente.

Je viens de vous donner le mot arcade, il est bien approprié, car en effet la forme de la denture sur les maxillaires a pour base un arc : c'est autour de cet arc que les vingt dents temporaires viennent se placer dans la première dentition, les dents supérieures en dehors, les inférieures en dedans, puisque plus tard les dents permanentes viendront dans les mêmes rapports remplacer les temporaires; à ces organes viendront s'ajouter les grosses molaires pour constituer les colonnes, et ainsi sera réalisé avec les incisives canines, et petite molaire l'arc, avec la grosse molaire les piliers de l'arc, le tout formant une arcade. Mais cette disposition arciforme n'est que le résultat d'un équilibre qui résulte d'un ensemble d'actions dynamogènes enveloppant pour ainsi dire les dents dès leur sortie et les plaçant au point neutre ou point d'équilibre des forces au milieu desquelles les dents évoluent.

Les figures que vous voyez passer vous montrent les dents temporaires, puis les permanentes aux différents âges de la vie, entre six mois et quatorze ans, époque à laquelle la dentition peut être considérée comme terminée.

Vous avez vu parmi ces images celle des arcades parfaites, malheureusement Il n'en est pas toujours ainsi et l'irrégularité dentaire se présente trop souvent.

Certains auteurs veulent que, pour loger les dents de deuxième dentition les maxillaires se développent, c'est-à-dire s'agrandissent, cette opinion est erronée. En effet, si l'on mesure les organes temporaires d'un individu donné, et si plus tard on mesure les dents permanentes de ce même individu on constate que la somme obtenue est identique dans les deux dentitions. En présence de ce fait, on doit conclure que la production supplémentaire de tissu osseux devient inutile puisque l'arc dentaire temporaire est égal à l'arc dentaire permanent, ce que j'ai démontré en 1900, au Congrès de Paris, et cette année au Congrès de l'Association française pour l'Avancement des Sciences, à Montauban.

Donc les dents permanentes doivent trouver leur place dans celle même des temporaires.

Si l'on compare ces deux sortes de dents entre elles on constate que les quatre incisives et les deux canines permanentes sont plus grandes que les quatre incisives et les deux canines temporaires; mais que, d'autre part, les quatre petites molaires permanentes sont beaucoup plus petites que les quatre molaires de lait qu'elles remplacent, et l'on arrive en faisant une répartition proportionnelle, à utiliser pour les incisives et canines l'espace supplémentaire laissé par les molaires de lait aux petites molaires permanentes.

Il faut songer que l'homme voit dans les premières années ses maxillaires ne former qu'une masse homogène, tandis que les animaux, les singes entre autres, possèdent la propriété par leurs os incisifs de permettre un développement indéfini de tissu osseux pour sortir des organes permanents très différents des temporaires qu'ils remplacent.

La canine qui chez l'homme est de même taille que les incives et les petites molaires, à peu de chose près, est la clé de la deuxième dentition régulière, c'est elle qui doit sortir la dernière et trouver la place entre l'incisive latérale et la première petite molaire, à la condition toutefois que rien ne soit venu troubler l'ordination de la dentition et que l'espace en bénéfice donné par les molaires de lait ou petites molaires permanentes, n'ait pas été mangé par une cause anormale : chute, extraction précoce, carie, etc,

Mais le placement ne peut devenir définitivement régulier que si chaque organe, chaque dent peut se déplacer par l'effort dynamique qu'elle supporte, pour que son centre de gravité puisse coïncider avec la résultante des forces qui l'entourent.

Or, on conçoit mal que le centre de gravité d'une dent et l'équilibre des forces biologiques qui l'entourent, puissent avoir des rapports dont la conséquence serait une irrégularité.

Mais je vous ai dit tout à l'heure que la nature avait besoin d'aide pour réaliser le bien, c'est le moment de le démontrer.

La plus grande partie des anomalies dentaires est réalisée par l'irrégularité de placement des organes, par rapport à l'arcade à laquelle ils appartiennent et par rapport à l'arcade antagoniste. Or, la presque totalité des irrégularités résulte d'obstacle s'opposant à la réalisation de la marche régulière de la deuxième dentition.

Il faut souligner ces mots « deuxième dentition » car, dans la première on ne trouve jamais d'irrégularité, cela s'explique par ce fait seul que chaque dent à sa sortie ne trouve rien qui la puisse forcer à prendre une direction différente de la primitive et que de la bonne route qu'elle suivait, aboutissant au vrai but, elle passe sur une mauvaise aboutissant à un point qui ne représenterait pas le but indiqué par la nature : la coïncidence du centre de gravité des organes dentaires avec le point d'équilibre des forces qui les entourent.

Les obstacles qui déterminent l'irrégularité sont les dents temporaires qui ne cèdent pas la place aux permanentes, soit par trop de résistance des premières soit par trop de faiblesse des secondes, soit pour une cause toute autre, que nous ne pouvons rechercher ici, mais dont nous voyons le résultat : la persistance de l'organe temporaire en position normale, tandis que l'organe permanent est ou en dehors ou en dedans ou sur les côtés de son prédécesseur, dans une position irrégulière.

Les figures qui passent sous vos yeux vous montrent le mécanisme des déviations. Les incisives centrales permanentes inférieures en arrière de l'arcade, les incisives latérales inférieures en arrière aussi de l'arcade et en arrière des incisives centrales, a la mâchoire supérieure la même disposition, puis la saillie de la canine permanente et les diverses combinaisons de ces irrégularités, qui nous amènent à l'une des importantes, le prognathisme, qui cachera derrière lui souvent, une affection du rhino-pharynx, les végétations adénoïdes, dont nous parlerons tout à l'heure.

Le prognathisme est un avancement de la mâchoire sur la face ; mais cette disposition est d'ordre physiologique et les arcades du vrai prognathe sont dans des rapports absolument normaux. Le vrai type du prognathe est donné par le singe, gorille, orang, chimpanzé pour prendre les plus proches, de l'homme

Bien différent est le prognathisme qui, bien à tort, désigne une anomalie des mâchoires dans le langage dentaire. Le prognathisme est toujours la projection d'une des deux mâchoires en avant de l'autre, ne permettant plus le contact intime de tous les organes dentaires des deux arcades entre eux. Le prognathisme est d'ordre pathologique et l'on voit souvent la béance de la bouche l'accompagner, ensemble symptomatique qui indique la présence de végétations adénoïdes, ou hypertrophie de la muqueuse rhino-pharyngienne, accompagnée presque toujours par l'hypertrophie amygdalienne.

Les images qui viennent de passer sous vos yeux vous ont montré le prognathisme, normal, physiologique. Chez les anthropomorphes et chez l'homme, vous avez vu aussi la projection totale de l'une des deux arcades dentaires, et particulièrement de l'inférieure qu'il faut distinguer du menton de galoche, qui n'est produit que par la saillie du menton, les arcades dentaires étant normales.

Enfin les figures suivantes vous montrent la forme particulière de la mâchoire supérieure des adénoïdiens, la forme caractéristique du palais en ogive, l'étroitesse des fosses nasales entraînant l'insuffisance respiratoire nasale. Les figures suivantes vous montrent le facies typique de l'adénoïdien à l'air hébété, la bouche bée, le nez mince, puis des hommes illustres à denture irrégulière et à mâchoires prôjetées : Filippi Lippino peint par lui-même ; Canova peint également par lui-même ; Charles-Quint.

Mais si les végétations adénoïdes sont accompagnées même chez de tout jeunes sujets par une déformation des maxillaires et de la face, comme les projections vous le montrent, elles peuvent aussi ne donner aucun signe objectif de leur présence — vous en voyez dans ces images des exemples — vous voyez aussi que si elles sont familiales, elles peuvent n'exister que sur un des enfants, et bien que l'hérédité puisse être invoquée pour les végétations adénoïdes comme pour les irrégularités dentaires, il est des cas où cette hérédité ne se révèle pas. A ces déformations, à ces irrégularités locales, maxillaires et dentaires, s'ajoutent encore d'autres anomalies, l'asymétrie crânienne, faciale, le nanisme, le crétinisme, etc.

Voilà rapidement esquissée l'histoire de la dentition, ce sont évidemment les pages noires de cette histoire, dont la noirceur peut diminuer et disparaître même, si l'on demande au médecin de la bouche les conseils pour diriger la deuxième dentition, et cela sans attendre que vous-mêmes vous constatiez une irrégularité, sans compter sur votre expérience ou vos connaissances qui sont insuffisantes et même néfastes, car elles sont pour la plupart basées sur des légendes populaires, qui n'ont aucun bon sens, comme par exemple de croire que les dents de lait n'ont pas de racine, et qu'elles tombent toutes seules de ce fait.

Vous avez vu quelle erreur est cette croyance quand je vous ai fait passer des vues de maxillaires et de dents temporaires.

L'heure de terminer a sonné. Je vous demande pardon, mesdames, messieurs, de vous avoir tenus si longtemps dans l'obscurité ; mais, étant donné le sujet, j'ai pensé que le meilleur moyen de faire un peu de lumière dans votre esprit, était de projeter des images dont l'éloquence serait autrement suggestive que les explications que j'eusse pu vous donner sur les causes des irrégularités dentaires et sur les moyens de les éviter par la suppression des obstacles qui les produisent.

M. Paul LABBÉ

Chargé de Missions du Ministère de l'Instruction publique.

LE TRANSSIBÉRIEN ET LE DÉVELOPPEMENT DU COMMERCE FRANÇAIS EN SIBÉRIE.

— 3 mars —

M. Étienne WALLON

Professeur au Lycée Janson-de-Sailly.

LA PHOTOGRAPHIE DU MOUVEMENT

— 10 mars —

I

Les progrès réalisés dans l'outillage et les procédés de la photographie ont été si rapides et si prodigieux que nous avons quelque peine à nous figurer aujourd'hui ce qu'était notre art aux premières années qui suivent les découvertes de Niepce et de Daguerre; il ne s'agit pourtant que d'une soixantaine d'années!

Il fallait alors à l'opérateur, et surtout à ses modèles, une patience dont nous serions peut-être incapables maintenant; l'immobilité du sujet était une condition essentielle de succès; la reproduction des paysages n'était possible que par les jours les plus calmes, celle des animaux vivants n'était obtenue que dans des circonstances exceptionnelles; et si l'histoire nous raconte que Daguerre et Talbot tentèrent de photographier l'homme en mouvement, elle est forcée d'ajouter que les résultats ne furent pas brillants. Fixer sur leurs plaques l'image d'êtres ou d'objets à déplacements rapides, les premiers photographes l'auraient bien voulu, mais un peu comme l'enfant qui, marchant à peine, rêve d'enfermer en ses petites mains les papillons jouant autour de lui.

Avec le procédé au collodion, avec les objectifs lumineux qu'a combinés la science de Petzval, le rêve commence à prendre figure de réalité: M. Eder nous rapporte qu'à l'Exposition universelle de Londres, en 1862, de telles images étaient déjà passablement nombreuses; on les considérait cependant encore comme extraordinaires. C'est seulement avec le gélatino-bromure que la photographie instantanée devint besogne courante; aujourd'hui, c'est elle qui, sans aucun doute, est, par les amateurs et les savants tout au moins, le plus fréquemment pratiquée; et il n'est plus guère d'obstacles qui la puissent arrêter.

Si, avec nos chambres à main, munies d'obturateurs d'objectifs, nous ne dépassons pas souvent le centième de seconde, nous atteignons facilement le quatre millième en nous servant d'un obturateur de plaque logiquement construit, comme celui de l'appareil Sigriste. Dans les laboratoires, on a été singulièrement plus loin. Avec un mode spécial d'éclairage intensif, et un obturateur d'objectif (un peu encombrant, il est vrai), M. Marey a photographié des insectes en un vingt-cinq millième de seconde. En utilisant, sans obturateur, la lumière très intense et prodigieusement courte d'une étincelle électrique, M. Boys a obtenu des images de projectiles en un temps de pose qu'il évalue au vingt-cinq millionième de seconde.

En somme, la photographie instantanée dispose, à l'heure actuelles de moyens très puissants. Voyons maintenant quels avantages elle nous peut procurer.

II

C'est, tout d'abord, de saisir et de fixer, dans un mouvement ou dans une transformation, une attitude passagère, une phase fugitive, que notre œil n'aurait pas su discerner.

Si nous nous bornons là, l'épreuve isolée qui nous est fournie n'est, de façon générale, qu'un document, précieux sans doute, mais le plus souvent peu plaisant; j'écarte le cas où il s'agit d'une attitude calme, d'un effet de lumière fugace et changeant, ou bien d'une transformation lente, dont les phases successives diffèrent peu les unes des autres — comme celle d'un ciel nuageux, par exemple —; où, en un mot, l'image peut nous donner par elle-même une impression d'équilibre et d'harmonie, son caractère d'instantanéité disparaissant, ou du moins s'atténuant assez pour ne pas nous frapper tout d'abord.

Pour l'artiste, cette image unique ne pourra presque jamais être qu'une indication; pour le savant lui-même, elle ne suffira que si elle reproduit un phénomène dont le siège se déplace trop rapidement dans l'espace pour que la sensibilité un peu paresseuse de notre œil nous permette de l'observer, mais qui présente, dans sa forme, une certaine stabilité; on peut citer en exemple les ondes et les remous que produit dans l'air le passage d'un projectile. Car un photographe ne s'étonne plus aujourd'hui quand on lui demande de saisir au vol l'image d'une balle de fusil. M. Boys, en Angleterre, le colonel Journée et M. de Ponton d'Amécourt, en France, l'ont fait avec une grande perfection.

En dehors des limites que je marquais tout à l'heure, l'image n'aura de valeur artistique propre que si elle nous donne la sensation, ou plutôt l'illusion du mouvement. Peut-elle le faire? c'est ce que je me propose d'examiner tout à l'heure. Mais, trop souvent, elle immobilise au contraire ce qui se meut, elle suspend pour ainsi dire la vie : ce n'est plus la photographie du mouvement, c'est la photographie en dépit du mouvement; c'est « l'instantané », l'odieux instantané, seul responsable, ou presque, du dédain que les arts du dessin professent pour la photographie.

Nous avons tous sur la conscience quelques-unes de ces images qui sont, ou tout à fait dénuées d'intérêt, ou plus ou moins déplaisantes, ou parfaitement choquantes : trains qui, pris en pleine voie, ont l'air d'être en station ; manèges de chevaux de bois qui, tournant éperdument, semblent, immobiles, attendre les amateurs ; plongeurs suspendus dans l'espace et que l'on s'étonne d'y voir ainsi séjourner ; animaux cruellement déformés par des raccourcis malheureux : je pourrais, trop facilement hélas ! multiplier les exemples.

Que l'on se soit, au début, intéressé à de telles photographies, la chose se conçoit assez facilement : on était satisfait d'avoir enfin pu atteindre un but longtemps poursuivi ; on était fier d'avoir vaincu des difficultés qui paraissaient insurmontables. Mais, à l'heure actuelle, en dehors des photographes novices qui croient avoir fait un tour de force et saisi l'insaisissable, nous sommes blasés sur de pareils succès : nous ne sommes plus à l'âge où l'on poursuit les papillons pour le seul plaisir de les attraper. La photographie instantanée ne doit plus être pour nous qu'un moyen ou de nous instruire ou de faire œuvre d'art.

Des images comme celles dont je parlais tout à l'heure ont leur vraie place dans les catalogues des constructeurs, pour attester le bon fonctionnement des obturateurs, la luminosité des objectifs, la sensibilité des préparations ; c'est à ce seul titre qu'elles nous peuvent intéresser.

Je ne m'y arrêterai pas davantage.

III

Mais que ces photographies instantanées se multiplient ; qu'elles nous montrent, dans un mouvement, non plus une attitude prise au hasard, mais toute la série des attitudes ; dans une transformation, non plus une phase quelconque, mais toutes les phases successives, — alors la situation change, et l'intérêt devient très grand, pour l'artiste comme pour le savant.

Celui-ci peut, sur ces images, suivre à loisir et dans tous ses détails un phénomène, physique ou physiologique, dont il n'aurait pu autrement observer que le résultat ; celui-là peut y puiser la connaissance intime et complète de mouvements et d'allures dont ses yeux ne lui fournissent qu'une notion plus ou moins confuse ; il peut y étudier, dans l'action même, le jeu des muscles, la position et la flexion des membres ; y trouver enfin toutes les indications qui lui sont nécessaires pour nous restituer, par le crayon, le pinceau ou le ciseau, l'impression juste et puissante de la vie : indications que l'examen du modèle vivant ou la dissection du cadavre ne lui donnent que de façon incomplète et insuffisante.

Ces images élémentaires sont-elles prises méthodiquement, à des intervalles exactement déterminés, de façon que nous puissions repérer dans le temps comme dans l'espace les états qu'elles reproduisent ? Les enseignements que nous y trouvons sont bien plus précieux encore, et notre instruction plus complète.

C'est alors la *Chronophotographie* ; sur ce chapitre, on me permettra de m'étendre un peu plus, car ici nous trouvons la première forme de ce que l'on peut vraiment appeler la photographie du mouvement : la forme scientifique.

Elle n'est pas bien ancienne encore, et c'est l'astronomie qui l'employa la première : le *revolver astronomique* fut, en effet, imaginé par M. Janssen pour étudier le passage de Vénus devant le soleil en décembre 1874. L'illustre savant prévoyait, d'ailleurs, et indiquait nettement quatre ans plus tard, les services que pourrait rendre la méthode nouvelle pour l'étude des phénomènes physiologiques.

Presque immédiatement, la première application de ce genre était faite, à San Francisco, par Muybridge.

Les moyens étaient différents : au lieu d'un appareil unique, à plaque mobile, le savant américain employait toute une batterie d'appareils, braqués en ligne sur une piste où se déplaçait un cheval, par exemple. L'animal, en passant, rompait successivement des fils dont chacun maintenait armé, électriquement, l'obturateur adapté à l'un des objectifs, et il en provoquait ainsi le déclenchement.

Les premières images n'étaient que des silhouettes où l'on avait quelque peine à individualiser les membres; celles qui vinrent après furent très supérieures.

Mais la méthode ne pouvait passer pour économique : Muybridge employa jusqu'à quarante chambres à la fois, et l'on cite une série d'expériences, effectuées en 1885 à Philadelphie, dont les frais s'élevèrent à 150.000 francs !

De plus, elle n'est pas toujours applicable; et lorsque, après les premières expériences de Muybridge, M. Marey qui, déjà, étudiait le mouvement — mais au moyen d'appareils enregistreurs qui n'étaient pas photographiques — demanda au savant américain des documents sur le vol des oiseaux, celui-ci fut fort empêché de lui donner autre chose que des épreuves isolées.

Notre éminent compatriote résolut alors d'opérer par lui-même, et, reprenant l'idée première de M. Janssen, il construisit un *fusil photographique*, avec lequel il put suivre et photographier périodiquement le vol des oiseaux en liberté. Les images, qui étaient distribuées sur le pourtour d'une plaque sensible tournante, et qui pouvaient se succéder à des intervalles d'un douzième de seconde, n'étaient guère encore, elles aussi, que des silhouettes, mais donnaient déjà de très utiles indications.

Ces débuts de M. Marey dans la chronophotographie datent de 1882; à partir de ce moment, il se consacra tout entier à la méthode nouvelle; il en fit pour ainsi dire sa chose; variant les procédés, perfectionnant les appareils, multipliant les dispositions ingénieuses, il lui donna un merveilleux développement. La station physiologique, créée au Parc des Princes, en devint comme le siège et l'Institut.

En opposition avec la méthode suivie par Muybridge, M. Marey, comme M. Janssen, s'imposa d'obtenir des images successives avec un objectif unique, les recevant soit sur une plaque fixe, soit sur une surface mobile : de la sorte, toutes les images sont prises du même point de vue.

Le premier appareil dont se servit M. Marey utilisait des plaques fixes : l'organe essentiel, formant obturateur périodique, était un disque percé de fenêtres radiales, équidistantes; on le faisait, au moyen d'une manivelle et d'un train d'engrenages, tourner, immédiatement devant la surface sensible, d'un mouvement rapide mais uniforme; à chaque passage d'une fenêtre, une image nouvelle s'imprimait sur la plaque : la durée des illuminations était de 1/500e et les intervalles de 1/10e de seconde.

Plus tard, l'obturateur fut reporté en avant, au diaphragme de l'objectif.

Si le sujet se déplace assez rapidement, les figures qui s'impriment à la suite les unes des autres sont distinctes; il faut seulement prendre les précautions nécessaires pour que le fond, dont les images se superposent alors que celles du modèle se juxtaposent, soit aussi peu lumineux que possible : M. Marey avait disposé, derrière sa piste, un hangar profond, ouvert au nord, garni sur toutes ses parois de velours noir, et protégé contre tout envoi de lumière extérieure.

Mais si les déplacements sont au contraire assez lents, ou que le modèle devienne un peu encombrant, les images empiètent les unes sur les autres. L'inconvénient n'est pas toujours très grand, et l'on peut même trouver à cette superposition partielle quelques avantages, tels que d'accuser dans un mouvement les phases de moindre vitesse, ou de fournir certaines indicatiens d'ensemble. En règle générale, elle est fâcheuse parce qu'elle rend la lecture difficile : on peut bien augmenter les intervalles, mais alors l'analyse est moins complète; il faut évidemment chercher un moyen qui permette de dissocier aussi parfaitement que possible les impressions successives, tout en les multipliant. M. Marey en a trouvé plusieurs; le meilleur est assurément celui qui repose sur l'emploi d'une surface mobile pour recevoir les images.

Notons que les premières expériences, de M. Janssen et de M. Marey lui-même, étaient faites dans ces conditions : sur une plaque de verre tournante. Seulement, il est difficile d'obtenir ainsi des vues très rapprochées; il faut, en effet, périodiquement, arrêter la plaque et la lancer à nouveau; et c'est, à cause de la masse qui est en jeu, chose peu commode au point de vue mécanique.

M. Marey s'est alors servi d'une bande pelliculaire; elle est entraînée par un mécanisme d'horlogerie, qui marche de façon continue, tandis que, par une disposition fort ingénieuse qui a été réalisée depuis sous diverses formes, la pellicule elle-même se trouve, à intervalles égaux, immobilisée pendant le temps nécessaire à l'impression de chaque image.

Sous cette nouvelle forme, et grâce aussi aux progrès divers qui, surtout par l'amélioration des préparations sensibles, permettaient de réduire encore le temps de pose, tout en ayant des résultats plus parfaits, la chronophotographie a pu prendre un développement beaucoup plus grand encore. Est-il besoin de faire remarquer que le cinématographe n'était pas bien loin ?

Avec des dispositifs fournissant un éclairage particulièrement intensif, on a pu ainsi étudier le vol des insectes, où les battements sont si rapides — la mouche ordinaire en donne trois cent trente par seconde! — et, en s'aidant du microscope, aller faire dans les vaisseaux l'analyse des mouvements qu'exécutent les globules sanguins, ou, dans les cellules des conferves, suivre les déplaments des zoospores.

Du reste, les applications de la méthode, par M. Marey lui-même et par les divers savants qui ont travaillé autour de lui, sont si variées et si nombreuses que je ne saurais songer à les citer toutes; je veux seulement rappeler les études de M. Manage sur la phonétique, et — sujet moins sévère! — celles de M. Emmanuel sur la danse antique.

Quant à la méthode inaugurée par Muybridge, et qui reposait sur l'emploi de plusieurs objectifs, elle n'a pas été abandonnée, mais elle a été ramenée à des proportions moins somptueuses. Le nombre dés appareils étant réduit, il en est naturellement de même du nombre des images que l'on peut obtenir pendant l'évolution d'un phénomène; par suite l'analyse est moins détaillée; mais il est des cas où un petit nombre de phases est en somme suffisant; et, à s'en contenter, on gagne de pouvoir parfois augmenter le temps de pose, pour avoir des images plus complètes.

Parmi les partisans de la chronophotographie à objectifs multiples, on peut citer d'abord, en Allemagne, Anschütz, qui s'est particulièrement attaché aux applications artistiques, et a employé, comme Muybridge, une batterie de chambres, moins nombreuse cependant que celle du savant américain.

En France, le général Sebert s'est servi d'un appareil unique à six objectifs, muni d'obturateurs dont le déclenchement s'opérait automatiquement à intervalles réguliers, pour photographier la marche de projectiles à mouvements lents, comme les torpilles automobiles.

Dans ces dernières années, M. A. Londe, directeur du service photographique installé à la Salpêtrière par le Dr Charcot, a repris la méthode avec un grand succès. L'appareil qu'il a fait construire est une chambre à compartiments, où, sur une même plaque 30 $\times$ 40, douze objectifs, disposés sur trois rangs, donnent, de l'objet en mouvement, des images distinctes d'à peu près 7 $\times$ 7. Un interrupteur et un distributeur électrique complètent l'installation.

Les choses sont disposées de telle sorte que l'on peut, par un réglage préalable, faire varier l'intervalle des poses et leur durée. La mise en activité de l'appareil se produit à volonté, et à distance. Enfin, et c'est là, je crois, le caractère le plus intéressant de l'appareil, on peut arrêter l'opération à un moment quelconque, ou même établir, entre les poses successives, une complète indépendance.

Ce n'est plus alors, à proprement parler, de la chronophotographie ; mais il s'agissait surtout, dans l'espèce, d'études médicales ; et, comme le fait très justement observer M. Londe, les phases importantes du phénomène se produisent là, dans une crise d'hystérie par exemple, d'une manière soudaine, imprévue et fort irrégulière. Il était donc nécessaire d'être, à chaque instant, maître de régler le fonctionnement de l'appareil.

Les séries obtenues se divisent par suite en deux groupes : les unes sont continues, c'est-à-dire à images équidistantes ; les autres discontinues. Elles sont d'ailleurs nombreuses et fort variées, l'appareil étant facilement transportable et n'étant pas exclusivement destiné au laboratoire ; enfin les images élémentaires sont souvent extrêmement remarquables par leur perfection.

On a proposé, pour la chronophotographie, une troisième méthode, dont l'avenir paraît assez brillant, mais qui n'a encore été que rarement utilisée : le modèle est, ainsi que les appareils, plongé dans l'obscurité ; ceux-ci restent ouverts de façon permanente, et celui-là est, périodiquement, éclairé par une source intermittente, d'éclat très grand et de durée extrêmement réduite. Les décharges de condensateurs électriques, convenablement employés, peuvent admirablement jouer ce rôle ; il n'en est pas de même des poudres-éclairs, auxquelles on a pensé à l'attribuer, et dont la combustion est en somme assez longue. C'est ce qu'a établi M. A. Londe, qui a fait récemment l'analyse du phénomène au moyen de son appareil, muni pour la circonstance d'un distributeur à grande vitesse, et a ainsi obtenu de très intéressants résultats ; il a même pu, pendant la durée d'un de ces éclairs, prendre, des objets illuminés, des séries chronophotographiques complètes.

IV

Les premières images que fournirent la photographie instantanée, et surtout la chronophotographie, causèrent une vive surprise : il y avait, sur bien des points, désaccord évident entre les figures ainsi reproduites et celles qu'on avait l'habitude de concevoir ; quand il s'agissait des allures vives du cheval, le désaccord devenait profond, et pour ainsi dire fondamental.

Sur quoi reposait notre conception ? A coup sûr ce n'était pas sur l'observation ! Quand un cheval de course passe devant nos yeux, ce que nous éprouvons est une sensation confuse ; nous voyons bien que l'animal remue les jambes, et les remue vite ; mais quant à discerner leurs positions successives, il n'en est pas question. Nous n'avons ni une vision détaillée, ni peut-être même, quoi qu'on en dise, une vision d'ensemble qui soit un peu précise. Ce que nous percevons, c'est tout au plus une enveloppe de formes qui varient et se déplacent. Et il en est de même, à des degrés divers, pour tout ce qui se meut un peu rapidement, surtout si nous ne l'avons pas fréquemment sous les yeux, et que nous n'ayons pas fait effort pour préciser notre perception : c'est ainsi que, par exemple, l'homme de cheval distingue, dans le trot, des phases qui échappent au profane.

De cette impuissance où est notre œil, nous ne nous rendons même pas compte, parce que nous n'en sommes pas gênés ; nous avons en effet, dans notre mémoire, des figures très précises qu'y a mises l'éducation, que nous superposons, d'instinct, à la forme changeante et mobile, et qui suffisent à nous satisfaire : je parle des figures que nous avons eues si souvent sous les yeux, dans les musées, sur les places, un peu partout, peintes, dessinées ou modelées.

Ce que nous voyons, c'est ce que les peintres ou les sculpteurs nous font voir. Eux-mêmes, où l'ont-ils pris ? Trop souvent dans la tradition.

Lorsque la photographie intervint, la formule traditionnelle du cheval de course représentait ce que l'on a dénommé le *galop volant* ; on la peut voir, en particulier, dans un tableau célèbre de Géricault, le « Derby d'Epsom ». Elle vient de très loin : Géricault l'avait dû prendre dans les estampes anglaises ; je me suis laissé dire que les Anglais l'avaient empruntée aux Japonais, et ceux-ci aux artistes des civilisations primitives.

Elle n'a rien de commun avec la réalité ; quand le cheval est à la phase d'extension, jamais les quatre membres ne sont étendus à la fois, et l'animal touche terre ; au moment de suspension, il a ses quatre pieds rassemblés sous lui. On ne trouve une position analogue que dans le saut, au moment où l'animal va se recevoir ; comme le saut n'est pas un mouvement rapide, et que la position des membres est alors facilement observable, il est probable que la tradition reposait sur une généralisation tout à fait injustifiée.

Elle était si bien acceptée, et l'habitude était si bien prise de se figurer ainsi le cheval au galop de course, que les célèbres tableaux d'Aimé Morot, « Reichshoffen » et « Rezonville », soulevèrent, à leur apparition, aux Salons de 1886 et 1887, je crois, de très vives protestations.

Ce fut, entre les photographes et les savants, d'une part, les artistes et les critiques d'art, d'autre part, une discussion homérique, digne de rappeler la querelle des anciens et des modernes. Ceux-ci trouvaient inconcevable qu'on parût vouloir leur donner des leçons, et ceux-là trouvaient étrange que l'on ne s'inclinât pas plus vite devant leurs révélations, si incomplètes qu'elles fussent.

La querelle dure encore, mais elle n'a plus le même caractère d'intransigeance ; les images photographiques, soit directement, soit par le canal d'artistes moins décidés à maintenir la formule traditionnelle, ont modifié lentement notre vision et réformé peu à peu l'éducation de notre œil ; nous nous habituons à trouver naturel ce qui nous choquait tout d'abord. Quelques personnes, particulièrement attentives ou exercées, discernent maintenant, dans le galop du cheval, les formes que reproduit l'objectif ; il n'en est plus guère qui soient convaincues d'y voir des formes différentes. Les *Charges* d'Aimé Morot ne nous surprennent plus et, si on les attaque, c'est pour trouver qu'une part trop large encore y est faite à la tradition ; les chevaux du *Derby d'Epsom* commencent à nous étonner ; si on les défend encore, c'est pour le principe, ou par reconnaissance envers la mémoire du pauvre grand artiste que fut Géricault ; mais nos enfants peut-être ne les comprendront plus : avec les chevaux de bois, frappés de défaveur, disparaissent les plus actifs propagateurs, auprès du peuple, de la formule conventionnelle.

Il est d'ailleurs à remarquer que, si la tradition est d'origine très ancienne, elle n'a pas, du moins, été continue : les chevaux sculptés par Phidias dans la frise du Parthénon sont d'un dessin parfaitement correct au point de vue scientifique.

Pour les allures moins vives, l'observation directe étant moins difficile, la tradition était moins impérieuse ; aux diverses époques, à côté de figurations plus ou moins fantaisistes, on en trouve d'autres qui sont, très suffisamment du moins, conformes à la réalité. Les peintres qui les ont dessinées avaient-ils une perception plus aiguë et plus précise que leurs émules, c'est chose fort probable ; en tous cas, leurs œuvres ne sont pas les plus déplaisantes.

En ce qui concerne enfin les mouvements de l'homme, plus lents, plus fréquemment observables, le désaccord était moindre ; on a surtout reproché aux artistes des fautes d'adaptation, qui ne sont pas bien graves. Ils ont d'ailleurs, pour se défendre, un argument excellent ; je le trouve fort nettement énoncé dans la *Physiologie artistique* du Dr P. Richer, un savant de haute valeur qui est, en même temps, un artiste de grand talent.

« Il est parfaitement exact, dit-il, que les personnages mis en scène par les artistes ne marchent jamais uniquement pour marcher. Ils marchent pour accomplir une action ; ils marchent en exprimant un sentiment ; en un mot, on peut dire que les artistes ne représentent jamais la marche, mais des démarches. »

La photographie aurait tort si elle demandait à la peinture de décalquer, pour ainsi dire, les images instantanées qu'elle peut lui fournir. D'abord ces images ne sont pas toujours justes : un point de vue mal choisi, un objectif mal employé, d'autres causes encore, peuvent amener des déformations, parfois très graves. Puis, toutes les phases d'un mouvement ne sont pas bonnes à prendre : s'il en est qui peuvent être reproduites sans aucune modification, il en est d'autres, au contraire, qui, très justes, sont pourtant très déplaisantes.

Est-il vrai, d'ailleurs, que la photographie ait de telles prétentions ? Je ne le crois pas : qu'au début, dans l'enivrement de ses premières victoires sur le mouvement, elle ait pris une attitude un peu présomptueuse, j'en conviens ; mais elle ne l'a pas gardée : et ce qu'elle dit aujourd'hui aux artistes est, en somme, fort raisonnable. Elle leur offre un instrument capable d'accroître et d'aiguiser singulièrement la puissance de perception de leur œil, mais elle ne prétend pas s'en servir à leur place, et voir pour eux.

La proposition n'est certes pas outrecuidante, et le photographe ne donne pas plus de leçons au peintre que ne fait l'opticien à l'astronome ou à l'histologiste, ou que n'a fait le physicien au chirurgien quand il a mis entre les mains de celui-ci le merveilleux moyen d'investigation qu'est la radiographie.

On ne demande d'ailleurs aux artistes ni de reproduire tout ce qu'ils auront vu, ni de représenter sans aucun changement ce qu'ils auront choisi ! Les photographes ont tort — à supposer qu'il y en ait pour soutenir une pareille thèse

—qui dénient aux peintres ou aux sculpteurs le droit d'interpréter et d'idéaliser la nature. Mais ceux-ci ont-ils bien raison quand ils font fi de la réalité au point d'aller à son encontre ? Qu'ils la traduisent, qu'ils forcent au besoin l'effet pour nous le faire plus sûrement sentir, rien de mieux ! Mais qu'ils arrivent à des figures que nous savons, que nous sentons être en désaccord formel avec les lois naturelles, cela n'est bien sage à eux que s'ils se confinent dans le domaine de la fantaisie et de la légende : on ne les chicane pas sur le galop qu'ils font prendre aux chevaux d'Apollon ; on n'exigera pas, quoi qu'on en ait dit, qu'ils aillent chercher dans les séries chronophotographiques la forme qu'ils doivent donner au vol des chérubins ! Mais, appliquée aux réalités de la terre, aux êtres qui vivent autour de nous, la convention aura toujours contre elle de subir les fluctuations du goût ou de la mode ; elle risque de paraître ridicule après avoir semblé admirable.

Les artistes auraient tort de dédaigner le merveilleux instrument d'étude qu'est pour eux la chronophotographie : car au vrai, c'est surtout sous cette forme que la photographie instantanée peut leur rendre de singuliers services. Notre œil fait la synthèse inconsciente de mouvements élémentaires qu'il ne distingue pas ; mais l'artiste, qui veut nous restituer l'impression d'ensemble, doit faire pour nous cette même synthèse, et la faire consciemment ; il lui en faut connaître tous les éléments.

J'ai lu, dans un article où un critique d'art se montrait fort dur pour la photographie scientifique et fort tendre pour la photographie artistique, — comme s'il devait y avoir antagonisme ! — une comparaison qui m'a frappé, mais non convaincu. L'auteur rapprochait la sensation qu'éprouve notre œil devant un sujet en mouvement de celle que ressent notre oreille dans un concert ; et il faisait grief à la photographie de ne percevoir qu'une note dans l'accord des instruments : « L'œil de l'objectif instantané est comme une oreille qui n'entendrait qu'une partie dans un orchestre. »

J'accepte volontiers le parallèle ; mais le peintre n'est-il pas alors comme le chef d'orchestre qui a besoin, pour nous donner l'impression d'harmonie complète, d'avoir étudié séparément les diverses parties ?

Puisque l'artiste a cette haute mission d'apprendre au peuple la beauté de la forme, a-t-il le droit de négliger un moyen, qui lui est offert, d'interroger de plus près la nature vivante ? Puisque c'est lui qui nous apprend à voir, n'a-t-il pas le devoir de nous faire voir juste ; et si, volontairement ou par négligence, il met dans notre mémoire des figures inexactes, est-il bien dans le rôle d'éducateur qu'en toute confiance nous lui reconnaissons ?

Et puis, son intérêt n'est-il pas là aussi ? On raconte que Meissonier, pour peindre le magnifique cheval que monte Napoléon dans « *1814* », avait fait installer une plate-forme pivotante, autour de laquelle tournait l'animal qui lui servait de modèle ; lui-même installé au centre, peignait ou croquait, l'œil fixé sur la bête pour mieux analyser le mouvement et en saisir plus sûrement les formes élémentaires. Si le maître avait eu, par la chronophotographie, ces éléments reproduits à la suite les uns des autres, aussi parfaitement, aussi complètement qu'on peut le faire aujourd'hui, avec le jeu des muscles et la saillie des tendons ; si surtout il avait pu, grâce au cinématographe, en réaliser la superposition, aussi longtemps, aussi lentement qu'il lui eût été nécessaire, il n'eût certes pas été dispensé de travailler devant la nature ; mais la besogne n'eût-elle pas été, ainsi préparée, moins pénible et moins longue ; et le but poursuivi n'eût-il pas été plus rapidement et plus simplement atteint ?

Le plus parfait appareil dont nous disposions aujourd'hui pour la photographie instantanée est l'œuvre d'un peintre, — un peintre de chevaux précisément, et dont le talent est grand. Je lui ai entendu dire, un jour que nous regardions ensemble les magnifiques épreuves qu'il avait obtenues, une phrase qui me paraît caractériser admirablement ce que doivent être les rapports de la photographie instantanée et des arts graphiques : « Quand j'aurai fait de ces images-là pendant deux ou trois ans, me disait-il, quels beaux chevaux je peindrai ! »

Ainsi judicieusement utilisée, la photographie instantanée n'est sûrement pas aussi dangereuse pour l'art qu'on s'est plu à le dire !

D'ailleurs, la preuve est maintenant faite. Les figures, peintes ou modelées, sont assez nombreuses, pour lesquelles on a serré de très près les indications fournies par nos objectifs, et qui sont incontestablement de fort belles choses.

V

Le peintre nous donne, par une image unique où les objets sont matériellement immobilisés, la sensation du mouvement. Est-il nécessaire que, pour y parvenir, il déforme systématiquement les allures ou simplement qu'il les force ? Est-il essentiel qu'il ait recours à des figurations conventionnelles ?

S'il n'en est pas ainsi, pourquoi serait-il vrai, comme on l'a soutenu, que le photographe ne peut que faire, au contraire, avec du mouvement de l'immobilité ? Ses images ne sont-elles pas capables de nous donner, sous certaines conditions, la même illusion ?

C'est que je voudrais examiner maintenant ; j'espère pouvoir vous montrer que si la chose n'est pas facile, elle est du moins parfaitement possible, et vous convaincre qu'ainsi la photographie du mouvement est susceptible de prendre une seconde forme, — la forme artistique.

Il faut, tout d'abord, écarter une condition qui paraît suffisante, et qui ne l'est pas. On a dit, très justement, que l'homme, ou l'animal, en mouvement, est dans un perpétuel état d'équilibre instable. Il semble donc que cette instabilité même suffise à nous donner la sensation du mouvement ; or il n'en est rien. On nous montre un homme suspendu dans l'espace, la tête en bas : nous sommes étonnés, nous cherchons par quel artifice il peut se soutenir dans une position si anormale ; mais nous n'avons pas l'idée qu'il fait le saut périlleux.

Il n'en est plus de même si nous avons l'impression d'un effort, soit par le jeu des muscles, soit par l'attitude générale du sujet ; si surtout cette impression est multiple, et que, dans l'image, tout ce qui vit semble faire un effort commun. S'agit-il de chevaux de course, le maintien des jockeys ne joue pas un moindre rôle que celui des bêtes ; c'est ainsi que la monte américaine est beaucoup plus que la monte anglaise propice à l'illusion.

Et l'effet sera d'autant plus saisissant que, dans ce rythme général, seront entraînés plus d'éléments : soit qu'il y ait, comme dans les défilés militaires, une harmonie complète, une cadence parfaitement observée ; soit qu'il règne, au contraire, dans la scène un certain désordre, pourvu que ce désordre n'empêche pas de s'accuser une tendance commune.

Souvent d'ailleurs, dans ces tableaux un peu complexes, nous trouvons figurées plusieurs phases d'une même allure, et cette condition semble extrêmement favorable : il est à remarquer que les séries chronophotographiques sur plaque fixe, où les images se suivent de très près, sans cependant se recouvrir en partie, nous donnent très facilement l'illusion du mouvement : dans tel ensemble de figures, qui représente en réalité les positions successives d'un homme qui marche, nous croyons voir un défilé passer devant nos yeux ; et il est intéressant de constater que les images où nous avons fait en quelque sorte de la chronophotographie inconsciente produisent à des degrés divers le même effet. De tous les exemples que l'on peut citer, un des plus simples et des plus convaincants est celui que fournissent les photographies d'une mer agitée. Une lame unique, prise pendant qu'elle déferle, semble absolument figée si, sur toute la portion représentée, nous trouvons le phénomène à la même phase ; voyons-nous, au contraire, la volute, ici à peine indiquée, là nettement formée, l'écume en cet endroit dispersée par le vent qui écrête la vague, en cet autre jaillissant en colonne épaisse du sol frappé par la masse d'eau, nous commençons à nous sentir menacés par la mer montante ; mais l'impression est bien plus forte encore si, prenant la vue d'un point un peu plus élevé, nous avons réuni sur l'image toute une série de vagues arrivant les unes derrière les autres, à des états différents.

En somme, la sensation du mouvement, que nous voulons provoquer, ne peut être due qu'à un phénomène psychologique : il faut nous adresser à l'imagination, évoquer, par l'image, un souvenir qui soit étroitement lié à l'idée de mouvement, et l'amène forcément à sa suite ; ce n'est pas autrement que nous atteignons le but dans les cas que je viens de citer ; c'est ainsi encore que nous pourrons réussir en figurant une attitude qui se trouve nécessairement rattachée à l'idée de vitesse, comme celle d'un coureur cycliste dans un virage ; ou en donnant une assez grande importance à des effets accessoires que tout le monde rapportera sans hésitation à un déplacement rapide du sujet principal, — nuages de poussière soulevés par une troupe en marche, fumée de locomotive rabattue sur le train, sillage de navire, vêtements collés au corps et flottant en arrière sous l'action du vent ; ou, enfin, en maintenant entre les éléments immobiles du tableau et ses éléments en mouvement une différence de netteté qui pourra souvent n'être que très légère.

Mais, en revanche, pour détruire l'effet et faire envoler l'illusion, il suffira de bien peu de chose ; il ne faut qu'un détail qui évoque dans l'esprit du spectateur une idée de repos et de calme : dans un paysage secoué par la tempête, une plante qui, au premier plan, abritée du vent, ne s'est pas courbée ; dans une scène à personnages, un regard qui, dirigé vers le photographe, semble indiquer qu'on attend un signal et que les attitudes sont factices.

Nous venons de passer en revue un assez grand nombre de cas où la photographie peut donner la sensation du mouvement. Or, à les bien examiner, les conditions que nous avons trouvées favorables n'ont rien de bien particulier ni de bien nouveau : ce sont celles où les peintres eux-mêmes ont grand soin de se placer. Quoi d'étonnant, d'ailleurs, à ce que, poursuivant le même but, nous utilisions les mêmes moyens ? Il en est un seulement dont nous ne nous servons pas : c'est la déformation des allures. Cette déformation ne serait-elle donc pas nécessaire, et les artistes pourraient-ils se dispenser d'y avoir recours ? C'est la conclusion à laquelle j'espère vous avoir amenés.

VI

J'arrive maintenant à la troisième forme de la photographie du mouvement : c'est la plus parfaite, à coup sûr, — la forme vivante. Il ne s'agit plus d'une illusion, mais d'une restitution. Nous avons vu tout à l'heure la chronophotographie donner l'analyse de la vie ; pendant une vingtaine d'années, c'est à cela qu'elle a dû se borner. Elle y ajoute aujourd'hui la synthèse, et, par là, se complète merveilleusement.

Il est inutile de rappeler longuement le phénomène physiologique où elle s'appuie : l'action de la lumière sur notre œil n'est ni absolument instantanée, ni surtout absolument fugitive ; il faut un certain temps — un dixième de seconde environ — pour que se dissipe l'impression produite après que la cause en a disparu. Lors donc que nous faisons passer assez rapidement devant nos yeux une série d'images, se substituant les unes aux autres et ne demeurant que pendant un temps très court, les impressions successives se superposent en partie et s'enchaînent. Si ces images ne diffèrent entre elles que par une déformation progressive et lente, si, par exemple, elles représentent, à la même échelle, un même modèle aux différentes phases d'une transformation ou d'un mouvement, nous avons, en dépit des éclipses qui les séparent et qui nous échappent, une sensation de continuité : nous croyons voir s'effectuer devant nous la transformation même, ou le mouvement, alors que nous n'en voyons réellement que des épisodes, voisins, mais distincts.

Depuis plus de cinquante ans, les physiciens ont tenté d'utiliser de la sorte ce qu'on appelle la persistance des impressions rétiniennes, et de réaliser la synthèse de quelques mouvements simples, au moyen d'images en série, dessinées à la main : tout le monde connaît le jouet charmant qu'imagina Plateau, le phénakisticope ou zootrope. Dès qu'on eut obtenu des séries chronophotographiques, on les plaça dans le zootrope : Muybridge, Anschütz, Marey, ont ainsi procédé. Malheureusement, l'instrument est affecté d'un défaut grave qui tient à son principe même : il déforme ; de plus, bien qu'on ait essayé de l'adapter à la projection, c'est une besogne à laquelle il se prête fort mal.

Déjà, d'ailleurs, on avait cherché dans une autre voie, ainsi qu'en témoigne un brevet qui fut pris, il y a une quarantaine d'années, par M. L. Ducos du Hauron, et qui peut servir, à coup sûr, de point de départ à l'histoire de la photographie animée.

Nous nous étonnons maintenant que l'appareil d'analyse à bande pelliculaire, de M. Marey, n'ait pas été plus rapidement transformé par réversion — comme il l'a été plus tard, du reste — en appareil de synthèse. La solution du problème semble cependant immédiate : substituer à la bande négative une bande positive obtenue par contact ; lui faire exécuter un mouvement identique à celui qu'avait effectué la première pendant la prise des vues ; l'éclairer vivement par transparence, et la projeter sur l'écran à travers l'objectif photographique lui-même. En réalité, il n'en va pas aussi simplement, et il a fallu, pour arriver au résultat que nous admirons aujourd'hui, vaincre des difficultés de toute sorte et résoudre des problèmes mécaniques fort délicats.

On peut dire que les premiers chercheurs arrivés au but furent d'une part MM. Lumière, et d'autre part, M. Demenÿ ; ils l'atteignirent à peu près en même temps, et le progrès était tel, des deux côtés, sur les appareils très imparfaits d'Édison, que ceux-ci, du coup, tombèrent dans l'oubli.

Aujourd'hui, les instruments donnant par projection la synthèse du mouvement sont fort nombreux; ils portent les noms les plus divers, et sont de valeur très inégale. Ils sont en général réversibles, c'est-à-dire que le même appareil peut servir successivement à la prise des vues et à leur projection; il faut seulement que, dans la seconde opération, le rapport entre la durée des périodes d'éclairement et celle des éclipses soit beaucoup plus grand que dans la première.

Tous se rattachent, et pour la plupart le lien est très étroit, à l'appareil de M. Marey : parmi les plus parfaits, il faut incontestablement placer le cinématographe de MM. Lumière et le chronographe de M. Demenÿ; je ne puis omettre le nom de M. Gaumont, en qui M. Demenÿ a trouvé, en même temps qu'un constructeur fort habile, un collaborateur très précieux, et qui a joué un rôle capital dans le succès que rencontrent partout, maintenant, les projections animées.

Ce succès sera plus grand encore quand une parfaite association avec le phonographe permettra de reproduire le son en même temps que le mouvement, et qu'ainsi les images seront plus complètement vivantes. On peut dire que déjà c'est chose faite, puisque M. Gaumont est parvenu à réaliser entre les deux instruments le synchronisme absolu que l'on avait jusqu'ici vainement poursuivi. Malheureusement, le phonographe est loin d'avoir atteint le degré de perfection où est arrivé le chronographe; et c'est de ce côté que se portent en ce moment des efforts dont l'heureux résultat ne se peut faire beaucoup attendre.

VII

Nous avons ainsi examiné successivement les trois caractères que peut prendre la photographie du mouvement. Sous sa première forme, elle offre aux savants et aux artistes un précieux moyen d'investigation et d'instruction; elle leur fournit des documents dont la valeur apparaîtra de plus en plus indiscutable quand sera complètement dissipé un malentendu que rien ne justifiait. Sous la seconde, elle a de quoi intéresser très vivement tous les photographes : elle nous offre un champ d'études trop peu exploré encore, où les difficultés, certes, ne manquent pas, mais où est offerte à nos efforts une récompense qui vaut bien qu'on la recherche, la satisfaction d'avoir fait, de façon peu banale, œuvre d'artistes. Sous la troisième enfin, elle n'a rencontré, dès le début, que des admirateurs; mais ce n'est pas assez que de jouir des spectacles qu'elle nous procure; on a laissé jusqu'ici à un petit nombre d'opérateurs le soin de les préparer; il est à souhaiter que les instruments dont ils se servent se répandent davantage, et remplacent peu à peu, entre les mains des amateurs, les appareils de photographie instantanée, auxquels nous ne pouvons demander qu'une épreuve unique, trop rarement intéressante.

M. Édouard ANDRÉ

Architecte paysagiste, Rédacteur en chef de la *Revue Horticole*,
Membre de la Société nationale d'Agriculture de France.

L'HORTICULTURE ANGEVINE, SON HISTOIRE ET SON DÉVELOPPEMENT

— 17 mars —

L'Association Française pour l'Avancement des Sciences tiendra son prochain Congrès à Angers, au mois d'août de la présente année. Son activité trouvera largement à s'exercer dans sa visite à une contrée si bien dotée par la nature, la science, l'art et l'industrie.

Le Comité directeur, qui embrasse un vaste programme, abordant les sciences mathématiques, physiques, chimiques, naturelles et économiques, a voulu présenter à ceux d'entre vous qui se préparent à cette excursion, un tableau rapide de l'industrie horticole qui a placé l'Anjou, sous ce rapport, au premier rang de nos provinces françaises.

L'Anjou est un mot évocateur de doux paysages, de sites variés, de riches campagnes, au milieu d'un climat moyen et d'habitants laborieux et tranquilles. Le touriste qui descend les vallées de la Loire et de ses affluents, sous le ciel d'un azur cendré qui est caractéristique de ces régions, voit se dérouler une succession de prairies, de collines verdoyantes, de villes et de villages gaiement enchâssés dans la verdure. *Montsoreau* rit dans ses herbages ; *Saumur* dresse fièrement son château et sa côte hérissée de moulins à vent ; *Les Rosiers, La Ménitré* étalent leurs grandes cultures de graines dans le Val sablonneux ; *Trélazé* ouvre l'orifice béant de ses noires carrières d'ardoises. *Angers* apparait : nous le traverserons d'un trait pour y revenir tout à l'heure.

Suivons le cours de la Loire. Voici les vignobles pittoresques de *Chalonnes*, de *Savennières*, de *Rochefort*, de *Saint-Georges*. Celui-ci distille un véritable nectar, le vin de la « coulée de Serrant ». Puis, dans un défilé riant de châteaux et de maisons de campagne, paraissent *Ingrandes* et *Ancenis* aux maisons blanches ; plus bas les pentes abruptes de *Champtoceaux* que le beau fleuve baigne de ses eaux claires et abondantes.

C'est la vallée maîtresse, qui s'étend toujours plus ample et plus fertile vers Nantes, pour prendre l'aspect des marais salants vers Saint-Nazaire et la mer.

Dans les autres parties du département, la diversité des sites est fortement accentuée :

Le *Layon* est bordé de vignobles.

La *Sèvre Nantaise* roule sur des galets.

La *Mayenne* s'étale paresseuse entre de grasses prairies.

L'*Evre* sinue à travers des escarpements sauvages.

La *Sarthe* et la *Mayenne* s'unissent pour former la *Maine* qui les emporte dans la Loire.

A *Durtal*, le vieux château mire ses tourelles dans la lumineuse et poissonneuse rivière du *Loir*.

A *Segré*, l'*Oudon* coule entre ses bords schisteux et profondément encaissés.

Les landes de terre de bruyère s'étendent en diverses localités, surtout près de *Gennes*, et fournissent un terreau précieux pour certaines cultures de pépinière.

Pour le touriste et l'archéologue se dressent les châteaux de *Brissac*, de *Beaufort*, de *Montreuil-Bellay*, de *Serrant*, du *Plessis-Bourré*, de *Mazé*, les ruines de *Champtocé*, où *Gilles de Retz* massacrait des centaines d'enfants pour composer ses philtres magiques, et donnait naissance à la légende de « Barbe-Bleue ». N'oublions pas *Le Fresne*, près d'*Auverse*, qui touche de près à l'horticulture ; son dernier propriétaire était un amateur distingué, M. A. de la Devansaye. Là est née une légende qui dit que jadis, au Fresne, le sieur de Charnacé, désespérant de vaincre la résistance d'un tailleur dont la maison gênait la vue du château, imagina le stratagème suivant : il lui commanda un bel habit qu'il promit de largement payer, garda l'ouvrier chez lui à travailler jour et nuit ; pendant ce temps, il fit démolir et reconstruire la maison dans une situation plus agréable. Cette nouvelle affaire dans le genre du moulin de Sans-Souci eut un dénouement qui ne réussirait plus aujourd'hui,

Bientôt l'on traverse ce qu'on appelle le « Bocage angevin », proche parent du fameux Bocage vendéen, région coupée de haies larges, hautes, plantées d'arbres et enclosant les herbages et les champs labourés.

Tout ce paysage offre un relief modeste. La plus haute « montagne » de l'Anjou, le « Coteau des Gardes », atteint 210 mètres d'altitude au-dessus du niveau de la mer !

Mais sous ce climat tempéré, dont la moyenne annuelle est de 12°,5, et grâce à l'influence relativement humide de la mer peu éloignée, la végétation est superbe, très variée, et les grandes chaleurs sont aussi rares que les grands froids. Aussi le cultivateur angevin, qui constitue plus de la moitié de la population du département de Maine-et-Loire, a-t-il su mettre à profit ces conditions favorables. Il est actif, intelligent, ingénieux pour trouver les cultures appropriées aux divers sols, de mœurs paisibles et agréables quand il n'a pas absorbé un doigt de trop de son capiteux et traître « Vin d'Anjou ».

Les vieilles coutumes et le parler savoureux de jadis disparaissent bien un peu. On n'entend plus guère les locutions d'il y a quarante ans : *vanqué ben* pour « peut-être », *à nuit* pour « aujourd'hui », des *quéniaux* pour des « enfants », etc. Mais les jeunes gens vont encore jouer le dimanche à la boule ferrée, dite « boule de fort » et manger au bord de la Loire et de ses affluents, de succulentes matelotes nommées *bouillitures*. Ce qui n'a pas encore disparu dans les campagnes, c'est la charmante « coiffe » féminine, qui a rendu célèbres les femmes des Ponts de Cé, dites les *Pontdecéïaises*. Au-dessus du fichu à demi croisé sur le corsage, un peu dans le genre des femmes d'Arles, la tête, le plus souvent jolie, se couvre d'un serre-tête étroitement appliqué sur le front, au-dessus duquel papillonnent deux larges ailes qui sont la grâce et l'élégance mêmes. Les coquettes jeunes filles le savent bien et elles ont grandement raison de rester fidèles à leur coiffage traditionnel et de résister à l'envahissement du chapeau « mode de Paris », si peu seyant dans leurs campagnes.

Mais revenons à Angers.

C'est une belle ville de 85.000 habitants, agréablement située sur les deux rives de la Maine. Elle est plus accidentée sur la rive gauche. Son panorama est pittoresque et son aspect très vivant, malgré le ton noirâtre de ses vieilles constructions en schiste ardoisier. La cathédrale Saint-Maurice, la tour Saint-Aubin, l'évêché, la maison d'Adam, l'hôtel Pincé, sont des monuments anciens qui font la joie des touristes et des archéologues. Si l'on pouvait ici en esquisser l'histoire sans se faire accuser d'être *doctus cum libro*, nous ferions passer sous vos yeux les grandes figures de César, des Ingelger, des Foulques, des Plantagenets qui donnèrent des rois à l'Angleterre, de saint Louis qui bâtit cet imposant château fortifié plus tard par Louis XI, enfin de René d'Anjou, du « bon roi René », qui y naquit en 1409, et mourut à Aix en Provence en 1480. Permettez-moi de m'arrêter un instant sur cette aimable figure de souverain ; il ne nous appartient pas seulement parce qu'il favorisa les lettres, les sciences et les arts et qu'il se fit l'ardent chevalier de Charles VII et de Jeanne d'Arc contre l'ennemi, mais aussi parce qu'il aimait les jardins et planta ceux de la Baumette, près d'Angers. S'il est parfois accusé d'être venu un peu tard au secours de la royauté française menacée, c'est qu'il s'attardait volontiers sous ces beaux ombrages. Il lui sera beaucoup pardonné parce qu'il a beaucoup aimé... les fleurs.

Ce château, avec ses dix-sept tours hautes de 40 mètres, vit passer les sanglantes guerres de religion, celles de la Fronde, les orages de la Révolution française. Aujourd'hui, ses canons ont disparu, mais il est resté une poudrière de l'État, dernier vestige de son passé guerrier.

Il me sera plus agréable de signaler la série d'embellissements qui ont fait successivement Angers ce qu'il est aujourd'hui. En 1808, après une visite de Napoléon Ier, il fut décidé que les remparts, devenus inutiles, seraient rasés. Ils furent remplacés par les boulevards qui existent encore aujourd'hui et qui mesurent 4 kilomètres de tour.

La grande avenue du Mail, à quatre rangs d'ormeaux, plantée par Gohier en 1617, s'est complétée il y a un demi-siècle, par les beaux jardins du Mail, dessinés géométriquement, ornés d'un bassin à jets d'eau, d'un kiosque de musique, et très fréquentés par la société angevine. Les autres améliorations de la cité se sont poursuivies et se poursuivent encore sous la direction d'une édilité animée des sentiments les plus généreux pour l'embellissement de la vieille cité. On ne pouvait mieux faire que de traiter, avec cet amour patriotique, la ville natale du littérateur *Ménage*, du savant *Volney*, du statuaire *David d'Angers*, du peintre *Lenepveu*, du chimiste *Chevreul*. Angers peut être fière de ses gloires.

Les projections que voici vous donnent quelque idée de l'aspect de la ville :

1. — Angers, vue générale, avec les sommets de la Cathédrale et de la Tour Saint-Aubin.
2. — Château du roi René et Pont de la Basse-Chaîne.
3. — Un boulevard planté de magnolias.
4. — Femme des Ponts-de-Cé parée de la « coiffe ».
5. — Jardins du Mail.

L'Horticulture.

Ce coup d'œil succinct sur l'Anjou et Angers me ramène naturellement à la question culturale qui fait l'objet de cette conférence.

Je vous ai dit que la douceur du climat, la fertilité du sol et sa variété, passant des schistes aux calcaires et des sables aux argiles, avaient été les éléments principaux du développement de l'horticulture en Anjou. Mais il y eut d'autres facteurs de cette évolution.

Au premier r ang se place l'influence exercée par le *Jardin Botanique*.

Avant le xve siècle, c'est aux Bénédictins et aux Bernardins que l'on doit les premiers jardins de l'Anjou, créés dans leurs abbayes de Saint-Aubin et de Saint-Nicolas à Angers.

Quelques seigneurs rapportèrent aussi, à l'occasion des Croisades, des plantes exotiques de l'Orient.

Mais il faut arriver à René d'Anjou pour constater que c'est à lui que sont dus les beaux jardins de la Baumette et de Reculée, où il avait fait venir de nombreuses plantes de ses États de Provence.

La tradition se conserva. En 1707, quelques médecins d'Angers établirent un jardin de plantes médicinales au tertre Saint-Laurent. Ce fut le berceau du Jardin des Plantes actuel. Soixante-dix ans plus tard (1777), le docteur Luthier de la Richerie, qui avait déjà rédigé en 1763 un « Catalogue des plantes indigènes des environs d'Angers », fonda, avec quelques amis, un jardin botanique dont il fut nommé directeur, avec Burolleau comme secrétaire. Le jardin fut planté au faubourg Bressigny, au fond de l'impasse Saint-Christophe, et atteignit rapidement un haut degré de prospérité.

Après la mort de la Richerie, arrivée en 1785, Burolleau, qui professait déjà la botanique avec succès, prit la direction du jardin. Mais deux ans après, il mourut subitement.

Son successeur fut Laréveillère-Lépeaux, plus connu comme homme politique que pour ses mérites pourtant réels comme botaniste. Il avait épousé une demoiselle Boyleau, passionnée pour l'étude des plantes. Il trouva un meilleur emplacement pour le jardin, qui fut établi où il est encore aujourd'hui, et il y enseignait la botanique, lorsqu'il fut nommé, en 1789, député aux États-Généraux. Laréveillère fut remplacé alors par le religieux Dom Braux, puis par Merlet de la Boulaye qui planta l'École de Botanique, disposée suivant le système de Linné, créa d'autres parties du Jardin et commença un herbier qui fut continué jusqu'à sa mort, en 1807. Bastard, son élève, lui succéda ; il publia un « Essai sur la Flore de Maine-et-Loire » et termina la plantation de la partie haute du Jardin. En 1816, il fut remplacé par Tussac, qui ne fit que passer et céda la place à Desvaux qui resta directeur jusqu'en 1838, époque à laquelle la direction passa dans les mains de M. Boreau.

Né à Saumur en 1803, *Alexandre Boreau*, qui dès son jeune âge avait révélé une véritable passion pour la botanique, étudia cette science au Muséum, à Paris, puis devint pharmacien à Nevers, et entreprit une suite d'études qui eurent pour couronnement la publication de la « Flore du Centre de la France ». Ce livre eut la plus grande et la plus légitime influence sur le développement du goût de la botanique rurale dans notre pays. Nommé professeur et directeur du jardin botanique d'Angers, en 1838, Boreau organisa des cours et des herborisations qui devinrent populaires. Sa *Flore* parut en 1840 ; elle fut bientôt dans toutes les mains des botanistes. Le succès de ce livre dure encore ; il eut trois éditions. Le Jardin des Plantes d'Angers se développa rapidement. Son catalogue comprenait près de huit mille espèces. Les élèves, les horticulteurs du pays venaient y chercher la nomenclature exacte des végétaux qu'ils étudiaient ou cultivaient. De nombreux jeunes gens se pressaient à ces herborisations ; elles sont restées un des meilleurs souvenirs de ma jeunesse.

Boreau mourut en 1875. Son herbier, œuvre considérable, contenait environ vingt mille espèces, parmi lesquelles un bon nombre des types de Jordan, dont il avait adopté avec chaleur les théories si discutées et auxquelles il resta toujours fidèle. Cet herbier a été légué au Jardin, sous les ombrages duquel se voit aujourd'hui le buste de son auteur, au milieu des fleurs qu'il aimait tant.

Son dévoué continuateur et élève, M. Bouvet, poursuit maintenant au Jardin des Plantes d'Angers cet enseignement et cette direction avec une grande compétence et la plus louable ardeur, en l'appropriant aux progrès contemporains, et préparant une transformation totale que les années ont rendue nécessaire. Les arbres ont vieilli et se détruisent mutuellement; d'autres ont besoin d'être mieux mis en valeur. Déjà la vieille École de Botanique, devenue insuffisante et mal placée, a été transférée à l'École de Médecine. La municipalité d'Angers, toujours soucieuse du bon renom et de la prospérité de sa ville, m'a chargé de dresser un projet de transformation qui a été livré aux édiles et va être mis

Fig. 1. — Statue de Chevreul, à l'entrée du Jardin des Plantes d'Angers.

prochainement à exécution. Elle a voulu se souvenir que j'avais fait mes premières études botaniques à Angers, et que j'avais gardé une prédilection constante pour ce beau pays *(Applaudissements)*.

Quelques vues de ce Jardin des Plantes vont passer sous vos yeux :

 6. — Vue d'une partie du jardin, pourvue de beaux vieux arbres, pelouses et statues.
 7. — Vue du gros Cèdre et des Camellias.
 8. — Grand exemplaire d'*Abies amabilis*.
 9. — Le Bonduc du Canada, près des serres.
 10. — La statue de Chevreul, à l'entrée du Jardin.
 11. — Vue à vol d'oiseau du projet de transformation nouvelle, dressé par Éd. André.

La Culture maraîchère.

La culture maraîchère est une des sources de richesse de l'agriculture angevine. Elle se développe principalement dans les quartiers de Saint-Laud et de Frémur. Abrités des vents d'ouest par le coteau dé Saint-Gemmes, exposés aux brouillards de la Loire et de la Maine, ces terrains argilo-siliceux sont très propices à la production des légumes.

Il en est de même du sol d'alluvions profondes de la commune de Mazé, à

15 kilomètres d'Angers. Cette localité est réputée surtout pour ses melons, navets, ognons, choux de Milan.

Angers se spécialise dans les fraises, les petits pois, les artichauts, les brocolis et les choux-fleurs, auxquels s'ajoutent les espaliers et contre-espaliers de chasse-las de Fontainebleau.

Deux cents hectares sont cultivés en choux-fleurs, à Angers, à Saint-Gemmes et aux Ponts-de-Cé. La vente en commence fin mai et se termine en juillet. Pendant ces deux mois, il part des gares d'Angers de quatre-vingts à cent dix wagons de ces succulents légumes pour Paris, la Belgique, la Hollande et l'Allemagne. Cela fait environ cinq millions et demi de têtes de choux-fleurs expédiées, sans compter les quantités nécessaires à la consommation locale.

Les artichauts suivent en saison. Ils sont de la variété dite « gros camus d'Angers », et s'expédient par paniers de 120 kilogrammes contenant deux cents têtes. On plante les œilletons à raison de quatre mille pieds à l'hectare, dont le produit atteint 1.600 francs. La surface cultivée en artichauts égale 50 hectares, et 500.000 kilogrammes sont expédiés chaque année, à diverses destinations.

Les fraises sont emballées dans des petits paniers, sur le terrain même où elles sont récoltées et de là expédiées sans délai pour arriver fraîches, à Paris et en d'autres villes, dans des caisses à claire-voie.

Le produit de ces cultures maraîchères est difficile à évaluer. Ces braves cultivateurs ne révèlent pas volontiers le chiffre de leurs affaires. Cependant, on est près de la vérité en estimant l'ensemble des surfaces cultivées à 1.500 hectares produisant 25 à 30 millions de francs. Mais les frais de toute nature sont très élevés et l'on a calculé que le bénéfice net du cultivateur exploitant ne dépasse guère 300 à 400 francs par hectare et par an.

Peut-être y aurait-il lieu d'essayer d'organiser là des syndicats de cultivateurs qui diminueraient les frais généraux en les centralisant sans diminuer la production, comme le font ces *truck-farmings* qui sont si répandus et si rémunérateurs aux États-Unis.

Les projections qui suivent vous donnent le spectacle des files de charrettes transportant les légumes au marché du boulevard des Lices, et aux gares de chemin de fer d'Angers.

Société d'horticulture d'Angers.

Les maraîchers dont je viens de parler suivent peu les progrès horticoles. Ils sélectionnent eux-mêmes leurs graines et subissent à peine les influences extérieures. Ils exposent rarement.

Il n'en est pas de même des autres branches de l'horticulture, dont le perfectionnement est dû à des causes multiples.

En tête se place l'influence des Sociétés horticoles.

Depuis 1686, où la première Académie fut créée à Angers par lettres patentes du roi Louis XIV, les Sociétés savantes s'y sont multipliées. Elles nous intéressent surtout à partir de la Société d'Agriculture, Sciences et Arts, fondée en 1827 et qui tint sa première Exposition florale en 1831. Six prix (début modeste), furent décernés aux exposants. Cette Société planta un Jardin-École qui existe encore, et où Millet, le secrétaire général, réunit en 1834 de nombreuses variétés fruitières. Mais la Société, en 1838, se transforma en Comice agricole, et installa

ses cultures sur de plus larges bases. Dès 1842, ses collections renfermaient six
cents variétés de poiriers, quatre cents de pommiers, cinquante-huit de pêchers,
quatre-vingts de pruniers, cinquante-quatre de cerisiers, vingt d'abricotiers,
cinq d'amandiers, quarante de groseillers, quatre cent cinquante de vignes. Des
cours de taille furent professés, des greffons de bonnes variétés distribués, des
catalogues publiés.

Jusqu'en 1858, avec un infatigable dévouement, Millet dirigea le Comice et
ses cultures. L'industrie horticole angevine lui doit une profonde reconnaissance. C'est à ses semis que l'on doit ce fruit délicieux, bien connu sous le nom
de *Doyenné du Comice*, et dont la maturité est si difficile à saisir qu'il est de
ceux dont on dit : « qu'il faut se lever la nuit pour les manger à point ».

C'est encore Millet qui établit l'histoire exacte de la variété *Duchesse d'Angoulême*, découverte en 1809 par Pierre Audusson dans le Jardin de la ferme des
Éparonnais, près de Champigné, chez M. le comte Germain d'Armaillé. Cet
arbre vénérable mourut de vieillesse en 1862. Son fruit a rendu de très grands

FIG. 2. — Portrait d'André Leroy.

services ; il est encore justement estimé. A la date où le pied mère disparut,
Forney, l'auteur des *Leçons d'arboriculture fruitière*, évaluait à plus d'un million
de francs le produit des poires « Duchesse » expédiées annuellement par le
centre de la France.

Pendant ces événements, un nom se formait et grandissait, qui devait jeter
le plus vif éclat sur l'horticulture de l'Anjou. *André Leroy*, né en 1801, à Angers,
fit d'abord de sérieuses études et se consacra au développement du modeste
établissement horticole fondé par son père. Il parcourut une grande partie de
l'Europe et s'adonna particulièrement, après son retour, à l'art des jardins et
des parcs. L'une de ses premières œuvres fut le jardin de la Préfecture de sa
ville natale, en 1834 ; la dernière, les jardins du Mail en 1859. Cependant ses
pépinières se développaient rapidement. En 1847, elles étaient déjà si considé-

rables qu'elles couvraient 108 hectares. Mais la Révolution de 1848 ayant arrêté brusquement les affaires, André Leroy chercha et trouva dans l'Amérique du Nord de nouveaux débouchés, dont son envoyé, Baptiste Desportes, avait été le principal et ingénieux instrument. En peu d'années, la surface de ses cultures doubla : elles se divisèrent en trente services spéciaux comprenant tous les arbres et arbustes de plein air. Son catalogue descriptif et raisonné, publié en 1855, fut traduit en cinq langues ; il était basé sur une riche École d'arbres et d'arbustes qui rendit les plus grands services aux dendrologistes de son temps et que le public était admis libéralement à visiter. Le couronnement de l'œuvre d'André Leroy fut son *Dictionnaire de Pomologie* publié en six volumes avec l'active collaboration de Bonneserre de Saint-Denis, et dont le dernier tome ne parut qu'en 1879.

Bien avant la date de sa mort, survenue en 1875, la renommée d'André Leroy était universelle ; il fut fait chevalier de la Légion d'honneur et une place d'Angers porte aujourd'hui son nom.

Fig. 3. — Établissement Louis Leroy.

L'horticulture française doit s'incliner avec respect et admiration devant ce nom vénéré *(Applaudissements)*.

Lorsque le Comice horticole se transforma en Société d'horticulture, le 2 janvier 1864, André Leroy en avait été tout naturellement nommé président. Mais il ne garda pas longtemps ces fonctions, qui furent occupées ensuite par M. Drouard jusqu'en 1878, époque à laquelle M. Alphonse de la Devansaye lui succéda.

Cette fois, c'était à un amateur, non à un industriel, que la Société confiait sa direction. M. de la Devansaye s'était déjà fait un nom comme collectionneur de plantes. Son parc du Fresne, près de Noyant, était réputé ; ses serres contenaient de nombreuses raretés qu'il traitait en fin connaisseur et dont il faisait les honneurs à la fois en botaniste et en homme du monde. Il a été surtout connu par ses semis d'*Aroïdées* (genre *Anthurium*), ses collections d'*Orchidées* et de *Palmiers*. Ses études personnelles, ses écrits, ses relations étendues, internationales, lui firent une réputation qui rejaillissait heureusement sur la Société qu'il présidait.

M. de la Devansaye, mort en octobre 1900, a laissé à la Société sa riche bibliothèque horticole.

Son successeur à la présidence, en 1901, a été M. Louis-Anatole Leroy, qui porte dignement un nom honoré de tous. Sous son impulsion, la Société a déjà tenu plusieurs Expositions, réuni le Congrès des Chrysanthémistes, préparé le prochain Congrès des Roses (quel joli nom !) et mis à l'étude d'importantes questions économiques relatives à l'horticulture angevine *(Applaudissements)*.

Les Pépinières.

Cette revue sommaire des hommes qui présidèrent la Société d'horticulture d'Angers et étendirent son influence par des expositions, des cours d'arbori-

Fig. 4. — Établissement André Leroy.

culture, des publications périodiques, nous conduit par une pente naturelle aux pépinières si célèbres de l'Anjou.

Dès 1780, Pierre Leroy avait fondé un établissement d'horticulture à la Croix-Montaillis, faubourg d'Angers. Il mourut en 1805. C'était le père d'André Leroy, qui fut élevé avec soin par sa mère. Nous avons vu qu'il dirigea plus tard avec elle la fondation paternelle qu'il accrut d'une manière si brillante.

Le frère de Pierre Leroy, Symphorien, s'était établi à son tour au « Grand Jardin », à l'autre extrémité de la même ville. Il eut deux fils : Jules, qui voyagea surtout en Espagne et en Portugal, et Louis, qui développa largement à Angers l'industrie horticole ; il était le père de M. Louis-Anatole Leroy, président actuel de la Société d'horticulture, qui m'a aimablement fourni une grande partie de ces renseignements historiques et statistiques.

D'autres noms bien connus, Goujon, Lebreton, Delépine, Audusson, Cachet, vinrent successivement grossir cette phalange de cultivateurs de choix ; Goujon surtout, puis Gabriel Thouin, se consacrèrent au dessin des jardins. Dans une autre partie du département, à Doué-la-Fontaine, Foulon, puis Chatenay commencèrent la culture en grand des arbres à fruits, qui a conservé de nos jours sa grande réputation.

A ces végétaux d'utilité, s'ajoutèrent bientôt ceux d'ornement.

Le *Camellia*, introduit du Japon en 1739 par le R. P. Camel (nom latinisé par

Linné en Camellus), était resté jusqu'alors cultivé en serre. On découvrit que ce bel arbrisseau supportait bien les hivers de l'Anjou et sa culture s'y développa rapidement, comme celle des *Rhododendrons* et d'un grand nombre de végétaux dits de terre de bruyère.

En 1812, un nommé Gentilhomme entreprit la culture du *Rosier*, que perfectionnèrent les Plon, Vibert, Boyau, Goubault, etc., malgré les ravages causés par les vers blancs qui ruinèrent plusieurs fois leurs cultures.

Puis les *Conifères*, dont les introductions venues de l'Amérique du Nord et de l'Extrême-Orient se multipliaient, s'ajoutèrent à la vaste tribu des végétaux rustiques à feuilles persistantes : *Lauriers, Mahonias, Aucubas,* etc.

Enfin, toutes les essences forestières, fruitières et d'ornement furent successivement propagées, et la réputation de l'Anjou comme centre de pépinières surpassa bientôt celle d'Orléans.

En soixante ans, le tableau comparatif des espèces et variétés de végétaux ligneux cultivés en Anjou donna les chiffres suivants, suffisamment éloquents :

	En 1842.	En 1902.
Arbres fruitiers . . . .(Espèces et variétés).	1700	2500
— résineux. . . . . — —	100	250
— forestiers . . . . . . — —	350	600
Arbustes à feuilles caduques . — —	560	600
— — persistantes. — —	450	450
Rosiers . . . . — —	800	1500

Les pépinières où croissaient ces végétaux couvraient, en 1842, 200 hectares dans le département, et occupaient trois cents ouvriers.

Aujourd'hui plus de 500 hectares sont plantés et cultivés avec un personnel de huit cents ouvriers.

Les cinq parties du monde sont tributaires des produits de ces cultures. En Europe, ce sont l'Allemagne, l'Angleterre, la Belgique, l'Espagne qui en constituent les principaux marchés.

Mais l'Amérique du Nord est devenue leur principal centre d'exportation. Par millions, l'Anjou y expédie, parmi des sortes variées, des plants d'arbres fruitiers, principalement le *poirier franc*, que le climat extrême (en chaleur et en froid) des États-Unis ne peut produire, et sur lesquels les horticulteurs de là-bas greffent les variétés qu'ils élèvent et vendent dans leur pays.

Plus de deux mille caisses de ces jeunes plants partent chaque année d'Angers ; les sujets arrivent bien vivants, même après de longues traversées.

Quatre cent mille rosiers à haute tige et plus d'un million de rosiers nains sont également exportés.

Parmi les brillantes spécialités des cultures angevines, il faut compter le *Magnolia* à grandes fleurs. Trop peu de gens savent que ce bel arbre aux feuilles persistantes et aux larges fleurs blanches parfumées se multiplie de marcottes. Il ne reprend pas de boutures et les semis de graines donnent de mauvais résultats. L'opération se fait au moyen de « mères » dont les jeunes tiges souples, âgées de deux ou trois ans, sont courbées et insérées avec effort dans des pots enterrés dans le sol. Au bout de deux ans, ces brins sont « sevrés. » On transporte en pépinière les plantes séparées, on les taille avec soin en pyramides, pour être expédiées à différents âges dans les parcs et les jardins de toute l'Europe tempérée.

C'est un spectacle des plus attachants et toujours nouveau que de visiter les vastes établissements où croissent par millions ces jeunes plants bouturés ou greffés sous cloche, sous châssis ou en serre froide, ces Palmiers de Chine (*Chamærops excelsa*) qui rappellent le midi, ces *Azalées*, *Kalmias*, *Andromèdes* et *Rhododendrons* qui s'alignent en longues planches de terre de bruyère.

L'*Hortensia azuré*, cet « oiseau bleu » de la culture, s'y fabrique par milliers, grâce à la terre spéciale de l'étang Saint-Nicolas qui est seule propice à l'obtention de cette couleur. Le bleuissement absolu n'a pas lieu lorsque la terre contient la moindre trace de calcaire. La composition chimique de ce sol n'a été déterminée que tout récemment.

Fig. 5. — Fusain du Japon marginé, dans l'Établissement de M. Minier-Halopé.

Enfin la fabrication des gros spécimens de plantes à feuilles persistantes : *Fusains, Houx, Troènes, Filarias, Lauriers-Cerise*, etc., est l'objet des soins de plusieurs spécialistes qui s'y sont distingués et dont les produits font prime même à Paris *(fig. 5)*.

Les projections qui vont suivre éclaireront ce que je viens dé dire sur les pépinières de l'Anjou :

13. — Nouvel établissement des pépinières André Leroy, dirigé par MM. Brault, père et fils *(fig. 4)*.

14. — Portrait d'André Leroy.

15-18. — Établissement du Grand Jardin, à M. Louis-Anatole Leroy, montrant, en diverses vues, les arbres rares en gros exemplaires *(Sequoia gigantea, Glyptostrobus heterophyllus)*, les abris et cloches pour l'élevage, les serres à multiplication des *Ficus* et des *Dracæna*, et un grand *Magnolia grandiflora* en fleurs *(fig. 3)*.

19-21. — Établissement Minier-Halopé, où sont élevés de très beaux exemplaires d'arbustes à feuilles persistantes de choix : *Evonymus japonicus* marginé et à longues feuilles, *Ligustrum coriaceum*, etc. *(fig. 5)*.

Cultures florales.

Les fleuristes angevins n'ont pas voulu rester en arrière de leurs confrères de la grande fabrication en pépinière.

Quelques spécialistes du pays avaient déjà une réputation ancienne et les marchands avaient l'habitude de s'y approvisionner de *Jasmins Poiteau*, de *Ficus elastica*, de *Mimosa paradoxa*, de *Dracæna congesta* et *rubra*, en même temps que de *Camellias* et de *Bruyères*.

Aujourd'hui la floriculture proprement dite a pris position et d'un seul bond elle a conquis le premier rang. Rien n'est plus parfait, par exemple, que la

FIG. 6. — Établissement floral de M. Fargeton.

culture des *Azalées*, des *Hortensias*, des *Gloxinias*, dans l'établissement de M. Fargeton ; des *Camellias* chez M. Verrier-Cachet, ou des *Chrysanthèmes* chez M. Focquereau-Lenfant. Je ne puis tout citer.

C'est pour les marchés de Paris et autres villes que ces établissements travaillent surtout, comme les fleuristes si réputés de la Touraine. Mais le marché aux fleurs d'Angers en bénéficie à son tour et montre aux acheteurs que des cultivateurs de moindre envergure ont aussi atteint une perfection relative dans la culture des fleurs.

Les vues ci-dessous représentent :

22. — Établissement de M. Fargeton. Vue d'ensemble *(fig. 6)*.
23-25. — Intérieur de trois serres remplies d'*Azalées*, *Gloxinias* et *Hortensias*, admirablement fleuris, même établissement.
26. — Le marché aux fleurs d'Angers, en pleine activité.

Les Fruits.

La culture en pépinière des arbres fruitiers, en Anjou, a fait naître naturellement l'idée de l'exploitation rationnelle des fruits. C'est à l'influence du Comice agricole et de la Société d'horticulture d'Angers qu'il faut attribuer l'amélioration des anciennes variétés de fruits locaux, que les écrivains horticoles du XVIIIe siècle signalaient déjà comme très inférieures.

Mais, dès le milieu du XIXe siècle, les poires de l'Anjou étaient classées en première ligne sur le marché de Paris, de même que les abricots de Saumur.

On se mit alors à planter des hectares entiers des arbres à fruits de meilleure vente : poires *Duchesse d'Angoulême*, *Williams*, *Louise Bonne d'Avranches*, *Beurré d'Amanlis*.

La *Cerise noire*, avec laquelle se fabrique le « Guignolet », se spécialisa dans les communes de Pellouailles, du Plessis-Grammoire et de Ville-l'Évêque.

Les maisons de commerce de Paris centralisèrent leurs achats à Angers même et les transactions y devinrent très actives. Il n'est pas rare de trouver actuellement en Anjou des plantations de cinq à dix mille poiriers de *Williams* dans une seule propriété. Aussi le tonnage relevé en gare d'Angers en 1902 pour Paris, l'Angleterre et autres pays de l'Europe, est-il particulièrement instructif :

	Kilogrammes.
Cerises.	250.000
Fraises.	300.000
Poires	1.500.000
Pommes de choix.	2.000.000

Et nous ne parlons pas des autres gares du département.

Les neuf dixièmes des poires sont des *Williams*.

Les cerises : *noire, bigarreau blanc, B. Napoléon, B. cœur-de-pigeon*.

Les pommes : *jaune du Mans, Fenouillet*, pomme *groseille, Reinettes* variées, *Bouillonière*.

Enfin, le *Cassis noir de Naples* fournit à la consommation des distilleries d'Angers des quantités importantes de fruits, obtenus grâce à la fraîcheur et à la porosité du sol humeux des vallées.

Les porte-graines.

En jetant ses regards de chaque côté de la voie du chemin de fer de Tours à Angers, le voyageur, pendant l'été et l'automne, est frappé de la grande quantité de plantes à graines légumières dont les cultures se déroulent sous ses yeux.

C'est encore là une des victoires de la culture angevine, et qui ne date guère que d'un quart de siècle environ.

Au sein des riches alluvions de la vallée de la Loire, surtout sur la rive droite, des Rosiers jusqu'à La Bohalle, le développement des légumes est rapide et leur « grenaison » (c'est le mot adopté) s'effectue dans les conditions les plus favorables.

Plusieurs milliers d'hectares sont consacrés, dans tout le département, à ces cultures qui ont pris souvent même la place du chanvre et des céréales. On ne peut guère actuellement en évaluer l'importance, mais elle est considérable.

D'importantes maisons de commerce de France, d'Angleterre et d'Allemagne, font là leur élevage de graines spéciales, exploitant elles-mêmes ou ayant des agents inspecteurs qui vont chez les cultivateurs surveiller la végétation et la récolte.

Les principales espèces y sont cultivées, choux, laitues, betteraves, chicorées, concombres, carottes, céleris, haricots, navets, poireaux, panais, persil, potirons, radis, salsifis, j'allais dire presque tous les légumes usuels.

Parmi les fleurs, les résédas, balsamines, giroflées, reines-marguerites, œillets, silènes, amarantes, pâquerettes, juliennes, pieds d'alouette, sont les plus répandues.

La culture des ognons à fleurs, surtout des anémones et des renoncules, y est aussi l'objet de tous les soins des cultivateurs, et de transactions sérieuses. Elle pourrait concurrencer en partie celle des pays du Nord.

Les Amateurs.

Les producteurs en horticulture, comme en tant d'autres industries, ne peuvent être soutenus que par deux genres de consommateurs : le marchand et l'amateur. Le marchand répond à la loi de l'offre et de la demande, dont il est le reflet. L'amateur, au contraire, joue le rôle d'initiateur et d'exemple.

Celui qui aime les plantes et les réunit en collection, non pas seulement pour l'effet d'ensemble qu'elles produisent dans les jardins, mais pour jouir de leurs qualités intrinsèques, de leur utilité, de leur beauté, parfois de leur étrangeté ou de leurs simples variations d'aspect, rend les plus grands services au progrès horticole. Il provoque les importations nouvelles des contrées lointaines, favorise les voyages de découvertes, suscite les hybridations des semeurs, les études des savants, les applications utilitaires ou artistiques.

A ce compte, il doit être loué et encouragé.

Ou bien il se confine dans quelques spécialités, comme M. de la Devansaye, qui avait surtout réuni des plantes de serres.

Ou bien il préfère les végétaux robustes ou délicats qui meublent les jardins, les parcs, les bois et les vergers.

L'Anjou possède un si beau territoire et si beau climat qu'il suffit à l'amateur d'y créer des collections de plein air pour y trouver les plus grandes satisfactions.

C'est ce qu'a fait M. Allard, dans sa propriété de la Maulévrie, aux portes d'Angers, sur la route des Ponts-de-Cé.

L'*Arboretum* qu'il a créé et qui renferme aujourd'hui un grand nombre d'exemplaires adultes d'espèces rares ou précieuses, offre aux amateurs de beaux végétaux un régal délicat. Dans ce parc, situé en pleine alluvion de la Loire, sable, humus et galets, le sous-sol est perméable et la végétation des Conifères est particulièrement luxuriante. Les arbres et les arbustes sont distribués en jardin paysager. On a réuni les plus rares dans un enclos plus proche de l'habitation.

Les espèces et variétés rassemblées par M. Allard sont actuellement au nombre de 1569. Il a obtenu des floraisons et des fructifications rarissimes. Ceci pour le botaniste. Au point de vue décoratif, le planteur peut se rendre un compte

exact de la valeur comparative des espèces d'un même genre. Pour ce qui est
de leur rusticité comparée, l'étude que cet observateur judicieux a publiée sur
les effets de l'hiver 1899 a apporté une vive lumière sur la question du choix
des végétaux à recommander dans ces régions, avec plus ou moins de sécurité.

Quelques vues photographiques vous montreront tout l'intérêt que des arbres
peu répandus et bien choisis peuvent présenter au visiteur :

27. — Avenue de la Maulévrie, plantée de Marronniers blancs (*Æsculus Hippocastanum*)
    et de grosses touffes de Rosiers du Japon (*Rosa multiflora*) qui en entourent le
    tronc.

28. — Chêne à gros fruits, de l'Amérique du Nord (*Quercus macrocarpa*).

29. — Pin de Sabine, de Californie (*Pinus Sabiniana*) (fig. 7).

30. — Sapin argenté de Parry, des Montagnes-Rocheuses (*Picea Parryana glauca*).

FIG. 7. — Pin de Sabine, chez M. Allard, à la Maulévrie.

31. — Sapin ferme du Japon (*Abies firma*). ¹

32. — Wellingtonia géant, de Californie, forme à branches renversées (*Sequoia gigantea
    pendula*).

33. — Gros If taillé, très ancien (*Taxus baccata*) du parc de M. Gontard de Launay,
    aux Chênaies.

34. — Très grand Houx argenté, en pyramide (*Ilex Aquifolium argenteum*).

35. — Sapin d'Alcock, du Japon, variété à branches pendantes (*Abies Alcockiana*) variété
    morindoides.

36. — Yucca de Trécul, du Mexique (*Yucca Treculeana*).

37. — Renouée en parasol du Japon (*Polygonum cuspidatum*).

38. — Choisya à feuilles trifides du Mexique (*Choisya ternata*).

Si nous ajoutons à ces spécimens des centaines d'autres sujets précieux, nous
reconnaîtrons que de tels exemples sont dignes de tous les éloges et que de
pareilles collections sont rares. Après avoir cité celles que Bosc, le naturaliste,
avait faites, en Anjou, longtemps auparavant, puis celles de M. Alphonse Lavallée, près d'Arpajon, et qui ont malheureusement disparu après sa mort,

nous aurons peu de jardins analogues à citer. Cependant, le Museum, à Paris, la Ville de Paris, à Saint-Mandé, l'École de Grignon, la villa Thuret, à Antibes, l'École forestière des Barres, dans le Loiret, avec les collections de M. Maurice de Vilmorin, de M. Daniel Bethmont, dans la Charente, de l'auteur de cette Conférence, à La Croix (Indre-et-Loire), et quelques autres, sont encore à mentionner avec un plus ou moins grand intérêt.

Mais la palme restera toujours à la végétation captivante de cet Anjou au climat tempéré par les derniers effluves du grand courant mexicain, le *Gulf Stream*. Nous n'y trouverons ni la riche végétation semi-tropicale du Midi que désole souvent la sécheresse, ni les grands bois du Nord attristé par les brumes glacées, mais cette aimable moyenne où la philosophie antique avait placé la vertu, le bonheur, la joie de vivre, où les amis des arbres trouvent leur vrai Paradis et qui fait de cette région un des purs joyaux de notre beau pays de France.

ASSOCIATION FRANÇAISE

POUR

L'AVANCEMENT DES SCIENCES

TRENTE-DEUXIÈME SESSION

CONGRÈS D'ANGERS

DOCUMENTS OFFICIELS — PROCÈS-VERBAUX

PROCÈS-VERBAUX DE LA TRENTE-DEUXIÈME SESSION

CONGRÈS D'ANGERS

PREMIÈRE ASSEMBLÉE GÉNÉRALE

Tenue à Angers le 4 août.

PRÉSIDENCE DE M. É. LEVASSEUR
Président de l'Association.

— *Extrait du procès-verbal* —

La séance est ouverte à 6 heures.

Le procès-verbal de la précédente séance est lu et adopté.

Le Président expose à l'Assemblée qu'elle est réunie pour ratifier les comptes arrêtés par le Conseil et voter le budget.

Le Trésorier donne lecture des résultats de l'exercice clos.

Les comptes sont adoptés à l'unanimité moins une voix.

Le Trésorier présente le budget arrêté par le Conseil.

M. F. Regnault demande que ce vote soit remis à l'issue du Congrès. Il a reçu un rapport qui demanderait des explications.

M. le Président : il n'existe pas de rapport; c'est une brochure personnelle qui a été adréssée par l'auteur à quelques membres.

M. Regnault appelle l'attention sur la diminution du nombre des membres ; il y aurait lieu de pratiquer de sévères économies puisque les recettes fléchissent.

Après diverses observations de quelques membres, le budget est mis aux voix et adopté à l'unanimité moins une voix.

La séance est levée à 6 heures trois quarts.

DEUXIÈME ASSEMBLÉE GÉNÉRALE

Tenue à Angers le 11 août

PRÉSIDENCE DE M. LÉVASSEUR
Président de l'Association.

— Extrait du procès-verbal —

La séance est ouverte à 3 heures.

Le procès-verbal de la séance précédente est lu et adopté.

Le Président donne lecture des propositions de candidature pour la place de président, vacante par la démission de M. Picard.

Comme il n'existe qu'une seule proposition, l'élection peut avoir lieu par main levée.

Plusieurs membres demandent le vote par scrutin.

On procède au vote par oui et non sur la candidature de M. Laisant, comme président pour 1904.

M. Laisant, ayant obtenu la majorité des suffrages, est proclamé président pour 1904.

M. le Président donne lecture de la proposition de candidature pour la vice-présidence.

On vote par oui et non.

M. Giard ayant obtenu la majorité des suffrages, est proclamé vice-président.

M. le Président donne lecture de la proposition de candidature pour le vice-secrétariat.

Personne ne réclamant le scrutin, l'élection a lieu par main levée.

A l'unanimité, M. Saugrain est nommé vice secrétaire.

Le Président informe l'Assemblée que la ville de Cherbourg a adressé une invitation pour la tenue du Congrès en 1905. Aucune autre proposition n'est faite.

A l'unanimité, la ville de Cherbourg est désignée comme siège du Congrès de 1905.

Le Secrétaire donne lecture des propositions faites par les sections pour les présidents et délégués.

Adopté à l'unanimité.

Le Secrétaire fait connaître les résultats du dépouillement du scrutin pour les délégués de l'Association.

MM. Grasset, Gaudry, Javal, de Nadaillac, Richet, Sagnier ayant obtenu la majorité des suffrages, sont proclamés délégués de l'Association.

Le Président soumet à l'approbation de l'Assemblée deux vœux que le Conseil propose d'adopter comme vœux de l'Association.

Sur la proposition des Sections de Physique et de Météorologie réunies, l'Association française pour l'avancement des sciences considérant que la Tour Eiffel a déjà rendu à la science d'inestimables services, en se prêtant à des déterminations physiques, météorologiques et mécaniques impossibles à obtenir sans elle, considérant qu'elle est sans contredit appelée à en rendre d'autres encore émet le vœu qu'elle ne soit pas détruite à l'expiration de la concession, grâce à laquelle elle existe et qu'on prolonge au contraire son existence le plus possible.

Le vœu est adopté à l'unanimité moins une voix.

Sur la proposition de la Sous-Section d'Archéologie :

L'Association française pour l'avancement des Sciences émet le vœu que la Tour Saint-Aubin, un des monuments historiques les plus remarquables de France, soit affranchie des servitudes industrielles qui en compromettent la conservation et privent le public d'en jouir, qu'elle soit, dans l'intérêt de sa sécurité, dégagée des constructions qui l'enterrent et qu'elle soit affectée exclusivement à une destination artistique ou scientifique.

Le vœu est adopté à l'unanimité.

Le Secrétaire donne lecture des vœux qui ont été adoptés par le Conseil comme vœux de section.

La 7ᵉ section, saisie de méthodes qui paraissent propres à rendre plus précise la prévision du temps à courte échéance, émet le vœu que l'Administration facilite aux auteurs le moyen d'appliquer leurs méthodes dans les conditions les plus favorables, et, par des épreuves appropriées, telles qu'un concours, permette aux savants compétents de se prononcer sur l'efficacité de ces méthodes.

La 8ᵉ section (géologie et minéralogie) émet le vœu que les pouvoirs publics se préoccupent d'assurer la conservation des nappes aquifères et d'en régler l'utilisation par des mesures inspirées de celles qui régissent l'exploitation des sources minérales et des mines.

La 9ᵉ section émet le vœu qu'il soit voté par le Parlement français une loi reconnaissant aux obtenteurs de nouvelles races et variétés végétales un droit de propriété sur leurs acquisitions, comme il en existe déjà pour les producteurs d'œuvres littéraires, scientifiques, artistiques ou industrielles.

La 9ᵉ section, considérant que les progrès de l'agriculture sont absolument liés à l'introduction, amélioration ou création des races de plantes mises en œuvre ;

Considérant que l'initiative privée des cultivateurs, que les efforts, souvent très remarquables, des marchands grainiers, des horticulteurs peuvent être insuffisants pour poursuivre à travers plusieurs générations les sélections, semis, métissage, hybridations et autres opérations qui, méthodiquement et scientifiquement conduites, aboutissent à la création de races meilleures.

L'Association française pour l'avancement des sciences réunie en congrès à Angers en 1903, émet le vœu que les enseignements de la botanique donnés dans une région naturelle, dans un centre universitaire, soient coordonnés et groupés en un institut botanique et que les différents instituts botaniques de France et des colonies entrent en relations constantes ;

Que ces instituts consacrent une part importante de leurs travaux à aider au développement et progrès de l'agriculture locale par l'organisation d'une station botanique pour y procéder à l'introduction de toutes les espèces ou races de plantes économiques pouvant être propagées utilement dans la contrée; pour y créer les races locales qui sont indispensables à une bonne exploitation et qui n'ont été, le plus souvent, jusqu'à ce jour, obtenues que par l'effet du hasard ou de circonstances très particulières, mais rarement par les méthodes scientifiques qui doivent donner les résultats les plus sûrs en tendant à une amélioration sans limite.

La section de zoologie, s'associant au vœu de la section de botanique, désirerait qu'il soit fait rappel du vœu analogue émis par elle au congrès de Saint-Étienne, relativement à la création d'un service général d'entomologie appliquée pour la France et les colonies.

La 12e section émet le vœu que M. le Ministre de la Justice veuille bien demander aux tribunaux, chargés de fixer les indemnités pour accidents survenus au cours du travail, qu'il soit fait le plus large usage de la radiographie et dans les conditions voulues de précision scientifique.

La 13e Section, étant donné que le traitement du lupus par la photothérapie a fait ses preuves, émet le vœu que le Ministre de l'Intérieur et les autorités compétentes invitent les Administrations hospitalières à organiser partout l'application de ce traitement.

La 14e Section (Agronomie) considérant que les lois et projets de loi relatifs à l'indemnisation pour saisies de viandes provenant d'animaux tuberculeux n'ont pas donné tous les résultats désirables en ce qui concerne la prophylaxie de la tuberculose,
Émet le vœu :

1o Que l'indemnité soit accordée en se basant sur la perte réelle subie, et que, par conséquent, les animaux soient estimés d'après leurs aptitudes économiques diverses (production du lait, du travail, de la viande) et non pas seulement comme animaux de boucherie ;
2o Que le taux de l'indemnité soit aussi élevé que possible, mais, qu'en échange, des mesures applicables aux animaux contaminés soient ajoutées aux dispositions actuelles des lois et règlements ;
3o Que les formalités pour obtenir les indemnités soient réduites au minimum et que ces indemnités soient distribuées dans le plus bref délai possible.

La 14e Section émet le vœu que l'Administration des finances prenne les mesures suivantes :
1o Réduction progressive et aussi complète que possible des impôts qui frappent le sucre ;
2o Modification dans un sens plus libéral du décret relatif aux sucres employés dans l'industrie des produits destinés à l'exportation de manière à donner satisfaction aux légitimes besoins de cette industrie ;
3o Adoption pour la dénaturation de l'alcool destiné aux usages industriels (chauffage, éclairage, force motrice, produits chimiques, pharmaceutiques et parfumerie) de dénaturants à bon marché et de faible volume.

La Sous-Section d'Archéologie émet le vœu que la Tour de la Haute-Chaîne, à Angers, soit conservée et dégagée des remblais qui menacent de l'ensevelir.

La Sous-Section exprime le vœu que la croix à double traverse (*croix d'Anjou*), placée au sommet de la tour centrale de la cathédrale, avant l'incendie de 1831, y soit rétablie.

La Sous-Section émet le vœu :

1º Que des mesures soient prises par les pouvoirs publics pour favoriser la centralisation aux archives départementales des minutes de notaires antérieures à la Révolution ;

2º Que les tapisseries de l'Apocalypse, à la cathédrale d'Angers, soient complétées par l'addition des tableaux qui manquent et la reconstitution des textes.

Le Président informe l'Assemblée que le Conseil a été saisi d'une demande de transformation de la Sous-Section d'Odontologie en Section :

Conformément à l'article 29 du règlement un rapport sera imprimé et l'Assemblée de 1904 aura à voter sur les conclusions.

Le Président demande à l'Assemblée de voter sur la modification de l'article 11 des statuts. Le rapport a été distribué et si l'Assemblée le décide le paragraphe sera modifié suivant les conclusions.

La modification est adoptée à l'unanimité.

L'article 11 sera ainsi rédigé, sauf approbation du Gouvernement :

« Chaque année l'Association tient dans l'une des villes de France une session dont la durée est fixée par le Conseil d'administration... »

Le Président donne lecture de deux lettres de félicitations adressées par la Commission administrative de la Bourse du travail d'Angers et par l'Union générale des Sociétés de secours mutuels.

Au nom de l'Association et en son nom personnel il a remercié les membres de la Bourse du travail et des Sociétés de secours mutuels de leurs témoignages de sympathie.

Le Président demande à l'Assemblée, sur la proposition du Conseil, de voter des remerciements :

Au Maire et à la Municipalité d'Angers, au Conseil général, aux Ministres qui ont envoyé des délégués, à M. le Président du Comité local, à M. le Préfet de Maine-et-Loire, à MM. les Présidents et Secrétaires de Commissions, aux Compagnies de chemins de fer, aux Directeurs d'établissements industriels visités pendant le Congrès, à M. le duc de la Trémoïlle, au docteur Peton, à la Municipalité de Saumur, à toutes les personnes qui ont pris part à l'organisation du Congrès.

Adopté à l'unanimité.

Le Président déclare close la session de 1903.

La séance est levée à 4 heures un quart.

CONSEIL D'ADMINISTRATION

Année 1903-1904

BUREAU DE L'ASSOCIATION

MM. LAISANT (C.-A.), Docteur ès Sciences, Examinateur d'admission à l'École polytechnique . . . . *Président.*

GIARD (Alfred), Membre de l'Institut, Professeur à la Faculté des Sciences de Paris . . . . *Vice-Président.*

LEVASSEUR (Émile), Membre de l'Institut. . . . . . *Président sortant.*

SABATIER (Paul), Correspondant de l'Institut, Professeur à la Faculté des Sciences de Toulouse . . . . . *Secrétaire.*

SAUGRAIN (Gaston), Docteur en droit, Avocat à la Cour d'appel de Paris . . . . *Vice-Secrétaire.*

GALANTE (Émile), Fabricant d'instruments de chirurgie. . . . . *Trésorier.*

GARIEL (C.-M.), Professeur à la Faculté de Médecine, Membre de l'Académie de Médecine, Inspecteur général, Professeur à l'École nationale des Ponts et Chaussées. . . . . *Secrétaire du Conseil.*

CARTAZ (le Docteur A.), ancien Interne des Hôpitaux de Paris . . . . *Secrétaire adjoint du Conseil.*

ANCIENS PRÉSIDENTS FAISANT PARTIE DU CONSEIL D'ADMINISTRATION

MM. BERTHELOT (M.-P.-E.), Membre de l'Institut et de l'Académie de Médecine, Professeur au Collège de France, Sénateur.

BISCHOFFSHEIM (R.-L.), Membre de l'Institut, Député des Alpes-Maritimes.

BOUCHARD (Charles), Membre de l'Institut et de l'Académie de Médecine, Professeur à la Faculté de Médecine de Paris.

BOUQUET de la GRYE (Anatole), Membre de l'Institut, Membre du Bureau des Longitudes.

BROUARDEL (Paul), Membre de l'Institut et de l'Académie de Médecine, Doyen honoraire de la Faculté de Médecine de Paris.

CARPENTIER (Jules), Membre du Bureau des Longitudes, Ingénieur-Constructeur.

CHAUVEAU (Auguste), Membre de l'Institut et de l'Académie de Médecine, Professeur au Muséum d'histoire naturelle.

COLLIGNON (Édouard), Inspecteur général des Ponts et Chaussées en retraite, Examinateur honoraire de sortie à l'École Polytechnique.

MM. DISLÈRE (Paul), Président de Section au Conseil d'État, Président du Conseil
d'administration de l'École coloniale.

HAMY (le Docteur Ernest), Membre de l'Institut, Professeur au Muséum d'Histoire
naturelle.

JANSSEN (Jules), Membre de l'Institut et du Bureau des Longitudes, Directeur
de l'Observatoire d'astronomie physique de Meudon.

LAUSSEDAT (le Colonel Aimé), Membre de l'Institut, Directeur honoraire du Conservatoire national des Arts et Métiers.

MAREY (Étienne-Jules), Membre de l'Institut et de l'Académie de Médecine, Professeur au Collège de France.

MASCART (Éleuthère), Membre de l'Institut, Professeur au Collège de France,
Directeur du Bureau central météorologique de France.

PASSY (Frédéric), Membre de l'Institut.

SEBERT (le Général H.), Membre de l'Institut.

TRÉLAT (Émile), Professeur honoraire au Conservatoire national des Arts et Métiers,
Directeur de l'École spéciale d'Architecture, Architecte en chef honoraire du
département de la Seine.

DÉLÉGUÉS DE L'ASSOCIATION

MM. D'ARSONVAL, Membre de l'Institut et de l'Académie de Médecine, Professeur au
Collège de France.

CARNOT (Adolphe), Membre de l'Institut, Inspecteur général, Directeur et Professeur à l'École nationale supérieure des Mines.

DAVANNE (Alphonse), Président honoraire du Conseil d'administration de la
Société française de Photographie.

GAUDRY (Albert), Membre de l'Institut, Professeur honoraire au Muséum d'histoire
naturelle.

GRANDIDIER (Alfred), Membre de l'Institut.

GRASSET (le Docteur J.), Professeur à la Faculté de Médecine de Montpellier,
Correspondant national de l'Académie de Médecine.

GRÉARD (Octave), Membre de l'Académie française et de l'Académie des Sciences
morales et politiques, Vice-Recteur honoraire de l'Académie de Paris.

HENROT (le Docteur Henri), Directeur de l'École de Médecine de Reims, Correspondant national de l'Académie de Médecine.

JAVAL (le Docteur Émile), Membre de l'Académie de Médecine.

LAUTH (Ch.), Directeur de l'École municipale de Physique et de Chimie industrielles.

LŒWY (Maurice), Membre de l'Institut et du Bureau des Longitudes, Directeur
de l'Observatoire national de Paris.

NADAILLAC (le Marquis Albert de), Correspondant de l'Institut.

NOBLEMAIRE, Directeur de la Compagnie des Chemins de fer de Paris à Lyon et
à la Méditerranée.

PERRIER (Edmond), Membre de l'Institut et de l'Académie de Médecine, Directeur
du Muséum d'histoire naturelle.

RICHET (Charles), Professeur à la Faculté de Médecine de Paris, Membre de l'Académie de Médecine.

SAGNIER (Henri), Membre de la Société nationale d'Agriculture de France, Directeur du *Journal de l'Agriculture*.

PRÉSIDENTS, SECRÉTAIRES ET DÉLÉGUÉS DES SECTIONS

1re et 2e SECTIONS (Mathématiques, Astronomie, Géodésie et Mécanique).

MM. **Callandreau**, Membre de l'Institut. . . . . *Président (Angers, 1903).*
    De Polignac (C.). . . . . *Secrétaire (, d°   d°).*
    Mannheim (le Colonel), Professeur honoraire à
      l'École Polytechnique. . . . .
    de Longchamps (Gaston GOHIERRE), Examinateur
      à l'École spéciale militaire. . . . .   *Délégués de la Section.*
    Laisant (Ch.-A.), Examinateur à l'École Polytech-
      nique. . . . .
    André (Charles), Professeur à la Faculté des
      Sciences de Lyon. . . . . *Président pour 1904 (Grenoble).*

3e et 4e SECTIONS (Navigation, Génie Civil et Militaire).

Pasqueau, Inspecteur général des Ponts et Chaus-
  sées, à Paris . . . . *Président (Angers, 1903).*
Le Roux (N.), Ingénieur des Ponts et Chaussées . *Secrétaire (d°   d°).*
Loche, Inspecteur général des Ponts et Chaussées.
Pasqueau. . . . .   *Délégués de la Section.*
Petiton (Anatole), Ingénieur-Conseil des Mines. .
X... (1). *Président pour 1904 (Grenoble).*

5e SECTION (Physique).

Turpain, Professeur adjoint à la Faculté des
  Sciences de Poitiers. . . . . *Président (Angers, 1903).*
Blondin, Professeur au Collège Rollin . . . . . *Secrétaire (d°   d°).*
Lacour, Ingénieur civil des Mines. . . . .
Baille, Professeur à l'École municipale de Physique
  et de Chimie industrielles . . . .   *Délégués de la Section.*
Broca (André), Agrégé à la Faculté de Médecine de
  Paris . . . .
Pellin (Ph.), Ingénieur des Arts et Manufactures,
  à Paris . . . . *Président pour 1904 (Grenoble).*

6e SECTION (Chimie).

Andouard, Professeur à l'École de Médecine de
  Nantes. *Président (Angers, 1903).*
Lauth, Directeur de l'École municipale de Phy-
  sique et de Chimie industrielles . . . .
Béhal, Professeur à l'École Supérieure de Phar-
  macie de Paris. . . . .   *Délégués de la Section.*
Hanriot, Membre de l'Académie de Médecine,
  Agrégé à la Faculté de Médecine de Paris . . .
Barbier, Professeur à la Faculté des Sciences de
  Lyon . . . . *Président pour 1904 (Grenoble).*

(1) Le Président, élu par la Section n'ayant pu accepter, sera nommé par le Conseil d'administration.

7e SECTION (Météorologie et Physique du Globe).

MM. **Brunhes (Bernard)**, Directeur de l'Observatoire du Puy-de-Dôme. . . . . *Président (Angers, 1903).*

Guilbert (Gabriel). . . . . *Secrétaire (d°   d°)*

Teisserenc de Bort, Directeur de l'Observatoire de Trappes . . . .

Balédent (l'abbé Pierre) . . . . *Délégués de la Section.*

Moureaux (Théodule), Directeur de l'Observatoire du Parc-Saint-Maur . . . .

Raclot (l'Abbé), Directeur de l'Observatoire de Langres. . . . . *Président pour 1904 (Grenoble).*

8e SECTION (Géologie et Minéralogie).

Lennier, Directeur du Muséum de Nantes. . . . *Président (Angers, 1903;.*

Bourgery (Henri), Membre de la Société géologique de France. . . . . *Secrétaire (d°   d°).*

Peron, Correspondant de l'Institut. . . . .

Schlumberger (Charles), Ingénieur de la Marine, en retraite. . . . . *Délégués de la Section.*

Bourgery (H.). . . . .

Kilian (W.), Professeur à la Faculté des Sciences de Grenoble. . . . . *Président pour 1904 (Grenoble).*

9e SECTION (Botanique).

Poisson (Jules), Assistant au Muséum d'histoire naturelle de Paris. . . . . *Président (Angers, 1903).*

Danguy, Préparateur au Muséum d'histoire naturelle de Paris . . . . *Secrétaire (d°   d•).*

Bonnet (le Docteur Edmond) . . . .

Poisson (Jules) . . . . *Délégués de la Section.*

Danguy. . . . .

Lachmann, Professeur à la Faculté des Sciences de Grenoble. . . . . *Président pour 1904 (Grenoble).*

10e SECTION (Zoologie, Anatomie, Physiologie).

Joubin (L.), Professeur au Muséum d'histoire naturelle de Paris . . . . *Président (Angers, 1903).*

Fauvel (P.), Docteur ès Sciences naturelles . . . *Secrétaire (d°   d°)*

Loisel (le Docteur). . . . .

Künckel d'Herculais, Assistant au Muséum d'Histoire naturelle de Paris . . . . *Délégués de la Section.*

Joubin (L.) . . . .

Léger, Professeur à la Faculté des Sciences de Grenoble. . . . . *Président pour 1904 (Grenoble).*

11e SECTION (Anthropologie).

MM. Zaborowski, Professeur adjoint à l'École d'An-
thropologie . . . . : . . . . *Président (Montauban, 1902).*
Granet (Vital). . . . . . . : . . . . *Secrétaire (do   do   ).*
Chantre, Sous-Directeur du Muséum de Lyon. . ⎫
Delisle (le Docteur Fernand) . . . . ⎬ *Délégués de la Section.*
Rivière (Émile), Sous-Directeur adjoint de labo- ⎪
ratoire au Collège de France . . . . ⎭
Bordier (le Docteur), Directeur de l'École de Méde-
cine de Grenoble. . . . . *Président pour 1904 (Grenoble).*

12e SECTION (Sciences Médicales).

Legludic (le Docteur), Directeur de l'École de
Médecine d'Angers. . . . . : . . . . . *Président (Angers, 1903).*
Launois (le Docteur), Agrégé à la Faculté de Méde- ⎫
cine de Paris, Médecin des hôpitaux . . . . . . ⎪
Desnos (le Docteur Ernest). . . . . ⎬ *Délégués de la Section.*
Motais (le Docteur), Professeur à l'École de Méde- ⎪
cine d'Angers . . . . ⎭
Berlioz (le Docteur), Professeur à l'École de Méde-
cine de Grenoble. . . . . *Président pour 1904 (Grenoble).*

13e SECTION (Électricité médicale).

Marie (le Docteur), Professeur à la Faculté de
Médecine de Toulouse . . . . *Président (Angers, 1903).*
Michaut (le Docteur) . . . . *Secrétaire (do   do .).*
Leuillieux (le Docteur A.) . . . . ⎫
Bordier (le Docteur), Agrégé à la Faculté de Méde- ⎪
cine de Lyon. . . . . ⎬ *Délégués de la Section.*
Bergonié (le Docteur), Professeur à la Faculté de ⎪
Médecine de Bordeaux'. . . . . ⎭
Béclère (le Docteur), Médecin des hôpitaux de
Paris . . . . *Président pour 1904 (Grenoble).*

14e SECTION (Agronomie).

Lacour, Ingénieur civil des Mines. . . . . . . *Président (Angers, 1903).*
Lavallée (P.), Ingénieur agronome . . . . *Secrétaire (do   do).*
Ramé (Félix) . . . . ⎫
Ladureau (Albert), Ingénieur-Chimiste . . . . . ⎬ *Délégués de la Section.*
Dybowski, Inspecteur général de l'agriculture ⎪
coloniale. . . . . ⎭
Sagnier (H.), Directeur du *Journal de l'Agricul-
ture.* . . . . *Président pour 1904 (Grenoble).*

15e SECTION (Géographie).

Gauthiot (Charles). . . . . *Président (Angers, 1903).*
Wouters (Louis). . . . . *Secrétaire (d°   d°).*
de Guerne (le Baron Jules) . . . . '. . ..)
Gauthiot (Charles), Membre du Conseil supérieur
   des Colonies. . . . . } *Délégués de la Section.*
Anthoine, Ingénieur-chef du Service de la Carte
   de France au Ministère de l'Intérieur.. . . . . .)
Labbé (Paul), Explorateur.. . . . . *Président pour 1904 (Grenoble).*

16e SECTION (Économie politique et Statistique).

Saugrain (Gaston), Avocat à la Cour d'appel de
   Paris . . . . : *Président (Angers, 1903).*
Bouvet (J.) . . . . *Secrétaire   (d°   d°).*
Letort (Ch.), Conservateur adjoint à la Biblio-)
   thèque nationale.. . . . . |
Saugrain (Gaston). . . . . } *Délégués de la Section.*
Lelong, Chargé de cours à l'École des Chartes . .)
Turquan, Receveur-Percepteur, à Lyon . . . . . *Président pour 1904 (Grenoble).*

17e SECTION (Enseignement).

Merckling, Professeur, Membre du Conseil supé-
   rieur de l'enseignement technique. . . . . *Président (Angers, 1903).*
Guézard (J.-M.) . . . .)
Ferry (Émile). . . . . } *Délégués de la Section.*
Merckling . . . .)
Gascard . . . . *Président pour 1904 (Grenoble).*

18e SECTION (Hygiène et Médecine publique).

Henrot (le Docteur Henri) . . . . *Président (Montauban, 1902).*
Guyot (Raphaël) *(Décédé).* . . . . *Secrétaire (d°   d°   ).*
Brémond (le Docteur F.) . . . .)
Papillon (le Docteur Ernest) . . . . } *Délégués de la Section.*
Guyot *(Décédé).*. . . . .)
Loir (le Docteur), Professeur à l'École d'agricul-
   ture coloniale . . . . *Président pour 1904 (Grenoble).*

SOUS-SECTION (Archéologie).

Dussauze, Architecte départemental. . . . . . . *Président (Angers, 1903).*

SOUS-SECTION (Odontologie).

Delair (Léon), Professeur à l'École dentaire de
   Paris . . . . *Président (Angers, 1903).*
Pont (le Docteur) . . . . *Président pour 1904 (Grenoble).*

LISTE DES ANCIENS PRÉSIDENTS

ANNÉES	VILLES	PRÉSIDENTS	
1872	Bordeaux	Claude Bernard	(Décédé.)
1873	Lyon	de Quatrefages de Bréau	(Décédé.)
1874	Lille	Wurtz (Adolphe)	(Décédé.)
1875	Nantes	d'Eichthal (Adolphe)	(Décédé.)
1876	Clermont-Ferrand	Dumas (J.-B.)	(Décédé.)
1877	Le Havre	Broca (Paul)	(Décédé.)
1878	Paris	Frémy (Edmond)	(Décédé.)
1879	Montpellier	Bardoux (Agénor)	(Décédé.)
1880	Reims	Krantz (J.-B.)	(Décédé.)
1881	Alger	Chauveau (Auguste).	
1882	La Rochelle	Janssen (Jules).	
1883	Rouen	Passy (Frédéric).	
1884	Blois	Bouquet de la Grye (Anatole).	
1885	Grenoble	Verneuil (Aristide)	(Décédé.)
1886	Nancy	Friedel (Charles)	(Décédé.)
1887	Toulouse	Rochard (Jules)	(Décédé.)
1888	Oran	Laussedat (Aimé).	
1889	Paris	de Lacaze-Duthiers (Henri)	(Décédé.)
1890	Limoges	Cornu (Alfred)	(Décédé.)
1891	Marseille	Dehérain (P.-P.)	(Décédé.)
1892	Pau	Collignon (Édouard).	
1893	Besançon	Bouchard (Charles).	
1894	Caen	Mascart (É.).	
1895	Bordeaux	Trélat (Émile).	
1896	Tunis	Dislère (Paul).	
1897	Saint-Étienne	Marey (J.-E.).	
1898	Nantes	Grimaux (Édouard)	(Décédé.)
1899	Boulogne-sur-Mer	Brouardel (Paul).	
1900	Paris	Sebert (Hippolyte).	
1901	Ajaccio	Hamy (E.-T.).	
1902	Montauban	Carpentier (Jules).	
1903	Angers	Levasseur (Émile).	

COMITÉ LOCAL D'ANGERS

BUREAU

Présidents d'honneur : MM. le Maire d'Angers.
le Premier Président de la Cour d'appel.
le Général de Division.
le Préfet.
Mgr l'Évêque d'Angers.

Président : M. le Dr MOTAIS, Membre correspondant de l'Académie de Médecine.

Vice-présidents : MM. le comte de BLOIS, Sénateur, Président de la Société Industrielle et Agricole.
BODINIER, Sénateur, Président de la Société d'Agriculture Sciences et Arts.
BOUVET, Président de la Société d'Études scientifiques.
DAVID, Président de la Société de Pharmacie.
le Dr LEGLUDIC, Directeur de l'École de Médecine.
LEROY (A.), Président de la Société d'Horticulture.
Mgr PASQUIER, Recteur des Facultés catholiques.
MM. le Dr JAGOT, Président de la Société de Médecine.
le Dr QUINTARD, ancien Président de la Société de Médecine.

Secrétaires : MM. BEUCHER (René), Avocat à la Cour d'appel.
le Dr BRIN, Professeur à l'École de Médecine.
BONHOMME (Gaston), Licencié en droit.
le Dr LEPAGE, Trésorier de l'Association médicale.
LE ROUX, Ingénieur des Ponts et Chaussées.
MERCIER (Maurice), Trésorier de la Société des Amis des Arts.
PLANCHENAULT, Conseiller municipal.

Trésorier : M. FORTIN, Banquier.

DÉLÉGUÉS DES MINISTÈRES

AU CONGRÈS D'ANGERS

MINISTÈRE DE L'INSTRUCTION PUBLIQUE ET DES BEAUX-ARTS

MM. LEVASSEUR (Émile), Membre de l'Institut, Administrateur du Collège de France.
THAMIN, Recteur de l'Académie de Rennes.
LETORT (Charles), Conservateur-adjoint à la Bibliothèque nationale.

MINISTÈRE DE LA GUERRE

M. le Chef de bataillon du génie BRETAUD, Chef d'État-major de la 18e division d'infanterie.

MINISTÈRE DE LA MARINE

M. le Chef de bataillon d'infanterie DE VILLELUME.

MINISTÈRE DES TRAVAUX PUBLICS

MM. PIHIER, Ingénieur en Chef des Ponts et Chaussées, à Angers.
LE ROUX, Ingénieur des Ponts et Chaussées.

BOURSES DE SESSION

LISTE DES BOURSIERS DU CONGRÈS D'ANGERS

MM. DORLÉANS, Chef des Travaux chimiques de l'École de Médecine de Tours.
LOPPÉ, Étudiant, à Paris.

LISTE DES SOCIÉTÉS SAVANTES

ET INSTITUTIONS DIVERSES

QUI SE SONT FAIT REPRÉSENTER AU CONGRÈS D'ANGERS

SOCIÉTÉ DE MÉDECINE D'ANGERS, représentée par MM. les Drs ALLANIC, LEPAGE et THÉZÉE, délégués.
SOCIÉTÉ LINNÉENNE DE BORDEAUX, représentée par M. DALEAU, délégué.
SOCIÉTÉ ODONTOLOGIQUE DE BORDEAUX, représentée par M. PINÈDRE, délégué.
SOCIÉTÉ DE PHARMACIE DE L'INDRE (Châteauroux), représentée par M. DURET, délégué.

Société des Sciences naturelles et mathématiques de Cherbourg, représentée par M. Corbière, délégué.

Société des Sciences naturelles de la Charente-Inférieure (La Rochelle), représentée par M. Couneau, délégué.

Société de Géographie de Lille, représentée par M. Lecoq, délégué.

Académie des Sciences, Belles-Lettres et Arts de Lyon, représentée par M. Gobin, délégué.

Société d'Odontologie de Lyon, représentée par M. Vichot, délégué.

Société de Statistique de Marseille, représentée par M. Henriet, délégué.

Société de Géographie de Saint-Nazaire, représentée par M. Port, délégué.

Comité de l'Inventaire méthodique des ressources de l'Afrique française, représenté par M. le Dr Barot, délégué.

Association générale des Dentistes de France, représentée par M. Papot, délégué.

Association Odontotechnique (Paris), représentée par M. le Dr Page, délégué.

Société Odontologique de France (Paris), représentée par M. le Dr Siffre, délégué.

Société des Anciens Élèves des Écoles nationales d'Arts et Métiers (Paris), représentée par M. Casalonga, délégué.

Société Française d'Hygiène (Paris), représentée par M. Grosseron, délégué.

Syndicat professionnel de la Presse scientifique (Paris) représenté par M. le Dr Bilhaut, délégué.

Association Centre-Ouest des Dentistes, représentée par M. Brodhurst, délégué.

Société des Amis des Sciences et Arts de Rochechouart, représentée par M. Granet-Vital, délégué.

JOURNAUX REPRÉSENTÉS

AU CONGRÈS D'ANGERS

Les *Journaux d'Angers*, représentés par les Rédacteurs en chef.

Les *Archives d'Électricité médicale*, représentées par M. le Dr J. Bergonié, fondateur-recteur.

La Chronique Industrielle et *Le Praticien Industriel*, représentés par M. Casalonga.

L'Écho agricole, représenté par M. Ladureau (Alb.).

L'Éclairage électrique, représenté par M. Blondin, directeur scientifique.

La Gazette des Sciences médicales de Bordeaux, représentée par M. Faguet, correspondant.

Le Journal des Débats et *Le Cosmos*, représentés par M. Hérichard (Émile).

L'Odontologie, représentée par M. Papot, secrétaire de la rédaction.

Journal Science, Arts, Nature, représenté par M. Ladureau (Alb.), délégué.

Le Temps, représenté par M. Bourgery (Henri), délégué.

CONGRÈS D'ANGERS

PROGRAMME GÉNÉRAL

MARDI 4 AOUT. — Le matin, à 9 heures, séance du Conseil d'Administration. A 3 heures, séance d'inauguration au Théâtre. A 9 heures, réception à l'Hôtel de Ville.

MERCREDI 5 AOUT. — Le matin, séances de Sections. Dans l'après-midi, visites industrielles. A 4 heures, séance générale : Communication et discussion sur *les Octrois.*

JEUDI 6 AOUT. — Le matin, séances de Sections. Dans l'après-midi, visites industrielles, et continuation de la discussion sur *les Octrois.* Le soir, conférence de M. Marcel DUBOIS, professeur à la Sorbonne : *Vie nationale et expansion coloniale.*

VENDREDI 7 AOUT. — Excursion générale à Château-Gontier.

SAMEDI 8 AOUT. — Le matin, séances de sections. Dans l'après-midi, visites industrielles. — Le soir, fête au Mail.

DIMANCHE 9 AOUT. — Excursion générale à Saint-Georges.

LUNDI 10 AOUT. — Le matin, séance de Sections. Dans l'après-midi, visites industrielles. Le soir, conférence de M. Paul LABBÉ, explorateur : *Un voyage en projections à travers l'Asie russe.*

MARDI 11 AOUT. — Le matin, séances de sections. Dans l'après-midi, assemblée générale de clôture.

MERCREDI, JEUDI, VENDREDI, 12, 13 et 14 AOUT. — Excursion générale : Saumur, Chinon, Azay-le-Rideau, Tours.

SÉANCE GÉNÉRALE

SÉANCE D'OUVERTURE

— 4 août —

M. Ch. BOUHIER

Maire d'Angers.

Monsieur le Président,
Messieurs les Membres de l'Association française pour l'avancement des sciences.

Il m'est particulièrement agréable en vous saluant au nom de la cité angevine, de vous adresser avec ses meilleurs souhaits de bienvenue, ses plus sincères et ses plus vifs remerciements.

Comme toutes les principales villes de France et d'Algérie où se sont tenus vos congrès antérieurs, Angers, depuis longtemps, ambitionnait votre visite ; elle est aujourd'hui heureuse et fière de la recevoir et de vous offrir sa plus cordiale hospitalité.

Pour que cette hospitalité fût digne de vous, des illustres fondateurs de votre Société, et du but éminemment utile qu'elle poursuit avec tant de vaillance et d'énergie depuis plus de trente années, nous aurions souhaité que les finances municipales nous eussent permis de vous l'accorder plus large et plus généreuse.

C'est qu'en effet, parmi les nombreuses Sociétés laborieuses et fécondes en résultats, qui prospèrent et fleurissent dans notre pays, il n'en est pas qui soit plus active, plus puissante et qui brille d'un plus vif éclat que l'Association française pour l'avancement des sciences.

Prononcer le mot « science », c'est évoquer l'idée de l'ensemble des connaissances acquises par l'observation, aussi par la logique de l'esprit et ses intuitions, accumulées depuis la première apparition de l'homme sur la terre en vue de lui faire une existence plus sûre, plus forte, plus douce, meilleure à tous égards.

Pour ce résultat, que d'efforts et de travaux ont été accomplis !...

Aussi, à l'époque de civilisation très raffinée où nous sommes arrivés, la somme de ces connaissances est-elle incalculable.

C'est la gloire de l'homme, entraîné par le besoin inné de savoir, d'avoir su améliorer et perfectionner l'œuvre de la création. Jeté nu et faible sur le globe,

il semble qu'on lui ait dit : « Je ne t'ai donné qu'une arme et un outil, l'intelligence ; à elle d'explorer et de fouiller son domaine, d'en pénétrer les mystères, d'en reconnaître les forces et les richesses latentes, d'y conquérir une vie
large et aussi heureuse que possible, en harmonie avec ses aspirations vers le
vrai, le beau et le bon ». Et de génération en génération, une élite intellectuelle de chercheurs en toutes voies, les savants, orientés sur ce but : le mieux
de l'humanité ! ont, et plus particulièrement depuis un siècle, arraché à la
nature une partie étonnante de ses secrets ; ils nous ont émerveillés en même
temps qu'enrichis de leurs bienfaisantes découvertes.

Il ne peut donc y avoir d'œuvres plus utiles et plus dignes d'éloges et d'encouragements que celles dont l'objet est d'ajouter de nouvelles découvertes à
celles de nos devanciers et de nous rapprocher chaque jour davantage de la
réalisation de l'idéal humain.

C'est pourquoi on ne saurait trop applaudir à la pensée des hommes qui ont
été les fondateurs de l'Association française pour l'avancement des sciences.
Leurs noms illustrés par leurs œuvres, appréciées des savants du monde entier,
sont et méritent de demeurer gravés dans toutes les mémoires.

Claude Bernard, Paul Broca, A. Cornu, Delaunay, Ch. Friedel, A. de Quatrefages et Wurtz n'ont pas été seulement de glorieux apôtres de la science, mais
ils ont été aussi de grands Français animés du plus pur et du plus ardent
patriotisme.

Reportons-nous par la pensée à l'origine de votre Société : l'année terrible
venait enfin de s'achever ; vos fondateurs avaient dû assister avec d'autant plus
d'angoisses aux catastrophes inouïes qui venaient de fondre sur la patrie, qu'ils
avaient été plus impuissants à les prévenir et même à en atténuer les douloureuses conséquences. Étant de ceux dont

La douleur élargit les âmes qu'elle fend,

de suite la préoccupation de l'avenir s'imposa à leur esprit, et pour préserver
les générations futures de nouveaux et semblables désastres, ils pensèrent ne
pouvoir mieux faire que de se rejeter avec un plus complet abandon dans les
bras de la science, et d'y entraîner avec eux le plus grand nombre d'hommes
au cœur chaud, à l'intelligence ouverte et cultivée ; et cela, sans faire entre eux
la moindre distinction d'opinions, de situations sociales et même de nationalités.

Cette grande et noble pensée, en deçà comme au delà des frontières de notre
pays, fut aussitôt comprise et acclamée.

Vous fûtes des premiers, monsieur le Président et vous aussi, monsieur le
Secrétaire du Conseil, à la saluer de votre adhésion sans réserve ; et, depuis lors,
par vos importants travaux scientifiques, par vos stimulants exemples et par
votre activité infatigable et vraiment juvénile, vous avez largement contribué à
son développement et à son succès.

L'Association française pour l'avancement des sciences est aujourd'hui forte
et puissante. Partout où elle se présente, elle est assurée de grouper autour
d'elle tous les hommes de haute culture intellectuelle et de réel mérite, et d'obtenir de leur part tous les concours qu'elle désire.

Nous n'en voulons pour preuve que ce qui s'est passé à Angers pour l'organisation de ce Congrès, qu'en notre qualité de représentant de la Cité, nous
avons le très grand honneur d'ouvrir en ce moment.

A l'appel de l'éminent Secrétaire de votre Association, M. le Pr Gariel, l'âme des Congrès précédents comme il l'est de celui-ci, tous nos concitoyens, ont répondu avec empressement, rivalisant de zèle, d'entrain et d'ingéniosité, dans la collaboration qui leur a été demandée.

J'eusse été désireux de pouvoir payer à chacun d'eux le tribut de remerciements, de félicitations et d'éloges qui lui est dû. Mais leur nombre est tel que je me vois obligé de n'en désigner aucun, et en m'adressant à tous, de les prier d'accepter l'expression de la sincère et vive gratitude de la municipalité et de la population angevine tout entières.

Qu'il me soit, toutefois, permis de faire une exception. Malgré ses nombreuses et absorbantes occupations ordinaires, et n'écoutant que son amour pour la science, enrichie par lui d'une ingénieuse et précieuse découverte, M. le docteur Motais n'a pas hésité à assumer les laborieuses et difficiles fonctions de président de toutes les Commissions d'organisation du Congrès. Ce n'est pas, en effet, chose aisée que de grouper et mettre en mouvement chacune de ces Commissions et de les faire toutes concourir avec ensemble au succès final. De l'aveu de tous, M. le docteur Motais a rempli cette tâche avec un réel mérite et une rare distinction ; il a droit à toutes nos félicitations et à tous nos hommages.

Messieurs les Congressistes,

Dans une conférence que nous avons eu le très vif plaisir d'entendre et d'applaudir le 7 mars dernier, M. le docteur Gariel nous a appris que l'Association française avait déjà consacré des sommes considérables, près d'un demi-million, à soutenir et encourager les travaux scientifiques d'hommes studieux, riches d'idées mais dépourvus des ressources pécuniaires suffisantes pour publier et répandre leurs œuvres. Beaucoup lui doivent d'avoir pu persévérer dans leurs études, et conquérir le rang élevé qu'ils occupent en ce moment dans le monde intellectuel et scientifique !

Mais n'est-ce pas encore un autre éminent service rendu à la science que d'organiser ces congrès annuels auxquels sont conviés la plupart des savants de notre pays et de l'étranger ? S'il est vrai, comme parfois nous l'avons entendu dire, qu'aucune de vos assises antérieures ne puisse se prévaloir de l'une de ces découvertes qui marquent une étape dans le progrès de l'humanité, c'est que de telles découvertes exigent, après de patientes et attentives observations dans le laboratoire, de longues méditations dans le silence du cabinet de travail. Qui pourrait cependant affirmer et soutenir que ces Congrès n'ont pas eu fréquemment pour résultat d'inspirer une idée heureuse et féconde, ou d'imprimer à sa réalisation une puissante et décisive impulsion ?

Ce n'est pas le jour même où le grain est tombé en terre qu'il germe, et la moisson n'apparaît que bien après les semailles. Ce grain, c'est un simple mot parfois inconsciemment recueilli en ces rencontres fécondes et qui, retenu dans la mémoire, prend vie et se développe d'abord sous forme d'une idée, puis arrive à devenir un grand fait nouveau et pratique sous l'effort de la pensée et du travail.

Faire parcourir et visiter les unes après les autres, par des hommes laborieux et éclairés les principales régions de la France et de l'Algérie, les mettre ainsi à même de les bien comprendre, en leur facilitant l'étude sur place de leurs diverses constitutions géologiques, des mœurs de leurs habitants, des usages particuliers à chacune d'elles, de leur enchaînement historique ou de leur déviation ; rapprocher chaque année pour quelques jours des savants de diverses nationalités ; leur procurer le moyen de se connaître les uns les autres, de s'entretenir de leurs œuvres, de se communiquer leurs méthodes de travail et leurs opinions sur la plupart des questions scientifiques à l'ordre du jour, et leur inspirer par ce moyen le désir de continuer leurs relations et de correspondre entre eux, est-il possible de rien faire et même de rien imaginer de plus utile et de plus profitable ?... Ces études en commun, ces entretiens verbaux ou écrits, ne sauraient, en effet, demeurer stériles. Fatalement ils doivent faire naître dans l'esprit bien préparé de ceux qui s'y livrent, des aperçus nouveaux et de nouvelles conceptions de nature à enfanter de sérieux et importants progrès.

Qui pourrait contester, au surplus, que partout où l'Association française a tenu ses congrès antérieurs, ils n'aient eu pour effet, soit dé créer, soit de ranimer des foyers scientifiques à rayonnement plus intense et plus étendu? Notre belle province de l'Anjou ne tardera pas à le constater.

Votre présence ici, messieurs les congressistes, est la preuve que vous connaissez et appréciez tous ces avantages. Veuillez prendre une large part des souhaits de bienvenue et des sentiments de vive gratitude qu'au nom de la Cité angevine nous avons exprimés aux membres de l'Association française.

Nous souhaitons que le trop court séjour que vous allez faire dans notre ville vous laisse une impression favorable, et vous suggère le désir de la revoir et de la mieux connaître. A tous égards, elle mérite votre particulière attention ; j'ai eu l'occasion de le dire dans une autre circonstance : « Douée d'un esprit élevé, elle sait apprécier tout ce qui est vraiment utile et beau, et son cœur comprend et aime tous ceux qui ont consacré ou qui consacrent leur labeur et leur vie à réaliser ses aspirations. Plus peut-être que d'autres capitales de province, elle entend être et demeurer la ville des sciences, comme celle des lettres et des arts. »

Dans son enceinte, comme dans ses environs, vous rencontrerez un certain nombre de monuments dus à la grande architecture des siècles disparus, remarquables au double point de vue artistique et historique. En étudiant l'organisation de sa vie actuelle, vous pourrez vous convaincre que, sans négliger de faire les efforts les plus louables pour se rendre digne de son glorieux passé, elle n'a garde de perdre de vue le présent, et de ne pas avoir à cœur de réaliser toutes les améliorations dues aux études et aux travaux scientifiques, si féconds de nos jours. Elle possède des industries en pleine prospérité dont quelques-unes, comme l'horticulture et l'arboriculture, sont connues et appréciées dans tous les pays du monde civilisé ; elle encourage et répand l'enseignement à tous les degrés, de même que toutes les institutions de prévoyance et de bienfaisance ; et aussi toutes les associations dont la noble et belle mission est de raffermir et de raviver le culte des sciences, des belles-lettres et des arts.

MESDAMES,
MESSIEURS,

Vous avez droit, vous aussi, à tous nos remerciements et à toute notre reconnaissance pour avoir accepté l'invitation qui vous a été faite d'assister à cette séance d'ouverture. Votre présence ici en souligne la haute signification et en rehausse l'éclat. En suivant avec assiduité les séances publiques du Congrès et ses excursions, les savantes et éloquentes communications qui doivent y être faites, ne peuvent manquer de vous charmer en vous instruisant et de vous prouver aussi que nos appréciations élogieuses sur l'œuvre de l'Association française, sont un insuffisant et incomplet hommage à son exceptionnel mérite.

M. le Dr MOTAIS

Président du Comité local.

———

Monsieur le Président,
Mesdames,
Messieurs,

L'Association française pour l'Avancement des Sciences a confié à notre Comité la mission de préparer le Congrès d'Angers. J'ai l'honneur de lui présenter notre œuvre que mes collaborateurs ont accomplie avec tant de zèle et de dévouement.

L'initiative du Congrès fut prise par toutes les Sociétés savantes d'Angers réunies. Dans une pétition collective, elles sollicitèrent de l'assemblée municipale les fonds nécessaires à la préparation de cette grande manifestation scientifique.

La proposition eut l'heureuse fortune d'être soutenue par M. Bouhier, maire d'Angers. Le Comité, en lui exprimant ses remercîments, auxquels le Congrès voudra bien s'associer, se félicite que, dans cette solennité, la ville d'Angers soit représentée par le plus digne et le plus respecté de ses concitoyens.

Le conseil municipal comprit qu'un sacrifice financier serait largement compensé par la riche moisson scientifique que vous nous apportez et vota la somme de 6.000 francs.

Plus tard, le conseil général nous donna une subvention de 4.000 francs. Ici encore nous avions trouvé l'appui bienveillant de M. le Préfet et le concours du vénéré président, M. le comte de Maillé.

Les moyens d'action étant désormais assurés, il incombait au bureau de l'Association d'organiser un comité local pour les mettre en œuvre.

Quelque bonne fée veillait sans doute au berceau de notre Congrès. Le délégué tout désigné de l'Association, depuis longtemps avait pris droit de cité parmi nous, et son nom nous inspirait autant de sympathie que de déférence.

Lorsque vous vîntes pour la première fois nous présider, monsieur le secrétaire du Conseil, vous fûtes entouré d'un auditoire aussi nombreux que distingué. L'initiative des Sociétés savantes et la délibération du conseil municipal avaient appelé l'attention sur l'Association française.

Dès cette première séance, votre exposé net et précis, votre direction aussi ferme que courtoise et, plus encore, votre ardente conviction d'apôtre de la science, nous imprimèrent, avec la certitude du succès, un élan qui ne s'est jamais ralenti.

D'ailleurs, au cours de cette laborieuse année, nous avons retrouvé chaque jour et partout votre action dans une correspondance suivie, dans nos réunions de comité que vous présidiez souvent, dans une conférence applaudie.

Une fois de plus, vous avez accompli cette lourde tâche que, tous les ans, vous recommencez avec votre inlassable énergie, depuis plus de trente années.

Je vous en remercie chaleureusement, monsieur le secrétaire du Conseil, au nom du Comité d'Angers.

Permettez-moi aussi, monsieur le Président, en ma qualité de membre de l'Association depuis 1883, au nom de tous mes camarades qui, comme moi, l'ont fidèlement suivi, qui savent tout ce qu'il a donné de lui même à l'Association et tout ce que l'Association lui doit, d'exprimer à M. le secrétaire du Conseil, notre sincère et respectueuse gratitude.

Tout près de l'expiration de son mandat, notre Comité fut encore l'objet d'une attention particulièrement bienveillante. Par une exception très rare dans les usages de l'Association, notre éminent président, M. Levasseur, avant de donner au Congrès le relief de sa haute personnalité, a tenu à apporter au Comité, en présidant lui-même sa dernière séance, un encouragement et un témoignage de sympathie dont nous avons été profondément touchés.

Notre organisation fut remarquable par sa rapidité et son ampleur.

M. le Premier Président, M. le général de division, M. le préfet, Mgr l'évêque d'Angers, M. le maire, voulurent bien accepter la présidence d'honneur du Comité.

Dès ce jour furent affirmés l'importance de notre mission et son caractère exclusivement scientifique.

Dans le même ordre d'idées, les directeurs des deux établissements d'Enseignement supérieur d'Angers — l'École de médecine et l'Université catholique — et les présidents des cinq Sociétés savantes qui avaient pris l'initiative de la pétition au conseil municipal, furent élus vice-présidents.

Un trésorier et sept jeunes et actifs secrétaires leur furent adjoints.

Le bureau du Comité étant ainsi constitué, les commissions furent formées d'après une méthode dont l'expérience a démontré la valeur pratique.

Le président et le secrétaire de chaque commission furent choisis parmi les vice-présidents et les secrétaires du Comité, en sorte que le bureau, très exactement renseigné sur les travaux des commissions, pouvait prendre, en toute connaissance de cause, des décisions d'ensemble.

C'est dans ces conditions, messieurs, que nos travaux s'organisèrent.

Mes chers collaborateurs, le Congrès saura juger par lui-même des résultats que vous avez obtenus. Mais ce que je dois lui révéler, c'est la bonne grâce charmante avec laquelle vous acceptiez toute besogne, fût-elle très éloignée de vos habitudes et de votre situation.

Tantôt avocats de la bonne cause et propagandistes zélés, rédacteurs de notes pour la presse dont je me plais à reconnaître ici l'accueil empressé et la large hospitalité ;

Tantôt fourriers en quête de logements, s'acquittant en toute conscience de leur mission ;

Tantôt capitaines de route, traitant de la table et du coucher, explorant les grands chemins, disposant les relais mettant en réquisition voitures, bateaux et chemins de fer ;

Tantôt entrepreneurs de fêtes publiques ;

Tantôt éditeurs d'un livre, stimulant le zèle des quatre-vingt-six auteurs, et plus souvent, par un prodige d'habileté chirurgicale, amputant les notices qui dépassaient le cadre, sans effleurer un amour-propre dont l'épiderme passe pour très sensible.

Partout et toujours nos présidents de Sociétés savantes, nos directeurs d'école de médecine ou recteurs d'Université travaillaient avec un entrain, une bonne humeur et... un succès remarquables.

La *Commission de propagande* nous présente 180 adhérents nouveaux, membres participants de l'Association, et 187 membres honoraires.

Grâce à ses efforts, toutes les personnalités en vue de l'Anjou, tous les hommes éminents dans les sciences, les arts, l'industrie, le commerce, l'agriculture, l'armée, les administrations, ont tenu à honneur de s'inscrire parmi nous, soit comme membres honoraires, soit comme membres participants, soit à ce double titre.

La *Commission des logements* s'est acquittée de sa tâche, assez difficile et complexe, avec un zèle empressé. Par ses démarches et son influence, la plupart des savants étrangers qui nous font l'honneur d'assister au Congrès, seront reçus chez nos concitoyens; nous savons gré à la Commission de donner à notre ville ce bon renom d'hospitalité.

La *Commission des fêtes*, par une heureuse entente avec le Comité permanent des fêtes de la ville, vous offrira une série de brillantes soirées et d'attractions intéressantes. Nous félicitons nos habiles diplomates, sans oublier le Comité permanent que nous remercions dans la personne de son actif et distingué président, M. Bernier.

La *Commission des excursions* a compris, dès le premier jour, l'importance de sa mission et n'a rien négligé pour la remplir.

Son dévoué président, M. Leroy, a pris la peine de parcourir toutes les étapes de nos trois excursions et d'en arrêter sur place les conditions pratiques. Ce travail fut précis et complet, à ce point que M. Gariel lui-même n'y trouva quoi que ce fût à ajouter ou à retrancher.

Vous pourrez donc admirer à loisir, messieurs, à Angers, à Trèves-Cunault, à Saumur, à Fontevrault, nos vieux monuments, véritables joyaux des siècles passés, et pour peu que vous soyez prévenus, vous découvrirez sans peine, sous toutes leurs restaurations d'une science et d'un goût artistique parfaits, la signature de M. de Joly, préfet de Maine-et-Loire, gravée sinon dans la pierre, du moins dans la reconnaissance de tous les admirateurs de nos chefs-d'œuvre.

M. le maire d'Angers vous a accueillis, à votre entrée dans la cité angevine, avec une exquise cordialité.

A Châteaugontier, M. le maire vous présentera sa coquette petite ville, la perle de la Mayenne.

A Saint-Georges-sur-Loire, le châtelain de Serrant, membre de l'Institut, vous fera lui-même les honneurs de son magnifique domaine.

A Châlonnes, M. Frémy, conseiller général et maire, vous attend.

A Saumur, les propriétaires des importantes caves de vins mousseux vous feront apprécier leur industrie et ses produits, et notre distingué collègue, M. le docteur Peton, maire de Saumur, vous réserve la plus aimable hospitalité — l'hospitalité saumuroise — dans une soirée à l'Hôtel de Ville.

Vous le voyez, messieurs, partout sur votre passage, l'Anjou vous accueille et s'offre à vous. S'il vous semble même, par un mirage bien connu, que, sous l'immobilité apparente d'un bateau ou d'un train, les eaux profondes et les rives pittoresques de la Mayenne, les lumineuses trouées d'horizon des chemins de Bouchemaine, les élégantes villas des Forges, les îles verdoyantes de la Loire et ses vastes grèves enserrées dans leurs bracelets d'argent, les admirables coteaux de Saumur que domine l'imposante masse du château ; s'il vous semble que tous ces paysages baignés de l'atmosphère tiède d'un clair soleil, viennent à vous dans un élan spontané qui entraîne les choses comme les hommes, dites-vous qu'il en est bien ainsi ; que l'illusion physique est ici une réalité morale, et que l'Anjou tout entier se porte au-devant de ses hôtes aimés.

Il est de tradition, lorsque nous parlons des belles et suaves choses de l'Anjou, que l'ombre du chantre du Liré, de notre poète du Bellay surgisse pour une évocation toute naturelle. Nul mieux que lui ne vous dira qu'ici la nature est clémente, les fleurs parfumées et les fruits savoureux ; que les prés sont verts, les coteaux dorés ; les ruisseaux limpides et la Loire grandiose ; que le vin est généreux et nous verse au cœur, en gouttes blondes, le rayon de soleil qui le mûrit ;

Et, sachant que nos aimables Angevines furent assez gracieuses de résister à l'appel accoutumé de la plage ou de la montagne, il vous murmure, le doux poète, en son langage d'antan que, si leurs lèvres vous accueillent d'un sou-rire, vous verrez de suite que vous êtes au pays des roses et que leur œil bleu vous sera, sans nul doute, la si jolie et si délicate fleur du souvenir !

Toutes ces impressions, toutes ces choses de l'art ou de la nature que nous vous présenterons, nous avons voulu les fixer dans votre mémoire et la *Commission du Livre* s'est attachée à les reproduire dans une œuvre digne de vous et digne du sujet.

Ce volume, intitulé *Angers et l'Anjou* contient, dans ses 750 pages, 135 notices et 71 vues, cartes ou plans.

Soixante-seize de nos concitoyens ont bien voulu nous donner leur collaboration. Leurs seules signatures témoignent de la valeur exceptionnelle de l'ouvrage.

Les soixante et onze gravures sont l'œuvre de dix artistes. Je n'ai pas à vous en faire ressortir la sincérité et le mérite artistique. Vous avez pu les admirer vous-mêmes.

La remarquable couverture du livre a été dessinée par M. Gobô, un jeune artiste qui a bien voulu mettre à notre disposition, avec une bonne grâce dont nous ne saurions trop lui savoir gré, son talent déjà justement apprécié.

La *Commission du Livre* se plaît encore à reconnaître qu'elle a trouvé, dans son éditeur, un concours aussi précieux que dévoué. M. Grassin a pu mettre au point, dans le court espace de quatre mois, une besogne fort longue et difficile, et nous savons qu'il a souvent sacrifié les préoccupations commerciales à l'intérêt artistique.

Mais la Commission me charge tout particulièrement de rendre hommage à son dévoué secrétaire, M. Planchenault.

Démarches qui ne se comptent plus près de nos quatre-vingt-six auteurs ou artistes, négociations souvent délicates, conduites avec un esprit large et conciliant, visites quotidiennes à l'imprimerie, travail personnel considérable : pendant plus de huit mois, vous ne vous êtes pas distrait un seul jour de votre tâche ; vous êtes, mon cher collègue, le véritable metteur en œuvre de notre beau volume. Il est équitable qu'aujourd'hui le Comité et le Congrès lui-même vous rendent pleine justice.

Par ses notices brèves, mais substantielles, inventaire complet de toutes les richesses actuelles de notre région, par ses illustrations aussi exactes qu'artistiques, par les signatures elles-mêmes de nos concitoyens les plus autorisés, ce volume restera comme le livre d'or d'Angers et de l'Anjou au commencement du vingtième siècle.

Nous ne saurions oublier, messieurs, que l'initiative de cette publication appartient à l'Association française.

L'Association nous apporte le mouvement scientifique ; elle nous donne la primeur d'importants travaux ; elle établit des relations scientifiques et personnelles entre nos savants et leurs collègues de France et de l'Étranger ; elle met en contact la jeunesse studieuse avec des maîtres bienveillants. De toutes ces marques heureuses de votre passage parmi nous, messieurs, la plus durable peut-être sera le livre que vous avez inspiré.

Notre gratitude en a déjà fixé le souvenir en tête du volume. Dans cette solennité, nous tenons à remercier l'Association française, la grande initiatrice des idées fécondes, et du service qu'elle nous a rendu à nous-mêmes et de ce nouveau lien dont elle a scellé, pour le présent et pour l'avenir, notre mutuelle sympathie.

Telle est notre œuvre. Nous avons essayé de remplir fidèlement le mandat que vous nous aviez confié. Il vous appartient, messieurs, de nous dire si nous avons réussi.

Un mot encore. Quelle sera, dans le Congrès lui-même, la part de collaboration de l'Anjou ?

Dans ce pays, messieurs, où les statuaires s'appellent David ; où les peintres s'appellent Lenepveu et Dauban — et je passe toute la floraison superbe des jeunes ;

Où la littérature s'épanouit dans des publications et des revues remplies d'œuvres fortes aussi bien que des plus gracieuses inspirations féminines ;

Où l'un de nos éminents collaborateurs, écrivain de race, creuse de son stylet, dans la *Terre qui meurt*, un sillon profond et se laisse emporter par le souffle patriotique des *Oberlés* jusque sous la coupole des immortels ;

Dans la riante ville des fleurs, des arts et de la poésie, vous pourriez douter que la science austère et les formules arides trouvassent encore une place.

Mais le sol d'Anjou est assez riche pour produire, à côté des corbeilles brillantes et parfumées, les chênes d'écorce rude et de troncs robustes.

Vous connaissez les Bérard, les Béclard, les Mirault, les Daviers, et tant d'autres dont la science médicale s'enorgueillit ; notre grand Chevreul dont la longue vie fut une longue jeunesse toujours féconde. Les Mourin, les Célestin Port ont de nombreux et dignes successeurs. Nos sociétés savantes sont des ruches constamment en travail ; trop modestes, elles accumulaient sans cesse leurs richesses dont elles distrairont une partie pour le Congrès qu'elles ont elles-mêmes créé, leurs communications inscrites s'adressent à toutes les sections.

Vous constaterez messieurs, que, dans ce Congrès scientifique, la part de collaboration de l'Anjou sera des plus importantes. Nous voulons espérer que des discussions et des échanges d'idées qui vont s'établir, naîtront entre nous et nos collègues de France et de l'Étranger, des relations durables, basées sur une estime réciproque.

Je terminerai, messieurs, en remerciant l'Association d'un résultat qui, pour n'être pas d'ordre scientifique, n'en est pas moins apprécié parmi nous.

Dans notre période tourmentée, au plus fort de l'agitation politique, vous avez rapproché des adversaires qui semblaient irréconciliables, autour de votre noble devise, sur le terrain de la science, où la rivalité n'est plus la haine ni la guerre, mais l'émulation pacifique et bienfaisante.

Votre phare ne brille pas pour éloigner des récifs dangereux où la mer est traîtresse ; il est le guide vers le port assuré où la grande houle n'entre pas.

Son attraction fut si puissante que nos barques, qui luttaient au large avec une énergie farouche, ballotées par des courants et des vents contraires, une à une d'abord, puis toutes ensemble, d'un élan irrésistible, franchirent la passe et vinrent, calmes et apaisées, jeter l'ancre sous vos feux.

J'ai le grand honneur et la satisfaction profonde de vous présenter, monsieur le Président, l'élite de nos concitoyens, unie sous votre drapeau. Vous voyez en ce moment, groupés autour de l'Association française, dans une synthèse vivante, dans une apothéose de la science et de la paix, tous les hommes, toutes les intelligences, toutes les forces vives d'un pays!

M. Émile LEVASSEUR

Membre de l'Institut, Administrateur du Collège de France, Président de l'Association.

LE SALARIAT

Monsieur le Maire,
Monsieur le Président du Comité local,

J'ai éprouvé une vive satisfaction en écoutant l'exposé si clair, si complet que vous avez présenté l'un et l'autre de la réception que la ville d'Angers a décidé de faire au Congrès de l'Association française pour l'avancement des sciences, et j'ai été profondément touché des termes si bienveillants par lesquels vous avez caractérisé notre œuvre et affirmé votre sympathie personnelle et celle de vos concitoyens. Je vous en remercie de tout cœur, messieurs, en mon nom, au nom du bureau et au nom de tous les membres de l'Association et de ses invités ici présents.

En ce qui concerne la municipalité et le Comité local, installation pour le travail, fêtes et excursions pour le plaisir, tout a été préparé et réglé avec une prévoyance et une précision qui ne laissent rien à désirer. Vos discours sont une révélation pour l'assemblée de ce jour. Pour moi et pour notre secrétaire général, M. Gariel, ils ne le sont pas tout à fait, vous le savez ; le Comité local nous avait, par l'organe de son président et de ses présidents de section, donné connaissance des préparatifs dans la séance que j'ai eu l'honneur de présider au mois de juin. Nous vous en avons fait alors compliment et M. Gariel, dont le dévouement et l'expérience consommée font un juge excellent en cette matière, vous a déclaré que ces préparatifs étaient au nombre des plus précis qu'il ait connus depuis trente ans et j'ai ajouté qu'une bonne organisation étant une condition essentielle pour un bon travail, vous nous donniez un gage précieux du succès de la session.

Je réitère aujourd'hui devant cette assemblée le même compliment et j'adresse l'expression de notre gratitude à vous, monsieur le maire, au conseil municipal et au conseil général, au comité local, à ses cinq présidents d'honneur, à vous, monsieur le président dont les multiples difficultés du groupement et de la conciliation n'ont pas lassé le zèle ni fait dévier le sens droit, à ses vice-présidents, aux présidents de section, à son trésorier, à ses membres, et particulièrement au rédacteur en chef et aux collaborateurs de l'important ouvrage qui, sous le titre d'*Angers et l'Anjou* n'aura pas seulement un intérêt de circonstance pour les congressistes, mais restera un monument historique d'une érudition solide et variée, précieux pour les Angevins eux-mêmes, résumant leur passé et servant de borne milliaire sur la route des âges pour marquer l'état de la province au commencement du XXe siècle.

Aux remerciements que notre reconnaissance adresse aux hommes qui ont eu le mérite de préparer le Congrès, j'ajoute les remerciements qui sont dus à ceux qui ont fait connaître au public ces préparatifs, je veux dire à la presse angevine. Les termes bienveillants par lesquels elle a rendu compte de notre séance du 23 juin sont un garant de l'intérêt qu'elle prend à notre œuvre qui est une œuvre nationale, et me donne confiance qu'elle nous conservera cet intérêt durant les travaux de la session.

MESSIEURS ET MESDAMES,

Il existe un usage dont l'origine remonte aux premières années de notre institution : c'est que le président expose une question d'ordre scientifique dans son discours d'ouverture. A cet usage nous devons des mémoires qui marquent dans l'histoire de la science. Je cite, presque au hasard, ceux de Quatrefages, de Wurtz, de Broca, de Mascart ; j'en pourrais nommer bien d'autres jusqu'au plus récent, celui de M. Carpentier sur la télégraphie sans fil, dont le souvenir est encore présent à notre mémoire. Nous garderons ce souvenir, ainsi que celui de la bonne grâce, toute de cordiale camaraderie, avec laquelle il a présidé et que la présence des deux personnes qui l'accompagnaient a contribué à rendre familiale et plus charmante.

Je ne manquerai pas à l'usage. Mais, tandis que les savants qui étudient les sciences de la nature avancent de découverte en découverte sur un terrain ferme et délimité où ils peuvent fixer les étapes presque continues du progrès, ceux qui ont pris pour sujet l'homme social explorent un domaine dont les limites sont incertaines et qui est divers et mouvant, parce que la liberté de l'homme, tout en étant soumise à des lois, n'est pas emprisonnée comme la matière dans des cadres aussi inflexibles. Or, c'est seulement sur ce domaine que je puis hasarder devant vous une exploration, et il se trouve que j'ai choisi une des questions économiques qui soulèvent de notre temps les plus vives controverses dans la science et dans la politique, le SALARIAT.

Je ne l'ai pas fait assurément sans avoir conscience de la difficulté. Je l'ai fait ayant en tête un dessein : celui d'apporter quelque clarté dans la position d'un problème complexe par lui-même, obscur même, je le veux bien, mais obscurci aussi de part et d'autre par des intérêts et par des préjugés de classe.

Le salaire a fourni la matière de centaines de volumes, sans compter les milliers de feuilles volantes qui en traitent journellement dans les pays civilisés. Je ne vous engagerai pas dans le dédale d'une érudition qui ne serait pas de mise ici ; je me bornerai à toucher trois points :

Quelles causes déterminent le taux des salaires ?

La moyenne du salaire normal et celle du salaire réel ont-elles augmenté ?

Le salariat est-il une forme passagère de l'organisation du travail ?

Donc mon oraison sera en trois parties. La scolastique du xvᵉ siècle aimait ces divisions tranchées : je n'y répugne pas dans un exposé dogmatique.

I

Premier point. — Adam Smith, qu'on considère à juste titre comme étant, après les physiocrates, le père de la science économique, déclarait qu'il « est de toute nécessité qu'un homme vive de son travail, que son salaire suffise à sa subsistance », et même au delà, au double, pensait-il, afin que la famille ouvrière puisse subsister ; il ajoutait que la demande croissante de bras conduisait à un accroissement du salaire, que cette demande ne pouvait se produire qu'à proportion de « l'accroissement des fonds destinés à payer les salaires », et il concluait que « ce n'est pas l'étendue actuelle de la richesse nationale, mais son progrès continuel qui donne lieu à une hausse dans les salaires ». Considérations judicieuses, mais par lesquelles A. Smith ne prétendait pourtant pas mettre en forme dogmatique toutes les données du problème.

Après lui, Ricardo, établissant une distinction contestable à laquelle je ne m'arrête pas entre le salaire naturel et le salaire courant, disait que « le prix naturel du travail dépend du prix des subsistances et de celui des choses nécessaires, utiles à l'entretien de l'ouvrier et de sa famille » : proposition que J.-B. Say reprit, mais en l'appliquant surtout aux industries dont l'exercice ne requiert pas une habileté professionnelle : « Le salaire, dit-il, n'est que juste ce qu'il faut pour vivre et élever une famille. » John Stuart Mill, à la suite de Mac Culloch, a insisté sur le rapport qui s'établit entre le capital engagé dans l'industrie et le nombre des ouvriers : c'est ce qu'on appelle le « fonds des salaires ».

Cobden, s'attachant surtout à la concurrence des personnes qui offrent et demandent du travail, formulait une définition humoristique souvent citée : « Quand deux ouvriers courent après un patron, les salaires baissent ; quand deux patrons courent après un ouvrier les salaires haussent ».

Deux économistes américains, protestant contre la théorie du fonds des salaires, Carey et le général Walker ont fait de la productivité du travail la règle suprême. M. Paul Leroy-Beaulieu est du même avis ; il s'exprime ainsi, dans son *Traité d'économie politique*, publié il y a sept ans : « Sans prétendre établir une formule qui s'appliquerait d'une manière mathématique à tous les cas, on peut affirmer qu'en tout genre de travail, le salaire tend à se régler sur la productivité du travail de l'ouvrier ».

L'allemand Lassalle s'était emparé, il y a une quarantaine d'années, de la proposition de Ricardo, dont il trouvait le germe dans un texte de Turgot, pour poser comme un axiome sa loi d'airain, c'est-à-dire une inéluctable fatalité qui, en vertu de la concurrence des salariés croissant avec l'accroissement de la population, déprimerait le salaire jusqu'au minimum des frais d'entretien de la famille ouvrière.

Nombre d'autres essais dont l'énumération serait fastidieuse ont été tentés en vue de définir la loi du salaire.

La diversité de ceux que je viens de rappeler suffit pour prouver la diffi-. culté du problème. Quand on les examine attentivement, on s'aperçoit qu'elles sont moins fausses qu'incomplètes. Les premiers observateurs, en effet, parais- sent avoir regardé, pour la plupart, le phénomène avec une lunette qui n'em- brassait pas le champ entier et s'être trop préoccupés de ramener tous les cas à une cause unique et universelle, qui au fonds des salaires, qui au nombre des concurrents, qui à la productivité du travail.

Le fonds des salaires, théorie surannée, dit-on. — Sans doute. C'est pourquoi je ne saurais approuver les auteurs qui la citent encore de nos jours comme étant la doctrine classique et qui en font ensuite aisément la critique avec la volonté de conclure de là à l'impuissance de la science économique. Il est certain qu'il n'existe pas un fonds spécial, préalablement affecté au salaire, qui se partage chaque année entre les salariés, par portions inégales, sans que la somme de tous les salaires réunis puisse en excéder le montant. Mais il est certain aussi, d'une part, que le salaire est presque toujours avancé par le capital, sauf pour l'entrepreneur à en récupérer postérieurement la valeur par la vente du produit, et, d'autre part, qu'une industrie qui dispose de beaucoup de capitaux imprime au salaire une tendance à la hausse par l'appel de bras qu'elle fait et par la facilité qu'elle a de les bien rémunérer.

Quant à la concurrence, nul ne nie l'influence qu'exerce un grand nombre de travailleurs offrant leurs bras sans qu'une demande plus forte les ait attirés et la dépression de salaire qui en résulte d'ordinaire. Mais, quand les ouvriers affluent parce que le travail est abondant, le résultat est tout différent; car c'est dans les régions où ils se pressent en masse que la statistique constate le plus souvent un taux élevé du salaire moyen : ils ont été attirés par cette élévation même.

L'émigration des campagnes dont se plaignent les cultivateurs et parfois les moralistes, a pour cause principale l'attraction des hauts salaires — j'entends salaire nominal, nous parlerons tout à l'heure du salaire réel — et pour con- séquence l'agglomération dans les régions de hauts salaires.

Nul ne nie non plus qu'il y ait un rapport étroit entre le prix de la journée de travail et le prix de la vie ; mais, si l'on entend par là le coût strict de la nourriture et d'un minimum d'entretien, combien de catégories de salariés sont au-dessus de cet infime niveau ? Et ce niveau lui-même, au-dessous duquel il y a pour la famille ouvrière pénurie et souffrance, ne se déplace-t-il pas avec la civilisation ? Est-il le même pour l'Américain des États-Unis que pour le Fran- çais, pour le Français que pour le Russe, pour l'Anglais que pour l'Hindou, pour le journalier de l'Anjou du xviiie siècle que pour celui du xxe? De com- bien, en effet, ne s'est-il pas élevé au xixe siècle ? Nous le dirons tout à l'heure.

Le coût de la vie ne saurait donc être adopté comme la déterminante absolue du salaire. C'est, au contraire, plutôt le salaire qui détermine la somme des dépenses de l'ouvrier et sa manière de vivre. En quoi d'ailleurs l'ouvrier ne diffère pas du bourgeois; chacun vit de son revenu et, à moins d'être avare ou prodigue, règle son train de vie sur ses ressources. Les socialistes, d'ailleurs, ne font plus montre de la loi d'airain autant que jadis; c'est une arme rouillée qu'il faut mettre au rebut, disait Liebnecht dans un congrès.

La productivité de l'ouvrier me paraît être non la seule cause, mais une des causes principales de la détermination du salaire.

Les entrepreneurs payent plus cher l'ouvrier habile que l'ouvrier débutant ou médiocre et ils trouvent ordinairement profit à embaucher le premier plutôt que le second. Le coût de production d'une marchandise est la résultante du travail combiné de l'entrepreneur et de l'ouvrier mettant en œuvre le capital (matière, outillage et frais généraux). Si le produit obtenu avec le concours du bon ouvrier est vendu 120 au lieu de 100, ou ne coûte que 80, n'est-il pas juste que cet ouvrier ait sa part de la différence et le patron n'a-t-il pas intérêt à la lui offrir d'avance pour obtenir sa collaboration ? Tel employé dans un magasin ou dans un bureau gagne le double de son voisin et la valeur du service rendu au patron justifie le traitement.

Souvent la différence est due moins à l'habileté personnelle du travailleur qu'à l'outillage ou à l'organisation de l'atelier. Au xixe siècle, les machines ont opéré une révolution dans l'assiette des salaires de la grande industrie, une des plus grandes révolutions qui se soient jamais produites dans l'organisation du travail, et ont changé le niveau du salaire. J'ai employé maintes fois au Conservatoire des Arts-et-Métiers, pour expliquer cette révolution, l'exemple que voici et que j'appelle le « Paradoxe économique ».

Je suppose un fabricant de calicot vendant aujourd'hui sa marchandise moins cher que jadis, quoique tous les éléments de la production lui reviennent plus cher : matière première (c'est une supposition ; car le coton en laine n'a pas augmenté), intérêt et amortissement d'un capital plus considérable, journée de l'ouvrier ; cependant il réalise en fin d'année un plus gros bénéfice. L'explication de ce paradoxe est simple : c'est que le tisseur avec la mécanique fait, dans le même temps, cinq fois plus d'ouvrage qu'avec le métier à bras.

J'ajoute que l'exemple théorique reste bien en deçà de la réalité ; car, à ma demande, M. Imbs, professeur de tissage au Conservatoire des Arts-et-Métiers, a calculé que le tisserand de calicot produisait à la main 6 mètres dans sa journée, et que le tisserand conduisant trois métiers mécaniques en produit 108. Aux États-Unis, avec le métier Northrop, il peut atteindre 300 mètres et plus.

Si l'on payait aujourd'hui à la tâche le mètre de fil de coton fabriqué au métier continu au prix qu'il coûtait au temps du rouet, la fileuse aurait des journées magnifiques. En fait, c'est surtout le prix de vente de la marchandise qui, sous la pression de la concurrence, a baissé et cela au profit des consommateurs, ouvriers ou autres ; mais en même temps le niveau des salaires a monté et c'est la productivité qui a été, dans ce cas, la cause prédominante.

Il est vrai que tout perfectionnement de l'outillage n'opère pas de la même manière. Ainsi on remarque qu'en France, dans les fabriques de sucre, le salaire est resté à peu près stationnaire malgré le perfectionnement qu'a apporté le procédé de la diffusion ; c'est que les appareils chimiques font tout le travail sans que l'ouvrier ait plus d'habileté à déployer. On ne saurait donc prétendre que la productivité soit la cause unique de l'augmentation des salaires au xixe siècle.

En voici une preuve tirée de l'expérience de la vie de famille. Les gages des domestiques ont doublé dans la plupart des villes de France depuis soixante ans. Cependant on ne dira pas que leur productivité ait augmenté. Si des inventions les ont secondé en amenant automatiquement la lumière et l'eau, c'est en les affranchissant d'une partie de leur besogne. La raison principale de l'accroissement de leur salaire est le progrès général de la richesse ; ils demandent plus d'argent parce que leurs services sont plus demandés et nous sommes, plus ou moins spontanément, portés à les payer davantage. En général, les services personnels, quels qu'ils soient, depuis la cuisine jusqu'à la médecine et à l'enseignement, sont plus fortement rémunérés qu'ils ne l'étaient jadis.

La France est beaucoup plus riche aujourd'hui qu'elle n'était au xviiie siècle.

Ce n'est pas qu'elle jouisse sous ce rapport d'un privilège exclusif ; tous les peuples civilisés sont devenus plus riches, grâce à la science qui a donné à l'industrie une immense puissance sur les forces de la nature pour les tourner à notre usage et pour façonner la matière et grâce à l'accumulation de capitaux qui permet de réaliser en grand les inventions de la science.

L'accroissement de richesse ne s'est pas fait par un mouvement uniforme d'année en année depuis cent ans, ni par un avancement parallèle de toutes les catégories de revenu. Il y a eu des élans fortunés, comme il y a eu des temps d'arrêt et des groupes attardés, même des reculs. La marche vers le progrès apparaît comme une mêlée confuse ; néanmoins le philosophe y discerne des lignes directrices, diverses sans doute, contraires même parfois. Je pourrais prendre des exemples parmi nous ; j'aime mieux en chercher un en Angleterre. Quoique le revenu des propriétaires fonciers ait subi dans ce pays une très forte diminution depuis trente ans, cependant le salaire des ouvriers agricoles est aujourd'hui, malgré des fluctuations saisonnières, un peu plus élevé (environ 14 schelling et demi par semaine en 1902) qu'il n'était en 1870. On ne peut attribuer ce fait à la productivité, puisque la rente foncière du propriétaire est amoindrie et que le fermier, quoiqu'ayant renforcé l'intensité de sa culture, tire moins d'argent de ses récoltes. Le salaire agricole n'était que de 9 sch. 3 d. en 1854, alors que le blé était vendu 38 schelling et demi le quarter, tandis qu'aujourd'hui le blé ne vaut que 28 schelling et cependant le salaire dépasse 14 schelling. Force est de s'en référer à l'état général de richesse de l'Angleterre et de demander à la théorie des vases communiquants une explication approximative de la réaction du salaire urbain sur le salaire rural.

J'aurais besoin, messieurs, pour vous donner une idée claire du sujet, de prolonger cette démonstration. Je regrette de ne pouvoir le faire et je me résume en disant que je n'ai cessé depuis longtemps de signaler la pluralité des causes de ces variations du taux du salaire : 1° Productivité du travail et qualités personnelles du travailleur ; 2° Coût de la vie de la famille ouvrière ; 3° État général de la richesse du pays et abondance spéciale du capital dans chaque industrie ; 4° Concurrence des ouvriers et concurrence des patrons ; 5° Institutions politiques et coutumes.

Je ne puis me dispenser de dire quelques mots de ces deux dernières causes dont je n'ai pas encore parlé.

Quel est le salaire en tel lieu, dans tel atelier, demande-t-on ? — Réponse : Tant ! — La plupart des ouvriers et des patrons n'en demandent pas davantage : ils acceptent la coutume. Souvent c'est la réponse à cette question qui détermine l'immigration ouvrière ou la fondation d'un établissement industriel dans une localité. On objectera avec raison que le taux coutumier s'est formé en vertu des causes que nous énumérions à l'instant. Assurément ; mais, une fois produit, l'effet devient cause et maintient quelque temps par la force d'inertie le salaire à un taux qui ne répond plus précisément aux conditions économiques. C'est pourquoi le salaire, tout en étant variable, l'est moins que le prix des marchandises, surtout des marchandises en gros.

Les institutions peuvent modifier la résultante des causes naturelles. Sous le régime des communautés d'arts et métiers, en France et dans les autres pays où ce régime était en vigueur, les ouvriers étaient dans un état de subordination qui faisait obstacle à l'élévation des salaires (1). Les lois contre les coalitions ont

(1) Voici un exemple de la différence que les institutions de l'état social et le coût de la vie peuvent produire dans le salaire pour le même genre de production. Un article de M. Paul Dreyfus dans

eu un effet analogue. La formation des Trade-unions en Angleterre et aux États-Unis, des Gewerbevereine en Allemagne, des syndicats ouvriers en France a, au contraire, donné aux ouvriers associés la force de résistance de la collectivité. Les unionistes d'Amérique attribuent volontiers toutes les augmentations de salaires obtenues depuis une trentaine d'années à l'effort de leurs associations. En quoi ils se vantent trop. Il ne dépend pas de la volonté d'un syndicat de faire monter à son gré le taux du salaire, lequel est régi par des causes plus puissantes ; mais il peut dépendre de son intervention d'obtenir ce qui est possible et ce que des demandes individuelles n'auraient pas réussi à conquérir. Le général Walker, dans son ouvrage *the Wages question*, établit que l'ouvrier a un droit sur le produit, mais qu'il en perd le bénéfice s'il ne sait pas le réclamer.

Les cinq grandes causes que nous avons énumérées et qui se décomposent elles-mêmes en un plus grand nombre de causes agissent presque toujours plusieurs ensemble. Il faut, je pense, renoncer à la poursuite d'une cause spéciale, unique, quelque attrait qu'elle ait pour un esprit philosophique. Le taux du salaire, variable suivant le lieu, le temps, la profession, la catégorie de travailleurs, est une résultante. Il en est d'ailleurs ainsi de la plupart des phénomènes qui sont enveloppés dans la complexité de la vie sociale.

On s'élève toutefois à la conception d'une cause primordiale quand on embrasse la généralité des échanges, qu'ils consistent en services personnels ou en objets matériels ; cette cause c'est la loi de l'offre et de la demande. Je sais bien que cette loi est prise en pitié par les uns qui la traitent de formule vide de sens et qu'elle soulève l'indignation des autres qui ne tolèrent pas qu'on l'applique à la rémunération du travailleur. Il n'est pourtant pas moins réel que le taux d'un salaire est fixé, comme le prix d'une marchandise, précisément au point où s'établit l'équation entre l'offre et la demande. Mais quels sont les poids qui pèsent d'un côté et de l'autre pour amener les deux plateaux de la balance en équilibre horizontal ? Ce sont les causes spéciales que je viens d'énumérer.

Voilà, messieurs, le premier point de mon discours.

II

J'aborde le second point. Le salaire a-t-il augmenté ? Les témoignages de prime abord paraissent discordants. Sismondi, dans les *Nouveaux Principes d'économie politique* qu'il a publiés sous la Restauration, a consacré un chapitre à démontrer que « le premier effet de la concurrence a été de faire baisser les salaires et de faire croître en même temps le nombre des ouvriers », thèse qu'il n'a pas appuyé d'ailleurs suffisamment sur des faits et sur des statistiques. Bien des écrivains l'ont reprise après lui. Karl Marx, à l'époque du second Empire, a dressé dans *Das Kapital* un réquisitoire contre l'industrialisme et le capitalisme. Comme Sismondi, il prenait ses exemples en Angleterre où il était réfugié. Il instruisait surtout le procès de la machine et de la division du travail qui sont caractéristiques de la manufacture et il accusait la machine d'asservir l'ouvrier et d'abaisser la moyenne des salaires en rendant inutile la valeur personnelle. « Donc dit-il, dès que le maniement de l'outil échoit à la

l'*Économiste Français* du 27 juin 1903, fait savoir que la journée du mineur au Yucon valut 32 fr. 70 c. (20 francs en argent et 12 fr. 70 c. en nourriture) et celle d'un mineur de Sibérie 4 fr. 77 c. (3 fr. 60 c. en argent et 1 fr. 17 c. en nourriture).

machine, la valeur d'échange de la force du travail s'évanouit en même temps que sa valeur d'usage. L'ouvrier, comme un assignat démonétisé, n'a plus de cours... Là où la marche conquérante de la machine progresse lentement, elle afflige de la misère chronique les rangs des ouvriers forcés de lui faire concurrence ; là où elle est rapide, la misère devient aiguë et fait des ravages terribles ». Les socialistes ont abondé dans le sens de Karl Marx, moins cependant aujour-d'hui où les faits sont un peu mieux connus qu'au début.

En réalité, les faits disent autre chose et la logique conseille de ne pas conclure hâtivement du particulier au général. Or, il est vrai que dans une industrie dont s'empare la machine, le travail à la main qui lutte contre la transformation est réduit par le progrès même à une condition pénible, parfois même extrêmement lamentable, comme l'ont été jadis les fileurs et les tisseurs des Flandres. Il n'est pas vrai que la machine annule la valeur personnelle de l'homme, puisque les salaires des ateliers de construction de machines figurent parmi les plus élevés dans les statistiques, et puisque les pays qui emploient le plus de machines sont aussi ceux qui figurent dans les premiers rangs sur les listes comparatives de salaires.

Dans tous les temps l'échelle des salaires est très étendue ; nous avons énuméré les causes de cette diversité. Dans tous les temps lorsqu'on porte le regard seulement sur les plus bas degrés, on a des spectacles qui serrent le cœur, on voit des misères navrantes, des familles auxquelles un labeur écrasant procure à peine du pain et qui ne sont logées et vêtues que par la charité. Disons en passant que c'est moins dans la manufacture que dans l'atelier domestique, celui de la veuve par exemple, que l'on découvre ces abîmes d'indigence : c'est au foyer du pauvre que sévit le « Sweating system ». Il est utile de dévoiler ces mystères afin de provoquer l'étude des remèdes ; mais il serait injuste de les présenter comme l'image fidèle de la condition de la classe ouvrière.

Qui compare l'ensemble de l'échelle dans le passé et dans le présent reconnaît aisément, s'il est quelque peu instruit dans la matière et sincère, que les degrés infimes étaient encore plus bas autrefois, qu'aujourd'hui non seulement les sommets sont plus hauts, mais que le niveau moyen est sensiblement supérieur. Il est vrai que les générations des siècles passés éprouvaient moins amèrement que la nôtre le sentiment de cette infériorité.

Il n'y a pas progression continue et nécessaire du salaire. L'histoire économique nous fait connaître des périodes de stagnation, des périodes d'augmentation, des périodes de rétrogradation et dans ces périodes chaque profession a son allure particulière ; on le voit quand on essaie de tracer les courbes. Ce que l'histoire qualifie de moyenne des salaires n'est pas jusqu'ici, sauf de rares exceptions, une véritable moyenne régulièrement calculée ; c'est une estimation approximative de la résultante des courbes.

Il faut la prendre telle qu'elle est, puisque nous n'avons pas mieux. En écrivant l'histoire des classes ouvrières en France je me suis appliqué à suivre la marche du salaire. Sans remonter dans cet exposé jusqu'aux temps antérieurs à la Révolution, je puis dire que j'ai trouvé, comme moyenne probable, en premier lieu, de très légères augmentations pendant le premier Empire, la Restauration et le règne de Louis-Philippe, en second lieu, une augmentation rapide et très notable sous le second Empire, enfin sous la troisième République une augmentation sensible jusque vers 1880 et beaucoup moins sensible depuis une vingtaine d'années.

Pour préciser mon affirmation, des chiffres sont nécessaires. Permettez-moi d'en citer quelques-uns que j'emprunte autant que possible à des documents officiels.

L'enquête décennale du ministère de l'agriculture en 1852 fixait à 1 fr. 41 c. le salaire moyen de l'ouvrier agricole. La dernière publication de ce genre, celle de de 1892, donne 2 fr. 04 c.

Le ministère du commerce a pendant trente-cinq ans publié des tableaux de salaires. En 1853 les ouvriers de la petite industrie gagnaient à Paris 3 fr. 81 c. en moyenne et les ouvrières 2 fr. 12 c. ; en province 2 fr. 06 c. et 1 fr. 07 c. Les mêmes catégories figurent dans les tableaux de 1887 pour 3 fr. 99 c. et 2 fr. 90 c. à Paris ; pour 3 fr. 43 c. et 1 fr. 80 c. en province.

Nous possédons des renseignements plus précis pour les ouvriers du bâtiment à Paris. Or, les charpentiers gagnaient 3 fr. 25 c. en 1820 et 8 francs en 1890 ; les menuisiers 3 fr. 25 c. et 7 francs ; même changement pour toutes les professions du groupe.

La statistique de l'industrie minérale qui fournit avec une exactitude suffisante les salaires, donne comme gain annuel de l'ouvrier dans les mines de houille 561 francs en 1852 et 1.161 francs en 1895.

Dans l'ouvrage sur *La Population française* que j'ai publié il y a une dizaine d'années je termine ainsi le chapitre relatif aux salaires : « Le doublement du salaire en France depuis une soixantaine d'années est une moyenne qui résulte des chiffres que nous avons recueillis ; nous la croyons à peu près exacte. Comme toutes les moyennes elle peut être contestée. Il est facile de lui opposer des cas particuliers qui soient en désaccord avec elle... L'écart des extrêmes n'infirme pas la moyenne quand elle est fondée sur la majorité des cas » (1).

Quelques années plus tard, une enquête de l'Office du travail, qui a porté sur 471.000 personnes et qui remplit quatre volumes, a fixé la moyenne (département de la Seine non compris) à 2 fr. 07 c. pour les ouvriers et 1 fr. 02 c. pour les ouvrières en 1840-1845 et à 4 fr. 50 c. et 2 fr. 20 c. en 1891-1893, taux calculé sur dix heures et demie de travail. Dans le département de la Seine, le salaire est plus fort : 3 fr. 50 c. environ en 1840-1845 et 6 fr. 15 c. en 1891-1893 pour les hommes, 1 fr. 55 c. et 3 francs pour les femmes.

On signale encore une certaine augmentation dans les vingt dernières années. A l'Exposition universelle de 1900, un tableau graphique de l'Office du travail présentait une gradation de l'indice du salaire allant de 56 en 1853 à 98 en 1880, à 100 en 1892 et à 103 en 1900 (2). Plus récemment, l'Office du travail, prenant pour indice fondamental le salaire en 1901 figuré par 100, a obtenu par le calcul la gradation suivante, résultant d'observations recueillies principalement dans les chefs-lieux de département : 50 en 1853, 75 en 1874, 95 en 1892, 97 en 1896, 100 en 1901 (3).

Il existe dans les archives de la Chambre des députés un document très intéressant : c'est l'enquête sur le salaire et sur la condition des classes ouvrières à laquelle, sur l'ordre de l'Assemblée constituante, des commissions cantonales ont procédé en 1848. Elle remplit une longue série de cartons. Les économistes en ont fait peu usage jusqu'ici ; j'en donne des extraits dans le second volume de *l'Histoire des classes ouvrières et de l'industrie en France depuis*

(1) *La Population française*, t. III, p. 97.

(2) Voici les indices de ce tableau : en 1806, 46 ; en 1821-1833, 49 ; en 1840-1845, 53 ; en 1856, 61 ; en 1860-1865, 70 ; en 1873, 75 ; en 1880, 98 ; en 1892, 100 ; en 1900, 103.

(3) *Office du travail. Bordereaux de salaires pour diverses catégories d'ouvriers en 1900 et 1901*, 1 vol., 1902, page X. Dans le bâtiment à Paris, cette statistique signale (p. VII), depuis 1880, six professions dont le salaire a augmenté et cinq pour lesquelles il est resté stationnaire.

1789 (1). Sur un millier de cas que j'ai recueillis pour chaque sexe, j'ai trouvé une moyenne d'environ 2 fr. 10 c. pour les hommes et 1 fr. 30 c. pour les femmes; cette moyenne concorde assez bien avec. celle qu'a donné pour 1840-1845 l'Office du travail.

. Pour le département de Maine-et-Loire, j'ai trouvé environ 1 fr. 54 c. pour les hommes, 76 centimes pour les femmes, 55 centimes pour les enfants. Vous jugerez, messieurs les Angevins, de la différence de ces salaires avec les salaires actuels, lesquels toutefois sont très divers, je le sais, selon les cas, comme partout; je pense que vous n'estimerez pas que la moyenne générale contredise le doublement que j'ai indiqué comme approximation (2).

Le mouvement ascendant des salaires n'est pas particulier à la France. En Angleterre, d'après les économistes les plus autorisés, entre autres Sir Giffen, le salaire a augmenté, il a au moins doublé de 1835 à 1898 ; j'ai dit que le salaire agricole, malgré la baisse du prix du blé, s'y était élevé de 50 0/0 dans la seconde moitié du xixe siècle (3).

En Italie, en Allemagne, en Belgique (4), on a constaté une augmentation. Aux États-Unis une grande enquête sénatoriale a établi que le salaire, qui est à peu près le double du salaire français, a progressé en moyenne dans la proportion de 100 à 161 entre les années 1860 et 1891.

L'enquête française et plusieurs enquêtes étrangères ont prouvé que l'augmentation s'est produite dans l'industrie manufacturière plutôt que dans l'industrie domestique où l'on rencontre en général les salaires les plus bas; j'en pourrais citer des exemples dans l'Anjou. Il est donc injuste d'accuser la manufacture de déprimer le salaire.

L'augmentation est un fait indéniable. Il faut renvoyer à l'étude ceux qui le contesteraient encore : les documents ne leur manqueront pas.

Soit, dira-t-on, mais c'est une moyenne; or qu'importe votre moyenne à ceux qui, plongés bien au-dessous, meurent de faim ? Je reconnais la force de l'argument et je suis prêt à étudier avec ceux qui l'objectent à la statistique, les moyens de relever les bas salaires. Mais l'une des fonctions de la statistique est de condenser en moyennes la multiplicité des observations qu'elle enregistre afin de donner la notion moyenne. qui est en même temps la plus générale, d'une série de faits; elle éclaire ainsi mieux que l'optimisme qui dirait : « tels ouvriers gagnent 10 francs et plus, de quoi la classe ouvrière se plaint-elle ? » ou que le pessimisme qui montrerait une pauvre femme gagnant 10 sous par jour avec son aiguille et qui en concluerait que le capitalisme opprime toute la classe ouvrière.

(1) Ce volume est sous presse (août 1903). Le premier a paru en juin 1903.

(2) D'après des renseignements que M. le docteur Motais a bien voulu, sur ma demande, recueillir auprès de manufacturiers de la contrée, les tisseurs à la mécanique gagnent 3 à 4 francs à Cholet, les tisserands à la main, dans l'article lainage, au plus 2 fr. 55 c. (ce sont presque tous des hommes âgés), et dans l'article mouchoir, 1 fr. 50 c. (ce sont en général des femmes) ; les manœuvres dans l'horticulture, 2 fr. 50 c. en hiver (huit à neuf heures de travail), et 3 francs en été (douze heures de travail); les ouvriers, 3 francs. Les ouvriers tailleurs spéciaux travaillant à domicile, gagnent en moyenne 6 francs, mais ils subissent deux mortes-saisons ; les pompiers, 5 francs. Le salaire des bons coupeurs s'élève, en moyenne, à 10 francs ; dans la confection, le salaire est de 4 francs à 4 fr. 50 c. pour les hommes et de 2 fr. 50 c. pour les femmes travaillant à la machine à coudre ; il y a pour cette catégorie de travailleurs peu de mortes-saisons. Les couturières ont beaucoup de peine à gagner 2 francs.

(3) Voir dans *Journal of the Royal statistical Society*, june 1903, l'article de M. A. WILSON FOX, *Agricultural wages in England and Wales during the last fifty years.*

. (4) En Belgique, par exemple, le gain annuel des ouvriers mineurs qui était de 483 francs en 1831-1840; de 496 en 1841-1850, s'est élevé à 671 en 1851-1860, à 1.013 en 1861-1870. Il a baissé à 918 francs en 1881-1890, et s'est relevé à 1.055 francs en 1890-1900.

Eh bien, nous acceptons votre moyenne, me répondra-t-on peut-être; mais l'accroissement fut-il de 100 pour 100, prouve-t-il que l'ouvrier soit dans une situation meilleure s'il est obligé de payer tout plus cher ? Or n'entendez-vous pas sans cesse les ménagères se plaindre du renchérissement ?

Il est évident en effet, messieurs et mesdames, que la connaissance du salaire nominal, c'est-à-dire de la somme d'argent que reçoit le salarié, ne suffit pas pour résoudre le problème et qu'il faut connaître aussi le salaire réel, c'est-à-dire la somme de marchandises qu'achète cet argent. Examinons donc le problème sous cette autre face, après avoir avoué que nous ne saurions fournir cette fois des données numériques précises.

Cependant la statistique ne nous laisse pas sans réponse. Dans le chapitre de *La Population française* j'ai pu écrire : « Balance faite, il n'est pas douteux que depuis cinquante ans le salaire en général ait augmenté non seulement en apparence par le prix payé à l'ouvrier, mais en réalité par la puissance d'achat que ce prix lui procure » (1).

En effet, le pain n'est pas plus cher que sous la Restauration ; le vin, qui a valu en moyenne environ 37 francs l'hectolitre au détail de 1820 à 1850, en vaut à peu près 75 depuis 1880 ; la viande, le beurre, les œufs ont renchéri, moins pourtant que le salaire, si l'on compare la journée du maçon et le kilogramme de bœuf à Paris au temps de Louis XVIII et aujourd'hui ; depuis vingt ans même il n'y a pas eu, en réalité, renchérissement du bœuf et du mouton à Paris; le sucre et diverses denrées coloniales sont devenus plus accessibles aux petites bourses ; la plupart des étoffes d'usage ordinaire, les cotonnades principalement, ont baissé de prix ; les vêtements confectionnés aussi.

Les nombres-indices (Indice-numbers) qu'ont calculés annuellement des statisticiens, Sœtbeer en Allemagne, Sauerbeck en Angleterre, Falkner en Amérique, de Foville en France, et d'autres, s'accordent, malgré certaines divergences, à marquer une décroissance des prix de gros. Ce sont presque tous des prix de gros, dis-je, car les prix de détail n'obéissent pas exactement aux mêmes lois. Les uns ont suivi le mouvement de baisse imprimé par le gros; d'autres ont, en vertu de la coutume, conservé leur niveau ; d'autres même ont augmenté pour diverses raisons et, d'une manière générale, on peut dire que le détail est moins variable et a moins diminué que le gros.

Il y a, d'autre part, des catégories de dépenses qui se sont sans contredit aggravées, notamment le loyer, surtout dans les grandes villes dont la population s'accroît constamment.

L'Office du travail, s'appuyant sur divers relevés, entre autres sur les consciencieux travaux de M. Bienaymé, dont nous regrettons la perte récente, a établi approximativement la dépense moyenne de l'ouvrier parisien en 1844-1853 et en 1884-1893 : 1.051 francs (dont 931 francs pour la nourriture, le chauffage et l'éclairage, et 120 francs pour le logement) à la première époque ; 1.350 francs (993 francs et 320 francs) à la seconde. La différence, qui est de 25 0/0, reste assurément bien au-dessous de l'accroissement du salaire ; la conclusion est que le salaire réel aurait augmenté, quoiqu'un peu moins que le salaire nominal. N'est-il pas vraisemblable qu'un changement du même

---

(1) M. Gide, dans son rapport sur l'Économie sociale à l'Exposition de 1900, constate le même phénomène (p. 62). « En somme, on peut tenir pour certain que la hausse des prix n'a pas dépassé et bien probablement atteint 30 à 40 0/0. C'est peu de chose à côté d'une hausse du salaire de 100 à 150 0/0, et même en la défalquant, il reste encore une belle marge pour la hausse réelle. »

genre se soit produit dans des proportions diverses, suivant les lieux, en province ?

Les statistiques étrangères conduisent à une conclusion analogue, et, même dans certains États, il est avéré que les vivres ont diminué pendant que les salaires augmentaient, et cela dans des États où les salaires sont forts, comme l'Angleterre et les États-Unis. L'expérience dément la prétendue loi d'airain.

L'augmentation des salaires dans les pays que nous avons cités s'est produite surtout dans la seconde moitié du XIXe siècle, tout d'abord sous l'influence de la production abondante de l'or en Californie et en Australie et de la hausse des prix qui en a été la conséquence. Il est arrivé que les marchandises, surtout les produits naturels, ont renchéri plus vite et dans une plus forte proportion que la rémunération du travail ; aussi, pendant quelques années, le salaire réel s'est-il trouvé amoindri, quoique le salaire nominal augmentât. J'ai essayé, dans *la Question de l'or*, de mesurer cette différence vers 1857, au moment peut-être où elle était le plus accentuée ; car le prix des marchandises a eu ensuite une tendance à la baisse, tandis que le salaire conservait sa tendance à la hausse.

Cette dernière tendance était normale parce que, depuis 1850, les causes régulatrices du salaire étaient devenues plus favorables : affluence des capitaux et activité des entreprises qu'ils alimentaient, formation du grand réseau des chemins de fer en Europe et en Amérique, navigation à vapeur, extension du crédit et des opérations de banque, progrès de la machine et, partant, de la production du travail, accroissement général de la richesse, développement de l'association ouvrière tempérant les effets de la concurrence des bras.

Une opinion qui fut accréditée tout d'abord en Angleterre et aux États-Unis dans les Trade-Unions est que la hausse est due à la pression exercée par les syndicats : nous l'avons déjà dit. Ajoutons qu'ils y ont contribué sans doute en donnant à l'offre la force de la collectivité ; mais là où d'autres causes n'avaient pas préparé le terrain, ils ont, en général, échoué, et là où le terrain était bien préparé, la hausse s'est faite sans leur intervention : témoin les domestiques.

Il plane encore sur ma démonstration une ombre qui peut inquiéter votre confiance, messieurs, et surtout la vôtre, mesdames. Je le sais par une critique qui m'a été adressée souvent : « Vous autres économistes, nous disent les dames, vous êtes de pauvres sires avec vos statistiques ; si vous teniez la queue de la poêle, vous verriez qu'il faut de plus en plus d'argent pour faire aller un ménage. » Je n'en disconviens pas, et mon expérience me l'a appris aussi bien qu'à une ménagère.

Pour m'expliquer, je suis amené à faire une distinction, distinction essentielle, entre la valeur commerciale de l'argent dont je vous ai parlé à l'instant et qui se mesure par la quantité de marchandises que l'unité monétaire achète et la valeur sociale de l'argent, c'est-à-dire la somme d'argent qu'il faut dépenser pour tenir un certain rang social. Si la valeur commerciale de beaucoup de marchandises a baissé grâce au progrès industriel, la valeur sociale de l'argent a très sensiblement diminué à cause de l'accroissement général de la richesse et de l'augmentation des besoins provoqués par l'invention de nouveaux moyens de satisfaction qui a suivi cet accroissement. Le changement s'est opéré dans toutes les couches de la société, chez l'ouvrier comme chez le rentier opulent ; tous les niveaux ont monté. Sans entrer dans les détails, jugez-en par quelques traits. Que les vieillards se rappellent comment l'ouvrier, sa femme et ses enfants étaient vêtus il y a soixante ans et qu'ils regardent comment ils le sont aujourd'hui ; comment aussi ils sont éclairés dans leur logement et comment meublés. Il y a soixante ans, ils voyageaient peu et, quand ils voyageaient, c'était le plus souvent à pied ; le compagnon faisait ainsi son tour de France. Ils prennent aujourd'hui le chemin de fer, parfois un train de plaisir jusqu'à la mer ; ils montent en tramway dans des villes qui ne connaissaient jadis que la chaise à porteur, presque exclusivement réservée aux dames allant au bal ; peut-être, dans la prochaine génération, la bicyclette sera-t-elle, pour la plupart des travailleurs logés loin de leur atelier, un véhicule indispensable. J'ai vu, dans l'ouest des États-Unis, des ouvriers qui se rendaient à la fabrique dans leur buggy, petite carriole à un cheval. Sous la Restauration, ouvriers et paysans n'achetaient presque jamais un journal ; c'était trop cher ; aujourd'hui, avec les journaux à un sou, il en est tout autrement : dépense au bout de l'année, une vingtaine de francs.

L'humanité est ainsi faite. Chacun, lorsque son revenu augmente, élargit son existence ; chacun aussi, dès qu'une invention crée un produit nouveau ou abaisse le prix d'un produit ancien jusqu'à la portée de sa bourse, éprouve le besoin de jouir de ce produit et s'efforce d'élever son revenu à la hauteur de son désir.

Félicitons-nous, messieurs et mesdames, de ce progrès matériel. Il est bon en lui-même et il peut devenir une cause de progrès moral. Car une tenue décente, un intérieur confortable et sain contribuent à la dignité de l'individu et fortifient les liens de la famille en rendant le foyer plus agréable.

Mais rendons-nous compte que cette disposition des esprits interdit l'espoir de trouver la solution du problème du salariat par la satisfaction de tous les besoins, puisque le besoin naît du revenu, et a même souvent une tendance à augmenter plus rapidement que lui. Quelle que soit la marche de la moyenne, il y aura toujours — étant donné que l'inégalité des salaires est logique et inévitable — des salariés qui, se trouvant au-dessous de cette moyenne, souffriront de la privation de jouissances qui seront devenues ordinaires dans leur milieu social.

Concluons sur ce second point. Le salaire nominal et le salaire réel ont augmenté en France et dans les autres pays civilisés. La cause en est à l'accroissement de la richesse, au progrès de l'industrie et surtout de l'outillage, à la plus grande valeur individuelle et collective du salarié, en un mot, à la civilisation économique.

Les besoins et les dépenses de la classe ouvrière ont, en conséquence, augmenté et le niveau de son existence s'est élevé. Comme les causes qui ont agi au xixe siècle continueront à agir au xxe siècle, voire même avec plus d'intensité en vertu de la force acquise, il est vraisemblable que le salaire, nominal et réel, augmentera encore. Il faut toujours chercher à réaliser le mieux vers l'avenir ; mais il n'est pas juste de signaler dans le présent le mal exclusivement et de prendre en pitié ou en haine le mode de civilisation qui a amené des résultats tels que ceux que nous venons de constater sommairement.

III

Ces derniers mots m'amènent au troisième point que j'ai à traiter : le salariat est-il une forme passagère de l'organisation du travail ?

On peut imaginer une société dans laquelle il n'y aurait ni employé ni employeur ; l'imagination a libre carrière, mais elle risque d'enfanter une utopie, c'est-à-dire une combinaison ne correspondant pas à une réalité connue. L'économie politique procède autrement. Science expérimentale, elle s'applique à l'étude des faits ; elle cherche à en tirer des lois et, quand elle fait des plans d'avenir, elle les construit en conformité avec les données de l'expérience et avec les possibilités que cette expérience lui suggère. Or, elle constate que le salariat a existé de tout temps dans des civilisations très diverses, qu'il constitue un contrat légitime en principe et utile en pratique ; elle voit plusieurs manières de l'améliorer et d'y substituer, dans certains cas, d'autres combinaisons, mais elle ne voit rien dans le passé qui autorise à en prédire ni même à en désirer la disparition.

Saint-Simon et Fourier sont les premiers socialistes qui aient stigmatisé le salariat et du très petit nombre de ceux qui ont expliqué nettement ce qu'ils voulaient mettre à la place. Par quelle utopie l'ont-ils remplacé ? Le premier par une sorte de salariat universel dans lequel le travailleur recevrait du prêtre social, par l'intermédiaire de ses agents, une rémunération arbitraire qu'il n'aurait pas le droit de discuter non plus que le genre de travail qui lui serait imposé. Le second, par l'anarchie dans un phalanstère où le seul mobile de l'attraction passionnelle suffirait soi-disant pour assurer l'accomplissement de tous les travaux. D'autres, comme Cabet ou Bellamy, ont fait des romans, genre de littérature dans lequel il est facile d'assurer l'harmonie et de prodiguer la richesse.

Des théoriciens, s'appuyant sur l'idée d'évolution, ont cru découvrir dans l'histoire trois phases successives de l'organisation du travail : l'esclavage, le servage, le salariat, auxquelles ils estiment que succédera la phase de l'association et ils ont déclaré qu'opprimé à des degrés divers dans les trois premières par le maître, le seigneur ou le patron, le travailleur serait émancipé dans la quatrième par la suppression du salariat. Comment ? De façons diverses. Qui par le communisme, qui par le collectivisme, tous plus ou moins par la suppression de la propriété individuelle, surtout de la propriété foncière, et par l'abolition de l'intérêt du capital, le tout en général en termes imprécis. Ces utopies sont-elles réalisables ? Sont-elles désirables ?

D'abord remarquons que l'histoire ne présente pas les trois phases successives avec la régularité supposée. L'esclavage a existé en effet et existe dans des sociétés barbares et dans certaines sociétés civilisées, comme celle de l'Empire romain et celle des États-Unis. Mais dans la Grèce, l'Empire romain, les États-Unis, le travail libre se rencontrait à côté du travail servile. Le servage n'a pas nécessairement remplacé l'esclavage ; les États-Unis en sont précisément un exemple. Dans les pays où il a existé, c'est en vue de l'exploitation agricole qu'il s'est formé ; les villes ne l'ont pas subi ou en ont été affranchies bien avant les campagnes ; l'histoire de France nous apprend qu'au xiiie siècle les ouvriers de l'industrie étaient déjà des salariés dans la plupart des villes.

En second lieu, remarquons que, si l'esclavage et le servage sont le produit à peu près spontané d'un certain état social, ils ont dû cependant être régularisés et maintenus par l'autorité de la loi. Quand le temps a eu modifié l'état social, loi a pu abroger l'institution. Les mœurs, dans beaucoup de cas, avaient préparé la loi ; quand la Révolution française a aboli légalement le servage, il y avait plusieurs siècles que l'affranchissement l'avait fait presque disparaître dans mainte province. Il n'en est pas de même du salariat. Ce n'est pas la loi qui l'a institué, quoiqu'elle en règle certaines conditions, et il n'est pas au pouvoir d'une loi de l'abolir.

Sans doute, les phénomènes économiques sont en évolution continue; cette évolution a même été considérable au xixe siècle où les inventions de la science ont plus transformé les moyens de production que dans aucun des siècles antérieurs. Mais il faut voir dans quel sens elle s'est faite et savoir discerner, au milieu de mouvements particuliers et parfois divergents, ce qui est essentiel et permanent de ce qui est accidentel et mobile. Or, c'est dans le sens de l'extension du salariat que l'évolution se meut de nos jours. Le nombre des ouvriers de l'industrie — et ce sont ceux dont on s'occupe le plus — a beaucoup augmenté dans les pays civilisés et, comme la grande industrie tend de plus en plus à concentrer ses forces, le rapport du nombre des salariés au nombre des salariants est en croissance; d'où il ne faut pas induire, comme on le fait parfois, que la petite industrie soit menacée d'extinction, car le nombre des patentés s'accroît en France bien que la population soit presque stationnaire.

Pourquoi déclarer la guerre au salariat? L'échange des services est aussi naturel que l'échange des produits et le contrat de louage de travail est aussi légitime que celui de vente des marchandises. Journaliers, ouvriers, employés, fonctionnaires, tous ceux qui donnent leur temps moyennant une somme d'argent fixée sont en réalité des salariés et il en est beaucoup parmi eux qu'il serait impossible de convertir en entrepreneurs rémunérés par une fraction du produit fabriqué. Quelle serait la part de l'homme de peine qui porte en ville ou balaie l'atelier dans un tissage? Quelle serait celle des comptables qui travaillent au bureau? Celle d'un concierge, d'une femme de chambre? Tous cependant méritent la même sollicitude.

Mais tous n'ont pas la même aptitude. Pour diriger une entreprise, grande ou petite, il faut des qualités spéciales. Tel est excellent maçon qui serait un piètre entrepreneur. Pourquoi lui interdirait-on ce genre de contrat qui consiste à dire à un autre maçon : « Nous voulons construire une maison ; tu sais débattre les prix, acheter les matériaux, tu sauras peut-être trouver un acheteur quand la maison sera achevée, rentrer ainsi dans tes déboursés et probablement faire un bénéfice. Je ne sais pas tout cela et ne veux pas m'en embarrasser ; d'ailleurs je n'ai pas le temps d'attendre la vente de la maison, ni les moyens de courir le risque d'une mévente. Je travaillerai avec toi et pour toi moyennant 7 francs par jour ; ce sera ma part, une part assurée d'avance ; le reste te regarde ».

Sans doute dans la pratique ce dialogue ne s'établit pas. L'ouvrier se présente et le patron l'embauche au taux usuel de la profession, sans lui faire une pédantesque leçon d'économie politique. Le principe n'existe pas moins, définissable ainsi : Salaire, rémunération fixe, certaine pour l'ouvrier, soldée d'avance par le patron à valoir sur le produit.

Les socialistes souhaitent ardemment l'amélioration du sort de la classe ouvrière. Les économistes proclament aussi que cette amélioration est un des résultats les plus satisfaisants et les plus désirables de la civilisation. Mais, instruits par l'expérience des causes qui régissent le salaire et par lesquelles il peut s'élever, ils travaillent à l'obtenir par d'autres procédés que ceux de l'utopie. Quelques-uns proposent la participation aux bénéfices, quoiqu'elle soit d'une application plus difficile dans la manufacture que dans certaines branches de commerce et qu'elle ait fait peu de prosélytes jusqu'ici ; d'autres, l'association coopérative de production, en prévenant loyalement les intéressés qu'elle présente encore plus de difficultés à la pratique que la participation ; tel autre, la formation de sociétés de louage de main-d'œuvre; tous prônent, comme causes certainement efficaces, l'accroissement du capital industriel et de la richesse générale du pays, le progrès de l'outillage et de l'instruction professionnelle qui rendent le travail plus productif, là liberté pour chaque travailleur, patron et ouvrier, de discuter, individuellement ou collectivement, les conditions du contrat.

Aucun ne hasarderait l'hypothèse de la suppression de l'intérêt du capital, parce qu'il est évident pour eux que, bien que l'intérêt du capital tende à descendre avec l'abondance de l'offre, il est impossible qu'il tombe à zéro puisque dans ce cas l'épargne ne serait plus incitée à le former ni le possesseur à le donner en location.

Aucun ne soutiendrait la thèse que l'ouvrier a droit à la valeur intégrale du produit et que le profit est un détournement abusif de son dû, parce qu'il est. évident pour eux que la main-d'œuvre ne crée pas le produit seule, mais qu'elle est associée à l'entreprise et au capital ; mieux vaut lui enseigner que sa part est et doit être une fraction du tout, mais une fraction extensible et comment il peut l'accroître.

Aucun enfin, quelque confiance que les faits déjà accomplis lui donne dans le développement futur de l'association en matière économique et dans les bons effets qui en peuvent résulter, aucun, dis-je, ne voudrait faire briller aux yeux de la masse salariée le mirage d'une société florissante en harmonie et en richesse, assurant à tous la satisfaction des besoins et le mieux-être grâce à la substitution d'un système général d'association quelconque au salariat actuel, parce qu'il est évident pour eux que le mieux, déjà obtenu sous le régime de la liberté, peut s'améliorer encore sous ce régime éprouvé par un siècle de progrès, tandis que le régime du collectivisme n'est encore qu'une utopie et qu'à leurs yeux il est, d'une part, impraticable, et que, d'autre part, la raison leur montre que, s'il pouvait être pratiqué, il énerverait les forces productrices au détriment du caractère des individus et de la richesse de la nation, et qu'après tout on n'aurait fait qu'échanger un salariat, volontaire aujourd'hui en ce sens que le salarié a souvent le choix de son patron, contre une sorte de salariat universel et obligatoire, les membres de la société collectiviste étant hiérarchisés et recevant la rémunération fixée ou calculée par leur supérieur pour un travail qui leur aura été plus ou moins imposé.

De quel droit, objectera-t-on, des économistes osent-ils affirmer que le salariat subsistera ? — Les économistes, répondrons-nous, n'affirment pas qu'il en sera ainsi jusqu'à la consommation des siècles. Mais, disciples d'une science expérimentale, ils concluent d'après l'expérience qu'on ne peut présager la disparition du salariat. De quel droit, ajouterons-nous, des socialistes affirment-ils, contrairement à l'expérience, qu'il disparaîtra ?

Les socialistes peignent en traits vigoureux, forcés même souvent, les misères sociales ; le mal les émeut si profondément qu'il va jusqu'à leur faire perdre le sentiment du bien réalisé. Pour le faire disparaître, ils ont une foi entière dans l'efficacité du système qu'ils proposent, chacun le sien ; ils ont l'oreille de tous les déshérités parce qu'ils parlent le langage de leurs plaintes et de leurs vœux : c'est le secret de leur force.

La science doit écouter et discuter les propositions du socialisme qui représente aujourd'hui une fraction importante du corps électoral en France et qui fait des progrès très sensibles dans plusieurs grands États ; elle doit accueillir celles qui, respectueuses de la liberté, lui sembleraient de nature à contribuer au progrès social et particulièrement — je ne dirai pas au relèvement — mais à l'élévation du niveau des ressources et du bien-être de la classe qui vit de salaires. Mais je pense que ce n'est pas s'orienter vers le progrès que de faire croire à cette classe que le salariat peut être supprimé de notre organisation sociale et que cette suppression améliorerait sa condition. Faire germer dans son esprit des espérances irréalisables qu'elle est disposée à embrasser avec enthousiasme sur la foi de ses chefs parce qu'elles flattent certains sentiments, est-ce éduquer civilement le citoyen et préparer l'harmonie nationale ?

« Éclairer et servir plutôt que plaire », voilà une maxime que pratique la science et qu'elle propose à la politique dans l'étude de la question du salariat et d'autres aussi.

C'est pourquoi j'ai abordé la question du salariat dans le discours d'ouverture du Congrès d'Angers et j'ai présenté un aperçu des enseignements de la science expérimentale sur ce sujet.

Au manuscrit que j'avais déposé, en 1858, au secrétariat de l'Institut et qui est devenu l'*Histoire des classes ouvrières en France depuis 1789*, j'avais donné pour devise : *Incedo per ignes suppositos cineri doloso* (Horace), songeant aux questions brûlantes que j'abordais. Depuis quarante-cinq ans le souffle du temps a peut-être écarté les cendres, mais il n'a pas éteint le feu. Ici nous ne soufflons pas le feu ; nous cherchons la lumière. J'ai essayé de vous en apporter un peu et j'invite mes collègues à en apporter de leur côté dans la discusssion que ce sujet suscitera peut-être durant ce Congrès.

Dans cette discussion, dans toutes nos discussions, dois-je dire, messieurs, montrons cette aménité qui convient à une réunion de savants et d'amis. Que notre réunion soit une union. Je le souhaite ardemment ; c'est pourquoi je conseille, comme je m'applique à le pratiquer moi-même depuis plus d'un demi-siècle, la tolérance, inséparable de la liberté de penser. Nous sommes dans une province qui a été autrefois une des marches de la France, qui a une longue tradition littéraire, depuis son université du moyen-âge jusqu'aux nombreuses sociétés savantes de nos jours ; les savants ne nous manqueront pas. Nous sommes dans une province riche en monuments et en souvenirs historiques, qui est réputée depuis des siècles être un des jardins de la France et dont nous admirons de nos jours, dans les expositions, les belles fleurs et les pépinières renommées : nous visiterons quelques parties de cette province dans des excursions préparées avec art et, familièrement rapprochés les uns des autres dans ces délassements de l'esprit, nous retrouverons d'anciens amis, nous en formerons de nouveaux et il s'établira un courant de confraternité qui est non seulement un charme des congrès, mais qui procure un résultat utile par le rapprochement d'hommes cultivant les mêmes études.

J'ai terminé. Demain matin, messieurs, mettons-nous allègrement au travail, convaincus qu'en nous éclairant par un enseignement mutuel, nous travaillons non seulement pour notre profit personnel, mais pour la science, et par la science pour la France ; c'est l'espoir du relèvement de la patrie qui nous inspirait quand, en 1871, nous avons fondé l'Association française pour l'avancement des sciences.

M. le Dr A. MAGNIN

Doyen de la Faculté des Sciences de Besançon, Secrétaire de l'Association.

L'ASSOCIATION FRANÇAISE EN 1902-1903

Mesdames,
Messieurs,

Appelé par le vote trop bienveillant de la dernière assemblée générale à vous rendre compte du dernier Congrès de l'Association française et des autres événements importants survenus pendant l'année écoulée, votre secrétaire annuel a d'abord l'obligation agréable de vous remercier de l'honneur que vous lui avez fait en le chargeant de cette mission.

L'histoire de l'Association, pendant une année entière, c'est-à-dire tout ce qui s'y est passé d'intéressant et s'y est produit d'utile, mériterait sans doute de faire l'objet d'un compte rendu élogieux, mais trop long, de votre rapporteur : l'activité de notre Société se manifeste, en effet, par des congrès, des conférences, des encouragements aux travailleurs, la publication de deux beaux volumes de comptes rendus et de mémoires ; son histoire comprend encore les questions administratives discutées dans son conseil d'administration, les événements heureux arrivés à ses membres, ou les deuils qui l'ont frappée ; c'est seulement sous forme d'esquisse rapide que votre secrétaire peut songer à vous donner l'exposé de tous ces faits, malgré leur grand intérêt.

Pour la plupart des membres de l'Association, les Congrès constituent la manifestation essentielle de son activité ; ce n'est pas à vous, Mesdames et Messieurs, qui suivez fidèlement nos sessions, qu'il est nécessaire de rappeler ce qui en fait le charme et l'intérêt, les agréables rencontres se renouvelant d'année en année, les groupements sympathiques qui s'y forment, les conversations amicales et les discussions courtoises, l'étude en commun des questions locales ou plus générales à l'ordre du jour, et enfin, les excursions dont on doit reconnaître la parfaite organisation et la complète réussite. Cet ensemble heureux, vous l'avez rencontré dans le Congrès de Montauban, dont le compte rendu termine ce rapport, et vous le retrouverez ici, grâce au dévouement du comité local.

C'est dans les conférences, notamment dans celles qui ont lieu pendant l'hiver à Paris, que les questions à l'ordre du jour sont exposées par les spécialistes les plus aptes à les traiter ; et si tous les membres de l'Association ne peuvent les entendre, tous du moins peuvent les lire dans le premier volume de nos comptes rendus, et prendre ainsi, sur la Guyane française, les Origines de l'art en Gaule, l'Industrie électro-chimique, le Vêtement féminin et l'hygiène, le Caoutchouc, l'Instinct chez les Animaux et l'Opothérapie, des connaissances précises qui ont été exposées avec beaucoup de talent, par MM. Levat, Capitan, Brochet, Glénard, Lecomte, Edmond Perrier et Gilbert.

Mais l'Association ne se borne pas seulement à répandre dans le public les résultats des recherches les plus récentes, elle contribue directement encore à l'avancement de la Science — faisant ainsi honneur à son titre — en facilitant, par de généreuses subventions, les recherches des savants et la publication de leurs travaux ; la somme déjà considérable (plus de 23.000 francs) que l'Association y consacre chaque année et qu'elle voudrait pouvoir augmenter encore, est l'emploi le plus heureux qu'elle puisse faire de ses ressources ; les travailleurs lui en sont profondément reconnaissants, et, en cette occasion, vous me permettrez de me joindre à eux et de lui adresser personnellement l'expression de ma vive gratitude.

L'action bienfaisante de l'Association française s'exerce aussi puissamment dans les diverses régions qu'elle visite, soit en encourageant les recherches locales, soit en stimulant le zèle des travailleurs, soit encore en vivifiant les foyers intellectuels de la province, œuvre excellente de décentralisation scientifique.

Il n'est pas surprenant qu'une Société dont le but est si élevé, qui obtient des résultats si féconds, prenne un développement de plus en plus considérable dans un pays soucieux, comme la France, d'accroître son patrimoine scientifique. Si les membres de l'Association se réjouissent de cette prospérité croissante, ils sont heureux aussi de voir les efforts et les travaux de leurs collègues couronnés de succès et recevoir les récompenses et les distinctions qu'ils méritent.

L'Académie des Sciences a ouvert ses portes à MM. Deslandres, Léon Labbé, Munier-Chalmas et René Benoit ; l'Académie de médecine à M. Hamy, ancien président de l'Association.

Dans les promotions de la Légion d'honneur, nous trouvons, parmi les commandeurs, les noms de MM. Adolphe Carnot, membre du Conseil ; H. Poincaré, Frédéric Passy, ancien président de l'Association ; le général d'Amboix de Larbont ; comme officiers : MM. Jourdan (d'Alger), Wickersheimer, Moullade, Raoul Perrin, Forestier, le Dr Girard ; parmi les chevaliers : MM. les Drs Bilhaut, Delvaille, Dupau, Launois, Lecler, Rouvier ; MM. Deluns-Montaud, des Essars, Hulot, Labbé (Paul), Cochon (J.), Péron (Ch.), Rouzé, Vandelet et Joubin, recteur de l'Académie de Grenoble.

Parmi les autres nominations dont nos collègues ont été l'objet, j'ai plaisir à signaler celle de M. Joubin, de Rennes, nommé professeur au Muséum, et deux noms qui nous touchent tout particulièrement ici, à l'occasion de ce Congrès : M. le Dr Motais, président du comité local, a été nommé professeur à l'École de médecine, et notre éminent président, M. Levasseur, a été nommé administrateur du Collège de France, témoignage significatif de la haute estime de ses collègues.

Dans la longue liste des récompenses accordées par l'*Académie des Sciences* et l'*Académie de médecine*, nous lisons les attributions suivantes :

A l'Académie des Sciences, le prix Francœur a été décerné à M. Émile Lemoine pour l'ensemble de ses travaux de géométrie ; le prix Plumey à M. le colonel Renard ; le prix Lalande à M. Trépied, directeur de l'Observatoire d'Alger ; le prix Damoiseau à M. Gaillot, sous-directeur de l'Observatoire de Paris.

Un encouragement et la médaille Janssen ont été accordés au Dr Jean Binot pour ses recherches de bactériologie effectuées dans le massif du Mont-Blanc ; un des prix Binoux à M. Marcel Monnier pour ses explorations géographiques ; une mention exceptionnellement honorable du prix Montyon (statistique) à M. Paul Dislère pour son mémoire sur la colonisation.

M. Rosenstiehl a reçu le prix Jecker pour ses travaux de chimie organique ; M. Vuillemin, professeur à l'Université de Nancy, le prix Montagne (pour ses

travaux mycologiques) ; M. Loisel, le prix Godard (pour ses études sur la sper-
matogenèse chez les oiseaux.

La médaille Berthelot a été décernée à MM. Rosenstiehl et Dislère, et le prix
Houllevigne à M. Teisserenc de Bort pour ses recherches sur l'état de l'atmosphère.

Mentionnons particulièrement le prix Osiris (de 100.000 francs), qui a été
attribué à M. le Dr Roux, de l'Institut Pasteur. L'Association française adresse
ses vives félicitations à notre distingué collègue pour ce témoignage de reconnaissance, récompense de ses travaux et de sa collaboration dévouée à l'œuvre
humanitaire de Pasteur.

Dans les prix décernés par l'*Académie de médecine*, nous trouvons : le prix
Henri Buignet, à M. Lesage, professeur suppléant à l'École de médecine et de
pharmacie de Rennes ; le prix Clarens, à M. Godin, médecin-major de 1re classe
à l'hospice de la Fère (Aisne) ; Concours Vulfran-Gerdy : 2.000 francs à M. Gauchery, interne des hôpitaux de Paris ; prix Ernest Godard, à M. Spillmann, de
Nancy, et mention très honorable à M. E. Apert, médecin des hôpitaux de
Paris ; prix Saintour, à M. Testut, professeur à la Faculté de médecine de Lyon.

Enfin, l'Académie des Beaux-Arts a décerné le prix du baron de Joest à M. le
Dr Paul Richer. Notre collègue vient d'être nommé professeur d'anatomie à
l'École des beaux-arts, nomination bien justifiée par son grand talent d'artiste.

Un autre devoir incombe au secrétaire, c'est l'énumération douloureuse des
deuils éprouvés par l'Association pendant l'année écoulée ; ils ont été exceptionnellement nombreux ; je relève quarante-cinq noms dans la liste communiquée par le Secrétariat ; je ne les énumérerai pas tous ; vous les trouverez
mentionnés dans les divers numéros du *Bulletin* ; mais je dois signaler cependant quelques-uns d'entre eux dont la perte nous touche plus cruellement à
cause des services que ces regrettés collègues ont rendus à la Science et à
l'Association.

C'est d'abord M. Dehérain, membre de l'Institut, professeur de physiologie
végétale au Muséum et à l'École d'agriculture de Grignon ; M. Dehérain a
consacré toute sa vie à d'importantes recherches de chimie et de botanique,
dont on a pu dire avec raison que « leur *caractéristique* était leur *utilité pratique* ». Rappelons ses beaux travaux sur les céréales, sur la nitrification, sur
les betteraves et autres tubercules alimentaires. M. Dehérain était un collègue
dévoué ; il a présidé l'Association lors du Congrès de Marseille, en 1891.

Chimiste et minéralogiste, M. Hautefeuille, membre de l'Institut, professeur
à la Faculté des sciences de Paris, est connu surtout par ses travaux sur la
production artificielle des minéraux au laboratoire.

M. Sirodot avait été secrétaire de l'Association à cette même session de Marseille que présidait M. Dehérain ; correspondant de l'Institut, doyen de la
Faculté des sciences de Rennes, professeur à cette même faculté pendant trente-
cinq ans, il s'est distingué par ses belles recherches algologiques sur les Batra-
chospermes et par sa monographie paléontologique du mont Dol.

Nous avons perdu encore M. Bertrand (Alexandre), membre de l'Institut,
conservateur du musée de Saint-Germain, dont il avait continué l'organisation
avec beaucoup de soin et de science ; M. Sanson, le zootechnicien estimé, professeur à l'Institut agronomique et à l'École de Grignon ; le docteur Laborde,
membre de l'Académie de médecine, et le docteur Hénocque, dont on connaît
les importantes recherches de physiologie ; M. Massénat, l'archéologue de Brive,
l'auteur de fouilles célèbres dans les grottes de la Vézère ; M. Morin, profes-

seur à la Faculté des sciences de Rennes ; M. Raynal, ancien ministre, sénateur de la Gironde ; M. Bouvet, de Lyon, inspecteur régional de l'Enseignement technique, membre du conseil de l'Association, et M. Boissier (Pierre), ingénieur à Marseille, tous deux très dévoués et très assidus à nos Congrès.

Parmi les membres fondateurs de l'Association, nous déplorons la perte de MM. Parran, ingénieur en chef des mines ; Hadamard, négociant, et Clamageran, sénateur ; nous devons une mention spéciale à M. Clamageran, qui laisse 20.000 francs à l'Association, témoignage de l'intérêt qu'il portait à notre œuvre et dont l'Association gardera un souvenir reconnaissant.

Ce pieux devoir accompli, j'aborde le compte rendu du Congrès de Montauban.

Ce compte rendu peut sembler superflu, puisque les deux volumes publiés par l'Association en renferment tous les éléments ; il n'est pas inutile cependant de les résumer en un tableau succinct et d'en signaler les faits les plus saillants.

Constatons d'abord la complète réussite du dernier Congrès, constatation qui peut paraître banale, mais qui est l'expression de la vérité, et réussite que, pour diverses raisons, il est nécessaire d'affirmer hautement.

Au point de vue des attractions locales, on ne peut, il est vrai, comparer, dès l'abord, Montauban et ses environs immédiats aux cités plus industrielles, situées dans des contrées plus pittoresques. Le maire de cette ville le reconnaissait, le premier, lorsqu'il nous disait, non sans habileté, dans son discours de bienvenue : « Aidez-nous à détruire cette légende qui représente Montauban comme une ville morose, indigne de figurer sur l'itinéraire d'un touriste...; dites à ceux qui prétendent que c'est un pays sans industrie, sans vie, sans avenir, qu'ils se trompent et qu'ils le méconnaissent. Notre jolie cité montalbanaise n'est pas sans attrait ; elle a son histoire, son glorieux passé dont elle est fière : certains de ses monuments ont un réel intérêt et les sites intéressants et agréables ne manquent pas dans ce joli coin de la terre de France... » Cette appréciation du premier magistrat de la ville, nous avons pu, messieurs, en reconnaître la justesse.

Chaque Congrès a, du reste, son genre de succès, succès qui diffère avec la région visitée par l'Association ; c'est le pittoresque qui attire, ici, les congressistes ; là, c'est le nombre et l'importance des industries, des institutions scientifiques ou des musées ; mais toujours, la principale attraction sera — et il doit en être ainsi pour répondre au but élevé que se propose l'Association française — l'abondance et l'importance des questions portées aux ordres du jour des sections qui la composent.

Le Congrès de Montauban, à cet égard, n'a pas été inférieur à ceux qui l'ont précédé ; comme d'ordinaire, ce sont les questions locales ou les questions d'actualité soumises aux préoccupations incessantes des savants, des industriels, des économistes, des administrateurs, qui ont surtout alimenté les séances ; il convient de signaler particulièrement :

La *télégraphie sans fil*, découverte pleine de promesses, dont le président de la session, M. Carpentier, avait su faire, dans son discours d'ouverture, un exposé à la fois clair et attrayant, malgré son aridité ; il a été l'objet, à la 5e section, présidée par M. Mathias, de nombreuses et importantes communications.

Les curieuses *gravures préhistoriques*, rencontrées dans plusieurs grottes au cours de fouilles récentes, ne pouvaient laisser indifférents les savants réunis dans le voisinage de ces cavernes ; elles ont provoqué, dans la 11e section, des communications importantes et des discussions passionnées, et elles ont déterminé ses membres à aller étudier sur place, dans une excursion spéciale, ces précieux vestiges de l'art primitif.

Dans les 11e, 12e et 18e sections, nous relevons la production de documents très importants concernant la démographie de Tarn-et-Garonne, en particulier, et de la France, en général.

Une autre question qui touche à de nombreux et légitimes intérêts, surtout dans le midi de la France, est celle du *vin au point de vue médical et hygiénique* et dans ses rapports avec l'*alcoolisme* ; les sections de médecine et d'hygiène ont entendu sur ce sujet de nombreux rapports dont les conclusions sont malheureusement trop souvent contradictoires.

Enfin, dans la section d'*électricité médicale*, on s'est occupé d'un nouveau traitement, dérivé de la découverte récente des rayons X, la radiothérapie.

Nous ne saurions oublier les conférences de MM. Stanislas Meunier sur les éruptions volcaniques et Trutat sur les excursions inscrites au programme, dont le grand succès fait honneur aux conférenciers, ni les deux séances générales consacrées à l'étude de la *traction électrique urbaine et suburbaine*; M. Carpentier les a présidées avec la haute compétence qu'il possède sur ce sujet tout à fait d'actualité, par suite de l'extension de plus en plus grande des tramways.

Les *visites industrielles* ont été peu nombreuses; l'attention des congressistes a été tout d'abord appelée sur les établissements de la principale industrie montalbanaise, les *filatures de soie à bluter* de M. Couderc et de M. Vidal-Marty une autre visite les a conduits à Villemur, dans l'importante *fabrique de pâtes alimentaires* de M. Brusson, dont la réception particulièrement cordiale est un des meilleurs souvenirs de la session.

Mais c'est au point de vue *archéologique* que le Congrès de Montauban a été surtout intéressant.

Sous l'aimable conduite du spirituel et érudit chanoine Pottier, la section d'archéologie, à laquelle s'étaient joints de nombreux congressistes, a visité les différents monuments de Montauban, les curieuses substructions du Pont du Tarn et de l'Hôtel de Ville, ainsi que le Musée archéologique qui y est conservé.

Dans une excursion à Moissac, nous avons pu également admirer, dans les mêmes conditions, l'église et son portail « véritable musée de sculptures romanes », son cloître aux colonnettes alternativement simples et géminées : le dîner servi sous ses arcades nous a permis d'étudier longuement et en détail ces chefs-d'œuvre de l'art roman dans le midi de la France.

Les excursions constituent, du reste, la partie la plus attrayante du programme offert aux congressistes; la deuxième les a conduits dans les sites si pittoresques des gorges de l'Aveyron, à *Bruniquel*, célèbre par ses abris sous roche et les ruines de son donjon fièrement dressé au sommet d'un roc escarpé, — à *Penne* dont le vieux château est encore plus hardiment suspendu au-dessus de l'abîme, à la pointe d'une muraille qui paraît inaccessible, — à *Saint-Antonin* si curieux par son Hôtel de Ville, ses vieilles rues, ses antiques maisons, admirablement conservés.

L'excursion finale a transporté l'Association dans la riante vallée du Lot et l'étrange et sévère pays des Causses.

Pour ne pas étendre davantage les limites de ce trop long rapport, je me bornerai seulement à vous rappeler notre visite aux forges de Fumel, le panorama enchanteur qui s'est déroulé sous nos yeux jusqu'à Cahors et Capdenac, l'aspect si caractéristique du causse de Gramat, profondément fissuré, parsemé d'avens, de chétives maisons, de chênes rabougris, mais où nous devions contempler deux sites merveilleux.

C'est d'abord le *cañon de Rocamadour* qui s'ouvre brusquement sous nos pieds, en plein causse, à plus de 100 mètres de profondeur ; à ses parois verticales s'étagent des maisons, des tours, des chapelles, des clochers, en un extraordinaire amoncellement.

C'est enfin, le *puits de Padirac*, un des plus beaux abîmes explorés par l'intrépide spéléologue Martel ; en l'absence de cimes à escalader, l'élan de nos collègues alpinistes dut se dépenser dans une pittoresque descente sous terre, et c'est sous l'habile direction de M. A. Viré, le collaborateur de M. Martel, que nous avons parcouru, sans fatigue et sans danger, cette incomparable succession de salles souterraines aux décors féeriques ; je viens de dire sans fatigue et sans danger, au risque de me faire honnir par mes confrères en spéléologie pour qui les difficultés et l'inconnu augmentent encore l'attrait des explorations souterraines ; mais comme il n'est pas donné à tous de pouvoir descendre des escarpements de 50 et 100 mètres à bout de corde, d'escalader des à pic, de ramper dans la vase ou dans d'étroits tunnels, on ne peut que louer nos collègues et amis, MM. Martel et Viré, d'avoir rendu ces merveilles accessibles à tous.

Ainsi les deux dernières excursions, en nous transportant loin du centre de la session, dans les gorges de l'Aveyron et du Lot, à Rocamadour et à Padirac, nous apportaient le pittoresque que nous avions en vain cherché dans les environs immédiats de Montauban.

La succession annuelle de nos Congrès amène les membres de l'Association dans les régions les plus diverses ; les contrées montagneuses, au sol accidenté, font place « aux paysages d'un aspect tranquille, d'un mouvement modéré » tels qu'on les rencontre dans les larges vallées de la Garonne et de la Loire.

Il semble que, dans ces dernières années, l'Association s'arrête plus volontiers devant ces paisibles et harmonieux horizons : les plaines de la Loire succèdent à celles de la Garonne ; Angers remplace Montauban ; l'année prochaine nous reverrons les vallées profondes et les hauts sommets des alpes dauphinoises.

En attendant, il nous sera permis, pendant ces quelques jours, de goûter le charme du doux pays angevin : grâce au zèle du comité local, nous sommes assurés d'y trouver un accueil cordial et d'intéressantes excursions ; tout nous fait présager une session digne de ses aînées et du beau pays qui nous reçoit aujourd'hui.

M. Émile GALANTE

Trésorier.

LES FINANCES DE L'ASSOCIATION

MESDAMES, MESSIEURS,

Les recettes de l'exercice 1902 s'élèvent à 78.540 fr.; en voici le détail :

RECETTES

Cotisations.	Fr.	41.489 »
Vente de volumes.		10 »
Recettes diverses		477 25
Intérêts		34.926 90
Tirages à part		1.637 05
TOTAL	Fr.	78 540 20

DÉPENSES

Frais d'administration.	Fr.	25.321 05
Volume.		23.409 50
Conférences		2.093 35
Impressions diverses		1.613 60
Pension.		1.200 »
Frais de session.		3.058 35
Tirages à part		1.375 10
TOTAL	Fr.	58.070 95

Laissant un bénéfice de 20.469 fr. 25, dont 18.992 francs attribués aux subventions suivant détail ci-après, et 1.477 fr. 25 c. formant le reliquat porté au fonds de réserve.

SUBVENTIONS

MM. Maillet (Édouard), pour aider à la publication de l'Atlas des Crues.		100 »
Commission permanente du répertoire bibliographique des sciences mathématiques		750 »
Commission des Étoiles filantes, pour aider à la publication d'une carte nouvelle		200 »
A reporter	Fr.	1.050 »

Report . . . . Fr.	1.050	»
MM. Guilloz, pour des recherches de photographie endoscopique. .	300	»
Londe, pour des études de chronophotographie	400	»
Dauvé, pour des recherches sur le déplacement réciproque des métaux.	200	»
Trulat, pour des recherches sur les applications de la photographie à l'histoire naturelle	300	»
Dr Foveau de Courmelles, pour ses études sur la photothérapie.	150	»
Société Caennaise de Photographie, pour la continuation de ses études photographiques documentaires	300	»
Tissot, pour ses recherches sur la télégraphie sans fil	600	»
Belin, pour la continuation de ses études sur la photométrie et la sensitométrie	200	»
Mathias, pour continuer ses mesures magnétiques dans le sud-ouest de la France (subvention Brunet).	500	»
Brunhes, pour ses études magnétiques au sommet du Puy-de-Dôme (subvention Brunet)	500	»
L'Abbé Raclot, pour achat d'instruments de météorologie. . .	300	»
Garrigou-Lagrange, pour des études cinématographiques des mouvements de l'atmosphère	200	»
Gentil, pour des recherches de géologie et minéralogie en Algérie	500	»
Viré, pour la continuation de fouilles géologiques dans les grottes souterraines (subvention de la ville de Paris). . . .	400	»
Commission Française des Glaciers, pour la continuation de ses recherches dans le massif du mont Pelvoux	250	»
Jodin, pour des recherches de physiologie végétale.	300	»
Société des Sciences naturelles de la Rochelle, pour la continuation de la publication de la flore de la France	250	»
Bonnier (G.), pour aider à la publication des recherches de botanique.	300	»
Société d'Histoire naturelle du Doubs, pour la continuation de recherches sur la flore jurassienne.	200	»
Mazimann et Plassard pour la publication de tableaux scolaires pour l'étude pratique des champignons.	300	»
Marchand, pour l'organisation d'un jardin botanique alpestre au pic du Midi.	300	»
Ledoux, pour la publication de recherches botaniques . . . :	300	»
Cotte, pour des études sur la physiologie des éponges	200	»
Géneau de Lamarlière, pour des recherches sur les Muscinées des cavernes.	300	»
Bounhiol, pour des études sur la respiration des Poissons marins	200	»
Sabatier, pour des recherches sur les Bryozoaires marins. . .	600	»
Dubois (Raphaël), pour la continuation de ses études de physiologie à Tamaris	400	»
Société zoologique d'Arcachon, pour aider à l'aménagement des laboratoires	300	»
A reporter. . . . . Fr.	10.100	»

	Report . . . . Fr.	10.100	»
MM. Bigot, pour aider à la publication de recherches sur la faune des sables jurassiques du Calvados.		400	»
Darboux et Houard, pour aider à la publication de dessins cécidologiques.		600	»
Giard, pour aider à la publication des travaux du laboratoire de Wimereux.		600	»
Bruyant, pour l'étude de la faune des lacs d'Auvergne. . . .		200	»
Société « Les Amis des Sciences de Rochechouart », pour des fouilles dans les grottes des Fadets.		200	»
Muller, pour continuer ses expériences sur les silex taillés. .		250	»
Sicard, pour des fouilles dans des grottes de l'Aude		100	»
Rivière (Émile), pour des recherches sur les dessins et gravures dans une nouvelle grotte		300	»
Regnault (Félix), pour la continuation de ses fouilles dans la grotte de Marsoulas.		200	»
Bérillon, pour des recherches sur l'application des méthodes graphiques à l'étude de la psychologie expérimentale		100	»
Cluzet, pour des recherches sur l'excitation électrique des muscles et des nerfs		400	»
Andouard, pour la publication de cartes agronomiques de la Loire-Inférieure		400	»
Gauthiot (Robert), pour des recherches sur les langues letto-slaves et les pays baltiques		300	»
Chanoine Pottier, pour des fouilles archéologiques dans l'église de Moissac		500	»
Dr Baudouin (Marcel), pour des recherches archéologiques en Vendée		300	»
Bourses de Session		268	»
Médailles		290	70
Planches, gravures.		3.483	30
TOTAL . . . . Fr.		18.992	»

CAPITAL

Le capital qui, au 31 décembre 1901, était de. . . . . . Fr.	1.366.820	63
s'est augmenté des rachats de cotisations	2.660	»
Au 31 décembre 1902 . . . . Fr.	1.369.480	63

L'exercice dont je viens d'avoir l'honneur de vous exposer la situation ne présente rien de particulier.

Aucun des legs dont je vous entretenais l'an dernier n'a pu être liquidé au cours de l'année 1902. Depuis le 1er janvier 1903, le montant de ceux de MM. Guilleminet, Lamy et Theurlot nous a été délivré; il en est fait état dans les comptes de l'exercice en cours. Reste le legs Cheux qui, sur le point d'être réglé, figure également sur cet exercice, qui aura à enregistrer du fait de l'ensemble de ces libéralités un accroissement du capital de l'Association d'environ 200.000 francs.

Un de nos derniers bulletins portait à votre connaissance la perte bien sensible faite par l'Association en la personne de M. Clamageran ; à quelques jours de là nous étions informés que notre regretté collègue laissait à notre Société une somme de 20.000 francs. M. Clamageran, sénateur, ancien ministre, dont nous inscrivons avec reconnaissance le nom sur la liste de nos bienfaiteurs, était, comme MM. Guilleminet et Lamy, des nôtres depuis longtemps.

Chaque année j'ai à vous signaler de nouveaux témoignages de sympathie de ce genre ; les uns, non les moins importants, nous viennent d'amis insoupçonnés ; les autres, particulièrement précieux, nous sont donnés par de regrettés collègues qui, au courant du fonctionnement de notre œuvre, affirment ainsi leur foi dans son but et leur confiance en son organisation.

En saluant avec reconnaissance la mémoire de ses bienfaiteurs, l'Association française pour l'avancement des sciences forme un vœu : celui de compter dans votre belle région de fidèles amis. Votre très cordial accueil lui est une assurance que son espoir ne sera pas déçu.

PROCÈS-VERBAUX DES SÉANCES DE SECTIONS

1er Groupe.

SCIENCES MATHÉMATIQUES

1re et 2e Sections.

MATHÉMATIQUES, ASTRONOMIE, GÉODÉSIE ET MÉCANIQUE

Président . . . . M. CALLANDREAU, Memb. de l'Institut, Prof. à l'Éc. Polyt., Astronome à l'Obs. National, anc. Présid. de la Soc. Astron. de France, à Paris.

Vice-Président . . . . M. FONTANEAU, Anc. Off. de marine, à Limoges.

Secrétaire . . . . M. C. DE POLIGNAC, à Londres.

— Séance du 5 août —

M. **Édouard COLLIGNON**, Insp. gén. des P. et Ch. en ret., à Paris.

Problèmes concernant la méthode inverse des tangentes. — Recherche de courbes planes où le rayon de courbure soit une fonction donnée de la tangente. — Cas où le rayon est proportionnel à une puissance de la tangente. — Équation où l'ordonnée est exprimée en fonction de l'angle de la tangente avec l'axe des abscisses. — Rapport du rayon à la tangente. — Développée de la courbe. — Minimum de la tangente ou de la normale. — Courbe roulante engendrant la courbe. — Enveloppe des tangentes ou des normales transportées parallèlement à l'axe OX sans altération de l'ordonnée. — Trajectoires orthogonales des courbes. — Construction approximative de la courbe cherchée.

Étude particulière de la courbe où le rayon de courbure est proportionnel à la tangente. — Partage de la courbe en branches séparées par les asymptotes. — Recherche de l'intégrale $\int e^{h\alpha} \cot \alpha \, d\alpha$, grâce à un développement particulier de l'arc α, en fonction du sinus et de la tangente. — Courbes-limites entre lesquelles la courbe est comprise. — Quelques propriétés mécaniques de la courbe.

M. FONTANEAU, à Limoges.

Préliminaires d'hydraulique II. — La méthode de Lagrange pour l'intégration des équations aux dérivées partielles de l'hydrodynamique a une très grande importance, à raison de son point de départ, le mouvement irrotationnel où tout est connu et qui peut servir de type aux autres genres de mouvements. Quand on a choisi le potentiel de vitesse on détermine aisément trois séries de surfaces qui suffisent pour faire connaître à chaque instant l'état mobile du fluide et on est assuré d'avance que la loi de continuité y sera observée.

Il en est évidemment de même pour les trois séries de surfaces que l'auteur de cette communication désigne sous le nom de vélocites absolues ; elle a pour objet de déduire quelques conséquences de cette idée simple.

Après avoir exposé la manière d'introduire ces surfaces dans le calcul, l'auteur met l'équation de continuité sous la forme qui convient à son analyse ; puis il montre que les procédés divers dont il s'est déjà occupé, ne sont que des spécifications particulières d'une méthode générale, et il donne un aperçu des moyens d'en faire usage.

Son travail se termine par un exemple choisi de manière que toutes les intégrations puissent être effectuées sans trop de difficulté. Il en profite pour montrer comment on peut substituer à l'hypothèse du parallélisme des tranches un raisonnement rigoureux qui permette d'obtenir des résultats dont l'exactitude ne puisse être contestée.

— Séance du 6 août —

Camille de POLIGNAC, à Londres.

Divisibilité des factorielles. — Le point de départ de la communication est la démonstration de trois propositions.

Un nombre x étant supposé écrit dans le système de numération dont la base est p, nombre premier, soit :

$$x = a_0 + a_1 p + a_2 p^2 + \ldots \quad (a_i < p)$$

on désigne par Σx la somme de ses chiffres soit :

$$\Sigma x = a_0 + a_1 + a_2 + \ldots$$

PROPOSITION I. — L'exposant de la plus haute puissance du nombre premier p qui entre comme diviseur dans la factorielle $1.2\ldots x$ est $\dfrac{x - \Sigma x}{p - 1}$.

PROPOSITION II. — Soit n un second nombre entier :

$$n = b_0 + b_1 p + b_2 p^2, \text{ etc.,}$$

on aura : $\qquad \Sigma(x + n) = \Sigma x + \Sigma n - k(p - 1)$

où k désigne le nombre d'unités que dans l'addition on est amené à reporter d'une colonne à la suivante.

PROPOSITION III. — On a, effectuant le produit nx :

$$\Sigma nx = \Sigma n . \Sigma x - k(p - 1)$$

où k a la même signification que dans la proposition I relativement au *produit*
au lieu de la *somme*.

Certaines conséquences sont déduites de ces trois propositions.

M. Gabriel ARNOUX, Anc. Off. de mar., à Les Mées.

Construction des tables de puissances des modules composés. — Ce travail comprend deux mémoires.

Le premier traite de la « construction pratique des tables de puissances de module composé » et est la suite du mémoire présenté à ce sujet au Congrès de Montauban, dont la connaissance est indispensable pour l'intelligence du présent mémoire qui ne contient pas les définitions fondamentales.

Dans le second mémoire l'auteur traite entre autres du théorème de Wilson et du moyen de reconnaître si un nombre entier donné est premier ou composé.

Ce moyen a pour point de départ un théorème de Lucas (*Théorie des Nombres,* p. 441) rappelé par l'auteur dans les termes suivants :

« Si $a^x - 1$ est divisible par n pour x égal à $(n - 1)$ et s'il n'est pas divisible par n égal à une partie aliquote de $n - 1$ le nombre n est premier. »

La traduction de ce théorème en « arithmétique graphique », selon le langage de l'auteur, conduit au résultat désiré.

M. Léon LECORNU, Ing. en chef des Mines, à Paris.

Sur le mouvement planétaire. — I. — Interprétation des résultats classiques fournis par les principes des forces vives et des aires, en faisant intervenir la podaire d'une circonférence par rapport à un point de son plan.

II. — Interprétation des équations du mouvement elliptique à l'aide des propriétés de la cycloïde *raccourcie.*

III. — Enveloppe des trajectoires pour tous les mobiles partant, avec une même vitesse, d'un point donné.

IV. — Cas où le centre d'attraction s'éloigne à l'infini.

M. Georges MAUPIN, Prof. au Collège de Saintes (Charente-Inférieure).

Sur la suppression éventuelle du postulat dit d'Euclide et son remplacement par les axiomes géométriques de M. Ch. de Freycinet. — L'auteur, frappé par les difficultés que l'enseignement de la géométrie offre aux élèves dans les débuts, a cherché à préparer l'introduction, dans l'enseignement élémentaire, des idées développées par M. Ch. de Freycinet dans son livre récent intitulé : *De l'expérience en géométrie.*

M. le Commandant E.-N. BARISIEN, en mission à Constantinople.

Sur certains points remarquables d'une conique. — Si sur une conique, on considère trois points M, P, Q de la courbe, on sait que si les points P et Q viennent se confondre avec M, le centre du cercle circonscrit au triangle MPQ devient, à la limite le *centre de courbure* C relatif au point M.

Il y a intérêt à étudier la position limite de l'orthocentre H du même triangle. Ce point pourrait être désigné sous le nom d'*orthocentre de courbure*. Il est intéressant d'étudier aussi le centre du cercle des neuf points ω du triangle MPQ.

Enfin, on considère les points C, H et ω relatifs à deux autres triangles dont la position limite est analogue à celle du triangle MPQ.

Ces triangles sont ainsi formés : Soit S le pôle de la corde PQ par rapport à la conique. La tangente en M rencontre PS en T et QS en U. Les triangles considérés sont SPQ et STU.

———

M. le Colonel MANNHEIM, à Paris.

Note de géométrie cinématique. — A l'aide de propositions de géométrie cinématique l'auteur obtient la solution géométrique du problème :

Construire la tangente en un point de la ligne de striction d'un hyperboloïde à une nappe.

En dehors du mode classique de génération de l'hyperboloïde au moyen d'une droite mobile s'appuyant sur trois droites fixes directrices, il considère deux autres modes de génération.

———

M. Gaston TARRY, à Alger.

Carrés diaboliques de base 3n : *les 6 abaques diaboliques.* — L'auteur appelle *carrés diaboliques* ceux dans lesquels la somme des nombres est la même non-seulement dans toutes les lignes parallèles aux bords du carré et dans les deux diagonales mais encore dans toutes les lignes parallèles aux diagonales, le carré étant supposé prolongé indéfiniment dans tous les sens.

On n'avait encore construit aucun carré diabolique de base représentée par un nombre impair de la forme 3n ; et il était même jugé impossible d'en obtenir.

M. TARRY a réussi à trouver une méthode permettant de construire des carrés diaboliques de base 3n.

———

M. le Commandant COCCOZ, à Paris.

Des carrés magiques. — 1º Addition à ce qui a été présenté au dernier Congrès au sujet du problème qui consiste à déterminer combien il y a de suites de huit nombres entiers de 1 à 64 qui donnent les deux constantes 260 et 11.480.
— Intérêt qu'il y aurait eu à chercher d'autres diagonales que celle de la seule classe 132 : le carré nº 220 de la brochure de M. Rilly, a des diagonales des classes 68 et 196 ; il est à quartiers égaux, et conserve la propriété d'être pandiagonal au premier degré après échange des lignes symétriquement inscrites dans chaque quartier ;

2º Propriétés plus développées de certains carrés de base impaire de 15, ordinaire, à compartiments, de 25, de 35, etc. Construction de l'un des carrés verticaux d'un cube remarquable dont le modèle en cristal est exposé au Musée de Kensington Sud ;

3º Carré de 9, à grille, notation imaginée en 1866 par notre savant ami le général Frolow. Huit variantes d'un diagramme par interversion des rangées horizontales, et méthode pour en obtenir un correspondant, si des valeurs attribuées aux lettres donnent à l'un d'eux le second degré ;

4º Le triangle arithmétique de Pascal, la table des carrés, le tableau prolongé des nombres figurés et le carré arithmétique de Fermat sont des sources de renseignements qui suffisent pour la recherche, et surtout la vérification, des égalités à cinq degrés. (Voir *Théorie des nombres*, d'Édouard Lucas, p. 5, 35, 57, 83) ;

5º Appendice.

———

M. CASALONGA, à Paris.

Considérations relatives à l'expérience du pendule de Foucault.

———

— Séance du 8 août —

M. Ch. LALLEMAND, Ing. en chef des Mines, à Paris.

Relations de la figure du Globe avec la distribution des volcans et des tremblements de terre. — On croit, en général, à la stabilité de l'écorce terrestre. Par la fréquence et la généralité de leurs manifestations, les tremblements de terre et les volcans, prouvent nettement qu'il n'en est rien et que l'écorce est le siège de mouvements continuels.

D'autre part, leur distribution vient à l'appui de la théorie de Green, d'après laquelle, en se refroidissant, la croûte solide du globe tendrait à prendre une forme tétraédrique. L'une des pointes du tétraèdre coïnciderait avec le continent austral, les trois autres, dans l'hémisphère nord, étant respectivement représentées par les massifs des Alpes, de l'Himalaya et des montagnes Rocheuses. Les faces de la pyramide opposées aux quatre sommets seraient occupées par les Océans Boréal, Pacifique, Atlantique et Indien.

M. Lallemand a vérifié cette hypothèse en faisant un vide partiel dans un ballon de caoutchouc et a montré que, si, envisagée seule, la partie fluide ou simplement pâteuse du globe terrestre (noyau et enveloppe aqueuse des mers) doit épouser la forme ellipsoïdale classique, par contre, en vertu du principe de la moindre action, l'écorce, obligée, par l'attraction centrale, de rester en contact avec le noyau, doit prendre la forme qui lui impose le minimum de contraction superficielle, c'est-à-dire la forme qui embrasse le plus petit volume sous une surface extérieure donnée. Or cette forme est celle du tétraèdre régulier.

Mais, d'après Green, en même temps que cette forme s'accentuait, les arêtes de la pointe sud, se rapprochant de l'axe terrestre, se trouvaient en avance dans le mouvement diurne de rotation du globe, pendant que les trois sommets de l'hémisphère nord, au contraire, prenaient un retard en rapport avec leur éloignement progressif du même axe.

De là, dans le solide tétraédrique, une sorte de torsion qui aurait déterminé, entre les reliefs septentrionaux et leurs prolongements vers le sud, une ligne de rupture, jalonnée par les dépressions qu'occupent aujourd'hui la Méditerranée, le golfe Persique, les mers de la Sonde et le golfe du Mexique. Ce serait aussi la raison pour laquelle les terres de l'hémisphère austral (Amérique du Sud, Afrique et Australie) sont toutes déjetées vers l'Est par rapport aux continents septentrionaux (Amérique du Nord, Europe et Asie) qu'elles prolongent.

Cette ligne de rupture, dite la *grande dépression intercontinentale*, puis, à un moindre degré, les sommets et les arêtes du tétraèdre, formeraient *des zones de moindre résistance* de l'écorce, où se manifesteraient de préférence les phénomènes éruptifs et les mouvements locaux, conséquences de l'affaissement progressif de la croûte terrestre.

Ce seraient les lieux d'élection des volcans et des tremblements de terre. La carte de leur distribution semble bien montrer qu'il en est ainsi.

M. le Colonel **LAUSSEDAT**, Memb. de l'Institut, à Paris.

Sur les progrès de la métrophotographie. — Dans une communication faite au cours de la session de 1892, à Pau, l'auteur a présenté un historique des essais tentés depuis 1849, dans le but d'utiliser les vues de monuments et de paysages, dessinés à la chambre claire ou photographiés, pour lever les plans ; il a décrit la méthode et les instruments à employer, enfin indiqué quelques-uns des résultats les plus remarquables obtenus d'abord en France, où cette application a été proposée en effet pour la première fois.

Dans la présente communication, l'auteur désire donner une idée de tous les perfectionnements réalisés depuis 1892, et des applications importantes, faites surtout à l'étranger, auxquelles ont donné lieu les nouvelles méthodes, constituant ce qu'il appelle a métrophotographie. Il leur a consacré du reste un ouvrage étendu : *Recherches sur les instruments, les méthodes et le dessin topographiques*; Paris, Gauthier-Villars, 1898-1901-1903.

M. M. **MARCHAND**, Dir. de l'Observ. du Pic du Midi.

Observations relatives à l'atmosphère de la Lune, faites au Pic du Midi (altitude 2.860 mètres). — D'après ces observations, il semble bien qu'il existe autour de la lune une atmosphère, dont la hauteur, pour la partie la plus dense, la plus active au point de vue des phénomènes lumineux, ne dépasse probablement guère la hauteur des pics lunaires les plus élevés. Cela n'est pas incompatible d'ailleurs, avec les phénomènes qui tendent à prouver l'absence de cette atmosphère, mais démontrent seulement, au fond, que si elle existe, elle ne peut être que très basse et de faible densité.

M. Maurice d'**OCAGNE**, Prof. à l'École des P. et Ch., à Paris.

Coup d'œil sur la théorie la plus générale de la Nomographie. — La théorie générale donnée pour la première fois dans le *Traité de Nomographie* de l'auteur (1899) et mise définitivement au point dans l'*Exposé synthétique des principes fondamentaux de la Nomographie* (1903), a pour but de former et de classer *à priori* tous les modes possibles de représentation plane cotée applicables à des équations à un nombre quelconque de variables. Le but de la communication est de mettre en relief, en partant d'un exemple simple, l'idée maîtresse de cette théorie.

M. H. CHRÉTIEN, Lic. ès sc., Délégué de la Soc. ast. de France.

L'Étude systématique des étoiles filantes et les travaux de la Commission des météores de la Société astronomique de France.

Sur la Quadrature mécanique des taches solaires.

Sur un procédé de Nomographie de la Sphère.

M. TOUCHET, Sec. de la Soc. Ast. de France.

Photométrie astronomique.

M. L.-F.-I. GARDES, Notaire honoraire, à Montauban (Tarn-et-Garonne).

Calendrier perpétuel. — M. GARDÉS, présente un double cadran permettant de trouver sans calcul et par le seul jeu de quatre rondelles tous les éléments lunaires et solaires des calendriers Julien et Grégorien.

M. Albert SENOUQUE, Membre de la Soc. ast. de France.

Note sur l'enregistrement photographique du roulis et du tangage des navires.

M. QUENISSET, Memb. de la Soc. ast. de France, à Nanterre.

Photographie de la lumière zodiacale. — En employant un objectif spécial ultra-lumineux, constitué par deux lentilles plan-convexe (condensateur de lanterne de projection), nous avons pu obtenir un certain nombre de phototypes de la *lumière zodiacale*, à notre observatoire de Nanterre.

Photographies de la comète Borelly. — A l'aide d'un objectif à portraits de 75 millimètres d'ouverture et 300 millimètres de distance focale, monté sur l'équatorial astro-photographique de notre Observatoire de Nanterre, nous avons obtenu plusieurs phototypes de la comète Borrelly montrant les variations, très importantes, qui se sont produites dans la constitution physique de cet astre. Deux phototypes ont été spécialement combinés pour donner une *photographie stéréoscopique* de la comète.

3e et 4e Sections

GÉNIE CIVIL ET MILITAIRE, NAVIGATION

PRÉSIDENT. . . . . M. PASQUEAU, Insp. gén. des P. et Ch., à Paris (1).
SECRÉTAIRE . . . . M. LE ROUX, Ing. des P. et Ch., à Angers.

— Séance du 5 août —

VISITE

M. LE PRÉSIDENT, ouvrant la séance, propose de commencer les travaux de la Section par une visite de la manufacture Bessonneau, afin de préparer la discussion de la question des câbles, inscrite à l'ordre du jour de la prochaine séance.

La proposition est adoptée et la section se rend à l'usine du Mail.

M. Bessonneau reçoit les congressistes et, après leur avoir fait les honneurs de son château et des merveilleuses collections artistiques qu'il renferme, dirige lui-même, assisté de plusieurs ingénieurs-directeurs, la visite de sa manufacture. Les membres du Congrès suivent les diverses phases de la fabrication des cordages et assistent à des expériences de rupture d'un gros câble en chanvre. Ils visitent la chaufferie, les chambres des machines, la fonderie, etc. Une coulée de coussinets en bronze d'aluminium est exécutée en leur présence.

M. Bessonneau conduit ensuite la Section dans les bâtiments de l'administration, où il offre à chaque membre un exemplaire du magnifique ouvrage illustré sur l'Anjou qu'il a fait éditer en 1900.

M. le Président se fait l'interprète de la Section tout entière en remerciant M. Bessonneau de son excellent accueil, et en souhaitant une longue prospérité à sa florissante manufacture.

— Séance du 6 août —

M. Émile BELLOC, à Paris.

Utilisation de l'acier au nickel pour les sondages en eau profonde. — M. Émile BELLOC a substitué au fil d'acier ordinaire de son appareil de sondage un fil de faible diamètre en « métal Guillaume » ou *invar*, autrement dit une ligne de

(1) En l'absence de M. Pasqueau, les premières séances ont été présidées par M. Gobin, insp. gén. hon. des P. et Ch., à Lyon.

sonde en acier au nickel. Tréfilé spécialement pour cet usage, ce métal, dont la dilatation est insignifiante, a permis à l'auteur de la présente communication de mesurer des profondeurs relativement considérables avec une très grande précision.

Discussion. — M. Leinekugel signale que sur un fil d'acier au nickel de 4 kilomètres de longueur, on a constaté un allongement d'un centimètre par une élévation de température de 15° C.

La plupart des membres de la Section remarquent que la précision des mesures dépend aussi de l'allongement élastique du métal. Il serait désirable de connaître dans quelles conditions de détail l'acier au nickel est fabriqué et employé pour les expériences de M. Belloc.

M. Paul **VAUDREY**, à Paris.

Les appareils indicateurs et enregistreurs. — Parmi plusieurs appareils de mesure et de contrôle industriel dont il est l'inventeur et le constructeur, M. P. Vaudrey signale notamment un appareil indicateur électrique de niveau à distance, dénommé « le Guetteur », très intéressant en ce sens qu'il transmet à distance, au moyen d'un seul fil, les indications correspondant aux variations de hausse ou de baisse dans les réservoirs des distributions d'eau.

La disposition des relais est telle que le fonctionnement sur un seul fil est aussi rigoureusement exact et assuré que sur deux ou trois fils, tout en étant beaucoup plus économique. Il y a lieu cependant, si on prend la terre comme retour, de tenir compte, le cas échéant, du courant parasite des tramways, qui n'est pas le même aux extrémités de la ligne, ce qui a été fait à la ville d'Angers par le Service des eaux, en des dispositions très ingénieuses et remarquablement appropriées.

Enfin, on peut transmettre sur une ligne téléphonique les indications de ces appareils, et même par différence d'intensité de courant, celles de deux ou trois appareils de ce genre par le même fil.

De nombreuses applications de ce système particulièrement aux distributions d'eau de villes ont été réalisées jusqu'ici et donnent d'excellents résultats.

Discussion. — M. Le Roux insiste sur la difficulté qu'on rencontre pour la transmission à distance des signaux électriques par un seul fil, dans les villes où existe un réseau de tramways électriques. A Angers, le potentiel de la terre en divers points présente pour cette raison des variations considérables.

M. Nivet signale l'intérêt qu'offrirait, pour la protection des récoltes contre les gelées, l'emploi d'indicateurs enregistreurs des basses températures.

M. Vaudrey estime que l'étude d'un appareil de ce genre serait plus facile que celle des appareils destinés aux températures très élevées.

Un membre de la Section demande s'il existe des enregistreurs de vitesse de courant dans les rivières.

M. Pernin signale à ce sujet une application intéressante du moulinet de

Volltman, pour la mesure et l'enregistrement de la vitesse et du débit d'un courant d'eau souterrain rencontré à la fosse n° 6 des mines de Lens.

MM. DRUART et LE ROY, à Reims.

Détermination du type de voie étroite appelé à rendre le plus de services. — L'auteur rappelle que la question a déjà été examinée au Congrès de Montauban en 1902 mais n'a pas été tranchée d'une manière définitive.

Les voies étroites employées en France peuvent être classées en deux catégories :

1° Les voies de 80 centimètres et au-dessous ;

2° Les voies de 1 mètre.

Les premières ne donnent pas satisfaction. Les voies de 1 mètre, au contraire, présentent des avantages nombreux. On peut notamment les utiliser pour recevoir ou expédier sans transbordement, les marchandises transportées sur les grands réseaux, au moyen de trucks-transporteurs amenant jusque chez les destinataires les wagons d'origine. Ce procédé est utilisé en Allemagne et en Suisse, et quelque peu en France et en Belgique.

La possibilité d'utiliser l'énergie électrique comme puissance motrice confirme les avantages signalés.

A ce point de vue il faut remarquer que les moteurs électriques, grâce à leur grande vitesse, se prêtent à la transmission par vis sans fin. Une telle combinaison permet d'obtenir des démarrages extrêmement doux, et d'utiliser convenablement la puissance des moteurs ; chaque essieu portant un de ces moteurs, on peut supprimer les bielles d'accouplement et aménager les voies avec des courbes très réduites (15 à 20 mètres).

Les auteurs terminent en déclarant qu'on semble être en droit de conclure que la voie de 1 mètre est, dans la presque totalité des cas, celle qui doit être adoptée pour les lignes de chemins de fer d'intérêt local aussi bien que pour les lignes de tramways urbains. Cette solution permet au même matériel d'emprunter les unes et les autres.

Discussion. — M. Nivet signale que le transbordement des wagons d'origine est chose courante à Genève, où les wagons des grandes compagnies circulent continuellement (sur rues) sur des voies de tramways. Il cite le cas d'une grande minoterie suisse actionnée par l'électricité, produisant 50.000 kilogrammes de farine par jour et dont tout le personnel, à part trois ouvriers surveillant la mouture, est occupé par les camionnages. Dans quelques jours, la voie ferrée urbaine permettra d'amener sur place les marchandises, et toute l'usine marchera avec un nombre d'ouvriers tout à fait réduit, cinq le jour, trois la nuit. Il s'agit de la minoterie de Plaimpalais.

M. Le Roy constate que ces faits appuient son opinion ; il espère que les lignes à voie de 1 mètre se développeront de plus en plus.

M. P. PERNIN, Ing: civ. des Mines, à Angers.

Comparaison des câbles métalliques et des câbles en textiles.

RAPPORT PRÉSENTÉ A LA SECTION

PRÉLIMINAIRES

Dans cette note introductive à la discussion du Congrès, nous laisserons de côté les câbles de haubans et de remorque usités dans la marine, ainsi que les câbles-guides des puits de mine ; nous ne nous occuperons pas davantage des cordes et menus cordages en chanvre employés dans la marine et l'industrie, pour nous en tenir exclusivement aux câbles servant dans les exploitations minières à l'élévation et à la descente des charges.

Nous rappellerons d'abord sommairement la constitution de ces câbles et les principales circonstances de leur emploi, en nous abstenant de l'examen des règles de fabrication, afin de ne pas sortir des limites de cette note.

Les câbles employés dans les mines sont en chanvre, aloès (*chanvre de Manille*), fer ou acier.

Ils servent :

1° A l'extraction proprement dite dans les puits en communication avec la surface ;

2° Pour les puits intérieurs avec des longueurs et des charges réduites ; ,

3° Dans les plans inclinés.

Les câbles de la première catégorie sont de beaucoup les plus importants à cause du prix et des garanties de sécurité qu'ils doivent présenter pour la translation du personnel ; aussi, nous attacherons-nous principalement à leur examen, après avoir dit quelques mots des câbles en usage dans les puits intérieurs et les plans inclinés.

Du reste, presque tout ce qui sera dit des câbles de la première catégorie s'appliquera à ceux des deux autres dont ils ne diffèrent que par les dimensions.

CABLES DE PUITS INTÉRIEURS

Les câbles de puits intérieurs ont en général à supporter des charges réduites, comparativement à celles extraites des grands puits d'extraction, et la plupart du temps n'ont pas de personnel à transporter. Les hauteurs étant faibles, on n'aura pas à se préoccuper de la régularisation des moments, et les câbles cylindriques pourront être employés aussi bien que les câbles plats.

Le séjour constant dans un air humide et souvent chaud conduit à employer les câbles métalliques de préférence aux câbles en textiles qui s'altèrent dans ces conditions, malgré le goudronnage ou le graissage.

CABLES DE PLANS INCLINÉS

Les câbles de plans inclinés sont aujourd'hui presque tous ronds et en acier de haute résistance ; ils servent à la remonte des produits au moyen de treuils à air comprimé ou électriques, ainsi qu'à la descente des charges d'un niveau sur le niveau inférieur.

Le diamètre des fils constituant ces câbles pourra en général être inférieur à ceux usités pour les grands câbles d'extraction, afin d'obtenir la souplesse nécessitée par le faible diamètre des tambours d'enroulement qui font partie d'appareils devant toujours rester peu encombrants et transportables.

Certaines mines, celles d'Anzin en particulier, emploient aussi, pour les plans inclinés auto-moteurs, des câbles mixtes constitués par des câbles ronds métalliques entourés d'une enveloppe en chanvre. Ces câbles sont surtout utiles pour les petits plans inclinés, d'existence éphémère, avec poulie-frein devant être souvent déplacée et dont le profil longitudinal de la voie présente des pentes très variables. On trouve à leur emploi l'avantage de pouvoir utiliser, grâce à leur souplesse et au coefficient de frottement élevé qu'ils procurent, des poulies-frein de petit diamètre et très légères.

En outre, les herscheurs ou rouleurs peuvent, sans crainte de se blesser aux mains par les aspérités des fils rompus, aider au mouvement pour le passage des points où la pente est insuffisante.

Les fils métalliques, grâce au recouvrement en textile qui les protège, peuvent être câblés non serrés, ce qui augmente encore la souplesse.

CABLES DE PUITS D'EXTRACTION

Les câbles de puits d'extraction sont généralement en aloès ou en chanvre de Manille, présentant une résistance à la rupture de 8 à 900 kilogrammes par centimètre carré, ou bien en acier rompant sous une charge de 100 à 180 kilogrammes par millimètre carré.

Les câbles d'aloès sont toujours plats et formés par un nombre pair de câbles ronds ou aussières, réunis par une couture ; on fait en sorte que les câbles ronds de rangs pairs soient roulés en sens inverse des câbles impairs, pour empêcher le câble de se gauchir sous l'action de la charge.

Les câbles en chanvre, rarement employés, sont fabriqués exactement de la même manière, mais ils présentent une résistance à la rupture qui n'excède guère 650 kilogrammes ; ils sont donc à cet égard notablement inférieurs aux câbles d'aloès.

Les câbles métalliques sont plats ou ronds, en fer ou en acier, le fer est à peu près entièrement abandonné aujourd'hui et on s'en tient à l'acier.

Les câbles plats sont formés comme les câbles en textile de même forme, par la réunion au moyen d'une couture d'un nombre pair de câbles ronds ou aussières, la couture se fait au moyen de fil de fer recuit. Tous les câbles ronds, c'est-à-dire ceux qui sont employés sous cette forme comme ceux entrant dans la composition des câbles plats, sont constitués par plusieurs câbles élémentaires ou torons roulés en hélice autour d'une âme en chanvre.

Les torons contiennent d'ailleurs généralement aussi une âme en chanvre et la partie métallique est formée par une ou deux couches de fils de même numéro.

Les hélices suivies par les torons sont toujours de sens inverse aux courbes de même espèce tracées par leurs fils constitutifs.

La conservation des câbles est assurée pour les textiles par le graissage au suif (*chanvre*) ou le goudronnage (*aloès*).

Les câbles métalliques sont graissés au moyen d'huile minérale neutre et de fluidité convenable.

Dans les puits très mouillés, et notamment ceux servant à l'épuisement, ce dernier enduit disparaît rapidement et l'on est conduit, surtout si les eaux sont acides, à zinguer les câbles. Cette pratique a toutefois pour inconvénient une perte de résistance appréciable qui peut atteindre 12 0/0 pour les fils fins, mais n'excède pas, en général, 1 à 2 0/0 pour les fils supérieurs au numéro 12.

Les câbles plats métalliques ne présentent pas l'inconvénient des oscillations tournantes dans les puits non guidés, mais leur fabrication est beaucoup plus délicate que celle des câbles ronds à cause de la difficulté d'arriver à une répartition uniforme de la résistance sur les aussières. La couture est aussi un point faible, elle donne lieu tout d'abord à une surcharge inutile de 15 0/0 environ et elle est très sujette à détérioration. On conçoit, en effet, que les fils de couture placés en travers des torons aient tendance à être entaillés, aussi ces câbles, surtout s'ils passent sur des molettes de diamètre insuffisant, se décousent-ils souvent sur une grande longueur. Enfin les saillies latérales de la couture s'usent par frottement contre les joues des molettes et les bras des bobines.

CHANVRE

Les câbles en chanvre conviennent dans des puits secs, mais s'altèrent comme les bois de mine dans le mauvais air; ils ne s'adaptent donc pas aux puits de retour d'air.

On ne peut les employer dans les puits humides qu'en les imprégnant périodiquement de suif bouillant ou en les goudronnant lors de la fabrication ; leurs inconvénients joints à la résistance peu élevée du chanvre, font aujourd'hui préférer l'aloès à ce textile.

ALOÈS

Les câbles d'aloès, employés depuis longtemps déjà, continuent à lutter avantageusement avec les câbles métalliques pour les profondeurs n'excédant pas 7 à 800 mètres. Grâce à leur moindre densité que les métaux ils se prêtent mieux à la régularisation de l'extraction par câbles plats qui est fondée sur l'influence de l'épaisseur à résistance égale, selon des théories qu'il n'y a pas lieu de rappeler ici.

On admet généralement aujourd'hui que la régularisation peut se faire convenablement avec l'aloès jusque vers 900 mètres de profondeur et cela dans des conditions exceptionnelles sous le rapport des frais de premier établissement, au moyen des bobines.

Les câbles en textiles avertissent avant de se rompre ; leur mauvaise apparence et la fragilité des fibres qui les constituent dénotent leur état de fatigue. Si les pattes sont faites au moyen de clous, ceux-ci s'enfoncent de plus en plus facilement, à mesure que le câble approche de sa fin.

En outre, à l'extrême limite du service possible, on constate un allongement et un aplatissement rapides; il faut alors, sans hésiter, procéder au remplacement du câble.

L'aloès se comporte parfaitement dans les puits humides et ceux servant à l'épuisement, l'eau lui étant très favorable; le chanvre ne conviendrait nullement dans ce cas.

Dans les puits de retour d'air toujours chauds et humides, les textiles doivent toujours céder la place aux câbles métalliques, malgré les circonstances défavorables dans lesquelles se trouvent placées leurs âmes en chanvre.

FER

Ce métal n'est plus guère employé aujourd'hui, on lui préfère l'acier dont la résistance est beaucoup plus considérable.

ACIER

L'avenir est incontestablement à l'acier ; ce métal devient indispensable dès qu'on veut atteindre les profondeurs supérieures à 1,000 mètres ; il se substitue de plus en plus à l'aloès dans les mines profondes et son emploi est à peu près général en Allemagne et en Angleterre.

Sa fabrication s'est beaucoup perfectionnée dans ces trente dernières années et les préventions anciennes contre ce métal ne seraient plus justifiées aujourd'hui.

On a reproché autrefois aux câbles métalliques et surtout à ceux en acier, de rompre inopinément et d'être d'une surveillance difficile ; mais en réalité ces reproches ne sont pas justifiés et il est facile par les essais périodiques des fils de la patte, à la rupture par traction et flexion, de suivre l'état du câble. On l'observe en outre très fréquemment sur toute sa longueur pour y découvrir les fils cassés. Il y a d'ailleurs diverses règles suivies dans les différents pays miniers pour le contrôle des câbles ; ce n'est pas le lieu de les rappeler.

CABLES PLATS

On emploie l'acier sous formes de câbles plats ou ronds, mais les premiers sont abandonnés de plus en plus, on ne les adopte guère que lorsqu'on veut atteindre de grandes profondeurs sans entrer dans les frais importants nécessités par la transformation des installations, en vue de l'emploi des câbles ronds. Ils permettent l'accès d'une profondeur de 1000 mètres, mais à cette limite, tout en arrivant à une régularisation imparfaite, on doit redouter que la compression et le frottement des divers tours les uns sur les autres ne donne lieu à une usure rapide de câbles très coûteux, et c'est pour cela qu'on en limite l'emploi à des profondeurs inférieures à 1000 mètres ; telle est donc la limite extrême de l'emploi des câbles plats métalliques.

La Compagnie des mines d'Anzin qui exploite à des profondeurs moyennes, utilisait beaucoup autrefois les câbles plats métalliques, mais depuis 1887, on leur a substitué, chaque fois que la chose a été possible, des câbles plats en aloès. Ce n'est que lorsque la substitution n'a pas été possible par suite de conditions locales (bobines, machines etc.,) qu'on a conservé les câbles plats métalliques.

Cette substitution a du reste donné un abaissement notable du prix de revient de la tonne hectométrique (poids utile et poids mort totalisés).

Par exemple, en 1897, on a retiré du service dix câbles métalliques ayant donné un travail moyen de 1.675.622 tonnes à 100 mètres, le coût de la tonne ressortant à 0 fr. 0030.

On a aussi retiré cette même année dix câbles en aloès ayant donné un travail moyen de 4.548.186 tonnes à 100 mètres, le coût de la tonne hectométrique ressortant à 0 fr. 0009.

On a observé dans cette puissante Compagnie minière que la durée des câbles d'aloès était double de celle des câbles plats métalliques, soit deux ans pour les premiers et un an seulement pour les derniers.

Je dois ces renseignements à l'obligeance de mon ancien collègue aux mines d'Anzin, M. Barry, actuellement ingénieur-directeur au service central de cette Compagnie.

Cette statistique s'applique toutefois à un cas particulier et il est possible qu'avec des diamètres d'enroulement plus grands la durée des câbles métalliques aurait été augmentée.

Cet exemple montre bien toutefois la plus grande susceptibilité des derniers câbles et on est bien convaincu à Anzin que les câbles plats métalliques sont notablement inférieurs aux câbles d'aloès, toutes choses égales d'ailleurs.

CABLES RONDS

En résumé, les câbles plats métalliques sont de plus en plus abandonnés, et l'attention des ingénieurs, sauf exceptions motivées par des raisons spéciales, ne se porte plus guère aujourd'hui, pour les grandes profondeurs à partir de 1000 mètres, que sur les câbles ronds en fil d'acier.

Il faut toutefois éviter les aciers trop durs qui rompraient lors des chocs; on doit choisir au contraire un métal présentant un allongement notable avant rupture.

Le fer de bonne qualité donne bien un grand allongement, mais la résistance de l'acier à poids égal est supérieure au double de celle du fer, alors que les prix sont loin d'être doublés.

Les câbles en textiles, dans de mauvaises conditions, peuvent durer un an seulement et jusqu'à trois ans pour des câbles en aloès dans des cas exceptionnels. Les câbles métalliques, surtout les câbles ronds en acier durent en moyenne plus longtemps que ceux en textile, surtout s'ils sont bien installés, si l'on a évité les frottements et les faibles rayons d'enroulement.

En tout état de cause, les câbles plats métalliques ont une durée beaucoup plus irrégulière que les câbles ronds. Un cordage en chanvre ou en aloès est environ deux fois et demie plus lourd que les câbles en fils d'acier rond de même résistance, d'où sous ce rapport un avantage énorme en faveur de l'acier et d'autant plus grand que le consommateur est plus éloigné du fabricant à cause des frais de transport. Les prix sont d'ailleurs notablement différents pour l'aloès et l'acier, les deux substances les plus couramment employées aujourd'hui pour la fabrication des câbles ; le prix de l'acier n'est guère actuellement que les deux tiers de celui de l'aloès et cette différence a plutôt tendance à s'accentuer.

A mesure que les procédés de fabrication se sont perfectionnés, on a été de plus en plus porté vers l'acier à haute résistance, et l'on emploie aujourd'hui très couramment du métal à 180 kilogrammes de résistance à la rupture par millimètre carré, avec un coefficient de sécurité variant de un sixième à un dixième.

Les câbles en acier de haute résistance se comportent bien dans le service de l'extraction, car ils travaillent toujours très en deçà de leur limite d'élasticité.

A ce point de vue, il y a intérêt à allier un grand allongement avec une limite d'élasticité élevée, de façon à obtenir, pour ce que Poncelet a appelé « résistance vive élastique », la valeur la plus élevée possible. Ce terme de comparaison mesure, en effet, très bien l'aptitude d'un corps à résister à des chocs ayant une répercussion sur toute la masse, comme ceux qui se produisent à l'enlevage brusque, lorsque le câble se met en tension.

A cet égard, les fabricants et les exploitants de mines auront sans doute intérêt à porter leur attention sur les nouveaux aciers à haute-teneur en nickel qui, pour un allongement égal à celui des bons aciers doux, possèdent une limite d'élasticité très élevée.

Il y a lieu toutefois de faire des réserves sur des modifications physiques possibles de ces alliages, sous l'influence de chocs et de déformations répétées.

La supériorité des câbles ronds en acier est indiscutable quand il s'agit d'aborder les grandes profondeurs au delà de 1.000 mètres, car,-en combinant la diminution progressive du diamètre avec l'emploi des tambours coniques spiraloïdes, on peut aborder les plus grandes profondeurs, alors qu'il n'y a plus lieu de songer au câble d'aloès, qui atteindrait un poids et un prix énormes.

Le câble rond est le seul qui puisse s'accommoder d'une profondeur quelconque : on peut l'employer dans les puits les moins importants, comme dans les plus profonds qu'il soit possible d'envisager aujourd'hui.

Il n'est pas trop exigeant quant aux appareils d'enroulement et il est possible, comme cela s'est fait à Pzibram jusqu'en 1870 (*Exploitation à grande profondeur par Hrabak, conseiller impérial et royal à Pzibram ; Industrie minérale, 3ᵉ série, tome XIV*), d'extraire à des profondeurs d'environ 760 mètres au moyen de simples tambours cylindriques de 2ᵐ,85 de diamètre et de 63 centimètres de largeur, sur lesquels s'enroulait un câble en fil de fer de 20 millimètres de diamètre et composé de 36 fils de 2ᵐᵐ,1 ayant une résistance d'environ 60 kilogrammes à la rupture.

Après 1870, on a employé l'acier à 120 de résistance par millimètre carré, en câble diminué, après avoir reculé devant le diamètre de 11 mètres qu'exigeait le tambour spiraloïde. Le diamètre du tambour fut choisi égal à 6 mètres et d'une largeur telle qu'avec un câble ayant plus de 1.000 mètres de longueur, l'enroulement ne se produise que suivant deux couches superposées, cela pour ménager le câble le plus possible.

C'est avec de telles installations que l'on continue aujourd'hui à faire l'extraction à des profondeurs atteignant largement 1.100 mètres.

Dans certains puits, le diamètre des tambours descend même à 4 mètres et on commence à employer l'acier à 180 kilogrammes.

Les câbles fabriqués avec ce dernier acier ont à Pzibram une durée de vingt-sept mois en moyenne, sur tambour de 6 mètres de diamètre.

La plus grande profondeur actuelle, soit 1.500 mètres (Allemagne et Amérique), est atteinte au moyen de tambours spiraloïdes dont les diamètres atteignent 11 mètres. Ces énormes diamètres constituent le seul inconvénient de l'emploi des câbles ronds pour les très grandes profondeurs, car la régularisation et la conservation du câble peuvent être assurées de la façon la plus satisfaisante.

Afin de faire ressortir encore plus nettement la supériorité des câbles ronds en acier sur tous leurs concurrents, nous croyons utile de résumer ci-dessous une statistique allemande récente.

Dans les comptes rendus mensuels des réunions de la Société de l'Industrie Minérale, de février 1901, on trouve une statistique intéressante d'après des renseignements publiés par les bureaux des Mines de Dortmund et de Breslau, se rapportant à l'année 1899.

Dans le district de Dortmund, les câbles ronds en fer ont complètement disparu après avoir formé la majorité des câbles employés : les câbles d'aloès tendent également à disparaître pour être remplacés par les câbles en acier.

Depuis 1892, le nombre de ruptures se répartit ainsi pour les diverses substances :

Câbles ronds en fer	11,95 0/0
— — en acier	1,86 —
— plats en fer	12,93 —
— — en acier	5,81 —
— — en aloès	7,72 —
8 câbles en chanvre sans rupture	0,00 —
Moyenne	4,06 —

Si l'on considère le nombre de ruptures par année, on voit qu'il a passé de 19,30 0/0 en 1872 à 0,52 0/0 en 1899; cette diminution très notable est due, d'après l'auteur de la statistique, à l'abandon des câbles plats et à l'emploi d'acier à grande résistance.

Au point de vue de la durée, on constate qu'un travail de 100.000 tonnes hectométriques a été dépassé par 25,9 0/0 des câbles ronds, *par aucun des câbles plats* (un seul a dépassé 75,000) et par 33,4 0/0 des câbles ronds en acier profilé.

Cela met bien en évidence la supériorité des câbles ronds sur les câbles plats qui disparaissent de plus en plus.

Les câbles en acier profilé, fabriqués depuis quelques années par la maison Felten et Guillaume, de Cologne, sont aussi très intéressants; ils jouissent de la propriété, précieuse dans les puits non guidés, d'être à peu près dépourvus d'oscillations tournantes.

Si nous considérons la durée maximum de service, les câbles ordinaires en acier se montrent nettement supérieurs aux câbles en fils profilés; cela est dû sans doute à la raideur de ceux-ci et à leur forme plus massive.

Dans les statistiques du district de Breslau, on trouve que les ruptures se répartissent ainsi, à partir de 1832, origine de cette statistique :

Câbles ronds en acier au creuset	1,85 0/0
— doux	9,17 —
plats au creuset	5,75 —

Comme à Dortmund, la proportion des ruptures a suivi, d'une année à l'autre, un recul sensible coïncidant avec l'abandon des câbles plats et en acier doux; ces derniers ne figurent plus dans les tableaux pour 1899.

La supériorité des câbles ronds en acier de choix ressort de tous ces résultats et s'explique surtout par les défectuosités nombreuses de fabrication qu'on rencontre dans les câbles plats.

En résumé, jusque vers 900 mètres de profondeur, il n'y a lieu d'hésiter aujourd'hui, sauf circonstances très spéciales, qu'entre les câbles plats en aloès et le câble rond en fil d'acier à haute résistance. Au delà, ce dernier s'impose avec un tambour spiraloïde.

Pour les profondeurs d'extraction actuelles, dans le Nord et le Pas-de-Calais, on conservera avec raison, le plus longtemps possible, les câbles d'aloès, qui permettent une bonne régularisation sans frais ni complication et il y a lieu de penser que l'on ne songera à adopter les câbles ronds en acier que vers 900 mètres, à cause des frais d'installation des tambours spiraloïdes nécessaires pour assurer l'extraction aux grandes profondeurs et cela malgré l'économie sur le prix d'acquisition résultant de la grande résistance de l'acier.

Discussion. — M. Gobin remercie M. Pernin de sa très intéressante étude et donne la parole à M. Leinekugel qui désire insister sur certains points de détail.

M. Leinekugel explique que les câbles profilés sont inférieurs aux câbles ronds pour diverses raisons, leur résistance à la tension est notablement plus faible.

M. Gobin, signale qu'à Lyon, les câbles profilés ont été appliqués à la traction du funiculaire mais qu'ils se disloquaient rapidement, ils ont dû être abandonnés.

M. Leinekugel fait observer que d'après des expériences récentes les ruptures des fils d'acier se produisaient fréquemment auprès de la brasure réunissant les tronçons, mais pas sur la brasure elle-même où la section du métal est plus forte. Ce phénomène est dû au recuit.

M. Gobin remarque qu'il ne faut pas s'effrayer de la rupture des fils isolés dans un câble, un fil rompu intervenant dans la résistance aussi bien qu'avant la rupture, à quelque distance de la section où celle-ci s'est produite.

M. Leinekugel voudrait savoir si la question de fixer le pas des hélices formées par les torons, de la façon la plus avantageuse, a été étudiée en détail. M. Pernin répond que l'on s'en tient aux formules empiriques connues.

MM. Leinekugel et Le Roux demandent si les câbles à âme métallique enrobée dans du chanvre ne présentent pas des inconvénients au point de vue de la conservation de l'âme dont l'état ne peut être vérifié. M. Pernin explique que ces câbles sont soigneusement goudronnés, que leur résistance est largement calculée et que d'ailleurs ils ne sont employés que dans les travaux accessoires.

Sur une question de M. Nivet, M. Pernin déclare qu'à résistance égale les câbles en aloès pèsent le double des câbles métalliques.

M. Bigeard signalant l'intérêt qu'offre pour la région, l'usage du chanvre, demande pourquoi ce textile n'est pas plus employé pour les câbles de mines. La cause doit en être attribuée à l'encombrement énorme des forts câbles en chanvre.

M. Le Roy voudrait voir appliquer la vis sans fin à la transmission du moument aux tambours d'enroulement des câbles de descente. Ce procédé assurerait des démarrages d'une douceur exceptionnelle et éviterait les secousses fréquentes si funestes pour les câbles.

M. Pernin déclare que malgré les perfectionnements introduits dans la fabrication des vis sans fin, ces appareils ne conviendraient pas aux gros efforts.

M. Gobin présente quelques observations sur l'emploi des câbles métalliques au funiculaire de Lyon, et préconise l'usage de la paraffine comme préservatif.

VISITE AUX ARDOISIÈRES DE L'ANJOU

Les membres des 3e et 4e sections se rendent à Trélazé où, sous la conduite de M. Pernin, ingénieur en chef de l'Exploitation, et de divers ingénieurs, ils visitent la carrière d'ardoises de la Grand-Maison, appartenant à la Société des Ardoisières de l'Anjou.

M. Pernin explique aux congressistes la méthode générale d'exploitation actuellement suivie : En ce moment les puits descendent à une profondeur de 300 mètres ; c'est à ce niveau que commence l'attaque des bancs, laquelle se poursuit de bas en haut, le chantier s'élevant sur les remblais en déchets. Un puits qui devra atteindre une profondeur beaucoup plus considérable est en cours de construction.

Après un coup d'œil d'ensemble sur les chantiers de la surface, les congressistes revêtus d'habits de mineurs et répartis en escouades descendent au fond, où M. Pernin et ses ingénieurs leur montrent les détails de l'exploitation et leur font admirer les immenses « chambres », insistant sur les précautions prises pour surveiller la stabilité des plafonds qui sont constitués dans chaque chambre par un monolithe gigantesque de 2.000 mètres carrés.

La remontée s'effectue sans incidents et les membres de la section visitent les chantiers de débitage, fendage, coupage, chargement, etc.

M. Pernin remet à chaque membre une intéressante notice sur les Ardoisières.

M. le Président exprime à M. Pernin les remerciements des congressistes qui ont pu jouir du spectacle de l'exploitation de fond, faveur si rarement accordée au public.

— Séance du 8 août —

M. LEINEKUGEL-LE COCQ, Ingénieur de la Marine.

Les ponts transbordeurs F. Arnodin. — L'auteur donne un aperçu historique succinct des différentes solutions adoptées pour résoudre le problème qui s'est posé de tous temps : trouver le moyen de traverser les passes maritimes sur une voie ferrée sans entraver en rien la navigation, même des plus hauts voiliers.

Parmi ces solutions, celle du pont transbordeur, dont l'invention date de 1899, a été adoptée à Bilbao (Espagne), à Rouen (1897), à Bizerte (Tunisie) (1898), à Martrou près Rochefort (1899), à Newport-Mon (Angleterre (1903).

L'auteur montre combien ce premier système de pont à transbordeur, qui est à câbles paraboliques et dénommé « pont suspendu semi-rigide », était d'une application, sinon impraticable, du moins très coûteuse dans le cas particulier du port de Nantes.

Il signale comment M. F. Arnodin fut amené à la découverte du système de pont suspendu à contrepoids et à articulations.

Il fait la description de ce nouveau système et analyse les problèmes intéressants que son étude soulève.

Il décrit le pont transbordeur actuellement en construction à Nantes, qui en est la première application.

Il signale en passant la facilité particulière du montage des pylônes de ce pont, qui ont 76ᵐ,30 de hauteur au-dessus du sol, grâce à l'utilisation d'une grue électrique qui possède la propriété spéciale d'être auto-élévatrice.

Il donne également la dépense minime d'énergie électrique consommée par cette grue pour le montage.

L'auteur signale, en outre, les avantages d'un nouveau procédé qui permet de lire exactement, à tout moment et en kilogrammes, le travail par millimètres carrés de section dans chacun des câbles en fils d'acier de haute résistance qui constituent la suspension de cet ouvrage.

Ce procédé, dit du câble-témoin, a été appliqué avec succès au moment des épreuves du transbordeur de Rouen et lors des expériences récentes faites pour les épreuves de réception du pont de Bonny-Beaulieu sur la Loire.

En terminant, l'auteur donne les caractéristiques du second pont de ce système qui doit entrer en construction ces jours-ci à Marseille pour relier au-dessus du Port-Vieux le quai de la Tourette au boulevard du Pharo.

Il conclut en montrant pourquoi l'avenir est, pour les ponts à très grands débouchés, dans la plus grande utilisation possible du métal en fil d'acier, qui, grâce aux progrès de la métallurgie, atteint une résistance de 180 kilogrammes par millimètre carré et à des conditions de prix qui en rendent l'emploi pratique.

M. Leinekugel termine en montrant les dernières photographies prises le 3 août à Nantes pendant le montage de la travée centrale du transbordeur.

La Section, vivement intéressée par cette communication exprime le vœu qu'elle soit complétée pour faire l'objet d'une conférence générale lors du Congrès de 1904.

Discussion. — M. Henriet : Parmi les objections émises contre les Ponts-transbordeurs, lancées dans le public par des observateurs souvent plus timorés que renseignés, on entend presque toujours dire que les pylônes de têtes, nécessaires à ces sortes d'ouvrages, sont désagréables à la vue, par suite de leur isolement et de la hauteur exagérée de leur sommet ; de plus, que l'ensemble de la construction est non seulement disgracieux, mais qu'il détruit les harmonies esthétiques des sites où les Ponts-transbordeurs sont édifiés. Cette objection, présentée parfois par des personnalités de talent, possédant une certaine notoriété sociale, exerce presque toujours une influence fâcheuse auprès du gros public, qui habituellement voyage peu, par conséquent n'a jamais vu de Ponts-transbordeurs en élévation ou de constructions s'en rapprochant.

L'isolement d'un Pont-transbordeur n'est pas aussi absolu qu'on le suppose. Ce genre d'édifice étant établi pour relier des rives de quais maritimes opposées entre elles, il en résulte toujours que des séries de groupements de navires stationnent autour des pylônes de tête. Le sommet des pylônes d'un Pont-transbordeur s'élève à peu près à 70 mètres au-dessus du niveau du sol ; c'est évidemment une hauteur peu commune, mais si auprès de ces pylônes viennent se placer des navires en station, qui dans la plupart des cas sont des voiliers, l'isolement du Pont-transbordeur et l'élévation des pylones, n'ont presque plus rien de désagréable, ni même de sensible. Les mâts principaux des navires à voiles ont en moyenne de 35 à 45 mètres de hauteur, avec les vergues et les gréments de voilure, on a ainsi une masse compacte parfois très élégante et toujours très pittoresque, constituant des dispositions pleines d'attraits que les artistes sérieux sauront vite apprécier.

Par leur mise en exploitation, les Ponts-transbordeurs récemment édifiés dans les principaux ports de mer, résument certainement ce que les sciences positives et expérimentales ont découvert de plus précieux. Les mouvements d'une passerelle de Pont-transbordeur sont la manifestation sensible des applications de la science à l'industrie.

Malgré les craintes et les préventions dont on a accablé les Ponts-transbordeurs, les énormes résultats économiques qu'ils ont déjà procuré, justifient leur établissement : du reste, l'utile n'est jamais disgracieux. L'éducation artistique du monde contemporain se modifie sans cesse ; sous l'influence des grands travaux édifiés dans le cours du siècle dernier, les idées sociales en matière d'esthétique ont déjà abandonné un grand nombre d'opinions surannées. L'extension prise par les constructions métalliques susciteront dans l'avenir d'heureuses et surtout d'équitables appréciations, en faveur des œuvres grandioses, qui sont l'une des caractéristiques de l'époque actuelle.

M. Charles PRIEUR, à Paris.

L'exploitation des carrières. — L'auteur se borne à décrire l'organisation générale des carrières de grès et de porphyres exploitées en vue de la fabrication des pavés et du macadam.

Il signale d'abord l'importance des débouchés qui nécessite la création de grandes exploitations, énumère les conditions qui doivent guider les carriers dans le choix d'un gisement et montre comment le premier établissement, les aménagements et les stocks de matériaux exigent l'immobilisation de capitaux considérables.

Il passe en revue les différentes phases de la fabrication : extraction, cassage ou taille, triage, expédition, et donne un aperçu de l'organisation ouvrière.

En terminant, l'auteur appelle l'attention sur l'insuffisance de la protection accordée à l'industrie des carrières.

M. A. NIVET, à Luxé (Charente).

Transmission de mouvement par poulies extensibles pour l'industrie et les automobiles (système Fouillaron). — M. Nivet indique le principe d'une transmission de mouvement qui permet d'employer entièrement la puissance constante d'un moteur, malgré les résistances variables qu'il rencontre, comme il arrive dans les automobiles.

La transmission est faite par courroie de forme appropriée qui est guidée entre deux cônes fixes, inclinés à 30° sur l'axe, placés, en sens contraire, l'un sur l'arbre moteur, l'autre sur l'arbre conduit, ces deux arbres étant parallèles.

Le guidage est obtenu par deux cônes mobiles, opposés aux cônes fixes, par le sommet et qui, par des vides laissés entre les génératrices, pénètrent les cônes fixes.

Ces cônes mobiles sont liés entre eux par des jeux de leviers, de telle sorte que, l'un s'éloignant, et diminuant le diamètre de la circonférence d'intersection avec le cône fixe placé en face, l'autre se rapproche, augmentant d'autant la circonférence d'intersection des deux cônes placés sur le deuxième arbre.

On obtient ainsi deux poulies conjuguées, à gorges de diamètres variables, formant des poulies extensibles.

Ce système permet d'obtenir des rapports différents et continus entre les vitesses des deux arbres, rapports qui, théoriquement, peuvent varier de 0 à $+ \infty$, et, pratiquement, dans des limites assez étendues, réglés par une vis, qui commande les leviers, et qui est à la disposition du mécanicien.

Ces poulies extensibles sont employées par M. Fouillaron, pour les automobiles et l'industrie.

M. Nivet prévoit la possibilité d'obtenir automatiquement les changements de vitesse par l'addition d'un régulateur qui maintiendra constante la vitesse de l'arbre moteur, en proportionnant aux résistances celles de l'arbre récepteur.

Discussion. — M. Leinekugel demande pourquoi les cônes ne sont pas remplacés par des hyperboloïdes de révolution déformables, ce qui éviterait l'angle de l'intersection des 2 cônes, angle sans doute préjudiciable à la conservation de la courroie ?

M. Nivet répond que la courroie employée, formée de plaquettes triangulaires en cuir enfilées en chapelet sur deux solides cordes de boyaux, va très bien et ne s'use pas trop rapidement.

M. Philippe signale qu'il existe à Angers deux automobiles munies de ce système de transmission.

Dans la journée du lendemain, M. le Président et quelques membres de la Section se rendent compte des très réels avantages du système en essayant longuement une automobile que M. Nivet fait mettre gracieusement à leur disposition par la maison Fouillaron.

— Séance du 10 août —

M. J. HENRIET, Ingénieur.

Sur les ports maritimes et les voies navigables. — M. Henriet montre d'abord les voies de chemins de fer encombrées par les marchandises pondéreuses ; il est persuadé qu'avant dix ans les chemins de fer réclameront la création de canaux pour les dégager de ces marchandises par l'extension de la navigation fluviale. Les voies navigables sont parfaitement susceptibles d'appeler un mouvement industriel. Ainsi, on n'attache en général aucun intérêt à la voie de Lyon au Rhin ; cependant, il suffirait d'améliorer le canal de la Saône au Rhin pour faire descendre une grande partie de l'industrie suisse et alsacienne vers Lyon.

M. Henriet fait ressortir l'intérêt des ports intérieurs ; il estime qu'il est nécessaire de voir nos grands ports munis d'un hinterland que leur procureraient les voies navigables ; il serait désirable d'amener la navigation maritime à Nantes, à Rouen, à Arles.

Une des pierres d'achoppement du développement des voies navigables en ce moment, est la concurrence des Compagnies de chemins de fer qui ne comprennent pas encore suffisamment les services que le développement du transit fluvial leur rendrait. Aussi au Ministère des transports faudrait-il donner la direction commerciale des voies ferrées et des voies d'eau à une Administration qui centraliserait les efforts des uns et des autres à la fois, et qui veillerait alors tout naturellement à éviter une concurrence ruineuse.

En Allemagne, les tendances sont très marquées vers ce but, comme le dénote la création des gares d'eau.

Une grande difficulté réside dans l'énormité des dépenses nécessaires pour la création d'un canal. M. Henriet est convaincu que ces dépenses pourraient être rémunérées si l'on donnait aux canaux un triple rôle : navigabilité, production de force motrice et irrigation.

Discussion. — Sur la demande de M. BARBIN, membre de la Chambre de commerce d'Angers, M. Henriet dit que le mouillage du Bas-Rhin est de $1^m,50$ et que cela est suffisant pour les gros chalands de 600 tonnes.

M. BIGEARD, directeur de la Compagnie du gaz d'Angers, s'enquiert du prix auquel peut être évaluée la construction d'un canal entre Lyon et Marseille. M. Henriet répond que la Commission interdépartementale est saisie d'un projet de 450 millions ; on cherche à créer des Compagnies industrielles exploitantes pour arriver à engager ces dépenses énormes sans grever l'État.

M. NIVET est d'accord avec M. Henriet sur ce point que c'est en réunissant les ressources qui pourront être produites par la location d'eau, à l'industrie et à l'agriculture, que l'on parviendra à résoudre le problème de la navigation intérieure de la France.

Il rappelle qu'il a présenté, au Congrès de Nantes, en 1875, une étude sur l'*Influence des irrigations sur les inondations*, dans laquelle il disait, à propos des irrigations de la rive droite du Rhône :

« Entre Lyon et Arles, un canal, captant par de nombreux bassins les eaux des montagnes cévenoles et les sources des torrents qui en coulent, sera d'une grande utilité pour les irrigations et les transports, auxquels le Rhône se prête si peu. Il régularisera les eaux des affluents les plus dangereux du fleuve, le Doux, l'Érieux et l'Ardèche, qui, le 10 septembre 1857, charriaient à eux seuls plus de 14.000 mètres cubes par seconde.

Ce canal desservira, en outre, des centres industriels très importants, tels que Rive-de-Gier, Saint-Chamond, Annonay, la Grand'Combe, Alais, etc.... »

M. GOBIN fait remarquer qu'au point de vue de la navigabilité il n'est pas nécessaire de donner aux rivières un mouillage très considérable. Il suffit que la durée de la navigation dangereuse soit assez réduite. La grande amélioration réalisée par les travaux du Rhône a consisté à réduire de cent jours à vingt jours la durée pendant laquelle le mouillage atteint son minimum de $1^m,20$.

M. Gobin appuie sur la nécessité d'utiliser les canaux à la production de la force motrice, aussi rémunératrice que l'irrigation. C'est la vente de l'énergie par l'éclairage et la force motrice qui fait subsister la Société du canal de Jonage. L'énergie pourrait aussi être employée par la traction électrique des chemins de fer.

M. Henriet observe à ce propos que la Compagnie de Paris à Lyon et à la Méditerranée étudie la transformation, dans ce sens, de sa traction entre Paris et Marseille. L'Administration des Postes étudie aussi un service aérien électrique.

Ainsi le Rhône, si redoutable pour la navigabilité, deviendra-t-il peut-être une source de richesse par la production de la force motrice.

M. René PHILIPPE, Ingénieur des Ponts et Chaussées, à Angers.

La Loire navigable.

RAPPORT PRÉSENTÉ A LA SECTION

Ces dernières années ont vu naître et se développer un courant de plus en plus accentué de l'opinion publique en faveur des voies navigables. L'exemple des peuples voisins, en particulier celui de l'Allemagne, si souvent cité, a montré jusqu'à l'évidence que chemins de fer et voies d'eau pouvaient se prêter un mutuel appui et concourir de façon remarquable au développement économique d'un pays. Renonçant à la conception fausse d'une stérile concurrence, on s'est rallié au principe logique de la division du travail : aux voies ferrées les marchandises légères et précieuses, les objets manufacturés, les produits coûteux qui doivent aller vite et peuvent supporter les charges de tarifs élevés ; aux canaux et aux rivières les marchandises lourdes, volumineuses, encombrantes, les charbons, les minerais, les métaux, les produits de peu de valeur qu'il est indispensable de transporter à bon marché.

On se préoccupa dès lors de compléter notre réseau de navigation intérieure, si morcelé, et l'étude qui suivit aboutit à la présentation du projet de loi actuellement soumis à l'examen du Parlement.

La vallée de la **Loire** avait été la première à attirer l'attention des corps constitués sur l'infériorité marquée où l'absence de toute voie navigable courant de l'est à l'ouest plaçait son commerce et son industrie par rapport à la situation des vallées voisines.

Tandis que les villes riveraines de la Seine et du Rhône progressent régulièrement, celles proches de la Loire dépérissent. Les ports sont déserts, les bourgs sont mornes. Orléans, qui fut le principal entrepôt de la France, n'a plus qu'une importance secondaire ; Tours a perdu 40.000 âmes sur 100.000 ; Saumur qui eut 25.000 habitants n'en compte plus que 15.000 ; Nantes elle-même, si bien située pourtant pour les échanges transocéaniques, Nantes premier port de France au siècle dernier, était passée en 1892 au douzième rang et n'a dû qu'à des efforts intelligents, énergiques et soutenus, de reconquérir la septième place en 1900.

La cause en est, en partie, dans l'état de la Loire qui, aujourd'hui abandonnée par la navigation, n'est plus guère utilisée qu'en eaux moyennes, pour des besoins locaux, sur des sections de longueur restreinte.

Ce n'est pas que, comme on l'a dit parfois, faute de soins ou de crédits d'entretien, ou par suite d'un changement profond survenu dans son régime, le fleuve soit devenu tout d'un coup impraticable ; c'est simplement que, restant immuable dans un milieu dont les éléments s'amélioraient sans cesse, il a perdu sa valeur relative ; instrument rudimentaire et grossier, il a disparu victime du progrès humain, supplanté par des outils plus puissants, plus maniables et de meilleur rendement. La lenteur, l'irrégularité, le coût et les aléas des transports par la rivière, l'amélioration progressive de la viabilité des routes et, surtout, l'apparition des chemins de fer et des moyens mécaniques de traction, devaient fatalement détourner le trafic de la Loire et le faire passer aux voies de terre.

Utilité d'une voie navigable. — Il suffit de consulter la carte de la figure 1 pour se rendre compte de l'utilité qu'il y a à créer dans la vallée de la Loire une voie navigable autant que possible voisine du fleuve.

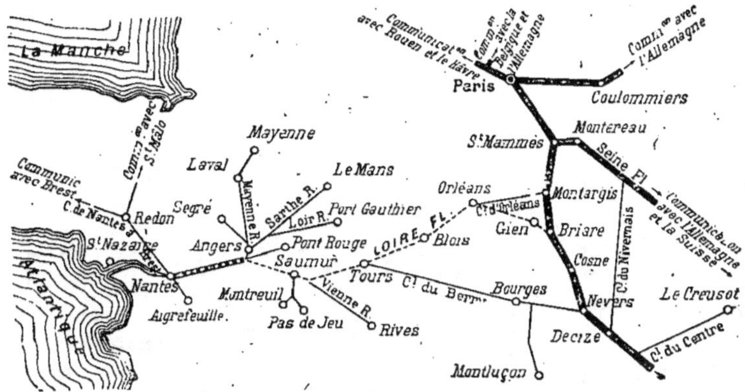

FIG. 1. — Le rôle de la Loire navigable dans le réseau français de navigation intérieure.

Autour de la Basse Loire rayonnent plus d'un millier de kilomètres de canaux ou de rivières praticables : canal de Nantes à Brest, Vilaine, canal de Rennes à Saint-Malo, Loire-maritime, Maine, Mayenne, Sarthe, Loir, Authiou, canal de la Dive... ; à la Haute Loire aboutit le réseau des voies fluviales du nord et de l'est, long de près de 8.000 kilomètres, canaux d'Orléans, de Briare, du Loing, latéral à la Loire, du Berry, du Nivernais, de Bourgogne, du Centre, de Roanne à Digoin..., et ces deux groupes considérables sont comme deux mers intérieures que rien ne relierait, la Loire, seule ligne de jonction entre eux, étant inutilisable en fait. Cependant, les houilles de l'Allier et de la Nièvre, les bois du Morvan et de la Sologne, les chaux et les ardoises du Maine-et-Loire, les granits de la Vienne, les orges du Maine, les vins de l'Anjou, pourraient donner lieu à une circulation intense.

Vingt-huit départements, représentant une surface de 179.100 kilomètres carrés et une population de 12.330.000 habitants, sont ainsi directement intéressés à la création d'une voie qui donnerait à leur activité des débouchés nouveaux et sauverait peut-être leur agriculture dépérissante.

Nantes, à l'issue de la vallée sur la région maritime, bénéficierait la première de ce travail. Depuis l'ouverture, en 1892, du canal maritime de la Basse-Loire, le poids des marchandises manutentionnées dans son port a augmenté de 86 0/0, le tonnage de jauge des navires en opérations s'est accru de 52 0/0, celui des seuls navires de mer s'est développé de 148 0/0.

Il y a dix ans, le mouillage du fleuve ne permettait pas aux bateaux à grand tirant d'eau de dépasser Saint-Nazaire. Aujourd'hui, on trouve par les plus petites marées de morte-eau :

6 mètres de Saint-Nazaire à Paimbœuf (14 kilomètres).

3^m,30 de Paimbœuf à la Martinière par le fleuve (23 kilomètres).

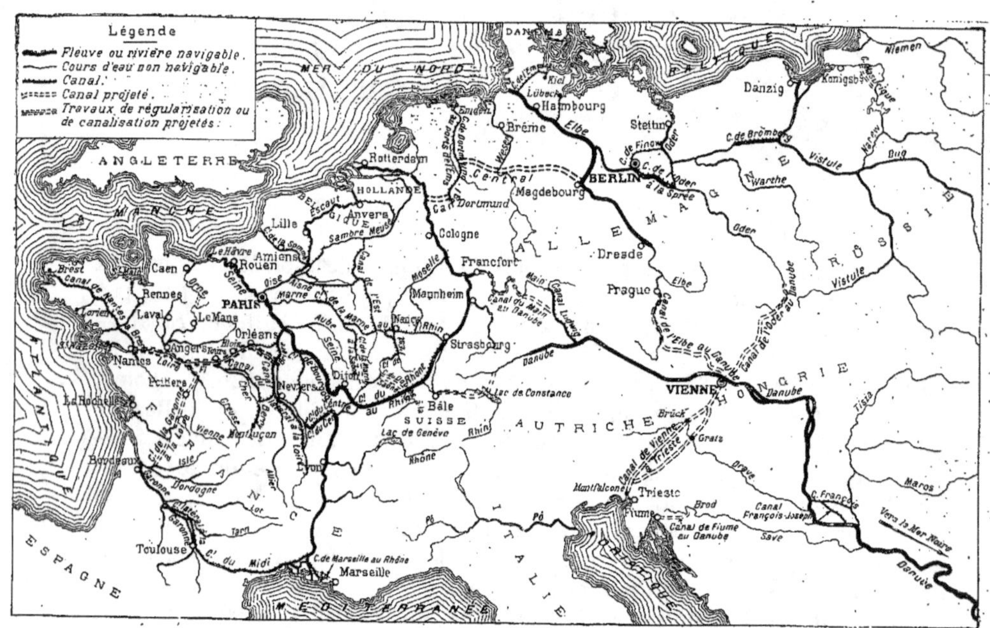

Fig. 2. — Le rôle de la Loire dans le réseau européen de navigation intérieure.

6 mètres du bras du Carnet à la Martinière, par le canal maritime qui double cette mauvaise section..

5^m,50 de la Martinière à Nantes (16 kilomètres).

La navigation a rapidement mis à profit cette amélioration considérable; en 1892 on n'avait compté à Nantes que 12 bateaux d'un tirant d'eau supérieur à 5 mètres; en 1901 il y en eut 317; dans cette période de dix ans le tonnage de jauge de ces grands navires s'était accru dans la proportion de 1 à 49.

Encouragés par ce résultat, les Nantais veulent obtenir, dès maintenant, et en tout temps, une profondeur minima de 6^m,40 au lieu de 5^m,50, et même de 8 mètres dans un avenir prochain; un projet dans ce sens est actuellement soumis aux formalités préliminaires à l'exécution, projet qui comporte la construction de digues et d'épis et le dragage du fond.

En regard de ce mouvement maritime sans cesse croissant, l'importance de la navigation fluviale reste stationnaire et se chiffre, en année moyenne, par 450.000 francs pour la jauge des bateaux et 300.000 tonneaux pour le poids des marchandises embarquées ou débarquées.

D'une part, l'ouverture d'une voie navigable venant de l'Est assurerait aux navires un fret de sortie et accentuerait le courant d'exportation; d'autre part, Nantes ne serait plus ainsi par les canaux de Bourgogne et du Rhône au Rhin qu'à 1.000 kilomètres de Bâle (*fig. 2*); peut-être pourrait-elle prétendre à desservir cette ville et même à alimenter l'Europe centrale, en concurrence avec les ports de la mer du Nord et de la Baltique.

Enfin, les intéressés font valoir qu'en cas de guerre la voie nouvelle doublerait les chemins de fer accaparés par la mobilisation et le service de ravitaillement, et assurerait à la région de l'Ouest le charbon sans lequel elle ne saurait jouer aucun rôle actif.

Depuis 1698, époque où apparaît pour la première fois l'idée d'unir Paris à la Basse Loire par un canal, de très nombreux projets ont été présentés, dont beaucoup, il n'est pas besoin de le dire, tiennent du domaine de la pure fantaisie et ne sauraient trouver place ici.

Si l'on met de côté ces produits d'imaginations en délire, si l'on écarte les procédés curatifs, tels que le balisage et le chevalage et les expédients comme la défense des rives, l'enlèvement de certaines îles, notoirement insuffisants pour permettre, en toute saison, une navigation intensive, on n'a plus devant soi que quatre méthodes :

1° Le dragage du lit actuel;
2° La canalisation du fleuve;
3° Sa régularisation par des ouvrages construits en rivière;
4° L'établissement d'un canal latéral.

I. — *Dragage du lit actuel.*

Des quatre solutions celle du dragage est celle qui compte le moins de défenseurs; elle est pourtant la plus simple de conception, celle qui vient naturellement à l'esprit du marinier arrêté par une grève; en présence de cet obstacle permanent, le sable abondant et mobile, le remède le plus énergique, le plus efficace lui paraît être la suppression radicale : le dragage et l'enlèvement des matériaux.

Mais l'expérience sinon la réflexion lui indique bientôt que les profondeurs sur les mouilles sont précisément la conséquence des seuils et que le fait d'ouvrir une large et profonde passe sur un maigre abaissera immédiatement la tenue d'eau du bief d'amont, peut-être même l'affamera complètement.

On se trouve ainsi conduit à ne pas limiter le travail d'abaissement du fond à un nombre défini de courtes sections isolées, mais à l'étendre à la longueur entière de la rivière, donc à lui donner une importance considérable.

Cette idée d'ouvrir un chenal artificiel dans la rivière avait été, au xive siècle, la pensée dominante des Marchands Fréquentants qui ne disposaient pas d'autres moyens d'action ; elle fut aussi la ressource des Compagnies qui, de 1830 à 1860 assurèrent des services de bateaux à vapeur. Elle était peu à peu tombée en défaveur quand le succès des tentatives d'approfondissement poursuivies dans certains ports de mer et dans la Basse-Loire la firent reprendre par d'assez nombreux partisans ; pour la mettre à exécution, on proposa l'emploi des puissants moyens d'action que l'industrie moderne a su réaliser : dragues à godets, élévateurs, transporteurs, dragues suceuses, dragues Kretz (1).

Il ne semble pas que cette méthode puisse jamais aboutir. D'abord aucune comparaison n'est possible entre le régime de la Loire fluviale et celui de la Loire maritime : un même travail poursuivi sur les deux sections ne saurait produire des résultats semblables ; le succès obtenu là-bas n'est pas une garantie de réussite ici,

La mobilité perpétuelle du fond tient à ce que rien, dans les conditions actuelles, n'est de nature à fixer les profondeurs ou les seuils ; si l'on ne transforme pas les rives, si l'on ne crée pas artificiellement les conditions indispensables à la stabilité, à la permanence des formes, on travaille en pure perte ; le chenal ouvert aujourd'hui disparaîtra demain dès que, à la moindre crue, les sables seront remis en mouvement, et la situation ancienne reparaîtra identique à elle-même, toujours aussi déplorable.

Approfondir sur toute la largeur, ne serait pas une solution plus satisfaisante : abaisser le plafond parallèlement à lui-même, sans modifier ni le débit, ni la pente, ni la largeur de la section ne changerait guère le mouillage ni les conditions actuelles de la navigation.

Enfin le cube des matériaux à sortir ainsi du lit serait énorme ; M. Comoy évaluait à un million de mètres cubes le débit solide annuel, immédiatement à l'aval du Bec d'Allier ; c'est la différence entre ce cube, augmenté des apports des affluents et des corrosions des rives, et ce qu'enlèvent journellement les riverains, que les dragages d'entretien devraient faire disparaître.

II. — *Canalisation du fleuve.*

La canalisation directe n'est pas moins difficile, en raison de la grande pente de la vallée, de la mobilité des sables, de la violence des crues, de l'insuffisance de relief et de solidité de la plupart des digues insubmersibles qui protègent les vals.

En 1896-1897 M. l'Inspecteur général Léchalas avait préconisé une méthode mixte dans laquelle des barrages dits « de soutènement » avaient pour but de maintenir le fond et d'empêcher l'affouillement de la rivière vers le haut,

---

(1) Le système Kretz déplace les sables sans les retirer du lit ; il n'a d'autre effet que d'ouvrir la voie libre au bateau qui en est muni et à ceux qui le suivent immédiatement.

conséquence ordinaire de la construction des digues et épis de resserrement. Les barrages seraient arasés au niveau même du thalweg *(fig. 3)* ; ils diviseraient la Loire en biefs de façon à ne pas permettre à la diminution de la pente de cumuler ses effets sur de trop grandes longueurs ; des écrans mobiles, effacés en

Fig. 3. — Barrages de soutènement.

temps de crue, augmenteraient le mouillage dans la mesure voulue ; de courtes dérivations éclusées aménagées à chaque barrage, assureraient le franchissement des chûtes.

En 1899 M. Tallendeau publia un projet de canalisation du fleuve entre la Noirie et Nantes ; il établissait dans le lit 108 barrages dont 9 de $8^m,25$ et les autres de $3^m,20$ à $3^m,30$ de chûte, il les prolongeait dans la vallée, jusqu'au pied des coteaux, par deux cents écrans en maçonnerie de béton, de façon à arrêter les eaux souterraines filtrant à travers les sables ; le remous des eaux et l'exécution de dragages lui donnaient à l'étiage, sur 40 mètres de largeur, un mouillage de $3^m,20$. La dépense à engager n'était pas chiffrée ; mais on peut s'en faire une idée par l'importance du travail : 2 millions de mètres cubes de maçonnerie et 31 millions de mètres cubes de déblais ; les forces hydrauliques fournies par les chûtes étaient estimées à 128.418 chevaux, à l'étiage.

En 1901 M. Audouin proposa, entre la Maine et Nantes, la division de la Loire en 7 biefs de 14 kilomètres de longueur, limités par des ouvrages maçonnés, avec passes de 100 mètres de largeur et écluses de 80 mètres de longueur sur $10^m,50$ de largeur ; la fermeture de tous les bras secondaires et la régularisation du lit mineur par des barrages mobiles devaient produire un mouillage suffisant ; chaque barrage était pourvu de 16 turbines développant 1.600 chevaux.

Récemment, M. l'ingénieur Levesque en conformité d'instructions ministérielles, mit la question à l'étude et conclut que, pour obtenir le mouillage de $2^m,20$ il faudrait dépenser 377 millions et créer 145 barrages de 3 mètres de chûte fractionnant le fleuve en biefs de 2700 mètres de longueur moyenne ; en se résignant au mouillage de $1^m,60$, et en portant la longueur des biefs à 4 kilomètres, le coût de la canalisation s'élèverait encore à 221 millions.

Une solution si onéreuse et si peu satisfaisante à tous égards n'a plus guère à présent que des détracteurs.

III. — *Régularisation du lit.*

La méthode consiste, dans son principe, à concentrer dans un lit mineur artificiel étroit les eaux aujourd'hui étalées sans épaisseur sur une surface parfois considérable ; sans rien charger au débit ni à la pente, on augmente ainsi la profondeur et la vitesse, on améliore le mouillage et on pousse à la mer les sables entraînés.

Comme les crues sont très violentes et qu'il faut se garder avant tout d'en élever le niveau, les ouvrages doivent être à faible relief et submersibles, afin que l'afflux des hautes eaux puisse s'épanouir dans toute l'étendue du lit majeur et s'écouler rapidement, sans obstacle.

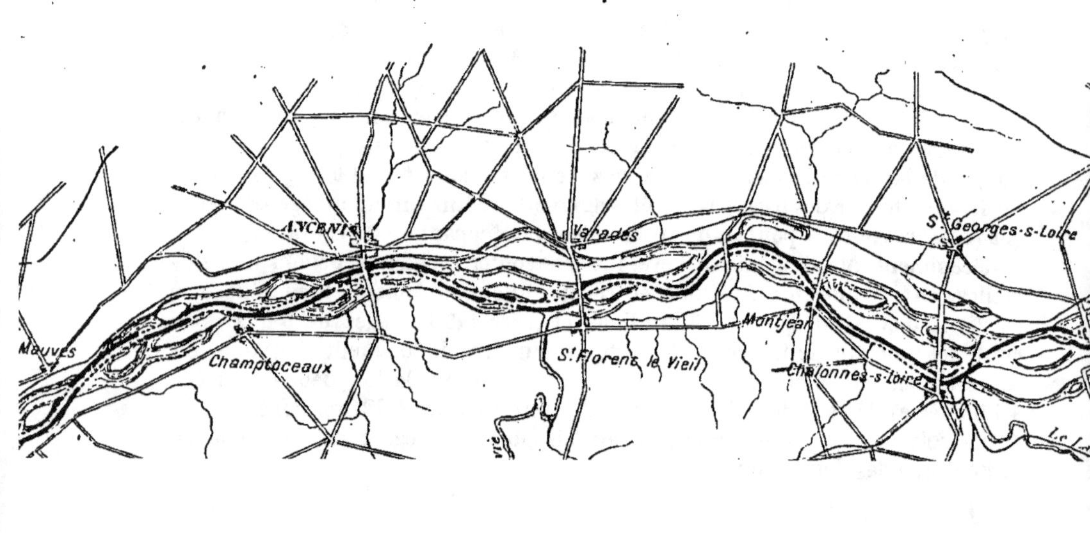

Mauves
ANCENIS
Varades
St Georges-s-Loire
Champtoceaux
St Florent le Vieil
Montjean
Chalonnes-s-Loire
Le La...

Dès 1447 on trouve des traces de la construction de digues de rétrécissement exécutées dans cet esprit ; des vestiges encore existants à Gien, Blois, Amboise, Saumur, Champtoceaux, remontent vraisemblablement à cette époque lointaine. En plein XVIIe siècle, des Hollandais vinrent proposer au roi Louis XIV d'appliquer en grand le procédé, depuis l'embouchure jusqu'à Orléans. Au XVIIIe siècle des essais, d'ailleurs infructueux, furent poursuivis à Orléans d'abord, puis plus tard entre Paimbœuf et Nantes.

Dans la première moitié du XIXe siècle, à Chouzé, à Briare, à Orléans, en Loire-Inférieure, les mêmes efforts furent entrepris, parfois sur une grande échelle.

Le résultat ne fut jamais satisfaisant ; le chenal restait sinueux et instable, le mouillage infime ; les profondeurs étaient irrégulières, les sables ne se fixaient pas et se déposaient aussi bien entre les ouvrages qu'à l'aval.

L'échec était imputable non au principe lui-même mais à l'interprétation qu'on en avait faite ; épis et digues n'étaient pas rationnellement conçus et ne pouvaient produire qu'un tracé défectueux ; les uns rétrécissaient le chenal au point de donner naissance à un courant trop rapide ; les autres, obliques au courant, trop accentués, trop espacés, constituaient autant d'écueils dangereux que la navigation ne contournait qu'avec peine. Tous, enfin, tendaient à constituer dans le lit mineur une sorte de canal artificiel rectiligne et étroit, à l'encontre des lois les plus élémentaires de l'écoulement de l'eau dans les rivières à fond mobile.

Trois décisions ministérielles rendues après enquête (8 et 26 août 1859, 21 décembre 1860) reconnurent que la navigation, non seulement n'avait rien gagné à l'étiage aux travaux entrepris, mais, au contraire, était devenue, en eaux moyennes, plus difficile et plus périlleuse ; elles interdirent, en conséquence, toute création de nouvelles digues submersibles.

Tout récemment, instruit des résultats obtenus en France sur le Rhône, en Allemagne sur de nombreuses rivières, on revint à cette étude qu'une décision ministérielle du 29 juin 1896 prescrivit de reprendre. Une commission spéciale fit procéder à des sondages, de la Maine à Nantes, et reconnut de manière positive l'analogie entre le régime de la Loire et celui des rivières sur lesquelles des travaux d'amélioration ont été efficacement poursuivis ; elle conclut de là qu'en réunissant les eaux d'étiage dans un lit mineur aménagé pour soutenir ou réaliser les profondeurs, on pouvait obtenir une augmentation sensible du mouillage.

Vers le même temps, une autre commission chargée d'étudier le système de la canalisation directe et celui du canal latéral, concluait à l'abandon définitif du premier mode et ne proposait d'adopter le second qu'au cas où tout autre moyen aurait échoué.

Un projet de régularisation du fleuve fut donc présenté : quoique basé sur le principe général que nous avons rappelé, il diffère essentiellement des tentatives anciennes. Il ne s'agit plus de diminuer les circonvolutions du lit, de le rectifier en augmentant la pente, de concentrer les eaux entre des ouvrages fixes et rapprochés, d'accroître le courant pour développer sa force d'entraînement, de constituer en un mot un canal rigide submersible sans cesse balayé à l'étiage par un flux animé d'une grande vitesse.

Le programme consiste à appliquer à la Loire la méthode si judicieusement développée par les Ingénieurs du Rhône, si clairement mise en lumière par M. l'Ingénieur en chef Girardon, aujourd'hui universellement connue : non pas

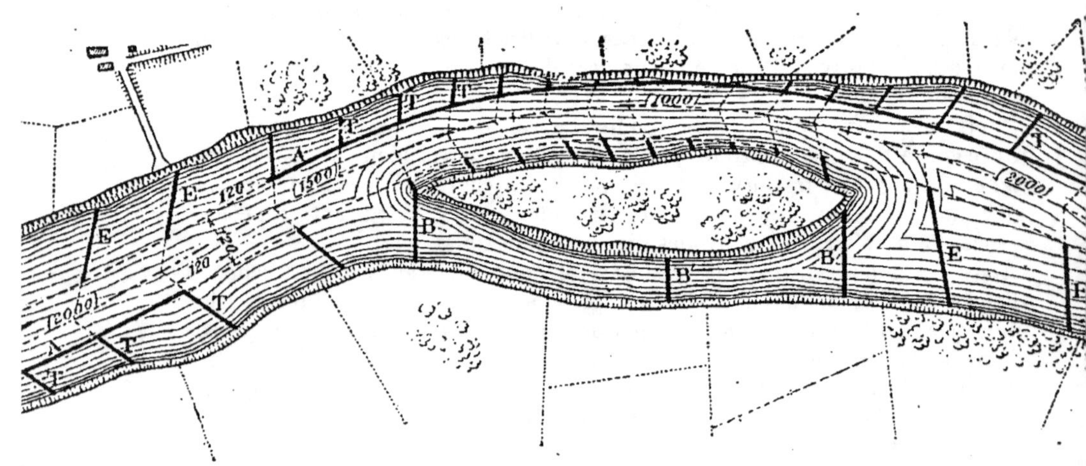

Fig. 5. — Plan type d'une section régularisée.

plier le fleuve à un caprice du moment, mais plier à son régime l'ensemble de tous les ouvrages, en plan, en profil en long et en profil transversal.

On se garde de torturer, de violenter la rivière, de réaliser, au mépris des lois naturelles de l'écoulement des eaux, l'uniformité de la section et de la pente d'un bout à l'autre ; on s'efforce, au contraire, de démêler les caractères essentiels de son régime, de déterminer les courbures, les largeurs, les profondeurs compatibles avec son débit, sa pente, la nature de son lit. On ne poursuit pas une transformation radicale, brutale, et, par suite, inefficace : on avance pas à pas, prudemment, en partant des fractions naturellement bonnes et les régularisant dans le détail, en retouchant les autres sur le modèle de celles-là. Prenant le cours d'eau dans les conditions actuelles de son débit liquide et de son débit solide, on se propose de conserver ses allures, de maintenir les sinuosités du chenal d'été, d'en harmoniser les courbures successives, de fixer autant que possible l'ensemble. La pente générale est à peu près maintenue, la succession des mouilles et des seuils persiste, le sable continue à cheminer, le mouillage reste variable, la vitesse n'est pas constante; mais les maigres sont plus judicieusement orientés, les profondeurs plus accentuées, les dépôts au lieu d'être irréguliers et inattendus se font en des points prévus d'avance où ils ne gênent pas la navigation, le mouillage ne descend pas au-dessous des limites que le régime local a permis de fixer, la vitesse se maintient convenable.

Le projet basé sur ces données (*fig. 4, 5, 6*) comporte le tracé d'un chenal de 120 à 150 mètres de largeur, limité par des ouvrages à faible relief : digues longitudinales rattachées à la berge voisine par des traverses, sur la rive concave, épis plongeants sur la rive convexe; le mouillage serait de 1 mètre au minimum, de 1^m,20 pendant 350 jours par an, de 1^m,50 pendant 262 jours, de 1^m,75 pendant 209 jours et de 2 mètres pendant 165 jours. La dépense s'élèverait à 14 millions pour les 85 kilomètres qui séparent Nantes de l'embouchure de la Maine.

Les difficultés sont nombreuses sur une rivière dont le débit d'étiage est de 100 mètres cubes à la seconde, alors que le débit des plus grandes crues dépasse 8.000 mètres cubes ; l'essai auquel on va incessamment procéder entre la Maine et Chalonnes, sur une longueur de 14 kilomètres, montrera si elles sont insurmontables avec de l'énergie et de la patience.

IV. — *Canal latéral.*

La solution du canal latéral est celle qui a le plus séduit les hommes de l'art; vraisemblablement elle rallierait tous les suffrages si elle n'était pas si coûteuse d'une part et si, de l'autre, elle ne présentait pas l'inconvénient, soit de traverser la vallée dans le lit même du fleuve, soit de s'écarter sensiblement des villes qu'il est indispensable de desservir.

Dès 1698 on la met en avant, mais ce n'est guère qu'au XIXe siècle qu'elle donne lieu à des projets sérieusement étudiés; en 1836 elle faillit aboutir avec MM. Laisné de Villevêque, député du Loiret et Surville, Ingénieur des Ponts et Chaussées; elle n'échoua que faute de capitaux.

Le 30 septembre 1863, en exécution de décisions ministérielles, M. Collin, Ingénieur en chef de la Loire dressa un avant-projet complet entre Orléans et Angers.

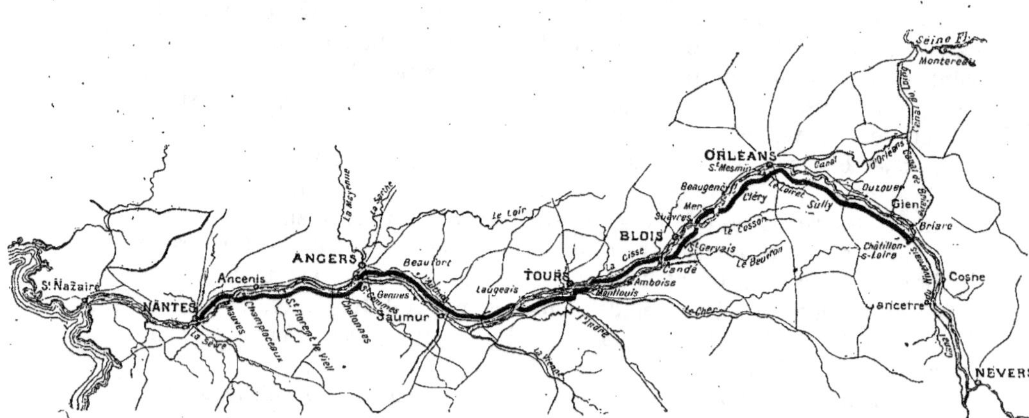

FIG. 7. — Canal latéral à la Loire.

Le tracé avait 244 kilomètres de longueur, et comportait 51 écluses de 1m,55 de chûte moyenne ; le profil en travers normal était formé par un plafond de 10 mètres de largeur, des talus de 2 mètres de base pour 1 mètre de hauteur, une risberme de 55 centimètres de largeur établie à 10 centimètres en contre-bas du plan d'eau et deux chemins de halage de 4 mètres ; le mouillage était de 1m,60. L'origine était sur la rive gauche, un peu en amont de Combleux ; on suivait le val d'Orléans, le Loiret, les vals de Cléry, de Mer, de Blois, de la Cisse, le Cher, le val de l'Authion et on arrivait à la Maine par deux branches aboutissant l'une à Bouchemaine, l'autre à la Beaumette. On franchissait six fois la Loire, à l'aide de barrages mobiles, à Combleux, à Saint-Laurent-des-Eaux, à Montlivault, à Chouzy, à Montlouis et au Port-Charbonnier ; chaque branche donnant dans la Loire, le Loiret ou le Cher, comportait deux embou-chures à chaque extrémité, pour que les bateaux n'eussent jamais à remonter le courant en rivière pendant la traversée. La dépense était évaluée à 46 millions.

MM. les Ingénieurs Batereau et Lorieux poursuivirent l'étude entre Angers et Nantes en suivant le Loiret, la boire de Chalonnes, les vals de Saint-Florent, de Champtoceaux, de la Bridonnière, et arrivant dans la gare Saint-Félix ; pour cette longueur de 82 kilomètres, il n'y avait qu'une seule traversée en Loire, à Mauves, et la dépense devait s'élever à 23 millions et demi.

M. l'Ingénieur Sainjon effectua le même travail, à l'amont, entre Briare et Orléans, en passant par les vals de Châtillon, Saint-Firmin, Saint-Brisson, Saint-Martin, Gien, Poilly, Saint-Gourdon, Lion-en-Sullias, Saint-Aignan-le-Jaillard, Sully, Juilly, Neuvy-en-Sullias, Tigy, Vienne-en-Val, Férolles, Sandillon, Saint-Cyr-en-Val et Saint-Jean-le-Blanc ; cette longueur de 75.594 mètres devait coûter 13.800.000 francs.

Le projet complet (fig. 7) estimé au total 83.300.000 francs fut compris au pro-gramme de 1879, mais ne fut pas exécuté.

En 1896 M. l'Ingénieur en chef Guillon reprit la question ; il supprima les embouchures multiples, augmenta les dimensions des ouvrages et des écluses, et éleva le mouillage de 1m,60 à 2m,20 ; la dépense fut ainsi portée à 119 mil-lions, chiffre que beaucoup d'esprits modérés considèrent comme manifestement trop faible.

Aujourd'hui le projet a été remis à l'étude et l'on ne tardera pas à connaître les prévisions définitives de dépenses.

Conclusion.

Deux solutions seulement restent actuellement en présence : la régularisation et le canal latéral.

Le canal c'est la réussite certaine ; les projets sont faciles à élaborer, l'exécu-tion est commode à poursuivre, le programme qu'on s'est tracé est fidèlement rempli ; la navigation s'établit sans entraves, avec un courant insignifiant, sur des profondeurs constantes.

Mais la dépense est fort élevée, hors de proportion sans doute avec le résultat à obtenir ; des centres habités importants sont sacrifiés ; enfin, les traversées en rivière, les barrages mobiles, ne sont pas sans présenter des inconvénients et même des dangers.

La régularisation est une tâche délicate, une œuvre de patience, une con-quête progressive du fleuve, un perfectionnement ininterrompu. Le mouillage est variable, relativement faible, le courant inégal; la création d'un matériel spécial de batellerie s'impose.

Mais le fleuve à demi sauvage aujourd'hui reprend son activité rejouissante d'autrefois, les ports actuels sont desservis, les populations de la vallée satisfaites; la traction, par le remorquage par trains s'effectue à peu de frais, rapidement; l'allègement ou le transbordement peuvent être faits intelligemment sans grever pesamment les transports; la capacité est indéfinie, la dépense, enfin, est limitée et en rapport avec le trafic probable.

Laquelle des deux méthodes triomphera? Les essais résolus le feront bientôt connaître. Dès à présent il semble bien que les populations de la vallée, longtemps incertaines du parti à prendre dans la question, se soient enfin rendu compte de la nécessité d'aboutir à tout prix et que, chacun faisant abstraction de ses préférences personnelles, tous soient décidés à approuver le projet, quel qu'il soit, qui donnera à la fois satisfaction aux intérêts du commerce et de l'industrie de la région et aux finances si obérées de l'État.

Discussion. — Sur une question de M. HENRIET, M. PHILIPPE explique en détail comment il existe une relation entre la profondeur du lit et la courbure des berges.

M. HENRIET fait remarquer que dans les dépenses des Chemins de fer on tient compte de l'amortissement du capital d'établissement. L'État qui améliore les fleuves et construit les canaux ne demande pas d'amortissement; il faudrait faire entrer cet élément en ligne de compte. Les péages ont été supprimés, si bien que la masse de la nation paie pour une industrie spéciale dont la plupart du temps elle ne peut se servir. Si l'on rétablissait les péages, les recettes qui en résulteraient pourraient peut-être permettre de recourir à la traction mécanique qui rendrait grand service à la navigation.

En ce qui concerne la Loire, les conditions économiques sont-elles suffisamment favorables pour justifier l'important travail projeté?

M. PHILIPPE répond que l'enquête économique a révélé qu'il passerait 300.000 tonnes (ramenées à distance entière), c'est-à-dire un excédent de 225.000 tonnes sur la situation actuelle.

M. NIVET pense que pour arriver à trouver les ressources nécessaires pour compléter le réseau de navigation intérieure en France, il faudra avoir recours surtout à l'appoint des sommes que peuvent verser l'industrie, et principalement l'agriculture, comme location d'eau pour la force motrice et l'irrigation, et, pour cela, rapprocher les canaux des faîtes au lieu de leur faire suivre le thalweg de chaque bassin.

La plus-value donnée par l'irrigation au rapport annuel d'un hectare de terrain est de 50 francs au minimum: le propriétaire qui obtiendra ce bénéfice pourra abandonner 25 francs par an; 10 francs serviront à l'amortissement et l'entretien des travaux nécessaires pour répandre les eaux sur son fonds, et 15 francs pourront être donnés par lui pour location d'eau.

Ces 15 francs par hectare suffiront largement à payer l'intérêt de premier établissement et l'entretien du canal principal qui sera, en même temps, une voie de navigation.

L'examen de la figure nº 1 du rapport de M. Philippe semble suggérer un tracé qui, non seulement répondrait au but que se proposent les promoteurs de l'œuvre de la *Loire navigable*, mais leur ouvrirait d'autres débouchés, tout en obtenant de l'industrie et de l'agriculture des ressources suffisantes. On trouverait, par surcroît, par cette solution, la force motrice nécessaire à la traction des trains de bateaux.

Ce tracé est celui qui, d'Orléans, joindrait les points extrêmes de navigabilité des affluents de la rive droite, soit Pont-Gautier sur le Loir, le Mans sur la Sarthe, Mayenne sur la Mayenne, Segré sur l'Oudon. De là, le canal rejoindrait l'Erdre et Nantes.

Même il y aurait avantage à rapprocher encore ce canal de la ligne de faîte qui forme une sorte de plateau entre les affluents de la Loire et les rivières normandes. Le canal trouverait là une alimentation suffisante, et l'on pourrait espérer, plus tard, le relier aux bassins dé l'Orne et de la Rille, c'est-à-dire à Caen et au Havre.

Ces canaux de faîte sont vraiment utiles, ils augmentent le trafic des chemins de fer, dont ils sont les affluents, au lieu de ne servir qu'à leur faire concurrence.

Un canal de thalweg sera abandonné par la navigation, dès que les voies de fer parallèles auront abaissé leurs tarifs pour lutter avec le bon marché des transports par eau. Non seulement, il sera difficile d'obtenir des capitaux qui seraient improductifs, mais encore, l'œuvre deviendra inutile, et son entretien sera abandonné.

Ce serait peut-être le seul résultat de concurrence ruineuse qu'obtiendraient les promoteurs d'une voie suivant le thalweg, tandis qu'un canal de faîte, répondant à des intérêts multiples, est un instrument de progrès et de richesse publique.

Une semblable solution mérite d'être étudiée.

M. Henriet déclare qu'il ne faut pas trop craindre l'abaissement des tarifs de chemins de fer, car il est convaincu que l'État n'homologuerait pas des diminutions de prix de transports qui seraient ruineuses. Il faut, en effet, empêcher la lutte entre les chemins de fer et les canaux ; pour conserver ceux-ci comme un outil devant servir plus tard à alléger le trafic des chemins de fer.

M. Gobin clôt la discussion en faisant observer que le travail de la section dans cette séance est des plus importants et qu'il contribuera à répandre dans le public les idées pratiques défendues par les orateurs.

M. Joseph DUPLAN, à Angers.

La distribution électrique à Angers. — L'usine électrique d'Angers est avantageusement située, entre la Maine et la gare Saint-Serges. Elle est construite en ciment armé, au moins dans ses parties essentielles, sur un remblai de sable de 4 mètres. Ce système donne de bons résultats.

Les génératrices sont à courant continu ; elles alimentent directement les fils extrêmes de la distribution qui est à trois fils sous 220 volts.

L'équilibre du réseau est assuré par un groupe de deux dynamos ou une batterie d'accumulateurs.

La canalisation est constituée par des câbles « armés » placés dans le sol même.

Le périmètre desservi est divisé en six secteurs, de même dépense électrique ou environ et choisis de façon que les centres de consommation soient le plus rapprochés possible. En plaçant les feeders dans la même tranchée, sur une grande longueur, on a pu ainsi réaliser une économie et une meilleure utilisation du cuivre.

La particularité de cette distribution consiste dans la suppression du fil neutre de chacun des feeders entre l'usine et les centres des secteurs. Un seul câble intermédiaire principal se ramifie vers les centres.

Cette disposition apparaît comme très pratique ; elle évite le retour à l'usine sur toute la distance entre les centres de secteurs et celle-ci, de chacun des courants différentiels, l'équilibre s'opère dans la ramification du fil neutre principal, la différence finale entre tous les courants de compensation revient seule, d'où économie de cuivre encore et diminution de la perte de charge.

Les câbles de distribution, placés sous les voies principales, encerclent les extrémités des feeders. Suivant les besoins, des câbles transversaux sont posés dans l'espace ainsi déterminé. La perte de charge est, de cette façon, pratiquement maintenue constante.

Il paraît, en somme, qu'on soit arrivé à réaliser un équilibre général de tension aussi stable que possible et l'utilisation maximum du cuivre des canalisations.

VISITE DE L'USINE ÉLECTRIQUE

Les membres des 3e et 4e Sections se rendent à l'usine électrique de la Compagnie d'électricité d'Angers, où le directeur, M. Duplan, complète les explications données à la séance du matin.

M. Duplan, aidé du chef de laboratoire, M. Royer, fait visiter aux congressistes les spacieuses chambres de chauffe, la salle des machines, les accumulateurs, etc. — Des expériences de soudure autogène sont effectuées devant les visiteurs.

M. le Président remercie M. Duplan de la bonne grâce avec laquelle il s'est mis à la disposition des membres de la section, qui se retirent émerveillés des perfectionnements apportés dans l'installation de sa belle usine.

— Séance du 11 août —

M. CUÉNOT, Ing. des Ponts et Chaussées, à Lyon.

Recherche de la courbe de déformation des traverses de chemins de fer. — L'auteur rappelle qu'on a admis jusqu'à présent que les traverses des voies ferrées reposent sur toute leur longueur lors des passages des trains. Partant de ce principe et des déductions qu'on en a tirées, on a préconisé l'emploi d'une traverse de $2^m,70$ de longueur minima.

Il a voulu vérifier cette théorie et son application en étudiant la courbe de déformation d'une traverse mixte. Celle-ci était constituée, en son milieu, par une carcasse métallique en forme de fer Zorès et à ses extrémités par des tasseaux de bois placés à 35 centimètres de part et d'autre de l'axe du rail et coincés à l'intérieur de la carcasse, le tout formant une poutre armée.

Deux séries d'expériences ont été faites, à la suite desquelles on a comparé les courbes de flexion des traverses en bois et des traverses mixtes ; la flexion des secondes est neuf fois moindre que celle des premières.

Ainsi il est prouvé que la grande déformation des traverses en bois est due pour la plus grande partie à leur longueur et que ces traverses ne reposent pas sur leur partie centrale *dans tous les cas*, cet appui n'augmentant pas l'assise des traverses.

Ces déductions ont été vérifiées expérimentalement.

L'auteur en conclut qu'une traverse doit avoir une moindre longueur, mais une plus grande largeur que celles actuellement usitées, autrement dit, qu'il faut concentrer la matière autour des appuis et non pas l'étendre.

Faisant, en outre, remarquer que la déformation des traverses longues ($2^m,50$ à $2^m,70$) s'effectue suivant une courbe concave vers le haut et estimant que la déformation d'une traverse courte ($2^m,10$ environ), se réalise au contraire suivant une courbe convexe, surtout si l'on pratique un bourrage dissymétrique, M. Cuénot termine en disant qu'il serait possible de trouver une longueur de traverse et de bourrage (quelle que soit la traverse) telle que la déformation ait lieu suivant une ligne droite.

M. Charles de MOCOMBLE, Ing.-mécan., à Paris.

Rapport sur les engrenages à cames de Grisson. — L'auteur présente un engrenage à cames dont le dispositif spécial permet l'adoption de rapports élevés pour transmissions à grandes vitesses. Ce nouvel engrenage se compose d'un arbre sur lequel est calée une double came (deux cames parallèles, mais opposées) commandant une roue à rouleaux.

Lorsqu'on examine le dispositif figuré ci-contre il est facile de se rendre compte que le mouvement obtenu est d'une régularité absolue, ce qui n'avait pas encore été obtenu avec les commandes par cames employées jusqu'à ce jour.

L'auteur établit ensuite un parallèle entre le type présenté, d'une part, et les anciennes roues à fuseaux et autres engrenages, d'autre part, duquel il résulte que dans l'engrenage préconisé, l'usure et la modification du profil sont inappréciables, le fonctionnement est aussi silencieux que possible. Il signale, en outre, la ligne d'engrènement de forme nouvelle que présente le nouveau dispositif, et fait remarquer que plus le rapport de la transmission augmente, plus l'angle a se rapproche de 90 degrés, ce qui est le desideratum à obtenir.

Quant au rendement de ce nouveau système, l'auteur, d'accord avec le professeur Bach, estime qu'il peut atteindre 0,90 et 0,95 0/0, en choisissant convenablement les rapports entre les diamètres D, d, et la vitesse tangentielle.

Lorsque la roue à rouleaux devient conductrice, ce rendement atteint encore 0,85 et 0,90 (Application à des roues hydrauliques à marche lente).

Il y aurait donc là un dispositif permettant de réaliser d'une façon simple des problèmes exigeant jusqu'ici des combinaisons mécaniques coûteuses, encombrantes et compliquées. Il paraît donc logique de croire que les applications déjà nombreuses qui en ont été faites — dynamos, moteurs à essence — augmenteront rapidement et pourront notamment s'appliquer avec succès aux moteurs à vapeur à grande vitesse, aux transmissions de nombreuses machines-outils, à la commande des pompes à mouvement alternatif, aux appareils de levage, etc.

Discussion. — M. Nivet fait remarquer que, si les cames présentent peu d'usure, il ne devra pas en être de même des axes des rouleaux, d'un graissage difficile, à moins que le système ne fonctionne entièrement dans l'huile.

L'effort transmis, nul d'abord, lorsqu'un rouleau est en contact avec le petit axe de la came, sera toujours oblique sur la ligne des centres, il passera par un maximum pour s'annuler ensuite, tandis que la came opposée passera par des phases à peu près inverses ; toutefois les efforts transmis n'auront une certaine constance que si l'équipage se compose de trois ou d'un plus grand nombre de couronnes à rouleaux. Dans le cas où l'arbre à cames sera l'arbre conduit, la direction des efforts toujours obliques sur la ligne des centres passera près de l'axe de l'arbre à cames, et s'en rapprochera d'autant plus que le diamètre de la roue à rouleaux sera plus petit, ou que plus faible sera le petit axe des cames qui représente le rayon de la circonférence primitive du pignon que forment ces cames. L'entraînement devient alors très difficile.

M. A. NIVET, à Luxé (Charente)

Transmission de mouvement non réversible Mathieu. — Les considérations que M. Nivet a développées dans la discussion des engrenages à cames de Grisson le conduisent à faire une autre communication.

Supposons que, dans un jeu d'engrenages, la circonférence primitive de l'un d'eux se réduise à un point, et que, symétriquement, de chaque côté de l'axe que représente ce point, perpendiculairement au plan des engrenages, et sur un plan passant par cet axe, l'on place deux fuseaux de diamètre d et séparés par un espace égal à d.

Si l'on fait engrener ces fuseaux avec les dents d'une roue ou d'une crémaillère, présentant un tracé approprié, on créera un système dans lequel le pignon pourra entraîner la roue ou la crémaillère, mais la réciproque sera impossible, car la résultante des efforts produits par chaque dent d'engrenage arrivera toujours à passer par l'axe du pignon ainsi construit, ce qui produira l'arrêt.

C'est justement ce qu'a cherché M. Mathieu, constructeur d'instruments de chirurgie, à la mémoire duquel M. Nivet est heureux de rendre hommage : M. Mathieu a, en effet, résolu très élégamment beaucoup de problèmes de mécanique qu'il a appliqués à nombre d'instruments chirurgicaux.

M. Mathieu a créé cette disposition, pour les tables d'opérations, sur lesquelles on place le patient, ordinairement endormi : ces tables sont articulées de façon à obtenir tous les mouvements du corps, des bras et des jambes. Chaque articulation a été munie par M. Mathieu de l'équipage décrit plus haut, et, en quelques tours de manivelle, le chirurgien place lui-même, d'une main, sans bruit, et presque sans effort, le membre du blessé dans la position la plus favorable, et n'a qu'à lâcher la manivelle, quand il a trouvé cette position.

Cette disposition peut être employée avantageusement pour le montage et la descente des fardeaux, elle évite le rochet, qui ne fonctionne que dans un sens, et permet le retour en arrière et l'arrêt dans toutes les positions.

2ᵉ Groupe.

SCIENCES PHYSIQUES ET CHIMIQUES

5ᵉ Section.

PHYSIQUE

Présidents d'honneur	MM. BATTELLI, Prof. à l'Univ. de Vise.
	DE KOWALSKI, Prof. à l'Univ. de Fribourg.
	CARPENTIER, Memb. du Bur des Longit., à Paris.
Président.	M. TURPAIN, Prof. adj. à la Fac. des Sc. de Poitiers.
Vice-Président	M. PELLIN, Ing. des A. et Man., à Paris.
Secrétaire	M. BLONDIN, Prof. agrégé de phys. au Collège Rollin, à Paris.

— Séance du 5 août —

M. Ch. FABRY, Prof. à la Fac. des Sc. de Marseille.

Sur un nouveau spectroscope autocollimateur. — Cet appareil, construit sur mes indications par M. Jobin, est du type autocollimateur, dont les avantages sont connus. Il est à deux prismes, que la lumière traverse deux fois, ce qui donne une dispersion équivalente à celle de quatre prismes dans un spectroscope ordinaire. Il est disposé pour servir à l'observation oculaire ou photographique.

Le pouvoir de définition et la dispersion de cet appareil sont remarquables. Déjà dans la région *b* il montre tous les détails visibles sur les cartes de Rowland. A l'extrême violet, l'image réelle a la même dispersion que dans le premier spectre des grands réseaux de Rowland de 7 mètres de rayon.

Le maniement de ce spectroscope est des plus commodes.

MM. Ulysse LALA et RODA-PLIUS, à Toulouse.

Représentations graphiques simplifiées. — Les auteurs dans cette communication croient nécessaire, en raison de l'intérêt indiscutable qui s'attache aux représentations graphiques, de signaler combien il serait important de simplifier ces représentations en les ramenant, autant que possible, à des diagrammes linéaires, ce qui en rendrait la compréhension plus aisée aux débutants auxquels on faciliterait ainsi l'étude et l'intelligence des phénomènes physiques.

Ils montrent, par un certain nombre d'exemples empruntés systématiquement à la physique élémentaire, que ce desideratum est très fréquemment réalisable.

Discussion. — MM. CARPENTIER, FABRY et TURPAIN font remarquer qu'en ramenant les représentations de .tous les phénomènes à une ligne droite, on empêche les élèves de distinguer la diversité des phénomènes représentés.

M. J. de REY-PAILHADE, Ing. civil des Mines, à Toulouse.

Sur l'emploi en physique de la division décimale du quart de cercle. — L'Association française pour l'avancement des sciences a déjà accueilli favorablement mes propositions en faveur de l'application générale du système décimal à toutes les grandeurs.

En 1894, la Section de géographie a émis un vœu pour l'emploi du *grade* c'est-à-dire de la division du quart de cercle en cent parties égales.

Pendant la session de Carthage en 1896, j'ai montré l'intérêt qu'il y aurait à avoir des éphémérides astronomiques décimales. Cette idée discutée de tous les côtés a décidé le bureau de l'Association à demander aux pouvoirs publiés de faire connaître dans les établissements d'enseignement, cette notation rationnelle de l'angle. Cette démarche a été certainement une des causes qui ont déterminé, en 1901, M. le Ministre de la guerre, à rendre ce système obligatoire pour les examens d'entrée aux écoles Polytechnique et de Saint-Cyr. En cette même année 1901, à Ajaccio, l'Association a émis de nouveaux vœux pour l'emploi pratique du grade. Aujourd'hui, plusieurs savants français et étrangers ont souscrit à des éphémérides décimales en grades, que je vais publier pour 1905. Il y a donc un intérêt évident à ce que les physiciens adoptent aussi le grade. Par exemple, on dira : déviation de la teinte sensible $9°49'$ ($10^{gr}91$). On trouve partout des tables de transformation et beaucoup de cercles divisés d'instruments d'observation sont ainsi gradués.

A la veille de la grande réunion scientifique de Saint-Louis en Amérique, je crois devoir recommander de nouveau aux physiciens français d'adopter définitivement cette unité angulaire, afin de hâter l'achèvement du système décimal.

M. R. DEMERLIAC, Prof. de phys. à l'Éc. de Méd. de Caen.

Recherches sur la résistivité de l'urine humaine. — La détermination de la résistivité se fait facilement par la méthode de Kohlrausch. On trouve ainsi qu'elle est très variable d'un individu à un autre, et pour un même individu elle varie non seulement d'un jour à l'autre, mais encore suivant le moment de la journée où l'urine est émise ; elle est toujours maximum pour celle de la nuit. L'urine étant abandonnée à elle-même fermente, et la résistivité augmente de 2 à 4 0/0 pendant le premier jour pour diminuer peu à peu à mesure que se fait la transformation de l'urée.

La résistivité dépend surtout de la richesse en chlorure de sodium, la variation est sensiblement en proportion inverse, ce qui permet, sans faire d'analyse de voir, approximativement, mais rapidement, l'augmentation ou la diminution journalière de ce sel dans l'urine étudiée. Cependant, grâce aux autres sels dissous, la résistivité ρ d'une urine est toujours inférieure à celle ρ_1, d'une solution aqueuse de chlorure de sodium également concentrée, si l'on fait le rapport $\frac{\rho}{\rho_1}$ on trouve pour des personnes en bonne santé, chez lesquels le rein est sain et fonctionne normalement, une valeur sensiblement constante voisine de 0,7 et cela indépendamment du volume de l'urine, de l'âge et du sexe. (Tableaux).

Si l'on admet, d'après les théories actuelles, que le chlorure de sodium filtre seul dans le glomérule et qu'il y a échange moléculaire entre le liquide filtré et le sérum sanguin au niveau des canalicules, on voit que le rapport $\frac{\rho}{\rho_1}$ renseignera sur l'activité circulatoire dans le rein et sur l'état de l'épithélium au travers duquel se produisent les échanges. Si la vitesse circulatoire augmente, les échanges étant insuffisants faute de temps, $\frac{c}{c_1}$ tend vers l'unité ; au contraire, s'il y a stase rénale $\frac{\rho}{\rho_1}$ diminue, les molécules de chlorure se résorbent en grande partie. Si les épithéliums sont en mauvais état, les échanges se font mal $\frac{\rho}{\rho_1}$ tend vers l'unité. Ce rapport renseigne donc sur l'état du rein, sur les échanges dont il est le siège et sur l'activité circulatoire dans les canicules. Les résultats combinés avec ceux fournis par la cryoscopie permettent de suivre la marche d'une affection cardiaque ou rénale et même de la diagnostiquer.

M. A. TURPAIN

L'utilisation des ondes électriques : La télégraphie sans fil et les autres applications des ondes hertziennes.

NOTE POUR SERVIR DE BASE A LA DISCUSSION

Le but de cette note est de rassembler, en les précisant, les diverses questions que les applications des oscillations électriques ont soulevées.

Marquer l'état actuel de chacune de ces applications, et, parmi les problèmes que cette application comporte, ceux résolus d'une manière vraiment pratique, quels autres, au contraire, n'offrent qu'une solution incomplète ou même encore inconnue; dans quel cadre doit se tenir chaque application pour que les efforts nombreux des inventeurs ne risquent pas d'être vains ou stériles; indiquer encore les réglementations qu'il serait désirable de voir édicter par les gouvernements intéressés pour que les progrès réalisés dans certaines applications ne soient pas entravés; développer enfin le programme des applications qui ont moins attiré jusqu'à ce jour l'attention des chercheurs et qui promettent cependant de n'être pas moins fructueuses en résultats utiles que les précédentes; — tel est le programme auquel cette note devrait répondre.

Nous n'avons pas la prétention de le remplir en entier ; nous essaierons, autant qu'il sera dans nos moyens, de le rendre aussi complet que possible. Le but de cette première note est d'ailleurs d'amener les nombreux savants et spécialistes qui ont fait soit des ondes électriques, soit de leurs applications pratiques l'objet de leurs études, à mieux préciser encore ces diverses questions que nous ne l'aurons fait dans cet exposé préliminaire, à relever les omissions qui s'y trouvent, à rejeter au second plan celles des questions qui nous ont, à tort, paru importantes et à mettre en évidence celles que nous pouvons avoir considéré comme secondaires. La section de Physique de l'Association française pourrait ainsi clôturer le Congrès de 1903 par un rapport dû aux efforts collectifs de ses membres et qui serait le programme des faits acquis d'une part, des desiderata exprimés, d'autre part, concernant les applications pratiques des ondes électriques.

Ce nouveau domaine de l'Électricité semble si riche et parait si fécond en applications de toutes sortes qu'il nous a paru utile d'attirer l'attention des chercheurs sur les diverses questions qu'il permet d'aborder, d'indiquer celles des propriétés des ondes qui semblent pouvoir être utilisées avec succès, celles qui, au contraire, semblent s'opposer à la solution de tel ou tel autre problème.

Nous adopterons, dans cette revue des applications des ondes hertziennes, l'ordre suivant :

I. — Applications télégraphiques :

    a) Télégraphie sans fil ;

    b) Télégraphie avec conducteur.

II. — Applications météorologiques :

    Observation des orages. — Électricité atmosphérique.

III. — Applications mécaniques :

    Commande à distance.

IV. — Applications à l'éclairage :

    Incandescence par les ondes électriques ;
    Luminescence par les ondes électriques.

I. — APPLICATIONS TÉLÉGRAPHIQUES.

a) *Télégraphie sans fil.*

État actuel des progrès réalisés. — Les communications peuvent être assurées d'une manière vraiment pratique à des distances de 100 à 150 kilomètres.

Elles ne présentent aucune sécurité. En particulier, elles sont susceptibles d'être troublées :

1° Par les décharges d'origine atmosphérique, par les variations du champ électrique terrestre et par les effets de la température (manifestes surtout dans les régions chaudes) ;

2° Par un oscillateur voisin en activité.

Elles nécessitent des supports d'antenne d'autant plus élevés que la distance à franchir est plus grande, supports qui deviennent alors coûteux et surtout fragiles. Ces supports établis le plus ordinairement sur des rivages sont difficilement maintenus en place d'une manière constante. Pour peu que la hauteur d'antenne atteigne de 30 à 50 mètres, il paraît impossible de maintenir les antennes à demeure. Les conditions d'isolement nécessitées par les antennes doivent être d'autant mieux réalisées que la distance à atteindre est considérable. Ces conditions ne semblent pas pouvoir être assurées en toute saison et par tous les temps.

En résumé, les appareils utilisés même pour des communications à faible distance, ne laissent pas d'être encombrants et délicats.

La vitesse de transmission des télégrammes, qu'on ne peut guère songer à enregistrer, actuellement, sous une autre forme que celle de signaux Morse, n'excède pas, en pratique courante, six mots à la minute.

Y a-t-il lieu de rechercher les moyens d'augmenter la portée pratique des ondes ? Pour que ces moyens — qu'on peut considérer comme connus — répondent à une utilisation vraiment pratique, il faut avoir résolu d'une manière complète le problème de la syntonisation qui est le suivant :

Problème de la syntonisation. — Ce problème consiste à assurer entre deux postes des communications qui ne puissent être ni *surprises,* ni *troublées* par un troisième poste. Plus généralement, il consiste à assurer entre un nombre quelconque de postes distribués d'une manière quelconque des communications de l'un à l'autre sans *troubles, surprises* ou *confusions* provenant de l'immixtion d'un troisième poste.

Ce problème, envisagé dans toute sa généralité, est-il soluble ? Les effets d'amortissement des ondes électriques laissent une trop grande marge au choix d'un résonateur et d'un excitateur syntones ; il devient, par suite, toujours très aisé de trouver, soit le résonateur propre à surprendre les ondes électriques transmises, soit l'excitateur apte à troubler la transmission en cours. La recherche d'une syntonisation envisagée d'après l'énoncé ci-dessus paraît donc, actuellement du moins, illusoire. Les dispositifs préconisés jusqu'à ce jour comme dispositifs de syntonisation doivent être simplement regardés comme propres à accroître, dans certains cas, la portée des ondes. En particulier, ils peuvent être employés avec succès dans le cas de communications sur terre entre deux postes séparés par de nombreux obstacles. Nous proposons de donner à ces dispositifs le nom de *Dispositifs de résonance,* qui convient mieux au but qu'ils remplissent, puisqu'ils sont impuissants à assurer la syntonisation.

Progrès à réaliser concernant les divers organes de la télégraphie sans fil. — Il semble difficile de réaliser de grands progrès concernant la simplicité ou la robustesse des antennes, radiateurs, relais et enregistreurs de signaux. Les antennes devront toujours être très soigneusement isolées de leurs supports. Les radiateurs semblent ne pouvoir être actionnés avec efficacité et commodité qu'avec des bobines d'induction convenablement entretenues. Les relais et enregistreurs de signaux pourraient, dans certains cas particuliers, être notablement simplifiés (récepteurs pour les barques de pêche).

En ce qui concerne les détecteurs d'ondes, on ne peut guère espérer obtenir des appareils plus sensibles que certains des cohéreurs actuellement connus sans que leur excès de sensibilité n'entraîne une inconstance et une insécurité de même ordre. Il est plus désirable d'obtenir des détecteurs d'ondes — cohéreurs ou autres détecteurs — qui soient d'une sensibilité moyenne mais restent d'une constance absolue. De tels appareils sont plus aptes à servir utilement, dans le domaine vraiment pratique de la télégraphie sans fil, celui des communications à petite distance. En particulier, le détecteur d'ondes à effet magnétique (désaimantation d'un noyau de bobine due à l'action des ondes sur l'hystérésis), semble réaliser un appareil aussi sensible et bien plus constant que le cohéreur. Il y a lieu de préconiser son usage.

Applications de la télégraphie sans fil. — Ces applications sont assez limitées.

En premier lieu elle est applicable avec succès à la télégraphie en mer. Elle constitue, sinon le seul, du moins le meilleur et le plus pratique des modes de signaux entre navires. Elle est éminemment apte à assurer les relations entre les diverses unités d'une escadre. La mise en œuvre des dispositifs imaginés par M. le lieutenant de vaisseau Tissot peut être considérée comme résolvant d'une manière vraiment pratique et parfaite cette première application.

En télégraphie militaire, son application est également suivie de succès. Nous signalerons comme dispositifs très parfaitement étudiés dans ce but spécial ceux de M. le capitaine du génie Ferrié.

Dans ces deux premières applications, l'insécurité des communications limitera, d'une manière assez notable, l'emploi de cette nouvelle télégraphie. Aussi devra-t-elle être employée concurremment avec les autres procédés (télégraphie optique, télégraphie électrique ordinaire de campagne, etc.), et ne pas être considérée comme apte à toujours remplacer ces anciens procédés. Toutefois, cette insécurité paraît devoir être moins préjudiciable dans son utilisation en escadre qu'en télégraphie militaire, l'usage d'un langage chiffré pouvant assurer d'une façon assez efficace la sécurité des communications entre navires. Le trouble des communications échangées tant sur mer que sur terre par un oscillateur voisin ne paraît pas toutefois pouvoir être évité.

Cette nouvelle télégraphie permet encore d'assurer les communications entre les bateaux-phares et la côte, entre les sémaphores et les navires pourvus de ses dispositifs ; peut-être même pourrait-elle être appliquée à la mise en relation des convois de chemins de fer en marche. Il serait, en particulier, très désirable que l'on construise un dispositif récepteur assez robuste et assez simple, partant peu coûteux, dont puissent être dotés les bateaux de pêche, afin que les divers sémaphores puissent utilement les prévenir de l'approche du mauvais temps.

En résumé, le domaine d'utilisation vraiment pratique de la télégraphie sans fil est celui des communications à petite distance. Il est illusoire de considérer cette nouvelle télégraphie comme apte à remplacer la télégraphie avec conducteur.

Bien que de récentes expériences aient démontré la possibilité de recevoir, sinon d'échanger, des ondes électriques à des distances énormes (plusieurs milliers de kilomètres), il ne s'ensuit aucunement que ces expériences puissent être considérées comme une extension de la télégraphie sans fil pratique. Expériences de pure curiosité, coûteux et difficiles essais demandant pour être réalisés le concours heureux d'un très grand nombre d'éléments favorables, ces résultats nous paraissent pouvoir être comparés à l'application faite par Arago des procédés de la télégraphie optique pour rattacher le réseau géodésique européen au réseau africain. Cette communication par signaux optiques à travers la Méditerranée, réalisée dans des conditions particulières de réussite, n'implique pas plus l'utilisation pratique de la télégraphie optique à de pareilles distances que les expériences de Poldhu n'impliquent la possibilité de faire servir les ondes électriques à une télégraphie sans fil pratique à toute distance,

Il ne semble pas par suite qu'il y ait lieu de considérer les très intéressantes expériences de M. Marconi comme de nature à faire prévoir un nouveau mode pratique de communications interocéaniques apte à concurrencer la télégraphie par câbles. En admettant que les nouveaux procédés soient moins coûteux que l'établissement de câbles transatlantiques, il faut encore, pour les rendre pratiques, résoudre dans toute sa généralité le problème de la syntonisation et de plus rendre praticables par tous les temps (pluie, tempête, orage) les dispositifs de la télégraphie sans fil.

Utilité de réglementer l'usage de la télégraphie sans fil. — La répétition par trop fréquente d'essais semblables aux précédents est de nature, par les troubles qu'ils apportent aux dispositifs ordinaires de la télégraphie sans fil, à empêcher ces derniers de répondre au but vraiment utile auquel ils sont destinés.

Puisque l'influence des divers postes les uns sur les autres paraît impossible à éviter, il est désirable que les divers gouvernements prennent des mesures pour réglementer l'emploi de la nouvelle télégraphie.

A ce point de vue, le Congrès de 1903 pourrait émettre les vœux suivants :

1° Que le gouvernement français réglemente l'usage de la télégraphie sans fil, en rattachant, par exemple, au monopole réservé à l'Administration des Postes et Télégraphes, l'exploitation ou l'autorisation d'exploitation des nouveaux procédés ;

2° Qu'une entente intervienne entre les divers États pour empêcher que les postes établis sur les points frontières puissent se nuire réciproquement et entraver leurs effets de protection. Ne serait-il pas possible, à cet égard, de profiter de la réunion annuelle de la British Association qui se tiendra le 9 septembre prochain à Southport pour prier la Section de Physique de la British Association d'envisager l'importance d'un vœu analogue au précédent présenté par elle au gouvernement anglais.

De plus, la Section pourrait envisager l'utilité de la réunion d'un Congrès international de télégraphie hertzienne qui pourrait indiquer les bases d'une réglementation internationale pour la mise en pratique des nouveaux procédés.

b). Application des ondes électriques à la télégraphie avec conducteur.

Cette application a été l'objet de fort peu d'essais. Sans doute la légitime curiosité qu'ont provoquée les résultats obtenus par la mise en œuvre des procédés de la télégraphie sans fil, le chimérique espoir que quelques-uns des adeptes de la nouvelle télégraphie ont caressé de remplacer la télégraphie ordinaire, donnent la raison de l'abandon par les inventeurs de cette nouvelle application des ondes hertziennes. Les résultats doivent cependant être plus fructueux encore dans ce domaine que dans le précédent ; cette application se montre, en effet, apte à résoudre d'une façon des plus complètes des problèmes télégraphiques de bien plus grande généralité.

L'auteur de cette note croit être le seul qui ait cherché à appliquer les ondes hertziennes à la télégraphie avec conducteur. La conviction qu'il possède que cette nouvelle forme de télégraphie, par la souplesse même de l'agent qu'elle utilise, se montrera capable de résoudre d'une manière générale et pratique les problèmes télégraphiques (et peut-être même téléphoniques) les plus complexes, l'engage à rappeler ici les divers résultats auxquels il est arrivé dans cette voie depuis 1895. Cette conviction nous excusera de nous étendre un peu sur nos propres recherches.

Ces résultats ne sont d'ailleurs que le fruit d'essais de laboratoire faits avec de très modestes ressources sur des longueurs de conducteur qui n'ont pas dépassé 200 mètres; la netteté des résultats obtenus malgré la grossièreté des appareils permet d'augurer que des expériences à grande distance effectuées avec des appareils plus précis, mais s'inspirant des mêmes principes expérimentaux donneraient d'excellents résultats.

Les principes sur lesquels s'appuie cette application sont les suivants :

1º L'existence des champs hertziens interférents et la facile transformation à distance d'un champ ordinaire en champ interférent et vice versa;

2º Les propriétés du résonateur à coupure;

3º La facile concentration du champ hertzien par un conducteur et en particulier par un conducteur convenablement protégé.

On a pu en mettant en œuvre ces divers résultats expérimentaux résoudre les problèmes télégraphiques suivants :

1º Transmission simple;
2º   —   duplex;
3º   —   duplex généralisée;
4º   —   diplex;
5º   —   duplex et diplex;
6º   —   quadruplex;
7º   —   multiplex;
8º Multicommunication par ondes électriques (problème général);
9º Télégraphie et téléphonie simultanée.

On pourrait craindre que la transmission des ondes à grande distance au moyen d'un conducteur ne soit pas efficace. Bien que les résultats obtenus en télégraphie sans fil militent en faveur de l'efficacité de cette concentration, les résultats que nous avons obtenus dans l'étude des propriétés des enceintes fermées pour les ondes électriques montrent que cette efficacité sera certaine si on a soin de réunir les dispositifs transmetteurs et récepteurs placés dans des enceintes métalliques, au moyen de conducteurs isolés à revêtement métallique (fil sous plomb). Étant donné que des réseaux télégraphiques complets de câbles souterrains existent aujourd'hui dans presque tous les états, en particulier en France, et que la mise en pratique de la transmission par multicommunication réduit au minimum le nombre de conducteurs d'un réseau, la nécessité, non encore démontrée d'ailleurs, de se servir de câbles à revêtement métallique n'entravera pas la nouvelle application des ondes électriques à la télégraphie avec conducteur.

II. — APPLICATIONS MÉTÉOROLOGIQUES.

a) *Observation des orages.*

Les divers dispositifs employés successivement dans ce but par M. Popoff, par M. Boggio Lera, par M. Tommasina, puis plus récemment par M. Fenyi et par nous-même empruntent tous le cohéreur et constituent en réalité un poste récepteur de télégraphie sans fil.

L'observation des décharges atmosphériques se fait soit au moyen d'une sonnerie, soit encore à l'aide d'un téléphone.

Les préviseurs d'orage sont installés ou bien dans un but de protection agricole, dans ce cas la mise en marche d'une sonnerie ou de tout autre signal d'appel est nécessaire et l'observation par un téléphone ne sera qu'un accessoire; ou bien la prévision constitue une observation météorologique, dans ce dernier cas, au téléphone qui ne peut servir que d'appareil auxiliaire permettant de suivre pendant un moment le phénomène, il y a lieu d'adjoindre un dispositif enregistreur.

On peut comme le fait M. Boggio Lera charger de cette inscription plusieurs relais de sensibilités différentes; on peut encore plus simplement se servir d'une série de cohéreurs de sensibilités différentes qui seront impressionnés en nombre plus ou moins grand suivant que les ondes émanent d'un nuage plus ou moins rapproché. Chaque cohéreur commande, au moyen d'un relais unique, convenablement combiné, un style inscripteur. L'inscription peut se faire sur le cylindre d'un baromètre enregistreur Richard. Les tracés obtenus mis ainsi en regard de celui du baromètre sont susceptibles de permettre d'utiles comparaisons.

Il y aurait lieu d'utiliser dans les préviseurs d'orage le détecteur d'ondes à hystérésis de Rutherford. Son emploi est susceptible de se prêter peut être mieux encore à l'observation et à l'enregistrement des décharges électriques d'origine atmosphérique.

b) *Électricité atmosphérique.*

La seconde application météorologique que l'on peut demander aux dispositifs de réception des ondes électriques est l'observation et l'enregistrement des effets dus à l'électricité atmosphérique.

Il serait désirable que les observatoires météorologiques étudient d'une façon suivie l'électrisation atmosphérique, les effets de la température et l'influence des nuages électrisés au moyen d'un dispositif récepteur d'ondes. Les mêmes dispositifs peuvent d'ailleurs servir à l'enregistrement et partant à l'étude des orages.

Si la prévision des orages a été l'objet d'un assez grand nombre d'études l'étude du champ électrique terrestre n'a guère donné lieu jusqu'à ce jour qu'à des observations de perturbations signalées surtout par les postes établis pour la télégraphie sans fil. L'étude systématique et suivie de ces perturbations permettrait sans doute d'employer soit le cohéreur, soit un autre détecteur d'ondes, aux observations météorologiques concurremment avec les autres procédés d'observations.

III. — APPLICATIONS MÉCANIQUES.

Commande à distance.

Cette application, qui consiste à produire à distance et sans fil le déclanchement d'un appareil utilise comme dispositif de commande un excitateur d'ondes et comme organe récepteur, un cohéreur. Cette application peut donc être considérée comme une variante de la télégraphie sans fil, elle en partage d'ailleurs l'insécurité et l'inconstance. La commande à distance par les ondes électriques paraît d'ailleurs avoir été plutôt l'objet d'un très grand nombre de brevets que d'une véritable réalisation pratique. Il y aurait sans doute lieu de substituer dans ces dispositifs au cohéreur le détecteur d'ondes à hystérésis de Rutherford en le rendant capable d'actionner un relais.

A côté des dispositifs de commande à distance nous signalerons l'utilisation des ondes à la solution de l'important problème de la tarification mobile, utilisation indiquée et préconisée par MM. Renous et Turpain.

IV. — Applications a l'éclairage.

Peut-on véritablement citer comme une application des ondes électriques l'éclairage par incandescence ou par luminescence produite au moyen des courants de haute fréquence? Les expériences de M. Tesla, de M. Elihu Thomson, les essais d'éclairage de M. Mac Farlan Moore montrent plutôt de curieuses propriétés des ondes électriques qu'ils ne constituent une application pratique de ces phénomènes. La dépense d'énergie nécessitée par la mise en activité des dispositifs permettant de produire soit la luminescence d'ampoules à gaz raréfié, soit l'incandescence de filaments de lampes est excessive, comparée à l'intensité lumineuse obtenue. De plus le transport de ces courants de haute fréquence en des points éloignés des appareils qui les produisent n'est pas actuellement possible sans perte énorme, ni d'une manière pratique.

Toutefois on ne peut méconnaître que ces expériences sont susceptibles grâce à d'heureux perfectionnements de constituer le principe d'applications des ondes électriques à l'éclairage. Aussi avons-nous cru devoir les rappeler ici.

Discussion. — I. — *Applications télégraphiques.* — La Section de physique adopte les termes du rapport présenté par son président.

M. Tissot et M. Blondel adhèrent complètement à ses conclusions, il font remarquer toutefois que, en ce qui concerne l'utilité de réglementer l'usage de la télégraphie sans fil, il n'y a pas lieu d'émettre de vœu, la question venant d'être soumise à l'appréciation d'une commission internationale qui siège actuellement à Berlin.

M. Turpain se range à cet avis et fait remarquer que lors de la rédaction de sa note, qui remonte au mois de janvier dernier, la question de la réglementation de la télégraphie sans fil n'était pas encore résolue.

M. Blondin demande si, conformément à un vœu fait par la section l'an dernier, les constructeurs se sont préoccupés de réaliser des appareils robustes et bon marché pour avertir les bateaux de pêche des changements de temps.

La Section renouvelle le vœu émis l'an dernier et appelle l'attention des constructeurs sur l'utilité de la réalisation de semblables dispositifs.

II. — *Applications météorologiques.* — La partie du rapport concernant les applications à la météorologie est soumise à l'appréciation des deux sections de physique et de météorologie réunies.

M. Durand-Gréville et M. Brunhes estiment que l'utilisation du cohéreur ou de tout autre détecteur d'ondes, tant pour l'observation des orages que pour celle de l'électricité atmosphérique, doit être préconisée concurremment avec les autres procédés d'observation.

M. Ch. MAURAIN, Maître de conf. à la Fac. des Sc. de Rennes.

Sur les cohéreurs à diélectrique solide. — Ces cohéreurs ont paru échapper à l'explication de Lodge ; les expériences faisant l'objet de cette note montrent que dans les agglomérés de limaille et de diélectrique solide qui constituent ces cohéreurs existent très probablement de petites cavités produites par le retrait du diélectrique pendant le refroidissement à partir de la fusion ; l'action des oscillations électriques s'excerce sans doute dans ces cavités, par le même mécanisme que dans le cas général. Il est possible qu'en même temps que ce mode d'action intervienne une action s'exerçant à travers le diélectrique lui-même, mais elle ne paraît pas prépondérante lorsque le diélectrique est assez dur.

———

M. Camille TISSOT, Prof. à l'Éc. navale, à Brest.

Sur la durée du phénomène de cohérence. — Quand on soumet un cohéreur ordinaire à l'action d'une onde électrique, le système subit une chute permanente de résistance.

M. Hurmuzescu a récemment étudié les phénomènes qui se produisent lorsqu'on prolonge l'action des ondes, c'est-à-dire, lorsqu'on fait agir sur le système des trains d'ondes successifs. Nous nous sommes proposés de suivre la marche du phénomène lors de l'action de la première onde seule, et de rechercher s'il s'établit d'une manière instantanée ou progressive.

Le cohéreur étudié est disposé dans un circuit qui comprend une pile (ou un potentiomètre) et une résistance non inductive ρ reliée aux armatures d'un condensateur.

Le tube étant tout d'abord décohéré, la résistance ρ se trouve parcourue par un courant très faible d'intensité i_0, et le condensateur est chargé à une différence de potentiel ρi_0.

On produit au temps t une étincelle de rupture capable de cohérer franchement le tube. Le cohéreur étant placé très près de l'interruption où se produit l'étincelle, commence à se cohérer à l'époque t. Au bout d'un intervalle de temps θ très petit et variable, les extrémités de la résistance ρ sont isolées du condensateur qui se trouve chargé à une différence de potentiel ρi, i étant la valeur prise par l'intensité dans le cohéreur au temps $t + \theta$. Cette valeur i est fournie par la décharge du condensateur dans un balistique.

Les opérations successives sont effectuées à l'aide d'un pendule interrupteur de Bouty qui permet de faire varier θ à volonté en agissant sur une vis micrométrique qui déplace un système de godets à mercure.

L'expérience montre qu'en décalant progressivement le système de godets, on passe sans transition de la position pour laquelle la « cohérence » ne se produit pas du tout, à la position pour laquelle la chute de résistance est complète.

La chute de résistance d'un cohéreur ordinaire — *à chute permanente et grande résistance de retour* — ne paraît donc pas être progressive.

Le dispositif utilisé ne permet pas d'ailleurs de donner avec certitude à θ des valeurs comprises entre 0 seconde et $\dfrac{1^s}{4.10^3}$. On peut donc simplement affirmer que la chute s'effectue intégralement en une durée inférieure à $\dfrac{1}{4.10^3}$ de seconde.

On a essayé de reculer ces limites en utilisant le passage d'une balle de revolver dans des cadres pour opérer les ruptures des circuits.

La balle coupe au temps t un circuit inductif et donne naissance à l'étincelle excitatrice. Au temps $t+0$ elle coupe les connexions de la résistance ρ avec les armatures du condensateur.

On peut rapprocher les cadres à une distance de 2 centimètres sans que la chute de résistance cesse d'être complète. Avec une vitesse de la balle de 200 mètres à la seconde, cette distance correspond à une durée de $\frac{1^s}{10^4}$. Dans les conditions de l'expérience, cette durée représente évidemment un maximum pour l'établissement du phénomène de la cohérence.

— **Séance du 6 août** —

M. CASALONGA.

Sur un nouveau mode de transformation de la chaleur en travail.

M. BEAULARD, Prof. à l'Univ. de Grenoble.

L'hystérésis diélectrique et magnétique. — En 1898, M. Schaufelberger a indiqué pour l'étude de l'hystérésis la méthode suivante : un ellipsoïde, de révolution autour d'un axe vertical, oscille autour de celui-ci entre les plaques d'un condensateur chargé, puis non chargé. Dans ce mouvement, les diverses régions de l'ellipsoïde diélectrique sont soumises à un champ polarisant uniforme, d'orientation variable ; les couches électriques superficielles restent en retard sur la matière du diélectrique, de sorte que l'état de la polarisation à l'époque t est liée, non à l'intensité du champ polarisant au temps t, mais au temps antérieur $t-\tau$. Il en résulte un amortissement dans le mouvement oscillatoire ; de la valeur du décrément logarithmique, déterminée dans le cas du condensateur chargé et non chargé, on peut déduire le retard τ.

A. — Je me suis proposé : 1° de simplifier les calculs de M. Schaufelberger ; 2° de donner l'expression exacte de la valeur de τ, une erreur de calcul ayant été commise, ce qui fausse tous les résultats numériques.

B. — Le calcul de l'énergie absorbée par l'hystérésis (pour la paraffine) peut se faire dans la double hypothèse *a*) de l'éther fixe, *b*) de l'éther mobile entraîné par la matière.

Dans le premier cas, l'énergie absorbée par hystérésis représente 10 0/0 de l'énergie totale ; dans le second cas, elle n'est que de 5 0/0. Or, j'ai démontré antérieurement (*Sur l'hystérésis diélectrique.* — Grenoble, 1901, imprimerie Allier) que dans le cas de la paraffine *pure*, l'hystérésis est nulle, et la viscosité très faible ; il en résulte que c'est la seconde hypothèse, à savoir *celle de l'éther entraîné par la matière (hypothèse fondamentale de l'électrodynamique de Hertz), qui se rapproche le plus de la vérité,* encore que le résultat de 5 0/0 soit exagéré.

C'est là le premier point que je voulais mettre en évidence, en me servant des résultats numériques *corrigés* de M. Schaufelberger.

C. — La même *méthode d'oscillation* peut être employée *pour l'étude de faibles traces d'hystérésis magnétiques*, dans le cas des liquides (exemples : perchlorure de fer en solution, dans un récipient ellipsoïdal, oscillant entre les armatures d'un aimant). Les courants de Foucault s'ajoutent à l'hystérésis pour augmenter l'amortissement ; mais la séparation des deux effets est possible, puisque l'hystérésis ne dépend pas de la vitesse de variation du champ, dans l'espèce de la rapidité ou de la lenteur des oscillations.

C'est la *possibilité de cette étude et de cette séparation* que je tenais également à mettre en évidence, en attendant de la réaliser.

Discussion. — M. de KOWALSKI fait observer que M. Leydweiller, de l'École polytechnique de Hanovre, a antérieurement montré que les résultats obtenus par M. Schaufelberger sont dus à la conductibilité que prend la surface de l'ellipsoïde par suite de l'humidité de l'air.

M. Ch. FABRY.

Emploi de la lampe électrique à incandescence comme étalon photométrique. — En vue de recherches de photométrie solaire, j'ai dû étudier un étalon photométrique pouvant donner des résultats concordants dans toutes les conditions de pression, d'agitation de l'air, etc. La lampe à incandescence m'a donné la solution du problème.

Lorsqu'on veut employer une lampe à incandescence comme étalon, il faut régler son *régime* avec une grande précision, l'intensité lumineuse variant de 6 0/0 environ pour une variation de 1 0/0 de la tension aux bornes. De plus, l'éclat peut varier progressivement avec le temps, par suite:

. 1° Du noircissement de l'ampoule ; ce phénomène est très lent si la lampe n'est pas trop poussée ;

2° De la variation (en général augmentation) de la résistance du filament. Si la lampe est alimentée à *tension constante* la puissance dépensée $\dfrac{e^2}{R}$ diminue avec le temps, et la lampe faiblit ; à *intensité constante* la puissance Ri^2 augmente, et la lampe peut avoir un éclat croissant.

Les meilleurs résultats sont obtenus à *puissance constante.*

Un méthode d'équilibre m'a permis de réaliser ce mode de fonctionnement sans employer de wattmètre. Une lampe ainsi montée n'a pas varié de 1 0/0 (limite de précision de ces mesures) après cinq cents heures de fonctionnement.

M. le Dr Stéphane LEDUC, Prof. à l'Éc. de Méd. de Nantes.

Photographie par moulage transparent. — A l'aide de gélatine pure ou additionnée d'encre de Chine répandue sur une plaque de verre, on peut faire des moules transparents d'objets à faible relief, noirs ou éteignant les rayons photographiques ; ces moules peuvent ensuite servir de clichés pour obtenir des épreuves photographiques directes ou par agrandissement des objets moulés.

Cette méthode donne des résultats particulièrement appréciables dans la photographie des monnaies et médailles, graines et organes de plantes, insectes, peau, coupes de métaux, etc.

Champs de cristallisation et cristallogénie. — En répandant, sur une plaque de verre, une solution saline additionnée d'une proportion variable d'une substance colloïde, gélatine, gomme, albumine, etc., les molécules de la substance cristallisable orientent et entraînent dans leurs mouvements la substance colloïde, de façon à dessiner le champ de cristallisation avec la direction de ses lignes de force. Les préparations sèches forment des clichés que l'on peut agrandir par la photographie, ce qui permet d'étudier les cristaux et leurs champs de cristallisation et renseigne sur la cristallogénie.

———

MM. J. MACÉ DE LÉPINAY et **H. BUISSON**, à Marseille.

Sur les changements de phase par réflexion dans le quartz sur l'argent. — Ces recherches ont été entreprises dans le cours d'essais préliminaires sur une nouvelle méthode de mesure optique des épaisseurs de lames transparentes : on observe deux phénomènes d'interférence, l'un de *lames mixtes*, l'autre sous forme d'anneaux à l'infini par réflexion ou transmission dans la lame. Lorsque l'épaisseur devient grande, il y a avantage à argenter les surfaces, de manière à employer les anneaux de lames argentées dont MM. Perot et Fabry ont fait de nombreuses applications. Mais alors s'introduit comme correction le changement de phase par réflexion ; l'étude de ce changement de phase fait l'objet de cette note.

La réflexion donne lieu à *un retard*, qui va en croissant à partir de zéro lorsque l'épaisseur d'argent croît ; ce retard tend rapidement vers une valeur constante, déjà à peu près atteinte pour une épaisseur de $30\mu\mu$ La valeur limite du changement de phase est de 0,63 pour la raie rouge du cadmium, 0,64 pour la verte et 0,65 pour la bleue ; ces valeurs dépendent donc fort peu de la longueur d'onde.

———

M. E. MATHIAS, Prof. à l'Univ. de Toulouse.

Remarque sur le mémoire de Ramsay et Shields. — Alors qu'on s'est occupé d'appliquer les lois des états correspondants à la tension superficielle et à l'énergie superficielle moléculaire, on ne paraît pas s'être préoccupé de les appliquer à l'ascension capillaire h qui constitue un élément directement tiré de l'expérience et qui ne suppose pas, comme les deux autres, la connaissance des deux sortes de densités du liquide étudié à la température de l'expérience.

Pour rendre les expériences comparables, on convient de rapporter les ascensions observées à ce qu'elles seraient dans un tube idéal de $0^{cm},01$ de rayon. Dans ces conditions, la courbe $h = f(t)$ est asymptote à une droite de coefficient angulaire négatif c dont elle se sépare peu. Si θ est la température critique centigrade du liquide étudié, l'asymptote coupe l'axe des abscisses en un point pour lequel $t = \theta + d$; l'équation :

$$h = c(\theta + d - t)$$

qui est celle de l'asymptote, se confond avec la fonction $h = f(t)$, pourvu que la température soit inférieure à θ de quelques dizaines de degrés.

Si l'on introduit la température réduite m, l'équation précédente devient :

$$h = c\,\Theta\left(1 - \frac{T}{\Theta} + \frac{d}{\Theta}\right) = h_m\,(1 + \varepsilon - m)$$

$$(\Theta = 273 + \theta)$$

$h_m = c\,\Theta$ et $\varepsilon = \dfrac{d}{\Theta}$ étant de nouvelles constantes qui, si les lois des états corres-, pondants s'appliquent, devront être les mêmes pour tous les corps. Il en est ainsi dans le cas de corps *non associés*, pourvu que l'on fasse des *groupes* ; la constante h_m varie sensiblement du simple au double, ce dont il est facile de se rendre compte en utilisant les travaux de W. Ramsay et Shields sur l'énergie superficielle moléculaire.

———

M. Albert TURPAIN.

Sur le fonctionnement des cohéreurs associés. — Au cours de ses recherches poursuivies par l'auteur dans le but d'observer les orages au moyen du cohéreur, l'auteur a été conduit à étudier les particularités que présente le fonctionnement de cohéreurs associés.

La sensibilité d'un cohéreur unique est notablement moindre en circuit ouvert qu'en circuit fermé.

Lorsque plusieurs cohéreurs associés en dérivation sont en circuit ouvert, ils conservent la même sensibilité relative que s'ils sont en circuit fermé ; mais la sensibilité de chacun d'eux est bien moindre en circuit ouvert qu'en circuit fermé. — Si l'un des cohéreurs est placé en circuit fermé (les autres restant en circuit ouvert), il acquiert une sensibilité beaucoup plus grande que celle qu'il présente en circuit ouvert. — On peut baser sur ces phénomènes une méthode simple et rapide pour déterminer l'ordre de sensibilité de plusieurs cohéreurs associés.

L'étude du fonctionnement de plusieurs cohéreurs associés en série ou disposés suivant un mode mixte, partie en série, partie en dérivation, a été également faite. Les résultats de cette étude ont conduit à deux applications, l'une ayant trait à la constitution d'un dispositif propre à suivre la marche des orages, l'autre susceptible de servir en télégraphie hertzienne.

———

M. BLONDEL, Prof. à l'Éc. nat. des P. et Ch.

Nouveau dispositif de radiateur pour la télégraphie sans fil. — L'auteur se propose de concentrer l'énergie émise dans certaines directions utiles de l'espace au détriment des autres.

Il obtient ce résultat en réunissant par un fil horizontal, dans lequel est intercalé le producteur d'oscillations, les extrémités inférieures de deux antennes ayant pour longueur 1/4 de longueur d'onde, et distantes entre elles de 1/2 longueur d'onde. Dans ces conditions, l'émission d'énergie est maximum dans le plan des antennes, et nulle dans le plan perpendiculaire.

Un dispositif analogue peut être employé pour la réception, pour améliorer la sélection syntonique.

En employant comme radiateur récepteur un cadre orientable à volonté, on peut découvrir approximativement la direction dont proviennent les signaux, grâce au fait que les oscillations s'annulent dans le cadre quand son plan est perpendiculaire à cette direction.

———

Sur l'application des couples thermoélectriques à la réception des signaux de la télégraphie sans fil. — L'auteur décrit un nouveau système de récepteur formé par un couple constantant-fer en fil très fin placé dans un tube à vide et parcouru par le courant de l'antenne réceptrice. Un téléphone placé en dérivation aux bornes du tube se trouve soumis à l'action des forces électromctrices variables produites par l'échauffement, chaque passage d'un train d'ondes produit ainsi une percussion sur la membrane.

———

M. Camille TISSOT.

Appareils détecteurs de mesures pour la réception des ondes électriques en télégraphie sans fil. — Le phénomène de la réception en télégraphie sans fil est fort complexe, car il dépend, non seulement de l'action des ondes sur l'antenne réceptrice, mais aussi de l'effet enregistré par le détecteur. Le cohéreur qui est généralement employé pour déceler les ondes à distance, est un appareil d'une extrême sensibilité, mais le phénomène qui s'y passe est encore bien obscur et l'interprétation des résultats qu'il fournit est assez incertaine.

Nous avons donc songé à recourir à d'autres genres de détecteurs, d'une part, pour étudier méthodiquement les phénomènes qui prennent naissance dans l'antenne réceptrice ; d'autre part, pour analyser les effet qu'enregistrent les différents appareils utilisés à la réception des ondes (cohéreurs, auto-décohéreurs, etc.).

L'un de ces détecteurs est le bolomètre qui, comme tout appareil thermique, enregistre à coup sûr la somme totale de l'énergie reçue, c'est-à-dire une quantité proportionnelle à $\int i^2 dt$ étendue à la durée d'une période. Le principe de l'appareil est bien connu et nous avons donné déjà, dans les comptes rendus de l'Académie des Sciences, la description du dispositif que nous avons adopté.

L'appareil est assez sensible pour permettre de mesurer d'une manière certaine l'action exercée sur une antenne réceptrice d'une trentaine de mètres de longueur, à plusieurs kilomètres du poste d'émission. (1)

L'autre appareil détecteur procède du détecteur magnétique de Marconi. Les expériences que nous avons exécutées nous ont conduit à la conclusion, qu'à la sensibilité près, l'effet enregistré par le détecteur magnétique est de même nature que celui qu'enregistre le dispositif de Rutherford. Tandis que le bolomètre donne une indication proportionnelle à l'énergie totale, le détecteur paraît fournir une indication qui dépend de l'intensité maxima. Dans le détecteur de Marconi, les observations se font au téléphone. Nous avons transformé le dispositif en appareil de mesure en substituant l'observation d'une déviation galvanométrique à l'audition téléphonique. Mais il arrive que l'action produite sur un balistique par les variations d'induction dues à la rotation de l'aimant est bien

---

(1) Nous avons pu obtenir l'enregistrement au bolomètre d'émissions exécutées à une quarantaine de kilomètres de distance.

plus considérable que celle qui provient de l'effet des ondes. Il faut donc annuler à tout instant l'effet dû à la rotation du champ. Nous avons associé deux détecteurs identiques en les mettant en opposition sur un balistique sensible (ou sur un électrodynamomètre genre Bellati).

Les aimants des détecteurs sont calés sur le même axe et entraînés par une même poulie.

Les bobines secondaires sont reliées en opposition sur le balistique. L'un des primaires seul est relié à l'antenne et la terre.

Dans ces conditions l'effet de l'onde peut être enregistré à toute phase du mouvement par la déviation du spot.

La comparaison des indications fournies par le *bolomètre* et le *détecteur différentiel* permet de se rendre compte de l'amortissement des ondes dans différentes circonstances de réception, et d'étudier ce qui se produit lorsqu'on substitue à la *réception directe* la *réception indirecte* par transformateur ou « jigger ».

Elle permet aussi de comparer les résultats donnés dans des conditions identiques par les divers détecteurs : cohéreurs à grande résistance de retour ; cohéreurs à faible résistance de retour ; auto-décohéreurs, etc.

M. J. DE KOWALSKI, Prof. à l'Univ. de Fribourg (Suisse).

Sur l'amortissement des oscillations électriques de période moyenne. — M. J. DE KOWALSKI a étudié les causes des désaccords qui existent entre la formule théorique donnée par sir William Thomson pour l'amortissement des oscillations électriques et les résultats des expériences des différents physiciens. Il arrive à démontrer que la formule de sir William Thomson est exacte et cela au moins à 1/2.000 près.

Les désaccords trouvés antérieurement ne tiennent qu'à cela : que les conditions théoriques des expériences n'étaient pas maintenues rigoureusement. M. de Kowalski démontre que c'est surtout le mauvais isolement des bobines de self-induction qui en est la cause principale. — La mesure de l'amortissement, qui peut être faite avec une grande précision, peut nous donner, par contre, un *criterium* de l'isolement des bobines.

Il finit en insistant sur l'importance de cet isolement dans les différentes applications des oscillations électriques.

— Séance du 8 août. —

M. DIVAI, Pharm. de 1re classe, à Angers.

Nouvel appareil de photomicrographie.

M. PASQUEAU, Insp. gén. des P. et Ch. à Paris.

Redressement des clichés photographiques par le Scopa, amplificateur redresseur, automatique et universel. — Les lignes verticales de la nature sont reproduites sur le cliché photographique par des lignes inclinées et convergentes quand la glace sensible n'a pas été, pendant la pose, exactement verticale, aussi bien dans le sens longitudinal que dans le sens transversal de l'appareil qui l'a produit. Avec les chambres à pied, ces déformations si regrettables peuvent être évitées, dans des limites assez étroites, par l'emploi des niveaux et du décintrement; mais l'application de ces mêmes moyens aux appareils à main est illusoire en raison de la mobilité de l'opérateur et de l'impossibilité pratique de bien voir en même temps le viseur et le niveau.

Le Scopa, imaginé par l'auteur, résout au contraire ces difficultés d'une manière simple, pratique et complète, pour tous les appareils, à main ou à pied, dans des limites très étendues. Il redresse toutes les déformations dues à la pente de l'axe optique et au devers de l'appareil qui a produit le cliché. Il maintient automatiquement la mise au point sur toute la surface de l'épreuve à obtenir. Il fonctionne avec tous les objectifs et il réalise tous les rapports d'agrandissements ou de réduction, dans les limites du format pour lequel chacun de ses modèles a été construit.

La théorie du Scopa est basée sur divers théorèmes dont la démonstration géométrique a fait l'objet principal de la communication au Congrès. L'auteur a présenté un de ces appareils et quelques-uns des redressements qu'il a obtenus.

M. O. ROCHEFORT.

Sur une réception accordée pour la télégraphie par ondes hertziennes, par cohéreur-condensateur et résonnateur Oudin, bipolaire.

M. Ferdinand BRAUNNE.

Sur un dispositif de télégraphie sans fil.

M. BLONDEL.

Nouveau système de radiateur pour la télégraphie sans fil. — L'auteur constate que les moyens employés jusqu'ici pour augmenter la capacité et la puissance des systèmes radiateurs, notamment par Marconi (fils disposés en pyramide renversée à base rectangulaire) ne donnent pas le maximum d'efficacité réalisable avec une hauteur donnée de pylone, parce que l'intensité du courant diminue jusqu'à zéro à l'extrémité supérieure des fils.

Il préconise l'emploi d'un filet métallique horizontal tendu au sommet des pylones et relié par un groupe de fils verticaux à l'appareil excitateur placé sur le sol.

Réunion des 5e et 7e Sections.

M. DURAND-GRÉVILLE.

Prévision, quelques heures d'avance, du passage d'un grain de vent avec orage probable et tornade possible, en un lieu donné, à une heure déterminée. — Théoriquement, le problème de la prévision — à heure fixe, mais à une heure différente pour chaque lieu et variable d'un jour à l'autre dans un même lieu — de la certitude du passage d'un grain tempétueux, de la grande probabilité d'une averse de pluie ou de grêle, de la probabilité un peu moindre d'un grand orage et de la possibilité d'une tornade, est aujourd'hui un problème résolu, grâce à la considération de la ligne de grain.

Il serait désirable que l'on obtînt des pouvoirs publics, pour une période déterminée assez courte d'ailleurs, la gratuité des télégrammes nécessaires à la vérification des résultats pratiques de cette nouvelle méthode.

En attendant, et sans aucune dépense supplémentaire, il serait urgent de dresser — sinon de publier dans le *Bulletin international* — les cartes journalières d'isobares par millimètre au lieu de $5^{mm},5^{mm}$, ce qui permettrait déjà de voir plus clair dans la situation atmosphérique générale et de rendre notablement plus précise la prévision du temps. Les cartes par millimètre existent déjà dans le *Boletin* du Portugal.

M. J. DE KOWALSKI.

Sur les décharges électriques dans l'air. — M. J. DE KOWALSKI décrit pour commencer ses expériences exécutées en commun avec M. Moscicki sur l'action chimique des décharges à haute fréquence dans les mélanges gazeux. Il se trouve qu'à une certaine fréquence la décharge à travers un milieu gazeux prend un aspect spécial qui dépend encore de la quantité d'énergie électrique employée. Les actions chimiques d'une telle décharge sont très intéressantes : dans l'air il se forme des quantités très grandes de vapeurs nitreuses ; dans un mélange d'acide carbonique et d'azote, il se forme encore des vapeurs nitreuses et de l'oxyde de carbone; dans un mélange des vapeurs de la benzine et de l'azote, il se forme du cyanogène et de l'hydrogène.

Vu l'importance pratique du problème, MM. de Kowalski et Moscicki se sont surtout occupés de la production des vapeurs nitreuses et, par suite, de l'acide nitrique.

De quelle manière le problème technique de cette question a été résolu, l'auteur l'a décrit ailleurs. Il se permet de rappeler seulement qu'on peut obtenir jusqu'à 44 grammes d'acide nitrique pur par kilowatt-heure, et qu'il ressort des calculs faits que le prix du kilogramme du nitrate de chaux ne dépasserait pas 13 centimes. Cette solution serait donc très importante pour le développement de l'agriculture.

Ensuite M. de Kowalski décrit les expériences faites avec des décharges électriques à la surface des isolants. Si un côté d'une plaque isolante est couvert d'une couche conductrice, tandis que sur l'autre côté on produit des décharges, on obtient des étincelles beaucoup plus longues que celles qu'on obtient si la couche conductrice est supprimée.

M. de Kowalski expose des photographies qui démontrent que les étincelles suivent exactement la voie tracée par une couche conductrice sur le côté de la plaque opposé à la décharge. Ainsi on peut obtenir des étincelles en triangle, carrés ou zigzags, etc.

M. de Kowalski appelle l'attention sur les analogies qu'il y a entre ces décharges et celles se produisant dans l'atmosphère pendant les orages.

M. Albert TURPAIN.

Les phénomènes d'électricité atmosphérique observés au moyen des cohéreurs.
— L'auteur, en continuant à appliquer le cohéreur à l'observation des orages,
s'est proposé de l'utiliser également pour étudier le potentiel en un point de
l'atmosphère.

I. *Observation des orages.* — Le résultat de l'étude de cohéreurs associés en
dérivation a servi à réaliser un dispositif permettant de suivre la marche du
météore. Un certain nombre de cohéreurs de sensibilité graduée sont disposés
en circuit ouvert. Au moyen d'un contact tournant on interroge de temps à
autre leur état de conduction qui s'enregistre photographiquement en relevant
les élongations du miroir d'un galvanomètre sensible mis temporairement en
circuit avec chacun d'eux. Le mouvement du contact tournant permet de produire, après chaque consultation, la décohésion des cohéreurs et de s'assurer
que cette décohésion est bien complète.

La comparaison du nombre de cohéreurs cohérés par des décharges atmosphériques successives permet de suivre la marche de l'orage.

II. *Étude du potentiel de l'air en un point.* — On emploie un cohéreur sensible alors que les cohéreurs destinés à l'observation des orages doivent être de
sensibilité assez médiocre. Une antenne est mise en relation avec une petite
sphère soigneusement isolée. A des intervalles de temps égaux on décharge la
sphère dans le circuit d'un cohéreur. On relève photographiquement l'état de
conduction que cette décharge communique au cohéreur. Le cohéreur est
décohéré et sa décohésion est vérifiée afin de pouvoir être utilement consulté à
nouveau. Ce procédé consiste, en définitive, à répéter l'expérience de de Saussure
en se servant du cohéreur comme appareil indicateur.

Discussion. — M. Durand-Gréville et M. Brunhes estiment que l'emploi du
cohéreur et plus généralement des détecteurs d'ondes pour l'observation des
orages est susceptible de fournir de très utiles renseignements et engagent
M. Turpain à continuer ses observations tant en ce qui concerne l'enregistrement des décharges atmosphériques qu'en ce qui concerne l'étude de l'électricité
atmosphérique.

MM. Albert TURPAIN et P. DAVID.

*Enregistrement d'orages par cohéreurs à l'observatoire du Puy-de-Dôme durant
l'été 1903.* — Cette note indique la description succincte des dispositifs employés
et des appareils enregistreurs utilisés. Elle compare les observations faites avec
les renseignements fournis par le bulletin du bureau central météorologique.

M. A. GOCKEL.

Sur la variation diurne de la déperdition de l'électricité dans l'atmosphère.

5e Section.

— Séance du 10 août —

M. André AURIC, Ing. des P. et Ch., à Valence.

Note sur la thermodynamique. — Dans cette note, l'auteur démontre d'une manière élémentaire les lois essentielles de la thermodynamique et en particulier les lois de Mariotte et de Gay-Lussac, en faisant ressortir le caractère théorique de la première et le caractère approximatif de la deuxième.

L'auteur estime que, comme pour les phénomènes acoustiques, optiques et électriques où la durée de la vibration élémentaire est nettement distinguée de l'amplitude de celle-ci, il conviendrait de faire une distinction semblable dans les phénomènes thermiques et magnétiques. On serait ainsi conduit à dédoubler en quelque sorte les notions généralement connues sous le nom de température et de moment magnétique en faisant intervenir les notions plus précises de durée et d'amplitude des vibrations élémentaires qui leur ont donné naissance.

Note sur les différents états des corps. — Dans cette note, l'auteur propose une classification des différents états des corps, basée sur la nature des vibrations que ces corps peuvent transmettre.

Il est ainsi conduit aux quatre états :

1º Solides et liquides ;
2º Vapeurs ;
3º Gaz ;
4º Ultra-gaz.

Les solides, liquides et gaz peuvent transmettre les vibrations longitudinales et les vibrations transversales ; les ultra-gaz ne peuvent transmettre que ces dernières et les vapeurs ne peuvent en transmettre aucune.

M. Ch.-Éd. GUILLAUME, Dir.-adj. du Bur. internat. des Poids et mes., à Sèvres.

Sur la variation du mode d'élasticité du fer aux températures élevées.

M. Ch. FABRY.

Comparaison de l'intensité lumineuse du soleil avec celle des étoiles. Recherches de photométrie solaire. — On a aujourd'hui des données numériques précises sur les rapports des intensités lumineuses des étoiles entre elles ; il n'en est pas de même pour le rapport du soleil aux étoiles ; certaines évaluations diffèrent dans le rapport de 1 à 10. Cette constante a cependant une assez grande importance ; pour les étoiles dont la parallaxe est connue, elle permet de fixer la *valeur réelle* de leur intensité par rapport au soleil.

- Des recherches que j'ai faites, il résulte que le rapport Soleil : Wéga est voisin de 6×10^{10}. La plupart des évaluations antérieures sont trop faibles ; le nombre précédent est sensiblement d'accord avec celui de Zollner. La *grandeur stellaire* du soleil vu de la terre serait alors d'environ — 26,6.

L'éclairement produit par le soleil au zénith au niveau de la mer est voisin de 120.000 lux. La *grandeur stellaire* est une quantité de même espèce que le lux. Un lux correspond à la *grandeur* — 14.

Les mesures de photométrie solaire sont bien plus précises que celles de photométrie stellaire (à part la difficulté inévitable de l'absorption atmosphérique variable, qui est moins variable qu'on ne penserait *à priori*). Des observations suivies, *de préférence dans des stations élevées*, conduiraient sûrement à la solution de cette question : Le soleil est-il réellement une *étoile variable* ? Certaines recherches semblent montrer que la *radiation totale* du soleil varie (mesurée par les méthodes thermométriques) ; mais cela n'indique pas si réellement le soleil est une *étoile variable*, au sens ordinaire du mot. Une variation de 1/20 *de grandeur* dans l'éclat du soleil ne passerait pas inaperçue. Les observations photométriques sont bien plus faciles que les observations calorimétriques ; l'influence de l'absorption atmosphérique se fait moins sentir.

M. Albert TURPAIN.

Sur l'interruption du circuit primaire des bobines d'induction. — Afin de rendre l'interruption aussi rapide qu'on le désire on associe en série plusieurs interrupteurs ordinaires rendus absolument synchrones de manière à scinder l'arc d'interruption en n arcs égaux disposés en série et chacun de longueur inférieur à celle d'un arc unique. — Si l_n est la longueur maxima de la suite des n arcs qui s'établissent dans l'isolant baignant l'interrupteur, ω, la vitesse angulaire de l'interrupteur rotatif, r, le rayon du tambour sur lequel les balais interrupteurs frottent, la durée de l'interruption est $t = \dfrac{l_n}{nr\omega}$.

Pour le cuivre et le charbon dans le pétrole et pour un courant de 15 ampères, $l_n = 6$ millimètres pour $n = 6$. Si $r = 5$ centimètres et $\omega = 5\pi$,

$$t = \frac{1}{785} \text{ de seconde.}$$

En mettant en œuvre un interrupteur rotatif à six contacts-série tournant à cette vitesse, on a pu obtenir au secondaire des étincelles de 18 centimètres, cela sans condensateur, avec une bobine qui, avec condensateur et interrupteur ordinaire, donne 12 à 14 centimètres d'étincelles.

M. BLONDEL.

Remarques à propos de la communication de M. Turpain sur les bobines de Rhumkorff. — La communication de M. Turpain présente un très grand intérêt pour l'accroissement de la puissance mise en jeu dans les décharges. On ne saurait trop insister sur l'insuffisance des bobines actuelles à ce point de vue. Le jour, en effet, où on pourra couper brusquement par un interrupteur simple des courants de plusieurs centaines d'ampères, on pourra réaliser des oscillations bien plus énergiques que maintenant dans les radiateurs de la télégraphie sans fil.

A un autre point de vue plus modeste, et à titre tout à fait accessoire, je profite de cette occasion pour signaler incidemment qu'on peut utiliser sur les courants alternatifs les bobines de Rhumkorff sans interrupteur suivant un dispositif semblable à celui de Tesla, mais en faisant intervenir des oscillations lentes au lieu des oscillations de haute fréquence.

Il suffit de donner un plus fort isolement au circuit primaire de la bobine, de façon qu'il puisse supporter, sans crever, quelques milliers de volts, et de le mettre en série avec un déflagrateur, shunté par un condensateur et d'alimenter le tout à une tension de 5.000 à 10.000 volts, facile à réaliser au moyen d'un simple transformateur industriel. Chaque décharge du condensateur produit dans le primaire des oscillations bien plus rapides et, par suite plus efficaces que celles que donnerait directement le courant alternatif à basse fréquence du réseau. On peut régler la puissance mise en jeu en modifiant là capacité du condensateur, qu'on formera avantageusement des mêmes substances (verre, étain, pétrole) que pour un dispositif Tesla ordinaire.

On prévient la formation de l'arc à l'oscillateur par l'addition d'impédances sur la basse ou sur la haute tension du transformateur, comme je l'explique dans une autre communication.

M. NOGIER, Prépar. de Physique à la Fac. de Méd. de Lyon.

Variations de l'intensité actinique de la lumière avec l'altitude. — L'intensité actinique de la lumière diffuse du jour croît avec l'altitude. Nos premières expériences poursuivies pendant deux mois à Lyon, situé à 190 mètres d'altitude et à Ambert (Puy-de-Dôme), à 550 mètres, à l'aide d'un appareil enregistreur spécial le prouvent nettement. La courbe tracée à l'aide des résultats obtenus est absolument caractéristique à cet égard et les moyennes actinométriques ont été :

	Juin	Juillet
Lyon.	22°,06	21°,7
Ambert	25°,7	26°,1

MM. H. BORDIER et BRIDON, de Lyon.

Phénomènes de Fluorescence d'origine mécanique. — Certains composés sont susceptibles de donner par l'excitation mécanique (nous désignons ainsi la trituration, la pulvérisation, l'écrasement) naissance à un phénomène lumineux. Ce fait est connu depuis fort longtemps sur le sucre de canne. Mais la saccharose n'est pas seule à jouir de ces propriétés. Nous citerons à côté d'elle, le salophène (éther salicylique de l'acétyl paramidophénol) le valérianate de quinine, la phénacétine ; ces trois corps sont rangés ici par ordre d'intensité décroissante du phénomène lumineux.

Les rayons émis par ces corps sont susceptibles d'impressionner une plaque au gélatino-bromure d'argent. Ils ne traversent pas les corps qui sont opaques aux rayons lumineux, mais ils traversent le verre et ils ne jouissent pas de la propriété de décharger un électroscope. L'état cristallin est indispensable à la production de la fluorescence qui ne se produit plus si l'on vient à pulvériser les cristaux, mais ce même corps qui est ainsi devenu inactif, peut à nouveau être rendu fluorescent après cristallisation dans un dissolvant approprié.

Phénomènes de Fluorescence d'origine chimique. — Si l'on traite par un réactif approprié (solution alcoolique saturée de potasse caustique) certaines huiles essentielles (thym, romarin, néroly et certains glucosides (Esculine) et aussi certains corps ne rentrant pas dans ces catégories (Térébène) on obtient une fluorescence visible dans l'obscurité.

Ce phénomène a pour chaque huile essentielle une durée et une intensité qui paraissent bien définies ; si donc on les mesure pour chaque essence on est en présence de nombres précieux pour la recherche de certaines substitutions ou falsifications fréquentes dans le commerce des essences.

Cette méthode permet de distinguer par exemple l'essence de lavande de l'essence d'aspic ; elle permet de reconnaître si une essence est préparée depuis plus ou moins longtemps, etc., etc.

L'avantage de ce procédé est d'exiger une quantité d'essence insignifiante puisque deux ou trois gouttes suffisent à cet essai, avantage qui n'est pas à dédaigner avec quelques essences d'un prix élevé (rose, néroly, etc.).

M. le Lieutenant-Colonel DEVILLE.

Les Incendies à bord.

MM. BROCA et TURCHINI, à Paris.

Mesure des courants de haute fréquence.

M. BLONDEL.

Quelques remarques sur les effets des antennes de transmission. — L'auteur montre comment on peut, en s'appuyant sur les travaux de Hertz, se représenter les phénomènes relatifs à la forme du champ électrique produits par l'antenne. Bien que celui-ci présente au voisinage de l'antenne des lignes de force en forme de demi-boucles dont les extrémités sont normales au sol, on se rend compte qu'à partir d'une certaine distance, les tores ainsi engendrés autour de l'antenne se ferment en haut sur eux-mêmes, en donnant lieu à grande distance à des ondes simplement hémisphériques.

L'auteur calcule sommairement l'effet de ces ondes à grande distance.

Sur l'augmentation de la puissance mise en jeu dans les antennes de transmission. — L'auteur propose de rendre continues les oscillations dans l'antenne d'émission en utilisant les décharges fractionnées d'un condensateur placé en dérivation sur une batterie ou une dynamo à haute tension et sur un déflagrateur assez nettement destructif pour favoriser cette décharge.

Pour éviter la production d'un arc, on intercale entre la batterie et les condensateurs une forte résistance qui permet de régler à volonté la vitesse d'écoulement de l'électricité de la source à haute tension.

M. Adolphe GOY.

Sur un nouvel appareil de mesure des températures d'inflammabilité. — On peut classer les appareils de mesure employés jusqu'ici en deux catégories :

1º Ceux qui emploient pour produire l'inflammation une flamme à pétrole (Granier, Abel, Pinsky-Martens);

2º Ceux qui emploient un fil de platine porté à l'incandescence (Cons. des Arts et Métiers) ou l'étincelle électrique (Saybolt, Engler).

Les premiers appareils, en raison de la grande variabilité des flammes, ne sont pas comparables entre eux; d'autre part la chaleur relativement grande d'une flamme peut accroître brusquement la température du liquide et fausser par défaut les températures d'inflammabilité.

Le choix du fil de platine porté à l'incandescence par un courant continu ne nous paraît pas heureux, puisque des vapeurs bien connues peuvent porter à l'incandescence ce fil sans courant électrique. De plus, dans les appareils employant l'étincelle, les inventeurs ont eu le tort de ne point préciser la chaleur de l'étincelle : lacune qui a grande importance.

Définition : La température d'inflammabilité est la température à laquelle s'enflamme instantanément une vapeur traversée par une étincelle électrique d'une température connue à une distance connue du liquide. Les variations de la pression atmosphérique peuvent influer, mais très légèrement.

Notre appareil est en verre et se compose : 1º d'un anneau dans lequel sont soudées deux électrodes de platine distantes de 6 millimètres; 2º d'un tube gradué en centimètres cubes contenant le liquide à étudier; 3º d'un récipient de forme ovoïde, muni d'un thermomètre, et faisant l'office de bain-marie chaud ou de réservoir de froid, suivant les cas.

Voici quelques températures obtenues avec une étincelle fournie par une bobine de Rhumkorff de 20 millimètres d'étincelle, traversant les vapeurs à une distance de 14 millimètres de la surface du liquide, et produisant sur des éléments thermo-électriques, dans des conditions déterminées, une déviation du spot de 5 millimètres :

Sulfure de carbone	— 21º
Éther sulfurique	— 10º
Éther Hoffmann	+ 5º,5
Acétone	+ 23º,2
Benzine cristalisable	+ 27º,3
Alcool absolu	+ 46º

Nous avons étudié pour ces divers liquides les variations de la température d'inflammabilité en fonction de la distance de l'étincelle à la surface du liquide et en fonction de la température de l'étincelle. La nécessité de préciser les différents termes de notre définition est ainsi justifiée.

VŒU PRÉSENTÉ PAR LA SECTION

Voy. page 56.

Ouvrages présentés

A LA SECTION

G. Billot. — *Thèses présentées à la Faculté des Sciences de Paris pour obtenir le grade de docteur ès sciences physiques.*

<h1 style="text-align:center">6ᵉ Section.</h1>

<h1 style="text-align:center">CHIMIE</h1>

PRÉSIDENT . . . .   M. ANDOUARD, Prof. à l'Éc. de Méd. de Nantes.
VICE-PRÉSIDENT. . . . .   M. PRÉAUBERT, Prof. au Lycée d'Angers.
SECRÉTAIRE. . . . .   M. DORLEANS, Chef des trav. chim. à l'Éc. de Méd. de Tours.

— Séance du 5 août —

MM. THOMAS et LE GORGEU.

Sur les halogénures thalliques.

M. DAUVÉ, Prof. de Phys. au Collège de Beaune (Côte-d'Or).

Sur un point de l'histoire de l'électrolyse.

Discussion. — M. LE PRÉSIDENT fait remarquer que le déplacement d'un sel par un autre est un phénomène chimique et non un phénomène électrolytique.

M. DAUVÉ.

Sur la vitesse d'attaque des métaux par les solutions salines.

— Séance du 6 août —

M. Paul SABATIER, Membre Corresp. de l'Institut, à Toulouse.

Application de la méthode générale d'hydrogénation directe par catalyse aux aldéhydes et aux cétones. — L'auteur expose, au nom de M. Senderens et au sien, les résultats obtenus en appliquant aux aldéhydes et aux cétones la méthode générale d'hydrogénation directe qu'ils ont instituée, et qui est basée sur l'action catalytique de métaux divisés, principalement nickel, cobalt, cuivre, récemment réduits de leurs oxydes.

La méthode réussit très bien avec les aldéhydes et les cétones de la série grasse, qui sont ainsi régulièrement transformées en alcools primaires ou secondaires correspondants, avec un excellent rendement presque total, et sans produits accessoires d'hydrogénation incomplète. Le nickel convient le mieux, et doit être appliqué à des températures inférieures à 180°.

Le procédé a été appliqué avec succès aux aldéhydes éthylique, propylique, isobutyrique, amylique, et même au trioxyméthylène, qui est changé en alcool méthylique. Il est applicable encore plus facilement aux cétones, propanone, butanone, pentanones 2 et 3, méthylbutanone, hexanone 2. Il est de beaucoup préférable à la méthode classique basée sur l'emploi de l'amalgame de sodium et de l'eau, parce que, surtout pour les cétones, elle conduit à des produits intermédiaires, pinacone et homologues, le rendement en alcool étant minime, tandis qu'avec le nouveau procédé, il ne se forme pas de pinacone, mais exclusivement de l'alcool. Les alcools secondaires peuvent, très économiquement, être ainsi engendrés.

Dans un travail récent, postérieur du reste à la première communication de nos résultats (Société Chimique, séance générale de mai 1903), M. Brunel a annoncé qu'il avait apppliqué avec succès notre méthode à l'hydrogénation d'un oxyde glycolique issu du cyclohexane. Il n'est pas douteux qu'il doit s'appliquer à l'oxyde d'éthylène, et à tous les corps analogues.

Les aldéhydes aromatiques sont plus difficiles à traiter, parce que le nickel réduit tend à les transformer en hydrocarbures : ainsi l'essence d'amandes amères traitée au-dessous de 250° fournit des hydrocarbures, benzène, toluène et aussi cyclohexane et méthylcyclohexane, les gaz dégagés contenant de l'oxyde de carbone.

Les auteurs espèrent toutefois pouvoir par une direction convenable de la méthode, en rendre l'application possible même dans ce cas.

Discussion. — M. Andouard demande à M. Sabatier s'il ne croit pas que ce procédé puisse avoir des applications industrielles.

M. Sabatier : C'est probable.

M. Andouard demande en outre si, en ce qui concerne les aldéhydes cycliques, il ne peut pas indiquer des résultats analogues à ceux qu'il a obtenus par les aldéhydes acycliques.

M. Sabatier : La question n'est pas encore assez avancée pour se prononcer ; je me propose de continuer ces expériences.

M. DAUVÉ.

Des difficultés que présente l'enseignement de la chimie inorganique avec la nomenclature actuellement en usage et des moyens propres à rendre cette nomenclature rationnelle.

M. SABATIER.

Réforme de la nomenclature chimique. — En ce qui concerne les réformes à apporter à la nomenclature, M. Sabatier fait observer qu'il arrive fréquemment que des modifications à la nomenclature, adoptées après discussion dans les

Congrès, ne sont pas employées par tous les chimistes. Il cite comme exemple le remplacement du symbole Az par le symbole N adopté en 1900 par le Congrès de Chimie générale de Paris à la presque unanimité. Malgré ce vote un certain nombre de chimistes continuent encore à se servir dans leurs publications du symbole Az dont la ressemblance avec le symbole As peut être une cause d'erreurs.

M. Andouard propose à la Section d'émettre un vœu tendant à faire cesser cet état de choses.

La Section de Chimie émet à l'unanimité un vœu tendant à ce qu'à l'avenir les modifications de nomenclature adoptées après discussion dans les Congrès soient scrupuleusement appliquées par tous les chimistes et cela dans l'intérêt général.

————

M. Félix TABOURY, Prépar. à la Fac. des Sc. de Poitiers.

Action du soufre et du sélénium sur quelques composés organomagnésiens de la série aromatique. — Par l'action du soufre et du sélénium sur les composés organomagnésiens dans la série aromatique, M. F. Taboury a obtenu les thio et sélénophénols correspondants. Mais par oxydation de ces composés, il se forme en même temps des disulfures et des diséléniures.

Les chlorures d'acides réagissent sur les composés organomagnésiens, sulfurés ou séléniés en donnant, dans le cas du chlorure de benzoyle étudié, des thiobenzoates. Il a constaté, dans ce cas, qu'il ne se formait pas de disulfures.

Les iodures alcooliques réagissent aussi sur ces composés organomagnésiens sulfurés ou séléniés. Cette étude sera faite ultérieurement.

Discussion. — M. Sabatier demande à M. Taboury à quoi il croit pouvoir attribuer le dégagement d'hydrogène sélénié qui se produit par addition d'eau; il indique que la connaissance des produits accessoires pourrait éclaircir ce point.

M. Taboury ne sait au juste quels sont ces produits accessoires; il peut cependant affirmer qu'il n'y a pas de phénol ordinaire.

M. Sabatier se demande si, en opérant dans une atmosphère inerte, on n'empêcherait pas la formation du disulfure.

M. Préaubert demande à M. Taboury s'il a constaté une différence de stabilité entre les dérivés sulfurés et séléniés.

M. Taboury a constaté une très grande différence, les sélénophénols s'oxydent très facilement.

————

— Séance du 8 août —

MM. Paul SABATIER et Alph. MAILHE.

Sur le cyclohexane synthétique : existence du noyau hexagonal, dérivés chlorés directs. — I. Les auteurs ont préparé toute une série de dérivés chlorés de substitution par l'action directe du chlore sur le cyclohexane synthétique, pré-

paré par MM. Sabatier et Senderens en hydrogénant directement le benzène ;
ils ont obtenu, outre le dérivé monochloré déjà décrit, toute une série de corps
nouveaux bien définis, savoir : trois dérivés dichlorés, dont un cristallisé ; trois
dérivés trichlorés, dont un cristallisé ; deux dérivés tétrachlorés, dont l'un cristallisé s'obtient en grande quantité au soleil ; des dérivés pentachlorés ; enfin
un dérivé hexachloré, qui paraît identique à l'hexachlorure de benzène α, que
fournit le chlore au soleil avec le benzène.

II. La persistance du noyau hexagonal dans le cyclohexane synthétique était
vraisemblable, étant donnée la température basse (à partir de 75°) à laquelle se
fait l'hydrogénation directe du benzène : toutefois, comme l'hydrogénation par
l'acide iodhydrique en tube scellé (Berthelot) a produit l'isomérisation du noyau
qui devient pentagonal, il importait de démontrer directement le maintien de
la structure hexagonale :

1° Le carbure est identique physiquement à l'hexaméthylène obtenu par
Zelinsky à l'aide d'une synthèse complexe, dans lequel ce savant a, par l'action
du brome en tube scellé, démontré la persistance du noyau aromatique ;

2° Les vapeurs du cyclohexane synthétique dirigées sur du nickel réduit, à
270° sont décomposées par catalyse en hydrogène et *benzène*, caractérisé par sa
transformation en nitrobenzène ;

3° Les trichlorocyclohexanes, traités en tubes scellés à 100° par la potasse
alcoolique, se transforment en benzène pur ;

4° Le tétrachlorocyclohexane cristallisé, traité à 100° par la potasse alcoolique, se change en benzène monochloré pur bouillant à 131°.

M. Charles SCHMITT, à Paris.

Sur quelques dérivés des éthers acylcyanacétiques. — Les iodures alcooliques et
les chlorures d'acides réagissant sur les sels d'argent des éthers acylcyanacétiques donnent des composés auxquels on peut attribuer soit la formule méthinique (I), soit la formule énolique (II) :

$$\text{R} - \text{CO R}' \qquad\qquad\qquad \text{R} - \text{COR}'$$
$$\underset{\underset{\text{CN}\ \ \text{COOCH}^3}{\wedge}}{\overset{\vee}{\text{C}}} \qquad\qquad \underset{\text{CN} - \overset{\|}{\text{C}} - \text{COCH}^3}{}$$
$$\text{(I)} \qquad\qquad\qquad\qquad \text{(II)}$$

pour les dérivés alcoylacylés préparés par MM. Haller et Blanc.

$$\text{R CO COR}' \qquad\qquad\qquad \text{RC} - \text{O} - \text{COR}'$$
$$\underset{\underset{\text{CN}\ \ \text{COOCH}^3}{\wedge}}{\overset{\vee}{\text{C}}} \qquad\qquad \underset{\text{CN} - \overset{\|}{\text{C}} - \text{COOCH}^3}{}$$
$$\text{(I)} \qquad\qquad\qquad\qquad \text{(II)}$$

pour les dérivés préparés par M. Schmitt.

Il faut adopter, dans les deux cas, la formule (II). Elle est imposée, tant par
les propriétés de ces corps que par le fait qu'on a pu préparer deux corps différents par action du chlorure d'acétyle sur le benzoylcyanacétate de méthyle argen-

tique et par l'action du chlorure de benzoyl sur l'acétylcyanacétate de méthyle argentique.

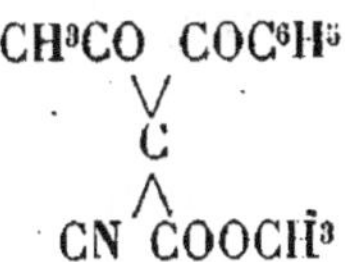

alors que la formule dicétonique n'admet qu'un seul corps dans les deux cas comme le montre la formule :

$$CH^3CO \quad COC^6H^5$$
$$\vee$$
$$C$$
$$\wedge$$
$$CN \quad COOCH^3$$

Les sels de sodium des éthers acylcyanacétiques avec lesquels on pouvait espérer obtenir les composés méthiniques ne réagissent pas avec les chlorures d'acides.

———

M. DUGAST, Dir. de la Stat. agron. et œnol. d'Alger.

Composition des différentes variétés d'olives cultivées en Algérie. — Le littoral algérien et la région montagneuse, envisagés dans leur ensemble, présentent les conditions climatériques les plus favorables à la culture de l'olivier. Certaines variétés donnent régulièrement une production normale, tandis que d'autres sont beaucoup moins fertiles ou ne présentent pas la même constance dans le rendement. D'autre part, les gros rendements en olives ne correspondent pas toujours au plus fort produit en huile, car la teneur en matière grasse varie dans des limites très étendues. De là la nécessité de faire l'étude de la composition des nombreuses variétés d'olives disséminées sur le territoire algérien pour faire une sélection judicieuse des variétés et tenter d'augmenter encore la teneur des bonnes races en choisissant les greffons sur les arbres qui donnent les olives les plus riches en huile.

Si on examine notre tableau d'analyses, on constate que la richesse en huile peut varier de 10,71 à 33,87 0/0, suivant les variétés et le lieu de production, pour les soixante échantillons examinés. Il faut des olives riches à 20 0/0 d'huile pour avoir un rendement pratique satisfaisant, au moulin.

———

MM. KELER et LELEU.

Sur l'électrothermie industrielle.

———

MM. SABATIER et l'Abbé SENDERENS.

Catalyse des éthers oxydes par les métaux divisés. — Les vapeurs d'éthers oxydes dirigées sur des métaux récemment réduits, cuivre, nickel, sont détruites catalytiquement à une température plus ou moins élevée, mais toujours plus haute que celle qui détermine la catalyse des alcools primaires ou secondaires. Avec le cuivre, la catalyse ne se produit guère que vers 400°, donnant lieu au dédoublement en hydrocarbure et aldéhyde de même rang ; mais celle-ci est, à son tour, détruite en majeure partie, en donnant de l'oxyde de carbone, et des tronçons forméniques et éthyléniques.

Ainsi, avec l'oxyde d'éthyle, on recueille de l'éthane, des traces d'aldéhyde éthylique, de l'oxyde de carbone et du méthane, conformément aux deux réactions successives :

$$CH^3 . CH^2 . O . CH^2 . CH^3 = CH^3 . CH^3 + H \cdot CO . CH^3$$

et
$$H . CO . CH^3 = CO + CH^4 .$$

Avec l'oxyde d'amyle, on obtient du méthyl-butane condensable à l'état liquide, puis, provenant de la scission de l'aldéhyde amylique, de l'oxyde de carbone et du butane, partiellement dissocié lui-même.

Avec le nickel, la catalyse a lieu dès 300°, mais fournit un tronçonnement plus avancé ; il y a dépôt d'une certaine dose de charbon et mise en liberté d'hydrogène, grâce auquel une partie de l'oxyde de carbone est transformée en eau et méthane : le reste de l'oxyde de carbone se dédouble en carbone et anhydride carbonique.

––––––

M. Charles SCHMITT, Paris.

Toxicité du cacodylate de strychnine. — M. SCHMITT a déterminé la toxicité du cacodylate de strychnine préparé par lui en faisant réagir l'alcaloïde sur l'acide cacodylique en solution dans l'alcool absolu. Il résulte de ses expériences sur des chiens que ce sel est très dangereux. La dose nécessaire pour amener la mort est de $0^{gr}0004224$ par kilogramme d'animal, elle est diminuée de moitié par la seule substitution de l'acide cacodylique à l'acide azotique ; et cependant la toxicité de cet acide est très faible, négligeable même à la dose employée.

M. Schmitt signale, en outre, les faits suivants :

1° Les doses fortes tuent moins rapidement que les doses mortelles moyennes. Ce fait a déjà été signalé par le professeur Richet ;

2° Les animaux malades et déprimés mettent plus de temps à succomber ;

3° Un chien suspect de rage a présenté certaines particularités : peut être à cause de l'association de la toxine rabique et de l'alcaloïde de la noix vomique.

Il y a donc à tenir compte de l'espèce de l'animal, de son poids, de son âge, de son état de santé, du temps qui s'est écoulé depuis l'introduction du poison et aussi de la forme chimique, de la nature de l'acide combiné à l'alcaloïde.

M. SCHMITT propose à la Section d'émettre les vœux suivants :

1° Que, dans les recherches toxicologiques, on indique bien exactement l'animal qui a servi aux expériences, son poids et son âge ;

2° Qu'on s'applique, en faisant varier les doses, à obtenir la mort dans un délai toujours le même (dix minutes, par exemple), afin d'éviter l'influence de l'élimination ;

3° Qu'au lieu d'indiquer le poids de sel employé on indique le poids d'alcaloïde en indiquant l'acide auquel il est combiné, afin de mieux dégager l'action de chacun des éléments constitutifs ;

4° Qu'il soit fait mention du degré de dilution employée.

MM. SABATIER et MAILHE.

Dérivés chlorés du méthylcyclohexane. — Les auteurs ont soumis à l'action directe du chlore le méthylcyclohexane synthétique, que MM. Sabatier et Senderens ont obtenu par l'hydrogénation directe du toluène pur.

Par la séparation fractionnée des liquides obtenus, en distillant sous pression réduite à 30 ou 50 millimètres, ils ont isolé d'abord un dérivé-monochloré, bouillant à 157°-159° identique à celui que Milkowsky avait préparé à partir de l'heptanaphtène du Caucase, et qui paraît unique, ou formé de corps stéréoisomères très voisins ; puis des dérivés dichlorés bouillant sous 50 millimètres à 120°-135°, des dérivés trichlorés, passant sous 50 millimètres de 150° à 160°, enfin, des dérivés tétrachlorés distillant de 180° à 200°. Ils n'ont pas réussi jusqu'à présent à préparer de composé cristallisé.

Le dérivé monochloré, traité pendant plusieurs heures au réfrigérant ascendant par la potasse alcoolique, fournit du méthylcyclohexène, bouillant à 104°-105°. Ces recherches sont continuées, ainsi que l'étude des dérivés des diméthylcyclohexanes.

7ᵉ Section.

MÉTÉOROLOGIE ET PHYSIQUE DU GLOBE

PRÉSIDENT D'HONNEUR. . . . . . M. DURAND-GRÉVILLE, à Angers.
PRÉSIDENT. . . . . M. BRUNHES, Dir. de l'Obs. du Puy-de-Dôme.
VICE-PRÉSIDENT . . . . M. l'Abbé BALÉDENT, à Versigny (Oise).
SECRÉTAIRE . . . . M. GUILBERT, à Caen.

— Séance du 5 août —

M. l'Abbé V. RACLOT, Dir. de l'Obs. météor. de Langres.

Quelques règles pratiques de la prévision du temps à courte échéance sur le plateau de Langres. — Cette communication n'est que le développement de celle que l'auteur a faite l'année dernière au Congrès de Montauban sur le même sujet et dans laquelle il s'est borné à signaler quelques-uns des éléments sur lesquels il s'appuie pour la prévision du temps. Abstraction faite des règles dues à la météorologie dynamique, règles qu'il se garde bien, toutefois, de négliger dans ses prévisions, il se contente de donner cette fois des détails pratiques sur l'ensemble des signes précurseurs que lui fournit la connaissance de son climat et qu'il découvre dans l'examen de chacun des éléments consultés (baromètre, thermomètre, vent, nuages, etc.), surtout au point de vue des résultats locaux que l'expérience l'autorise à prévoir. Or, ces signes étant différents selon les saisons, il a considéré cette année ceux qui concernent l'hiver, réservant pour le prochain Congrès ceux qui regardent l'été.

M. DAVID, Météorologiste-adjoint à l'Observatoire du Puy-de-Dôme.

Roulement du brouillard sur le puy de Dôme. — Pendant les périodes de mauvais temps, très froids, de l'hiver, le puy de Dôme, complètement recouvert de neige, reste généralement enveloppé d'une façon ininterrompue par le brouillard. Mais si ensuite le temps vient à se mettre au beau, on peut quelquefois observer, dans le ravin situé au sud-sud-ouest de la montagne, un phénomène tout à fait particulier :

Le brouillard, qui a déjà abandonné le sommet même du puy de Dôme, l'environne encore de toutes parts ; seul parfois l'éperon de rochers du sud-ouest en émerge. C'est de là qu'on peut alors, mais très rarement, observer dans le ravin qui le borde, une couche limitée de brouillard, paraissant isolée du reste de la masse et roulant sur la pente avec une grande vitesse, en produisant à sa surface des tourbillons tout à fait analogues à ceux des cours d'eau sur leurs rives.

Des mesures de la température, effectuées à différents niveaux, au-dessous de la couche en mouvement, au-dedans et au-dessus, semblent en fournir l'explication. On a en effet observé : au sol sur la neige, une température de — 5° ; à quelques centimètres au-dessus du sol, jusqu'à 1 mètre environ de la surface supérieure, des températures variant entre — 12 et — 14° ; enfin, au-dessus du brouillard, une température de — 7°.

M. BRILLOUIN, Professeur au Collège de France.

Courbures du géoïde au sommet du puy de Dôme. — L'auteur a poursuivi, depuis trois ans, grâce à la générosité de la Société des Mines de Huelva, l'étude d'un appareil de mesure de la différence des courbures principales de la terre, au moyen d'un des appareils dont le principe a été donné par Eötvös (Congrès de physique). — Essayé d'abord en Espagne, puis amélioré au point de vue de l'emballage pour le transport en messageries, et de la protection contre la chaleur, son appareil a été transporté au puy de Dôme, au mois de juin 1903. L'appareil, grâce à un mode d'amortissement soigneusement établi, et à un mode de lecture des angles d'une extrême sensibilité, sous faible encombrement, permet de faire neuf azimuts en trois heures ou trois heures et demie. Il a donc pu faire deux stations par jour, sous la tente ; malgré la pluie, le brouillard et le vent violent, presque toutes les mesures se sont faites aussi bien que dans le laboratoire. — En sept jours de présence, dont deux d'inspection, il a fait onze stations dans le quadrant sud-ouest de la tour, sur le plateau accidenté, qui s'étend à 300 mètres environ de la tour, en descendant. L'appareil s'est montré robuste et précis. La différence des courbures a varié de trente-et-une à soixante-treize fois celle de l'ellipsoïde terrestre à la même latitude ; et la direction du *rayon* de courbure *maximum* a pris toutes les orientations entre est et nord, dirigée *en gros* vers le sommet du puy de Dôme.

M. DURAND-GRÉVILLE, à Angers.

La loi de l'albe ou second crépuscule. Observation de faits nouveaux ; explication de faits connus, restés inexpliqués. — Par un beau temps, environ vingt minutes après le coucher du soleil, les brumes de l'est s'éclairent. On attribue ce fait à la lumière diffuse renvoyée par les hautes régions atmosphériques. Ce phénomène est appelé *second crépuscule.*

Personne n'a songé à une corrélation entre le second crépuscule et divers phénomènes singuliers, dont voici la liste, y compris ceux que nous avons découverts nous-même :

1° Seconde illumination des Alpes ou *Alpenglühen ;*

2° Illumination des brumes de l'est *après* le soleil couché ;

3° « Second rayon » en Égypte, en Syrie, etc. ;

4° Rayons divergents partant d'un point situé *au-dessous* de l'horizon ouest et même, parfois, est, apparaissant vingt minutes *après* le coucher ;

5° Rayons divergents ou « gloires » partant d'un point situé *au-dessous* de l'horizon est, apparaissant vingt minutes ou davantage *avant* le lever ;

6° Cirrus dits « lumineux »;

7° Illumination de la partie ouest du ciel, et même, parfois, est, *commençant* vingt minutes après le coucher. Phénomènes symétriques avant le lever;

8° Illumination des nuages de l'est *commençant* vingt minutes *après* le coucher, pouvant durer une heure ou davantage avec déplacement uniforme vers l'ouest. Phénomènes symétriques, moins marqués, avant le lever.

Par analogie avec *aube* et pour abréger, nous appellerons *albe* le second crépuscule. La marche du *faisceau d'albe* explique pourquoi des corps qui sont obscurs quand le soleil est encore près de l'horizon sont éclairés quand il est plus bas. Les faits, bien interprétés, prouvent que le faisceau de rayons solaires tangent à la surface terrestre s'infléchit quand il arrive au-dessus de 10 km. d'altitude (couche des cirrus), de manière à pénétrer dans le cône d'ombre.

Cette marche du faisceau d'albe rend compte *de tous les faits*. Il est fort probable qu'elle est due, non à une réflexion totale ou à la diffraction, mais à la réfraction produite par la différence de température entre l'intérieur et l'extérieur du cône d'ombre.

On peut noter, comme plus favorable à cette réfraction, la couche atmosphérique, signalée par M. Teisserenc de Bort, située précisément entre 10 kilomètres et 14 kilomètres d'altitude, dans laquelle la température varie peu et présente même des inversions.

La loi de l'albe permet de réduire à sa juste mesure la hauteur des nuages dits lumineux et des poussières atmosphériques. Puisque les uns et les autres cessent d'être éclairés pendant les vingt minutes qui suivent le coucher du soleil, ils doivent nécessairement se trouver plus bas que la région où le faisceau d'albe s'infléchit, ce qui les ramène à la hauteur des cirrus, au lieu de celle de 80 kilomètres qu'on avait trouvée par des mesures d'angles, en les supposant éclairés par les rayons solaires non réfractés.

En somme, la loi de l'albe explique des faits nombreux entre lesquels aucun lien ne semblait exister; elle attribue leur véritable hauteur aux poussières volcaniques et, indirectement, par le temps que les poussières du Krakatoa ont mis à faire le tour de l'équateur, elle permet d'établir que la vitesse des masses d'air équatoriale *à* 10 *kilomètres ou* 12 *kilomètres de hauteur* (et non pas à 80 kilomètres), est de 36 mètres par seconde vers l'ouest.

— **Séance du 6 août** —

M. Gabriel GUILBERT, Secrétaire de la Commission météor. du Calvados.

Nouvelle méthode de prévision du temps. — En observant attentivement les cartes isobariques, on ne tarde pas à reconnaître que, loin d'être *proportionnelle au gradient*, comme il est enseigné dans plusieurs ouvrages de météorologie, la force du vent est au contraire, le plus souvent très inégale pour un même gradient.

De cette observation, je déduis un principe nouveau, permettant la prévision des variations barométriques vingt-quatre heures à l'avance à la surface de l'Europe.

Ce principe s'énonce ainsi : S'il existe un vent que nous appellerons *normal*, c'est-à-dire un vent animé d'une vitesse déterminée, mesurable, *selon le gradient*, il existe des vents anormaux, *soit par excès, soit par défaut*. Avec un gradient de 2 millimètres par degré, par exemple, le vent *normal* sera modéré. Si, pour ce même gradient, le vent est fort, il sera anormal par excès; si, au contraire, il est faible, il sera anormal par défaut.

Or, avec des vents *anormaux par excès*, on devra prévoir la hausse du baromètre, et avec des vents trop faibles, *anormaux par défaut*, la baisse barométrique prochaine.

L'auteur soumet au Congrès des prévisions faites à Paris de mars à mai 1903, et dans lesquelles il a pu presque chaque jour prévoir la hausse et la baisse du baromètre sur presque toute l'Europe, leur importance approximative; la trajectoire des bourrasques; la disparition dans les vingt-quatre heures de centres de tempête; l'arrivée de bourrasques océaniennes encore invisibles même de l'Irlande; l'approche des anti-cyclones; le retour au calme, etc., etc.

Il résulte de ces prévisions qu'au double point de vue de la prévision du temps comme de la théorie des cyclones, l'étude des vents est la plus importante. L'origine et la disparition des bourrasques s'expliquent en étudiant la direction et la force du vent, de sorte qu'une nouvelle théorie peut complètement négliger l'influence de la température et des précipitations atmosphériques.

Réunion des 7ᵉ et 15ᵉ Sections.

M. BOUQUET DE LA GRYE, Membre de l'Institut, à Paris.

Conclusions d'observations et d'expériences anciennes relatives au régime des cours d'eau. — 1º La sinusoïde est le tracé général des cours d'eau présentant un maximum de profondeur. Les courbes qui la composent produisent des tourbillons qui sont la cause principale de l'augmentation des profondeurs dans la partie concave;

2º Le rayon de ces courbes doit correspondre au débit moyen, dans la partie fluviale, aux petites marées de vive eau dans les estuaires. En étiage ou dans les mortes eaux, le lit est conservé parce que le transport des matériaux est alors presque nul; dans les inondations, le courant suit une ligne presque droite, et le lit se modifie, mais il revient successivement à celui tracé par les eaux moyennes;

3º Il n'y a aucune nécessité à construire des digues parallèles, celles présentant des convexités sont, non seulement inutiles, mais nuisibles;

4º Toute digue concave doit être suivie, en aval, d'une partie droite pour obtenir l'abaissement du niveau dû à la force centrifuge. Dans les estuaires, il faut aussi une partie droite en amont;

5º Dans les estuaires, normalement, deux chenaux se creusent : l'un dû au flot, l'autre au jusant; entre les deux, se forment des bancs. Le chenal de jusant est celui qui, en général, doit être suivi et aidé.

M. Jean BRUNHES, Prof. à l'Univ. de Fribourg (Suisse).

Le rôle des tourbillons dans la dégradation du lit des cours d'eau. — Si les eaux courantes ont un grand pouvoir d'érosion, c'est surtout grâce aux mouvements tourbillonnaires : M. Jean BRUNHES, professeur de géographie à la Faculté des

Sciences de l'Université de Fribourg (Suisse), s'appuyant principalement sur deux séries d'observations faites, d'une part, à la première cataracte du Nil (Haute-Égypte), et, d'autre part, dans les gorges du versant nord des Alpes suisses, a déjà mis en lumière la part qui revient aux tourbillons, soit dans l'usure progressive des grandes barres rocheuses, soit dans le creusement des cañons étroits et profonds. Poursuivant ces recherches, il a essayé d'observer comment procèdent dans le détail les eaux entraînées en un mouvement tourbillonnaire. Le problème est assez délicat; car les filets d'une nappe d'eau qui entrent dans un trou et participent à un tourbillon ressortent en contredisant partiellement le mouvement des nouveaux filets qui surviennent: de là des mouvements contraires et embrouillés qui se laissent difficilement analyser.

Toutefois, les « marmites », c'est-à-dire ces curieuses formes d'érosion produites par les tourbillons, nous offrent, lorsqu'elles sont encore jeunes et fraîches, ou du moins lorsqu'elles ont été bien conservées, des documents révélateurs; et par certains types de marmites, notamment par le type à fond conique, on peut reconnaître quelques-uns des faits qui caractérisent le mode d'opérer des tourbillons.

De plus, en quelques cas naturels, assez exceptionnels, et en particulier à l'Hexenkessel du Dündenbach (petit affluent du Kien qui se jette dans la Kander, laquelle rejoint l'Aar), M. Jean Brunhes a pu observer la marche exacte des eaux tourbillonnantes; et il a constaté que les eaux se déplacent : 1° dans le sens inverse des aiguilles d'une montre; 2° comme d'une seule pièce, et, si l'on peut dire, à la manière d'une meule de moulin. Il en tire des conclusions concernant la dégradation par les tourbillons.

M. SQUINABOL, Prof. à l'Univ. de Padoue.

Les chaudrons du Brenton. — En vue de l'importance croissante que prennent les mouvements giratoires (tourbillons) dans le creusement des vallées et des gorges, M. le Pr Squinabol (Padoue) présente une note sur les chaudrons du Brenton, tributaire du Mis (Préalpes bellunaises). Les chaudrons sont de grandes marmites qui se trouvent au-dessous de plusieurs sauts que le Brenton fait dans la dernière partie de son cours pour rejoindre le Mis, et dans lesquels le mouvement tourbillonnant des eaux a eu et a encore une grande influence sur leur creusement. En effet, la chute d'eau n'est pas verticale, mais se fait en suivant une gouttière oblique, en forçant ainsi l'eau à prendre un mouvement tourbillonnant descendant. C'est ainsi que les chaudrons ont une forme solide ventrue et ont tendance à être éventrés par l'eau même, aidée naturellement puissamment dans son travail d'érosion par le sable et le gravier qui se trouvent au fond de chaque chaudron. On explique ainsi que les chaudrons sont bien plus profonds que ce que comporterait la hauteur du saut, et que d'un chaudron à l'autre, lorsque leur distance n'est pas excessive, l'eau se creuse un lit et forme des sauts obliques alternativement à droite et à gauche, donnant origine à des tourbillons alternativement dextrorses et sinistrorses. La conclusion est que le travail mécanique accompli est bien plus grand qu'il ne serait si la chute était verticale, et que le creusement de la gorge s'effectue ainsi avec une vitesse plus grande.

C'est l'application du principe que la perte en force vive équivaut à un travail mécanique accompli.

M. Émile CHAIX-DU BOIS, Président de la Société de Géographie de Genève.

Le Pont-des-Oules : Phénomène d'érosion par l'eau courante. — Le « Pont-des-Oules » est un seuil de la Valserine, situé tout près de Bellegarde, qui offre à l'observation une multitude d' « oules » ou « marmites », et qui constitue en fin de compte un parfait musée de l'érosion mécanique. Les observations que M. Chaix y a faites corroborent pleinement les observations et conclusions groupées par M. Jean Brunhes dans son mémoire sur *le travail des eaux courantes, la tactique des tourbillons.* A l'aide de photographies prises et de recherches poursuivies au « Pont-des-Oules », il a pu mettre quelques points en lumière plus clairement qu'on ne l'avait encore fait.

Une série de ses photographies permet de trancher *expérimentalement* la question résolue *théoriquement* par Brunhes, à savoir que la « meule » ne fait pas le « moulin », et que « meule » et « marmite » sont façonnées simultanément par les petits matériaux. Sur l'une des figures on voit, en effet, un bloc émergeant du sable dans une marmite ; une autre figure présente cette même marmite débarrassée de son sable ; or on constate que la « meule » est polie en bas, là où elle était atteinte et rabotée par le sable, tandis que toute la partie supérieure est restée fruste. Du reste, à part la « meule », la marmite en question, ne contient, comme les marmites de la cataracte d'Assouan, que du sable fin.

———

M. le Dr Georges DAL-PIAZ, de Padoue (Italie).

Les marmites du Mas. — Les marmites du Mas, observées et étudiées par l'auteur, sont creusées dans le grès miocène, sur les deux rives du Corderole, affluent de la Piave, près du pont du Mas, sur la route de Bellune à Sospirole.

L'auteur a fait sur ces marmites diverses observations : une d'elles en particulier, qu'il a pu vider, appartient très nettement au type des marmites à fond conique, c'est-à-dire au type des marmites interrompues ; elle était remplie de sable, et en la déblayant, M. Dal Piaz n'y a trouvé aucun gros élément, rien qui ressemblât à ces grosses « meules » autrefois regardées comme les principaux instruments du travail tourbillonnaire.

Sur la rive droite du cours d'eau on observe un vrai tunnel, entièrement constitué par des marmites rejointes, et nettement séparé du lit principal ; les marmites de ce tunnel forment un petit lit continu à la partie supérieure ; mais à une très faible profondeur, on voit apparaître les cloisons de séparation ; ainsi se révèle une fois de plus avec quelle indépendance travaillent les tourbillons, lorsqu'ils accomplissent cette attaque et cette élaboration premières des roches qui constituent l'acte premier et principal de l'érosion par les eaux courantes.

———

Mlle BELÉZE, à Montfort-l'Amaury.

Le cyclone de Montfort-l'Amaury (1901).

———

M. L.-A. FABRE, Inspecteur des Eaux et Forêts, à Dijon.

Considérations sur la dissymétrie des vallées et la loi de « de Baer ». — La *dissymétrie des vallées,* phénomène connexe de la *dérivation des thalwegs,* a été rattachée à la fin du XVIIIe siècle par de Lamblardie à des faits « d'érosion et de dénudation ». Plus tard (1859), Babinet expliqua par l'influence de la « rotation terrestre » la dérivation des fleuves. De Baer ensuite (1860) formula la loi « cosmique » de dérivation qui porte son nom ; Élisée Reclus, et après lui nombre d'auteurs l'ont propagée ; on l'invoque encore volontiers aujourd'hui.

Cependant l'observation directe et l'analyse des faits, les recherches expérimentales sur l'évolution régressive de l'érosion, l'étude des phénomènes de pénéplanation, celle de l'influence de la dénudation *culturale* du sol sur le régime des eaux, etc., ont peu à peu jeté le discrédit sur la « loi ».

La cuvette sous-pyrénéenne, aux alluvionnements puissants et variés, simultanément attaquée par les vents de l'Atlantique et sillonnée par une profusion de cours d'eau torrentiels, est une des régions où l'on invoque le plus volontiers la « loi cosmique ».

En réalité, les faits y sont aussi nombreux *contre* que *pour* la loi. Leur étude détaillée, celle du *milieu géographique* dans lequel ils évoluent, permettent d'expliquer tous les phénomènes observés, par l'influence d'érosions torrentielles et subaériennes, passées ou actuelles, « acquises ou actives ».

Les cas très nombreux de dérivation de vallées, de divagations de deltas, invoqués en faveur de la loi de Baer, interprétés à la lumière de ces observations et des travaux géologiques ou géographiques récents, trouvent des explications naturelles, en dehors de toute cause cosmique.

L'ensemble des opinions émises par A. de Lapparent, A. Penck, G. de la Noë, E. de Margerie, W. Davis et autres éminents géomorphologues, concorde en faveur de cette interprétation qui peut être formulée ainsi qu'il suit :

« La dissymétrie des vallées fluviales et la dérivation des thalwegs sont déterminées par un ensemble de causes *géologiques* et *géographiques* provenant de la tectonique du sol, et de son érosion torrentielle et subaérienne. »

Il est à remarquer que la rotation terrestre, par son influence directe sur les « fleuves » marins et aériens, agit indirectement sur l'érosion des vallées des fleuves continentaux. En Eurasie, les vallées qui s'orientent suivant un méridien, ont, comme l'a formulé de Lamblardie pour les vallées normandes, un de leurs versants plus particulièrement battu, soit par les vents « directs » de l'ouest, soit par ceux « de retour » du nord-est ; les thalwegs dérivent généralement par ce fait, ou, tout au moins, le profil des vallées devient dissymétrique.

Le *fond* de l'idée émise par Babinet et formulée par de Baer se trouve ainsi justifié.

M. Bernard **BRUNHES**, Dir. de l'Ob. du Puy-de-Dôme.

Tourbillons aériens et tourbillons des cours d'eau : analogie et différences. — 1° Les tourbillons aériens se classent nettement en deux catégories : ceux dans lesquels au delà d'une certaine distance au centre pour laquelle la vitesse est maximum, la vitesse va ensuite en diminuant jusqu'à zéro à mesure que la distance augmente ; et ceux dans lesquels la vitesse va en croissant à partir du centre proportionnellement à la distance : dans ces derniers, la masse d'air en mouvement de rotation paraît tourner à la façon d'une meule. Dans le premier cas rentrent les cyclones tropicaux, dans le second la plupart des tornades ou cyclones des régions tempérées. Dans ces tornades dont le diamètre peut varier entre 50 mètres et quelques kilomètres, il y a une limite tranchée entre la région traversée par le cyclone et celle qui est respectée.

Les expériences de Marchi (1882) ont montré qu'on pouvait réaliser artificiellement des tourbillons hydrauliques de ces deux types. Les tourbillons qui donnent lieu aux marmites fluviales paraissent rentrer dans la catégorie des tourbillons tournant tout d'une pièce, comme une meule, ainsi qu'il résulte des observations de Jean Brunhes ;

2° Pour ces tourbillons aériens ou hydrauliques tournant tout d'une pièce, on peut calculer que, s'ils se forment par l'arrêt sur un bord d'un courant coulant dans un lit de section constante, il y aura sensiblement doublement de la vitesse initiale au bord extérieur : en ce cas, l'énergie cinétique du système a augmenté aux dépens de son énergie potentielle, sans que l'énergie totale ait varié. Et en outre il y a répartition très variable de cette énergie cinétique dans l'espace : au bord extérieur, la puissance et, par suite, l'action destructive d'un même filet fluide est devenue sensiblement huit fois plus grande qu'elle n'était avant la production du tourbillon. On justifie ainsi le rôle si prépondérant des tourbillons hydrauliques dans le creusement des lits de rivières ;

3° La mesure de la durée de rotation dans les tourbillons des cours d'eau même qui a été faite par très peu d'auteurs, l'examen de leur sens de rotation, qui accuse une prédominance incontestable, au moins dans notre hémisphère, des tourbillons à rotation directe, permettraient peut-être de décider s'il n'y a pas lieu d'attribuer à une action *indirecte* de la rotation terrestre la dissymétrie d'attaque des deux rives des cours d'eau de nos régions, dissymétrie qui ne saurait être attribuée à l'action *directe* de cette rotation terrestre, ainsi que l'ont bien établi MM. Marchand et L. Fabre.

M. C. BRUYANT, Prof. sup. à l'Éc. de Méd. et de Pharm. de Clermont,
Sous-Dir. de la station limnologique de Besse.

Les seiches du lac Pavin. — Sous le nom de « *seiches* » les limnologues désignent des mouvements oscillatoires de la masse des lacs. Dans le cas le plus simple, celui des *seiches uninodales*, la masse liquide se déplace en oscillant alternativement de chaque côté d'un plan vertical qui coupe le bassin en deux moitiés. Lors des *seiches binodales*, le mouvement du lac peut être considéré comme résultant de la juxtaposition de deux mouvements uninodaux ; il est caractérisé par l'existence de deux lignes nodales et de trois ventres d'oscillation. On peut concevoir de même la formation de *seiches plurinodales* avec un nombre de nœuds égal à n et un nombre de ventres égal à $n+1$.

Les expériences de Forel ont montré que la durée de la seiche est fonction directe de l'étendue du bassin lacustre et fonction inverse de la profondeur. Les formules de Lord Kelvin (Sir William Thomson) et de Paul du Boys, permettent de calculer cette durée dans le cas d'un bassin régulier ou même d'un bassin de structure compliquée.

Les seiches ont été étudiées à l'étranger sur un grand nombre de lacs : le Léman (Forel, Plantamour, etc.), les lacs de Constance, de Zurich, des Quatre Cantons (Sarrazin), le lac Balaton (von Cholnoky), le Würmsee (H. Ebert), le Madüsee (W. Halbfass), etc.

Le limnographe installé par l'auteur au bord du lac Pavin, près de la station de Besse, a décelé l'existence de seiches identiques à celles des grands lacs. La durée, très faible en raison de la profondeur du lac, rentre d'ailleurs dans les limites assignées par le calcul.

— **Séance du 8 août** —

M. Gabriel GUILBERT.

Brume et brouillard. — L'auteur se propose de démontrer que le nom générique de *brouillard*, qui désigne tout nuage humide reposant sur le sol, s'applique actuellement à deux phénomènes entièrement distincts : brume et brouillard. D'où le phénomène appelé communément *brume*, et qui consiste simplement en une teinte grisâtre de l'atmosphère, devrait recevoir une autre dénomination.

Rosée et gelée blanche. — Quelle est l'origine de la rosée ? Comment se forme la gelée blanche ? Y a-t-il quelque analogie entre la formation de la gelée blanche et l'origine des cirrus ? Telles sont les questions que l'auteur désire traiter succinctement dans cette communication au Congrès et qui permettront peut-être d'établir plus d'un fait nouveau, ou du moins de formuler de nouvelles hypothèses.

M. l'Abbé BALÉDENT, Curé de Versigny (Oise).

Recherches sur quelques tornades dans les environs de Senlis. — Au Congrès d'Ajaccio j'ai émis cette opinion que certaines perturbations graves suivaient généralement une route à peu près uniforme. Pour appuyer cette affirmation sur des faits, j'ai fait quelques recherches dont voici le résultat concordant avec l'opinion émise :

Au mois de mars 1384 une tempête dévasta la ville de Senlis, abattit des maisons, démolit le pignon du portail de l'église de Saint-Riel. Le 26 mars 1581, jour de Pâques, ouragan mémorable qui renversa plus de trente clochers dans les plaines du Beauvaisis. Senlis fut atteint fortement et presque toutes les maisons de la partie élevée furent découvertes, Mont-l'Evêque et Montépilloy eurent nombre d'habitations détruites de fond en comble. Un autre coup de vent terrible se fit sentir le 1er juillet 1629 à trois heures et demie du soir, une partie de l'église de Saint-Aignan fut renversée. En 1690, le 14 novembre, ouragan emportant la croix du grand clocher de la cathédrale. La campagne était couverte d'arbres arrachés. Le 10 juin 1821, un coup de vent découvre le clocher de Mont-l'Evêque : la grêle fait des ravages dans la campagne. Enfin le 1er juin 1901, une tornade accompagnée de grêle et de décharges électriques arrivant du Sud-Sud-Ouest arrache, soulève trente trois peupliers, brise aussi cinq énormes tilleuls, jette par terre un haut mur en construction haut de 5 mètres.

Cette tornade allant de l'Est à l'Ouest avait environ 4 kilomètres de longueur sur 200 mètres de largeur.

Réunion des 5ᵉ et 7ᵉ Sections.

M. E. DURAND-GRÉVILLE.

Prévision, quelques heures à l'avance, du passage d'un grain de vent, avec orage probable et tornade possible à une heure déterminée. — Si l'on ne tient compte, dans les orages, que des phénomènes électriques, on se heurte à des irrégularités déroutantes. Celles-ci disparaissent dès qu'on remarque que les phénomènes électriques sont des accidents rares, qui se produisent, en même temps que divers phénomènes beaucoup plus stables, dans l'intérieur d'une bande étroite et longue que l'auteur a appelée *ruban de grain.* Ce ruban, qui n'existe pas dans les dépressions ordinaires, peut avoir de 10 à 80 kilomètres de largeur et de quelques centaines de kilomètres jusqu'à 1.500 et davantage de longueur. Il s'étend, vers le Sud, en général, de la région centrale jusqu'à la périphérie de la dépression à laquelle il appartient, et se déplace avec elle, à peu près parallèlement à lui-même.

Dans l'intérieur de ce ruban, la pression, le vent et l'humidité sont, en règle générale, beaucoup plus forts, la température beaucoup plus basse qu'en dehors de lui. C'est sur son bord antérieur que se produisent, dans la très grande majorité des cas, les averses, les orages, les tornades. Il suffirait donc que le passage d'un ruban de grain-fût signalé télégraphiquement par les stations principales situées à l'Ouest d'un bureau central, pour qu'on pût établir sa forme et la vitesse de son déplacement vers l'Est, ce qui permettrait d'annoncer aux villes situées à l'Est son passage à telle ou telle heure, avec la certitude d'un grain de vent à l'heure indiquée pour chaque lieu, et la grande probabilité d'averses de pluie ou de grêle, la probabilité d'un orage et la possibilité d'une tornade.

Les frais pourraient êtres minimes. En attendant, sans frais nouveaux, il suffirait, dans les stations centrales, d'établir les cartes d'isobares par millimètre pour voir se dessiner grossièrement le ruban de grain, quand il y en a un ; et le fait que le ruban de grain produit des vents forts *sur toute sa longueur* permettrait de donner plus de précision aux prévisions de tempête, un peu plus aussi aux prévisions d'averses et d'orages, celles-ci prenant plus d'importance pour les régions où le ruban de grain passerait pendant les heures les plus chaudes du jour.

<hr>

M. de KOWALSKI, Prof. à l'Univ. de Fribourg (Suisse).

Sur les décharges électriques dans l'air atmosphérique. — L'auteur rend compte de ses recherches faites en partie en collaboration avec M. Lietzau sur les décharges électriques à la surface des isolants. Il démontre qu'une couche conductrice d'un côté de l'isolant influe considérablement sur la longueur de l'étincelle entre deux électrodes. Il démontre aussi, par de nombreuses photographies, que l'étincelle suit un chemin d'un côté du diélectrique qui est marqué de l'autre côté par une couche conductrice.

Il décrit encore les expériences faites dans le cas où le diélectrique est composé d'un diélectrique solide et d'une nappe d'un diélectrique liquide.

Il se produit alors un très fort mouvement tourbillonnaire que l'auteur caractérise dans ses détails.

Il applique ensuite les phénomènes à l'explication de certains autres phénomènes qui se produisent pendant les décharges électriques atmosphériques des orages. Quelques hypothèses sont émises au sujet du caractère des éclairs et des foudres.

Expériences sur les décharges électriques ; application à l'électricité atmosphérique.

M. FABRY.

La photométrie solaire et stellaire.

MM. TURPAIN et DAVID.

Observations d'orages par des cohéreurs au Puy-de-Dôme en 1903.

M. le Dr Albert GOCKEL.

Période diurne de la déperdition de l'électricité dans l'atmosphère. — J'ai étudié la conductibilité apparente de l'atmosphère pendant les deux dernières années, à Fribourg (Suisse), dans les oasis de Biskra et de Touggourth (Algérie) au mois d'août 1901, à la côte de Tunis au mois de septembre 1901, dans la vallée de Zermatt en mars 1902, et sur le Rothhorn (Alpes Bernoises) en septembre 1902. Ces mesures ont été faites avec l'instrument par MM. Elster et Geitel. La courbe diurne était presque toujours la même à ces diverses localités, et je n'ai pas trouvé non plus une différence très grande entre l'hiver et l'été ; cependant la déperdition de l'électricité est plus faible en hiver.

La courbe de la déperdition présente une oscillation double avec 2 minima avant le lever et le coucher du soleil, et 2 maxima à 4 heures et à 10 heures du soir ; entre midi et trois heures du soir on remarque une faible dépression de la courbe.

C'est principalement la déperdition positive, dont le minimum du soir est très accentué. C'est pourquoi la valeur du rapport $q = \dfrac{a}{ar}$ atteint son maximum avant le coucher du soleil.

En général la courbe du rapport q est moins simple, il me paraît exister une relation entre elle et la variation du champ magnétique.

M. TURPAIN.

*Emploi de plusieurs cohéreurs de sensibilité différente pour étudier
la marche des orages.*

M. DURAND-GRÉVILLE.

Observations sur les difficultés que présente l'enregistrement des orages.

M. PRÉAUBERT, Prof. au Lycée, à Angers.

Observations sur le flux d'électricité entre les nuages et le sol durant les orages.
— Après l'exposé par M. Durand-Gréville, des caractères de la *ligne de grain*,
M. Préaubert rappelle des recherches déjà anciennes sur l'électricité atmosphérique en temps d'orages.

Il a, en particulier, employé le dispositif suivant :

Un faisceau de fils métalliques très effilés est monté sur un isoloir à la paraffine qui est hissé au sommet d'un mât. Ce faisceau est relié par un conducteur à un tube de Geissler, de faible résistance, dont l'autre rhéophore est relié au sol.

Dans ces conditions, le tube se maintient illuminé pendant toute la durée l'orage, et l'on peut reconnaître le sens du courant à l'aspect du tube :

1° En règle générale, un courant *positif* s'écoule de l'atmosphère vers la terre, les inversions sont peu fréquentes et de courte durée.

2° *A l'instant même* où un *éclair éclate, le tube s'éteint*, il faut ensuite un certain temps pour qu'il se rallume et reprenne peu à peu son premier éclat.

M. Préaubert pense que dans l'orage, les cirrus, chargés positivement, agissent par influence sur les nuages orageux, qui présentent une charge négative au-dessus et une charge positive en bas. Cette charge positive fuit vers la terre par voie de décharge obscure, ce qui explique la plus grande fréquence des éclairs ou décharges entre nuages supérieurs et inférieurs, que des coups de foudre proprement dits ou décharges entre les nuages et le sol.

— Séance du 10 août —

M. Paul GARRIGOU-LAGRANGE.

Sur la cinématographie des mouvements atmosphériques. — L'auteur expose la suite de ses recherches sur les mouvements généraux de l'atmosphère. Il a étudié à cet effet les mouvements barométriques à la surface de l'Amérique du Nord et de l'Europe, d'après les cartes de Washington d'une part, et les Bulletins russes, portugais et français d'autre part. Il a appliqué à cette étude la méthode cinématographique qui lui a déjà servi dans ses travaux antérieurs.

En considérant chaque carte journalière comme une photographie instantanée, et en interposant entre deux cartes successives le nombre nécessaire de situations intermédiaires, il est parvenu à constituer des bandes analogues aux bandes cinématographiques, qui permettent de suivre les enchaînements et les transformations des situations successives.

D'une façon générale on peut dire que, sur une surface donnée, les mouvements atmosphériques se réduisent à deux principaux, qui ouvrent et ferment alternativement les diverses voies suivies sur cette surface par les dépressions barométriques. Ces mouvements alternent et se succèdent à raison de quatre changements par mois en moyenne, produisant ainsi une sorte de balancement rythmé de l'atmosphère, de la gauche vers la droite ou de la droite vers la gauche.

Ces mouvements ont naturellement une grande influence sur la marche de tous les éléments météorologiques et notamment sur la température. C'est ainsi que les mouvements thermiques de l'hiver 1902-1903 sur nos régions sont assez aisément expliqués par les mouvements des maxima barométriques à la surface de l'Europe et par les déplacements corrélatifs de la trajectoire des dépressions.

M. E. MAILLET.

Hydrologie du Rhin allemand. — Le bureau central météorologique et hydrographique badois a, dans une volumineuse publication de plus de 800 pages grand in-folio avec nombreuses feuilles d'atlas, étudié : 1° l'hydrologie du bassin du Rhin ; 2° les crues du Rhin et leur prévision. Nous avons cru utile une analyse de cette publication et nous présentons au Congrès la partie relative à l'hydrologie. La seconde partie paraîtra bientôt dans les *Annales des Ponts et Chaussées*.

M. Ch.-V. ZENGER, Prof. à l'École Polyt. de Prague.

La théorie électrodynamique du monde et la période luni-solaire des tempêtes. — *Table des tempêtes de la mer d'Allemagne (1878-1901).* — Il y a eu beaucoup de controverses sur l'action de la lune sur le temps en général et sur les perturbations atmosphériques, magnétiques et sismiques en particulier. La théorie électro-dynamique du monde considérant les corps célestes comme des dynamos plus ou moins puissantes, n'est pas contraire à une action électro-dynamique de la lune sur notre atmosphère et sur le globe terrestre.

J'ai pu montrer qu'une sphère creuse de cuivre suspendue dans l'axe magnétique d'un électro-aimant type Elihu Thompson, commence à tourner autour de son axe de suspension élastique dès qu'on interpose un disque de cuivre demi-circulaire de manière que la plaque sorte en partie des lignes de force magnétique de l'électro-aimant activé par le courant polyphasé d'une centrale électrique.

Si l'on fait tourner cette plaque de cuivre autour, d'un axe coïncidant avec l'axe de l'électro-aimant, la sphère volante commence un mouvement latéral par la répulsion des courants induits dans la sphère de cuivre et décrit une orbite elliptique autour de l'électro-aimant.

De même la lune s'interposant entre la terre et le soleil et coupant les lignes de force électro-magnétique du soleil produit la rotation de couches atmosphériques et leur mouvement tournoyant elliptique, c'est-à-dire un mouvement cyclonal ou tourbillonnaire.

C'est ainsi que le 7 mai 1902 les éruptions de la Soufrière (île Saint-Vincent), et du Mont Pelé (île de la Martinique), se produisirent pendant l'éclipse solaire totale, avec la lune au Zénith des Antilles. La situation était encore aggravée par le passage de l'essaim périodique des étoiles filantes les 5, 6 et 7 mai ; le 7 mai étant le XIe jour périodique de l'action maxima du soleil. Les 6 et 7 mai sont les jours du passage maximum de l'essaim périodique dont le radiant se trouve $\alpha = 338°$ et $\delta = -2°$; c'est un des plus forts essaims de l'année terrestre d'après Denning, le 9 mai 1902 est le jour de la plus forte marée (2,38 mètres à Ostende).

La catastrophe de la Sonde du 27 août 1883 s'est également produite au jour XVIIIe périodique de l'action maxima du soleil ; l'éruption du Cracatoa a commencé le 25 août 1883 au jour du passage de deux essaims périodiques d'étoiles filantes, dont les radiants sont : $\alpha = 291°$ et $\delta = +60°$ et $\alpha' = 5°$ et $\delta = 11°$. C'est sensiblement après le laps de dix-huit années, que ces deux catastrophes se sont produites. Car 1902 + 127 jours, 1883 + 239 jours = 18 ans + 253 jours. De même la dernière éruption du Mont Pelé s'est produite en 1851 le 5 août, la différence de 1902, le 7 mai, est encore de 50 ans + 273 jours, manifestant la période d'activité solaire de 10 ans 6 sensiblement ; car 50 ans + 275 jours = 2101,20 jours et 167 durées de demi-rotation solaire de 12,5935 jours, d'après Faye, c'est qui nous donne : 2103,12 jours, la différence n'est que de 1,92 jours.

Nous voyons à la fois relevée la période de demi-rotation du soleil de 12,5935 jours, la période de 10,6 ans d'activité solaire et la période luni-solaire de 18,03 ans.

Chose curieuse, les éruptions du Cracatoa du 25 au 27 août 1883 coïncidaient presque au jour avec les jours de tempêtes de force extraordinaire dans la mer d'Allemagne du 28 au 30 août 1883 et ces tempêtes se sont reproduites du 29 au 30 août 1901, c'est-à-dire presque après 18 ans dans la mer d'Allemagne.

On peut donc faire usage des tables des tempêtes des côtes de la mer d'Allemagne 1878 à 1901, comparées à la période luni-solaire, pour prévoir ces grandes catastrophes de l'atmosphère terrestre et de l'intérieur du globe (1).

MM. B. BRUNHES et P. DAVID.

Nouvelles études sur l'anomalie magnétique du puy de Dôme. — Les mesures magnétiques, dont les premiers résultats avaient été communiqués au Congrès de Montauban, ont été poursuivies, et notamment sur tout le plateau Ouest. On y a trouvé, à des distances d'environ 300 mètres de la tour de l'observatoire, des valeurs de la déclinaison voisine de 10° (sur un point on a 10° 15′), tandis que sur la pente Est, la déclinaison atteint 19°48. On a donc ici nettement les valeurs maxima et minima qui aient été obtenues en France.

On a commencé des mesures d'inclinaison et des mesures directes de composante verticale, exécutées à l'aide d'un appareil spécial analogue à la boussole des sinus employée par les auteurs pour la mesure des variations de la composante horizontale. D'une façon générale, la composante verticale diminue, et, très rapidement, quand on descend du sommet de la montagne sur les pentes.

M. Émile MATHIAS, Prof. à l'Univ. de Toulouse.

Sur la loi de distribution régulière de la force totale du magnétisme terrestre en France au 1er janvier 1896. — L'auteur a appliqué à la *force totale* la méthode

---

(1) Il semble qu'après le laps de 90 ans = 5 + 18 ans, les éruptions volcaniques et les tempêtes deviennent très nombreuses et de force extraordinaire, comme exemples les catastrophes volcaniques de l'année 1790 et 1883, les éruptions du Vésuve et de l'Etna 79 après J.-C. et 1870, catastrophe de Pompéi et Herculanum, et de Catania et Nicolosi par les éruptions du Vésuve et de l'Etna, 1812 éruption terrible de l'Etna et de la Soufrière à l'île Saint-Vincent le 30 avril 1812 ; 1902 éruption du 7 mai à l'île de Saint-Vincent de la Soufrière, du Mont Pelé à la Martinique, terrible éruption du Massayer, fin d'août 1902, et catastrophe en Nicaragua par un effroyable tremblement de terre.

de recherche de la loi de distribution régulière des éléments magnétiques qu'il a appliquée l'an dernier à la *composante verticale* (voir Congrès de Montauban). Comme précédemment, la recherche a porté sur les éléments contenus dans le *Réseau magnétique de la France au 1ᵉʳ janvier 1896* de M. Moureaux,

- Si l'on appelle ΔT, Δ long., Δ lat., la différence entre la force totale, au 1ᵉʳ janvier 1896, la longitude et la latitude géographiques d'une certaine station et les éléments correspondants de l'Observatoire de Toulouse, on aboutit ainsi à la formule suivante, où (Δ long.) et (Δ lat.) sont exprimés en minutes d'angle et ΔT en unités du 5ᵉ ordre décimal :

$$\Delta T = + 16,5 + 1,272 \; (\Delta \text{ long.}) + 5,0457 \; (\Delta \text{ lat.})$$
$$+ 0,000712 \; (\Delta \text{ long.})^2 - 0,001081 \; (\Delta \text{ long.}) \; (\Delta \text{ lat.}) - 0,000918 \; (\Delta \text{ lat})^2.$$

Cette formule résulte de la résolution par la méthode des moindres carrés d'un système de 507 équations du premier degré à six inconnues. Les calculs énormes qu'entraîne une pareille résolution ont été faits, sous la haute direction de B. Baillaud, par le bureau des calculateurs de l'Observatoire de Toulouse. Je tiens à remercier M. le Directeur de l'Observatoire d'avoir rendu ainsi possible l'application de ma méthode et je l'assure de ma respectueuse gratitude.

La discussion des erreurs possibles, provenant des mesures de la composante horizontale et de l'inclinaison, montre qu'on peut admettre comme *régulières* les stations qui donnent pour les ΔT observés et calculés une différence inférieure à 100 unités du cinquième ordre décimal ; on trouve ainsi que, sur les 617 localités visitées par M. Moureaux, 500 sont régulières en ce qui concerne la force totale et que le bassin de la Seine est formé d'anomalies séparées par des plages régulières très étendues.

<hr>

Réunion des 5ᵉ et 7ᵉ Sections.

M. **Wilfrid de FONVIELLE.**

Protestation contre la proposition de démolir la Tour Eiffel. — L'orateur explique qu'il a appris par hasard, vendredi 7 août, que le comité du Vieux Paris avait proposé la démolition de la tour Eiffel. Il a été stupéfait de l'intervention, sans aucun droit, d'un comité institué pour sauvegarder les restes du passé, et non pour signaler au marteau des démolisseurs les monuments qui couronnent la gloire du vieux Paris en faisant celle du Paris moderne. Il se réserve de qualifier ailleurs cette intrusion plus que singulière, il ne s'occupera que d'énumérer les services déjà rendus par la tour Eiffel à l'astronomie et à la navigation aérienne, spécialités que cultivent deux sociétés dont il est membre. Il est certain que toutes deux s'associeront patriotiquement l'une et l'autre aux protestations qu'il demande à l'Association française pour l'Avancement des Sciences de formuler d'une façon énergique. Il donne lecture d'un discours prononcé en 1887 par M. Janssen à la conférence *Scientia* et s'attache à montrer que la plupart des applications scientifiques prévues par l'orateur sont déjà réalisées ou sont à la veille de l'être. Il en indique rapidement un grand nombre d'autres qui permettent à la science française d'exécuter ses travaux que ses émules ne pourront imposer. La commission du Vieux Paris ferait jouer, à la Ville

Lumière un rôle déshonorant, indigne du renom qu'elle possède. Ce n'est pas la tour Eiffel qui déshonore Paris, c'est sa démolition brutale qui nous déshonorerait véritablement et nous vaudrait la risée de l'univers.

Si, par impossible, les ennemis revenaient pour prendre Paris, leur premier soin serait de tenter de démolir la tour à coup de canon, pour empêcher les communications constantes de Paris et de la province ; l'intervention du comité du Vieux Paris est susceptible de faciliter la tâche des ennemis de la France, en démolissant d'avance ce monument tutélaire.

Discussion. — M. B. BRUNHES, président de la 7e section, remercie M. de Fonvielle de son intéressante communication. Il a déjà entretenu le Conseil d'administration de l'Association française du projet de vœu contre la démolition de la Tour Eiffel et il croit savoir que le Conseil serait disposé à adopter un vœu en ce sens comme *vœu de l'Association.*

Il tient à présenter deux remarques.

D'abord il n'est plus nécessaire de redire aujourd'hui que la Tour Eiffel *pourrait* rendre des services à la science et notamment à la météorologie. Elle a rendu des services au delà de ce qu'on prévoyait. Elle a permis les beaux travaux aujourd'hui classiques de M. Angot sur la variation diurne de la température et des divers éléments météorologiques à l'air libre à 300 mètres au-dessus du sol. Elle a permis en outre les travaux de M. Chauveau sur l'électricité atmosphérique et en physique pure, les travaux de MM. Cailletet et Colardeau sur la compressibilité des gaz sans parler des travaux récents de M. Eiffel sur la résistance de l'air dont M. Carpentier va entretenir la section. C'est un outil admirable dont la science n'eût pas osé réclamer la création, mais qu'elle jugerait insensé de détruire.

En second lieu, il faut absolument que la Section et l'Association ne fassent allusion ni aux considérations esthétiques ni aux considérations de défense nationale. Outre que, sur ces deux points, les avis peuvent différer même parmi nous, ceci n'est pas de la compétence de l'*Association française.* L'*Association* doit se maintenir sur le terrain scientifique et réclamer la conservation de la Tour, pour les services qu'elle a rendus à la science et peut lui rendre encore.

M. Ph. PELLIN rappelle que M. Chauveau a établi à la tour Eiffel les appareils de M. Mascart pour l'étude de l'électricité atmosphérique, et que ses observations, qui se poursuivent encore, ont donné lieu à des travaux de premier ordre.

M. TOUCHET. — Ce n'est d'ailleurs pas la première fois que la tour Eiffel a été utilisée pour des observations scientifiques. C'est, en effet, une belle station d'où la vue, on le sait, est magnifique, et les basses brumes de Paris restant bien au-dessous des observateurs, le ciel y est, par temps clair, d'une pureté admirable.

En 1897, MM. Touchet et Quénisset y ont entrepris une série de photographies de la lueur crépusculaire, à minuit, au moment du solstice d'été. Le résultat de ces premiers travaux fut présenté en janvier 1898, par le très regretté physicien Cornu, à la séance de la Société astronomique de France et publié peu après au *Bulletin* de cette société. Depuis, la question a été reprise et M. Touchet a été amené à construire un photomètre spécial destiné à ces recherches. Une deuxième série d'expériences a été faite cette année même, en juin 1903, au sommet de

la tour. Il s'agissait d'étudier la forme des courbes isophotiques de la lueur crépusculaire à l'aide de cet appareil nouveau. MM. Touchet et Senouque, qui ont
fait les nouvelles observations de cette année, ont obtenu à l'heure actuelle des
résultats intéressants, mais le mauvais temps et surtout un vent très violent au
sommet de la tour ont empêché la réussite complète du programme pour cette
année. Le travail sera repris l'année prochaine... Il ne faut donc pas démolir
encore la tour Eiffel ! !

M. Carpentier mentionne que, tout dernièrement encore, la tour de trois
cents mètres a été un instrument précieux pour d'importantes expériences
relatives à la pression du vent sur les surfaces. On sait combien d'efforts ont
été tentés pour déterminer la loi des pressions que le vent exerce sur les surfaces en fonction de sa vitesse ; les résultats obtenus jusqu'à ce jour ont été généralement entachés d'erreurs systématiques qui tenaient au mode opératoire
adopté et les ont rendu pratiquement peu utilisables. Pour obtenir une vitesse
relative connue du vent par rapport à une surface, un des procédés les plus
usités consiste à installer la surface, sur laquelle on veut faire la mesure, à
l'extrémité d'un grand bras horizontal qu'on fait tourner à l'aide d'un moteur
autour d'un axe vertical dans ce mouvement de manège la force centrifuge
intervient et fausse les conditions mêmes du problème.

M. Eiffel utilisant, la grande hauteur de la tour, a eu l'idée de faire tomber
le long d'un câble tendu verticalement un mobile pesant auquel est fixé la
surface d'étude. Ce mobile contient un appareil enregistreur muni de tous les
organes nécessaires à l'inscription des éléments qu'il importe de connaître :
temps, chemin parcouru, pression subie... et, après chaque expérience, qui
dure naturellement un temps très court, on en retire un diagramme fort complet dont l'analyse donne immédiatement les chiffres à noter. Les vitesses relatives atteignent jusqu'à quarante mètres par seconde ce qui dépasse les besoins
pratiques et les résultats recueillis dans plus de deux cents expériences ont déjà
permis de rectifier certains coefficients antérieurement admis.

L'étude complète de la question demandera encore de nombreuses séries
d'expériences variées ; mais on peut déjà affirmer la grande fécondité de la
nouvelle méthode imaginée et pratiquée par M. Eiffel.

M. Émile Trélat : J'ai publié, en 1887, une étude de la Tour Eiffel, dans
laquelle j'applaudissais chaleureusement l'œuvre d'ingénieur qu'avait conçue
l'auteur de cet édifice. Mais, à cette louange, j'avais joint une énergique protestation contre la pensée que la construction serait un *embellissement* de la capitale. S'il pouvait être intéressant, et j'étais tout prêt à le croire, d'élever une
œuvre jusqu'à 300 mètres de hauteur, je disais qu'il fallait la placer sur un
point déjà haut, et non sur une berge de la Seine.

Je garde mon opinion sur la pauvreté monumentale de la tour de 300 mètres ;
mais, je reconnais qu'elle a été et qu'elle est encore un précieux instrument
d'expériences scientifiques. Aussi, malgré les gênes qu'elle apportera aux arrangements pittoresques qui vont être faits au Champ de Mars pour étendre les
territoires de nos promenades, j'estime que les services rendus journellement
à la science par la Tour, sont assez grands pour que la concession de l'espace
qu'elle occupe soit prolongée et *qu'on supporte encore pendant dix nouvelles
années* les troubles qu'elle suscite aux aménagements des jardins projetés.

VOEU ÉMIS PAR LES 5ᵉ ET 7ᵉ SECTIONS RÉUNIES

A la suite de cette discussion, les 5ᵉ et 7ᵉ sections réunies ont émis un vœu (voir page 56).

3e Groupe.

SCIENCES NATURELLES

8e Section.

GÉOLOGIE ET MINÉRALOGIE

Président. . . . . M. LENNIER, Dir. du Mus. d'Hist. nat. du Havre.
Vice-Président . . . . M. PERON, Corresp. de l'Institut, à Auxerre.
Secrétaire. . . . . M. BOURGERY, Memb. de la Soc. Géol. de France, à Nogent-le-Rotrou.
Secrétaire-Adjoint . . . . M. BIAILLE, Pharm. à Chemillé (Maine-et-Loire).

— Séance du 5 août —

MM. BABEAU et DUBUS

Sur les limons des plateaux aux environs du Havre. — Les auteurs font connaître les différents aspects que présentent ces limons et certaines remarques sur l'industrie préhistorique que l'on y trouve.

M. Louis GENTIL, Maît. de conf. à la Fac. des Sc., à Paris.

Sur la Géologie du bassin de la Tafna et observations sur la Terminologie des étages tertiaires. — M. Peron a présenté à la 8e Section, au Congrès de Montauban, un important mémoire de M. Louis Gentil intitulé : *Esquisse stratigraphique et pétrographique du bassin de la Tafna.* Ce mémoire très volumineux, arrivé seulement pendant la session n'avait pu être étudié et aucune analyse n'avait pu en être faite en séance. M. Peron juge utile, en raison de l'importance de ce travail, d'en donner aujourd'hui un aperçu pour faire ressortir les découvertes faites par M. Gentil. Il juge utile, en outre, de formuler quelques réserves au sujet de certaines dénominations d'étage employées par l'auteur.

— Séance du 6 août —

M. Émile RIVIÈRE, Sous-Directeur de laboratoire au Collège de France, Paris.

Quelques sablières de la banlieue parisienne. — M. Émile RIVIÈRE, après avoir rappelé les diverses communications qu'il a faites aux Congrès de 1882, 1885, 1886 et 1887, ainsi qu'à l'Académie des Sciences, à diverses époques également, sur plusieurs sablières des environs de Paris, fait connaître aujourd'hui les résultats des recherches qu'il a reprises depuis dix-huit mois dans les carrières de sable de Billancourt, Boulogne, etc. Il insiste principalement sur la faune dont il a recueilli les restes.

M. Wilfrid KILIAN, Prof. à la Fac. des Sc. de Grenoble.

Le Jurassique moyen des Alpes françaises. — L'examen des caractères que présentent les dépôts du Jurassique moyen dans les différentes zones alpines et notamment la découverte d'un certain nombre de gisements de Bathonien à *Ostrea costata* Fow., Brachiopodes, etc., dans la zone du Briançonnais ainsi que l'absence du Dogger en beaucoup de points de cette même zone, conduisent à la conclusion qu'un géoanticlinal devait, à l'époque du Jurassique moyen, s'élever dans la région actuellement occupée par la bande axiale houillère et y déterminer des émersions en même temps qu'une zone de sédiments *néritiques*. A l'Est se déposaient pendant ce temps une partie des schistes lustrés; à l'Ouest se formaient les dépôts vaseux du Dogger dauphinois.

M. A. BIGOT, Prof. à la Fac. des Sc. de l'Univ. de Caen.

Assèchement des vallées dans les régions calcaires du Calvados. — La *Campagne de Caen* est sillonnée de vallées asséchées à la suite du recul vers l'aval ou de la suppression des émergences des nappes aquifères. Cet assèchement, dont M. Martel a montré la généralité dans les régions calcaires, résulte d'un abaissement de la surface piézométrique des nappes par suite d'un encaissement de plus en plus grand des collecteurs des vallées principales et d'une décalcification qui entraîne les eaux à des profondeurs de plus en plus grandes. La diminution des précipitations atmosphériques ne joue qu'un rôle très secondaire.

La région du *Cinglais*, d'architecture tabulaire, est caractérisée par un écoulement périphérique de la nappe, maintenue par la pénéplaine paléozoïque; le recul des émergences vers l'amont tend à ressusciter, par érosion du manteau calcaire, l'ancienne architecture plissée du Bocage, avec régime hydrographique composé de multiples ruisseaux, dont le débit présente pour chacun des écarts considérables.

Les causes naturelles qui transforment ainsi le régime hydrologique des régions calcaires leur préparent une situation très inquiétante. Cette situation est aggravée par le gaspillage des réserves accumulées dans les nappes auxquelles les captages et les puits empruntent souvent une quantité d'eau très supérieure à celle que les infiltrations peuvent leur fournir.

M. Bigot propose à la Section d'émettre le vœu que les pouvoirs publics se préoccupent d'assurer la conservation de ces nappes et d'en régler l'utilisation par des mesures inspirées de celles qui régissent l'exploitation des sources minérales et des mines.

M. Émile RIVIÈRE

Nouvelles gravures découvertes dans la grotte de La Mouthe.

M. AMBAYRAC, Prof. au lycée de Nice.

Les phénomènes volcaniques en 1902. — M. Ambayrac a recueilli dès le début de 1902 et depuis, jour par jour, dans les publications scientifiques, revues, journaux et correspondances privées, quantité de documents relatifs aux manifestations volcaniques et météorologiques afin de pouvoir les grouper et coordonner pour en tirer quelque utile résultat. Réunissant ensuite par ordre de date toutes ces données, souvent connues tardivement, il a inscrit pour chaque jour sa part respective de ces faits avec toutes les circonstances qui les ont précédés, accompagnés ou suivis sans négliger aucune des particularités qui pourraient lui donner une notion plus exacte de la vérité.

Il a isolé la part respective de ces phénomènes pour diverses régions : Antilles (Pelée et Soufrières), Amérique centrale, nord et sud, Europe méridionale et occidentale, Océanie, Asie, etc.

Donnant à chaque manifestation une valeur approximative d'intensité il a obtenu divers graphiques de détail, puis d'ensemble et de combinaison pour l'année entière : graphique éruptif, graphique sismique, graphique météorologique (ouragans, tempêtes, cyclones, etc.), graphique barométrique de Paris emprunté à *Nature*. La superposition ou addition de tous les graphiques volcaniques a donné un graphique totalisé de dynamique volcanique ou interne ; de même il a eu un graphique totalisant les phénomènes météorologiques de dynamique externe, à ordonnées négatives donnant une courbe d'ensemble symétrique de la précédente.

Conclusions : L'étude et la comparaison de ces divers graphiques séparés ou réunis donnent les résultats suivants :

1° Les tremblements de terre et les éruptions forment deux séries d'ondes ou de vagues analogues aux vagues marégraphiques et météorologiques, même à la succession des vagues marines journalières à maxima périodiques ;

2° Une certaine périodicité de maxima traduite par les surélévations dues aux phénomènes plus fréquents et plus intenses au printemps et en été, avec dépressions ou diminutions en automne et en *hiver*, sans rapport immédiat apparent avec les phases lunaires et les marées ; mais avec solstices calmes et équinoxes troublés ;

3° La précession à peu près rigoureuse des éruptions par les tremblements, frappante pour ceux d'Asie-Mineure à l'égard du Caucase, des Antilles et de l'Amérique centrale pour le Mexique, de la Californie pour l'Alaska, surtout de la région italo-ibérique pour les Antilles ;

4° La progression d'intensité dans les phénomènes volcaniques, prévenant de plus en plus de l'imminence du danger ;

5° L'analogie des phénomènes volcaniques et des phénomènes météorologiques (point déjà signalé), d'où l'espoir pour M. Ambayrac de pouvoir, dans un avenir prochain, prévoir les phénomènes éruptifs, grâce à la multiplicité et coordination de renseignements, comme on prévoit déjà la formation et la propagation des tempêtes.

M. A. BIGOT.

Sur la faune des sables jurassiques supérieurs du Calvados. — M. Bigot présente plusieurs planches du travail pour la publication duquel l'Association a bien voulu lui accorder une subvention.

M. COSSMANN, Ing., Chef des Serv. techniques au Ch. de fer du Nord.

Observations sur quelques coquilles crétaciques recueillies en France. — Cette communication est la suite de celle qui a été présentée au Congrès de Montauban ; elle est accompagnée de deux planches représentant des Gastropodes crétaciques, appartenant aux Genres holostomes, compris entre *Cerithium* et les Docoglosses.

MM. G.-F. DOLLFUS et G. RAMOND.

Études géologiques dans Paris et sa Banlieue. — *Le Chemin de fer de Paris à Orléans, aux abords de Saint-Michel-Montlhéry (par Seine-et-Oise).* — Les travaux en cours d'exécution entre Juvisy et Brétigny, pour la mise à quatre voies de la ligne d'Orléans, ont fourni aux auteurs l'occasion de quelques observations intéressantes :

1° Le *Stampien inférieur* (Marnes à huitres, Molasse d'Étrechy, Falun de Jeurre, etc.), n'est représenté par aucun dépôt ; les Sables dits « de Fontainebleau », reposent *directement* sur les Marnes et Argiles à Meulières « de Brie » (*Sannoisien supérieur*). Les « Marnes à huitres » étant bien développées à Montmartre, Villejuif, Longjumeau et à l'ouest de Juvisy, d'une part, et aux environs d'Etampes (Jeurre, Étrechy, etc.), d'autre part, il faut admettre que, dans les environs de Montlhéry [Épinay-sur-Orge, Le Perray (Vaucluse), Saint-Michel, Brétigny, etc.], la mer n'a pas dû effectuer de dépôts, à l'époque Stampienne inférieure, et que la communication entre Paris et ses environs immédiats, et la région d'Étampes, devait s'établir par Corbeil, et même plus à l'Est. A moins que l'on suppose — ce qui est peu vraisemblable — que ces Marnes, après s'être déposées, aient été enlevées par érosion, avant l'arrivée des masses sableuses « de Fontainebleau » (*Stampien moyen*).

2° Étant donné les constatations antérieures, on peut affirmer, grâce aux coupes nouvelles observées sur la ligne d'Orléans, entre Juvisy et Brétigny, et d'après les relevés des forages récents, que l'*anticlinal* qui passe près d'Orsay (Lozère), dans la vallée de l'Yvette et à Ballainvilliers, se poursuit par Vaucluse, Villemoisson, Évry-Petit-Bourg, Étiolles, etc.

Il y aura lieu de rectifier, dans ce sens, les tracés de la Feuille n° 65, au $\frac{1}{80.000}$ c. (Melun, 2e édition). Les autres ondulations sont secondaires. Les bandes gréseuses visibles à Fleury-Mérogis, Brétigny, les Bordes, etc., occupent des dépressions synclinales, peu importantes.

M. L. Janet a observé, aux abords de Savigny-sur-Orge, l'abondance de nodules dans les « Glaises vertes » *sannoisiennes*; à la partie supérieure, ils sont disposés sporadiquement, et sont constitués par du sulfate de strontiane *(Célestine)*; vers la base, ils sont formés de carbonate de chaux, mélangé d'un peu d'argile.

MM. Dollfus et Ramond mettent sous les yeux des membres de la Section de Géologie, une série de Photographies, exécutées par M. A. DOLLOT, lesquelles mettent en évidence les ondulations remarquables des Glaises vertes dans les tranchées du chemin de fer.

Un *profil géologique* d'ensemble et des *coupes de détail* complètent ces documents graphiques, et permettent de suivre les moindres accidents des assises sannoisiennes et stampiennes dans la région étudiée.

— Séance du 8 août —

M. A. BIGOT, Prof. à la Fac. des Sc. de l'Univ. de Caen.

Compte rendu des excursions géologiques à Saint-Saturnin et à Trélazé. — L'excursion de Saint-Saturnin avait pour but de fixer l'âge des Grès à *Sabalites andegavensis*, remis en question par M. Welsch qui les a attribués au Sénonien. Les observations stratigraphiques sur le terrain ont été peu concluantes; elles ont seulement montré que ces grès reposent en transgression sur le Crétacé. L'examen des échantillons du Musée paléontologique d'Angers et de ceux que nous avons observés sur place, complété par les explications que nous ont données MM. Demazières et Préaubert, nous a montré que les fossiles sénoniens, spongiaires, rhynchonelles silicifiées, huîtres, etc., proviennent d'un banc de poudingue qui forme la base des grès à plantes, qu'ils sont fortement roulés et constituent de véritables galets. Dans les grès à plantes, les huîtres sont petites et ne se trouvent que dans les grès où la disposition des feuilles tordues et brisées indique une sédimentation caractérisée par des remous et par une vitesse de courant qui ne permettait le charriage que de petites huîtres, empruntées à des formations antérieures, comme celles du conglomérat de base.

Rien ne permet par suite de considérer à Saint-Saturnin les grès à plantes comme une formation sénonienne : leur flore est celle des Grès de Fyé, superposés à des argiles à Paludestrines et *Potamides lapidum*. Comme à Fyé ils sont éocènes et appartiennent au Lutétien supérieur ou au Bartonien.

Dans l'après-midi, la Section a étudié les exploitations souterraines des Ardoisières de la Grand'Maison, à Trélazé, où elle était conduite par M. Pernin, ingénieur des ardoisières.

— Séance du 10 août —

M. PERON, Corresp. de l'Inst., à Auxerre.

Les mers de la période crétacée et leurs rivages dans le sud-ouest du bassin de Paris. — Au début de la période crétacée le sol du département de l'Yonne est exondé. Cette période débute dans la région par une lacune et c'est seulement à l'époque néocomienne que les eaux marines la recouvrent de nouveau. Les rivages de cette mer néocomienne sont relativement faciles à reconstituer et se trouvaient sur une ligne passant non loin à l'est d'Auxerre. A partir de ce moment la mer crétacée s'est constamment étendue. A l'époque albienne et aux époques successives, les eaux marines débordant leurs anciens rivages ont envahi des régions qui étaient exondées depuis les temps jurassiques et les nouveaux rivages se sont de plus en plus éloignés vers le Sud-Est. Des preuves nombreuses de cette extension ont été relevées dans le Morvan, dans la Côte-d'Or, etc.

Discussion. — M. BIGOT : Les conclusions de M. Peron s'appliquent presque intégralement aux formations crétacées de l'ouest du Bassin de Paris. Sur le Massif armoricain, la transgression commence avec les couches supérieures du Néocomien, s'accentue avec l'Albien, s'exagère avec le Cénomanien et acquiert son maximum avec le Sénonien. Les dépôts correspondant à chacun de ces étages s'étendent de plus en plus vers l'Ouest, et reposent successivement dans cette direction sur des assises de plus en plus anciennes (Sénonien du Cotentin sur le Paléozoïque et le granite); ils sont représentés par des témoins qui, bien en dehors des limites générales de chaque étage, marquent seuls l'ancienne extension. Il devient par suite très difficile de tracer les limites réelles des mers correspondant à chaque période.

M. Émile BELLOC.

Note sur les limites apparentes de l'ancien glacier de la Garonne. — Les observations faites pendant plusieurs années sur l'extension apparente de l'ancien glacier de la Garonne, lui ont permis de délimiter aussi exactement que possible, la largeur et la hauteur de cet ancien glacier, notamment en ce qui concerne la région Luchonnaise, de même que celles des vallées de la Pique et du Larboust.

Les résultats de ces recherches modifient sensiblement, sur plusieurs points, les limites précédemment assignées à cet ancien glacier, probablement le plus considérable de toute la chaîne pyrénéenne à l'époque glaciaire.

M. G.-F. DOLLFUS, Collab. à la carte géol. de France.

Faune malacologique du Miocène supérieur de Rennes.

9ᵉ Section.

BOTANIQUE

PRÉSIDENT. . . . .   M. POISSON (1), Assist. au Muséum d'hist. nat., à Paris.
SECRÉTAIRE . . . .   M. P. DANGUY, Lic. ès sc., Prép. au Muséum.
SECRÉTAIRE-ADJOINT: . . . . . .   M. BEHAGHEL, à Montreuil-sur-Mer.

— **Séance du 5 août** —

M. l'Abbé Félix HY, Prof. à l'Univ. cathol. d'Angers.

Sur les Ulex *de l'Ouest de la France.* — Tous les Ajoncs français rentrent dans le type linnéen d'*Ulex europeus*.

1° Le type méridional, qu'on l'appelle *U. australis* Clementi, *U. parviflorus* Pourret ou *U. provincialis* Loiseleur, est le plus distinct de tous, moins cependant qu'il ne ressort des diagnoses récentes lui attribuant « des phyllodes à l'aisselle d'épines alternes ». Tous les Ajoncs ont, au contraire, suivant la loi générale, leurs épines à l'aisselle des phyllodes. L'*Ulex australis* doit seulement sa ramification plus lâche à la particularité de produire ses branches de charpente *isolément*, sur le côté des tiges et à la base de *spinules de second degré*. Partout ailleurs celles-ci sont réunies en cymes ombelliformes vers le sommet des tiges, et naissent chacune à la base d'une épine primaire. Il est seul, en outre, à posséder des fleurs *très petites à anthèse vernale*.

2° Ceux qui possèdent de grandes fleurs paraissant en hiver forment l'*Ulex europeus* L. (sensu stricto) Les sépales sont hérissés de poils denses, les bractéoles larges, les ailes dépassent la carène. En outre, ce sont des arbrisseaux généralement élevés, toujours robustes, ayant pour formule phyllotaxique $\frac{5}{13}$.

3° Enfin, tous les autres, comme le montrait déjà, en 1853, M. Le Jolis pour les plantes de la Hague, forment une chaîne continue dont les caractères communs sont de former des arbrisseaux faibles ou nains, à formule phyllotaxique de $\frac{3}{8}$. Les fleurs sont médiocres ou petites, à poils courts et clairsemés sur les sépales, leurs bractéoles égalent à peine en largeur le pédoncule, et l'épanouissement commence dès l'été. Ils comprennent, avec l'*U. nanus* Smith, toutes les diverses formes confondues par les auteurs sous le nom collectif d'*U. Gallii*. En analysant ces principales races régionales on trouve comme

---

(1) Nommé par la Section en remplacement de M. Bureau empêché de venir au Congrès.

plus saillantes : *a)* la forme robuste que M. Le Jolis prend pour le type d'*U. Gailli* dans la Hague (*U. Le Jolisianus*) ; *b)* celle qu'a eue spécialement en vue Le Gall sous le nom d'*U. intermedius*, répandue sur toute la Bretagne, notamment à Belle-Isle, soit *U. Le Gallianus* ; *c)* une plante angevine assez faible pour avoir été confondue avec *U. nanus*, mais que Bastard avait déjà signalée à De Candolle sous le nom erroné d'*U. provincialis* sous lequel elle figure dans la *Flore française*, (*U. Bastardianus*) ; enfin la forme répandue dans les landes de Gascogne. de taille plus élancée, quoique grêle entre toutes, sera *U. Thoreanus* en souvenir du botaniste qui l'étudia le premier : c'est l'*U. Lagrezii* Rouy.

Ces formes diverses se rattachant d'ailleurs par des intermédiaires, soit entre elles, soit avec le véritable *Ulex nanus*, ne constituent, en réalité, qu'un type unique, mais polymorphe, que Thore avait désigné déjà par son caractère le plus saillant de fleurir en automne : ce sera *Ulex autumnalis* Thore emendat.

Discussion. — M. le Dr Fernand CAMUS ne partage pas l'opinion de M. l'abbé Hy sur la réunion en un même type spécifique des *Ulex Gallii* et *nanus*. Assurément, ces deux espèces sont très voisines l'une de l'autre ; mais elles lui ont toujours paru distinctes sur le terrain. L'*U. Gallii* occupe en Basse-Bretagne de vastes espaces d'où semble (complètement ?) exclu le *nanus*. Du moins, dans trois voyages effectués, en 1901 et 1902, en Finistère — voyages pendant lesquels son attention avait été attirée sur les *Ulex* — il n'a pas rencontré un seul pied de *nanus*. L'*Ulex nanus* de la Vendée et du S.-W. de Maine-et-Loire, qui lui est bien familier, ne lui a jamais paru pouvoir être confondu avec l'*U. Gallii*. La taille de celui-ci est extrêmement variable. Les individus de belle venue atteignent la taille ordinaire de l'*U. europæus*, dont la valeur spécifique lui paraît d'ailleurs hors de cause. Par contre, certains buissons nains et ras sont réduits à des dimensions que le *nanus* lui-même réalise rarement. Le caractère de la taille, qui paraît avoir beaucoup préoccupé les botanistes, n'a donc aucune importance chez l'*U. Gallii*. Celui-ci, quand il est bien développé est une plante très ornementale (ce qui n'est pas le cas de l'*U. nanus*), et qui surpasse en éclat les magnifiques buissons d'*U. europæus* du Léon et du Lannionais.

M. J. POISSON demande si les ajoncs, au point de vue utilitaire, sont estimés en Anjou comme ils le sont en Bretagne et dans quelques régions de l'Angleterre. Des machines appropriées servent à briser les rameaux épineux de cette légumineuse, dont la qualité comme aliment fourrager est de premier ordre. On a obtenu des races dites sans épines, c'est-à-dire à rameaux menus et à épines peu vulnérantes, dont la tenue diffère du type et qui donneraient moins de graines que ce dernier.

M. GRILLE : J'ai vu une petite culture d'ajonc, dit sans épines, datant de trois ans, produisant beaucoup et que des chevaux acceptaient fort bien sans qu'on l'ait haché. Une culture très dense est utile pour maintenir les pousses assez tendres.

———

Feu Albert GAILLARD.

Catalogue raisonné des Discomycètes charnus observés dans le département de Maine-et-Loire. — Énumération raisonnée avec indication des localités, dates de récolte, etc., des Morilles, Helvelles, Pézizes observées en Maine-et-Loire pendant les années 1899-1902.

Ce travail a été présenté, sur la demande de l'auteur, par M. G. Bouvet, directeur du Jardin des Plantes.

M. Georges BOUVET, à Angers.

Les Rubus de l'Anjou : résumé des faits acquis. — Extrait réduit à ses parties essentielles d'un travail plus étendu sur les Rubus observés jusqu'à ce jour en Anjou.

Cette monographie locale mentionne :

1° 60 espèces ou formes bien caractérisées et réparties en plusieurs sections divisées elles-mêmes en groupes de moindre importance ;

2° 50 hybrides dont l'origine, au moins en ce qui concerne l'un des parents, n'est le plus souvent que soupçonnée.

Malgré le nombre relativement élevé des formes mentionnées, le travail a été fait dans un esprit de réduction et non de pulvérisation de l'espèce.

M. William RUSSELL, à Paris.

Sur les migrations de la Cytisine chez le Cytisus Laburnum. — La Cytisine, alcaloïde élaboré par diverses espèces du genre Cytise, est soumise à des variations saisonnières très remarquables : en hiver, ce principe actif est concentré dans les graines, les racines et les courts rameaux destinés, au printemps, à porter les inflorescences ; à la reprise de la végétation il disparaît en grande partie des lieux de mise en réserve pour se porter dans les organes en voie de croissance.

La Cytisine paraît être un produit direct de l'assimilation chlorophyllienne, car elle se rencontre en très grande abondance dans le parenchyme vert.

MM. TRABUT et BATTANDIER.

Flore analytique et synoptique d'Algérie et de Tunisie. — M. le Dr TRABUT présente, au nom de M. BATTANDIER et au sien, une *flore analytique et synoptique de l'Algérie et de la Tunisie.*

Les auteurs ont adopté la méthode dichotomique. Ils se sont appliqués à donner un ouvrage clair et succinct, à la portée de tous, et cependant aussi complet que possible.

Ils espèrent y ajouter plus tard un atlas.

M. Ant. LAUBY, à Clermont-Ferrand (Puy-de-Dôme).

L'acclimatation des pommiers dans le Cantal. — Comme suite à la très intéressante communication que vient de nous faire M. Trabut sur l'acclimatation des plantes d'Algérie, je crois intéressant de signaler à nos collègues les premiers résultats fournis par une étude sur les pommiers dans le Cantal.

Il y a six ans j'ai fait à Saint-Flour une plantation de pommiers Reinette Canada après que l'analyse du sol et l'étude des conditions climatériques m'avaient permis de supposer que l'on pourrait en attendre de bons résultats.

En effet, à l'heure actuelle, les arbres sont de très belle venue et donnent leurs premiers fruits, le sous-sol basaltique renferme au nombre de ses éléments du phosphate de chaux qui permet une alimentation parfaite. Les planèzes cantaliennes ayant le même sous-sol, il est probable que les mêmes résultats seront obtenus partout.

Reinette du Canada vivant sur le flanc est du Massif Cantalien. — Des études comparatives faites sur des arbres à sous-sol basaltique et à des altitudes diverses (Massiac, 450 mètres, Saint-Flour, 900 mètres ; Valuéjols, 1.100 mètres ; Saint-Maurice, 1180 mètres ; Lescure, 1.190 mètres, Le Cher, 1.200 mètres), m'ont permis de démontrer que plus l'altitude allait en croissant plus les densités du bois augmentaient et que les fruits s'amélioraient comme goût. que par conséquent il serait très utile de faire dans cette région des plantations de pommiers sur les pentes sud et sud-est et de merisiers des Vosges sur les pentes nord et nord-ouest.

Je me suis livré à une étude toute spéciale des liquides contenus dans ces végétaux, des gaz qu'ils renferment, ainsi que les données fournies pour l'examen des coupes histologiques, et je me propose de donner à la Société Pomologique de France qui tiendra son congrès à Clermont en septembre prochain, une monographie très complète de ces recherches qui feront aussi l'objet de plusieurs communications à l'Académie des Sciences.

Je me propose, en outre, d'appliquer cette étude aux autres végétaux du Massif Central et d'en faire une étude comparative grâce aux méthodes nouvelles que ces premières recherches m'ont permis d'établir.

M. Ernest **PRÉAUBERT**, Prof. au Lycée d'Angers.

Procédé pour la dessiccation rapide des plantes. — Les échantillons pour herbiers sont d'abord préparés à la manière ordinaire et soumis à la presse en bois pendant douze heures environ.

Ils passent ensuite à la presse métallique, formée de deux châssis recouverts de toile métallique et réunis par des boulons et écrous. Mais de faibles épaisseurs de papier sont séparées par l'intercalation de toiles métalliques, de la même grandeur que le papier à dessécher ; ces toiles sont multipliées suivant le besoin et elles assurent ainsi une grande perméabilité pour le passage de l'air chaud et le départ de la vapeur d'eau.

En outre, des toiles métalliques doubles, maintenues écartées par de petites baguettes de bois, sont intercalées au milieu de la masse et donnent librement passage au courant d'air chaud ascendant.

La presse est placée de champ dans une étuve en tôle noire dont les dimensions sont un peu plus grandes de quelques centimètres ; le couvercle est percé de trous. Un système de chauffage, placé à la partie inférieure de l'étuve provoque un courant d'air chaud ascendant.

La température de l'étuve est maintenue à 70 degrés environ, et la durée de l'étuvation est généralement de huit heures ; pour les plantes difficiles à sécher, comme les Crassulacées, la durée doit être prolongée, et l'on peut relever la température de quelques degrés.

Dans les villes, le chauffage s'obtient très pratiquement, à l'aide d'une rampe à gaz, à flammes très courtes. Un mouvement d'horlogerie provoque la fermeture d'un robinet placé sur la conduite, au bout d'un temps déterminé ; le régulateur est indépendant de l'étuve ; une étuvation dépense environ 400 litres de gaz. En voyage, deux lampes à pétrole, à courant d'air central, avec cheminées en mica, conviennent très bien. La consommation est de 100 grammes de pétrole pour chaque lampe.

Divers autres systèmes de chauffage peuvent également être employés : essence minérale, acétylène, enfin huile végétale ; cette dernière solution est intéressante pour les explorateurs, qui parfois ne pourraient pas se procurer d'autres combustibles.

Les résultats obtenus par ce procédé sont fort remarquables. La dessiccation étant très rapide, les altérations sont réduites au minimum ou même complètement supprimées : les plantes conservent leurs formes et leurs couleurs.

Il convient de signaler, en outre, les avantages qui résultent de la simplification de manipulation ; les autres procédés sont longs et défectueux. Une étuvation revient environ à 10 centimes et permet d'opérer sur une trentaine de feuilles doubles renfermant des plantes de moyenne épaisseur.

M. Préaubert présente, en outre, un réseau topographique, à quadrillage tracé sur papier transparent ; ce réseau s'applique exactement sur un rectangle de la carte d'État-Major, et permet de déterminer rapidement les coordonnées géographiques d'un point. Ce procédé peut rendre des services dans les sciences naturelles.

EXCURSION DE LA SECTION

Visite à l'Arboretum de M. Allard.

— Séance du 6 août —

Mlle BELEZE, à Montfort-l'Amaury.

Liste des lichens de la forêt de Rambouillet et des environs de Montfort-l'Amaury.

Catalogue des plantes rares des environs de Montfort-l'Amaury.

Plantes adventices de la forêt de Rambouillet et des environs de Montfort-l'Amaury.

Quelques observations sur les criblures ou grains de plomb qui perforent les feuilles de certains végétaux cultivés ou sauvages.

Les bons et les mauvais champignons. — Études de Mycologie pratique.

M. DUCOMET, Prof. à l'Éc. nat. d'Agric. de Rennes.

A propos d'une malformation des Fraises ; influence de la fécondation sur le développement des annexes du fruit. — L'auteur décrit et figure quelques cas tératologiques du réceptacle du Fraisier, caractérisés par la formation de proéminences toujours en relation avec des akènes fécondés. Cette constatation faite, il rappelle les exemples les plus typiques de l'action de l'élément mâle sur le développement du carpelle, montrant que non seulement cet élément mâle peut agir comme excitant, mais qu'une véritable hybridation peut quelquefois se constater. Ses observations chez le fraisier le portent à entrevoir la possibilité d'hybridation directe du réceptacle et peut être même du soma tout entier.

La Brunissure des végétaux et sa signification physiologique. — On sait que la Brunissure de la vigne a été attribuée par Viala et Sauvageau à un nouveau Myxomycète : *Plasmodiophora vitis,* dont le plasmode intracellulaire résistant à l'eau de Javel excréterait une substance brune venant s'accumuler à l'état globulaire dans les éléments épidermiques. Ugo Brizi, au contraire, considère les plasmodes de Viala et Sauvageau comme appartenant à un protozoaire. Par contre, Debray regarde les globules épidermiques comme des kystes d'un champignon type d'un nouveau groupe voisin des Vampyrelles, *Pseudocommis vitis,* que l'on rencontrerait aussi à l'extérieur des organes.

Cherchant en dehors de la vigne, Debray, bientôt suivi par Roze, a été amené à considérer le nouveau parasite comme à peu près universellement répandu dans le règne végétal.

L'auteur revient sur la question du déterminisme de la Brunissure déjà exposée dans un mémoire publié en 1900 (1).

Rappelant les résultats généraux de ses recherches antérieures :

1° Les productions caractéristiques du mal et susceptibles d'isolement ne peuvent se cultiver ;

2° Les inoculations méthodiquement conduites ne donnent aucun résultat ;

3° Tous les caractères macroscopiques et microscopiques de la Brunissure peuvent être réalisés par des moyens physiques ;

4° La Brunissure n'est donc pas de nature parasitaire.

Il s'attache à établir le processus de formation des plasmodes de Viala et Sauvageau, kystes et formes externes de voyage de Debray et Roze. Ses observations et expériences l'amènent à conclure que la Brunissure n'est pas une maladie spécifique, que de nombreux facteurs vivants ou inertes sont capables de la déterminer, qu'il s'agit simplement, en l'espèce, d'un facies de désorganisation cellulaire sous l'effet d'un déséquilibre de nutrition aboutissant à la mort suivant un processus morphologiquement défini. Il s'attache également à montrer l'étroite parenté physiologique de la Brunissure et du Grillage, ce qui le conduit à considérer la *maladie de Californie* comme devant se rattacher à ce dernier phénomène. Il est ainsi amené à nier l'existence du *Plasmodiophora Californica* en même temps que celle du *Plasmodiophora* (vel *Pseudocommis*) *vitis.*

(1) V. DUCOMET : *Recherches sur la Brunissure des végétaux,* in *Ann. Éc. d'Agr. de Montpellier.*

M. Maurice GRILLE, à Angers.

Sur mes hybrides de vignes, et mon hybride vrai de chasselas par vigne-vierge (ampelopsis hederacea). — Je croisai divers cépages français avec les hybrides producteurs directs suivants : l'*Auxerrois rupestris*, le *Terras* n°20, l'*Othello* et le *Scibel* n° 1. Je constatai que l'*Auxerrois rupestris* transmet généralement à ses descendants sa grande vigueur, sa résistance au mildiou, à la gelée et au phylloxéra. L'*Othello* donne une grande vigueur, le *Terras* quelque résistance à la gelée, au mildiou et au phylloxéra. Le *Seibel* donne son excellente résistance à la gelée et au mildiou ; ses descendants sont souvent sujets à la chlorose phylloxérique, mais il en est d'irréprochables. Il convient de le croiser avec des cépages très vigoureux et peu phylloxérants. J'ai obtenu deux hybrides d'*Auxerrois rupestris* qui ont des feuilles très longuement dentées, panachées de blanc et de rose le long des nervures, qui rappellent les feuilles du houx. J'ai obtenu un hybride vrai de chasselas par vigne-vierge dans lequel la paternité de la vigne-vierge s'affirme par l'étrangeté des feuilles qui sont de formes très variées : les unes sont linéaires ; d'autres arrondies ou lancéolées sont portées sur de larges pétioles ; d'autres très irrégulières ont tendance à la forme hastée et portent des taches rougeâtres.

————

— Séance du 8 août —

M. G. DUTAILLY, anc. Prof. à la Fac. des Sc. de Lyon.

Hybrides de Geum. — L'auteur rappelle que, pour lui, les carpelles des *Geum* à styles dits « géniculés » sont tout simplement des carpelles à style gynobasique, fondamentalement constitués comme ceux des Fraisiers et des Potentilles, avec, en plus, un bec à l'ovaire.

Dans son premier mémoire, M. Dutailly avait laissé de côté l'étude des hybrides de *Geum* à styles « géniculés » et de *Geum* à styles rectilignes. Sa communication actuelle comble cette lacune. Il a surtout étudié le *G. Billieti* Gillot. Les auteurs se bornent à dire que ses styles sont les uns géniculés, les autres droits, et qu'ils sont velus jusque près du sommet ; c'est-à-dire, en somme, que les gynécées de ses fleurs offrent un mélange de carpelles de *G. rivale* et de *G. montanum*. Serrant la question de plus près, M. Dutailly montre que les carpelles rectilignes du *G. Billieti* ne sont pas des carpelles de *G. montanum* ; qu'en un point de leur longueur, les poils s'interrompent, puis reparaissent un peu plus haut. Il établit l'identité de ces faits avec ceux dont les carpelles des *G. heterocarpum* et *speciosum* sont le siège, et il en conclut que les carpelles rectilignes du *G. Billieti* participent, par leur bec, de ceux du *G. rivale*, et, par l'absence de gynobasie, de ceux du *G. montanum*.

————

M. Henri COUPIN, à Paris.

Sur l'alimentation d'une moisissure très commune, le Sterigmatocystis nigra. — L'auteur donne les conclusions de nombreuses recherches faites en milieu stérilisé. Il est amené à rectifier sur plusieurs points les recherches classiques de Raulin, ce qu'il doit à la précision de sa méthode : il montre notamment que le zinc n'est d'aucune utilité pour la moisissure, contrairement à ce qu'on disait depuis plus de trente ans.

MM. GÉNEAU DE LAMARLIÈRE et **J. MEHEU.**

Sur quelques muscinées cavernicoles des terrains siliceux.

M. Ambroise GENTIL, au Mans.

Sur le Rubus fruticosus. — M. GENTIL donne lecture d'une note à propos du nom de *R. fruticosus* L., pris par les batologues dans des sens différents, les uns désignant par ce vocable les formes du groupe des *suberecti*, d'autres l'appliquant aux *discolores*. En réalité, sous le nom de *R. fruticosus*, Linné paraît avoir désigné aussi bien les *Rubus* à feuilles blanches en dessous que celles à feuilles vertes sur les deux faces, c'est-à-dire au fond tout le groupe *Eubatus*, à l'exception du *Cæsius*.

M. Georges POIRAULT, Directeur de la Villa Thuret à Antibes.

Sur le bouturage d'été. — Le bouturage en plein soleil sous châssis, où l'on entretient une humidité constante par des bassinages fréquents, procédé recommandé il y a quelques années par Maxime Cornu, a été appliqué à la Villa Thuret à plus de cinq cents espèces de plantes différentes avec d'excellents résultats. Cette méthode est plus rapide que toutes les autres et particulièrement recommandable pour les espèces à bois dur, qui, par les autres procédés ne donnent que des résultats incertains. Des essais de bouturage de plantes grasses qu'on multiplie d'ordinaire dans des conditions fort différentes ont été couronnés d'un plein succès.

Discussion. — M. J. POISSON dit que le procédé de bouturage est employé depuis longtemps par les praticiens pour beaucoup d'espèces qui se prêtent à ce mode de multiplication.

Sur des fleurs anomales de Theodora. — Deux exemplaires de *Theodora angustifolia* ont fleuri au jardin Thuret, au printemps de cette année. Toutes les fleurs sont anomales, à des degrés divers. Les anomalies consistent en : 1° tendance à la pétalodie d'une des étamines ; 2° développement de sacs polliniques au lieux et places d'ovules sur le carpelle non fermé ; 3° multiplication du nombre des carpelles dont on peut parfois compter jusqu'à cinq. Cette dernière particularité montre une fois de plus que la monocarpellie des Légumineuses n'est pas primitive et qu'elle dérive, par réduction, d'un type polycarpique.

Sur le genre Hydnocystis. — L'*Hydnocystis piligera* décrit par Tulasne en 1844 n'avait jamais été retrouvé depuis sa découverte. Il n'est représenté dans les collections que par un fragment très petit conservé dans l'herbier du Muséum. J'ai revu la plante au mois de janvier dernier à la Villa Thuret. Contrairement à l'opinion actuellement admise, opinion qui repose sur la description incomplète de Tulasne, l'*Hydnocystis piligera* n'est pas un Discomycète mais une Tubéracée inférieure. J'ai observé la germination des spores et cultivé la plante sur des milieux divers. Malheureusement, jusqu'à ce jour, je n'ai pu obtenir la fructification.

M. Jules POISSON, à Paris.

Matériaux pour servir à l'histoire de l'ovule et de la graine (genre Nelumbium). — Parmi les fruits et les graines présentant une intéressante structure, ceux des Nelumbium méritent d'être signalés.

Le réceptacle tuméfié et de forme si étrange du gynécée des Nélumbos supporte un nombre variant de dix à vingt fruits en moyenne.

Le péricarpe de chacun d'eux est bien connu par sa résistance à l'état adulte et permet à la graine de se conserver très longtemps, puisque, après plus d'un demi-siècle, les graines des deux espèces connues de *Nelumbiums* peuvent encore germer.

L'ovule suivi dans son évolution pour arriver à l'état de graine présente des faits intéressants. La graine elle-même mérite d'attirer l'attention par son embryon à cotylédons amylacés et d'une extrême densité. La radicule considérée comme absente par plusieurs observateurs existe virtuellement. Enfin, la gemmule très développée et pénétrée d'une matière verte analogue à la chlorophylle, mais dont la nature n'est pas encore bien établie, etc., tout autant de détails qui méritent d'être étudiés.

M. PRUNET, Prof. à la Fac. des Sc. de Toulouse.

La rouille des céréales dans la région toulousaine en 1903.

M. MAGNIN, Doy. de la Fac. des Sc. de Besançon.

Certaines particularités de la flore du Jura.

M. Lucien-Louis DANIEL, Prof. à la Fac. des Sc. de Rennes.

Sur la greffe de quelques Composées. — L'auteur montre par des exemples typiques, choisis principalement dans la famille des Composées Radiées, que le rapport $\frac{Cv}{Ca}$, qui représente au début de la greffe les relations initiales existant entre la capacité fonctionnelle d'absortion Ca du sujet et la capacité fonctionnelle de consommation Cv du greffon, a la plus grande importance relativement à la formation du bourrelet, à la réussite des greffes, au développement ultérieur de l'association et à sa durée.

Ce rapport est sous la dépendance de l'opérateur qui, par un choix convenable des capacités fonctionnelles de la partie sujet et de la partie greffon, au moment même de l'opération, comme par une préparation rationnelle de ces parties en vue de l'union future, peut grandement contribuer à la réussite d'une greffe entre plantes données reprenant difficilement ou obtenir des résultats utilitaires meilleurs dans les greffes ordinaires.

La valeur de ce rapport ne doit pas dépasser des limites déterminées pour des plantes données, limites qui représentent la possibilité de la réussite dans les conditions de l'expérience. C'est là une *condition extrinsèque de réussite des greffes* qui n'avait pas encore été précisée jusqu'ici.

Excursion et herborisation aux Étangs de Saint-Nicolas.

M. ALLARD.

De la plantation des arbres exotiques dans les villes. — La plantation, dans les villes, des arbres forestiers sur les places, boulevards, avenues, a un grand intérêt au point de vue sanitaire et esthétique. Pendant la période chaude de l'année, ces arbres donnent une ombre bienfaisante, si appréciée dans les centres populeux. Aussi, depuis Sully, le premier propagateur de l'*Ulmus campestris* L. en France, un nombre considérable d'autres essences ont été employées, et parmi elles, de nos jours, des exotiques, ce qui a donné, aux villes où elles ont été plantées, un aspect décoratif spécial, des plus agréables à l'œil. Mais le nombre de ces essences pourrait encore s'accroître dans une certaine mesure, pour ne parler que de l'ouest et sud-ouest de la France. La ville d'Angers, renfermant un centre horticole très important, était tout indiquée pour faire ces essais, le climat étant très tempéré aussi, depuis quelques années, les espèces suivantes contribuent à embellir la citée angevine :

Magnolia grandiflora. Michx. *Caroline* var. *Gallissonieri.* Boulevard du Palais, où ces arbres se trouvent complètement abrités des vents du nord et y prospèrent.

Tilia dasystyla siv. Caucase. Dans un sol de remblais frais, à recommander pour les plantations dans les villes, espèce vigoureuse, son feuillage reste intact et se conserve jusqu'à l'entrée de l'hiver.

Alnus cordifolia. Ten. Europe méridionale. Place Ney. Placé dans un terrain de remblais frais, où il pousse très vigoureusement, est remarquable par son feuillage d'un vert foncé.

Robinia Pseudo-acacia L. Amér. sept. var. *Bessoniana.* Boulevard de Saumur. Arbre vigoureux ; dans cette variété, les branches se maintiennent courtes, ce qui lui donne un aspect compact et le préserve de coups de vent qui souvent brisent les branches cassantes de l'espèce.

Acer californicum. C. Koch. Telas. Boulevard du Roi. René. Voisin de l'*Acer negundo*, mais plus vigoureux ; les pousses en sont violetées.

Celtis occidentalis L. Amér. boréale. Avenue Vauban. Est préférable pour la région de l'Ouest au *Celtis australis* ; il est plus résistant au froid.

Fraxinus americana L. var. *acuminata.* Amér. boréale. Rue de Bretagne. Placés dans un terrain de remblais frais, ces arbres poussent vigoureusement.

Je ne m'étendrai pas plus longuement sur d'autres essences exotiques plus généralement connues, mais j'espère que les nouvelles plantations qui se feront à Angers seront continuées dans le même ordre d'idée, et je termine en donnant

une liste des espèces qui, placées dans un milieu favorable, donneront certainement de bons résultats :

Magnolia acuminata L. Amér. sept. Terrain frais et profond.

Liriodendron tulipifera L. Amér. sept. Terrain frais et profond.

Cedrela sinensis A. Juss. A préférer à l'*Ailanthus glandulosus* Desf.

Gleditschia triacanthos L. Amér. sept.

Quercus castaneaefolia. Fisch. et Mey. Caucase. Arbre remarquable, d'une
grande vigueur.

Quercus conferta kilebel. Italie, Hongrie. Arbre très ornemental, convient pour
avenue.

Quercus macranthera Fisch. et Mey. Caucase. Très voisin du précédent.

Quercus palustris Dur. Virginie, est un des chênes d'Amérique dont la trans-
plantation est la plus facile.

Quercus rubra L. Géorgie.

Juglans nigra L. Amér. sept.

Juglans rupestris. Engel. Amér. boréale.

Carya. olivaeformis. Vuttal Texas.

Zelkowa crenata. Spach. Caucase. Pourrait remplacer avantageusement certains
ulmus. *Celtis sinensis*.Pers. Shiras. Japon. Très intéressant.

Discussion. — M. GRILLE : Au sujet du *Magnolia grandiflora*, je fais observer
que le climat angevin semble donner la limite du froid que peut supporter cet
arbre. Il y exige de bonnes expositions. Un peu plus vers le centre, à Tours, il
ne résiste pas.

Au sujet du Platane, je signalerai l'inconvénient qu'il présente à cause de ses
fruits dont les particules se désagrègent et flottent dans l'air à certaine époque
de l'année.

———

M. BOUVET.

Muscinées du département de Maine-et-Loire. (Deuxième supplément). — En 1895,
j'ai publié, dans le *Bulletin de la Société d'études scientifiques d'Angers*, les *Muscinées du département de Maine-et-Loire*, et, en 1898, un *premier supplément*.

Aujourd'hui, j'ai l'honneur de présenter au Congrès un *deuxième supplément*
qui portera à 400 environ le nombre des Sphaignes, Mousses et Hépatiques
observées jusqu'à ce jour dans notre région.

Je suis heureux d'exprimer ici toute ma reconnaissance à MM. Camus, Hy et
Préaubert, qui m'ont fait part de leurs récoltes aux environs de Cholet ou sur
divers autres points du département, ainsi qu'à M. Corbière qui a bien voulu
revoir mes plantes et rédiger sur plusieurs d'entre elles, des notes du plus haut
intérêt.

———

M. l'Abbé HY.

Sur les plantes adventices de la vallée de la Loire. — Relativement à la question
posée au programme sur les plantes adventices, M. l'abbé Hy fait remarquer
qu'il importe peu généralement de rechercher par quelle voie ces espèces sont
venues, car la plupart d'entre elles doivent leur introduction non pas aux causes
naturelles, mais plutôt au fait de l'homme agissant volontairement ou incons-

ciemment. On peut signaler néanmoins quelques cas exceptionnels, celui d'une Algue des eaux saumâtres, *Enteromorpha intestinalis*, qui a remonté le cours de la Loire pour se développer en abondance deux années consécutives dans les fossés de Tournemine à Angers. Comme exemple de plante descendue des régions supérieures du bassin de la Loire, on peut citer le *Muscari botryoides* (*M. Boroeanum* Jordan) observé à deux reprises dans les sables d'alluvion de la vallée de l'Alleu où il ne s'est pas propagé.

———

M. J. PAGÈS-ALLARY, à Murat (Cantal).

Découverte et exploitation de gisements de Silice (Diatomées fossiles) dans l'arrondissement de Murat (Cantal). — Les fouilles et sondages que, depuis 1901, je fais dans mon pays, m'ont donné des résultats (archéologiques et géologiques) que je passe ici sous silence. pour ne m'occuper que des diatomées fossiles, et de l'avenir industriel des frustules de ces algues, dont il ne nous reste que la silice (plus justement l'opale). Mes découvertes sont : 1º le dépôt du Bois-Delort (400 mètres de la gare de Neussargues); 2º le dépôt du Bois de Celles (800 mètres de la même gare); 3º le dépôt de Moissac (2 kilomètres de Neussargues); 4º le dépôt du Pont de Vernet-sous-Joursac (4 kilomètres de Neussargues). Depuis juillet 1901, j'exploite seul ces dépôts avec cette gare comme centre facile, tant pour les essais que le transport; et, depuis six mois, j'ai ouvert avec M. E. Rhodes, le vaste dépôt de Faufoulioux (3 kilomètres de **Murat**) soit en tout cinq carrières ayant des bancs de 8 à 10 mètres de hauteur sur 12 hectares d'étendue et donnant environ 960.000 mètres cubes qui représentent une valeur moyenne de 25 à 30 millions de francs de produits pour l'industrie que l'étranger (Allemagne et Italie) nous fournissait.

L'étude scientifique de mes dépôts, a permis au savant frère Héribaud de publier une monographie très étudiée sur : les diatomées fossiles d'Auvergne (1902 et 1903) et à notre non moins distingué compatriote M. Marty, d'établir la liste des plantes fossiles de Joursac (1) (dont la publication paraîtra en septembre prochain, dans le numéro 2 de la *Revue de la Haute-Auvergne*). Je suis heureux, que cette circonstance me permette de dire ici, que la plus grande part du mérite qu'ils m'ont attribué doit leur être réservée, et combien ils ont droit, à la reconnaissance de ceux qui aiment la science, autant que leur petite et grande Patrie.

Si, du côté industriel, le champ ouvert n'est pas aussi beau; il a encore une plus grande importance, grâce aux multiples applications que ces diatomées comportent. *C'est donc une nouvelle source de richesse pour l'arrondissement de Murat;* qui, du même coup, occupera et retiendra les bras émigrés qui de plus en plus manquent fort préjudiciablement en été pour l'agriculture. J'occupe en hiver une vingtaine d'hommes (car je n'ai pour l'instant qu'un moteur de 20 chevaux pour broyer 10 tonnes par jour) ce qui est à peine suffisant pour 1º les produits à polir, tripoli, etc.; 2º les calorifuges isolants (coffres-forts et caisses de transport pour denrées craignant la chaleur, etc.). Je compte de ce côté arriver à donner satisfaction aux Compagnies de chemins de fer, bateaux, etc.; 3º J'utilise le grand pouvoir absorbant de cette silice pour remplacer la paille ou la tourbe et faire des engrais, il y a aussi une infinité de petites industries à créer

____

(1) Flore miocène de Joursac.

(gommes, cire à cacheter, couleurs, poudres, filtres, etc.); mais 4° c'est surtout le produit réfractaire, *à la fois léger, et mauvais conducteur*, qui me fait faire le plus d'essais (briques creuses pour cloisons d'appartements, boisseaux de cheminées, voûtes de fours, etc.) qui donnera vie à une industrie naissante dans un pays bien isolé au cœur de la France et que les membres de l'Association française voudront bien aider de leurs savants conseils.

M. TOURLET, Memb. de la Soc. bot. de France, à Chinon.

Tableau de la flore adventice du département d'Indre-et-Loire.

M. E. DE WILDEMAN, Conservateur du Jardin Botanique de Bruxelles à Saint-Josse-ten-Noode (Belgique).

A propos des poisons d'épreuve de l'Afrique occidentale. — Les progrès de la civilisation n'ont pu encore triompher des coutumes barbares de beaucoup de populations du centre africain, dont les chefs emploient des poisons d'épreuve pour rendre une soi-disant justice parmi leurs sujets.

Le gouvernement de l'État du Congo n'a pu enrayer jusqu'alors des pratiques aussi criminelles, malgré tous ses efforts.

L'auteur de cette note s'est appliqué à déterminer les végétaux entrant dans la composition des poisons en usage, et qui sont encore mal connus des Européens, en se procurant tous les matériaux possibles de ces régions africaines.

Pour l'un d'eux, portant le nom vulgaire de N'Kasa, il a pu se convaincre qu'il était fourni par un *Strychnos* qui, après étude, devait se rapporter au *S. Dewevrei* Gilg. C'est la poudre de l'écorce, de la racine et de la tige qui est employée en macération dans l'eau ; en petite quantité, elle produit l'ivresse et, à dose plus forte, elle donne la mort.

Baillon avait fait connaître, d'après des notes de quelques voyageurs, qu'un *strychnos*, nommé Icaja au Gabon, et M'boundou dans d'autres régions du Congo, servait également comme poison d'épreuve, et qu'il était un tétanisant, alors que d'autres espèces américaines sont des curarisants.

M. de Wildeman n'a pas, comme l'avaient pensé Baillon et aussi Baker, cru devoir faire de rapprochement entre le *S. Icaja* et le *S. Demiflora* qui, pour lui, sont distincts. Il y aurait plus de rapport entre *S. Icaja* et *S. Kipapa* Gilg.

On sait qu'il y a des *Strychnos* dont on mange la pulpe du fruit sans danger, et d'autres dont le mésocarpe est tonique.

Au nombre des espèces vénéneuses, Gilg mentionne le *S. Dekindtiana* qui est très actif; enfin les *S. pungeus* et *S. omphalocarpa*.

Suit la liste de toutes les espèces connues de l'Afrique, avec ce que l'on sait de leurs propriétés.

Enfin, trois espèces nouvelles sont à mentionner et leurs descriptions en sont faites avec discussion et développement en séance, ce sont les *S. Gilletii* de Wild., *S. Suberosa* de Wild. et *S. Variabilis* de Wild.

M. BRUYANT, Prof. sup. à l'Éc. de Méd. et de Pharm. de Clermont,
Sous-Dir. de la Station limnologique de Besse.

Limite inférieure de la végétation macrophysique au lac Pavin. — Dans ses *Recherches sur la végétation des lacs du Jura*, M. le professeur Magnin a déterminé d'une façon précise le mode de distribution des végétaux dans les lacs de cette région. Les zones s'échelonnent régulièrement sur la grève, la beine, le mont et le talus du lac, jusqu'à une profondeur maximale de 12 à 13 mètres, au delà laquelle on ne rencontre plus de végétation macrophysique.

Les zones végétales du Pavin, caractérisées par des associations particulières, sont nettement dessinées. La posamogetonsie est occupée exclusivement par le *Posamogcton prolongus*, dont M. Magnin a établi le premier la répartition en France. Cette espèce descend jusqu'à la profondeur de 8 mètres au maximum; au delà viennent les Characées, jusqu'à 17 mètres. Enfin les Fontinales *(Fontinalis antipyretica* et v. *arvernica)* ont été rencontrées jusqu'à 25 mètres, profondeur à laquelle elles sont encore abondantes en certains points du lac. Les observations effectuées dans les autres lacs indiquaient comme maximum de profondeur pour les Fontinalis une douzaine de mètres (lac de Starnberg).

L'abaissement de la limite de la végétation macrophysique au Pavin, par rapport aux lacs du Jura, est dû en majeure partie à la plus grande transparence de l'eau; mais il y a lieu probablement de faire intervenir aussi les conditions de température (Magnin).

VOEUX PRÉSENTÉS PAR LA SECTION

Vóy. page 57.

Ouvrages présentés

A LA SECTION

M. Émile BOULANGER. — *Germination de l'ascopore de la truffe.*

MM. BATTANDIER et TRABUT. — *Flore analytique de l'Algérie et de la Tunisie.*

M. le Dr MAGNIN. — *Archives de la flore jurassienne.*

M. TRABUT. — *Troisième volume de la flore de l'Algérie.*

10ᵉ Section.

ZOOLOGIE, ANATOMIE ET PHYSIOLOGIE

PRÉSIDENT D'HONNEUR. . . . . . . M. PELSENEER, Prof. à l'Univ. de Gand.
PRÉSIDENT. . . . . M. JOUBIN, Prof. au Mus. d'hist. nat. à Paris.
SECRÉTAIRE.. . . . . M. FAUVEL, Doct. ès sc., Prof. à la Fac. libre d'Angers.

— Séance du 6 août —

M. Émile BELLOC.

Contribution à la Faune aquatique du sud-ouest de la France.

M. Louis JOUBIN, Prof. au Muséum.

Faune entomologique armoricaine. — M. JOUBIN, présente le premier fascicule d'une faune entomologique armoricaine publiée par la Société scientifique de l'Ouest. Cet ouvrage est dû à la collaboration de plusieurs naturalistes, MM. Houlbert, Monnot, Oberthür, Guérin ; chaque espèce décrite est accompagnée de figures descriptives.

La faune entomologique de Bretagne est peu connue ; elle est cependant fort intéressante en raison des conditions géologiques très spéciales de cette région et des influences dues au voisinage d'une mer froide, la Manche, et d'une mer plus chaude l'Atlantique. Ces conditions déterminent une foule de variations locales qui sont indiquées dans l'ouvrage en question et comparées aux formes normales.

M. C. HOULBERT.

Premières observations sur la faune orthoptérique des Coëvrons. — 1º Les espèces signalées paraissent se retrouver avec une distribution identique sur toutes les collines de la Mayenne parallèles à la chaîne des Coëvrons ;

2º *Stenobothrus linotatus* parmi les Acridiens et *Platycleis brachyptera* parmi les Locustides constituent jusqu'à ce jour les espèces les plus caractéristiques de la faune orthoptérique des Coëvrons ;

3º L'abondance des *Thamnotrizou* du type *cinereus* est aussi à signaler et il y aura lieu d'examiner si la variété qu'on rencontre dans les prairies du pied de la vallée est bien la même que celle qui habite à la lisière des bois aux altitudes de 250 à 300 dans les Coëvrons.

M. Pierre **FAUVEL**, Prof. à l'Univ. Cathol., à Angers.

Un nouvel oligochète des puits. (Trichodriloïdes intermedius n. g. n. spec.). — Dans l'eau d'un puits du château de Bois-Joly près Mortagne (Orne) on a recueilli au printemps de 1903 un assez grand nombre d'oligochètes répondant à la diagnose suivante :

Corps rouge orangé à extrémités effilées, blanchâtres, longueur 3 à 6 centimètres. Soies sigmoïdes, simples, non bifides, disposées sur quatre rangées de deux. *Prostomium* conique, sang rouge, vaisseau dorsal avec des anses latérales dans les premiers segments, dépourvu de branches latérales dans la région moyenne puis en portant de nouveau deux à six paires, dans la région postérieure, terminées en cœcums parfois bifides. Néphridies commençant au 7e segment, manquant du 9e au 12e et reparaissant à partir du 13e. Testicules dans le 9e et 10e. Ovaires au 11e. Une paire de vésicules séminales s'étendant sur plusieurs segments. Deux paires de canaux déférents se réunissant dans un seul *atrium* de chaque côté du 10e segment. Pores ♂ au 10e. Une paire d'oviductes avec pores ♀ au 12e. Deux paires de spermathèques (11e et 12e segments).

Par son appareil génital cet animal se rapproche beaucoup du *Trichodrilus allobrogum* Clp. ; il en diffère complètement par son appareil circulatoire et plusieurs autres détails anatomiques. Son appareil circulatoire rappelle celui du *Phreatothrix pragensis* Vejd ; mais le sang est d'une couleur différente et ses néphridies sont complètement différentes. Il est intermédiaire entre ces deux genres et nous proposons de l'appeler : *Trichodriloïdes intermedius* (n. g. n. spec.).

M. Clément **JOBERT**, Prof. à la Faculté de Dijon.

Sur les mouvements des corpuscules colorés (chromoblastes) dans le tégument des truites (L. Sario). — Pour l'étude des mouvements des chromoblastes la truite est un sujet d'élection. Ces mouvements peuvent être observés directement sous le microscope. Sur de petits sujets curarisés on les voit s'étaler lentement, se rejoindre, confondre leurs prolongements et dans la nageoire caudale, finir par constituer un véritable réseau. Morts ils ne reviennent plus sur eux-mêmes, mais si une fois étalés, ils sont excités électriquement ils se contractent et reprennent la forme primitive. Le présentateur présente des dessins démonstratifs. Certains réactifs à propriétés vaso-constrictives et vaso-dilatatrices, le chlorhydrate d'aniline, et le nitrite d'amyle, par exemple, contractent vivement ou dilatent les chromoblastes.

M. Gustave **LOISEL**, Doct. en méd. et ès sc., Prépar. à la Fac. des Sc. de Paris.

Recherches de statistique sur la descendance des Pigeons voyageurs (note préliminaire). — De l'étude de quatre mille pontes, nous concluons:

1° Que l'opinion des éleveurs qui admet en général la sexualité des pontes et la ponte de l'œuf mâle en premier est un préjugé;

2° Que les enfants ont en général le plumage de leurs parents ;

3° Quand les parents ont un plumage différent, on ne remarque pas d'influence prépondérante d'un sexe dans la transmission de son plumage ;

4° Il y a des plumages dominants qui se transmettent plus facilement que les autres, des parents aux enfants ;

5° Les plumages écaillés en premier lieu, les plumages bleus ensuite, sont des plumages dominants.

Discussion. — M. GIARD : Les données statistiques que nous communique M. Loisel sont certainement très intéressantes et très importantes, étant donné le grand nombre des observations relevées. Mais peut-être serait-il possible d'en tirer des déductions d'une valeur inestimable par une discussion approfondie en tenant compte des récentes acquisitions de la biométrique et de nos connaissances actuelles sur les croisements et leurs produits. Les diverses races de pigeons obéissent-elles aux lois de Mendel quand on les métisse les unes par les autres ? Certains caractères sont ils dominants, et dans ce cas, un certain nombre d'individus demeurent-ils de race pure à chaque génération malgré les croisements? Ou bien, au contraire, faut-il appliquer à ces croisements la loi de Galton? En d'autres termes, les statistiques de M. Loisel viennent-elles appuyer les idées de de Vries, Tschermak et Bateson, ou fournissent-elles, au contraire, des arguments en faveur des vues de Pearson, Weldon et de ceux qui, comme ces biologistes, croient à l'action de toute la lignée ancestrale (paternelle et maternelle) sur un produit métissé quelconque? M. Loisel pourrait consulter utilement le rapport de Bateson et Saunders à la Société royale de Londres, les travaux de Coutagne, Cuénot, etc.

———

M. Louis GERMAIN, à Paris.

Considérations générales sur la Faune malacologique *du département de Maine-et-Loire.* — La faune malacologique du département de Maine-et-Loire est une des plus riches que l'on puisse étudier en France. Cette exceptionnelle richesse, qui se manifeste pleinement chez les coquilles fluviatiles, tient surtout au climat et à la grande diversité pétrographique des sols de l'Anjou. Aussi, avons-nous pu signaler 364 espèces de Mollusques parmi lesquelles 252 appartiennent à la faune des eaux douces. Quelques espèces sont nouvelles pour la science, notamment les *Vivipara Locardi* Germain et *Planorbis Arnouldi* Germain.

La faunule malacologique angevine présente certains caractères intéressants, surtout en ce qui concerne la distribution des Gastropodes terrestres et des Acéphales de la grande famille des *Unionidæ.* La présence de nombreuses localités méridionales, où les terrains calcaires sont surtout représentés, a permis à beaucoup de formes d'*Helix* habitant normalement les régions maritimes de la Provence, de se développer et de s'acclimater définitivement. (*Hélix Mendozæ* Serv., *H. variabilis* Drap. var. *Durtalensis* Germ., *H. melantozona* Cafici, *H. pilula* Loc., *H. scicyca* Bg., *H. Cyzicensis* Gall., *H. Canovasiana* Serv., *H. lineata* Olivi, etc., *Cochlicella barbara* L., etc.) Aussi, cette faune présente-t-elle un curieux mélange d'espèces méridionales et maritimes et d'espèces de la France centrale ou septentrionale. D'une manière générale, on peut dire que la faune malacologique angevine appartient aux pays de plaines basses ou moyennes, avec extensions fréquentes et étendues vers les régions méridionales et surtout maritimes, ce qui explique suffisamment la pauvreté de certains genres comme les *Pupa*, *Pupilla*, *Isthmia* et *Vertigo* et le manque d'espèces du genre *Pomatias*, autour d'Angers du moins. Ces résultats sont en parfaite concordance avec ceux qui fournit l'étude de la flore angevine, actuellement bien connue.

A un autre point de vue, le département peut se diviser en deux séries de faunules malacologiques présentant des allures différentes : l'une, relativement pauvre, représentée par les *Faunula Choletina* et *F. Septentrionalis* qui forment sans doute la faune autochtone du pays ; l'autre, beaucoup plus riche, composée des *F. Ligerica* et *F. Salmurina*, aux nombreux types méridionaux dont la présence est due à de multiples introductions. Ces introductions sont formées d'espèces méridionales qui, après avoir remonté le littoral de l'Océan Atlantique, ont essaimé par la large vallée de la Loire.

En résumé, la faune malacologique primitive de l'Anjou, dérivée du *Centre alpique*, s'est enrichie par des apports successifs, composés principalement d'espèces méridionales et maritimes introduites par déplacements lents, mais continus.

M. Paul PELSENEER, Prof. à Gand.

L'acclimatation de certains mollusques marins. — Après avoir rappelé l'acclimatation du *Littorina littorea* d'Europe sur les côtes E. de l'Amérique du Nord, et celle de *Venus mercenaria* (de l'Amérique du Nord) en Angleterre, l'auteur signale l'acclimatation parfaite de *Petricola pholadiformis* des États-Unis dans toute la partie méridionale de la mer du Nord. Il attire en outre l'attention sur la convergence que présentent ce type et *Pholas candida* — convergence due à l'identité des conditions d'existence — et sur la concurrence possible que l'espèce immigrée va faire à l'espèce indigène.

— Séance du 6 août —

M. F. MARCEAU, Prof. à l'Éc. de Méd. de Besançon.

Recherches sur la structure et le développement comparés des fibres cardiaques dans la série des vertébrés. — Le cœur des vertébrés inférieurs, regardé comme formé de cellules musculaires striées fusiformes soudées par un ciment, est constitué, au contraire, par des fibres continues, anastomosées en réseau, munies de branches aveugles effilées. Elles sont associées en faisceaux, les travées musculaires. Chez les vertébrés supérieurs, les cellules cardiaques des auteurs n'existent pas en réalité, elles ne sont que les produits de rupture des fibres absolument continues.

L'auteur décrit en détail la structure des fibres cardiaques des différents vertébrés et le développement de ces fibres qui sont dues au fusionnement de myoblastes en un syncytium. La fibre cardiaque des vertébrés supérieurs pendant le cours de son développement passe par une série de phases représentées chacune chez les autres vertébrés adultes des classes inférieures. Elle est enveloppée par un sarcolemme très délicat.

M. le Dʳ COTTE, Chef des Trav. prat. à l'Éc. de Méd. de Marseille.

Des phénomènes de la nutrition chez les Spongiaires. — L'auteur a étudié les phénomènes de la digestion intra-cellulaire dans les choanocytes des éponges. Il a fait de nombreuses expériences sur divers produits : bactéries, matières alimentaires, etc., dont il a suivi les transformations sous l'influence des cellules digestives. Il a étudié également les cellules à pigment et leur rôle dans la physiologie des éponges.

M. STÉPHAN.

Spermies oligopyrènes et apyrènes chez les Prosobranches.

M. Pierre FAUVEL

Les prétendus otocystes des Alciopiens. — GREEFF a décrit jadis chez les Alciopiens des otocystes situés au voisinage de l'œil. Depuis, KLEINENBERG, puis BÉRANECK ont démontré que ces prétendus organes auditifs ne sont que le noyau d'une cellule muqueuse géante secrétant le milieu réfringent de l'œil.

Mais BÉRANECK a cru retrouver d'autres otocystes chez les Alciopiens, sous formes d'appendices des deux premières paires de parapodes. Or ces organes sont des *poches séminales* formées par un cirrhe dorsal modifié et existant seulement chez la femelle. Déjà vus par HERING, CLAPARÈDE, APSTEIN, leur structure histologique n'a pas encore été décrite exactement.

Les Alciopiens sont complètement dépourvus d'otocystes.

Discussion. — M. GIARD : J'ai vu de véritables otocystes à otoconies multiples et mobiles, chez l'annélide pélagique *Wartelia gonotheca* qui est peut-être la forme progénétique d'une Térebelle. Ce qui est assez difficile à expliquer, c'est l'existence des otocystes chez certaines espèces de divers groupes zoologiques (Némertiens, Rhabdocœles, Annélides, etc.), et leur absence chez des espèces très voisines, vivant parfois dans des conditions en apparence identiques. Il est bien entendu que chez les animaux inférieurs, ces appareils ne servent pas à une audition tonale, mais permettent seulement d'apprécier les déplacements molaires du milieu ambiant.

M. Louis JOUBIN.

Note sur les pêcheries de la baie du Mont-Saint-Michel. — Entre Cancale et le mont Saint-Michel s'étend une immense grève de plus de 30 kilomètres de long ; elle a près de 8 kilomètres de large du niveau des basses mers de grande marée à la côte. A peu près au milieu de cette grève, au niveau des basses mers de morte eau, s'étend une ligne de pêcheries formées de deux murs de branchages, ayant environ chacun 300 mètres, formant un V dont la pointe est tournée vers la mer, l'ouverture vers la terre. Le sommet de l'angle est occupé par une nasse de grande dimension où viennent se rassembler les animaux à mesure que la mer baisse. Il y a environ cinquante de ces pêcheries sur la grève. L'auteur insiste sur la destruction prodigieuse de petits poissons causée par ces engins ; pour quelques poissons marchands, on trouve des milliers de petits alevins que les pêcheurs ne se donnent même pas la peine de recueillir et qu'ils rejettent sur la grève où des nuées d'oiseaux de mer les dévorent.

Discussion. — M. GIARD : De semblables pêcheries existent sur divers points des côtes de France, sur l'île d'Oléron en particulier. On ne saurait trop insister, comme vient de le faire M. Joubin, sur l'influence destructrice de ces établissements. Le nombre d'alevins de poissons comestibles et autres ainsi supprimés dépasse tout ce qu'on peut imaginer. Ces pêcheries retiennent aussi des animaux de toutes sortes et elles sont très intéressantes à visiter pour le zoologiste et même pour le botaniste. Mais au point de vue de l'avenir de nos richesses ichthyologiques, on devrait rigoureusement les proscrire. L'Administration de la Marine s'est, il est vrai, à diverses reprises, préoccupée de la question et a tenté de supprimer des engins d'une action permanente si manifestement abusive. Le plus souvent, ces efforts ont été vains. Les pêcheurs menacés dans leur privilège envoient des pétitions aux Chambres et dans ce cas, chose étonnante, on voit par hasard les pétitions aboutir ! C'est ce qui est arrivé vers 1883 pour les pêcheries d'Oléron. En général, d'ailleurs, les députés et sénateurs de la région visée n'attendent pas ces pétitions pour détourner le coup qui menace leurs électeurs. Naturellement, les hommes de science ne sont jamais consultés, même lorsqu'ils siègent au Parlement, sur l'opportunité des mesures à prendre pour mettre fin à de pareils errements.

M. le Dr Louis ROULE, Prof. à la Fac. des Sc. de Toulouse et Dir. de la Station.

La station de Pisciculture et d'Hydrobiologie de l'Université de Toulouse. — L'Université de Toulouse possède, depuis le 1er janvier 1903, un vaste établissement tout aménagé pour servir de station de Pisciculture et d'Hydrobiologie. Elle l'a reçu d'un généreux donateur, M. Antoine Labit, négociant à Toulouse. Situé dans un faubourg de la ville, cet établissement se compose d'un bâtiment et d'un ensemble de bassins. Le bâtiment comprend plusieurs salles, dont les unes sont converties en laboratoires, dont les autres renferment des collections d'engins de pêche, d'instruments de pisciculture, de poissons d'eau douce. Un aquarium contient dans ses bacs des exemplaires des principales espèces d'animaux qui habitent les rivières et les lacs de la France, et de celles que l'on essaie d'acclimater. Les bassins sont au nombre de quatorze ; ils reçoivent l'eau d'un canal d'irrigation, latéral à la Garonne, dit canal de Saint-Martory du nom de son lieu d'origine ; la concession est de 30 litres à la seconde. Chacun de ces bassins est affecté à l'élevage d'une espèce déterminée, et à l'installation d'expériences biologiques faites dans des conditions qui rappellent le plus possible celles de la nature. L'Université de Toulouse destine cette Station, non seulement à l'étude méthodique de la biologie des eaux douces, mais encore à l'enseignement pratique de la pisciculture, dans le but de développer une industrie qui, bien conduite, peut devenir des plus prospères.

Discussion. — M. GIARD : On ne peut que féliciter l'Université de Toulouse d'avoir à sa disposition un pareil établissement de pisciculture. Dirigé par M. Roule, cet établissement rendra certainement de grands services à la science et à la région languedocienne. Il est à souhaiter que l'on s'occupe activement du repeuplement de nos eaux douces et pour cela il ne suffit pas d'y placer au hasard les alevins développés dans les stations de piscifacture. Il importe de procéder comme les Américains l'ont fait dans l'État de New-York et dans l'Illinois : étudier avec soin la faune des étangs et des fleuves qu'on entend repeupler, de façon à bien connaître d'avance les ressources nutritives dont les alevins pourront profiter et les ennemis qu'ils auront à combattre. Les larves de libellules suffisent pour empêcher le repeuplement de certains étangs. Les tentatives d'introduction des salmonides dans plusieurs lacs d'Auvergne, ont été longtemps rendues vaines par l'absence de poissons blancs pouvant nourrir les jeunes saumoneaux. Les Allemands comme les Américains ont créé des stations de biologie pour les eaux douces, fonctionnant à l'instar des laboratoires de zoologie maritime. De pareilles stations sont le complément indispensable des établissements de pisciculture.

M. Louis ROULE.

La description de plusieurs formes nouvelles de Cérianthaires. — D'après les travaux récents sur les Cérianthaires, et notamment ceux de Ed. Van Beneden, les larves de ces animaux ont une diversité et une ampleur d'aire géographique, que les adultes sont loin de montrer. A ce titre, la connaissance de formes nouvelles appartenant à ce groupe acquiert une certaine importance. L'auteur commence par signaler l'extension vers le nord d'une espèce, *Cerianthus Lloydi* Gosse, déjà décrite comme existant sur les côtes anglaises et norvégiennes. Il expose les caractères principaux d'une espèce nouvelle, à laquelle il donne le nom de *C. Danielsseni,* trouvée dans les mêmes parages que la précédente, mais à une plus grande profondeur. Enfin, il signale les particularités essentielles, épaisseur considérable de la paroi columnaire, grande brièveté des cloisons, présence d'aconties, d'une forme recueillie dans les mers du Japon. Ces particularités sont telles, qu'il propose de créer pour cette dernière un genre nouveau, dit *Pachycerianthus.*

Les deux premiers, parmi ces trois types, ont été recueillis, dans ses dragages, par le prince de Monaco. Le troisième fut envoyé à l'auteur par le professeur J. Bell, du British Museum.

M. Pierre FAUVEL.

Une expérience d'alimentation. — Un sujet sain âgé de 34 ans étant soumis depuis dix-neuf mois au régime végétarien son poids qui avait tendance à augmenter revient au poids théorique. Sa vigueur et son endurance physique augmentent sensiblement, malgré une consommation réduite d'albuminoïdes (60 à 75 grammes par jour).

Un travail musculaire assez élevé (une centaine de kilomètres à bicyclette en 5 heures et demie, repos compris) n'entraîne ni fatigue, ni courbature, ni sédiments uratiques. La diminution de poids est de 1.600 grammes en moyenne par course ; elle est regagnée dès le lendemain. La quantité d'urée est en moyenne de 16 à 20 grammes, au maximum, par vingt-quatre heures. La santé se maintient parfaite. Donc, la quantité d'albuminoïdes, beaucoup plus faible que la ration classique, est suffisante.

Discussion. — M. Gustave LOISEL : Il faut tenir compte des poisons musculaires que l'on introduit avec le régime carné. Ces poisons sont des excitants des
centres nerveux et il est probable qu'ils agissent ainsi utilement dans l'organisme
qui les absorbe. Comme de raison, ces substances en excès deviendraient promptement nuisibles, et, pour ma part, je pense que l'on ingère toujours une trop
grande quantité d'aliments, quel que soit le régime choisi. L'alimentation est
en effet, une source de nocivité pour le corps en y produisant des déchets directement nuisibles ou en y accumulant des substances inactives.

MM. Louis **JOUBIN** et Joseph **GUÉRIN**.

Présentation de cartes ostréicoles et mytilicoles. — M. JOUBIN présente tant en son
nom qu'en celui de M. Guérin, la série des cartes marines des côtes de France
sur lesquelles ont été relevées toutes les indications relatives aux gisements de
moules et d'huîtres. Des signes et des couleurs conventionnels indiquent les
gisements artificiels ou naturels, les parcs de dépôt, d'élevage ou d'engraissement. Ces cartes ont été dressées au moyen des renseignements fournis tant
par les commissaires des quartiers maritimes que par les particuliers. Un grand
nombre d'entre eux ont été revisés sur place par les auteurs ; il en reste encore
quelques-uns à contrôler. Actuellement, ils s'occupent de superposer les cartes
des gisements aux cartes de l'Atlas lithologique de Thoulet, de façon à obtenir
des lois de concordance entre la position des bancs de mollusques et la
nature du fond. Cette seconde partie, du travail n'est pas encore assez avancée
pour qu'un aperçu suffisamment général puisse en être donné.

Discussion. — M. GIARD : Les cartes ostréicoles de M. Joubin présentent un
intérêt d'actualité.

Elles sont un utile complément du rapport de M. le docteur Mosny sur la
question de la prétendue nocivité des huîtres, rapport qui malheureusement n'a
pas été publié et est demeuré confidentiel. Pour rendre ces cartes plus utiles
encore, M. Joubin ferait bien de distinguer par des teintes ou des signes conventionnels quelconques les parcs d'élevage et les parcs de stabulation et, parmi ces
derniers, de faire savoir aussi quels sont les parcs d'étalage, quels sont ceux qui
servent réellement à l'engraissement, quels sont enfin ceux qui ne sont que des
établissements de dépôt momentané annexés ou non à des restaurants. Ces
derniers seulement peuvent présenter des inconvénients sérieux au point de vue
de l'hygiène. C'est sur eux et sur la vente au détail que doit porter surtout la
surveillance. D'ailleurs la possibilité d'une transmission par l'huître du microbe
de la fièvre typhoïde a été fort exagérée et il serait à souhaiter qu'il n'y eût pas
d'autre cas de dothiénenterie que ceux attribuables à une pareille origine. Dans,
la plupart de nos petits ports de mer, les égouts viennent déboucher directement sur la plage ou dans la rivière qui traverse la localité, et tel baigneur qui
évitera soigneusement d'avaler une huître provenant du parc voisin ingurgite
sans hésitation des milliards de microbes en prenant son bain. Le bacille
d'Éberth vit très mal dans l'eau de mer ; il disparaît en deux ou trois jours dans
une huître intentionnellement contaminée.

Il existe généralement en abondance dans les eaux qu'on boit ou qui servent
aux usages domestiques dans bien des localités balnéaires, j'en pourrais citer où
la fièvre typhoïde sévit endémiquement sous le nom euphémique de *maladie
des quarante jours.*

L'huître a été le bouc émissaire de toutes les infections qui apparaissent fatalement à la fin de la saison des bains, en septembre et octobre, dans des endroits où pendant trois mois, une population surabondante s'est entassée dans des locaux insuffisants, sans souci des règles les plus élémentaires de l'hygiène publique.

M. Frédéric GUITEL, Prof. adjoint à la Fac. des Sc. de Rennes.

Sur la variation du rein dans le genre Lepadogaster. — Chez le *L. Wildenowi,* les canalicules pelotonnés du mésonéphros sont composés de plusieurs sections très distinctes et terminés par des glomérules de Malpighi. Ils sont identiques dans les deux sexes.

Dans le *L. bimaculatus,* les pelotons mésonéphrétiques de la femelle présentent un développement peu considérable et constant ; mais, chez le mâle, leur taille est très variable. Tantôt ils sont à peine plus développés que ceux de la femelle ; tantôt, au contraire, considérablement hypertrophiés et constitués par des canalicules géants. Cette variation semble périodique et liée à celle des glandes génitales.

Chez le *L. Goüani* les pelotons sont beaucoup plus volumineux chez le mâle que chez la femelle et dépourvus de glomérules ; mais, chez le mâle encore inapte à la reproduction, ils ne sont pas plus développés que chez la femelle.

Enfin, dans les *L. Candollei et microcephalus,* le mésonéphros manque non seulement de glomérules mais encore de canalicules contournés.

Outre ces caractères variables les reins des cinq *Lepadogasters* précités présentent des caractères communs. Les plus importants de ces caractères sont : 1º la persistance du pronéphros ; 2º la présence, sur toute l'étendue du canal segmentaire de très nombreux canalicules arborescents non pelotonnés et privés de glomérules.

— Séance du 10 août —

M. LANDRIEU, Commis de 1re classe de la Mar, en ret., à Nantes.

La question de la rogue.

M. Louis LÉGER, Prof. de Zoologie à la Fac. des Sc. de Grenoble.

Sur les Embia du midi de la France. — L'auteur, en accord avec Grassi et Sandias, considère l'*Embia solieri* Rambur du midi de la France, comme une espèce aptère et pense que jusqu'ici on a confondu larves et adultes. Il décrit, en outre, chez ces animaux, trois parasites nouveaux : 1º une Grégarine intestinale, *Gregarina Marteli* ; 2º une Grégarine cœlomique, *Diplocystis Clerci* ; 3º une Coccidie cœlomique, *Adelea transita.*

Sur les Actinomyxidies. — M. L. LÉGER a retrouvé les rares et curieux parasites que Stolc a signalés dans les Tubificides sous le nom d'Actinomyxidies. Ce que Stolc considère comme l'individu (mézozoaire) du *Triactynomyxon* est, d'après L. Léger, une spore comparable à celles des Myxosporidies. Ces spores diffèrent toutefois de celles des Myxosporidies actuellement connues, par la présence de trois capsules urticantes, trois cellules recouvrantes et de nombreux germes ou sporozoïtes (8 ou *n* selon les espèces) à leur intérieur. Les Actinomyxidies méritent donc de constituer une famille très spéciale dans le groupe des Myxosporidies.

—————

M. KÜNCKEL D'HERCULAIS, Assist. au Muséum.

L'évolution retardée des animaux articulés au printemps de 1902 dans le sud-ouest de la France. — Son influence probable sur l'absence des sardines sur les côtes de cette région.

Discussion. — M. Giard : On a souvent exagéré l'influence des agents météorologiques sur l'abondance ou la rareté de certaines espèces animales (insectes nuisibles, par exemple). Cependant, je crois à cette influence dans quelques cas et j'ai même cherché à établir une relation entre les *minima* des taches solaires et la multiplication excessive des criquets, du silphe de la betterave, etc. Mais je ne pense pas que l'élévation de la température terrestre puisse avoir une action *directe* sur les animaux marins ni qu'elle puisse modifier la température ultérieure de la mer et déterminer comme on l'a prétendu à tort les migrations de certains poissons (la sardine par exemple) vers la côte. D'une manière générale on a beaucoup exagéré l'influence des courants, des variations de température et des autres agents étudiés par les océanographes sur la distribution des animaux marins. Cette influence, quand elle existe, est *indirecte* pour les animaux supérieurs (directe seulement pour les êtres microscopiques qui constituent le *plankton*). Les animaux marins viennent au rivage à une saison déterminée et à des âges déterminés, soit pour pondre, soit pour chercher une nourriture spéciale et ils accomplissent ces voyages malgré les courants, malgré les conditions de température, d'une façon très régulière, parfois même avec une régularité mathématique (cas du Palolo et de divers Annélides). On est étonné de voir que même de faibles larves pourvues de moyens de locomotion très imparfaits peuvent gagner, contre vents et marées, les lieux où elle devront subir leurs transformations et vivre à l'état adulte.

—————

M. Paul PELSENEER.

Quelques problèmes zoologiques de l'Antarctique.

—————

M. le Dr J.-P. BOUNHIOL.

Des conditions physiques de la respiration aquatique marine.

—————

Régime respiratoire des poissons marins vivant en captivité.

—————

Mlle BELÈZE.

Le mimétisme chez les animaux.

VOEU PRÉSENTÉ PAR LA SECTION

Voy. page 57.

11ᵉ Section.

ANTHROPOLOGIE

Président. . . . . M. ZABOROWSKI, Prof. adj. à l'École d'Anthrop. de Paris.
Vice-Président . . . . M. le Dr CHERVIN, Memb. de la Soc. d'Anthrop., à Paris.
Secrétaire . . . . M. GRANET (Vital), Rec. municip., à Saint-Junien (Haute-Vienne).

— Séance du 5 août —

M. Gustave CHAUVET.

Analyses de bronzes anciens du département de la Charente. — L'auteur rend compte des analyses de trente-six objets préhistoriques en bronze de sa collection faites, avec grand soin, par le docteur Chassaigne pour sa thèse de doctorat en pharmacie, à la Faculté de Bordeaux. Durant l'âge du bronze, l'évolution métallurgique est parallèle à l'évolution industrielle; la composition chimique devient plus complexe à mesure que la forme se perfectionne :

Les haches plates sont généralement en cuivre (1) et la teneur en étain augmente en passant aux formes plus récentes.

Le plomb apparaît avec les haches à ailerons et sa proportion augmente considérablement dans les haches à douille. Le zinc apparaît nettement à l'époque gauloise.

En outre, les objets de même forme ont une composition différente suivant les pays. L'antimoine, notamment, ne se trouve presque jamais dans nos bronzes de l'ouest de la Gaule (cachette de Vénat); tandis qu'il entre en assez fortes proportions dans ceux de Schleswig-Holstein et de l'Europe centrale.

M. G. Chauvet montre tout l'intérêt qu'aurait pour l'étude de la métallurgie primitive l'examen des bronzes préhistoriques, au point de vue de la composition chimique et de la constitution moléculaire.

MM. le Dr Marcel BAUDOUIN, et G. LACOULOUMÈRE, à Paris.

La nécropole gallo-romaine à puits funéraires, de TROUSSEPOIL. — *Étude topographique d'ensemble.* — Il s'agit, dans ce travail de revision fait sur les lieux mêmes, aux cours des campagnes archéologiques de 1902-1903, de la descrip-

(1) G. Chauvet : *Haches plates. La cachette de Mondouzil.* Congrès de Montauban, 1902, *Afas*, p. 757.

tion très minutieuse de la Nécropole gallo-romaine de Troussepoil au Bernard (Vendée), au point de vue de la distribution topographique de toutes les sépultures qui y ont été découvertes.

Ce travail d'ensemble, qui a été très long et très difficile à exécuter, en raison des énormes lacunes des mémoires antérieurement publiés, a exigé un relevé très précis des lieux, et une enquête locale très approfondie. Il est aujourd'hui aussi complet que possible.

Mais, désormais, on a là un guide des plus précieux pour les chercheurs à venir, cette nécropole était si importante qu'elle paraît inépuisable ! Les auteurs sont même arrivés à trouver une loi générale de disposition des fosses sépulcrales à des puits funéraires, qui permet, presqu'à coup sûr, d'arriver d'emblée sur le point cherché et d'éviter les tâtonnements qui coûtent si cher en ces circonstances. La nécropole de Troussepoil est donc débrouillée ; et c'est là un très appréciable résultat pour le bijou archéologique de la Vendée et la science elle-même.

———

MM. Ant. LAUBY et J. PAGÈS-ALLARY

L'abri sous roche de la Tourille, commune de Celles, près Murat (Cantal). — Dans la haute vallée d'Allagnon, à 6 kilomètres en aval de Murat, se trouve le village de la Tourille, commune de Celles, distant de 500 mètres des abris qui font partie d'un communal dénommé des Chabessac (n° 1250, section C du plan cadastral),

Au nombre de cinq et à une altitude de 934 mètres, ces abris sont répartis de l'est à l'ouest sur le flanc droit du cirque, orientés à l'aspect du midi, ils sont dominés par de puissantes coulées basaltiques de l'époque pliocène supérieure.

Grâce à l'aimable obligeance de M. Mallet, maire de Celles, nous avons pu pratiquer des fouilles dans deux d'entre eux.

L'étude géologique du flanc du ravin nous a fourni la succession des terrains ci-après :

De la base au sommet : argile fissile sans diatomées, 1^m,75 ; cinérite, 75 centimètres ; cailloux roulés (rivière pliocène), 6 mètres ; éboulis sur les pentes, 13 mètres ; *fouilles*, 2 mètres ; hauteur du basalte pliocène au-dessus de l'abri, 3 mètres ; nappe de basalte pliocène, 10 mètres.

Les deux tranchées ouvertes nous ont permis de mettre au jour deux foyers, l'un *néolithique* situé à 45 centimètres du sol au-dessous de la terre arable de 30 centimètres d'épaisseur ; l'autre, PALÉOLITHIQUE, séparé du précédent par une couche stérile de 50 centimètres et d'une épaisseur de 25 centimètres.

Le premier foyer a donné de nombreux débris de charbon mêlé à une quantité d'ossements réduits en éclats indéterminables de débris de poteries très grossières, poteries à la main faites d'une argile sableuse à gros grains, une hache en pierre polie (éclogite), pan de basalte à tranchants aigus une fusaïole, une lame de silex très finement retouchée sur les bords, un fémur humain, des dents de bœuf domestique, de chèvre et de porc.

Le deuxième foyer a donné une dent de cerf, deux de renne, quelques-unes de bouquetin, une série de silex dont quelques-uns finement retouchés, deux grattoirs, des fragments de lames ; ensemble moins beau, mais semblable aux pièces trouvées dans la Vézère.

Ainsi les chasseurs de rennes, ont non seulement séjourné sur les bords de la Loire et de l'Allier, mais aussi se sont installés dans tous les endroits propices que leur offrait la vallée supérieure de l'Allagnon. Ils n'ont probablement pas franchi les monts cantaliens, car MM. Girod et Aymar n'ont pas trouvé trace de leur passage dans le bassin d'Aurillac, et, d'autre part, les deux cols du Lioran et des Saignes qui donnent accès dans le bassin de la Garonne, devaient être impraticables à cette époque.

Premières fouilles du puy de la Fage, près Saint-Flour (Cantal). — Au mois de juin 1902 l'on nous soumettait deux blocs de basalte, avec empreintes, trouvés depuis fort longtemps sur les pentes du puy de la Fage, près Saint-Flour (Cantal). Peu de temps après, M. Rodier, propriétaire en ce lieu nous communiquait d'autres blocs semblables, trouvés aussi à la surface du sol. Vivement intéressés par ces documents, nous nous sommes demandé si les empreintes que renfermaient ces laves, étaient végétales et si elles provenaient de la couche de basalte pliocène vomie par le volcan du Cantal.

Les avis de personnes compétentes étant opposés, nous n'hésitâmes pas grâce à l'aimable obligeance de M. Viallefont, maire de Coren, à pratiquer de très importantes fouilles sur la pente sud du puy (tranchée de 2^m,50 de large sur 2 mètres de haut et 18 mètres de long).

Les premiers résultats furent négatifs, arrivés presque au sommet nous fûmes arrêtés par une assise de basalte. Nous fîmes alors une tranchée sur le sommet même et dans la direction du nord ; à 15 centimètres nous trouvâmes des grains carbonisés (orge, seigle, avoine), dont la présence se trouvait expliquée par ce fait qu'autrefois l'on vannait les grains au vent sur les hauteurs et que, d'autre part, sur ce même endroit, se faisaient les feux de la Saint-Jean.

A 80 centimètres, la fouille mit au jour plusieurs objets en fer : deux couteaux, un pic, un marteau, un devant de poitrine et ses deux crochets, le tout excessivement oxydé et de date difficile à préciser, mais en étendant la fouille, nous ne tardâmes pas à trouver au même niveau des poteries avec ornements qui semblent appartenir à l'époque mérovingienne (même pâte, même ornementation). Mais ce qui nous dédommagea surtout de quinze jours de recherches infructueuses, c'est l'heureuse trouvaille, toujours dans cette même couche, d'une soufflure de basalte *absolument identique à celles que présentaient les blocs* trouvés à la surface et surtout *une scorie de basalte également identique*, de même composition que celle des blocs ET SUR BRIQUE. Grâce à cette découverte, nous pouvons donc affirmer que les blocs à empreintes ne sont pas dus *à une action volcanique*, mais au travail de l'homme qui fondait les basaltes. Dans le tumulus de Celles (tène III) nous avons trouvé des scories basaltiques absolument identiques mais sans empreintes. Pourquoi les fondait-il ? Est-ce une action voulue ou accidentelle ? Bosc d'Antic raconte qu'il y a quelque deux cents ans les populations de la Margeride fondaient le basalte pour obtenir du verre de bouteilles en particulier, les produits nécessaires à la fabrication du verre étant d'un prix trop élevé pour être employés par des populations isolées au sein d'un pays dont les voies de communication étaient bien précaires. Pourquoi n'en aurait-il pas été de même à une époque plus reculée où les conditions étaient encore plus défavorables ? Voulu ou non, le fait de la fonte du basalte existe ; il ne saurait nous surprendre si nous considérons qu'une température de 800 degrés suffit. Les populations qui produisaient des objets en fer pouvaient très bien atteindre cette température, bien que la préparation de la fonte qui nécessite 1600 degrés leur ait été inconnue. Quant aux empreintes, elles provenaient sans doute des laitiers basaltiques, englobant des végétaux qui, à cette température et sous l'action très prompte du basalte fluide ou pâteux, n'étaient pas ou à peine carbonisés.

Nous espérons que l'Association française voudra bien nous aider pécuniairement dans ces recherches d'un si haut intérêt ce qui nous permettra de continuer et de terminer nos fouilles l'an prochain. Nous espérons pouvoir apporter au prochain Congrès des documents nouveaux qui permettront de préciser définitivement les points encore obscurs ou douteux.

MM. PAGÉS-ALLARY, LAUBY et RHODES

Premières fouilles dans un village en pierres sèches d'âge indéterminé. — Un village en pierres sèches, dénommé Las Tours, près Brujalaine, commune de Chastel-sur-Murat (Cantal), offre vingt-cinq cases avec rues, fortifications, retranchements; une pierre à bassin, nombreux ossements de sangliers, poteries samiennes, poteries noires, clefs, fers, fusaïole, murailles de 2 mètres d'épaisseur, encadrement de portes qui, toutes, sont orientées à l'est.

M. Émile RIVIÈRE, Sous-Directeur de laboratoire au Collège de France.

Une nouvelle lampe préhistorique. — Il s'agit d'un godet de pierre avec son bec, creusé peu profondément dans une roche volcanique, une téphrine et trouvé dans la commune de Saint-Julien-Maumont (Corrèze). M. RIVIÈRE en met le dessin, de grandeur naturelle, sous les yeux des membres de la section.

M. MULLER, Biblioth. de l'Éc. de Méd., à Grenoble.

Découverte et fouille d'une station néolithique (?) dans les gorges d'Engin (Isère), massif du Vercors (Nord). — La gorge sauvage au fond de laquelle serpente la route d'Engin à Lans, possède de nombreuses grottes et abris. Après de nombreux sondages, un abri sous roche a donné à l'auteur des instruments en silex et des os de marmottes.

La caractéristique de cette station est dans l'absence de pointes de flèches, de haches, d'os travaillés et surtout de poteries; les rares tessons exhumés sont probablement pré et post-romains.

Les lames de silex sont nombreuses mais médiocres, et portent peu de traces d'usage, quelques grattoirs ou râcloirs sont bien caractérisés. On y remarque aussi de nombreux éclats de taille, les percuteurs sont pourtant rares.

Les os et les dents de marmottes sont nombreux, les os de gros animaux sont en petit nombre et en miettes. Les traces de foyers sont faibles.

En somme, station probablement néolithique, avec mobilier très pauvre, dans une région qui n'a encore donné aucun débris de l'industrie de cette époque.

MM. l'Abbé TOURNIER et Ch. GUILLON.

La grotte de la Tassonnière à Ramasse (Ain) et les abris sous roche des bords du Suran (Ain).

———

M. le Dr Félix REGNAULT, à Paris.

Essai de morphogénie osseuse.

———

MM. J. PAGÈS-ALLARY et Ant. LAUBY.

Nouvelles fouilles et découvertes dans l'arrondissement de Murat (Cantal). — 1º Commune de Joursac. — Des fouilles faites dans un champ et pré, appartenant à M. Faradèche, de Laval, ont mis au jour une villa gallo-romaine avec vases gaulois, fibules de la Tène III. Plus de trois mille débris de poteries représentant d'après le nombre de fonds et de cols deux cents cinquante-huit vases (genre Beuvraisien en terre rouge, grise, noire et *blanche*). Poteries samiennes avec sigle et lettres gravées. Briques à rebords. Bois brûlé très abondant. Nombreux débris de fer. Ossements ;

2º Commune de Neussargues. — Des fouilles faites dans un champ appartenant à M. Forestier, ont révélé une villa gallo-romaine ; briques à rebords, poteries, ossements ;

3º Commune de Chalinargues. — Dans un communal du village de Freycinet, tumulus romain, débris de poteries, vase en terre blanche, anneau de bronze ;

4º Commune de Moissac. (Neuss.). — Motte tumulaire mérovingienne, sept sarcophages en tuf avec crânes dolichocéphales, squelettes de deux mètres de longueur, briques à rebord, poteries, bronzes ;

5º Commune de Laveissenet. — Dans une carrière de sable, belle épée en fer, poignée bronze, de 96 centimètres de longueur, dans son fourreau (Tène II) ; lame poignard en fer, terminée par trois boules de bronze, même époque).

———

— Séance du 6 août —

M. Paul SÉBILLOT.

Les traditions populaires en Anjou. — On ne s'est guère occupé jusqu'ici des traditions populaires de l'Anjou, peut-être parce qu'on a pensé qu'il était trop tard pour les recueillir. Je crois qu'une enquête faite sérieusement amènerait à constater que cet aimable pays est, à ce point de vue, aussi riche que la moyenne des provinces de France. C'est ce qui me semble résulter d'une étude que j'avais faite à la prière de M. de La Borderie, qui m'avait demandé, quelques mois avant sa mort, d'écrire une monographie du folklore angevin. Ma communica-

tion a été rédigée d'après les documents réunis pour satisfaire au désir exprimé
par l'éminent historien breton. Les contes recueillis en Anjou ne sont pas nombreux, une demi-douzaine tout au plus en y comprenant celui d'allure populaire qui nous a été conservé par Béroalde de Verville. On rencontre dans divers
auteurs une trentaine de légendes, quelques-unes fort curieuses. Les chansons,
de même que les devinettes, sont en petit nombre. Quant aux proverbes, il en
a été publié un certain nombre, parmi lesquels les *Proverbes et dictons rimés de
l'Anjou* de A. de Soland, qui ne sont pas tous populaires ou angevins ; le regretté
André Joubert a, dans le compte-rendu détaillé d'un de mes livres donné plusieurs blasons populaires angevins qui sont très curieux. Je suis persuadé que
si quelqu'un voulait entreprendre une exploration, en se servant comme guide
d'une monographie traditionnelle d'un pays déjà bien fouillé, et aussi, au point
de vue des légendes locales, du petit questionnaire que j'ai dressé d'après une
connaissance superficielle de la région angevine, il arriverait à découvrir encore
beaucoup de choses intéressantes.

M. GIUFFRIDA-RUGGERI, Prof. à l'Univ. de Rome.

État actuel d'une question de palethnologie russe.

Discussion. — M. ZABOROWSKI : Je n'ai pu qu'être extrêmement flatté de voir mes
travaux appréciés de la manière dont témoigne le mémoire de M. Giuffrida-
Ruggeri. Des sympathies déclarées m'unissent depuis longtemps aux savants
italiens et c'est un plaisir très grand pour moi de voir mes idées si bien comprises, si fidèlement traduites et si courtoisement discutées par eux.

L'idée de M. Sergi que m'oppose, pour terminer, M. Giuffrida-Ruggeri, m'était
évidemment connue et je l'ai contestée déjà. A la vérité, je ne puis pas donner
les Cro-Magnon comme des blonds. Aussi me suis-je borné à affirmer qu'ils
étaient de téguments clairs, comme le prouvent suffisamment les caractères de
leurs descendants les plus directs. Il est plus que probable, dans ces conditions,
qu'ils entrent dans la constitution du type méditerranéen, bien que, ainsi que
je l'ai montré, ils soient déjà en petit nombre chez les anciens Égyptiens.
(*Bullet. de la Société d'Anth.*, 1898, p. 603). J'ai mis hors de doute ceci, seulement, que la race européenne blonde est souchée sur le type Cro-Magnon-Menton-
Beaumes-Chaudes.

Que les dolichocéphales des Kourganes de la Russie centrale sont des représentants de l'ancienne population finnoise et que cette population a été transformée
par l'action des Slaves, des Lapons, des Turco-tatares, ce sont là des faits qui se
démontrent avec d'autant plus de sûreté qu'ils sont modernes et achèvent de
s'accomplir sous nos yeux. Hors de la solution que j'ai donnée des origines
finnoises, la question des origines aryennes elles-mêmes reste en suspens,
comme je le montrerai encore l'hiver prochain. Les Ostiaks pour être moins
pénétrés que les Finlandais d'éléments étrangers, n'en ont pas moins été fortement mêlés de Huns, de Samoyèdes, de Tatares. Ils sont en majorité bruns,
je le sais, et cela est pleinement d'accord avec les traits tatares et mongoliques
de beaucoup d'entre eux. Mais il y a des blonds parmi eux et la présence de ces
blonds ne peut s'expliquer que par l'origine que je leur ai assignée, tous les
peuples qui ont pu se mêler à eux étant étrangers aux races européennes, surtout aux blonds et se rattachant aux mongoliques à peau jaune et à cheveux

noirs. Les Zyrianes sont plus fréquemment blonds parce que justement ils ont toujours été séparés de ces derniers par l'Oural et par les Vogouls et les Ostiaks eux-mêmes. Les dolichocéphales des Kourganes de la Russie méridionale, se sont de même mêlés à des bruns, brachycéphales médiques suivant moi, à partir de l'introduction des métaux. Mais eux-mêmes étaient blonds également. Ce n'est pas là une hypothèse, puisqu'ils avaient les caractères de nos Kymris bien connus des anciens, puisque leurs descendants directs dans le pays, encore presque purs au moyen-âge, sont blonds, puisque leurs congénères contemporains ou parents immédiats, les Saces, les vieux Perses, étaient des blonds.

M. Paul d'ENJOY, au Havre (Seine-Inférieure).

L'accouchement en pays annamite. — L'auteur décrit dans son mémoire les pratiques singulières de l'accouchement en pays annamite, telles que l'exposition de la femme grosse sur un foyer; ainsi que les superstitions qui accompagnent les phases de la parturition.

Il dépeint la sage-femme annamite et met en relief l'influence populaire de cette matrone, moins expérimentée comme accoucheuse qu'habile sorcière.

M. ZABOROWSKI, à Thiais (Seine).

Des chevaux ont-ils été domestiqués à la période quaternaire.

M. BIAILLE, Pharmacien, à Chemillé (Maine-et-Loire).

Silex et ossements trouvés au confluent de la Loire et du Layon.

— Séance du 8 août —

M. le Comte de CHARENCEY, à Paris.

De l'origine américaine du Phaseolus vulgaris.

Les noms des points de l'espace chez les peuples celto-italiques et germains.

MM. BABEAU et DUBUS.

Sur les limons des plateaux des environs du Havre par rapport aux industries préhistoriques.

M. le Dr A. LE DOUBLE, à Tours (Indre-et-Loire).

A propos de deux crêtes occipitales externes apophysaires humaines. — Il s'agit de deux cas de reproduction dans l'espèce humaine de la crête occipitale externe du suroccipital des *Ongulés* des *Ursidés*, des *Chats*, des *Hyènes*, des *Monotrèmes* etc.

M. DELORT, anc. Prof. de l'Univ. à Auxerre.

La vallée d'Allagnon. — La vallée d'Allagnon fut de tout temps une vallée de pénétration suivie :

1º D'abord par les races esquimaudes qui, à l'âge du Renne hantèrent les abris sous roche de Neussargues ;

2º Par les Gaulois de l'époque de la Tène qui érigèrent le tumulus des bois de Celles près Neussargues.

Cette sépulture contenait trois sortes d'objets :

1º — De nombreux débris d'urnes en partie restituées et qui paraissent mériter d'être étudiées de plus près.

2º — Des armes et *un outillage en fer* typiques de l'époque de la Tène.

3º — Des anneaux, monnaie en bronze.

4º — Un moulin à bras de forme très archaïque et qui fera l'objet d'une étude ultérieure.

Le Cantal en général et en particulier la vallée d'Allagnon qui déjà en 1879 (voir *Associat. franç. Congrès de Montpellier*) avaient été signalés à l'attention de la section devront beaucoup à cette puissante Association aux largesses de laquelle sont dues la plupart des publications citées dans notre mémoire sur la sépulture de Celles.

M. ZABOROWSKI

Comment est résolue la question d'origine des peuples aryens de l'Asie.

M. le Dr HERVÉ, à Paris.

Sur deux crânes négroïdes de l'époque néolithique en Bretagne.

M. Cl. DRIOTON, Membre de la Commission des Antiquités de la Côte-d'Or.

Les tumulus et alignements des friches de la Chagnole à Hauteroche (Côte-d'Or).
— M. Cl. Drioton explore en ce moment les tumulus des friches de la Chagnole, commune d'Hauteroche. Ces tumulus sont au nombre d'une soixantaine, leurs dimensions varient de 3 mètres à 14 mètres de diamètre et de 30 centimètres à 1m,50 de hauteur. Un certain nombre sont réunis entre eux par des blocs de pierres disposés en alignements ou par de petites levées en pierres sèches très *affaissées*.

Le plus gros des tumulus mesurant 14 mètres de diamètre à la base et 1m,50

de hauteur, a demandé trois jours de fouilles (4, 5, 6 août 1903). Il était constitué par un noyau central de grosses pierres disposées comme les tuiles d'un
toit et recouvert de matériaux de petite dimension.

Près du centre, à 70 centimètres de profondeur, sépulture par incinération,
nombreux fragments de poterie appartenant au moins à deux vases, cendres et
ossements brûlés.

Également près du centre du côté sud à 1 mètre de profondeur découverte de
nombreux ossements d'animaux en très mauvais état et d'une lame de silex de
8 centimètres de longueur et 4 centimètres de largeur. Ces ossements et la
lame reposaient sur deux dalles posées à plat contre lesquelles venait s'appuyer
une forte dalle longue de 1^m,10, haute de 48 centimètres posée de champ.

Parmi les ossements, aucun ossement humain n'a été reconnu à première
vue, une détermination minutieuse pourra seule fixer sur ce point.

Les tumulus et alignements se continuent dans les bois de la Chagnole au sud
des friches.

A 450 mètres au sud du tumulus fouillé sur le bord du chemin de Boux à
Hauteroche existe un beau groupe de tumulus avec des levées et alignements
semblables à ceux des friches de la Chagnole ; l'une de ces levées se termine
par une pierre levée de 1^m,10 de hauteur percée d'un trou au ras du sol.

L'exploration de ces tumulus étant en cours M. Drioton n'a pu faute de temps
joindre à cette note sommaire des photographies et le plan détaillé des tumulus
et alignements.

MM. Cl. DRIOTON, G. GRUÈRE et Dr GALIMARD.

*Notes sur les fouilles exécutées dans la caverne de Roche-Chèvre à Barbirey-sur-
Ouche (Côte-d'Or).* — M. DRIOTON et GALIMARD rendent comptent des fouilles
qu'ils viennent d'exécuter dans la grotte de Barbirey, vaste caverne descendante
de 25 mètres de largeur, 10 mètres de hauteur moyenne et 60 mètres de profondeur.

Ces fouilles ont donné notamment : outre une très grande quantité de fragments de poteries de toutes les époques, une hache en silex poli, une perle en
ambre, une épingle en bronze, un ciseau en os poli, un poinçon en corne, une
monnaie romaine buste (grand bronze) et, dans une fissure profonde au milieu
des éboulis qui encombrent la seconde salle un beau couteau en bronze de
28 centimètres de longueur, de forme assez gracieuse et absolument intact.

La caverne de Barbirey paraît avoir été occupée comme habitation ou comme
refuge par les populations locales dès l'âge de la pierre polie, à l'époque gauloise,
gallo-romaine, et même au moyen-âge.

M. Cl. DRIOTON, membre de la Commission des Antiquités de la Côte-d'Or.

*Les retranchements calcinés du Château-Renard (Gevrey-Chambertin) et du Bois-
Brûlé (Pombières-lès-Dijon, Côte-d'Or).* — Les 29 et 30 juillet dernier, M. DRIOTON
a fouillé les retranchements du Château-Renard à Gevrey-Chambertin à 10 kilomètres au sud de Dijon.

Cette enceinte qui appartient au type éperon barré se compose d'une levée de
65 mètres de longueur isolant du reste du plateau l'extrémité du promontoire
situé entre les combes de Lavaux et de la Bossière.

Une tranchée exécutée en travers de la levée de 65 mètres permit de reconnaître l'existence à 70 centimètres au-dessous de la crête de pierres calcinées et de chaux. La partie calcinée se compose non 'pas d'une masse unique et compacte de chaux comme dans les autres retranchements des environs de Dijon déjà étudiés par M. Drioton, mais d'un agglomérat de chaux et de pierres plus ou moins calcinées s'étendant sur une hauteur de 1ᵐ,10 et une largeur de 1 mètre à 1ᵐ,40 à la base. A divers niveaux se trouvent des foyers de cendres et de charbons reposant sur des pierres plates rubéfiées, indiquant que la calcination avait été effectuée à plusieurs reprises. La partie calcinée est appuyée du côté extérieur du retranchement sur des pierres plates hautes de 50 centimètres placées de champ. La couche de matériaux qui recouvre la partie calcinée n'a pas subi l'action du feu.

Cette disposition se rapproche beaucoup de celle reconnue en 1898 par M. Drioton dans le retranchement du Bois-Brûlé à Plombières-lès-Dijon, où la masse de chaux de 1 mètre de hauteur et 1ᵐ,10 de largeur à la base était appuyée contre un mur, ces pierres sèches ayant subi l'action du feu sur une épaisseur de 80 centimètres à 1 mètre.

MM. Marcel BAUDOUIN et LACOULOUMÈRE, à Paris.

Fouilles de six nouvelles fosses sépulcrales gallo-romaines au Bernard (Vendée). — En 1902 et 1903, au Bernard (Vendée), dans la nécropole gallo-romaine de Troussepoil, bien connue par les découvertes de l'abbé Baudry, qui y travailla de 1858 à 1877, MM. Marcel Baudouin et G. Lacouloumère ont découvert et fouillé six nouvelles stations, que l'on appelle *petites fosses sépulcrales*, quoique leur nature soit encore discutable.

· Le résultat principal des campagnes de 1902 et 1903 a été, dès août 1902, la découverte, dans ces restes du IIᵉ et du IIIᵉ siècle après J.-C., d'os d'animaux domestiques (surtout bœuf et chèvre), présentant toute une série de marques : incisives, encoches, tailles, gravures, et même écritures *en chiffres romains*. Ces derniers sont tout à fait comparables à ceux signalés en 1903 par M. É. Rivière pour la nécropole gallo-romaine du hameau à Paris. A signaler aussi, parmi les trouvailles, des pièces de monnaie, et d'importants débris (clous en fer, poterie dite samienne, etc., etc.).

M. Émile RIVIÈRE.

Nouvelles gravures mises à découvert dans la grotte de La Mouthe (Dordogne). — Dans cette nouvelle communication, M. Émile RIVIÈRE rend compte des recherches qu'il a faites à La Mouthe depuis trois ans et montre aux membres des Sections réunies de Géologie, de Zoologie, d'Anthropologie et d'Archéologie, une série de dessins représentant groupées, comme elles le sont sur les parois de la grotte, où elles forment de véritables panneaux décoratifs, les nombreuses gravures préhistoriques qu'il y a découvertes.

MM. BLAYAC et CAPITAN

Les stations préhistoriques du Dj. Sidi-Rgheiss (province de Constantine). — Les quelques silex qui font l'objet de cette note ont été recueillis dans une des stations que M. Dubouloz, administrateur de commune mixte en Algérie, a découvertes au Dj. Sidi-Rgheiss (1.626 mètres), près Aïn-Beida, province de Constantine. Ces stations sont toutes situées au pied de cette montagne, formée par les calcaires compacts aptiens qui s'élèvent en un dôme majestueux dominant l'immense plaine des Hareitas. Elles sont placées, presque toutes, au contact des calcaires aptiens et des tufs pleistocènes de la plaine, dans le voisinage de sources qui, de tout temps, ont attiré les populations de ces régions si dépourvues d'eau. Ces stations, quelquefois assez rapprochées les unes des autres, s'échelonnent au pied du Dj. Sidi-Rgheiss qui a environ de 8 à 9 kilomètres de tour. Beaucoup d'entre elles sont fort endommagées par l'action érosive des eaux de ruissellement qui descendent en grande abondance de ce dôme, à la saison des pluies. Quelques-unes sont encore assez bien conservées et méritent d'être fouillées avec soin si on en juge par les quelques faits observés et par les quelques débris de silex et de restes organisés dont il va être question.

Autant que l'un de nous a pu s'en rendre compte par un examen très rapide de quelques-unes de ces stations, le sol de celles-ci est constitué par une terre noire comprenant de petits lits charbonneux et des amas parfois considérables d'Hélix (*H. candidissima*, Draparnaud, *H. aspersa*, Muller, etc.). Dans cet humus se trouvent aussi des restes de mammifères, parmi lesquels Pomel avait reconnu : *Antilope bubalis* Pallas (cheville osseuse d'une corne), espèce disparue de cette région, mais encore vivante dans le Sud algérien ; *Asinus africanus*, Sanson (dents), espèce actuelle.

Ces stations ne sont pas seulement cantonnées autour du Dj. Sidi-Rgheiss ; l'un de nous en a observé en d'autres points de la province de Constantine, particulièrement dans le bassin de la Seybouse et de l'Oued-Cheif et sur les hautes plaines des chotts qui se trouvent entre Batna et Constantine. M. Thomas a d'ailleurs signalé depuis longtemps la présence de deux de ces dernières (1).

Quant aux silex de ces foyers du Dj. Sidi-Rgheiss, ce sont de minuscules éclats d'un silex noir dont on trouve le gisement géologique dans le voisinage. L'aspect de ces éclats est, en tous points, analogue à celui des silex classiques des abris de Bruniquel. Ils sont ordinairement sans retouches. Un petit nucléus a été recueilli dans ce même gisement, ainsi qu'un poinçon en os. On n'a pas trouvé de poteries. Morphologiquement cette industrie serait magdalénienne. De nouvelles recherches pourront seules permettre de trancher la question. Nous comptons les exécuter à la fin de cette année.

M. le Dr CAPITAN.

L'âge des fonds de cabane des dunes aux environs de Wimereux, près Boulogne-sur-Mer. — Ces fonds de cabane ont été explorés par divers chercheurs. Nous rappellerons la fouille qui y a été exécutée par la 11e Section lors du Congrès de Boulogne-sur-Mer, en 1899. On y rencontre, en très grande quantité, des fragments plus ou moins volumineux de vases d'une terre brun noirâtre assez grossière, épaisse et presque tous fabriqués au *poussé*, c'est-à-dire au moyen d'une forme en fibres végétales tressées constituant une sorte de panier dont l'intérieur était enduit de terre soigneusement tassée. Le panier était alors mis au

(1) THOMAS : *Le Tumulus d'Aïn-M'lila*. (*Bull. Soc. sc. phys., nat. et clim. d'Alger*, 1877, pp. 1-10.)
Id.   *Découverte d'une station de l'âge de pierre à Aïn-el-Bey*. (*Bull. Soc. sc. phys. nat. et clim. d'Alger*, 1877, pp. 37-51, 1 planche.)

milieu d'un brasier. Il s'y brûlait laissant l'enduit de terre qui se cuisait et formait un vase portant à l'extérieur les traces du tressage végétal.

Certains de ces vases étaient de grande dimension, sorte de jarres d'au moins 40 à 50 centimètres de diamètre, munies autour de l'orifice d'un bord renversé en dehors affectant la forme d'un large boudin plat.

L'intérieur de ces fonds de cabane avait fourni des silex taillés, entre autres un beau grattoir que j'y découvris lors des fouilles de 1899. Mais en même temps, des fragments de grandes épingles et une sorte de fibule très simple en fer. Il était donc fort difficile de fixer leur âge. De multiples et soigneuses recherches exécutées, depuis un an, avec le concours de M. Émile Lefebvre, de Boulogne-sur-Mer, nous ont fourni une belle série de fragments de vases mettant hors de doute les diverses propositions énoncées ci-dessus à leur sujet, quelques fragments d'objets en fer indéterminés, quelques débris de bronze, et enfin une petite pièce de monnaie parfaitement conservée qui permet de dater ces foyers.

Cette pièce, en effet, peut, sans hésitation, être attribuée aux Ambiani. C'est une variété du **numéro 8464** de l'*Atlas des Monnaies gauloises* de de La Tour, plus complète que la pièce figurée (Avers : sanglier à droite, entouré de dix annelets et d'un cercle terminé par deux têtes (torques ?), au-dessus deux palmes. — Revers : cheval à gauche ; trois annelets en avant, un au-dessus, un au-dessous ; une chaîne (?) reliant les pattes.

Par conséquent, **on peut dire**, suivant toutes vraisemblances, que les foyers fouillés à Wimereux sont d'époque gauloise.

Cette constatation tranche une question restée jusqu'ici en suspens, et cadre d'ailleurs bien avec le diagnostic probable que l'on pouvait faire de l'âge de la poterie du fait de son examen seul.

Un fond de cabane du Moyen-Age sur l'ancienne plage de la Manche, aux environs de Saint-Valery-sur-Somme. — On sait qu'on a signalé depuis longtemps à Saint-Valery-sur-Somme l'existence d'un kjoekkenmödding d'époque néolithique placé sur la falaise crétacée dont le pied borde la baie de Somme, et reposant sur les sables tertiaires qui recouvrent en ce point la craie. Le littoral marin actuel se trouve à 8 kilomètres à l'ouest de ce point. Mais le littoral ancien, marqué par un cordon littoral typique, existait à 2 kilomètres environ à l'ouest de ce point, donc à 6 kilomètres du rivage marin actuel.

Ce cordon littoral est formé de bas en haut par un amas de galets, puis par 1 mètre ou 1^m,50 de sable marin renfermant exclusivement des coquilles de cardium brisées, en petits lits réguliers, puis vient une couche de 20 centimètres en moyenne (dans les parties les mieux développées) formée uniquement de coquilles de cardium ; puis, une couche de 50 centimètres de sable et enfin une mince zone d'humus.

Or, dans une excavation située à l'ouest de la route de Saint-Valery à Lanchères, entre Routhiauville et Sallenelle, on trouve à peu près la même stratigraphie avec la couche de coquilles beaucoup moins développée ; elles sont souvent brisées mais appartiennent également toutes au genre cardium. En un point de la coupe on aperçoit nettement un fond de cabane, formant une cuvette régulière, mesurant 3 mètres de large sur 1^m,25 de hauteur au centre. La cuvette est limitée en bas par une mince couche charbonneuse de 5 centimètres d'épaisseur recouverte de 50 centimètres de sable, puis vient une couche de 20 à 25 centimètres d'épaisseur formée de sable gris noirâtre renfermant de nombreux fragments de charbon, de petits amas de cendres grisâtres, un grand nombre de coquilles de moules (plutôt moyennes et petites) qui font absolument défaut en dehors du foyer.

J'ai pu y recueillir, avec le concours de mon ami, le docteur Legris (de Saint-Valery) des fragments d'os brisés et fendus et la plus grande partie d'un fond de vase d'environ 10 centimètres de diamètre. C'est une poterie mesurant 5 millimètres d'épaisseur, assez cuite, noire extérieurement, brune en dedans, renfermant de minuscules grains quartzeux et de très petits fragments de coquille. En plein milieu du même foyer intact, j'ai fait sauter d'un coup de pioche un petit fragment de grès flammé du XIIIe siècle qui tranche la question d'âge.

Suivant toutes vraisemblances, il s'agit donc d'un fond de cabane du Moyen-Age reposant directement sur le sable de l'ancien rivage de la mer. Sa présence en ce point prouve qu'à cette époque la mer était encore loin d'occuper ses limites actuelles. Elle ne pouvait être certainement bien loin de cette cabane de mangeurs de coquillages.

L'industrie reutelo-mesvinienne dans les sablières de Chelles, Saint-Acheul, Montières, les graviers de la Haute Seine et de l'Oise. — L'industrie reutelo-mesvinienne de Rutot est constituée par des fragments de silex débités naturellement (plus rarement artificiellement) et simplement utilisés tels quels par les premiers hommes ou façonnés par quelques retouches en percuteurs, racloirs ou pointes. Cette industrie se retrouve dans toutes les sablières des bas niveaux sus-indiqués, mélangée à l'industrie classique. Elle y est d'ailleurs peu abondante (deux à quatre pièces en moyenne par mètre cube).

Toute une série d'études comparatives des silex des plages à galets de la Somme, de ceux des gisements d'argile à silex, et des alluvions très anciennes, l'étude minutieuse de cette industrie en Belgique dans les gisements classiques et au musée de Bruxelles, avec mon ami Rutot, m'ont permis d'arriver aisément à distinguer sur ces pierres le travail ou l'utilisation humaine des effets naturels. C'est une étude préalable indispensable pour pouvoir émettre une opinion valable (voir note plus détaillée dans le deuxième volume).

L'industrie reutelo-mesvinienne dans les sablières de Billancourt, près Paris. Sa distribution stratigraphique. — Plusieurs sablières sont exploitées, à Billancourt, au sud-ouest de Paris, et à 1 ou 2 kilomètres des fortifications. Elles reposent, en ce point, sur la craie de Meudon ravinée d'une façon très active. Les dénivellations du fond des sablières atteignent, de ce fait, des différences pouvant aller jusqu'à 6 à 7 mètres.

Toutes ces sablières renferment une nombreuse industrie et une faune riche en certains points (boulevard de Strasbourg : os d'éléphants, de grand bœuf, de cheval, etc.). L'industrie dont MM. Thieullen, Leroy et le Dr Ballet ont recueilli de nombreux spécimens, depuis fort longtemps, peut être particulièrement bien étudiée grâce au concours du contre-maître M. Houry, qui s'intéresse aux recherches préhistoriques et recueille de nombreuses pièces qu'il met de côté à l'usage des préhistoriens, de façon à compléter les séries qu'eux-mêmes peuvent recueillir. Ces pièces sont de deux ordres, les unes : silex bien façonnés des types ordinaires, chelléens ou beaucoup plus souvent acheuléens, les autres : silex simplement utilisés, rognons entiers ou brisés, fragments de silex naturels ou débités, des types reutelo-mesviniens de Rutot.

Or, ces deux ordres de pièces sont distribuées stratigraphiquement dans les sablières de Billancourt, surtout dans celle du boulevard de Strasbourg, presque à l'angle de la route de Sèvres. En effet, dans les 5 mètres supérieurs de sable, on trouve quelques belles haches finement retouchées, des racloirs, des pointes et de larges éclats des types acheuléen et moustérien. Les pièces grossières, à peine façonnées pour l'utilisation momentanée, n'y sont pas très nombreuses. Au contraire, dans les 6 mètres de sable sous-jacents, les pièces ci-dessus deviennent extraordinairement rares, surtout les haches, qui sont d'ailleurs beaucoup plus grossières et lorsqu'on en trouve ce sont surtout de larges éclats. Au contraire, les pièces d'usage deviennent beaucoup plus fréquentes. Elles sont surtout abondantes dans le fond, sur la craie qui n'est atteinte que par la drague, la couche sableuse imprégnée par la nappe aquifère mesurant là 4 mètres. Ces pièces sont, en général, des racloirs constitués par un rognon brisé ou une plaquette naturelle, à bords utilisés et souvent retouchés, des pointes façonnées par quelques coups à l'extrémité d'un rognon, des percuteurs souvent à manche, etc. ; les encoches bien retouchées ne sont pas très rares. Les pièces portent, surtout dans cette carrière, des retouches très typiques qui les rendent indiscutables.

Enfin, sur la craie même, on rencontre fréquemment de volumineux rognons de silex, la plupart avec enlèvements de larges éclats fortement patinés en ton ocre jaune et ressemblant à de grossiers nuclei.

Cette constatation d'une distribution stratigraphique différente de ces deux industries dissemblables dans les alluvions quaternaires du fond des vallées n'avait pas encore été signalée en France. Elle méritait d'être indiquée.

L'industrie reutelienne dans les alluvions quarternaires anciennes de la vallée de la Brèche, près Clermont (Oise). — A 2 kilomètres au sud de Clermont existe un monticule connu sous le nom de Mont de Cren. Il est constitué, par les sables de Bracheux recouverts sur la face ouest par une terrasse alluviale qui se termine assez brusquement du côté de la vallée de la Brèche. Cette terrasse se trouve environ à la cote 60, tandis que le fond de la vallée est à la cote 33. La carte géologique l'indique comme alluvions anciennes. L'aspect de ce gisement confirme bien cette détermination ; on peut certainement ajouter alluvions quaternaires très anciennes. La coupe montre que sur une épaisseur de 3 mètres, ces couches sont formées d'une masse argilo-sableuse rouge englobant une grande quantité de silex extrêmement roulés, souvent brisés et à arêtes usées, sans stratification nette, sans lentilles. Si l'on examine très attentivement ces silex, on peut arriver à reconnaître que quelques-uns, d'ailleurs assez rares, formés de fragments ordinairement moyens, brisés ou débités jadis par les actions atmosphériques, portent sur leurs bords de véritables retouches évidemment intentionnelles se prolongeant assez loin du bord, bien parallèles et qui ont façonné ainsi quelques-uns de ces fragments de silex en racloirs, en véritables encoches ou en pointes grossières. C'est absolument l'aspect de l'industrie reutelienne de Rutot (Belgique), pure de tout mélange, ou encore des silex du Chalk Plateau du Kent (Angleterre). Ces silex présentent des caractères de retouches nettes et qui le sont d'autant plus qu'on peut aisément les différencier des autres cailloux à bords écrasés et sur lesquels il est impossible de reconnaître un travail voulu.

Mon ami Blayac, préparateur au laboratoire de géologie de la Sorbonne, a bien voulu m'accompagner sur place et établir nettement l'âge géologique de ce curieux dépôt qui avait été découvert et m'avait été signalé par l'abbé Breuil.

M. Émile RIVIÈRE.

L'Abri du Puy-Rousseau. — M. Émile Rivière présente l'estampage de gravures préhistoriques sur roche provenant d'un abri, dont certains fragments de la voûte, éboulés, ont été trouvés à la surface d'un foyer magdalénien avec des silex taillés, des instruments en os et des ossements d'animaux, parmi lesquels prédomine le Renne, foyer dont il va reprendre l'étude à l'issue du Congrès.

M. PEYRONY.

Station préhistorique du Pech-de-Bertrou, près les Eyzies (Dordogne). — A 3 kilomètres dés Eyzies, un peu à l'Est de la grotte de la Mouthe, sur un petit plateau de quatre hectares environ, j'ai découvert d'abord des pièces acheuléennes : quatre haches sont très typiques. Ces silex paléolithiques se trouvent dans une argile sableuse sous-jacente à l'humus. Dans cet humus et à la surface du sol j'ai pu recueillir des haches polies, une pointe de flèche, des lames et des éclats tous nettement néolithiques. La charrue ramenant à la surface le contenu des deux couches, on trouve souvent sur le sol les deux industries mélangées.

M. Édouard FOURDRIGNIER, à Sèvres.

Inscriptions et symboles alphabétiformes chez les Francs. — M. Fourdrignier fait connaître qu'il a pu identifier des caractères qui se trouvent associés avec des emblèmes chrétiens sur les parois peintes d'un tombeau franc du vᵉ siècle, découvert en 1881 à Koningsheim, près de Tongres, et que ce sont des runes primitives.

A ce propos il fait remarquer et montre des exemples, que déjà bien d'autres inscriptions de ce genre ont été observées sur des mobiliers francs, principalement sur ceux de l'époque la plus ancienne; que trop souvent on a voulu interpréter avec l'épigraphie latine. Il y aurait donc lieu d'admettre qu'à leur arrivée dans les Gaules, les Francs étaient moins illettrés qu'on les a supposés, puisqu'ils employaient, comme écriture, des caractères en usage depuis longtemps en Scandinavie. Ce serait seulement alors, après des rapports avec les anciens occupants, qu'ils auraient délaissé les runes pour accepter les caractères latins.

Ces observations confirmeraient la preuve d'une origine septentrionale de l'Europe.

M. le Dr Fernand DELISLE, à Paris.

Le Préhistorique dans les arrondissements de Nérac (Lot-et-Garonne) et de Condom (Gers). — Le Préhistorique de cette région de la France est peu connu et fort peu étudié et cependant les plus sommaires recherches conduisent à reconnaître que toutes les périodes paléolithique, néolithique, bronze, fer, etc., s'y succèdent comme dans tout le reste du pays.

Il y a de nombreuses grottes qui ont été habitées depuis les époques les plus reculées jusqu'aux époques du moyen âge tout au moins.

Les objets que nous avons pu réunir et surtout ceux qui font partie des collections de quelques archéologues de la région témoignent de l'activité humaine tant à l'époque paléolithique que durant les périodes de la pierre polie, des dolmens, du bronze, du fer, etc.

———

MM. les Drs CAPITAN et CLERGEAU.

L'industrie reutelo-mesvinienne et les éolithes du Puy-Courny. — Nos études de l'industrie reutelo-mesvinienne en divers gisements nous ont amenés à la reconnaître en France d'une façon absolument nette, comme on l'a vu, depuis le quaternaire le plus ancien jusqu'au néolithique inclusivement. Appliquant les mêmes méthodes d'observation et d'analyse des pièces à nos séries du Puy-Courny, recueillies par nous-mêmes en 1901 et 1902 dans les sables tortoniens, il nous a été très facile de reconnaître sur un certain nombre de ces silex (une cinquantaine environ) des traces absolument nettes d'usage, ou même des retouches très nettement caractérisées et qui cependant m'avaient laissé incertain (Capitan) lors de la présentation de ma note, l'année dernière, au Congrès de Montauban ; il est vrai que je n'avais pas encore fait une étude spéciale de l'industrie reutelo-mesvinienne.

La comparaison des pièces du Puy-Courny avec celles de Belgique, avec celles que nous avons recueillies en assez grand nombre dans nos sablières de la Seine et de la Somme, nous permet de considérer les silex du Puy-Courny comme portant les traces incontestables d'un emploi et même d'un façonnement intelligents. Nous avons pu, l'année dernière, recueillir certaines pièces pointues à retouches inverses de chaque côté de la pointe ; plusieurs pièces à bulbes de percussion fort nets et à bords bien retaillées ; un éclat dont le bord est retouché comme les plus jolis grattoirs classiques ; un racloir retaillé tout autour et en partie rubéfié par le trapp qui a soulevé la couche de sable tortonien qui le contenait ; de petites pointes très fines et bien retouchées ; une sorte de perçoir brûlé par cette même action volcanique ; un large disque à bords parfaitement retouchés, etc. ; enfin de grandes dalles de silex avec enlèvements d'éclats tout autour ayant laissé les empreintes des bulbes de percussion.

Toutes ces pièces et d'autres encore ne laissent pas subsister le moindre doute lorsqu'on est habitué aux formes industrielles primitives. On peut donc très légitimement rapprocher l'industrie du Puy-Courny de l'industrie reutelo-mesvinienne et considérer que ces éolithes ont un rapport au moins morphologique avec ceux du quaternaire que nous avons pu longuement étudier. Si on n'établit pas ce rapprochement, les silex du Puy-Courny demeurent incompréhensibles et sans analogues.

Nous ajouterons que nous avons recueilli avec nos silex une base de corne de cervidé qui d'après M. Boule, a un aspect nettement tertiaire. On sait d'ailleurs que les sables du Puy-Courny sont considérés comme étant tortoniens (miocènes supérieur).

M. BRICHET, à Launay (Maine-et-Loire).

Présentation de haches polies. — M. BRICHET, propriétaire du château de Launay, commune de Sceaux, canton de Châteauneuf-sur-Sarthe, signale la trouvaille de deux haches polies dans son potager, à 400 mètres de la ligne de partage des eaux de la Sarthe et de la Mayenne.

M. BIGOT, Prof. à la Fac. des sc. de l'Univ. de Caen.

Les stations néolithiques des dunes littorales de la Manche. — Ces stations offrent l'intérêt de permettre de fixer la date de l'envahissement des sables.

La station de Biville (Manche), caractérisée par de petits instruments de silex taillés dans les galets de l'ancien cordon littoral, des fragments de hache polie, et de poterie grossière à grains de quartz la station de Carteret, ont été établies sur des coteaux qui bordaient le rivage, avant l'apport des sables par le vent ; cet apport serait postérieur à l'époque néolithique. M. Gosselet a signalé aux environs d'Étaples des silex et poteries grossières à la base des dunes qui recouvrent l'ancienne plage à 6 mètres au-dessus du niveau actuel de la mer.

Les conditions du gisement doivent inspirer une grande prudence ; le déplacement des sables par le vent réunit à un même niveau des industries d'âges très différents qui s'étendent jusqu'à l'époque actuelle. On trouve ensemble des débris de poterie et des instruments néolithiques, des ossements d'animaux contemporains, des morceaux de poterie grésée, des fragments de bouteille en verre en usage aujourd'hui. On ne doit tenir compte pour fixer l'âge de ces stations que des objets trouvés bien en place, c'est-à-dire des silex et poteries néolithiques, provenant de l'ancien sol, mis à découvert par l'enlèvement du sable sous l'action du vent.

M. DESMAZIÉRES.

Sur une statuette préhistorique en grès trouvée à Blaison (Maine-et-Loire).

M. le Dʳ MANOUVRIER, Prof. à l'École d'Anthrop.

A propos de deux crêtes occipitales externes apophysaires humaines.

12ᵉ Section.

SCIENCES MÉDICALES

PRÉSIDENT. . . . .   M.   LEGLUDIC, Direct. de l'Éc. de Méd. d'Angers.
VICE-PRÉSIDENTS . . . .   MM. GRIPAT, à Angers.
                                         JAGOT, Prof. à l'Éc. de Méd. d'Angers.
                                         MALHERBE, Dir. de l'Éc. de Méd. de Nantes.
SECRÉTAIRES. . . . .   MM. ALLANIC.
                                         TURLAIS.

— Séance du 5 août —

M. Henri BRIN, Prof. à l'Éc. de Méd. d'Angers.

Prolapsus utérin complet chez la vierge. — L'auteur a eu l'occasion de traiter et d'opérer deux femmes vierges atteintes de prolapsus utérin complet. — Chez l'une, âgée de vingt et un ans, il pratiqua premièrement une colpo-périnéorrhaphie et dans une seconde séance le raccourcissement des ligaments ronds par la voie abdominale. Au cours de cette séance il enleva un kyste de l'ovaire gauche plus gros que le poing. — Chez la seconde, âgée de soixante-six ans, il pratiqua la ventrofixation après avoir enlevé un kyste de l'ovaire gauche occupant tout le bassin.

L'auteur, après avoir rappelé la rareté des observations de prolapsus chez la vierge, se demande si le kyste de l'ovaire n'a pas été, dans ces cas, une cause prédisposante à la chute de la matrice. En tout cas, il ne croit pas qu'on puisse étiqueter ces deux prolapsus, prolapsus de force : en effet, les deux femmes avaient un périnée très flasque, des releveurs nuls, des ligaments suspenseurs sans aucune force; leur prolapsus est bien un prolapsus de faiblesse, facilité, peut-être, par la petitesse du corps utérin et par la présence des kystes ovariques.

Discussion. — M. BILHAUT : A l'appui du travail du docteur Brin, je citerai une observation qui m'est personnelle et que, d'ailleurs, je n'ai pas publiée.

Il s'agit d'une vieille fille ayant dépassé l'âge de la ménopause, vierge, et cependant atteinte d'un prolapsus utérin complet. A l'affirmation très catégorique qu'elle faisait de sa virginité, je dois ajouter que lorsque l'on réduisait l'utérus dans le vagin on voyait se reconstituer la membrane hymen, allongée, mais non déchirée. Pas de traces de caroncules myrtiformes. Cette malade ayant terminé sa vie génitale, je ne songeai qu'à la guérir de son infirmité et je pratiquai l'hystéropexie par laparotomie abdominale. Le résultat fut parfait et définitif.

Je ne trouvai rien du côté des annexes. Les ovaires étaient de petit volume, atrophiés, comme cela se voit après la ménopause.

La malade était prédisposée, par la faiblesse de son périnée, au prolapsus de l'utérus; mais je crois que ses travaux durs, pénibles, ont contribué aussi à favoriser l'abaissement. Bonne dans une petite maison de bijouterie, elle devait chaque jour monter, à des étages élevés, l'eau nécessaire pour les soins du ménage. Elle attribuait surtout à cet exercice fatigant l'infirmité qu'elle avait contractée.

M. Paul DELBET : J'ai observé, dans le service du docteur Gérard Marchand, à Paris, un prolapsus survenu, chez une vierge, à la suite d'un effort. La malade fut opérée, il n'y avait aucune lésion des ovaires.

M. le Dr Brin a insisté sur l'affaiblissement du plancher pelvien chez ses malades. Je crois, avec lui, que là est la cause du prolapsus. Chez la malade de Marchand, il y avait de la métrite. J'ai toujours constaté celle-ci chez les malades atteintes de prolapsus que j'ai examinées. C'est l'infection qui, en provoquant l'atrophie du muscle releveur, est le point de départ du prolapsus.

M. le Dr H. GRIPAT.

La grippe : Son influence sur la production et l'évolution des autres maladies; des épidémies familiales.

RAPPORT PRÉSENTÉ A LA SECTION

Depuis bientôt quinze ans, la grippe s'est implantée en France, et, conjointement, ce qu'on appelait autrefois la « Constitution médicale » s'est modifié. D'une part, la maladie contagieuse imprime aux états morbides préexistants un mode spécial et un caractère nouveau de gravité ; d'autre part, elle laisse toujours l'organisme touché dans un état de dépression considérable, qui favorise l'éclosion de maladies nouvelles ; enfin, elle affecte des formes anormales souvent déconcertantes.

Ce sont là des faits qu'on observe moins facilement dans les grands centres que dans les villes d'importance moyenne et dans les campagnes, là où l'on s'ignore moins les uns les autres, où le médecin, surtout, connaît mieux l'ensemble de la population. La constatation en est aussi plus facile dans les agglomérations qui ont une vie commune, familles, ateliers, collèges, régiments, partout, en un mot, où se développent plus facilement les petites épidémies dites familiales.

Cela s'explique parfaitement si on considère la diffusibilité du microbe de la grippe qui se dissémine avec une extrême rapidité parmi les individus et dans tous les points de l'organisme où, par son association, il imprime aux autres microbes à l'état latent une activité plus grande ; cela s'explique surtout par sa nature propre extrêmement virulente.

Voilà pourquoi il a semblé opportun d'appeler l'attention du corps médical sur la grippe, particulièrement sur ses formes anormales, sur ses relations avec les autres états pathologiques aigus ou chroniques qu'elle modifie dans leur allure, qu'elle aggrave ou qu'elle crée de toutes pièces.

Beaucoup d'observateurs ont noté, depuis quelques années, que l'évolution de certaines maladies s'est modifiée, que d'autres semblent d'un caractère plus grave qu'autrefois, ou sont devenues plus fréquentes, que leur léthalité a augmenté ; et l'on a invoqué la grippe comme cause de cet ensemble de faits nouveaux. Mais il reste un pas à faire pour que le corps de doctrine soit constitué ; or, après 15 ans d'épidémies successives, le moment est arrivé où ce pas peut être franchi. En effet, bien des travaux ont été publiés de-ci, de-là, où l'influence de la grippe a été invoquée, mais avec plus ou moins de timidité parce qu'une grave difficulté surgit dès qu'on s'apprête à en donner l'affirmation formelle : c'est qu'à l'heure actuelle on se contente difficilement d'hypothèses, et qu'on demande des preuves matérielles. Or, si le microbe de Pfeiffer est bien celui de la grippe, si c'est à lui qu'on peut attribuer tous les méfaits, la plupart du temps la démonstration expérimentale de son existence fait défaut, soit qu'il ait disparu au cours de la maladie, grâce à sa fragilité, soit que son influence ait été masquée par l'importance devenue prédominante des microbes auxquels il a été associé.

Mais doit-on s'arrêter devant cette difficulté ? Il est bien d'autres maladies dont les microbes échappent à l'examen sans que leur spécificité soit mise en doute. Connaît-on morphologiquement le microbe de la rage ou celui de la syphilis, et reste-t-il pourtant quelque doute sur leur réalité ? Est-ce qu'on méconnaissait la spécificité de la tuberculose avant que Koch eût enseigné à déceler son microbe ? Non. Alors nous pouvons prétendre que la preuve par le microscope n'est pas davantage indispensable en l'espèce. A vrai dire, pour la rage, la syphilis, la tuberculose, l'inoculation peut suffire comme preuve, et ce moyen si parfait de démonstration a manqué jusqu'ici pour la grippe. Mais n'est-il plus désormais scientifique de faire fond sur les enseignements de la clinique pure ? N'est-ce pas elle, et elle seule, qui permettait à Bretonneau d'affirmer la spécificité de la diphtérie ou de la fièvre typhoïde ? Procédons comme lui pour la grippe : groupons des faits nombreux, cherchons à démontrer leur analogie, leur relation de cause à effet, et attendons que le temps ait donné à la science des moyens de contrôle plus rigoureux.

Beaucoup de faits concernant la grippe sont épars dans la littérature médicale ; pour les grouper, il est nécessaire de pénétrer le mode d'action de son agent pathogène. Il semble évident qu'il pénètre l'organisme par la voie respiratoire ; puis il infecte tout l'être, se fixe dans les organes, plus particulièrement sur ceux qui sont déjà en état de moindre résistance par suite d'une déchéance provenant de l'âge, des excès, d'une intoxication ou d'une invasion microbienne préalables ; puis son élimination s'opère, rapide ou lente, souvent incomplète, tel organe demeurant désormais un foyer de microbisme spécial permanent, tel autre banalement taré.

Par suite de sa pénétration par les voies respiratoires, on peut dire que le vestibule pharyngé est son repaire habituel dès le début de la maladie, d'où les adénoïdites et les complications devenues si fréquentes du côté des oreilles, telles l'infection de la trompe d'Eustache, l'otite, la myringite suraiguë. Puis, du côté des voies respiratoires, ce sont les broncho-pneumonies et les congestions hémoptoïques qui se sont substituées aux pneumonies franches d'autrefois, ou les pleuro-pneumonies bâtardes ; la porte est largement ouverte au bacille de Koch et le coup de fouet donné vigoureusement aux foyers préexistants de

tuberculose ; ou bien, par suite de l'association avec le streptocoque, on voit
survenir des abcès du poumon aboutissant avec une stupéfiante rapidité à la
formation de cavernes parfois énormes, dont la guérison s'opère vite quand ils
siègent à la base, tandis qu'elles persistent indéfiniment au sommet, même
quand la tuberculose n'intervient pas.

Quand la propagation microbienne prédomine du côté des voies digestives, on
observe, pendant les épidémies de grippe, des ictères catarrhaux par angiocholite,
groupés en série dans les familles ou dans les collèges, et qui peuvent être le
point de départ d'un trouble permanent aboutissant plus tard à la lithiase
biliaire ; même, au dernier Congrès de chirurgie, on a signalé la formation
d'abcès volumineux du foie. Et, plus bas, si le microbe a trouvé le cœcum déjà
malade, l'appendicite peut en provenir ; c'est ainsi qu'on peut expliquer certaines épidémies d'appendicites qui ont été signalées dans les collèges ou dans
les régiments.

Mais le microbe n'agit pas seulement en surface ; si ce n'est lui, ses toxines
passent dans la circulation et imprègnent tout l'organisme, d'où l'énorme dépression nerveuse si rebelle qu'on connaît bien, d'où aussi les lésions multiples
signalées du côté des orifices du cœur et surtout du côté du myocarde où le mal
prend aussitôt un caractère de gravité formidable. On a signalé aussi des arté-
rites aiguës et des phlébites, même la *phlegmatia alba dolens* grippale bien
connue depuis quelques années dans certaines stations thermales.

Enfin, toxines et microbes s'éliminent par les reins, non sans y provoquer
des inflammations graves, des desquamations épithéliales considérables avec le
cortège de l'albuminurie, de l'anurie, de l'urémie, et l'on peut affirmer que
jamais on n'avait observé tant de néphrites secondaires.

N'oublions pas que le poison atteint aussi les centres nerveux, se manifestant
par des polynévrites infectieuses, des myélites, des méningites grippales, provoquant même la production de chorées analogues à celles du rhumatisme.

Un point non moins intéressant à signaler, c'est le polymorphisme de certaines épidémies de famille. Quand on voit, par exemple, éclater simultanément
dans un même milieu, à côté de grippes banales, une néphrite desquamative
intense, une appendicite et une angiocholite, est-il possible de douter qu'un lien
de causalité pathogénique relie tous ces cas en un seul faisceau ? Et n'est-ce pas
la preuve que le même mal, véritable Protée, a changé d'aspect suivant les
individus, en raison de l'âge, de la santé antérieure, des occupations professionnelles de chacun ?

La grippe ouvre la porte à tous les autres microbes et donne le coup de fouet
à toute maladie latente. Aussi peut-on dire que ce qu'on a si justement appelé
autrefois l'« Influence » domine toute la pathologie médicale depuis la grande
épidémie de 1889-1890 ; et c'est ce qui justifie le choix qui en a été fait pour la
désigner à l'étude attentive des membres du prochain Congrès de l'*Association
Française pour l'Avancement des Sciences.*

Nous appelons particulièrement l'attention sur les points suivants de l'histoire
de la grippe :

1º Quelle est son influence sur les maladies préexistantes ?

2º Quelle est son influence sur la production et l'évolution d'autres maladies ?

3º Quelles formes affectent ses épidémies familiales ?

M. le Dr H. GRIPAT, à Angers.

Épidémies familiales de grippe. — Dans un même groupement d'invidus (famille, atelier, collège, régiment), la grippe détermine souvent la production de petites épidémies dites de famille, avec formes variables suivant les individus, en raison de l'âge ou de conditions individuelles de réceptivité. Plus rares sont les épidémies familiales de cas insolites; elles peuvent alors être homologues ou polymorphes.

———

Influence de la grippe sur la production et l'évolution d'autres maladies. — La grippe exerce une influence manifeste sur un certain nombre de maladies; elle en augmente le nombre, en modifie l'allure, en accroît la gravité, soit dans sa période aiguë, par association microbienne, soit à distance par suite d'un trouble apporté à une fonction ou par microbisme latent, soit par élimination de toxines, soit enfin par trouble apporté à la nutrition générale. On peut citer particulièrement les infections de l'arrière-gorge et de l'oreille moyenne, les pneumonies, l'appendicite, l'angiocholite et la lithiase biliaire, les néphrites, les phébites, le diabète.

———

M. le Dr Marcel NATIER, à Paris.

La surdité chez l'enfant; son diagnostic précoce et son traitement au moyen des diapasons; éducation physiologique de l'enfant. — L'enfant est parfois atteint de surdité, même à un degré assez avancé, sans qu'on en ait le moindre soupçon. Une collection complète de diapasons permet de fouiller toute l'étendue du champ auditif, et, partant, d'établir l'existence des lacunes auditives, en même temps qu'elle fournit les moyens d'en apprécier, *exactement*, le nombre et l'étendue. Ces mêmes diapasons utilisés seuls ou avec le concours des résonnateurs servent aux exercices acoustiques méthodiques destinés à examiner l'ouïe. En agissant tôt, et quand il s'agit de désordres fonctionnels suffisamment limités, on est en droit de compter, de la sorte, sur une *restitutio ad integrum*.

Discussion. — M. le Dr Chervin ne veut pas entrer dans le fond même du sujet, mais il croit utile de remettre certaines choses au point et de rendre à chacun le mérite qui lui revient. M. Natier a parlé de la *découverte* faite, en 1900, par M. l'abbé Rousselot, de la phonétique expérimentale, il faut reconnaître que M. Rousselot n'a rien découvert. Le principe et l'instrumentation générale de la *méthode de la physiologie expérimentale*, il faut en bonne justice, en faire remonter tout le mérite au professeur Marey qui a été l'initiateur de ces recherches, M. l'abbé Rousselot qui s'est formé au laboratoire de M. Marey ne doit pas l'oublier et il est regrettable que M. Natier l'ait passé sous silence. A la station du Parc des Princes, il a été devancé dans ces sortes de recherches sur la *phonétique expérimentale*, par Rosapelly (1876) et bien d'autres dont les travaux sont connus de tous.

En deuxième lieu, M. l'abbé Rousselot n'est pas le premier qui ait signalé les lacunes auditives chez les sujets atteints de zézaiement. Tous ceux qui ont étudié cette question, au point de vue pratique, l'ont constaté et pour sa part M. Chervin l'a dit, écrit, enseigné depuis vingt-cinq ans.

Enfin, il faut rassurer ceux qui seraient tentés de croire que la correction du zézaiement est liée à l'expérimentation par les diapasons et notamment par le grand instrument de Kœnig ; la chose est beaucoup plus simple. Avec un peu d'expérience, quelques exercices à la voix nue viennent à bout, en quelques jours, du zézaiement le plus prononcé ; si on tient absolument à une intervention acoustique, le piano familial suffira dans la très grande majorité des cas.

———

M. le Dr **CHERVIN**, Directeur de l'Institut des Bègues de Paris.

Distribution géographique du bégaiement en France. — J'ai recherché si le bégaiement est également fréquent sur tous les points du territoire français, et, pour cela, j'ai mis à profit cette circonstance que cette infirmité est cause d'exemption du service militaire. Pour éviter des erreurs, j'ai considéré une période de cinquante ans, de 1850 à 1900, et comme le nombre des conscrits exemptés du service militaire est d'environ mille chaque année, ma statistique porte donc sur 50.000 sujets environ.

Dans la carte statistique que j'ai dressée sur ces importantes données numériques, on voit tout d'abord la très grande diversité présentée par chaque département et la gamme des teintes indiquant la proportion des bègues exemptés sur mille conscrits examinés contient vingt catégories représentant une unité pour mille. La moyenne minimum étant représentée par le département de la Seine 1,18 et la moyenne maximum par le département des Bouches-du-Rhône 19,34.

D'une manière générale, on constate que le nombre des bègues est infiniment plus considérable dans le Midi que dans le Nord, plus faible dans l'Est que dans l'Ouest.

Il importe de signaler des groupes de départements qui présentent des moyennes particulièrement élevées. Dans le sud-est (Var 13,28 ; Gard 13,96 ; Basses-Alpes 16,02 ; Hérault 16,47 ; Haute-Savoie 18,21 ; Bouches-du-Rhône 19,34). Dans le nord-ouest, les départements des Côtes-du-Nord 15,54 et du Finistère 17,60. Enfin dans la Normandie : Seine-Inférieure 8,42 ; Calvados 9.33 ; Orne 10,66 et Manche 16,56 forment un groupe à moyennes *relativement* élevées par rapport à leur entourage.

Le département de Maine-et-Loire est particulièrement favorisé puisqu'il ne présente qu'une moyenne de 4,80.

La moyenne générale pour la France entière est de 7,19.

———

M. le Dr **MALHERBE**, Dir. de l'Ec. de Méd. de Nantes.

De la résection totale des cordons spermatiques dans l'hypertrophie de la prostate ; indications et manuel opératoire ; résultats. — Le Dr MALHERBE recommande dans les cas où la prostatectomie est contre-indiquée ou n'est pas acceptée par le malade la résection totale des cordons spermatiques. Il cite les résultats obtenus dans douze cas.

Les indications de cette intervention se tirent de l'époque peu avancée de la maladie alors que les phénomènes congestifs l'emportent sur l'hypertrophie vraie, des difficultés ou des accidents du cathétérisme et enfin des contre-indications à la prostatectomie telles que l'âge avancé du malade, sa débilité extrême, etc.

Le manuel opératoire est très simple : incision parallèle au cordon ; mise à nu du cordon qui est chargé sur une sonde cannelée, section après ligature s'il y a lieu de toutes les veines et de tous les vaisseaux et nerfs sauf ceux de la gaine qui sont respectés. Drainage s'il reste un espace mort.

Les résultats ont été favorables dans plus de la moitié des cas et le seront presque toujours si les indications opératoires sont bien saisies.

Discussion. — M. TESSON : Je ne partage pas la confiance que M. Malherbe paraît accorder à la résection totale des cordons spermatiques pour la cure de l'hypertrophie prostatique : Combinaison de deux opérations aujourd'hui abandonnées de tous les chirurgiens — à savoir la résection simple des canaux déférents et l'angio-neurectomie — basée sur les mêmes hypothèses théoriques, elle aura vraisemblablement le même sort qu'elles. L'avenir est à la prostatectomie, seule opération logique, dont les résultats s'amélioreront à mesure que la technique se perfectionnera et surtout que les indications en seront mieux posées. Ce serait la compromettre que l'appliquer indistinctement à tous les cas ; le cathétérisme conservera toujours un rang important dans la thérapeutique du prostatisme.

A ce propos, je ne souscris pas intégralement à ce que M. Malherbe vient de dire sur l'emploi de la sonde demeure. Elle doit être réservée, à mon avis, aux vessies infectées : c'est un drainage qui courrait risque d'ouvrir la voie à l'infection si on l'appliquait, surtout d'une façon un peu prolongée, aux rétentions aseptiques. Dans ces cas là, à moins de difficultés particulières, il me paraît préférable d'avoir plutôt recours aux sondages suffisamment répétés.

M. le Dr BOUFFÉ, à Paris.

De l'orchidase dans ses applications au traitement des manifestations arthritiques et notamment du psoriasis.

— Séance du 6 août —

M. Albert LADUREAU

Traitement végétal du Rhumatisme articulaire. — L'auteur décrit un procédé de traitement du rhumatisme articulaire que chacun peut faire soi-même. Il consiste à faire bouillir durant deux heures 150 grammes d'Eryngium maritimum ou d'E. campestre avec 150 grammes de bicarbonate de soude et 20 grammes de borate de soude (borax) et à prendre chaque jour matin et soir la valeur d'une cuillerée à bouche de la solution filtrée sur un linge fin ou simplement décantée.

L'Eryngium est une sorte de chardon de 30 centimètres de hauteur en moyenne qui porte un grand nombre d'efflorescences verdâtres et qu'on appelle pour cette raison chardon aux cent têtes (alias, chardon roland ou Panicaut). On le trouve abondamment sur le bord de la mer (E. maritimum) ou le long des fossés qui bordent nos routes et dans les terrains incultes et de mauvaise qualité. Les douleurs cèdent rapidement et la guérison s'obtient en peu de jours.

Pour augmenter la conservation de la liqueur on peut y ajouter 300 à 400 grammes de sucre par litre. On doit la boire étendue d'eau, de lait, de café ou d'autres liquides afin de ne point trop sentir son goût alcalin et peu agréable.

M. le Dr Marceau BILHAUT, Chir. de l'Hôp. intern. de Paris.

Du genu valgum chez les enfants atteints de paralysie infantile au côté opposé. — L'auteur rapporte l'observation de cinq malades de 5 à 8 ans, atteints de paralysie infantile d'un membre inférieur et d'une déviation en genu valgum du membre sain.

Bien que le rachitisme et la paralysie spinale infantile soient assez volontiers rattachés aujourd'hui à une auto-intoxication des sujets qui en sont atteints, il n'a pu trouver chez ces malades les signes confirmatifs du rachitisme.

Il admet plutôt que la lésion est due à la tendance qu'ont les enfants, à vouloir égaliser l'écart de longueur des membres inférieurs, l'un ayant eu son accroissement normal, l'autre ne s'étant développé qu'incomplètement.

Il admet l'action de la pesanteur, le membre sain ayant tout le poids du corps à supporter.

Le rachitisme, cause ordinaire du genu valgum, ne serait dans ces cas, que le dernier facteur étiologique à invoquer.

Il faut en déduire la nécessité de ne pas abandonner ces malades à eux-mêmes, d'apporter les plus grands soins à la paralysie, d'utiliser l'électricité, les massages, les anastomoses de tendons, etc., et de maintenir le membre paralysé, à l'aide d'appareils orthopédiques, de poids léger. Les attelles d'aluminium sont recommandables, dans ce cas.

C'est le meilleur moyen de prévenir le genu valgum au côté opposé.

Contre cette déviation, le chirurgien n'interviendra que dans les cas très accusés, et constituant un obstacle réel à la marche.

M. le Dr Stéphane LEDUC, Prof. à l'Éc. de Méd. de Nantes.

Études sur la calorification. — Les vitesses d'ascension du dernier degré thermométrique sont entre elles comme les pertes de chaleur du corps et permettent de comparer les intensités des combustions organiques ou calorification.

Les vitesses d'ascension du premier degré thermométrique, dépendant dans une grande proportion, de l'excès, variable d'un cas à l'autre, de la température finale sur la température initiale ne sauraient être utilisées pour la mesure des combustions organiques.

Ainsi que nous l'avons indiqué dès notre première publication en mars 1901, l'intensité des combustions organiques est très augmenté dans la tuberculose, elle peut être triplée, est en moyenne doublée et sa mesure peut servir au diagnostic de la tuberculose latente.

Les combustions organiques sont très notablement diminuées dans la goutte et dans l'arthritisme.

Chez les hémiplégiques les pertes de chaleur sont beaucoup plus grandes du côté paralysé que du côté sain.

La mesure des vitesses de l'ascension thermométrique permet de déterminer l'action des agents thérapeutiques, et en particulier de l'hydrothérapie, sur la calorification, et donne à leur emploi une précision scientifique.

———

Traitement de la grippe par les inhalations médicamenteuses. — Dans les inhalateurs employés en médecine, l'air traverse le liquide en bulles sphériques n'offrant à l'évaporation qu'un minimum de surface pour un volume d'air donné. Un entonnoir renversé, dont le tube, d'un diamètre suffisant, est pourvu d'un tube de caoutchouc pour aspirer, et dont le bord est supporté par trois points à cinq millimètres du fond d'une soucoupe contenant le liquide à inhaler, constitue un inhalateur sans joint ni bouchon, dans lequel l'air traverse le liquide en une lame très mince ; en renversant horizontalement en dehors le bord de l'entonnoir, on prolonge le contact de l'air avec le liquide. On obtient ainsi une saturation rapide de l'air par les vapeurs médicamenteuses, et l'on augmente l'efficacité de la méthode des inhalations.

Discussion. — M. Gripat : La méthode des inhalations en thérapeutique, est une de celles de l'avenir ; malheureusement elle a le défaut d'un dosage imprécis. Depuis quelque temps elle est à l'étude dans le traitement de la syphilis. Sous l'impulsion du professeur Panas, un de ses anciens internes en pharmacie, le docteur Ménière, est en train de mettre au point la question, très importante en l'espèce, du dosage du mercure, administré par la méthode des inhalations.

———

M. le Dr Paul DELBET, à Paris.

Contribution à l'étude de l'opération de Talma. — J'ai opéré en janvier dernier à Saint-Quentin, une jeune fille de 18 ans présentant un ventre volumineux et bosselé avec un peu d'ascite. Les diagnostics les plus divers avaient été faits. Personnellement j'avais diagnostiqué une péritonite tuberculeuse. Je fis une laparotomie, évacuai un peu de liquide et constatai qu'il s'agissait d'une cirrhose hépatique avec grosse rate. La malade se remit de son opération, mais vit apparaître peu après une ascite volumineuse, et éprouva des troubles de nutrition. Ce fait prête aux considérations suivantes :

1º En incisant la paroi, j'ai trouvé dans la couche sus-péritonéale et la faux du péritoine des veines énormes et nombreuses qui permettaient la circulation collatérale. Je les ai sectionnées et c'est après cette section que l'ascite est apparue. Cela montre que l'ascite est fonction de la gêne circulatoire du système porte et manque quand il y a compensation. Ce fait montre que cette compensation se fait par la paroi abdominale ce qui justifie l'opération de Talma.

2º On pouvait craindre qu'après l'opération de Talma, il n'apparût des phénomènes d'intoxication : or le fait que je présente démontre le contraire, car c'est précisément quand la circulation collatérale a été supprimée que les troubles de la santé générale sont apparus.

Discussion. — M. Martin : Je demande à M. Delbet quel diagnostic exact a été porté chez sa malade et ce qu'est devenue l'opérée. L'opération de Talma, d'après les faits publiés, me paraît grave, puisqu'il y a plus de 3/10 de morts, mortalité qui s'explique il est vrai par l'état cachectique des malades au moment de l'intervention.

De plus, cette opération ne peut guère à mon sens provoquer ce que l'on cherche à obtenir, c'est-à-dire des anastomoses entre les systèmes porte et cave. En effet le propre des cicatrices est d'être dépourvues de vaisseaux, et jusqu'à preuve du contraire on peut penser *a priori* que ces adhérences entre les organes intra-abdominaux et la paroi abdominale sont peu riches en néo-vaisseaux.

J'expliquerai l'aggravation de l'état de l'opérée de M. Delbet, la naissance de son ascite et ses épistaxis, plutôt par l'évolution rapide de sa cirrhose à la suite du trauma opératoire, que par la suppression des voies veineuses anastomotiques liées dans le ligament suspenseur du foie.

M. le Dʳ JAGOT confirmant l'opinion de M. Delbet soutenant que c'est dans les régions profondes que s'établit la circulation collatérale utile, fait remarquer que dans les cas dans lesquels il a vu survenir la guérison spontanée de l'ascite cirrhotique, il n'existait que pas ou fort peu de circulation collatérale superficielle.

————

M. le Dʳ Gustave RAPPIN, à Nantes.

Bactériologie de la grippe. — Pour faire suite à la discussion sur la grippe, M. RAPPIN rappelle qu'il a déjà, à plusieurs reprises, décrit comme élément pathogène de la grippe, un germe étudié autrefois par MM. Teissier, Roux et Pittion, de Lyon.

Bien que polymorphe, les caractères morphologiques de cet organisme et ceux qu'il présente dans les cultures, permettent d'établir le diagnostic bactériologique de la grippe dans la plupart des modalités de cette infection.

En raison de la diffusion de ce microorganisme, de son abondance dans les produits d'expectoration et de l'action favorisante que la grippe semble exercer pour le développement de la tuberculose, l'auteur émet le vœu que l'on se préoccupe plus activement des mesures à prendre au point de vue de la prophylaxie de l'influenza.

Discussion. — M. GRIPAT : Je suis très heureux d'avoir provoqué la mise à l'ordre du jour de l'Association de la question de la grippe, puisqu'elle nous a amené une communication aussi intéressante que celle du Dʳ Rappin.

Si, dans mon rapport, j'ai parlé du bacille de Pfeiffer, c'est avec un point d'interrogation, ce bacille étant souvent rendu justiciable de la maladie. Je suis très heureux de voir la fin de la légende.

Quel qu'il soit, le bacille de la grippe agit comme un agent provocateur, mettant en branle les autres microbes pathogènes : les larrons s'associent en foire pour faire plus de mal : il en est de même pour les bacilles.

Il y a un intérêt tout particulier à poursuivre partout le bacille en question puisque désormais la grippe a pris en pathologie une importance énorme et qu'elle a modifié la pathologie tout entière depuis l'endémie qui a commencé en 1889.

————

M. le Dr TÉTAU, à Gesté (Maine-et-Loire).

Diagnostic pratique de la prédisposition à la tuberculose pulmonaire ; indications du traitement. — S'il y a une nutrition retardante caractérisant l'arthritisme, il existe un état diathésique inverse se manifestant par une suractivité des combustions organiques : c'est la diathèse consomptive. La consomption est donc une maladie de la nutrition caractérisée par une augmentation des combustions. La tuberculose dès lors évoluera différemment suivant l'état diathésique du terrain. La prédisposition à la réceptivité de la contagion tuberculeuse et la marche de la maladie sont en raison directe de l'intensité des combustions organiques du sujet. C'est donc le diagnostic de la consomptivité qu'il faut faire. Les phénomènes qui caractérisent cet état sont des sensations de fatigue, courbature, essoufflement, diminution dans l'appétit, moindre résistance au travail physique, le tout accompagné d'un amaigrissement progressif coïncidant avec une exagération des combustions organiques. Il suffira donc de prendre la mesure de l'intensité des combustions organiques du sujet pour faire le diagnostic du plus ou moins de consomptivité du sujet et par là même de reconnaître la prédisposition plus ou moins grande qu'il présente à la tuberculose.

Discussion. — Le Dr JAGOT, après avoir fait et fait faire dans son service quelques recherches tendant à apprécier la valeur des observations du Dr Tétau, constate que les affirmations de M. Tétau se trouvent généralement exactes, mais il constate que le thermomètre à plateau a un fond trop mobile et que les observations en deviennent pour cette raison très difficiles.

M. le Dr LEPAGE, à Angers.

Prophylaxie de la tuberculose à Angers ; ce qui a été fait, ce que l'on doit faire. — I. Comme œuvres prophylactiques antituberculeuses fonctionnant à Angers, je puis signaler :

1° La *Goutte de lait* ;

2° L'*Œuvre des colonies de vacances* ; le Dr Jagot va vous en entretenir ;

3° L'installation de *galeries de cure* annexées aux services des tuberculeux à l'Hôpital général et ceci dans des conditions bien spéciales de disposition et de bon marché ;

4° Chez les *Servantes des pauvres*, gardes-malades qui se consacrent exclusivement aux soins des indigents, deux salles réservées aux religieuses tuberculisées, avec le régime et le règlement des sanatoria. Nous avons trouvé là non seulement un moyen d'améliorer nos malades et de les isoler, mais aussi une véritable école d'instruction pour les autres religieuses ; chez les ouvriers qu'elles visitent et qu'elles soignent, elles trouveront tous les jours l'occasion d'appliquer ce qu'elles apprennent ici.

II. Quant aux projets que prépare la *Ligue antituberculeuse angevine*, en formation, je ne vous les énumérerai pas ; je ne veux vous signaler que deux points non appliqués ailleurs :

1° Devançant en effet l'idée émise par le professeur Brouardel, à Paris, devant le *Bureau international pour la lutte contre la tuberculose*, nous avons pensé réunir dans un seul faisceau toutes les œuvres qui peuvent contribuer à notre but : il y aurait là économie précieuse de temps, d'argent et d'efforts inutiles ;

2° Au lieu de créer des dispensaires spéciaux nous comptons *utiliser l'organisation du Bureau de bienfaisance municipal* pour l'assistance à domicile. Nous supprimons ainsi tous les frais généraux (administration et personnel), et nous faisons coopérer le bureau de bienfaisance à notre œuvre en modifiant ses services, et en le faisant économiser sur les produits pharmaceutiques encore si souvent prescrits, pour les remplacer par des bons de viande, des désinfectants, des crachoirs, etc.

—————

M. le Dr Léon JAGOT, Prof. à l'Éc. de Méd. d'Angers.

La lutte contre la tuberculose : l'Œuvre angevine des Colonies de vacances. — Dans la lutte contre la tuberculose, les moyens de prophylaxie qui s'adressent à l'enfance, et parmi eux les Colonies de vacances, tiennent une place importante. L'auteur expose avec détails les moyens qui ont été employés pour amener la création et assurer le fonctionnement de l'Œuvre angevine des Colonies de vacances. Il explique comment on a pu réussir à constituer un budget, comment on a choisi les enfants à envoyer en vacances. Il donne les raisons pour lesquelles il préfère le placement familial au placement en commun. Il indique aussi la façon de recruter des nourriciers, de constituer pour chaque enfant une fiche médicale qui permet de se rendre compte des résultats obtenus. Enfin il indique la nécessité dans laquelle se trouvent ces œuvres de créer des œuvres accessoires, dites de vestiaire, et de s'assurer à des Compagnies d'assurances contre les risques d'accidents dont peuvent être victimes les enfants pendant leur séjour à la campagne.

Discussion. — M. RAPPIN : Après avoir entendu les communications précédentes et les réflexions ou critiques formulées sur les Dispensaires, les Colonies scolaires, etc., M. Rappin croit devoir faire remarquer que dans la lutte contre la tuberculose, aucune de ces créations ne doit être négligée puisque toutes concourent au même but. Toutes font partie d'un même plan d'ensemble et d'une sorte d'organisation générale.

Pour résumer sa pensée dans une formule, il ajoute : La lutte contre la tuberculose est une œuvre éminemment sociale et pour laquelle on doit faire appel à toutes les bonnes volontés. Loin de se considérer comme des rivales, toutes les œuvres qui poursuivent ce but sont de véritables émules et doivent s'unir et se fédérer pour combattre l'ennemi commun.

M. LEPAGE : Je suis très heureux de voir M. le professeur Rappin insister comme moi sur la *fédération de toutes les œuvres qui peuvent coopérer à la lutte antituberculeuse.* Parmi les moyens de prophylaxie, c'est certainement celui qui doit être l'objet de notre première sollicitude.

Se servir utilement des œuvres déjà existantes avant d'en créer de nouvelles : Ligues antialcooliques, Gouttes de lait, Œuvres des Colonies de vacances, Œuvres des Maisons à bon marché, Sociétés de gymnastique, etc., toutes ces institutions, bien coordonnées et bien dirigées, seront nos meilleurs auxiliaires.

Le Dr HENROT, de Reims, a écouté avec grand intérêt la communication de M. Lepage ; essentiellement hygiénique, il l'aurait entendue encore avec plus de plaisir à la Section d'Hygiène qu'il préside. Pour arriver à un résultat utile, pour faire l'éducation du public au point de vue des précautions indispensables à prendre pour la préservation de la tuberculose, M. Henrot croit que les dispensaires antituberculeux rendent des services beaucoup plus importants que les consultations générales que l'on donne au Bureau de bienfaisance où généralement, une fois la consultation donnée, on ne s'occupe ni des conditions dans lesquelles vit le malade, ni des résultats obtenus par la médication, il insiste donc sur la création de ces dispensaires; celui de Reims donne d'excellents résultats, il peut secourir un bien plus grand nombre de malades que le sanatorium toujours si coûteux.

M. **Lafargue** estime que l'OEuvre angevine des Colonies de vacances doit être félicitée de son heureuse initiative.

Le surmenage de l'enfance, les conditions hygiéniques toujours plus ou moins défectueuses des agglomérations scolaires sont en effet, avec les prédispositions héréditaires, au nombre des causes génératrices les plus incontestables et les plus importantes de la tuberculose. C'est en y remédiant, à l'âge où les constitutions sont le plus modifiables, qu'on peut le plus utilement et le plus sûrement prévenir ce terrible mal, qui nous décime dans de si effrayantes proportions.

Il est à souhaiter que partout l'on se hâte de suivre l'exemple donné à Angers et dans quelques autres villes.

A Paris, depuis plusieurs années déjà, fonctionnent, à la satisfaction des familles, des *Colonies scolaires* organisées les unes par des Sociétés privées, les autres par les Caisses des écoles des divers arrondissements, qu'alimentent à cet effet des subventions de la Ville.

Le Conseil général de la Seine a aussi fondé, l'année dernière, à Mers, un Pavillon où sont reçus, pendant les vacances, les enfants des écoles primaires publiques du Département.

L'initiative privée peut et doit sans doute, autant que possible jouer ici le principal rôle, puisqu'il s'agit, pour les familles, d'utiliser la période des vacances au mieux de la santé de leurs enfants; mais il appartient aux pouvoirs publics — État, Départements, Communes — d'encourager les initiatives, de s'efforcer de les faire naître et d'y suppléer au besoin, quand elles ne se produisent pas ou quand elles ne se produisent que d'une manière insuffisante.

Le Dr **Henrot** dit que les Colonies de vacances familiales rendent de grands services aux enfants; à Reims, les poids et les mensurations de la poitrine ont été pris, les résultats ont été excellents.

M. Henrot ne partage pas l'avis de M. Lafargue; ce n'est pas aux communes à organiser ces colonies, mais à l'initiative privée qui sait apporter une organisation et une surveillance constante que la commune ne pourrait exercer.

Toutefois les organisateurs doivent s'efforcer d'obtenir des communes et des particuliers les plus grosses subventions pour leur permettre d'envoyer à la campagne le plus grand nombre d'enfants possible.

M. **Lepage** : Je suis très heureux, Messieurs, de l'objection que viennent de me faire MM. les Drs Henrot et Jagot. Je constate qu'on n'a pas bien compris la dernière partie de mon travail.

Si je n'admets pas pour Angers la création de *dispensaires spéciaux antituber-*

culeux, je n'en conteste nullement le mode de fonctionnement, bien au contraire, et si je n'ai pas insisté sur ce fonctionnement : Examen spécial et précoce des tousseurs, traitement par la suralimentation, visite du domicile du malade par un inspecteur spécial, etc., c'est qu'il doit être le même ici qu'à Lille, à Tours, à Nantes, etc.

Mais ce que vous voulez faire faire par un dispensaire antituberculeux, je le demanderai, moi, à l'Administration du Bureau de bienfaisance, et cela par mesure d'économie, pour éviter une double administration, un double local, un double service médical, etc. De cette façon, je compte économiser des milliers de francs qui seront utilement employés au fonctionnement de mon service.

Vous admettrez bien qu'au Bureau de bienfaisance, un jour de consultation par semaine, dans chaque quartier, soit réservé aux tousseurs; que cette administration réserve l'un de ses inspecteurs pour l'inspection des logements des tuberculeux signalés par les médecins, etc.

Ce que j'espère encore, c'est qu'en nous immisçant ainsi dans l'Administration du Bureau de bienfaisance, je compte obtenir la suppression d'une foule de médicaments inutiles et employer les fonds ainsi économisés en bons de viande, désinfectants, crachoirs, etc.

Mon projet n'a donc qu'un but : supprimer toutes les dépenses inutiles tout en obtenant les mêmes résultats.

— Séance du 8 août —

M. Charles **FAGUET**, Ancien chef de Clinique chirurgicale à la Faculté de Bordeaux.

Pseudo-coxalgie par corps étranger (fragment d'aiguille). Radiographie, intervention chirurgicale, guérison. — Il s'agit d'une jeune fille de seize ans, ne présentant aucune tare héréditaire ou acquise, qui, dans le courant du mois d'août 1900, se plaignit de douleurs dans la hanche gauche, surtout exagérées par la marche et les mouvements. Peu de temps après, on vit apparaître de la claudication et des signes de coxalgie : flexion, abduction et rotation en dehors, etc. Toutefois, ces symptômes évoluèrent sans altération de l'état général et sans atrophie musculaire. C'est à cette époque, 22 septembre 1900, que M. Ch. Faguet fut consulté. En présence de ces accidents qui ne paraissaient se rattacher ni à la tuberculose, ni à l'hystérie, il fit faire une radiographie par M. Dorsène, avant d'immobiliser la malade dans une gouttière. La radiographie révéla la présence d'un fragment d'aiguille à coudre — pointe — au niveau de l'articulation, région externe. Mlle X... se souvint alors que, six semaines auparavant, elle s'était assise par mégarde sur un ouvrage de broderie et s'était sentie piquée à la région postéro-supérieure de la cuisse gauche. La douleur ayant été peu intense, elle n'y ajouta aucune importance; cependant, elle s'aperçut qu'une aiguille de son ouvrage était brisée, et elle n'en retrouva qu'une partie, celle adhérente au chas.

Il était vraisemblable que ce corps étranger était la cause des accidents. Une intervention chirurgicale fut pratiquée sous chloroforme, le lendemain de la radiographie; le fragment d'aiguille fut facilement trouvé et enlevé. Tous les symptômes observés disparurent immédiatement; la plaie se réunit par pré-

-mière intention, et dix jours après l'opération, Mlle X... pouvait marcher comme par le passé ; depuis cette époque, sa santé s'est maintenue parfaite.

Discussion. — M. GRIPAT demande à M. le Dr Faguet, pourquoi il n'a pas fait une deuxième radiographie prise de profil, afin de mieux déterminer la position de l'aiguille, soit en avant, soit en arrière de l'articulation. Il semble que ce doit être une précaution à prendre en principe.

M. CAILLAUD : Ne pouvait-on pas, au moment ou le sujet était radioscopé, alors qu'on voyait le corps étranger, déterminer un point douloureux plus spécial, qui aurait pu faire écarter le diagnostic de coxalgie ? Point douloureux très précis vu la petitesse du corps étranger qui peut-être aurait passé inaperçu avant la radiographie.

M. ROGÉE : La radiographie sur deux plans me semble, dans ce cas particulier, inutile, outre qu'elle serait d'une exécution malaisée. Les signes cliniques présentés par la malade renseignaient d'une manière suffisante le chirurgien, et pour qui a l'habitude d'interpréter des radiographies il est évident que l'aiguille siégeait à la partie antérieure.

M. le Dr ROGÉE, à Saint-Jean-d'Angely.

Quinze observations de Laparotomie pour péritonite tuberculeuse. — Les trois formes de la péritonite tuberculeuse ne sont que trois étapes successives de l'évolution du bacille de Koch, et de la lutte de l'organisme contre son envahissement, elles sont justiciables du même traitement, la laparotomie ; celle-ci devra être faite de bonne heure et ne reconnaît d'autre contre-indication que les hautes températures du début sans rémissions matinales, dénotant une infection générale de l'organisme trop profonde pour qu'elle puisse être combattue avec quelque chance de succès.

Le moment le plus favorable pour intervenir sera celui où l'ascite du début commence à diminuer ; la laparatomie sera faite aussi large que possible et il n'y aura aucun intérêt à détruire les masses fibreuses qui encombrent le champ opératoire et qui sont destinées à être résorbées.

Le péritoine sera lavé avec du sérum de Hayem additionné de trente grammes d'eau oxygénee qui semble exciter la vitalité des phagocytes, et l'activité des échanges cellulaires.

La suture sera faite avec le plus grand soin et en trois étages, car elle est toujours disposée à s'infecter.

M. P. LESAGE, Maître de Conf. à la Fac. des Sc. de Rennes.

Un nouveau modèle de l'hygromètre respiratoire du Dr P. Lesage. — *Emploi en médecine.* — L'auteur décrit le modèle de son hygromètre qui a été présenté à l'Académie de Médecine en juin 1903. Il indique l'emploi de cet instrument dans l'étude de la possibilité des mycoses dans la cavité respiratoire basée sur l'hygrométrie de cette cavité ;

Dans l'étude de l'air expiré chez l'homme sain ;

Dans l'étude de la variation de la tension de la vapeur d'eau dans l'air expiré par l'homme malade :

M. le Dᵣ **DARIER**, à Paris.

Importance de la thérapeutique locale dans les différentes maladies oculaires.

————

M. le Dᵣ Henri **COMBES**, à Mazé (Maine-et-Loire).

Traitement électrique de certaines affections utérines dans la clientèle rurale.
— L'électricité gynécologique, encore presque totalement ignorée de la plupart
des médecins, mériterait d'être étudiée et connue, en raison des services qu'elle
rend dans le traitement de la plupart des affections utérines.

Un matériel restreint et des connaissances faciles à acquérir permettent à tout
médecin de l'employer avec succès.

Description du matériel instrumental et du mode opératoire.

Principales indications thérapeutiques : la subinvolution utérine, suite de
couches, compliquée ou non de métrite et de périmétrite ; — la dysménorrhée ;
— les fibromes.

Observations à l'appui.

————

M. le Dᵣ **MOTAIS**, Prof. à l'Éc. de Méd. d'Angers.

Opération du ptosis par la méthode de suppléance du muscle droit supérieur.
(Opération de Motais)

————

M. le Dᵣ René **TESSON**, à Angers.

Le cancer primitif des voies biliaires extra-hépatiques. — Le cancer primitif de
l'arbre biliaire extra-hépatique est encore insuffisamment connu, abstraction
faite de ses localisations à la vésicule et à l'extrémité inférieure du cholédoque
(cancer de l'ampoule de Vater, cancer de la tête du pancréas) : c'est à peine si
les livres classiques lui consacrent quelques lignes, incidemment, à propos du
diagnostic des ictères chroniques. J'ai eu personnellement l'occasion d'en observer deux cas : j'ai publié le premier dans les *Bulletins* de la Société Anatomique
(1902, page 141) ; le second est inédit, et ce qui lui assure un intérêt tout particulier, c'est qu'il a donné lieu de ma part à une intervention chirurgicale dont
le résultat fut une fistulisation de la sécrétion biliaire, qui atténua considérablement les accidents de rétention, notamment le prurit atroce de la malade.
La thérapeutique chirurgicale n'est donc pas complètement désarmée : elle
pourra être sinon curative, du moins palliative dans certains cas déterminés.
Il faut distinguer, tant au point de vue de la symptomatologie, qu'à celui des
indications et procédés opératoires : 1º le cancer du cholédoque, justiciable de
la cholécystostomie, ou mieux de la cholécystentérostomie ; 2º le cancer du
confluent hépato-cystique, le plus fréquent, qui ne laisse plus place qu'à la
fistulisation cutanée ou à l'hépatico-entérostomie ; 3º le cancer juxta-hépatique
(Claisse), qui comporte les mêmes indications, mais plus difficilement et plus
rarement réalisables. C'est l'état de la vésicule qui seul peut permettre clinique-
ment le diagnostic de localisation : elle est toujours dilatée dans la première

forme par reflux biliaire, l'est souvent dans la deuxième par rétention de sa sécrétion muqueuse, ne l'est jamais dans la troisième. Le diagnostic avec les ictères par rétention d'origine calculeuse est souvent très difficile, même au cours d'une intervention exploratrice, car ces cancers, longtemps très limités, peuvent donner au doigt la sensation de calculs enclavés.

M. le Dr Charles BINET-SANGLÉ, Prof. à l'Éc. de Psych. de Paris.

Expériences sur la transmission directe de la pensée. — J'ai fait, avec l'assistance du docteur Legludic, directeur de l'École de Médecine d'Angers, et dans des conditions telles que toute fraude et toute erreur étaient impossibles, des expériences sur la transmission directe de la pensée qui m'ont conduit aux conclusions suivantes :

Les oscillations nerveuses correspondantes aux sensations gustatives, aux images visuelles et d'articulation verbale, ainsi qu'à diverses pensées conscientes ou subconscientes, peuvent se transmettre de cerveau en cerveau, sans l'intermédiaire des signes (parole, écriture, mimique), à une distance de cinq mètres au moins et dans un temps extrêmement court.

Il y a là un phénomène tout à fait analogue à la télégraphie sans fil. Les décharges de divers rythmes qui éclatent, au cours de la pensée, à travers les neuro-diélectriques de l'écorce cérébrale, donnent naissance à des oscillations nerveuses qui peuvent traverser les enveloppes du cerveau, comme les rayons Röntgen traversent le bois et le cuir, aller impressionner un cerveau sensible, situé dans leur champ d'expansion, et y faire naître la même sensation, la même image ou la même idée que dans le premier.

— Séance du 10 août —

M. le Dr LÉON, à Angers.

Traitement de la tuberculose laryngée (Indications et contre indications opératoires).

M. le Dr Joseph GUYOT, Chirur. des Hôpit. de Bordeaux.

Ostéosyphilose héréditaire tardive du tibia avec allongement hypertrophique et accidents douloureux rebelles n'ayant cessé qu'après trépanation et large évidement de toute la diaphyse. — L'enfant dont je vous rapporte l'histoire est un garçon de neuf ans et demi actuellement, qui fut atteint, à la suite d'un coup insignifiant de la face antérieure du tibia il y a deux ans, d'accidents douloureux avec tuméfaction sans aucune poussée fébrile. Lorsque nous le vîmes il y a plusieurs mois, il avait un énorme gonflement irrégulier avec bosselures de la diaphyse tibiale gauche ; l'os malade était à simple vue manifestement plus long que celui du côté opposé. La pression modérée de la face antérieure est douloureuse sur le tibia malade ; il semble que la douleur s'atténue à mesure qu'on avance du côté des épiphyses. Rien au point de vue articulaire. Le traitement iodo-

mercuriel donne une amélioration modérée au point de vue de la douleur ; ce
traitement est continué pendant plusieurs mois, sans qu'on obtienne autre chose
que des améliorations passagères de la douleur. Celle-ci empêche le petit malade
de marcher longtemps ; il ne suit ses cours au lycée que d'une manière intermittente. Une simple trépanation du tibia amène de la décongestion osseuse
avec sédation de la douleur pendant plusieurs semaines. Celle-ci s'étant reproduite, nous pratiquâmes un large évidement de tout le tibia, qui était bourré
de gommes syphilitiques ; nous mîmes en même temps notre petit malade au
traitement ioduré intensif. La guérison opératoire du tibia s'est très bien effectuée. Actuellement, l'enfant est opéré depuis plusieurs mois ; il ne souffre plus
et marche sans aucune gêne, sauf cependant l'allongement très notable du
membre malade, qui se traduit par une attitude marquée du pied en valgus.

Considérations cliniques et thérapeutiques sur l'ostéomyélite aiguë des vertèbres.
— Publiant dans ce travail trois observations d'ostéomyélites aiguës observées
personnellement à l'hôpital des Enfants de Bordeaux, l'auteur étudie les différentes modalités cliniques de cette forme tout à fait exceptionnelle de l'ostéomyélite aiguë. Il les rapproche de deux observations également curieuses :
l'une de Cœurderay relative à un cas d'ostéomyélite secondaire à une lésion
fémorale avec invasion vertébrale par la voie ascendante du psoas. L'autre,
plus récemment publiée par Weber est celle d'une ostéomyélite vertébrale primitive avec abcès intrarachidien et abcès par congestian sans troubles médullaires. De forme le plus souvent insidieuse, peut être *secondaire*, c'est-à-dire
survenant à titre de localisation secondaire dans le cours d'une ostéomyélite
éloignée ou *primitive* : le foyer vertébral étant dans ce cas le foyer initial de
l'infection. Les ostéomyélites aiguës primitives de la colonne vertébrale peuvent
affecter l'un ou l'autre des cinq types suivants : 1° *type typhoïde* ; 2° *type ménin-
gitique* ; 3° *type pneumonique* ; 4° *type septicémique* ; 5° *type péritonéal.* Chacune
de ces formes cliniques a une symptomatologie un peu différente qui demande
à être bien connue. La forme typhoïde est celle qui est le plus observée et
qui cause le plus grand nombre d'erreurs de diagnostic. La localisation des
lésions paraît se faire surtout sur l'axe postérieur des vertèbres ; les accidents
de méningomyélites ont été signalés, mais sont exceptionnels.

Le traitement doit être « immédiat et hardi » (Chipault).

Cependant, étant donné, le voisinage de la moelle ; étant donnée aussi l'importance de ne pas adultérer la solidité vertébrale, mieux vaut faire des
interventions larges sur les parties molles, mais être très « économe » des résec-
tions. Le plus souvent on ouvrira les foyers purulents profonds sans toucher au
squelette : celui-ci éliminant, le plus fréquemment sous formes de séquestres
parcellaires les parties osseuses mortifiées par l'inflammation.

Sur l'ostéomyélite aiguë de l'extrémité supérieure du fémur. — Localisation rare
de l'ostéomyélite aiguë peu étudiée et encore moins bien connue. Survient
chez les adolescents surtout et affecte à peu près indifféremment les deux sexes.
Sur les cinquante-quatre observations réunies dans ce mémoire on trouve signalés
par ordre de fréquence comme nature bactériologique des staphylocoques
huit fois ; le streptocoque six fois ; le pneumocoque deux fois ; l'association du

staphylocoque et du streptocoque une fois. Il n'y a donc pas de spécificité bacté-
rienne pour cette localisation comme d'ailleurs pour les autres. Au point de
vue anatomique on doit reconnaître deux formes d'ostéomyélite aiguë de
l'extrémité supérieure du fémur : 1º *une forme trochantérienne*, sans participation articulaire ; 2º une *forme cervicale* avec invasion totale et précoce de l'articulation de la hanche. L'évolution clinique peut être à grands fracas généraux,
mais toujours les signes locaux sont insidieux et passent inaperçus. Les formes
cliniques peuvent être ramenées à trois types : 1º *type typhoïde* ; 2º *type rhuma-
toïde* ; 3º *type coxalgique*. Chacune de ces modalités cliniques appelle un tableau
qui prête le plus souvent à une fâcheuse erreur de diagnostic. Celui-ci sera
surtout basé sur l'examen minutieux, organe par organe, os par os, de tout
enfant présentant des accidents fébriles. C'est ainsi que l'on évitera de méconnaître l'affection si grave au double point de vue de la vie du sujet et de la
fonction. Dans les cas à évolution subaiguë rentrant dans les formes coxalgiques
de Poncet, un très bon signe de certitude est fourni par les *gros craquements
rugueux* se passant dans l'article coxo-fémoral et qui traduisent le décollement
inflammatoire de la tête fémorale.

Plus que dans toute autre localisation se fait sentir la nécessité d'un diagnostic
précoce qui est pour le malade une question de salut.

La mortalité d'ensemble de 66 0/0 s'abaissera dans des proportions considérables, nous l'espérons, lorsque le chirurgien saura reconnaître plus tôt la
nature des accidents.

L'indication de la thérapeutique est unique : dès le diagnostic établi, il faut
intervenir sans tarder par l'incision aussi précoce que possible.

Dans les *ostéomyélites du grand trochanter*, la technique est simple : incision de
10 centimètres, trépanation, drainage. Elle suffit pour amener la chute de la
température et l'amélioration générale.

Dans les *formes avec participation articulaire* le principe reste le même, mais
son application n'est pas sans présenter des controverses.

L'incision articulaire seule suivant le tracé de Lagenbeck est le plus souvent
insuffisante ; elle est illogique étant donné le point de départ osseux des accidents
inflammatoires. A affection osseuse correspond intervention osseuse. Celle-ci
peut être soit la *résection*, soit la *trépanation* du col. La première a l'avantage
d'un drainage parfait, mais aussi le gros inconvénient des raccourcissements
consécutifs ; elle sera donc réservée aux cas où l'intervention est tardive et où
pendant l'intervention on constate des lésions irrémédiables de la tête et du col
fémoral. Dans les cas moyens on se bornera à ouvrir l'articulation, à transpercer
par une couronne de trépan le col en assurant, le drainage aussi complet que
possible du foyer articulaire. Cependant il semble ressortir d'un travail du professeur Piechaud publié dans *les Annales de pédiatrie* de Bordeaux, qu'il vaut
mieux, dans le doute, pratiquer d'emblée la résection qui a le grand avantage
de parer aux accidents vitaux.

M. le Dr PUJO, Anc. Int. des Hôp. de Lyon, à Gevrey-Chambertin (Côte-d'Or).

Traitement médical des tumeurs malignes ou bénignes. — I. Le cancer est une
affection parasitaire ; on a déjà isolé de lui et déterminé une mucorinée dénom-
mée Cryptococcus ruber. Il peut y avoir d'autres mycoses ; il peut s'établir
alors une symbiose mycosique ou autre.

II. La coexistence du fibrome et du cancer est fréquente:

    a) dans les mêmes régions topographiques ou géologiques ;

    b) chez les mêmes individus.

III. Ces associations néoplasiques ne sont pas le fait du hasard.

IV. Il y a donc lieu de tenir compte d'un néoplasme, même bénin et d'aviser en temps utile.

V. Les heureux résultats obtenus au moyen des rayons X par certains expérimentateurs n'infirment nullement le traitement médical. Ces deux moyens d'action ne peuvent que se compléter avantageusement, car si les rayons de *Ræntgen* peuvent détruire le parasite au lieu d'application, rien ne prouve que celui-ci soit détruit ailleurs ; il y a donc toujours lieu dè craindre une récidive que seule peut prévenir un traitement général tel que celui qui est indiqué.

VI. Le traitement médical local et général est possible pour le cancer et pour le fibrome.

VII. Il consiste en injections arsenico-quiniques faites directement dans la tumeur, ou le plus près possible d'elle, même dans la cavité utérine quand c'est possible. Il faut adjoindre pour le cancer un traitement tonique.

VIII. Le traitement médical pour le fibrome et pour le cancer peut être institué soit à titre absolu, c'est-à-dire à titre curatif, soit à titre auxiliaire en vue de faciliter et de délimiter l'intervention armée.

Discussion. — Le Dr MICHAUT a eu l'occasion de suivre un certain nombre de malades cancéreux traités par le docteur Pujo. Il a été frappé des résultats obtenus par lui : retour des forces, régression des tumeurs, etc., ce qu'aucune méthode n'avait permis d'obtenir jusqu'ici. Les cas traités étaient la plupart des cas désespérés, malades abandonnés des chirurgiens.

Le docteur Michaut insiste sur la nécessité de faire sérieusement l'étude de la topographie du cancer, commencée par Fiessinger, au Congrès de Besançon (1891). Il signale la fréquence extrême du cancer chez les bûcherons de la Côte-d'Or, sa rareté chez ceux du Morvan et la distribution topographique du fibrome, qui est parallèle à celle du cancer.

M. GUYOT : Les considérations de MM. Pujo et Michaut me paraissent très intéressantes, surtout celles relatives à l'étiologie du cancer. Ces questions, depuis si longtemps discutées et étudiées séparément par les savants bactériologistes et, d'autre part, par les cliniciens, me paraissent entrées dans une voie très importante, celle de la comparaison des résultats donnés par les uns et par les autres. Dans une thèse récente de Bordeaux (1) sur l'étiologie du cancer, l'auteur étudie en détail les nombreuses statistiques dont le résultat, au point de vue topographique, est très intéressant. La proportion de 1 cancer pour 10 cas, énoncée par M. Michaut dans les milieux où il exerce, en Côte-d'Or, me paraît énorme. Il se peut qu'il y ait là, dans les conditions de climat et de milieu, des causes, soit de contagion plus facile, soit plutôt d'exagération générale de la virulence des agents dont nous ne connaissons pas encore la cause.

(1) ARATHOUM : Thèse Bordeaux, 1902. *Étiologie du cancer.*

M. le Dr RÉMY, à Dijon. (Présenté par M. le Dr Michaut.)

Note pour la présentation de l'expérience du bleu du ciel obtenue par le diploscope.
— Le diploscope est un instrument dont l'utilité, en médecine légale ou les conseils de revision, est indiquée dans l'ouvrage récent de Chavasse et Toubert, du Val-de-Grâce.

Les applications du diploscope sont nombreuses.

En physiologie il démontre la diplopie physiologique.

Il démontre surtout la neutralisation de la rétine en cas d'hétéropsie partielle ou totale (neutralisation physiologique ou artificielle, neutralisation pathologique).

Quand on assiste à ces expériences, on ne peut retenir sa surprise en constatant qu'il faut se boucher un œil pour voir une lettre disparue.

Les déviations oculaires, par lui, deviennent de toute évidence, et on arrive à la démonstration de la triplopie monoculaire. M. Rémy a construit deux appareils pour faire cette démonstration au professeur Dieulafoy qui, le premier, avait vraiment observé un cas de triplopie monoculaire.

Le diploscope explique aussi ces visions bizarres simulant l'hystérie, faisant voir des interversions de lettres :

47 au lieu de 74;

de Paris Atelier au lieu de *Atelier de Paris.*

Le diploscope explique bien des faits incompris de la vision au stéréoscope.

Dans le *Bulletin de l'Académie* du 2 décembre 1902, il est fait grand éloge de cet instrument.

Altérations de la vision binoculaire. — Avec un test de vision binoculaire aussi parfait, avec un indicateur aussi sensible de la moindre déviation oculaire, on voit de suite les services que peut rendre le diploscope dans les strabismes. Je ne veux que les énumérer.

C'est d'abord leur *diagnostic.* En effet, quantité de strabismes sont invisibles ; mais la fonction binoculaire est abolie : seul, le diploscope peut les déceler au moins avec facilité et certitude.

Un fait capital du strabisme, c'est la neutralisation totale d'une des rétines. Et pourtant ce curieux phénomène a été mis en doute dans un récent traité du strabisme; mais le diploscope met cette neutralisation hors de doute, même pour les plus incrédules.

Il permet ensuite de ressusciter d'abord la vision simultanée, après quoi on opère le redressement qui n'est définitif que lorsque la vision binoculaire est acquise.

Ce résultat est loin d'être obtenu avec les opérations (même les lunettes) sans parler des insuccès opératoires au point de vue esthétique, et vraiment désastreux, il sera facile avec le diploscope de constater combien *peu* de redressements apparents s'accompagnent du rétablissement de la fonction binoculaire.

M. Georges LAFARGUE, à Paris.

La guérison et la prophylaxie de la tuberculose au sanatorium de Banyuls-sur-Mer. — De 1888 à 1903 ont été obtenus, au sanatorium maritime de Banyuls (Pyrénées-Orientales), fondé en 1887 par M. Lafargue et dirigé, depuis 1888, par l'Œuvre des Hôpitaux marins, des résultats extrêmement remarquables, qui méritent, à tous égards, d'être signalés à l'attention du monde savant.

Les enfants de deux à quatorze ans soumis, durant cette période de quinze années, à l'action du traitement marin, se divisent en deux catégories principales : 1° les sujets atteints de rachitisme ou de tuberculoses locales le plus souvent très graves ; 2° les sujets simplement *prétuberculeux*, c'est-à-dire atteints par voie d'hérédité ou autrement, de prédispositions plus ou moins menaçantes à la tuberculose en général et à la phtisie pulmonaire en particulier.

Or, voici ce qu'établissent les statistiques rigoureusement dressées et les photographies consciencieusement prises, à l'entrée et à la sortie, par l'Œuvre des Hôpitaux marins, qu'a dirigée jusqu'à sa mort l'éminent docteur J. Bergeron, secrétaire perpétuel de l'Académie de Médecine.

La moyenne générale des résultats obtenus sur l'ensemble des ces sanatoriés est la suivante : *73,58 0/0 de guérisons complètes* et *16,20 0/0 d'améliorations notables*, soit, *au total, 89,78 0/0 de résultats favorables*. La différence, 11,22 0/0, se compose de repris ou rendus, peu après leur arrivée, et de décédés (4,65 0/0), presque tous arrivés dans un état désespéré au sanatorium.

Mais si l'on entre dans le détail, on constate : 1° que, comme dans tous les établissements similaires, la proportion des guérisons et le temps nécessaire à les obtenir varient beaucoup, suivant la nature et l'ancienneté des maladies, depuis 59,46 0/0 *(arthrites vertébrales)*, avec un an et demi et deux ans en moyenne de traitement, jusqu'à 83,65 et 89,65 0/0 *(anémie, lymphatisme, engorgements ganglionnaires)*, avec une durée de séjour de six mois à un an ; 2° que, grâce à la douceur du climat de Banyuls, à la fois maritime et montagneux, et à ce fait, très important aussi, que l'atmosphère de ses plages, d'une absolue pureté, ne contient pas de poussières de sables, certaines maladies des voies respiratoires, qui ne résisteraient pas au climat rigoureux des plages du Nord, et d'autres affections très répandues, scrofulides de la peau, des muqueuses du nez, des oreilles et des yeux (*eczéma impetigo*, otorrhées, blépharites ciliaires, kérato-conjonctivites, etc.), qui s'aggraveraient à Berck et sur les autres plages à dunes et à sables mouvants, guérissent au contraire ou s'améliorent à Banyuls-sur-Mer, dans des proportions très voisines de 100 0/0 — *85,26 0/0 de guérisons, 11,57 0/0 d'améliorations notables, total : 96,83 0/0* ; retraits prématurés : 3,11.

Il est ainsi démontré, sans conteste, que les insuccès persistants constatés à Berck et ailleurs dans ces diverses catégories d'affections, insuccès qu'on avait d'abord attribués au traitement marin en lui-même, ne sont réellement imputables qu'à certaines particularités de certaines plages et de certains climats.

Il importait de signaler ces faits, afin que, d'après les indications et contre-indications qui en ressortent manifestement, les praticiens puissent désormais, en connaissance de cause et sans danger d'erreur, diriger leurs malades, suivant les cas, sur tel établissement ou sur tel autre, en tenant compte des propriétés curatives propres à chacun d'eux.

Si ces conditions étaient mieux observées, si, d'autre part, on avait soin de n'envoyer à la mer que des enfants atteints d'affections justiciables du traitement marin, de les y envoyer dès le début de la maladie et de les y laisser jusqu'à complète guérison et même un peu au delà, si, enfin, au lieu de les replonger, à la sortie, dans des milieux nocifs, on les dirigeait de préférence vers des professions maritimes ou agricoles, on peut affirmer qu'il n'y aurait plus ni insuccès ni récidives dans les sanatoriums et hôpitaux marins.

M. le Dr BOQUEL.

Opération césarienne d'urgence et embryotomie.

M. Edgar QUINTARD, d'Angers.

Uréométrie clinique. — *L'uréométrie au lit du malade*, dont l'utilité s'impose de plus en plus, ne peut être couramment pratiquée par le médecin qu'à la condition de s'exécuter d'une façon à la fois précise et rapide.

Au moyen d'un appareil de son invention, l'auteur de cette note a voulu doter la clinique d'un moyen d'analyser l'urée en quelques minutes. Il justifie, du reste, ses prétentions en faisant fonctionner son uréomètre sous les yeux de ses confrères.

Le pain déchloruré et bromuré dans le traitement de l'épilepsie et des diverses affections nerveuses. — Le docteur E. QUINTARD qui s'est inspiré des travaux de Toulouse et Richet, présente à ses confrères un pain *déchloruré et bromuré* et les met à même d'en apprécier la saveur qui n'est pas sensiblement différente de celle du pain ordinaire ; ce qui permettra au médecin de faire bénéficier les épileptiques et les malades atteints d'une affection justiciable du bromure d'un traitement, qui, actuellement, mérite d'être placé au premier rang de ceux qui réussissent.

M. le Dr LEGLUDIC, Direct. de l'Éc. de Méd. d'Angers.

De l'utilité de la radiographie dans les expertises des accidents du travail. — Sans s'arrêter à l'importance de l'examen radiographique dans toutes les lésions du squelette et des articulations, M. LEGLUDIC insiste, avec quelques observations à l'appui, sur l'utilité — pour les médecins-experts dans les accidents du travail — d'annexer aux rapports médico-légaux des radiogrammes, plus probants que les meilleures descriptions ; ils complètent l'observation clinique et deviennent un moyen de démonstration ; ils entraînent les convictions, aplanissent les divergences de vues scientifiques et facilitent l'accord des parties.

M. Legludic estime qu'un rapport d'expert, ainsi présenté aux personnes étrangères aux connaissances anatomiques et médico-chirurgicales qui le lisent et le commentent, est susceptible d'exercer une influence plus décisive.

M. le Dr Joseph GUYOT.

Anévrisme diffus de la fesse. Ligature de l'hypogastrique. Ouverture du foyer et ligature de la fessière. Guérison. — L'observation curieuse que nous rapportons est relative à un homme de 31 ans natif des Basses-Pyrénées et exerçant la profession de domestique. Sans aucune tare personnelle ; il présenta, à la suite de quelques coups de bâton sur la fesse droite, des accidents douloureux modérés pendant trois jours. Au quatrième, brusquement apparaissent des signes d'anévrisme diffus de la fesse à évolution rapide ; la région augmentant de volume à vue d'œil et dans des proportions considérables.

Endormi au chloroforme, nous lui fîmes, avec le concours de notre ami, le Dr Capdepont, la ligature de l'hypogastrique par la voie abdominale transpéritonéale puis l'ouverture du foyer et la ligature de la fessière. Ce cas est intéressant à plusieurs titres : 1° par l'apparition inexpliquée des accidents chez un sujet dont les vaisseaux paraissaient sains ; 2° par la conduite chirurgicale adoptée qui nous a paru renfermer le plus de chances de succès pour le blessé. Il nous a paru qu'il serait imprudent de suivre le précepte actuel de la chirurgie vasculaire en faisant directement porter notre intervention sur le foyer. Il était à craindre qu'en suivant cette technique nous ne fussions pas maître de l'hémorragie dont le point de départ profond eût échappé à nos moyens alors qu'en intervenant comme nous l'avons fait, avec plein succès d'ailleurs, nous diminuions les aleas de l'opération chez un sujet ayant versé dans son tissu cellulaire une très grande quantité de sang.

Ce sujet a très bien guéri ; il ne conserve aucune infirmité et après une longue convalescence il a repris son service pénible qu'il exerce sans aucune fatigue et tout aussi facilement qu'avant l'intervention.

M. le Dr Joseph GUYOT

Des résultats de l'intervention électrolytique dans les angiomes de la face. — L'exérèse sanglante est une très bonne méthode dans le traitement des angiomes circonscrits de régions cachées où la cicatrice qu'elle laisse passe complètement inaperçue.

A la face, l'extirpation sanglante trouve très peu d'indications dans les angiomes circonscrits ou diffus. Il est loin d'en être de même de l'électrolyse qui nous paraît être le traitement de choix de ces cas. Nous avons eu l'occasion d'observer un très grand nombre d'angiomes de la face dans le beau service de chirurgie infantile de notre maître, M. le professeur Piéchaud. Ce sont des photographies de quelques-uns de ces petits malades que nous avons l'honneur de soumettre au Congrès avec l'histoire de chacun d'eux. Chez tous nous avons employé l'électrolyse avec le concours de notre ami le Dr Debedat, directeur de l'Institut électrothérapique de l'Hôpital des Enfants. Nous avons de préférence employé la méthode bipolaire qui nous a paru de beaucoup préférable. Le nombre des séances, leur espacement, variait avec chaque cas. Après chaque séance, nous pouvions constater l'existence d'un noyau d'organisation fibreuse amenant d'une façon lente et sûre l'atrophie des tissus vasculaires.

M. le Dr FOVEAU DE COURMELLES, à Paris.

Action de la lumière sur les microbes pathogènes. — La photogénie des diverses lumières ayant été étudiée par lui l'an dernier, l'auteur a comparé leur pouvoir bactéricide en collaboration avec le Dr P. Barlerin. Les sources lumineuses comparées ont été l'arc voltaïque, la lampe à incandescence ordinaire, les rayons X, la lampe à incandescence bleue, la lampe Nernst à feu libre. L'arc voltaïque s'est montré de beaucoup supérieur aux autres énergies comme puissance photogénique et bactéricide. La lampe Nernst qui, brûlant à feu libre, peut n'avoir pas de verre qui absorbe ses rayons chimiques d'ailleurs assez abondants, n'a nullement agi à diverses reprises sur des cultures de micrococcus prodigiosus. Les rayons X plus photogéniques encore n'ont produit non plus ni retard ni arrêt de ces cultures. La lampe à incandescence à verre bleu tout en ne donnant pas les résultats ni photogéniques ni bactéricides de Kayser (Vienne), a produit à diverses reprises soit un retard, soit un arrêt des cultures selon la distance de la source lumineuse, car la température ajoutait par le rapprochement son influence stérilisante et à 42 degrés au lieu de 30 degrés, selon les distances, 20 ou 10 centimètres, on avait soit le retard, soit la stérilisation, mais bien que peu photogénique, la lampe bleue vient après l'arc comme bactéricide.

Il ne semble donc pas, comme on le croit d'ordinaire, qu'il y ait parallélisme entre le pouvoir photogénique et le pouvoir bactéricide des lumières.

Les microbes pathogènes subissent les mêmes phénomènes surtout avec l'arc voltaïque, et, le bacille de Koch dans les vieux tissus tuberculeux lupiques disparaît rapidement par l'arc surtout et ensuite par la lumière bleue. La pénétration de la lumière dans l'intimité de l'organisme est d'ailleurs indiscutable ainsi qu'il appert de photographies intracraniennes *post mortem* ou de cavités chez le vivant et qui, envoyées par le Dr Dobrzanski de Saint-Pétersbourg, sont jointes à la présente communication.

———

M. BRIN.

Phlegmon ligneux de la paroi abdominale. — M. le Dr BRIN a vu deux cas de ces inflammations atténuées qu'on a appelées dans d'autres régions phlegmons ligneux.

Le premier était consécutif à une appendicite et datait de trois mois.

Le deuxième siégeant dans l'hypochondre gauche avait évolué comme une tumeur profonde (de la rate pensait-on) et c'est seulement à l'opération qu'on avait constaté l'induration et l'épaississement des parois abdominales (15 centimètres environ). On fit une laparatomie médiane et une latérale qu'on réunit par un trajet creusé en plein tissu fibreux. Large drainage. Disparition progressive en deux mois de tout le tissu induré.

Discussion. — M. TESSON : Je m'étonne que M. Brin nous présente comme un processus inconnu les phlegmons chroniques du tissu cellulaire sous-péritonéal : l'évolution particulière de ces phlegmons, l'induration souvent énorme dont ils s'accompagnent, véritable sclérose envahissante de toute la paroi, sont choses absolument classiques. Que leur étude bactériologique soit encore incomplète, peut-être ; mais la clinique et l'anatomie pathologique les ont depuis longtemps individualisés : la nécessité d'une dénomination nouvelle ne s'impose en aucune façon. Faut-il rappeler que la région ombilicale et la région hypogastrique (cavité de Retzius) sont leur siège de prédilection ? Tous les chirurgiens en ont observé des cas. J'ai opéré moi-même récemment une femme qui m'avait été présentée comme atteinte d'une tumeur abdominale saillante à droite de l'ombilic. Cette tumeur était un abcès intra pariétal, entouré d'une coque fibreuse extrêmement épaisse et dure. Cet abcès reconnaissait pour cause un ulcère gastrique, non perforé, qui avait déterminé une très large symphise gastro-pariétale, et la malade a été définitivement guérie par une gastroentérostomie pratiquée ultérieurement.

———

M. DUHOURCAU, à Cauterets.

Diagnostic et diététique des albuminuries, d'après la conductibilité électrique des liquides organiques.

M. BRUMPT, Prép. à la Fac. de Méd. de Paris.

Statistique médicale faite dans un voyage à travers l'Afrique tropicale.

M. le Dr SAQUET, à Nantes.

Massage ou gymnastique médicale suédoise. — Pour l'indication de l'emploi de l'un ou de l'autre de ces moyens ou des deux, il est nécessaire de distinguer suivant les malades ou suivant la nature de l'affection.

Chez les neurasthéniques cérébraux le massage est utile, mais le mouvement l'est encore davantage ; on pourra donc unir les deux moyens, mais le mouvement automatique comme la marche par exemple est généralement préférable aux mouvements spéciaux. Chez les neurasthéniques médullaires, les plus nombreux : 9 sur 10 en moyenne, le mouvement est mal supporté et par conséquent contre-indiqué, le massage seul doit être employé. Autrement la guérison sera retardée ou même empêchée.

Dans les affections douloureuses, le massage seul est à employer ou à peu près, parce que rarement des mouvements même passifs seront supportés..

Dans les contractures le massage est supérieur au mouvement pour les contractures articulaires, mais pour les contractures suites de paralysie ou d'affections médullaires les mouvements passifs doivent y être associés ainsi que la gymnastique active.

Pour la scoliose la gymnastique manuelle suédoise est supérieure comme effet au massage qui doit cependant y être associé.

Pour les affections chirurgicales justiciables de la kinésithérapie : raideurs, arthrites, entorses, atrophies musculaires, etc., le massage est plus rapide que la gymnastique suédoise mais il permet le mouvement ordinaire très utile. Quant aux machines en gymnastique curative les Suédois n'en veulent pas, ils les admettent tout au plus en gymnastique hygiénique ; et l'expérience leur donne raison.

Pour la mobilisation passive prolongée, je l'ai essayée en vain dans les raideurs.

Dans les maladies des femmes, on ne peut dissocier la gymnastique du massage si l'on veut avoir des résultats et surtout des résultats rapides.

Traitement du vaginisme par le massage suédois : Procédé de Thure Brandt. — Le vaginisme est une affection fréquente et rebelle pour la guérison de laquelle on a tout employé en médecine et chirurgie avec plus ou moins de résultat.

Cette affection n'existe que chez les grandes névropathes.

Thure Brandt l'inventeur de la gymnastique gynécologique suédoise l'a traitée pendant trente ans avec le procédé suivant qui lui donna d'excellents résultats; nous ne pouvons qu'en confirmer la valeur par nos observations.

Commencer par rassurer la malade en l'assurant qu'on ne lui fera aucun mal. Puis appliquer le doigt graissé sur l'une et l'autre grande lèvre sans presque appuyer ; c'est tout pour le premier jour. Le lendemain et jours suivants on recommence de la même façon puis on introduit très lentement et très doucement le doigt dans l'orifice vaginal et on le retire de la même façon.

Chaque jour on pénètre un peu plus et au bout de quelques semaines dans les cas faciles le spasme a cessé.

Dans les cas plus graves il faut ajouter le massage abdominal très puissant contre la cellulite, ou œdème du tissu conjonctif abdominal péri-utérin ou utérin qui accompagne généralement cette affection et qui pour Stapfer en serait cause.

J'ai pu guérir ainsi plusieurs malades une entre autres qui avait vu son mal persister après un accouchement.

———

M. le Dr PETON, à Saumur.

Le vin au point de vue hygiénique et médical.

———

M. le Dr Gustave RAPPIN et M. HENROT, à Nantes.

Bacilles acido-résistants dans l'urine des syphilitiques, observés également dans le sang d'un malade en pleine période d'infection. — M. RAPPIN présente en son nom et celui de M. HENROT, son préparateur à l'École de Médecine de Nantes, une note sur un bacille acido-résistant qu'ils observent dans l'urine des syphilitiques et qu'ils considèrent comme analogue à celui que Lustgarten a autrefois décrit.

Ce bacille, qui réagit à peu près aux mêmes méthodes de coloration que le bacille de Koch, bien que peut-être un peu moins résistant à la décoloration par les acides, est polymorphe. Il se présente tantôt sous la forme de grains, ou cocci, ou de diplocoques, et aussi sous la forme nettement bacillaire, et dans ce cas, il est ou grêle ou trapu avec des espaces plus clairs. Ses extrémités sont souvent effilées et il semble posséder une capsule.

Il ne s'agit pas dans ces cas du bacille de Koch, car les animaux inoculés avec ces urines, résistent à l'inoculation, ou s'ils succombent, ils ne présentent à l'autopsie aucune lésion de tuberculose.

Ce bacille a été retrouvé dans le produit de raclage de deux chancres indurés et de plusieurs plaques muqueuses.

Dans un cas, MM. Rappin et Henrot l'ont également observé dans le sang d'une syphilitique, en pleine période d'infection.

Les microphotographies de ce bacille, dues à M. Briandeau, de Nantes, accompagnent cette communication.

———

M. le Dr L. ROGÉE.

Gastrotomie pour sténose du pylore. Dilatation digitale de l'orifice pylorique. Guérison. — Jeune fille de vingt-huit ans. Sans tare héréditaire bien marquée. A quinze ans, vomissements pendant six mois. En 1901, pleurésie ; trois mois malade. S'est rétablie sans grands désordres. N'a pas conservé d'adhérences pleurales et a pu faire un service de servante assez pénible. Il y a un an environ a commencé à vomir chaque jour, une heure, deux heures après les repas, vomissements alimentaires sans hématémèse. Traitée une première fois par la diète absolue et les lavements alimentaires, a vu son état s'améliorer quelques jours, mais quand on revient à l'alimentation par la bouche, les vomissements reparaissent. On épuise sur elle pendant une année tous les moyens médicaux : glace, opium, lavages de l'estomac, eau oxygénée, bismuth, pointes de feu, vésicatoires, électrisation (courant de dix à quinze milliampères). Ce traitement l'améliore un peu, elle ne vomit plus qu'une fois par jour, mais l'amaigrissement devient extrême, elle ne pèse plus que quarante kilos. Je me décide à intervenir le 26 juin. Après laparotomie médiane, l'estomac, caché derrière le foie qui déborde jusque dans l'hypochondre gauche, est malaisé à atteindre. Je fais passer une sonde œsophagienne et j'insuffle de l'air dans l'estomac qui s'extériorise et devient *très aisément accessible*. Je fais sur sa portion antérieure, audessus de l'insertion de l'épiploon une incision de quatre centimètres, repérant avec des pinces la séreuse, la musculeuse et la muqueuse. J'ouvre l'estomac et, après m'être assuré, tant par la vue que par le toucher, qu'il n'existait pas d'ulcère gastrique, je dirige l'index droit vers le pylore qui ne permet que l'introduction de la pulpe que je sens serrée par une sorte de bride. Je dilate petit à petit l'orifice, et je réussis à introduire toute la première phalange. Suture de l'estomac à deux étages et enfouissement de la dernière suture par un plan séro-séreux. Le jour même, vomissement chloroformique. Le lendemain, les liquides déglutis lui semblent, dit-elle, tomber directement dans l'intestin, s'accompagnant de gargouillement. Pas d'incident à noter. Elle n'a pas vomi depuis, bien qu'elle ait eu la première semaine un peu d'embarras gastrique. La guérison se maintient depuis cette époque.

M. COUTANT

La mutuelle médicale française de retraites.

VOEU PRÉSENTÉ PAR LA 12e SECTION

Voy. page 58.

13ᵉ Section.

ÉLECTRICITÉ MÉDICALE

PRÉSIDENT D'HONNEUR . . . .   M. WERTHEIM-SALOMONSON, Prof. à l'Univ. d'Amsterdam.
PRÉSIDENT . . . .   M. MARIE, Prof. à la Fac. de Méd. de Toulouse.
VICE-PRÉSIDENT. . . . .   M. le Dʳ BÉCLÈRE, Méd. des Hôp. de Paris.
SECRÉTAIRE. . . . . : . .   M. le Dʳ MICHAUT, de Dijon.
SECRÉTAIRE ADJOINT . . . .   M. le Dʳ BLOCH, de Paris.

— Séance du 5 août —

Après la constitution du Bureau, M. le Professeur MARIE, ouvre les travaux de la Section par l'allocution suivante :

MESSIEURS,

Je suis particulièrement heureux de vous souhaiter la bienvenue. La thérapeutique par les agents physiques et particulièrement l'électricité font des progrès très rapides, et nos réunions ont le grand avantage de grouper les efforts isolés et de permettre aux chercheurs qui se sont occupés d'une même question un échange d'idées très fructueux.

Il est maintenant tout à fait inutile d'ouvrir un Congrès d'Électricité médicale en démontrant que l'importance de l'agent électricité en thérapeutique, car cette importance n'est plus contestée par personne. D'ailleurs, il faut reconnaître que les progrès de la thérapeutique par les agents physiques, ont été considérablement facilités par les abus de la thérapeutique par les produits chimiques. La multiplicité de ces produits, le contrôle insuffisant et incomplet de leurs effets sur l'organisme en sont les causes principales. Que de maladies de l'estomac et de l'intestin causées par l'abus des médicaments donnés souvent pour procurer une satisfaction morale au malade! Que de complications rénales produites par vésicatoire, dont il est si facile d'obtenir l'action par un agent physique approprié sans aucun inconvénient pour l'organisme. Ces abus étaient tels que beaucoup de médecins, pour en supprimer les inconvénients, avaient adopté la méthode expectante, ce qui est presque la négation de la médecine.

La thérapeutique par les agents physiques a de nombreux succès à son actif (les communications que vous allez entendre en sont la meilleure preuve); elle a, en outre, une précieuse qualité, c'est que maniée par des mains prudentes et exercées, elles ne peut entraîner aucun inconvénient pour l'organisme, aucune aggravation de la maladie traitée. J'ai dit, Messieurs, maniée par des mains prudentes et exercées; c'est qu'en effet une application sans méthode, sans examen préalable approfondi, peut entraîner des inconvénients graves sur lesquels les esprits impartiaux ne sauraient trop appeler l'attention. Nous avons tous eu l'occasion de constater une exagération de déformations causée par la paralysie infantile ou la scoliose, pour ne citer que ces deux exemples, à la suite d'un traitement électrique intempestif ou d'une gymnastique irrationnelle confiée malheureusement beaucoup trop souvent aux parents du jeune malade. Pour mon compte personnel, parmi les milliers de cas de ce genre que j'ai eu l'occasion d'examiner à l'Hôtel-Dieu de Toulouse, je n'ai pas encore pu constater un seul résultat favorable, et j'ai fini par refuser toute intervention des parents, lorsque je ne pouvais pas la contrôler journellement.

Il est un autre point sur lequel je désirerais appeler aussi votre attention, c'est sur la nécessité qui s'impose actuellement aux médecins d'avoir à leur disposition les divers agents physiques. Pour mieux fixer les idées, prenons un exemple simple, une fracture. Lorsqu'on nous demande d'intervenir, nous nous trouvons presque toujours en présence de la situation suivante : Atrophie musculaire ; gonflement de la région traumatisée ; raideur plus ou moins prononcée des articulations voisines.

Il est certain que l'on peut, d'une part par le massage et la mécanothérapie, d'autre part par l'électricité, obtenir d'excellents résultats ; mais combien ceux-ci sont plus rapides si l'on emploie successivement la chaleur sèche (fournie très commodément par les lampes à incandescence) en applications prolongées, le massage, la gymnastique musculaire qui produit d'une manière si parfaite et si localisée l'agent électrique, et, enfin, la mobilisation des articulations raidies dont la mécanothérapie permet de doser exactement l'étendue.

Messieurs, il me serait trop facile de multiplier ces exemples, et je m'en voudrais de diminuer le temps consacré à vos communications. Je me contenterai, en terminant, d'émettre un vœu, ou, si vous trouvez ce mot trop prétentieux, un désir, c'est que nos Congrès futurs limitent moins le champ de leur action. Quoique l'électricité médicale constitue déjà un domaine très vaste, étant donné l'appui que se donnent mutuellement les agents physiques dans le traitement des maladies, il serait rationnel que nos communications puissent porter sur les applications de tous ces agents, et non se limiter à un seul quelque important qu'il soit. En fait, l'extension a déjà commencé, puisque nous nous occupons non seulement d'électricité médicale proprement dite, mais des applications des rayons X, de la lumière, etc. En réalité, ce n'est que par extension forcée, à cause de l'importance actuelle de ces agents en médecine. Nous laissons de côté encore la chaleur sèche, agissant seule ou combinée à d'autres agents physiques et même mécaniques, et cette nouvelle extension me paraît bien indispensable. Peut-être même serait-il avantageux d'étudier l'action des agents mécaniques proprement dits en raison de leur importance croissante et de leur emploi dans les maladies tributaires des agents physiques.

Messieurs, je m'arrête, vous laissant le soin de juger de la justesse des observations que je viens de vous présenter. J'ai parlé seulement de thérapeutique, parce que c'est le but final de nos efforts ; mais il est évident qu'il en est de même pour les applications des agents physiques à la physiologie et au diagnostic, dont l'importance croît tous les jours.

M. le Dr C. ROQUES, Aide de clinique électrothérapique à la Faculté de médecine de Bordeaux.

État actuel de la cure des rétrécissements par l'électrolyse.

AVANT-PROPOS

La cure des rétrécissements, c'est-à-dire l'ensemble des moyens employés dans le traitement de ces affections, ne compte pas depuis une date relativement fort ancienne l'utilisation de l'électricité parmi ses procédés. Il semble cependant que l'électrothérapie des rétrécissements, inaugurée par Crussel et Ciniselli, soit déjà sortie de la période d'essai brillamment ouverte, en 1867, par les travaux de Mallez et Tripier. Actuellement, ceux de Newmann, Fort, Desnos, Bergonié, Bishop, Harvey, Gille, Madrus, Lagrange, Ostmann, Debédat, Duel, Sletoff, Vernay, Bordier, Roubtj, Keating-Hart, Guilloz, Ravarit, ceux de leurs disciples ou de leurs imitateurs que nous aurons l'occasion de citer dans le cours de ce rapport, ont fixé la thérapeutique des rétrécissements par l'électrolyse. Ce mode de traitement apparaît donc aujourd'hui comme une méthode bien définie, ayant ses indications, ses contre-indications et ses procédés de choix qui, même dans leur variété, constituent un ensemble bien déterminé.

Jetons un regard sur les indications et les contre-indications les plus générales de la méthode avant d'en examiner les procédés; sachons d'abord ce que l'on traite par elle; nous verrons ensuite comment on le traite.

INDICATIONS ET CONTRE-INDICATIONS GÉNÉRALES

A priori, tout rétrécissement ne peut être traité par l'électrolyse. L'indication ou la contre-indication la plus générale résulte de la nature du rétrécissement à traiter et de la définition même de l'électrolyse.

Il va sans dire que nous considérons seulement comme rétrécissement vrai la diminution, en un point quelconque d'un conduit organique, du calibre normal de ce conduit par suite d'une modification intrinsèque de ses parois. Nous mettons ainsi de côté toute diminution de calibre ou aplatissement par compression de voisinage; d'ailleurs, l'idée de faire entrer dans notre cadre ces déformations ne viendrait à personne. Le rétrécissement vrai est dû à une modification soit fonctionnelle et passagère, soit anatomique et définitive des parois de l'organe rétréci. Dans le premier cas, il s'agit d'un spasme qui peut s'éteindre spontanément ou sous diverses influences nerveuses; dans le deuxième cas, il s'agit d'un tissu de nouvelle formation et d'origine pathologique : le plus souvent cicatrice qui peut continuer à se rétracter, ou, plus rarement, tumeur à tendances envahissantes.

En théorie, les rétrécissements spasmodiques ne peuvent relever de l'électrolyse. L'électrolyse est la décomposition produite par le passage d'un courant galvanique (ou continu) dans un corps conducteur composé. Pourquoi amènerait-on une modification dans la constitution d'un organe qui n'est troublé que dans son fonctionnement?

En pratique même, on a vu l'électrolyse aggraver le spasme, peut-être en irritant le système nerveux ou en modifiant défavorablement les petites lésions muqueuses qui peuvent être l'origine du réflexe spasmodique.

Nous laisserons donc la tâche de guérir le rétrécissement fonctionnel à une autre forme de courant, au courant faradique, par exemple. La faradisation, en effet, est, *a priori*, inoffensive, puisqu'elle ne modifie pas immédiatement les tissus; aussi rationnelle et aussi suffisante que tout autre moyen, si l'on ne veut admettre que l'effet moral produit sur un accident névropathique; théoriquement indiquée, comme cause de fatigue nerveuse et musculaire; pratiquement indiquée aussi, puisqu'elle a fait ses preuves, ainsi que le rapportent certains auteurs et que nous l'avons nous-même observé.

Mais les rétrécissements organiques relèveront forcément de l'électrolyse. Que l'on veuille, avec Jardin et Fort, sectionner rapidement les tissus pathologiques qui constituent le rétrécissement; que l'on se propose, avec Newmann et Bordier, de provoquer la résorption de ces tissus, ou simplement, avec Bergonié, de modifier le milieu soumis à l'électrisation de façon à favoriser le glissement du cathéter; que l'on espère mettre en jeu ces deux derniers modes d'action, la galvanisation seule peut, par électrolyse, nous permettre d'obtenir ces divers résultats.

Lors donc que, chez un sujet nerveux, on constatera les symptômes d'un rétrécissement survenu rapidement, cédant par le seul contact un peu prolongé du cathéter, ne laissant pas de sang sur ce dernier, aggravé même, dans certains cas, par quelques séances antérieures de galvanisation; lorsque, en un mot, on constatera un ensemble de signes décelant le rétrécissement spasmodique, on se gardera de pratiquer une électrolyse qui pourrait être défavorable, et l'on s'adressera à la faradisation. Au contraire, lorsque, surtout chez un sujet paraissant peu prédisposé aux accidents névropathiques, se manifestent progressivement les symptômes d'un rétrécissement dont la pathogénie peut, le plus souvent, être attribuée à des faits antérieurs connus (intromission de caustiques, inflammation passée); lorsque le rétrécissement ne cède plus aux tentatives opiniâtres de cathétérisme, dès que la sonde atteint un certain calibre; lorsque celle-ci, malgré la douceur des manœuvres pratiquées, ramène des gouttelettes de sang ou même des petits débris de néoplasme; lorsque, enfin, on sera en droit de diagnostiquer un rétrécissement organique, l'on pourra instituer le traitement par la galvanisation. D'ailleurs, des résultats heureux confirmeront bientôt l'exactitude du diagnostic : il n'y a guère, en effet, que le rétrécissement organique qui puisse être amélioré ou guéri par l'électrolyse.

Mais si la nature organique d'un rétrécissement constitue la première indication de l'électrolyse, tous les rétrécissements organiques doivent-ils être traités par elle? Bien des auteurs (Holtsoff, Adrian, Desnos, Moran) s'accordent à dire que l'électrolyse perd un peu de ses droits lorsqu'il s'agit de rétrécissements traumatiques, durs, longs, sinueux, multiples, récidivants. Que ces conditions soient très défavorables à la réussite de la galvanisation, que l'on ne doive pas trop compter sur un succès rapide, complet et durable, nous l'admettons volontiers. Mais, étant donné que certains procédés d'électrolyse sont inoffensifs et indolores, nous ne nous ferions point scrupule de les essayer; nous penserions même que nous en avons le devoir. Enfin, Newmann est d'avis qu'il faut laisser en repos les rétrécissements présentant des hémorragies ou des écoulements. Mais ne pourrait-on, au contraire, compter sur les qualités hémostatiques du courant galvanique et sur le pouvoir antiseptique des ions apportés au contact d'une muqueuse infectée?

Nous avons défini les indications les plus générales de l'électrolyse par rapport aux autres modes d'électrothérapie; peut-être devrions-nous tâcher de les définir par rapport aux méthodes chirurgicales, à l'occasion des quelques cas que nous venons de signaler et qui peuvent, au point de vue des indications, prêter à discussion. Mais si nous avons l'expérience du traitement électrolytique, nous n'avons pas, avouons-le, celle du traitement chirurgical, et nous devons nous garder de faire la contre-partie de ceux qui, ayant l'expérience du traitement chirurgical et point celle du traitement électrique, veulent cependant comparer les deux méthodes et affirmer la supériorité de celle qu'ils connaissent sur celle qu'ils ne connaissent pas. Ce que nous savons bien, c'est que tous, ou presque tous les rétrécissements organiques, peuvent être traités avec espoir de succès par l'électrolyse. Examinons donc les divers procédés de cette méthode.

TECHNIQUE

Les procédés électrolytiques varient, on le conçoit, suivant l'organe malade, et l'électrolyse de l'urètre ne sera point pratiquée comme l'électrolyse de la trompe d'Eustache. Cependant, tous les procédés ont des points communs et, d'autre part, certaines idées générales régissant la cure de chaque espèce de rétrécissement sont admises par certains groupes d'opérateurs, sont repoussées par d'autres, et divisent ainsi les électrothérapeutes en écoles différentes. Il nous paraît donc convenable, avant de passer en revue les procédés employés dans chaque cas particulier, d'indiquer d'abord les points communs à toutes les écoles pour la cure de tous les cas en général, puis de montrer les différences de technique qui caractérisent chaque école et de poser les théories sur lesquelles elles s'appuient.

I. — Points communs à tous les procédés.

Source du courant. — Le courant galvanique qui permet de pratiquer l'électrolyse a souvent pour source des accumulateurs qui sont chargés par un fort courant d'usine, ou une série de piles donnant un voltage relativement élevé. Ces sources alimentent une installation stable, et la diversité des applications auxquelles celle-ci doit servir peut obliger l'électrothérapeute à lui demander de hautes intensités, tandis que, sauf de rares exceptions, le traitement des affections qui nous occupent ne nécessite que des intensités relativement faibles. Tout praticien peut donc, dans un bon appareil de vingt-quatre éléments transportables, associés en série, trouver une source suffisante et commode de courant galvanique.

Intensités et résistance. — Les intensités peuvent être réglées dans tous les cas par un rhéostat, ou, si l'on dispose d'une série de piles, par un collecteur d'éléments. Ce dernier cas est le plus fréquent lorsqu'on utilise l'appareil transportable. Il est certain que le rhéostat, qui permet de faire croître ou décroître l'intensité progressivement et sans secousses, est toujours préférable au collecteur, avec lequel on n'est jamais à l'abri de quelques à-coups dans les variations de l'intensité. Cependant, sauf peut-être pour les applications pratiquées sur la tête (trompe d'Eustache, conduit auditif, canaux lacrymaux), il ne faudrait pas exagérer l'importance de ces à-coups. Nous voyons même très souvent M. le professeur Bergonié, pour augmenter la rapidité des applications successives durant une même séance, sur un seul malade, et aussi pour ne point immobiliser auprès du rhéostat un aide qui peut lui être utile ailleurs, prendre en court-circuit une intensité voisine de celle qui lui sera probablement nécessaire pour franchir le rétrécissement, mais un peu supérieure à cette dernière et fixée à peu près par des expériences antérieures, puis fermer ou rompre le circuit sur le malade, de façon que l'intensité atteigne brusquement le chiffre désiré ou retombe aussi brusquement au zéro. Nous n'avons jamais observé que cette façon d'opérer eût des inconvénients dans le traitement des rétrécissements de l'urètre ou de l'œsophage. Il est vrai que sa méthode n'exige que de faibles intensités.

On doit toujours être fixé sur le nombre des milliampères que l'on emploie. Aussi, un milliampèremètre est-il indispensable dans le circuit. Nous verrons plus loin la valeur des intensités employées par les différentes écoles.

Pôles. — En ce qui concerne les pôles, à peine avons-nous besoin de rappeler que la méthode monopolaire a toujours été (sauf par Roy pour les voies lacrymales) et est toujours utilisée, à l'exclusion de la méthode bipolaire, qui serait fort difficile à employer dans la plupart des cas et ne serait point utilisée à l'avantage du malade. Des deux pôles, l'un est donc indifférent, ne sert qu'à assurer sur le sujet la fermeture du circuit, et, bien que l'usage lui indique une place pour chaque espèce de rétrécissement, sa situation est peu importante. Il faut seulement que celle de ses surfaces qui recouvre les téguments du malade soit, par rapport au pôle actif, de dimensions assez considérables, afin de diminuer, au niveau de cette surface, la densité et, par conséquent, les effets du courant, peu intéressants sur cette région. Pour cette dernière raison aussi, le contact doit être uniforme et assez intime entre la surface de l'électrode et la région du corps du malade sur laquelle elle doit reposer. On utilise généralement, comme électrode indifférente, une plaque métallique recouverte d'un tissu hydrophile, susceptibles tous deux d'être stérilisés par l'ébullition et imprégnés d'eau tiède au moment de l'emploi. Cette électrode est l'électrode positive.

Quant à l'électrode active, qui est reliée au pôle négatif, elle affecte forcément des formes qui varient, ainsi que nous le verrons plus loin, avec la situation et le calibre du rétrécissement à traiter, avec la situation, la forme, la longueur et le calibre de l'organe rétréci. Mais on peut dire que, d'une façon générale, cette électrode, conductrice dans toute sa longueur, est, dans la plus grande étendue de sa partie moyenne, recouverte d'une gaine isolante destinée à empêcher l'action du courant sur les tissus sains au milieu desquels chemine l'électrode pour atteindre le point malade. Seules apparaissent non isolées les deux extrémités de la partie conductrice, afin qu'à l'une de ces extrémités puisse être adapté le fil qui la relie à la source galvanique, et que l'autre extrémité puisse, avec une forme et un volume adaptés à son rôle, produire, au contact des tissus pathologiques, l'électrolyse recherchée.

Temps. — Enfin, le temps nécessaire à l'électrolyse varie entre une, cinq, six et huit minutes. Rarement on atteint vingt et vingt-cinq minutes.

Mais les valeurs de l'intensité et du temps, et la forme de l'électrode active ne dépendent pas seulement de l'espèce du rétrécissement ; elles varient aussi avec le but et la façon d'opérer de chaque école.

II. — Écoles diverses.

Deux méthodes divisent les électrothérapeutes en deux grandes écoles : la méthode linéaire et la méthode circulaire.

INSTRUMENTATION ET PRINCIPAUX POINTS DE TECHNIQUE.

a) MÉTHODE LINÉAIRE. — La première école a pour chefs Jardin et Fort. Jardin a le premier conçu la méthode linéaire ; Fort l'a le plus expérimentée et, grâce aux nombreuses observations que cet auteur a publiées sur ce sujet, le procédé qu'il emploie est généralement connu sous le nom de méthode de Fort. Ses partisans se proposent de n'utiliser l'électrolyse que comme moyen de destruction : ils coupent par l'électrolyse le rétrécissement suivant une ligne parallèle à la longueur du conduit rétréci, comme Maisonneuve coupait mécaniquement avec son urétrotome les rétrécissements de l'urètre. La partie de l'électrode au niveau de laquelle se fait l'électrolyse a donc la forme d'une lame, et tout l'appareil rappelle assez l'urétrotome de Maisonneuve. Les constructeurs doivent seulement s'attacher à ce que la partie métallique qui relie électriquement la borne de prise du courant et la lame soit absolument recouverte d'une substance isolante, de façon à protéger contre le passage du courant les tissus sains qui entourent l'appareil. Ce dernier, comme celui de Maisonneuve, est souvent constitué par une branche mâle et une branche femelle, dans laquelle s'insinue la première, la branche femelle est alors isolante. C'est le type de l'urétro-électrolyseur de Jardin. Mais l'appareil peut être aussi formé d'une seule tige portant la lame ; la tige est alors recouverte d'un enduit isolant. C'est le type d'un appareil construit par M. Gaiffe. M. Lavaux en a adopté un qui est la combinaison de celui de Jardin et de celui de Gaiffe. La différence essentielle entre l'urétrotome de Maisonneuve et les divers électrolyseurs linéaires consiste en ce que la lame est tranchante dans le premier cas et mousse dans le deuxième. Mais si elle est mousse, elle a un bord assez étroit, cependant, pour que, à ce niveau, la densité du courant soit élevée. Ainsi, 10 milliampères peuvent suffire, d'après M. Fort, pour sectionner, dans certains cas, un rétrécissement en quelques secondes. Cependant, l'intensité peut atteindre souvent des valeurs beaucoup plus élevées (25 à 30 mA.). L'opérateur imprime une certaine poussée, d'ailleurs assez faible à la lame. L'instrument ne doit passer qu'une fois ; le résultat doit être immédiat, et la cure ne nécessiter qu'une seule opération, sauf récidive. La plaie linéaire ainsi faite s'infecte, paraît-il, assez facilement, et, de plus, il semble qu'après la chute de l'eschare, la nouvelle cicatrice doive faciliter la formation d'un nouveau rétrécissement au même titre que les méthodes sanglantes. Tel ne paraît cependant pas l'avis des partisans de ce procédé.

b) MÉTHODE CIRCULAIRE. — Cette méthode a pour but d'atteindre le rétrécissement, non pas en suivant une ligne de section longitudinale qui en permette la dilatation brusque, mais suivant une surface annulaire autour de laquelle se modifient les tissus pathologiques qui limitent la lumière même du rétrécissement. Les créateurs de cette méthode furent Mallez et Tripier. Mais leurs successeurs, tout en restant attachés au principe même de la méthode, l'ont modifiée de telle sorte qu'elle présente actuellement plusieurs modalités : le procédé à boule et le procédé à bague. Le procédé à cylindre et le procédé à bague peuvent être considérés comme des variantes l'un de l'autre.

Le procédé à boule est celui de M. Newmann ; le procédé à bague est celui de M. Bergonié et de M. Bordier.

Procédés à boule. — Newmann et ses disciples emploient des cathéters dont l'extrémité active est constituée par une boule plus ou moins sphérique, plus ou moins olivaire, précédée ou non d'une bougie conductrice, et dont nous décrirons mieux les différentes formes à propos de la cure des rétrécissements urétraux.

Mais dans les rétrécissements très serrés ou tortueux, l'olive peut éprouver une grande difficulté à passer, butter contre les tissus, et, poussée par la pression exercée sur la sonde par l'opérateur, se désaxer par rapport à l'axe longitudinal de la sonde. Dans ce cas, ou elle ne pénètre pas dans le rétrécissement, ou, si elle s'y engage et si l'on fait passer le courant, l'électrolyse ne se fera point d'une façon uniforme, puisque la densité électrique sera plus forte au niveau de la pointe de l'olive qu'au niveau de sa base, tandis que les tissus embrasseront mal et irrégulièrement sa partie moyenne. Même si l'olive est précédée d'une bougie conductrice, l'introduction de l'olive peut être aussi difficile que dans le premier cas, et une coudure qui l'empêchera d'avancer peut se produire au niveau de l'articulation de la bougie avec l'olive.

Procédés à bague. — Pour parer aux inconvénients de la boule de Newmann, M. Bergonié plaça sur le trajet d'une bougie en gomme, et à quelques centimètres de son extrémité amincie, un anneau constitué par un fil de laiton mince enchâssé dans les parois de la sonde, de façon qu'une moitié de l'épaisseur de ce fil fît saillie en dehors de la sonde, l'autre moitié étant encastrée dans la sonde et la serrant comme une bague. Un autre fil métallique, passant dans l'intérieur de la sonde, réunissait électriquement l'anneau à l'extrémité opposée de la sonde où aboutissait le conducteur venu de la source galvanique. Grâce à ce dispositif, si la sonde pouvait être introduite, l'anneau constituant le pôle actif pénétrait forcément avec elle et se présentait toujours aux tissus selon un plan perpendiculaire au grand axe de la sonde, qui se confondait avec celui du conduit rétréci. Ainsi, les tissus enserraient régulièrement l'anneau, et l'électrolyse vraiment circulaire pouvait, de ce fait, être réalisée. La faible épaisseur de l'anneau donnait au courant une densité relativement considérable et, par conséquent, une efficacité suffisante avec une très faible intensité.

Dans la sonde de M. Bordier, l'anneau de M. Bergonié est remplacé par une bague de 5 millimètres de hauteur et de 0mm,754 d'épaisseur, et d'un diamètre correspondant à un numéro de la filière Charrière. De plus, la bague n'est pas enchâssée dans les parois de la bougie, elle entoure celle-ci, sur laquelle elle fait, par conséquent, une petite saillie. Aussi ses bords ont été émoussés pour qu'ils ne puissent pas déchirer la muqueuse. Pour le même motif, sont soigneusement rivés et limés les bouts d'une tige métallique qui traverse la bague en deux points diamétralement opposés et perpendiculairement à l'axe de la bougie, la fixe à celle-ci et reçoit le fil de cuivre qui unit électriquement la bague à l'extrémité opposée de la bougie.

La protection de la muqueuse est plus facilement encore réalisée grâce à une modification apportée plus tard à la bague par M. Bergonié. Celle-ci, dans le dernier modèle de bougies qu'il emploie, n'est plus un cylindre dont le calibre correspond à un seul numéro de la filière Charrière ; elle présente plutôt la forme d'un barillet dont les circonférences supérieure et inférieure sont égales entre elles et correspondent à un même numéro de la filière, tandis que la circonférence moyenne a un diamètre plus grand que celui des deux premières, d'un ou de deux numéros de la filière pour les bougies urétrales, et de deux numéros pour les bougies œsophagienne. Ainsi, tandis que l'une des bagues primitives de M. Bordier correspond sur toute sa hauteur au numéro 9, par exemple, la bague de M. Bergonié correspondra au niveau de ses circonférences supérieure et inférieure au numéro 9 également, mais, au niveau de sa circonférence moyenne, au numéro 10 ou 11 pour l'urètre et au numéro 11 pour l'œsophage. Les sondes œsophagiennes sont donc numérotées par deux chiffres pairs ou par deux chiffres impairs (9-11, 10-12, 11-13, 12-14, etc.), et les sondes urètrales le sont, soit commé les sondes œsophagiennes pour une série, soit, pour une autre série, par un chiffre impair et un chiffre pair ou inversement par un chiffre pair et un chiffre impair (...9-11, 10-12, 11-13, etc., pour la première série, et ...9-10, 10-11, 11-12, etc., pour la deuxième série).

La disposition en barillet a non seulement l'avantage d'éviter les blessures de la muqueuse, mais, entre l'une des circonférences extrêmes et la circonférence moyenne, la bague représente un tronc de cône plus allongé, plus aigu que le cône terminal de l'olive de M. Newmann. La bague de M. Bergonié s'insinuera donc dans le rétrécissement plus facilement que l'olive de M. Newmann, et plus facilement encore que le cylindre de la bague primitive de M. Bordier. C'est là le plus grand avantage de la modification de la bague.

Enfin, la méthode circulaire est encore, suivant les cas, appliquée avec des électrodes en forme de cylindre terminé par une surface arrondie à rayon plus ou moins grand. Nous le décrirons lorsque nous exposerons la technique usitée pour la cure spéciale de certains rétrécissements, car leur forme varie avec celle du conduit rétréci.

Quant aux intensités, quelques milliampères suffisent. Il est rare qu'on dépasse 8 mA. La moyenne est de 5.

En ce qui concerne le temps, le rétrécissement est franchi souvent en quelques secondes (dix, quinze, vingt) ; il faut rarement une minute. Il n'y a pas de poussée à exercer sur la bougie ; elle glisse pour ainsi dire toute seule dans le conduit rétréci. Mais suivant la technique utilisée et recommandée par M. Bergonié, l'opérateur passe et repasse plusieurs fois la même bougie, toujours à circuit fermé. Il ne doit pas se contenter de passer une seule bougie durant la même séance ; mais il doit tenter de passer successivement des bougies de numéros progressivement croissants. On peut faire deux et trois séances par semaine. A chaque séance, on commence par essayer de faire passer le numéro le plus faible parmi ceux qui ne passent pas.

THÉORIE

Si tous les électrothérapeutes sont d'accord pour voir dans la méthode linéaire la destruction électrochimique indiscutable des tissus, des différences d'opinion s'établissent parmi les partisans de la méthode circulaire dès qu'il s'agit d'expliquer le mode d'action du courant appliqué suivant cette méthode. Tandis que, au point de vue de la technique et de l'instrumentation, M. Bordier se rapproche de M. Bergonié (puisque, malgré quelques modifications, c'est toujours la bague que ces auteurs emploient), le premier se rallie, au contraire, au groupe de M. Newmann en ce qui concerne la théorie du mode d'action de l'électrolyse circulaire.

Pour MM. Newmann, Bergonié, Bordier, Guilloz, comme pour tous les électrothérapeutes, le corps humain se comporte en présence d'un courant électrique comme un substratum poreux imprégné d'une dissolution saline, où prédomine le chlorure de sodium, dissolution à 5/1,000. Quand le courant passe, le chlorure de sodium est électrolysé, le chlore va au pôle positif, tandis que le sodium est entraîné vers le pôle négatif. Ce transport des ions Cl Na constitue l'effet primaire de l'électrolyse.

Voyons maintenant ce qui va se passer au pôle négatif — celui qui nous intéresse, puisque c'est lui que nous utilisons : en présence de l'eau contenue dans l'électrolyte, le sodium naissant transporté à la cathode forme de la soude, pendant que, sous l'aspect de petites bulles gazeuses, se dégage de l'hydrogène, selon la formule suivante :

$$2Na + 2H^2O = 2(NaOH) + H^2$$

Tels sont ce qu'on appelle les effets secondaires de l'électrolyse. Mais la soude ainsi formée agit à son tour sur les tissus. C'est à ces actions que M. Bergonié a donné le nom « d'effets tertiaires de l'électrolyse ». Elles consistent en effets de cautérisation, de destruction, de coagulation, enfin de résorption. Ce sont ces effets tertiaires qui, pour MM. Newmann et Bordier, guérissent le rétrécissement. D'autant plus marqués qu'ils se produisent plus près de l'électrode, ils entraînent au niveau de celle-ci la formation d'une petite eschare qui est déjà tombée, tandis que leur action persiste encore dans les couches de tissus concentriques à l'électrode, en se faisant de moins en moins sentir à mesure qu'on s'éloigne de celle-ci. Ces tissus, troublés dans leur vitalité par le dépôt de l'ion Na, vont peu à peu se résorber ; cette résorption, après un traitement convenablement réglé, rendra au conduit primitivement rétréci son calibre normal et laissera, là où il n'existait qu'une masse de tissu pathologique, une zone de nouveau tissu présentant la souplesse et l'élasticité des cicatrices traitées par la galvanisation avec le pôle négatif.

Pour M. Bergonié, c'est par un autre mode d'action qu'il faut expliquer la possibilité de faire passer par un rétrécissement des cathéters de plus en plus gros pendant la marche du courant. Le procédé qu'il emploie a reçu de cet auteur et mérite le nom de « dilatation électrolytique progressive » (1), comme la méthode linéaire a reçu et mérite celui « d'urétrotomie électrolytique ». D'après M. Bergonié, la soude formée au niveau du pôle négatif amène un état de souplesse des tissus qui les rend aptes à se laisser dilater, mais amène surtout à leur surface un état d'onctuosité comparable à celui dont nous avons l'impression quand nous frottons l'une contre l'autre la pulpe de nos doigts trempés dans une solution alcaline assez concentrée. Cet état d'onctuosité qui, lorsque nous imprimons à la sonde, pendant le passage du courant, un mouvement de va-et-vient, nous donne souvent la sensation de la faire passer sur une surface savonnée, diminue le coefficient de frottement de la sonde sur le rétrécissement et fait qu'elle le franchit par glissement. « L'électrolyse n'est là que pour diminuer le frottement de la sonde contre l'urètre. » (Professeur Bergonié) (2).

Or, les effets bienfaisants de l'électrolyse se font sentir précisément au point où ils sont le plus désirables et nécessaires, c'est-à-dire à l'endroit le plus resserré du rétrécissement. C'est là, en effet, qu'est le contact le plus intime entre l'électrode et les tissus pathologiques ; c'est donc là que se produit le plus grand dégagement de soude, la condition la plus favorable de glissement.

(1) RAVARIT, Thèse de Bordeaux, 1902.
(2) *Loc. cit.*

Pour démontrer le bien fondé de la théorie de M. Bergonié, M. Ravarit, inspiré par ce dernier, dont il a fort bien compris et bien exposé les idées dans sa thèse inaugurale, a fait, au laboratoire de physique biologique et électricité médicale de Bordeaux, quelques expériences très intéressantes qu'il a décrites dans le même travail et qui montrent aussi la nécessité absolue d'utiliser toujours le pôle négatif pour la cure des rétrécissements. Nous pensons intéresser le lecteur en rapportant ces expériences qui, jusqu'à aujourd'hui, n'ont été publiées que par l'auteur lui-même.

Une cloche renversée et placée sur **un** support présente à sa partie inférieure un orifice fermé par un bouchon de caoutchouc. Un tube de verre traverse celui-ci et s'élève jusqu'à la moitié de la cloche, à l'intérieur, tandis qu'il se prolonge en bas et au dehors de quelques centimètres. Un œsophage de pigeon ou de poulet, ou même un urètre d'homme est, par son bout inférieur, fixé, au moyen d'un lien élastique, à la partie supérieure du tube ; il en est la prolongation vers le haut de la cloche, où il est maintenu en position rectiligne par une ficelle qui, allant de son bout supérieur à un support posé sur les côtés de la cloche, tend légèrement l'organe en expérience. « Afin d'avoir une action conductrice plus grande, dit Ravarit, la cloche est remplie d'eau additionnée de chlorure de sodium (solution physiologique de NaCl à 7 0/0), qui ne modifie en rien les tissus.

» L'appareil étant en place, on introduit une sonde électrolytique dans l'œsophage. Son diamètre lui permet d'y pénétrer un peu, puis on l'adapte au pôle positif et on fait passer le courant à 5 mA. Tous les assistants peuvent alors constater que la sonde est serrée très fortement, qu'il est très difficile de la retirer, et que l'obstacle léger qui, tout à l'heure, n'offrait qu'une constriction légère, s'est beaucoup accentué. Nous interrompons alors le courant et mettons notre même sonde en communication avec le pôle négatif, toujours avec 5 mA. Les personnes présentes peuvent constater que la constriction est beaucoup réduite, que bientôt même on peut imprimer à la sonde des mouvements de va-et-vient, qu'enfin même, au bout d'une minute et demie, elle finit par s'enfoncer toute seule, ayant vaincu l'obstacle sous l'influence du pôle négatif.

» Avec un urètre d'homme, le dispositif étant absolument le même, nous avons constaté les mêmes effets, avec les deux pôles consécutivement. Il est donc permis d'établir expérimentalement que le pôle positif possède une action constrictive sur les tissus, et le négatif une action dilatatrice. Ces faits sont intéressants à noter.

» Nous avons cherché aussi à savoir quelle pouvait être la force de cette action dilatatrice du pôle négatif ou, ce qui revient au même, la résistance des tissus pour l'olive de la bougie électrolytique, résistance qui disparaît après le passage du courant. Avec le même dispositif que pour les expériences précédentes, avec toutefois, en plus, un fil enroulé au bout inférieur de la sonde et portant à l'autre bout un petit plateau contenant des poids, nous avons cherché à nous en rendre compte. Ce fil traverse tout l'intervalle de la partie de l'œsophage ou de l'urètre non rétrécie, ainsi que le tube de verre, à la partie inférieure duquel il déborde de quelques centimètres. L'olive de la bougie étant dans l'impossibilité de franchir un obstacle serré de l'œsophage ou de l'urètre », un rétrécissement artificiel, « nous plaçons successivement plusieurs poids dans le petit plateau que soutient le fil. Nous y mettons tour à tour 50, 100 et 200 grammes; la sonde ne bouge pas. Il faut encore y ajouter 20 grammes, soit en tout 220 grammes pour voir sa descente dans le canal s'opérer ».

Pendant cette partie de l'expérience, on ne laisse passer aucun courant électrique. L'expérience est ensuite reprise avec le même dispositif et avec un œsophage ou un urètre de même dimension que les premiers et présentant un rétrécissement artificiel qui arrête l'olive au même niveau que pour les cas précédents. Lorsque le plateau est chargé de 200 grammes, au lieu d'ajouter 20 grammes, on fait passer un courant galvanique de 5 mA. Alors, « on peut voir la sonde opérer sa descente lentement. »

« On peut donc conclure que l'action électrolytique du pôle négatif, action dilatatrice, a vaincu une résistance de 20 grammes qui existait avant, et qu'elle a surmonté, en un temps très court, avec une intensité relativement faible. »

M. Bergonié a renouvelé la dernière partie de l'expérience, mais en reliant la bougie au pôle positif et non plus au pôle négatif. Il a constaté au lieu du glissement de la sonde, une augmentation de la résistance des tissus sur l'olive.

Lorsque l'on commet une erreur, on doit tâcher de compenser ses mauvaises conséquences en retirant d'elle tout l'enseignement qu'elle peut donner, et il ne doit y avoir aucune honte à la confesser pour faire bénéficier les autres de cet enseignement. Qu'on me permette donc de citer un cas où, par une faute de technique, je donnai à la clinique l'occasion de corroborer les résultats de l'expérimentation.

J'assistais, un jour, M. Bergonié, qui pratiquait, avec la bougie décrite plus haut, l'électrolyse d'un rétrécissement de l'œsophage d'origine caustique. La malade atteinte de rétrécissement était en traitement depuis déjà plusieurs jours à la clinique électrothérapique de l'hôpital Saint-André de Bordeaux. Elle avait déjà subi sans accidents plusieurs séances d'électrolyse circulaire, et une amélioration notable s'était manifestée. Distrait par les conversations de l'entourage, je ne remarquai pas sur le tableau de distribution la disposition inaccoutumée de l'inverseur et, persuadé que je donnais à M. Bergonié le pôle négatif, je lui donnai le pôle positif. Lorsque le courant passa, M. Bergonié constata que la bougie, dont le calibre aurait dû être assez facilement accepté par le rétrécissement, ne glissait pas comme d'habitude et ne cédait même pas à une légère poussée. Cependant, la malade supportait plus mal que durant les précédentes séances le passage du courant. Ces faits nous firent remarquer mon erreur. On cessa l'électrisation. Pendant un long moment, la malade se plaignit d'une sensation de brûlure inaccoutumée et de vives douleurs au niveau de son rétrécissement cautérisé par les acides du pôle positif. Le repos, le régime lacté par vinrent enfin à la calmer.

Les expériences et le fait clinique que nous venons de citer prouvent le bien fondé de l'accord qui existe entre toutes les écoles concernant la préférence accordée au pôle négatif. Ils démontrent aussi que, même si l'on accepte la théorie de la résorption consécutive soutenue par MM. Newmann et Bordier, il faut admettre encore avec M. Bergonié la diminution du coefficient de frottement pendant le passage du courant et le glissement de la sonde sur une surface favorablement modifiée par la présence d'alcalins.

En résumé, tous les électrothérapeutes, d'accord sur le genre de rétrécissements qui relève de l'électrolyse et sur l'emploi du pôle négatif, se partagent, à d'autres points de vue, en deux grandes écoles : les partisans de la méthode linéaire de Jardin et de Fort, et ceux de la méthode circulaire. Cette dernière école se subdivise en deux écoles secondaires : celle de Newmann ou du procédé à olive, et celle de Bergonié et Bordier ou du procédé à bague, quelques différences théoriques n'empêchant pas ces deux auteurs d'opérer suivant la même technique. L'emploi de l'électrode cylindrique et de la bague sont deux formes d'un même procédé.

Il nous reste à voir comment chaque école applique son procédé à la cure spéciale des rétrécissements de chacun des conduits organiques susceptibles d'être rétrécis, et comment elle adapte son instrumentation à ces différents cas. Les rétrécissements de l'urètre étant les plus fréquents, nous commencerons par étudier les traitements électriques dont ils relèvent. Nous parlerons ensuite de la cure des rétrécissements œsophagiens. Puis viendra le tour des rétrécissements des voies lacrymales, de la trompe d'Eustache, du conduit auditif externe, du larynx, du col utérin et du rectum.

III. — Cure spéciale des rétrécissements de divers conduits organiques.

CURE SPÉCIALE DES RÉTRÉCISSEMENTS DE L'URÈTRE

Nombreux sont les travaux et les discussions auxquels a donné lieu l'électrolyse des rétrécissements de l'urètre. Mais notre titre nous en interdit l'histoire et, nous plaçant à un point de vue purement pratique, nous devons seulement mettre en lumière ce qui reste de ces recherches et de ces polémiques, et présenter simplement les procédés actuellement en vigueur à celui qui voudrait en faire une expérience nouvelle. Il pourra choisir entre la méthode linéaire et la méthode circulaire.

1. La méthode linéaire met à notre disposition l'urétrotome-électrolyseur de Jardin, l'électrolyseur adopté par M. Lavaux, et celui de MM. Bergonié et Debédat. Nous avons dit plus haut, en parlant de l'instrumentation en général, en quoi consistent les deux premiers appareils. Nous devons dire aussi en quoi consiste celui de Bergonié et Debédat. Bien que ces auteurs soient devenus de chauds partisans de la méthode circulaire et qu'ils aient abandonné leur électrolyseur linéaire, quelques chirurgiens l'ont repris, et il peut encore rendre des services. Il est constitué par l'appareil de Jardin, mais avec une lame articulée, maniable à l'extérieur, à saillie réglable et à section rétrograde.

La technique de l'électrolyse linéaire est fort bien et courtement indiquée dans le rapport de Bordier au Congrès tenu en 1899 par l'Association française pour l'Avancement des Sciences : « La lame métallique est amenée d'avant en arrière, du méat vers la vessie, près du rétrécissement; la diminution du calibre de l'urètre fait alors éprouver la sensation d'un obstacle résistant; c'est à ce moment que le courant est lancé dans l'appareil, relié comme toujours au pôle négatif, pendant que l'électrode indifférente est appliquée sur la cuisse ou sur l'abdomen.

» L'intensité employée varie entre 25 et 30 mA ; sous l'influence de l'effet tertiaire de l'électrolyse, la lame détruit les tissus qu'elle rencontre et trace un sillon dans le rétrécissement. « Elle opère linéairement comme l'urétrotome de » Maisonneuve. » (Fort.)

Cette méthode, utilisée et prônée surtout par M. Fort, dont elle porte le nom, a été employée par de nombreux auteurs : MM. Madrus, Lavaux, Lagelouze, Tripet, Comanos, Adrian de Garay rapportent de nombreuses observations qui, unies à celles de M. Fort, enregistrent une multitude de succès. Pour eux, c'est la guérison sûre, rapide, sans hémorragie, sans infection. Mais bien d'autres auteurs, tels que MM. Delagenière, Guilliot, Bazy, Antoine d'Haenens, Desnos, Moran, prétendent avoir observé soit l'impossibilité de franchir le rétrécissement, soit l'hémorragie, quelquefois l'infection, et, enfin, les récidives laissant souvent des rétrécissements plus serrés et plus durs que ceux qui avaient été électrolysés. Parmi ces auteurs, plusieurs, cependant, ne condamnent pas absolument la méthode : elle a, disent-ils, ses indications, et l'on doit seulement se garder de lui demander plus qu'elle ne peut donner. D'ailleurs, M. Fort lui-même et beaucoup de ses disciples, admettent après l'électrolyse le secours de la dilatation mécanique.

II. Quant à la méthode circulaire, elle a pour auteurs Mallez et Tripier. Leur instrument comme leur technique, n'a guère plus qu'un intérêt historique. Le modèle primitif à bout renflé et olivaire a cédé la place aux olives de MM. Newmann, Bergonié, Debédat, Vernay, et le modèle modifié à bout cylindrique a cédé la sienne à la bague cylindrique de M. Bordier.

L'électrothérapie a donc aujourd'hui à sa disposition la série des appareils à boule et celle des appareils à bague.

A) Dans la première, on trouve les appareils de Newmann, de Debédat et de Vernay.

a) Ceux de Newmann présentent plusieurs types pouvant répondre aux différentes indications que l'on peut rencontrer :

1° Le type ovoïde offrant une légère courbure voisine de l'extrémité active; celle-ci est une olive dont la longueur du renflement est proportionnée à la grandeur de l'électrode : pour le numéro 11 français, par exemple, l'olive est de 3/16 de pouce, tandis que pour le numéro 21, elle est de 3/8. Le type ovoïde est régulièrement employé pour tous les cas ordinaires;

2° Le type en forme de gland porté par une bougie non incurvée et courte; le type de cette forme sert à l'électrolyse des rétrécissements qui siègent sur les six premiers pouces de l'urètre, du côté du méat;

3° L'électrode cannelée, à petite courbure, qui est une olive percée de façon à ce qu'on puisse introduire dans le canal qu'elle présente un conducteur filiforme qui la guidera à travers les rétrécissements tortueux et serrés, sans danger de fausse route;

4° L'électrode combinaison, ou électrode cannelée, où le simple conducteur précédent est remplacé par un cathéter qui permet d'évacuer la vessie, en cas de rétention, ou d'en faire le lavage immédiatement après le passage de l'olive.

Chaque type ne comprend pas toute la série des numéros de l'échelle française. Il en comprend cependant un nombre suffisant pour pouvoir être utilisé dans la majorité des cas où son emploi est indiqué. Il serait toujours facile de faire construire le numéro qui manquerait.

Laissons maintenant Newmann tracer les règles de son procédé :

« La topographie de l'urètre devra d'abord être bien déterminée, et les rétrécissements mesurés; un plan d'opération doit être fait en conséquence, avec la pleine connaissance de ce que l'on se propose de faire. La position que le malade devra prendre pendant l'opération est chose de peu d'importance; il pourra, à sa convenance, se tenir debout, assis ou couché sur le dos, les épaules élevées, les genoux relevés. Les anesthésiques ne sont pas employés, parce qu'aucune douleur ne sera ressentie, et parce que le patient doit rester conscient, de manière à pouvoir exprimer ses sensations. Pour les rétrécissements ordinaires, la dimension de la bougie choisie devra être de trois numéros français plus large que l'étranglement. Cette bougie-électrode doit être alors introduite dans l'urètre jusqu'à ce que le renflement soit arrêté par le rétrécissement. Une éponge électrode imbibée d'eau chaude et reliée au pôle positif de la batterie doit être tenue bien appliquée contre la peau du patient, soit dans la paume de la main, soit pressée contre l'abdomen, la cuisse ou toute autre région, pour compléter le circuit. Les deux pôles étant fixés ainsi, le courant doit être augmenté très lentement et graduellement, un élément à la fois, jusqu'à ce que le patient éprouve une chaleur et une légère sensation de piqûre. L'opérateur doit tenir la bougie ferme contre le rétrécissement et il sentira bientôt que la résorption gagne du terrain, que le rétrécissement cède, se dilate, et que l'instrument avance lentement et pénètre dans l'obstruction; quelquefois, il franchira complètement le rétrécissement. S'il y a plusieurs étranglements, la bougie devra être guidée de la même manière jusqu'à ce qu'elle pénètre dans la vessie. Alors l'électrode doit être retirée lentement, et chaque étranglement doit être bien effacé, jusqu'à ce qu'on ait passé le premier rétrécissement; alors, le courant doit être réduit lentement, élément par élément, jusqu'au zéro; et jusque-là l'électrode ne doit pas être retirée.

» Durant toute l'opération, l'électrode doit être tenue d'une manière assez lâche et doucement à sa place contre l'obstruction ; toute pression, tout effort doivent être évités. La bougie se conduira bien d'elle-même, faisant son œuvre par l'influence électrolytique du courant. Une séance doit durer de cinq à vingt minutes. »

b) L'appareil de M. Debédat est remarquable en ce que la grosse extrémité seule de ses olives est métallique; la partie antérieure est en substance isolante, par exemple en ivoire. Ces olives ne peuvent faire que l'électrolyse rétrograde. Elles sont d'abord poussées dans l'urètre jusqu'au delà du rétrécissement qu'elles doivent franchir à frottement dur. On fait alors passer le courant. L'olive est ensuite ramenée vers le méat par traction sur la bougie souple, à l'extrémité de laquelle elle est fixée. Pendant ce mouvement de recul, la partie métallique rencontre le rétrécissement et, le soumettant à l'électrolyse, le franchit après un temps qui varie avec l'intensité employée. Les olives de M. Debédat conviennent surtout aux rétrécissements en valvule, en nid de pigeon, à concavité tournée vers la vessie, dont on fait le diagnostic avec l'explorateur à boule, qui arrive sans ressaut jusque dans la vessie, mais se coiffe au retour du nid de pigeon.

» Dans les rétrécissements constitués par une valvule, dit M. Bordier, c'est l'instrument rêvé. » Mais on doit ajouter, avec cet auteur, que ce n'est pas pour tous les cas l'appareil de choix, ni le plus commode d'une façon générale. La série des olives de M. Debédat va du numéro 8 au numéro 20 de la fillière Charrière.

c) L'appareil de M. Vernay comprend deux modèles : celui de 1899 et celui de 1900. Les olives sont mi-partie métalliques et mi-partie isolées, comme celles de M. Debédat; mais, à l'encontre de ce qui se passe pour ces dernières, le métal est introduit dans l'urètre avant la substance isolante. Elles ne sont que les olives de Debédat retournées. Celles-là font l'électrolyse du méat vers la vessie, et celles ci de la vessie vers le méat.

Pour chacun des deux modèles de Vernay, les bougies sont semblables et contiennent dans leur axe le fil servant à établir les connexions électriques du système ; mais le modèle de 1899 possède un mince conducteur en gomme qui précède l'olive, tandis que ce conducteur a disparu dans le modèle de 1900. Son but était d'empêcher la désaxation de l'olive. Mais, dans le cas où même le conducteur filiforme ne peut franchir la zone rétrécie, l'olive qu'il précède reste loin d'elle et l'électrolyse des tissus pathologiques est impossible; en supprimant, au contraire, le conducteur, on peut toujours amener l'olive au contact du rétrécissement. La disposition que présente l'olive hémi-conductrice en avant, hémi-isolée en arrière, permet de ne faire porter l'action du courant que sur la stricture et d'épargner les tissus sains placés immédiatement en arrière, qui n'ont ainsi de contact qu'avec la partie isolante. La technique de M. Vernay ne diffère pas, d'ailleurs, de celle de M. Newmann.

B) Dans la série des appareils à bague, le médecin pourrait choisir entre l'anneau primitif de M. Bergonié, la bague régulièrement cylindrique de M. Bordier, et la bague à calibre variable de M. Bergonié.

Nous avons décrit plus haut l'anneau de M. Bergonié pour montrer la relation qui existe entre ce modèle et les deux derniers, mais nous devons rappeler que l'auteur l'a lui-même abandonné en faveur de ceux-ci.

La forme générale de ces appareils, pouvant être adoptée pour la cure des rétrécissements de différents conduits organiques, a été décrite lorsque nous avons exposé ce qui caractérise en général les diverses méthodes et les distingue les unes des autres. Il nous suffit donc maintenant d'indiquer les dimensions des bougies utilisées spécialement pour l'urètre. La longueur totale de l'appareil rappelle celle d'une sonde urétrale ordinaire. A 6 centimètres de l'extrémité amincie se trouve la bague, dont la hauteur est de 5 millimètres. Le reste de la bougie mesure ensuite 25 centimètres environ jusqu'à la borne de prise du courant, qui reçoit la petite goupille de Gaiffe portée par le fil conducteur. La série des bougies peut aller, avec les numérotages que nous avons indiqués plus haut, du numéro 3 jusqu'au numéro 24 de la filière Charrière.

Avant de procéder à la cure, on doit s'assurer des pôles par les procédés bien connus : électrolyse de l'eau qui montre l'effervescence de l'hydrogène au pôle négatif; électrolyse d'une solution d'iodure de potassium qui montre l'iode comme un brouillard brunâtre autour du pôle positif; emploi de différents papiers-pôle.

En ce qui concerne le reste de la technique, MM. Bergonié et Bordier opérant de la même façon, nous ne saurions mieux faire que de citer le passage où M. Ravarit expose le procédé en usage à la clinique électrothérapique de M. Bergonié à l'hôpital Saint-André de Bordeaux:

« Le malade étant couché sur le dos, sur la table d'opérations, la tête basse, les jambes légèrement fléchies, on prend d'abord, à l'aide d'une bougie à boule, une topographie très exacte du canal urétral; on mesure à quelle distance se trouvent les rétrécissements, et on établit le plan de l'intervention. On applique dans le dos du malade ou sous les fesses une électrode indifférente que l'on relie au pôle positif. On choisit une électrode urétrale légèrement supérieure au diamètre du rétrécissement à franchir; et on l'introduit jusqu'à ce qu'elle butte contre la partie rétrécie du canal, puis on la relie au pôle négatif.

. . . .

» Lorsque les deux pôles sont ainsi en place, on fait passer le courant avec beaucoup de précaution. Il est toujours donné avec une intensité de 5 mA, et cela pendant seulement un temps très court. Les autres procédés employés, même les derniers que l'on a signalés, diffèrent de celui-ci en ce que l'intensité du courant est bien plus grande et dure bien plus longtemps (10 à 30 mA pendant vingt minutes, en faisant varier graduellement le courant jusqu'à ce que le malade éprouve un léger picotement).

» Lorsque le courant est à 5 mA., on tient l'olive strictement appliquée contre le rétrécissement ; l'on sent bientôt que ce dernier cède, que l'olive pénètre et que peu à peu elle a franchi le point rétréci. On passe et l'on repasse un certain nombre de fois, jusqu'à ce que l'olive passe très facilement, puis on ramène au zéro. La durée de chacun de ces passages multiples peut varier entre vingt et quarante-cinq secondes. S'il existe plusieurs rétrécissements, on recommence la même technique, en s'arrêtant à chacun d'eux. Les séances ont lieu tous les trois ou cinq jours, jusqu'à ce que le numéro 20 de la filière Charrière puisse facilement passer par l'urètre...

» Il n'y a pas lieu d'employer la force, à condition que l'olive choisie soit bien adaptée, et, avec un peu de patience et de persévérance, le rétrécissement le plus difficile peut être vaincu. L'opération est sans douleur ; il n'y a pas de danger d'hémorragie ; le patient ne perd pas de temps pour ses affaires, et on peut promettre la guérison pour 90 cas sur 100. »

On le voit par ces dernières lignes, M. Ravarit ne craint pas d'affirmer l'excellence de la méthode qu'il a étudiée. A vrai dire, elle n'a point déchaîné les mêmes attaques que celle de M. Fort, et n'a point vu s'élever contre elle des détracteurs aussi passionnés. Il est rare qu'on lui reproche d'aggraver immédiatement ou à longue échéance l'état des malades. On se contente de l'accuser ou d'inutilité, ou d'insuffisance, ou de lenteur : les uns, avec M. Pousson, ne voient en elle qu'une dilatation mécanique déguisée ou plutôt compliquée, et ne lui accordent par conséquent pas le droit de supplanter celle-ci ; les autres, avec MM. Mansell, Moulin et Desnos, disent qu'elle doit, pour combattre les récidives, appeler à son aide la dilatation mécanique, mais reconnaissent qu'elle assouplit le tissu cicatriciel constituant les rétrécissements ; d'autres enfin, avec ce dernier auteur et avec Delagenière, se plaignent du grand nombre de séances qu'ils ont pratiqué et qui décourageait leurs malades. Aux premiers, nous répondons par le fait suivant : on appuie contre un rétrécissement organique une bougie Béniqué un peu trop grosse pour le franchir ; elle ne passe pas ; on appuie deux minutes, cinq minutes, elle ne passe pas davantage ; on appuie ensuite sur le même rétrécissement une olive ou une bague électrolytique du même calibre que la bougie Béniqué : elle ne passe pas non plus à circuit ouvert ; mais, sans rien changer au dispositif, on ferme le circuit électrique et on laisse le courant faire son œuvre ; au bout de dix, quinze, trente secondes, une minute, rarement plus, la bougie glisse et le rétrécissement est franchi. Aux auteurs du deuxième groupe, nous ne pouvons qu'opposer les assertions de Newmann devant New-York Country Medical Association, et les conclusions émises par le Comité nommé par le IIIe Congrès de l'Association américaine d'Electrothérapie et composé de MM. les docteurs Goelet, Morton et Herdmann, en vue d'examiner les rapports et les statistiques de M. Newmann ; nous pourrions citer aussi les résultats de M. Lynck (de Norfolk). En ce qui concerne la lenteur de la méthode circulaire, nous rappellerons que cet auteur ne demandait que deux ou trois mois pour guérir la plupart des rétrécissements avec une séance par semaine. Aux vingt-cinq séances de M. Desnos et aux cent quatre-vingt-huit séances de M. Delagenière, nous opposons les deux et quatre séances de M. Gilles et de M. Bergonié.

Au moment où nous achevons ce travail, nous avons devant nous les observations de deux malades dont le premier est venu il y a deux jours nous faire constater qu'après quatre séances, faites du 6 au 25 mai 1903, avec des intensités variant entre 5 mA. et 8 mA., son urètre, qui n'admettait au début que la bougie numéro 8-10, a acquis un calibre normal, et que tous les symptômes fonctionnels ont disparu.

Le deuxième malade, entré hier à la Clinique, présentait un urètre qui n'admettait que la bougie 6-8 ; au bout d'une demi-heure au plus, on avait passé tous les numéros intermédiaires entre cette bougie et la bougie numéro 19-21 qui, après l'électrolyse, n'eut pas plus de peine à franchir le rétrécissement que le méat urinaire. La miction s'effectua très facilement après la séance. Le malade, pour lequel on ne pouvait actuellement faire davantage, ne reviendra à la clinique qu'à une date très éloignée, pour que nous puissions nous renseigner sur la persistance de la guérison.

Que de malades traités avec succès dans la clinique de M. Bergonié dont nous pourrions joindre l'observation à celles que nous venons de citer, si nous avions à plaider la cause de la méthode circulaire !

D'ailleurs, il y aurait mauvaise grâce à accuser la plupart des auteurs de parti pris. Beaucoup, même parmi ceux qui n'ont pas toujours à se louer de l'électrolyse, reconnaissent, comme M. Desnos, que toutes les méthodes peuvent avoir leurs indications, et l'on voit des éclectiques, tels que MM. Gilles et Roublj, demander tantôt à l'une, tantôt à l'autre, les services qu'elles peuvent rendre.

Ce sont, évidemment, les rétrécissements urétraux chez l'homme qui ont généralement préoccupé les thérapeutes et ont suscité les nombreux travaux que nous venons de rapporter. Les rétrécissements urétraux chez la femme constituent une rareté clinique. La brièveté du canal féminin et la souplesse de ses parois rendraient, d'ailleurs, le traitement facile. M. Newmann en rapporte quelques observations démontrant que la technique qui est utilisée chez l'homme réussit bien chez la femme.

Cure électrolytique des rétrécissements de l'œsophage.

Dans la cure des rétrécissements œsophagiens, nous retrouvons la méthode linéaire et la méthode circulaire, avec, pour cette dernière, le procédé à olive et le procédé à bague.

La première méthode utilise un œsophagotome électrolytique. Celui-ci est constitué comme un urétrotome de Jardin de très grandes dimensions, par une branche unique, isolée, qui porte, un peu avant son extrémité inférieure, une lame métallique saillante.

Les observations de rétrécissements œsophagiens traités par la méthode linéaire paraissent excessivement rares. Avec la méthode circulaire, les auteurs semblent un peu moins timides. Cependant, jusqu'a la thèse de M. Ravarit, les publications sur ce sujet sont bien clairsemées. M. Moulin, en 1894, signala un cas de rétrécissement consécutif à l'ingestion d'acide nitrique qu'il traita, d'ailleurs sans grand succès, par la méthode de Newmann. Quelques mois plus tard, M. Harvey obtint, au contraire, par la même méthode, de brillants résultats sur six rétrécissements, dont un spasmodique, un cicatriciel, trois fibreux et un cancéreux.

M. Sletoff, en 1899, et plus tard, en 1901, ce même auteur avec Pastnikoff, publia les services que lui a rendus l'électrolyse circulaire dans plusieurs cas de rétrécissements, même dans les cas de rétrécissements cancéreux. L'électrolyse ne guérit certainement pas ces derniers, mais elle permet au malade de se nourrir et lui donne ainsi une vie plus longue et plus supportable. En des mains expérimentées, elle n'est, d'ailleurs, ni douloureuse ni dangereuse. Il y a quelques mois, M. Ravarit a montré les services que peut rendre l'électrolyse des rétrécissements de l'œsophage en publiant la méthode que nous avons vu employer et les observations des malades que nous avons vu guérir ou améliorer à Saint-André de Bordeaux.

Au point de vue des intensités, du temps et de la forme des bougies, on pourrait répéter pour la cure des rétrécissements œsophagiens ce que nous avons dit pour la cure des rétrécissements urétraux. Nous devons seulement remarquer que les dimensions des sondes sont appropriées au but que l'on poursuit.

Selon le procédé adopté, la bougie en gomme flexible se termine par une olive vissée à son extrémité ou porte une bague à 8 centimètres de cette dernière. M. Harvey possède vingt olives, dont le grand diamètre transversal varie entre 4 et 24 millimètres et qui, en cas d'abandon dans l'œsophage, peuvent être rattrapées, grâce à un lien dont une extrémité reste en dehors de la bouche du malade.

Le jeu des bougies à bague utilisées par M. Bergonié est numéroté suivant le mode que nous avons exposé dans notre description générale, et peut présenter tous les numéros compris dans la série des sondes œsophagiennes ordinaires.

La longueur totale de la bougie est d'environ 65 centimètres. L'instrument est introduit dans l'œsophage après avoir été lubrifié par la salive du malade, de la glycérine ou du beurre. Quand on agit prudemment, le plus gros inconvénient de l'électrolyse œsophagienne nous parait consister dans les nausées et les vomissements que peut provoquer l'intromission de la sonde, et contre lesquels on peut essayer la cocaïnisation du pharynx.

Cure électrolytique des rétrécissements des voies lacrymales.

Exposer l'état actuel de l'électrolyse des sténoses des conduits lacrymaux revient à décrire la méthode reprise et bien réglée par M. F. Lagrange, de Bordeaux, c'est-à-dire la méthode circulaire adaptée à l'électrolyse des voies lacrymales.

Précédé par MM. Tripier, Desmarres, Roy, Steawenson, Jessop, Gorecki et Rohmer, M. Lagrange fit à son tour l'épreuve de l'électrolyse des voies lacrymales. En ayant observé lui-même les inconvénients, il résolut, au lieu de rejeter la méthode, d'en supprimer les défauts pour n'en garder que les avantages.

Il s'attacha d'abord à la justifier par d'ingénieuses expériences, qu'il fit avec M. Mazet, dans le laboratoire de M. Sabrazès, et que reprit son élève M. Chabaneix. Ces expériences, que nous avons le regret de ne pouvoir exposer en détail sans sortir du cadre qui nous est imposé, démontrèrent les effets antiseptiques de l'électrolyse sur les tissus soumis à son action.

L'asepsie et même l'antisepsie de l'opération établies, M. Lagrange a cherché à obvier aux défauts des procédés employés jusqu'à lui : défaut d'isolement des parties de la sonde en contact avec les tissus sains et ignorance de l'ampérage permettant l'emploi d'intensités trop élevées, deux conditions favorables aux récidives consécutives aux cautérisations trop profondes ; vertiges, syncopes, douleurs dues aux variations brusques du courant. Voyons comment Lagrange pare à tous ces inconvénients.

Pour localiser l'action du courant sur les points rétrécis et isoler la sonde des tissus sains, M. Lagrange emploie comme électrode négative une sonde de Bowmann en argent, dont la partie inférieure seule est à nu jusqu'à 3 centimètres environ de son extrémité. Ces 3 centimètres de sonde se trouvent placés, en effet, pendant le cathétérisme des voies lacrymales, dans la région qui, pour M. Lagrange, est le siège d'élection des rétrécissements. Le reste de la sonde est couvert d'un enduit isolant jusqu'au voisinage de l'extrémité opposée, qui porte deux ailettes pour favoriser le maniement de la sonde et une petite borne pour la prise du courant. L'on doit posséder un jeu d'au moins six sondes graduées par millimètres.

Le but qu'on se propose étant la modification et non la destruction de la muqueuse, il est nécessaire d'être constamment renseigné sur l'intensité employée. Un milliampèremètre bien apériodique doit donc absolument être interposé dans le circuit.

Enfin, c'est en ne faisant varier l'intensité du courant que progressivement et doucement que l'on évitera les vertiges, les phosphènes, les douleurs aiguës et tous les petits inconvénients de l'électrisation de la tête. Pour cela, M. Lagrange préfère au collecteur d'éléments le rhéostat à liquide de M. Bergonié.

En un mot, « substance isolante sur la partie du cathéter non utilisée pour l'électrolyse, milliampèremètre apériodique bien construit, rhéostat de Bergonié, tel est, en quelque sorte, dit Lagrange, le trépied de la méthode que j'emploie. »

L'électrolyse est précédée par l'incision des points et des canalicules lacrymaux, comme avant le cathétérisme de Bowmann, et par une injection destinée à nettoyer le champ opératoire et à confirmer le diagnostic. Le pôle positif est représenté par un simple tampon d'ouate hydrophile imbibé d'eau salée et entourant la goupille du fil conducteur et placé dans la narine où s'ouvre le canal nasolacrymal rétréci. La densité des lignes de flux est ainsi maxima entre le tampon positif placé dans la narine et la sonde négative enfoncée dans le canal naso-lacrymal. Ce dispositif est aussi la mise en pratique logique du résultat des expériences dont nous avons parlé, car elles démontrent que les effets antiseptiques de l'électrolyse sont d'autant plus marqués que les deux pôles sont plus rapprochés l'un de l'autre.

Le courant est amené doucement sans à-coups à 5 mA., et, au bout de cinq minutes, ramené aussi ou plus doucement au zéro. Pendant le passage du courant, le malade n'éprouve qu'une légère cuisson dans la région électrolysée, et un chatouillement désagréable causé par les bulles d'hydrogène qui se dégagent autour de la cathode. Pas d'écoulement de sang.

Durant les jours qui suivent les séances, on ne pratique que de simples injections antiseptiques. Les séances sont répétées tous les huit ou dix jours, et il est rare qu'il faille plus de deux ou trois séances pour obtenir la guérison. Nous avons constaté celle d'un de nos confrères, obtenue en une seule séance.

Dans la cure des rétrécissements inflammatoires ou cicatriciels, la méthode, réglée comme nous l'avons dit, n'a donné à M. Lagrange que des succès et pas de récidives.

Parmi les opérateurs qui suivent la voie tracée par lui, nous devons citer MM. Chabaneix, Bourgeois, Fage, du Gourlay, Leprince, Alvarez Alvarado (de Valladolid), et Menacho (de Barcelone).

CURE ÉLECTROLYTIQUE DES RÉTRÉCISSEMENTS DE LA TROMPE D'EUSTACHE.

Les opérateurs qui ont pratiqué l'électrolyse des rétrécissements de la trompe d'Eustache, MM. Garrigou-Désarènes, Steawenson, Duel, Newmann, ont toujours eu recours à la méthode circulaire. Généralement, il faut le reconnaitre, le succès a couronné leurs essais.

Le procédé qui paraît devoir rester classique est celui de M. Duel. On pourrait dire qu'il est la réduction, la miniature de celui que Mallez et Tripier employaient pour l'urètre. Un jeu de quatre bougies en cuivre allant du numéro 3 au numéro 6 de la filière française fournit l'électrode active. L'une de ces bougies, montée sur un fil de cuivre numéro 5, passe dans un petit cathéter en argent isolé extérieurement. Bougie et cathéter sont introduits dans la trompe malade, et la bougie, émergeant suffisamment de la lumière du cathéter, est poussée doucement contre le rétrécissement. Elle est réunie au pôle négatif, tandis que le pôle positif est placé sur un point quelconque du corps. Le courant est progressivement amené à une intensité qui varie entre 2 et 5 mA. Bientôt, la bougie avance doucement dans le rétrécissement, aidée par la légère pression imprimée à la sonde. Au bout d'une séance de deux à cinq minutes, l'intensité est progressivement ramenée au zéro. M. Duel prétend que les résultats sont meilleurs lorsque, pour une même quantité d'électricité, lo temps est relativement long et l'intensité relativement faible. Le procédé est un peu douloureux pendant le passage du courant.

Cure des rétrécissements du conduit auditif externe.

Tout ce que l'on connait en fait de travaux concernant l'électrolyse des rétrécissements du conduit auditif externe consiste en une observation publiée en 1896 par M. Ostmann, de Marburg.

Il s'agit d'un rétrécissement cicatriciel du conduit auditif externe présenté par un homme de vingt-deux ans. Au niveau de la sténose, le conduit se réduisait à une petite fente par laquelle on ne pouvait même pas pousser une injection pour débarrasser le conduit du pus accumulé derrière le rétrécissement. M. Ostmann, s'écartant des méthodes d'électrolyse habituellement employées dans la cure des rétrécissements, et jusqu'ici décrites par nous, résolut de pratiquer l'électropuncture dans les tissus pathologiques.

En un point qui variait à chaque séance, il enfonçait en pleine masse cicatricielle, et sans cocaïnisation préalable, une aiguille reliée au pôle négatif, le pôle positif étant sur une région quelconque du corps du malade. L'intensité était portée à 4 ou 5 mA., et la séance durait cinq minutes. M. Ostmann pratiquait une électrisation tous les huit ou dix jours. Après la quatrième séance, l'amélioration était telle que l'ouverture du conduit mesurait 7 millimètres dans le diamètre vertical et 6 millimètres dans le diamètre horizontal. On cessa le traitement. Un an après, un nouvel examen fut pratiqué, et M. Ostmann constata que la guérison s'était maintenue.

Le procédé de M. Ostmann, par l'absence de douleurs et par ses résultats, semble pouvoir soutenir avantageusement la comparaison avec les procédés douloureux habituellement employés par les médecins auristes.

Nous pensons qu'à côté du procédé de M. Ostmann trouverait place aussi une technique basée sur l'emploi de la méthode circulaire et sur laquelle on pourrait, *a priori*, fonder quelques espérances.

Ce que nous avons rapporté touchant la méthode de M. Ostmann demande logiquement que nous décrivions aussitôt le mode d'électrolyse utilisé par M. Brindel dans un cas de sténose du larynx. Les deux procédés reposent, en effet, sur le même principe : résorption des tissus consécutive à l'électropuncture, et présentent plus d'un point de ressemblance.

CURE ÉLECTROLYTIQUE DES RÉTRÉCISSEMENTS DU LARYNX.

Les rétrécissements du larynx ne paraissent pas avoir été souvent traités par l'électrolyse, et la littérature médicale n'offre pas de nombreux renseignements à ce sujet.

J'ai cependant à citer une observation qui n'a jamais été publiée, et dont l'opérateur m'a fait part avec la permission de la rapporter dans ce travail.

... Il y a quelques années, M. Brindel eut à soigner une femme présentant un rétrécissement de la partie supérieure du larynx, consécutif à des lésions syphilitiques datant de plusieurs années. Ce rétrécissement était dû à l'envahissement progressif par un œdème dur, chronique, de toute la partie supérieure du larynx, qui affectait la forme d'un museau de tanche utérin. Le rétrécissement provoqué par ces déformations était accompagné d'aphonie et de troubles respiratoires déjà très inquiétants. M. Brindel songea alors à utiliser l'électrolyse. Il fit, autour de l'orifice supérieur du larynx et en plein œdème, trois piqûres électrolytiques, à raison d'une piqûre par séance et d'une séance par semaine. Après trois semaines, l'œdème s'était ramolli et avait subi une résorption considérable ; l'orifice laryngien s'était notablement élargi ; la malade parlait et respirait facilement ; le tirage avait disparu. La malade fut si satisfaite de son amélioration qu'il est permis de supposer qu'elle serait revenue pour subir de nouveau le même traitement si une aggravation ou une récidive s'était produite.

Ce succès nous fait un devoir de décrire en détail l'instrumentation et la technique utilisées par M. Brindel, afin qu'on puisse, le cas échéant, traiter une affection semblable par un traitement semblable.

Voici d'abord la description de l'appareil que fit construire M. Brindel, guidé par les conseils de M. Bergonié : Une aiguille en cuivre, longue de 2 centimètres, constitue le pôle actif. Elle est fixée à l'extrémité d'une petite baguette en cuivre. Celle-ci, longue de 17 centimètres, est entourée d'une gaine isolante en caoutchouc, et recourbée de façon à présenter une longue portion horizontale et une courte portion verticale, unies l'une à l'autre, par un angle très arrondi. C'est à l'extrémité inférieure de la courte portion, et suivant la direction de son axe vertical, qu'est appendue l'aiguille dont nous avons parlé. Quant à la longue portion, elle est unie par son extrémité opposée à la courte portion, à une pièce qui supporte la borne de prise du courant et un petit interrupteur assez élégant. Cette pièce présente une longueur de 8 centimètres ; elle est unie, du côté opposé à la baguette de cuivre, à un manche horizontal en bois qui mesure aussi 8 centimètres de longueur.

Pour appliquer le traitement d'après le procédé de M. Brindel, on cocaïnise d'abord la gorge du patient et les parties malades. On applique ensuite une large électrode indifférente et positive sur le dos du malade. Puis, après avoir uni l'électrolyseur au pôle négatif, on porte sur le larynx l'aiguille en cuivre. On l'enfonce, à circuit ouvert, sur l'un des points les plus gênants du rétrécissement. La gaine en caoutchouc qui enveloppe la baguette va protéger les lèvres, la bouche et le pharynx, toutes les parties saines, contre le passage du courant. La partie qui porte l'interrupteur et la borne est en avant de la face du malade. Le manche en bois est dans la main droite de l'opérateur, et l'index de cette main se tient prêt à faire fonctionner l'interrupteur, si besoin est. La main gauche de l'opérateur manœuvre le rhéostat à liquide, tandis que ses yeux suivent les mouvements de l'aiguille indiquant, sur le milliampèremètre, les variations progressives et lentes de l'intensité. Celle-ci est, peu à peu et sans secousses, portée à 7 mA. Lorsque le courant passe depuis cinq minutes, il est lentement interrompu, et les pôles sont inversés. On fait ensuite de nouveau passer le courant pendant une minute, cette fois avec le pôle positif, pour parer aux hémorragies possibles ; puis l'intensité est une deuxième fois ramenée à zéro, et la première séance, d'ailleurs bien supportée, est terminée. Les séances successives sont espacées d'une semaine. Chaque séance donnant lieu à une des piqûres, celles-ci sont disposées en couronne autour de l'orifice du larynx, dans les tissus pathologiques qui bornent la lumière du rétrécissement.

La technique de M. Brindel, on le voit, méritait d'être exposée avec d'autant plus de détails qu'elle s'éloigne davantage, comme celle de M. Ostmann pour les rétrécissements du conduit auditif, des méthodes que nous avons vu employer pour les rétrécissements de l'urètre et de l'œsophage, des conduits lacrymaux et de la trompe d'Eustache, et dont il nous reste à parler concernant les sténoses du col utérin et du rectum.

Mais nous n'aurons tout dit, ou à peu près, sur l'état actuel de l'électrolyse des rétrécissements laryngiens que lorsque nous aurons cité, après le succès de M. Brindel, une communication faite, en 1900, au Congrès de Paris, par MM. Boulay (de Paris) et J. Boulai (de Rennes). Ces opérateurs rapportent le cas d'un jeune homme de dix-neuf ans qui, à l'âge de trois ans, avait été trachéotomisé pour une affection qui présentait tous les caractères d'un croup prolongé. Jamais il n'avait pu, depuis lors, être décanulé. Il présentait un rétrécissement glottique et sus-glottique ne laissant qu'un étroit passage à l'air. De nombreux traitements avaient été employés et tous avaient échoué, lorsque MM. Boulay et Boulai songèrent à employer l'électricité. Seules, des séances répétées d'électrolyse intra-laryngée créèrent en quelques mois un passage assez large pour que la canule pût être enlevée sans aucun incident. D'autre part, cette opération fut suivie d'une amélioration considérable de l'état général du malade. Nous regrettons de n'avoir pas trouvé des renseignements sur l'instrumentation et la technique utilisées dans ce cas.

La cure des rétrécissements du larynx par l'électrolyse est actuellement, on le voit, pleine de promesses et appelle de nouvelles recherches.

CURE ÉLECTROLYTIQUE DES RÉTRÉCISSEMENTS DU RECTUM.

Il existe quelques observations de rétrécissements du rectum traités avec succès par l'électrolyse. C'est surtout M. Newmann qui a appliqué ce mode de traitement ; M. Lecerf (de Valenciennes) l'a imité.

La technique appartient absolument au procédé de Newmann. Les dispositions spéciales à la cure des rétrécissements du rectum concernent les dimensions des olives électrolytiques et la quantité du courant à employer. Les dimensions des olives sont adaptées à celles de la région sur laquelle celles-ci doivent porter leur action ; quant à la quantité du courant, on peut, étant donnée l'étendue relativement grande de la surface à électrolyser, employer de 20 à 25 mA., pendant quinze à vingt minutes. On peut faire une séance tous les quatre jours.

Les résultats obtenus ont permis de poser les conclusions suivantes : l'électrolyse est contre-indiquée dans les rétrécissements d'origine carcinomateuse ; elle est, au contraire, préférable à tous les autres procédés, avec des chances de récidives moindres, dans les cas de rétrécissements fibreux consécutifs à des inflammations chroniques et anciennes.

CURE ÉLECTROLYTIQUE DES STÉNOSES DU COL UTÉRIN.

La littérature médicale est d'une pauvreté absolue concernant l'électrolyse des rétrécissements qui font l'objet de ce dernier article. M. Tripier, croyons-nous, l'a cependant utilisée, et nous avons vu M. Bergonié, ainsi que le rapporte M. Barret, mettre à profit les propriétés du pôle négatif pour pénétrer dans un utérus dont il voulait électriser la muqueuse, tandis qu'une atrésie du col opposait un sérieux obstacle à l'intromission de l'hystéromètre-pôle.

Dans la plupart des cas, il s'agit d'arrêter par la galvanisation intra-utérine des hémorragies dues à une endométrite ou à un fibrome utérin. Pour cette opération, l'on se sert, à Saint-André de Bordeaux, d'hystéromètres de différents calibres constitués par une tige métallique entourée d'une gaine isolante et portant, à l'une des extrémités, un petit cylindre de charbon de 2 ou 3 centimètres de longueur, de diamètre variable, non isolé et destiné à être placé dans l'utérus, et, à l'autre extrémité, une borne reliée au pôle positif de la source galvanique.

Si le cylindre de charbon, de dimensions adaptées au volume de l'utérus à électriser, est arrêté par une atrésie du col, on inverse les pôles sans changer d'hystéromètre, et celui-ci, devenu négatif, traverse généralement, sans trop de difficultés, le canal cervical, dès qu'un faible courant a passé pendant quelques minutes. Le col une fois franchi, les pôles sont de nouveau inversés, et l'hystéromètre, redevenu positif, peut dès lors servir à l'électrisation intra-utérine. Il est évident que la manœuvre ne réussira pas si l'opérateur ne s'est, au préalable, renseigné sur la direction de l'axe du col relativement à celle de l'axe du corps de l'utérus, de façon à pouvoir diriger l'hystéromètre dans un sens convenable.

Ce procédé, comme celui de Mallez et de Tripier pour les rétrécissements urétraux, et d'Ostmann pour la trompe d'Eustache, se rattache au procédé à cylindre de la méthode circulaire.

Peut-être attend-on de nous des conclusions fermes et nettes dans lesquelles nous jugerions les divers procédés que nous avons examinés, approuvant les uns et condamnant les autres.

Nous pensons, au contraire, devoir nous abstenir de formuler ces conclusions.

Le titre de notre travail, d'abord, nous en dispense : il demande que nous énumérions les différentes formes et les différentes espèces des rétrécissements actuellement traités par l'électrolyse, et que nous décrivions les diverses méthodes actuellement en usage ; nous devons des faits, et non des appréciations.

Si nous n'avons eu que des mots élogieux pour certains procédés, c'est que nous constations simplement leurs succès ; ceux-ci et les indications très nettes de ces procédés ne prêtaient même pas à discussion.

Concernant les méthodes qui ont, au contraire, comme celles se rapportant aux rétrécissements urétraux, suscité de nombreuses polémiques et provoqué des assertions absolument opposées les unes aux autres et inconciliables entre elles, nous demanderons qu'on nous laisse acquérir, avant de nous prononcer, une plus longue expérience personnelle et, de même que M. Fort répondait au Congrès de Paris, en 1900, qu'il n'avait jamais pratiqué la méthode de Newmann, nous répondrons que nous avons vu souvent pratiquer par notre maître, le professeur Bergonié, ou pratiqué nous-même, la méthode circulaire, mais que nous n'avons jamais vu employer la méthode de Fort. Comme ce dernier auteur, nous émettrons aussi le vœu de voir dresser de longues et loyales statistiques permettant de faire le procès des différentes méthodes.

Pour les cas où l'électrolyse n'a été que très peu utilisée, nous avons exposé la technique suivie et montré les résultats généralement très satisfaisants qu'on en a retirés. Il ne nous reste qu'à souhaiter de voir explorer plus souvent la voie ouverte sous de si heureux auspices.

INDEX BIBLIOGRAPHIQUE

1867 MALLEZ et TRIPIER. — De la guérison durable des rétrécissements de l'urètre par la galvanocaustie chimique.

1876 NEWMANN. — *Archiv. de méd.*, t. Ier, p. 45.

1878 ROY. — L'électrolyse dans le traitement du larmoiement chronique.

1884 GARRIGOU-DESARÈNES. — Acad. de méd., Paris, 11 mars 1884.

1887 NEWMANN. — Stricture of the urethra treated by electrolysis *(Journ. of Amer. med. Assoc.)*.

    STEAWENSON et JESSOP. — Remark on electrolysis in the treatment of lacrymal obstructions *(British. med. Journ.*, London, 87, II, 371).

1888 FORT. — Nouveaux procédés pour guérir les rétrécissements de l'urètre rapidement et sans aucun danger.

    STEAWENSON. — *The Lancet*, 24 novembre.

1889 JAMIN. — Soc. méd. du IXe arrondissement.

    MONAT. — *Ann. des mal. des organes génito-urinaires.*

    GORECKI. — De l'électrolyse du canal nasal (Soc. franç. d'ophtalmol.).

1890 PAUL DELAGÉNIÈRE. — *In idem.*

    BORDIER. — Soc. méd. de Lyon.

1891 ROHMER. — Du traitement du larmoiement chronique par l'électrolyse du canal nasal *(Rev. méd. de l'Est*, Nancy, 1891, XXII, 1-10).

1893 LAGRANGE et MAZET. — De l'action de l'électrolyse sur les cultures de staphylocoques et de streptocoques *(Recueil d'ophtalmologie*, octobre 1893, p. 906).

    BAZY. — Soc. de chirurg. de Paris, juin 1893.

    DESNOS. — Recherches expérimentales sur l'électrolyse des rétrécissements urétraux (Soc. de chirurg., 1893).

    Archiv. d'électr. méd., de Bordeaux :

        DAMION. — Traitement des rétrécissements de l'urètre par l'électrolyse.

        RÉGNIER. — De l'électrolyse dans les rétrécissements de l'urètre.

        BISHOP. — Traitement des rétrécissements organiques de l'urètre par l'électrolyse, p. 360.

        GUELLIOT. — Traitement des rétrécissements de l'urètre par l'électrolyse, p. 416.

        GUELLIOT. — Examen de la méthode du Dr Newmann pour les rétrécissements de l'urètre, p. 497.

1894 CHABANEIX. — De l'électrolyse dans le traitement des rétrécissements des voies lacrymales (Thèse de Bordeaux).

Archiv. d'électr. méd., de Bordeaux :

HARVEY. — Traitement des rétrécissements par l'électrolyse, p. 413.

LANG. — Traitement des rétrécissements de l'urètre par l'électrolyse, p. 230.

MANSEL MOULIN. — Traitement des rétrécissements de l'urètre par l'électricité.

FORT. — Rétrécissement de l'urètre guéri par l'électrolyse, p. 268.

1895 *Archiv. cliniques de Bordeaux :*

F. LAGRANGE. — Mémoire à l'Acad. de méd. de Paris.

PANAS. — Rapport à l'Acad. de méd. de Paris.

Archiv. d'électr. méd., de Bordeaux :

LAVAUX. — Urétrotome électrolytique modifié du Dr Jardin, p. 454.

GILLES. — Du traitement électrique des rétrécissements de l'urètre, p. 406.

MADRUS. — Traitement des rétrécissements de l'urètre par l'électrolyse linéaire.

1896 BOURGEOIS. — De l'électrolyse en thérapeutique oculaire.

Archiv. d'électr. méd., de Bordeaux :

DESNOS. — Des différents procédés d'électrolyse de l'urètre, p. 202.

ANT. D'HAENENS. — L'électrolyse dans la cure des rétrécissements.

1897 *Archiv. d'électr. méd.*, de Bordeaux :

DEBÉDAT. — Méthode électrolytique dans le traitement des rétrécissements de l'urètre, p. 430.

LAGELOUZE. — L'électrolyse et l'urétrotomie dans les rétrécissements de l'urètre, p. 282.

1897 *Archiv. d'électr. méd.*, de Bordeaux :

NEWMANN. — Communication à New-York Country med. Association.

OSTMANN. — Traitement des rétrécissements du conduit auditif par l'électrolyse, p. 282.

1897 *Archiv. d'électr. méd.*, de Bordeaux :

D'HAENENS. — A propos de l'électrolyse, p. 70.

1898 *Archiv. d'électr. méd.*, de Bordeaux :

TÉMOIN. — De l'électrolyse intra-urétrale.

DUEL. — L'électrolyse dans le rétrécissement de la trompe d'Eustache.

1899 *Recueil d'ophtalmologie :*

LAGRANGE. — Des avantages et des inconvénients de l'électrolyse dans le traitement des rétrécissements des voies lacrymales.

Archiv. d'électr. méd., de Bordeaux :

DESNOS. — Résultats éloignés de l'électrolyse de l'urètre, p. 490.

SLETOFF. — Traitement du rétrécissement de l'œsophage par l'électrolyse, p. 180.

VERNAY. — De l'électrolyse circulaire dans les rétrécissements de l'urètre, p. 55.

BORDIER. — Nouvelle bougie électrolytique pour le traitement des rétrécissements de l'urètre, p. 545.

BORDIER. — Rapport (au Congrès de Boulogne) sur le traitement par l'électrolyse des rétrécissements en général et de ceux du canal de l'urètre en particulier, p. 538.

BORDIER et PAVIOT. — Recherches histologiques sur les effets tertiaires de l'électrolyse appliquée dans le canal de l'urètre.

1900 DU GOURLAY. — Étude sur le traitement des lésions de l'appareil lacrymal par l'électricité.

Archiv. d'électr. méd., de Bordeaux :

JUNIUS LYNCH. — Traitement du rétrécissement urétral par l'électrolyse, p. 203.

VERNAY. — Nouvel appareil électrolytique pour le traitement des rétrécissements de l'urètre, p. 603.

NEWMANN. — Conseils pratiques pour le traitement des rétrécissements urétraux par l'électrolyse, p. 116.

FORT, ADRIAN DE GARAY, NOGUÈS, COMANOS, DE KEATING-HART. — XIIIe Congrès de médecine (Paris). Discussion sur les traitements des rétrécissements de l'urètre, p. 306.

FAGE. (Congrès de Paris). — Résultats de l'électrolyse dans les dacryocystites.

1901. BERGONIÉ. — Communication à la Société de médecine et de chirurgie de Bordeaux (novembre).

Archiv. d'électr. méd., de Bordeaux :

DE KEATING-HART. — L'action de l'électricité sur les cicatrices rétractiles et, en particulier, sur celles du canal de l'urètre.

1902 *Archiv. d'électr. méd.*, de Bordeaux :

DESNOS. — Traitement des rétrécissements, p. 180.

ROUBTJ. — Traitement électrolytique des rétrécissements blennorragiques.

HOLTSOFF. — Traitement des rétrécissements de l'urètre par l'électrolyse, p. 240.

GUILLOZ. — Sur l'électrolyse et la galvanocaustie chirurgicales. (Rapport au Congrès de Berne).

RAVARIT. — La cure des rétrécissements par la dilatation électrolytique progressive (Thèse de Bordeaux).

1903 *Archiv. d'électr. méd.*, de Bordeaux :

MORAN. — De la valeur de l'électrolyse linéaire dans le traitement du rétrécissement de l'urètre.

Discussion. — M. LEDUC : Pourquoi séparer les deux méthodes aussi radicalement ? On comprend que la méthode linéaire soit une méthode d'urgence. Il faut l'employer lorsqu'on veut arriver à un résultat immédiat, tandis qu'au contraire, la méthode circulaire avec de faibles courants doit être employée pour modifier l'état du canal et des tissus d'une manière progressive et durable et elle peut compléter l'action de l'électrolyse linéaire et rendre la guérison durable.

M. LAQUERRIÈRE (de Paris) *(travail lu par M. Bloch)* : Pour les sténoses de l'utérus, M. Laquerrière réclame pour Tripier la priorité de la dilatation de canal cervical ; il cite une longue série d'auteurs qui ont, après Tripier, et suivant sa méthode, pratiqué cette dilatation avec le pôle négatif. Il donne les indications principales de cette dilatatian, d'après sa pratique et celle d'Apostoli.

M. le Dr A. BÉCLÈRE, Médecin de l'Hôpital Saint-Antoine.

Le radiodiagnostic des calculs urinaires.

INTRODUCTION.

La possibilité d'obtenir sur le vivant, sans risque ni douleur, l'image des concrétions calculeuses formées dans les voies urinaires est certainement une des plus utiles applications de la découverte de Röntgen. Il n'est pas besoin d'insister sur les services qu'en retirent chaque jour la médecine et la chirurgie. A ce point de vue, le diagnostic des calculs urinaires est un département très important de ce vaste domaine qu'on peut appeler le *radiodiagnostic*.

Au point de vue technique, la recherche des calculs urinaires est une des tâches les plus difficiles de l'exploration radiologique, sinon même la plus difficile de toutes. Conformément à l'adage « qui peut le plus peut le moins », le médecin capable d'exécuter au mieux cette recherche est apte aussi à résoudre les

autres questions du même ordre, parce qu'il connaît et possède toutes les ressources de l'instrument d'investigation dont il dispose.

Étudier la technique propre à la recherche des calculs urinaires, c'est donc
passer en revue les principes fondamentaux de l'exploration radiologique, et,
plus spécialement les règles générales de la technique radiographique. Telle sera
l'idée directrice de ce rapport, qui ne visera nullement à présenter l'historique
de la question, mais s'appliquera seulement à mettre en lumière les derniers
progrès accomplis, sans craindre de rappeler les notions premières, indispensables aux débutants.

Les calculs urinaires comprennent, au point de vue radiologique, les calculs
vésicaux, urétéraux et rénaux. Par définition, sous le nom de calculs rénaux, on
englobe toute les concrétions qui occupent les calices, le bassinet et même l'embouchure de l'uretère. Tantôt, et le plus souvent, ils correspondent au hile du
rein, tantôt ils sont groupés à la périphérie du hile, dans un même département
de l'organe, tantôt, enfin, ils se répartissent en plusieurs points de son étendue,
et particulièrement entre ses deux pôles. Les calculs rénaux et urétéraux sont
ceux dont le diagnostic est à la fois le plus important et le plus difficile ; ils
feront l'objet principal de cette étude.

Pour simplifier, on peut tout d'abord considérer la recherche d'un calcul
rénal comme un cas particulier de ce problème très général : étant donné un
corps homogène plongé de toutes parts dans une masse homogène et d'épaisseur
uniforme, mais de nature différente, à quelles conditions peut-on en obtenir
une image à l'aide de rayons de Röntgen ?

La première condition, la condition indispensable, c'est que le corps en question possède un degré de perméabilité aux rayons de Röntgen différent, en plus
ou en moins, de celui du milieu où il est plongé. S'ils ont tous deux le même
degré de perméabilité, peu importe qu'ils ne soient pas de même nature, les
rayons ne font entre eux aucune distinction. Au contraire, plus est grande leur
différence de perméabilité, plus est grande aussi la différence entre le faisceau
de rayons qui frappe l'objet et les faisceaux avoisinants de même section qui ne
l'atteignent pas, par rapport à la quantité de rayons arrêtée au passage et, en
conséquence, par rapport à la quantité de rayons qui parvient jusqu'à l'écran
fluorescent ou à la plaque sensible.

Les effets de cette condition indispensable varient, d'ailleurs, avec deux autres
conditions secondaires ; l'épaisseur de l'objet supposé et l'épaisseur du milieu
dont il fait partie. En effet, si on considère deux faisceaux de rayons, de section
équivalente, dont l'un rencontre l'objet tandis que l'autre passe dans son voisinage immédiat sans le rencontrer ; il est évident que, pour une même différence
de perméabilité entre l'objet et son milieu, la différence entre les deux quantités de rayons absorbées au passage grandit à mesure que l'épaisseur de l'objet
devient une fraction plus grande de l'épaisseur totale de la masse où il est plongé.

La conclusion de ces considérations élémentaires, c'est que, parmi les conditions qui rendent plus ou moins malaisée la recherche des calculs urinaires,
il faut compter surtout avec leur perméabilité, dépendant de leur nature, puis
avec leur épaisseur et avec celle de l'abdomen qui les contient.

Radioscopie.

Dans les conditions les plus satisfaisantes, quand il existe une concrétion peu
perméable et relativement peu volumineuse chez un sujet maigre, il devient

presque aussi facile de découvrir un calcul dans le rein qu'une balle de revolver dans le poumon, et l'examen radioscopique peut suffire à cette découverte. C'est ainsi qu'à l'une des séances de la Société médicale des hôpitaux, au commencement de cette année, tous les assistants ont pu voir sur l'écran fluorescent l'image d'un calcul du rein droit, chez un homme de trente et un ans (1). Ce calcul, enlevé ultérieurement, à l'hôpital de la Pitié, par le Dr Walther, était composé de phosphate de chaux; il avait la forme d'une petite dragée, pesait 1^{gr},05, et mesurait dans ses plus grandes dimensions 16 millimètres en longueur, 12 millimètres en largeur et 8 millimètres en épaisseur. Pour mettre en jeu l'ampoule qui, avant l'opération, en donna l'image radioscopique, il ne fut pas besoin d'un générateur très puissant d'énergie électrique, car il suffit d'une machine statique à six plateaux, mue à la main au moyen d'une manivelle, de la machine appelée l'appareil radiogène du médecin de campagne (2); mais il fut nécessaire de faire usage d'un diaphragme de plomb, on en verra plus loin l'utilité.

Un tel exemple est sans doute exceptionnel; il montre cependant que, dans la recherche des calculs rénaux, il n'est pas toujours superflu de commencer par l'examen radioscopique, quitte à n'en tirer aucune conclusion si, comme il arrive le plus souvent, cet examen donne des résultats négatifs.

Radiographie.

Ce n'en est pas moins la radiographie qui demeure le procédé de choix dans l'exploration de l'appareil urinaire. A l'inverse de la règle adoptée pour l'exploration des organes thoraciques, c'est la radiographie qu'il faut toujours interroger, même dans les cas exceptionnels où la radioscopie n'est pas muette.

Les conditions multiples dont dépend le succès de la recherche radiographique peuvent être groupées sous deux chefs principaux : les unes sont inhérentes au sujet examiné et surtout aux calculs dont il est porteur, les autres à l'ampoule radiogène ou plutôt aux rayons qu'elle émet. Elles vont tour à tour être étudiées dans cet ordre.

LES CALCULS

Un corps, quel qu'il soit, est plus ou moins perméable aux rayons de Röntgen, selon qu'il absorbe au passage une fraction plus ou moins faible de la quantité de rayons qui le frappe; son degré de perméabilité est donc en raison inverse de son pouvoir d'absorption pour les rayons de Röntgen. Il est démontré depuis longtemps déjà que ce pouvoir d'absorption est essentiellement une fonction atomique. En d'autres termes, la fraction du rayonnement absorbée au passage dépend uniquement du nombre et du poids des atomes interposés; elle grandit avec le nombre et le poids de ces atomes, quel que soit l'état physique du corps formé par leur réunion et quels que soient les groupements moléculaires plus ou moins complexes où ils se trouvent engagés.

Degré de perméabilité des calculs. — Pour appliquer aux calculs urinaires cette loi générale, il est évident que de deux calculs de même nature, mais d'inégal

____

(1) Soc. méd. des hôpitaux, séance du 13 février 1903.

(2) Sur une machine statique propre à l'examen radioscopique au domicile des malades (*Archiv. d'électr. méd.*, n° 91, 15 juillet 1900, p. 307).

volume, placés l'un à côté.de l'autre sur une plaque photographique et exposés ensemble à l'action d'une ampoule radiogène, c'est le plus gros qui arrête au passage la plus grande quantité de rayons. En revanche, si les deux calculs sont de nature différente, ce n'est pas nécessairement le plus gros et même, à volume égal, ce n'est pas toujours le plus dense qui absorbe au passage la plus grande quantité de rayons. Un facteur intervient, dont l'importance dépasse de beaucoup celle du volume et de la densité : c'est la composition chimique du calcul ou, plus précisément, c'est la somme des poids atomiques des divers éléments chimiques dont il est composé, ce qu'on appelle, d'un mot, son poids moléculaire.

Si les divers organes compris sous le nom de parties molles, muscles, vaisseaux et nerfs, ne se distinguent pas habituellement les uns des autres en radiographie, ce n'est pas seulement parce qu'ils ont une densité générale peu différente de celle de l'eau, c'est surtout parce qu'ils sont formés de combinaisons organiques contenant presque exclusivement de l'hydrogène, du carbone, de l'azote et de l'oxygène, c'est-à-dire des éléments de faible poids atomique. En revanche, si le squelette se distingue en radiographie des parties molles, il le doit beaucoup moins à sa densité plus grande qu'au poids atomique notablement plus élevé de deux des éléments, phosphore et calcium, qui entrent dans la composition chimique des os.

A ce point de vue, il n'est pas sans intérêt de rappeler, en regard des principaux éléments chimiques dont sont formés les calculs urinaires, leurs différents poids atomiques. Les voici rangés par ordre de poids atomique croissant :

Hydrogène	1
Carbone	12
Azote	14
Oxygène	16
Sodium	23
Magnésium	24
Phosphore	31
Soufre	32
Potassium	39,1
Calcium	40

D'après ce tableau, l'acide carbonique, l'acide urique, l'acide oxalique, qui entrent dans la composition des calculs, ont, ainsi que l'eau, ainsi que l'ammoniaque, un faible pouvoir d'absorption pour les rayons de Röntgen, parce qu'ils contiennent seulement des éléments de faible poids atomique : hydrogène, carbone, azote et oxygène; il en est de même de la xanthine. Quant aux sels formés par ces acides, carbonates, urates et oxalates, leur pouvoir d'absorption grandit avec le poids atomique du métal qui entre dans la combinaison. Par exemple, on peut ranger les urates, suivant la grandeur croissante de leur pouvoir d'absorption, dans l'ordre suivant : urate d'ammoniaque, urate de soude, urate de magnésie, urate de potasse, urate de chaux. En raison du poids atomique très élevé du calcium, les sels de chaux possèdent un pouvoir d'absorption plus élevé que les sels correspondants des autres bases. De même, en raison du poids atomique élevé du phosphore, les divers phosphates, ammoniaco-magnésiens, magnésiens et calcaires, ont un notable pouvoir d'absorption, et le phosphate de chaux doit à la réunion de deux éléments doués d'un fort poids atomique de posséder un pouvoir d'absorption plus grand que tous les autres sels. De même, aussi, le poids atomique élevé de l'élément soufre élève notablement le pouvoir d'absorption de la molécule de cystine.

Ainsi les diverses substances qui entrent dans la composition des calculs urinaires s'échelonnent, d'après leur degré de perméabilité aux rayons de Röntgen, depuis l'acide urique pur, dont le pouvoir d'absorption ne diffère pas sensiblement de celui des parties molles, jusqu'au phosphate de chaux, dont le pouvoir d'absorption atteint et dépasse celui du squelette.

D'ailleurs, il faut considérer non seulement le poids, mais le nombre des atomes. Ainsi, à volume égal, et malgré son poids moléculaire moins élevé, un calcul d'oxalate de chaux possède un pouvoir d'absorption plus grand qu'un calcul de phosphate de chaux, parce qu'il est notablement plus dense.

Il faut tenir compte aussi de la plus ou moins grande pureté du calcul. En réalité, les concrétions développées dans les voies urinaires sont presque toujours formées de substances diverses, et généralement quand on parle de calculs d'acide urique, d'oxalate de chaux ou d'autres sels, cela veut dire seulement que telle est la substance prédominante. C'est ainsi que les calculs uriques sont souvent mélangés d'un peu de chaux, ce qui les rend accessibles à la radiographie. Autrement, il semble bien que, sauf en des conditions tout à fait exceptionnelles, les calculs d'acide urique pur ne peuvent pas être distingués des parties molles avoisinantes.

En résumé, la présence du phosphore ou du calcium dans un calcul paraît être une condition à peu près indispensable pour qu'il soit décelé par la radiographie. A volume égal, les calculs d'oxalate de chaux sont les plus faciles à distinguer; puis viennent les calculs de phosphate de chaux; quant aux calculs d'acide urique pur, ils demeurent presque toujours inaccessibles.

Au-dessous d'un certain volume, au-dessous du volume d'un pois, d'après le Dr Albers-Schönberg, tous les calculs, quels qu'ils soient, peuvent échapper à la recherche, surtout chez les personnes corpulentes.

Parties molles enveloppant les calculs rénaux. — Les calculs du rein sont, comme cet organe, presque toujours plus proches de la paroi postérieure de l'abdomen que de la paroi antérieure. Ils sont séparés de la peau de la région lombaire par de la graisse et des muscles dont l'épaisseur, plus ou moins grande suivant les sujets, ne peut guère être modifiée.

Conformément à la règle générale qui prescrit de rapprocher de la plaque sensible, autant que faire se peut, l'objet à radiographier, le patient doit être placé dans le décubitus dorsal, circonstance heureuse, puisque cette position est, plus que toute autre, favorable à l'immobilité.

Il est utile aussi que les téguments de la région lombaire touchent la plaque ou le châssis qui la contient dans la plus grande étendue possible, bien que la saillie des fesses et l'ensellure lombaire y mettent très souvent obstacle. Il devient alors nécessaire de faire fléchir plus ou moins les cuisses du sujet. On peut facilement imaginer divers dispositifs, coussins ou autres, propres à graduer cette flexion et à immobiliser les membres dans l'attitude voulue.

Les parties molles qui recouvrent en avant les calculs rénaux sont à la fois plus complexes, plus disparates, plus mobiles et plus dépressibles que celles qui les séparent de la plaque sensible. Il ne s'agit plus seulement d'une épaisseur de graisse et de muscles, très variable chez les différents sujets, mais à peu près uniforme dans toute son étendue. Indépendamment de la paroi, il faut compter ici avec les divers viscères abdominaux, avec les multiples segments du tube digestif. Pour les calculs du rein droit, ce sont surtout le foie et le côlon ascendant; pour ceux du rein gauche, la rate, le côlon descendant et la grosse tubérosité de l'estomac; pour les calculs des deux côtés, les circonvolutions de l'intestin grêle. De ces divers segments du tube digestif, les uns contiennent des gaz, les autres des liquides, d'autres enfin des masses solides. Contenant et contenu ne demeurent pas immobiles, mais les contractions péristaltiques ou antipéristaltiques en modifient à chaque instant le siège et les rapports. De plus, les mouvements respiratoires du diaphragme élèvent et abaissent périodiquement tous les organes contenus dans la cavité péritonéale. Par suite, les parties molles interposées au-devant des calculs constituent un écran dont l'épaisseur et la perméabilité varient sans cesse. Les reins eux-mêmes n'échappent pas toujours aux déplacements produits par la respiration.

Toutes ces conditions défavorables ne peuvent être atténuées qu'imparfaitement. Par exception, il est possible de radiographier la région lombaire dans l'intervalle de temps très court où le malade suspend sa respiration. Le plus souvent c'est impossible, et on le laisse respirer doucement, en se bornant à assurer, par une attitude convenable et des soutiens appropriés, l'immobilité de la colonne vertébrale.

Une bonne précaution consiste à évacuer le contenu intestinal à l'aide d'un purgatif donné la veille de l'opération radiographique.

Il est aussi très important, quand l'abdomen est volumineux, quand il dépasse 25 centimètres et surtout 30 centimètres d'épaisseur, d'en réduire autant que possible le diamètre antéro-postérieur. On y parvient de diverses manières, soit au moyen d'une sangle de toile assez large, transversalement appliquée sur l'abdomen et fixée par ses extrémités aux deux bords longitudinaux de la table d'opération, soit au moyen d'une planchette horizontale reliée à cette table par des montants verticaux et plus ou moins rapprochée d'elle à l'aide de vis et d'écrous. On y parvient au mieux avec le diaphragme-compresseur imaginé par le Dʳ Albers-Schönberg (de Hambourg), ou avec le compresseur plus simple, du même genre, construit pour s'adapter à mon châssis porte-ampoule   ces deux instruments, en raison de leur utilité complexe, seront décrits plus loin.

Parties osseuses encadrant les calculs rénaux. — Il n'est pas superflu de rappeler ici quelques notions d'anatomie descriptive et topographique.

La fosse lombaire, dont la partie supérieure loge le rein, est limitée sur trois de ses côtés par des éléments squelettiques, en haut les dernières côtes, en dedans la colonne vertébrale, en bas la crête de l'os iliaque. La onzième côte marque la limite qu'atteint d'ordinaire, mais ne dépasse pas, l'extrémité supérieure du rein. Quant à son extrémité inférieure, elle correspond le plus souvent à l'apophyse transverse de la troisième vertèbre lombaire ; toutefois, il n'est pas très rare que, du côté droit, et plus souvent chez la femme que chez l'homme, elle descende jusqu'à la crête iliaque.

Normalement, cinq vertèbres peuvent entrer en rapport avec le rein, les deux dernières dorsales et les trois premières lombaires, mais ce sont seulement les trois vertèbres moyennes, douzième dorsale, première et seconde lombaires, qui constituent, à proprement parler, les vertèbres rénales.

La douzième côte présente des variations de longueur et de direction qu'il est utile de connaître. Sa longueur varie de 14 à 4 centimètres, et même moins. Tantôt, quand elle est longue, elle descend obliquement sur les côtés de la colonne vertébrale, parallèlement à la onzième côte. Tantôt, quand elle est courte, elle présente une direction horizontale. Dans ce dernier cas, elle diffère peu des apophyses transverses, ou costiformes, qui se détachent latéralement des vertèbres lombaires, et dont le sommet s'avance à plusieurs centimètres de la ligne médiane, assez loin pour entrer en contact avec la face postérieure des reins.

Ces divers éléments squelettiques ont en radiographie une importance capitale. Ce ne sont pas seulement des points de repère qui orientent la recherche et aident à la localisation des calculs, ce sont avant tout des témoins qui permettent de juger si, au point de vue exclusivement technique, l'image obtenue sur la plaque est satisfaisante, quand bien même elle n'indique aucune concrétion, ou s'il est nécessaire, pour tirer une conclusion légitime, de chercher à obtenir une meilleure image.

On admet généralement que, pour être jugée satisfaisante au point de vue technique, une image radiographique de la région lombaire doit remplir les conditions suivantes :

Elle doit d'abord montrer très nettement, *de préférence avec des détails de structure*, ce qu'on peut appeler le cadre osseux du rein, tout particulièrement les portions les plus minces de ce cadre, c'est-à-dire les deux dernières côtes et les apophyses transverses des vertèbres lombaires.

Elle doit, de plus, faire une distinction entre les muscles qui tapissent la fosse lombaire en arrière du rein et montrer nettement le bord externe du muscle psoas, parfois même indiquer le muscle carré des lombes.

Quant aux contours du rein lui-même, ils apparaissent très exceptionnellement, et leur absence sur une image, d'ailleurs irréprochable, ne doit pas surprendre.

Même réduite à la reproduction nette du cadre osseux des reins, la tâche n'est pas toujours réalisable et présente souvent de grandes difficultés. En résumé, parmi les conditions favorisantes, les plus importantes de la part du sujet examiné sont l'immobilité, le contact de la région lombaire avec la plaque par une large surface, l'évacuation préalable de l'intestin et la réduction de l'épaisseur de l'abdomen.

LES RAYONS

Les images, radiographiques ou radioscopiques, sont comparables aux ombres portées sur la surface d'un mur ou d'un verre dépoli par un objet opaque interposé entre cette surface et un foyer de lumière. Pour obtenir des ombres nettes et sans pénombre, on a besoin, dans les deux catégories de cas, de conditions très analogues.

Il faut, d'abord, que le foyer de lumière soit, autant que possible, réduit à un point. De même, il convient que le foyer d'émission des rayons de Röntgen sur la lame anticathodique soit à peu près punctiforme, c'est-à-dire réduit à une surface de quelques millimètres carrés seulement. C'est une question d'ampoule bien construite.

Il faut surtout mettre obstacle au phénomène de la diffusion de la lumière dans l'air, phénomène d'autant plus accusé que l'air est plus riche en corpuscules solides ou liquides ; on connaît la différence des ombres nettes et des ombres confuses provenant d'un foyer de lumière suivant qu'il est placé dans un air pur ou dans un nuage de brouillard. C'est par l'emploi de diaphragmes percés d'orifices plus ou moins étroits qu'on atténue le plus possible cette diffusion.

Les rayons de Röntgen présentent un phénomène analogue, mais plus complexe, auquel on oppose, partiellement au moins, des obstacles du même genre. Pour bien montrer, avec l'analogie des deux phénomènes, leurs dissemblances, il importe de rappeler ici plusieurs notions fondamentales.

Il existe toute une série de rayons de Röntgen, différents entre eux par leur inégal pouvoir de pénétration, depuis des rayons peu pénétrants, presque entièrement absorbables par la peau, jusqu'à des rayons très pénétrants, capables de traverser une épaisseur de fer de plusieurs millimètres.

Une même ampoule, à la condition d'être réglable, c'est-à-dire à la condition qu'on puisse modifier à volonté le degré de raréfaction de son atmosphère intérieure, peut émettre successivement toute cette série ininterrompue de rayons de Röntgen ; les rayons émis deviennent plus pénétrants à mesure que l'atmosphère intérieure de l'ampoule est plus raréfiée.

Les particules matérielles, frappées par les rayons de Röntgen, émettent dans tous les sens des rayons secondaires, de même nature, beaucoup moins pénétrants que ceux dont ils dérivent, mais dont le degré de pénétration augmente avec celui des rayons primaires.

Ces rayons secondaires, qui partent de tous les corps frappés par les rayons de Röntgen, proviennent principalement de l'intimité des organes soumis à l'exploration et, s'ils sont assez pénétrants pour atteindre la plaque sensible ou l'écran fluorescent, ils enlèvent toute netteté aux images. Telle est la raison majeure de la différence que présentent deux images radiographiques d'un même organe, obtenues l'une avec des rayons peu pénétrants et l'autre avec des rayons très pénétrants ; la première offre des contours précis et tranchants, la seconde, au contraire, des contours confus. La différence est, d'ailleurs, d'autant plus accentuée que l'organe est plus épais.

Pouvoir de pénétration des rayons. — D'après ce qui précède, la condition principale pour obtenir de bonnes images radiographiques consiste à ne pas employer de rayons trop pénétrants. Cette notion générale, depuis longtemps acquise, peut aujourd'hui être précisée, grâce à l'heureuse invention de M. Benoist (1).

Le radiochromomètre de Benoist permet, en effet, de reconnaître et de désigner exactement le pouvoir de pénétration des rayons émis par une ampoule, à un moment donné de son fonctionnement. Cet instrument, si simple et si ingénieux, consiste en une mince lame d'argent circulaire, encadrée par douze lames d'aluminium, d'épaisseur croissante, de 1 à 12 millimètres. Il est fondé sur les changements de rapport qui se manifestent entre le pouvoir d'absorption de l'argent et le pouvoir d'absorption de l'aluminium, suivant le degré de pénétration des rayons qui les traversent. Tantôt, avec des rayons fort peu pénétrants, la mince lame d'argent absorbe exactement autant que la première lame d'aluminium de 1 millimètre d'épaisseur ; tantôt, avec des rayons très pénétrants, elle n'absorbe pas moins que la dernière lame d'aluminium de 12 millimètres, tous les degrés intermédiaires pouvant être observés.

Quand on applique le radiochromomètre de Benoist sur un écran fluorescent,

---

(1) Le radiochromomètre et la définition expérimentale des diverses sortes de rayons X et radiations similaires (*Arch. d'électr. méd.*, n° III, 15 mars 1902).

avec les précautions convenables ou, de préférence, sur une plaque sensible, et qu'on l'expose à l'action d'une ampoule, l'image radioscopique ou radiographique ainsi obtenue présente nécessairement douze teintes diverses, qui correspondent aux douze secteurs d'aluminium d'épaisseur croissante et, au centre de ces douze teintes, une treizième teinte qui correspond à la lame d'argent. Il suffit de chercher, parmi les douze teintes périphériques, celle qui ressemble le plus à la teinte centrale. Avec ce procédé, il devient aussi facile de voir le degré de pénétration des rayons émis par l'ampoule que de voir l'heure sur une montre d'après la position de la petite aiguille dans telle ou telle des douze divisions du cadran. Par exemple, on dit que l'ampoule émet des rayons nº 4 si le pouvoir d'absorption de la lame d'argent se montre le même que celui de la quatrième lame d'aluminium, épaisse de 4 millimètres.

L'expérience apprend que pour obtenir de bonnes images radiographiques de toutes les régions du corps, mais particulièrement d'une région aussi épaisse que celle des reins, *il convient de ne pas employer de rayons plus pénétrants que les rayons marqués, au radiochromomètre de Benoist, par le numéro 6.*

Telle est, pour le pouvoir de pénétration des rayons, la limite supérieure à ne pas dépasser habituellement. Par contre, on peut employer des rayons moins pénétrants. L'image y gagne en netteté, en détails, en contraste de teintes, mais c'est au prix d'une prolongation dans la durée de la pose, d'autant plus grande que le pouvoir de pénétration des rayons s'abaisse davantage, puisque, dans le même temps, une fraction de plus en plus petite du rayonnement franchit les organes explorés et parvient jusqu'à la plaque. Si même on employait des rayons trop peu pénétrants, non seulement la prolongation exagérée de la pose serait insupportable au patient et deviendrait incompatible avec la conservation de l'immobilité, mais on s'exposerait à provoquer des accidents de radiodermite, puisque ces accidents dépendent essentiellement de la quantité de rayons absorbée par la peau (loi de Kienböck), et que cette quantité croît avec l'abaissement du pouvoir de pénétration des rayons et avec la prolongation de la pose.

Chez les sujets maigres et peu épais, on peut employer avec avantage, pour la recherche des calculs urinaires, des rayons moins pénétrants, intermédiaires au numéro 6 et au numéro 5, et même des rayons numéro 5, mais c'est la limite inférieure qu'il est difficile de franchir.

S'il est nécessaire, pour obtenir à volonté la qualité déterminée de rayons dont on a fait choix, de posséder une ampoule réglable, on peut, à l'aide des notions suivantes, se dispenser de recourir sans cesse au radiochromomètre.

Le pouvoir de pénétration des rayons émis par une ampoule dépend essentiellement de sa résistance électrique. On évalue pratiquement cette résistance par une longueur d'étincelle dans l'air, longueur telle que le courant passe indifféremment à l'intérieur de l'ampoule ou entre les boules d'un excitateur placé en dérivation. L'emploi du spintermètre, c'est-à-dire d'un excitateur gradué en centimètres, aide à mesurer très facilement la longueur de l'étincelle dite équivalente à la résistance électrique de l'ampoule (1).

Le médecin radiographe, en possession d'une ampoule nouvelle, commence donc par déterminer, à l'aide du radiochromomètre et du spintermètre, quelles longueurs diverses d'étincelle équivalente correspondent à des émissions de rayons diversement pénétrants. Il note, par exemple, que pour l'ampoule en

---

(1) La mesure indirecte du pouvoir de pénétration des rayons de Röntgen à l'aide du spintermètre (*Archiv. d'électr. méd.*, nº 88, 15 avril 1900, p. 153).

question et pour le spintermètre à boules d'un diamètre déterminé dont il fait usage, une étincelle de 7 centimètres correspond à l'émission de rayons numéro 6. Désormais, toutes les fois qu'il veut obtenir des rayons numéro 6, il lui suffit donc de régler la pression gazeuse à l'intérieur de l'ampoule, de telle sorte que l'étincelle équivalente mesure exactement 7 centimètres.

Parmi les ampoules réglables, il n'en est pas, je crois, de meilleures que les ampoules munies de l'osmo-régulateur Villard. Ce sont celles qu'il est le moins difficile de maintenir exactement au même état pendant toute la durée d'une opération radiographique, parce que leur résistance, au cours du fonctionnement, a plus de tendance à croître qu'à diminuer. Dans le cas supposé, on attend donc, pour glisser la plaque sensible dans son châssis sous le patient, que l'ampoule bien réglée possède une étincelle équivalente de 7 centimètres, puis on écarte les boules du spintermètre à 2 ou 3 millimètres au delà, à la distance suffisante pour qu'il n'y ait plus d'étincelle. Alors, on met l'ampoule en marche et, le chalumeau en main, on se tient prêt, pendant toute la durée de la radiographie, à chauffer l'osmo-régulateur pour introduire un peu de gaz dans l'ampoule aussitôt qu'une nouvelle étincelle, éclatant entre les boules, témoigne d'une élévation de sa résistance.

Les indications qui précèdent sont suffisantes seulement si on désire obtenir sur la même plaque une vue d'ensemble de toutes les régions où peuvent exister des calculs urinaires, c'est-à-dire si on veut voir à la fois les dernières côtes, les deux fosses lombaires, droite et gauche, et l'excavation du bassin tout entière. Le patient est alors couché sur une plaque de grandes dimensions, 40 × 50 au moins, et l'ampoule est disposée de telle sorte que la perpendiculaire abaissée de l'anticathode traverse le corps de la seconde vertèbre lombaire; figurée par un fil à plomb, elle rencontre la ligne médiane entre l'appendice xiphoïde et l'ombilic.

Emploi des diaphragmes. — Pour réduire au minimum l'action du rayonnement secondaire, si nuisible à la netteté des images, il ne suffit pas d'abaisser jusqu'au numéro 6 au moins le pouvoir de pénétration des rayons primaires émis par l'ampoule, il faut encore écarter tous ceux de ces rayons qui ne sont pas strictement nécessaires à la recherche. On y parvient à l'aide de diaphragmes de plomb, imperméables aux rayons de Röntgen, sauf au niveau de l'ouverture plus ou moins grande dont ils sont percés. Le mieux est même de n'employer qu'un faisceau de rayons assez resserré, un cône à base très étroite. On est ainsi conduit à abandonner les vues d'ensemble pour les images partielles et à remplacer l'exploration totale, faite en une seule opération radiographique, par une série de recherches portant sur des régions diverses. Tantôt on se contente d'explorer tour à tour l'un et l'autre rein, puis le bassin; tantôt, à l'exemple du Dr Albers-Schönberg, on ne fait pas moins de quatre radiographies successives pour chacune des moitiés latérales de l'abdomen.

Il est avantageux de diaphragmer particulièrement en deux points du trajet des rayons de Röntgen : à leur sortie de l'ampoule et à leur entrée dans la peau.

a) *Limitation du rayonnement à la sortie de l'ampoule.* — Il est bon de diaphragmer dès la sortie de l'ampoule, parce qu'en dehors des rayons émis par le focus anticathodique, en dehors des rayons focaux, seuls véritablement utiles, il en existe d'autres qui proviennent de tous les points fluorescents de l'ampoule et de chaque point se dirigent dans tous les sens; ils naissent de la rencontre des

rayons cathodiques diffusés avec la paroi de verre et ne peuvent être que nuisibles.

Différents dispositifs servent à les écarter ou même à prévenir leur formation.
L'ampoule Villard, à anticathode conique, est construite dans ce but et donne,
on le sait, des images remarquablement nettes. Un tout récent modèle, exposé
à la séance de Pâques de la Société de Physique, et réalisant une idée du
Dr Destot (de Lyon), atteignait le même résultat par une autre voie : la paroi
de l'ampoule était faite de deux sortes de verres différents, l'un contenant du
plomb, l'autre exempt de plomb ; ce dernier, en forme de petit segment circulaire, était enchâssé dans le précédent comme la cornée dans la sclérotique ; il
était placé en regard de l'anticathode et seul était perméable aux rayons de
Röntgen. Le dispositif le plus simple est un diaphragme de plomb placé à très
faible distance du tube radiogène. On me permettra de recommander dans ce
but le châssis porte-ampoule avec diaphragme-iris, dont j'ai donné à diverses
reprises la description (1).

b) *Limitation du rayonnement à l'entrée de la peau.* — C'est de l'intérieur des
organes explorés que proviennent les rayons secondaires les plus nuisibles à la
netteté des images ; pour en restreindre le nombre autant que possible, c'est
donc à l'entrée de la peau qu'il convient surtout de diaphragmer. Divers dispositifs peuvent être aussi employés dans ce but.

Le plus simple et le plus pratique, préconisé par le Dr Robert Kienböck
(de Vienne) (2), consiste en une feuille de plomb percée d'une ouverture ovalaire
d'environ 16 centimètres de long sur 12 centimètres de large. Cette feuille de
plomb est assez grande pour recouvrir tout l'abdomen, assez souple pour s'appliquer exactement à sa surface, qu'on recouvre préalablement d'un tissu de
laine ou de soie destiné à empêcher, pendant le fonctionnement de l'ampoule,
la production entre le métal et la peau de petites décharges électriques désagréables pour le patient. Pour l'exploration de l'une des fosses lombaires, la
feuille de plomb est disposée de telle sorte que son ouverture corresponde, dans
le sens de son plus grand diamètre, à l'une des moitiés latérales de l'abdomen,
l'un des bords le long de la ligne médiane, et que le centre soit à la même
hauteur que la deuxième vertèbre lombaire, c'est-à-dire à quelques centimètres
au-dessus de l'ombilic. Des feuilles de plomb plus petites, appliquées par-dessus
la grande feuille, permettent d'en rétrécir à volonté l'ouverture, si on veut
faire en plusieurs fois l'exploration de l'une des moitiés latérales de l'abdomen.
L'emploi de ce diaphragme si simple augmente très notablement la netteté des
images. Aussi, après avoir pris une vue d'ensemble, si quelque tache anormale
sur le cliché permet de soupçonner la présence d'un calcul, mais n'en donne
pas la certitude, on recommence la recherche en la limitant, à l'aide du diaphragme de plomb, au point soupçonné et à son entourage immédiat : c'est
souvent le moyen de faire la preuve.

c) *Emploi des cylindres compresseurs.* — L'emploi simultané des dispositifs
précédents permet de circonscrire les rayons de Röntgen à la fois à la sortie de
l'ampoule et à l'entrée de la peau ; il n'est pas incompatible avec l'usage de la

<hr>

(1) L'emploi du diaphragme-iris en radioscopie (*Archiv. d'électr. méd.*, n° 94, 15 octobre 1900,
p. 510).

Les instruments auxiliaires de l'emploi médical des rayons de Röntgen (*Archiv. d'électr. méd.*,
n° 102, 15 juin 1901, p. 321).

(2) Zur radiographischen Diagnose der Nierensteine (*Wiener klin. Wochens.*, 1902, n° 50).

sangle ou de la planchette destinée à réduire l'épaisseur de l'abdomen, mais tous ces instruments peuvent être remplacés par un appareil unique.

Le Dr Albers-Schönberg (de Hambourg) a eu le mérite d'imaginer un appareil qui est tout ensemble un excellent diaphragme, permettant de limiter le faisceau des rayons aux deux points de leur trajet où cette limitation est le plus utile, et un excellent instrument de compression, permettant de réduire de 5 à 10 centimètres (au grand maximum) l'épaisseur de l'abdomen (1). Cet appareil aide en même temps à l'immobilité et facilite, par la réduction d'épaisseur qu'il permet, l'emploi des rayons relativement peu pénétrants, favorables à la découverte des calculs de faible poids moléculaire.

Le diaphragme-compresseur d'Albers-Schönberg consiste essentiellement en un cylindre creux, de 10 centimètres de diamètre et de 22 centimètres de longueur, dont la paroi interne est doublée de plomb. L'ouverture inférieure, garnie d'un anneau de caoutchouc durci, repose sur la paroi abdominale et s'y enfonce. L'ouverture supérieure est rétrécie par un petit diaphragme plan percé d'un orifice central de 3 centimètres au plus de diamètre ; elle fait corps avec une large planche, doublée de plomb, qui l'encadre et supporte l'ampoule dont l'anticathode est très exactement placée au-dessus de l'étroit orifice.

Ce cylindre fait partie d'une sorte de pont-levis qu'on redresse pour permettre au malade de se coucher sur la table d'opération, et qu'on abat ensuite, au-dessus de lui, sur trois piliers métalliques émergeant d'un socle résistant. Un bras de levier imprime au cylindre des mouvements verticaux qui servent à l'enfoncer graduellement dans l'abdomen, comme un piston dans un corps de pompe, et à le relever après la pose terminée ; on peut même lui donner une direction oblique en divers sens.

Avec cet appareil, le Dr Albers-Schönberg, à la recherche des calculs rénaux et urétéraux, ne fait pas moins de quatre radiographies successives pour chacune des moitiés latérales de l'abdomen. Pour la première pose, il place son cylindre en position verticale, à côté de la ligne médiane, et le fait reposer en partie sur le rebord cartilagineux de la cage thoracique, ce qui lui interdit toute compression véritable, ou l'enfonce obliquement au-dessous de ce rebord cartilagineux ; l'image qu'il obtient ainsi sur une plaque du format 13 × 18, convenablement disposée au-dessous du patient, montre la dernière côte, une partie de l'avant-dernière et environ la moitié des corps vertébraux, mais n'est pas limitée inférieurement par un élément squelettique. Pour la seconde pose, il place son cylindre un peu au-dessous du rebord des fausses côtes, à côté de la ligne médiane ; l'image obtenue ne montre pas d'autre élément squelettique que la moitié de la colonne vertébrale ou fait voir déjà un segment de la crête iliaque. Pour la troisième pose, le cylindre est disposé de même à quelques centimètres plus bas, et fournit une image qui représente une notable portion de la fosse iliaque. Pour la dernière pose, le cylindre est enfoncé, tout au voisinage du pubis, verticalement ou obliquement dans la fosse iliaque ; l'image montre une partie de la ligne innominée, l'articulation sacro-iliaque, enfin une portion du sacrum ; elle correspond à la partie inférieure de l'uretère.

Cet appareil était primitivement destiné à la seule recherche des calculs rénaux ; mais son inventeur fut si satisfait de ses divers et multiples avantages qu'il le considère aujourd'hui comme un instrument universel et le préconise, sauf en quelques cas où les vues d'ensemble sont nécessaires, pour la radiogra-

---

(1) Dr ALBERS-SCHÖNBERG : *Die Röntgentechnik*, Hambourg, 1903.

phie de toutes les parties du corps. Indépendamment du cylindre décrit plus haut, de 10 centimètres de diamètre, il emploie aussi un cylindre plus large, dont le diamètre atteint 13 centimètres; il fait usage avec le premier des plaques du format 13 × 18; avec le second de plaques 18 × 24.

Tout l'appareil est, il est vrai, très bien imaginé, fort habilement et solidement construit; les résultats qu'il donne sont excellents. Mais il est coûteux, pesant et encombrant. Pour obvier à ces défauts, tout en conservant le principe de la radiographie limitée à l'aide d'un étroit faisceau de rayons, je n'ai gardé de l'appareil compliqué d'Albers-Schönberg que le simple cylindre intérieurement doublé de plomb; j'en ai même réduit la longueur à 15 centimètres et, tel quel, je l'ai muni de deux crochets latéraux qui permettent de l'ajuster, en un clin d'œil, au-devant du diaphragme-iris de mon châssis porte-ampoule.

Le châssis porte-ampoule en question est construit, je le rappelle, pour faciliter l'examen radioscopique et la radiographie simple ou stéréoscopique, d'un malade debout, assis ou couché, et pour permettre, dans ces diverses positions, l'emploi du diaphragme-iris. Rien n'est désormais si facile, dans toutes ces positions, que d'y joindre l'usage du cylindre compresseur et d'en retirer, particulièrement dans le décubitus dorsal, tous les avantages inhérents à cet instrument.

Choix des plaques. — Les plaques de toutes sortes peuvent servir à la radiographie de l'abdomen comme à celle des autres parties du corps. Les plaques les plus sensibles ont l'avantage d'abréger la durée de la pose, mais cet avantage est compensé par une moindre richesse de contraste entre les diverses teintes de l'image. Il convient de mentionner les nouvelles plaques à l'iodo-bromure d'argent; le poids atomique de l'élément iode qui entre dans la composition de la couche sensible augmente notablement son pouvoir d'absorption pour les rayons de Röntgen.

Distance de l'ampoule à la plaque. — Quand on veut obtenir, sur une plaque de grand format, une vue d'ensemble de toute la cavité abdominale, il est avantageux d'éloigner l'ampoule, et ce n'est pas trop que de mettre entre l'anticathode et la plaque une distance de 75 à 80 centimètre. On restreint ainsi la déformation des parties périphériques de l'image, engendrées par les rayons les plus obliques; celle-ci se rapproche davantage de la forme et des dimensions réelles des organes représentés; elle est aussi plus nette. Mais il ne faut pas oublier que l'action des rayons sur la plaque est en raison inverse du carré de la distance du foyer d'émission, c'est-à-dire qu'à une distance double doit correspondre, toutes choses égales d'ailleurs, une pose quatre fois plus longue.

Quand, au contraire, le cercle d'irradiation de l'ampoule est limité par un diaphragme, surtout quand on emploie le cylindre compresseur, l'ampoule peut être rapprochée et la distance de l'anticathode aux téguments réduite sans inconvénient à 25 centimètres. Le Dr Kienböck conseille même de réduire au besoin à 10 centimètres l'intervalle entre la paroi de l'ampoule et la peau.

Durée de la pose. — S'il est facile d'indiquer exactement le pouvoir de pénétration des rayons dont il convient de faire usage, en revanche il est tout à fait impossible de fixer, d'une manière générale, la durée de la pose.

Cette durée dépend, en effet, de facteurs multiples. Elle doit grandir avec la distance de l'ampoule à la plaque, avec l'abaissement du pouvoir de pénétration des rayons émis, avec l'épaisseur et la densité des tissus explorés, mais, avant tout, elle dépend de la quantité d'énergie électrique qui traverse l'ampoule en un temps donné. C'est dire que le médecin pourvu seulement d'une machine statique ou d'une bobine d'induction de faible puissance aura besoin souvent de quinze minutes, exceptionnellement même de trente minutes de pose pour obtenir l'image radiographique que lui donneraient, en une ou deux minutes, parfois en quelques secondes, une bobine très puissante, un interrupteur très rapide et une ampoule à anticathode refroidie capable de supporter, sans dommage, le passage d'une forte quantité d'énergie électrique. Il est donc indispensable que le praticien recherche, par quelques essais préalables, le temps de pose nécessaire, avec l'installation qu'il possède, pour obtenir une bonne image de la colonne lombaire d'un sujet moyen, dans des conditions exactement déterminées. Il modifiera ensuite ce temps de pose dans chaque cas, suivant les indications particulières. Le but n'est pas d'aller vite, mais de faire bien, ce qui exige toujours quelque temps.

Examen des clichés et interprétation des images. — Les taches révélatrices des calculs sont souvent à peine perceptibles ; leur recherche demande donc la plus grande attention. Il est bon de commencer à la lumière rouge et, avant le fixage, l'examen soigneux des plaques complètement développées, car certains détails s'atténuent notablement dans le bain d'hyposulfite. Après le fixage, on se place dans les meilleures conditions, si on inspecte, dans une chambre obscure, le cliché éclairé seulement par transparence à l'aide d'une lumière diffuse d'intensité réglable. On fait ressortir parfois certains contours en tenant la plaque à la hauteur des yeux, en position presque horizontale.

C'est au voisinage de la dernière côte, parfois au-dessus de celle-ci, et tout le long de la colonne lombaire, à trois travers de doigt environ en dehors des vertèbres, qu'il convient surtout de chercher les images des calculs, en se gardant de les confondre avec les taches claires qui correspondent aux extrémités externes, souvent fortement calcifiées, des apophyses transverses.

Tantôt les calculs se manifestent par des images fortes et nettes, à contours précis, qui ne laissent pas place au doute et constituent un témoignage irrécusable. Tantôt on se trouve en présence de faibles tache à contours diffus, dont l'interprétation est difficile. Il ne faut pas se hâter de les rapporter à des concrétions urinaires, mais chercher avec soin si elles ne proviennent pas d'un défaut de la plaque, d'une faute dans l'opération du développement ou, plus souvent des circonvolutions intestinales et de leur contenu, alternativement gazeux et solide.

En cas de doute, il est nécessaire de renouveler l'exploration en cherchant, par une limitation plus étroite du rayonnement, par l'emploi de rayons moins pénétrants, par l'évacuation complète de l'intestin et la compression de l'abdomen, à se placer dans de meilleures conditions. Mais il ne faut jamais oublier la possibilité des radiodermites à la suite de l'absorption par la peau d'une trop grande quantité de rayons. Il importe donc de ne pas trop multiplier les explorations successives d'une même région ou, tout au moins, de les espacer à des intervalles suffisamment longs. Dans la poursuite de l'image réussie au point de vue technique, il ne faut pas non plus méconnaître que souvent le volume exagéré de l'abdomen, l'existence d'une ascite ou d'une tumeur opposent au succès de l'entreprise un obstacle actuellement invincible.

Stéréo-radiographie. — Il est parfois avantageux de pratiquer la stéréo-radiographie, c'est-à-dire d'obtenir successivement deux clichés dans deux positions différentes de l'ampoule, convenablement choisies, de telle sorte que les deux images, examinées au stéréoscope donnent l'impression d'un objet unique, avec l'illusion du relief et de la profondeur.

En présence d'une tache d'interprétation difficile, il existe une double raison pour que la radiographie stéréoscopique donne, plus sùrement que la radiographie simple, la solution du problème.

La première raison, c'est qu'une tache reproduite sur deux clichés différents, sensiblement avec le même siège, la même forme et les mêmes dimensions, n'est certainement pas une tache accidentelle. La seconde raison, c'est que l'examen au stéréoscope des deux clichés ou des deux épreuves correspondantes fait voir manifestement que la tache en question, si elle représente un calcul, correspond à un objet situé dans un plan plus antérieur que la surface du corps en contact avec la plaque. Il montre, en particulier, dans le cas de calcul rénal, que la tache occupe un plan plus antérieur que les apophyses transverses des vertèbres lombaires.

Dans d'autres circonstances, alors qu'il n'y a pas de doute sur l'existence d'une concrétion calculeuse, il est intéressant de connaître son siège en profondeur, que ne peut indiquer la radiographie simple. Ainsi, un calcul urétéral qui se montre, en radiographie simple, comme une tache arrondie ou ovalaire voisine de l'une des branches horizontales du pubis, apparaît très nettement, en stéréo-radiographie, comme un objet placé dans la profondeur du bassin, sur le plancher même de cette excavation, à peu de distance de l'épine ischiatique correspondante (1).

Les règles générales de la radiographie stéréoscopique, si magistralement exposées par le Prof. Marie (de Toulouse), s'appliquent, sans modification particulière, aux concrétions calculeuses. Le Dr Albers-Schönberg a fait construire un cylindre compresseur spécialement destiné à la stéréo-radiographie. Le simple cylindre qui s'adapte au diaphrame-iris de mon châssis porte-ampoule convient à la fois comme cet appareil lui même, à la radiographie simple et stéréoscopique de toutes les régions ; il est particulièrement propre à la stéréo-radiographie des calculs urinaires.

LES CALCULS VÉSICAUX

Toutes les indications qui précèdent ont spécialement en vue la recherche des calculs rénaux et urétéraux, parce que, pour la vessie, le cathéter constitue un instrument de diagnostic plus rapide et plus certain que les rayons de Röntgen. Cependant, quand le cathétérisme est contre indiqué ou refusé par le malade, on peut recourir avec avantage à la radiographie. Elle présente moins de difficultés que pour le rein et donne, surtout chez les enfants, d'excellents résultats. Dans certains cas, elle aide au diagnostic différentiel des calculs vésicaux et des calculs enclavés à l'extrémité inférieure de l'uretère. L'attitude adoptée pour la pose est le plus souvent le décubitus dorsal, parfois cependant le décubitus abdominal. Dans le premier cas si on fait usage du cylindre compresseur, il est enfoncé sur la ligne médiane, au ras du pubis, verticalement ou obliquement en bas, et le coccyx devient le critérium des qualités techniques de l'image ; dans le second cas, le cylindre repose sur le sacrum.

(1) La radiographie stéréoscopique des calculs urinaires (*Presse méd.*, 14 février 1903).

CONCLUSIONS CLINIQUES

Les calculs rénaux ne sont pas toujours accessibles aux rayons de Röntgen, et leur existence se révèle par d'autres signes que des images visibles sur une plaque. Pour le clinicien, la recherche radiographique de ces concrétions ne doit donc jamais constituer qu'un complément d'information ; mais, en raison de l'importance et de la précision des résultats fréquemment obtenus, c'est un élément indispensable d'une exploration complète et méthodique de l'appareil urinaire.

La règle est que tout malade soupçonné de lithiase rénale doit être radiographié.

Si localisés que soient les symptômes, la recherche doit porter, en une ou plusieurs séances, sur les deux reins, sur les deux uretères dans toute leur longueur, et même sur la vessie.

Quand cette recherche aboutit à des résultats nettement positifs, on peut affirmer sans réserve l'existence des calculs soupçonnés. On peut en indiquer le nombre, le siège et les dimensions, parfois même en présumer la nature.

Quand elle aboutit à des résultats négatifs, tout ce qu'on peut affirmer, si toutefois l'image radiographique est satisfaisante au point de vue technique, c'est qu'il n'existe pas de calculs phosphatiques ou de concrétions d'oxalate de chaux d'un volume supérieur à celui d'un pois ; mais on n'est pas en droit d'exclure l'existence des calculs d'acide urique pur, non plus que celle des calculs phosphatiques ou oxaliques de petites dimensions.

Discussion. — M. WERTHEIM-SALOMONSON (d'Amsterdam) ne pense pas qu'il faille redouter autant qu'on le pensait, il y a quelque temps, l'action des rayons secondaires pour diminuer la netteté des images radiographiques. D'après son expérience personnelle, les rayons secondaires provenant de l'air ambiant n'ont presque aucun effet sur la netteté de l'image. Quant aux rayons-secondaires qui proviennent des parties du corps du malade traversées par les rayons X, s'ils sont nuisibles, ils ne le sont que dans une faible mesure. Il a fait des expériences à ce sujet en se servant d'une masse d'eau comme corps diffusant, et il a trouvé que l'action de cette masse n'était pas trop nuisible pour de faibles épaisseurs.

Ce qui importe le plus, d'après lui, c'est la diminution de l'épaisseur du sujet par la compression. C'est là la manœuvre la plus utile. Le compresseur de Schönberg, bien qu'étant un bon instrument, peut être remplacé par une planchette de bois comprimant l'abdomen du sujet. Il faut surtout, pour la recherche des calculs, avoir un outillage puissant et opérer autant que possible pendant le repos respiratoire du sujet.

M. BERGONIÉ (de Bordeaux) approuve tout particulièrement, dans le rapport de M. Béclère, les réserves formulées par l'auteur qui mettent surtout en lumière la difficulté de la recherche des calculs rénaux et urétéraux. Lorsqu'on obtient ces belles radiographies de calculs que nous voyons reproduites quelquefois dans les publications, il faudrait indiquer l'épaisseur du sujet radiographié. Toute la difficulté est là, en effet.

M. MARIE (de Toulouse) insiste sur l'utilité signalée par le rapporteur de l'emploi de la radiographie stéréoscopique. Non seulement cette méthode permet l'élimination d'erreurs provenant de taches accidentelles, mais encore elle augmente le pouvoir séparateur dans l'examen des clichés radiographiques.

<hr>

M. BÉCLÈRE, de Paris.

Cylindre-compresseur ajustable au porte-ampoule-diaphragme-iris.

<hr>

M. J. BERGONIÉ, de Bordeaux.

Indication continue de la résistance d'un tube de Crookes et des rayons qu'il émet au moyen du voltmètre. — Les conclusions de ce travail sont les suivantes :

1° L'emploi du voltmètre thermique branché en dérivation aux bornes du primaire de la bobine est l'un des meilleurs moyens que nous ayons de nous rendre compte de l'état du tube et des rayons qu'il émet pendant les opérations, radioscopiques ou radiographiques ;

2° On le graduera par comparaison avec le radiochromomètre de Benoist ou tout autre appareil basé sur le même principe ;

3° Les indications que donne le voltmètre sont supérieures à toutes les autres cause de leur continuité et de l'absence de toute manœuvre pour les obtenir.

L'emploi du voltmètre thermique est utile pour juger du fonctionnement de la bobine d'une façon générale et pour se rendre compte de l'énergie dépensée dans le circuit secondaire en particulier dans la production des courants de haute fréquence.

Discussion. — M. BÉCLÈRE : Bien que M. Bergonié nous ait dit que les indications du voltmètre ne variaient sensiblement pas lorsqu'on change les tubes de Crookes placés dans un circuit secondaire, je me demande si, avec des modèles de tubes fort différents, cette règle ne souffrirait pas quelques exceptions.

M. WERTHEIM-SALOMONSON : La méthode nouvelle que vient de nous faire connaître M. Bergonié paraît présenter un grand intérêt, tant au point de vue théorique qu'au point de vue pratique; et l'on doit lui tenir compte du perfectionnement réalisé. J'ai observé que, lorsqu'on se sert de bobines de différents constructeurs, la réaction d'induit que signale M. Bergonié est plus ou moins apparente. Ainsi, elle est très intense avec les appareils de Rochefort.

M. BERGONIÉ : Le modèle du tube peut influer sur les indications du voltmètre, qui n'ont rien d'absolu comme je l'ai dit, et qui doivent toujours être contrôlées par leur mise en parallèle avec les indications du radiochromomètre; cependant, avec tous les tubes modèle Chabaud que j'ai eus entre les mains, les indications du voltmètre se sont trouvées identiques.

M. Wertheim-Salomonson a raison en disant que le rendement des inducteurs varie sensiblement suivant les constructeurs. Peut-être pourra-t-on trouver dans les indications du voltmètre un moyen d'avoir sur ce rendement des données que l'on n'avait pas précédemment.

Dans l'utilisation de la bobine pour les courants de haute fréquence, on a encore là un moyen d'évaluer l'énergie dépensée dans le circuit secondaire ou dans les circuits surajoutés aux secondaires.

M. le Dr LAQUERRIÈRE

Traitement électrique des rétrécissements du canal utérin.

Discussion. — M. Leduc : J'ai employé souvent l'électrolyse avec la cathode contre la dysménorrhée par rétrécissement du col et toujours avec succès. Les rétrécissements du col utérin sont très fréquents après le curettage, ils commencent trois à six mois après l'opération et augmentent ensuite, les règles deviennent de plus en plus douloureuses, il en résulte un état névropathique très pénible, et l'électrolyse est le meilleur traitement, le seul pour ainsi dire qui apporte la guérison à ces malades.

Les rétrécissements, si fréquents après le curettage, font que ce traitement contre l'endométrite est bien inférieur à l'électrolyse par une anode de zinc qui, sans ouvrir les vaisseaux, sans exiger l'anesthésie, introduit des sels de zinc très antiseptiques dans les tissus infectés aussi profondément que l'on veut. La valeur stérilisante de ce traitement est absolue et il constitue le traitement de choix des endométrites. L'intensité doit être faible, 50 milliampères au plus, les séances prolongées, vingt à trente minutes, on obtient ainsi une pénétration profonde de l'ion zinc en évitant la destruction des tissus.

M. le Dr LEDUC.

Rapport sur l'électrisation cérébrale.

Discussion. — M. Michaut : A propos du résultat thérapeutique de l'électrisation cérébrale dont M. Leduc a commencé l'étude, il rapporte qu'il a obtenu sur un hémiplégique une action favorable.

M. Bergonié : Il serait de la plus grande importance que les espérances que nous fait concevoir M. Leduc pour le traitement de l'hémiplégie par l'électrisation cérébrale puissent se confirmer, car à part un traitement symptomatique, l'électrothérapie est bien désarmée vis-à-vis de cette maladie si commune.

M. Marie a constaté que, chez un certain nombre d'hémiplégiques menacés de contractures, l'application des courants continus a évité l'apparition de ce symptôme, aussi accepte-t-il de traiter par ce moyen les hémiplégies qui ne sont pas trop anciennes.

M. BILHAUT, de Paris.

Diagnostic précoce des tumeurs blanches au moyen des rayons X. — Le diagnostic précoce des tumeurs blanches, coxalgies, mal de Pott, etc., est habituellement difficile à préciser. C'est seulement quand la contracture musculaire a produit l'attitude vicieuse que le diagnostic devient certain.

Or, il est de la plus grande importance de ne pas attendre l'apparition de la déviation, si l'on veut obtenir une guérison à la suite de laquelle les conditions physiologiques normales se retrouveront dans l'articulation frappée.

Il est de toute évidence que le traitement sera d'autant plus utile que le mal aura été combattu de bonne heure et par de bons moyens.

Or, puisque dans tous les cas d'ostéo-arthrite bacillaire chronique on constate une diminution de la substance calcaire, cela devait porter naturellement les chirurgiens à demander aux rayons X des renseignements spéciaux. Pour mon compte, j'ai toujours trouvé, dans les phases de début des affections auxquelles je fais allusion, une différence marquée, entre l'apparence à l'écran fluorescent ou à la radiographie, du squelette du membre sain et de celui du membre malade.

La décalcification précède peut-être l'invasion tuberculeuse; ceci reste à vérifier; en tout cas, décalcification et invasion sont au moins concomitantes.

De sorte que chez tout malade suspect de tuberculose osseuse articulaire, j'estime qu'il est du plus haut intérêt, et surtout extrêmement utile, de procéder à l'examen aux rayons X pour établir sans hésitation, sans retard, le traitement dans toute sa rigueur.

Discussion. — M. BERGONIÉ : La décalcification des os que vient de signaler M. Bilhaut, au début des ostéo-arthrites tuberculeuses, ne serait elle pas le résultat d'une cause plus générale : l'arrêt de nutrition de l'os par le fait de l'immobilisation?

M. WERTHEIM-SALOMONSON a vu se produire la décalcification aussi bien dans les arthrites streptococciques et gonococciques que dans les arthrites tuberculeuses.

M. BILHAUT : Je n'ai eu en vue, dans mon travail, que de mettre en relief l'utilité des rayons X dans un cas déterminé : celui d'une tumeur blanche. Y a-t-il des indices certains de cette affection, indices trouvés en l'examinant à l'écran ou à la radiographie? Je suis heureux de l'argumentation qui m'est faite, et j'ai moi-même constaté la diminution des sels terreux du squelette au-dessous du trait d'une fracture. Est ce l'immobilisation qu'il faut incriminer? Sont-ce les troubles de nutrition par suite des désordres survenus dans les vaisseaux? La nature ne puise-t-elle pas à proximité et dans le fragment inférieur, les éléments nécessaires à la formation du cal? Ce sont là des points très différents et très intéressants, d'ailleurs. Mais pour mes malades, il ne s'agit pas d'un traumatisme à invoquer. On me les présente avec un mal insidieux : ils n'ont point été victimes d'accident. S'il s'agit d'une affection dont le siège est à la hanche, les parents n'ont constaté qu'une fatigue plus prompte à la suite de la marche ; parfois un peu de claudication que le repos fait disparaître. Donc pas de fracture, pas de traumatisme vrai. Que faire? Quel diagnostic porter? Les signes classiques sont insuffisants à formuler un diagnostic ferme. Les rayons X lèvent la difficulté. Voilà ce à quoi je conclus.

M. MICHAUT : Le courant continu facilite la nutrition osseuse et l'augmentation dans la richesse des sels calcaires, mais il convient de s'abstenir d'appliquer ce courant dans l'arthrite tuberculeuse au début, et voilà pourquoi il est utile de faire de cette affection un diagnostic précoce.

M. MARIE recommande également la prudence dans les applications du courant continu aux articulations soupçonnées d'arthrite tuberculeuse. Au contraire, lorsque la période inflammatoire est terminée, et que la période résolutrice où chronique a commencé, le courant continu peut être utile.

Si l'emploi des rayons X, comme vient de le signaler M. Bilhaut, permet de faire le diagnostic en décelant l'ostéo-porose des os, leur emploi est encore plus utile peut-être en faisant découvrir l'opacité plus ou moins grande de l'articulation.

Il cite un cas de mal de Pott ignoré et ayant donné lieu à des diagnostics erronés, dans lequel les rayons X permirent de faire un diagnostic exact et précis.

M. Bilhaut : Je répondrai que les cas auxquels j'ai consacré ce travail sont parfaitement limités. Si mes malades avaient eu une arthrite à staphylocoques, à gonocoques, cet état eût été caractérisé par une inflammation aiguë, avec douleur, tuméfaction locale et élévation de température. Une affection de cette nature ne peut passer inaperçue.

Mes malades, au contraire, n'ont eu aucune inflammation aiguë, pas de fièvre, pas de douleur, aucun des signes qui caractérisent les poussées aiguës.

Sont-ils ou non atteints d'une affection osseuse de la nature des ostéo-arthrites tuberculeuses ? Telle est la question. C'est la radioscopie ou la radiographie qui, en l'absence de signes cliniques certains, conclura en parfaite connaissance de cause.

MM. LEDUC et BOUCHET.

Étude des actions physiologiques de quelques ions et en particulier de l'ion adrénaline. — Introduisant dans la peau un ion par une petite électrode active, on note les intensités correspondantes à des voltages successivement croissants. On trace ensuite des courbes en prenant pour abscisses les forces électromotrices, pour ordonnées les intensités.

Les intensités ne croissent point conformément à la loi d'Ohm, proportionnellement aux forces électromotrices : elles croissent plus vite, parce que la résistance diminue considérablement par les modifications chimiques que l'introduction des ions fait éprouver aux tissus. Les influences vasculaires et celles de l'imprégnation liquide sont insignifiantes et négligeables par rapport à l'influence des modifications chimiques. Il en résulte que les effets qualitatifs des courants varient suivant leur densité. En introduisant l'ion adrénaline, le courant produit une anémie croissante jusqu'à une densité d'un demi-milliampère par centimètre carré ; des densités plus élevées produisent, au contraire, de l'irritation et de la congestion.

L'adrénaline produit du tremblement : le tremblement doit faire partie des symptômes de l'hyperfonction surrénale.

Discussion. — M. Michaut a fait des injections d'adrénaline sous la peau et a observé, sur les animaux aussi bien que sur l'homme, des tendances graves à la syncope et des tremblements fibrillaires se montrant au niveau des muscles striés et aussi du muscle cardiaque.

L'effet de l'adrénaline pouvant produire l'ischémie de la région utilisable en photothérapie est intéressant.

M. Marie : Cet emploi avait été, en effet, préconisé au début et avait donné l'espoir de supprimer la compression dans les applications photothérapiques ; l'espoir ne s'est pas réalisé, car l'effet de l'adrénaline est passager et les congestions consécutives à son emploi arrivent bientôt ; or, les séances photothérapiques sont ordinairement fort longues.

M. le Dr Stéphane LEDUC.

Étude sur les courants intermittents de basse tension. — Les courants intermittents de basse tension permettent de régler et de mesurer avec précision la durée de chacun des passages de courant.

Dans les actions physiologiques du courant, les grandeurs électriques : potentiel, intensité sont subordonnées à la durée de chacun des passages de courant et peuvent être représentées par une courbe dont les abscisses sont proportionnelles à la durée de passage et les ordonnées à la grandeur électrique considérée.

La force électromotrice nécessaire pour produire une excitation donnée passe par un minima correspondant à une durée de passage d'un millième de seconde.

La durée des interruptions du courant influence surtout la forme des contractions ; elle doit avoir une certaine grandeur pour donner des contractions tétaniques ; si elle est très courte la fermeture donne une secousse comme le courant continu, pour les durées intermédiaires on a pour chaque fermeture du circuit deux excitations, d'abord une secousse et, pendant la chute de celle-ci, une contraction tétanique.

Les actions excitatrices des courants électriques ne sont pas les mêmes aux différents points d'un même circuit ; si l'électrode active est en rapport direct avec la source, et que l'interruption se fasse entre l'électrode indifférente et la source, le potentiel de l'électrode active reste constant, et l'excitation se fait à potentiel invariable. Lorsqu'au contraire l'interruption se fait entre l'électrode active et la source, l'excitation se fait à potentiel variable et elle est toujours plus forte que dans le premier cas.

Discussion. — M. WERTHEIM-SALOMONSON estime le travail présenté par M. Leduc et les conséquences qu'il comporte comme ayant une grande importance. Au sujet de la position de l'interrupteur dans le circuit, il craint que les effets observés suivant la place de cet interrupteur ne tiennent à un défaut d'isolement de la source d'électricité. Pour se mettre à l'abri de cette cause d'erreur, il faudrait mettre au sol le milieu de la batterie. Peut-être le courant de polarisation des électrodes intervient-il également.

M. BERGONIÉ s'associe à M. Wertheim Salomonson au sujet de l'importance du travail de M. Leduc et de la possibilité que ce travail laisse entrevoir de remplacer les courants produits par la bobine de Ruhmkorff par les courants intermittents de basse tension. Il voit avec plaisir que M. Leduc ne prohibe plus l'emploi du rhéostat en tension pour la graduation des courants intermittents de basse tension, et il fait des vœux pour que ces courants préconisés par M. Leduc soient mis à la portée de tous au moyen d'un appareil simple, pratique et toujours semblable à lui-même.

M. Marie s'associe aux remarques élogieuses qui viennent d'être faites au sujet du travail de M. Leduc ; l'expérimentation faite par l'auteur sur lui-même dans des cas qui peut-être n'étaient pas sans danger augmente encore le mérite de ses expériences.

— Séance du 6 août —

M. WERTHEIM-SALOMONSON

Courants de haute fréquence non amortis. — Lorsque l'on constitue un circuit comprenant une source industrielle de courants continus, une lampe à arc shunté par une self-induction et une capacité, l'on sait que l'arc émet un son. C'est l'arc chantant de Duddel. Lorsque l'on fait varier la capacité, on fait bien varier également la fréquence des courants ainsi produits dans le circuit, mais cette fréquence n'obéit pas à la loi bien connue :

$$ N = 2\pi\sqrt{L\,C} $$

car l'intensité du courant change aussi la fréquence. L'auteur donne la formule vraie qui, d'après lui relie le nombre d'interruptions aux autres constantes du circuit.

Les courants ainsi produits sont des courants sinusoïdaux non amortis, dont la fréquence peut atteindre 300,000 oscillations par seconde.

L'auteur emploie déjà depuis un certain temps ces courants comme agents excitateur des muscles et des nerfs, et les premiers résultats qu'il a obtenus lui ont paru si nouveaux et si intéressants qu'il attend de les confirmer par des expériences nouvelles pour les publier.

Discussion. — M. Bordier (de Lyon) : Quelle est la capacité du condensateur utilisé et quels sont les condensateurs qui résistent le mieux à cet emploi ?

M. Wertheim-Salomonson : Les capacités ont varié dans mes expériences autour d'un demi-microfarad, et l'on a aujourd'hui, du constructeur Edelmann, des condensateurs qui varient par millième de microfarad, excellents pour cet usage.

M. le Dr E. ALBERT-WEIL, Chargé du Service d'électrothérapie de la clinique chirurgicale infantile de l'hôpital Trousseau,

Diagnostic et traitements physiques et mécaniques de la paralysie infantile.

I. — Diagnostic différentiel de la paralysie infantile.

La question du diagnostic de la paralysie infantile doit être envisagée à trois moments différents de l'évolution de la maladie, à la période aiguë ou fébrile, à la période chronique et à la période des difformités irréductibles manuellement.

A. — Période aiguë.

A la période aiguë, dans les premiers jours qui suivent le début de l'affection, le diagnostic est en général très facile : quand un enfant de deux à cinq ans, après une fièvre assez vive, après des troubles digestifs plus ou moins accentués présente une paralysie complète soit des membres inférieurs, soit des membres supérieurs, soit d'un des membres supérieurs et d'un des membres inférieurs en même temps, soit d'un seul membre seulement, il est bien difficile de ne point penser à la poliomyélite antérieure aiguë.

Mais le tableau clinique n'a point toujours cette belle simplicité ; parfois la paralysie peut s'établir insidieusement dans le décours d'autres infections ; parfois certains symptômes peuvent prendre une importance prépondérante et empêcher une saine appréciation des faits.

Si la paralysie survient pendant une rougeole, pendant une scarlatine grave, l'on peut être tenté de la méconnaître et d'attribuer, par exemple, l'inertie des membres inférieurs à l'affaiblissement dû à la maladie : une observation attentive suffit le plus souvent pour éviter l'erreur ; et dans les cas difficiles, l'examen électrique peut lever tous les doutes.

Si, au début, la fièvre est très vive, si des symptômes généraux méningitiques se présentent, l'on peut hésiter un instant entre la poliomyélite et la méningite tuberculeuse ; mais l'absence des symptômes cardinaux de cette maladie, l'absence du signe de Kernig et, au besoin, la ponction lombaire distingueront la paralysie infantile.

Si les membres paralysés sont à la fois impotents et douloureux, comme cela arrive dans une forme de la poliomyélite, plus fréquente qu'on ne le croit, et bien décrite par Duquesnoy, dans sa thèse, les causes d'erreur sont plus nombreuses ; et l'on risquerait d'appeler rhumatisme articulaire aigu, rhumatisme musculaire, paralysie douloureuse des jeunes enfants, pseudo-paralysie syphilitique, ce qui est bel et bien de la paralysie infantile, si l'on ne savait conclure du groupement et de la nature des symptômes.

La douleur du rhumatisme articulaire n'a pas la fixité de la douleur de la paralysie infantile à début douloureux ; elle est nettement inter-articulaire ; elle est rarement cantonnée à une seule articulation, elle voyage, et elle est le plus souvent la signature de troubles anatomiques, gonflement, rougeur, tuméfaction péri-articulaire, tous signes qu'on ne retrouve pas au début de la poliomyélite.

Le rhumatisme musculaire ne s'accompagne pas de phénomènes généraux ; il frappe un très petit nombre de muscles. La paralysie douloureuse des jeunes enfants siège toujours aux membres supérieurs, surtout au bras droit, qui est le bras par lequel on tient l'enfant ; elle résulte d'une traction brusque ; elle n'est pas consécutive à un mouvement fébrile ; elle est le fait d'une subluxation et non d'une lésion spinale ou musculaire ; elle n'est jamais accompagnée du syndrome de dégénérescence ; tout au plus, peut-elle être caractérisée par une légère hypoexcitabilité tant galvanique que faradique.

La pseudo-paralysie syphilitique de Parrot est accompagnée de douleurs vives qui siègent à la jonction de la diaphyse et de l'épiphyse des os longs, douleurs exacerbées par les mouvements, tant passifs qu'actifs ; de plus, au lieu d'être généralisée d'emblée, elle a un début localisé et ne tend à frapper les autres membres que successivement ; de plus, enfin, elle n'est qu'une manifestation contemporaine d'autres signes de syphilis héréditaire.

B. — Période d'état.

A la période d'état, il y a lieu de diagnostiquer la paralysie infantile de la paralysie obstéricale du plexus brachial, de la paralysie traumatique du plexus brachial, de l'atrophie musculaire progressive, de la paralysie diphtérique, des paralysies post-angineuses, de l'hémiplégie spasmodique.

Pour cela, il n'est pas possible de faire grand fond sur l'électro-diagnostic, car, si l'on met à part l'hémiplégie spasmodique infantile, conséquence d'une lésion cérébrale, dans laquelle on ne rencontre jamais le syndrôme de dégénérescence, dans toutes les autres maladies que je viens d'énumérer, les muscles et les nerfs peuvent avoir leurs réponses électriques altérées de la même façon : tantôt le plus souvent d'ailleurs, ils présentent le système de dégénérescence en son entier; tantôt au contraire, dans les cas frustes, ils sont simplement atteints d'hypoexcitabilité tant faradique que galvanique. Il convient donc surtout, pour résoudre le problème, de se baser sur les commémoratifs, sur les localisations et sur la topographie des troubles paralytiques.

La paralysie obstétricale du plexus brachial frappe surtout le deltoïde, le biceps, le sous-épineux, le brachial antérieur et le long supinateur; elle suit l'accouchement dont elle est un des accidents. La paralysie infantile présente très peu souvent cette même topographie et ne survient guère dans les premiers jours qui suivent la naissance.

La paralysie traumatique du plexus brachial peut se produire à tous les âges de l'enfance ; (j'en ai observé un cas chez un enfant maintenu trop brutalement par son père qui voulait l'asseoir); mais là aussi l'absence de début fébrile, l'existence de troubles de la sensibilité laissent difficilement place à l'erreur.

Les paralysies post-diphtériques ou post-angineuses sont distinguées par l'étude minutieuse de l'histoire clinique de la maladie, par l'examen topographique : dans les névrites post-angineuses, les muscles touchés sont généralement groupés dans le même territoire nerveux ; dans la paralysie infantile, les muscles lésés sont souvent disséminés dans des territoires différents; de plus, les deux maladies évoluent différemment : les paralysies post-angineuses, même diphtériques, guérissent avec assez de rapidité et d'une façon assez complète dans la majorité des cas, alors qu'au contraire la paralysie infantile est longue à s'améliorer et laisse toujours sa signature.

L'atrophie musculaire progressive, soit l'atrophie du type Charcot-Marie, soit celle du type Landouzy-Déjerine, a une localisation et une marche que n'a pas la paralysie infantile.

L'hémiplégie spasmodique — en outre des caractères différentiels tirés de l'examen électro-diagnostique — est souvent accompagnée de paralysie faciale, de troubles de l'intelligence et surtout de contractures ; la poliomyélite antérieure au contraire est flasque et ne retentit presque jamais sur les nerfs crâniens.

C. — Période des difformités irréductibles manuellement.

A la période des difformités irréductibles manuellement, l'aspect des membres frappés de paralysie infantile est en général très caractéristique. L'arrêt de développement, la maigreur allant parfois jusqu'à la disparition presque totale des masses musculaires sont des lésions qu'on ne retrouve pas dans d'autres maladies : les déformations rachitiques tes plus accentuées sont caractérisées par des incurvations osseuses et parfois par des lésions musculaires ; mais celles-ci sont toujours légères et ne sont accompagnées ni de la mollesse des téguments, ni de cette adipose localisée qui coexiste parfois avec l'atrophie due à la poliomyélite.

Il n'y a lieu d'insister que sur la distinction entre le pied bot congénital et le pied bot paralytique.

Dans le pied bot congénital, tous les mouvements du pied peuvent être esquissés, car les masses musculaires qui meuvent l'articulation tibiotarsienne existent ; dans le pied bot paralytique, il est loin d'en être ainsi : la déformation est le résultat de la prépondérance de certains muscles qui n'ont plus d'antagonistes pour tempérer leur action ; dans le pied bot congénital, les difformités articulaires et la raideur qui s'oppose au redressement sont très prononcés ; dans le pied bot paralytique, la réduction semble bien moins pénible à réaliser.

La nature du pied bot, la symétrie ou l'asymétrie des lésions en cas de bilatéralité de l'affection sont aussi des signes qui forment des présomptions diagnostiques.

L'équin pur, le varus pur, le valgus pur, le talus valgus sont des pieds bots congénitaux exceptionnels. Ils sont au contraire des formes assez fréquentes de pieds bots paralytiques.

Si les deux pieds sont atteints, la déviation est en général de même sens dans le cas de lésions congénitales, de sens opposé dans le cas de lésions paralytiques.

Dans les cas douteux enfin, l'électrodiagnostic peut éclaircir les points discutés. Dans le pied bot paralytique, il est tout en groupe musculaire qui ne réagit plus ni au galvanique ni au faradique, ou du moins qui réagit très faiblement. Dans le pied bot congénital au contraire on peut observer de l'hypoexcitabilité galvanique et faradique ; mais cette hypoexcitabilité est en général peu marquée et elle ne diffère pas de celle qu'on observe dans toutes les lésions articulaires banales.

II. — Diagnostic du siège.

Il ne suffit pas de reconnaître la paralysie infantile ; il faut encore reconnaître quels sont les muscles lésés, quels sont ceux restés indemnes : ceci doit être le résultat d'un électrodiagnostic minutieux fait selon les règles qui président à cet examen.

Les muscles altérés présentent peu souvent une simple hypoexcitabilité galvanique et faradique ; en général ils permettent l'observation du syndrome de dégénérescence complet, celle de la réaction longitudinale, quand la maladie évolue déjà depuis un certain temps.

III. — Traitements physiques et mécaniques de la paralysie infantile.

A. — Période fébrile.

A la période fébrile de la paralysie infantile, indépendamment des moyens médicaux que recommandent les auteurs, on peut employer l'hydrothérapie (bains à 30 et 32 degrés), pour combattre l'hyperthermie. On doit user de la révulsion sur la colonne vertébrale (pointes de feu, sacs de glace, etc.). Je ne crois guère à l'efficacité des bains de vapeur qu'on a vantés, ni, en général, à aucun des moyens qui obligent à déplacer beaucoup les petits malades ; je ne crois donc pas, en particulier, à l'efficacité, ni même à l'innocuité de l'électricité, pendant la période fébrile : cette hâte préconisée par Lagorse (*thèse de Paris*, 1898) me paraît excessive ; le traitement électrique doit être précoce; mais il doit être réservé à la période d'état.

D. — Période d'état.

§ 1. — *Les divers traitements physiothérapiques*

A la période d'état qui commence le jour de la disparition totale de là fièvre, nulles méthodes ne sont plus efficaces, que les pratiques physiothérapiques : ces pratiques comprennent l'emploi de l'électrothérapie, de la massothérapie, de la thermothérapie et de la kinésithérapie, les cures thermales ou marines, et les moyens contentifs.

ÉLECTROTHÉRAPIE.

Duchenne, qui fut le premier à constituer le cadre de la paralysie infantile, recommandait, comme traitement, la faradisation musculaire localisée poursuivie avec persévérance pendant des années, trois fois par semaine. Cette faradisation localisée, destinée à exciter directement les tissus musculaires lésés, devait se pratiquer en plaçant les rhéophores humides sur les points de la peau qui correspondent à la partie la plus superficielle de ces divers muscles ; l'opérateur devait, d'une main, tenir les manches porte-tampons, en veillant à ce que les tampons ne se touchent pas, pour que toujours puisse être interposée entre eux une assez longue étendue du muscle à exciter ; et de l'autre main, il devait régler les divers appareils, augmenter ou diminuer le flux d'induction, espacer ou rapprocher les intermittences ; toujours du reste, il devait prendre soin de faire porter successivement les excitations aux divers points moteurs.

Erb recommandait les applications galvaniques ; dans son *Traité d'électrothérapie*, il formule ainsi sa méthode : « Vous recouvrez le siège de l'affection avec une « grande » électrode, tandis que vous appliquez l'autre sur la surface antérieure du tronc ou sur un autre point indifférent approprié. Vous laissez d'abord agir le pôle positif, puis le pôle négatif, chacun pendant une ou deux minutes, avec une force de courant modérée (de 15 à 40 degrés de déclinaison de l'aiguille, la résistance du courant étant de 150 degrés). Si les deux renflements sont malades, vous pourrez appliquer un pôle sur chacun d'eux et diriger le courant d'abord dans un sens, puis dans un autre sens. A cet effet, vous emploierez la galvanisation périphérique des régions neuro-musculaires paralysées, avec le pôle négatif labile, tandis que le pôle positif restera fixé sur le foyer morbide ; dans les dernières périodes, vous serez forcés de recourir aux fermetures du pôle négatif et aux commutations du courant, avec des forces de courant assez élevées... »

Vulpian était très éclectique : « J'ai dit, lit-on dans ses *Leçons sur les maladies du système nerveux*, que l'on pouvait employer pour électriser les muscles dans la poliomyélite antérieure aiguë de l'enfance, les courants faradiques ou les courants galvaniques, c'est-à-dire les courants induits saccadés et les courants continus. Si l'on fait usage de l'électricité induite, il faut éviter de se servir de courants de très forte intensité, surtout lorsque la maladie est de date relativement récente ; il est prudent aussi de ne pas prolonger les séances de faradisation au delà de huit à dix minutes. Les électrisations très énergiques et très prolongées pourraient produire un résultat inverse de celui qu'on veut obtenir, c'est-à-dire activer le travail d'atrophie au lieu de modérer sa marche. Lorsqu'on se sert de l'électricité galvanique, il ne faut pas non plus employer des courants très intenses; mais on peut, surtout si les courants sont faibles, prolonger l'électrisation pendant vingt minutes, une demi heure, une heure et même pendant un temps plus long encore, On peut placer les deux excitateurs sur les muscles à électriser ; ou bien on peut n'en mettre qu'un sur ces muscles et appliquer l'autre sur un point plus ou moins élevé de la région vertébrale, suivant l'étendue de la paralysie. On doit de préférence placer sur les muscles l'excitateur qui est en rapport avec le pôle négatif, de façon à produire un courant descendant. Il n'est pas certain d'ailleurs que cette disposition du courant ait une réelle importance...

» En somme, puisque les courants faradiques ont fait leurs preuves et qu'ils ont maintes fois donné de bons résultats, je n'hésite pas à conseiller d'y avoir recours de préférence, lorsque rien ne s'y opposera ».

Onimus et Legros combinent les deux méthodes; contre les lésions de la paralysie infantile, disent-ils, « nous avons surtout employé un courant descendant sur la moelle, en plaçant le pôle positif à deux ou trois centimètres au-dessus de la lésion probable du centre nerveux et le pôle négatif à la sortie des nerfs lésés. Après avoir maintenu les électrodes pendant trois à quatre minutes dans cette position, nous faisons glisser très lentement le pôle positif le long de la colonne vertébrale. Ce procédé est surtout applicable dans les premières semaines et lorsque la vraie période chronique n'existe pas encore. Plus tard nous agissons différemment. Nous électrisons de temps en temps, avec des courants induits, les muscles malades et cela au milieu de la séance. Sur ces mêmes muscles nous promenons les électrodes d'un courant continu aussi intense que les enfants peuvent le supporter. Nous agissons du côté des centres, en appliquant le pôle positif sur la colonne vertébrale au-dessus du point médullaire lésé et le pôle négatif sur le trajet des nerfs périphériques. Enfin, pendant les deux dernières minutes nous maintenons les deux électrodes directement sur la colonne vertébrale avec un courant descendant. »

Lewis Jones recommande le bain électrique complet avec le courant sinusoïdal : « Il est surprenant, dit-il, d'observer combien rapidement les petits malades s'accoutument à ce traitement. Après quelques visites, ils ne crient plus, mais au contraire s'assoient dans l'eau avec satisfaction, s'amusent avec les jouets flottants que les parents ou la nurse leur procurent. On donne habituellement (à l'hôpital Saint-Bartholomew, de Londres) deux bains par semaine et leur administration est confiée à la nurse préposée au service d'électricité, pendant une période de trois mois. Le courant est réglé par le déplacement de la bobine mobile d'un transformateur à chariot ; et la nurse est invitée à appliquer le courant aussi fort que l'enfant peut le supporter, sans être incommodé. Autrefois on employait le courant d'une bobine d'induction appliqué directement avec des électrodes, mais nous avons obtenu de meilleurs résultats avec notre nouveau dispositif. Un des premiers signes d'amélioration est que les enfants perdent leur tendance aux engelures. »

Massy (*Archives d'électricité médicale*, p. 297, 1896), recommande de placer une grande électrode de 100 centimètres carés au niveau du renflement médullaire lésé et de la relier au pôle négatif d'un appareil à courant continu, alors qu'une autre électrode de même grandeur est placé sur l'autre renflement, et de faire passer pendant dix minutes un courant de 10 à 12 miliampères ; puis de terminer par la galvanisation rythmée en laissant une grande électrode négative sur le renflement malade et en promenant un pôle positif sur chacun des muscles altérés.

Larat *(Revue internationale d'électrothérapie*, 1897, n° 1). conseille uniquement le courant continu : « Une grande plaque d'étain, dit-il, recouverte d'agaric et de peau de chamois bien imbibée d'eau tiède non salée, de la dimension de la main sera appliquée sur la région cervico-dorsale de la colonne vertébrale, s'il s'agit du membre supérieur ; sur la région lombaire s'il s'agit du membre inférieur. Cette plaque correspond au pôle positif de la batterie. Le pôle négatif est relié à une petite plaque plongeant dans une cuvette d'eau tiède dans laquelle est immergée d'autre part l'extrémité du membre malade, main ou pied. Il faut que la cheville ou le poignet soit recouvert par l'eau.

» Les choses étant ainsi disposées, on fait passer pendant dix minutes un courant de 8 à 10 milliampères d'intensité. Avec une aussi large surface d'application, la densité du courant pour un point donné est très faible et la douleur nulle.

» Puis on termine la séance par une série d'interruptions de courants faites au moyen du bouton interrupteur. »

J'emploie, moi-même, une technique analogue que je crois d'ailleurs plus active, parce que, indépendamment de la galvanisation générale du membre, je pratique, le plus souvent, l'électrisation méthodique des divers groupes musculaires lésés (1) :

» Dans les rares cas où les malades me sont amenés à une période très rapprochée du début de la maladie, c'est-à-dire dans les jours qui suivent la fin de l'accès fébrile, je fais exclusivement des applications stables de courant continu à faibles intensités (10 mA. au plus), une électrode de 100 centimètres carrés reliée au pôle positif et placée sur le renflement médullaire siège du mal (lombes ou cervix) ; l'extrémité du membre ou des membres atteints plonge dans un bain d'eau tiède relié au pôle négatif. Les séance ont une durée de quinze à vingt minutes et sont répétées trois fois par semaine.

» A partir de la troisième semaine qui suit le début de la maladie, je complète ces séances pendant une ou deux minutes par des intermittences rythmées sans rien changer aux connexions avec la source à courant continu.

» Ensuite, si l'examen m'a montré que les muscles malades se contractent encore au faradique, laissant l'électrode du dos en place, je la relie à l'un des pôles d'une bobine faradique à gros fil et je promène un tampon relié à l'autre pôle successivement sur chaque muscle pendant que l'interrupteur est réglé de façon à osciller très lentement. Bien entendu, l'induit est suffisamment enfoncé sur l'inducteur pour donner des contractions musculaires très nettes.

» Si, au contraire, l'examen m'a montré l'inexcitabilité au faradique, je me contente de remplacer le bain qui servait d'électrode dans les applications galvaniques rythmées par un tampon que je promène sur les masses musculaires atrophiées tout en faisant quelques interruptions et quelques renversements.

» L'intensité du courant, quand cela est possible, c'est-à-dire quand les muscles sont encore excitables à une intensité de courant peu douloureuse, est celle nécessaire pour avoir la contraction minimale soit à l'anode, soit à la cathode. »

____

(1) E. ALBERT-WEIL : *Manuel d'électrothérapie et d'électrodiagnostic* (Paris, Félix Alcan, éditeur).

MASSOTHÉRAPIE

Le massage léger convient pendant toutes les phases de la période d'état. Tous les auteurs le recommandent comme adjuvant du traitement électrique, mais ils se gardent bien d'en formuler la technique.

Ce massage peut être pratiqué tous les jours ; les manœuvres qu'il comporte doivent être, successivement :

1º L'*effleurage*, c'est-à-dire le frottement doux avec le plat de la main dirigée de la périphérie vers le centre ;

2º La *friction*, c'est-à-dire le frottement circulaire avec la pulpe ou la paume des doigs déprimant la peau ;

3º Le *pétrissage*, c'est-à-dire le soulèvement des muscles entre la face palmaire et la main du masseur, et la pression méthodique de ces portions musculaires ;

4º Le *tapotement et les hachures*, qui consistent en des frappements de la partie à traiter, soit avec le rebord cubital de la main, soit avec le creux de la main.

La séance peut être terminée par une friction avec de l'alcool pur, de l'eau de Cologne ou de l'essence de térébenthine. Onimus et Legros recommandaient particulièrement une teinture composée de teinture de genièvre, de cascarille, de girofle, de noix vomique, d'eau de lavande et d'essence de moutarde. Je ne crois pas qu'une préparation aussi compliquée soit nécessaire.

THERMOTHÉRAPIE

L'emploi de la chaleur paraît rationnel pour combattre une maladie dont un des symptômes les plus constants est le refroidissement et l'anémie des membres.

Beaucoup d'auteurs ont recommandé les bains de vapeur, les fumigations quotidiennes. Robert Lee, dans un cas datant de huit ans, a employé les fomentations chaudes ; et il a vu le membre malade récupérer un volume égal à celui du membre sain.

A l'heure actuelle, on pourrait essayer les applications intermittentes des radiations calorifiques des lampes à incandescence.

HYDROTHÉRAPIE

Il est banal de recommander contre les lésions de la paralysie infantile, les bains salés, les bains sulfureux, les enveloppements humides, les douches, etc.; toutes ces pratiques sont excellentes et peuvent contribuer à tonifier l'état général.

KINÉSITHÉRAPIE

Comme complément du massage, les mouvements passifs, la mobilisation de toutes les articulations, la flexion et l'extension répétées des membres malades sont très aptes à s'opposer aux difformités et aux contractures.

La gymnastique, suivant la méthode de Ling, est toute de circonstance. On en sait le principe : elle consiste à provoquer la contraction musculaire de certains muscles, tandis qu'on leur oppose avec la main une résistance graduée. Parfois, aux mouvements dépendant de la volonté, sont substitués des mouvements exécutés sur le sujet par le gymnaste ; parfois, l'on pratique ce qu'on appelle des mouvements doubles exécutés simultanément en sens inverse par les deux antagonistes. Les limites de la localisation des actions musculaires peuvent être rendues plus précises par le moyen d'attitudes spéciales, plus ou moins forcées, tendant à restreindre le mouvement à un très petit nombre de muscles, en laissant la presque totalité des autres dans un repos absolu : l'on comprend donc comment il est possible d'exercer les muscles malades et de n'exercer que ceux-là. Les Suédois ont multiplié à l'infini presque, les positions à prendre pour cette gymnastique de précision, et ils ont formulé, sous forme d'ordonnances, les exercices utiles en chaque cas particulier : pour l'étude de ces exercices et de cette gymnastique spéciale, je ne puis que renvoyer au traité de Wide (traduit par Bourcart), ou au traité d'Hartelius (traduit par Frick et Vuillemin).

Il n'est, par malheur, pas toujours possible de trouver un adversaire toujours libre, toujours disposé dans la réplique gymnastique nécessaire pour la bonne exécution des exercices de Ling; l'on comprend donc qu'on ait cherché à remplacer la gymnastique suédoise manuelle par des exercices faits à l'aide de lanières, de contre-poids et d'appareils mobili-ateurs variés.

Du reste, quand les mouvements volontaires commencent à revenir, même faiblement, une série de mouvements simples et faciles, répétés sept à huit fois dans la journée par périodes de cinq minutes, constitue encore la meilleure des gymnastiques, pourvu que les parents et les enfants y mettent de l'application et de la persévérance. S'agit-il de fortifier le jambier antérieur? On recommande à l'enfant, le talon étant solidement fixé au sol et au besoin maintenu, de faire des mouvements successifs de flexion et de relâchement du pied. S'agit-il au contraire de fortifier le triceps sural? On maintient les orteils et la partie antérieure du pied contre le sol et on ordonne à l'enfant d'élever et d'abaisser successivement son talon. S'agit-il de faire travailler le quadriceps fémoral? L'enfant étant assis, on maintient sa cuisse contre la chaise et on lui demande d'élever lentement sa jambe sur la cuisse, de l'amener de l'angle droit à l'horizontal, ou bien l'enfant étant couché, on lui demande de soulever tout le membre inférieur étendu au-dessus du plan du lit.

Quand la marche — en cas de paralysie d'un ou des deux membres inférieurs — devient possible, on doit, si l'enfant est suffisamment intelligent ou âgé, faire une véritable *rééducation motrice* en lui apprenant à rectifier la position de son pied, à apprécier son effort; on peut, pour cela, diviser le sol en carrés, apprendre à l'enfant à passer de carré en carré, etc., etc.

MOYENS CONTENTIFS

Bien entendu, pour tous ces exercices de marche, il faut que le pied, dont certains muscles sont paralysés, soit maintenu en bonne position; autrement, ces mouvements seraient manifestement impossibles ou nuisibles.

Pour cela, il suffit d'user, suivant le cas, de souliers à semelle surélevée et à tuteurs latéraux : la semelle est surélevée du côté externe si les péroniers sont lésés; du côté interne si ce sont les muscles de la partie antérieure; les tuteurs sont utiles dans la plupart des cas, car ils empêchent le pied de tourner.

CURES THERMALES ET CLIMATIQUES

Le séjour à la mer peut rendre des services; de même la cure thermale à Salins (du Jura), à Salies (de Béarn), à Kreuznach, etc., peuvent être indiquées.

§ 2. — *Importance de l'électrothérapie.*

De toutes les thérapies physiques, de toutes les pratiques que je viens de passer en revue, et qui peuvent concourir pour combattre la paralysie infantile à sa période d'état, la plus efficace, la plus importante est l'électrothérapie.

Certes, ses détracteurs n'ont pas manqué. Sans remonter à Rilliet qui, parlant en 1851 de la paralysie infantile, disait : « L'emploi de l'électricité est resté infructueux ». Sans rappeler l'opinion de Volkmann et d'Eisenlhor, l'on peut citer deux auteurs, et non des moindres, qui, à de longues années d'intervalle, affichèrent le même scepticisme. En 1861, Laborde, combattant Duchenne de Boulogne, écrivait « que l'emploi de moyens appropriés parmi lesquels peut certainement figurer avec honneur l'électrisation rende plus facile et plus hâtif le retour à l'état normal des muscles qui y tendent spontanément, rien n'est plus possible ; mais que les autres soient sauvés de l'atrophie et de la destruction par l'électricité et par l'électricité seule, c'est ce qui ne nous paraît pas démontré jusqu'à présent.

» Notre conviction est tellement établie à cet égard que si la déclaration qui précède fût venue d'un autre auteur que M. Duchenne, il nous eût été difficile de nous défendre de l'idée d'une confusion et de ne pas croire qu'on avait pris, dans ces circonstances, pour la paralysie de l'enfance, ces états paralytiques *temporaires* qui guérissent rapidement sans laisser de trace, et dont nous avons souvent parlé ; mais en vérité, M. Duchenne ne peut s'être laissé aller à une erreur qu'il a tant contribué à faire éviter.....

En somme, la faradisation doit être comptée parmi les moyens de traitement local de la paralysie et de l'atrophie, au même titre que la plupart des agents locaux d'excitation et de tonification ; son action ne diffère pas de celle de ces agents ; en tous cas, elle n'a rien de *spécifique ;* il ne faut pas mettre en elle une confiance exagérée que les résultats ne viendraient point confirmer, et qui, si elle était exclusive, tournerait tout au détriment des petits malades, puisqu'elle porterait à négliger d'autres moyens d'une efficacité au moins égale. »

En 1895, dans le *Traité de Médecine,* Marie s'exprimait ainsi : « Quant au traitement local, l'électricité, avec ses divers modes d'application, a été préconisée avec une telle unanimité qu'on ne saurait se dispenser d'y avoir recours ; cependant, il ne faudrait pas s'attendre à lui voir toujours donner des résultats appréciables. Sa valeur thérapeutique, dans la paralysie infantile, semble avoir été bien surfaite ».

Ces appréciations me semblent surtout convenir quand il s'agit de traitements défectueux ; mais elles tombent s'il s'agit de traitements électriques convenables longuement et continument poursuivis.

Pour juger de la valeur de l'électrothérapie, il ne faut pas s'imaginer qu'on peut appeler traitement électrothérapique les applications douloureuses et irrationnelles que la plupart des praticiens exécutent dans les cas qu'ils ont à traiter, en se servant de ces boîtes faradiques à bobines à fil fin et à interrupteurs rapides, si répandus dans le commerce, et en s'imaginant ainsi suivre les enseignements de Duchenne.

Or, même la faradisation avec la technique de Duchenne est condamnable (et pourtant Duchenne employait l'interrupteur lent et le secondaire à gros fil, de façon à avoir un courant de quantité et le repos du muscle entre les excitations) parce que les expériences de Debédat ont montré que la faradisation pouvait être une cause de fatigue musculaire et parce que surtout, le plus souvent, les muscles des régions lésées par la poliomyélite antérieure ne réagissent plus au faradique; et bien plus condamnables encore sont ces applications du courant de la bobine à fil fin, elles peuvent produire de la révulsion cutanée, de la douleur; mais point autre chose, elles légitiment toutes les préventions des parents qui redoutent la douleur des séances pour leurs enfants et qui se plaignent de la nervosité, de l'insomnie, de l'agitation qu'ils observent consécutivement aux interventions, sans jamais remarquer d'ailleurs de bons effets vraiment tangibles.

Il m'est arrivé bien souvent de soigner, à l'hôpital Trousseau, des enfants soi-disant traités auparavant par l'électricité et qui n'en avaient retiré, aucun bénéfice, sur qui, au contraire l'on avait pu assister à l'augmentation de l'atrophie et à la naissance des déformations. J'ai toujours constaté que dès qu'au traitement douloureux et défectueux, était substitué le traitement électrique convenable, la galvanisation générale du membre, suivie de l'excitation méthodique des groupes musculaires lésés, l'on pouvait noter une amélioration des plus nettes : les parents, que leur expérience avait rendu des plus sceptiques sur la valeur de l'électrothérapie, étaient les premiers à me faire remarquer les heureux effets du traitement si différent de celui qu'on avait entrepris auparavant. Les cas donc, qui avaient été soignés primitivement par les courants faradiques à fil fin et qui ultérieurement ont été traités par la galvanisation correcte, avec le plus grand avantage, sont une démonstration éclatante de l'utilité et de la valeur de l'électrothérapie bien appliquée; ils constituent une expérience clinique qui a la valeur d'une expérimentation.

§ 3. — *Résultats du traitement électrique.*

Il convient d'ailleurs de s'entendre sur les résultats qu'on peut espérer du traitement électrique.

Les cas de guérison définitive et complète analogues à ceux de Duchenne, Bouchut, Hamond, Massy sont rares. Et l'on peut jusqu'à un certain point admettre les critiques et les railleries de Laborde sur Duchenne de Boulogne, à propos de ses affirmations de guérison absolue de la poliomyélite antérieure : Dire que la guérison complète de la paralysie infantile peut résulter en général du traitement électrique, est une « assertion très hyperbolique »; mais nul électrothérapeute ne songera aujourd'hui à la reproduire : ici il ne s'agit évidemment que de *guérison relative*. Certes, après un traitement même très prolongé, le membre malade reste toujours atrophié (l'examen objectif dénote souvent un amaigrissement extrême); mais les déformations sont réduites à leur minimum ; la croissance du membre n'est que peu retardée ; les contractures n'existent pas ; la récupération fonctionnelle est souvent acquise ; la différence de température entre le membre malade et le membre sain a été en s'atténuant ; les troubles trophiques, la tendance aux engelures ne se manifestent plus. Alors que nombre de cas de poliomyélites antérieures non traités se terminent soit par des difformités irréductibles manuellement, soit par des pieds bots, soit par des genu valgum, soit par des contractures des muscles de la partie postérieure de la cuisse immobilisant la jambe repliée avec production d'hygroma au niveau du genou, soit par des mains botes, des atrophies totales deltoïdiennes entraînant l'impotence complète et irrémédiable de tout le bras, *jamais* le pronostic des cas traités électriquement n'est aussi sombre.

Depuis que j'ai été chargé du service d'électrothérapie de la clinique chirurgicale infantile de l'hôpital Trousseau, il est passé dans ce service 87 enfants atteints de paralysie infantile.

Ces 87 enfants peuvent être divisés en deux groupes : ceux atteints de difformités irréductibles manuellement, pour lesquels on me demandait un examen électro-diagnostique qui devait éclairer sur la nature de l'intervention possible et ceux qui devaient être soumis au traitement électrique. 39 enfants constituent le premier groupe ; 48 constituent le second. Or tous les enfants du premier groupe dont la maladie s'est terminée par des difformités irréductibles manuellement n'avaient jamais été soignés ou avaient subi, d'une façon intermittente, quelques faradisations de la bobine à fil fin. Au contraire, tous les enfants du second groupe qui ont suivi régulièrement le traitement électrique que je leur pratiquais (soit 31 enfants sur les 48 de ce groupe) en ont retiré le plus grand bénéfice : leurs muscles ne se sont pas tous régénérés, mais pour la plupart ils ont évolué vers la réparation, et les membres malades ont pris plus de force, si bien qu'en aucun cas des difformités irréductibles manuellement ne se sont produites.

Cette opposition entre l'évolution des cas non traités et celle des cas traités est une preuve des plus explicites de la haute valeur de la galvanisation méthodiquement appliquée.

§ 4. — Mode d'action de la galvanisation.

Mais comment, dira-t-on, la galvanisation peut-elle s'opposer aux conséquences de la poliomyélite antérieure de l'enfance ? Serait-ce donc qu'elle suffirait pour refaire les cornes antérieures de la moelle alors qu'elles ont été détruites ? Évidemment non.

Pas plus que la rééducation motrice ou les sels mercuriels ne refont les cordons postérieurs de la moelle dans le tabes, pas plus la galvanisation ne peut refaire le tissu spécialisé qui constitue la substance nerveuse. Brown-Séquard et Robin ont certes observé sur des animaux le rétablissement complet de toutes les fonctions de motricité après la section complète de la moelle ; Robin a même pu constater la guérison par première intention d'une moelle sectionnée. Masius et Van Lair ont pu exciser sur des grenouilles des fragments de moelle de plusieurs millimètres et voir les éléments nerveux se reconstituer. Mais l'on ne saurait conclure d'expériences de laboratoire que la régénération médullaire est possible chez l'homme. Tout au plus, peut-on dire, avec Vulpian, que, dans la poliomyélite antérieure, toutes les cellules nerveuses atteintes ne sont pas condamnées à subir des altérations irrémédiables et que l'électrisation des muscles, commencée peu de temps après le début de la maladie, agit sans doute, à distance, par l'intermédiaire des nerfs sensitifs musculaires sur la moelle épinière et y provoque une excitation qui, à la longue, retentit peut-être indirectement sur les cellules engourdies des cornes antérieures. Tout au plus, peut-on ajouter que la galvanisation à travers la moelle peut exalter la puissance des fibres non dégénérées et créer des suppléances fonctionnelles ; mais ce sont là de simples hypothèses, plausibles à cause de l'expérimentation clinique, mais en somme de simples hypothèses.

Plus solide est l'affirmation que la galvanisation générale des membres est un excitant de la nutrition générale, de la croissance, et de ce fait un modérateur du processus atrophique dans les muscles dont le centre spinal est lésé. Toutes les modalités de l'énergie électrique peuvent, il est vrai, sous certaines conditions, être des excitants de l'activité cellulaire. Les expériences de Grandeau et surtout celles de Sélim Loemstrom (d'Helsingfors) ont montré l'heureuse influence de l'électricité statique sur le développement de la végétation ; les expériences de Springer ont montré l'action favorable de la faradisation sur l'accroissement des os ; mais les expériences de Labatut, Jourdanet et Porte, celles plus complètes et plus démonstratives du professeur Leduc, sur les échanges ioniques montrent la prééminence du courant continu. De plus, ce courant continu à l'état variable agit sur la contraction musculaire, peut la provoquer alors que les autres modalités électriques ne peuvent plus la faire naître ; de plus ce courant continu a une action indéniable sur la circulation sanguine : « Nous sommes persuadés, disent Onimus et Legros — qui ont fait nombre d'expériences souvent pastichées depuis — que la plupart des effets des courants électriques ont pour cause leur influence sur les vaisseaux sanguins. Celui qui aura vu, une fois, les vaisseaux se contracter et se dilater sous cette influence et surtout s'il a vu, au début d'une inflammation, la circulation un instant troublée et enrayée reprendre son cours, et les globules du sang circuler de nouveau dans les capillaires, celui-là, dirons-nous, comprendra combien les courants électriques ont une action énergique sur les phénomènes circulatoires. »

§ 5. — *Les périodes de la maladie où il faut employer l'électrisation.*
Durée du traitement.

Pour obtenir du traitement électrique tous ses heureux effets, il importe du reste de le pratiquer en temps opportun, de savoir l'interrompre au besoin, et de pouvoir le prolonger aussi longtemps que l'on voudra.

La majorité des praticiens pense qu'il y a lieu d'attendre la période atrophique pour recourir à l'électrisation. C'est là, d'ailleurs, l'opinion du Dr Marie qui, dans le *Traité de médecine*, a écrit : « En tous cas, on se gardera d'électriser ces petits malades avant que la période de régression soit parvenue à un certain degré, sans cela on risquerait de communiquer à une moelle enflammée des excitations qui ne pourraient qu'être défavorables. » Au contraire, tous ceux qui se sont occupés d'électrothérapie qui ont été à même de traiter beaucoup de paralytiques infantiles et d'observer les accidents dont la production était possible, émettent avec unanimité une opinion contraire.

C'est d'abord Duchenne qui dit : « Comme le retour de l'influx nerveux, ou, en d'autres termes, de la guérison de la lésion nerveuse n'est pas encore et sera peut-être difficilement déterminé dans ces paralysies de l'enfance, je conseille de traiter le plus tôt possible, par la faradisation, les muscles qui ont perdu leur contractilité. »

C'est Erb : « Commencez donc le traitement le plus tôt possible, aussitôt que la période inflammatoire aiguë est terminée, car, en tous cas, c'est précisément, durant les premiers mois qui suivent le processus foudroyant que l'on réussit ; plus tard vous ne pouvez plus modifier beaucoup le foyer de la maladie ».

C'est Onimus et Legros : « La seule chose sur laquelle nous croyons devoir insister, et c'est pour cela que nous avons établi une deuxième période, c'est que la période aiguë est presque toujours excessivement courte, qu'elle dure souvent un jour, et qu'ici, comme dans la plupart des affections du système nerveux, il est important, si l'on veut tirer de l'application des courants continus tous les avantages qu'on veut en espérer de commencer le traitement aussitôt la fièvre tombée... Nous sommes convaincus qu'il serait avantageux de faire, dès les premiers jours, une application de courte durée et avec un courant modéré descendant sur la colonne vertébrale. Loin d'être excitant, ce mode de traitement est calmant et ne peut que hâter l'amélioration...

» Par conséquent, il ne peut y avoir que des avantages à commencer le traitement le plus tôt possible. Nous insistons sur ce point, car, dans une maladie aussi cruelle et qui devient si souvent incurable, il est important de bien détruire toutes les erreurs et toutes les idées préconçues qui peuvent entraver l'amélioration. *A priori*, d'ailleurs, on conçoit que c'est au début de la maladie qu'il est utile d'agir et de sauver de l'atrophie le plus grand nombre d'éléments nerveux et musculaires. »

Plus récemment, enfin, ce sont Doumer et Huet qui sont venus préconiser la galvanisation précoce ; et c'est moi-même qui, dans les *Archives d'électricité médicale* (15 juillet 1902), ai montré, en publiant deux observations de paralysie infantile des membres inférieurs. comment un traitement précoce et prudent (galvanisation *sans renversements ni secousses brusques*) pouvait abréger la durée de l'impotence totale et permettre au membre de récupérer la plus grande partie de ses fonctions ; d'autres observations plus récentes de cas précocement traités par moi, me fortifient encore dans cette opinion.

Le rejet de l'électrisation pendant les deux premiers mois de la maladie ne serait soutenable d'ailleurs que si l'on pouvait citer des faits tendant à démontrer que cette électrisation a été suivie parfois de recrudescence du processus fébrile. Certes, Duchenne a publié l'observation d'un enfant électrisé au début de sa maladie et qui eut une rechute de poliomyélite ; certes, M. Bacelli a observé un enfant de vingt mois très amélioré par la galvanisation précoce, qui eut une rechute dans le cours du traitement : mais ni Duchenne, ni Bacelli n'ont songé à incriminer l'électricité ; nombre de fois, d'ailleurs, sans qu'aucun traitement ait été institué, l'on a pu constater des rechutes de poliomyélite. Sans parler des rechutes précoces que cite Laborde dans sa thèse, l'on peut invoquer les rechutes tardives dont ont parlé Reymond, Déjerine et Brissaud.

Les deux cas de Duchenne et de Bacelli restent donc comme des exemples d'insuccès relatifs de l'électrisation précoce. Mais ils ne peuvent nullement être invoqués pour légitimer la prohibition de cette manière de faire ; ils sont et ils restent des exceptions.

Même commencé hâtivement, au moins dans tous les cas où l'on constate la réaction de dégénérescence, le traitement électrique est toujours long et nécessite une grande patience, de la part du médecin et de la part de la famille du petit malade. C'est par mois qu'il faut compter ; c'est à longues échéances qu'on voit les améliorations.

Pierre (de Berck), dans un mémoire publié par le *Journal de Physiothérapie*, a rapporté l'observation d'un enfant, soigné continûment depuis le début de la maladie, dont le jambier ne commença à se contracter que dans la quatrième année du traitement. Cette observation doit être rappelée à ceux qui seraient trop impatients.

Les cas que j'ai eu à traiter se sont en général, pourtant améliorés plus rapidement ; mais mes observations montrent, toutes, la progression lente et continue et la nécessité de la persévérance, si l'on veut de la thérapeutique retirer toutes ses promesses. Un exemple, entre nombre d'autres analogues, fera mieux saisir ma pensée.

J'ai publié, dans les *Archives d'électricité médicale*, le début de l'observation de Renée P..., atteinte le 18 juillet 1901, de paralysie complète des deux membres inférieurs, paralysie qui fut temporaire pour la jambe droite, mais qui fut persistante pour le membre gauche parce que le biceps, le demi-tendineux, le demi-membraneux, les fléchisseurs et le triceps sural présentaient le syndrôme de dégénérescence en son entier. Le 9 avril 1902, après un traitement continu commencé en octobre 1901, j'ai constaté toujours ce syndrôme ; mais l'inversion me parut moins marquée et les secousses moins lentes ; le 1er juillet 1902, j'ai constaté que les progrès étaient devenus plus manifestes encore ; et enfin le 1er juillet 1903, je pus voir nettement, qu'en particulier pour le triceps sural, les réponses électriques étaient presque entièrement normales, et que la marche, quand l'enfant était attentive, n'était qu'insensiblement accompagnée de balayage et de claudication.

L'on voit là, d'une façon typique, tous les avantages d'un traitement longuement poursuivi : amélioration fonctionnelle et amélioration des réponses électriques des muscles.

Mais une remarque ici s'impose. Il ne faut pas pour apprécier l'amélioration due au traitement électrique s'imaginer que concurremment au retour des mouvements, à l'augmentation de la température périphérique des téguments du membre, les réponses électriques deviennent toujours meilleures. Il est des cas où l'amélioration symptomatique peut être très appréciable, alors que les réactions musculaires restent, à diverses époques successives, très peu différentes. Onimus et Legros ont même écrit qu'à mesure que l'amélioration se prononce, il apparaît une légère contracture, de la *contracturie* dans les muscles paralysés et une diminution de la contractibilité par les courants continus. Le fait peut se présenter, mais il est loin d'être général.

Au précepte qui proclame la nécessité d'un traitement électrique hâtif et précoce, au précepte qui recommande la patience et la persévérance dans le traitement aussi longtemps qu'un progrès même minime se manifeste, il faut en ajouter un troisième : même lorsque des enfants atteints de poliomyélite antérieure ont été laissés sans traitement pendant de longues années, même lorsque des destructions musculaires importantes ont déjà eu lieu, il y a intérêt en général à abandonner ce nihilisme thérapeutique pour recourir à l'électrisation : l'observation, souvent citée, du jeune Picquefeu traité par Duchenne, quatre ans seulement après le début de sa paralysie et guéri en un mois de temps ; les observations de Hamond publiées en 1893, dans lesquelles il était question d'une dame de vingt-six ans atteinte de paralysie depuis l'âge de six mois, d'un enfant de onze ans, atteint de paralysie des membres inférieurs depuis 6 ans et qui ne furent traités électriquement, avec le plus grand avantage d'ailleurs, qu'à ces dates éloignées du début de l'affection ; les deux cas enfin que j'ai publiés, moi-même, l'an dernier dans les *Archives d'électricité médicale* suffisent à démontrer le bien fondé de la proposition ; mais il y a lieu de faire quelques distinctions car les effets sont différents suivant l'état électrique des muscles des membres frappés par la poliomyélite.

Si l'atrophie est légère et si les contractilités faradique et galvanique sont presque normales, bien que la paralysie et l'impotence soient manifestes, il ne peut y avoir doute, il faut mettre en œuvre le traitement électrique. Si l'atrophie est moyenne et si les contractilités galvanique et faradique sont diminuées même considérablement, le traitement électrique est encore des plus efficaces ; si l'atrophie est considérable et si les contractilités tant faradique que galvanique ont pour ainsi dire disparu, il y a évidemment dégénérescence avancée, sinon disparition totale des fibres. Mais le traitement électrique peut agir encore sur les fibres restées saines tout en étant noyées au milieu du tissu adipeux ou sur le développement du membre ; il faut donc l'entreprendre, tout en étant décidé à l'abandonner si au bout de six à huit mois il n'a produit le plus léger effet.

§ 6. — *Direction générale du traitement de la période d'état de la paralysie infantile.*

Bien que le traitement électrique, pratiqué suivant la technique que j'ai formulée, constitue la base du traitement de la paralysie infantile à la période d'état, il est bien évident qu'il ne faut renoncer ni aux autres méthodes physiothérapiques ni surtout aux chaussures orthopédiques qui dans certains cas de paralysie des muscles des membres inférieurs constituent une aide si précieuse pour la guérison fonctionnelle ; il est donc nécessaire de bien préciser la marche générale du traitement.

Dans les premiers jours qui suivent la fin de la période fébrile, on doit se contenter de pratiquer la galvanisation générale du membre sans intermittences et on peut compléter la séance par un massage très léger, effleurage ou tapotage.

Un mois après, quand l'état général commence à être satisfaisant — quelquefois plus tôt d'ailleurs — on doit pratiquer la galvanisation générale ; mais on doit la faire suivre des interruptions et des renversements du courant, puis des excitations séparées des divers groupes musculaires, ainsi que l'ai expliqué plus haut. On doit compléter la séance électrique par une séance de massage et de mobilisation des diverses articulations. Dès que des mouvements actifs sont possibles, on emploiera la gymnastique suédoise ou les exercices simples et faciles que j'ai indiqués. On recommandera aux parents de veiller à l'exécution, à plusieurs reprises, chaque jour, de ces mouvements simples, en même temps qu'on leur recommandera d'administrer quotidiennement des bains salés et des frictions alcoolisées à leurs enfants (1).

De temps en temps, le traitement électrique devra être interrompu. Comme le dit Erb : « On voit assez souvent, après une longue interruption du traitement, l'amélioration faire, lorsque le traitement est repris, des progrès plus rapides qu'auparavant ».

En général, l'interruption pourra avoir lieu tous les six mois : ce sera pendant une de ces trèves, qu'on pourra recourir au traitement thermal ou à la cure marine ou climatique.

Dès que la marche sera devenue possible, dans le cas de paralysie du membre inférieur, on fera porter à l'enfant, s'il y a lieu, une chaussure qui maintiendra son pied en bonne position, et qui fera obstacle à la production de la difformité qui peut résulter de la prédominance de certains muscles non combattus par leurs antagonistes.

L'on peut se demander si, au lieu de poursuivre un traitement aussi long, il n'y aurait pas lieu — même quand des difformités irréductibles manuellement ne se sont pas produites — de recourir à l'anastomose tendineuse.

Cette opération, préconisée surtout par Vulpian, consiste à suturer le tendon du muscle paralysé au corps d'un muscle intact et à amener ainsi le retour de la

---

(1) Bien entendu les médications toniques (fer, huile de foie de morue, phosphate de chaux) doivent être instituées en même temps.

fonction. En certaines circonstances certes, particulièrement quand les muscles dont les centres trophiques lésés sont en très petit nombre, cette méthode peut être indiquée ; mais d'une façon générale il faut lui préférer le traitement électro-thérapique qui peut régénérer les muscles : l'anastomose ne régénère rien, elle donne simplement un mouvement en plus ; et souvent, en outre, ses résultats sont rien moins que certains.

C. — Période des difformités irréductibles manuellement.

A la période des difformités irréductibles manuellement, l'indication princi-pale est de triompher de ces difformités soit par une intervention chirurgicale, suivie d'une immobilisation dans un appareil plàtré pendant un temps plus ou moins long, soit par des appareils orthopédiques.

Mais les pratiques physiothérapiques, l'électrisation en particulier, demeurent encore indiquées pour redonner de la vitalité, pour accélérer la croissance après réussite du traitement chirurgical ; car ce traitement (arthrodèse, sections ten-dineuses, ou anastomose) a pu redonner au membre sa forme normale, mais il n'a pu aider les muscles à récupérer leur force primitive : les agents physiques ne sont plus alors les agents principaux de la thérapeutique ; ils en sont les auxiliaires les plus importants.

Discussion. — M. MARIE : L'ensemble du travail de M. Weil est très sage, et la méthode de traitement qu'il préconise est bien celle adoptée par presque tous ceux qui s'occupent d'électrothérapie. Il ne faut pas confier l'application du traitement soit à des parents, soit à des confrères peu au courant, car, d'après M. Marie, on voit, dans ces cas, survenir plutôt une aggravation.

Le massage lui paraît devoir occuper une bien petite place dans le traitement de la paralysie infantile.

M. MICHAUT est partisan du massage convenablement fait.

M. BERGONIÉ : Je ne crois pas le massage, sous quelque forme qu'il soit fait, utile dans la paralysie infantile, pas plus que les révulsions sur la moelle à la période aiguë, pas plus que les bains salés et les lotions avec un liquide alcoolique quelconque pendant la période chronique. Comme M. Marie, je pense que le meilleur moyen que nous ayons de modifier la nutrition des muscles frappés par la paralysie est de provoquer leur contraction.

M. MESNARD (de Paris).

Traitement de la paralysie infantile. — L'auteur divise les muscles frappés par la paralysie en trois catégories : 1° ceux dont l'excitabilité n'est pas modifiée ; 2° ceux qui présentent la réaction de Duchenne ; 3° enfin, ceux qui donnent la réaction complète de dégénérescence. A chacune de ces catégories correspond une forme de traitement dont dépend le succès. Comme M. Weil, l'auteur recommande la patience et la persévérance dans le traitement, dont la durée peut être de trois ou quatre années.

Il convient aussi, d'après lui, d'inspirer la confiance et la foi à l'entourage du malade.

M. MONDAIN (du Havre).

Action des rayons X dans le cancer ulcéré du sein. — Il s'agit d'une femme de cinquante-trois ans qui, peu à peu, vit son sein gauche envahi par une tumeur présentant tous les symptômes d'un carcinome grave. Au moment du traitement, des paquets de ganglions axillaires et sus-claviculaires, ainsi qu'une large ulcération du sein, pouvaient être constatés. Les séances de radiothérapie furent faites au moyen d'une ampoule placée le plus souvent à 20 centimètres de la surface ulcérée, et avec un temps d'exposition de cinq à dix minutes. Aujourd'hui, après un traitement repris et suspendu à plusieurs intervalles, l'ulcère est remplacé par une peau rose de bon aloi, les ganglions axillaires et sus-claviculaires n'existent plus, la malade a repris sa gaieté et sa vie ordinaire.

Discussion. — M. GUILLEMINOT a eu l'occasion de traiter une névrite d'origine cancéreuse et a observé une cessation des douleurs à la suite du traitement par les rayons X.

M. ALBERT-WEIL rappelle une étude très complète et très importante qu'il a publiée sur ce sujet avec Gaullier L'Hardy, dans le *Journal de Physiothérapie,* il y analysait les travaux américains qui sont si nombreux sur cette question ; il signale pour sa part deux observations, l'une d'un cancer du rectum dans laquelle il a vu les douleurs s'amender ; l'autre d'un cancer de l'estomac dans laquelle les résultats sont incertains. En Amérique, on a associé le traitement chirurgical au traitement par les rayons X. Certains auteurs enlèvent le cancer au bistouri et exposent la surface aux rayons X. Il y aura du reste certes lieu de faire des distinctions entre les cancers visibles et les cancers d'organes profonds.

M. BLOCH a eu l'occasion d'observer incidemment deux cas de cancer : l'un, chez un homme, cancer du sein, avec une zone d'induration ganglionnaire dans l'aisselle et symptômes douloureux. Chez ce malade, la zone d'induration a fondu, et les douleurs, atténuées au début, ont repris. Dans le deuxième cas, il s'agissait d'un cancer de la langue, sans ganglions. Après trois séances d'exposition, une poussée ganglionnaire énorme s'est produite, puis tout est rentré dans l'ordre et les douleurs locales ont cessé. Enfin, dans un troisième cas de cancer du sein ulcéré, les ganglions ont disparu, et il s'est fait une généralisation dans le péritoine.

M. BORDIER compare les effets du traitement du cancer par les rayons X à ceux qu'il a obtenus par l'électrolyse bipolaire. Dans un cas de cancer de l'estomac traité par M. Nogier, son préparateur, dans la clinique du Prof. Bondet, le malade, dont l'observation est en cours, a engraissé de 3 kilogrammes, après quatorze séances. Par l'électrolyse, M. Bordier a soigné deux cas de cancer du sein dont il ne veut publier l'observation qu'après qu'un temps plus long se sera écoulé depuis la fin du traitement. Cependant, l'un date déjà de trois ans, sans qu'aucune récidive se soit montrée. Les séances comportant l'application bipolaire avec aiguilles protégées et 40 à 50 mA., pendant une demi-heure, détruisaient chaque fois du tissu néoplasique du volume d'une noisette. Aujourd'hui, la partie supérieur du sein a disparu, la peau est saine et tendue ; il n'y a plus trace de tumeur. Dans le deuxième cas, le résultat s'annonce comme devant être identique. Aussi l'auteur n'hésite-t-il pas à conclure que cette méthode du traitement lui paraît, jusqu'à nouvel ordre, supérieure à la radiothérapie pour ce qui est tout au moins des cancers du sein.

M. MARIE, bien que le traitement du cancer par les rayons X en Europe n'ait que très tardivement suivi cette application en Amérique, estime qu'on ne s'est pas assez préoccupé d'établir un rapprochement entre les radiodermites provoquées sur la peau saine par l'application des rayons X et l'action de ces mêmes rayons sur les tissus néoplasiques.

M. WERTHEIM-SALOMONSON rapporte l'opinion qui a cours actuellement en Hollande sur la radiothérapie ; le succès serait à peu près constant pour le cancer de la face superficiel, tandis que, dans tous les autres cas, les succès seraient douteux.

M. H. BORDIER, de Lyon.

Influence de la galvanisation primitive d'un membre sur celle d'un membre opposé. — Le phénomène observé par l'auteur est le suivant :

Lorsqu'on a fait traverser le bras par un courant galvanique en appliquant une électrode derrière l'épaule pendant que l'avant-bras plonge dans un bain, la densité s'élève de quelques milliampères. Si on vient alors à faire la même opération du côté opposé, dans les mêmes conditions, on constate que l'intensité monte beaucoup plus que lors de la première galvanisation.

Le mesures de résistance électrique faites par M. Bordier prouvent que la première galvanisation a pour effet de déterminer la résistance du côté symétrique ; ce qui est dû très probablement aux phénomènes vasomoteurs provoqués par la galvanisation première.

Nouveau modèle de l'ohmmètre clinique du Prof. Bergonié. — On connaît la méthode sur laquelle repose cet appareil des mesures des résistances en clinique, méthode que M. Bergonié a appelée méthode de réduction à l'unité. Afin de rendre les mesures plus précises, l'auteur a remplacé le fil en spirale du modèle primitif de M. Bergonié par deux fils droits maintenus sur un support de marbre. A l'aide de cet appareil, on peut mesurer des résistances de toutes sortes avec une grande approximation à cause de la sensibilité du nouveau dispositif, ce qui était impossible avec le modèle primitif.

Discussion. — M. WERTHEIM-SALOMONSON indique les nombreuses causes d'erreurs qui peuvent se glisser lorsqu'on veut mesurer avec grande précision les résistances en clinique. Il vaut mieux se servir de méthode de *Kohlraüsch*, qui donne des résultats très précis, et qui évite les fautes causées par la polarisation des électrodes. Une détermination de la résistance à un millième est déjà une mesure de précision et aucune méthode basée sur l'emploi d'instruments industriels de mesure de courant ou de voltage ne permet une exactitude de moins de 1 0/0.

M. Bergonié craint, de son côté, que la précision obtenue par M. Bordier ne soit qu'illusoire, ayant eu l'occasion d'observer souvent que la méthode clinique pour la mesure des résistances qu'il a préconisée ne pouvait donner une précision dépassant la dizaine d'ohms.

M. T. MARIE, de Toulouse.

Nouvel appareil de photothérapie. — L'appareil que M. Marie présente à la Section, et qu'il n'a pu faire fonctionner devant elle faute de courant, satisfait tous les desiderata que le praticien peut demander. La lampe à arc qui constitue cet appareil est de petite puissance, et l'on sait que la température du cratère positif est constante quelle que soit la puissance dépensée dans l'arc. L'ensemble des radiations émises est donc le même pour les arcs de petite puissance ou pour les arcs de grande puissance; ce qu'il faut, c'est que le rendement au niveau de la peau soit aussi grand que possible, et c'est ce que l'auteur a cherché à obtenir par les quatre dispositifs de son appareil, qui ont pour effet de donner à ce même appareil quatre qualités distinctes.

Le premier dispositif réalise la compression de la partie sur laquelle doit porter le traitement d'une manière plus parfaite que jamais elle n'a été réalisée jusqu'à ce jour. Cette compression ne demande rien à la bonne volonté du malade. Au contraire, M. Marie craint que cette volonté ne s'exerce en sens inverse et ne compromette le résultat; c'est donc l'appareil lui-même qui réalise la compression par la tension progressive, et bien symétrique des liens de caoutchouc dont il est muni. L'anémie produite amène l'anesthésie, et l'anesthésie permet d'augmenter la compression.

Cette compression est si parfaite qu'elle peut atteindre en moyenne 3 à 4 kilogrammes et a pu aller jusqu'à 9 kilogrammes. Le manche qui porte l'appareil ne doit être utilisé que lorsque l'application se fait sur l'extrémité du nez.

La seconde qualité de l'appareil de l'auteur est de pouvoir changer la surface de contact et de l'adapter parfaitement au cas de chaque malade sans avoir à démonter ni circulation d'eau ni charbons de l'arc électrique. Chaque pièce mobile ne porte qu'une seule lame de quartz, et un tour de clef la met en place. La manière dont les charbons sont disposés donne à l'appareil de M. Marie sa troisième qualité. Le charbon positif est placé perpendiculairement à la peau et le charbon négatif de petit diamètre est à angle droit sur le premier et ne peut faire écran. Les charbons sont indépendants l'un de l'autre, et le réglage se fait correctement. Avec des arcs très longs de 7, 8 et 9 millimètres, qui utilisent le mieux la différence de potentiel des courants industriels, le négatif démasque complètement le cratère du charbon positif. Enfin, la lampe à arc peut être complètement séparée de l'appareil et servir à d'autres usages. C'est encore là une qualité appréciable, mais moins importante.

En terminant, M. Marie présente à la Section une série de photographies des malades qu'il a traités avec cet appareil et dont la plupart montrent des résultats aussi complets que satisfaisants.

Discussion. — M. Bordier a éprouvé l'appareil de M. Marie et il lui reconnaît une grande supériorité sur tous les autres appareils qu'il a eus entre les mains. Les résultats peu encourageants qui ont été obtenus récemment à Lyon (6 guérisons sur 19) lui paraissent dus à ce que la compression ne pouvait être faite avec les appareils employés comme elle peut l'être avec l'appareil de M. Marie.

Dans deux cas qu'il a eu à traiter et dont il montre les photographies, l'appareil de M. Marie lui a rendu les plus grands services. Pour l'un d'eux, entre autres, la guérison est survenue en deux mois, et le résultat esthétique est parfait. Les séances duraient trois quarts d'heure.

M. Bergonié : Depuis que j'ai acquis l'appareil de M. Marie, je ne peux encore avoir des résultats cliniques, mais j'ai pu constater la compression énergique et le grand rendement qu'il est capable de donner.

M. MORIN, de Nantes.

Sur deux nouveaux réducteurs liquides. — Un appareil est basé sur le principe bien connu du pont de Weathstone. On sait que si les quatre branches du pont ont une résistance égale, aucun courant ne passe par le pont, et si, au contraire, on déplace les points d'entrée et de sortie du pont, il passe par le pont un courant d'autant plus grand que ce déplacement s'éloigne davantage de la symétrie primitive. L'appareil présenté par l'auteur comprend quatre cellules séparées par des cloisons incomplètes, et contenant deux électrodes fixes et deux électrodes mobiles que l'opérateur peut manœuvrer. Le liquide utilisé est de l'eau sulfurique plus ou moins diluée. La construction de cet appareil est on ne peut plus simple.

Un autre appareil, à deux cellules, simple réducteur, pourrait être réduit de volume et devenir un appareil de poche.

Discussion. — M. Bergonié : A propos de l'intéressant appareil de M. Morin, je rappellerai que jadis Pouillet a construit un appareil analogue, ou au moins basé sur le même principe. M. Kotowitch a repris cet appareil de Pouillet et l'a transporté dans l'électrothérapie. (*Archives d'Électricité médicale*, 1894, p. 185.)

L'appareil de Pouillet se compose d'une rainure circulaire isolante contenant un liquide semi-conducteur. Le courant arrive aux deux extrémités du même diamètre, et les prises de courant mobiles sont aux deux autres extrémités d'un autre diamètre. On a, avec cet appareil, des courants sinusoïdaux de très faible fréquence. On peut aussi graduer le courant dérivé comme avec un réducteur de potentiel et l'inverser. Il n'a pas été fait d'appareil pratique basé sur ce principe, et l'appareil de M. Morin comblerait une lacune à ce point de vue.

M. le Dr H. GUILLEMINOT.

Rapport sur l'état actuel de l'Orthodiagraphie.

DÉFINITION.

On entend par orthodiagraphie un méthode d'examen qui a pour but de projeter en grandeur vraie les ombres des organes, soit pour les mesurer, soit pour en conserver le graphique.

L'orthodiagraphie, jusqu'à présent, est un procédé exclusivement radioscopique. C'est à l'aide de l'écran fluorescent, et non du cliché radiographique qu'on exécute les tracés orthogonaux. Nous n'avons encore aucun moyen d'impressionner la plaque sensible de manière à obtenir un sciagramme en grandeur vraie. On pourrait bien, en plaçant le tube à 2 mètres, 2^m, 50, avoir une image peu agrandie, peu déformée, dans le voisinage du pied de la normale, le faisceau pouvant, dans cette zone, être considéré comme un faisceau de rayons parallèles ; mais outre que cette zone est très étroite, on allonge ainsi considérablement le temps de pose. — On pourrait aussi songer à irradier la région à reproduire par un tube ne donnant qu'un faisceau très étroit presque ponctiforme, et en déplaçant ce tube d'un mouvement uniforme de manière à lui faire occuper tous les points de l'espace dans un plan parallèle au plan d'examen, mais le temps de pose serait encore plus long et le matériel plus compliqué. Nous n'aurons donc en vue que l'orthodiagraphie radioscopique, la seule qui existe aujourd'hui.

MODE OPÉRATOIRE.

Nous allons nous occuper d'abord du mode opératoire, et nous aurons surtout en vue le moyen d'exécuter les graphiques orthogonaux, laissant de côté les autres emplois du rayon normal.

La projection orthogonale d'un organe vu dans un plan d'examen donné, tel que le plan frontal, s'obtient en le circonscrivant avec un rayon perpendiculaire à ce plan (rayon normal) et en traçant, au fur et à mesure sur l'écran ou sur un autre plan parallèle au plan d'examen, le chemin parcouru.

Dans ce mouvement on décrit donc une surface d'enveloppement, dont la génératrice est le rayon normal, et dont toute section droite sera une silhouette orthogonale.

Les éléments d'exécution des graphiques orthogonaux sont les suivants : 1° Un tube de Crookes mobile dans un plan parallèle au plan d'examen et muni d'un indicateur d'incidence normale ; 2° Un dispositif d'inscription ou de mesure.

On pourrait bien, sans aucune instrumentation spéciale, arriver à faire de l'orthodiagraphie. Levy Dorn a montré qu'avec un tube fixe on pouvait, en déplaçant le sujet, opérer des mensurations orthogonales, et Behn de Kiel a fait, de la même façon, des tracés sur la peau, cherchant à simplifier le dispositif du Professeur Moritz que nous étudierons tout à l'heure. — Williams a aussi fait de l'orthodiagraphie en faisant tomber normalement avec le fil à plomb un rayon sur le bord droit du cœur et ensuite sur le bord gauche pour dessiner successivement les deux contours.

Mais il faut reconnaître que ces procédés ne sauraient convenir à des opérations précises, et l'orthodiagraphie a justement pour but d'arriver à la précision. On doit donc se résigner à l'emploi d'un appareillage spécial, renfermant les éléments d'exécution que je signalais tout à l'heure ; tube mobile, indicateur d'incidence, dispositif d'inscription.

Je crois que le support à tube mobile le premier en date, est celui que nous avons construit au laboratoire du Professeur Bouchard en 1898 (1) et que j'ai présenté au Congrès de Boulogne en 1899.

Il a été, dès le début, adopté par le Dr Béclère. Nous l'avons muni d'une croisée de fils placée devant l'ampoule pour déterminer le mode d'éclairement des régions examinées, et dès lors il devenait facile de connaître et de marquer le point d'incidence du rayon normal sur les téguments, de mesurer les dia-

---

(1). *Arch. d'Elect. médic.*, 15 Mai 1899 et Congrès de l'*Association française,* 1899.

mètres du cœur (1), de tracer les projections orthogonales (2). Le Professeur Moritz, qui, cette même année, s'occupa de la question, s'est servi d'un indicateur d'incidence différent ; un anneau métallique placé en avant de l'anticathode donnait la direction du rayon normal (3). A partir de 1900, les travaux sur l'orthodiagraphie se sont multipliés, surtout en Allemagne. Moritz, Holtzknecht Levy Dorn, Karfunkel, Albers Schönberg ont attaché leur nom au procédé nouveau.

Je décrirai très sommairement les différents types d'orthodiagraphes déjà présentés à d'autres congrès.

Orthodiagraphe du Professeur Moritz (Decubitus horizontal). — La mobilité du tube de Röntgen est obtenue au moyen d'une paire de cylindres placés longitudinalement et d'une paire de cylindres transversaux roulant sur les premiers.

L'indicateur d'incidence est un anneau de plomb solidaire de l'ampoule et cheminant entre le malade et l'écran.

Le système inscripteur se compose d'un stylographe qui marque sur l'écran fixe le tracé des silhouettes. Le stylographe est sur le trajet même du rayon normal.

Autres Orthodiagraphes Allemands. (Hirschmann, Allgemeine electrizitäts Gesellschafft, Voltohm electrizitats Gesellschafft). — Les modèles construits en Allemagne dérivent en principe de l'orthodiagraphe de Moritz. Seulement la mobilité du tube est obtenue par le jeu de deux bras de levier articulés dans un même plan.

Ils permettent de faire l'examen en position verticale, grand avantage en clinique. Le modèle Voltohm qu'on a pu voir au Congrès de Berne permet d'opérer dans les deux positions verticale et horizontale. — L'appareil inscripteur se compose d'un style traversant l'écran mobile et venant faire le graphique sur un plan parallèle situé en arrière de lui.

Le Dr Destot qui emploie l'appareil de l'A E G, l'a modifié de manière à pouvoir opérer surtout dans la position demi-inclinée favorable aux cardiaques. Il substitue un grand écran au petit pour permettre d'avoir la vue d'ensemble de la région étudiée, et place un écran au devant du tube (*Th. de Grognard*, Janvier 1903).

Orthodiagraphe de l'Auteur. — MM. Radiguet et Massiot, qui se sont attachés dès le début à la construction des supports à ampoule mobile, des indicateurs d'incidence et des orthodiagraphes, ont apporté une série de perfectionnements à notre premier modèle. La mobilité de l'ampoule est obtenue par le glissement d'un double cadre, le rayon normal est indiqué par une croisée de fils. Le système inscripteur est variable : dans le premier modèle, un pantographe solidaire de l'ampoule marquait la trace du chemin parcouru. Après bien des essais faits au laboratoire de M. Bouchard, nous nous sommes arrêtés au système le plus simple ; l'écran est fixé parallèlement au plan d'examen du sujet appuyé lui-même au niveau du bassin et sous les bras, et le dessin se fait à la main sur le verre de l'écran au moyen de crayons spéciaux, au fur et à mesure que le rayon normal chemine par étapes autour des organes étudiés.

(1) Béclère: *Soc. méd. des Hôpitaux*, 1er juin 1900.
(2) Guilleminot: *Arch. d'Élect. méd.*, 15 juillet 1900.
(3) Moritz: *Münch med. Woch.*, 1900, n° 29.

Les examens dans le décubitus, exceptionnels d'ailleurs, se font sur le lit radiologique, décrit antérieurement (1), muni d'un indicateur d'incidence spécial (2).

Ce n'est pas ici le lieu de discuter lequel de ces appareils est préférable. Il est cependant bon de se poser certaines questions. L'examen vertical est-il aussi susceptible de précision que l'examen horizontal ? Certainement la position est moins assurée, cependant si l'on prend la précaution de fournir au malade des points d'appui pour les bras comme nous l'avons fait et comme l'a fait aussi Albers Schönberg dans le modèle de la maison Hirschmann la fixité est suffisante ; pour nos expériences à l'hôpital de la Charité nous avons employé, comme je l'ai dit, un cadre vertical définissant le plan d'examen ; deux supports de bras et un appuie-bassin assurant la position, il est très rare que nous ayons eu le moindre déplacement. D'ailleurs, il est toujours bon de marquer un repère sur le corps, le milieu de la fourchette sternale par exemple. On note sa projection orthogonale au début de l'opération, et on vérifie à la fin si le repère et le point marqué coïncident encore.

Il faut ajouter que les cardiaques supportent mal, en général, la position horizontale. En second lieu, on peut se demander s'il faut opter pour l'inscription automatique ou pour le dessin à la main. Il y a, dans ce dernier cas, une part d'arbitraire qui n'existe pas lorsque le tracé se fait automatiquement hors du champ d'examen comme dans l'appareil muni d'un pantographe (3). Mais la pratique nous a montré que cette part d'arbitraire n'est nullement défavorable à l'exactitude des tracés, et voici pourquoi : La ligne auriculaire droite et la ligne ventriculaire gauche sont nettes. Que l'on fasse le tracé à la main, que l'on emploie l'inscripteur automatique, les deux lignes seront toujours exactes. Il n'en est pas de même de la ligne cardiodiaphragmatique et du bord supérieur du cœur. On les délimite mal sur l'écran. Alors il faudra compléter le tracé fait automatiquement comme il faudra compléter au jugé le dessin fait à la main. Eh bien, l'expérience prouve qu'on est toujours plus près de la vérité en opérant au jugé sur la silhouette elle-même plutôt que sur une épure incomplète.

C'est cette même considération qui nous a fait préférer le graphique fait à la main aux mensurations faites directement à l'aide d'un réseau à index placé en avant de l'ampoule (4).

Le choix de l'indicateur d'incidence n'est pas tout à fait indifférent non plus. Ce qui m'a fait choisir deux fils croisés c'est que, si l'on se trouve dans une région obscure on ne voit pas le centre de la croisée, mais les prolongements des fils dans les régions claires indiquent suffisamment l'endroit où l'on doit chercher attentivement la trace de cette croisée pour que l'on puisse, avec une exactitude presque rigoureuse, marquer sa projection.

RÉSULTATS OBTENUS.

1° EXAMEN DES GRAPHIQUES. — A présent que nous avons passé en revue les appareils nécessaires à l'exécution des graphiques, nous allons étudier la technique opératoire et le mode d'examen et d'interprétation des silhouettes.

(1) *Arch. d'Élect. méd.*, 15 mai 1899.
(2)   Ibid.
(3) *Arch. d'Élect. méd.*, 15 novembre 1900.
(4) *Arch. d'Élect. méd.*, novembre 1902.

Tout d'abord, il faut avoir soin au cours de l'exécution des graphiques de marquer le milieu du bord supérieur de la fourchette sternale normalement projeté, ainsi qu'un autre point quelconque de l'axe medio-sternal, les courbures diaphragmatiques et les limites du thorax à droite et à gauche.

Si le tracé n'a pas été fait sur une feuille de papier directement, mais sur le verre de l'écran, la première opération consiste à le décalquer soit au moyen d'un papier pelure qu'on applique ensuite sur la feuille définitive en interposant un papier calque, soit par transparence en enlevant le verre de l'écran. Lorsqu'on procède de cette manière, il est bon de mettre un second verre protecteur à demeure sur la face fluorescente de l'écran.

La feuille définitive où doit être conservé le tracé est une feuille centimétrique. Le mode de division varie suivant les auteurs.

L'avantage de ces feuilles est de permettre de lire plus facilement les distances, et de calculer immédiatement l'aire approximative de la silhouette orthogonale du cœur.

2° MESURE DU CŒUR EN PARTICULIER. — Les mesures relatives au cœur, à ses diamètres, à sa surface, sont les plus importantes de toutes, et parmi elles, la détermination de l'aire cardiaque peut être considérée comme une des conquêtes cliniques de la radiologie.

A) *Détermination de l'aire de la silhouette cardiaque.* — Le procédé le plus simple pour déterminer l'aire cardiaque est le procédé planimétrique. Le planimètre d'Amsler est un petit appareil qui donne immédiatement en centimètres carrés la surface d'une figure en suivant son contour à partir d'un point d'origine pour revenir à ce même point. La graduation est faite de telle façon qu'on doit suivre les contours dans le sens dextrorsum, c'est-à-dire, dans le sens du mouvement des aiguilles d'une montre. La précision de cet appareil est rigoureuse. Il permet d'arriver à une approximation plus grande que le millimètre carré sur une figure à traits fins. On peut dire qu'il est même trop précis pour un tracé qui, comme celui du cœur, ne peut donner qu'une approximation de l'ordre du centimètre carré.

Si l'on ne se sert pas du planimètre, le mieux est d'employer une feuille centimétrique ; chaque auteur a fait exécuter des feuilles spéciales. Nous nous sommes servis à l'hôpital de la Charité de feuilles présentant de part et d'autre de la ligne médio-sternale des divisions demi-centimétriques avec, longitudinalement, des divisions bi-centimétriques.

M. Destot emploie des feuilles quadrillées millimétriques. Mais, je le répète rien n'est aussi précis ni aussi rapide que le planimètre.

B) *Détermination des axes et diamètres.* — Le grand axe et le petit axe sont des lignes très importantes à considérer.

Le professeur Moritz regarde en outre comme très utile, ce qu'il appelle la distance à l'axe ou normale abaissée, à gauche, de la pointe sur la ligne sternale ; à droite, de la partie la plus saillante de la convexité sur cette même ligne. Ces deux lignes correspondent, l'une au diamètre du ventricule gauche, l'autre à l'oreillette droite. Il détermine l'axe transversal en menant une ligne depuis le point de jonction de la ligne auriculaire droite et de la courbure diaphragmatique jusqu'au point du maximum de concavité gauche.

En principe, il ne faut pas demander trop de précision aux mensurations faites sur la silhouette. L'inclinaison de l'axe du cœur sur l'axe médio-sternal n'étant pas absolument constant, la direction de l'axe du cœur elle-même, n'étant pas absolument précise à cause de l'irrégularité de la forme cardiaque et de l'imperfection de la projection, il est un peu dangereux de traiter trop géométriquement la figure obtenue.

Je crois ne pas trop m'écarter de l'opinion générale en disant que dans l'examen de la silhouette orthogonale du cœur il y a à considérer avant tout la surface et, accessoirement, les deux axes ; peut-être le volume.

Le grand axe s'obtient un peu au jugé par tâtonnements en cherchant la plus grande sécante qu'on peut inscrire depuis la région de la pointe à la concavité opposée ; et le petit axe peut être déterminé en promenant un double décimètre à peu près perpendiculairement sur cette droite de haut en bas, de manière à chercher le maximum de largeur.

C'est un procédé grossier, mais pour peu qu'on ait l'habitude d'exécuter ces graphiques, on peut se rendre compte qu'il est suffisant ; chercher plus de précision serait courir au-devant des erreurs et attacher à de médiocres différences, dues souvent au hasard, une importance qu'elles n'ont pas.

Quant au volume, j'en dirai peu de chose aussi, quoique nous nous soyons beaucoup occupés de cette question au laboratoire de M. le professeur Bouchard. Je calcule le volume du cœur en multipliant sa surface orthogonale par la moitié du petit axe. Voici ce qui m'a amené à ce mode opératoire : si le cœur n'était pas aplati frontalement, on pourrait dire que, par sa forme, il participe de la sphère, du cylindre et du tronc de cône. Or, le volume de la sphère est égal à la surface de sa silhouette orthogonale multipliée par son diamètre affecté du coefficient $\frac{2}{3}$. Celui du cylindre est égal à la surface silhouettique multipliée par le diamètre de base affecté du coefficient $\frac{\pi}{4}$ $\left(\text{soit } \frac{3}{4}\right)$. Celui du tronc de cône à la surface silhouettique multipliée par le diamètre de base affecté du coefficient $\frac{\pi}{6}\left(\text{soit } \frac{1}{2}\right)$. Le volume du cœur devrait donc pouvoir être exprimé par le produit de son aire silhouettique multipliée par son diamètre transverse affecté d'un coefficient variant de $\frac{1}{2}$ à $\frac{3}{4}$. Mais comme en outre de la forme irrégulière du cœur il faut tenir compte de son aplatissement, le coefficient ne pouvait être déterminé qu'expérimentalement. En prénant des cœurs de différents volumes, à moitié bourrés de sable de rivière, et en comparant leur silhouette orthogonale à leur volume déterminé par immersion dans l'eau, j'ai trouvé que le coefficient était assez voisin de $\frac{1}{2}$.

RÉSULTATS CLINIQUES

Voici les moyennes données par le professeur Moritz (V. Albers Schönberg, Hambourg, 1903) pour les mensurations de cœurs d'hommes sains de 17 à 56 ans placés horizontalement sur un lit d'examen :

Taille	Grand axe	Petit axe	Surface
$1^m,53$ à $1^m,57$ $\Big\{$	de 11,5 à 13,5 moy. $= 13$	de 10 à 10,5 moy. $= 10,2$	3,80 à 100 moy. $= 98$

Taille	Grand axe	Petit axe	Surface
1^m,61 à 1^m,69 {	de 12,8 à 14,5 moy. = 13,4	de 9 à 10,8 moy. = 10,5	de 97 à 108 moy. = 102
1^m,71 à 1^m,78 {	de 12,5 à 15,3 moy. = 14	de 9 à 11 moy. = 10,3	de 92 à 126 moy. = 100

Voici les moyennes obtenues par MM. Bouchard et Balthazard avec notre orthodiagraphe, c'est-à-dire en position verticale.

La moyenne de la surface du cœur chez 13 hommes et 36 femmes en bonne santé a été trouvée égale à 89^{cm2},5 chez l'homme et 76 centimètres carrés chez la femme.

MM. Bouchard et Balthazard ont déterminé le rapport de la surface du cœur à la taille (H), à la surface de section du thorax (T) (appréciée par le produit de la largeur du thorax [niveau de la pointe] par la distance de la fourchette sternale au diaphragme) au poids du sujet (P) à l'albumine fixe normale (An). Voici les résultats moyens :

	Surface	$\dfrac{S}{H}$	$\dfrac{S}{T}$	$\dfrac{S}{P}$	$\dfrac{S}{An}$
Hommes	89^{cm},5	5,34	0,199	1,53	9,84
Femmes	76	4,92	0,213	1,48	9,49

On voit que les rapports $\dfrac{S}{P}$ et $\dfrac{S}{A}$ sont à peu près les mêmes chez l'homme et chez la femme, de sorte que les différences de volume du cœur sont indépendantes du sexe.

Chez la femme enceinte, les moyennes trouvées chez 9 sujets donnent les chiffres suivants :

Surface	$\dfrac{S}{H}$	$\dfrac{S}{T}$	$\dfrac{S}{P}$	$\dfrac{S}{An}$
86^{cm2},6	5,50	0,225	1,45	10

Le cœur augmente donc de surface de même que le rapport de l'aire à la taille, à la surface thoracique et à l'albumine fixe qui ne varient pas tandis que le rapport de l'aire au poids reste constant à cause de l'augmentation de poids due au fœtus et à ses enveloppes.

Dans les tracés, on peut constater au niveau du ventricule gauche une encoche que les auteurs regardent comme liée au relèvement de la pointe par l'abdomen distendu. Il est certain que dans ces cas, les mesures, prenant pour bases les distances de l'axe médio-sternal, seraient singulièrement erronées.

Chez les enfants, le cœur est relativement plus développé.

Avant d'aller plus loin dans l'examen des travaux de MM. Bouchard et Balthazard, je dois rappeler en quelques mots ce que l'on entend par l'albumine fixe. En effet, les rapports $\dfrac{S}{P}$ et $\dfrac{S}{An}$ sont les plus importants, on pourrait presque dire les seuls importants en clinique. Seul, leur changement à une valeur diagnostique ou pronostique importante.

On sait que le professeur Bouchard assimilant le corps à un solide cylindrique appelle segment anthropométrique le quotient du poids par la taille $\dfrac{P}{H}$, quotient qui chez l'homme normal est de 4,2 et chez la femme 3,9. Or le kilogramme vivant renfermant en moyenne 151^{gr},5 d'albumine fixe le segment anthropométrique renferme en moyenne chez l'homme normal 636 grammes. Lorsque le rapport $\dfrac{P}{H}$ augmente par obésité et devient 8, ce qui augmente, c'est la graisse et non l'albumine fixe qui reste égale à 151^{gr},5. De sorte que le kilogramme moyen en renferme seulement alors 79^{gr},5 d'albumine fixe au lieu de 151^{gr},5.

Un segment anthropométrique $\dfrac{P}{H} = 8$ pesant 8 kilogrammes ne renferme pas plus d'albumine fixe que le segment $\dfrac{P}{H} = 4,2$. De sorte qu'alors le kilogramme de matière vivant chez lui ne renferme que 79^{gr},5 d'albumine fixe. On voit toute l'importance de ces considérations puisque l'albumine fixe est la partie vraiment active de l'organisme, le véritable siège de l'énergie qu'alimentent les apports circulatoires. (V. *C. R. Ac. des Sc.*, 1er décembre 1902 ; 2 février 1903 ; 16 mars 1903).

Dans presque toutes les cardiopathies le rapport $\dfrac{S}{An}$ est augmenté. La syphilis ne paraît pas modifier ce rapport pas plus que les affections gynécologiques ni le rhumatisme articulaire aigu ou blennorragique lorsqu'ils ne s'accompagnent pas de cardiopathie.

Dans toutes ces affections, le rapport $\dfrac{S}{An}$ est donc ou normal ou supérieur à la normale. Il est au contraire diminué chez les tuberculeux récents ou les candidats à la tuberculose et l'orthodiagraphie nous fournit ainsi un signe précoce pour dépister la tuberculose au début et même la tuberculose non déclarée.

Les moyennes prises chez 87 sujets ont donné les résultats suivants chez 48 hommes dont la taille moyenne était de 1^{m},66 et chez 39 femmes dont la taille moyenne était de 1^{m},56.

	Surface	$\dfrac{S}{H}$	$\dfrac{S}{T}$	$\dfrac{S}{P}$	$\dfrac{S}{An}$
Chez l'homme. . .	86^{cm2},8	5,23	0,187	1,61	9,06
Chez la femme. . .	77^{cm2},6	4,96	0,212	1,71	9,53

Ici, plus que partout ailleurs, on voit l'intérêt qu'il y a à considérer le rapport de l'aire à l'albumine fixe. Le rapport au poids n'aurait aucun sens absolu en raison de l'amaigrissement des malades. Si nous ne considérons que ce rapport de l'aire à l'albumine fixe, nous trouvons qu'il est égal à :

9,01 à la première période de la tuberculose.
8,96 — deuxième — — —
9,83 — troisième — — —

La petitesse du cœur, concluent MM. Bouchard et Balthazard, paraît donc constituer une cause prédisposante à la tuberculose. L'augmentation du cœur à la troisième période est liée à la dilatation cardiaque.

****

Tels sont les premiers résultats cliniques de l'orthodiagraphie. Il pourra paraître étonnant peut-être que les mesures données par les travaux allemands soient supérieures à celles résultant des travaux faits au laboratoire de l'hôpital de la Charité. Il pourra paraître étonnant aussi que les mensurations, surtout celles du professeur Moritz, soient supérieures à celles données dans les traités d'anatomie.

Mais il faut se rappeler que la radioscopie nous fait voir le cœur toujours à l'état de réplétion plus ou moins complète, que les tracés sont exécutés dans le voisinage du maximum de volume, et qu'enfin l'ombre cardiaque vraie est accusée par l'origine des gros vaisseaux de la base. Quant aux moyennes définitives, nous attendrons pour les adopter que. les travaux des radiographes se soient multipliés et que les statistiques rigoureusement établies soient devenues suffisantes pour conclure.

Les premiers résultats obtenus nous autorisent à conclure que l'orthodiagraphie a, aujourd'hui, droit de cité parmi les procédés cliniques, en permettant d'étudier, d'une part, le jeu du diaphragme, des côtes, les anévrismes aortiques, les rapports des opacités thoraciques, et, d'autre part, la surface du cœur, avec une précision qui laisse loin derrière elle la percussion, fût-elle pratiquée par les plus habiles cliniciens.

Discussion. — M. BORDIER utilise pour la détermination rapide de l'incidence normale un procédé très simple. Au moyen d'un petit plan d'aluminium sur lequel est fixée normalement une aiguille, il détermine le rayon normal venant du tube ; il marque sa trace sur le verre du tube et trace deux équateurs perpendiculaires l'un à l'autre, toujours sur le verre du tube et passant par la trace du rayon normal. Le tube étant ainsi préparé, si l'on gradue le châssis porte-plaque et si l'on place les côtés de ce châssis rectangulaire parallèlement aux deux équateurs tracés sur le tube, on a en main tous les éléments pour déterminer le point d'incidence du rayon normal sur la plaque.

M. GUILLEMINOT trouve que le procédé de M. Bordier, très simple en effet, peut manquer quelquefois de précision. Le petit appareil, disque d'aluminium et tige perpendiculaire, dont il se sert pour trouver le rayon normal, a déjà été employé par Virgilo Machado (*Archives d'Électricité médicale*, 1900, p. 458.)

M. **RADIGUET**, Construct., à Paris.

Nouvelles fiches orthogonales du Dr Guilleminot. — Ces fiches correspondent la projection orthogonale. Un thorax éclairé normalement par un faisceau de rayons parallèles, chaque région éclairée par le tube de Röntgen placé juste derrière, elle donne sur l'écran une image qui, en son centre, c'est-à-dire à l'endroit du minimum de déformation, lui est comparable. Elles montrent comment l'arc postérieur des côtes se superpose normalement à l'arc antérieur et, inversement en général, elles font voir les rapports orthogonaux des organes profonds et de la paroi.

Elles conviennent aux examens sommaires aussi bien qu'aux examens de précision ; en ne considérant que les grandes lignes données par l'opposition des parties sombres avec les parties claires, on a le schéma du thorax réduit à sa plus simple expression, tandis que si l'on veut s'attacher à repérer des lésions par rapport aux espaces intercostaux, par exemple, on trouvera facilement ces repères dans les lignes de détails moins accentués.

L'examen orthodiagraphique des organes appelait un corollaire inévitable : le médecin, pour ses notations courantes, pour les observations rapides prises en quelques minutes, avait besoin d'une fiche orthogonale ou sciagramme d'un thorax projeté normalement.

Nous avons déjà présenté une fiche en demi-grandeur naturelle que le Dr Guilleminot a, sur notre demande, exécutée par le rapprochement des zones orthogonales d'une série de radiographies. On nous a objecté seulement que, pour les cas courants, ces fiches étaient trop grandes et comportaient trop de détails. C'est alors que nous avons exécuté une fiche réduite, où les détails sont au second plan et les grandes lignes du schéma plus saillantes. Nous ne doutons pas qu'elles soient aussi favorablement accueillies, étant donné la simplicité des renseignements topographiques qu'elles fournissent, que les grandes.

M. BLOCH, à Paris.

Traitement de l'eczéma aigu et chronique par les courants de haute fréquence. — La thérapeutique de l'eczéma par l'électricité remonte à quelques années. Doumer, Oudin, Monnell, Bollaan, etc., ont signalé les bons effets du traitement par l'électricité statique, ou les courants de haute fréquence. Je ne m'occupe ici que des courants de haute fréquence. — Le traitement peut être appliqué de différentes façons : petites étincelles dont on crible la peau, dans les cas d'eczéma chronique sec et croûteux : effluves de l'électrode à manchon de verre, ou du balai métallique. (Emploi du résonnateur Oudin.)

Les résultats sont : disparition du prurit, chute des croûtes, cicatrisation des fissures, et retour de la peau à son état normal.

Les séances ne doivent être ni trop longues, ni trop rapprochées. Il faut une surveillance constante et le mode opératoire diffère avec chaque malade. Dans quelques cas il faut procéder par séries de petites cures, certains malades ne se trouvant pas bien des traitements trop longs.

Discussion. — M. LEDUC : Les bienfaits de l'effluve sur les dermatoses ont été signalés, au siècle dernier par un auteur anglais peu connu, retrouvé par M. le Dr Lewis-Jones.

John Birch, surgeon, on the subject of medical electricity. (An essay on electricity, by late George Adams, fifth edition, London 1799).

M. BORDIER : Il y a encore de grandes difficultés à savoir comment agit l'aigrette de haute fréquence. L'action des rayons ultra-violets provenant de l'aigrette a-t-elle une part dans la guérison ? Faut-il tout attribuer au bombardement de la peau par les petites étincelles ? Enfin, la suggestion doit-elle être mise en ligne de compte ? Pour ce dernier point, le traitement de l'eczéma des chiens, si rebelle, traitement qu'il va entreprendre, éclaircira ce détail, d'ailleurs peu probable.

M. MARIE insiste sur l'action générale des applications, même locales des courants de haute fréquence. Il cite le cas d'un eczéma chronique localisé, guéri rapidement en se servant de l'électrode condensatrice. Pour le traitement de l'eczéma des enfants, l'action de l'effluve statique est préférable à tous égards aux courants de haute fréquence.

MM. Bergonié, Bordier et Leduc confirment ce dernier point.

———

M. LEDUC.

Cicatrisation d'un cancroïde du nez datant de cinq ans, après une seule introduction électrolytique de l'ion zinc. — Au moyen d'un tampon de coton hydrophile et d'une solution de chlorure de zinc à 1 0/0 relié au pôle positif, le pôle négatif étant indifférent l'auteur a fait pénétrer l'ion zinc au moyen d'un courant de 12 mA., pendant une dizaine de minutes. Il a vu rapidement, après une séance unique, les croûtes se détacher et être remplacées par une peau saine et souple. Une légère récidive a obligé à une application nouvelle, mais le résultat n'en est pas moins inespéré.

M. Leduc rapproche le résultat qu'il a obtenu de ceux trop peu connus mis en lumière par M. Betton-Massey.

Il rappelle à propos de l'introduction de l'ion zinc que cette introduction avait fait naître l'espoir, par sa pénétration au niveau des glandes de la peau et du bulbe pileux, de détruire les poils par un procédé beaucoup plus rapide que l'épilation ordinaire. L'expérience faite par M. Leduc sur un lapin a prouvé qu'au niveau de la peau siège de l'introduction de l'ion zinc, les poils avaient repoussé plus drus et plus longs que sur les régions voisines.

———

M. MICHAUT, de Dijon.

Appareillage radiographique transportable au loin. — Cet appareillage se compose d'une série d'instruments dont chacun a été étudié, depuis la construction des accumulateurs jusqu'au support d'ampoule, dans ses moindres détails. L'ingéniosité de l'auteur se révèle à chaque instant dans ces détails. La bobine est une bobine Carpentier ne donnant pas plus de 25 centimètres d'étincelle, mais à fils secondaires plus gros que d'ordinaire. L'interrupteur est un interrupteur à mercure du genre de celui de M. Ducretet, mais simplifié. Les huit éléments d'accumulateurs qui sont nécessaires ne pèsent pas plus, en tout, de 22 kilogrammes. Ils ont une capacité de 60 ampères-heures et peuvent être poussés jusqu'au débit de 12 ampères. La caisse dans laquelle ont été transportés la bobine et son condensateur sert, à l'arrivée, à l'installation de ces appareils. Le tube est supporté par deux montants verticaux et une traverse horizontale qui les réunit. On peut, entre ces montants verticaux passer le brancard portant le blessé ou le matelas sur lequel est couché le malade. Tout cet appareil, très simple et très pratique, est fixé à l'arrière d'une automobile. Une heure après l'arrivée de la voiture sur le point où doit se faire la radiographie, tout est prêt à fonctionner même sans aucun aide.

Dans une expérience de mobilisation faite à Dijon, M. Michaut a pu démontrer aux autorités du Service de Santé de l'Armée la simplicité de cet outillage. Il l'a fait fonctionner dans un hôpital d'évacuation à propos d'un cas de fracture des métatarsiens.

Le cliché a été développé sur le champ de bataille, dans une chambre noire de fortune se composant d'un wagon de transport et de couvertures réglementaires.

Discussion. — M. MARIE signale, à propos des services que peut rendre l'automobilisme à la radiographie, les voitures à transmission électrique, dans lesquelles le groupe électrogène pourra être utilisé, pendant l'arrêt de la voiture, au fonctionnement d'un Wehnelt et de la bobine. Il n'y aurait plus qu'à installer une canalisation allant de la chambre du malade à la voiture qui sera restée à la porte.

———

— Séance du 8 août —

M. DONGIER.

Rapport sur la résistance des électrolytes; applications à la biologie. — Le nombre des mesures faites par l'auteur est considérable. Elles ont porté sur l'urine, sur des produits de la digestion stomacale, sur le sérum sanguin; sur les exsudats péritonéaux; etc. L'appareil employé est celui d'Ostwald modifié par l'auteur. Avec cet appareil, on n'a besoin que d'une très petite quantité de liquide.

La comparaison de ces nombreuses mesures n'a pas permis encore de donner des résultats immédiatement transportables dans la symptomatologie. En particulier pour les urines, la variation de la résistance à l'état pathologique est quelquefois considérable, tandis qu'à l'état normal les variations sont à peu près insensibles.

Discussion. — M. BORDIER est heureux de voir que l'ordre de grandeur de la résistivité électrique des urines normales est le même que celui résultant des mesures faites par M. Vocoret et lui-même; ces mesures ont été faites également au moyen de l'appareil d'Ostwald portant les modifications de cet appareil faites par M. Dongier, et à la température de $16°,5$.

En plus des mesures de résistivité, ces auteurs ont déterminé l'abaissement du point de congélation sur les urines de vingt-quatre heures mélangées. En prenant le rapport $\dfrac{\Delta}{\gamma}$ du point cryoscopique à la conductibilité électrique, MM. Bordier et Vocoret ont constaté que le nombre ainsi obtenu variait très peu pour les sujets sains; au contraire, chez les malades atteints de néphrites, de myocardites, etc., le rapport $\dfrac{\Delta}{\gamma}$ subit de grandes modifications, dont l'étude pourrait servir de moyen d'exploration clinique.

Une autre question que MM. Bordier et Vocoret ont commencé à étudier et qui leur paraît très importante est celle de la mesure de *la diurèse des molécules salines* de l'urine. Pour cela, on prend 10 centimètres cubes d'urine que l'on traite par le nitrate *d'ammoniaque*; puis, après destruction de la matière organique, on amène à 10 centimètres cubes, avec de l'eau physiquement pure et en déterminant à nouveau la résistivité. On a la valeur de la diurèse des molécules salines en prenant l'inverse de cette résistivité. Ils espèrent que cette nouvelle mesure offrira plus de sécurité que celle faite sur l'urine brute, dont la composition est si complexe.

M. Winter expose ses recherches sur la cryoscopie des liquides physiologiques et pathologiques. Il insiste surtout sur le lait dont il a montré, dès 1895, que la température de congélation est constante et constitue un élément d'investigation d'une grande portée pratique. Il fait remarquer que si le fraudeur peut, par certaines manœuvres, échapper aux recherches cryoscopiques révélatrices, c'est pour retomber sous le coup des recherches de résistivité et réciproquement. L'union de ces deux méthodes, qu'il a étudiée en collaboration avec MM. Dougier et Lesage, lui paraît donc tout indiquée, soit dans ce cas particulier, soit dans les applications à la pathologie.

M. Marie : Les recherches de MM. Dongier et Lesage ont une importance considérable, et l'intérêt du rapport de M. Dongier, que nous ne pouvons pas discuter en l'absence de l'auteur, n'est pas épuisé par les quelques observations s'y rapportant qui viennent d'être faites ; au contraire, de l'avis unanime de la Section d'Électricité médicale, il est à souhaiter que le rapport de M. Dongier soit mis à l'ordre du jour du prochain Congrès de l'Association française pour l'Avancement des Sciences, c'est-à-dire du Congrès de Grenoble.

M. J. CLUZET, Agrégé à l'Université de Toulouse.

Rapport sur l'explication du renversement des actions polaires dans les syndromes de dégénérescence.

RAPPORT PRÉSENTÉ A LA SECTION

I

La loi des actions polaires fut découverte simultanément par Chauveau (1) et Pflüger (2) en 1859 ; elle peut s'énoncer ainsi : *Le nerf et le muscle sont toujours excités par un des pôles du courant ; l'excitation est produite par la fermeture du courant à la cathode et par l'ouverture du courant à l'anode.*

En outre, Pflüger découvrit la loi de l'électrotonus : l'excitabilité est augmentée dans la région catélectrotonisée et diminuée dans la région anélectrotonisée. En raison de la concordance qui se révèle entre l'action excitatrice et l'action électrotonisante du courant, Pflüger admit que l'excitation est provoquée par le commencement du catélectrotonus et par la disparition de l'anélectrotonus ; cet auteur établissait ainsi un rapport de cause à effet entre l'électrotonus et l'excitation.

A ces lois obéissent tous les *nerfs et tous les muscles striés à l'état normal*, quelle que soit la grandeur du courant excitant Pflüger montra le premier, en effet, que dans tous ces cas la formule des secousses obtenues résulte de la loi des actions polaires et de la loi de l'électrotonus.

Mais ces lois sont-elles générales et s'appliquent-elles à tous les nerfs et les muscles, normaux ou anormaux ? Il semble qu'il n'en est pas ainsi, car *les muscles lisses à l'état normal* présentent une inversion très caractérisée de la loi des actions polaires et paraissent ainsi faire exception aux lois générales, de même que *les muscles striés et les nerfs, dans certaines conditions anormales.*

(1) Chauveau : Théorie des effets physiologiques de l'électricité (*Journ. de la Physiol.*, 1859-1860).

(2) Pfluger : *Untersuchungen über die Physiologie des Electrotonus*, 1859.

En ce qui concerne les *muscles lisses*, les travaux d'un certain nombre de physiologistes (de Biedermann et d'Engelmann notamment, sur les muscles de l'intestin et de l'uretère des vertébrés, sur les muscles de l'holothurie et de certains vers) tendent à prouver que l'inversion, dans ce cas, est due à la production d'électrodes virtuelles profondes, de nom contraire à l'électrode placée sur la surface de l'organe ; en d'autres termes, que la contraction à l'anode est péripolaire et non polaire. L'anomalie ne serait donc qu'apparente (1).

Le cas des *nerfs et des muscles striés* présentant le renversement des actions polaires est celui que l'on observe exclusivement dans les syndromes de dégénérescence, et celui qui, par conséquent, rentre seul dans les limites de cette étude. Un grand nombre d'auteurs ont recherché l'explication de cette anomalie, la plupart la considérant d'ailleurs, de même que la précédente, comme seulement apparente. C'est ainsi que, depuis Chauveau, qui expliqua le premier une partie de l'inversion présentée par les troncs nerveux, et depuis Erb, qui découvrit l'inversion présentée par les muscles, Charbonnel-Salle, Gessler, Stintzing, Ziemssen et A. Weiss, Bernhardt, Leegard, Bastelberger, Hofmann, H. Wiener, Krehl, P. May, etc., ont étudié ces phénomènes sur l'homme, sur des animaux à sang froid ou chaud, par l'excitation médiate ou immédiate.

Les premières recherches expérimentales furent faites, en général, dans des conditions peu scientifiques et ne conduisirent à aucun résultat bien établi. A tel point que la plupart des physiologistes négligeaient ou même niaient ces phénomènes.

Voici, par exemple, comment Biedermann s'exprime à ce sujet dans son *Traité d'électrophysiologie* (1) : « Pour arriver à un jugement concluant, de plus nombreuses recherches, faites d'après des méthodes inattaquables, sont rigoureusement exigibles, car les conditions dans lesquelles les expériences peuvent être faites sur l'homme, ou dans lesquelles les expériences ont été faites sur des animaux, ne répondent pas aux exigences d'une méthode physiologique exacte. D'autre part, il y a contre l'acceptation de l'inversion de l'influence polaire, des résultats si nombreux acquis par des expériences inattaquables faites sur différents nerfs et sur différents muscles, que l'affirmation d'un cas d'exception quelconque devrait rencontrer de prime abord une certaine défiance et ne peut espérer être reconnu que lorsque les conditions des expériences et toutes les circonstances qui les accompagnent seront le plus simple et le plus clair possible. »

On voit, par là, la fin de non-recevoir que, il y a quelques années, les auteurs classiques en physiologie opposaient à ce fait observé cependant par certains physiologistes et par tant de pathologues et de cliniciens.

Dans tous les traités d'électrothérapie, au contraire, l'inversion des secousses, dans certains cas, est considérée comme un fait certain et d'une grande importance pour le diagnostic ; cependant, certains auteurs affirment, dans les travaux les plus récents, qu'il faudrait négliger un peu ce symptôme par trop inconstant et considérer « comme critérium sûr la paresse des secousses, mais non l'inversion de la formule ».

Les dernières recherches expérimentales permettent, croyons-nous, de considérer cette question si controversée, sinon comme complètement résolue, du moins comme entrée dans une phase nouvelle, voisine de la solution définitive.

Le présent mémoire a pour but d'exposer très sommairement les travaux

____

(1) W. BIEDERMANN : *Elektrophysiologie,* Iena, 1895.

récents, avec les diverses explications que les auteurs ont données de ces anomalies, puis de rechercher quelle est l'explication la plus rationnelle dans l'état actuel de la science. Cette recherche est intéressante, puisqu'il s'agit d'expliquer une anomalie à des lois générales, mais elle est surtout utile, puisque la connaissance de la cause de l'inversion des secousses donnera la signification et l'importance que doit avoir ce symptôme en électrodiagnostic.

Nous étudierons successivement l'inversion observée sur les troncs nerveux et l'inversion observée sur les muscles.

II

INVERSION OBSERVÉE SUR LES TRONCS NERVEUX

L'inversion s'observe très rarement en électrodiagnostic sur les troncs nerveux, mais la recherche de son explication est importante, parce qu'elle met sur la voie de l'explication de l'inversion observée sur les muscles.

V. Bezold et Rosenthal (1) montrèrent que si le nerf sectionné depuis peu réagissait, dans leurs expériences, au seul courant ascendant, il n'en était pas ainsi au bout d'un certain temps ; dans une deuxième période, en effet, le nerf réagissait, pour la même intensité, aux courants des deux sens ; dans une troisième période, au seul courant descendant. Cette inversion fut en partie expliquée par M. Chauveau, qui la considéra comme une anomalie seulement apparente à la loi des actions polaires, en invoquant des différences d'excitabilité dues au dépérissement du nerf.

M. Charbonnel-Salle observa ensuite cette inversion avec des décharges de condensateur et constata que « si, à l'état normal, le courant ascendant provoque le premier la contraction, ce résultat est propre aux nerfs tout récemment préparés ; en été, quelques minutes suffisent souvent à produire l'inversion, surtout si la section transversale est très voisine de l'électrode extrême ».

Rien n'est plus facile, d'ailleurs, que de reproduire ce renversement des actions polaires. Il suffit d'examiner par la méthode unipolaire un nerf sciatique de grenouille avant et après sa section, en plaçant l'électrode active sur le trajet du nerf, au-dessous du point où doit porter la section, l'électrode indifférente étant sur la patte correspondante. Un certain temps après la section, variable d'ailleurs suivant les conditions de l'expérience, on assiste à une inversion très caractérisée.

L'explication de ce phénomène est la suivante : l'excitabilité, plus considérable au début près de la section, devient peu à peu égale, puis inférieure à celle des parties du nerf plus rapprochées du muscle ; dans ces conditions, le courant ascendant, agissant comme sur un nerf frais, cesse de produire des secousses, soit par suppression de l'excitation elle-même sur une région hypoexcitable, soit par l'obstacle opposé par la région inférieure, anélectrotonisée, au transport de cette excitation jusqu'au muscle. Le courant descendant, au contraire, produit des secousses, non par l'excitation au point d'entrée du courant voisin de la section et où se trouve l'électrode active, mais par l'excitation aux points de sortie du courant situés plus bas et qui sont hyperexcitables par rapport au premier.

(1) V. Bezold et Rosenthal, in Archiv f. Anat. und Physiol., 1859, p. 131. — Voyez aussi : Fileune, in Deutsch. Archiv f. klin. Medicin, 1872, p. 401 ; Rosenthal, Les nerfs et les muscles, 1878, p. 116.

En d'autres termes, si la NFe ne produit plus de secousse pour des intensités faibles, cela tient à ce que la partie du nerf située plus bas que l'électrode active est plus excitable que la partie en contact avec cette électrode, la première partie s'anélectrotonisant alors suffisamment par le passage du courant pour arrêter l'excitation produite par la seconde, dans le cas où, malgré l'hypoexcitabilité, cette excitation viendrait à se produire.

Si la PFe, au contraire, paraît donner une secousse, cela tient à ce qu'il se produit une excitation, non plus à l'anode appliquée sur une partie hypoexcitable, mais plus bas, sur une partie hyperexcitable où se fait, en réalité, une cathode virtuelle.

Une preuve de l'exactitude de cette explication résulte de l'étude parallèle des modifications électrotoniques de l'excitabilité d'une part, et de l'inversion de la loi des secousses d'autre part; par les différences d'excitabilité des diverses parties du nerf, on peut, en effet, expliquer toutes les anomalies qui se produisent soit de la loi des actions polaires, soit de la loi de l'électrotonus (1). Il est à remarquer, en outre, que, dans le cas d'excitation médiate du nerf *in situ*, l'inversion peut ne pas apparaître après la section, alors qu'elle apparaît au même moment si l'on excite le nerf directement (2). La différence d'excitabilité entre la partie voisine de la section et la partie inférieure du nerf n'est pas alors suffisante pour faire apparaître le renversement des actions polaires à l'excitation médiate. L'apparition de l'inversion exige, en effet, que la différence d'excitabilité soit assez grande pour compenser la différence de densité de courant créée dans l'excitation médiate par la diffusion du courant dans les tissus.

Si, en clinique, on n'observe que rarement l'inversion de la formule des secousses à l'excitation du tronc nerveux, cela tient sans doute soit à ce que l'examen n'est pas fait au moment propice, les différents degrés d'excitabilité des diverses parties du nerf disparaissant en général très rapidement, soit à ce que la position donnée aux électrodes n'est pas celle qui pourrait mettre en évidence la différence d'excitabilité nécessaire à l'apparition de l'inversion, soit enfin à ce que les différences de densité du courant compensent les différences d'excitabilité.

III

INVERSION OBSERVÉE SUR LES MUSCLES

Le renversement des actions polaires s'observe très fréquemment, en clinique, à l'excitation du muscle strié et fait partie d'un grand nombre de syndromes électriques de dégénérescence. Aussi, son explication a-t-elle été le but d'un certain nombre de recherches récentes; nous ne retiendrons ici que les travaux de Page May et de Hugo Wiener, que nous allons maintenant analyser.

P. May (3) fut guidé par les recherches de Biedermann et ses élèves touchant l'inversion observée sur les muscles lisses. Dans le cas de l'intestin, par exemple, une superficielle observation montre que la contraction des muscles circulaires à la fermeture d'un courant constant est anodique; les muscles longitu-

<hr>

(1) CLUZET, Étude comparative des manifestations électrotoniques des nerfs et de l'inversion de la loi des secousses (*Journ. de physiol. et de pathol. génér.*, n° 3, p. 481).

(2) CLUZET, Recherches sur les réactions électriques du nerf après sa section (*C. R. de la Soc. de biol.*, 6 février 1903).

(3) PAGE MAY: On the supposed reversal of the law of contraction in degenerated muscle (*Brain*, Spring, 1902, p. 133).

dinaux paraissant, d'ailleurs, suivre les lois ordinaires de la contraction: Biedermann affirme que la contraction à l'anode des muscles circulaires est réellement *péripolaire* et non *polaire*. En employant des électrodes finement appointées, il trouva, en effet, que, à la cathode, la fermeture du courant provoque une grande élévation, due à la contraction des fibres, élévation entourée par une aire plus étendue de dépression et de relâchement correspondant à la zone péripolaire. A l'anode, au contraire, se trouvait une petite dépression causée par le relâchement du muscle, mais entourée par un bourrelet circulaire de contraction dans la zone péripolaire. Dans l'observation ordinaire, ce bourrelet de contraction serait seul perçu et aurait fait croire à une véritable contraction polaire anodique.

D'après P. May, une explication analogue peut être donnée de l'inversion observée sur le muscle strié dégénéré; en admettant, en outre, que, pour un certain degré de l'excitabilité du muscle en dégénérescence, l'excitation péripolaire de l'anode (excitation faite exactement par une cathode virtuelle) est plus considérable que l'excitation polaire à la cathode.

Pour le prouver, cet auteur a d'abord obtenu expérimentalement des muscles dégénérés, puis il a recherché leur manière de se comporter au passage du courant constant, en employant successivement, à l'exemple de Biedermann, de larges électrodes et des électrodes finement appointées.

C'est ainsi qu'en examinant un muscle semi-membraneux de lapin, dont le nerf avait été sectionné un mois auparavant, Pierre May obtint, en se servant d'une large électrode comme électrode active, l'inversion de la loi des actions polaires : PFeS était obtenue avec 23 unités de courant, NFeS avec 30 unités. En employant ensuite une électrode active finement appointée et en observant avec soin les fibres musculaires immédiatement en contact avec cette électrode, NFeS fut obtenue avec 6 unités et PFeS avec 9 unités.

P. May conclut de ses expériences que le renversement des actions polaires n'est qu'apparent dans le muscle strié dégénéré, absolument comme le phénomène semblable observé sur le muscle intestinal. L'inversion résulterait seulement de la prédominance des effets péripolaires sur les effets polaires, cette prédominance étant causée dans le muscle dégénéré par l'état anormal de l'excitabilité et par les moyens imparfaits employés pour l'exploration électrique.

L'explication donnée par H. Wiener (1) est basée sur des expériences bien différentes.

Cet auteur employa d'abord des grenouilles, dont un nerf sciatique avait été préalablement sectionné ; les deux muscles *sartorius*, celui du côté sain et celui du côté opéré, étaient examinés comparativement à partir du soixante-dixième jour après la section. Les électrodes employées étaient impolarisables : l'une, très pointue, était placée sur le muscle ; l'autre était appliquée en un endroit éloigné. H. Wiener étudia d'abord l'excitabilité des diverses parties du muscle sain et du muscle dégénéré, celui-ci présentant l'inversion ; il observa que, pour le premier, le point d'entrée du nerf dans le muscle était le point d'excitabilité maximum, tandis que, pour le second, le maximum d'excitabilité se trouvait aux extrémités du muscle.

De là résulte immédiatement l'explication de l'inversion obtenue en plaçant l'électrode active au point d'entrée du nerf dans le muscle dégénéré (point moteur).

<hr>

(1) Hugo Wiener: Erklärung der Umkehr des Muskelzuckungsgesetzes bei der Entartungsreaction, auf experimenteller und klinischer Basis (*Deutsches Archiv für klinische Medicin*, Band 60, s. 264).

En effet, pour le muscle normal, la prépondérance de la NFeS est liée à la très grande densité du courant à la cathode, en même temps qu'à la grande excitabilité du point d'application. Dans le muscle dégénéré, la densité du courant n'est pas changée, mais l'excitabilité a diminué au point d'entrée du nerf, où elle est inférieure à l'excitabilité des parties périphériques. Par conséquent, si la différence d'excitabilité entre le point d'entrée du nerf et la terminaison du muscle est devenue assez grande pour qu'elle ne puisse plus être compensée par la plus grande densité du courant au premier endroit, on constatera l'inversion : en voulant exciter par le pôle négatif le point moteur, hypoexcitable, on excitera en réalité par le pôle positif la périphérie du muscle, hyperexcitable, et inversement.

Pour démontrer l'exactitude de cette hypothèse, H. Wiener essaya d'abord de réaliser une distribution d'excitabilité identique dans le muscle dégénéré et dans le muscle normal en rendant, dans un muscle normal, la région d'entrée du nerf moins excitable que la terminaison du muscle.

Il y parvint en badigeonnant le point moteur avec une solution ammoniacale à 3 0/0, ou avec une dissolution à 3 0/0 de phosphate de potassium. Après ces badigeonnages, provoquant l'hypoexcitabilité du point d'entrée du nerf, apparaissait toujours l'inversion. Inversement, si l'on abaisse l'excitabilité de l'extrémité d'un muscle dégénéré jusqu'à ce que celle-ci soit inférieure à l'excitabilité du point moteur, c'est-à-dire jusqu'à ce que le point moteur, malgré son peu d'excitabilité, redevienne encore hyperexcitable par rapport aux extrémités musculaires, on rétablit les réactions normales et l'inversion disparaît. C'est ainsi qu'en badigeonnant les extrémités d'un muscle dégénéré et présentant l'inversion avec les solutions à 3 0/0 de phosphate de potassium ou d'ammoniaque, NFeS redevient prédominante.

Il est à remarquer, en outre, que le muscle *in situ* présente l'inversion plus tardivement que le muscle isolé, parce que la différence entre la densité du courant au point moteur, sous l'électrode, et la densité du courant aux extrémités du muscle est plus grande dans le muscle *in situ*, à cause de la diffusion du courant. Cette plus grande différence de densité demande, bien entendu, pour être compensée, une plus grande différence d'excitabilité (un phénomène et une explication analogue ont déjà été signalés au paragraphe précédent, à propos de l'inversion des troncs nerveux).

H. Wiener vérifia que les faits ci-dessus observés sur le sartorius de grenouille se montraient aussi sur les muscles de structure plus complexes, tels que les gastrocnémiens de grenouille et de lapin.

De plus, cet auteur expérimenta sur l'homme en examinant un malade atteint de paralysie du plexus brachial. Les muscles dont les extrémités étaient plus excitables que le centre (un examen faradique préalable permettait de s'en assurer), le deltoïde, le sous-épineux, le long supinateur offrirent seuls l'inversion de la loi des secousses, tandis que le biceps, dans lequel le point d'entrée du nerf était encore le point le plus excitable, présentait une prédominance de NFeS. Conformément à l'explication de H. Wiener, ceci ne se produisait, d'ailleurs, pour le biceps, que si l'électrode active portait sur le point moteur ou sur un point situé plus haut; si l'électrode active portait au-dessous du point moteur, la PFeS prédominait, au contraire.

Enfin, en faisant varier la densité du courant, cet auteur arrive à des constatations conformes à son explication. Ainsi, sur le deltoïde du même malade, donnant l'inversion aux trois point d'entrée du nerf, on constatait encore l'inversion en donnant à l'électrode active des diamètres de 4, 3, 2, 1 centimètre. Mais pour un diamètre de 7 millimètres, la densité du courant au point d'entrée du nerf devenait si grande que, malgré la plus grande excitabilité des terminaisons musculaires, la NFeS prédominait.

H. Wiener résume ainsi le résultat de ses recherches :

1° Dans l'excitation polaire usuelle des muscles, il se produit, au point de contact de l'électrode, une électrode physiologique, aux deux extrémités du muscle deux autres électrodes virtuelles de signe contraire à la première. Il se produit ainsi une excitation appelée péripolaire ;

2° Cette situation des électrodes virtuelles à l'extrémité des muscles a lieu pour les muscles qui ont les fibres en long, mais elle éprouve des modifications correspondantes dans les muscles pennés, parce que le courant, dans chaque fibre musculaire, se répand jusqu'à l'extrémité ;

3° La NFeS part de la cathode située au milieu du muscle ; la PFeS part des cathodes virtuelles situées aux deux extrémités, d'après le sens du courant ;

4° La prépondérance de NFeS dans le muscle normal est conditionné par ceci que les cathodes qui l'engendrent sont situées en un point de plus grande excitabilité et de plus grande densité de courant ;

5° Dans le cas de dégénérescence, les rapports d'excitabilité se changent dans le muscle de la manière suivante : le point d'entrée des nerfs est le premier à perdre son excitabilité, et la perte d'excitabilité progresse à partir de là vers les deux extrémités, de telle sorte que ces deux extrémités demeurent le plus longtemps excitables ;

6° L'inversion des secousses dans le muscle dégénéré est due à ce que ce ne sont plus les cathodes engendrant la NFeS, mais les cathodes engendrant la PFeS qui sont situées aux points de plus grande excitabilité. Mais la différence d'excitabilité entre les extrémités et le milieu doit être assez grande pour ne pas être compensée par la densité plus grande de courant au milieu.

Remarque. — L'explication de P. May et celle de H. Wiener ont ceci de commun : l'inversion observée sur les muscles dégénérés est une anomalie seulement apparente à la loi générale des actions polaires ; elle est due à la prédominance des actions péripolaires sur les actions polaires par suite de modifications dans l'excitabilité du muscle produites par la dégénérescence.

Mais ces auteurs diffèrent quant à la localisation des effets péripolaires. Pour May, en effet, les effets péripolaires se produisent, comme dans l'intestin, tout autour et dans le voisinage de l'électrode, sans que d'ailleurs, on puisse s'expliquer bien clairement leur prédominance ; pour H. Wiener, ces effets se produisent aux extrémités du muscle, et ils sont prédominants parce que ces points sont les plus excitables dans un muscle qui dégénère.

En outre, il faut remarquer que la théorie de Wiener peut expliquer les faits obtenus par May ; c'est ainsi que, dans le cas où ce dernier auteur fait disparaître l'inversion en utilisant des électrodes finement appointées, on peut dire qu'il augmente la densité du courant au point d'application de l'électrode active et qu'alors la différence d'excitabilité entre le milieu et les extrémités du muscle ne peut plus compenser la différence de densité créée entre ces deux endroits.

La théorie de May, d'ailleurs, ne peut expliquer tous les faits constatés par Wiener.

Pour ces raisons, il me paraît plus rationnel d'adopter intégralement l'explication de ce dernier, explication en somme identique à celle que nous avons donnée de l'inversion observée sur les troncs nerveux.

CONCLUSIONS

D'après tout ce qui précède, on peut admettre que le renversement des actions polaires a la même cause, qu'il soit observé en excitant le tronc nerveux ou qu'il soit observé en excitant le muscle (plus exactement les filets nerveux intra-musculaires).

On peut donc énoncer les conclusions générales suivantes :

I. A l'état normal, dans la méthode clinique d'exploration unipolaire, l'électrode active porte sur un point où la densité du courant est maximum et où l'excitabilité est très grande (maximum en général aussi), *la loi des actions polaires est alors vérifiée.*

Dans certains cas pathologiques des nerfs et des muscles, le point où porte l'électrode active est toujours un point de densité maximum mais n'est plus un point de grande excitabilité. Il peut alors se présenter deux cas :

a) Si l'abaissement de l'excitabilité est encore faible, il est compensé par l'excès de densité du courant et *la loi des actions polaires se trouve encore vérifiée;*

b) Si l'abaissement de l'excitabilité est assez grand pour n'être plus compensé par l'excès de densité, *la loi des actions polaires n'est plus vérifiée, on a l'inversion des secousses.*

II. Réciproquement, *si l'on constate, à l'examen électrique d'un nerf ou d'un muscle l'ordre normal des secousses,* comme au point d'application de l'électrode active se trouve un maximum de densité de courant, on peut en conclure que l'excitabilité est normale en ce point ou qu'elle est assez peu diminuée pour que l'excès de densité compense la diminution d'excitabilité.

Si l'on constate l'inversion des secousses, on peut en conclure qu'au point d'application de l'électrode active l'excitabilité est inférieure à l'excitabilité d'autres régions du nerf ou du muscle traversés par le courant ; la différence d'excitabilité étant, d'ailleurs, trop grande pour être compensée par la différence, de sens contraire, de densité du courant.

En dernière analyse, l'inversion des secousses dans les syndromes de dégénérescence *signifie que le nerf* (troncs ou filets intra-musculaires) *est altéré au point excité ;* cette altération cause l'inversion, parce que certaines régions de l'arbre nerveux parcourues par le courant sont beaucoup plus excitables que le point altéré où porte l'électrode active. Évidemment, l'inversion a d'autant plus de signification que la densité du courant est grande au point excité, c'est-à-dire que l'électrode active est petite.

III. On peut encore conclure de cette étude que l'inversion est un signe peu constant de dégénérescence, plusieurs conditions devant être à la fois réalisées pour entraîner son apparition : ainsi se confirme l'opinion des cliniciens faisant de cette réaction électrique un symptôme précieux de dégénérescence nerveuse quand il existe, mais dont l'absence n'a rien de caractéristique.

Telles sont, dans l'état actuel de la science, l'explication, la signification et la valeur séméiologique de cette réaction électrique dont on s'est tant occupé et à laquelle, en mémoire de l'éminent pathologiste qui l'observa le premier sur des muscles, on a justement donné le nom de *réaction d'Erb*.

M. LEDUC, de Nantes.

Influence de l'ion zinc sur la pousse des poils. — L'expérience a été faite sur un lapin. Pour cela, une électrode de 10 centimètres carrés, placée au pôle positif, était enveloppée d'une couche de coton hydrophile trempé dans une solution de chlorure de zinc à 1 0/0. L'intensité a été de 10 mA. pendant quarante minutes. A la suite de la séance, il s'est fait une desquamation de toute la surface, mais les poils ont repoussé plus drus et plus longs que sur les surfaces avoisinantes qui n'avaient pas reçu l'ion zinc.

Discussion. — M. MARIE : Le fait signalé par M. Leduc prouve que si l'on ne détruit pas la peau par une électrolyse caustique, il n'y a pas disparition de la nutrition des poils, contrairement à ce qui se passe lorsque la peau est détruite, et dont le cas cité par M. Weil est un exemple.

MM. les Drs BRIAND (de Dôle) et MICHAUT.

Sur un cas d'anosmie traumatique traité par le courant continu. — A la suite d'un accident d'automobile survenu le 19 septembre 1902 (chute sur la tête dans la région frontale et nasale du côté gauche), l'un des auteurs constate qu'il est atteint d'anosmie et de perte de goût.

Après quinze jours d'anosmie absolue, il note ses sensations gustatives et olfactives et s'aperçoit :

Que l'alcool ne sent rien ;

Que le lubin, l'alcool de menthe, l'éther, lui donnent la même impression vague ;

Que la fumée de tabac et l'essence minérale, ont le même goût très vague ;

Que le salé, le sucré, l'acide, l'amer, sont perçus, mais sans nuances ;

Qu'il existe une absence complète de perception des mauvaises odeurs.

Le 7 octobre, après un traitement par les douches d'acide carbonique avec le sparklet nasal, il se décide à recourir au traitement par les courants continus.

Trois fois par semaine électrisation intra et extra nasale ; l'anode active est une olive Newmann recouverte d'ouate ou un tampon placé à la racine du nez. La cathode indifférente est placée à la nuque. Intensité 3 à 4 milliampères ; 3 à 5 minutes dans chaque position.

La méthode intra-extra-nasale de Luc (cathode à la racine du nez et anode à l'intérieur) n'a pu être supportée.

Après quinze jours de traitement, le goût est moins obtus, le pain est meilleur. L'alcool, l'éther, l'essence minérale, commencent à se différencier nettement. Anosmie persistante pour les mauvaises odeurs ; parosmie pour les parfums. Mais la fumée de tabac et le pétrole sentent la même chose. *La narine gauche ne perçoit rien*.

Concurremment avec le traitement électrique, douches quotidiennes d'acide carbonique et quelques prises de strychnine.

Le 9 décembre, l'odorat s'est développé, mais le goût est resté en retard. Le nez perçoit nettement la vanille, mais elle donne au goût une perception incomplète plutôt désagréable.

Perception nette de l'odeur d'un fumier.

Au 1er août 1903, dix mois après l'accident, amélioration progressive, mais très lente; parosmie persistante, mais développement des sensations à la narine gauche.

Le tabac dont l'odeur et le goût ne sont pas encore perçus nettement, est depuis longtemps redevenu agréable.

Les mauvaises odeurs quelles qu'elles soient, produisent une impression identique; celle du poisson gâté : le poisson a la même odeur.

Faute de temps l'on a dû renoncer aux séances d'électrisation à partir du quatrième mois; mais elles ont paru certainement utiles.

Plusieurs fois, au dîner qui suivait de près la séance, on a constaté une amélioration subite et très sensible du goût et de l'odorat. Le fait est à retenir.

De cette observation, il résulterait que la meilleure technique du traitement des anosmies traumatiques consisterait dans l'emploi d'une anode active à la racine du nez, avec l'intensité au maximum supportable.

Le tampon intra-nasal est trop douloureux et il est bien difficile d'arriver jusqu'à la fente olfactive.

L'adjonction des douches d'acide carbonique à l'aide du sparklet nasal, complète heureusement le traitement.

Discussion. — M. BORDIER, mis en cause par M. Michaut, répond qu'il n'a traité par les hautes fréquences que des ozéneux et que les guérisons ont persisté.

———

M. le Dr H. GUILLEMINOT.

Réducteurs de potentiel économiques pour les petites et les grandes intensités sur secteurs de ville. — Les trois réducteurs qui vont être décrits conviennent surtout pour les installations extemporanées, qu'on veut faire rapidement soi-même et à peu de frais. Comme ils offrent toute sécurité ils peuvent aussi, étant bien construits, servir comme appareils définitifs. Voici ces trois réducteurs :

1° *Réducteur à plaque chauffante* (1) *pour les grandes intensités.* — Il se compose d'une plaque chauffante et d'un rhéostat à gros fil montés en série. L'emploi est pris en dérivation sur le rhéostat réglable. L'intensité est nulle dans l'emploi, quand le curseur du rhéostat est à 0. Il convient pour le cautère, les grosses bobines, etc. Il n'y a pas d'étincelles d'extra à la rupture du circuit d'emploi.

2° *Réducteur à lampes.* — Ici la plaque chauffante est remplacée par plusieurs groupes de lampes en quantité. Le rhéostat dérivé sur l'emploi est un fil plus fin. Il convient surtout pour les intensités au-dessous de 3 à 4 ampères.

3° *Réducteur à liquide pour les courants de l'ordre du milliampère* (2). — C'est une éprouvette de 1 litre remplie d'eau. Les pôles du circuit de ville sont en

(1) *Arch. d'Élect. méd.* Avril 1903.
(2) *Arch. d'Élect. méd.* Avril 1903.

relation avec deux disques de charbon supérieur et inférieur. La dérivation est prise à l'un de ces disques et à un troisième faisant curseur entre les deux. L'intensité passe insensiblement du 0 à un maximum correspondant à une différence de potentiel de 110 volts.

Ces réducteurs peuvent aussi servir à l'emploi du courant alternatif.

Discussion. — M. MARIE fait remarquer combien les appareils de M. Guilleminot ont de l'intérêt pour le médecin praticien, à cause de leur simplicité et de la possibilité qui est donnée, par cette qualité même, aux médecins électriciens de les construire eux-mêmes.

M. le Dr FOVEAU DE COURMELLES, de Paris.

Nouveaux résultats photothérapiques. — Le radiateur de l'auteur (Institut 24 décembre 1900) a continué de lui donner les résultats signalés l'an dernier; les résultats anciens restant acquis, il en appert que les rayons ultra-violets sont bien réellement et durablement curatifs; d'autre part, le lupus, les épithéliomas soignés depuis le Congrès de Montauban se sont comportés comme les précédents, ainsi que le démontrent divers exemples.

A propos des rayons X, qui sont une branche de la photothérapie, l'auteur insiste sur deux cas de névralgie faciale deux fois opérés inutilement, l'un en 1884 et 1886, l'autre plus récemment et que seuls guérirent les rayons X. D'autres cas non opérés ont guéri de même sans le moindre accident, grâce à la plaque d'aluminium véritablement reliée au sol.

Quant aux cancers profonds, l'auteur a depuis longtemps comme les Américains (Voir *Année électrique*, 1900, 1901, 1902) des résultats incontestables d'amélioration; il y ajoute des exemples nouveaux de cancers inopérables du sein et de l'utérus où le diagnostic fait par des maîtres en chirurgie ne laisse aucun doute et où le soulagement et la diminution des tumeurs sont indiscutables.

M. GUILLOZ de Nancy.

De l'éclairage en photographie endoscopique.

Discussion. — M. BERGONIÉ, à l'occasion de la communication de M. le Dr Guilloz, définit, contrairement aux idées d'un membre de la Section, ce que l'on entend par électricité médicale, et montre combien cette communication de M. Guilloz rentre dans le cadre de la Section d'Électricité médicale de l'Association française pour l'Avancement des Sciences. L'électricité médicale comprend, en effet, toutes les applications de l'électricité à la médecine, directes ou indirectes. Les applications *directes* de l'électricité à la médecine sont celles dans lesquelles le courant utilisé traverse le corps de l'homme. Les applications *indirectes*, au contraire, sont celles dans lesquelles le courant transformé et produisant un des nombreux effets qu'il est capable de produire, cet effet est utilisé ensuite, soit pour le diagnostic, soit pour le traitement des maladies. Dans le travail de M. Guilloz, l'électricité est utilisée à produire des phénomènes lumineux spéciaux au moyen desquels le diagnostic de certaines maladies est possible. Les recherches de M. Guilloz rentrent donc bien dans le cadre des travaux de la Section.

M. BERGONIÉ.

Réactions anormales dans la paralysie faciale périphérique ; suppléance du facial droit par le facial gauche. — La terminaison de la paralysie faciale périphérique grave à lieu, comme on le sait, le plus souvent avec contracture de la plupart des muscles anciennement paralysés : le sillon naso-labial est plus profond que du côté sain, la fente palpébrale plus étroite, la commissure des lèvres plus remontée ; enfin, à l'occasion des mouvements de totalité de la face, les plis de la peau sont plus marqués sur le territoire du nerf atteint. Chez ces malades, l'excitabilité faradique des muscles est complètement perdue, ou bien elle est très difficile à mettre en jeu, et les excitations faradiques, portées sur le tronc nerveux au niveau de l'apophyse mastoïde ou dans le conduit auditif externe, sont presque toujours inefficaces.

Quant à l'excitabilité galvanique partiellement revenue, la secousse qui suit l'excitation efficace a une durée toujours augmentée, cette secousse étant d'ailleurs assez facile à produire dans la plupart des cas.

Or, j'observe en ce moment une petite fille de onze ans, atteinte de paralysie faciale droite périphérique, suite d'une otite suppurée survenue quelques mois après sa naissance, qui présente des réactions électriques tout à fait différentes et inobservées jusqu'ici, au moins par moi. Voici ces réactions : Avec des courants faradiques tétanisants, portés, par une électrode conique, profondément dans le conduit auditif externe, l'électrode indifférente étant placée à la nuque, on n'observe aucun mouvement des muscles de la face. Avec des courants très intenses, permettant par diffusion l'excitation des masséters, les muscles de la face, aussi bien que ceux du front et du nez que ceux de la joue, restent complètement immobiles. L'excitabilité du nerf facial droit est donc complètement abolie. Jusqu'ici, rien que de très normal.

Mais si l'on porte ensuite l'électrode dans le conduit auditif externe de l'autre côté, le côté gauche, le côté sain, et qu'on procède à l'excitation du nerf facial avec ces mêmes courants faradiques mêmes faibles, on observe avec étonnement, non seulement des mouvements dans tous les muscles de la face de ce côté gauche, mais encore des mouvements très nets dans certains muscles de la face du côté droit. Ces muscles excitables du côté droit sont : le sourcilier, le pyramidal du nez, le transverse du nez, dilatateur propre des narines, le myrtiforme, l'orbiculaire des lèvres, l'élévateur commun de l'aile du nez et de la lèvre supérieure, la contraction est bien certaine ; pour quelques autres muscles voisins, tels que le carré du menton, le petit zygomatique et l'élévateur propre de la lèvre supérieure, la contraction est douteuse ; pour tous les autres muscles de la face, elle n'existe pas.

Ces contractions ne peuvent être dues à des courants dérivés partis de l'électrode active, car les muscles masséter et temporal du même côté plus rapprochés ne sont pas excités. On est donc conduit à admettre que ces muscles reçoivent leurs mouvements du nerf facial opposé soumis à l'excitation.

Ce qui vient à l'appui de cette assertion, c'est que, lorsque la malade fait des mouvements volontaires du côté gauche, il lui est impossible, même dans les petits mouvements, de ne pas entraîner la contraction des muscles du côté opposé. D'autre part, ces muscles du côté droit paralysé ne peuvent entrer en contraction volontaire isolément ; ils entraînent toujours la contraction des muscles similaires du côté sain.

Toutes les hypothèses faites pour expliquer ce fait des données scientifiques ont dût être sucessivement rejetées; ainsi : l'intégrité du facial supérieur, l'association nerveuse entre certains muscles extrinsèques de l'œil, l'existence de phénomènes moteurs de compensation dans la sphère du trijumeau (Schiff). La seule qui me paraisse pouvoir être admise rationnellement, c'est que le facial sain, qui innerve le côté gauche, innerve aussi quelques-uns des muscles de la face du côté droit, les plus rapprochés de la ligne médiane. Il y aurait là une suppléance nerveuse explicable en partie par le très jeune âge de l'enfant au moment de la production de sa paralysie.

Enfin, comme guérison de la paralysie faciale grave, c'est là également un processus tout à fait inconnu. (Voir aussi Soc. de Biol., 11 juillet 1903.)

———

M. LEULLIEUX, de Conlie.

Introduction d'ions à actions thérapeutiques dans certaines manifestations articulaires et nerveuses de la goutte et du rhumatisme. — L'auteur emploie des solutions à 1 0/0 d'iodure de lithium et rend les applications indolores en augmentant autant que possible la résistance des électrodes, de manière que cette résistance se rapproche autant que possible de celle de la peau, d'après les travaux de M. Bordier. Les constantes qu'il utilise sont : 20 à 40 mA. sous 90 volts.

Discussion. — M. GUILLEMINOT demande à M. Leuillieux pourquoi des solutions à 1 0/0 permettent des applications moins douloureuses que celles de 3 0/0 ou davantage à ampérage égal.

M. BERGONIÉ appuie l'observation de M. Guilleminot. Il se sert depuis longtemps de solutions à 10 0/0 et même davantage de salicylate de soude pour introduire l'ion salicylique localement, suivant les idées sur la thérapeutique locale du Prof. Bouchard, et n'en a éprouvé aucun inconvénient.

———

M. BLOCH, de Paris.

Traitement électrique de la constipation. — L'auteur revient sur sa communication au Congrès de Berne (voir *Archives d'électricité médicale*, 1903, p. 585) et conclut que les cas de constipation étant très variables, le traitement doit aussi être modifié suivant les cas. La meilleure technique, d'après lui, est l'emploi du courant de de Watteville, avec une intensité de 50 à 75 mA. et davantage pour le courant galvanique. Les séances faites tous les deux jours sont plus efficaces que les séances journalières; l'accoutumance se produit souvent, et le traitement doit être arrêté pour voir ses bons effets reparaître.

———

M. BORDIER, de Lyon.

Efficacité de la galvanofaradisation dans le traitement de la constipation habituelle et de l'entéro-colite muco-membraneuse. — Tout d'abord, pour réussir, l'auteur a constaté qu'il fallait se servir d'une bobine à fils fins, c'est-à-dire donnant une certaine tension ; d'autre part, il faut éloigner sensiblement la bobine induite de la bobine inductrice pour n'avoir pas d'effets magnétiques de cette bobine induite sur le trembleur.

En effet, cette bobine induite est parcourue par le courant continu, qui peut, dans ses applications, atteindre une intensité de 100 et de 150 mA. Les électrodes doivent être de grande surface, voisines de 400 ou de 500 centimètres carrés ; les séances doivent être prolongées une demi-heure à trois quarts d'heure. Avec ces données, on est à peu près sûr d'agir toujours d'une manière durable sur la constipation habituelle et la colite muco-membraneuse.

MM. LAQUERRIÈRE et DELHERM.

Traitement électrique de la constipation. — Ce travail est un essai de synthèse des diverses modalités électriques qui peuvent être utilisées dans le traitement de la constipation et de la colite muco-membraneuse dans la forme atonique. La franklinisation convient le mieux ; mais, dans les autres formes, telles que la forme spasmodique, la faradisation interne et la galvano-faradisation sont préférables. Les auteurs apportent leur statistique, qui comprend une quarantaine de cas.

M. BORDIER (de Lyon).

Traitement électrique de la méralgie paresthésique. — On sait que cette affection est une manifestation sensitive particulière siégeant sur le territoire du nerf fémoro-cutané. Les sensations, très douloureuses, consistent en brûlures, picotements, etc.; elles peuvent arracher les larmes à la malade. Les injections de pilocarpine, faites à ce niveau, ne donnent pas de production de sueur.

Le traitement par le courant continu exacerbe les douleurs ; d'ailleurs, toutes les méthodes de traitement restent le plus souvent inefficaces. Dans un cas grave de cette maladie que l'auteur a eu à traiter, il a employé des étincelles de haute fréquence pendant une durée de cinq à huit minutes, et a vu la guérison survenir après dix-huit séances.

Discussion. — M. BERGONIÉ : S'était-on bien mis à l'abri, dans le cas signalé par M. Bordier, contre toute erreur de diagnostic pouvant faire intervenir l'hystérie ?

M. BORDIER : Un travail publié par M. Pitres, sur la méralgie paresthésique, signale que l'hystérie n'intervient pas dans cette affection.

M. BLOCH (de Paris).

Traitement électrique des hémorroïdes par les courants de haute fréquence. — Après avoir fait un court historique de la question, le docteur Bloch constate l'accord unanime de tous ceux qui se sont occupés de la question, touchant l'effet analgésique des courants de haute fréquence dans ces affections. Passant à l'étude de la technique opératoire, il proscrit les électrodes coniques qui produisent de la dilatation. Cette dilatation, souvent douloureuse, est absolument inutile pour obtenir la guérison, L'auteur utilise avec succès une électrode en cuivre nickelée nue, de 4 millimètres de diamètre.

Dans quelques cas d'hémorroïdes indolores il utilise aussi l'électrode à manchon de verre, pour mettre à profit l'action vaso-constrictive de l'effluve de haute fréquence. Il conclut enfin en démontrant la supériorité de ce traitement sur la dilatation de l'anus, supériorité provenant de ce que ce traitement électrique est indolore, inoffensif, rapide et qu'il permet aux malades de ne pas interrompre leurs occupations.

Discussion. — M. MARIE : M. Bloch a-t-il constaté la diminution des hémorroïdes pouvant être attribuable au traitement ?

M. BLOCH : J'ai constaté la diminution des hémorroïdes par le traitement des hautes fréquences, quelquefois même après une seule séance.

M. BORDIER, de Lyon.

Interrupteur rhéostatique rythmique universel. — En électrothérapie, on a besoin d'interrompre rythmiquement les différents courants utilisés : galvanique, faradique, sinusoïdal. etc. Le métronome interrupteur, même après la modification de M. Leduc, donne des interruptions et des rétablissements de courant trop brusques. L'appareil que présente M. BORDIER fournit au contraire un courant rythmé, augmentant progressivement, puis diminuant jusqu'à zéro progressivement aussi. Ce résultat est obtenu au moyen d'un charbon vertical, mû par un mouvement d'horlogerie, s'enfonçant dans un bain d'eau d'où le charbon sort peu à peu. Ce mouvement de haut en bas et de bas en haut communiqué au charbon rythme très bien tous les courants et fournit des résultats thérapeutiques plus rapides et meilleurs que ceux obtenus avec le métronome. C'est un appareil que tout médecin-électricien devrait posséder.

Paralysie de la langue et du voile du palais traitée par l'électricité; guérison. — Il s'agit d'une jeune fille qui, à la suite d'une émotion violente, fut frappée d'un mutisme complet par paralysie de la langue et du voile du palais.

L'auteur voit dans cette manifestation pathologique un accident d'hystérie. Le traitement par le bain statique, qui semblait indiqué, fait pendant plus de cinq mois, ne donna aucun résultat. L'auteur employa alors la galvanisation rythmée avec un pôle dans la bouche et l'autre pôle à la base de la langue, et le résultat fut excellent. Le retour de la prononciation des consonnes s'effectua dans un ordre déterminé. La malade ne prononçait tout d'abord que les labiales, car les lèvres n'avaient pas été atteintes par la paralysie. Ce sont les sifflantes qui revinrent d'abord, puis les gutturales, puis les chuintantes; enfin, la malade arriva à tout prononcer. Cet ordre particulier dans lequel revint la prononciation des consonnes, et, d'autre part, la mise en œuvre, inutilement, pendant de longs mois, du grand appareillage de l'électrisation statique, font rejeter par l'auteur toute idée de suggestion.

Névrite brachiale traitée par les courants sinusoïdaux. — Le courant sinusoïdal a sur le courant faradique des avantages marqués : d'abord, son application est moins douloureuse, à cause de ses ondes beaucoup moins aiguës ; d'autre part, il peut être mesuré, tandis que le courant faradique ne peut pas l'être. Dans le cas signalé par l'auteur, l'application du courant sinusoïdal n'a pas été faite au moyen du bain hydro-électrique, mais directement en applications locales. Le résultat a été des plus satisfaisants comme le prouve l'écriture de la malade à des intervalles de huit jours.

———

M. Frédéric MORIN, à Nantes.

Présentation d'un combinateur et de réducteurs liquides. — Le combinateur a été déjà décrit dans les *Archives Médicales d'Électricité*. Mesurant seulement 20 centimètres sur 30 centimètres, il permet de combiner tous les courants faradiques, galvaniques, etc.

Les deux réducteurs liquides sont deux récipients faits de gutta-percha, disposés pour faire franchir au courant, avec un appareil peu volumineux, une certaine longueur de colonne liquide. L'un est à quatre cellules et est basé sur le principe du pont de Wheastone ; l'autre est à deux cellules seulement, et est un simple réducteur. Le premier est plus commode pour les applications un peu complexes ; le second, moyennant quelques modifications, pourrait devenir un véritable appareil de poche. Dans les deux, les électrodes mobiles reliées au malade sont complètement indépendantes des électrodes fixes de prise de courant.

Les électrodes fixes sont en plomb, afin de supprimer la plus grande partie des dégagements gazeux, le liquide étant une solution sulfurique, du liquide d'accumulateur très étendu. Les électrodes mobiles sont en charbon ou en plomb non formable. Dans l'appareil transportable, les quatre électrodes seraient en aluminium, le liquide étant simplement de l'eau ordinaire plus ou moins salée.

———

VOEU PRÉSENTÉ PAR LA 13ᵉ SECTION

Voir page 58.

4e Groupe.

SCIENCES ÉCONOMIQUES

14e Section.

AGRONOMIE

PRÉSIDENTS D'HONNEUR . . . . M. LE COMTE DE BLOIS, sénateur.
M. SAGNIER, Rédacteur en chef du *Journal de l'Agriculture*.
PRÉSIDENT. . . . . M. LACOUR, Ing. civ. des Mines, à Paris.
VICE-PRÉSIDENT . . . . M. LADUREAU, Ing. agron., à Paris.
SECRÉTAIRE . . . . M. LAVALLÉE, Ing. agron., Prof. à l'Éc. d'Agric. d'Angers.

— Séance du 5 août —

M. LADUREAU.

Mesures à prendre pour maintenir la culture de la betterave à sucre à son niveau actuel. — M. LADUREAU fait brièvement l'historique de la culture de la betterave à sucre en France, et passe successivement en revue les divers procédés de sélection employés pour améliorer la qualité saccharine de cette racine.

C'est d'abord le procédé des bains salés, puis le dosage du sucre des betteraves-mères par la liqueur de Fehling, enfin le dosage direct du sucre par le polarimètre.

Malgré ses imperfections, le procédé des bains salés avait permis d'obtenir des races de betteraves titrant 9 à 12 0/0 de sucre. Pour encourager la culture de ces dernières, le Congrès betteravier de Lille, en 1874, décida, sur la proposition de M. Ladureau, de payer les betteraves non plus d'après leur poids, mais d'après leur densité, suivant un barème déterminé.

Lorsque la loi de 1884 sur les sucres eut rendu cette méthode d'achat obligatoire, la culture de la betterave et l'industrie sucrière française firent de grands progrès.

Malheureusement, cette loi de 1884, qui vit le relèvement et l'extension de la culture de la betterave riche, cette loi qui fut l'émulatrice du progrès agri-

cole, sera supprimée avant un mois ; sa disparition entraînera avec elle la
fermeture de nombreuses usines et une crise agricole dont il est difficile de
sonder les profondeurs.

Par suite d'une convention signée à Bruxelles l'an dernier entre les principaux États d'Europe, producteurs de sucre, il résulte que tous les sucres destinés à l'exportation ne jouiront, de la part de leur gouvernement, d'aucune
faveur.

La France étant placée en état d'infériorité manifeste vis-à-vis des pays
grands producteurs, comme l'Allemagne, la Russie, l'Autriche, etc., où les frais
de production et de fabrication sont moins élevés, va être obligée de renoncer à
l'exportation ; il lui faudra absorber la quantité totale de sucre qu'elle
produit.

Or, en 1902, la production du sucre en France a été, en chiffres ronds, de
1.000.000 de tonnes, tandis que la consommation était de 432.000 tonnes ; il
nous faudra plus que doubler notre consommation pour utiliser notre production de sucre, sous peine de voir péricliter la culture de la betterave. La détaxe
de 39 francs, qui entrera en vigueur au 1ᵉʳ septembre, ne paraît pas suffisante
à M. Ladureau pour arriver à la solution du problème. Il examine : 1° les améliorations à apporter dans les fabriques par les nouveaux procédés de raffinage
du sucre, sucre en lingot, sucre en plaquette ; en second lieu, il demande un
dégrèvement plus grand des droits sur le sucre.

Discussion. — M. Lacour remercie M. Ladureau de sa très intéressante communication.

M. le comte de Blois s'associe au vœu de M. Ladureau en ce qui concerne le
maintien de la culture de la betterave à sucre. Il y a, dit-il, solidarité entre la
prospérité de cette culture et l'élevage des départements de Maine-et-Loire, de
la Sarthe et ceux du Centre, qui, tous les ans, livrent aux régions betteravières
200.000 têtes de bétail pour être engraissées avec les déchets de l'industrie du
sucre.

Mais en ce qui concerne la production vinicole, M. le comte de Blois fait
ressortir que le dégrèvement total du sucre amènerait la ruine de la viticulture
française, déjà menacée par la détaxe annoncée.

C'est aussi l'opinion de M. Sagnier, qui démontre qu'avec le droit de 25 francs,
qui sera perçu sur les sucres à partir du 1ᵉʳ septembre prochain, il sera possible de faire du vin de sucre à 90 centimes ou 1 fr. le degré d'alcool. Pour
sauvegarder la viticulture du péril qui la menace, M. Sagnier propose la publication du nom des vignerons faisant usage de sucre pour leurs vendanges ou un
règlement d'administration publique bien compris.

Pour maintenir la culture de la betterave, il y aurait lieu de favoriser toutes
les industries qui emploient du sucre dans la fabrication des produits divers
qui servent à l'alimentation : pâtisseries, confiseries, etc.

Malheureusement, si la chose existe en fait, elle est irréalisable par suite des
tracasseries que sait faire naître dans les choses publiques l'administration des
Contributions Indirectes. Pour qu'un industriel jouisse des avantages de la loi,
il faudrait qu'il possédât deux usines : l'une pour la production indigène,
l'autre pour l'exportation.

L'opinion de M. Sagnier est partagée par toute l'assemblée, qui demande à
M. Ladureau de bien vouloir rédiger un vœu en ce sens.

M. Drouet propose qu'on opère à l'avenir de nouvelles détaxes par progressions décroissantes, au lieu d'un dégrèvement total unique.

M. Lacour tient à ajouter un mot à la discussion, afin de bien faire ressortir le rôle alimentaire du sucre ; il demande que les organes spéciaux lus dans nos campagnes mettent en relief les avantages que peut présenter ce produit.

M. L. Danguy fait remarquer que la fabrication de confitures, de raisiné ou de marmelades pour l'alimentation familiale dans les années d'abondance de fruits, permettrait non seulement d'utiliser du sucre en plus grande quantité, mais encore de tirer parti de produits qui sont souvent perdus ou deviennent, par distillation, dangereux pour la santé.

MM. de Blois et Danguy pensent, avec la majorité de l'assemblée, que les syndicats sont tout désignés pour attirer de ce côté l'attention dans nos campagnes.

———

M. le Dr Gustave PERRIER, Maît. de Conf. à la Fac. des Sc., Dir. du Labor. municipal de Rennes.

Sur un mode de préparation de moûts de pommes stériles. — Dans la fabrication du cidre les moûts obtenus par pression sont abandonnés à la fermentation sans aucune addition de levures. Après un certain temps, très variable d'ailleurs, ils entrent en fermentation. Cette dernière marche tantôt bien, tantôt mal, en un mot on n'en est pas maître. Il en serait tout autrement si on avait en sa possession des moûts stériles. Diverses tentatives, par le chauffage et le refroidissement, ont été faites qui n'ont pas été suivies de succès, les produits obtenus ne se rapprochant pas de la boisson qu'on nomme cidre (goût de fruits cuits).

La méthode que je préconise, n'altère en rien le goût de la liqueur après fermentation. Au lieu de chercher à stériliser les moûts, j'ai stérilisé les pommes par un séjour de vingt-quatre heures dans une solution d'aldéhyde formique (formol industriel) à 4 0/00. Les pommes sont ensuite lavées et pressurées dans des appareils lavés à l'eau bouillante ou à l'eau formolée. Les moûts que j'ai ainsi obtenus se conservent probablement indéfiniment, car depuis six mois que je les ai préparés ils ne présentent aucune altération. L'un d'eux, que j'ai fait fermenter au bout de cinq mois, m'a fourni un cidre absolument semblable au témoin préparé par les procédés ordinaires, témoin qui avait fermenté dans de bonnes conditions. Le détail des expériences et les avantages du procédé seront décrits dans une note plus complète.

Discussion. — MM. Lepage et Sagnier font remarquer qu'il y aurait de l'analogie entre le trafic des moûts de cidre stérilisés et des moûts de raisin ayant perdu par traitements spéciaux leurs propriétés fermentescibles. M. Sagnier ajoute que les moûts de raisin stérilisés sont préparés désormais sur une certaine échelle dans la région méridionale ; ils jouissent aujourd'hui d'une grande faveur en Allemagne et près des Sociétés de tempérance anglaises.

———

— Séance du 6 août —

M. LAVALLÉE, Direct. de la ferme expérimentale d'Avrillé.

Sur l'amélioration des prairies par les engrais minéraux. — M. LAVALLÉE expose d'abord l'action des différents éléments de fertilisation : azote, acide phosphorique, potasse et chaux sur la flore des prairies. Il expose ensuite d'une façon précise le résultat d'expériences personnelles faites en 1902 et en 1903 : 1° *avec les engrais azotés* ; 2° *avec les engrais phosphatés* ; 3° *avec la chaux sous forme de plâtre*, sur une prairie dont il donne la composition physique et chimique du sol et du sous-sol.

Avec les engrais azotés, il obtient sur diverses parcelles des suppléments de récolte moyens de 1.535 kilogrammes à l'hectare avec 150 kilogrammes de sulfate d'ammoniaque et de 1.450 kilogrammes avec 200 kilogrammes de nitrate de soude, soit dans les deux cas, une augmentation de production de 30 à 33 0/0.

M. Lavallée signale que des faits analogues ont été obtenus, il y a quelques années, par M. le duc de Plaisance, membre de la Société agricole et industrielle d'Angers, sur sa propriété de la Jumellière (Maine-et-Loire).

Contrairement à l'opinion généralement admise, il résulterait de cette étude que les prairies auraient de grands besoins en azote minéral, autrement dit, l'énorme stock que renferme le sol des prairies de fauche nitrifie trop lentement pour subvenir aux besoins de la végétation.

C'est sur ce point particulier que M. Lavallée attire spécialement l'attention de la Section. Il se propose de faire de nouvelles recherches afin de bien mettre ces faits en évidence.

Les engrais phosphatés, superphosphate et scories, de même que le plâtre, ont été étudiés dès 1902 sur différentes parcelles de la prairie à la ferme expérimentale d'Avrillé.

L'action de ces engrais a non seulement été sensible la première année, mais la deuxième année on relevait encore des plus-values sérieuses entre les parcelles fumées et les parcelles témoins sans engrais. Pour les deux années, les excédents de récolte ont varié de 1.525 kilogrammes à 2.280 kilogrammes à l'hectare.

M. Lavallée passe ensuite à l'étude économique des résultats qu'il a obtenus. L'auteur n'a pas fait d'expériences personnelles avec les engrais potassiques, mais il connaît plusieurs cas de prairies en sols calcaires où la kaïnite et le chlorure de potassium donnent de merveilleux résultats. En terminant, M. Lavallée fait ressortir que l'efficacité due aux engrais minéraux se traduit non seulement par une augmentation de récoltes en foin, mais encore par un produit de plus grande valeur alimentaire.

Discussion. — M. LACOUR remercie M. Lavallée de sa très intéressante communication.

M. LAVALLÉE répond ensuite aux questions que lui posent MM. Lair, Lepage et Briand.

M. A. LADUREAU.

Mesures concernant les industries du sucre et de l'alcool. — M. Ladureau étudie les conséquences qui vont résulter pour l'agriculture et l'industrie françaises de la conférence internationale des sucres qui a eu lieu récemment à Bruxelles et des résolutions qui y ont été adoptées. Il montre que la suppression des primes d'exportation décidée par toutes les nations sucrières aura pour résultat de supprimer dans un avenir prochain toute notre exportation de sucres dans les pays non producteurs de cette denrée. Or notre exportation s'élevant actuellement à 500.000 tonnes environ, il faudra pour éviter une crise terrible agricole et sucrière : 1º qu'un certain nombre de fabriques de sucre se transforment en distilleries d'alcool ; 2º que l'impôt de consommation exorbitant prélevé par l'État sur cette denrée alimentaire de première nécessité soit complètement supprimé, la diminution actuelle n'étant pas suffisante pour amener le doublement de la consommation ; 3º qu'on crée dans les centres de production sucrière des raffineries régionales écoulant directement les produits des usines dans les villes voisines : cela devient facile par suite de la substitution du raffinage rapide en plaquettes et en lingots aux procédés lents et très coûteux du raffinage en pains.

Au point de vue de l'extension de la consommation de l'alcool devenue nécessaire par suite de l'augmentation notable de la production de ce liquide, conséquence de la transformation des fabriques de sucre en distilleries, M. Ladureau examine ce qui se passe en Allemagne, où la consommation de l'alcool combustible, dénaturé par des procédés simples et peu coûteux, a pris un développement rapide et considérable, puisqu'elle atteint actuellement 1.550.000 hectolitres par an ; il montre le mécanisme économique au moyen duquel les Allemands ont obtenu ce beau résultat, le fonctionnement du cartel général des fabriques d'alcool créé il y a trois ans, et après avoir démontré qu'il est absolument impossible de réaliser pareille entente en France pour diverses causes qu'il énumère, il recommande le seul moyen d'aboutir à une amélioration sérieuse dans la vente de l'alcool dénaturé, l'établissement d'une qualité régulière et d'un prix invariable et bas dans toute la France, par la vente de ce produit opérée par l'État et sous son contrôle, l'Administration prélevant sur les alcools de consommation de bouche les sommes nécessaires à l'achat des alcools d'industrie (chauffage, éclairage, force motrice, etc.), de manière que les intérêts des producteurs soient entièrement sauvegardés et que seuls, les buveurs d'alcool supportent les frais de cette protection accordée à une industrie aussi intéressante que celle de la distillerie, qui verra ainsi la consommation actuelle de 250.000 hectolitres par an s'élever, comme en Allemagne, à 1 million d'hectolitres et probablement même au delà.

M. Ladureau insiste également sur la nécessité de suivre les Allemands dans leurs procédés de dénaturation dix fois moins dispendieux que les nôtres et dans les facilités de toute nature et les encouragements variés que cette industrie rencontre en Allemagne de la part des pouvoirs publics et des grandes administrations, tandis qu'en France c'est absolument le contraire qui a lieu, au grand détriment de notre agriculture et de nos finances.

Discussion. — M. Sagnier est d'accord avec M. Ladureau pour demander la réduction de la proportion de méthylène employé dans la dénaturation de l'alcool, d'autant plus que ce produit, tout en étant d'un prix très élevé, diminue le pouvoir calorique de l'alcool. Mais il s'élève contre la monopolisation de l'alcool; il cite à l'appui de sa thèse les résultats des monopoles déjà entre les mains de l'État.

MM. Lepage, Lacour, Lamey demandent successivement la parole pour appuyer la manière de voir de M. Sagnier.

L'Assemblée adopte sur les sucres et l'alcool divers vœux d'intérêt général, présentés par M. Ladureau, mais elle refuse sa sanction aux mesures proposées par le même auteur, sur les moyens à employer pour arriver à une consommation plus grande de ce produit.

M. LAIR.

Sur le traitement des vignes phylloxérées par l'électricité. — Il cite le résultat d'essais tentés il y a trois ans sur des vignes en espalier sur son domaine de Saint-Georges-sur-Loire. Ces vignes étaient menacées d'une fin prochaine lorsque M. Lair mit leurs racines en contact avec des armatures métalliques conductrices d'électricité atmosphérique. La première année, la végétation avait doublé de force dans la vigne électrisée; la deuxième année, elle était de deux tiers plus forte; enfin, la troisième année, il y avait encore progrès dans la vigueur de la végétation; elle était devenue sensiblement égale à celle des vignes non phylloxérées, tandis que la partie laissée comme témoin avait totalement succombé.

Les arbres situés au voisinage de la vigne soumise aux décharges électriques avaient pris une plus belle apparence.

En ce qui concerne la qualité des produits, M. Lair n'a pas fait de dosages précis, mais il certifie que les raisins de vigne électrisée étaient plus sucrés que les autres.

Discussion. — M. Moreau signale que les expériences d'électro-culture de ce genre ont donné en Italie, il y a quelques années, des résultats analogues à ceux que M. Lair vient d'exposer.

MM. Lavallée, Lacour et Lepage prennent part à la discussion qui s'ouvre ensuite et qui porte sur les *moyens employés pour amener l'électricité au sol et sur sa manière d'agir.*

M. MALLET, Médecin-Vétérinaire, à Angers.

Sur les indemnités accordées aux propriétaires d'animaux tuberculeux. — La section avait fait une visite excessivement intéressante aux abattoirs de la ville d'Angers, placés sous sa haute direction. M. Mallet a donné sur place, devant des dépouilles d'animaux malades, de nombreux renseignements techniques et pratiques sur les diverses maladies contagieuses. A la section, M. Mallet signale les efforts tentés dans ces dernières années par le législateur pour combattre la tuberculose. Il cite et commente les articles spéciaux des lois du 21 juin 1898, du 30 mars 1899 et du 31 mars 1902, sur la police sanitaire des animaux, réglant les indemnités à accorder aux propriétaires d'animaux tuberculeux dans les différents cas où cette maladie se présente.

M. Mallet démontre les points faibles de ces diverses dispositions législatives, ce qui concorde parfaitement avec le peu de résultats obtenus jusqu'alors. Pour que la loi soit réellement efficace, dit-il, il est nécessaire qu'elle soit complétée par des mesures applicables à tous les animaux contaminés.

M. Mallet propose, en outre, de simplifier autant que possible les formalités administratives à remplir dans les demandes d'indemnités et le paiement à bref délai des indemnisations accordées. M. le Président remercie vivement M. Mallet de l'étude qu'il vient d'exposer ; avec l'assentiment de la section, il lui demande, pour la prochaine séance, de résumer sous forme de vœu les conclusions de son travail.

———

M. le Dr NICOLAÏDI.

Sur le Zool. — M. J.-N. GUNG'L présente le travail de M. le Dr Nicolaïdi.

Le *Zool* est un aliment rationnel complémentaire à base d'acide phosphorique.

Les recherches faites ces dernières années pour augmenter économiquement la richesse alimentaire des fourrages par l'adjonction de phosphates divers, n'ayant pas donné de résultats et l'emploi de l'acide phosphorique libre préconisé par M. Joulie, à la suite de ses recherches sur les vaches laitières de la ferme d'Arcy-en-Brie, exigeant une habileté de main-d'œuvre qu'on ne rencontre qu'exceptionnellement dans le personnel domestique des fermes, M. le Dr Nicolaïdi pense avoir résolu le problème avec le *Zool*. Ce produit se présente sous forme de poudre pulvérulente que l'on peut ajouter à la boisson des animaux ; mais c'est sous forme de barbottage qu'il convient le mieux.

Les expériences personnelles de M. le Dr Nicolaïdi, celles de M. Lavalard, administrateur délégué de la Compagnie Générale des Omnibus, celles des syndicats agricoles de la Champagne et de Segré, etc. ; les essais faits par M. Nicolas à sa ferme modèle d'Arcy-en-Brie, dans divers haras et établissements de cavalerie, ont donné, d'après l'auteur de la communication, des résultats très satisfaisants. Il y aurait eu accélération de croissance chez les jeunes, rétablissement de vigueur et disparition de tares osseuses chez des chevaux fatigués, augmentation de la production et de la qualité du lait et de la richesse en beurre chez les vaches laitières, etc.

Pour porter un jugement sur la valeur de ce produit, il faudrait, croyons-nous, multiplier les essais signalés par M. le Dr Nicolaïdi.

Discussion. — M. LACOUR remercie M. Gung'l d'avoir bien voulu remplacer M. le Dr Nicolaïdi et le prie d'informer ce dernier que plusieurs membres du Congrès sont désireux d'expérimenter le zool.

———

M. LACOUR.

Compte rendu des travaux de la section d'agronomie au Congrès de Berlin. — M. LACOUR, délégué par l'Association au Congrès de chimie agricole de Berlin, s'est surtout attaché à suivre les travaux de la section d'agronomie, rend compte de son mandat. Il énumère les différentes questions qui ont été traitées. Une, dit-il, mérite tout particulièrement d'attirer l'attention du monde agricole : c'est la production artificielle d'engrais azotés à l'aide de carbure de calcium.

Dans des fours contenant cette substance, on fait arriver de l'azote libre et on obtient à une température élevée, mais qui est réalisable en pratique, un produit auquel on a donné le nom de Cyanamide de calcium ou d'azote de chaux, et qui contient 25 à 30 0/0 d'azote. En employant des produits parfaitement purs, on arriverait à une concentration de 60 à 65 0/0 d'azote.

Ce nouvel engrais azoté, de fabrication industrielle, mettrait pour l'avenir l'agriculture à l'abri des inquiétudes que ferait naître, dans un temps peu éloigné, l'épuisement des gisements actuels d'azote minéral. A son grand regret, M. Lacour n'a pu obtenir de renseignements sur le prix de revient de cet engrais. D'après le docteur Franck, il agirait à l'intérieur du sol en présence d'humidité, à la manière du sulfate d'ammoniaque ; on ne pourrait pas l'employer en couverture.

Il cite encore, parmi les travaux spéciaux présentés au Congrès de Berlin, les notices de MM. Ringelmann sur « la calorimétrie » et de Pellet sur l'influence du chlorate comparée à celle du perchlorate, et les rapports de différents auteurs sur la nécessité de doser à l'avenir l'arsenic, la magnésie, le fer, etc., dans le sol, ainsi que sur les produits agricoles tels que le beurre et le lait.

Réunion des 5ᵉ et 14ᵉ Sections.

M. de KOWALSKY, à Fribourg.

Recherches sur la fabrication d'azotate de chaux à l'aide de puissantes décharges électriques. — Il donne le prix de revient industriel de cet engrais qui, s'il se réalisait, abaisserait notablement le prix de revient de nos récoltes.

— Séance du 10 août —

M. LADUREAU.

Un ferment antialcoolique. — M. LADUREAU décrit les propriétés d'un ferment nouveau découvert récemment dans des poussières provenant de Chine, par le Dʳ Pitoy, de Reims et auquel il a donné le nom de *leuconostoc dissiliens*, afin de rappeler le mode assez étrange de reproduction de ce singulier organisme qui éclate au moment où il a accompli tout son développement, en projetant dans le liquide où il a pris naissance de nombreux spores qui évoluent à leur tour en produisant de petites cellules ovoïdes, qui se réunissent entre elles et forment de longs chapelets. Le *leuconostoc dissiliens* jouit de la singulière propriété de transformer rapidement le sucre, le glucose et les matières amylacées, en acide carbonique gazeux et en une sorte de gomme jaunâtre analogue à la dextrine, très soluble dans l'eau, jouissant d'un pouvoir dextrogyre considérable et que son inventeur a, pour cette raison, nommé *dextranose*. Cette fermentation qui s'opère sans production de traces d'alcool, permet de produire des vins, des bières, des cidres et des poirés non alcooliques et cependant d'un goût fort agréable.

En outre les boissons ainsi préparées mélangées à des liqueurs alcooliques de même nature, empêchent celles-ci de s'aigrir ou de subir la fermentation acétique, ce qui constitue un nouveau procédé de conservation très avantageux de ces liquides.

M. Ladureau rappelle à ce sujet l'étude complète qu'il a faite, il y a quelques années, d'un ferment de la même famille, le *leuconostoc mesenteroïdes*, que l'on trouve abondamment dans les betteraves gommeuses et qui transforme le sucre (saccharose) en un mélange de glucose et de lévulose, sans production d'alcool ; cette bizarre transformation qui avait détérioré en les rendant invendables, des sucres raffinés préparés avec des betteraves altérées, avait donné lieu à un procès assez retentissant, dans lequel le ministère public avait cru voir le délit de falsification de denrées alimentaires ; inutile d'ajouter que l'étude approfondie à laquelle se sont livrés M. Ladureau et les autres experts commis à l'effet d'établir les causes de l'altération de ces sucres, a fait abandonner les poursuites commencées.

Discussion. — Après avoir pris connaissance de la notice de M. Ladureau sur un ferment anti-alcoolique le *leuconostoc dissiliens*. M. LEPAGE pense qu'il ne faudrait pas exagérer l'utilisation de ce nouveau ferment. Il est prouvé dit-il qu'il joint aux propriétés rapportées par M. Ladureau, celle de transformer l'alcool en acide carbonique et en eau ; il serait donc imprudent de s'en servir pour la conservation des boissons renfermant de l'alcool.

La section remercie M. Lepage d'avoir bien voulu faire cette importante remarque.

M. LAVALLÉE.

De l'ensilage des fourrages verts. — Cette question préoccupe les agriculteurs depuis plus d'une vingtaine d'années. M. Lavallée ne s'attarde pas à démontrer l'utilité incontestable de pouvoir conserver certains fourrages à l'état vert, il donne la description des différents types de silos et décrit la manière d'y accumuler les fourrages pour que leur conservation soit assurée.

M. LAVALLÉE termine par l'exposé de résultats personnels. Pour plus de détails il signale aux intéressés une petite brochure qu'il vient de faire paraître à la librairie scientifique et littéraire. Dans ce petit manuel ayant pour titre l'*Ensilage*, l'auteur résume les connaissances pratiques qui permettront à l'aide des nombreuses figures insérées dans le texte de tenter partout l'ensilage pour la conservation des fourrages avec chances de succès.

L'influence qu'exerce sur les récoltes le mode d'épandage des engrais. — M. LAVALLÉE trace dans ses grandes lignes le programme des recherches qu'il a faites ces dernières années et commente succinctement les renseignements qui en découlent.

Pour les engrais potassiques la fumure sur toute la surface est préférable à la fumure en lignes lorsqu'on ne peut l'effectuer longtemps avant les semis.

Les effets des engrais phosphatés, scories de déphosphoration et superphosphates à faible dose sont plus accentués lorsqu'on les dispose sous les plantes que s'ils sont épandus sur toute la surface ; mais ces mêmes engrais appliqués avec abondance ne donnent plus de résultats signilicatifs en faveur de la localisation. Le même fait a lieu avec les engrais azotés et le fumier de ferme.

M. Lacour se faisant l'interprète des sentiments de tous les membres présents, remercie M. Lavallée d'avoir bien voulu faire profiter le Congrès du résul'at de ses recherches, il l'engage dans l'intérêt de l'Agriculture nationale, à persévérer dans la voie qu'il s'est tracée.

M. LEGENDRE, Dir. de la *Rev. sc. du Limousin*, à Limoges.

Cartes agrononomiques communales.

M. le Dr D. CLOS, Dir. du Jardin des Plantes de Toulouse, Corresp. de l'Institut.

L'amélioration des prairies naturelles. — L'épithète *naturelle*, généralement appliquée à la prairie par opposition à *artificielle*, en tant qu'échappant pour sa création à la main de l'homme, est-elle toujours bien justifiée? Ne sème-t-il point dans ce but, soit le mélange des graines de foin des granges, soit et mieux celui à proportions définies d'espèces de graminées surtout variable suivant la nature du sol, soit enfin les graines d'une seule d'entre elles *(ray-grass)*?

La culture de la grande luzerne figure au nombre des prairies artificielles et par l'origine étrangère de cette espèce, et par sa durée, parfois plus ou moins longue, mais toujours limitée.

Il est une autre légumineuse, russe d'origine, cultivée depuis plus d'un siècle dans la plupart des jardins botaniques où elle se fait remarquer : 1º par ses tiges atteignant un mètre de hauteur, très rameuses et bien feuillées (ses feuilles étant composées de dix-sept à vingt-et-une folioles, petites, minces, elliptiques, à peu près glabres, inodores à l'état vert, d'une dessiccation facile); 2º par sa végétation vigoureuse et très hâtive (s'annonçant dès la mi-janvier). Elle est appétée par les herbivores, respectée par les insectes (notamment par le *Colaspis atra*, dit *négril*) ainsi que par la cuscute, insensible aux extrêmes de température et spécialement aux rigueurs de l'hiver et aux gelées printanières, fleurissant en mai, fructifiant en juin et elle donne au moins trois coupes d'un excellent fourrage. Une première coupe a produit au Jardin 4.800 grammes de foin vert par mètre carré.

Elle appartient au genre Astragale un des plus vastes du règne végétal, puisqu'un savant botaniste naguère ne lui attribuait pas moins de mille cinq cents espèces; et dans une note communiquée au Congrès international d'Agriculture à Paris en 1900, passant en revue la plupart des principales légumineuses de haute taille pouvant prétendre au titre de succédanées de la grande luzerne, j'ai démontré la supériorité incontestée de l'Astragale en faux (*Astragalus falcatus* Lamarck) (Voir VIe Congrès, t. I, p. 366-371; t. II, pp. 140, 167-169).

Mais je tiens surtout à noter la longue durée de cette espèce dont notre École de botanique possède des pieds remontant à plus de trente ans; et à propos de laquelle M. Daveau voulait bien m'écrire du Jardin des plantes de Montpellier, en 1897 : « Les racines de cette Astragale sont très vivaces. Il est difficile de la faire disparaître d'un endroit où elle s'est installée sans un défonçage assez profond. » L'espèce n'acquiert-elle pas ainsi de sa durée à peu près indéfinie, si, comme il semble, elle se maintient dans le même sol sans faiblir, tous les avantages d'une bonne prairie naturelle? Elle les doit à sa longue et forte racine pivotante, rameuse, chargée de *tuberculoïdes* (nodosités) comme la grande luzerne.

A titre de complément des caractères de cet Astragale, il faut citer ses épis axillaires formés d'une soixantaine de petites fleurs papilionacées d'un jaune sale, auxquelles succèdent des fruits à deux loges, secs et aplatis, pendants, grisâtres, en forme de *faucille* (1) et contenant de cinq à neuf menues graines en rein, d'un roux luisant avec un petit bec recourbé à une extrémité, et le tégument extrêmement dur, au point de rendre, par suite de la difficulté d'absorption de l'eau réclamée par la germination, celle-ci plus ou moins longue et comme capricieuse. On peut remédier à ce défaut, soit par l'ébouillantage, soit en mutilant les graines par le fort battage avec une batte d'un mélange de celles-ci et de sable fin siliceux (procédé Schribaux). Pour la déhiscence des gousses, qui ne s'opère pas spontanément, j'ai dû recourir au concasseur de MM. Japy frères, n° 12 (prix 36 francs), à condition de le bien régler au préalable pour ne pas briser les semences.

J'ai constaté qu'à défaut de celles-ci, l'Astragale peut très facilement se propager par boutures ou éclats des pieds âgés. Il n'est pas très difficile sur la nature du terrain, pouvant germer dans le sable, et se bornant à repousser le calcaire pur.

M. le Dr HEIM, Prof. à l'École Nation. sup. d'Agriculure coloniale, et **M. GÉNEAU**,
Licencié ès sciences.

Contribution à l'étude des fourrages des pays tropicaux. — Nos connaissances concernant les plantes fourragères des pays tropicaux sont des plus insuffisantes. Nous ne possédons de tableaux de leur composition chimique que pour un très petit nombre d'entre elles. A l'heure où la mise en valeur agricole de nos colonies s'impose à l'attention de tous, cette lacune mérite d'être comblée. C'est pour y contribuer que nous avons entrepris une série de recherches sur la composition des fourrages des pays tropicaux : nous donnons ici les premiers résultats de ces recherches ; ils sont relatifs à des graminées des Antilles françaises et de Madagascar, dont certaines sont, d'ailleurs, cultivées dans tous les pays de la zone tropicale.

Ce sont :

Paspalum notatum Flugg , *Panicum lencophœlum* H. B. et Kth., *Cenchrus tribuloïdes* L., *Cynodon dactylon* Per., *Setaria glauca* P. Beauv., *Panicum maximum* Jacq., *Panicum debile* Desf.

Nous ne disposions pas d'une quantité suffisante de fourrages pour déterminer expérimentalement, sur le bétail, le degré d'assimilabilité de ces graminées fourragères.

Le tableau de leur composition chimique présente néanmoins un élément sérieux d'appréciation ; il met les colons en possession des éléments désirables pour le calcul des rations alimentaires du bétail ; en raison même de la fréquence des affections des voies digestives et des causes nombreuses de débilitation générale, l'alimentation rationnelle des animaux doit être une des plus

---

(1) D'où son nom spécifique, tant latin que français: *Astragale à faucille* (Lamarch), *Astragale en faux* (de Candolle).

sérieuses préoccupations de l'agronome établi dans la zone tropicale. Les premières indications fournies par l'étude d'ensemble que nous poursuivons pourront, à ce titre, lui être, nous l'espérons, de quelque utilité.

M. Louis DANGUY, Prof. départ. d'agric., à Nantes.

Les Sociétés d'assurance mutuelle contre la mortalité du bétail. — Le cultivateur prudent doit envisager la possibilité de réparer ses pertes en bétail : le plus souvent il tentera d'atteindre ce but à l'aide d'une sage épargne, mais, qu'un sinistre survienne, si cette épargne se trouve isolée en face des pertes à couvrir, elle sera bien souvent impuissante à réparer celles-ci.

La mutualité sera l'instrument qui lui permettra de réparer les pertes de bétail.

Or, le département de Maine-et-Loire semble être resté jusqu'à présent en dehors du mouvement qui a provoqué la création de tant de caisses de secours contre la mortalité du bétail.

Maine-et-Loire compte seulement huit sociétés comprenant quelques centaines d'adhérents.

Et cependant, ce ne sont pas les exemples encourageants qui manquent autour de lui.

La Sarthe comprend, en outre de l'union des Sociétés de secours mutuels (bétail) du Mans, présidée par M. le sénateur Legludic (6.175 membres; capital assuré 6.096.772 francs), cent dix sociétés qui exercent leur action bienfaisante sur un pareil nombre de communes.

La Vendée, qui est dans l'ouest le véritable berceau des mutuelles-bétail, possède, d'après un remarquable rapport de M. Biguet, professeur départemental d'agriculture qui s'est fait l'actif propagateur des idées de mutualité, cent vingt-deux sociétés ; le nombre total de leurs adhérents atteint 12.700 et la valeur de l'ensemble du bétail assuré est de 12.735.000 francs.

La Loire-Inférieure comprend cinquante sociétés en plein fonctionnement et une douzaine en formation ; à l'heure actuelle, 4.500 cultivateurs possédant pour plus de 6 millions de francs de bétail sont assurés.

Ainsi donc les exemples encourageants ne manquent pas aux Angevins, qui sauront profiter bientôt, nous l'espérons du moins, de tous les bienfaits de la mutualité.

M. de MONTRICHER, à Marseille.

Union des syndicats agricoles des Alpes et de Provence, et Associations coopératives de crédit agricole. — L'Union des syndicats agricoles des Alpes et de Provence créée en 1895, comprend 40.000 membres environ, répartis entre 144 syndicats.

Elle a pour but de créer des syndicats dans tous les centres agricoles, de répandre et de vulgariser l'enseignement agricole technique et pratique, de développer l'idée syndicale et coopérative, de propager les notions de solidarité et de prévoyance sociale et d'instituer le crédit rural.

Elle organise des Congrès annuels dont le 7e doit se tenir à Alais le mois prochain (septembre 1903).

Le crédit agricole, fondé par l'Union au moyen du concours matériel de la

Caisse d'épargne des Bouches-du-Rhône a pour bases stabulaires les dispositions suivantes :

1º Les engagements sociaux ne peuvent dépasser un chiffre fixé d'avance ;

2º Le maximum éventuel des prêts est établi dès le début ;

3º Il est exigé des cautions pour les sommes dépassant un chiffre déterminé ;

4º Les Caisses n'accordent de crédit qu'aux associés et pour des besoins déterminés et contrôlés ;

Enfin, pour compléter leur action, les Caisses de crédit rural se sont fédérées en groupe départemental ou régional des associations coopératives de crédit.

M. DUGAST, Dir. de la Stat. agron. et œnol. d'Alger.

Composition des différentes-variétés d'olives cultivées en Algérie.

VOEUX PRÉSENTÉS PAR LA SECTION

Voy. page 58.

15ᵉ Section.

GÉOGRAPHIE

PRÉSIDENT............   M. Ch. GAUTHIOT, Mem. du Cons. sup. des colonies, à Paris.
VICE-PRÉSIDENTS.......   MM. Paul LABBÉ, Explorateur.
                        Étienne PORT, Présid. de la Soc. de Géog. de Saint-Nazaire.
SECRÉTAIRE..........   M. WOUTERS, Publiciste, Mem. de la Soc. de Géog. comm. de Paris.

— Séance du 5 août —

M. Étienne PORT, à Saint-Nazaire.

La nouvelle entrée du port de Saint-Nazaire. — Saint-Nazaire s'est outillé pour lutter avec Nantes en s'assurant la supériorité de la profondeur d'eau. A cet effet, il a, en 1893-1894, approfondi la barre des Charpentiers, puis, après un premier approfondissement des bassins, il s'est décidé franchement à créer une nouvelle entrée au port. En 1904, les travaux seront achevés et les avantages suivants seront acquis à la navigation au prix de 14 millions dont 4 fournis par la Chambre de Commerce :

1° Accès à marée haute pour les plus grands navires (10 mètres de tirant d'eau).

2° Facilité de l'entrée et de la sortie ;

3° Fonctionnement par sassement (sas de 211 mètres de long et 30 mètres de large).

L'approfondissement du port a été évité par l'élévation du plan d'eau.

Le port de Saint-Nazaire sera alors un des mieux agencés de tout le littoral français, en prévision de la circulation des navires géants.

— Séance du 6 août —

M. É. DE WILDEMAN, Conservateur du jardin botanique de Bruxelles.

Les poisons d'épreuve de l'Afrique Occidentale.

M. Léon DUFOUR, Direct.-adj. du Labor. de Biologie végétale de Fontainebleau.

Aperçu économique et géographique sur l'apiculture française. — Les revenus que fournit actuellement en France la culture des abeilles sont d'environ 15 à

20 millions. Ils pourraient être beaucoup augmentés, d'abord par l'augmentation du nombre des ruches, ensuite par l'extension de moyens plus perfectionnés d'élevage. L'étouffage des abeilles est le plus barbare et le plus anti-économique des procédés d'exploitation.

Il y aurait avantage à propager en France le goût du miel qui est un aliment très sain, très nourrissant, très agréable et qui, surtout comme dessert, est beaucoup plus consommé à l'étranger, en Allemagne, en Suisse surtout, qu'en France.

L'hydromel, ou vin de miel, produit par la fermentation du miel mis dans de l'eau, mérite aussi d'être plus connu, surtout dans les pays qui ne produisent pas de vin.

Au point de vue commercial, nos exportations de miel dépassent nos importations ; l'inverse existe pour la cire d'abeilles ; il y aurait avantage à en augmenter la production.

Au point de vue géographique, on peut distinguer deux types de régions apicoles : les *pays de montagne* dont la caractéristique est une production plus sûre et plus uniforme de miel à cause de la variété des fleurs, et les *pays de plaine* où la miellée est plus aléatoire, beaucoup plus variable parce qu'elle dépend d'un plus petit nombre d'espèces de plantes, quelquefois principalement une seule dont la floraison ou la production en nectar est soumise aux conditions météorologiques de chaque année.

Les régions particulières que l'on peut distinguer en France sont : d'une part, les Alpes, les Pyrénées, le Plateau Central, le Jura, les Vosges ; d'autre part, le Nord, l'Ouest, la région parisienne, l'Est, le Sud-Ouest, la vallée de la Saône et du Rhône, la région Méditerranéenne.

Il y a encore beaucoup de progrès apicoles à faire en France ; l'un des principaux actuellement est le groupement syndicataire des apiculteurs pour faire connaître davantage leurs produits et en faciliter le placement. Dans nos colonies, l'apiculture existe à peine ; il y aurait grand intérêt et grand profit à la développer, en particulier à obtenir de nos colonies une grande partie de la cire que nous envoient les pays extra-européens.

— Séance du 8 août —

M. Joseph JOUBERT, Membre corr. de la Soc. de Géog. de Lisbonne.

Sur les Somalis et le Somaliland. — M. JOUBERT fait une communication relative au Somaliland, pays de l'Afrique orientale sur le golfe d'Aden et l'Océan indien, immense triangle désertique, « corne de l'Afrique » dont l'extrémité est figurée par le cap Guardafui. Le conférencier passe rapidement en vue l'orographie, les cours d'eau, en particulier le long Djoubba, la faune, la flore si maigre, les ports ou *benadirs* sur les deux mers, et cite spécialement Djibouti, chef-lieu de nos établissements. M. Joubert parle aussi de l'anthropologie très discutée de la division des Somalis, en quatre grands groupes ethniques, subdivisés en nombreuses tribus, puis du costume, des mœurs sauvages et *trop sanguinaires* ; il rappelle ensuite les diverses conventions diplomatiques partageant les côtes entre les trois puissances : la France, l'Angleterre et l'Italie, dernière venue ; il termine par le résumé historique des intrépides explorations qui ont fourni depuis un demi siècle des renseignements sur cette contrée encore incomplètement connue, mais au cours desquelles trop de hardis voyageurs ont, hélas! payé de la vie leur héroïque dévouement à la science géographique.

———

M. le Dr J.-M. RAULIN, de la Chambre d'Agriculture de Tamatave, à Mayenne.

Deux ans dans les massifs forestiers du sud de Madagascar. — La pénétration militaire définitive du Sud de Madagascar s'achève à peine et vient d'être racontée avec un soin jaloux par son organisateur, M. le colonel Lyautey (*Dans le Sud de Madagascar*, Ch. Lavauzelle).

C'est au cours même et sous le haut patronage du Commandement supérieur du Sud de la grande île, grâce aussi au concours infatigable de M. le Dr Besson et de M. le Dr Lacaze, administrateurs en chef de la province du Betsiléo, que fut entreprise la mission du Docteur Raulin.

On n'avait guère pu, jusque là, s'installer au cœur de la forêt du Sud, refuge des bandes insoumises, et l'on ne pouvait imaginer ses réserves.

Les essences précieuses ou industrielles (huit cents variétés environ), les caoutchoucs, les gommes, les résines, les oléo-résines, les laques, les copals, le rucher immense qu'est la forêt de l'Est et la cire qu'elle recèle, les huiles essentielles, les parfums, les teintures, les épices, les écorces tannantes, les textiles, les *Borocera* à *cocons fermés et dévidables*, les *cotonniers sauvages* d'un intérêt si actuel au lendemain de l'appel de l'*Association coloniale cotonnière*, l'introduction des quinquinas Ledgeriana ; une contribution à l'étude des anophèles et des culex du paludisme, telles sont les études que vient d'entreprendre le Dr Raulin, en son laboratoire improvisé d'Ikongo et de Fianarantsoa annexé à la très belle installation industrielle d'Ambodivarihony, concession forestière dirigée par M. Leroy. Tel est l'objet de cette communication.

———

M. Jean BRUNHES, Prof. de Géog. à l'Univ. de Fribourg (Suisse) et au Collège libre des Sciences sociales.

Remarques de géographie humaine comparée sur l'irrigation en pays humide (notamment Limousin et Java). — Après avoir étudié dans son ouvrage *L'Irrigation dans la Péninsule ibérique et dans l'Afrique du Nord*, les faits humains en rapport avec l'irrigation en quelques pays *secs*, M. J. BRUNHES étudie, selon la même méthode, l'irrigation en pays *humide*; et pour apporter plus de précision positive à son examen critique, il choisit le Limousin comme type de pays humide des régions tempérées, et Java comme type de pays humide des régions tropicales.

I. Limousin. — A) *Pourquoi l'irrigation a-t-elle été possible ?* En vertu de deux conditions géographiques : 1° Les pluies sont abondantes et l'eau est partout ruisselante sur ces croupes granitiques, qui constituent un des principaux centres de rayonnement hydrographique de tout le centre de la France; 2° le relief de ce vieux massif vermoulu est adouci et fournit sur les versants des pentes ménagées qui conviennent à la distribution de l'eau.

B) *En quoi a consisté la transformation du pays par l'irrigation ?* 1° D'après des autorités irrécusables comme celles d'Arthur Young ou de Léonce de Lavergne, le Limousin était, il y a un siècle, une des plus pauvres provinces de France ; 2° C'est au cours du xixe siècle que les propriétaires et leurs métayers ont utilisé l'eau des nombreux filets d'eau et sources du pays ; ils réunissent ces eaux en de petits bassins appelés « pêcheries », et ils les conduisent par le moyen de rigoles souvent renouvelées ; 3° Ils ont ainsi transformé en pâturages de vastes surfaces de landes (exemples précis d'après les monographies de la belle enquête de Barral sur la Haute-Vienne) ; 4° Ils sont arrivés à conquérir ainsi de 120.000 à 150.000 hectares, et cette surface est au moins égale à celle qui est actuellement irriguée dans tout l'ensemble du Tell algérien ; 5° L'exploitation du pays a complétement changé ; le pays parcouru jadis par des troupeaux de moutons transhumants est devenu un pays d'élevage de la race bovine, lequel est le grand pourvoyeur des marchés de la Villette.

C) *Avec quels faits économiques cette transformation du Limousin est-elle en connexion ?* 1° Ce ne sont pas les cours d'eau qui fournissent l'eau d'irrigation, mais les innombrables points d'eau répartis sur ce vieux massif archéen ; dès lors il n'y a pas eu pour l'irrigation d'organisation collective ; il n'y a pas de syndicat ; chaque propriétaire irrigue sur *ses* terres avec *ses* eaux ; 2° Le travail de l'irrigation, qui comporte un changement incessant du tracé des rigoles, nécessite une énorme main-d'œuvre ; c'est le métayage qui met à la disposition du propriétaire des bras et des bonnes volontés sans accroissement de salaires ; et c'est le métayage qui, dans ce pays peu peuplé, a permis la réalisation de cette grandiose entreprise.

II. Java. — A) *Pourquoi l'irrigation ?* 1° L'irrigation est nécessaire dans un pays qui reçoit pourtant par endroits, 3 et 4 mètres d'eau par an, parce que cette eau tombe par averses violentes et qu'elle tombe sur les versants très raides des très nombreux cônes éruptifs de cette île très montagneuse, emportant sans peine ces terres peu résistantes ; 2° La population se nourrit principalement de riz, c'est-à-dire d'une céréale qui demande énormément d'eau et avant les labours et pendant toute la croissance ; 3° La population a augmenté dans des proportions fabuleuses : 4 millions et demi en 1815, et 25 millions aujourd'hui.

B) *Quelles sont les conditions de l'irrigation ?* 1° Les eaux sont assez abondantes et violentes et les versants sont assez raides pour que les indigènes n'aient eu qu'à ouvrir des saignées dans les cours d'eau pour constituer des canaux d'arrosage ; maintes fois, ils ajoutaient dans le lit principal un petit barrage élémentaire, simple barrage déversoir, souvent emporté et souvent reconstruit ; 2° Les Hollandais ont eu la sagesse d'étendre le système des irrigations en restant fidèles aux principes des indigènes ; dans toute l'île de Java, qui est une terre classique des barrages, *il n'y a pas encore un seul barrage-réservoir ; il n'y a que des barrages-déversoirs* ; 3° Pour montrer en détail l'économie de l'irrigation, M. Brunhes résume le grand projet d'irrigation du Sólo d'après l'excellent et récent volume du Capitaine E. Bernard sur l'*Aménagement des eaux à Java*.

C) *Avec quels faits économiques l'extension de l'irrigation à Java est-elle en connexion ?* 1° A Java, les Hollandais ont constitué un service central et autoritaire, le *Waterstaat* analogue à l'*Irrigation Department* de l'Égypte ; 2° L'eau est gratuite, et les travaux généraux sont assurés par la main-d'œuvre gratuite de la population (corvée) ; 3° L'on a inauguré un régime sévère de « rotation » ne distribuant l'eau aux divers propriétaires que selon un tableau rigoureusement établi.

Conclusion. — Le cours d'eau, par sa nature géographique, détermine une coordination collective des intérêts économiques qui dépendent de lui. Et c'est pourquoi, à Java, où la presque totalité de l'eau d'irrigation est fournie par les cours d'eau, nous voyons se développer de plus en plus un régime d'organisation collective étatiste. Dans le Limousin, au contraire, nous ne trouvons rien d'analogue, parce que les filets d'eau, multiples et indépendants, permettent aux hommes d'utiliser l'eau en gardant, eux aussi, leur indépendance.

M. Paul LABBÉ, à Paris.

Les ports russes d'Extrême-Orient. — M. LABBÉ parle des ports de la province maritime et donne des renseignements sur Vladivostok et sur Nikolaievsk et en outre sur les ports bien moins importants de Sainte-Olga, de Port-Impérial, de la baie de Castries, de Korsakov et Alexandrovsk à Sakhaline, d'Okhotsk et de Petropavlovsk. Il indique les lignes de grands bateaux et les services de cabotage; il rend compte du commerce international en Sibérie Orientale et il est obligé de constater l'échec complet du commerce français.

M. Paul Labbé parle ensuite de Dalny et de Port-Arthur; il commente le rapport de M. Vitte, ministre des finances de Russie, et prouve que si le temps a déjà travaillé pour eux, les Russes ne sont pas encore complètement prêts et l'œuvre entreprise n'est pas terminée.

M. TURQUAN, à Lyon.

L'industrie, le commerce et l'agriculture des arrondissements de Maine-et-Loire. — M. TURQUAN présente un projet d'atlas de géographie économique, agricole, commerciale, industrielle, de France; cet ouvrage, composé en manuscrit de deux cents tableaux et de cinq cents cartes par départements, arrondissements, voire par cantons, se présente sous deux parties.

La première considère la répartition, par département, par arrondissement, des cent principales industries, des principaux commerces, d'après le nombre des patentes, la valeur des sommes patentées, le montant des échanges faits entre la France et l'étranger. La source en est dans le recensement des commerces et industries, dans les matrices des patentes, dans les états des douanes; il y a une carte teintée pour chaque monographie.

La seconde partie considère, pour chaque département, pour chaque arrondissement, la répartition de l'activité économique, distinguée suivant l'ordre d'importance de telle ou telle industrie. Il y a un dossier par département, et un par arrondissement. C'est ainsi que dans le département de Maine-et-Loire, les plus importantes industries sont, par ordre décroissant : la culture, 3.150 pour 10.000 habitants; la confection des vêtements, 336 pour 10.000 habitants; l'industrie du lin, chanvre, 216 pour 10.000 habitants; le commerce des comestibles, 103 pour 10.000 habitants; les carrières, 90 pour 10.000 habitants, etc.; chaussures, gants, etc.

M. le Dr BAROT, Médecin des troupes coloniales hors cadres.

L'Afrique occidentale française : richesses connues; ressources ignorées. — Le Dr BAROT voudrait attirer l'attention des hommes de sciences sur les immenses lacunes de nos connaissances africaines. Certes plus de mille volumes, brochures, articles, ont été publiés sur l'Afrique occidentale française, mais la plupart pèchent par le fond : ce sont plus souvent œuvres de voyageurs, d'esprits curieux et artistiques, que de savants précis et positifs. De quelque côté que l'on se retourne, à quelque branche de la science que l'on s'adresse, un observateur minutieux ne tarde pas à s'apercevoir que nous ne savons presque rien, au prix de ce qui reste à connaître. Certaines études telles que la géologie, l'hydrologie, l'hydroscopie, l'ornithologie, l'herpétologie, l'ichtyologie, la paléontologie, n'existent aucunement; d'autres, comme la météorologie, la minéralogie, l'archéologie, la mammalogie, l'entomologie sont à peine effleurées. En botanique, nous ne connaissons quelques variétés naturelles et leur utilisation industrielle. Notre savoir le plus précis, ou plutôt le moins vague, s'étend sur les sciences géographiques, météorologiques, ethnographiques, anthropologiques, sociologiques et médicales; encore faut-il convenir que ces connaissances sont inégalement réparties sur toute l'étendue du continent occidental africain.

Il y a donc lieu de se préoccuper de cet état de choses et de poursuivre une série d'études qui nous conduiront à la connaissance vraie de la valeur de notre domaine colonial.

C'est ce mobile qui a provoqué la création, à Paris, d'un « Comité pour l'inventaire méthodique des ressources de l'Afrique occidentale française » dont le Dr Barot a, dans la séance générale du 6 août, annoncé l'existence, expliqué le but, développé le fonctionnement, en même temps qu'il sollicitait l'adhésion à cet effort nouveau de l'Association française pour l'avancement des sciences.

M. Émile BELLOC.

Captage et distribution des eaux du bassin de la Neste d'Aure. — M. Émile BELLOC fait connaître le résultat de ses dernières études géographiques et hydrographiques dans les hautes régions pyrénéennes des Gourgs Blancs et du massif du Néouvieille.

Il fournit en outre des renseignements circonstanciés sur l'aménagement d'un certain nombre de lacs supérieurs, transformés en réservoirs par décantation. Le produit d'écoulement de ces bassins de retenue — destiné à irriguer les plaines qui s'étendent à la base septentrionale des Pyrénées centrales, et à régulariser l'étiage des cours d'eau inférieurs, — est appelé à rendre de très grands services à l'agriculture.

16ᵉ Section.

ÉCONOMIE POLITIQUE ET STATISTIQUE

PRÉSIDENT D'HONNEUR. . . . . M. Ém. LEVASSEUR, Memb. de l'Inst.
PRÉSIDENT. . . . . M. Gaston SAUGRAIN, Docteur en droit, Avoc. à la Cour d'ap. de
    Paris.
VICE-PRÉSIDENT . . . . M. FEBVRE-WILHÉLEM, Memb. du Cons. gén. de la Haute-Marne,
    à Chaumont.
SECRÉTAIRE . . . . M. Julien BOUVET, à Angers.

— Séance du 5 août —

M. CASALONGA, Ing., à Paris.

*De la brevetabilité des inventions d'après le principe de la nouveauté absolue
ou d'après celui de la nouveauté relative.*

M. Louis PÉRIDIER, à Cette.

Repopulation et colonisation.

M. LEVASSEUR, Memb. de l'Inst., Admin. du Coll. de France.

Le taux des salaires dans le département de Maine-et-Loire en 1848. — M. LEVAS-
SEUR fait connaître à la Section l'existence d'un document qui intéresse l'histoire
des classes ouvrières et tout particulièrement celle du salaire. En 1848, l'Assemblée nationale constituante ouvrit, sur la proposition de son Comité du travail,
une enquête générale sur la condition des ouvriers en France. Cette enquête
devait être faite par canton, et par les soins d'une Commission composée de
patrons et d'ouvriers et présidée par le juge de paix. Elle portait, d'après un
questionnaire envoyé dans chaque canton, sur la nature des industries, le nombre
des ouvriers, le salaire, le coût de la vie des célibataires et des ménages, etc.
Elle n'a pas été exécutée partout. Cependant les Archives de la Chambre des
députés avaient reçu en 1850 les dossiers de 2.117 cantons. Quelques écrivains
en ont fait usage, très peu cependant jusqu'ici.

J'en donnerai des extraits dans le second volume de mon *Histoire des classes
ouvrières et de l'industrie en France depuis 1789*, qui est sous presse. Je me
borne à signaler le département de Maine-et-Loire. Les extraits que je donne
de son dossier permettront aux industriels et aux ouvriers de la région d'estimer l'accroissement du salaire dans la seconde moitié du XIXᵉ siècle.

| | INDUSTRIES PRINCIPALES | | SALAIRES | | | DÉPENSE |
CANTONS	NOMBRE d'ouvriers	INDUSTRIES	HOMMES	FEMMES	ENFANTS	ANNUELLE
		Maine-et-Loire.				
Chalonnes-sur-Loire.	»	Mineurs.	2,50	»	1,50	»
—	»	Journaliers (nourris) été.	1,25 à 1,50	»	»	»
—	»	Couturières (nourries).	»	0,40	»	»
Le Louroux...	350	— Carrières granit.	jusqu'à 3,50	»	»	250
Beconnais ...	»	»	»	»	»	400
Ponts-de-Cé. ...	»	Couturières (nourries).	»	0,40 à 0,50	»	»
St-Georges-sur-Loire.	»	»	1,25 à 1,50	»	»	»
Baugé	115	Meuniers.	1,75	»	»	»
—	148	Sabotiers.	1,50	»	»	300
—	250	Tailleurs et couturières.	1,25	0,75	»	450
Durtal.	»	Industrie.	1,50	0,75 à 1,00	»	»
Noyant.	»	Agriculture.	1,25	0,75	0,40	220
—	»	Industrie.	2,00	1,00	»	400
Beaupréau ...	2.054	Industrie linière.	0,40 (1)	0,30	0,20	390
—	104	Meunerie.	»	»	»	800
—	100	Clouterie.	»	»	»	»
—	»	Autres industries.	1,40	0,75	»	»
Champtoceaux.	288	Meunerie.	»	»	»	150
—	136	Maréchaux et forgerons.	1,50	0,90	»	450
Cholet (2) ...	238	Blanchisserie.	»	»	»	»
—	»	Filature.	1,75 à 2,00	0,80 à 1,00	»	400
—	2.516	Tissage.	1,00	0,60 à 0,75	0,40 à 0,50	780
—	2.336	Dévidage et ourdissage.	»	0,20 à 0,25	»	»
—	»	Maçons et autres industries.	1,50 à 2,00	»	»	»
Montrevault ...	940	Poterie.	»	»	»	320
—	520	Tissage.	»	»	»	700
—	402	Meunerie.	»	»	»	»
—	»	Moyenne pour l'industrie.	0,90	0,40	»	»
Saumur.......	1.000 dont 600 enfants.	Chapelets.	»	»	»	780 (3)
Le Lion-d'Angers ..	493	Fileuses.	»	»	»	470
—	»	Agriculture.	1,50	1,00	»	850
—	»	Industrie.	1,25 à 1,50	»	»	»
Pouancé. ...	130	Usine métallurgique.	2,00	»	»	250 (4)
—	216	Ardoisière.	1,50	»	»	500
—	80	Fours à chaux.	1,00	»	»	»

(1) Et ils « se logent et nourrissent ».
(2) Ce sont les délégués ouvriers qui signent seuls avec le président.
(3) Le salaire d'une année d'une famille (père, mère, un enfant) est de 655 francs, dont il y a à déduire l'usure des outils. Un charpentier gagne en moyenne seul 566 francs.
(4) Nourriture et vêtement convenables.

— Séance du 6 août —

M. Jules HENRIET.

Ports francs.

Les principales divisions du mémoire sont :

1º *Protection et libre-échange.* — Influence du protectionisme sur le développement de la production industrielle et sur le développement des échanges commerciaux. — Erreurs de la protection : elle provoque la surélévation des prix de vente à la consommation, sans amener la prospérité générale. — Avantages économiques du libre-échange, solidarité des nations. — Internationalisme des grands marchés.

2º *Ports libres et territoires francs à l'étranger.* — Les ports libres au moyen-âge et l'individualisme des petits États. — Les ports libres actuels : ils sont une extension de l'internationalisme contemporain. — Les ports libres en Angleterre et dans les Pays-Bas.

3º *Ports libres à organiser en France.* — Erreur d'une création multiple de ports libres ; l'essai de ce genre d'institutions doit être, en France, réduit à six au maximum ; l'idéal serait de n'avoir que deux ports libres, l'un dans la Manche, l'autre dans la Méditerranée. — Les ports libres en Allemagne, Hambourg, Brême. — Illusions sur les avantages réels que peuvent procurer des ports libres : Gênes Trieste, Fiume. — Du choix d'un emplacement pour un port libre.

Ports maritimes.

Les principales divisions du mémoire sont :

1º *Aménagement et outillage.* — Ports en rivière ; ports en rade. — Bassins ; profondeurs, dimensions ; avant-port à grande distance. — Quais ; machines élévatoires. — Docks et entrepôts. — Proximité des centres habités.

2º *Relations avec les voies de transports.* — Voies ferrées ; dégagements des gares de petite vitesse, par la répartition des marchandises dans les ports au moyen des tramways. — Voies fluviales ; fleuves et canaux ; le halage mécanique des canaux ; les gares d'eau. — Routes de terre ; les voies nationales et les voies internationales.

3º *Influence des zones industrielles intérieures.* — Le débouché des grandes vallées. — Extension de la force motrice hydro-électrique. — Les relations coloniales. — Nécessité de rechercher les matières lourdes pour l'exportation — Les marchés internationaux.

Travaux publics : nécessité de leur extension ; conséquences économiques désastreuses du gaspillage.

Les principales divisions du mémoire sont :

1º *L'extension des travaux d'utilité générale.* — Nécessité des grands travaux. — Insuffisance des allocations budgétaires. — Influence néfaste du parlementarisme, les intrigues locales.

2° *Les ressources de l'initiative privée.* — Avantages des compagnies d'exploitation dues à l'initiative privée. — Reconstitution du domaine public par les entreprises de grands travaux.

3° *Conséquences économiques du gaspillage.* — Erreur sociale des travaux publics non justifiés. — Le capital mort des travaux publics doit pouvoir se reconstituer promptement. — La surenchère électorale. — Conséquences désastreuses de l'ancien programme de M. de Freycinet : conséquences analogues probables du nouveau programme de M. Baudin. — Les illusions des allocations de concours promises par les Chambres de commerce. — Le gaspillage budgétaire.

———

M. J. CURIE, Lieutenant-Colonel du Génie en retraite, à Versailles.

Représentation proportionnelle : Comparaison entre la proposition de loi rédigée en avril 1903 par la Ligue pour la Représentation proportionnelle et la solution proposée par moi, depuis 1888. — Je rends d'abord mon système beaucoup plus facile à comprendre sans une étude attentive et quelque peu fatigante, que dans mon travail de 1894, présenté au Congrès de Caen. A cet effet, au lieu du dépouillement complet, je ne donne qu'un petit nombre d'exemples en les rapprochant des données que, dans mon mémoire de 1894, il fallait aller chercher à leur place aux diverses étapes des opérations que nécessitent les élections.

Je fais voir que c'est le maintien de l'article 2 de la loi du 16 juin 1885 qui crée la difficulté insoluble qu'on veut bien s'imposer sans aucune utilité. Je démontre qu'à 70.000 habitants correspondent 21.761 électeurs. Pourquoi donc ne pas interpréter la loi de 1885 en ce sens que fixer à 21.761 le nombre des électeurs qui nomment un député équivaut à attribuer un député à 70.000 habitants ?

Dans la conclusion, je fais voir que la solution proposée par la Ligue ferait disparaître les deux inconvénients capitaux que je reproche tant au scrutin d'arrondissement qu'au scrutin de liste et qui pour moi priment tous les autres.

Mais la solution de la Ligue établirait des différences de 20.000 à 13.000, peut-être même 11.000, en ce qui concerne les nombres d'électeurs par lesquels ils auraient été élus.

De plus, j'évalue à 1.600.000 le nombre de voix forcément perdues par l'effet du système lui-même.

Dans mon système, tout député serait élu par 20.000 voix. De plus, le nombre de voix perdues ne dépasserait pas normalement 40.000 pour toute la France.

———

— **Séance du 8 août** —

M. Edmond MAILLET.

Sur l'Homme de génie, de M. Lombroso, et la faculté inventive. — 1° La génialité en France est en rapport direct avec le développement local de l'instruction primaire et de la haute instruction scientifique ; .

2° La prétendue psychose du génie de M. Lombroso n'est autre chez les hommes de science que la faculté inventive, qui se retrouve avec plus ou moins d'intensité et de variété chez beaucoup d'hommes instruits, en particulier chez ceux qui ont une sérieuse instruction mathématique (polytechniciens, etc.) ;

3° Le savant, même de génie, est sujet aux mêmes infirmités, à peu près de toute nature, que les autres. Cela, joint aux lois connues du hasard, suffit à expliquer presque tous les faits mentionnés dans l'*Homme de génie*, de M. Lombroso.

———

M. Léon GUIFFARD, Avocat à la Cour d'Appel de Paris.

Préface à l'étude du problème de la repopulation. — On parle beaucoup de repopulation, et plusieurs sortes de moyens sont proposés pour y parvenir. Il sied d'abord d'examiner si réellement la repopulation par principe s'impose. A supposer qu'il y ait nécessité à accroître systématiquement le nombre des habitants d'un pays, nous ne croyons pas qu'il faille en chercher le moyen dans un des trois projets qui se partagent la faveur des repopulationnistes : la surcharge fiscale des célibataires ou des ménages insuffisamment prolifiques, la liberté de tester ou l'établissement du droit d'aînesse ; enfin, la distribution de récompenses honorifiques aux mères de familles nombreuses. Le nombre des naissances serait suffisant pour assurer un accroissement normal de population : ce qu'il faut, c'est conserver la vie à ceux qui l'ont, avant de songer à la donner à d'autres. Protection de l'enfance, aide à l'âge mûr, assistance à la vieillesse, tels sont les moyens qui nous paraissent préférables à la reproduction intensive pour assurer à la France une population aussi utile que nombreuse.

———

M. le Dr COURJON et M. L. GRANDVILLIERS.

Des projets ayant pour but d'accroître la population et de l'intervention du législateur.

———

— Séance du 10 août —

M. Gaston SAUGRAIN, Avocat à la Cour d'Appel de Paris.

Des lois engageant des dépenses et de la nécessité du vote simultané des impôts destinés à y faire face. — On proteste journellement contre les augmentations de dépenses provoquées par les amendements proposés au cours de la discussion de la loi de finances. Cette cause d'accroissement des impôts n'est cependant pas la plus dangereuse, car les membres du Parlement, s'ils augmentent les dépenses prévues au budget, doivent en compensation accroître les recettes, et s'ils veulent un budget sincère, ils sont obligés de voter de nouveaux impôts ou des accroissements d'impôts destinés à l'équilibrer.

Ils peuvent donc établir une comparaison utile entre les avantages procurés par les services nouvellement créés et les inconvénients dus à l'accroissement des charges publiques.

Cette comparaison ne peut plus être faite lorsque le Parlement est appelé à discuter, en dehors du budget, une loi spéciale engageant les finances de l'État.

Ce sera une loi créant un service qui nécessitera une nouvelle catégorie de fonctionnaires ou bien une loi décidant le creusement d'un port, d'un canal ou la construction de diverses voies de communication. Le chiffre de la dépense ne sera pas prévu et on se contentera de dire qu'il sera pourvu à cette dépense au moyen des ressources générales du budget.

Cette méthode pouvait être acceptée lorsqu'il était admis que l'État ne devait intervenir que dans le cas où son action était indispensable. Il est certain que si l'État devait restreindre son rôle à diriger la police intérieure et extérieure du pays et à quelques autres services absolument nécessaires, la méthode actuelle n'aurait aucun inconvénient, ces services devant être assurés à quelque prix que ce soit. Mais le rôle de l'État s'est élargi : pour qu'il agisse, il n'est plus besoin d'une nécessité absolue, et à tort ou à raison, la simple utilité à notre époque motive son intervention.

Cette transformation doit en entraîner d'autres. Il faut désormais apprécier l'utilité toute relative des mesures proposées. Il ne suffit pas de constater que la construction d'une voie de communication est utile et présente des avantages, il faut mettre en balance le prix de ce travail et les inconvénients de l'augmentation des impôts qui en résultera.

M. Gaston Saugrain demande qu'il intervienne une disposition législative ou réglementaire d'après laquelle toute loi devant avoir pour conséquence directe ou indirecte un accroissement de dépenses pour l'État, ne pourrait être votée que si la même loi fixait en même temps les accroissements d'impôts destinés à procurer les ressources nécessaires.

Ce système ne porterait pas atteinte au principe de l'unité budgétaire, car la loi ainsi votée serait incorporée dans le prochain budget. La discussion de celui-ci se trouverait même simplifiée, puisqu'on ne serait plus dans l'obligation de rechercher à ce moment des ressources nouvelles pour des dépenses déjà engagées.

Il éviterait peut-être, ajoute M. Gaston Saugrain, une apparence d'illogisme dans la conduite de certains membres du Parlement qui ne manquent jamais de voter toutes les dépenses proposées et qui, quelques mois après, lorsqu'il s'agit de créer les ressources correspondantes, les refusent avec la même régularité.

S'il empêche le vote de quelques dépenses, c'est sans doute que les députés penseront que l'utilité de celles-ci ne compenserait pas les charges imposées, du moins aux yeux de leurs électeurs. Ceux-ci sont de bons juges en cette matière ; ce sont eux qui paient, ce sont eux qui doivent consentir l'impôt. C'est surtout pour obéir à ce principe que les États Généraux de 1789 ont été convoqués. Depuis cette époque, le vote annuel du budget par les représentants de la nation est devenu obligatoire. La principale utilité de ce vote annuel est, dit-on, de limiter les dépenses. Quelques personnes prétendent qu'on pourrait quelquefois l'oublier.

<hr>

M. TURQUAN.

L'industrie et le commerce par arrondissement. — M. TURQUAN présente, au point de vue économique, un projet, aujourd'hui terminé, de géographie agricole, commerciale, industrielle, de France, par département et par arrondissement.

La première partie examine, en cent monographies, la répartition géographique, proportionnelle, des principaux commerces, des principales industries, des diverses branches de l'agriculture : la base de ce travail est le recensement.

industriel, les enquêtes agricoles, les matrices des patentes, les tableaux d'importation et d'exportation des douanes. Elle comporte cinq cents cartes teintées et détaillées, la plupart par arrondissement.

La seconde indique par arrondissement, puis par département, la classification d'après leur importance, des branches de l'agriculture, du commerce, de l'industrie, et même lorsqu'il y a lieu, comme par exemple dans les Basses et les Hautes-Alpes, de l'administration, où l'on sait qu'elle domine.. Pour ce qui concerne le département de Maine-et-Loire, M. Turquan indique que dans l'arrondissement d'Angers, les industries les plus importantes sont la confection des vêtements, l'industrie du lin, l'exploitation des carrières (Trélazé), et dans l'arrondissement de Saumur la culture, la confection des vêtements, le commerce des comestibles, l'entreprise de bâtiment; dans l'arrondissement de Segré, la confection de vêtements, le sciage de bois de charpente, charronnage, menuiserie; restaurants et hôtels; dans celui de Cholet, l'industrie du lin et chanvre, le sciage de bois, l'industrie du coton; dans celui de Baugé, le premier pour l'agriculture en France, les industries principales sont la confection des vêtements, le commerce des comestibles, le sciage de bois, etc., etc.

Section Économique.

Classement des industries principales de Maine-et-Loire hors la culture (dép. 3.150) : Baugé, 5.290 ; Segré, 3.800 ; Saumur, 3.220 ; Cholet, 2.930 ; Angers, 2.180.

1º Confection de vêtements (dép. 336) : Angers, 430; Baugé, 320; Segré, 300 ; Saumur, 247 ; Cholet, 29.

2º Industrie du lin, chanvre, jute (dép. 216) : Cholet, 590; Angers, 214; Saumur, 29.

3º Carrières (dép. 90) : Angers, Trélazé, 169 ; Saumur, 41.

4º Chaussures, gants (dép. 63) : Angers, 103 ; Cholet, 58.; Baugé, 37 ; Segré, 36 ; Saumur, 27.

5º Minoterie, beurres, fromages (dép. 54) : Saumur, 71 ; Segré, 65 ; Cholet, 62; Baugé, 56 ; Angers, 36.

6º Ustensiles en bois, tonneaux, etc. (dép. 43) : Angers, 28; Baugé, 60; Cholet, 58 ; Segré, 45 ; Saumur, 46.

Commerce.

1º Commerce de comestibles (dép. 103) : Angers, 130; Baugé, 89 ; Cholet, 97; Segré, 75 ; Saumur, 91.

2º Produits agricoles (dép. 20) : Cholet, 22 ; Saumur, 25.

3º Restaurants et hôtels (dép. 60) : Angers, 72 ; Saumur, 41 ; Segré, 72; Cholet, 57 ; Baugé, 40.

4º Débits de boissons (dép. 50) : Angers, 60 ; Cholet, 33 ; Segré, 43 ; Saumur, 18.

5º Objets pour l'habillement : Angers, 50.

Discussion. — M. Henriet : Dans la remarquable étude si documentée, concernant la répartition agricole, industrielle et commerciale de la région angevine, que M. Turquan vient d'exposer à la Section d'Économie politique et de Statistique, il y a lieu, non pas de faire des réserves, mais, au contraire, d'appeler tout spécialement l'attention des observateurs sur la nature de l'extension continuelle du fonctionnarisme en France, qui provoque souvent des appréhensions aussi vives que justifiées.

Le fonctionnarisme est une maladie sociale un peu universelle. Cette maladie sévit surtout en Europe, mais les deux Amériques n'en sont pas indemnes ; si la France en souffre considérablement, l'Espagne et l'Italie en ressentent aussi les effets pernicieux avec une certaine acuité.

Sans vouloir justifier l'énorme extension prise en France par le fonctionnarisme, surtout depuis une trentaine d'années, il est bon néanmoins de considérer qu'une grande partie de l'accroissement des fonctionnaires provient, dans notre pays, de l'augmentation du personnel de certains services administratifs, dont on a reconnu l'incontestable utilité.

D'abord les entreprises de transports, en se multipliant d'une manière intense sur toute la surface du territoire, ont nécessité inévitablement la création d'emplois nouveaux, pour l'organisation, l'exploitation et la surveillance des voies de toute nature récemment établies.

Les voies ferrées, les voies fluviales et les voies maritimes, exigent un personnel spécial toujours plus considérable et plus attentif, pour l'entretien et le contrôle de ces moyens de locomotion.

En outre des entreprises de transport, il est nécessaire de remarquer que les services postaux, télégraphiques et téléphoniques, ont imposé aussi la création d'un grand nombre de fonctionnaires d'un genre presque complètement ignoré autrefois, ou au moins considérablement restreint par comparaison avec nos usages modernes.

Les services nationaux de transports et les services postaux, sous toutes leurs formes, sont deux des sources les plus importantes de l'augmentation des fonctionnaires d'État. Malgré cette augmentation notoire de personnes vivant sur le budget, il n'y a pas lieu d'en manifester de bien profonds regrets, puisque les relations sociales en sont d'autant plus promptes et plus faciles.

Une autre source de l'augmentation des fonctionnaires se remarque tout particulièrement dans l'enseignement public. Depuis une cinquantaine d'années, la progression des titulaires des établissements scolaires va sans cesse en croissant. Mais en examinant les causes de cet accroissement avec un peu d'attention, on remarque bien vite qu'au fond, l'accroissement effectif est relativement nul. Si, aujourd'hui, les instituteurs et institutrices sont comptés comme fonctionnaires par les recensements, il n'y a là qu'un simple déplacement de chiffres dans les statistiques.

Autrefois, les membres de l'enseignement faisaient partie en grande majorité des congrégations religieuses d'hommes ou de femmes, ou bien encore d'institutions libres non catégorisées parmi les fonctionnaires ; tandis qu'actuellement, avec l'extension de l'enseignement laïque, les congrégations religieuses, malgré la résistance qu'elles pourront opposer, seront nécessairement en décroissance marquée dans l'avenir ; de plus, les institutions libres tendent à disparaître, si elles ne sont déjà en grande partie remplacées.

Considéré dans son ensemble, le nombre total des membres de l'enseignement a relativement peu augmenté, le personnel s'est seulement déplacé : on ne le remarque plus guère que dans les cadres à la solde des administrations de l'État. En principe, le développement des fonctionnaires de l'enseignement public est relativement peu important, son accroissement est beaucoup plus apparent que réel.

L'augmentation du nombre des fonctionnaires n'est sensible que dans les administrations subissant les influences directes de la politique électorale, c'est-à dire dans les préfectures et les municipalités urbaines. Là aussi, il faut le reconnaître, il y aurait bien des réserves à indiquer sur l'accroissement de certains emplois qu'*a priori* on considère comme inutiles.

C'est dans les établissements coloniaux que l'abus du fonctionnarisme se fait le plus sentir et c'est là surtout qu'il est véritablement à regretter. En France, les personnes placées à la tête des administrations publiques considèrent les stations coloniales comme le véritable exutoire des non-valeurs plus ou moins recommandées, qui leur sont présentées par les hommes politiques influents. L'extension du fonctionnarisme colonial est absolument néfaste au développement économique d'une nation.

Si la situation agricole, industrielle et commerciale de la France est présentement assez anxieuse, la cause en est moins à l'accroissement de son fonctionnarisme qu'au manque de circulation et de reconstitution des capitaux. Le système protectionniste français maintient une prospérité agricole très factice, il s'oppose au développement industriel et il nuit à l'extension commerciale du pays.

M. Jules HENRIET.

Les libérés et leur reclassement.

Les principales divisions du mémoire sont :

1° *Catégories de délictuels.* — Les délictuels habituels. — Les délictuels occasionnels.

2° *Relèvement des délictuels.* — Difficultés du relèvement des délictuels habituels; les anormaux. — Incapacité professionnelle habituelle des libérés. — Comment s'opère le relèvement des délictuels occasionnels. — Le reclassement des libérés par engagement militaire. — Absence de colonies françaises pouvant recevoir des groupes de libérés.

3° *Transformation des prisons.* — Action dissolvante des prisons. — Les prisons pour courte peine : leur inutilité. — Le régime pénitentiaire devrait constituer des institutions d'amélioration et non des maisons de punition.

4° *Immoralité sociale du casier judiciaire.* — Le casier judiciaire ne protège pas la société contre les méfaits futurs des délictuels habituels. — Conséquences anti-sociales du casier judiciaire.

5° *Patronage des libérés.* — Inefficacité du patronage par groupement. — Insuffisance et stérilité des sociétés d'assistance sociale. — Devoirs des sociétés de patronage envers certains libérés. — Le placement des délictuels doit être préparé avant la libération. — Le patronage des libérés doit rester une œuvre individuelle ; l'œuvre collective ne peut être que négative.

— Séance du 11 août —

M. TURQUAN.

La suppression complète de l'octroi à Lyon.

17e Section.

ENSEIGNEMENT ET PÉDAGOGIE

PRÉSIDENT. . . . . M. MERCKLING, Mem. du Cours sup. de l'Enseig. techn., à Bordeaux.
SECRÉTAIRE . . . . 'M. GUÉZARD, à Paris.

— Séance du 6 août —

M. Pierre COSTEROUSSE, à Bordeaux.

Considérations sur l'enseignement du dessin industriel. — *Première partie :* Aperçus sur la connaissance du dessin et des principes architecturaux jusqu'à la fin du xviiie siècle. OEuvre de Monge en ce qui concerne la coordination des différentes méthodes de dessin géométrique appliqué aux arts industriels.

État de l'enseignement professionnel au moment du développement rapide de l'industrie au commencement du xixe siècle.

Ce qu'on doit entendre par instruction professionnelle. Nécessité de l'enseignement professionnel complet pour l'apprenti et l'ouvrier.

Deuxième partie : Considérations sur les programmes d'enseignement du dessin. Programme des écoles primaires. Difficultés pour obtenir des résultats appréciables. Nécessité d'amender le programme d'enseignement des mathématiques en joignant l'enseignement de la *théorie* à celui des méthodes pratiques. Cours d'adultes. Nécessité de dresser des programmes méthodiques et progressifs.

Exemples d'organisations de l'instruction professionnelle aux établissements Schneider du Creusot ; aux ateliers de la Compagnie de l'Est, à Épernay, à la Villette, etc.

Programmes spéciaux de dessin industriel à appliquer dans les cours d'adultes.

Nécessité de choisir des professeurs dans le milieu industriel.

Résumé des idées exposées et vœux relatifs aux réformes à apporter à l'enseignement du dessin industriel. Conclusion.

M. PASCAL, Ingénieur, à Bordeaux.

Note sur l'enseignement du dessin de serrurerie et de constructions métalliques aux jeunes ouvriers. — Depuis près de cinquante ans, un changement profond s'est produit dans la profession du serrurier. Abandonnant la confection des serrures, targettes, etc., fabriquées aujourd'hui en séries, cet ouvrier s'occupe

aujourd'hui de travaux plus importants qui demandent d'assez grands efforts à
son intelligence. Parmi ces travaux, on peut citer les serres, jardins d'hiver,
vérandas, marquises, escaliers en fer, charpentes métalliques, etc. Il devient
donc plus que jamais nécessaire que les jeunes ouvriers connaissent d'abord les
propriétés des métaux qu'ils ont à employer, et tout particulièrement leur
résistance, ensuite leurs modes d'assemblage ; choses qui ne peuvent pas être
apprises d'une façon générale et méthodique pendant les heures de travail
à l'atelier, où le patron, malheureusement, ne peut envisager que le travail
produit par rapport au salaire payé.

L'enseignement donné dans les cours du soir est devenu pour ainsi dire indispensable aux ouvriers techniques, et cet enseignement se propage d'une façon
particulièrement efficace par le moyen du dessin, du dessin de croquis soigneusement coté. La pratique du dessin n'exclut pas, au contraire, les explications
technologiques concernant la forme des pièces et les détails de leur mise en
œuvre. Le dessin exécuté au crayon semble particulièrement pratique dans la
circonstance, s'il est exécuté avec une certaine rapidité. En le pratiquant aussi
souvent que possible, les élèves finiront par ne plus avoir à compter sur la rec-
tification des lignes que trop souvent l'on attend d'un tracé au net fait à
l'encre.

Suit le programme d'un cours de dessin de serrurerie et de constructions
métalliques.

Programme d'un cours de dessin de serrurerie et de constructions métalliques.

COURS DE LA PREMIÈRE ANNÉE

Lecture des dessins à différentes échelles. — Fers ordinaires et fers profilés
les plus employés. — Recherche des fers dans les albums de forges. — Grilles
en fer forgé, fixes et ouvrantes. — Accessoires des grilles et détails de construction. — Ornements de grilles et tracés de volutes. — Composition de grilles.
— Guichets, défenses de fenêtres. — Panneaux de portes. — Notions générales sur
les charpentes en fer. — Principaux types de charpentes. — Détails d'assemblage. — Moyens pratiques de reconnaître les pièces qui travaillent à la traction
ou à la compression. — Croupes et noues. — Passerelles pour parcs et jardins.

DEUXIÈME ANNÉE

Auvents. — Marquises. — Vérandas. — Détails de construction. — Planchers
en fer sur poutres.

Tableau des dimensions à donner aux fers à planchers. — Détails. — Poutres
en tôle et cornières. — Notions élémentaires de résistance des matériaux.
— Flexion, compression.

Colonnes en fonte pleines ou creuses. — Tableau donnant les dimensions des
colonnes pour des charges données. — Colonnes en fer. — Détails. — Construction des pans de fer. — Détails.

TROISIÈME ANNÉE

Escaliers en fer. — Balancement. — Hauteur, largeur des marches. — Giron.
— Construction avec détails. — Limons à l'anglaise. — Escaliers à la française.
— Barreaux et rampes d'escaliers de divers types.

Serres adossées. — Hollandaises. — Comble de formes diverses. — Jardin d'hiver. — Détails. — Balcons et rampes en fer forgé. — Types divers. — Art nouveau. — Motifs de couronnement. — Consoles. — Principaux assemblages des fers à ⊥ et des fers cornières pratiqués en serrurerie.

Assemblage des fermettes à un sommet de comble.

———

M. A. BONTOU, Prof. municipal et de la Soc. philom. de Cuisine et d'Écon. domestique, à Bordeaux.

Notes sur l'enseignement de la cuisine ménagère. — Enseignement de la cuisine à la caserne. — Il faut savoir choisir d'abord et ensuite préparer les aliments. C'est une question non seulement d'agrément et de bien-être, mais d'hygiène et même de morale économique; le mari qui trouve chez lui, après son travail, une nourriture convenable songe moins aux distractions du dehors. L'utilité des cours de cuisine est hautement reconnue en Angleterre, en Suisse, en Hollande et en Allemagne. Dans ce dernier pays fonctionne, sous les auspices de l'Impératrice, une école professionnelle très fréquentée, où un cours spécial comprend dans son programme : cuisine simple, cuisine recherchée, découpage et garniture, préparation des mets froids, accommodement des restes, confection des menus, nourriture des enfants, des malades, préparation des boissons chaudes ou froides, service de la table, conserves de fruits, etc.

En France, où trouvent un écho toutes les idées louables, on ne saurait rester indifférent à de tels exemples.

Tout le monde et en particulier les parents seraient bien aises de savoir que nos soldats n'ont pas trop à se plaindre de la nourriture à la caserne. En général, la qualité des fournitures ne laisse rien à désirer, il n'en est pas de même de leur préparation. Pourquoi ne pas utiliser dans les milieux militaires la bonne volonté de gens compétents qui, dans beaucoup de garnisons, n'hésiteraient pas à apporter leur concours, si on les établissait, à des écoles régimentaires où les compagnies viendraient prendre des soldats cuisiniers qui s'entendraient à tirer le meilleur parti possible des vivres fournis par l'ordinaire. Cette idée, déjà réalisée en Autriche, en Belgique, en Allemagne, en Angleterre, est également mise en pratique dans une partie de la garnison de Bordeaux, et donne des résultats tout à fait encourageants.

———

M. A. GIRAULT, Artiste Peintre, à Bordeaux.

Notes sur les études appliquées aux arts décoratifs. — L'étude des arts décoratifs se répand aujourd'hui dans toutes les classes de la société et trouve des applications de plus en plus nombreuses. Trop souvent l'on oublie que le mouvement de rénovation auquel nous assistons est dû à l'initiative française des comte de Laborde, Félix Ravaisson, Charles Blanc, Viollet-Leduc, Ruprich Robert, A. Bilordeaux, et de bien d'autres encore. Cette sorte de renaissance est marquée par des œuvres où se développent les principes d'art légués par le passé en même temps que s'y manifeste un retour à l'examen attentif de la nature vivante. Actuellement, les arts décoratifs trouvent des éléments d'action dans de nombreux ouvrages français, parmi lesquels on peut citer ceux de MM. J. Bourgoin, Passepont, Raguenet, Despois de Folleville, Bléry, Fraipont, Grasset, Verneuil, et de leurs distingués collaborateurs.

Le professeur qui s'adresse, dans les cours du soir, à des élèves de professions très diverses, a pour mission de faire comprendre certains principes dominants en les rendant susceptibles d'être appliqués de façons très variées par les graveurs, les bijoutiers, les peintres décorateurs, les ouvriers en vitraux, et aussi par de simples amateurs. Son action s'exerce non seulement par des conseils donnés directement à tel ou tel élève, mais encore par des démons'rations collectives au tableau noir qui prépareront les arrangements artistiques, les compositions ornementales exécutés par chacun des auditeurs, selon son tempérament. La perspective, l'histoire des styles, les considérations multiples sur les jeux de lumière, sur les effets de couleur, enfin l'étude sur nature des plantes et fleurs, dans leur composition botanique, dans leur aspect pictural ou sculptural, dans leurs métamorphoses, leurs applications décoratives obtenues par géométrisation, amplification, répétition, séparation, substitution des organes, forment des sujets d'étude pour ainsi dire inépuisables.

— Séance du 8 août —

M. MAYNARD.

Enseignement professionnel de l'agriculture. — De même que tous les autres industriels, les agriculteurs ont besoin, à côté d'une instruction générale fondamentale, d'une connaissance technique approfondie de leur industrie. Cette instruction technique ne peut pas être donnée dans les lycées et collèges, dont le rôle doit être tout autre ; il faut des établissements spéciaux, des écoles professionnelles d'agriculture, comme il y a des écoles professionnelle d'arts et métiers, de commerce, etc.

Ces écoles existent en France depuis vingt-cinq ans, il y en a dans plus de la moitié de nos départements, elles fonctionnent bien, et ce serait une erreur de la part de l'Université de se laisser aller à en créer de nouvelles par une spécialisation trop exagérée de ses collèges.

Le régime de ces écoles pratiques est complètement différent du régime ordinaire des établissements d'instruction.

Les élèves (âgés de quatorze à quinze ans à leur entrée et pourvus d'une première instruction primaire supérieure) ont des cours (sciences naturelles, physiques, agriculture, horticulture, etc.) pendant la moitié de la journée et passent l'autre demi-journée dans les champs, dont ils effectuent eux-mêmes les travaux sous la conduite des chefs de pratique. De cette façon, il n'y a ni satiété pour l'esprit ni lassitude pour le corps, et les élèves arrivent à se familiariser en deux ans, sans le moindre surmenage, aux notions les plus délicates et les plus ardues des sciences développées dans ces cours. Leur transformation physique en ces deux années est d'ailleurs généralement non moins merveilleuse.

Il est donc acquis que c'est là un système d'instruction excellent.

Le régime est l'internat ; et l'on a pu constater que la discipline, forcément très large, — bien que ferme, — de ces écoles où les élèves circulent à travers champs une partie de la journée, donne des résultats excellents ; la tenue, l'éducation des élèves sont aussi bonnes que celles des élèves de n'importe quel collège de ville à discipline étroite.

En résumé, les écoles pratiques d'agriculture ont montré les réels avantages des méthodes nouvelles d'enseignement qu'on y a tentées ; elles auraient donné de meilleurs résultats encore si elles avaient été soumises à un système d'inspections fréquentes, comme le sont les établissements universitaires.

M. J.-B. CASTAIGNET, à Bordeaux.

Notes d'art décoratif. — Jusqu'ici, la femme a trop peu *créé* pour la décoration de son intérieur. Le cours de peinture décorative de la Société philomathique de Bordeaux a justement pour but de développer chez la jeune fille cet esprit de création. Le cours est, en quelque sorte, familial, comme l'art qu'il a pour objet ; il peut néanmoins être considéré comme un excellent préliminaire à l'étude de l'art industriel. En sa qualité de préliminaire, il est fait le plus simplement, le plus clairement possible. Il définit l'art, indique la façon de voir et d'exprimer normalement le *beau*, montre les éléments de décor que nous offre la nature, et en particulier la plante vivante, et la marche à suivre pour en tirer parti en vue de la décoration. Il développe ainsi l'initiative et la faculté créatrice, et montre le caractère essentiellement moralisateur de l'art décoratif domestique.

M. Joseph BARDIÉ, Prof. de la Soc. Philomathique de Bordeaux.

L'apprentissage dans l'industrie du mobilier. — Branches principales de l'industrie du mobilier : tapisserie et ébénisterie ; branches secondaires : sculpture sur bois, menuiserie en sièges, tournage.

L'apprentissage proprement dit dans l'atelier patronal est de trois ans. A la fin de la troisième année les jeunes gens sont la plupart du temps incapables de gagner leur vie dans le métier. — Causes d'insuccès dans l'apprentissage : les enfants commencent trop jeunes et avant d'avoir acquis une instruction primaire suffisante. Les parents s'inquiètent trop peu de savoir si le métier choisi répond aux goûts et aux aptitudes de leurs enfants. L'apprentissage en lui-même est pratiqué d'une façon très défectueuse.

Soit par exemple le métier de tapissier. Il se compose de deux parties distinctes : partie manouvrière comprenant garniture et rembourrage des sièges ; partie artistique consistant dans la décoration des appartements. Le patron s'engage moralement à enseigner le métier de tapissier à son apprenti, mais, outre que fort souvent il ne fait autre chose que tirer tout le parti possible des menus services que peut rendre l'enfant, il n'est pas plus que ses ouvriers, capable de donner les principes de la décoration que la plupart du temps il n'applique que par routine ou par intuition.

Il est absolument indispensable qu'un apprentissage aussi défectueux soit complété par une instruction raisonnée donnée par le moyen du dessin, en dehors de l'atelier et dans des cours spéciaux. Programme et méthode à appliquer dans ces cours.

M. A. FOURNIAL, Sténographe de la Chambre de Commerce de Bordeaux, à Bordeaux.

La sténographie dans l'enseignement post-scolaire des employés de commerce. — La sténographie joue aujourd'hui avec la dactylographie un rôle des plus pratiques et des plus importants dans les relations commerciales.

Pour être un bon sténographe- commercial, il ne suffit pas d'avoir une certaine habileté technique, encore faut-il comprendre les affaires et avoir sur les opérations commerciales des idées exactes.

Les employés de commerce, initiés par vocation, sont particulièrement qualifiés pour devenir des sténographes commerciaux vraiment accomplis.

Il est donc désirable que les auxiliaires habituels du commerce soient mis à même partout d'apprendre la sténographie et la pratique des machines à écrire ; car c'est là pour eux un complément précieux et presque indispensable de leur savoir professionnel.

———

Mlle Louise MULOT, Dir. de l'Éc. des Aveugles d'Angers.

Méthode de Mlle Mulot pour les aveugles. — Dans toutes les applications de sa méthode, Mlle MULOT, directrice et fondatrice de l'École des Aveugles d'Angers, s'est inspirée du désir de rapprocher les aveugles des voyants.

Elle y a réussi avec le guide stylographique qu'elle a imaginée pour ses élèves en 1887.

C'est une plaque de cuivre percée d'ajours découpés sur un quadrillé régulier de 5 millimètres. On prend, pour chaque ligne d'écriture, trois rangs superposés de ces carrés ; dans le premier rang du milieu, le carré est à jour de telle sorte qu'on peut y inscrire le corps des lettres sans prolongement ni en haut ni en bas ; dans le rang du dessus, une découpure permet le prolongement des verticales du carré du milieu répondant aux boucles supérieures de nos lettres ; dans le rang du dessous, la découpure permet le même prolongement correspondant aux boucles inférieures. Divers points de repère, placés sur le trajet du style, servent à l'orienter pour l'exécution de tous les caractères.

En admettant que dans le carré du milieu complètement à jour, on puisse tracer un carré parfait, il est facile de se dire : deux côtés du carré ⌐ ; trois côtés du carré ⊏ ; trois autres côtés du carré ⊔ ; trois autres côtés ⊓. De même, en tenant compte des carrés supérieurs : le carré tout entier plus la prolongation à droite en bas ⊏| ; le carré tout entier plus la prolongation à droite en haut ⊏|, etc. On peut voir de là que toutes les lettres peuvent s'engendrer du carré, qui permet non seulement les lettres majeures et mineures de l'alphabet romain, mais encore les signes de ponctuation, les chiffres, les caractères grecs, etc.

Pour un élève aveugle de dix à douze ans, normalement doué, cinq à huit heures d'exercice suffisent pour écrire de manière à être lu. En 1888, par ordre ministériel, quatre élèves aveugles de cet âge ont été confiés à Mlle Mulot ; dans le temps déterminé, ils ont pu écrire une lettre à leurs parents. L'expérience a eu lieu à l'Institution Nationale, à Paris.

Grâce à ce guide, les élèves de Mlle Mulot on pu subir des examens de toute nature, sans besoin d'aucun intermédiaire, et sans que le jury ait eu à faire aucune concession à leur infirmité : quatre enfants de douze à quatorze ans ont passé l'examen du certificat d'études primaires, deux jeunes gens et deux jeunes filles ont passé celui du brevet élémentaire, une autre jeune fille celui du brevet supérieur ; deux jeunes gens ont subi avec succès les épreuves du baccalauréat ès lettres et en 1901, devant la Sorbonne, M. Vento a mérité la note *Bien* aux examens de la licence ès lettres.

Les examens ne sont pas le seul bénéfice que les aveugles tirent de cette méthode ; le plus grand est sans contredit la communication directe qu'elle leur permet avec les voyants, ceux-ci peuvent écrire aux aveugles dans leur écriture moyennant qu'ils écrivent en ronde ordinaire, avec un crayon, sur une feuille de papier simple posée sur un papier buvard faisant coussin ; de la sorte, les caractères se trouvent tracés en un relief que les aveugles peuvent lire à l'envers. Avec la liberté que laissent les points de repère du guide, chaque élève peut arrondir plus ou moins son écriture et lui donner un caractère personnel.

Cette méthode d'écriture multiplie encore les sensations du toucher en concrétisant tout ce qu'il touche ; c'est un avantage pour l'éducation psychologique. Car, nous disait M. Marcel Dubois : « le point étant la plus abstraite des abstractions, ne saurait déterminer aucune connaissance dans l'esprit d'un aveugle ».

De même, elle a sur le point la supériorité du plus qui ne saurait exclure le moins, tandis que l'écriture en points demandant moins à l'attention des aveugle, exclut naturellement la ligne et les formes qu'elle tend à produire. C'est par cette supériorité surtout qu'elle est conforme, comme le dit M. Legludic, sénateur de la Sarthe, à tout ce qu'il y a d'humain en nous, et c'est par ce côté tout humain qu'elle a immédiatement conquis les sympathies de la presse parisienne.

L'écriture n'est pas toute la méthode de Mlle Mulot. Il y a, en effet, à l'École des Aveugles d'Angers, des reliefs pour la lecture, pour l'arithmétique, pour la géométrie, pour les sciences physiques et naturelles aussi bien que pour les leçons de choses. Il y en a aussi pour l'histoire dont l'étude s'accorde avec celle de la géographie.

Outre l'avantage d'appliquer le toucher à des formes sensibles extrêmement variées, la géographie a encore celui d'orienter les aveugles, en établissant pour eux, au moyen de fuseaux isolés, qui fractionnent la sphère en douze parties, des trajectoires régulières et conductrices pour le doigt qui les suit du nord au sud.

A l'aide de ces trajectoires les aveugles peuvent proportionner les espaces qu'ils parcourent. Sur ces espaces, divisés en sections égales par les parallèles qui coupent les méridiens, viennent s'établir naturellement les inégalités caractéristiques, que laisse à chaque section en particulier la configuration du globe. De la comparaison de ces inégalités propres à chaque section, naît facilement la connaissance exacte et sûre de chacune d'elles, et aussi de la situation que celle-ci occupe par rapport aux autres.

Qu'on le remarque bien : ce mode d'acquisition pour la connaissance des lieux, n'est pas un simple fait de mémoire ; il demande le concours du raisonnement et du jugement qui établissent dans les élèves, par comparaison et conformément aux grandes lois qui régissent l'intelligence humaine, les notions d'ordre, de mesure, d'étendue et de relations qui s'offrent aux yeux de tous par la simple vue d'une carte ou d'une sphère. En même temps que, par ce travail psychologique, les lieux se trouvent situés exactement dans la connaissance de l'aveugle, les détails historiques trouvent eux-mêmes à s'y inscrire en s'associant aux détails géographique, avec le caractère particulier qui leur est propre. C'est là une préparation solide pour l'étude de l'histoire.

Un autre avantage de la géographie étudiée en fuseaux, c'est qu'elle permet avec les aveugles, une leçon générale, vu la facilité pour l'orientation de leur doigt, ce qui est impossible avec les sphères ou cartes ordinaires.

Cette méthode, dans son ensemble tout inspiré d'une psychologie vraiment pratique, est donc une œuvre d'éducation, appliquée dans l'École des Aveugles d'Angers, et prouvée déjà par les résultats obtenus. Loin de vouloir s'imposer exclusivement, elle se propose comme méthode préparatoire à tout enseignement déjà établi. Elle fait sa gloire de faciliter aux jeunes aveugles le travail d'instruction de tous les degrés afin qu'ils trouvent là une jouissance compensatrice.

— Séance du 10 août —

M. J. MERCKLING, à Bordeaux.

Enseignement commercial pour les employés de commerce occupés dans les comptoirs durant le jour ; enseignement industriel pour les ouvriers retenus jusqu'au soir dans les ateliers et chantiers. — Il a semblé, à beaucoup de bons esprits qu'un enseignement qui s'adresse à des personnes déjà mûres et engagées dans la vie militante, si cet enseignement a pour but de faciliter la lutte de tous les jours, devait avoir un succès non douteux :

Nombreuses sont les œuvres qui depuis un demi siècle ont surgi de toutes parts pour contribuer au relèvement du niveau intellectuel et par cela même au relèvement de la capacité productrice des travailleurs français.

Mais l'on sait que, si les élèves se pressent à flots dans les cours d'adultes au début de la saison, un égrénement prématuré ne manque presque jamais et ne tarde même pas à se produire partout.

En faisant la part des indispositions ou maladies, du travail exceptionnel de nuit, des occupations temporaires qui appellent au dehors, l'on peut encore se demander si un certain nombre de défections ne sont pas causées par des erreurs de programme ou de méthode. Les auditeurs qui tous les ans accourent avec une ardeur nouvelle se lasseraient-ils si vite parce qu'ils ne trouvent pas dans les cours ce qu'ils viennent y chercher ? Ou bien les procédés d'enseignement dont on se sert vis-à-vis d'eux seraient-ils au-dessus de leur portée.

C'est pour avoir une réponse à cette double question que nous soumettons à la critique de tous, quelques programmes et méthodes que nous avons vu pratiquer avec succès par d'excellents maîtres.

M. Émile FERRY, à Rouen.

Enseignement commercial pour les employés occupés dans les comptoirs durant le jour. — M. FERRY, à l'occasion de la question ci-dessus, mise à l'ordre du jour, fournit des renseignements sur les cours du soir et du dimanche institués par trois Sociétés rouennaises. Si ces trois Sociétés n'ont pas le même but, elles se rencontrent sur le terrain commun des cours pratiques et professionnels.

I. — La plus ancienne, la *Société libre d'Émulation du commerce et de l'industrie de la Seine-Inférieure,* se livre à des études diverses, entend et discute des Rapports sur des questions d'actualité qui touchent, soit au point de vue économique, soit au point de vue législatif, au commerce et à l'industrie.

M. Ferry entre dans des détails sur les auditeurs, régulièrement inscrits, qui, en 1902, au nombre de 489, ont suivi les cours, il y faut ajouter 208 auditeurs libres et 117 élèves des cours d'adultes. Il donne des indications sur l'âge et l'origine des auditeurs et commente l'abaissement de leur âge moyen, que l'on constate partout. Il fait connaître l'organisation des cours par groupe et par section et détermine les cours spéciaux à la Section commerciale et à la Section industrielle, ainsi que ceux communs aux deux sections. Il mentionne les récompenses attribuées aux jeunes gens, au premier rang desquelles figurent six bourses de voyage et de séjour à l'étranger, d'une valeur totale de 4.400 francs, avec des médailles commémoratives. Ce service, à raison de 8 francs par heure, coûte à la Société une rétribution annuelle de 14.000 francs environ.

II. — *La Prévoyance mutuelle* revêt principalement le caractère de mutualité entre ses membres, en cas de maladie, de décès et de retraite, avec placement de ses adhérents. Ses cours, suivis par une quarantaine de ses membres, récompensés par des médailles et des ouvrages spécialement professionnels, sont partiellement rétribués et lui coûtent annuellement de 800 à 900 francs.

III. — *L'Union philanthropique des employés de la ville et de l'arrondissement de Rouen*, de création plus récente, se borne à la défense des intérêts professionnels qu'elle représente. Elle étudie les lois qui la touchent, telles que le projet d'institution des Conseils de prud'hommes spéciaux, le règlement et la durée du travail, de repos hebdomadaire, etc., et elle formule sur chacune d'elles son avis motivé. Ses cours, d'un enseignement non dogmatique, mais uniquement pratique, sont librement accessibles à tous, associés ou non ; ils se développent rapidement et une bibliothèque de circulation lui a valu, pour le choix des ouvrages qui s'y trouvent, une lettre ministérielle de félicitations. Ce sont des œuvres d'initiative qui méritent d'être encouragées.

———

M. CORNUT, Dir. de l'Éc. sup. primaire, à Bordeaux.

Quelques notes sur l'enseignement de la comptabilité dans les cours d'adultes. — L'utilité de l'enseignement de la comptabilité se manifeste par la multiplicité des cours créés et par le grand nombre des élèves qui se font inscrire.

Une trop grande affluence d'élèves, si elle n'est pas régularisée par la garantie d'un minimum de connaissances générales, fait naître des difficultés qui entravent sérieusement le bon fonctionnement des cours.

De plus faut-il, pour agir avec fruit, que l'on connaisse le but précis que poursuivent les auditeurs : le futur petit patron n'apprend pas la comptabilité dans le même esprit que le jeune homme désireux de se spécialiser dans la profession de comptable ; au premier suffisent des exercices simples et pratiques, tandis qu'au second devient nécessaire un cycle d'études assez vaste et comprenant avec le cours élémentaire, un degré moyen et un degré supérieur ; ils gagnent l'un et l'autre à être séparés dès le début.

L'on encourage avec raison les visites industrielles faites par les élèves dans des ateliers et manufactures. N'y aurait-il pas lieu de provoquer aussi des visites aux grandes organisations comptables, afin de donner aux élèves une juste idée non pas tant de la rédaction des écritures, que de l'importance relative des livres ou organes et de leur mutuel enchaînement ?

———

M. Alexis GOURHAN, à Bordeaux.

L'enseignement du Commerce. — La science du Commerce tout en empruntant ses connaissances à diverses autres sciences n'en constitue pas moins une science spéciale, tout à fait distincte, celle de l'administration des capitaux des entreprises.

L'enseignement du Commerce est théorique et pratique.

L'enseignement théorique du Commerce comprend trois branches distinctes : les opérations commerciales, les mathématiques financières, la comptabilité.

Le but de cet enseignement doit être de développer chez les élèves l'*esprit des affaires*, et c'est surtout par l'étude de la comptabilité que l'on arrive à ce résultat : les gérants des entreprises n'en sont-ils pas les comptables d'origine !

L'enseignement pratique du Commerce ou Bureau commercial ne peut porter que sur des opérations simulées ; c'est chimérique de vouloir transformer l'école en magasin ou comptoir faisant des opérations réelles : cela ne veut pas dire que les opérations choisies pour servir de texte aux exercices du Bureau commercial ne soient pas réalisables, bien au contraire il faut s'efforcer d'appliquer les prix réels des marchandises, des changes, d'observer les usages des places.

Il y a plusieurs modes d'enseignement du Bureau commercial : dans le premier mode le professeur dicte aux élèves des opérations qu'il a lui-même arrêtées d'avance ; dans le deuxième mode chaque élève imagine des opérations que le professeur surveille et contrôle séparément, dans le troisième mode les élèves et le professeur travaillent en commun et préparent ensemble les mouvements simulés des capitaux qu'ils administrent, comptabilisent ensemble ces mouvements. Les avantages de ce troisième mode d'enseignement résultent de ce que les élèves sont appelés à prendre une grande part d'initiative, les leçons sont collectives au lieu d'être individuelles, les opérations sont mieux conduites, les contrôles plus faciles.

En résumé, l'enseignement du Commerce n'a pas pour but de former des spécialistes de la comptabilité, pas plus d'ailleurs que des vendeurs ou des financiers, mais des commerçants ayant à la fois ces trois qualités, c'est-à-dire instruits dans la science de l'administration des capitaux des entreprises.

M. T. LANG, Dir. de la Soc. de l'Enseig. prof. du Rhône, à Lyon.

Organisation et fonctionnement de la Société d'Enseignement professionnel du Rhône. — *Principes dirigeants de cette institution.* —Fondation. — But et moyens. Organisation des cours. — Matières enseignées. — Programme. — Recrutement des professeurs. — Nombre des cours. — Nombre des élèves. — Nature des cours. — Enseignement professionnel et apprentissage.

A propos de ces cours professionnels et en présence surtout des divergences qui se sont produites dans notre pays et qui se produisent encore sur la direction à donner à cet enseigment, il est utile d'expliquer comment la Société entend ces mots : « Enseignement professionnel » Pour beaucoup de personnes qui dit « Enseignement professionnel » dit « Travaux manuels », apprentissage plus ou moins complet de la profession. La Société ne l'entend pas ainsi. Il n'y a chez elle ni apprentissage, ni travaux manuels, ou du moins il n'y a de travaux manuels que ceux qui sont une application directe de l'enseignement donné dans les cours... Elle appelle « Enseignement professionnel », pour chaque profession, l'enseignement des connaissances théoriques nécessaires à l'exercice intelligent de cette profession. Quant à l'apprentissage lui-même, elle estime qu'il doit être fait à l'atelier et non dans les cours...

Assiduité des élèves. — Causes de l'assiduité des élèves : *a)* Recrutement soigné des professeurs ; *b)* Mentions d'assiduité ; *c)* Paiement d'un droit d'inscription ; *d)* Inspections faites régulièrement ; *e)* Institution des commissaires.

Les commissaires sont des élèves désignés à l'élection par leurs camarades, au nombre de un par dix élèves et de quatre au maximum dans un cours... Cette institution rend d'immenses services dans les cours, parce qu'elle relève la dignité des élèves et les amène à s'intéresser énergiquement au bon fonctionnement de la Société, en leur donnant une part dans son administration.

Budget. — Recettes et dépenses. — Services rendus par la Société. — Association des anciens élèves. — Avenir de la Société.

— Séance du 11 août —

M. A. OFFRET, Prof. à la Fac. des Sc. de l'Univ. de Lyon.

Les progrès de l'Esperanto dans le monde. — L'enquête du groupe Espérantiste de Lyon.

M. Jules HENRIET

Enseignement professionnel.

Les principales divisions du mémoire sont :

1° *Éducation sociale et heures de travail.* — Insuffisance de l'éducation sociale en France. — Extension de l'éducation sociale chez les peuples dits germaniques. — Éducation sociale très inférieure chez les peuples dits latins.

2° *Employés : comptoirs et bureaux.* — Les employés de commerce ; les employés de l'industrie ; les employés de l'administration.

3° *Ouvriers : manufactures, ateliers et fermes agricoles.* — Influence de la durée du travail manuel sur le développement mental d'un peuple. — Les ouvriers de la grande industrie ; les ouvriers de la petite industrie ; les ouvriers en chambre ; les ouvriers agricoles.

4° *Les trois huit.* — Nécessité d'une réforme sur la limitation des heures de travail. — L'alcoolisme. — L'abaissement des heures de travail d'une population a pour conséquence la surélévation en dignité sociale.

18e Section.

HYGIÈNE ET MÉDECINE PUBLIQUE

PRÉSIDENT.. ., ... , ... M. le Dr HENROT (1), Dir. de l'Éc. de méd. de Reims.
SECRÉTAIRE . . . . M. GUYOT, Pharm. de 1re classe, à Creil.

Séance du 5 août —

M. DE MONTRICHER, à Marseille.

Hygiène et démographie de la commune de Marseille. — L'assainissement de la ville de Marseille comporte un réseau complet d'égouts, avec chasses automatiques de 225 kilomètres de développement et un collecteur émissaire de 10 kilomètres, débouchant en mer au delà d'un promontoir au pied de falaises inhabitées.

L'agglomération comporte environ 400.000 habitants, répartis en 23.000 maisons dont 20.000 seulement sont raccordables aux égouts. Sur ce nombre il n'a été actuellement exécuté que 16.365 raccords.

La période 1896-1902 est celle au cours de laquelle la plupart des raccords aux égouts ont été exécutés; elle comporte un abaissement sensible de la mortalité (de 29 à 22 0/00), la natalité suit de son côté une marche descendante quoique sensiblement moins rapide; il y a donc lieu, dans l'accroissement considérable de la population, faire une petite part au croît physiologique.

Mais ces taux démographiques sont des moyennes et lorsqu'on fait l'analyse de leurs éléments, on en dégage des variations et des écarts considérables:

Ainsi la mortalité varie d'un quartier à l'autre de 16 ou 17 à 63 et 70 0/00.

Cette situation très anormale dénote des foyers de morbidité dans certains quartiers incomplètement assainis et surhabités qui mettent en péril, de façon permanente, l'état sanitaire de la ville de Marseille.

M. Léon GUIFFARD, Avocat à la Cour d'Appel.

Note sur un point d'hygiène militaire. — Un essai assez malencontreux de transformation de l'uniforme de notre infanterie a remis à l'ordre du jour — une fois de plus — la question du costume militaire. Parmi les opinions qui ont surgi de toutes parts, il en est une que nous tenons à signaler parce qu'elle

(1) Nommé par la Section en remplacement de M. le professeur Guiraud, empêché de venir au Congrès par son état de santé.

a été la manifestation d'un préjugé tenace et lu consécration d'un fâcheux errement. Il ne s'agit ici ni de visibilité, ni d'esthétique, mais simplement d'hygiène. Le rédacteur militaire d'un grand quotidien, plus épris de traditions que de propreté, a parlé avec enthousiasme du képi, coiffure à la fois nationale, crâne, prestigieuse et solide, qui peut, sans s'user, couvrir l'une après l'autre un grand nombre de têtes et servir pendant de nombreuses années la cause sacrée de la défense du sol.

Tant au point de vue de l'hygiène que du respect dû à la personne humaine, cette coutume nous semble déplorable d'habiller les soldats avec la défroque de ceux qui les ont précédés dans la carrière. Les mêmes vêtements, grâce à des rafistolages peu élégants, servent à un nombre important de classes successives, et les précautions hygiéniques qui pourraient diminuer les inconvénients de cette fâcheuse habitude sont réduites à leur plus simple expression. Après un lavage sommaire dans l'eau contaminée du lavoir du quartier, capote, tunique, veste et pantalon doivent faire le bonheur d'un nouveau possesseur, lequel aura la consolation de se dire que si cela ne lui va pas, au moins il n'est pas le premier à qui pareil accident arrive. Quant au képi, au prestigieux képi, il ne saurait être question de lavage : sa constitution s'y oppose ; c'est tel quel qu'il passe d'une tête sur l'autre, avec ses avantages... et ses inconvénients.

Le procédé peut paraître, à première vue, économique ; mais il serait peut-être plus économique encore, et en tout cas plus hygiénique, de simplifier le costume militaire, de le rendre moins coûteux, de façon à pouvoir donner à chaque homme des vêtements qui n'aient pas été portés avant lui et qui ne dussent pas l'être ensuite par d'autres. La vareuse de molleton des troupes coloniales, qui coûte près de quatre fois moins que la tunique, qui est plus souple, plus légère, peut servir d'exemple et d'indication. La commodité, le confortable s'en trouveraient mieux, nos finances ne s'en porteraient pas plus mal, et la santé de nos troupes ne pourrait qu'y gagner. Les épidémies de caserne, sans cesse renaissantes, qui font couler des flots d'encre quand elles battent leur plein, et contre lesquelles on ne songe plus à prendre de mesures préventives quand elles sont passées, pourraient être fortement atténuées, sinon complètement supprimées, à l'aide d'un ensemble de précautions qui ne sont difficiles que parce qu'elles marqueraient une rupture avec la routine. Mais à force de frapper sur le clou, il entrera peut-être...

———

Mˢ Ch. **MOROT**, Insp. de l'abattoir de Troyes.

Les divers procédés d'inspection sanitaire des animaux sacrifiés dans les abattoirs publics pour l'alimentation de l'homme. — Ces procédés dépendent de l'initiative des inspecteurs, car la réglementation en est encore inexistante ou à peine ébauchée par quelques municipalités.

L'inspection avant et après l'abatage garantit seule le maximum de salubrité d'une viande.

La visite du sujet vivant, au repos et en action, indique les maladies invisibles ou peu évidentes sur le cadavre. Elle dénonce des symptômes éveillant la suspicion et provoquant une autopsie minutieuse. Si, par cas de force majeure (accidents), elle a lieu au repos ou fait même défaut, des commémoratifs doivent y suppléer.

Une surveillance constante de l'abatage et de l'habillage prévient les soustractions de lésions et les substitutions d'organes. Elle décèle les odeurs pathologiques qui disparaissent au refroidissement pour réapparaître à la cuisson.

Grâce à des sections appropriées, les grandes cavités et leurs organes sont complètement mis à jour par les tueurs pour une inspection intégrale. La fréquence d'une maladie dans une espèce ou les caractères exceptionnels de quelques cadavres nécessitent des sections diagnostiques supplémentaires.

Les intéressés s'opposent parfois à ces recherches, dont un récent jugement a reconnu la légitimité. Afin d'éviter aux inspecteurs des actions civiles onéreuses quoique mal fondées, il importe que l'État, tout en leur laissant l'initiative rationnelle nécessaire, réglemente les principaux procédés d'inspection.

— Séance du 6 août —

M. le Dr Maurice PIGNET, à Vannes.

Valeur numérique de l'homme ou coefficient de robusticité. — Cette valeur numérique est un nombre tiré des trois mensurations ; taille, périmètre thoracique et poids. Elle s'obtient en additionnant le périmètre thoracique et le poids ; cette somme est ensuite soustraite de la taille. La formule est ainsi :

$$T - (P^e + P^{ds}) = V.N. \qquad Ex : 160 - (81 + 57) = 22.$$

Chez un homme de force moyenne, ce nombre est 22 ; s'il est plus petit, la constitution est meilleure ; s'il est plus grand, la constitution est moins bonne. L'expérience a démontré chez 500 individus qu'il existe une relation étroite entre la valeur numérique et la morbidité. L'étude de ce coefficient n'a été faite jusqu'ici que pour des hommes de vingt à vingt-cinq ans.

M. le Dr GOUAS, à la Croix-Saint-Leufroy (Eure).

Abattoirs privés et tueries particulières (1). — Un très grand nombre de cas de fièvre typhoïde sont dus aux abattoirs privés et tueries particulières. Ces établissements sont presque toujours mal tenus, et ceux qui les exploitent n'observent pas les prescriptions imposées par l'Administration à l'effet d'assurer l'hygiène et la salubrité publiques. On a, avec raison, défendu l'existence des cimetières dans les plus petits centres d'agglomération, et pourtant les cimetières sont beaucoup moins dangereux que les abattoirs privés, car, dans les cimetières, les corps des défunts, soigneusement enveloppés et enfermés dans un cercueil, sont enfouis à deux mètres sous terre, tandis que, dans les abattoirs privés, les parties les plus putrescibles et les plus dangereuses des animaux tués, les intestins par exemple, se décomposent à l'air libre, répandant partout aux environs les germes des maladies les plus dangereuses ; et ce n'est pas seulement par l'air que le poison se répand, mais aussi par le sol ; l'imprégnation du sol se fait petit à petit et ne tarde pas à infecter les sources voisines. Aucun abattoir privé ou public, aucune tuerie ne devrait exister dans les centres

---

(1) Extrait d'un rapport adressé sur sa demande à M. le Préfet de l'Eure.

d'agglomération de 200 habitants et au-dessus ; les municipalités devraient s'entendre pour l'établissement et l'exploitation à frais communs d'abattoirs publics intercommunaux sur lesquels l'Administration pourrait exercer un contrôle efficace. Cette mesure ne peut résulter que d'une loi ; au nom de l'hygiène et de la santé publiques, cette loi s'impose et devrait être recommandée d'une façon toute particulière à l'attention des membres du Parlement.

Discussion. — M. Lefébure : Comme suite à la communication de M. le Dr Gouas signalant les dangers que fait courir à la santé et à la salubrité publiques l'existence des tueries particulières, j'appellerai tout particulièrement l'attention de la 18e Section sur les quatre points suivants :

1° Il est fréquemment abattu dans ces établissements, qui échappent toujours à une surveillance efficace, impossible à organiser, des animaux malsains, atteints de maladies transmissibles à l'espèce humaine, et, d'autres fois, ce sont des animaux morts ou sur le point de mourir qni sont préparés là pour être ensuite débités aux consommateurs presque clandestinement; c'est-à-dire sans être exposés à l'étalage parce que leur vue seule suffirait à éloigner la clientèle.

A l'aide de ce trafic scandaleux, chaque jour, des empoisonnements se produisent, les uns mortels, les autres se traduisant par un dérangement gastro-intestinal plus ou moins grave.

Les faits d'intoxication alimentaire par usage de viandes avariées sont extrêmement nombreux et connus de tous; qu'il me soit seulement permis de vous citer le dernier en date, arrivé à ma connaissance la veille de mon départ de Neufchâtel : Un boucher des environs de Pont-Audemer a débité à sa clientèle une viande malsaine, une quarantaine de personnes qui en consommèrent furent toutes gravement malades et je ne sais pas à l'heure actuelle s'il n'y a pas de mort; dans tous les cas le parquet fit pratiquer par la gendarmerie la saisie d'un morceau de la viande incriminée. Mais pour se disculper le boucher malhonnête eut soin de remettre un échantillon de viande saine prise dans sa boutique, tandis que la viande consommée par les malheureuses et innocentes victimes de sa rapacité, provenait d'une autre bête qui avait été tenue cachée dans la tuerie; le fait fut d'ailleurs reconnu par le boucher lui-même. L'affaire suit son cours devant les tribunaux correctionnels.

2° Les tueries particulières n'étant l'objet d'aucune surveillance sanitaire, n'offrent pas aux cultivateurs d'un grand nombre de régions, les moyens de profiter de l'indemnité que l'État leur accorde pour leurs bestiaux reconnus atteints de tuberculose.

L'indemnité n'est, en effet, accordée que pour les bêtes bovines tuberculeuses qui sont abattues dans un abattoir public inspecté.

Donc les cultivateurs éloignés d'un abattoir inspecté, et c'est le cas pour beaucoup, sont privés du droit à l'indemnité pour les bêtes tuberculeuses abattues dans une tuerie et leur perte est totale si le boucher est honnête et se refuse à en débiter la viande à sa clientèle.

Ceci les incite à faire filer les bêtes qu'ils soupçonnent ou qu'ils savent réellement atteintes de la tuberculose vers la tuerie particulière du trafiquant de mauvaise viande qui les leur achète à très bas prix.

Il n'est pas douteux que s'il y avait dans un périmètre rapproché de leur exploitation un abattoir inspecté, c'est vers lui qu'ils enverraient de préférence les animaux tuberculeux pour participer à l'indemnité de l'État;

3° L'abattoir public inspecté devient un excellent adjuvant de la police sanitaire vétérinaire, dans la découverte des maladies contagieuses et, par conséquent, l'un des meilleurs et des plus puissants moyens de prophylaxie de ces maladies qui se recommande à l'attention des hygiénistes;

4°. La création d'un abattoir public n'est jamais une charge pour les communes parce que toujours la taxe d'abatage est suffisante pour pourvoir aux frais d'administration et de surveillance ainsi qu'à l'amortissement du capital nécessité pour sa construction.

D'autre part, cette taxe fixée par une loi, est inférieure au prix de revient de l'abatage en tuerie particulière, et de plus les communes ne devant jamais réaliser de bénéfices avec ces établissements, sont tenues d'abaisser cette taxe dès que son produit dépasse les frais d'entretien.

Il en résulte donc que jamais le prix de la viande ne peut subir la plus faible augmentation de ce chef.

Mais il est nécessaire que toute viande vendue dans une ville pourvue d'un abattoir, soit soumise à une *taxe de visite*, quand elle n'a pas été abattue dans cette ville.

Certains bouchers, pour se soustraire à la taxe d'abatage et à l'inspection de leur viande, vont tuer au dehors de la ville et essayent de la sorte à faire péricliter l'abattoir municipal.

Pour parer à ce danger, MM. Lecomte et Chavoix ont déposé un projet de loi dont le vote doit assurer la prospérité des abattoirs publics.

En conséquence de ces considérations, je propose à la 18e Section d'émettre les vœux suivants :

1° Que le Parlement vote une loi qui impose la création d'abattoirs publics inspectés dans tous les centres dont la population atteint 3.000 habitants, et d'abattoirs intercommunaux pour les centres de moindre importance.

Les communes étant invitées à se grouper quand elles ne jugeront pas leur importance suffisante pour avoir leur abattoir respectif;

2° Qu'une taxe de visite des viandes provenant du dehors, c'est-à-dire abattues en dehors de la ville pourvue de son abattoir soit imposée aux bouchers débiteurs de ces viandes foraines à leur entrée dans ladite ville.

M. Th. GROSSERON, de Nantes.

Application du fluorure de sodium à la conservation des denrées alimentaires. — S'appuyant sur les expériences de Thompson, Effront, Brand et Tappeïner et de bien d'autres, et celles personnelles de Perret, faites sur lui-même, qui démontrent l'innocuité du Fluorure de Sodium ; l'auteur rappelle en même temps les expériences d'Arthus et Hubert et d'Albert Robin qui ont établi l'action élective de ce sel sur les ferments figurés, hôtes communs de l'organisme, plus spécialement les ferments lactique et butyrique, à l'exclusion des ferments digestifs, sur lesquels il exerce même, au contraire, d'après ce dernier auteur, une action favorable, et il conclut :

Que cet antiseptique, le seul actif à de très petites doses pour la conservation des denrées alimentaires peut, pour cette raison et aussi son innocuité, être appliqué sans danger dans ce but, en particulier pour la conservation du beurre.

M. le Dr H. HENROT, Dir. de l'Éc. de Méd. de Reims.

De l'application méthodique et efficace de la nouvelle loi sanitaire. — La nouvelle loi sanitaire, si elle est méthodiquement appliquée, rendra les plus grands services à l'hygiène, mais le sera-t-elle, s'il n'y a pas dans chaque département un directeur technique responsable ?

M. HENROT comme les rapporteurs de la loi à la Chambre et au Sénat, réclame ce directeur ; il pense seulement qu'au lieu d'avoir un directeur départemental, on pourrait créer des directeurs régionaux dans les centres déjà pourvus de Bureau d'Hygiène et de Laboratoire de Bactériologie.

M. Henrot examine en détail l'organisation de ce service, il insiste particulièrement sur les connaissances que devra posséder ce directeur régional, il cite des exemples où une direction savante, ferme et méthodique de ces services, a donné immédiatement d'admirables résultats.

— Séance du 8 août —

M. LADUREAU.

Le nettoyage par le vide. — M. LADUREAU décrit un appareil au moyen duquel il est facile d'enlever la poussière des tapis, tentures, rideaux, meubles, etc. des habitations, au lieu de la transporter simplement d'un endroit à un autre comme on le fait très généralement par l'emploi du plumeau et du balai.

Cet appareil qui est exploité par une Société qui vient de se créer à Paris sous le titre Soterkenos ($\varkappa\varepsilon\nu\circ\varsigma$, vide — $\sigma\omega\tau\eta\rho$, sauveur) fonctionne par le vide opéré par une puissante machine pneumatique actionnée, soit par un moteur à essence ou à alcool, soit par une dynamo électrique quand le courant électrique existe dans les immeubles à nettoyer. Les pompes à vide sont reliées à de longs tubes de caoutchouc intérieurement garnis d'une spirale en fil de fer afin d'empêcher leur aplatissement. A l'extrémité de ces tubes se trouvent des bouches en cuivre ayant une ouverture de 8 à 10 millimètres de largeur environ, que l'opérateur promène sur les objets à époussiérer. L'aspiration produite par l'appareil oblige toute la poussière et les corps légers et de petites dimensions qui se trouvent dans et sur les objets traités, à se rendre dans les tubes de caoutchouc et de là, dans un filtre placé à côté de la pompe pneumatique où ils se rassemblent. Quand le filtre est plein, ce qu'un regard de verre permet de constater, on dirige la poussière sur un autre récipient, sans interrompre pour cela le travail et l'on n'a plus alors qu'à noyer les poussières qui renferment, d'après les analyses faites, toutes sortes de microbes plus ou moins dangereux, ou à les incinérer, ce qui est encore préférable.

De grandes administrations, des théâtres, de grands magasins, ont déjà adopté ce moyen si éminemment pratique de se débarrasser de ce fléau, la poussière ; plusieurs même ont établi à demeure des appareils puissants qui permettent d'opérer très rapidement un nettoyage journalier qui exigeait auparavant un temps considérable tout en détériorant beaucoup les meubles et les marchandises soumis au battage et au brossage. Ce grand progrès, réalisé dans l'hygiène des habitations, méritait d'être signalé.

M. le Dr Adrien LOIR, Prof. à l'Éc. nat. sup. d'Agric. coloniale, à Paris.

L'appareil Clayton. — Pendant ces dernières années, les hygiénistes avaient beaucoup abandonné l'acide sulfureux pour l'usage de la désinfection, à la suite des recherches des bactériologistes tendant à démontrer son peu d'efficacité. Cependant l'utilité de ce gaz ne peut être niée, quand ce ne serait que pour la destruction des insectes et de leurs œufs. On cherchait donc un moyen simple et pratique, d'en obtenir économiquement une grande quantité. Dernièrement, l'attention des hygiénistes a été attirée sur l'appareil Clayton, dont nous avons déjà dit un mot l'an dernier au Congrès de Montauban, en décrivant un moyen simple de dosage de l'acide sulfureux.

Cette machine sert à désinfecter les navires en plein chargement et, d'après les attestations données par le Dr Souchon, directeur du Conseil de santé de la Nouvelle-Orléans, la fièvre jaune n'a plus été introduite par voie de mer depuis qu'on fait usage de ce mode de désinfection.

De plus, jamais un seul navire n'a formulé de plainte après avoir été fumigé, soit pour lui-même, soit pour les marchandises.

L'appareil se compose essentiellement d'un aspirateur qui prend l'air du local à désinfecter, le fait passer dans une chambre où se produit la combustion du soufre et rejette cet air chargé de gaz sulfureux dans le dit local. Grâce au courant d'air, qui active la combustion du soufre, la température atteint dans l'appareil plus de 1.000 degrés.

Cet appareil a été expérimenté pendant ces dernières années dans différents ports du monde civilisé et partout il a donné les mêmes bons résultats. MM. Langlois, Loir et Rosenstiehl ont montré que ce gaz était plus actif que l'acide sulfureux ordinaire, parce qu'il contient des produits pyroxygénés du soufre et ont proposé de l'appeler « gaz Clayton ». Ce nom a été adopté par le professeur Calmette, qui vient de prouver, en collaboration avec M. Rollants, que l'action microbicide de ce gaz était bien plus active et ne devait pas être confondue avec celle de l'acide sulfureux produit par la combustion du soufre par le procédé ordinaire, et l'acide sulfureux obtenu du gaz liquéfié. MM. Proust et Faivre, Duriau et David citent des expériences démontrant l'innocuité du gaz Clayton employé dans la désinfection des bateaux depuis plus d'un an par le service sanitaire à Dunkerque, MM. Proust et Faivre, ainsi que MM. Langlois et Loir, indiquent que l'acide carbonique ne pourrait être employé pratiquement pour la destruction des rats et de la vermine à bord des bateaux, tandis que le gaz Clayton arrive facilement à ce but, comme cela a été reconnu par le Comité consultatif d'hygiène publique de France.

Non seulement cet appareil offre des applications pratiques multiples, mais il est encore pour le savant de laboratoire un appareil qui permettra de faire des recherches intéressantes et nouvelles. C'est à ce titre que nous nous permettons de le signaler.

————

Sur l'alimentation des indigènes.

————

M. le Dr Maurice PIGNET, à Vannes.

Nouveau procédé rapide pour l'analyse chimique de l'eau. — Dans ce procédé les divers réactifs et solutions titrées employés pour l'analyse de l'eau sont remplacés par des comprimés exactement dosés et qui se conservent indéfiniment. Il en résulte une simplicité de technique qui permet de faire les recherches sans avoir de connaissances spéciales en chimie et avec un outillage excessivement restreint contenu dans un petit nécessaire transportable. Les recherches se font très rapidement : en une heure on obtient la teneur d'une eau en azotites, azotates, ammoniaque, chlorures, matières organiques, le degré hydrotimétrique, etc. Ce procédé permet de faire de nombreuses analyses, de répéter de temps en temps l'analyse d'une même eau, de la surveiller ainsi, etc., etc. Son utilité aux colonies semble incontestable.

— Séance du 10 août —

M. le Dr Paul DELBET, à Paris.

Sur la dépopulation. — La dépopulation relative de la France est la conséquence de la diminution de la natalité. Cette diminution est intentionnelle : elle est cherchée comme le moyen d'augmenter la puissance et la richesse d'une famille, or cette diminution de la natalité va contre son but.

La diminution de la population d'un pays a pour corollaire son affaiblissement ; et comme tous les hommes d'une nation sont solidaires, chacun souffre de cet affaiblissement. La diminution de la natalité ne diminue pas la concurrence, car le surplus de population du pays voisin reflue sur le pays le moins peuplé et ainsi le peuplement du pays reste le même. La crainte de voir la population ne pas trouver sur son sol natal sa subsistance est chimérique, les moyens de production ayant augmenté et augmentant presque indéfiniment grâce à l'accroissement des villes. Dans la famille même le nombre des enfants est une source de richesse par l'émulation qu'elle crée entre les différents membres de la famille et l'appui qu'ils se prêtent mutuellement.

L'État a donc le devoir d'intervenir pour augmenter la natalité. Dans ce but, il doit favoriser le mariage des jeunes gens plus féconds que les adultes. L'État doit combattre énergiquement la prostitution, protéger la jeune fille en obligeant le séducteur à épouser la fille séduite, poursuivre enfin l'avortement sans lequel les ménages seraient suffisamment féconds.

M. Georges LAFARGUE, à Paris.

L'organisation de la lutte contre la Tuberculose. — Après avoir exposé sommairement les merveilleux résultats obtenus, depuis quinze ans, sous la direction de l'Œuvre des Hôpitaux marins, au Sanatorium par lui fondé à Banyuls-sur-Mer en 1887-1888, — résultats attestés à la fois par des statistiques rigoureuses et par la photographie, — M. Lafargue exprime le regret que ce qu'il a fait de sa propre initiative, quand il était Préfet des Pyrénées-Orientales, pour la guérison et la prophylaxie de la Tuberculose, n'ait pas été fait depuis longtemps, par mesure administrative générale, dans les autres départements.

C'était le plan grandiose de l'éminent Dr Jules Bergeron. On lui objecta, quand il l'émit en 1866, l'impossibilité ou la difficulté financière. L'objection n'était pas sérieuse. En réalité, — c'eût été une très grande économie — économie de vies humaines, économie d'argent aussi, — non seulement pour les familles et le pays mais pour l'État et les départements eux-mêmes, à qui auraient principalement incombé les frais d'installation et d'entretien de ces établissements. M. Lafargue l'a péremptoirement démontré, en créant de toutes pièces, sans aucune subvention de l'État, dans le département qu'il administrait, de 1886 à 1888, le vaste établissement, de deux cents lits, connu sous le nom de *Sanatorium maritime de Banyuls*, où sont soignés et guéris les enfants scrofuleux-tuberculeux et prétuberculeux des Pyrénées-Orientales, ainsi que d'un grand nombre de départements voisins ou éloignés.

Non seulement cette création n'a pas, comme on le prétendait. ruiné les finances de ce département, pourtant très compromises alors par le phylloxéra, non seulement, grâce à la manière de procéder de son auteur, elle n'a, en définitive, rien coûté au budget départemental, mais elle est devenue pour celui-ci une source de bénéfices annuels indéfinis d'une trentaine de mille francs au moins.

Ceci prouve que l'admirable plan proposé par le Dr Bergeron était parfaitement réalisable, pour des hommes d'État prévoyants, qui, en ayant bien compris toute la portée, auraient su en poursuivre l'exécution avec quelque vigueur et quelque habileté. En quarante ans, quels résultats n'aurait-on pas obtenus, dans notre France si entourée de mer, par ce puissant moyen d'hygiène publique, de guérison et de prophylaxie sociale !...

Ce moyen, il est vrai, n'aurait pas suffi, à lui tout seul, pour faire disparaître de ce pays le terrible fléau de la tuberculose. Mais combien il en eût atténué les ravages !...

Pour arriver à son extinction, il faudrait combiner cette organisation du traitement marin généralisé avec l'ensemble des mesures ci-après : 1° par l'enseignement de l'hygiène étendu jusqu'à la « puériculture » comme le demande instamment M. le Dr Pinard, amélioration des conditions si défectueuses aujourd'hui de la procréation humaine ; 2° désinfection et assainissement des logements et locaux insalubres, comme le demande et le pratique autant qu'il dépend de lui, M. le Dr A. J. Martin ; 3° multiplication des habitations ouvrières hygiéniques à bon marché ; 4° mesures légales et administratives contre cet autre redoutable générateur de tuberculose, l'alcoolisme ; 5° établissement dans les villes de dispensaires antituberculeux analogues à celui du Dr Calmette à Lille, en vue de rechercher tuberculeux et prétuberculeux, pour les diriger sur les sanatoriums ou hôpitaux qui conviennent le mieux à leur état ; 6° enfin isolement des phtisiques ou tuberculeux contagieux, qui seraient, *autant que possible*, transférés à la campagne dans les asiles ou sanatoriums spéciaux dont MM. les Drs Brouardel, Landouzy, Letulle, Sarsiron, etc. se sont faits les ardents promoteurs.

On pourrait alors se flatter d'avoir assuré la solution prochaine de ce grand problème de médecine publique et d'hygiène sociale : le refoulement et la disparition de cette *lèpre des temps modernes* qui a nom tuberculose.

VOEUX PRÉSENTÉS PAR LE DOCTEUR HENROT

1° Pour assurer le bon fonctionnement de la Loi sanitaire, la Section émet le vœu qu'il soit créé dans les différentes parties de la France, autant que possible dans les centres qui possèdent déjà des laboratoires de bactériologie, des directeurs techniques, responsables, chargés, sous la direction directe du directeur général de l'hygiène publique, d'assurer l'exécution méthodique et complète de la loi;

2° La Section émet le vœu que sur toute la surface du territoire, il soit créé des abattoirs communaux ou intercommunaux, selon l'importance de la commune et surveillés par des inspecteurs d'hygiène.

Ces vœux n'ont pas été présentés au Conseil.

Ouvrages,

PRÉSENTÉS A LA SECTION

Loncq. — *Recueil des travaux du Conseil départemental d'hygiène publique et de salubrité de l'Aisne, pendant l'année 1902.*

Sous-Section.

ARCHÉOLOGIE

PRÉSIDENT. . . . . M. DUSSAUZE, Arch. départ., à Angers.
VICE-PRÉSIDENT. . . . . M. FLEURY, Imprim. à Mamers.
SECRÉTAIRE . . . . M. le Chanoine URSEAU, Corresp. du Minist. de l'Inst. pub. à Angers.

— **Séance du 5 août** —

M. Louis de FARCY, à Angers.

La Croix d'Anjou. — M. DE FARCY revendique pour son ancienne province le nom de *Croix d'Anjou,* pour la croix à *double traverse* rectangulaire, appelée vulgairement *Croix de Lorraine.*

Il s'applique à démontrer qu'il ne faut pas chercher son origine dans la Croix de Hongrie, dont les extrémités sont *pattées* et le pied *fiché*, mais dans la *Vraie-Croix,* de l'abbaye de la Boissière, dont la forme et la proportion correspondent exactement aux croix à double traverse frappées sur les monnaies de René d'Anjou et de René II de Lorraine, à la croix sculptée à la clef de voûte de la chapelle du château d'Angers, etc.. La couleur *noire,* adoptée pour cette croix à *double traverse* sur les étendards tissés sur la tapisserie de l'Apocalypse en 1377 et autres objets tels que le livre d'heures du roi René est inspirée par la préoccupation de rendre la couleur très sombre du bois de la Vraie-Croix.

M. de Farcy cite plusieurs documents du dernier tiers du XVe siècle, dans lesquels le terme de *Croix d'Anjou* est employé, et termine par un historique sommaire de la célèbre relique, en l'honneur de laquelle Louis I, duc d'Anjou, fonda *l'Ordre de la Croix,* signalé dernièrement par M. Moranvillé.

La Croix d'Anjou existe encore : elle a échappé à la Révolution. On la voit aujourd'hui aux Incurables de Baugé.

Discussion. — M. LELONG dit que les conclusions de M. de Farcy paraissent fondées sur des documents indiscutables. Ces conclusions viennent, du reste, d'être adoptées par un savant, étranger à la question de clocher que la question peut soulever entre l'Anjou et la Lorraine. M. Moranvillé, bibliothécaire honoraire à la Bibliothèque nationale, à qui M. de Farcy avait communiqué les documents qu'il vient de faire connaître à la Section, vient de publier dans la *Bibliothèque de l'École des Chartes,* un article intitulé : *Il n'y a pas de Croix de Lorraine.*

— Séance du 6 août —

M. LADUREAU

Les fresques de Bosco Reale. — M. LADUREAU présente des reproductions coloriées d'une série de fresques admirables trouvées par M. Vicenzo de Prisco, député italien, dans une petite localité situé dans le voisinage de Pompeï, à Bosco Reale, où l'on a découvert récemment un trésor de pièces d'or et de nombreux objets d'art dont une partie a été donné au musée du Louvre par M. E. de Rothschild. Ces fresques sont dans un état de conservation très remarquable, qu'il faut attribuer à la quantité considérable de cendres du Vésuve qui les recouvrait et les a protégées depuis vingt siècles contre les injures du temps. Elles ont dû être exécutées de l'an 1 à l'an 12 de notre ère par un artiste éminent, car elles peuvent rivaliser pour le dessin, pour la couleur et pour l'harmonie de leur ensemble avec les œuvres de nos meilleurs peintres actuels. Une d'elles est acquise par le Louvre, une autre va orner le Musée national de Bruxelles auquel un généreux Mécène vient de l'offrir. Les autres, en ce moment visibles à Paris, sont disputées par de grands musées d'Europe et d'Amérique. On estime que ce sont les plus beaux spécimens de l'art de la peinture que l'antiquité nous ait légués. Plusieurs figures de femmes, qui s'y trouvent, sont d'une exécution tout à fait remarquable.

M. Gabriel FLEURY, Imprimeur à Mamers (Sarthe).

Le portail occidental de la cathédrale d'Angers. — M. Gabriel FLEURY donne lecture d'une étude sur le portail occidental de la cathédrale d'Angers. Après une description détaillée des voussures de l'archivolte il établit une concordance entre ce portail et celui de Chartres ; étudiant ensuite la décoration des jambages, les statues qui les ornent, il croit, comme conclusion, pouvoir proposer pour date de construction du portail d'Angers, le dernier tiers du XIIe siècle, et même plus volontiers le dernier quart de ce même siècle ; il appuie son hypothèse sur une comparaison raisonnée de plusieurs autres portails du XIIe siècle, tels que ceux de Bourges, du Mans, de Chartres, d'Étampes, de Saint-Loup de Naud et de Saint-Ayoul de Provins.

M. Victor DAUPHIN, à Angers.

Pour un vieux monument angevin. La Tour de la Haute-Chaîne. — La tour de la Haute-Chaîne, improprement appelée Tour Guillou par beaucoup d'Angevins, dernier vestige des fortifications de la ville sur la rive droite, menace de disparaître dans les remblais d'un nouveau quai. Élevée, en même temps qu'un important ensemble d'ouvrages, par Louis de Beauveau en décembre 1448, elle marquait le départ des barrages de pilotis et la chaîne destinée à intercepter la navigation sur la Maine en cas d'attaque.

C'est dans le but de conserver ce petit monument que je demande au Congrès de vouloir bien émettre un vœu afin que des mesures préventives soient prises.

A la suite de cette communication, la Section a émis un vœu (voir page 59).

M. le Préfet de Maine-et-Loire, qui assiste à la séance, promet d'appuyer de son autorité le vœu émis par la Section.

______

M. le Dr E. QUINTARD, à Angers.

Une bague romaine. — Ce bijou, trouvé il y a cinquante ans environ, dans un sarcophage gallo-romain, à Poitiers, est un anneau en or vierge du poids de 26 grammes, affectant une forme ovalaire; dans le jonc est sertie une émeraude finement intaillée, représentant un génie ailé. Par la nature du métal, par sa forme, son poids et son volume, cette bague remonte évidemment à la période romaine. La figurine représentée par l'intaille permet même d'admettre que c'est un anneau sigillaire destiné à sceller les écrits, garantir les contrats, clore les objets qui devaient être exactement fermés. Ce n'était pas un bijou symbolique d'une mission, car dans ce cas il n'aurait pas suivi le défunt dans sa tombe.

______

M. Charles URSEAU, Chanoine, à Angers.

Monuments historiques de l'Anjou, objets mobiliers. — M. le chanoine Urseau donne la liste et la description des objets mobiliers, appartenant aux établissements publics de Maine-et-Loire, et classés comme monuments historiques, en vertu de la loi du 30 mars 1887.

______

VISITES DE LA SOUS-SECTION

Dans l'après-midi, les membres de la Sous-Section, auxquels s'étaient joints un grand nombre de membres de l'Association, ont visité, sous la conduite de M. le Chanoine Urseau, la cathédrale, l'évêché, les ruines de Toussaint, le logis Barrault (Musée d'histoire naturelle, de peinture et de sculpture), l'église Saint-Éloi (temple protestant).

______

— Séance du 8 août —

Réunion de la 11e Section et de la Sous-Section.

M. Émile RIVIÈRE.

La nécropole gallo-romaine du Hameau. — Il s'agit de la découverte, à la fin du mois de février dernier, et pendant les mois suivants jusqu'à ce jour dans le quartier Saint-Lambert, à Paris, par M. Émile Rivière, de sépultures par incinération de l'époque gallo-romaine. Dans les fosses creusées pour les recevoir, l'auteur a trouvé non seulement les ossements humains brûlés, renfermés pour la plupart dans des vases funéraires de diverses formes, mais encore, *fait absolument nouveau*, une série d'os d'animaux différents et de morceaux de briques et de *tegula* romaines, gravés de chiffres romains, voire même de lettres, mais celles-ci exceptionnellement.

M. Rivière annonce aux sections réunies d'Anthropologie et d'Archéologie qu'il continue ses recherches dans ladite nécropole, malgré certaines entraves mises en ces derniers temps à l'étude qu'il y poursuit et contre lesquelles il proteste énergiquement ; il communiquera, au prochain Congrès, les nouvelles découvertes qu'il y aura faites.

———

M. Paul PETRUCCI, à Paris.

La musique en Anjou au XVᵉ siècle. — M. P. PETRUCCI fait l'histoire de la musique en Anjou. D'après lui, une renaissance musicale angevine due, dès le XVᵉ siècle, au roi René, a précédé la renaissance musicale française.

Après sa communication, il montre une viole angevine du XVᵉ siècle, qu'il a fait reconstituer, d'après le bréviaire du roi René, par M. Chureau.

———

M. DUSSAUZE, Archit. départ., à Angers.

Travaux pour le dégagement de la tour d'Évraud à Fontevraud.

———

VISITES

Visite de la Préfecture (ancienne abbaye Saint-Aubin), de l'Église Saint-Martin, de la Tour Saint-Aubin, de l'Hôtel Pincé, du Château.

———

— Séance du 10 août —

M. Louis de FARCY, à Angers.

Les tapisseries de la cathédrale d'Angers. — Après avoir exposé de quelle façon (avant l'introduction en Europe par les Croisades de l'art de la tapisserie) les grandes églises étaient tendues d'étoffes orientales du XIᵉ au XIVᵉ siècle, M. de FARCY donne quelques détails sur les *baudequins, draps de parement* et *sarges* de la cathédrale d'Angers.

Peu à peu, ces tentures cèdent leur place aux tapisseries, à celle de l'*Ancien et du Nouveau Testament*, donnée en 1428 par Charles VII, à quelques autres commandées par le Chapitre, enfin à l'*Apocalypse* en 1480.

Celle-ci, d'une importance exceptionnelle (144 mètres de long sur 5ᵐ,50 de haut) existe encore en grande partie. Elle fut commandée en 1377 à *Nicolas*

Bataille, tapissier parisien, par Louis I, duc d'Anjou, et dessinée par Jean de Bandol, dit Hennequin de Bruges.

M. de Farcy fait connaître le vandalisme du Chapitre qui, comme à Auxerre, vendit toutes les tapisseries en 1782. L'*Apocalypse*, toutefois, ne trouva pas d'acquéreur, et après avoir subi jusqu'en 1848 toutes sortes de vicissitudes, fut enfin restaurée et mise en honneur.

Vers la même époque, un très grand nombre d'anciennes tapisseries furent achetées par la fabrique à vil prix : voilà l'origine de la collection de la cathédrale *incomparable*, écrit M. Guiffrey, pour l'étude de la haute lice.

En effet, toutes les époques y sont représentées, depuis la fin du xive siècle jusqu'aux dernières années du xviiie siècle.

Dans la conclusion de sa notice, M. de Farcy fait ressortir la décadence de la *Tapisserie,* qui perd peu à peu son *caractère propre* et devient la copie servile des tableaux.

———

M. Émile GILLES-DEPERRIÈRE, à La Grange, Commune de La Porronnière (Maine-et-Loire).

Utilisation de la Tour Saint-Aubin à un service public par la Ville. — M. GILLES-DEPERRIÈRE signale les dangers que l'établissement dans la Tour Saint-Aubin d'un réservoir d'eau que la Ville veut y faire construire, fait courir à cet intéressant monument. Il proteste ; il demande l'application de la loi sur la protection des monuments historiques, et propose l'installation, dans la Tour, du Service météorologique du département qui, loin de lui nuire, serait la sauvegarde du monument et assurerait sa conservation.

La Sous-Section émet un vœu conforme. (Voy. page 59.)

———

M. Eugène LELONG.

Centralisation des minutes notariées. — M. LELONG demande à la Sous-Section d'archéologie d'appuyer le vœu suivant :

Considérant l'intérêt que présentent pour les études historiques et économiques les anciennes minutes de notaires, la Sous-Section émet le vœu que les minutes antérieures à 1791 soient versées aux Archives départementales.

La Sous-Section appuie le vœu. (Voy. page 59.)

———

M. Émile GILLES-DEPERRIÈRE.

Modification d'une partie du plan de la Ville d'Angers. — M. GILLES-DEPERRIÈRE met sous les yeux de ses collègues un projet de modification au plan de la Ville, qu'il a été amené à produire à la suite d'un entretien qu'il a eu avec M. Ch. Bouhier, maire d'Angers, qui l'avait fait appeler pour lui demander son avis en sa qualité de Président de la Société des Amis des Arts d'Angers, sur l'utilisation des bâtiments dont la Ville a la libre disposition.

La Sous-Section exprime le vœu que le plan de M. Gilles-Deperrière soit le sujet des plus attentives études des pouvoirs compétents, pour arriver notamment à la translation des services de la manutention, au dégagement de la Tour Saint-Aubin et des monuments voisins, pour constituer ce qu'il désigne sous le nom d'Acropole artistiqué angevine.

———

M. le Chanoine POTTIER, à Montauban.

Fouilles entreprises en 1902-1903 dans l'église abbatiale de Saint-Pierre de Moissac.

M. Ch. COTTE, à Marseille.

Sur une fosse bûcher du département de Vaucluse.

M. Émile GILLES-DEPERRIÈRE.

Communication d'empreintes de sceaux. — M. GILLES-DEPERRIÈRE présente les empreintes de sept sceaux anciens dont plusieurs émanent d'Anjou. Il en a réuni trois suites complètes pour : les Archives nationales de Paris, le Musée d'archéologie d'Angers et le Musée de l'Hôtel de Pincé, à Angers.

M. Louis de FARCY.

Note sur deux tapisseries du château de Langeais. — Parmi les nombreuses tapisseries du château de Langeais, il y en a deux particulièrement intéressantes :

La première faisait partie d'une série dite de l'*Histoire de la figure de Jésus-Christ et de son saint-Sacrement*, donnée entre 1505 et 1508 par Louise LE ROUX, doyenne à l'abbaye du Ronceray d'Angers.

L'ensemble, destiné aux stalles du chœur, d'une longueur d'environ 30 mètres sur 1^m,75 de haut, était tendu, le jour de la Fête-Dieu, dans le chœur du Ronceray, au travers duquel la célèbre procession du *Sacre d'Angers* passait chaque année pour se rendre au Tertre Saint-Laurent. La tapisserie comprenait : 1° *Les figures de l'Eucharistie tirées de l'Ancien Testament : la Cène et le Crucifiement ; 2° les miracles opérés par la vertu du Saint-Sacrement.*

Cette tapisserie, de 25^m,75 de cours, abandonnée longtemps dans un grenier, fut vendue à vil prix au chanoine Laumônier, qui en fit don à Mme la comtesse Walhs de Serran, vers 1848. Celle-ci la fit restaurer à Angers avec soin et la plaça dans les chambres du château du Plessis-Macé. En 1888, la tapisserie fut vendue aux enchères avec les autres meubles et produisit une somme de plus de 50.000 francs.

M. Sigfried fit acheter la première pièce représentant trois scènes : *Les sacrifices d'Abel et de Caïn ; le meutre d'Abel. — La rencontre de Melchisedech et d'Abrahaam. — La Pâque et l'Agneau Pascal.* (Longueur 3^m,70 sur 1^m,75).

Les autres pièces ont été acquises par différents amateurs et par le Musée des Gobelins.

La seconde représente la *Vocation de saint-Saturnin*. La cathédrale d'Angers possède trois tableaux de la même tenture, donnée en 1527 à l'église Saint-Saturnin, de Tours, par Jacques de Semblançay.

Les cartons en furent dessinés par *André Polastron*, peintre florentin et payés 510 livres en 1526.

C'est une des plus merveilleuses tapisseries qu'on connaisse.

N'ayant pas le loisir de suivre les excursions de la fin du Congrès, j'ai pensé devoir signaler ces deux tapisseries à l'attention des visiteurs.

VISITES

Église Saint-Serge, hôtel-Dieu, hôtel des Pénitentes, église de la Trinité, le Ronceray (École des Arts et Métiers), Musée archéologique de Saint-Jean.

VŒUX PRÉSENTÉS PAR LA SOUS-SECTION

Voy. page 59.

Sous-Section d'Odontologie.

PRÉSIDENT. . . . . M. DELAIR, Prof. à l'Éc. dent. de Paris.
VICE-PRÉSIDENTS . . . . M. le Dʳ PONT, de Lyon.
                           M. BOUVET, d'Angers.
SECRÉTAIRE.. . . . . M. J. VICHOT, de Lyon.
SECRÉTAIRE-ADJOINT.. . . . . . . M. L. VICHOT, d'Angers.

— Séance du 5 août —

M. le Dʳ GODON, Direct. de l'Éc. dent. de Paris.

Enseignement préparatoire des étudiants en chirurgie dentaire comme première année dans les écoles dentaires ou P. C. N. dentaire. — Le certificat du P. C. N. créé pour les étudiants en médecine ne saurait convenir aux étudiants en chirurgie dentaire comme enseignement préparatoire avant l'entrée dans les écoles dentaires, parce qu'il est trop scientifique et qu'il ne contient pas d'enseignement manuel suffisant.

Le stage chez le dentiste ou apprentissage est actuellement à peu près abandonné comme ne répondant pas au programme de l'enseignement préparatoire nécessaire à l'élève en chirurgie dentaire.

Ce programme ne pourrait trouver d'application que dans des écoles spéciales de technologie comme celle qui avait été créée à Londres par M. Cunningham. Comme ces écoles n'existent pas en France, il y a lieu de créer un P. C. N. spécial pour les dentistes, ou P. C. N. dentaire, recevant son application dans la première année de cours des Écoles dentaires qui ont une scolarité de quatre années; la deuxième année et la troisième année seraient consacrées plus spécialement à la préparation au diplôme d'État et la quatrième année considérée comme une année de parfectionnement technique.

Ce programme du P. C. N. dentaire comprend :

1ᵒ Une partie scientifique théorique et pratique (physique et mécanique appliquées, chimie et métallurgie appliquée: anatomie et physiologie, exercices pratiques, dissection sur le chien, etc. (Communication de **M. Julien**.)

2ᵒ Une partie technique théorique et pratique. Cours théoriques, éléments d'anatomie, de pathologie, de thérapeutique dentaires, dentisterie opératoire et de prothèse.

Cours pratiques :

1ᵒ Exercices pratiques de dentisterie opératoire sur l'appareil fantôme;

2ᵒ Exercices pratiques de prothèse (dessin, modelages, travaux pratiques sur le bois, le fer, les métaux précieux et exercices élémentaires de prothèse).

Ce cours préparatoire offre, en outre, l'avantage de ne confier des malades aux élèves que lorsqu'ils possèdent des notions suffisantes pour opérer sans danger.

L'enseignement préliminaire (littéraire, scientifique et technique) répond actuellement au vœu du Congrès de 1900, soit avec le certificat d'études primaires supérieures ou le certificat d'études secondaires obtenus à seize ans et complétés par un ou deux ans de stage, soit chez le dentiste à titre transitoire, soit chez des techniciens d'ordres divers (menuisier, serrurier, bijoutier, etc.), soit avec le baccalauréat nouveau (sciences-langues vivantes), complété par l'enseignement manuel en voie d'organisation dans les lycées (rapport Liard). Ce baccalauréat est obtenu à dix-huit ans.

Nous proposons d'émettre le vœu suivant en faveur de ce nouvel enseignement manuel dans les lycées :

« La section d'odontologie approuve le projet d'enseignement manuel dans les études secondaires. »

(Le principe du vœu mis aux voix est adopté à l'unanimité).

M. le Dr JULIEN, à Paris.

De l'enseignement pratique de l'anatomie aux étudiants en chirurgie dentaire de première année.

— Séance du 6 août —

M le Dr SIFFRE.

Présentation d'un masque pour l'anesthésie générale par le chlorure d'éthyle. — Ce masque tout en caoutchouc est aseptisable.

Il permet de tenir dans un tube qui se fixe dans une de ses parties le chlorure d'éthyle à l'état liquide sans contact avec le malade. On l'applique comme tous les masques sur la figure du patient, le nez et la bouche circonscrits. On fait exécuter au malade une série de mouvements respiratoires, jusqu'à ce que la respiration soit régulière, et au moment d'une inspiration à la fin d'une forte expiration on brise le tube de verre et le liquide très rapidement se répand dans une compresse de tarlatane qui garni l'intérieur du masque et ainsi l'anesthésie est produite, le malade étant « sidéré ».

M. ROLLAND, de Bordeaux.

Anesthésie par le sœmnoforme.

M. le Dr SAUVEZ, de Paris.

Anesthésie locale par la cocaïne.

M. BOUVET, d'Angers.

Résultats éloignés de prothèse restauratrice.

M. FRITEAU, de Paris.

Anesthésie générale par le chloroforme.

M. le Dr GRANJON.

Anesthésie par la cocaïne et l'adrénaline.

M. BLATTER, de Paris.

Anesthésie générale par le chlorure d'éthyle.

M. le Dr PONT, de Lyon.

Appareil nouveau pour l'eau chaude.

Actinomycose cervico-faciale en forme de fer à cheval. — A propos d'un cas d'actinomycose cervico-faciale, j'insiste sur le rôle des dents atteintes de carie, et surtout de la pyorrhée alvéolo-dentaire dans la formation de cette affection. Ce dernier moyen d'infiltration de l'actinomycès n'avait pas encore été signalé, malgré son importance qui me semble évidente.

MM. G. ROLLAND et **Georges CAVALIÉ**, à Bordeaux.

Influence d'un anesthésique général (le sœmnoforme) sur les centres nerveux. Son action successive sur le cervelet et le cerveau. — Les auteurs ont étudié, à l'aide des méthodes de Golgi, de Nissl et d'Erlich chez le lapin, le chat et le cobaye, l'influence du sœmnoforme. Anesthésique général, mélange de chlorure d'éthyle, de chlorure de méthyle et de bromure d'éthyle sur les cellules pyramidales et les cellules de Purkinje.

1º Au début de l'anesthésie, la cellule de Purkinje est la seule modifiée;

2º Dans le cours de l'anesthésie de courte durée, la cellule de Purkinje est plus modifiée que la cellule pyramidale ;

3º Au bout de l'anesthésie prolongée (une heure), la cellule de Purkinje et la cellule pyramidale sont également modifiées ;

4º Moins d'une heure après une anesthésie prolongée pendant une heure, la réparation est à peu près complète.

Le sœmnoforme agit d'abord sur le cervelet, secondairement sur le cerveau.

M. le Dr SIFFRE, à Paris.

Dent de six ans et dent de sagesse. Anatomie radiculaire dentaire. — Je signale à mes confrères la présence de plusieurs canaux dans des racines de dents décrites par les auteurs, même contemporains, comme possédant un seul canal (1).

La présence de ces canaux résulte d'un état évolutif. Ce que je dis à l'occasion de la dent de six ans et la dent de sagesse s'applique en partie à l'histoire des canaux, histoire complétée par un travail qui paraîtra dans le compte rendu, faisant suite en quelque sorte à cette première communication.

M. MARTINIER, à Paris.

Prothèse restauratrice médiate.

M. Jules d'ARGENT, à Paris.

Orthopédie des maxillaires. — M. D'ARGENT rappelle que, dans la plupart des cas, la disposition vicieuse des dents sur les arcades dentaires provient de l'étroitesse de l'arc maxillaire, et que, pour corriger utilement et d'une façon durable ces anomalies, il faut, au préalable, procéder à l'élargissement des mâchoires.

Il passe en revue et commente les appareils connus, et il présente son nouvel appareil d'extension à action rigide, sûre, précise et indéréglable.

Cet appareil est constitué par deux valves en caoutchouc, moulées sur la voûte palatine et réunies entre elles par deux tiges métalliques parallèles, glissant dans des tubes à frottement lisse, et par une vis parallèle à ces tiges et placée entre elles.

L'auteur signale ensuite que lorsque son appareil est adapté en vue de remédier à l'étroitesse d'une mâchoire supérieure, compliquée d'une ogivalité prononcée de la voûte palatine, il faut le construire en ayant soin de ménager un espace libre entre le sommet de la voûte et celui de l'appareil, afin de favoriser l'abaissement du palais.

Il soumet à l'assistance plusieurs appareils basés sur ce principe, et montre les résultats obtenus, en présentant des moulages en plâtre rendant cette démonstration très visible.

M. ROY, à Paris.

De l'intervention dans les suppurations d'origine dentaire.

M. Julien VICHOT, à Lyon.

Procédé de rétention d'un appareil vélo-palatin à clapet dans un cas de disparition totale de la dentition. — La malade faisant l'objet de cette communication, jeune fille de dix-neuf ans, est porteur d'une lésion congénitale très vaste : absence totale de voile du palais et fissure palatine de 2 centimètres de large de forme rectangulaire, s'étendant en avant jusqu'à 1 centimètre environ de la crête alvéolaire sans trace de bec-de-lièvre. Les dents ont été extraites il y a deux ans

---

(1) *Anatomie :* Sauvez, Amoedo et Poirier.

environ et la malade porte, depuis cette époque, un appareil très simple, composé d'une plaque de restauration dentaire avec un prolongement en caoutchouc mou, le prolongement descend très bas et rétrécit la cavité naso-pharyngienne ; la malade parle mal, s'alimente difficilement, car l'appareil ne tient pas en place, il n'est en effet maintenu que par les muscles de la langue, des joues et l'orbiculaire des lèvres. Dans ce cas, l'appareil Delair était tout indiqué, mais comment le faire tenir ? La malade ne se résout pas faute de temps à faire extraire les mauvaises dents et racines dont est porteur son maxillaire inférieur, par conséquent, la rétention au moyen des ressorts est impossible.

J'eus alors l'idée — après avoir passé en revue les divers moyens de retention imaginés par Martin, Brandt, etc. — de faire au dos de l'appareil un prolongement en caoutchouc mou des fausses muqueuses. Ce prolongement fait le tour de la fissure et s'y insinue. Je fis une plaque d'essai en la plaçant; dans la bouche, les deux prolongements latéraux cèdent facilement sous la pression, se rejoignent pour pénétrer dans la fissure, puis s'écartent et reprenant leur position première s'appuient sur les bords de la fissure de la voûte palatine. Le résultat fut parfait et avec le voile fait selon la méthode Delair, ma malade parle mieux. Le clapet du voile Delair, muni de son tuteur, augmente à volonté la caisse de résonnance buccale et par conséquent l'acoustique. En même temps, la résonnance dans la cavité pharyngo-nasale est diminuée par suite de l'interception du passage de la colonne d'air expiré du larynx, lorsque se produit l'éclatement du son : avant que, par la volonté, le sujet le transforme en parole par l'entrée en action des organes essentiels et accessoires de la parole.

M. le Dr Charles GODON.

Résultats éloignés des redressements tardifs. — Le redressement des dents peut être entrepris sur des adultes, mais la durée du traitement est en raison directe de l'âge du sujet, ainsi que le maintien de l'appareil de contention.

Quatre observations viennent à l'appui de cette affirmation : elles sont relevées sur des patients de vingt-six à quarante-deux ans.

Les conclusions qui s'en dégagent sont les suivantes :

1º Les résultats obtenus ont persisté quatorze ans chez un sujet âgé de vingt-six ans et persistent encore ;

2º Le redressement par le procédé des fils a été opéré chez des patientes de trente-cinq et de trente-huit ans et les résultats se sont maintenus ;

3º Un prognathisme apparent a été redressé chez un malade de quarante-deux ans, avec un succès complet ;

4º Pendant le cours de ce dernier traitement on remarque un allongement apparent des dents molaires et petites molaires.

— Séance du 8 août —

M. William-Ernest BRODHURST, à Montluçon (Allier).

Quelques notes sur l'emploi de l'Orthoforme en Art Dentaire. — Il résulte de beaucoup d'observations données sur l'emploi de l'Orthoforme en Art dentaire :

Que ce médicament peut-être de grande utilité toutes les fois que la cocaïne ne saurait être employée, spécialement dans les cas d'inflammation intense des muqueuses.

; En application directe sur une plaie, soit associée à la glycérine, soit en pommade, soit en poudre.

Dans les soins à donner aux dents atteintes de carie du 3e et 4e °/₀ associé au gaïacol il donne d'excellents résultats, supprime la douleur et permet l'obturation en une ou deux séances.

M. Jehan-Louis DE CROËS, à Paris.

Anomalies dentaires acquises. — DÉFINITION. — Les anomalies acquises sont produitent par les déformations, les déplacements et les déviations que peuvent prendre les maxillaires et les dents pendant la vie humaine sous l'influence de différents états physiologiques et pathologiques.

ÉTIOLOGIE. — Nous pourrons dire qu'au point de vue étiologique, elles se divisent en trois catégories : causes physiologiques, causes pathologiques, causes opératoires.

Les causes physiologiques sont dues à l'élongation, aux déviations engendrées par des diathèses et des états généraux spéciaux.

Quant aux causes pathologiques, elles sont amenées par toutes les affections locales primaires, ou secondaires à des états généraux.

Les causes opératoires sont très nombreuses, et nous dirons qu'elles peuvent se diviser en :

Odontologiques : de ces dernières dépendent toutes les opérations à faire ou faites sur les dents.

Stomatologiques : toutes les opérations exécutées dans la cavité bucale.

DIVISIONS. — Ces diverses anomalies produisent sur les dents et les maxillaires des sujets qui les portent des effets multiples qui peuvent être divisés en :

A. — Anomalies des maxillaires.
- a) de forme.
- b) de dimensions.

B. — Anomalies d'articulation.
- a) d'imbrication.
- b) de béance.
- c) d'opisthognatisme.
- d) de prognathisme.

C. — Anomalies des dents.
- a) de déplacement . . . . Siège.
- b) de projection . . . . .
  - Antéversion.
  - Rétroversion.
  - Latevertion.
  - Rotation sur l'axe.

CONCLUSION. — Toutes ces anomalies provoquent chez ceux qui les possèdent des déformations et des déplacements portant sur les maxillaires, ou les dents, et ayant sur l'esthétique du visage le plus mauvais effet en même temps qu'ils occasionnent des vices de phonation et des diminutions dans l'attrition alimentaire nécessitant des réparations prothétiques, plus ou moins difficiles.

M. BOUVET, à Angers.

Fractures multiples du maxillaire inférieur.

M. LEDOUX,
Chef des travaux pratiques du Laboratoire de bactériologie de l'École dentaire de Paris.

Bactériologie. Méthode suivie dans le laboratoire pendant l'année scolaire 1902-1903. — M. LEDOUX expose, en s'appuyant sur des observations appropriées, que la méthode qui lui semble la plus rationnelle consiste à faire jouer aux élèves un rôle actif. Il fait remarquer que les élèves les plus habiles dans l'art dentaire sont précisément ceux qui font avec ordre et méthode le plus grand nombre d'opérations. L'étudiant ne réussit généralement pas du premier coup une manipulation, mais c'est en se trompant qu'il acquiert l'expérience et prend goût à son travail. L'obstacle suscite l'effort et l'effort soutenu, dit-il, conduit souvent à la réussite.

La technique bactériologique, quoique aisée au fond, est néanmoins longue et délicate. Le champ à explorer est des plus vastes.

Mais le temps réservé à la bactériologie étant des plus restreints, il est indispensable, surtout avec des débutants, de limiter le programme des travaux pratiques. Pour cette raison, il a, cette année, porté exclusivement ses efforts sur les microbes aérobies en divisant comme il suit l'ordre des leçons :

1° Préparation de stérilisation des milieux liquides et solides ;

2° Ensemencement de ces milieux et observation des cultures ;

3° Montage et examen des préparations.

Chaque élève a préparé lui-même ses tubes de culture, il les a plus tard ensemencés et les a périodiquement observés. Traitant d'abord de l'étude de quelques microbes non pathogènes (B. prodigiosus ; B. subtilis, etc.), le professeur a passé graduellement aux cultures de B. coli sur bouillon simple, gélatiné ou gélosé, pour arriver en fin d'année à l'étude de quelques microbes pathogènes de la bouche, comme le Staphylococcus pyogènes aureus ou le Micrococcus tetragenus.

Ainsi avec un nombre limité, trop limité même, ajoute-t-il, de séances, les élèves assidus sont, à la fin de l'année scolaire, en possession d'une méthode de travail, d'une base d'opérations qui leur servira d'initiation et leur permettra d'étendre plus tard — comme il en exprime le vœu — le cercle de leurs connaissances dans cette branche de la science aujourd'hui si importante au point de vue de la pathologie de la bouche.

M. le Dr Paul DALBAN, à Paris.

Sur l'influence des dispositions anatomiques dans la marche des abcès dentaires. — La marche du pus, dans les abcès dentaires, dépend surtout des dispositions anatomiques de la région.

Ce sont les plans musculaires et aponévrotiques qui guident le pus et favorisent la formation soit d'abcès intra buccaux, soit d'abcès cutanés.

C'est du rapport entre les extrémités radiculaires, et les insertions musculaires du rebord alvéolaire, que dépend l'ouverture de l'abcès soit à l'intérieur, soit à l'extérieur de la cavité buccale.

28

La différence de longueur entre les racines et le sillon gingivolabial ne joue qu'un rôle apparent. Ce rôle est subordonné au rapport précédent.

Dans les abcès palatins le pus est guidé par la disposition spéciale de la muqueuse et du périoste dans cette région.

La fréquence des abcès palatins, due à une lésion de l'incisive latérale, peut s'expliquer en remontant à la formation embryogénique du maxillaire supérieur et à l'évolution de cette dent.

M. le Dr GRANJON

Sur l'adrénaline.

M. Lucien VICHOT, Chirurgien-Dentiste, à Angers.

Le Collargol en art dentaire. — L'argent colloïdal ou collargol, dont l'entrée dans la thérapeutique générale est de date récente, n'a pas encore reçu, je crois, en thérapeutique dentaire d'applications courantes.

Cependant, étant donnée la similitude de certaines affections buccales, ou dentaires quant au processus pathologique avec les affections générales dans lesquelles il a été employée (telles que lymphangites, phlegmons, septicémies et en un mot toutes les affections d'origine microbiennes), j'ai cru devoir en essayer les effets dans notre spécialité.

Les propriétés du Collargol ne le classent pas parmi les antiseptiques bien qu'il soit employé dans les cas infectieux, car son pouvoir bactéricide est très faible, inférieur aux combinaisons de l'argent. Son action est surtout due au pouvoir particulier (analogue à celui des ferments) que présentent les métaux à l'état de division extrême (mousse de platine) on à l'état colloïdal (métaux colloïdaux).

On peut dire en résumé que le collargol a comme propriété de déterminer un accroissement du pouvoir défensif de l'organisme.

Après avoir employé le collargol dans l'obturation des dents infectées pour empêcher le retour de l'infection. j'ai utilisé ses propriétés spéciales dans les cas de caries où la pulpe a déjà subie un commencement d'irritation de la part de la carie. C'est-à-dire j'ai cherché si le collargol aurait comme propriété de rendre à la pulpe malade son activité physiologique et permettrait de réagir utilement dans la lutte de la dent contre la carie.

Les résultats obtenus jusqu'à ce jour me permettent de supposer que mes prévisions étaient justifiées.

M. DELAIR, Prof. à l'Éc. dent. de Paris.

Fabrication des voiles du palais artificiels et flexibles avec du caoutchouc ordinaire.

M. PICAMAL, à Angers.

Rapports de la pelade avec les affections dentaires.

SÉANCE GÉNÉRALE

Le Conseil d'administration avait décidé l'année dernière qu'une question d'intérêt général serait mise à l'ordre du jour du Congrès.

La question choisie « *Traction électrique...* » a été l'occasion d'uné discussion très intéressante, dont le compte rendu se trouve dans le premier volume des Comptes rendus du Congrès de Montauban.

Pour le Congrès d'Angers, la question choisie a été la suivante :

L'OCTROI MUNICIPAL. — RÉSULTATS OBTENUS JUSQU'A CE JOUR PAR LES TAXES DE REMPLACEMENT DES OCTROIS

Exposer les résultats obtenus dans une localité déterminée, au triple point de vue des recettes municipales, de la répartition des charges publiques et de la consommation :

1º Par la perception des droits d'octroi ;

2º Par la suppression ou la diminution des droits d'octroi et leur remplacement, en totalité ou en partie, par d'autres taxes;

3º Par le régime fiscal de villes étrangères qui n'ont jamais eu ou qui, depuis longtemps, n'ont plus d'octroi.

NOTE EXPLICATIVE

POUR SERVIR DE BASE A LA DISCUSSION

PAR

M. E. LEVASSEUR

Avant 1789 il y avait en France des octrois dont le produit appartenait en partie au roi et en partie à la ville; l'Assemblée constituante supprima les octrois ainsi que les autres impôts de consommation. Le Directoire et surtout le Consulat les rétablirent; l'État préleva une part sur la recette (5, puis 10 0/0), à laquelle il a renoncé en 1852. Un décret de 1809 et une ordonnance de 1814 réglèrent la perception. Sous la seconde République, la question de la suppression des octrois, qui avait été déjà agitée après la révolution de juillet, fut quelque temps à l'ordre du jour; elle y reparut à la fin du second Empire.

Sous la troisième République, divers projets furent successivement présentés à la Chambre des députés; d'abord ceux de MM. Vernes et Laroche-Joubert en 1876, de M. Menier en 1878-1880, de M. Preyre en 1882. En 1886, M. Yves Guyot, reprenant l'idée fondamentale du projet Menier, présenta à la Chambre des députés un projet par lequel les communes étaient autorisées à remplacer leur octroi par des taxes proportionnelles ou progressives et qui fut adopté, après quelques modifications, en 1889. Le Sénat n'eut pas le temps de le discuter pendant la législature. La question fut reprise pendant la législature suivante; elle donna lieu à une enquête et à des rapports détaillés de M. Guillemet à la Chambre des députés (1890, 1892, 1894) et de M. Bardoux au Sénat (1893). Le 29 décembre 1897 a été promulguée la loi qui autorise les communes à supprimer leur octroi sur les boissons hygiéniques, ou tout au moins qui les oblige à les réduire dans une proportion déterminée; cette loi permet aux communes, pour remplacer le produit des droits supprimés, de recourir soit à certaines taxes spécifiées : droit sur l'alcool, licence des débitants, taxe sur les vins en bouteilles, taxes sur les voitures et les chevaux, taxe sur les billards, taxe sur les cercles, taxe sur les chiens, centimes additionnels, soit à des impôts directs ou indirects sur les propriétés ou objets situés dans la commune.

Outre le droit d'octroi perçu exclusivement au profit des communes depuis 1852, les vins et cidres payaient le droit de circulation, le droit de détail et le droit d'entrée; les bières payaient le droit de fabrication; les alcools, le droit général de consommation et le droit d'entrée. Le droit d'entrée, qui variait suivant l'importance de la population agglomérée et suivant la classe du département (3 classes), était une charge fiscale qui s'ajoutait, pour les habitants des villes, à l'octroi; il a été supprimé par la loi de 1900.

Le droit de détail ne portait que sur les détaillants. Cependant, dans les communes de 4.000 habitants et plus, le droit d'entrée et le droit de détail étaient confondus dans « une taxe unique » (facultativement de 4.000 à 10.000

habitants, obligatoirement au-dessus de 10.000) que payaient tous les habitants. A Paris et à Lyon les trois droits, circulation, détail, entrée, étaient confondus dans la « taxe de remplacement ». La loi de 1900 a supprimé la taxe unique et la taxe de remplacement.

· Le droit de circulation qui était, selon la classe du département, de 1 franc, 1 fr. 50 c. ou 2 francs par hectolitre de vin, a été seul maintenu et fixé uniformément à 1 fr. 50 c. (1).

Les Conseils municipaux n'ayant pas été généralement en état d'appliquer la loi du 29 décembre 1897 à partir du 1er janvier 1899, l'application en fut ajournée jusqu'au 31 décembre 1900 (lois du 24 décembre 1898, du 27 décembre 1898, du 29 juin 1899).

La loi du 29 décembre 1897 a reçu aujourd'hui son application partout et les communes, au point de vue de l'usage qui en a été fait, peuvent se diviser en quatre catégories, savoir :

1° Communes qui se sont bornées à dégrever les boissons hygiéniques dans la mesure obligatoire;

2° Communes qui ont entièrement dégrevé les boissons hygiéniques (c'est le cas de la ville de Paris);

3° Communes qui ont dégrevé totalement non seulement les boissons hygiéniques, mais aussi d'autres objets soumis au droit d'octroi;

4° Communes qui ont supprimé toutes leurs taxes d'octroi.

Quoique le nouveau régime n'ait encore qu'une courte durée, il est intéressant de constater les résultats qu'il a pu donner dans les diverses situations créées par l'application de la loi de 1897. Ceux de l'année 1902 sont connus par le volume qu'à publié, au commencement de l'année 1903, le Directeur général des contributions directes (2).

1.240 communes ont eu à modifier leur octroi. Le document porte sur 441 changements dont nous donnons le résumé à la page suivante.

(1) A Paris, le droit d'entrée sur les vins a produit 3.611.878 francs en 1900. Voir loi du 30 décembre 1900 supprimant le droit d'entrée et la taxe unique.

(2) *Ministère des finances. — Direction générale des Contributions directes.— Renseignements statistiques relatifs aux Contributions directes et aux taxes assimilées*, 13e année. — Paris, Imprimerie nationale, 1903.

TAXE MUNICIPALE DES DROITS D'OCTROI

Montant des rôles primitifs de l'année 1902.

RÉCAPITULATION

Nombre des communes
- Ayant eu recours aux taxes prévues par l'article 4 de la loi du 29 décembre 1897. . . . . **190**
- Ayant eu recours aux taxes établies en vertu de l'article 5 de la même loi **57**
- Pour lesquelles il a été établi des rôles de taxes municipales en remplacement des droits d'octroi **207**

I. — Taxes établies en vertu de l'article 4 de la loi du 29 décembre 1897.

	NOMBRE de communes	d'articles	MONTANT DES TAXES
			fr. c.
Licences municipales	141	22.572	1.168.420 74
Taxes additionnelles aux contributions et taxes sur les — Voitures, chevaux, etc.	50		1.126.391 23
Billards	35	16.101	23.522 »
Cercles	48		703.326 96
Taxe complémentaire sur les chiens	66	31.339	69.460 91
TOTAUX (Taxes de l'article 4)	340	70.012	3.091.121 84

II. — Taxes établies en vertu de l'article 5 de la loi du 29 décembre 1897.

	NOMBRE d'articles	MONTANT DES TAXES	de communes	d'articles	MONTANT DES TAXES
		fr. c.			
Taxe sur le revenu net des propriétés bâties	220.330	21.069.724 »	25	220.330	21.069.724 »
Taxe sur la valeur vénale des propriétés — bâties	82.569	13.713.441 68	2		
— non bâties	6.804	448.564 26	6	89.373	14.162.005 94
Taxe sur la valeur locative — Loyers d'habitation	408.882	4.638.616 53	20		
— Valeur locative totale	5.503	43.492 29	6		
— Locaux commerciaux et industriels	28.824	2.043.088 03	4	443.209	6.725.196 89
Enlèvement des ordures ménagères	(1) 543	5.459.391 57	2		
Instruments à clavier	3.307	32.687 50	15		
Loueurs et marchands de chevaux	110	10.745 38	2		
Loyers matriciels d'habitations	2.872	30.210 54	4	34.074	7.990.014 46
Revenu cadastral des propriétés non bâties	1.006	1.907 21	2		
Vélocipèdes	1.646	5.774 »	7		
Autres taxes	24.590	2.449.298 26	6		
TOTAUX (Taxes de l'article 5)			101	786.986	49.946.941 29
TOTAUX GÉNÉRAUX			441	856.998	53.038.063 13

(1) Pour la ville de Paris, le nombre d'articles est confondu avec celui de la taxe sur le revenu net des propriétés *(Annuaire de l'Administration des Contributions directes et du Cadastre, 1903, p. 208.)*

Paris figure dans le total pour 40.648.241 francs et Lyon pour 8.783 891 francs.

Cette année 1902 n'était pas favorable à une appréciation exacte de l'influence des droits sur la consommation parce que les récoltes de 1900 et de 1901 ont été considérables et que la surabondance a exercé une pression anormale sur la baisse des vins. Les viticulteurs se sont plaints même de ne pas trouver d'acheteurs. Nous devons cependant nous servir, mais avec beaucoup de réserve, de l'année 1902, puisque c'est la seule sur laquelle nous ayons jusqu'ici des données financières (1).

Le sujet que nous proposons ne porte pas sur l'histoire des octrois, mais seulement sur les effets produits par la loi de 1897 et sur l'état antérieur dans la mesure où il peut servir à expliquer ces effets.

Voici les principaux points sur lesquels nous appelons l'attention. Ils ne sont d'ailleurs qu'indicatifs, chaque observateur étant libre de diriger son enquête et de faire l'exposé des faits accomplis suivant la méthode qui lui conviendra :

1° Quels sont les droits d'octroi qui ont été supprimés ou réduits ?

2° Quelle part avait l'octroi dans le budget de la commune et quelle part conserve-t-il après la réforme ?

3° Quelles sont les taxes de remplacement et combien ont-elles rapporté ? Le produit a-t-il répondu aux prévisions ? La commune a-t-elle été conduite par l'expérience à modifier les taxes de remplacement qu'elle avait d'abord établies ?

4° Quelles sont les diverses catégories de contribuables sur lesquelles ont porté ces taxes de remplacement et dans quelle mesure pour chaque catégorie ?

5° Indiquer, par certains exemples précis, voire même par des exemples personnels, la somme d'impôts que certains contribuables payaient avant la réforme et qu'ils paient depuis la réforme ?

6° Quel effet la double réforme de l'impôt d'État et de l'octroi a-t-il produit sur les prix de gros et sur les prix de détail ?

7° Quel effet a-t-elle produit sur les quantités consommées ? Peut-on le connaître dans les communes qui ont entièrement supprimé l'octroi sur les boissons hygiéniques ? Cet effet était-il dû, en 1902, plus à l'abondance de la récolte qu'à la diminution des droits ?

8° Dans les communes qui se sont bornées au minimum de la réduction, quels motifs ont déterminé le conseil municipal à maintenir une taxe d'octroi sur les boissons hygiéniques ?

9° Dans les communes qui ont conservé partiellement les droits d'octroi, quelle était la proportion des frais de régie avant et quelle est-elle après la réforme ?

Les rapports présentés au Parlement depuis 1886 contiennent des documents relatifs au budget de villes de l'étranger qui n'ont pas d'octroi. Il serait intéressant d'en produire au Congrès qui fourniraient des renseignements plus récents.

Les personnes qui désireront prendre part à cette enquête sont invitées à

Discussion. — M. LEVASSEUR : Il ne s'agit pas d'une discussion de doctrines, mais de l'exposé des faits, c'est-à-dire de la mesure dans laquelle les municipalités ont dégrevé les boissons hygiéniques des moyens financiers qu'elles ont adoptés pour rétablir l'équilibre de leur budget et des résultats que la réforme a produit dans leur commune.

(1) La récolte de 1898 avait été de 33 millions d'hectolitres et celle de 1899 de 48 millions. La récolte de 1900 a été de 67 millions et celle de 1901 de 60 millions. Il faut remonter jusqu'à l'année 1878 pour trouver un rendement aussi fort.

. M. Arthur Raffalovich, délégué du Ministère des Finances de Russie, rappelle que ce n'est pas la première fois que la Russie est représentée par un délégué au Congrès de l'Association française.

Il cite le général de Wendrich qui, en cette qualité, a assisté au Congrès de Saint-Étienne. La présence de M. Raffalovitch est un témoignage de sympathie à l'égard de l'Association française et de son président, M. Levasseur. Celui-ci a eu l'occasion, il y a peu d'années, durant un séjour à Saint-Pétersbourg, de constater combien étaient nombreux les admirateurs de la science française, combien nombreux ses amis personnels et quelle influence elle exerçait par la vigueur de sa méthode scientifique et la largeur de ses vues.

M. Levasseur expose les résultats obtenus depuis que la question des octrois a été posée. L'*Annuaire de l'administration des contributions directes* contient des renseignements importants sur les communes qui ont voté les taxes de remplacement ainsi que le *Bulletin de statistique et de législation* (avril 1903).

———

M. Vital GRANET, Receveur municipal de Saint-Junien (Haute-Vienne).

Commune de Saint-Junien (Haute-Vienne). — *L'octroi municipal : résultats obtenus jusqu'à ce jour par les taxes de remplacement des octrois.* — Afin de ne pas sortir de la question posée je me bornerai à répondre le plus brièvement possible aux neuf points qui ont été formulés dans la note de notre honorable président, M. É. Levasseur.

1° Quels sont les droits d'octroi qui ont été supprimés ou réduits ?

La suppression partielle faite par la commune de Saint-Junien porte tout spécialement sur le *vin*.

Il était perçu avant 1901, 2 francs par hectolitre de vin et le Conseil municipal a dû abaisser cette taxe à 55 centimes l'hectolitre, maximum prévu par la loi de 1897.

Le *cidre* a été ramené de 50 centimes à 35 centimes l'hectolitre, mais il s'en consomme très peu en ville et malgré la diminution des droits, l'écart est considérable.

En 1900 il est entré 913 hectolitres de cidre, en 1901 nous descendons à 149 hectolitres et en 1902 nous n'en trouvons plus que 53.

Cette diminution anormale dans la consommation est due surtout au manque de pommes dans notre région.

La *bière* n'a pas été modifiée en raison de la petite quantité consommée, car l'ouvrier n'en boit pas chez lui ; ce n'est que dans les cafés qu'il s'en vend et cette boisson a été considérée comme consommation de luxe. (Le droit d'entrée est de 5 francs par hectolitre).

2° Quelle part avait l'octroi dans le budget de la commune et quelle part conserve-t-il après la réforme ?

Avant le dégrèvement la part de l'octroi a varié de 47,6 à 51,8 0/0 et depuis la loi de 1897 le pour cent n'est plus que de 38,1.

Je donne ci-dessous un tableau comprenant les recettes ordinaires de la commune pour une période de dix ans et les recettes d'octroi correspondantes ainsi que le pour cent.

ANNÉES	RECETTES ORDINAIRES	PRODUIT DE L'OCTROI	0/0
	Fr. c.	Fr. c.	
1893	108.148 56	51.555 85	47,6
1894	112.448 18	51.233 93	45,5
1895	113.057 60	54.169 14	47,8
1896	120.728 97	58.571 46	48,5
1897	124.621 13	63.341 27	50,8
1898	121.884 22	61.629 23	50,5
1899	131.790 20	68.253 93	51,8
1900	135.178 19	69.914 45	51,7
Et depuis la suppression d'une partie des droits :			
1901	132.833 19	52.265 66	39,3
1902	135.656 13	51.805 27	38,1

3° Quelles sont les taxes de remplacement et combien ont-elles rapporté ?
Le produit a-t-il répondu aux prévisions ?
La commune a-t-elle été conduite par l'expérience à modifier les taxes de remplacement qu'elle avait d'abord établies ?

Les taxes de remplacement sont au nombre de quatre, savoir :
1° Un droit de 30 centimes sur les vins en bouteilles ;
2° 80 centimes sur le revenu net des propriétés bâties ;
3° Licence municipale (droit fixe 40 francs pour les débitants de la ville et 20 francs pour ceux de la campagne plus un droit proportionnel de 5 0/0 sur la valeur locative pour tous les débitants.
4° Augmentation de 9 francs par hectolitre d'alcool. (Il paie actuellement 15 francs).
Voici le produit de ces diverses taxes pour les années 1901 et 1902 :

ANNÉES	VINS EN BOUTEILLES	TAXE MUNICIPALE	LICENCE MUNICIPALE	TOTAUX
	Fr. c.	Fr. c.	Fr. c.	Fr. c.
1901	557 10	9.907 08	5.343 13	15.807 31
1902	476 10	10.148 09	5.099 88	15.724 07

La quatrième taxe de remplacement (augmentation de l'alcool) sur laquelle on comptait pour parfaire la différence n'a pas donné ce qu'on en attendait.

En effet, l'année 1900 avait donné 1.506 francs pour 251 hectolitres, en 1901 il n'en rentre plus que 151 et en 1902 il n'y en a que 143.

Si la consommation avait continué normalement les chiffres du Conseil municipal auraient été atteints alors que nous n'avons eu que la moitié des prévisions.

Le produit des trois autres taxes a répondu aux prévisions et le Conseil municipal n'a pas eu à modifier les taxes précédemment établies.

4° Quelles sont les diverses catégories de contribuables sur lesquelles ont porté ces taxes de remplacement et dans quelle mesure pour chaque catégorie ?

La première taxe (vins en bouteilles) ne frappe que la classe aisée et même la classe riche. En effet, la somme de 557 fr. 10 c. que cette taxe a rapporté en 1901 représente seulement les droits d'entrée de 1.857 bouteilles de vin. Ce ne sont en partie que des bouteilles de champagne, car les autres vins rentrent en fûts et ne sont généralement mis en bouteilles que dans les caves des propriétaires afin d'éviter les droits.

La deuxième taxe (taxe sur les propriétés bâties) frappe directement tous les propriétaires d'immeubles mais elle a une répercussion fâcheuse sur la population ouvrière, car les loyers sont augmentés dans des proportions qui ne sont pas en rapport avec l'impôt supplémentaire.

La troisième taxe (licence municipale) frappe tous les débitants, mais en général cet impôt n'a pas été trop mal accueilli parce qu'en même temps l'État a supprimé le droit d'exercice et la taxe minime qui leur est réclamée leur a paru bien faible à côté de la forte somme qu'ils étaient obligés de payer à la Régie.

Il y a cependant une anomalie, car on ne peut imposer les débitants par catégorie et ceux qui vendent beaucoup ne paient pas plus que ceux qui vendent peu. C'est donc une inégalité choquante, mais il n'y a malheureusement aucun moyen d'y remédier légalement ; aussi, quelques petits débitants ont-ils fermé leur auberge.

La diminution des droits profitant tout spécialement aux marchands de vins en gros, il eût été équitable de leur faire payer une forte licence, mais la loi s'y oppose, paraît-il. C'est très regrettable, car la commune aurait trouvé, de ce chef, quelques milliers de francs qui auraient aidé à compenser la perte subie du fait du dégrèvement.

La quatrième taxe (augmentation de l'alcool) est tellement insignifiante que nous n'en parlerons pas. Cette taxe n'a rien rapporté, mais il est vrai de dire que si l'état financier de la commune y a perdu, l'hygiène a dû y gagner certainement, et nous devons nous en féliciter.

5° Indiquer, par des exemples précis, voire même par des exemples personnels, la somme d'impôts que certains contribuables payaient avant la réforme et qu'ils paient depuis la réforme ?

Pour donner une idée à peu près exacte nous classerons les contribuables en trois catégories :

1° Personnes possédant seulement des propriétés non bâties.

Cette catégorie n'a pas subi d'augmentation sensible dans le total de ses impôts annuels, c'est à peine *un* pour cent ;

2° Personnes possédant des propriétés bâties et faisant un commerce.

Pour cette catégorie, l'augmentation est de *dix* pour cent environ ;

3° Personnes possédant exclusivement des **propriétés bâties** mais ne faisant aucun commerce.

Cette catégorie comprend tous les propriétaires fonciers, possédant des immeubles qu'ils louent aux commerçants et aux ouvriers et qui vivent du produit de ces revenus.

C'est surtout cette catégorie qui a été frappée ; l'augmentation est de *trente-cinq* pour cent environ.

Mais comme je l'ai dit plus haut, le propriétaire augmente ses loyers et s'il paie 100 francs de plus à la commune il sait bien se faire rembourser 150 et même 200 francs de plus par ses locataires.

6° Quel effet la double réforme de l'impôt d'État et de l'Octroi a-t-il produit sur les prix de gros et sur les prix de détail?

Le produit de la réforme a été presque nul pour les prix de gros et complètement nul pour les prix de détail.

La diminution de 1 fr. 45 c. par hectolitre de vin était trop faible pour que le marchand *en gros* puisse baisser d'une manière appréciable le prix de sa marchandise; du reste, les droits d'entrée sont généralement payés par l'acheteur.

Pour le *détail*, la diminution de 1 centime et demi par litre ne pouvait, en aucun cas, faire baisser le prix du vin et comme la majeure partie de la population de la ville, qui est essentiellement ouvrière, ne peut prendre que quelques litres à la fois, on n'a pu bénéficier d'aucune réduction, c'est l'intermédiaire seul qui en a profité.

Si le prix du vin a baissé dans les prix de gros, la cause en est due surtout à l'abondance des récoltes, mais aucunement à la diminution des droits.

7° Quel effet a-t-elle produit sur les quantités consommées?

Peut-on les connaître dans les communes qui ont entièrement supprimé l'octroi sur les boissons hygiéniques?

- Cet effet était-il dû, en 1902, plus à l'abondance de la récolte qu'à la diminution des droits?

L'augmentation des quantités consommées a été très appréciable depuis la réforme.

En 1900, il est entré 14.000 hectolitres de vin, et en 1902 il y en a 18.000 hectolitres, soit un quart en plus environ.

Dans le tableau que je donne plus loin, vous pourrez remarquer que l'augmentation a toujours été constante depuis la période de dix ans que je vous soumets.

C'était là surtout que la commune trouvait un disponible chaque année et si la loi de 1897 n'avait pas modifié les tarifs, la situation financière de la commune y aurait beaucoup gagné, surtout depuis deux ans.

Tableau faisant ressortir pour une période de dix années la consommation
du vin et de l'alcool dans la commune.

ANNÉES	VIN	ALCOOL	
	Hectolitres	Hec. lit.	
1893	10.255	225 90	
1894	11.555	185 48	
1895	11.754	208 32	
1896	12.206	217 23	
1897	12.930	224 49	
1898	12.620	218 02	
1899	13.427	229.38	
1900	14.000	231 17	
Et depuis la loi de 1897 :			
1901	17.863	151 96	
1902	18.000	143 35	

Cette augmentation constante de la consommation du vin provient surtout de l'augmentation des droits sur l'alcool, car l'ouvrier boit du vin au lieu de prendre un petit verre ou deux d'alcool.

8° Dans les communes qui se sont bornées au minimum de la réduction, quels motifs ont déterminé le Conseil municipal à maintenir uue taxe d'octroi sur les boissons hygiéniques ?

Le Conseil municipal s'est inspiré surtout, et àvec juste raison, de l'axiome économique qui dit : « Gardez-vous de supprimer les impôts qui existent, lorsque cette perception est passée dans les habitudes et dans les mœurs ; l'effet inévitable est de faire profiter des impôts supprimés le seul intermédiaire, au détriment du producteur et du consommateur. » Aussi ce n'est qu'à son corps défendant qu'il a fait une suppression partielle et parce qu'il y a été contraint par l'Administration supérieure. De plus, les taxes de remplacement mises à la disposition des communes étaient dérisoires pour la plupart. (Je ne citerai que l'augmentation des taxes sur les chevaux, rnules, mulets, voitures, automobiles, billards publics et privés, cercles, sociétés, lieux de réunion, etc.)

Ces taxes ne peuvent donner de résultats sérieux que dans les grandes villes, mais dans les petites villes ouvrières comme la nôtre c'était illusoire.

Pour ne citer qu'un cas, le Conseil municipal avait pensé porter la taxe des chiens de luxe de 5 à 10 francs, en laissant les chiens de la deuxième catégorie (chiens de garde, de boucher et de berger) à l'ancienne taxe de 1 franc.

L'administration supérieure a refusé d'approuver çette surtaxe en disant que les deux catégories devaient être augmentées.

Le Conseil, considérant, avec juste raison, que les chiens de la deuxième caté-gorie servaient à la campagne qui, elle, n'avait profité d'aucun dégrèvement, n'a pas cru devoir   gmenter la taxe sur tous les chiens et a dû renoncer à cette taxe de remplacement qui aurait fait tomber dans la Caisse de la commune au moins 1.000 francs par an.

9° *Dans les communes qui ont conservé partiellement les droits d'octroi, quelle était la proportion des frais de régie avant et quelle est-elle après la réforme?*

Cette proportion a beaucoup augmenté depuis la réforme.

Dans le tableau ci-dessous vous pourrez remarquer que la proportionnalité va toujours en diminuant jusqu'en 1900, où nous avons seulement un chiffre normal (9,5 0/0), mais depuis la réforme nous arrivons à 12 0/0.

Aux taxes d'octroi proprement dites, il convient d'ajouter le recouvrement sur taxes d'abattoir, halles et marchés et bascules, qui sont perçues par les employés d'octroi et qui tendent à augmenter tous les ans dans de notables proportions.

ANNÉES	DROITS D'OCTROI	HALLES et MARCHÉS	ABATTOIR	BASCULE	TOTAUX	FRAIS de PERCEPTION	0/0
	Fr. c.	Fr. c.	Fr. c.	Fr. c	Fr. c.	Fr. c.	
1893	51.555 85	8.190 15	5.721 23	708 35	66.175 58	7.297 30	11
1894	51.233 93	8.793 08	4.499 29	785 80	65.312 10	7.669 36	11,7
1895	54.169 14	8.604 40	4.862 02	1.017 20	68.652 76	7.757 25	11,3
1896	58.571 46	10.432 15	5.765 77	933 95	75.703 33	7.829 90	10,3
1897	63.341 27	8.902 45	6.439 42	928 20	79.611 34	7.759 06	9,7
1898	64.629 23	8.000 60	6.528 90	922 20	80.080 93	7.926 33	9,9
1899	68.253 93	10.089 60	6.896 09	931 95	86.171 57	8.132 70	9,4
1900	66.914 45	9.921 45	7.447 52	1.037 75	88.321 17	8.422 31	9,5
Et depuis l'application de la loi de 1897 :							
1901	52.265 66	10.627 86	7.650 58	990 40	71.534 50	8.015 40	11,2
1902	51.805 27	12.419 60	7.430 12	1.136 95	72.791 94	8.748 95	12

Voici, les quelques observations et notes que j'ai pu recueillir pour répondre au questionnaire qui nous a été posé.

La loi de 1897 a été, à mon humble avis, désastreuse pour toutes les communes en général.

Pour qu'elle puisse donner des résultats appréciables, il eut fallu créer des catégories et ne pas obliger toutes les communes, sans exception, à subir la réforme.

Que les villes comme Paris, Lyon, Marseille, Bordeaux, etc., où les droits d'entrée s'élevaient à une somme très forte, aient été obligées de faire le dégrèvement, rien de plus juste; car la somme dégrévée pouvait faire diminuer dans une forte proportion les prix de gros et de détail et profiter aux consommateurs; mais pour les villes de l'importance de la nôtre, qui percevait seulement 2 francs par hectolitre, la réforme était complètement inutile. Elle n'a servi à personne, l'ouvrier n'a bénéficié de rien, il paie le vin aussi cher qu'avant et il a en plus d'autres charges qui lui ont été imposées par les propriétaires qui sont obligés de payer les nouvelles taxes de remplacement.

Les petites communes qui comptaient sur le rendement toujours progressif de leur octroi, se trouvent maintenant dans un grand embarras, et dans un avenir très prochain, au lieu de supprimer complètement les taxes d'octroi, elles seront obligées de les augmenter, au préjudice de la population ouvrière qu'on avait l'intention de dégrever.

Il serait donc désirable, à tous les points de vue, que cette loi soit remaniée dans un sens beaucoup moins absolu.

M. Yves Guyot a fait une enquête auprès des municipalités des villes comptant plus de 100.000 habitants. M. le Maire de Lille s'élève contre la loi de 1897 qui a été faite, dit-il, dans l'intérêt des producteurs de vin, plutôt que dans l'intérêt des consommateurs. Le vin n'y étant qu'un objet de luxe, la consommation n'a pas augmenté.

M. Yves Guyot fait remarquer qu'il n'en a pas été de même pour le Havre. La moyenne antérieure à 1900 était de 40.000 hectolitres. La consommation s'est élevée à plus de 74.000 hectolitres en 1902, tandis que la moyenne de la consommation de l'alcool qui était de 17.500 hectolitres est tombée à 10.500 hectolitres; voilà une preuve frappante de l'influence du dégrèvement ou de l'augmentation des droits.

M. Yves Guyot dit que la plupart des conseillers municipaux ont montré une grande timidité fiscale en abordant la question des taxes de remplacement. Elle les a conduits à la complexité des taxes. On n'élargit pas l'assiette de l'impôt en la cassant en petits morceaux. Depuis 1842, les Anglais ont toujours diminué l'assiette fiscale.

On sait que la loi de 1897 distingue deux catégories de taxes, celles qui ne sont soumises qu'à l'approbation préfectorale; ce sont : les licences municipales, les taxes sur les voitures, les billards, les cercles; 190 communes y ont eu recours. Elles sont évaluées pour 1902, à 3 millions de francs.

Les autres taxes sont soumises, par l'article 5, à l'approbation législative. Elles visent surtout les taxes directes. Elles sont évaluées à 49.946.000 francs. L'article 4 a reproduit textuellement la disposition qui se trouvait dans le projet de remplacement des taxes d'octroi déposé par M. Menier en 1879 et que fit voter M. Yves Guyot en 1889 : « Les taxes directes ne seront prélevées que sur des propriétés ou objets situés dans la commune; elles s'appliqueront à toutes les propriétés ou a tous les objets de même nature. Elles seront proportionnelles. »

M. Yves Guyot a préconisé une taxe sur la valeur vénale de la propriété bâtie. Il n'y a eu que deux communes qui aient osé l'appliquer : Paris et la commune de Salins dans le Jura. M. Yves Guyot donne lecture d'une lettre du Maire de Salins, disant : « De l'impôt sur la propriété bâtie, on peut dire qu'il est passé dans les mœurs. Son taux étant modéré et l'évaluation des maisons ayant eu lieu après un examen sérieux, nous n'avons rencontré que les réclamations de parti-pris; 10 sur plus de 300 cotes. Les plus gros propriétaires n'ont pas protesté. »

M. Yves Guyot montre la nécessité de cet impôt pour établir à Paris la proportionnalité. Sans aller jusqu'à dire que les taxes sur la consommation sont progressives à rebours, il est incontestable qu'elles pèsent surtout sur le plus grand nombre. Or, à Paris, les 697.000 titulaires des loyers au dessous de 500 francs, qui représentent 66 0/0 du nombre total, paient les deux tiers de l'octroi tandis que la valeur locative réelle de leurs locaux d'habitation n'est que de 170 millions contre 349.649,000 francs, soit 33 0/0. Si la répercussion se fait directement, une taxe sur la valeur vénale de la propriété bâtie rétablit la proportion. Elle a rapporté sur 89.373 articles, 14.162.000 francs.

Dans 25 communes on a eu recours à une taxe sur le revenu net des propriétés bâties. Elle comprend 220.000 articles et a rapporté 21 millions. Dans 20 communes, on a frappé les loyers d'habitation : pour obtenir un produit de 6.725.000 francs, il a fallu 443.000 articles. Mais dans toutes les grandes communes, on s'est servi des lois de 1832 et de 1836 pour dégrever les petits logements. Ainsi, à Paris, les locaux d'habitation au-dessous de 500 francs ne sont pas astreints à la contribution personnelle mobilière ni à la taxe sur la valeur locative. Il ne peut en être autrement, la perception serait trop coûteuse. Les catégories les plus nombreuses prennent ainsi l'habitude de se considérer comme exemptes d'impôts. C'est la base même de l'impôt progressif. L'impôt réel, établi sur les propriétés, n'a pas cet inconvénient.

A Paris, on a ajouté à la valeur vénale des propriétés, une taxe sur le revenu net de la propriété, et une taxe locative. En réalité ces trois taxes sont superposées. Il vaudrait beaucoup mieux qu'il n'y en eût qu'une.

On ne reviendra pas sur la loi de 1897. On la complétera dans le sens de la suppression des octrois. Les récriminations que la mesure a provoquées ne nous surprennent pas ; ceux qui bénéficient du degrèvement s'en aperçoivent plus ou moins et le trouvent tout naturel ; ceux qui supportent directement les nouvelles taxes ne s'y résignent qu'en faisant un effort moral.

Discussion. — M. Vital GRANET : Comme complément de ma communication et pour répondre à M. Yves Guyot, je tiens à faire remarquer qu'il est de la plus grande évidence d'après les chiffres rapportés. que depuis l'application de la loi de 1897, la consommation du vin a augmenté, mais que celle de l'alcool a baissé considérablement.

Je veux bien croire, avec lui, que en vue de l'augmentation considérable des droits sur l'alcool, les intéressés ont fait des provisions en conséquence, mais ces provisions ont été épuisées pendant l'année 1901 et nous constatons à Saint-Junien, à Paris, à Lyon et à Angers même, que la baisse de la consommation persiste encore en 1902. C'est donc de bon augure au point de vue de l'hygiène.

Mais, à mon point de vue, les causes de l'augmentation de la consommation du vin et de la diminution de la consommation de l'alcool, ne sont dues aucunement à l'application de la loi de 1897, mais à l'abondance des récoltes depuis quelques années.

———

Le Secrétaire donne lecture de la note suivante (extrait de documents officiels) :

Les octrois en France : Les recettes totales en 1901. — Au point de vue du nombre, la situation des octrois n'a pas sensiblement varié dans le cours de la dernière période quinquennale (1.514 en 1897, 1.509 en 1898 et en 1899, 1504 en 1900 et 1.501 en 1901). La diminution que l'on constate porte sur des octrois d'un rendement minime, dont la suppression est généralement motivée par l'exagération des dépenses qu'entraîne leur exploitation. Toutefois, sans aller jusqu'à l'abolition totale de leur octroi, un certain nombre de villes ont, depuis la mise en vigueur de la loi du 29 décembre 1897, fait disparaître avec les droits sur les boissons hygiéniques, la plupart des autres droits locaux. Quelques-unes, comme celles de Lyon (Rhône), Bourgoin (Isère), Billon (Puy-de-Dôme), Amboise (Indre-et-Loire), Argenteuil (Seine-et-Oise), Vervins (Aisne), Saint-Amand (Cher), Petit-Quevilly et Lillebonne (Seine-Inférieure), n'ont conservé qu'une taxe sur l'accord ; d'autres n'ont maintenu avec cette taxe que les droits sur les viandes : telles sont celles de Moutier, Albertville, Saint-Jean-de-Maurienne (Savoie), Aubenas (Ardèche), Uzès (Gard), Durtal (Maine-et-Loire), Maringues (Puy-de-Dôme), Savenay (Loire-Inférieure), Givors (Rhône), Secondigny (Deux-Sèvres).

Quant aux modes de perception adoptés par les conseils municipaux en vertu de l'article 147 de la loi du 28 avril 1816, ils ont subi, durant la période de cinq ans précitée, les fluctuations suivantes :

Modes de gestion	1897	1898	1899	1900	1901
Régie simple.	860	854	858	864	863
Ferme.	369	364	354	349	344
Abonnement avec l'administration des contributions indirectes . .	285	291	297	291	294
Nombre d'octrois	1.514	1.509	1.509	1.501	1.501

Le régime de la ferme semble ainsi perdre d'année en année la faveur des municipalités. Appliqué en 1897 dans 369 octrois, il ne fonctionne plus que dans 344 en 1901.

Deux tableaux présentent, l'un par département, et l'autre pour les 60 villes dont la population est supérieure à 30.000 âmes, le montant des droits perçus en 1901, avec indication de la population soumise aux taxes communales, de la nature des objets imposés, du produit brut et du produit net des taxes, de la part contributive de chaque habitant et des frais de perception.

L'examen du premier tableau fait ressortir que pour l'ensemble de la France, le total des recettes brutes des octrois a été de 278.321.786 francs, savoir :

Départements . . . . Fr.	168.648.389
Ville de Paris	106.592.670
Octroi de Banlieue (Seine)	3.080.727
TOTAL. . . . . Fr.	278.321.786
En 1900, les produits avaient atteint.	355.408.980
Il y a donc une diminution de . . . . Fr.	77.087.194
qui, jusqu'à concurrence de.	66.682.714

s'applique à la ville de Paris,
et pour le surplus . . . . Fr.   10.404.408

aux départements et à l'octroi de banlieue de la Seine.

Pour l'octroi de Paris, la moins-value est principalement due :

1º A la suppression complète, à partir du 1ᵉʳ janvier 1901, du droit sur les boissons hygiéniques, qui avaient rapporté, en 1900, 44.332.247 francs ;

2º A l'absence des nombreux étrangers qui s'étaient rendus l'année précédente dans la capitale pour y visiter l'Exposition universelle ;

3º A la diminution qui s'est produite dans la consommation de l'alcool (la perte s'élève de ce chef à 16.683.424 francs).

Les principales circonstances qui ont amené cette diminution, sont le développement considérable de la consommation du vin, provoqué tant par le dégrèvement des droits sur cette boisson que sur l'abondance de la récolte et la baisse des prix de vente ; la majoration de 63 fr. 75 c par hectolitre d'alcool pur établie au profit du Trésor par la loi du 29 décembre 1900, l'affaiblissement du degré des spiritueux vendus dans les débits et la substitution partielle dans ces établissements, du vin blanc aux boissons à base d'alcool, enfin la campagne antialcoolique menée par les hygiénistes et l'interdiction faite aux militaires de consommer de l'alcool dans les cantines. L'extension de la fraude, surexcitée par l'élévation du droit général de consommation, n'a pas non plus été étrangère à ce résultat.

Pour les départements, le déficit provient, en majeure partie du dégrèvement des droits communaux sur les vins, les cidres et les bières. Il doit être attribué, en outre, au fléchissement de la consommation d'alcool et à la suppression complète, à l'octroi de Lyon, à partir du 1er juillet 1901, non seulement des droits sur les boissons hygiéniques, mais encore de tous les autres droits, à l'exception de celui sur l'alcool. La réforme de cet octroi occasionne à elle seule une perte de 5.003.082 francs, c'est-à-dire près de la moitié de la perte totale applicable aux octrois autres que celui de Paris.

Voici, d'ailleurs, comment se répartissent les produits dans les diverses catégories d'objets imposables, pendant les années 1900 et 1901 :

Catégories	1900 Hectolitres	1901 Hectolitres
Vins	16.991.642	25.698.050
Cidres	8.604.428	1.912.779
Bières	19.518.557	11.057.447
Alcools y compris les vermouths, etc.	57.586.779	39.712.133
Autres liquides (vinaigres, limonades, etc.)	3.634.167	3.164.647

Si, en raison des dégrèvements dont ils ont été l'objet, les vins accusent, au point de vue de rendement de l'impôt, une diminution considérable (41.293.586 fr.) par contre, et pour le même motif, leur progression est manifeste au point de vue de la consommation. En effet, en ajoutant au chiffre des quantités imposées en 1901, 14.918.526 hectolitres, celui de 6.802.483 hectolitres, qui, d'après les renseignements fournis, représente les introductions de vins effectuées à Paris, pendant la même année, on constate que, sans tenir compte des quantités livrées à destination des autres villes qui ont supprimé totalement leurs droits sur les vins et n'ont pas noté pour mémoire, comme à Paris, l'importance des entrées, la consommation du vin dans les villes à octroi s'est élevée à 21.720.909 hectolitres.
alors qu'en 1900 elle n'avait atteint que 18.375.658 —

d'où il résulte, en faveur de 1901, une augmentation minimum de 3.345.251 hectolitres.

La ville de Paris figure dans ce dernier chiffre pour 1.613.154 hectolitres, les quantités imposées dans cette ville, en 1900, n'ayant pas dépassé 5.179.329 hectolitres.

Le développement de la consommation des boissons hygiéniques, notamment du vin, formant le principal objectif de la loi du 29 décembre 1897, on peut donc dire qu'à ce point de vue le but du législateur a été atteint, grâce aussi, il faut le reconnaître, au dégrèvement des droits du Trésor résultant de la loi du 29 décembre 1900 et au bas prix des vins qui a été la conséquence de l'abondance des récoltes.

En ce qui concerne l'alcool, les quantités frappées des taxes communales n'ont été, en 1901, que de. . . . .   654.443 hectolitres
tandis qu'en 1900, elles s'étaient élevées à. . . . .   964.678   —

La différence en moins de. . . . .   310.235 hectolitres

soit 32 0/0 environ, provient des causes indiquées plus haut pour l'octroi de Paris, auxquelles on peut ajouter les augmentations de droits sur ladite boisson votées par les communes à titre de taxes de remplacement.

Il y a lieu toutefois de remarquer qu'en dehors des villes qui ont totalement supprimé leurs droits sur les boissons hygiéniques, la perte sur l'alcool a été compensée en grande partie, dans les villes qui ont continué à imposer les vins, par les bénéfices réalisés grâce à l'accroissement de consommation de cette boisson.

Les frais de perception des octrois se montent à 30.658.443 francs, ce qui fait ressortir la quotité moyenne à 11,01 0/0 au lieu de 8,78 en 1900. Dans les villes de plus de 30.000 âmes, cette quotité est de 10,65. Elle est de 10,62 à Paris, au lieu de 6,69 seulement en 1900. Cette élévation du taux des frais de perception s'explique par ce fait que les communes ont dû, pour la plupart, malgré les importantes diminutions de recettes occasionnées par la réforme des taxes sur les boissons hygiéniques, conserver le même personnel pour assurer l'encaissement des droits maintenus.

Quant à la part contributive de chaque consommateur dans les produits de l'octroi. elle n'est que de 20 fr. 72 c., chiffre inférieur de 5 fr. 73 c. à celui de l'exercice précédent.

A Paris, le taux moyen de la capitation a baissé de 68 fr. 30 c. à 42 fr. 01 c., soit 38,50 0/0.

Le deuxième tableau concerne les villes, au nombre de 60, qui, d'après les résultats du recensement de 1896, ont une population totale de plus de 30.000 âmes.

Dans ces villes, les perceptions se montent à 207.967.241 francs, soit aux trois quarts environ du produit de tous les octrois.

Indépendamment de Paris, où les recettes dépassent encore 106 millions, on compte une ville (Marseille) qui encaisse plus de 11 millions. 13 qui en perçoivent de 2 à 6 et 16 où les produits sont supérieurs à 1 million.

Pour la ville de Lyon, il convient de remarquer que le montant de ses droits d'octroi en 1901 (6.300.485 francs) comprend : 1° 1.682.051 francs de droits perçus sur l'alcool, pendant l'année tout entière; 2° 2.218.434 francs de perceptions opérées pendant le premier semestre seulement sur les autres objets dont le dégrèvement a été opéré à partir du 1er juillet.

Bien que n'atteignant pas un rendement aussi élevé que celui des 31 villes visées ci-dessus, les octrois, des 29 autres villes de plus de 30.000 âmes n'en sont pas moins très importants et constituent une des principales ressources des budgets municipaux.

Départements	Nombre d'octrois par départ.	Vins	Alcools
Ain	14	62.121	19.674
Aisne	14	122.586	279.176
Allier	13	280.976	48.429
Alpes (Basses-)	10	7.270	19.963
Alpes (Hautes-)	8	29.782	16.782
Alpes-Maritimes	12	657.047	237.843
Ardèche	6	58.222	20.221
Ardennes	7	50.989	96.787
Ariège	21	53.240	8.275
Aube	6	248.083	66.007
Aude	6	19.064	20.178
Aveyron	8	117.158	27.499
Bouches-du-Rhône	50	2.601.248	1.360.069
Calvados	12	46.168	357.964
Cantal	13	56.719	16.823
Charente	20	217.430	31.371
Charente-Inférieure	18	318.878	53.286
Cher	3	9.123	42.370
Corrèze	7	81.408	23.724
Corse	9	75.324	40.511
Côte-d'Or	13	54.218	138.818
Côtes-du-Nord	35	33.951	110.876
Creuse	6	28.282	17.385
Dordogne	20	156.517	23.029
Doubs	3	206.612	81.048
Drôme	17	135.694	65.761
Eure	31	26.536	110.816
Eure-et-Loir	6	65.981	84.622
Finistère	190	132.545	820.267
Gard	10	92.475	130.976
Garonne (Haute-)	19	796.470	157.624
Gers	24	30.860	3.799
Gironde	20	1.470.833	355.401
Hérault	11	183.207	184.279
Ille-et-Vilaine	18	88.472	360.163
Indre	7	65.653	14.201
Indre-et-Loire	4	326.321	103.162
Isère	37	479.957	174.428
Jura	10	88.147	48.156
Landes	16	57.083	12.021
Loir-et-Cher	4	99.927	24.391
Loire	16	1.403.496	359.487
Loire (Haute-)	5	76.834	22.474
Loire-Inférieure	23	758.065	348.615
Loiret	12	258.923	83.899
Lot	10	22.985	6.736

Départements	Nombre d'octrois par départ.	Vins	Alcools
Lot-et-Garonne	44	113.120	19.296
Lozère	2	11.655	3.567
Maine-et-Loire	13	424.547	157.091
Manche	15	11.828	319.037
Marne	5	480.605	342.490
Marne (Haute-)	5	81.866	35.006
Mayenne	6	32 714	71.931
Meurthe-et-Moselle	7	550.486	180.173
Meuse	4	102.625	40.220
Morbihan	36	87.222	310.558
Nièvre	5	120.058	25.842
Nord	70	962.746	1.629.297
Oise	13	90.507	139.490
Orne	12	18.221	64.480
Pas-de-Calais	31	151.239	677.444
Puy-de-Dôme	9	274.360	60.773
Pyrénées (Basses-)	25	270.009	56.586
Pyrénées (Hautes-)	22	126.046	20.693
Pyrénées-Orientales	21	6.094	47.703
Rhin (Haut-)	2	97.390	19.077
Rhône	4	2.455.442	1.049.840
Saône (Haute-)	6	31.291	18.814
Saône-et-Loire	15	210.832	104.497
Sarthe	5	78.666	179.547
Savoie	12	107.831	46.189
Savoie (Haute-)	9	53.441	24.763
Seine { Paris	1	9.415	17.835.102
Seine { Banlieue	1	»	2.075.787
Seine { Département	45	3.034.529	19.504
Seine-Inférieure	27	311.232	2.200.755
Seine-et-Marne	9	126.154	82.447
Seine-et-Oise	16	397.541	266.983
Sèvres (Deux-)	20	422.551	31.044
Somme	8	116.108	350.264
Tarn	20	207.496	35.199
Tarn-et-Garonne	18	107.677	15.854
Var	51	462.703	229.265
Vaucluse	35	191.744	75.000
Vendée	12	94.905	24.970
Vienne	8	215.626	35.169
Vienne (Haute-)	12	404.319	84.730
Vosges	10	146.106	71.626
Yonne	6	61.379	19.841
Totaux et moyennes	1.501	25.204.120	27.525.327

Ne sont pas compris dans les vins ordinaires précités les vins en bouteilles, qui donnent 493.936 francs, ni les vins de liqueur et vermouts fournissant 2.186.806 francs à l'ensemble des octrois.

Les cidres donnent 1.912.779 francs,

Villes	Vins	Alcools
Paris	9.415	17.835.102
Lyon	3.340.551	1.021.048
Marseille	2.459.785	1.291.047
Bordeaux	1.378.325	331.295
Lille	510.990	510.235
Toulouse	782.124	151.758
Saint-Étienne	910.511	251.319
Roubaix	76.593	215.881
Nantes	569.159	242.360
Le Havre	140.342	905.836
Rouen	131.096	787.858
Reims	336.254	255.226
Nancy	442.079	136.641
Toulon	371.976	154.349
Nice	498.864	175.382
Amiens	92.263	247.549
Limoges	373.066	75.458
Angers	329.591	120.994
Nîmes	13.613	90.293
Brest	151.425	293.285
Montpellier	3.860	113.228
Tourcoing	24.989	170.361
Rennes	54.901	211.877
Dijon	»	118.161
Orléans	216.306	63.973
Grenoble	333.901	98.549

M. FOURNIER DE FLAIX, Correspondant de l'Institut.

Des résultats de la réforme des octrois, spécialement à Lyon.

I. — OBSERVATIONS GÉNÉRALES.

Le bulletin de statistique et de législation comparée, mai 1903, a dernièrement publié une notice intéressante donnant un aperçu sommaire et général de ces résultats.

D'après les tableaux qui accompagnent cette notice, la réforme n'a présenté d'intérêt considérable que pour quelques villes et dans ces villes, avant tout pour deux d'entre elles, Paris et Lyon, Paris, à raison du chiffre du dégrèvement restreint aux boissons hygiéniques, mais représentant néanmoins 56.571.714 francs, soit plus des deux tiers de l'ensemble des dégrèvements 77.258.445 francs et Lyon, parce que tous les droits d'octroi ont été supprimés, sauf sur l'alcool.

Ainsi à Marseille, plus peuplé que Lyon, le total du dégrèvement n'a été que de 1.956.573 francs ; Lille, 824.322 francs ; Nice, 574.015 francs ; Rouen, 480.575 francs ; Saint-Étienne, 467,057 francs ; Bordeaux et Toulouse n'ont subi que 113.503 francs et 79.407 francs de dégrèvement. Néanmoins ces centres populeux n'ont pas suivi l'exemple de la ville de Lyon. Ils s'en sont tenus à la lettre de la loi du 29 décembre 1897 et on peut affirmer qu'ils n'envisageraient pas sans appréhension la perspective de renoncer totalement, comme Lyon, aux ressources que leur procure l'octroi. Ils n'en ont jamais abusé comme Paris et Lyon au surplus.

II. — RÉFORME DE L'OCTROI A PARIS.

En 1899, l'octroi de Paris a produit 160.064.611 francs :

	Francs.
Vins	38.594.330
Cidres	376 560
Huiles	3.981.114
Divers	6.185.853
Alcools	25.141.116
Liqueurs	1.685.362
Comestibles	35.113.033
Combustibles	23.755.057
Fourrages	6.181.119
Matériaux	17.903.705
Divers	2.240.362
TOTAL	160.064.611

En 1900 les produits ont été plus élevés, 173.275.383 francs, par suite d'une surélévation des droits sur les alcools.

La suppression totale d'une pareille taxation était impossible. C'est ce qui va ressortir de la suppression entreprise à Lyon, on a dû se borner à supprimer les droits sur les boissons hygiéniques, cette suppression aurait représenté d'après le bulletin de statistique, 56.571.714 francs, somme déjà bien forte à laquelle il a été fait face par une surélévation de droits sur l'alcool pour 10.364.128 francs et par diverses taxes pour 43.180.400 francs, c'est assez.

Sera-t-il possible d'aller plus loin dans la réforme des droits d'octroi à Paris ? on peut en douter très sérieusement en étudiant ce qui a eu lieu à Lyon.

III. — SUPPRESSION DE L'OCTROI A LYON.

On possède sur les conséquences de cette suppression, des documents complets et fort intéressants. Le bulletin municipal de la ville de Lyon des 25 novembre 1900 et 25 novembre 1902, contient tous les détails et tous les chiffres relatifs à la suppression de l'octroi et à son remplacement, ainsi que la discussion au Conseil municipal de Lyon. En face de M. Augagneur, maire de Lyon, qui a eu la part principale dans cette suppression, M. Piaton, ingénieur civil, conseiller municipal, a soutenu des idées moins absolues, moins radicales que celles de M. Augagneur. Il a bien voulu, en mettant ces documents à notre disposition, les accompagner d'une note dont nous nous sommes servi dans notre travail.

En 1899 les divers droits d'octroi ont produit à la ville de Lyon, 11.678.079 fr. 39 c. se subdivisant en :

	Francs.
Boissons et liquides.	5.799.505 52
Comestibles	3.117.483 99
Combustibles	942.472 22
Fourrages.	509.224 42
Matériaux.	1.047.121 34
Divers	162.271 90
TOTAL.	11.678.079 39

Si on répartit ce total entre les 438.000 habitants de Lyon, chiffre indiqué par M. Augagneur, on trouve un prorata de 26,66 par tête. A Paris le prorata était de 64.

Le plan de l'administration municipale de Lyon a consisté à demander : 1º un concours spécial à chaque groupe d'intérêts profitant de la suppression de l'octroi; 2º un concours général aux classes plus aisées en vue de parer aux insuffisances qui pourraient se produire. Ce plan, fort ingénieux, semble avoir obtenu un certain succès. Il n'est pas sans présenter quelques inconvénients que nous aurons à indiquer.

A). *Réduction du montant des droits d'octroi.* — La municipalité a d'abord réduit l'évaluation du produit des octrois, au lieu de le porter à 11.678.079 francs comme en 1899, elle ne lui a plus demandé, budget de 1903, que 10.360.000 francs, la réduction ou diminution de ressource budgétaire est de plus d'un dixième 1.312.079 francs.

B) *Octrois sur les boissons.* — Ils ont été totalement supprimés. Plus de perception aux portes de Lyon, mais il est demandé à l'alcool une taxe spéciale devant fournir 1.200.000 francs par an au lieu des 280.000 francs que l'alcool a fournis en 1899. Cette taxe est de 100 francs par hectolitre, en y joignant les droits de l'État, l'hectolitre d'alcool paiera à Lyon 256 fr. 25 c., chiffre qui n'a rien d'exagéré. Les employés de l'État sont chargés de la perception qui a lieu dans les mêmes conditions que pour l'État.

En outre du droit assez élevé sur l'alcool, il a été demandé un concours particulier aux débitants de boissons. Ces débitants acquittaient en 1899 1.784.850 francs de taxes, savoir : vins, 1.356.000 francs; bières, 458.850 francs, compris dans les rendements de l'octroi. Ils ont été soumis à une taxation spéciale devant produire 2.133.051 francs. A cet effet les débitants, dans lesquels les restaurateurs ont été compris, ont été divisés en quatre catégories, d'après l'importance des loyers. La première catégorie, loyer maximum 499 francs, doit acquitter un droit fixe de 100 francs et un droit proportionnel de 8 0/0 sur le loyer; la seconde catégorie, maximum du loyer 1.199 francs, doit, droit fixe 200 francs, droit proportionnel 12 0/0; la troisième, loyer maximum 2999 francs, droit fixe 300 francs, proportionnel 11 0/0 ; la quatrième, depuis 3.000 francs, droit fixe 400 francs, droit proportionnel 20 0/0. Ces évaluations s'étant trouvées beaucoup trop élevées, il s'est produit une moins-value de 890.000

francs, aussi le rendement de cette taxation n'a été compris que pour 1.260.000 francs au budget de 1903.

A cette taxe de compensation, la municipalité en a joint une seconde, elle a pensé qu'un très grand nombre de marchands et de négociants retireraient de gros profits de la suppression des octrois, notamment les bouchers, charcutiers, épiciers, fabricants de conserves, de graisses, de vinaigres, marchands de poissons, de volailles, de grains, de bois, de fer, de charbons, de pierres, de marbres, de ciments, de couleurs, de parfums, de vernis, en conséquence elle leur a demandé une taxe sur les locaux de leur commerce et de leur industrie, taxe qu'elle a étendue à tous les négociants et industriels d'après la valeur de leurs loyers, estimée à 24.686.000 francs. Les loyers inférieurs à 3.000 francs représentant dans ce total 9.278.000 francs, ont été taxés à 1 0/0 et les autres à 1,50 0/0, rendement supposé 320.400 francs. Le rendement réel a été évalué pour le budget de 1903 à 360.000 francs.

C) *Octrois sur les fourrages*. — Les octrois sur les fourrages ont produit, en 1899, 509.224 francs. Ils ont été remplacés par une taxe spéciale sur les animaux, représentant à peu près 100 francs par tête de cheval. Le budget de 1903 évalue à 530.000 francs le rendement de cette taxe, plus 10.000 francs pour une taxe sur les stalles.

D) *Octrois sur les matériaux*. — Rendement en 1899, 1.147.124 francs. On y a substitué deux taxes directes : l'une sur les constructions neuves, l'autre d'entretien sur les constructions en général.

La première de ces taxes est portée au budget de 1903 pour 300.000 francs ; elle a produit 155.844 francs en 1902. L'avance en est faite par le demandeur en construction. Elle est exigible : un tiers à la délivrance du permis, un tiers lorsque la construction est à moitié, et le solde à l'achèvement de la toiture. Le montant dépend de la nature de la construction et du nombre d'étages et varie de 20 francs par mètre carré à 40 centimes, avec un supplément par chaque étage. Les maisons d'habitation paient beaucoup plus que les usines. Le rendement avait été évalué à 350.000 francs.

La seconde est une taxation à peu près du même genre, levée directement sur les 17.695 maisons de la ville de Lyon. Ces maisons ont été réparties en huit catégories, selon le nombre des étages. Les six premières catégories sont taxées à 8 centimes par mètre carré, plus 3 centimes par étage. La septième catégorie, maisons de plus de six étages, est taxable à 23 centimes par mètre carré, plus 3 centimes par étage. La huitième catégorie ne paie qu'un centime par mètre ; rendement : 570.000 francs. Il avait été évalué à 753.500 francs.

TAXATIONS GÉNÉRALES.

Ces divers droits compensateurs, l'alcool compris, ne produisant pas les ressources nécessaires, même après la diminution de la somme demandée à l'octroi, il a fallu avoir recours à cinq taxes générales.

E) *Taxe sur les cercles*. — On leur a demandé 36.000 francs qu'ils ont versés.

F) *Taxe sur les spectacles*. — Cette taxe n'avait été évaluée qu'à 20.000 francs ;

mais elle a rendu beaucoup plus, de manière qu'on a pu la comprendre pour 60.000 francs dans le budget de 1903. C'est un signe des temps, en rapport avec les résultats du pari mutuel.

G) *Taxe d'habitation.* — Tous les loyers sont soumis à une taxe d'habitation qui offre les plus grands rapports avec la taxe compensatrice imposée aux débitants et restaurateurs. Le montant de ces loyers a été calculé, pour 1898, à 41.352.100 francs. Il leur a été imposé une taxation progressive dans les conditions suivantes :

Loyers de	1 à 199 francs		0,50 0/0
— de	200 à 499 —		4 —
— de	500 à 1.199 —		6 —
— de	1.200 à 2.999 —		8 —
— de	3.000 et au-dessus		10 —

Le rendement a été calculé comme suit :

	Loyers.	Francs.
1re classe.	4.566.000	22.830
2e —	15.636.300	625.452
3e —	10.342.900	620.574
4e —	6.906.700	552.536
5e —	3.906.200	390.020
		2.211.413

Cette taxe a produit une plus-value considérable de 664.000 francs. Elle figure au budget de 1903 pour 2.864.000 francs.

H) *Taxe sur la propriété bâtie.* — Elle consiste en un impôt de 4 0/0 sur le revenu, évalué à 76 millions, des immeubles bâtis de Lyon. Son rendement avait été évalué à 3 millions. Il n'a été que de 2.981.904 francs ; on l'a ramené, pour le budget de 1903, à 2.980.000 francs.

I) *Taxe sur les propriétés non bâties.* — Elle est de 4 0/0 sur les terrains cultivés ou loués et de 20 centimes sur la valeur vénale pour les autres. Évaluation du rendement sur 2.800 hectares : 50.000 francs ; rendement : 91.672 francs, portés pour 90.000 francs au budget de 1903.

J) *Taxe successorale.* — Malgré toutes ces taxes si variées, le plein de la balance n'était pas atteint. Il avait fallu demander le complément aux successions.

On a dû y renoncer ainsi qu'à une taxe sur les internats.

K) *Balance.* — En résumé, les taxations nouvelles figurent au budget de 1903 pour :

Alcool.	Fr.	1.200.000
Taxe sur les débitants		1.260.000
A reporter.	Fr.	2.460.000

Report . . . . Fr.	2.460.000
Taxe sur les loyers d'industrie et de commerce . .	360.000
Taxe sur les animaux	530.000
Taxe sur les constructions neuves	300.000
Taxe d'entretien des maisons	570.000
Taxe sur les cercles	36.000
Taxe sur les spectacles	160.000
Taxe d'habitation.	2.864.000
Taxe sur les immeubles bâtis	2.980.000
Taxe sur les immeubles non bâtis	90.000
Total. . . . . Fr.	10.350.000

Le budget de 1903 évalue ces diverses taxes à 10.360.000 francs. Il y a donc
balance.

IV. — OBSERVATIONS GÉNÉRALES SUR LA RÉFORME FISCALE RÉSULTANT DE LA SUPPRESSION DES OCTROIS A LYON.

1° On doit reconnaître que l'administration municipale de Lyon a exécuté
cette réforme avec une grande habileté, une connaissance exacte des ressources
de la ville ;

2° Elle a fait précéder l'exposé de son plan d'une introduction dans laquelle
elle développe les idées qu'elle poursuivait, affranchir de l'octroi les 117.501
ouvriers de Lyon qui y contribuent pour 2.996.275 francs avec 79.795.700 francs
de salaires, et en reporter le plus possible la charge sur les 12.134 *rentiers*,
ayant 75 millions de rentes par an, qui contribuent seulement pour 525.172 fr.
50 c.

Ces chiffres sont fort discutables à toute sorte de points de vue, et même ils
sont inexplicables. D'abord ils ne correspondent pas au produit de l'octroi en
1899 — plus de 11 millions — puis ils font une confusion complète entre les
revenus des rentiers proprement dits avec les propriétaires, les industriels, les
négociants, les professions libérales, les marchands. On est donc obligé de les
laisser de côté.

Il vaut mieux citer les paroles que M. Augagneur a prononcées, en réponse
aux critiques de M. Piaton dans la séance du 25 novembre 1902 : « Nous
sommes très fiers d'avoir supprimé l'octroi, parce qu'à l'heure actuelle il y a
100.000 de nos concitoyens appartenant à la classe la moins aisée de notre ville
qui ne paient rien, parce que 100.000 autres paient moins qu'avant, et que
nous ne sommes que 25 ou 26.000 qui payons un peu plus qu'autrefois. »

Il y a une part de vérité et une part d'illusion dans ces paroles.

Il est chimérique de vouloir reporter sur 25.000 personnes seulement tous les
impôts que peuvent en supporter 200.000. On trouve la preuve de ce fait dans
les taxations mêmes en remplacement de l'octroi, puisque la taxe de l'habitation porte sur tous les loyers sans exception. Aussi M. Piaton réduit à 40.000
les 100.000 ménages qui, d'après M. Augagneur, ne paieraient rien ;

3° Sans doute, dans les démocraties, la tendance est d'amoindrir les charges
des moins aisés et d'accroître celles des plus aisés ; mais il y aurait danger à
exagérer cette tendance, d'abord parce que tous les citoyens non indigents ont
le devoir de concourir dans la mesure de leurs ressources aux charges publiques,

notamment aux charges municipales, et ensuite parce que les classes aisées ont à former, à augmenter et à entretenir les capitaux, sans lesquels l'État et les municipalités, de même que les principaux éléments de la production, les arts, les sciences, ne peuvent remplir dans l'organisme social leurs diverses fonctions et surtout profiter des progrès économiques qui se présentent et se renouvellent sans cesse. Citons un seul exemple, parce qu'il est actuel. Le Métropolitain de Paris constituera pour la population de Paris un immense progrès dont les moins aisés profiteront beaucoup. Il coûtera 600 millions. Faut-il encore que ces 600 millions aient été fournis par les épargnes et les bénéfices des plus aisés.

C'est la thèse que vers 1770 Graslin a défendue avec une grande vigueur contre les physiocrates et notamment contre Turgot.

On doit donc applaudir aux efforts du Conseil municipal de Lyon sans accepter toutes les idées et surtout tous les chiffres de M. Augagneur;

4° Il y a encore à faire une réserve très importante, c'est celle des besoins et des droits de l'État. Il est dangereux que les sources où l'État peut puiser soient absorbées par les dépenses municipales, ainsi les taxes de remplacement mise en pratique à Lyon ont beaucoup augmenté les impôts directs existants.

Les impôts fonciers (y compris celui des portes et fenêtres) s'élèvent à Lyon à plus de 6 millions et dont 837.200 francs profitent à la Ville; ces impôts ont été augmentés de plus de 60 0/0 par la taxe de remplacement.

La taxe d'habitation représentant 2.864.000 francs, porte cette augmentation à 110 0/0.

Aussi, dans le cas où le projet d'impôt sur le revenu, en cours de discussion devant le Parlement, serait adopté, il y aurait à payer deux taxes d'habitation, ce serait beaucoup;

5° Enfin, pour apprécier définitivement la réforme entreprise à Lyon, il serait indispensable d'avoir quelques données sur les résultats économiques, c'est-à-dire sur l'esprit actuel des denrées qui ont été dégrévées, en tenant compte des changements que les récoltes ou productions ont pu opérer dans les prix, car la surcharge fiscale est si lourde qu'on est autorisé à se demander si véritablement les avantages positifs de la suppression de l'octroi, en particulier sur les vins, ont été en rapport avec cette surcharge. M. Augagneur n'a fourni à cet égard aucun renseignement;

6° Il faut cependant ajouter que l'expérimentation faite par la municipalité de Lyon, quel que soit l'avenir qui lui est réservé, aura une grande importance, parce qu'elle pourra être utilisée par plusieurs autres municipalités qui se rendront mieux compte des conséquences de la suppression des octrois.

Ainsi, on peut affirmer que d'après les résultats obtenus à Lyon, la suppression totale de l'octroi à Paris n'est praticable qu'en bouleversant toutes les conditions de la production à Paris et en compromettant la prospérité de cette immense agglomération de capitaux et de travail.

Nous donnons en annexe le tableau des valeurs locatives de Lyon en 1899. Ce tableau est intéressant pour la taxe d'habitation.

ÉTAT DES VALEURS LOCATIVES EN 1899

VALEURS LOCATIVES	NOMBRE DE LOGEMENTS OCCUPÉS PAR			TOTAUX
	INDUSTRIE	COMMERCE	LOGEMENT	
Au dessous de 100 francs	188	683	13.232	14.103
de 100 à 199 —	410	2.079	29.068	31.557
— 200 — 299 —	1.095	2.831	26.682	30.608
— 300 — 399 —	1.024	2.741	18.667	22.432
— 400 — 499 —	573	2.956	11.236	14.765
— 500 — 599 —	439	2.159	8.457	11.055
— 600 — 699 —	351	1.685	5.741	7.777
— 700 — 799 —	235	1.355	4.319	5.909
— 800 — 899 —	181	1.227	3.555	4.963
— 900 — 999 —	126	774	2.507	3.407
— 1.000 — 1.099 —	155	740	2.290	3.185
— 1.100 — 1.199 —	125	546	2.011	2.682
— 1.200 — 1.299 —	118	634	1.992	2.744
— 1.300 — 1.399 —	96	389	1.517	2.002
— 1.400 — 1.499 —	73	409	1.093	1.575
— 1.500 — 1.999 —	131	1.333	1.289	2.753
— 2.000 — 2.499 —	97	991	762	1.850
— 2.500 — 2.999 —	75	855	431	1.361
— 3.000 — 3.499 —	68	564	312	944
— 3.500 — 3.999 —	56	383	222	661
— 4.000 — 4.499 —	36	245	158	439
— 4.500 — 4.999 —	41	165	113	319
— 5.000 — 5.999 —	40	350	106	496
— 6.000 — 6.999 —	20	186	75	281
— 7.000 — 7.999 —	22	128	47	197
— 8.000 — 8.999 —	8	38	29	75
— 9.000 — 9.999 —	14	42	20	76
— 10.000 — 14.999 —	27	34	16	77
— 15.000 et au-dessus	51	49	10	110
TOTAUX	5.875	26.571	135.357	168.403

— Séance du 5 août —

M. FOUCHER, Conseiller municipal d'Angers.

Question des octrois. — La suppression à Angers de la taxe d'octroi sur les poissons communs : sardines, maquereaux, raies, merlues, etc., n'a pas donné le résultat qu'en attendait son promoteur, et, depuis quatre ans qu'elle est adoptée, la sardine, cet aliment du pauvre, qui avant se vendait de 30 à 40 centimes la douzaine, soit 1 fr. 50 c. à 2 francs le kilogramme, est montée, après la détaxe à 40, 50 et même 75 centimes la douzaine, quand les autres poissons de la même catégorie : maquereaux, raies, merlues, etc., se sont vendus couramment 1 fr. 50 c. à 2 fr. 50 c. le kilogramme, excepté cependant lors d'arrivages surabondants, par un temps peu favorable, obligeant, sous peine de perte, les commissionnaires à se défaire promptement de leurs marchandises.

Cette suppression de taxe sur les poissons communs a eu, pour conséquence imprévue d'ouvrir une large porte à la fraude par suite de la difficulté pour les agents du fisc de vérifier et de trier, lors des arrivages, les poissons de luxe imposés, des poissons communs dégrevés, transportés et mélangés dans les mêmes paniers.

Le dégrèvement, sans profiter d'aucune manière aux consommateurs a fait la fortune de quelques marchands en gros qui, à Angers, ont accaparé le marché des poissons, et il a eu pour conséquence brutale de faire perdre au budget des recettes municipales une somme de 103.138 fr. 10 c. dans l'espace de quatre exercices, soit environ 25.500 francs par an.

Je suis et resterai partisan résolu des taxes d'octroi, et cela pour plusieurs raisons : la première, qui a bien sa valeur, c'est que, s'appliquant à des objets de consommation, elles sont supportées en notable partie par les étrangers, et que d'autre part on y est habitué.

Mais ce n'est pas tout. Cet impôt, quoi qu'en aient dit les théoriciens, est supporté en majeure partie par les classes aisées, il résulte, en effet, de renseignements puisés au bon endroit que si une famille de cinq personnes jouissant d'un revenu annuel de 1.200 francs paye à l'octroi douze francs environ, une autre famille numériquement égale, mais dotée de 4.000 francs de rente arrive à donner annuellement 48 francs à l'octroi ou même beaucoup plus.

On nous a donné la ville de Lyon comme exemple, militant en faveur de la suppression des octrois, mais je tiens de source autorisée que la municipalité cherche les moyens de se tirer du guêpier où elle s'est fourrée ; elle s'aperçoit, un peu tard, que la mesure prise a réduit dans une énorme proportion la valeur locative des immeubles et ralenti considérablement le nombre des constructions nouvelles.

Les marchands de vin en fûts sont augmenté leurs bénéfices, c'est vrai, mais le consommateur au litre n'a rien gagné au dégrèvement.

Je pourrais vous citer des centaines de villes dont les municipalités, animées d'un bon mouvement, ont eu l'idée de supprimer les taxes d'octroi, mais ne sont point arrivées à découvrir des taxes de remplacement.

En conséquence, je suis et resterai un adversaire résolu de la suppression des octrois, considérant que cette mesure est un leurre et un miroir aux allouettes qu'on fait briller aux yeux du pauvre monde.

Discussion. — M. Granet prend de nouveau la parole pour appuyer son opinion.

M. Levasseur donne lecture des chiffres officiels relatifs à la consommation de l'alcool qui a diminué de 22,30 0/0.

M. Raffalovich trouve qu'il faut féliciter la France d'avoir trouvé une voie pour lutter contre l'alcoolisme.

M. Cayla : L'octroi de Saint-Amand produisait environ 53.000 francs par an moins 13.000 francs de frais, soit 50.000 francs. Les taxes de remplacement produisaient la même chose avec 2 000 francs de frais seulement, frais qui de-

vront cependant s'élever un peut plus haut pour un million et plus juste rémunération des services. Du chef des frais la suppression de l'octroi produit bien
déjà un profit réel de 10.000 francs. — Ces taxes de déplacement frappent un
certain nombre d'objets de luxe; pianos, bicyclettes, etc., ne produisant presque
rien malgré la diversité des objets taxés et le taux de la taxe. Celles qui rapportent véritablement sont celles sur les alcools (4.000 francs), sur les bières
(5.000 francs), sur les propriétés bâties (8.000 francs), sur la valeur locative
(10.500 francs) et les centimes additionnels sur contributions directes.(12.500
francs). — Le résultat de leur rendement a bien été conforme aux prévisions;
mais un résultat qui a dépassé les prévisions c'est l'étendue des plaintes de la
première application de ces taxes, particulièrement de celle sur la valeur locative frappant de 12 francs les loyers si modestes de 400 francs et les plus nombreux, surtout lorsqu'on a vu que malgré la suppression des droits d'octroi le
prix des marchandises dégrevées ne diminuait pas. Les seuls personnes qui
aient en effet gagné immédiatement à la suppression en question sont les marchands de petites denrées des communes rurales voisines et les marchands et
entrepreneurs de la ville. Le maire avait bien fait afficher un aperçu de la diminution des droits et invité les consommateurs à demander la remise d'autant
aux dits marchands; mais ceux-ci s'y sont refusé en alléguant, ce qui nous
paraît tout à fait inexact, que les nouvelles taxes les frappaient personnellement au delà des détaxes d'octroi. Cela ne doit pas décourager dans la poursuite
de l'œuvre de la suppression des octrois; car, s'il est bien vrai que tout d'abord
l'intermédiaire tire à lui presque tout le profit de la réforme, le consommateur
plus ou moins producteur d'ailleurs lui-même de quelque chose, ne tarde pas à
trouver à son tour son profit par le fait que la suppression des entraves à la
circulation active toutes les affaires et multiplie tous les profits. Seulement cela
doit nous guider dans le choix des taxes de remplacement; et puisque ce sont
les intermédiaires qui bénéficient le plus et les premiers des détaxes d'octroi,
ce sont eux qui doivent surtout frapper du moins en premier lieu les taxes de
remplacement et, comme intermédiaires, il faut comprendre aussi bien les propriétaires qui vendent des loyers que les autres commerçants qui vendent toute
autre marchandise. Les taxes de remplacement de l'octroi doivent donc être
avant tout des augmentations de licences et de patentes et des taxes sur le revenu des propriétés bâties, les intermédiaires ainsi frappés ne faisant guère
d'ailleurs que d'avancer l'impôt et sachant mieux que quiconque le répartir
ensuite sur chacun au prorata de sa dépense. Nous ne trouvons de préférable à
ce que nous venons de dire que le système belge de 1860 qui malheureusement
ne peut être appliqué qu'avec une réforme générale admettant ce principe plus
vrai dans certains pays que d'autres : que c'est tout le pays sans distinction de
ville et de campagne qui par la liberté complète de circulation profite de la suppression des octrois et que ce sont par conséquent des taxes d'État frappant tout
le monde qui doivent parfaire les manquants. On voit dans le traité des impôts
de M. de Parieu, qu'à Arlon, petite ville de Belgique, où, l'octroi étant de même
chiffre que celui de Saint-Amand, la réforme ainsi faite a produit là comme
dans toute la Belgique d'excellents résultants constatés déjà à la Chambre par
M. Glais-Bizion. Là aussi, comme je viens de vous le faire confirmer par des
témoins, ce furent les intermédiaires seuls qui en 1861 profitèrent de la baisse
des produits à la suite de la suppression des octrois; et aujourd'hui c'est tout
le monde qui, pour d'autres motifs sans doute, mais pour celui-là surtout, ne
paie plus le pain que 0 fr. 65 les trois kilogrammes, le café 0 fr. 90 le demi-

kilogramme, le sel 0 fr. 05, les allumettes 0 fr. 10 les 500 et le reste à l'avenant. Il y a ici comme un peu partout ce qu'a si bien dit Bastiat : « Ce qu'on voit et ce qu'on ne voit pas et ce qui pourtant arrive fatalement ».

M. BALDET, Préposé en chef de l'octroi, à Angers.

Mes fonctions ne me permettent pas de formuler un avis sur la question de suppression des octrois.

J'ai naturellement suivi, avec la plus grande attention, les différentes phases de la suppression totale ou partielle des droits d'octroi dans les villes de France et j'ai remis à l'Administration municipale un travail très documenté relatant les nouvelles taxes proposées et adoptées ainsi que les résultats obtenus dans certaines villes.

Au Congrès d'Ajaccio M. Charles Toureilles, licencié en droit et inspecteur de l'octroi de Nîmes, a présenté un rapport très intéressant sur l'application de la loi du 29 décembre 1897. Au Congrès de Montauban, en 1902, M. Faure, mon très distingué collègue de Limoges, a également traité de main de maître la loi de 1897 et les taxes de remplacement. Il ne me reste rien à ajouter à ces deux rapports établis avec la plus scrupuleuse impartialité et dont les conclusions ont conservé aujourd'hui encore toute leur valeur.

Je vous demanderai donc, messieurs, de vous présenter seulement quelques observations toutes personnelles résultant des remarques que j'ai faites au cours de vingt et une années de services dans diverses administrations financières, tant de l'État que communale, et pendant lesquelles j'ai été appelé à étudier, à appliquer et à établir des taxes directes et indirectes.

Tout d'abord, pour répondre au désir exprimé hier par M. le Président, je consignerai ici, en les complétant brièvement par des exemples applicables à la ville d'Angers, les deux observations que j'ai cru devoir émettre à la dernière séance à la suite des communications très intéressantes de M. Granet et de M. Yves Guyot.

En ce qui concerne les licences établies par la loi du 29 décembre 1900, après la suppression de l'exercice dans les petites communes et de la taxe unique dans les villes plus importantes, j'ai fait remarquer que dans ces dernières villes le bénéfice réalisé par les débitants a été bien inférieur à celui réalisé dans les communes soumises précédemment à l'exercice, surtout dans les villes où des licences municipales ont été établies par les administrations locales pour parfaire la diminution imposée sur les vins par la loi du 29 décembre 1897.

Répondant à M. Yves Guyot, j'ai dû constater que ladite loi du 29 décembre 1897 a produit un effet complètement nul au sujet de la diminution du prix des vins au profit des consommateurs et des introductions.

A Angers, notamment, la loi de 1897 a été appliquée à partir du 1er septembre 1898 ; les droits sur les vins ont été ramenés de 3 fr. 20 c. par hectolitre à 2 fr. 25 c., soit une diminution de 95 centimes par hectolitre.

Les quantités de vins introduites en 1897 se sont élevées à 74.484 hectolitres, alors qu'en 1898 et en 1899 ces mêmes quantités n'ont atteint respectivement que 70.829 et 72.364 hectolitres.

La loi du 29 décembre 1900, qui a supprimé les droits de taxe unique au profit de l'État, s'élevant pour Angers à 6 fr. 01 c. par hectolitre, soit à

13 fr. 50 c. par barrique, a seule, en raison de la sérieuse diminution consentie, et aussi de l'abondance des récoltes de 1900 et de 1901, provoqué un essor inconnu jusqu'à ce jour dans les introductions ; c'est ainsi que de 72.364 hectolitres introduits en 1900, on passe, en 1901, à 110.830 hectolitres, et en 1902 à 111.655 hectolitres, d'où une augmentation de 38 à 39.000 hectolitres.

. Par contre, les alcools qui figuraient en 1899 pour un chiffre de 3.023 hectolitres, sont tombés successivement : en 1900, à 2.866 hectolitres ; en 1901, à 1.555 hectolitres, pour finir, en 1902, à 1.378 hectolitres, soit une diminution considérable d'environ 55 0/0.

La suppression complète des droits sur les vins causerait à la ville d'Angers une perte de 250.000 francs, et en raison du droit peu élevé de 2 fr. 25 c. par hectolitre de vin, j'estime que le consommateur pauvre n'aurait aucun avantage à cette suppression, qui profiterait uniquement à la classe moyenne et aux intermédiaires, et je craindrais même que les impôts de remplacement ne fussent, en réalité, par leur répercussion sur les classes pauvres qu'un accroissement à leurs charges.

Le principal grief relevé contre les octrois est incontestablement leur caractère vexatoire et inquisitorial ; je ne fais d'ailleurs aucune difficulté pour le reconnaître, mais je suis heureux de pouvoir vous dire que, depuis huit années que je suis à Angers, à la tête de ce service, je n'ai pu trouver dans ma correspondance une seule plainte sérieuse à l'égard de mon personnel, qui compte 72 employés. C'est à peine si deux ou trois rapports verbaux, dictés plutôt par une mauvaise humeur passagère, m'ont été faits à ce sujet.

L'habitude des formalités semble entrée dans nos mœurs et, en tout cas, j'estime que le tact et le respect des convenances de la part des employés peuvent tout au moins atténuer dans une large mesure les inconvénients des visites aux entrées. Je tiens ici à rendre un témoignage public de satisfaction à mes modestes et dévoués collaborateurs.

Si j'envisage, d'autre part, la rentrée de l'impôt, je dois avouer en toute sincérité qu'aucun impôt ne rentre avec autant de facilité que celui de l'octroi. Amassé pour ainsi dire sou par sou, l'argent des redevables est versé à des époques très rapprochées dans la caisse municipale, et alors que, pour les impôts directs, j'ai pu constater personnellement les longues listes de poursuites établies, depuis la simple sommation jusqu'à la saisie et la vente, je suis amené à déclarer que, pendant huit années, l'octroi d'Angers, qui a rapporté jusqu'à 1.451.000 francs, n'a fait, pour tous frais, qu'un seul commandement, dont le coût a été de 6 fr. 08 c. Les frais de perception atteignent ici 9,8 0/0.

Reprenant la thèse de M. le conseiller municipal Foucher, je suis persuadé que les étrangers participent dans les charges de l'octroi pour une somme qu'on peut évaluer à environ 300.000 francs.

En cas de suppression, les impôts de remplacement frapperaient uniquement les habitants de la ville, et il me paraît difficile d'admettre que ces derniers puissent se récupérer en augmentant les frais de séjour dans notre ville.

. Enfin, une dernière observation, qu'il me paraît nécessaire de présenter, est relative à la quote-part de chaque habitant dans le produit de l'octroi. Pour obtenir ce renseignement, l'usage le plus court et le plus facile est de prendre le produit brut de l'octroi et de le diviser purement et simplement par le nombre d'habitants. A ce compte on arrive, à Angers, à un taux de 18 à 20 francs par habitant. J'ai cru devoir abandonner ce calcul par trop mathématique et élémentaire et procéder à l'aide d'un tout autre moyen. Je me suis donc livré à une enquête minutieuse et j'ai réussi à obtenir la moyenne de deux ménages composés chacun de cinq personnes.

Le premier ménage, qui est un ménage ouvrier, a pour ressources le travail du chef de famille, dont le gain est évalué à 4 francs par jour, soit 1.200 francs par an.

En prenant tous les objets imposés à l'octroi comprenant l'alimentation, le chauffage, etc., j'obtiens les résultats suivants :

		Fr.	c.
1°	Vin, 360 litres, à 2 fr. 25 c.	8	10
2°	Vinaigre, 12 litres, à 4 fr. 50 c..	»	54
3°	Viande, 78 kilogrammes, à 7 centimes.	5	46
4°	Charcuterie, 20 kilogrammes, à 10 centimes	2	»
5°	Volailles et gibiers, 12 pièces, à 15 centimes	1	80
6°	Charbon de bois, 50 kilogrammes, à 1 fr. 50 c..	»	75
7°	Bois de chauffage, 12 fagots, à 2 fr. 50 c.	»	30
8°	Charbon de terre, 1.000 kilogrammes, à 2 fr. 50 c.	2	50
9°	Savon, 12 kilogrammes, à 6 francs	»	72
10°	Alcool, 1 litre, à 60 centimes.	»	60
	Au Total.	22	77

pour cinq personnes, soit par personne 4 fr. 55 c.

Nul n'ignore que les ménages ouvriers consomment, en général, beaucoup de légumes, fruits, fromage, beurre et œufs, produits non imposés à l'octroi d'Angers.

Le second exemple se rapporte à un ménage de cinq personnes également, dont le revenu est évalué à 4.000 francs.

Les résultats obtenus se chiffrent ainsi :

		Fr.	c.
1°	Vin, 500 litres, à 2 fr. 25 c.	11	25
2°	Alcool, 5 litres, à 60 centimes.	3	»
3°	Vinaigre, 20 litres, à 4 fr. 50 c.	»	90
4°	Volailles et gibiers, 24 pièces, à 15 centimes	3	60
5°	Viande, 156 kilogrammes, à 7 centimes.	10	92
6°	Charcuterie, 40 kilogrammes, à 10 centimes	4	»
7°	Charbon de bois, 20 kilogrammes, à 1 fr. 50 c.	»	30
8°	Bois, fagots, 50 à 2 fr. 50 c.	1	25
9°	Bois de chauffage, 1 stère, à 1 fr. 50 c.	1	50
10°	Charbon de terre, 1.500 kilogrammes, à 2 fr. 50 c.	3	75
11°	Bougies, 3 kilogrammes, à 20 centimes	»	60
12°	Savon, 25 kilogrammes, à 6 francs	1	50
	Au Total.	42	57

pour cinq personnes, soit 8 fr. 51 c. par personne.

Ces deux exemples sont évidemment susceptibles de variations assez nombreuses suivant la nature de la consommation, mais, quoi qu'on fasse, il est indiscutable qu'ils prouvent surabondamment que les consommateurs paraissent frappés selon leurs moyens et qu'il est injuste de prétendre que chaque habitant d'une ville contribue pour une part égale dans le produit de l'octroi.

Il vous est d'ailleurs facile, messieurs, de faire vous-mêmes l'expérience de ces chiffres, et je suis persuadé que vous obtiendrez un résultat à peu près équivalent à ceux que je viens de mettre sous vos yeux.

Je ne me permettrai pas, encore une fois, de discuter les avantages ou les inconvénients de l'octroi. En le faisant, je pourrais être taxé de partialité.

La seule conclusion que je crois pouvoir donner après une étude approfondie de cette question, c'est qu'il ne me paraît pas possible d'arriver à une suppression complète des octrois sans l'aide de l'État. Je me rallie d'ailleurs à la conclusion naturelle des économistes distingués qui ont étudié avec autorité et une réelle compétence ce problème assurément très ardu.

———

M. le Maire d'Angers a bien voulu communiquer à M. Levasseur les documents qu'il a recueillis dans diverses villes sur ce sujet, avant et depuis la réforme.

Projet de M. Proust (1899 ?).

Brut.				Francs.
	Francs.			
1898 . .	1.356.000	En 1902 l'octroi d'Angers a rapporté brut.	1.352.000
1899 . .	1.398.000	Frais	140.000
1900 . .	1.451.000	Net	1.212.000
1901 . .	1.414.000	A retrancher les droits sur les alcools qui	
1902 . .	1.352.000	doivent en tout cas rester	120.000
			1.092.000

Propose de remplacer par licence municipale basée sur droit fixe (106 francs) et droit proportionnel au loyer portant sur les établissements vendant produits alcooliques. . . . . Fr. 122.500
25 centimes additionnels aux quatre contributions directes . . . 222.360
10 0/0 sur constructions neuves 100.000
3 0/0 sur valeur vénale des immeubles 480.000
Cotisation personnelle de trois jours de travail 216.000

Total . . . . Fr. 1.140.860

———

Le décret du 16 juin 1902 sur les *licences municipales* autorisées par loi du 29 décembre 1897 (articles 4 et 7) autorise deux tarifs droit fixe, un pour les établissements qui ne vendent que des boissons hygiéniques, un pour les autres. Le droit fixe ne peut dépasser le droit de licence de l'État. Droit porté au double pour qui ne vend pas exclusivement des boissons hygiéniques. Autant de droits fixes que d'établissements (circulaire ministérielle du 8 décembre 1898 sur licences municipales, voir aussi décret du 16 juin 1898).

Avant la loi le droit de l'État était :

Hectolitre de vin . . . . Fr. 7 51
 — de cidre 3 40

Plus les taxes d'octroi :

Hectolitre de vin 2 25
 — de cidre 1 25

à Angers, ce qui donnait à la ville 237.796 francs.

La nouvelle loi dégrevant de 6 fr. 01 c. vin et 2 fr. 60 c. cidre on a :

Hectolitre de vin . . . . Fr.   1 50
—   de cidre 0 80

Pour combler déficit licences de 360 francs à 85 francs pour État.

En outre le droit sur alcool porté de 186 fr. 25 c. à 250 francs pour État. Le droit d'octroi était avant de 30 francs. Porté au double : c'est le maximum autorisé.

A Angers environ 1.118 débitants dont 118 peut-être ne débitent que boissons hygiéniques. Les autres peuvent être imposés à 100 francs.

Le préposé de l'octroi pense que le dégrèvement sera avantageux à la classe aisée qui achète vin en fûts, mais que l'ouvrier qui achète chez le débitant n'aura pas diminution à cause de la licence.

La décharge de l'État accroîtra consommation. Si la ville supprime octroi elle ne bénéficiera pas de l'augmentation (Marseille a conservé son octroi).

La taxe sur constructions neuves remplacerait-elle bien la suppression de l'octroi sur matériaux (environ 3,3 0/0) et n'arrêterait-elle pas construction.? Ne ferait-elle pas double emploi avec taxe sur valeur vénale de l'immeuble.?

A Lyon les entrepreneurs protestent contre les taxes de remplacement qui pèseront sur la construction.

Le *Patriote de l'Ouest* fait campagne à Angers pour taxe de 3 0/0 sur valeur vénale des immeubles.

L'armée (2.850 hommes) fournit à l'octroi 69.315 francs, soit 13 francs par homme. La ville donne pour frais de casernement 35.000 francs. On dégrèvera Angers.

Article du Journal des Contributions directes, 26 novembre 1902. — Lyon seul, a supprimé octroi, en laissant droit de 100 francs sur alcool. Les taxes de remplacement portent surtout sur locataires et propriétaires. Donc les étrangers sont dégrevés. Paris en supprimant 4 francs sur vin, 1 fr. 50 c. sur cidre, 5 francs sur bière s'est privé de 21 millions. L'État ne tolère pas les taxes qui feraient concurrence à ses impôts.

M. Milonneau, ancien employé de l'octroi, fait savoir que la question avait été posée en 1869, propose un impôt progressif sur revenus, bénéfices, salaires au-dessus de 1.000 francs.

Le rapporteur du Conseil municipal n'est pas favorable.

8 janvier 1903. — Le changement sur les poissons (décision du Conseil municipal, 29 décembre 1900), suppression de taxe sur poissons communs, augmentation sur fins a produit une diminution. Avant dégrèvement, en 1898, 265.000 kilogrammes avaient produit 39.800 francs. En 1902, 79.272 kilogrammes ont produit 13.341 francs.

La sardine exemptée (15 centimes le kilogramme avant) n'a pas diminué de prix au détail.

Les introductions d'alcool avant l'application de la loi du 29 décembre 1900 étaient de 3.000 hectolitres environ par an.

En 1901, 1.556 hectolitres ; en 1902, 1.379 hectolitres.

Le dégrèvement des vins a fait baisser consommation de la bière.

Renseignements sur ce qui s'est fait dans un certain nombre de villes.

Angers. — Réduction sur boissons hygiéniques conforme à la loi du 29 décembre 1898.

Par compensation alcool porté de 24 à 60 francs.

Argentan. — *Idem.* Taxe sur alcool portée de 9 à 15 francs.

Argenteuil. — Tout octroi supprimé en janvier 1900. 106 centimes additionnels ajoutés. Mais il y a des réclamations. On dit que le remplacement n'est pas équitable. Un boucher qui payait 15.000 francs se trouve n'être pas touché par les taxes de remplacement et n'a pas diminué ses prix.

Arbois. — Taxe de 10 francs par piano.

Aix-les-Bains. — Licence pour débitant 40 francs intérieur, 20 francs banlieue ; taxe de 3 0/0 sur loyers.

Aubenas. — Taxe sur chevaux et mulets 10 francs, taxe d'habitation de 34 0/0 ou principal de contribution personnelle mobilière ; licences.

Avignon. — Alcool porté de 12 fr. 25 c. à 25 francs.

Amiens. — Le Conseil municipal contraire. 17 décembre 1900 décide de ramener taxe au maximum de loi de décembre 1897.

Bar-le-Duc. — Vote en juillet 1899 son tarif pour cinq ans, en exceptant boissons hygiéniques à partir de 1902.

Béziers. — Suppression totale d'octroi sur boissons hygiéniques remplacé par licences.

Bordeaux. — Pour supprimer complètement l'octroi il faudrait trouver 5 millions et demi. Pour les boissons hygiéniques seules un et demi. Réduction dans limite de loi du 29 décembre 1897 coûterait 115.000 francs. C'est le résultat d'une Commission de 1896. Le 15 juillet 1900 on proroge encore le tarif pour un an.

Boulogne-sur-Seine. — En 1898, le Conseil municipal invité par préfet à délibérer de nouveau décide de ramener le tarif à 2 francs (actuellement prend 2 fr. 72 c., mais l'État 7 fr. 50 c.) Septembre 1899, élève l'alcool de 21 à 52 fr. 50 c.

Bourges. — La bière réduite de 1 franc ; les autres taxes ne dépassant pas loi de 1897.

Brest. — Applique les réductions de la loi de 1897 (en juin 1899) et élève l'alcool de 36 à 60 francs.

Boulogne-sur-Mer. — Ne veut toucher qu'avec prudence excessive aux taxes d'octroi que paient en partie les baigneurs. Pour le *statu quo*.

Cette. — Le Conseil élu en 1896 avait promis suppression de l'octroi. Jules Guesde consulté répond : Gardez votre octroi, jusqu'à ce qu'on ait modifié toute l'assiette des impôts. C'est le moins antidémocratique.

Chambéry. — Suppression complète proposée en 1898 ; pas de suite. En septembre 1900 le Conseil demande le concours pécuniaire de l'État pour suppléer.

Chartres. — Étudié à fond en 1898. En 1899, vote suppression complète sur boissons hygiéniques et fourrages, perd 96.000 francs. La suppression complète de l'octroi aurait coûté 292.000 francs. Remplace par taxe de 3 0/0 sur valeur locative, par licences, par alcool porté de 15 à 33 francs. Le Conseil aurait désiré suppression complète à l'aide de taxe 5 0/0 sur revenu net des propriétés.

Montreuil-sur-Mer. — Obtient sursis jusqu'au 31 mars 1901, pour appliquer loi 1897.

Moulins. — 10 mai 1899 : émet vœu que l'adoption du projet portant jusqu'à l'abolition de *tout* droit sur boissons hygiéniques soit ajourné par État, il soit sursis à l'application de la loi de 1897 ordonnant dégrèvement.

Moutiers. — Obtient sursis jusqu'au 31 mars 1901.

La Miore. — Proteste contre loi de 1897. Demande *statu quo*

Nancy. — Vote (29 mai 1899) vœu de suspendre loi de 1897 jusqu'à ce que l'État ait abandonné tous ou plus grande partie ses droits sur boissons hygiéniques. Renouvelé par le nouveau Conseil, 30 août 1900.

Nantes. — Vote (29 mai 1899) : La suppression des octrois obligerait à accroître de 60 0/0 les impôts directs, l'expérience montre que l'avantage restera surtout aux intermédiaires. Qu'on ne vote aucune loi sans avoir assuré ressources correspondantes aux communes. 1900, rejette les taxes de remplacement.

Nice. — Réductions appliquées en janvier 1899.

Orléans. — Le maire (1900) dit que la loi est un leurre.

Paris. — 1898 : on se plaint à Paris que taxe sur jardins tende à les faire supprimer ; salubrité. La Chambre syndicale des propriétaires proteste. Étude et vote des taxes de remplacement pour suppression totale d'octroi des boissons hygiéniques. 21 décembre 1898, le Président du Conseil dépose projet de loi autorisant Paris à percevoir les taxes directes et indirectes de remplacement. La ville se ravise et se borne à appliquer loi de 1897 ; nouvelles taxes en vigueur depuis janvier 1901 (loi du 31 décembre 1900).

Ces taxes sont :

Taxe foncière sur propriétaire : 2 fr. 50 c. du revenu net ;

Taxe sur valeur des propriétés non bâties : 0,50 0/0 de valeur vénale ;

Taxe locative : 1 0/0 ;

Taxe d'enlèvement des ordures ménagères sur locataires ;

Taxe sur cercles, etc. ;

Taxe sur voitures, etc. ;

Taxe additionnelle du droit d'enregistrement sur les mutations à titre onéreux de meubles aux enchères ;

Taxes additionnelles à divers droits d'enregistrement ;

Taxe de 5 francs par 100 kilogrammes sur oranges, etc.

Protestation d'expéditeurs contre projet de taxer fruits, légumes.

Parthenay. — 1900 : dégrèvement opéré. Remplacé par licence municipale. Augmentation de 9 francs par hectolitre d'alcool, élévation des taxes sur conserves, bois, matériaux, etc.

Pau. — Le vin ne payait que 1 fr. 50 c., maintenu ; bière, diminuée ; alcool porté de 15 à 18 francs.

Poitiers. — 1900 : Conseil fait observer que le dégrèvement de la loi n'est que 0 fr. 004 par litre. Demande ajournement et secours de l'État.

Pont-Audemer. — Droit sur vin réduit de 88 à 55 centimes l'hectolitre ; cidre, de 25 à 10 centimes.

Quimper. — Suppression partielle, augmentation sur alcool. Vœu qu'on n'aille pas plus loin.

Rennes. — 1900 : demande ajournement.

La Rochelle. — Ajournement.

Roubaix. — Quelques communes omises. 1902, le projet de suppression voté par Conseil, n'a pas été adopté par Parlement. Le maire Carrette et vingt-deux conseillers ont donné démission en avril et pas réélus. Conseil adopte conclusions d'une Commission spéciale: Le dégrèvement partiel sans effet sur petits consommateurs. La suppression complète sur denrées alimentaires réclamée par parti ouvrier est plus urgente. Il faut le referendum. Propose suppression de tout droit sur boissons hygiéniques et denrées alimentaires; taxes de remplacement sur moteurs, loyers, etc., sursis jusqu'en 1904.

Rouen. — Réduction pour 1899 n'a pas développé consommation. Le rapporteur dit que la ville s'efforcera de supprimer tout octroi.

Rueil. — 26 septembre 1896 : vote suppression de l'octroi, remplace par taxe personnelle de domicile, taxe sur patentes, taxe progressive sur logements de plus de 200 francs, taxes de voirie, taxe sur terrains à bâtir: Total : 140.000 francs.

Saintes. — 1899, appliquera à partir de 1900 loi, prendra sur alcool.

Salins. — Autorisé par loi du 13 février 1900 à établir une taxe 2 0/0 sur valeur vénale des propriétés bâties, applique loi 1897.

Saint-Claude. — Applique loi, établit taxe 1 0/0 sur revenu propriétés bâties et 10 francs par piano.

Saint-Bérus. — Réduction de 25 centimes par hectolitre vin. Augmentation de 12 francs sur alcool.

Saint-Étienne. — 1901, demande prorogation des tarifs d'octroi jusqu'au 31 décembre 1901, presse le vote des lois de réforme d'impôts. A voté ensuite application de loi de 1897 ; réduction partielle sur vins. Alcool porté de 24 à 60 francs.

Saint-Jean-de-Maurienne. — Applique loi 1897. Crée licences municipales 30 francs par débit plus 30 0/0 valeur locative.

Saint-Nazaire. — Applique à partir de 1900 : 1 fr. 70 c. au lieu de 2 fr. 50 c. sur vin, 5 francs au lieu de 6 francs sur bière.

Saint-Omer. — Obtient sursis jusqu'au 31 mars 1901.

Séez. — Applique. Porte alcool de 6 à 15 francs, impose avoine.

Sotteville-lès-Rouen. — Abaisse taxe sur vin conformément à la loi. Supprime octroi sur cidre, alcool porté de 15 à 29 francs.

Troyes. — 1897, le *Réveil* trouve pas sérieux le remplacement d'octroi par autres taxes, demande que les communes s'approprient les fonds qui s'entassent dans les Compagnies d'assurances.

Tours.

Tourcoing. — Applique la loi. Vin, 2 fr. 25 c. au lieu de 4 fr. 16 c. ; cidre, 1 fr. 25 c. au lieu de 1 fr. 80 c. ; bière, 1 fr. 50 c. au lieu de 2 fr. 70 c. ; alcool, 50 francs au lieu de 21. Établit taxe sur les chevaux, sur les cercles, pour ramener recette à 603.000 francs.

Rochefort. — Applique loi en mai 1899.

Vernon. — Applique loi. Vin, 95 centimes au lieu de 1 fr. 10 c. ; alcool, 10 francs au lieu de 7.

Versailles. — N'avait encore rien fait en 1899.

Vervins. — 1900, vote suppression totale de l'octroi pour 1901 (30.650 francs) remplacé par alcool de 1 franc à 15, 5 0/0 sur valeur locative des habitations personnelles, 30 centimes additionnels.

Vizille. — 1,50 0/0 sur revenu net propriétés bâties.

Tournon. — *Idem*.

Vassy. — Autorisé par loi du 27 novembre 1900 à établir, à partir de 1900, taxe annuelle de 1 0/0 sur valeur des propriétés bâties.

Vosges. — La Chambre de Commerce sans contester droit des communes demande que les lois n'autorisent de taxes qu'en respectant l'égalité de tous devant l'impôt.

Suppression de l'octroi.

Alcool. — 40 villes avaient augmenté ou projeté en vertu de la loi de 1897 le droit sur alcool. 6 n'avaient pas encore exécuté. Le maximum est 60 francs par hectolitre. Lyon a même 100 francs.

Le minimum est 10 francs (Vernon).

Billard. — Projeté mais non exécuté à Chambéry.

Centimes additionnels. — 8 villes. 4 n'ont pas exécuté. L'imposition est de 20 à 34 centimes.

Cercles, sociétés et lieux de réunion. — 7 villes, 4 n'ont pas exécuté.

Chevaux, voitures, automobiles, etc. — 24 villes : 3 n'ont pas exécuté. Lyon a mis 106 francs par cheval, mulet. Une taxe existait déjà dans la majorité de ces villes.

Chiens. — 7 villes, 2 n'ont pas exécuté.

Constructions neuves. — 4 villes, dont 2 non-exécuté.

Impôt foncier sur la propriété bâtie. — 4 villes, dont une abandonne.

Impôt des patentes. — 6 villes, dont 2 non exécuté.

Impôt des portes et fenêtres. — 2 villes, les 2 non exécuté.

Licences municipales. — 25 villes. Dans 7 non exécuté. Bar-le-Duc met taxe de 5 francs sur personnel et les pensionnaires des établissements de la ville (non adopté). Blois, 7 fr. 50 c. par tête sur population des hospices, pensions, couvents, etc. (abandonné). Amiens, *idem* (abandonné).

Pianos. — 15 villes.

Loyer d'habitation. — 34 villes, 5 non exécuté.

Prélèvement sur bénéfices d'usines, à gaz et à électricité. — 3 villes, 1 non exécuté.

Taxe sur la valeur vénale des propriétés bâties et non bâties. — 34 villes, dans 5 non exécuté. A Chartres 3 0/0 de valeur locative proposé, puis : à Dijon, taxe sur le revenu net des propriétés bâties de 6,20 0/0 au maximum ; Lyon, 4 0/0 du revenu brut, propriétés bâties et non bâties ; Montpellier, 1,25 0/0 revenu net de propriétés bâties ; Paris, 0,50 0/0 de valeur vénale de propriété non bâtie ; Roubaix, 25 centimes par mètre carré de 1re classe, 5 centimes de 3e ; plusieurs villes de 0,4 0/0 à 2 0/0 de revenu net ; Lunel, 3,3 0/0.

Successions et droits d'enregistrement. — 4 villes : Chambéry (non exécution) ; Lyon (à l'étude) ; Paris (adopte) ; Roubaix (non exécution). A Paris, taxe additionnelle : 1º au droit d'enregistrement sur mutation à titre onéreux des meubles vendus aux enchères ; 2º au droit d'enregistrement sur les cessions d'offices ministériels.

Vins en bouteilles. — 4 villes.

Taxes diverses. — 7 villes : à Mamers, concessions d'eau, cimetières, etc. ; à Paris, ordures ménagères ; à Roubaix, moteurs industriels.

Cherbourg. — Alcool de 24 à 52 fr. 50 c., taxe sur chiens accrue.

Condé-sur-Escaut. — Boissons hygiéniques dégrevées. Taxe de 1,25 0/0 sur locaux d'habitation personnelle.

Dieppe. — Supplément de 8 francs sur alcool.

Dijon. — En mai 1900, Conseil municipal élu. Rapport Toussaint, déclarant que Dijon ne peut modifier son octroi, que quand on connaîtra le concours de l'État.

Le Conseil municipal voulait opérer en trois étapes la suppression de l'octroi : 1° supprimer le 1er janvier 1898 taxe sur boissons hygiéniques, fait au 1er janvier 1898, a coûté 369.000 francs remplacés par droit sur alcool de 20 à 60 francs ; licences municipales, taxe sur cercles, 20 centimes additionnels ; 2° supprimer (vote de janvier 1899) en juillet 1899 taxe sur alcool dénaturé, vinaigre, comestibles autres que viande, combustibles, matériaux de construction, etc., on croyait que le préfet pouvait autoriser les 355.000 francs de remplacement (taxe de 3,5 0/0 sur revenu des propriétés, taxe sur voitures, chiens, etc.), il faut loi ; le projet déposé le 17 juin (ou 29 juin) 1900, étudié par Commission des octrois ; 3° supprimer alcool, viande et remplacer par licences plus fortes, surimposition du revenu des propriétés.

Le projet de suppression complète (929.000 francs) remplacé par taxe 6,2 0/0 sur revenu net des propriétés bâties, licences municipales portées de 36 à 100 francs, doublement de taxe sur voitures, chiens, etc.

La Commission a approuvé malgré protestations.

Dunkerque. — 1899 : vœu de suppression de l'application de la loi de 1897 jusqu'à ce que l'État ait abandonné tout ou partie de ses taxes sur boissons hygiéniques.

Elbeuf. — Avait voté en juillet 1890 la suppression de l'octroi, mais les taxes de remplacement n'ont pas été autorisées. A profité du remboursement de sa dette, laissant des centimes libres pour supprimer presque tout octroi (1899 ?) Les vins ne paient plus en cercles que 1 franc. Les prix n'ont pas diminué.

Fontainebleau. — A exécuté (voté en 1898) les réductions de loi 1897 et porté l'alcool de 12 à 30 francs.

Fontenay-le-Comte. — A voté les réductions de la loi de 1897 en avril 1899. Droit sur alcool porté de 11 fr. 25 c. à 36 francs.

Fougères. — Réduction de 1 fr. 60 c. sur vin, 20 centimes sur cidre, 50 centimes sur bière, alcool augmenté de 9 francs.

Guingamp. — Demande ajournement de la loi à 1904.

Le Havre. — N'a supprimé que boissons hygiéniques et alcool dénaturé. A porté de 44 à 56 francs l'alcool.

1er mars 1899 a voté suppression complète de l'octroi (3.519.000 francs) remplacé par taxe complémentaire sur alcool, licences municipales, taxes sur chevaux, taxe sur propriétés, sur successions mais non appliqué?

19 décembre 1900, vote réduction du droit sur vin à 2 fr. 25 c. (était 5 fr. 28 c.), etc.

Laigle. — A voté à partir de janvier 1898 suppression de beaucoup de taxes, excepté boissons et viande. En 1898, droits sur cidre supprimés, sur vin réduits à loi de 1897.

Laval. — 3 novembre 1900, Conseil municipal a voté, contraint, les taxes de la loi de 1897. Le Parlement venant de voter la suppression complète des droits de l'État, Conseil supprimera sans doute aussi tout octroi des boissons, dit le maire, sénateur.

Lille. — Boissons hygiéniques, sursis accordé jusqu'au 31 mars 1901. Le Conseil municipal avait formé projet de suppression complète ; le ministre ne l'approuve pas. Lille se borne à loi de 1897.

Limoges. — Le Conseil présente deux projets : dégrèvement partiel de loi 1897. coûtera 127.000 francs ; total sur boissons hygiéniques coûtera 409.000 francs, remplacé par alcool de 24 à 60 francs, licences, etc.

Lisieux. — Suppression complète sur cidre, réduction de 4 francs à 1 fr. 40 c. sur vin. Alcool porté de 17 à 47 fr. 50 c.

Lorient. — 29 mars 1897, après vive discussion, Conseil vote suppression de l'octroi (550.000 francs) remplacé par taxe balayage, balcons, loyers, etc. Le Conseil revient sur sa décision et proroge octroi jusqu'en 1899. La réduction sur boissons hygiéniques coûte 65.000 francs. L'alcool fournit complément. La suppression du droit sur bière n'a pas fait baisser prix.

Loudun. — 6 août 1900, Conseil, considérant la perte pour le budget, le profit nul pour petits consommateurs, émet vœu que la suppression soit facultative. Qu'on attende au moins que l'État donne aux communes le principal de l'impôt foncier.

Lyon. — 17 avril 1884 : Commission du Conseil municipal propose remplacement de l'octroi par taxes sur les terrains, etc.

1896, le Gouvernement ayant proposé de faire une expérience à Lyon, le Conseil vote suppression de l'octroi, projet ajourné. 28 juin 1898, Conseil supprime entièrement octroi sur vins, excepte vermouth, etc. ; remplacé par 100 francs par hectolitre alcool, licence municipale, cercles, chais, 4 0/0 du revenu net propriété bâtie. Les taxes doivent fournir 10 millions et demi. La suppression de l'octroi votée 20 décembre 1900 ; le ministre indique des modifications (*Journal* du 2 mars 1902).

Mamers. — 1897 : suppression décidée. Remplacement : 50 0/0 sur concessions d'eau, de terrain au cimetière, de pesage à la bascule, etc., licences du débitant. Maintient des droits sur alcool et viande.

Le Mans. — En 1888, conseiller municipal propose remplacement par taxes sur valeurs locatives, revenu de propriété bâtie, patentes, etc. Vote (12 juin 1900) vœu pour qu'on proroge jusqu'en 1901 (31 décembre) l'application de la loi. Émet le vœu que le Parlement vienne en aide.

Les vœux ayant été rejetés, Le Mans vote simplement application de loi de 1897 avec élévation de l'alcool de 21 à 33 francs.

Mantes. — Le Conseil avait voté suppression. Le Conseil suivant (mai 1900), sur invitation du préfet émet le vœu qu'il n'y soit pas donné suite.

Marseille. — Vœu (1898) que la loi en préparation sur les boissons porte suppression totale de tout droit et liberté absolue du commerce. A obtenu sursis jusqu'au 31 mars 1901 pour application loi de 1897 ; 1901, réclame intervention de l'État.

Melun. — Le maire imagine (1897) un nouveau système. En 1892 octroi brut a rapporté 312 m. ; il ne conserve qu'alcool et matériaux (61 m.) remplacé par 60 m. tabac ; 10 m. casernement payé par État, doublement alcool et matériaux 61 m., 171 centimes additionnels locaux. Répartition par l'État des 121 m. comme en Belgique.

Montluçon. — Réclame vivement suppression (1897). Enfin en 1899, Montluçon a affranchi de contribution mobilière les loyers de 200 francs et au-dessus prélevés sur octroi.

Montpellier. — Applique depuis janvier 1899 un tarif suivant vœu de loi 1897. Taxes réduites de 1 fr. 54 c. à 92 centimes sur vin, 1 fr. 32 c. à 1 fr. 25 c. cidre, 7 fr. 50 c. à 5 francs bière. La taxe sur vin ne sera complètement supprimée que lorsque le Gouvernement aura accepté taxe de 15 centimes sur revenu propriétés bâties.

Belgique. — 1894 : le maire de *Bruxelles* répond au maire d'Angers que l'influence sur les prix est diversement appréciée. En fait, diminution très réelle pour le gros, presque nulle pour le détail.

Le maire de *Namur* : Diminution du prix des choses nécessaires bien peu sensible. Suppression funeste aux finances de la ville.

Le maire de *Malines* : Aucune diminution ; désastreuse pour finances : octroi progressait.

Le maire d'*Ostende* : Pas changement appréciable dans prix. Très mauvaise influence sur budget, le fonds spécial pour indemniser (loi de 1866).

———

Le correspondant du maire de Lyon fait remarquer qu'à Lyon l'octroi (11.300.000 francs) représentait 52 0/0 des recettes totales, à Angers (1.451.000 francs) 53 0/0 ; frais de perception : 8,42 à Lyon ; 8,47 à Angers ; par habitant : 19 fr. 29 c. à Angers; 26 francs à Lyon.

Octroi à Lyon en 1900.

Vins	Fr.	4.270.000
Alcool		934.000
Comestibles		3.152.000
Matériaux		1.073.000
		....
TOTAL	Fr.	11.304.307
Frais de perception		952.374
RESTE	Fr.	10.351.933

Taxes de remplacement. — *Prévisions du maire (Augagneur).*

Alcool	Fr.	1.260.000
Débits		2.150.000
Propriétés bâties		3.000.000
Taxe d'habitation		2.200.000
		....
TOTAL	Fr.	10.360.000
Frais de perception		400.000
RESTE	Fr.	10.924.000

Avantages. — Plus de barrières, ni d'ennuis, transit facile.

Inconvénients. — Prix de détail n'ont pas baissé, excepté vins (mais à cause de récolte) ; grande charge pour propriété ; le revenu net de l'habitation est taxé de 46,2 0/0 (12,2 pour locataire, 34 pour propriétaire).

Crise du bâtiment : les entrepreneurs ne construisent plus pour revendre ; difficulté pour vendre maisons déjà construites et hypothéquées. La suppression n'a pas arrêté l'exode vers la banlieue.

Reims. — Le 24 novembre 1902 Reims a prorogé les taxes d'octroi pour 1903.

Quelques jours avant, dans une réunion tenue par le député, comte de Montebello, M. Fleury-Ravarin a dit qu'à Lyon le maire dit que les résultats sont bons, le premier adjoint qu'ils sont mauvais. Le second a raison. L'Assemblée vote le rejet du projet de la municipalité rémoise, janvier 1903. Le ministre des finances n'accepte pas le droit de 100 francs sur alcool, le réduit à 90 ; pas les 22 francs sur permis de chasse; pas droit sur bouteilles vides (la municipalité le maintient).

Le Havre. — 1er mars 1899, le Conseil municipal prend délibération pour suppression de l'octroi, à partir de 1900, établit licences municipales sur débitants, taxes sur chevaux, chiens, cercles, alcool, propriétés. Le ministre n'a pas approuvé.

Le 19 octobre 1900, le Conseil vote pour cinq ans, droit sur vin à 2 fr. 25 c., suppression pour cidre, bière 3 fr. 50 c., alcool porté de 24 à 36 francs, etc.

M. STRAUSS

La suppression des octrois en Belgique. — Les hommes placés à la tête d'un groupe d'individus ont toujours imposé à ceux qu'ils dirigeaient, des taxes pour subvenir aux dépenses des services plus ou moins utiles à la généralité.

Dès l'antiquité on a déguisé les impôts sous les formes les plus diverses.

Pour masquer le poids du fardeau, on a eu recours aux droits de consommation. Les redevables, alors, n'effectuent que des avances dont les acheteurs des marchandises frappées les remboursent; l'impôt se confond avec les frais divers qui grèvent le produit jusqu'au moment de la vente au consommateur. Celui-ci paie en détail, au fur et à mesure des achats; il ne s'aperçoit souvent pas de l'existence de la taxe; car il n'est pas en contact avec les agents du fisc.

Les gouvernants négligent généralement la proportionnalité, pour donner aux contribuables les avantages de l'illusion et des formes les moins incommodes pour le paiement. L'impôt pèse alors lourdement et inégalement sur les divers groupes de la population. Le poids principal en retombe sur les masses nécessiteuses. On atteint surtout les produits de première et universelle nécessité, parce que seuls ils rapportent beaucoup. On rend la vie chère; on frappe les besoins des hommes et non leurs facultés contributives. C'est l'impôt progressif sur la misère, sur le travail.

Des barrières ont toujours séparé les nations. Autrefois elle séparaient les provinces et presque partout on en avait élevé à l'entrée des villes. Les brigands et les seigneurs féodaux s'emparant des routes et prélevant des droits de circulation, profitèrent largement du manque d'organisation du monde des affaires. C'était toujours et partout le commerce qu'on mettait à rançon.

Des tarifs d'octroi ont existé à l'époque romaine; ils furent maintenus dans plusieurs régions, après l'invasion des Barbares.

La féodalité asservit les villes et préleva, à son profit, une part de la taxe municipale. La royauté combattant la tyrannie des seigneurs, affranchit les communes, leur imposa des charges et leur laissa ou leur accorda le droit de prélever des impôts de consommation, pour grossir les revenus.

En Belgique, les communes tiraient de grandes ressources des octrois. Ceux-ci offraient les mêmes inconvénients que la douane ; ils entravaient la circulation et l'échange des produits. C'étaient des barrières destinées, non seulement à fournir des revenus publics, mais aussi à protéger le travail des habitants de la cité contre les marchandises des autres localités.

Les philosophes du xviii siècle exposèrent l'injustice de cet impôt si dispendieux dans sa perception, si nuisible à la consommation, à la morale et à l'unité nationale.

En France, l'Assemblée voulant dégager le commerce de toute entrave, supprima, en 1791, les impôts perçus à l'entrée des villes, des bourgs et des villages. Le décret d'abolition ne formula pas les voies et moyens par lesquels les communes pourraient remplacer le produit de leurs octrois. On avait voulu leur laisser le soin d'établir les contributions qui leur incombent. Il s'agissait de remplacer un impôt purement communal injuste, par une contribution purement communale, mais juste. On avait oublié qu'en pratique, il était difficile de faire peser sur les localités à octroi, la tâche de transformer en un impôt direct, pesant exclusivement sur les habitants de ces villes, l'impôt indirect que les populations urbaines acquittent d'une manière insensible, en en laissant une partie à charge des populations rurales qui les environnent.

Privées de leurs ressources principales, plusieurs administrations municipales réclamèrent le rétablissement des octrois.

Le principe des impôts indirects venait à peine d'être condamné: aussi fallut-il poser en termes vagues le retour aux barrières.

Le 18 octobre 1798, on autorisa la ville de Paris à établir un octroi municipal de bienfaisance. La loi du 24 février 1800 généralisa le régime, toujours soit-disant dans un but de charité.

Qui veut la fin doit adopter les moyens. Pour se débarrasser des octrois, il faut une solution pratique.

S'il est vrai que chaque commune devrait trouver en elle-même les ressources du remplacement, il est vrai aussi que l'administration qui substituerait du jour au lendemain des impôts directs aux impôts de consommation provoquerait des tumultes et serait renversée.

L'ignorance économique du peuple empêche bien des réformes nécessaires.

On ne peut se faire illusion et espérer que le système des impôts indirects disparaîtra brusquement, d'une manière complète. La multiplication des bases du régime fiscal permet de réparer les injustices partielles; elle donne des compensations; seulement, l'ensemble du système doit avoir pour résultat la participation de tous les citoyens aux charges publiques, en proportion des services reçus et, autant que possible, en proportion des revenus.

De 1795 à 1814, la Belgique fut soumise au régime administratif de la France. La Constitution de l'an VIII avait anéanti l'indépendance des communes.

La réunion de la Belgique à la Hollande permit la restauration des anciennes libertés provinciales et communales.

Sous le régime hollandais, il y eut cependant encore trois ordres : l'ordre équestre avec ses privilèges politiques, qui nommait directement ses représentants au Conseil provincial, l'ordre des villes et l'ordre des campagnes qui nommaient leurs conseillers provinciaux indirectement.

Quant à la Constitution de la Commune, l'arrêté royal du 19 janvier 1824 régla l'organisation des villes, leur donna un Conseil de Régence électif et un collège exécutif composé d'un bourgmestre et de plusieurs échevins nommés par le Roi. L'arrêté du 23 juillet 1825 organisa les communes rurales, leur donnant un Conseil communal dont les membres étaient choisis par les États de la Province, un bourgmestre désigné par le Roi et deux assesseurs nommés par le gouverneur de la province.

D'après un arrêté du 4 octobre 1816, pris en vertu de la loi fondamentale de 1815, les administrations communales pourvoyaient à leurs dépenses par les moyens suivants :

1° Centimes additionnels sur les contributions foncières personnelles;

2° Droits et péages de routes, ponts, quais, ports, grues, écluses et portes, marchés, halles et autres semblables;

3° Taxes annuelles de répartition ;

4° Droits de consommation sur les boissons, denrées, combustibles, fourrages et matériaux de construction.

Les communes à octroi étaient alors au nombre d'une soixantaine; le produit net de l'octroi était de 5 millions et demi de francs. Les communes sans octroi pouvaient établir des capitations d'après la consommation présumée des objets sur lesquels il était permis de baser l'impôt.

Les capitations personnelles furent établies d'une manière arbitraire, plus arbitraire encore dans leur application que dans leurs bases. Tantôt on divisait les contribuables en plusieurs classes, en raison de leur consommation présumée, tantôt les rôles étaient formés par les Conseils communaux qui prenaient pour guide la fortune présumée.

Après l'installation du régime belge, les arrêtés royaux exigèrent la répartition d'après la fortune présumée, la contribution personnelle et la consommation. Dans beaucoup de communes, la taxe devint un véritable impôt sur le revenu ; malheureusement, bien souvent, on en fit un instrument de rancune qui blessait l'intérêt général presqu'autant que le faisait l'octroi.

A la veille de la suppression des octrois en Belgique, en 1859, 78 communes percevaient des droits de consommation dont le produit net s'élevait à 11.250.000 francs ; 1.565 communes imposaient des taxes personnelles sans garanties pour les contribuables et obtenaient de ce chef 3.816.000 francs ; 895 communes n'avaient ni octroi ni cotisations. Les 78 communes à octroi avaient 1.223.000 habitants ; les 2.460 autres 3.400.000.

En conquérant son indépendance, la Belgique a proclamé l'égalité du citoyen et des communes devant la loi. Elle a supprimé l'ordre équestre et l'ordre des campagnes. Cependant les villes restèrent en possession du droit d'établir des octrois, d'entraver l'entrée des produits et des personnes, de frapper les marchandises des campagnes. C'était un vestige des privilèges du moyen-âge.

Aux termes de la Constitution, il n'y a plus ni villes ni villages ; il n'y a que des communes, toutes investies des mêmes droits. Malheureusement, l'inégalité existait de fait, par le maintien des octrois. On avait gardé ainsi la distinction entre les citadins et les campagnards, alors qu'il ne devait y avoir que des citoyens belges ayant tous les mêmes droits et les mêmes devoirs.

Dès le lendemain de l'indépendance, un mouvement se produisit, dans le pays, pour la suppression du droit abusif dont les villes usaient pour se procurer des ressources aux dépens de l'agriculture, de l'industrie et du commerce. L'octroi était chargé de toutes les malédictions. C'était un débris des fortifications féodales, une institution peu conforme à nos mœurs et qu'il fallait abattre, sans retard.

Le Gouvernement constatait l'impossibilité de trouver dans la législation en vigueur le moyen de remédier aux vices de ce système d'impositions.

Une enquête administrative dirigée par le Chef du département de l'Intérieur, aboutit à un rapport présenté à la Chambre des représentants, le 28 janvier 1843, par M. Nothomb, alors ministre de l'Intérieur, rapport qui donnait une statistique complète et comparative des octrois en Belgique. C'était un exposé des faits, sans indication de remède.

« Si le Gouvernement, disait le rapport, n'a pas toujours contenu dans les bornes désirables, le nombre et le taux des droits d'octroi ; si, parfois, il a consenti à laisser grever, peut-être outre mesure, les populations de certaines villes, c'est que dominé par la nécessité d'accorder aux communes les moyens d'acquitter des dépenses sur le mérite desquelles il n'avait pas été consulté, il cédait à une véritable contrainte. »

On signalait l'imperfection de la loi, mais on ne proposait rien.

Un des premiers soins du cabinet libéral du 12 août 1847 fut d'instituer, par arrêté royal du 9 novembre 1847, une Commission chargée d'étudier, dans toutes ses faces, la question du remplacement ou des modifications à apporter à ces octrois qui, comme l'indiquait le rapport au roi de M. Ch. Rogier, ministre de l'Intérieur, du 22 octobre 1847, « exerçaient une influence marquée sur la consommation de plusieurs denrées de première nécessité et même sur la situation de plusieurs industries, notamment sur les brasseries et sur les distilleries. »

Le ministre, M. Rogier, avait proposé de remplacer l'octroi par un impôt sur le revenu. La Commission ne fut pas favorable à la création d'un nouvel impôt direct. Elle voulait l'abolition des octrois par l'abandon aux communes de la contribution personnelle et de celle des patentes, et le remplacement de ces impôts, pour le trésor public de la nation, par des impôts indirects.

La Commission adressa son rapport au Ministre de l'Intérieur, le 1er mai 1848. Ce travail était accompagné d'un mémoire sur les impôts communaux présenté par le Président, M. Ch. de Brouckère, mémoire renfermant des vues pratiques dont M. Frère Orban a tenu compte douze ans après, lors de l'abolition décrétée en 1860. Cependant M. de Brouckère disait que les obligations communales doivent se résoudre en recettes ou en impôts communaux.

La Commission, elle, faisait la remarque que si les octrois sont onéreux et injustes pour les travailleurs et les pauvres des villes, c'est surtout dans les campagnes qu'on se récrie contre ces barrières intérieures.

« Nous ne pouvons laisser ignorer, disait le rapporteur, que dès la seconde réunion de la Commission, tous les membres avaient exprimé la pensée de ne pas s'arrêter à la revision des octrois et d'aviser à leur suppression, à la condition expresse de les remplacer par un système général d'impôts communaux moins onéreux, moins iniques et surtout moins hostiles à l'unité nationale: »

Et, plus loin, le rapport disait: « Nous aussi, nous partageons l'opinion qu'on peut étendre l'impôt direct, mais à la condition de préparer le terrain, de ramener l'opinion publique à des idées plus saines, à des notions plus justes que celles qui ont cours aujourd'hui, à la condition que le Gouvernement y soit poussé par une force irrésistible, comme l'a demandé M. de la Coste, alors gouverneur de Liège. Jusque-là, nous redoutons les réformes radicales, les perturbations financières, et nous nous bornons à réclamer la disparition d'impôts qui répugnent à tout le monde, et une simple inversion dans les affectations des diverses branches du système général. »

Aucun des moyens de procurer des ressources équivalentes aux communes indiquées par la Commission d'État, ne fut reconnu réalisable.

La loi électorale était encore basée sur le cens ; elle semblait un obstacle à la réforme fiscale, au renversement des barrières, renversement nécessaire pour donner à tous les citoyens une égale somme de liberté, pour rétablir la communauté d'intérêts matériels là où il y avait communauté d'intérêts politiques.

Cependant, la Commission avait dépeint les vices du régime avec beaucoup de netteté. Son rapport avait fait une vive impression. Elle y déclarait que la taxe sur le pain et la viande, sur les combustibles et les matériaux, atteint l'ouvrier dans sa nourriture quotidienne et dans ses instruments de travail ; les premiers renchérissent la vie, les autres augmentent les difficultés de la production.

Des voix s'élevèrent, dans tout le pays, pour réclamer la suppression « de ces barrières injustes, vexatoires, onéreuses qui nuisent au libre développement de l'industrie et, par conséquent, à la richesse nationale, qui détruisent l'égalité de droits entre citoyens et portent atteinte à la prospérité nationale. »

Différents systèmes furent encore proposés. Les uns laissaient subsister, en partie, les droits d'octroi ; d'autres exigeaient une révolution fiscale, un bouleversement du système électoral et de l'organisation économique. On rattachait à la suppression des droits d'octroi le remaniement du régime des impositions de l'État ; on voulait de nouvelles bases de taxations.

Pendant la session 1850-1851, la Chambre des représentants fut saisie de deux propositions de loi : celle du 1er juillet 1851 due à l'initiative de M. Coomans, demandait l'abolition des taxes sur la viande de boucherie, les boissons, les céréales, le bois à brûler, le charbon de terre et les engrais ; le projet de loi déposé le 14 août 1851, par M. Jacques, proposait la constitution d'un fonds communal, pour payer les revenus des octrois et des capitations. Il s'agissait de prélever une somme de 12 millions sur le produit des droits d'accise et de douane, de la distribuer de manière à assurer aux communes à octroi des ressources équivalentes à celles qu'on leur enlèverait et de fournir aux autres communes l'équivalent des charges qu'on leur imposerait.

Lors de la discussion de la prise en considération, le 22 novembre 1853, M. Liedts, alors ministre des Finances, dit qu'on n'arrivera jamais à substituer aux octrois, un impôt général, un impôt supporté par le pays entier. Ce serait, ajoutait-il, un système détestable que de vouloir mettre à la place des octrois autre chose que des ressources communales.

Les propositions de MM. Coomans et Jacques furent renvoyées à l'examen des sections. Le rapport de la Section centrale fut déposé le 22 janvier 1856, par M. Alphonse Vandenpeereboom.

Après avoir exposé les motifs qui s'opposaient à ce qu'elle se ralliât aux propositions dont elle était saisie, la Section centrale disait « qu'en soumettant ce rapport à la Chambre, elle exprime l'espoir que le résumé de ses délibérations, les renseignements qui font l'objet de ce travail et surtout la discussion publique, jetteront quelque jour sur l'importante question des octrois, si vivement controversée, et rapprocheront le moment de sa solution définitive. Dans l'opinion de la majorité de la Section centrale, le système des octrois n'est pas exempt de vices. La suppression, disait-elle, est désirable dans l'intérêt des classes laborieuses, dans l'intérêt même des communes. »

« Mais, ajoutait-on, quels que soient les inconvénients et les vices de ces taxes, elles ne peuvent être absolues qu'à la condition expresse d'ouvrir préalablement aux communes des sources nouvelles et suffisantes de revenu. »

« La réforme des impôts communaux, disait encore le rapport, ne peut se réaliser que par les communes, ou du moins avec leur concours. Leur imposer par la loi tout un système nouveau d'imposition serait attenter à leur liberté la plus précieuse et la plus vitale et leur enlever un droit qu'elles possèdent depuis des siècles. »

La convention littéraire du 22 août 1852 et la nomination du président de la Chambre avaient amené, en 1852, la retraite du ministère Rogier. Un ministère H. de Brouckère, ministère soi-disant de transaction et de transition, l'avait remplacé le 31 octobre 1852. Au moment de sa retraite, M. Frère-Orban avait déclaré à ses amis qu'il parviendrait bien à faire un jour la réforme des octrois. Il consacra ses loisirs de l'intérim ministériel à de profondes études qui amenèrent le projet qu'il soumit au Parlement en 1860.

Un ministère de droite était arrivé au pouvoir le 30 mars 1855, au moment

de la crise alimentaire. Le Conseil supérieur d'Agriculture avait été saisi par
M. Coomans d'une proposition ayant pour objet d'émettre le vœu de voir suspendre les taxes sur les denrées alimentaires de première nécessité, si pénibles
pour les habitants des villes, si déplorables aux habitants des campagnes. L'agriculture, disait-il, a le plus grand intérêt à la libre circulation de ses produits ;
elle doit s'affranchir des impôts écrasants et échapper aux visites vexatoires et
odieuses qui se font à la porte des villes.

La question préalable ayant été écartée, un opposant déclara que s'il avait cru
la suppression des octrois possible, il aurait été le premier à en faire la proposition ; mais, à côté de sa demande, il aurait eu soin d'indiquer les moyens de
combler le déficit que cette suppression laisserait dans les caisses des communes,
car c'est là que gît la pierre d'achoppement.

Le Conseil supérieur d'Agriculture, à l'unanimité des membres présents, sauf
une abstention, émit le vœu de voir supprimer les octrois.

Le projet de loi sur la charité (la loi des couvents), déposé le 29 janvier 1856,
provoqua des troubles. Le Roi intervint et imposa une trêve. Les élections communales de 1857 donnèrent la victoire aux libéraux. Le 31 octobre, les ministres
déposèrent leurs portefeuilles et le ministère du 9 novembre 1857 ramena
MM. Rogier à l'Intérieur et Frère-Orban aux Finances.

Le 7 juillet 1858, le Conseil provincial de Brabant adopta les conclusions d'un
rapport élaboré par une commission formée dans son sein, tendantes à ce que
les Chambres et le Gouvernement voulussent bien introduire, dans le système
général des impôts perçus au profit de l'État, des modifications telles qu'il lût
possible d'arriver à l'abolition des octrois communaux.

Par décision de la Chambre des Représentants, en date du 25 janvier 1859, ce
rapport fut renvoyé au département des Finances, qui se trouvait donc saisi offi-
ciellement de la question.

Depuis quelque temps déjà, les villes étaient averties de l'approche d'une
réforme, car les autorisations n'étaient plus données que pour un, deux ou
trois ans et devaient être renouvelées périodiquement.

Des 2.538 communes du pays, 78 avaient des octrois et s'étaient créé une
existence à part engendrant l'antagonisme de l'une à l'autre, provoquant souvent une véritable guerre de tarifs. Ceux-ci pouvaient s'appliquer à 136 espèces
de marchandises, 76 matières étaient tributaires de l'octroi.

Les tarifs comprenaient :

Des droits d'entrée ;

Des droits d'expédition ;

Des droits de transit ;

Des centimes additionnels aux droits d'octroi ;

Des droits d'entrepôt ;

Des droits sur la fabrication ou l'extraction de certains produits dans l'intérieur de la commune ;

Des droits de timbre.

La perception s'opérait :

En régie simple, pour le compte et aux frais de la commune, sous l'administration de ses mandataires légaux ;

En ferme, par l'adjudication des produits de l'octroi en faveur d'un fermier,
moyennant un prix par lui payé annuellement à la commune, sans compter de
frais ni partage de bénéfices ;

En régie intéressée, qui, comme la mise en ferme, était une adjudication des produits de l'octroi moyennant un prix convenu, mais avec la condition que les bénéfices, s'il y en avait, après le prélèvement du prix d'adjudication et des frais alloués pour la perception, seraient partagés entre la commune et le régisseur.

Dans beaucoup de communes, on restituait à la sortie les droits qui avaient été perçus, soit à la fabrication de la marchandise, soit à l'arrivée des matières qui entraient dans sa composition. Il en résultait parfois des primes de sortie. Il y avait aussi une protection directe pour certaines industries urbaines qui n'étaient pas soumises aux taxes ou qui en payaient de moins élevées que celles frappant les marchandises venant du dehors.

Pour traverser une ville, on était interrogé, visité, car les employés ne croyaient pas aux déclarations. Il fallait un document avec la mention du contenu de la charge, document qu'on devait payer. A la sortie de la ville, les gabelous vérifiaient si la charge correspondait au document. C'était toujours le soupçon de fraude.

Pour aller de Bruxelles à Liège, par exemple, il fallait faire six déclarations, se soumettre à six formalités et payer six fois pour transporter une bouteille de liqueur d'une ville à l'autre.

La plupart des communes avaient une enceinte formée de murs, de fossés, de palissades, etc., qu'il était interdit de franchir, si ce n'est par certains endroits déterminés.

Un personnel assez nombreux assurait le recouvrement des taxes.

Quelques communes, pour assurer la perception de leur octroi, avaient établi une double ligne, de telle sorte qu'à l'intérieur même de la commune il y avait un territoire réservé, dans lequel on ne pouvait circuler avec des marchandises soumises aux droits que muni de documents.

La liberté individuelle était sans cesse exposée à des atteintes graves.

Une partie de la population était livrée à la tentation de la fraude, et de là naissaient une démoralisation et le mépris des lois.

Les frais de perception s'élevaient à 13 1/3 0/0.

L'octroi s'étendait de plus en plus à des matières dont les cultivateurs ont besoin et qu'ils viennent acheter en ville. L'agriculture souffrait aussi des entraves qui arrêtaient ses produits aux portes des villes.

L'octroi neutralisait le pouvoir attribué au Roi par l'article 68 de la Constitution de régler les relations internationales. D'un côté, le Gouvernement abaissait les droits d'entrée, et de l'autre les taxes communales renchérissaient artificiellement les marchandises, contrariant ainsi l'industrie et le commerce et réduisant le produit des douanes et des accises par l'effet de ces taxes locales sur la consommation.

En un mot, tout le pays souffrait de cet état de choses. Tout le monde condamnait l'octroi, cet impôt antiéconomique qui nuit à la production, cet impôt antifinancier qui facilite les dépenses de luxe et qui ne couvre les frais de perception que quand il frappe lourdement.

Un vent de liberté soufflait à cette époque sur le pays. On réclama la libre circulation des produits, la suppression des entraves douanières, une plus juste application de l'article 112 de la Constitution disant qu'il ne peut être établi de privilège en matière d'impôts. On voulait que le contribuable sente mieux le poids de l'impôt, afin de réduire les dépenses improductives, que les taxes payées par les citoyens leur assurent une somme de services en rapport avec la dépense.

C'est dans ces conditions que, le 10 mars 1860, M. Frère-Orban présenta à la

Chambre des Représentants un projet de loi décrétant l'abolition des octrois pour cause d'utilité nationale.

La proposition fut acclamée par la Chambre. Cependant, pour laisser à la presse, au public, aux administrations le temps de la discuter mûrement, on décida de ne la soumettre à l'examen des sections que le 15 avril. Entre temps, l'esprit de parti chercha le profit que l'opposition pourrait tirer des difficultés que soulevait le problème de la suppression des barrières locales.

Les délibérations furent longues. Le rapport de la Section centrale, fait par M. Ernest Vandenpeereboom, fut déposé le 22 mai 1860.

La discussion commença à la Chambre le 29 mai et ne se termina que le 22 juin, par l'adoption du projet du Gouvernement amendé par la Section centrale, par 66 voix contre 44 et 3 abstentions.

Le Sénat fut saisi ; le rapport des Commissions réunies de l'Intérieur et des Finances, fut rédigé par M. Fortamps. La discussion s'ouvrit le 4 juillet pour finir le 12 juillet, après l'introduction d'amendements de peu d'importance. Le projet ainsi amendé fut adopté par 37 voix contre 15 et 2 abstentions, puis, renvoyé à la Chambre des représentants qui l'approuva le 18 juillet par 65 voix contre 25 sur un nouveau rapport de M. Ernest Vandenpeereboom.

La loi a été mise en vigueur le 21 juillet 1860.

C'était la première fois qu'on avait formulé une combinaison pratique. Pour rendre la suppression des octrois facilement applicable le Gouvernement la subordonnait aux conditions suivantes ;

1º D'après les articles 108 et 110 de la Constitution et les articles 75 et 76 de la loi communale du 30 mars 1836, les communes ont le pouvoir de s'imposer comme elles l'entendent, sauf l'avis de la députation du Conseil provincial et l'approbation du Roi.

Ce pouvoir doit être respecté en tant que son exercice ne blesse pas les intérêts généraux du pays. Or l'existence des octrois les blessait violemment. L'article 110 de la Constitution permet à la Législature d'apporter au droit qu'ont les communes de s'imposer elles mêmes, les restrictions dont l'expérience a démontré la nécessité. La loi à intervenir devait donc abolir les taxes d'octroi contraires aux intérêts généraux, mais celles-là seulement;

2º En abolissant les octrois, on privait la plupart des villes de leur revenu le plus important et comme il leur eut été difficile d'improviser l'établissement d'autres impôts et que, d'ailleurs, leurs dépenses croissaient avec la population, il était indispensable d'une part, de leur assurer un revenu au moins égal à celui qu'elles retiraient des octrois et d'autre part, de les indemniser du surcroit de dépenses qui pouvait résulter pour elles temporairement, des compensations éventuelles à allouer au personnel des taxes municipales, mis en non-activité.

3º L'abolition des octrois devait améliorer la situation du pays en général. Ce but ne pouvait être atteint si, pour réaliser cette grande mesure, on introduisait dans le système des impositions de l'État, des changements radicaux susceptibles de compromettre l'équilibre des finances, par des expériences hasardeuses ou de réagir sur les bases du système électoral. On n'osait pas aller à une revision de la Constitution.

Pour éviter ce double écueil, il ne fallait imposer à l'État qu'un sacrifice relativement peu important susceptible d'être compensé par les avantages indirects que la suppression des octrois devait lui donner, et demander aux impôts de consommation le surplus du revenu destiné aux communes.

L'idée fondamentale du projet de loi de M. Frère Orban était, en somme, la création de nouveaux impôts généraux au profit des communes, et, du moins pour une période transitoire, un préciput important en faveur des villes à octroi constituant, jusqu'à un certain point, le rachat par les communes rurales d'une servitude que depuis longtemps les villes leur imposaient.

Pour arriver à ce résultat, le Gouvernement proposait la création d'un fonds commun de 14 millions de francs. L'État voulait abandonner sur ses propres ressources, à la Caisse des Communes :

1º Le produit net d'alors, du Service des Postes : 1.500.000 francs ;

2º 75 0/0 du droit d'entrée sur les cafés : 2 millions de francs ;

Cette coopération du revenu public, devait venir puissamment en aide à la réforme parceque cette part du revenu, disaient les ministériels, est fournie surtout par les citadins.

Pour ces 3.500.000 francs, il n'était pas question d'une substitution, d'une augmentation d'impôts, il n'y avait qu'un changement de destination de ce qui existait. C'était un virement de caisse et non pas une nouvelle taxe, un impôt de remplacement. La bonne situation des finances publiques permettait à l'État de faire l'abandon de cette partie de son revenu.

Il manquait 10 millions et demi pour former le fonds communal prévu par le projet. Le Gouvernement avait proposé de prendre :

810.000 francs sur les vins étrangers ;

50.000 francs sur les eaux-de-vie étrangères ;

2.840.000 francs en combinant les droits d'octroi existants (729.748 fr. 06 c.) avec une augmentation du droit d'accise (2.110.251 fr. 92 c.) sur les eaux-de-vie indigènes.

6.100.000 francs en ajoutant aux 2 919.775 fr. 99 c. donnés par l'octroi sur les bières, une augmentation d'accise de 3.180.224 fr. 01 c. sur cette boisson. L'augmentation du droit d'accise devait donc rapporter ces 6.100.000 francs.

700.000 francs en combinant les 165.509 fr. 37 c. provenant des droits d'octroi sur les sucres avec une augmentation d'accise de 634.490 fr. 43 c., le tout à obtenir par un changement libéral de la législation sucrière.

En prévision de l'exécution de ce plan, le Gouvernement s'était réservé dans le traité de commerce avec la France, la faculté de reporter à l'entrée du pays, le montant des droits perçus par les villes sur les vins et les eaux-de-vie étrangères.

Le droit sur la fabrication de la bière se composait d'une taxe au profit de l'État, et dans les villes à octroi, d'une taxe au profit de la commune. Dans certaines localités, le droit d'octroi était supérieur au droit d'accise ; dans d'autres, il était égal, dans d'autres encore, il était inférieur à l'accise. Il n'existait pas de taxe locale sur la bière dans les communes n'ayant pas d'octroi. Le Gouvernement proposait de doubler le droit d'accise sur la bière, de le porter à 4 francs par hectolitre de cuve-matière. La cuve donnait un rendement double et triple de sa capacité, suivant la qualité de la bière. L'augmentation ne pouvait atteindre que 60 à 76 centimes l'hectolitre pour les bières ordinaires.

On proposait pour le genièvre, la même modification en relevant l'accise de 6 à 8 centimes par litre.

La loi sur les sucres exigeait, elle, un remaniement. Il y avait encore inégalité de droits sur les deux sucres ; celui de betterave payait 39 francs par 100 kilogrammes, le sucre de canne 45 francs. Le Gouvernement proposait un droit uniforme de 40 francs, l'élévation du minimum des recettes pour le fisc de 4.500.000 à 5.200.000 francs et la différence de 700.000 francs d'être attribuée au fonds communal. C'était en somme, une modification sérieuse dans les principales dispositions de la législation sucrière. On critiqua fortement cette réforme présentée incidemment à l'occasion d'un projet de suppression des octrois.

Pour l'ensemble des propositions du Gouvernement, il y eut, d'ailleurs, une opposition très sérieuse au Parlement; malheureusement elle fut plus politique qu'économique, ce qui l'empêcha d'améliorer sérieusement le projet. Plusieurs amendements proposés par la droite méritaient d'être pris en considération et pouvaient conduire à une solution plus juste que celle qui, finalement, fut décrétée le 18 juillet 1860.

Pour arriver à un résultat, il fallait, incontestablement, déroger à la rigueur des principes imposant aux communes le devoir de créer elles-mêmes leurs ressources. Le concours de l'État était indispensable et le Gouvernement n'avait pas le champ assez libre. Il ne voulait pas toucher aux produits formant, alors, les bases du droit électoral; il craignait de compliquer la question financière d'une grave question politique.

Le produit à supprimer provenait de taxes de consommation. Le ministre avait recherché parmi les objets frappés ceux qui pouvaient, d'après lui, contribuer le mieux à former le produit nécessaire au fonds communal. Citadins et ruraux devaient profiter de l'abolition des octrois; tous devaient donc coopérer à la formation des ressources demandées pour la réforme.

On créait des impôts nouveaux de consommation. C'était toujours frapper les contribuables d'une manière uniforme et inégale, car on ne tenait pas compte de la proportionnalité des services rendus par l'État, ni de la proportionnalité des facultés contributives. On supprimait, il est vrai, les taxes sur les denrées de première nécessité, mais on augmentait le droit sur la bière. Quatre produits payaient la rançon réclamée pour affranchir 72 matières.

On avait évalué la contribution des campagnes, dans l'ensemble des charges que l'octroi faisait peser sur le pays, à un cinquième, soit environ 3 millions de francs. On estimait aussi qu'avec le projet du Gouvernement les communes rurales ne fourniraient que 3 millions et demi de francs dans le fonds communal. La loi devait leur assurer, dès le principe, une part de 3 millions de francs dans la répartition du fonds commun, part qui devait s'accroître chaque année, parce que cette ressource est, de sa nature, progressive.

Aucun moyen n'était à la disposition du Gouvernement pour constater exactement la contribution des communes à octroi et des communes rurales dans le montant des impôts, ni même pour déterminer pour les unes et pour les autres l'importance de la consommation des objets soumis aux taxes, et cependant on devait les intéresser toutes dans la répartition du fonds communal en proportion de leurs consommations, de leur contribution à la caisse commune.

Le ministre des Finances déclara que la consommation des objets sur lesquels pesaient les impôts fournissant le revenu aux communes, est en proportion du degré d'aisance des localités et que, en général, le signe le plus apparent, le plus stable, le moins trompeur de l'aisance d'une commune, en Belgique, est le montant du principal de la contribution foncière sur les propriétés bâties, du principal de la contribution personnelle et du principal des patentes. Il admit donc ces bases pour la répartition, mais en stipulant que pour la période suivant immédiatement la promulgation de la loi, les communes à octroi devaient, avant tout, être indemnisées par l'assurance d'avoir la recette des octrois de 1859, soit 11.250.000 francs, dont, pour Bruxelles, 2.633.000 francs;

pour Gand, 1.453.000 francs ; pour Liège, 1.385.000 francs ; pour Anvers, 1.276.000 francs.

L'application successive de la nouvelle législation devait amener une situation régulière, normale, définitive, par l'augmentation du revenu commun. Cette augmentation, au début, tournait exclusivement au bénéfice des communes rurales. Dès que le fonds communal atteindrait 20 millions de francs, la répartition devenait vraiment proportionnelle aux impôts, du moins d'après l'estimation du ministre, qui fixait à 45 0/0 la part des communes rurales, et à 55 0/0 celle des communes à octroi.

On reprochait au régime proposé de vouloir mettre sous tutelle les communes à octroi, de centraliser l'impôt, ce qui est contraire à l'esprit des institutions du pays et aux intérêts des contribuables, de substituer l'impôt général aux impôts locaux pour subvenir à des dépenses d'utilité locale, d'affranchir les communes de l'obligation de créer les voies et moyens nécessaires pour couvrir une grande partie de leurs dépenses, de supprimer en partie l'autonomie communale en enchevêtrant inutilement les finances de l'État avec les ressources destinées aux communes, de frapper la boisson nationale, la bière, de prendre pour bases constitutives du fonds communal celles qui frappent surtout les provinces flamandes, et pour bases de répartition celles qui favorisent principalement les provinces wallonnes.

Le gouvernement a reconnu que les moyens qu'il proposait n'étaient pas les meilleurs pour pourvoir au remplacement des octrois. Il n'avait pas les mains libres à cause du régime censitaire et de l'impossibilité, d'après lui, de remplacer l'octroi par des impôts directs !

On avait étudié l'introduction du monopole du tabac ou celui du sucre, mais on avait reconnu que le système ne convenait pas. On n'osait pas élever les droits d'entrée sur le tabac parce qu'on ne croyait pas pouvoir faire voter un droit d'accise sur le produit indigène. Et cependant, en 1879, on a créé une taxe sur la culture indigène de ce produit !

Un principe assez dangereux était mis en avant par le ministre. Il prétendait que les villes en possession de l'octroi avaient été dotées de cet avantage par la loi et qu'on devait donc leur appliquer l'article 11 de la Constitution, les exproprier moyennant une juste et équitable indemnité.

Par le fonds communal, on voulait réunir toutes les localités du pays en une espèce de zollverein. L'État percevait les droits et faisait la répartition du produit. On négligeait cependant de faire entrer la population, pour une part, dans les bases de la répartition ; elle influe certainement sur la consommation d'une utilité générale. L'usage de la bière, du genièvre et du café, produits qui devaient concourir pour les trois quarts à la formation du fonds, ne se fait pas précisément dans la proportion du degré d'aisance des communes.

Il n'y avait qu'à accepter la réforme même avec ses défauts. Le temps pouvait corriger ceux-ci. Chaque année, le gouvernement avait à rendre compte aux Chambres de la situation du fonds communal et de sa répartition. L'article 18 de la loi stipulait qu'elle serait révisée en ce qui concerne les voies et moyens, en déans les quatre ans.

La loi de 1860 abolit donc les octrois ; ceux-ci ne peuvent être rétablis. Elle attribuait aux communes une part de 40 0/0 dans le produit brut des recettes du service des Postes, de 75 0/0 dans le produit du droit d'entrée sur le café et de 34 0/0 dans le produit des droits d'accise sur les vins, les eaux-de-vie, la bière et les vinaigres et sur les sucres.

Ce revenu est réparti chaque année entre les communes d'après les rôles de l'année précédente, au prorata du principal de la contribution foncière sur les propriétés bâties, du principal de la contribution personnelle et du principal des cotisations de patentes.

Comme dispositions transitoires, on portait à 42 0/0 la part du produit des Postes et à 36 0/0 celle des droits d'accise, pour une période de trois ans, et le revenu annuel au minimum de 15 millions de francs.

La loi fonctionna avec régularité et sans compromettre l'équilibre des budgets des villes ; elle eut une influence favorable sur la situation financière des communes rurales.

Toutes les prévisions de M. Frère-Orban se réalisèrent. Les recouvrements ne restèrent au-dessous des prévisions que pour les bières ; on l'attribua à la crise, à la cherté des grains. Le prix moyen de l'orge avait été de 20 fr. 51 c. en 1859, de 23 fr. 52 c. en 1860, de 23 fr. 94 c. en 1861, de 21 fr. 77 c. en 1862. La diminution du revenu des bières n'eut qu'une influence secondaire sur le revenu du fonds communal à cause de la diversité des éléments.

A mesure que le revenu de la caisse commune s'élevait, les quotes-parts proportionnelles aux contributions directes dépassaient le produit de l'octroi de 1859 pour un plus grand nombre de communes qui se trouvaient ainsi successivement comprises dans la répartition normale. Neuf communes tombaient dans cette catégorie en 1860, onze en 1861.

L'augmentation de 2 0/0 pendant trois ans pour les parts de la Poste et des accises donna 720.363 fr. 34 c. Les sommes allouées aux communes à octroi à titre d'indemnité pour traitements d'attente ne s'éleva qu'à 380.637 fr. 55 c., laissant donc 339.725 fr. 69 c. aux communes sans octroi.

L'indemnité pour le personnel diminuant chaque année, à mesure que les employés se plaçaient, l'augmentation pour les communes rurales allait donc encore croître. Pour éviter au bout des trois ans une réduction de ce chef, on a fixé définitivement, en 1862, les parts dont il s'agit à 41 0/0 pour la Poste et à 35 0/0 pour les accises, à partir du 21 juillet 1863, date de l'expiration de la période transitoire de trois ans.

En outre, une retenue équivalente à l'augmentation devait être opérée annuellement sur le fonds communal pour servir à la formation d'une réserve, sans que cependant les sommes à répartir entre les communes puissent descendre de ce chef au-dessous de la moyenne des sommes réparties pendant les trois dernières années.

Le montant de la réserve ne peut dépasser le tiers de cette moyenne.

Chaque fois que, par suite d'une réduction dans les produits, le revenu annuel du fonds commun est inférieur à la moyenne ci-dessus, un prélèvement est effectué au profit des communes, sur la réserve, à concurrence du montant du déficit.

La suppression des octrois et l'institution du fonds communal ont donné naissance à la Société de Crédit commercial fondée par arrêté royal du 6 décembre 1860 et qui a pour objet de faciliter la conclusion des emprunts contractés ou garantis par les communes. Les opérations consistent : 1° à se charger de l'émission des dits emprunts et de la conversion des dettes antérieures ; 2° à créer des titres uniformes pour la fusion de plusieurs emprunts.

La loi du 4 janvier 1864, conséquence de la disposition de celle de 1860, que les voies et moyens composant le fonds communal seraient revisés dans les quatre ans, se contenta d'ajouter les droits d'entrée perçus sur les bières et les vinaigres provenant de l'étranger, à la contribution pour la formation du fonds communal, dans la proportion déterminée par la loi de 1862 en ce qui concerne les droits d'accise.

Après le rétablissement des droits d'entrée sur le bétail et sur les viandes, les Chambres ont décidé la création d'un fonds spécial destiné à augmenter les ressources des communes et qui est réparti d'après le chiffre de leur population. C'est la revanche des cléricaux qui, en 1860, avaient réclamé au sujet de cet oubli du nombre des habitants pour la répartition des revenus de la Caisse communale.

L'article 2 de la loi du 19 août 1889 attribue au fonds spécial :

1° Le produit du droit de licence créé par la dite loi ;

2° Le produit des droits d'entrée sur le bétail et sur les viandes.

Tant que le produit de ces impôts n'atteint pas un chiffre suffisant pour allouer aux communes une quote-part calculée à raison d'un franc par habitant, la somme nécessaire pour parfaire ce chiffre sera prélevée sur le produit des droits d'entrée.

Le recensement décennal servait de base à cette allocation.

La loi du 30 décembre 1896 stipule qu'à partir de 1896, la population de fait au 31 décembre de l'année qui précède la répartition sera substituée à la population de droit, chaque fois qu'au cours d'une période décennale la première excédera la seconde de plus de 10 0/0.

A partir de 1896, il a été attribué à chaque commune, à titre de minimum de quote-part dans la répartition annuelle du fonds communal, une somme égale à la quote-part qu'elle a touchée pendant l'année 1895. En cas d'insuffisance des recettes, la somme nécessaire sera prélevée sur la réserve.

Par suite du relèvement important du droit d'accise sur les eaux-de-vie, la loi du 17 juin 1896 a fixé à 13.750.000 francs le maximum du chef des recettes pour le fonds communal. Par contre, celui-ci reçoit tout le produit du droit d'entrée sur le café (1).

En 1899, les recettes du fonds communal ont été de 938.110.578 fr. 15 c.

Le service des Postes a donné (41 0/0) . . . . Fr.	9.439.020 24
Le café (droit de douane) (100 0/0)	3.282.778 23
Les eaux-de-vie étrangères (droit de douane).	494.707 46
Les bières (droit de douane).	246.063 56
Les betteraves (droit de douane)	69.202 47
Les sirops et mélasses (droit de douane).	76.579 67
Les vinaigres (droit de douane).	95.474 78
Les vins (droits d'accise).	2.378.770 96
Eaux-de-vie indigènes (droit d'accise).	13.255.292 54
Bières (droit d'accise).	6.780.276 54
Vinaigres de bières (droit d'accise)	6.457 67
Vinaigres autres (droit d'accise)	12.680 32
Acide acétique (droit d'accise)	19.055 85
Sucres (douane et accise)	1.954.217 86

Voici les relevés présentant le montant et l'emploi des revenus du fonds communal depuis sa création.

(1) Aux termes de l'article 4 paragraphe 1 de la loi du 18 février 1903, la part du fonds communal dans la répartition du produit annuel des droits d'entrée et d'accise sur les eaux-de-vie est portée à 17 millions de francs à partir du 1er janvier 1899 ; par contre la ressource du café disparaît, le droit d'entrée sur cet article étant supprimé. C'est la conséquence de la nouvelle augmentation de l'impôt frappant l'alcool.

RELEVÉ présentant le montant et l'emploi des [...] revenus du fonds communal depuis sa création.

(Lois des 18 juillet 1860 et 20 décembre 1862.)

1860 à 1895

| | FONDS DE RESERVE | | SOMME A RÉPARTIR entre les communes (Total des col. 11, 12 et 13) | MONTANT DES CONTRIBUTIONS (de l'année précédente) servant de base à la répartition du fonds communal | | | MONTANT DES SOMMES RÉPARTIES ENTRE | | | MARC LE FRANC de la RÉPARTITION annuelle | NOMBRE DE COMMUNES dont la quote-part est égale au revenu de l'octroi en 1859 |
| PRÉLÈVEMENT sur le revenu du fonds communal | RETENUE au profit du fonds communal | MONTANT au 31 décembre | | COMMUNES à octrois | COMMUNES sans octrois | TOTAL | LES COMMUNES A OCTROI à titre de minimum | proportionnellement au montant des contributions | les COMMUNES sans octrois | | |
4.	5.	6.	7.	8.	9.	10.	11.	12.	13.	14.	15.
»	»	»	6.491.840 82	9.372.595 51	7.606.887 02	16.979.482 53	5.164.388 35	32.177 25	1.295.275 22	(a) 0,38000704	69
»	»	»	14.872.932 82	9.475.462 69	7.694.848 32	17.170.311 01	11.510.410 63	97.037 14	3.265.485 05	0,424327289	67
»	»	»	15.444.428 38	9.548.093 23	7.778.737 93	17.326.831 16	11.485.773 51	138.586 56	3.820.068 31	0,49109101	65
(b) 184.796 98	»	(b) 184.796 98	15.995.757 39	9.624.334 03	7.884.452 44	17.508.786 47	11.425.002 15	220.595 34	4.350.159 90	0,55173900	59
(b) 407.246 25	»	(b) 595.373 23	16.036.706 42	9.747.546 79	8.009.877 70	17.757.424 49	11.409.311 95	236.296 81	4.391.097 60	0,54821032	58
(b) 429.791 61	»	(b)1.050.252 34	16.893.188 66	9.887.309 53	8.140.614 33	18.027.923 86	11.351.821 06	342.884 74	5.198.482 86	0,63858606	53
(b) 446.926 79	»	(b)1.542.291 63	17.489.664 14	10.044.307 87	8.289.539 29	18.333.847 16	11.275.048 95	459.917 89	(c)5.754.591 30	0,69423536	49
(b) 452.712 87	»	(b)2.052.440 67	17.925.655 47	10.157.882 73	8.436.136 19	18.594.018 02	11.230.210 90	534.501 79	(d)6.160.748 78	0,73028086	46
(b) 316.546 66	»	(b)2.442.325 86	17.436.169 42	10.237.819 26	8.559.524 95	18.707.344 21	11.292.713 50	434.088 34	5.709.367 58	0,66701921	50
(b) 474.660 00	»	(b)3.000.685 25	18.614.560 98	10.812.311 83	9.014.288 88	19.826.600 71	11.161.098 28	659.805 47	6.794.057 23	0,75369864	44
(b) 570.289 27 / (e)3.022.559 13	»	(b)3.676.200 02 / (e)3.022.559 13	19.000.000 »	10.981.753 96	9.229.313 82	20.211.067 78	9.765.906 89	2.086.462 53	7.147.030 58	0,77488762	41
(b) 462.239 78	(e)1.465.598 84	(b)4.304.711 03 / (e)3.120.446 46	19.950.000 »	11.184.146 16	9.421.868 47	20.606.014 63	9.619.965 94	2.498.101 58	7.831.932 48	0,83148523	37
(b) 536.471 99 / (f) 14.504 30	»	(b)5.015.072 06 / (e)1.735.069 94	20.947.500 »	11.339.913 56	9.599.652 42	20.939.565 98	9.486.438 23	2.802.205 80	8.568.855 96	0,89260565	33
		(b)5.779.515 99)	[illegible]	11.719.599 94	9.641.279 83	21.084.060 77	9.786.880 82	7.135.397 73	9.944.647 99	1,000008694	20

nt le montant, les bases et l'emploi des revenus du fonds communal, ainsi que le montant, les bases et la répartition du fonds s

(Loi du 30 décembre 1896.)

1896 à 1901

	FONDS COMMUNAL						FONDS SPÉCIAL				
DE RÉSERVE						MONTANT DES SOMMES RÉPARTIES entre les communes		SOMME répartie d'après la population de droit à raison d'un franc par habitant	EXCÉDENT de la population de fait sur celle de droit	SUPPLÉMENT du chef de l'excédent de population mentionnée dans la colonne précédente	TOTAL des sommes réparties du chef du fonds spécial (col. 12 et 14)
RENUE profit du fonds communal	MONTANT au 31 décembre	SOMME répartie entre les communes	MINIMUM de quote-part — QUOTES-PARTS de 1895	POPULATION servant de base à la répartition de l'excédent des recettes du fonds communal	EXCÉDENT des recettes sur le minimum — DIFFÉRENCE entre les col. 6 et 7	à octroi	sans octroi				
4.	5.	6.	7.	8.	9.	10.	11.	12.	13.	14.	15.
559 34	11.368.100 33	35.881.115 05	35.196.004 90	6.241.820	685.110 15	18.125.016 75	17.755.408 31	6.060.321 »	172.608	172.608 »	6.241.820 »
»	11.664.631 13	35.798.097 31	35.196.004 90	6.343.434	602.092 61	18.103.333 04	17.694.764 27	6.069.321 »	274.113	274.113 »	6.343.434 »
203 45	11.875.024 14	36.753.802 33	35.196.004 90	6.429.716	1.557.797 43	18.383.837 28	18.309.965 05	6.069.321 »	360.395	360.395 »	6.429.716 »
501 56	12.048.112 74	38.338.079 71	35.196.004 90	6.524.334	3.142.074 81	18.835.566 04	19.502.513 07	6.069.321 »	455.013	455.013 »	6.524.334 »
798 15	12.321.108 81	38.461.267 40	35.196.004 90	6.617.244	3.265.262 50	18.884.884 08	19.576.385 72	6.069.321 »	547.923	547.923 »	6.617.244 »

M. le Maire de Nice.

J'ai l'honneur de vous faire connaître que la loi sur la réforme des impôts sur les boissons hygiéniques a été appliquée à Nice à partir du 1er janvier 1899. C'est le dégrèvement partiel qui a été adopté.

Cette application entraînait pour la ville une perte de plus de 600.000 francs qui a été compensée :

1° Par une surélévation de taxe sur l'alcool et les vins en bouteilles autorisée par ladite loi ;

2° Par de nouvelles taxes et surélévations de taxes d'octroi ;

3° Par une taxe sur les cercles.

Les prévisions faites se sont réalisées et aucune réclamation sérieuse n'est venue entraver la perception.

Ce dégrèvement a plus particulièrement profité à l'intermédiaire ; l'ouvrier n'en a que très peu bénéficié.

M. Gaston CADOUX, Secrét. du Comité du budget du Cons. municip. de Paris.

L'Octroi municipal : Résultats obtenus à Paris jusqu'à ce jour par les taxes de remplacement. — L'étude que j'ai l'honneur de présenter au Congrès de l'Association française pour l'Avancement des Sciences ne concerne que la Ville de Paris. Il m'a semblé que les conditions dans lesquelles Paris et les autres grandes villes françaises ont dû créer leurs taxes de remplacement des droits d'octroi, n'étaient pas comparables et que l'exemple des métropoles étrangères n'ayant pas d'octroi ou n'en possédant plus depuis longtemps ne fournit guère d'utiles indications.

La loi du 29 décembre 1897, votée sous l'influence des régions vinicoles, a compliqué plutôt que facilité la solution du problème ardu de l'abolition des octrois en France. Bien à tort, on s'est imaginé que la destruction des barrières fiscales mises à l'entrée des villes parerait à la mévente des stocks de vins constitués par une suite de vendanges exceptionnellement abondantes. Ce but n'a pas été atteint ; mais cette loi a bouleversé les sources des recettes ordinaires de la plupart des grandes villes. A Paris, après avoir mis le budget municipal en déficit, elle a modifié l'assiette des impositions communales si profondément que le jeu des budgets s'en trouvera gêné pendant de longues années, tout en rendant, pour certaines catégories de contribuables, le poids des charges locales excessif, sinon insupportable.

Depuis trente ans, le Conseil municipal poursuivait l'abolition des droits d'octroi ; cependant, la façon dont la loi de 1897 a posé la question ne lui a permis, à travers mille difficultés, que de supprimer totalement les droits d'octroi sur les boissons dites hygiéniques : le vin, le cidre, le poiré, l'hydromel et la bière.

L'importance du produit de l'octroi dans les recettes du budget, à défaut d'autres motifs, explique cette attitude des élus parisiens.

Années	Total des recettes ordinaires (en milliers de francs).	Recettes de l'octroi (en milliers de francs).		Part dans les recettes d'octroi des droits sur les boissons hygiéniques (en milliers de francs).
1892	271.770	143.759		52.729
1893	283.253	149.764		54.550
1894	286.943	150.469		55.297
1895	291.832	152.269		57.742
1896	297.582	153.264		55.835
1897	302.271	155.282		56.137
1898	298.854	155.826	Le droit sur les vins a été réduit à 7 fr. 40 c. au lieu de 10 fr. 62 c. à partir du 23 octobre 1898 jusqu'au 31 décembre 1900.	48.972
1899	304.373	157.810		43.092
1900	321.222	166.294		44.332
1901	310.951	115.285	Évaluation de ce qu'eussent produit les droits abolis sur les boissons.	53.750
1902	313.635	115.261		53.549
1903 (prévisions)	319.349	109.751		52.500

Ce tableau montre la part de l'octroi dans les ressources du budget de Paris, avant et après la réforme engendrée par la loi de 1897.

Quand il s'agit pour Paris de remplacer les ressources tirées des droits sur les boissons hygiéniques, une première difficulté vint de la fixation de la somme que devaient produire les taxes de remplacement. Il semblait naturel de les établir de telle sorte qu'elles pussent alimenter la Caisse d'une façon équivalente aux droits à abolir, et même que leur création tînt compte de la plus-value très régulière produite chaque année par les droits en question. Mais l'État n'entendait pas abdiquer, pour la création des taxes de remplacement, ses droits de tutelle. Il les exerça et par l'acceptation même des taxes et par l'appréciation du rendement à en obtenir. Dans cette appréciation, il se trompa très lourdement. Les élus municipaux durent, après avoir compté sur un produit de 57 millions de francs (1) accepter de fixer à 47 millions de francs la somme à demander aux nouvelles taxes.

Le tableau suivant montre le jeu des votes successifs du Conseil municipal et du Parlement, la fixation des taxes de remplacement pour 1901, et les résultats constatés de leur perception en 1901.

(1) Des raisons fiscales et politiques firent réduire le chiffre de 57 millions de francs. Mais il était si bien admis au début par les pouvoirs publics que le Mémoire du Préfet de la Seine proposait les taxes suivantes :

1° Taxe foncière (70 centimes additionnels)	Fr.	12.541.900
2° Taxe locative (2,666 0/0 sur le revenu net des propriétés bâties)		15.956.000
3° Licence municipale (droit fixe et droit proportionnel)		3.760.000
4° Taxe sur les cercles (doublement de la taxe de l'État)		600.000
5° Taxe sur les chevaux et voitures (moitié de la taxe de l'État)		400.000
6° Surtaxe sur l'alcool (85 fr. 20 c. par hectolitre)		15.000.000
7° Surtaxe sur l'absinthe et similaires (190 francs par hectolitre)		9.100.000
	TOTAL . . . . Fr.	57.357.900

NATURE DE LA TAXE	VOTÉES PAR LE CONSEIL primitivement	ADMISES par LE GOUVERNEMENT	VOTÉES à nouveau PAR LE CONSEIL	VOTÉES par LE PARLEMENT	RECETTES INSCRITES au PROJET DE BUDGET	RECETTES ADMISES au BUDGET DÉFINITIF	RECETTES CONSTATÉES au COMPTE DE 1901
1° Création d'une *taxe de 3 décimes additionnels* au droit de l'État sur les *successions* ouvertes à Paris à l'exception des libéralités faites à l'Assistance publique (2 décimes et demi admis par le Gouvernement).	10,800,000 »	5,687,000 »	3,600,000 »	Néant.	Néant.	Néant.	» »
2° *Suppression du prélèvement annuel* effectué sur les *produits de l'Octroi*, pour acquitter les taxes personnelles de tous les imposables et pour alléger la contribution mobilière des loyers inférieurs à 375 francs *(A)*.	4,800,000 »	4,800,000 »	4,800,000 »	4,800,000 »	4,953,000 »	4,953,000 »	(A) 4,953,000 »
3° Création d'une taxe de [4 (1) 0/0], [de 2 fr. 50 (2) c.] *sur les propriétés bâties*, imposées soit à la contribution foncière, soit à la contribution des portes et fenêtres, en prenant pour base leur revenu net.	(1) 25,000,000 »	(2) 12,500,000 »	» »	» »	16,625,000 »	16,625,000 »	16,310,909 »
4° Taxe de 2 fr. 666 0/0 sur le *revenu net des propriétés bâties*, laquelle serait exigible du locataire à raison de 2 0/0 pour les loyers commerciaux et 1 fr. 78 0/0 pour les loyers d'usines.	15,951,600 »	15,951,600 »	15,825,000 »	15,825,000 »	» »	» »	» »
5° Création d'une taxe égale à la taxe en principal perçue par l'État sur *les cercles, sociétés et lieux de réunion*.	630,000 »	630,000 »	700,000 »	700,000 »	700,000 »	700,000 »	691,029 »
6° Majoration de 25 0/0 de la *taxe de balayage* actuelle.	1,000,000 »	1,000,000 »	Néant.	Néant.	Néant.	Néant.	» »
7° *Surtaxe* provisoire de 85 fr. 20 c. par hectolitre *d'alcool*.	» »	» »	Néant.	Néant.	Néant.	Néant.	» »
8° Taxe de 165 francs par hectolitre perçue au volume (comprenant la taxe de l'alcool) sur les *absinthes et produits similaires* (bitters, amers, etc.).	» »	8,600,000 »	Néant.	Néant.	Néant.	Néant.	» »
9° Taxe de 1 0/0 sur la valeur *locative des loyers d'habitation* (à la charge des occupants) *(B)*.	» »	» »	3,233,750 »	3,233,750 »	3,233,000 »	3,233,000 »	3,177,142 »
10° Taxe d'*ordures ménagères* de 1 fr. 065 0/0 (à la charge des occupants).	» »	» »	4,845,000 »	4,845,000 »	4,845,000 »	4,845,000 »	5,392,962 »
11° Taxe de 0 fr. 10 c. 0/0 sur les *opérations de Bourse*.	» »	» »	10,000,000 »	Néant.	Néant.	Néant.	» »
12° Taxe de 1 fr. 25 c. 0/0 sur les *cessions d'offices ministériels* et fonds de commerce et 0 fr. 32 0/0 sur les *ventes de marchandises neuves* attachées au fonds.	» »	» »	1,860,000 »	1,860,000 »	1,860,000 »	1,860,000 »	1,380,775 »
13° Taxe *d'incendie* de 0 fr. 03 c. du capital assuré (100 milliards).	» »	» »	3,000,000 »	3,000,000 »	Néant.	Néant.	» »
14° Taxe sur les *locaux d'habitation vacants*.	» »	» »	800,000 »	Néant.	Néant.	Néant.	» »
15° Taxe égale à celle de l'État sur les *chevaux, mules, mulets, voitures et automobiles*.	» »	» »	800,000 »	» »	800,000 »	800,000 »	1,049,431 »
16° Taxe sur la *valeur vénale de la propriété non bâtie*.	» »	» »	4,500,000 »	» »	4,500,000 »	4,500,000 »	2,577,028 »
17° Taxe municipale de 1 0/0 additionnelle aux droits d'enregistrement sur les *mutations à titre onéreux des meubles et objets mobiliers*.	» »	» »	660,000 »	660,000 »	600,000 »	600,000 »	277,384 »
18° Taxe de 0 fr. 50 c. sur *les vins de Champagne en bouteille*.	» »	» »	» »	» »	600,000 »	Néant.	» »
19° Taxe de 5 francs par 100 kilogrammes *d'oranges, citrons*, etc.	» »	» »	» »	» »	1,400,000 »	1,400,000 »	621,310 »
20° Taxe de 1 0/0 sur la *valeur locative des locaux industriels et commerciaux (B)*.	» »	» »	» »	» »	3,000,000 »	3,000,000 »	3,367,830 »
21° Produit de 1/2 centime *additionnel au principal des quatre contributions*.	» »	» »	» »	» »	338,600 »	338,600 »	338,074 »
TOTAL.	57,981,600 »	46,968,600 »	(C) 54,423,750 »	34,723,750 »	43,514,600 »	(C) 42,914,600 »	40,146,874 »

(A) Ce chiffre représente une économie ou plutôt la suppression d'une charge des anciens budgets, mais non une recette effectuée.

(B) Réduite à 0 fr. 50 c. 0/0 à partir de 1902.

(C) Si la loi de 1900 n'était pas intervenue, l'octroi de Paris eût produit sur les boissons hygiéniques en 1901, une somme de . . . . . . Fr. 53.750.244 60 — en 1902, — 53.548.973 80

On voit que, mises en recouvrement, les taxes de remplacement ne remplirent pas leur objet. Non seulement le Gouvernement n'avait pas laissé établir de taxes suffisantes pour compenser, dans la caisse municipale, les droits d'octroi abolis; mais les évaluations admises au budget ne furent pas atteintes.

La moins-value fut, comme le constate notre tableau, de 2.767.726 francs, déficit accru par la moins-value des droits d'octroi conservés 8.376.632 francs et due surtout à la non-réalisation des espérances du Ministre des Finances quant aux recettes municipales à tirer de l'alcool surimposé. *Pour la première fois depuis vingt-cinq ans l'exercice se soldait en déficit.*

En outre d'une perte de recettes de près de 15 millions de francs, le budget supportait une charge de près de 1.500.000 francs pour l'établissement des taxes de remplacement qu'il fallait remanier.

Il avait été spécifié, en prévision des réclamations qu'il était aisé de prévoir, que les taxes n'étaient votées que pour 1901. La Ville de Paris s'est trouvée amenée, par sa première expérience, à alléger certaines des taxes établies tout d'abord et à en supprimer deux : le droit de 5 francs par 100 kilogrammes mis sur les citrons et oranges, et la taxe de 50 centimes 0/0 sur la valeur vénale des propriétés non bâties, valeur estimée à 515.405.000 francs:

N'est-il pas amusant de constater que les deux taxes supprimées à la suite de réclamations n'étaient pas celles qui, par leur nature ou leur répercussion, étaient vraiment excessives et insupportables? Ce sont celles qui ne frappaient qu'un petit nombre d'assujettis, dont le concert était facile, précisément à cause de ce petit nombre, et dont les réclamations, bruyantes et réitérées réussirent à émouvoir la majorité de l'Assemblée municipale... après avoir ému la presse.

Par exemple, les négociants qui centralisent à Paris le commerce des oranges et des citrons rendirent la taxe qui les frappait aussi peu productive que possible en faisant rentrer quantité de ces marchandises à la fin du mois de décembre 1900. Puis, dès les premiers mois de 1901, ils menèrent une vigoureuse et très habile campagne contre le maintien de cette taxe, invoquant, entre autres motifs en faveur de son abolition, le mince rendement obtenu. Le droit de 5 francs fut aboli le 12 juillet 1901, ce qui leur permit d'assurer sans taxe la majeure partie des approvisionnements d'été et les ventes importantes de la saison d'automne et d'hiver.

Les modifications, votées le 12 juillet et les 16, 24 et 30 décembre 1901, sont indiquées ci-après :

Mises en vigueur pour le budget de 1902, elles ont été maintenues à celui de 1903.

La taxe mise, sous forme de droit d'octroi de 5 francs par 100 kilogrammes, sur les oranges et citrons fut supprimée dès le 12 juillet 1901 pour le budget de 1901 et abolie en 1902.

La taxe de 0,50 0/0 sur la valeur vénale de la propriété non bâtie fût remplacée par une taxe sur la valeur immobilière du sol des propriétés bâties et non bâties passibles de la contribution foncière, fixée à 10 centimes pour 100 francs. La valeur immobilière était admise telle qu'elle avait été évaluée par le nouveau cadastre, dressé aux frais de la Ville de Paris, opération qui coûta plus de 1.500.000 francs.

Les taxes sur la valeur locative des locaux d'habitation, industriels et commerciaux furent réduites de 1 0/0 à 0,50 0/0.

Les prévisions portées comme fixations admises aux budgets primitifs de 1902 et de 1903 pour les taxes de remplacement ont été :

	1902 francs	1903 francs
Taxe foncière de 2,50 0/0 sur le revenu net des propriétés bâties	16.485.000	16.640.000
Taxe de 0,50 0/0 sur la valeur locative des locaux d'habitation.	1.600.000	1.600.000
Taxe d'enlèvement des ordures ménagères. .	5.230.000	5.308.000
— sur les cercles et lieux de réunion. . .	750.000	700.000
— sur les chevaux, voitures et automobiles	1.000.000	1.026.000
Taxe de 1 0/0 additionnelle aux droits d'enregistrement sur les mutations d'objets mobiliers et meubles	660.000	290.000
Taxe de 1,25 0/0 sur la cession des fonds de commerce et offices ministériels.	1.060.000	1.600.000
Taxe de 0,50 0/0 sur la valeur locative des locaux industriels et commerciaux.	1.650.000	1.670.000
Demi centime additionnel aux quatre contributions directes.	342.000	346.400
Taxe de 0,10 0/0 sur la valeur immobilière des propriétés bâties et non bâties	11.000.000	14.000.000
TOTAL de la recette prévue.	39.777.000	43.180.400
Auquel il faut ajouter, pour suppression du prélèvement annuel opéré auparavant sur les produits de l'octroi afin d'exonérer de la taxe personnelle tous les imposables et alléger la contribution des loyers inférieurs à 375 francs (1).	4.953.000	4.953.000
Les taxes de remplacement donnent un TOTAL GÉNÉRAL de.	44.730.000	48.133.400

Or on a constaté que, pour 1902, si les droits abolis sur les boissons hygiéniques avaient continués à être perçus, ils eussent produit 53.549.000 francs, c'est-à-dire 8.800.000 francs de plus que les taxes de remplacement. Pour 1903, j'estime que la différence sera d'environ 9 millions de francs pour le budget municipal : *il a été appauvri d'autant*.

Les catégories de contribuables qui acquittaient jusqu'à 1900 les droits d'octroi sur les boissons ne sont pas exactement celles qui supportent, depuis, les taxes de remplacement. Le poids des charges s'est déplacé, ou plutôt s'est concentré. Les habitants qui ont un loyer matériel de 375 francs c'est-à-dire un loyer réel de 500 francs ne supportent plus de droits d'octroi sur leurs boissons (vin, cidre, poiré ou bière) et ne sont touchés en aucune façon par les taxes de remplacement. Pour cette catégorie, le bénéfice de la réforme est évident.

Quant à l'ensemble de la population parisienne, les droits sur les boissons (octroi et droit d'entrée) frappaient avant 1901 les familles proportionnellement à la consommation et au nombre de ses membres et serviteurs... buvant du vin, de la bière ou du cidre. Je néglige ceux qui consommaient de l'hydromel.

(1) La suppression de ce prélèvement a été compensée par un remaniement du tarif qui a pour effet un relèvement, pour les loyers au dessus de 750 francs, de la contribution mobilière.

En admettant pour le vin une consommation annuelle de 730 litres par ménage de quatre personnes, la charge fiscale était par an, pour ce ménage, de 114 fr. 24 c., dont 54 fr. 02 pour la Ville et 60 fr. 20 c. pour l'État. A présent, pour une même consommation, cette famille paiera par an, encore 10 fr. 95 c. à l'État; mais ne versera plus rien à l'octroi de Paris. Son dégrèvement brut sera donc de 103 fr. 29 c.

En d'autres termes le chef de cette famille aura avantage à la réforme si l'ensemble de ses impositions n'a pas été surélevé de plus d'une centaine de francs.

Je crois que près de la moitié des chefs de famille n'a supporté, du fait de la Ville de Paris, que de 65 francs à 80 francs de charges nouvelles et recueille un petit avantage de l'abolition des droits. Mais la somme de ces avantages, jointe à l'exonération complète des gens ayant un loyer matriciel inférieur à 375 francs, a forcément comme contre-partie l'aggravation des charges du surplus des Parisiens. A ne considérer que les modifications d'impositions communales (abolition des droits et taxes de remplacement) on peut admettre qu'à Paris, sur une population de 2.662.000 habitants (répartie dans 910.600 locaux à raison d'une moyenne de 3 habitants par logement) 606.000 habitants seulement répartis dans 202.000 locaux, se trouvent finalement surimposés. Donc plus de 2 millions de parisiens, répartis en 708.000 locaux représentant une valeur locative de 200 à 210 millions de francs, ou sont totalement dégrevés ou le sont partiellement.

Ce serait un résultat magnifique si, dans nombre de cas, l'avantage n'était si minime (de moins de 20 francs) qu'il est imperceptible dans le budget familial. Quoi qu'il en soit voilà le beau côté de la réforme.

Mais les 606.000 habitants surimposés, qui sont présumés bénéficier d'environ 11 millions et demi de francs du fait de l'abolition des droits sur les boissons, ont eu à supporter : en 1901 environ 37 millions de francs de charges nouvelles ; en 1902 pour 39.800.000 francs et en supporteront environ pour 43 millions en 1903. C'est — en admettant qu'ils n'aient pu opérer aucune reprise sur la première partie — une aggravation sensible de leurs charges locales. Ce fait explique la véhémence des plaintes de certains contribuables, notamment du syndicat des propriétaires.

Précisons par trois exemples réels pris dans les quartiers du centre de Paris.

Ménage A. — Employé de commerce, 3 personnes et une bonne, loyer 1.900 francs. Consommation annuelle environ 3 pièces et demie de vin, soit 147 francs de droits par an. Il paye 42 fr. 99 c. de taxes de remplacement et la surélévation des droits sur l'alcool représente 6 fr. 30 c. ; il supporte en tout 49 fr. 29 c. Il a donc une économie de 97 fr. 71 c. par rapport à l'ancien état de choses.

Ménage B. — Fonctionnaire, 5 personnes et une bonne, loyer 2.500 francs. Consommation annuelle également 3 pièces et demie de vin, soit 147 francs de droits par an. Il paye 78 fr. 10 c. de taxes de remplacement (dont 25 francs taxe locative; 20 francs taxe d'enlèvement des ordures; 33 fr. 10 c. rehaussement de la contribution mobilière, et de la contribution personnelle). Il ne consomme pas d'alcool. L'économie annuelle est donc de 68 fr. 90 c.

Ménage C. — Fabricant (article de luxe) logeant dans la maison où sont ses ateliers, 2 personnes et une bonne, loyer 4.700 francs. Consommation 2 pièces et demie de vin, soit payait avant 1901 pour 105 francs de droits. Il paye actuellement 171 fr. 10 c. de taxes de remplacement (23 fr. 50 c. pour taxe locative; 37 fr. 60 c. pour ordures ménagères et 110 francs de rehaussement de la contribution mobilière). L'augmentation des droits sur l'alcool représente 3 fr. 75 c. Il éprouve donc une perte annuelle de 60 francs par suite de la réforme.

Même si on multipliait les exemples il ne serait pas facile d'apprécier l'effet des taxes de remplacement sur les divers catégories de contribuables. Dans sa remarquable étude, M. Alfred Neymark a mesuré leur poids d'après le loyer, considérant le chiffre du loyer comme signe du degré d'aisance du contribuable, ce qui, surtout à Paris, n'a rien d'absolu. En mettant le tableau, publié par M. Neymark dans *le Rentier*, en harmonie avec les changements faits depuis 1902, il donne les indications suivantes :

LOYER réel d'habitation.	MONTANT				TOTAL.	OBSERVATIONS
	de la taxe sur les locaux d'habitations.	de la taxe pour l'enlèvement des ordures ménagères.	du rehaussement de la contribution mobilière.	du demi-centime additionnel. (1)		
francs.	fr. c.	francs.	fr. c.	fr. c.	fr. c.	
300	» »	»	» »	0 01	0 01	(1) Le demi-centime est bien inscrit au budget parmi les autres taxes de remplacement ; mais comme, en l'établissant, on a aboli un demi-centime spécial, autrefois perçu pour les secours aux réservistes. en fait, il ne constitue pas une surcharge.
400	» »	»	» »	0 02	0 02	
500	2 50	4	— 7 15	0 13	0 52	
750	3 75	6	+ 7 05	0 20	20 75	
1.000	5 »	8	9 25	0 27	22 52	
1.500	7 50	12	10 05	0 40	29 95	
2.000	10 »	16	16 45	0 54	42 99	
2.500	12 50	20	32 45	0 63	65 58	
3.000	15 »	24	48 45	0 81	88 26	
3.500	17 50	28	64 45	0 94	110 89	
4.000	20 »	32	80 45	1 08	133 53	
5.000	25 »	40	112 45	1 35	178 80	
6.250	31 25	50	152 45	1 68	235 38	
8.750	43 75	70	233 45	2 36	349 56	
12.500	62 50	100	352 45	3 37	518 32	
25.000	125 »	200	752 45	6 75	1.084 20	
62.500	312 50	500	2.952 45	16 87	2.781 82	
100.000	500 »	800	3.152 45	27 »	4.479 45	

Ce tableau ne fournit qu'une simple indication. Il néglige les taxes qu'on peut dénommer accidentelles ; ne comptant ni la taxe sur les cercles, ni celles sur les chevaux, voitures et automobiles, ni les droits additionnels municipaux aux droits d'enregistrement sur les ventes de meubles, de fonds de commerce ou d'offices ministériels. Il est impossible d'apprécier la répercussion de ces droits ; mais on peut évaluer l'effet des taxes sur les cercles et sur les chevaux et voitures. Nous admettrons avec M. Neymark que ce supplément de charges de luxe équivaut, généralement, pour les membres ou abonnés des cercles, au quart de leur cotisation annuelle ; pour les possesseurs de chevaux et de voitures de luxe à 25 francs par cheval, 40 francs par voiture à deux roues, 60 francs par voiture à 4 roues ; 70 francs par automobile à 2 places et 130 francs par automobile à plus de deux places. On peut estimer qu'en général cette catégorie de contribuables paie des loyers de plus de 10.000 francs et que du fait des deux taxes complémentaires ils subissent une aggravation de 20 0/0 environ du montant des autres taxes de remplacement. Si cette évaluation est exacte :

Un loyer de   12.500 francs représentera au total   638 francs de taxes de remplacement.
 —   25.000   —   1.325   —
 —   62.500   —   3.390   —
 —   100.000   —   5.500   —

Le tableau des taxes d'habitation et sur la valeur locative établit que l'ensemble des nouvelles impositions est non proportionnel mais progressif. Bien que la progression reste modérée elle eût été beaucoup moins forte si on n'eût pas dégrevé certaines catégories ; on peut regretter, au point de vue de l'idée de justice qui doit toujours dominer dans les répartitions d'impôt, que l'habitude se prenne de dégrever totalement, d'une façon plus ou moins directe, certaines catégories de citoyens. Dans un régime de suffrage universel et surtout dans une démocratie, il ne faut pas qu'une fraction importante (qui peut devenir la majorité des électeurs dans certains cas), puisse rejeter une part ou la totalité de ses charges sur une minorité. En dehors des véritables indigents, tout le monde doit supporter, dans la mesure de ses forces, le poids des dépenses publiques.

Certains propriétaires de maisons à faibles loyers ont abusivement surchargé leurs locataires en prenant prétexte des taxes de remplacement. On se souvient de l'émotion considérable qui ameuta la population d'une de ces immenses cités, véritables ruches de nos quartiers ouvriers, quand la propriétaire leur notifia des augmentations de 10 francs pour des locaux de 150 à 250 francs et de 20 francs pour des locaux de 250 à 500 francs. Ces locations, faites presque toujours sans baux, durent subir cette augmentation.

La double réforme de l'impôt d'État et de l'octroi sur les boissons hygiéniques a-t-elle produit à Paris un effet sur les prix de gros et sur les prix de détail ?

C'est presque impossible à savoir parce que la réforme a coïncidé avec une série de récoltes exceptionnelles comme abondance et que la baisse des prix peut être attribuée plutôt à ce fait qu'au fait fiscal. A l'appui de cette idée, nous donnons, depuis 1898, les prix payés à ses adjudicataires de vins par l'Assistance publique de Paris, qui peuvent être considérés comme prix de gros normaux. Il s'agit de vins rendus à Paris, logés. Le prix est le prix moyen donné par les adjudications des diverses sortes de vins blancs et rouges destinés aux coupages livrés aux hospices et hôpitaux.

			PRIX DE L'HECTOLITRE	
			Vin rouge.	Vin blanc.
			Fr. c.	Fr. c.
Année 1898	(	1er semestre	31 25	35 »
(récolte 33 millions d'hectolitres)	(	2e —	30 75	35 »
Année 1899	(	1er semestre	31 20	35 »
(récolte 48 millions et demi d'hectolitres)	(	2e —	35 25	39 »
Année 1900	(	1er semestre	32 05	38 »
(récolte 67 millions d'hectolitres)	(	2e —	30 70	36 50
Année 1901	(	1er semestre	28 65	34 50
(récolte 60 millions d'hectolitres)	(	2e —	25 15	33 50
Année 1902	(	1er semestre	23 20	30 »
(récolte 39 millions et demi d'hectolitres)	(	2e —	23 70	31 »
Année 1903	(	1er semestre	32 »	37 »
	(	2e —	34 65	37 50

On voit que, le stock exceptionnel s'épuisant, les cours montent de façon à dépasser les prix pratiqués avant l'abolition des droits.

Quant aux prix de détail, on a vendu en 1901 des vins communs à 30 centimes et même à 25 centimes le litre chez certains épiciers; mais à l'heure actuelle, les plus bas prix sont 35 centimes pour ces basses qualités. Pour les vins de qualité comparable à celle livrée en fûts, il faut payer 45 et 50 centimes chez les épiciers et de 50 à 70 centimes chez les débitants. Auparavant, pour ces derniers, le prix du litre de vin rouge était de 60 à 80 centimes.

L'effet produit sur le développement de la consommation de Paris n'a pas été ce qu'avait espéré la viticulture. Immédiatement après l'abolition des droits, Paris a demandé de grandes quantités, son approvisionnement ayant été réduit aux besoins immédiats dès qu'il fut sérieusement question d'abolir les droits. Mais, depuis 1901 — aussi bien pour le cidre que pour le vin — les quantités consommées sont en baisse marquée, comme le constate le relevé suivant fourni par l'octroi :

	Hectolitres consommés dans Paris.	
	Vins.	Cidres.
1901 (constatations pour l'année entière).	6.802.483	202.879
1902 — —	6.623.890	65.849
1903 (prévisions tirées de la constatation à fin juin, en général 1/2 de la consommation de l'année).	6.133.060	55.160

La consommation de Paris a suivi une progression constante, proportionnelle à l'accroissement de sa population, et il était puéril de penser qu'une mesure fiscale aurait une influence considérable sur cette consommation. Voici le relevé par période de cinq années depuis 1882, pour le vin seulement :

De 1882 à 1886 Paris a consommé	21.928.867 hect.,	soit par an	4.386.000 hect.
De 1887 à 1891 —	22.303.006 —	— .	4.460.000 —
De 1892 à 1896 —	23.097.458 —	—	4.462.000 —
De 1897 à 1901 —	26.592.598 --	—	5.318.000 .—

Mais pour cette dernière période il faut tenir compte de l'Exposition de 1900 et de l'abondance des récoltes de 1899 à 1901.

Depuis l'abolition des droits, les frais de perception de l'octroi n'ont pas diminué; les sommes perçues étant moindres, il en résulte que la proportion des frais de perception et de régie s'est notablement élevée.

	Recettes de l'octroi.	Dépenses de l'octroi.
Année 1899 (en milliers de francs)	157.810	11.123
— 1900 —	166.294	11.464
— 1901 —	115.285	11.439
— 1902 —	115.261	11.266
— 1903 —	109.751	11.317

La perception représentait avant la réforme moins de 7 0/0 de la recette; elle nécessite à présent près de 11 0/0 du produit recouvré; mais ce n'est pas tout. Pour frais d'assiette et de perception de ses taxes de remplacement, la Ville doit payer chaque année 345.000 francs.

A ces inconvénients matériels s'ajoute, pour le budget, les diminutions de ressources chiffrées au début de cette étude et des mises en non-valeur de taxes irrécouvrables.

Aucun des inconvénients moraux invoqués contre les octrois n'a disparu. Les pertes de temps et les perquisitions vexatoires aux gares et aux portes de la ville continuent ; la libre circulation des choses et des gens n'est pas réalisée ; l'énormité des droits sur l'alcool est une incitation permanente à la fraude. Funeste au budget, la loi de 1897 ne nuira pas moins à la réalisation de la grande réforme que pouvait être l'abolition de toutes nos douanes intérieures.

Pour les viticulteurs qui l'ont provoquée, cette mesure de la suppression des droits sur les vins n'a été, accomplie, qu'une déception : l'avilissement des prix a neutralisé l'augmentation momentanée de la consommation. Pour un grand nombre de consommateurs pauvres, elle reste sans effet appréciable. Elle a ralenti la construction ; et la surcharge brusque de la propriété foncière a failli déchaîner une crise redoutable; la conséquence, plus ou moins proche, sera une tendance à hausser les loyers des petits logements et des petits appartements loués sans baux. .

*　*　*

Sans doute la solution improvisée à Paris a été l'une des moins mauvaises possibles; mais elle est, pour nombre de cas, anormale sinon injuste. Puisqu'on a conservé les droits sur les fourrages, une taxe sur les chevaux est impossible à considérer comme remplaçant des droits sur le vin ou le cidre; les gens qui ne boivent que de l'eau ou du lait — et il y en a plus qu'on ne l'imagine — ne payaient pas ces droits sur les boissons hygiéniques et paient (en remplacement de quoi ?) des taxes parfois très lourdes.

L'injustice initiale fut de considérer que le remplacement des droits d'octroi devait être fait uniquement par les villes ayant ces droits d'octrois; de cette fausse conception découlent tous les griefs qu'on peut invoquer contre l'abolition partielle de l'octroi de Paris et des autres grandes villes. Le Parlement a sacrifié l'équilibre et l'avenir de leurs budgets à une illusion des viticulteurs, et il importe de se mettre en garde contre la persistance de cette faute si l'on songe à achever la suppression des octrois.

Cette grande réforme de la destruction des octrois n'est pas une œuvre d'ordre exclusivement communal.

La loi de 1897 fut votée bien moins dans l'intérêt de la population des villes à octroi que pour favoriser les viticulteurs de toute la France, car toutes les régions alimentent à présent les grands centres.

Donc l'ensemble des citoyens, producteurs, intermédiaires, consommateurs, devant bénéficier de la disparition, aux barrières des villes, des entraves fiscales et autres arrêtant et augmentant les prix des denrées et marchandises, il est juste que la rédemption des anciennes charges soit payée par l'ensemble des habitants et il est injuste d'en faire supporter tout le poids aux seuls citadins qui payaient les droits d'octroi.

La disparition des octrois ne peut équitablement se faire qu'avec la participation financière de l'État. Vouloir les abolir sans son concours effectif, c'est commettre une injustice au détriment des contribuables de toutes les villes importantes de France et surtout de Paris. C'est là une vérité qu'on doit proclamer. Et comme on peut craindre que des motifs purement fiscaux ou des influences parlementaires laissent commettre cette injustice, c'est une raison pour la dénoncer préventivement.

Ouvrage présenté

A LA SÉANCE GÉNÉRALE

Dr PAPILLON. — *Étude documentée sur la suppression des octrois et les taxes de remplacement* (in-12, Paris, 1896).

CONFÉRENCES

FAITES A ANGERS

M. Marcel DUBOIS

Professeur à la Sorbonne.

VIE COLONIALE ET VIE MÉTROPOLITAINE

— 6 août —

I

Messieurs,

Je remercie le Comité de l'Association française pour l'Avancement des Sciences de m'avoir fait appel, quoique ou parce que je représente une science qui en contient ou en avoisine tant d'autres, qu'elle risque souvent de passer pour n'en être pas une. Ce n'est pas que la géographie, à laquelle je me réjouis de plus en plus d'avoir consacré mon modeste effort, soit seule dans cette condition délicate de ne pouvoir dire ses limites, de ne pouvoir rigoureusement fixer ses frontières. Il en est un peu de même de la plupart des domaines auxquels s'applique aujourd'hui le progrès de l'esprit humain ; et nous n'en sommes plus, fort heureusement, à discuter oiseusement ou passionnément, ce qui va souvent ensemble, pour déterminer, en bons scolastiques du vingtième siècle, si la géographie est lettres ou sciences, si elle doit incliner davantage vers les sciences physiques et naturelles ou vers les sciences morales et politiques.

Celui qui aime vraiment la science n'a point de ces engouements ni de ces colères : et quand on lui présente deux domaines très riches à choisir pour consacrer son activité, il doit répondre comme les enfants : J'aime mieux les deux. Enfin n'est-ce pas sur les confins des sciences, aussi bien qu'au cœur du domaine de chacune d'elles, que l'on peut faire les plus belles découvertes d'idées ou de faits. Il n'est pas écrit que chaque domaine scientifique aura une frontière hérissée de forteresses et que pour y être bien accueilli il faudra, après le passage du pont-levis ou même avant, exciper d'un brevet qui prouvera nettement qu'on aime l'une d'elles avec ardeur et qu'on déteste l'autre de même. Je ne sais donc pas en vérité si je comparais devant vous en géographe littéraire ou en géographe scientifique.

Une coutume qui n'est point raison, comme, d'ailleurs, presque toutes les coutumes, nous condamne à renfermer dans des facultés dites de lettres un bon nombre de sciences authentiques qui sont dénommées ailleurs science ou philosophie ou autrement encore. Je n'ai cure de cette répartition d'étiquettes et de bocaux ; quant à dire si je suis homme de science, je ne l'oserais, car on n'en doit pas avoir conscience sans manquer à la modestie ; et le titre d'homme de lettres a bien aussi ses inconvénients d'un autre genre.

Cette précaution prise, qui vous amènera, je l'espère, au même doute que moi en matière de réclusion à perpétuité des sciences, laissez-moi aborder mon sujet, quelle qu'en soit la nature aux yeux des uns et des autres, et me préoccuper (en Français de sciences ou de lettres suivant les goûts) d'une question qui intéresse au plus haut point notre patriotisme.

II

Ce sujet est difficile : il mérite, me semble-t-il, d'attirer l'attention des philosophes... et des autres, j'entends dire de ceux dont la philosophie est essentiellement pratique en matière d'intérêt national et n'a rien de commun avec le désintéressement des grands génies qui habitent la tour d'ivoire. Nous sommes dans un temps où les sciences et les lettres, et peut-être les arts qu'il ne faut pas oublier, ne sont plus indifférents au moindre degré à la grandeur française. La quiétude d'esprit n'est permise qu'aux savants d'un peuple qui a la quiétude de ses frontières, dont le passé le plus récent ne renferme point d'inoubliables humiliations ou des dommages dont rien ne prescrit la réparation. C'est pourquoi j'ai choisi comme objet de notre entretien de ce soir un problème dont la solution théorique importe au bonheur et à la prospérité de notre pays. Je dis avec dessein la solution théorique, parce que j'ai la conviction profonde que la science est un ferment de bonheur, que les destinées d'un peuple gagnent à être maniées par des hommes qui ont le respect de la pensée pure, qui ne passent jamais à l'action sans avoir passé par la méditation, parce que j'estime que la France ne serait plus la France si elle était divisée en deux parties, d'un côté les hommes d'étude auxquels je ne sais quelle discipline interdirait de s'occuper de l'intérêt national, et de l'autre les hommes d'action auxquels cette discipline que donne l'habitude de trop commander interdirait de réfléchir avant d'ordonner et d'agir.

N'est-il pas évident, de prime abord, à la façon d'une vérité de sens commun, qu'un peuple doit coloniser suivant les indications de sa vie nationale, s'appliquer à des œuvres qui correspondent non seulement à ses intérêts, mais à ses aptitudes, à ses qualités propres et distinctives ? C'est la première question que nous devons nous poser. Ensuite la France a-t-elle un domaine colonial qui convienne à ses aptitudes, et ses aptitudes qui forment son tempérament par leur ensemble, en fait-elle l'application rigoureuse et forte dans son domaine colonial ? Question embarrassante, car il est bien difficile aux peuples comme aux personnes de se bien connaître et le « connais-toi toi-même » de Socrate est peut-être la première maxime que l'on doive proposer à l'attention d'un peuple qui fait œuvre coloniale. D'autre part, il ne suffit pas de se connaître, il faut se dépenser et se dépenser en conformité de sa nature que l'on a préalablement étudiée et reconnue.

Oserai-je dire qu'il est beaucoup plus difficile de connaître rigoureusement le tempérament de chacun des grands peuples colonisateurs de notre siècle qu'il ne l'est de constater le caractère propre des entreprises coloniales du passé le plus lointain, tant il est vrai que la vie des peuples d'aujourd'hui est devenue prodigieusement complète et, par là, d'une observation difficile. Direz-vous que la Grande-Bretagne, à force d'être industrielle et commerçante, n'a point le génie agricole ? Je vous répondrai que c'est vrai pour son sol métropolitain, et que c'est faux pour ses colonies où elle a fait des œuvres d'agriculture plus belles que ne furent jadis celles des admirables laboureurs et éleveurs de bétail de la petite Angleterre d'autrefois. Direz-vous que la France n'a point le tempérament industriel ? Je vous répondrai par les belles œuvres de travaux publics qui s'entreprennent ou s'achèvent aujourd'hui dans nos colonies.

Tout grand peuple à vrai dire est aujourd'hui de génie colonisateur universel, comme il est d'aptitude universelle pour la civilisation. Pourquoi ? Parce que les grandes découvertes de la science qui sont les âmes du progrès matériel ne sont pas plus tôt faites dans le coin d'un laboratoire de France, d'Allemagne ou d'Angleterre, ou d'Amérique, qu'elles sont bientôt après au service de l'humanité tout entière. Ainsi donc un peuple ne peut plus être grand sans la passion des sciences, sans l'ardeur démesurée de la découverte et d'autre part, si grande que soit son avance d'esprit sur le reste du monde, il ne peut plus nourrir l'espoir de n'avoir travaillé que pour soi-même.

Dans l'antiquité, au contraire, un petit peuple d'immense colonisation comme les Phéniciens put longtemps tenir en échec des nations beaucoup plus nombreuses et beaucoup plus riches, parce qu'il put garder le secret des mystérieux pays d'où venait l'étain, le secret des mystérieuses teintures qui assuraient à ses étoffes une vente privilégiée ; il fallut de longs siècles pour mettre ce peuple, d'une merveilleuse intelligence de la marine et du commerce, que furent les Grecs, au même degré que leurs initiateurs et rivaux phéniciens, tandis qu'il faut aujourd'hui un télégramme ou un coup de téléphone pour rendre banale et accessible à toute l'humanité la découverte que vient de faire un Français, un Allemand ou un Américain au prix d'un vrai génie, c'est-à-dire d'une longue patience de bien des années.

S'il est donc vrai que chaque peuple conserve quelque chose comme un tempérament particulier, il est vrai aussi que dans la recherche de l'intérêt colonial un peuple avisé peut gagner beaucoup où il n'a rien dépensé, et un peuple naïf perdre beaucoup où il a déjà dépensé beaucoup de vies humaines et des montagnes d'or. Je sais bien que cette illusion de la propriété indivise et du collectivisme achevé des domaines coloniaux subit chaque jour l'effort de quelque nouvelle contradiction.

III

Un peuple ne colonise pas seulement par l'impulsion fatale de cet ensemble de richesses et de forces qui lui sont un tempérament matériel : il faut que tout cela soit concentré et réuni par l'esprit pour être efficace, d'où il résulte que souvent la nation la moins bien douée en richesses et en aptitudes naturelles, risque de faire la leçon et de donner l'exemple à de vieux peuples coloniaux très bien pourvus de tout ce qui est nécessaire à une expansion fructueuse. Je ne voudrais point attrister une réunion comme celle-ci par l'impression d'un parallèle qu'il serait facile d'établir entre un autre peuple voisin de nous qui compte peu de colonies, et des colonies médiocres, dont l'expansion est telle pourtant qu'il est en train de conquérir un des premiers rangs parmi les grandes puissances maritimes du monde. J'ai nommé l'Empire d'Allemagne.

Il y a trente et quelques années, avant la date qui sert de point de départ à des temps tristement nouveaux pour nous, chacun considérait en Europe l'Allemagne comme un pays que sa conformation littorale, que sa pauvreté agricole, que sa position en arrière des grandes routes du trafic universel condamnaient à n'être jamais un grand peuple colonial. On faisait valoir la médiocrité de nombre et de qualité de ses populations maritimes, composées de pauvres pêcheurs, ignorants de la navigation au long cours et dont l'horizon était borné aux brumes de la Baltique et de la mer du Nord. Cette vie maritime précaire, qui se produisait sur la lisière nord des pays allemands, pouvait être regardée à bon droit comme quelque chose d'extérieur et d'étranger au reste de l'activité nationale, comme une superfétation de ce luxe des grands peuples que l'on appelle du pittoresque. Quant aux colonies, on ne connaissait, en Allemagne, que les groupes nombreux, d'ailleurs, d'immigrants allemands fixés aux États-Unis et ailleurs, et qui se laissaient fondre dans d'autres groupes voisins, particulièrement anglo-saxons, ou réputés tels, qui les entouraient, avec une docilité qui était devenue proverbiale, comme jadis celle des mercenaires allemands dans les armées coloniales d'Angleterre et de France.

Mais déjà le germe de la cohésion de richesses du peuple d'Allemagne existait dans la grande et belle institution du Zollverein. L'unité, morale et matérielle, qui devait se faire par trois étapes et par trois moyens, la propagande patriotique des Universités allemandes, la fusion douanière des différents États de l'Empire, et enfin la restauration formelle de l'Empire lui-même dans sa majesté, après la défaite de l'ennemi héréditaire, cette unité, dis-je, avait débuté par une conscience de plus en plus nette de la solidarité d'intérêts de tous les hommes de pensée et de langue allemande. C'est une singulière et belle leçon de l'histoire, si l'on en savait toujours profiter, que cette résurrection du patriotisme allemand qui commença par une retrempe morale, due surtout aux professeurs, et qui continua par une exaltation de l'intérêt commun dans le domaine économique.

Chez d'autres peuples, on est tellement féru de son unité morale traditionnelle, que l'on tombe volontiers dans un certain dédain de l'unité d'intérêts de la nation, qu'on dédaigne volontiers le patrimoine de richesses de la grande famille qu'est la patrie, et qu'on s'endort dans cette illusion mortelle qu'il suffit que les cœurs soient d'accord pour qu'on soit sauvé de tout péril, niaiserie prodigieuse dans un siècle où l'argent est plus que jamais le nerf de la guerre et où, par conséquent, chaque groupe national doit tenir son argent serré comme sa poudre sèche. En Allemagne, il n'y a pas plus de cosmopolitisme mercantile qu'il n'y en a d'intellectuel : l'effort du corps allemand est solidaire de l'effort de l'âme allemande. Il n'y a jamais de relâchement, ni dans le domaine des intérêts, ni dans le domaine des idées : tout cela marche à la prussienne et constitue en temps de paix une force d'expansion qui n'est que l'image et l'avant-goût de la force d'invasion du temps de guerre.

C'est pourquoi le génie allemand, logé sous une forme identique dans tous les cerveaux des hommes d'État qui se succèdent, a imaginé une forme nouvelle de la colonisation qui est merveilleusement conforme au défaut matériel des richesses coloniales allemandes et aux vertus intellectuelles de la force d'expansion de ce peuple. L'historien qui chercherait dans la nature de l'Empire colonial de l'Allemagne l'explication de la grandeur d'outre-mer de l'Empire ferait

une singulière erreur : car la philosophie allemande, j'entends la philosophie
des faits et des intérêts concrets, auxquels la métaphysique n'a jamais fait tort
en Allemagne, mais qu'elle a au contraire protégés d'une sorte de brouillard et
de nimbe qui fait illusion aux étrangers, cette philosophie, dis-je, définit la
colonisation tout autrement que l'on a coutume de la définir en France et en
Angleterre.

L'Anglais, qui a beaucoup de colonies, et beaucoup de colonies où dominent sa
langue et ses mœurs, qui attend sa domination de l'efficacité du commerce
maritime, regarde toutes les possessions que couvre le pavillon britannique
comme autant de gigantesques maisons de commerce où l'on peut risquer de
grandioses opérations, employer de grands capitaux, trouver de magnifiques
cargaisons, installer des entrepôts et des banques de grande envergure.

Le Français considère son domaine d'outre-mer un peu trop souvent comme
un citadin considère sa maison de campagne, et même comme un cultivateur envisage les plus éloignés de ses champs ; il en est fier comme de grosses propriétés
rurales que rien ne le presse d'exploiter, puisque ses titres de propriété sont
bien en règle, ce qui, d'ailleurs, est une des formes de la sagesse humaine et
n'est certes point à dédaigner ; ce qui, en tout cas, est une pensée morale et très
jalousement respectueuse de la propriété d'autrui comme de la nôtre.

Il n'est pas de proverbe qui ne revienne plus volontiers à l'esprit, quand nos
esprits se reportent vers les terres lointaines que nos soldats ont conquises, que
certains dictons de propriétaires campagnards : « Charbonnier maître chez soi ;
le meunier est maître dans son moulin », etc. Et nous sommes aussi, d'une
manière très avantageuse pour le prochain et beaucoup moins bonne pour nous,
semblables à de grands propriétaires campagnards en ce sens que, quand la récolte
est bonne, nous laissons assez volontiers glaner sur nos terres pourvu que celui
qui glane, même de grosses gerbes, même des récoltes, nous dise chapeau bas
que nous sommes les plus gros propriétaires du pays et ceux dont les titres font
l'orgueil du plus fort notaire de l'endroit... j'allais dire des meilleurs diplomates,
puisqu'il s'agit de traités et de colonies ; j'allais dire aussi qu'il suffit pour...
glaner dans nos colonies de nous chanter doucement à l'oreille que nous sommes
le peuple le plus sympathique à l'humanité. Et l'humanité, la pauvre humanité
glane, glane toujours dans le champ français ; et c'est la grande propriétaire, la
France, qui aime le mieux l'humanité, comme M. Perrichon adorait les gens
qu'il prenait en tutelle et qu'il nourrissait. Il y a toutefois cette différence que
c'est la France qui a sauvé des peuples et non point des peuples étrangers qui ont
sauvé la France.

Pour en revenir à la conception de l'Allemagne contemporaine, après cet essai
de comparaison avec l'état d'esprit des voisins, constatons que le terme de
« coloniser » a pris en Allemagne une extension remarquable. Si vous en dou-
tez, ouvrez l'Atlas colonial allemand de Langhans : vous y verrez des cartes sur
lesquelles les régions où le commerce allemand prédomine sont considérées, quel
que soit le drapeau qui y flotte, comme des dépendances du commerce allemand
qui est la forme majeure de la colonisation allemande. Vous y verrez signalés,
dans cet Atlas colonial et, par conséquent, avec une signification colonisatrice,
les pays où il y a les plus forts groupes d'Allemands, ceux où l'exportation des
produits allemands atteint la p'us haute valeur ; et il est assez piquant d'observer que dans le nombre de ces grandes... dirai-je sphères ? d'influence allemande, il y a des colonies anglaises et des colonies françaises.

Si l'on va au fond des choses, on est obligé d'avouer que la seule faute commise par les Allemands, quand ils publient des Atlas comme celui de Langhans, est d'avouer leur pensée en plein jour et de la signaler à tout le monde, c'est-à-dire d'indiquer le remède, mais qu'en réalité ils ont bel et bien raison de considérer que la prépondérance commerciale est une prépondérance coloniale qu'on a vraiment tous les profits de la colonisation, car on n'en a pas les dépenses, quand on fait triompher ses exportations et sa marine dans les colonies d'autrui. En effet, n'avons-nous pas acquis des colonies, comme le disait le grand orateur Jules Ferry, le théoricien et l'organisateur de notre admirable expansion coloniale, pour créer à la métropole des « marchés privilégiés », pour donner à notre exportation menacée par les restrictions douanières des États souverains « une soupape de sûreté »? La politique de ce grand homme, la politique du grand et honnête pays que nous sommes consista donc à bien établir d'abord notre privilège aux bénéfices en établissant notre privilège au sacrifice.

Nous avons dit : « Nous devancerons les autres en Afrique occidentale et en Indo-Chine, nous ferons prévaloir notre bon droit à Madagascar, et nous dépenserons de notre sang et de notre argent tout ce qui est nécessaire pour éviter que jamais nos droits soient contestés. Nous mettrons d'abord sur ces terres nouvelles que nous aurons libérées et acquises, notre drapeau comme signe de la liberté des indigènes et comme signe du droit de nos commerçants. Le drapeau français, c'est un titre de propriété de la France dans les colonies, c'est un signe de privilège des Français, puisqu'il signifie que les biens dont il a la garde ont été achetés du prix le plus cher qu'il y ait au monde, du sang de nos enfants. » Le prince de Bismarck n'avait point ces maximes : il déclarait bien haut « qu'il ne risquerait pas les os d'un seul grenadier poméranien pour acquérir des colonies », paroles que l'on eut bien tort en France de considérer comme un refus de prendre part à la politique coloniale, du moins à celle des bénéfices. Cette parole laissait bien entendre que l'on n'affaiblirait point l'armée allemande pour conquérir des colonies : elle ne signifiait point que les colonies ne seraient point acquises et que l'expansion allemande ne se ferait point partout, même ou surtout où il y a des colonies européennes déjà constituées et policées. Si cette autre parole du prince de Bismarck : « Le pavillon suit le commerce » a bien un sens profond, comme toutes les paroles de ce génie diplomatique qui eurent souvent double et même triple sens, elle sont singulièrement inquiétantes pour les États européens qui voient entrer le commerce allemand dans leurs colonies.

Un fait tout récent vient d'éclairer d'une clarté aveuglante cette théorie bismarckienne de la colonisation universelle allemande par le commerce ; c'est la singulière querelle entre la Grande-Bretagne et l'Allemagne à propos du Canada et des autres colonies anglaises qui ont la libre disposition de leurs tarifs de douane. L'Empire allemand qui vient justement de publier un tarif prohibitif pour bien des pays parce qu'il l'est pour bien des articles, sans en dire la nationalité, s'est trouvé menacé dans l'expansion de son trafic, parce que le Canada, colonie anglaise, a voulu consentir à sa métropole, l'Angleterre, un tarif de faveur. Et voilà la diplomatie allemande qui essaye d'enfermer les diplomates anglais dans un dilemme : « De deux choses l'une : ou le Canada est indépendant, comme vous le dites, et alors nous pouvons négocier et traiter directement avec lui, sans passer par sa métropole ; ou bien il est sous votre dépendance, et alors nous allons rendre le marché anglais responsable des sévices que le marché allemand éprouve au Canada. » Singulière raison pour les diplomates et les économistes qui prêchent à outrance en faveur de l'autonomie des colonies. Il suffit d'un petit grain d'équité pour réduire à rien la vanité de cette querelle de protocole. Hé quoi! la Grande-Bretagne a fait jadis à la France la coûteuse et pénible guerre qui lui a valu le Canada, elle a dépensé des centaines de milions pour l'aménagement de cette colonie, elle a poussé l'amour de la liberté jusqu'à donner à la colonie des institutions représentatives, et la récompense de tous ces sacrifices aboutirait à mettre la vieille métropole anglaise sur le même pied que l'Allemagne dans le pays canadien! Si la doctrine allemande était admise, une grande part de l'Empire colonial anglais ouvrirait ses portes à la rivale maritime de la Grande-Bretagne, l'Allemagne, dont la politique d'expansion commerciale présente cette singulière contradiction de tenir la porte bien fermée chez elle et de demander toute grande l'ouverture des portes d'autrui.

Raisonnons un peu. Si l'Allemagne, jouissant des bienfaits de la paix depuis trente ans, n'a pas vu monter sa dette à l'égard des dettes de Grande-Bretagne et de France, si sa population a foisonné sans arrêt, ne doit-elle pas ces avantages qui l'ont conservée forte et capable d'expansion à la médiocrité de ses dépenses d'hommes et d'argent dans les œuvres coloniales? Cette situation diplomatique que l'on ne peut pas juger de deux manières si l'on apporte la moindre préoccupation morale dans le jugement de cette histoire contemporaine, me rappelle invinciblement la fable de *la Cigale et de la Fourmi* : « Que faisiez-vous au temps chaud? pourraient dire les coloniaux anglais et français aux coloniaux allemands. Nous n'avons pas à apprécier ici le droit bon mauvais ou douteux de la Grande-Bretagne dans la récente guerre transvaalienne et orangiste : mais si l'Afrique australe est devenue anglaise, la Grande-Bretagne sait ce que ça lui à coûté en hommes et en argent, et il faudrait être dépourvu d'esprit de justice pour admettre que des Allemands doivent être en Afrique australe sur le même pied que des Anglais.

Ainsi il s'est formé en Allemagne une doctrine dont l'audace nous surprend aujourd'hui quand nous la voyons se traduire par des exigences diplomatiques exorbitantes, mais qui est logique, préparée de longue date, bien raisonnée et bien cohérente. Ceux d'entre nous qui peuvent se rappeler comment avant la guerre de 1870-1871, nos usines, nos maisons de commerce étaient remplies d'employés allemands qui étudiaient ainsi le terrain dont ils devaient annexer une partie en revenant comme officiers, comprendront à merveille par quelle longue série d'exercices s'est formé cet esprit allemand d'infiltration et de gagne petit dans les pays étrangers. La leçon de 1870-1871 nous a servi, du moins pour la France continentale. N'y aurait-il pas lieu, en présence de la singulière doctrine diplomatique que nous venons de voir éclore, à propos du débat entre l'Allemagne et le Canada, d'étendre le bienfait de cette leçon déjà lointaine au domaine de nos espérances coloniales?

Je n'entends point par là blâmer les hommes d'initiative et d'audace dont l'Allemagne est riche pour son plus grand bonheur, et qui s'efforcent de faire déborder l'influence morale et matérielle de leur patrie sur le monde partout où ils peuvent. C'est leur métier de bons allemands et on ne peut que les honorer de le bien faire, car après tout, ils ne sont pas chargés de réserver aux Anglais les colonies anglaises et aux Français les colonies de France. Ce que je veux mettre en lumière, c'est la force merveilleuse d'une doctrine d'expansion par le négoce, doctrine qui se traduit par des pratiques merveilleusement organisées. L'Allemand identifie la colonisation et le commerce, parce que sa patrie, surpeuplée et menacée de pléthore industrielle, se sentant de toutes parts refoulée et restreinte par les tarifs protecteurs dont s'entourent les autres peuples ne peut soutenir sa prodigieuse fortune actuelle qu'en maintenant ouverts à son exportation les grands marchés du monde.

Or, il devient difficile, il est impossible même d'obtenir des peuples d'Europe, surtout quand on vient de leur appliquer un tarif très draconien, la pratique chrétienne du bien pour le mal, de la porte ouverte en échange de la porte fermée. Seulement, on peut faire retraite par échelons, comme on dit en langage militaire : à défaut des métropoles, on peut essayer de conserver en clientèle les colonies d'autrui. Je ne sais si cette illusion pourra être longtemps conservée en Allemagne, et d'ailleurs je constate avec bonheur que le gouvernement de la République tend de plus en plus à assurer les colonies de France aux Français. Mais je ne puis m'empêcher d'admirer de toutes mes forces la discipline et l'habileté de ce grand peuple qui a groupé à l'intérieur toutes ses forces, qui leur a donné des points d'application si merveilleusement choisis aux quatre coins du monde, qui a fait affluer vers Brême et vers Hambourg toute une série de voies de communication, de courants de marchandises, d'accumulation de capitaux, de telle sorte qu'il y a dans le domaine de l'industrie, comme il y eut jadis dans le domaine militaire, une admirable mobilisation de tout ce qui est force intellectuelle allemande et force matérielle.

IV

Il n'y a pas besoin de dire que la condition première du groupement des forces intérieures d'un pays en vue de l'expansion coloniale est la concorde et l'amour de la patrie. C'est un truisme d'affirmer que si un Français aime les Allemands et les Anglais à l'égal de ses compatriotes, il ne peut imaginer, dans sa condition spéciale de cerveau et de cœur, ce que c'est que l'expansion de son pays, puisqu'à force de rêver son anéantissement dans l'humanité, il en opère chaque jour la diminution. Pour lui, il ne peut y avoir d'expansion, puisqu'il n'y a point de vie nationale, et sa foi dans l'internationalisme l'amène le plus naturellement du monde à croire et à souhaiter que ces acquisitions coloniales, dont son pays eut la grande maladresse de se munir à grand prix de sang et d'argent sont des biens à la disposition de tous les étrangers. Heureusement, l'immense majorité des Français a la nette conscience qu'il y a et qu'il doit y avoir un caractère national.

Mais il ne suffit pas de la naïve bonne volonté d'un patriotisme sentimental pour nouer d'un lieu solide toutes les énergies d'une nation, pour opérer ce transport à distance qu'on appelle colonisation. Il faut que des fils conducteurs rattachent rigoureusement tout ce qui est générateur d'énergie : et cela n'est point facile, même avec le plus enthousiaste sentiment du devoir, parce que cela est affaire de méthode et de science. Dirai-je même que dans certains pays merveilleusement doués par la nature, l'unification des énergies est moins facile à organiser et à obtenir que dans d'autres régions où les divisions mêmes de la nature ont imposé pour ainsi dire aux populations des solutions de salut public.

Permettez-moi, pour rendre cette pensée sensible, de choisir un exemple d'une grande simplicité. L'aptitude à la navigation n'est-elle pas par excellence une aptitude coloniale ? On n'en saurait douter.

Or, pour concentrer les énergies navales et les faire pour ainsi dire exploser sur la lisière maritime dn pays, l'Allemagne n'avait pas de choix difficile à faire ; la concentration à Brême et à Hambourg était obligatoire ; aucun politique, à moins d'être atteint de folie, ne pouvait chercher à neuf, pour ainsi dire, d'autres emplacements de la vie maritime nationale qu'il s'agissait de transformer en vie coloniale. Les berceaux étaient trouvés où l'on pouvait mettre les enfants à leur naissance. Là s'est faite l'éducation, là s'est produite la naissance des nombreux marins que l'Allemagne trouve désormais en nombre suffisant pour monter sa marine prodigieusement croissante. Même la volonté toute puissante d'un empereur d'Allemagne se fût heurtée au brutal commandement des intérêts nationaux s'il eût voulu passer outre et imaginer quelque port de son invention.

Notre France, elle, avait déjà de nombreux marins, assez nombreux pour notre flotte de guerre, trop nombreux, hélas ! pour notre marine de commerce, parce que le nombre de celle-ci a décru. Nous comptions même plusieurs grandes familles nationales de marins flamands, normands, bretons, gascons, provençaux, familles auxquelles s'en sont ajoutées d'autres, depuis que nous sommes maîtres des pays barbaresques, de l'Indo-Chine et et de l'Afrique occidentale. Chacune de ces famille voulait sa part dans l'œuvre d'expansion : et comme nous avons le malheur d'une division administrative contre nature, chacun des êtres factices qui s'appelle un département eut nécessairement l'ambition d'être un centre d'expansion et d'avoir son port comme il avait son préfet et son ingénieur, pour peu qu'il eût quelques kilomètres en vue sur la mer : de sorte que notre richesse ethnographique en bons marins, de sorte que notre admirable position qui nous permet de saillir sur trois mers, comme le dit énergiquement un contemporain de Richelieu, est devenue un obstacle aux grandes concentrations de la lisière maritime où se prépare l'œuvre de colonisation.

La nature nous a aussi comblés de belles voies navigables ; mais là encore, il y a, en de petites rivières de l'intérieur de notre pays vers les grands ports de la lisière, tant de jolis chemins, qu'il a été difficile de reconnaître les chemins principaux. Notre extrême richesse nous a masqué ce qui devrait être la fatalité d'une confédération nationale d'intérêts. Puis est venue la maladie d'abstraction que nous prenons quelquefois pour le bienfait de philosophie, le chemin de fer en soi a trouvé ses adorateurs tout pleins de mépris pour les voies navigables. Les voies navigables ont eu aussi leurs fanatiques. Notre extrême perfection administrative, j'entends par là la multiplicité des fonctions et des fonctionnaires, ce qui est apparemment le bienfait d'un État qui veut être le bien servi, comme certain roi de France, a dégénéré en isolement de chacun des organes, de sorte qu'à certains moments notre pays paraît ressembler à un très riche malade, imaginaire j'espère bien, à la personne duquel seraient attachés autant de médecins spécialistes qu'il y a de fonctions et d'organes.

Vous jugez si un tel homme pourrait déployer impunément son énergie, se promener à tout heure, se battre quand il lui plaît, se nourrir aux heures qui lui conviennent, dormir autant qu'il lui faut, etc., etc., Bref, vous devinez bien qu'il serait libre de toutes ses actions toutes les fois que le corps consultant attaché à sa personne se trouverait pleinement d'accord. Je serai bientôt porté à croire que de très doctes discussions s'institueraient autour de lui, l'un affirmant que les jambes se développent trop, l'autre insinuant qu'il y a hypertrophie musculaire des bras au détriment des jambes, un troisième qu'il y a travail cérébral en excès, etc., et dans ce cercle de médecins consultants notre homme risquerait fort de se mal porter, faute d'un hygiéniste de toute petite envergure. Voilà ce qu'il en coûte parfois à un pays ou à un homme d'être comblé des dons de la nature et de ceux de la fortune : cela ne risque point d'arriver aux pauvres, hommes ou peuples. La sagesse n'est-elle pas compagne de la pauvreté ?

J'ai l'air de plaisanter en employant ces comparaisons familières ; croyez bien que je parle le plus sérieusement du monde, et non sans tristesse..., sans découragement toutefois, car il n'est pas possible qu'une nation aussi vigoureusement trempée que la nôtre ne trouve pas quelque jour l'emploi de son excellent tempéramment. Seulement, j'ai tendance à croire que nous écoutons assez mal les médecins qui nous conseillent le régime de la vie moderne, parce que nous avons une confiance excessive dans notre bonne vieille constitution... de santé, qui nous a sauvés déjà de bien des maladies capables chacune de tuer plusieurs autres peuples moins robustes. Et c'est par là que notre vie nationale, encore mal réglée, encore peu méthodique, ne nous permet pas de faire avec assez de promptitude et d'efficacité, l'effort du passage à la vie de colonisation.

Je dis qu'à bien des égards, nous nous attachons encore aux leçons du passé proche ou lointain qui ne sont plus valables pour la condition actuelle du monde. En voulez-vous un exemple ? Interrogez dans nos provinces de l'intérieur des personnes intelligentes et cultivées appartenant à tous les métiers et à toutes les conditions de fortune : demandez-leur comment elles conçoivent l'action de la France dans ses colonies. Ou je me trompe fort, ayant fait moi-même l'expérience, ou l'on vous répondra dans bien des cas que la colonisation est l'affaire des gens de nos provinces maritimes, que c'est l'office spécial des Provençaux, des Bretons, des Normands, et que nos provinces de l'intérieur n'en sauraient avoir un souci bien direct. Par-là, vous reconnaîtrez que, sous prétexte de bien répartir les fonctions de la vie nationale suivant le précepte : Chacun son métier, etc... », nous perpétuons un état de dissociation des forces nationales qui est d'un autre âge, qui est une fâcheuse survivance du passé, et qui est, pourquoi ne pas dire le mot, de la routine qu'on prend pour de la tradition. Vous me direz qu'un Angevin ou un Tourangeau ou un Berrichon ne sauraient, en vérité, s'intéresser à des richesses qui sont aussi loin d'eux et qui sont si proches de leurs frères de la côte. Je répondrai que dans certains pays coloniaux, comme la petite Hollande, le souci de ce qui s'observe aux colonies s'observe, très constant et très vigilant, jusque dans des villages très éloignés du littoral. Mais vous m'objecterez que ce pays est petit et que le village le plus éloigné de la mer en est encore assez proche, qu'en outre, la tradition coloniale hollandaise est de très vieille date. Je vous répondrai alors que l'Allemagne, où les idées d'expansion coloniale ne sont vieilles que d'une vingtaine d'années, est tout entière pénétrée de la nécessité d'un afflux de toutes les forces de l'Empire sur la lisière maritime allemande d'abord, et de là sur toutes les mers. L'empereur d'Allemagne n'a-t-il pas déclaré que « la fortune de l'Empire était désormais sur la mer », paroles que nous trouvions très naturelles dans la bouche du grec. Thémistocle avant la bataille de Salamine, qui nous étonnent, et qui ont tort de nous étonner dans la bouche de l'empereur allemand.

Je sais bien qu'il y a dans la pauvreté même du sol allemand, et dans les pressantes nécessités de sa population trop nombreuse, une raison majeure de la promptitude de l'éducation coloniale allemande que l'on ne trouve pas chez nous, que le commerce lointain n'est pas pour l'Allemagne un luxe, une superfétation, mais une condition vitale. Le grand Empire voisin est comme un homme d'une extraordinaire vigueur auquel il faut à tout prix un effrayant exercice de force, sous peine de suppression par un accident brusque : l'expansion commerciale allemande, que l'on confond chez nos voisins avec l'expansion coloniale, est le dérivatif de la pléthore industrielle de ce pays. Si les 58 millions d'habitants de l'Empire d'Allemagne peuvent tant sur place, sur un sol qui est incapable de les nourrir tous, c'est parce qu'ils achètent avec le bénéfice de leurs ventes d'industrie les objets d'alimentation que leur sol ne saurait leur donner.

La science allemande, et c'est là une raison de l'admirer, a beaucoup fait, et par ses découvertes de chimie végétale, et par son empressement à trouver les applications de ces découvertes, à introduire chez ce peuple actif des mœurs nouvelles d'alimentation, sans lesquelles l'émigration aurait continué à faucher les Allemands par centaines de mille chaque année. Dans l'acquisition des pays tropicaux, l'Allemand trouve, ou suppute d'avance, le bénéfice d'une importation considérable de riz, de cacao, de café, etc., et de beaucoup d'autres matières précieuses pour l'alimentation des humains. Et vous pensez bien que si les commerçants de l'Allemagne et ses capitalistes trouvent un moyen, dans la commodité des législations étrangères, d'accaparer par exemple le commerce des riz d'une ou de plusieurs colonies françaises, celui du blé, du caoutchouc, voire même du bétail d'autres colonies étrangères, il ne manquera pas l'occasion d'être à la fois propriétaire du sol dans une colonie qui ne coûte rien à l'Allemagne, d'être armateur pour transporter les denrées de cette colonie étrangère en Allemagne, et d'être marchand en Allemagne pour les vendre à ses compatriotes. Vous vous rappelez le beau vers de notre poète :

> Rome n'est point dans Rome, elle est toute où je suis.

Eh bien ! l'Allemagne n'est point en Allemagne, elle est partout où il y a des Allemands et qui s'enrichissent, elle est, comme le disent de fameux vers allemands, « aussi loin que sonne la langue allemande ».

Voilà donc un pays qui était, il y a trente ans, menacé de perdre, à raison de 300 000 ou 400.000 émigrants par an, cette population dont le nombre fait sa force en Europe. Elle était acculée au nomadisme, elle était condamnée à fondre l'excédent de population qui lui venait chaque année dans des nationalités étrangères. Et voilà qu'elle a trouvé, dans des pratiques merveilleusement organisées d'envahissement commercial universel, le moyen de fixer au sol natal tous ces Allemands qui jadis risquaient d'y mourir de faim. Ce miracle, ce sont les audacieux armateurs allemands, ce sont les audacieux banquiers d'Allemagne qui l'ont accompli. Je m'empresse d'ajouter qu'il n'eût pu s'accomplir si nombre d'empires coloniaux étrangers n'avaient ouvert grandement et avec bienveillance leurs portes à cet envahissement qu'on estime sans danger parce qu'il se passe en temps de paix.

En tous cas, ce qu'il faut admirer de cette œuvre, c'est la profonde solidarité du dernier Allemand d'un village du Sud, dans les Alpes, et du dernier Allemand campé dans quelque île du centre du Pacifique. Cela c'est de la solidarité, une solidarité pratique, étroite, entre gens d'un même peuple, et, je m'empresse de l'ajouter, fermée pour les autres. Nous appellerons cela, si vous le voulez, du patriotisme matériel, mercantile, qui complète à merveille le patriotisme sentimental et idéal, je me trompe, sans lequel le patriotisme sentimental et idéal n'impose plus que des devoirs de politesse à l'intérieur d'une même communauté nationale. Il résulte de l'homogénéité de la vie nationale allemande, de son unité de direction, de la rigueur de son sentiment patriotique.

Combien sont loin d'une pareille idée, certains docteurs de la politique contemporaine auxquels la colonisation plaît parce qu'elle semble une sorte d'étape intermédiaire entre le patriotisme qui les gêne par ses devoirs étroits et l'internationalisme qui leur sourit par son absence de devoirs précis. C'est pourquoi nous entendons parfois dire que les colonies ne sont ni tout à fait la France, ni tout à fait l'étranger, moyennant quoi nous nous acheminons vers une législation qui ouvrirait libéralement notre domaine colonial à nos très chers frères de l'humanité, et qui, naturellement, serait complétée par une administration qui en éloignerait les frères trop immédiats de France.

J'entendais vanter récemment les bienfaits de l'internationalisme colonial au Congo où tout le monde est chez chacun et chacun chez tout le monde... je me trompe, où tout le monde peut entrer chez ceux qui ont eu la peine de construire la maison, de planter le jardin, d'ouvrir les routes, d'assurer la sécurité, etc., Il est vraisemblable que si j'étais né chez un peuple qui possède peu de colonies et qui a peu dépensé pour en posséder, je me réjouirais de l'éclosion de ces doctrines toutes bienfaisantes et toutes commodes. Mais, que voulez-vous, je suis né en France, je suis comme vous du nombre de ceux qui portent le fardeau de la dette contractée en conquérant le Tonkin, Madagascar, l'Afrique occidentale, etc., etc., de ceux aussi qui admirent les dévouements et qui pleurent les morts auxquels nous devons ces beaux pays : et alors me vient à l'esprit la pensée toute naturelle que ceux qui ont été à l'honneur et à l'épreuve doivent aussi, si je ne me trompe, être seuls au bénéfice.

Ces pensées n'ont pas encore trouvé le chemin de tous les esprits français. Je sais que nous sommes 39 millions bien à l'aise sur une terre admirable qui en pourrait nourrir bien davantage, et qu'en raison même de notre richesse, nous ne sommes portés ni à nous servir précipitamment des biens nouveaux qui se sont ajoutés à ce bien traditionnel, ni surtout à nous servir, le cas échéant, du bien d'autrui. Mais vivre dans cette erreur, vivre dans ce rêve vieillot et sans idéal c'est dormir au bord du précipice. Je n'hésite pas à dire qu'il y a pour nous une question de vie ou de mort à savoir nouer notre vie nationale à notre vie coloniale, non d'un lien précaire mais d'une attache solide ou permanente, je veux dire l'attache de l'intérêt et des mœurs. Passer doucement sa vie sur un sol qui donne le nécessaire et même un agréable superflu n'est pas se préparer aux luttes de l'avenir, et l'avenir aura des luttes en dépit de la découverte que viennent de faire quelques Français de l'arbitrage dont la pratique fût constante chez les Romains, chez les Grecs et probablement chez les premiers humains.

Pour les luttes de l'avenir, qui seront de caractère universel par leur étendue, qui exigeront de nous un effort d'autant plus grand que nos colonies sont plus étendues et plus éparses, qui donneront à l'adversaire un avantage d'autant plus grand qu'il sera moins en prise que nous dans les parages d'outre-mer, qu'il risquera de prendre et non de perdre, aucune part de richesse ne sera de trop C'est pourquoi la mise en valeur de notre domaine colonial doit éveiller des zèles, susciter des énergies dans toute l'étendue du territoire. Ce sont peut-être 100 millions entrés dans l'épargne française par le chemin du commerce de l'Indo-Chine qui gageront quelque emprunt d'où sortira, le cas échéant, la victoire en Europe : mais si les millions que recèlent nos colonies s'en vont aux maisons de commerce de Hambourg et de Brême, ils iront par là, sous forme d'impôts, dans les caves de l'Empire, dans ses trésors de guerre, et un historien du xx1e siècle pourra alors, si nous ne comprenions l'enchaînement obligatoire de la vie nationale et de la vie coloniale, dire que la mort de Rivière, de Garnier, de l'amiral Courbet, de l'amiral Pierre, de tant d'autres héros et de milliers de soldats français eurent pour résultat d'ouvrir des pays dont la richesse fortifia les ennemis éventuels de la France et que, par conséquent, de ces morts d'où devaient sortir des victoires, des réparations du malheur passé, sont sortis de nouveaux appauvrissements et de nouvelles épreuves.

Messieurs, pour éviter que jamais semblable incohérence soit consommée dans notre histoire, il suffit d'ajouter au sentiment patriotique qui anime la grande masse de la nation, qui est, je m'empresse de le dire, à la base de tous les partis politiques dignes de ce nom, cette humble fleur qui poussait jadis si forte sur le terroir des intelligences françaises, le sens pratique et pour tout dire la jugeotte paysanne. Cela s'obtient par la culture de l'esprit scientifique que votre Association exalte et encourage, cela se gagne à force de considération des réalités concrètes, à force de haine des grands mots et des fantômes d'abstraction. C'est pourquoi je me suis permis de traiter devant vous, sous forme un peu aride de démonstration, mais avec l'angoisse familière d'un sujet qui me passionne depuis l'enfance, une enfance formée dans la guerre de 1870-1871, un problème d'intérêt national. Bienfaisant est l'intérêt qu'éclaire la science, bienfaisante est la science qui ne croit point se rabaisser en servant l'intérêt national.

Il n'y aura vraiment un lien étroit entre la vie coloniale et la vie métropolitaine dans la France universelle que le jour où il existera vraiment une solidarité matérielle d'intérêts entre la France et ses colonies, et il faudra que cette solidarité soit inscrite beaucoup plus encore dans nos mœurs que dans les discours de nos hommes d'État ou dans nos lois. Il faudra qu'elle soit assurée par une vigilante pratique de tous les instants. C'est beaucoup demander dans un temps où un certain nombre de Français n'ont guère le temps de penser à la France elle-même, tant ils pensent à l'humanité : peut-être, puisqu'ils aiment les devoirs larges, pourrait-on leur faire observer qu'on est plus proche de leur idéal en leur demandant d'aimer la France d'Europe et la France d'outre-mer : après tout c'est un acheminement vers l'amour de l'humanité et peut-être le meilleur parce qu'il s'adresse à l'humanité la plus proche de nous et aussi de l'humanité envers laquelle nous avons pris de certaines obligations qui sont inscrites dans l'histoire avec des lettres de sang. Les indigènes de nos colonies ont conclu avec nous un pacte fraternel : ils nous doivent et nous leur devons. Quoi ? De beaux sentiments bien clos dans nos consciences ou bien exprimés dans nos discours ? Nullement, cela ne suffit pas ; il vaudrait mieux qu'on parlât actuellement un peu moins de solidarité et que l'on fût un peu plus solidaire dans la pratique : car le lien d'intérêt est une prime d'assurance de solidarité morale.

Faisons-nous assez pour atteindre cet idéal de resserrement de la famille française, qui est aussi un idéal d'élargissement de notre génie dans le monde ? Ce serait se vanter que de le prétendre : nos mœurs sont trop souvent cosmopolites pour être assez souvent coloniales. Les hommes d'État généreux, qui se sont engagés pour nous et ont donné notre parole aux indigènes, comptaient assurément sur une plus prompte transformation de nos mœurs. Jules Ferry qui était un Vosgien, c'est-à-dire un homme de tempérament à la fois très idéal et très pratique, comme en ont forgé nos épreuves aux environs de la frontière de l'Est, comptait qu'on ferait à ses doctrines une adhésion d'esprit et une adhésion d'acte. Or, l'adhésion d'esprit est venue enfin après qu'on l'eût injurié, pendant de longues années, des mots de « tonkinois » et de « tunisien, qui sont devenus des termes d'honneur, à tel point que ses anciens adversaires, que ses plus violents ennemis lui font aujourd'hui l'honneur d'inaugurer ses statues et les navires qui portent son nom, ce qui, d'ailleurs, honore les adversaires comme Jules Ferry lui-même.

Mais nous sommes restés dans notre vie quotidienne, des idolâtres de la philanthropie vague et universelle. Nous déclarons dans de solennels discours que le café des colonies françaises doit affluer bientôt sur le marché de France ; et pendant que ces beaux discours retentissent, nos courtiers en café ne font pas le plus petit effort pour changer leur marché d'achat parce que cela est fatiguant, et nos ménagères continuent à acheter à l'épicier du moka que celui-ci sait très bien n'être pas du moka ; elles l'offrent avec affectation dans leurs salons où la plupart des consommateurs ignorants ne manquent pas de se prendre pour des Arabes ou pour des Turcs au moment où on leur donne la mixture qu'ils dégustent. C'est la même dévotion à l'étiquette qui engage les Françaises à acheter, de mère en fille, du riz Caroline, parce que leurs grand'mères en ont acheté ou cru en acheter : et pourtant leur instruction a été poussée assez loin pour leur faire savoir que nous avons une Cochinchine riche en riz. Mais que voulez-vous ? Il faudrait s'informer de l'adresse des magasins où l'on vend des denrées coloniales. Leur sollicitude pour la nourriture des bébés va jusqu'à demander du cacao enfermé dans des boites qui portent un nom connu. Connu ? Pourquoi ? Parce que celui qui le porte a payé des réclames dans la presse, ce qui prouve que son cacao est excellent. Combien y a-t-il de Français qui, en mangeant des bananes, ont conscience qu'ils rendent service à des indigènes de nos colonies ? Bref, il y a dans la pratique autant d'indifférence qu'il y a de conviction dans les discours.

A côté de cette indifférence blâmable, on peut heureusement citer quelques exemples d'intérêt bien compris ; je ne puis résister au plaisir de citer en public la belle initiative d'un certain nombre de fabricants français de cotonnades qui ont généreusement, et sans attendre le signal de l'État-Providence, provoqué des missions et des enquêtes pour assurer un jour aux colonies françaises le bénéfice de leurs achats. Ils ont donné une belle preuve de générosité et d'intelligence : de générosité, parce qu'ils ont sacrifié une part de leurs intérêts immédiats ; d'intelligence, parce qu'ils n'ont pas attendu pour se défendre que les États-Unis aient constitué quelque trust du coton et des cotonnades qui menace de ruine les industries européennes. Osons dire la vérité : tandis que notre législation, depuis 1892, tend à protéger le marché français contre l'excès des importations étrangères qui auraient vite réduit le travail national à n'être qu'une annexe quelconque du travail universel, je me trompe, une dépendance quelconque de la finance universelle, nos mœurs sont restées essentiellement cosmopolites et libre-échangistes. Tandis qu'un Anglais, même hors de sa patrie, s'habille avec des étoffes et suivant des modes anglaises, nous affectons, nous autres, en France même, de donner la préférence, par snobisme, à des produits étrangers. Nous ne voulons pas laisser suspecter notre qualité de citoyens de l'univers et d'amis du genre humain : nous confessons bien en public notre ardeur de solidarité nationale, mais nous la rétractons dans notre vie privée.

Il y a, de cette discordance entre nos paroles et nos actes, plusieurs explications. La première, c'est que nous ne pouvons pas nous mettre dans l'esprit que les concurrences d'ordre commercial sont aussi dangereuses pour notre patrie que les autres concurrences, aussi funestes à son indépendance, aussi déplora-

:bles pour la préparation à la guerre. Nous vivons toujours sur ce lieu commun, erreur comme beaucoup d'autres lieux communs. que les rivalités commerciales sont essentiellement loyales et bienfaisantes pour les peuples : nous avons entendu tant de fois cette antienne au début des expositions universelles que nous devenons incapables de comprendre que la guerre se fait en pleine paix, car la guerre de demain c'est avec l'argent gagné aujourd'hui qu'il la faudra faire, et si nous ne savons pas gagner l'argent aujourd'hui, nous perdrons la guerre de demain. Il est encore bien des esprits chez nous qui sont restés à cet égard ce qu'étaient ceux de nos ancêtres, qui imaginent qu'on peut se laisser exproprier chez soi par les étrangers, dépouiller de ses inventions, éliminer de ses colonies, sans qu'il en résulte le moindre inconvénient le jour où une guerre sera déclarée.

Si j'avais la moindre vanité de mon métier de géographe, je dirais qu'en cette matière l'éducation géographique n'a pas encore porté tous ses fruits, et que nous vivons je ne dirai pas trop d'histoire, mais d'histoire oratoire et arriérée. Nous laissons l'étranger se prélasser dans nos colonies pendant que nous faisons de beaux discours sur nos aptitudes coloniales, sur Dupleix, sur Cavelier de La Salle et Champlain. Bien entendu l'étranger se garde bien de déranger notre sérénité historique. N'est-ce pas chez nous que l'on a fait la fable du *Corbeau et du Renard?* Nous ouvrons un large bec et nous laissons tomber la proie.

Il n'y a plus guère qu'en France que l'on se fait de prodigieuses illusions sur les conditions de concurrence loyale entre nations dans ce siècle de l'or, de la haute finance... l'âge d'or dans un certain sens du mot. On ne se doute guère chez nous que les colonies peuvent nous être prises en pleine paix, de mille manières, si la métropole n'associe pas avec vigilance sa vie à la vie des peuples nouveaux dont elle a la tutelle. Evoquez dans votre esprit telle colonie française qu'il vous plaira; supposez qu'elle est pourvue de chefs de culture français : vous n'avez pas besoin d'un gros effort d'imagination pour supposer qu'elle est garnie de fonctionnaires et munie de troupes. Eh bien ! si les Français y sont seulement les agents d'un groupe de financiers étrangers, si les navires qui y font le commerce sont de pavillons étrangers, dites-moi donc en vérité ce qui reste de bénéfice à la France.

V

Faut-il dire que l'expansion coloniale résulte et peut résulter du seul fait d'une insuffisance dans la vie nationale d'un peuple, auquel cas elle ne serait autre chose que la forme civilisée des invasions? Et doit-on estimer que tout peuple auquel suffisent les ressources de son sol, végétales ou minérales, est par là même incapable d'une active expansion? Ce serait, à notre sens, une grave erreur, comme le prouve l'insuccès de certains peuples besogneux que leur pauvreté même frappe de stagnation, ou le succès de peuples que leur richesse exubérante n'empêche point d'en rechercher d'autres, comme la Grande-Bretagne et les États-Unis d'Amérique. La force expansive implique, en effet, une plénitude, presque un excès de santé chez la nation qui en fait preuve. Ce qui nous gêne dans l'étude de ce majestueux phénomène de croissance des grandes sociétés humaines, c'est, croyons-nous, l'ordinaire méconnaissance d'un fait de transformation des énergies vitales et des richesses qui contribuent à la colonisation.

La Grande-Bretagne éprouve, certes, un besoin impérieux, celui d'assurer son

approvisionnement en denrées alimentaires et en matières premières d'industrie : mais ce besoin n'est pas une misère, puisqu'elle a trouvé des moyens normaux et réguliers de lui donner satisfaction : le corps britannique n'est complet
et robuste que si vous envisagez sa circulation coloniale intense à côté de son
hypertrophie industrielle. L'Allemagne a bien aussi, dans sa puissante industrie,
dans son habile commerce, la compensation de sa pauvreté en denrées alimentaires ; mais cette compensation, elle ne l'a pu trouver que chez autrui, donc
dans des conditions de mœurs, de langue, d'association, infiniment précaires.
Et c'est pourquoi l'Allemagne tend à confondre la colonisation avec le commerce
témoignant par là que sa nation est en état de tension commerciale excessive et
en état d'insuffisance coloniale.

Quel contraste entre la parfaite concordance des vieilles vies nationales et des
vieilles colonisations, et les contradictions si multiples de notre temps, ou du
moins les complexités, car il n'y a point de contradiction ! La passion commerciale que témoigne au dehors le peuple allemand s'explique par les nécessités,
j'allais dire par les fatalités de sa vie nationale d'Europe, si troublée et inquiète
sous les apparences d'une tranquillité empreinte de bureaucratie et d'une régularité qui ne va pas sans caporalisme. Ces allures paisibles de la Société européenne. l'Allemagne gagne le droit de se les donner par l'ardeur inlassable de
ses commerçants, de ses commis voyageurs et de ses banquiers. Il y a une « vie
allemande » qui ne nous paraît normale dans sa réelle douceur qu'en raison de
la turbulence des agents d'expansion mercantile allemande aux quatre coins du
monde. Tel l'homme d'affaires actif qui, une fois hors de sa maison, mène une
vie de labeur fiévreux, et qui, le soir, en rentrant retrouve la maîtrise de soi-
même grâce à laquelle les soucis ne franchissent point le seuil. ne troublent
point la sérénité de la famille. Ce sont des destinées brillantes mais qui se terminent quelquefois de manière tragique, pour les peuples comme pour les individus ; l'Allemagne contemporaine est à deux faces ; c'est Rome au dedans c'est
Carthage au dehors.

Notre pays commence à prendre conscience de la complexité des moyens
qu'exige l'expansion coloniale : et cette conscience encore un peu vague, cette
recherche de méthode encore incertaine, se traduisent par des ardeurs contradictoires comme par des théories opposées et également absolues. Est-ce donc
notre sort de ne trouver le juste milieu, dont la banalité nous fait quelque
honte, qu'à force de nous heurter à des absolus contraires ? Singulière tendance
d'un peuple à qui l'on a tant dit qu'il est le plus spirituel de la terre qu'il
confond parfois le sens pratique avec la banalité et l'exagération, l'oscillation
à plateaux affolés entre deux extrêmes avec la passion de la vérité. Les uns
nous adjurent de nous en tenir aux œuvres coloniales de cultures, parce que
nous avons une complexion agricole ; les autres nous supplient de devenir
exclusivement et à outrance mercantiles comme certains colonisateurs anglais
ou allemands. Et quiconque refuse de s'enrégimenter dans l'une de ces écoles
passe pour un esprit médiocre, qui peut, d'ailleurs, se consoler en observant
qu'on lui reproche à droite un excès d'attachement aux vieilles traditions de la
race, à gauche une maladroite manie d'imiter les étrangers. Pourtant, l'action
vaut mieux chez nous que la parole, le souvenir de la fable du « Meunier,
son fils et l'âne » est encore solidement ancré dans quelques cervelles françaises :

> Qu'on dise quelque chose ou qu'on ne dise rien,
> J'en veux faire à ma tête : il le fit et fit bien.

Il est des cas faciles à énumérer, où la vie nationale d'un peuple ne marque
point d'un caractère de famille sa vie coloniale. Il arrive que l'État colonise ou
gère le domaine colonial d'un peuple en dépit des plus claires indications du
génie de la race. Par exemple, on a vu des peuples conquérir vaillamment
d'admirables colonies, avec le parti délibéré de s'en réserver la jouissance sinon
exclusive, du moins privilégiée, et ses diplomates conclure à tort et à travers
des traités de commerce qui ouvraient largement à l'étranger ces colonies
acquises au prix de durs sacrifices. Les faiblesses de la politique coloniales de
Louis XV, et d'autres faiblesses, ont été des actes accomplis au mépris d'une
opinion publique sinon toujours éclairée, du moins toujours chatouilleuse sur
les questions élémentaires de dignité. Cela n'arrive point ou n'arrive guère dans
les pays où le régime parlementaire fonctionne normalement, et où les représentants du peuple sont plus préoccupés de l'intérêt national que des vétilles de
la politique intérieure.

Enfin, l'effort colonial peut dériver des convoitises d'un groupe d'hommes
riches et ambitieux qui en viennent aisément à confondre et à faire confondre
leur intérêt personnel avec l'intérêt national. L'exemple le plus mémorable
d'une coalition privée de ce genre entraînant tout un peuple est celui du « trust »
américain du sucre qui détermina la guerre contre l'Espagne, la conquête de
Cuba, de Porto-Rico et des Philippines.

Encore faut-il avouer que des impulsions de cette sorte ne se produisent que
chez des peuples où le sens de l'intérêt national est fier et jaloux en chacun
comme dans la masse. Par là, c'est une preuve de vitalité, d'énergie, de solidarité étroite, et une preuve de vie nationale d'une circulation si impétueuse,
d'une sensibilité si intense, qu'un tel peuple ressemble aux vigoureux gaillards
dont il fait mauvais exciter le système nerveux. C'est, au contraire, la lamentable preuve d'atrophie de la vie nationale que l'attitude d'un peuple résolu à
tout supporter plutôt que de défendre son droit, porté à se refugier dans le
maquis de la procédure diplomatique et dissimulant mal sa peur de la guerre
dans un déclamatoire amour de l'humanité. Il n'est pas étonnant qu'un tel
peuple, ou qu'un peuple dont les chefs passent leur temps à énerver la fierté,
se laisse envahir et déposséder dans ses colonies par quelques-uns de ces excellents frères dont la fraternité se traduit toujours en emprunts, en hospitalité
reçue, jamais en don ni en hospitalité offerte. Oui, l'humanité se compose vraiment de peuples frères, mais dont les habitudes fraternelles rappellent à s'y
méprendre ce qu'on observe dans de trop nombreuses familles : c'est toujours
le même qui se dévoue, qui paye de sa santé, de son temps, de sa bourse, et il
est bien rare que ce soit le plus aimé. Napoléon Ier ne disait-il pas familièrement
qu' « à la guerre ce sont toujours les mêmes qui se font tuer » ?

M. Paul-LABBÉ

Explorateur.

UN VOYAGE EN PROJECTIONS A TRAVERS L'ASIE RUSSE

M. Paul Labbé nous a fait au théâtre une causerie sur ses voyages en Asie : la conférence a été une succession ininterrompue de projections pittoresques, d'anecdotes et de souvenirs de voyage. Nous avons visité tout d'abord la région de l'Oural qu'habitent les Bachkirs, indigènes très primitifs auxquels le contact des Russes n'a guère été favorable. Une anecdote entre autres : on rend la justice dans ce pays de façon plus ingénieuse que recommandable. Une projection nous montre trois juges indigènes qui ne comprenaient que quelques mots de russe et un scribe cosaque, qui dirigeait les débats et concluait toujours en faveur du plaignant le plus généreux. Le scribe entendit M. Paul Labbé qui regrettait de ne pouvoir photographier dans une pièce aussi sombre les bonnes têtes du tribunal.

« Vous voulez photographier les juges, s'écria-t-il ? »

Et avec un geste qui n'admettait pas de réplique, il s'écria :

« Juges, dans la cour ! »

Les juges se levèrent, passèrent dans la cour, où ils furent photographiés, puis ils revinrent reprendre l'affaire en suspens au point où ils l'avaient laissée.

Après nous avoir fait connaître la Cour d'échange près de la ville d'Orenbourg où depuis des siècles les nomades d'Asie viennent offrir leurs produits aux populations voisines, l'orateur nous fait assister aux colossales pêches d'automne, qui ont lieu pendant plusieurs jours en septembre. Le premier jour, trois mille barques sont rangées devant le fleuve, et à un signal donné par le grand ataman, les Cosaques deux par deux enlèvent leurs barques, les jettent à l'eau : c'est à qui arrivera le premier, tant pis pour qui tombe, et en moins de temps qu'il n'en faut pour le dire, le large fleuve Oural est couvert par trois mille barques noires. Les vieillards, les enfants et les femmes, dans leurs vêtements les plus beaux, c'est-à-dire les plus voyants, contemplent les pêcheurs du haut du rivage ; une femme disait à M. Labbé : « Sont-ils beaux nos hommes ! Depuis que j'ai vu des Français, je ne veux plus aller en France : les hommes y sont trop petits. »

Nous visitons ensuite les ports de la mer Caspienne, Gouriev où des milliers de poissons attendent dans de grandes glacières l'époque des carêmes russes, Astrakhan et la majestueuse Vo'ga, Bakou et le pays du feu.

Après avoir montré Boukhara, Samarkande et Tachkent, et nous avoir raconté des traits de mœurs typiques et amusants, M. Paul Labbé nous retrace à grands traits l'œuvre des Russes dans le Turkestan et l'Asie centrale, et il nous montre les progrès de la colonisation cotonnière, et nous initie aux mystères des mosquées.

Pour gagner la Sibérie, nous suivons la caravane d'un sultan ami de M. Paul

Labbé. La vie nomade ainsi comprise est vraiment amusante. Le sultan a une femme assez jolie.

« C'est ma troisième, malgré ma fortune je n'en ai qu'une à la fois, le mariage pour moi n'est pas monotone car mes femmes meurent et se renouvellent ainsi. »

Il s'enferme pourtant un jour avec la troisième ; c'était l'anniversaire de la mort de la première, et ils pleurent tous deux autant qu'ils peuvent pour honorer la défunte.

« Quand celle-ci mourra, j'en épouserai une quatrième ! » disait le sultan.

Or il avait cinquante ans et la femme vingt-deux, mais il ne pouvait admettre qu'elle lui survécut : une femme qui se respecte, meurt toujours avant son mari.

Nous voilà en Sibérie : nous assistons aux scènes un peu effrayantes du chamanisme ; M. Labbé nous parle du lac Baïkal que nous traversons, puis il nous conduit chez les lamas de Bouddha ; nous sommes chez un jeune homme, incarnation divine qui annonce à M. Labbé sa prochaine visite à Paris !

« A une époque où les dieux sont modernes, comme aujourd'hui, dit le conférencier, ce dieu me demandera sans doute de le conduire aux Folies-Bergère ! »

Nous visitons tour à tour le bassin de l'Amour et les populations primitives aux noms barbares que M. Labbé a étudiées pour la plupart, puis la Mandchourie où les Russes sont établis si solidement.

Enfin après quelques escales dans les ports de Corée, nous débarquons à Vladivostok. Une projection nous montre un forçat à l'aspect terrible. Il a sauté au cou de M. Paul Labbé dès son arrivée, en lui criant :

« Je suis content de te voir..., tu ne m'as pas oublié, n'est-ce pas ? nous avons été au bagne ensemble ! »

Les compagnons de voyage de M. Labbé furent stupéfaits.

C'était vrai, d'ailleurs, mais M. Labbé faisait au bagne des études, tandis que l'autre y purgeait une peine ; mais un Français qui vit au bagne russe ne porte pas d'uniforme et dans la triste île de Sakhaline, un homme sans uniforme est considéré toujours comme un forçat.

Nous n'avons pu que glaner quelques anecdotes dans le récit de M. Paul Labbé, qui voulant épargner toute fatigue à ses auditeurs, les a ramenés de Vladivostok par voie de projections par Nagasaki, Changhaï, Saïgon et Ceylan à Angers. La dernière projection en effet reproduisait la vue des quais de la grande cité angevine.

EXCURSIONS

ET

VISITES INDUSTRIELLES

EXCURSION DU 7 AOUT

Château-Gontier.

L'excursion du vendredi a été une longue et charmante promenade favorisée par un temps merveilleux. Pour éviter un trajet un peu long et monotone, les organisateurs avaient coupé le parcours en deux; à l'aller, bateau jusqu'au Lion-d'Angers et chemin de fer jusqu'à Château-Gontier et au retour inversement.

A 7 heures du matin, cent cinquante membres du Congrès s'empilent sur le bateau amarré au quai Gambetta. On n'est guère à son aise et il ne faut pas compter bouger de sa place, mais les causeries n'en sont que plus intimes.

De la Maine nous passons dans la Mayenne, puis dans l'Oudon et nous abordons au Lion-d'Angers à 10 heures. En trois quarts d'heure, un train spécial nous amène à Château-Gontier. MM. le Maire et l'Adjoint nous reçoivent à la gare et nous promènent quelques instants sur les quais et sur la terrasse d'où le coup d'œil s'étend sur les riches campagnes du voisinage.

Après le déjeuner, retour en bateau jusqu'au Lion-d'Angers; les bords de la rivière sont, dans cette partie beaucoup plus pittoresques que dans le trajet d'Angers au Lion. Court arrêt à la Faille-Yvon pour visiter des carrières de macadam.

A 6 heures, nous reprenons au Lion, le train qui nous dépose à Angers vers 7 heures et demie.

EXCURSION DU 9 AOUT

Chalonnes — Saint-Georges — Les Ponts-de-Cé.

Le temps est un peu couvert, le vent souffle de l'Ouest, mais en dépit des sombres pronostics donnés par la baisse barométrique, la journée se passera bien. Vingt voitures partent à 8 heures de la place du Ralliement escortées de quelques cyclistes et chauffeurs Angevins et Parisiens. Nous prenons, pour aller à

Saint-Georges, un chemin détourné par Prunières, Bouchemain et Savennières.
Cette route est semée d'obstacles, côtes longues et dures; mais de distance en
distance, notamment en haut de Prunières, on a des échappées admirables sur la
vallée de la Loire.

Arrêt à Savennières pour une courte visite à une vieille église romane, puis
retour sur le haut des coteaux pour gagner Saint-Georges où nous attend un
succulent déjeuner. Bicyclistes et chauffeurs sont allés déjeuner à Chalonnes
où nous repasserons dans l'après-midi.

Le duc de la Trémoille a bien voulu autoriser une visite du château de Serrant et c'est lui-même, entouré de sa famille, qui fait les honneurs de cette belle
résidence à son confrère de l'Institut, notre président M. Levasseur et à tous
les membres de l'Association. Un lunch a été servi dans la grande salle du rez-
de-chaussée et c'est avec enthousiasme que l'on applaudit le toast porté par
M. Levasseur à la santé du duc et de sa famille.

De Saint-Georges nous revenons à Angers par la rive gauche de la Loire,
route accidentée comme celle de Pruniers, Savennières et tout aussi jolie par
le panorama de la Loire et des coteaux que nous avons suivis le matin.

M. Frémy, maire de Chalonnes nous retient quelques instants; il tient à
nous faire visiter l'église Saint-Maurille qui remonte au xiie siècle, l'église
Notre-Dame de la même époque, un vieux reste du château épiscopal. Il nous
conduit à l'importante distillerie qu'il dirige et nous avons un nouveau lunch
où nous pouvons goûter, avec nombre d'excellentes choses, les produits renom-
més de la maison.

De Chalonnes, les voitures prennent une allure accélérée pour traverser
Rochefort, Deuil, Murs et les Ponts-de-Cé où nous trouvons une foule de pro-
meneurs Angevins.

A 7 heures, dislocation sur la place du Ralliement.

EXCURSION FINALE 12, 13 ET 14 AOUT

Saumur — Chinon — Azay-le-Rideau.

La bonne fée qui préside d'ordinaire au succès des excursions ne nous a pas
donné cette fois le temps de la reine. Pas de ciel bleu, pas de beau soleil, de
gros nuages noirs poussés du Sud-Ouest par un vent assez fort nous présagent
de mauvaises journées. Le présage a été dépassé, car jamais on ne fut douché de
pareille façon, mais n'anticipons pas.

Départ à 6 heures et demie du matin par le train régulier. Nous sommes une
cinquantaine; le chiffre a dû être limité à cette forte escouade faute de logements à Chinon. En trois quarts d'heure nous sommes aux Rosiers. Tout le
monde s'installe dans de confortables voitures qui traversent au pas les deux
ponts suspendus de la Loire. Arrêt à Gennes pour admirer du haut de la terrasse de la vieille église un panorama superbe. A ce moment le ciel s'éclaircit
un peu et le soleil brillera même jusqu'à l'heure de notre arrivée à Saumur.

Deuxième arrêt à Trèves-Cunault pour visiter la superbe église romane,
achevée au xiiie siècle et qu'on restaure en ce moment. Nous passons devant les
caves de Saint-Florent où nous reviendrons l'après-midi.

Saumur : Deux demi journées d'arrêt et qui seront bien employées. Aussitôt après le déjeuner, sous la conduite du maire de la ville, l'aimable Dʳ Peton, nous partons en tramway pour Saint-Florent où nous allons visiter les caves des vins mousseux de Saumur, M. P. Aubert, au nom de la collectivité des propriétaires, nous reçoit dans les caves de la « Ackerman Laurance ». Il nous fait une petite leçon, fort bien tournée, ma foi, sur les diverses opérations qui font des vins de la région le vin mousseux, le champagne saumurois. Et tous armés de bougies, nous pénétrons dans ces caves gigantesques qui s'étendent à deux cents mètres de profondeur et contiennent à diverses périodes de préparation quelques millions de bouteilles. Pour nous initier d'une façon complète aux mystères de la préparation, les produits des diverses maisons sont étalés sur les tables et nous dégustons les royal doux, sec, extra sec des marques les plus renommées. M. Aubert, M. de Grandmaison le député de la région, nous remercient de cette visite et de notre passage en Anjou ; mais c'est à nous de les remercier et M. Levasseur s'en charge dans une improvisation pleine d'humour.

Pendant cette petite fête, la pluie est venue et va gêner les visites dans la ville. On part cependant, qui pour visiter le château, qui les églises, le superbe collège de filles. Le premier installé en France, cet établissement est placé dans un site admirable ; au pied du château dominant la ville, les terrasses s'étagent laissant de toutes parts de larges percées, d'où la vue s'étend sur la vallée de la Loire. Belle vue, air, lumière, les hygiénistes doivent être satisfaits.

Après dîner, M. le Maire nous a conviés à l'Hôtel de Ville ; il nous reçoit, entouré de son conseil.

Parmi les nombreux invités qui avaient répondu à l'appel de M. le Maire, nous remarquons : M. le Préfet de Maine-et-Loire, M. Cordelet, sous-préfet de Saumur, le colonel Dubois, commandant l'École de cavalerie, le lieutenant-colonel de Contades et plusieurs officiers supérieurs, M. Milon, conseiller général, presque tous les membres du Conseil municipal, etc. ; tous les membres du Congrès venus en excursion, le Dʳ Motais, et de nombreuses notabilités de la ville et du département.

M. le Maire de Saumur, en levant son verre en l'honneur des membres de l'Association, prononce les paroles suivantes :

Mesdames,
Messieurs,

En souhaitant ce matin, au nom de la ville de Saumur, la bienvenue aux membres de l'Association française pour l'Avancement des sciences, je ne pouvais, malgré le plaisir que j'avais à les recevoir, me défendre d'un certain sentiment de tristesse.

Je songeais, en effet, que cette journée allait être la dernière qu'ils passeraient sur le sol du pays d'Anjou.

Vous êtes nos hôtes depuis dix jours à peine, mais, dans ce court espace de temps, des connaissances se sont faites, des relations se sont entamées, des sympathies sont nées, de telle sorte qu'il nous semble que demain, quand vous prendrez le chemin de la Touraine, notre gracieuse voisine, nous verrons s'éloigner des amis de vieille date.

Votre départ laissera un vide dans cette ville d'Angers, où tant de cœurs et d'intelligences se groupèrent pour vous recevoir, et dans ce département tout entier qui accueillit avec satisfaction la réunion du Congrès des sciences.

Vous avez conquis droit de cité parmi nous, en venant nous communiquer le résultat de vos travaux et en nous apportant l'appui de votre expérience pour nous guider dans les voies élevées de la science.

Votre contact dont nous profitions, votre courtoisie qui nous charmait, les bonnes heures passées avec vous, nous laisseront un durable souvenir.

Votre visite en Anjou fera époque pour notre génération ; nous vous en savons grand gré, et puisque je ne puis vous remercier tous nommément, laissez-moi, du moins, exprimer notre reconnaissance à ceux qui ont le plus particulièrement travaillé à l'organisation du Congrès d'Angers.

C'est ainsi que je salue M. Levasseur, membre de l'Institut, administrateur du Collège de France, président du Congrès de 1903, qui nous apporta le prestige de sa haute situation et de son incomparable réputation scientifique ;

M. le professeur Gariel, mon éminent maître, de la Faculté de médecine de Paris, votre secrétaire-général qui, depuis tant d'années, est l'âme de l'Association française pour l'avancement des sciences, fondée au lendemain de nos désastres de 1870, pour contribuer au relèvement de la Patrie ;

M. le docteur Cartaz qui fût l'un de mes premiers maîtres dans mes études médicales.

En outre, j'ai le devoir, que je remplis avec plaisir, de rendre justice au président de votre Comité local, et de reconnaître, comme beaucoup d'entre vous m'en ont prié, tout ce que lui doit le Congrès d'Angers.

Je suis sûr de n'être contredit par aucun de mes compatriotes, qui ont été les collaborateurs du Dr Motais, qui l'ont vu à l'œuvre, qui, depuis de longs mois ont suivi son labeur incessant, qui ont pu apprécier son tact et sa persévérance au milieu des écueils dont la route était bordée, en disant qu'il a bien mérité de la science et de l'Association française.

Il a été à la peine, il est juste qu'il soit à l'honneur.

A la demande d'un grand nombre de congressistes, je salue en lui le plus actif ouvrier du Congrès d'Angers, et je lui offre le public hommage de notre gratitude.

Je n'aurai garde d'oublier M. Anatole Leroy, avec lequel je suis lié d'amitié depuis de longues années, et qu'il m'est doux de féliciter du soin et de l'intelligence avec lesquels il a organisé vos excursions.

J'unis dans un même toast le Président, le Bureau de l'Association, et je lève mon verre en l'honneur des dames qui sont l'ornement et la parure de ce Congrès.

M. Levasseur, président du Congrès, dans une improvisation vibrante et spirituelle, a remercié M. le Maire de l'aimable et chaleureux accueil qui a été fait aux membres du Congrès.

Il conservera un souvenir inoubliable de la Cité saumuroise, dernière étape du Congrès dont les travaux sont achevés.

Pendant toute la durée de la réception, l'excellente musique municipale a exécuté, au kiosque du Théâtre, les meilleurs morceaux de son répertoire.

Le lendemain, le ciel s'est un peu rasséréné ; par groupes on va voir l'admirable dolmen de Bagneux, les tapisseries de Nantilly. Ceux qui n'ont pas eu la chance d'assister samedi à la répétition du carrousel vont visiter l'École de cavalerie.

Après le déjeuner, M. le Dr Peton conduit ses hôtes à la fabrique de chapelets, la plus ancienne industrie saumuroise. M. Heurteau, directeur des ateliers de la maison Mayaud, fournit toutes les explications. Une médaille commémorative de cette visite est frappée devant nous et distribuée à chacun comme souvenir.

A midi précis, départ par le tramway pour Fontevrault où nous trouvons le Préfet de Maine et-Loire, désireux de nous faire voir lui-même les travaux de restauration de l'abbaye. Une merveille que ce cloître, cette cathédrale dont l'administration a eu jadis la singulière et néfaste idée de faire un dortoir de détenus, que dis-je un dortoir; une série de dortoirs et carrément sans souci des merveilleux chapiteaux des piliers, des décorations sculpturales, un vandale a établi trois étages de planchers. On est en train de les démolir et sous l'impulsion d'un préfet doué d'un goût artistique parfait et de connaissances archéologiques sûres, l'architecte du département a entrepris la restauration complète de l'église dite le Grand-Moutier. On opère en même temps le dégagement de la tour d'Evrault. Pour être complet il faudrait reporter ailleurs la maison de détenus et débarrasser l'abbaye de ses pensionnaires, rendre aux tombeaux des Plantagenets l'asile calme et grandiose où ils ont voulu reposer.

A 4 heures, retour par le tramway jusqu'à Montsoreau. Nous nous séparons des Saumurois qui nous ont accompagnés jusque-là et nous les remercions à nouveau de leur cordial accueil. Avant de monter en voiture nous jetons un coup d'œil sur le château de Montsoreau où notre grand romancier a fait vivre et mourir les héros de son drame.

Puis d'un trot rapide nous filons sur Chinon par une route charmante illuminée d'un vrai soleil d'été, après un arrêt pour visiter la belle église de Candes.

Une matinée a été consacrée à Chinon; elle le mérite. Avec les vieilles ruines de ce château où s'est passé le premier acte de la vie de la Pucelle (son entrevue avec le roi et son départ pour la guerre), il y a nombre de vieilles maisons, fort délabrées, fort abîmées, mais bien intéressantes à voir.

Au départ en voitures, après déjeuner, le temps est mauvais, la pluie tombe fine; à notre arrivée à Ussé c'est une pluie abondante. On pénètre dans le château merveilleux et placé dans un site admirable, mouillés comme des canards. Un rideau épais nous cache l'horizon et la pluie tombe toujours. Il faut pourtant partir, on remonte en voiture, mais nous ne sommes pas depuis dix minutes en route que toutes les cataractes du ciel s'ouvrent sur nos têtes. Ce n'est pas de la pluie, c'est un déluge avec des rafales qui font pénétrer l'eau partout. Et nous passons ainsi une grande heure à recevoir cette douche de fort calibre. Aussi à l'arrivée à Azay-le-Rideau, tous les voyageurs n'ont qu'une idée, prendre le train de 4 heures et arriver à Tours pour se sécher, se changer. Quelques-uns plus avisés, couchent à Azay; d'autres attendent une embellie qui leur permet de visiter le château. Mais la dislocation a été plutôt brusquée et on n'a pas eu le temps d'échanger les souhaits de bon voyage et ceux de retour pour l'année prochaine.

VISITES INDUSTRIELLES

Filature Bessonneau.

La maison Bessonneau s'occupe de tout ce qui concerne la filature, la corderie, le tissage, et travaille tous les textiles, lin, chanvre, coton, manille et jute. De plus, elle possède une câblerie métallique, ainsi que des ateliers de fonderie, ajustage et tournage, parfaitement organisés : ce qui lui permet de fabriquer, pour diverses industries, des appareils complets, tels que treuils et câbles pour la marine, les mines et la pêche. Cette maison, d'ailleurs, s'adonne spécialement à la confection des câbles en chanvre et en métal.

FABRICATION

La confection de ces câbles et cordages divers a subi de grandes modifications depuis l'époque du travail à la main, lequel ne pouvait donner que des produits irréguliers, puisqu'ils étaient subordonnés à l'habileté de l'ouvrier. A la fin du siècle dernier surtout, les perfectionnements mécaniques furent tellement grands que les résistances des produits fabriqués augmentèrent dans des proportions considérables. Actuellement, les câbles plats en aloès pour mines donnent une résistance à la rupture d'au moins 700 kilogrammes par centimètre carré de section, alors qu'on était très heureux d'obtenir 600 kilogrammes il y a vingt ans et 500 kilogrammes lors de la fabrication à la main, résultats qui, d'ailleurs, étaient bien aléatoires. Les cordages ronds en chanvre, destinés aux industries où l'on est susceptible d'enlever de lourdes charges, possèdent une force de rupture régulière de 10 kilogrammes par millimètre carré de section ; on arrive même, quand c'est nécessaire, à une force de 12 kilogrammes et plus.

Quant aux câbles métalliques, ils ont acquis, eux aussi, une étonnante amélioration ; autrefois, les fils de fer ne donnaient guère, à la rupture, qu'une force de 75 kilogrammes par millimètre carré de section ; on emploie aujourd'hui couramment et en toute sécurité des fils d'acier donnant 120, 140, 160 et jusqu'à 180 kilogrammes, et, chose remarquable, les flexions n'ont eu nullement à en souffrir ; elles sont même supérieures, pour ces fils de haute résistance, à celles que donnaient jadis les meilleurs fers au bois.

HISTORIQUE

L'usine Bessonneau date de 1837 ; elle a eu pour fondateur M. François Besnard. Celui-ci, tout d'abord, s'était occupé de vendre les chanvres du pays. Il les achetait par grandes masses et les expédiait aux industriels du Lot-et-Garonne, de la Picardie, de l'Auvergne, de Paris et des ports de mer, qui les transformaient en câbles et en ficelles. On sait qu'à cette époque les corderies étaient établies dans les ports, à Marseille, Bordeaux, Le Havre et Dunkerque ; les fabricants de ficelles à Paris, Tonneins et Abbeville. M. Besnard eut alors l'idée d'utiliser sur place les matières textiles récoltées en abondance dans la vallée de la Loire. Il en résultera, pensa-t-il avec juste raison, une économie considérable, ne fût-ce que sur le transport, et cet avantage sera tout en faveur de la fabrication angevine. Il eut vite fait de réaliser son idée, et l'usine du Mail fut créée.

On débuta naturellement par travailler à la main. Mais bientôt commença le règne de la mécanique; en Angleterre déjà, la machine s'était substituée à l'homme et, avec une économie notable de temps et de dépenses, confectionnait des cordes et des ficelles d'une régularité parfaite, d'une solidité certaine et d'un prix moins élevé.

Fatalement, les produits anglais envahirent d'abord tous nos marchés. M. Besnard se rendit promptement compte de la situation et comprit que, pour résister, il fallait recourir aux mêmes procédés, c'est-à-dire adopter la fabrication mécanique. Aussi, en 1855, installa-t-il une première machine à vapeur de 30 chevaux pour actionner les métiers qu'il venait de ramener d'Angleterre. D'autres machines de plus en plus puissantes la suivirent, en 1858, 1864, 1866, 1872.

La maison progressait d'année en année, assurant, pour une large part, le succès de l'industrie textile française, quand M. François Besnard, frappé par la maladie, mourut en 1879.

Mais la disparition du fondateur n'arrêta pas l'essor de l'œuvre si bien commencée. M. Bessonneau, son gendre et successeur, associé avec lui depuis dix ans, eut à cœur de suivre la route déjà tracée et ne recula devant aucun sacrifice pour maintenir le bon renom de l'usine et en assurer encore le développement.

Il fit reconstruire entièrement l'usine du Mail pour permettre à la fabrication de se poursuivre d'atelier en atelier, avec le plus d'économie possible. Il installa successivement trois groupes de machines à vapeur en 1887, 1895 et 1900, ce qui porta la force motrice de l'établissement à 5.000 chevaux.

En 1901, les autres filatures d'Angers, sous la raison sociale Max Richard, Segris, Bordeaux et Cie, se réunirent à l'usine Bessonneau pour former la Société anonyme des Filatures, Corderies et Tissages d'Angers, avec M. Bessonneau comme administrateur.

Cette maison occupe aujourd'hui un personnel d'environ 5.000 ouvriers et possède l'outillage de corderie le plus perfectionné.

Elle a des représentants un peu partout et voit ses affaires prospérer et augmenter chaque année.

ŒUVRES SOCIALES

Il est une œuvre à laquelle M. Bessonneau a toujours donné ses meilleurs soins : l'amélioration du sort des ouvriers.

En 1884, M. Bessonneau fit construire un réfectoire avec un vaste chauffoir, pour permettre aux ouvriers qui demeuraient trop loin et ne pouvaient rentrer chez eux de trouver là un repas confortable, à l'abri des intempéries des saisons.

En 1888, il institua les consultations gratuites : aujourd'hui, des médecins de la ville visitent régulièrement les trois usines deux fois par semaine, et les remèdes sont distribués gratuitement aux ouvriers.

En 1889, il créa une caisse de secours, qu'il alimenta seul, sans retenues sur les salaires, afin de venir en aide aux ouvriers dans les cas de maladies, mariage, maternité, service militaire, chômage ; enfin, des rentes viagères sont accordées aux anciens ouvriers et employés des usines.

La caisse de secours fonctionne aujourd'hui dans les trois usines, et la répartition des sommes est faite par un comité formé de plusieurs contremaîtres et des plus anciens ouvriers.

En 1902, une crèche gratuite, située à la porte de l'usine et édifiée sur le modèle le plus perfectionné, permit aux ouvrières de déposer leurs enfants le matin en venant à leur travail, et de les reprendre le soir, bien soignés et bien visités par un docteur spécialement attaché à la crèche.

---

*Société de la Commission des Ardoisières d'Angers « Larivière et C*ie *».*

La fondation de l'industrie ardoisière aux environs d'Angers est séculaire ; des documents authentiques la font remonter au delà du XIIe siècle.

Celle de la Société « de la Commission des Ardoisières d'Angers » remonte en janvier 1827.

A son début, simple Syndicat de vente en commun, des produits fabriqués par un grand nombre de Sociétés, qui se disputaient le gisement ardoisier d'Angers, cette Association a vu successivement son action s'étendre à tous les points intéressant cette grande industrie et, finalement, provoquer en 1891, la fusion générale en une seule, sous la raison sociale « Larivière et Cie », des Sociétés qui la composaient.

Les travaux d'exploitation sur le Centre d'Angers sont répartis en quatre divisions :

1° La division des Fresnais et Paperie Champ-Robert ;
2° La division des Petits-Carreaux et Hermitage ;
3° La division des Grands-Carreaux-Trélazé-Monthibert ;
4° Atelier de Saint-Léonard.

La division des Fresnais, Paperie Champ-Robert, visitée par les membres du Congrès, est la plus importante.

Elle comprend :
Puits nos 18, 19, 20, 21 Fresnais, n° 1 Champ-Robert, exploités d'après la méthode Blavier, par gradins renversés.

2e *division.* — Petits-Carreaux, Hermitage comprend :
Puits nos 5 et 6 : Petits-Carreaux,
Puits nos 5 et 6 : Hermitage.

3e *division.* — Grands-Carreaux, Trélazé-Monthibert comprend :
Puits nos 7, 8, 9 : Grands-Carreaux.
Puits nos 2, 3 : Trélazé-Monthibert,

4e *division.* — Atelier d'ardoiserie mécanique pour le travail du schiste sous forme de dalles ; atelier de tréfilerie et corderie mécanique pour la fabrication des fils et câbles métalliques.

Les exploitations forment un groupe important de plus de 5 kilomètres d'étendue, sur les trois communes limitrophes d'Angers, Saint-Barthélemy, Trélazé, entre la Maine et la Loire, et les chemins de fer d'Orléans, de l'Ouest et de l'État.

C'est dans ce groupe d'ardoisières, exploité depuis le XIIe siècle, que sont extraits et manufacturés les produits connus dans le monde entier sous le nom d'*ardoises d'Angers*.

GISEMENT. — Le gisement du Centre d'Angers est devenu, pour la presque totalité, depuis 1827, la propriété de la Société « de la Commission des Ardoisières d'Angers » (Larivière et Cie). Il appartient à la formation silurienne et consiste en une importante assise de schiste de près de 800 mètres de puissance, dans laquelle on a reconnu plusieurs couches ou veines de schiste ardoisier, fissile, alternant, sans limites bien définies, avec le schiste stérile présentant une orientation moyenne O. 20° N.-E., 20° N. avec une inclinaison variable voisine pour les unes de la verticale et atteignant pour d'autres endroits 60° sur l'horizontale.

MÉTHODES D'EXPLOITATION. — Depuis les temps les plus reculés, jusqu'en 1832, le seul mode d'exploitation consistait à attaquer le schiste ardoisier, par gradins droits, dans des carrières à ciel ouvert.

Le seul perfectionnement réalisé était dans la substitution de moteurs à vapeur aux treuils antiques, mus à bras d'hommes, au manèges baritels ou engins mus par chevaux.

En 1832, la Société de la Commission des Ardoisières d'Angers s'inspirant des conseils du regretté M. Le Chatellier, alors ingénieur des Mines à la résidence d'Angers, et réalisait un progrès considérable dans l'exploitation, en entreprenant la première carrière souterraine.

L'adoption de ce procédé avait pour importante conséquence :

1° d'éviter aux exploitants les frais énormes occasionnés par les découvertures, travail préparatoire, consistant à enlever les terres et « cosses » qui recouvrent le schiste fissile jusqu'à une profondeur de plus de 25 mètres en certains points, nécessitant un déblai de près de 200.000 mètres cubes ;

2° de rendre illimité en profondeur comme pour les autres richesses minérales, le champ de dépouillement des veines ardoisières du centre d'Angers, anciennement limité dans les exploitations à ciel ouvert à 120-150 mètres, Ce procédé consistait dans la création d'une vaste chambre de 2.000 à 2.500 mètres carrés de surface creusée avec l'abatage par gradins droits jusqu'à une profondeur dépassant parfois 100 mètres sous voûtes.

Cette méthode par gradins droits « Le Chatellier » ne pouvait convenir pour l'exploitation des veines inclinées ; aussi, dès l'année 1877, la Commission des Ardoisières d'Angers entreprenait-elle, d'après la méthode dite « méthode Blavier », la première exploitation en remontant, sous la direction de cet éminent ingénieur. Cette méthode, devenue aujourd'hui d'une application générale dans la région de l'Ouest, consiste dans la création d'un groupe de chambres en nombre variable, rayonnant autour d'un même puits ; dans ces chambres, les ouvriers abattent le schiste au-dessus d'eux, par gradins d'environ 4 mètres et remontent sur les remblais provenant des débris, où descendus du jour.

La transformation des méthodes d'exploitation commencée depuis 1876, s'est continuée régulièrement depuis cette époque, au fur et à mesure de l'épuisement des travaux en cours ; l'évolution est complète aujourd'hui.

La méthode à ciel ouvert, par gradins droits, seule en pratique depuis les temps les plus reculés, n'est plus en usage dans le département de Maine-et-Loire.

La méthode d'exploitation par grandes chambres souterraines de 2.000 à

2.500 mètres de surface avec abatage par gradins droits (méthode Le Chatellier), qui depuis 1832, s'était rapidement répandue et avait remplacé en partie la méthode à ciel ouvert pendant plus de cinquante ans, a cédé la place à l'exploitation en remontant par gradins renversés (méthode Blavier), qui reste seule en usage aujourd'hui.

Tous les puits d'extraction atteignent le gisement à une grande profondeur, 200 à 300 mètres et au delà, le dépouillant sur une vaste étendue par de nombreuses chambres d'une surface d'environ 2.000 mètres, rayonnant autour de chacun et assurant le travail pour de longues années.

A proximité des grands puits sont établis des puits de moindre dimension servant, les uns au remblayage, les autres à la circulation du personnel et à l'installation des pompes d'épuisement.

Le remblayage est complètement distinct de l'extraction, et la circulation des ouvriers demeure toujours assurée puisqu'il existe sur chaque chantier un puits spécial à cet usage.

Tous les puits d'extraction sont armés de machines horizontales conjuguées actionnant des bobines sur lesquelles s'enroulent des câbles plats en fer de Suède ou en acier suivant le cas.

AÉRAGE. — Un bon aérage naturel s'établit entre les différents chantiers souterrains par suite de communications réservées entre eux et évite l'emploi des ventilateurs mécaniques.

ÉCLAIRAGE. — L'éclairage de ces vastes chambres souterraines présente un grand intérêt au point de vue de la sécurité ; il est assuré au moyen de l'électricité qui, depuis 1879, a remplacé le gaz produit jusqu'à cette époque, dans cinq usines établies sur les divers chantiers.

En 1898, la Société a donné une grande importance à ses installations électriques en créant deux nouvelles usines électrogènes destinées non seulement à l'éclairage, mais aussi au transport de force nécessaire pour actionner l'important outillage mécanique, sur l'étendue de plus de cinq kilomètres occupée par ses chantiers.

Les membres du Congrès ont pu visiter l'une de ces usines installée à la division des Fresnais.

OUTILLAGE MÉCANIQUE. — Les membres du Congrès ont pu voir en œuvre, dans la visite à travers les chambres souterraines de l'Ardoisière de Fresnais, les diverses applications de l'outillage mécanique actionné par l'électricité susceptible de faciliter le travail des ouvriers, de remplacer les manœuvres de force et de diminuer par suite les chances d'accident : appareils de levage électrique spéciaux inventés par les ingénieurs de la Société en vue de remplacer les treuils à bras ; perforatrices à main et mécaniques supprimant la barre à mine avec les dangers inhérents à son usage ; tirage des mines obtenu depuis 1887 au moyen d'explosions électriques remplaçant les mèches à mines et évitant le grave inconvénient de l'ancien système des mises à feu.

Épuisement par pompes électriques, système Galland, qui remplace maintenant dans les divers chantiers l'épuisement par tonnes et par pompes à vapeur.

La fabrication de l'ardoise pour toitures est obtenue par des ouvriers spéciaux « fendeurs », installés à la surface et chargés de transformer en ardoises les blocs montés des carrières. La division des blocs en morceaux de dimensions appropriées, et leur fente en feuillets d'épaisseur convenable s'opère au moyen de ciseaux et maillets, et leur taille, suivant les divers échantillons, est obtenue par une machine spéciale avec couteaux mobiles actionnés par pédales.

INDUSTRIES ANNEXES. — Parallèlement à l'importante fabrication des ardoises de toitures, la Société a organisé en 1851 et 1855, deux industries intéressantes :

L'ardoiserie ou fabrication de dalles d'ardoises travaillées sous toutes formes ;
La tréfilerie-corderie ou fabrication des fils et câbles métalliques.

ARDOISERIE. — Les ateliers d'ardoiserie mécanique de Saint-Léonard, munis de nombreuses machines à scier, raboter, polir, percer sont complétés par une succursale à Paris, avec ouvriers spécialistes qui ont, par leurs études, apporté de grands perfectionnements à la construction raisonnée des appareils sanitaires et autres nécessitant un emploi judicieux des métaux et de l'ardoise, créé de nombreux modèles, organisé leur fabrication complète ainsi que celle des appareils spéciaux en ardoise nécessaires à l'électro-chimie et répandu par de nombreuses applications l'emploi de l'ardoise sous forme de dalles.

Cette industrie a été complétée par la création d'un atelier spécial d'émaillage permettant au moyen de procédés spéciaux de modifier la teinte naturelle de l'ardoise et de lui donner les colorations les plus variées de façon à imiter les panneaux de faïence, marbre... et de l'utiliser pour la décoration architecturale.

TRÉFILERIE-CORDERIE. — La Commission des Ardoisières d'Angers a fondé, en 1855, une corderie avec tréfilerie dans le but de mettre ses nombreux ouvriers à l'abri de toutes les chances de rupture pouvant être prévues par l'étude spéciale de tous les éléments de fabrication de câbles en fer métalliques employés à l'extraction dans ses exploitations.

Ces ateliers avec annexes de trempe de galvanisation, laboratoire d'essais physiques munis d'un outillage perfectionné ont étendu au loin le champ de leur action et acquis un renom pour la fabrication des câbles employés par la marine de l'État et de l'industrie : ils produisent couramment des fils d'acier de toutes résistances jusqu'à 200 kilogrammes par millimètre carré.

Ces ateliers sont complétés par deux annexes : l'une pour la fabrication des ronces artificielles pour clôture ; l'autre, pour la fabrication des crochets destinés à la pose de l'ardoise de couverture.

Les membres du Congrès ont pu visiter ces ateliers et se rendre compte des diverses phases de la fabrication.

INSTITUTIONS DE LA COMMISSION DES ARDOISIÈRES D'ANGERS EN FAVEUR DE SES OUVRIERS. — La Commission des Ardoisières d'Angers possède des institutions intéressantes en faveur de ses ouvriers.

ÉCOLES PRIMAIRES. — Entretenues par la Société, ouvertes au centre des chantiers et assidûment fréquentées par un grand nombre d'enfants.

LES COURS D'ADULTES. — Sont organisés pour permettre aux jeunes gens qui le désirent de compléter leur éducation primaire.

CHAMBRE DE DÉPENSES. — La Société a fondé sur chacun de ses établissements dès économats dits chambres de dépenses qui fournissent aux ouvriers et au prix coûtant les objets de première nécessité.

SERVICE MÉDICAL. — Un service médical et pharmaceutique est organisé de façon à donner à tous les ouvriers et à leurs familles les soins gratuits d'un médecin spécial et l'achat à prix coûtant des médicaments ordonnés par lui.

Un dispensaire établi suivant les conditions modernes permet de donner rapidement aux ouvriers les soins médicaux dont ils peuvent avoir besoin.

Un réseau téléphonique relie le cabinet du docteur à chaque chantier.

MATERNITÉ. — Un service de maternité est établi pour assurer gratuitement aux femmes en couches, qui sont dans le besoin, les soins que nécessite leur état et leur venir en aide par des dons de trousseaux et objets d'alimentation.

CITÉS OUVRIÈRES. — La Commission des Ardoisières continue la construction des cités ouvrières qu'elle avait entreprises en 1865 et qui comptent aujourd'hui plus de 300 maisons avec jardin louées ou vendues à ses ouvriers dans les mêmes conditions que celles établies par la Société de Mulhouse.

APPRENTISSAGE. — L'apprentissage long et difficile pour faire de bons ouvriers est pris en charge par la Société et s'effectue à la satisfaction des intéressés.

CAISSE DE RETRAITES. — Les ouvriers des Ardoisières d'Angers sont divisés en deux classes distinctes : les fendeurs et les ouvriers d'à-bas et journaliers.

Deux systèmes différents sont appliqués pour secourir ceux que l'âge ou les infirmités mettent dans l'impossibilité de gagner leur vie :

1º *Caisse des Hottées.* — Aux vieux fendeurs la Société accorde, leur vie durant, une certaine quantité de pierre à recevoir journellement qu'ils ont le droit de faire travailler moyennant une certaine rémunération par les ouvriers valides quand ils sont eux-mêmes incapables de le faire ; les recettes de cette Caisse étant parfois inférieures aux sommes allouées, les exploitants ont versé à titre gracieux, lorsque les besoins l'ont exigé, la somme utile pour parfaire le déficit, le secours équivaut à une pension de 110 à 150 francs.

2º *Caisse des invalides.* — Une Caisse spéciale de retraite a été fondée en 1862 par la Commission des Ardoisières d'Angers pour les autres travailleurs, ouvriers d'à-bas et journaliers ; elle est alimentée à titre entièrement libéral au moyen d'un versement effectué par la Société égal au millième des salaires qu'elle paie dans le cours de l'année ; sur cette Caisse il est accordé une allocation annuelle de 150 francs à l'ouvrier ayant 50 ans d'âge et 25 années de travail dont les dix dernières de service continu sur le centre ardoisier, quand il devient incapable d'un travail suffisamment rémunérateur pour vivre.

SOCIÉTÉ DE PRÉVOYANCE MUTUELLE. — En 1891, la Commission des Ardoisières a fondé, avec le concours de ses ouvriers, une Société dite « de Prévoyance mutuelle », et destinée à assurer des allocations annuelles et des retraites aux vieillards et aux incurables ; elle contribue à cette Caisse par un versement égal à celui effectué par les sociétaires.

CAISSE DE SECOURS. — Une Caisse de secours fondée en 1825 pour venir en aide aux ouvriers blessés dans le cours de leurs travaux et aux veuves et orphelins des ouvriers victimes d'accidents était alimentée par le produit de la retenue de un centime par franc sur le montant de tous les salaires et aux allocations gracieuses des exploitants. Elle a pris fin depuis 1899, date de la mise en vigueur de la loi sur les accidents, mais la Commission des Ardoisières d'Angers a conservé à titre gracieux la charge des pensions restant à servir aux ayant-droit afin qu'ils n'aient pas à subir les effets de la liquidation.

Assurance. — Pour compléter les mesures de prévoyance à l'égard de son nombreux personnel, la Société avait assuré, dès l'année 1882, tous ses ouvriers du fond et du jour (fendeurs exceptés), contre les accidents dont ils peuvent être victimes, sans les faire participer au paiement de la prime d'assurance.

Depuis le 1er juillet 1899, date de la mise en vigueur de la loi sur les accidents, la Société a pris les mesures pour en assurer le bénéfice à son personnel.

TABLE DES MATIÈRES

PREMIÈRE PARTIE

LISTES

CONFÉRENCES FAITES A PARIS EN 1903

CONGRÈS D'ANGERS

DOCUMENTS OFFICIELS. — LISTES. — PROCÈS-VERBAUX

SÉANCE GÉNÉRALE

SÉANCE D'OUVERTURE DU 4 AOUT

PRÉSIDENCE DE M. ÉMILE LEVASSEUR, MEMBRE DE L'INSTITUT

PROCÈS-VERBAUX DES SÉANCES DE SECTIONS

PREMIER GROUPE. — SCIENCES MATHÉMATIQUES

1ᵣₑ et 2ₑ Sections. — Mathématiques, Astronomie, Géodésie et Mécanique.

6ᵉ Section. — Chimie.

7° Section. — Météorologie et Physique du Globe.

TROISIÈME GROUPE. — SCIENCES NATURELLES

8e Section. — Géologie et Minéralogie.

9e Section. — Botanique.

10ᵉ Section. — Zoologie, Anatomie et Physiologie.

11° Section. — Anthropologie.

12e Section. — Sciences Médicales.

13e Section. — Électricité médicale.

QUATRIÈME GROUPE. — SCIENCES ÉCONOMIQUES

14e Section. — Agronomie.

15e Section. — Géographie.

16e Section. — Économie politique et statistique.

17ᵉ Section. — Enseignement et Pédagogie.

18ᵉ Section. — Hygiène et Médecine publique.

SÉANCE GÉNÉRALE

[352.1] L'octroi municipal. — Résultats obtenus jusqu'à ce jour par les taxes de remplacement des octrois.

CONFÉRENCES FAITES A ANGERS

EXCURSIONS ET VISITES INDUSTRIELLES

IMPRIMERIE CHAIX, RUE BERGÈRE, 20, PARIS. — 6506-3-03.

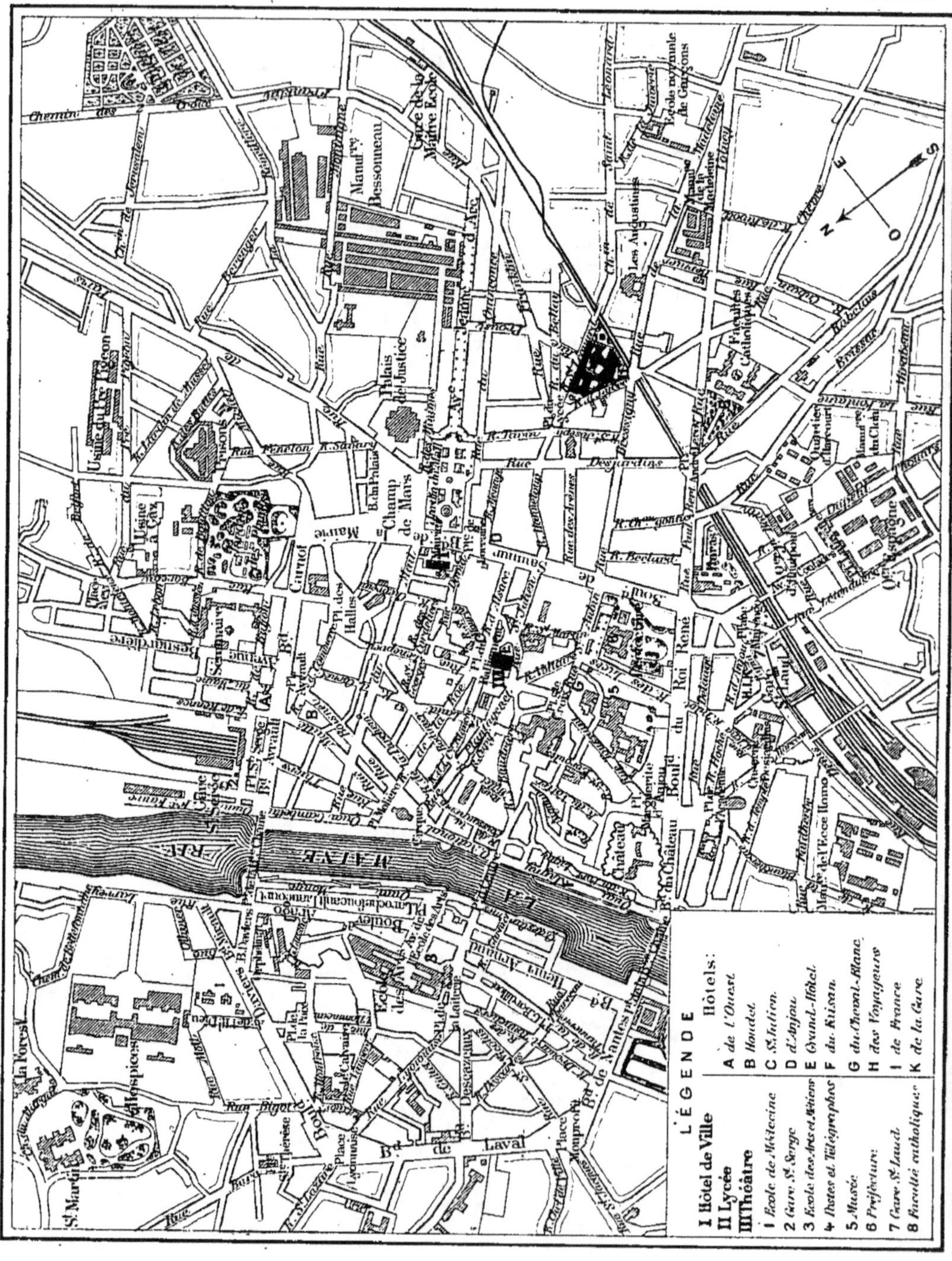

PLAN D'ANGERS